XINBIAN HUNNINGTU
SHIYONG JISHU SHOUCE

新编混凝土实用技术手册

李继业　刘经强　张明占　主编

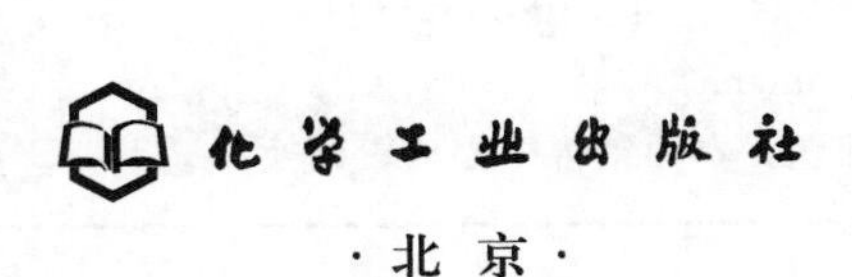

·北京·

本书根据现行的国家和行业标准，比较详细地介绍了特殊性能混凝土、特殊材料混凝土、特殊施工混凝土、绿色混凝土的原材料组成、配合比设计、施工工艺及其他方面，同时还介绍了各种混凝土外加剂的性能和应用。

本书具有较强的实用性，特别适用于各类建筑设计和施工人员在工程中的应用，也可供高等学校相关专业师生参阅。

图书在版编目（CIP）数据

新编混凝土实用技术手册/李继业，刘经强，张明占主编.
—北京：化学工业出版社，2019.2（2022.9重印）
ISBN 978-7-122-33461-9

Ⅰ.①新…　Ⅱ.①李…②刘…③张…　Ⅲ.①混凝土-施工-技术手册　Ⅳ.①TU755-62

中国版本图书馆CIP数据核字（2018）第286545号

责任编辑：刘兴春　刘　婧　　装帧设计：韩　飞
责任校对：王素芹

出版发行：化学工业出版社（北京市东城区青年湖南街13号　邮政编码100011）
印　　装：北京虎彩文化传播有限公司
787mm×1092mm　1/16　印张45½　字数1149千字　2022年9月北京第1版第2次印刷

购书咨询：010-64518888　　售后服务：010-64518899
网　　址：http://www.cip.com.cn
凡购买本书，如有缺损质量问题，本社销售中心负责调换。

定　　价：198.00元

前言

混凝土具有结构性能好，可塑性好，防水性能好和适合工业化生产等优点。经过20世纪的发展，混凝土已经从简单的结构材料转变成了富有诗意的浪漫的建筑材料，从单一性能的材料扩展成了多性能的材料，从低技术含量的材料发展成了高技术含量的材料。

混凝土今后发展的基本趋势是：①混凝土技术已进入高科学技术时代，正向着高强度、高工作性和高耐久性的高性能方向发展；②混凝土科学技术的任务已从过去的“最大限度向自然索取财富”，变为合理应用、节省能源、保护生态平衡，使其成为科学、节能和绿色建筑材料；③混凝土能否长期维持在特殊环境中正常使用，以适应特殊性能的要求也成为今后混凝土的努力方向，也是混凝土的未来和希望。

混凝土是土建工程中应用最广、用量最大的建筑材料之一，在现代建筑工程中几乎都能找到混凝土的身影。据有关部门初步估计，目前全世界每年生产的混凝土材料已超过100亿吨，预计今后每年生产混凝土将达到120亿～150亿吨，随着科学技术的进步，混凝土不仅广泛地应用于工业与民用建筑、水工建筑和城市建设，而且还可以制成轨枕、电杆、压力管道、地下工程、宇宙空间站及海洋开发用的各种构筑物等。

新型混凝土的种类已经很多，各自具有其独特的技术性能和施工方法，又分别适用于某一特殊的领域。随着我国基本建设规模的不断扩大，有些新型混凝土技术与施工工艺已在工程中广泛应用，并积累了丰富的施工经验；有些新型混凝土技术与施工工艺正处于探索和研究阶段，纵观其未来它们都具有广阔的发展前景。

我们根据一些混凝土工程的实践和科研项目，参考近几年国内外有关专家的研究成果，在总结、学习和发展的基础上，组织编写了这本《新编混凝土实用技术手册》，目的是通过介绍这些新型混凝土的发展历史、物理力学性能、组成材料、配合比设计、施工工艺等，大力推广应用、发展新型混凝土技术与施工工艺，为我国的基础性建设事业做出更大的贡献。

本书由李继业、刘经强、张明占主编，赵良明、刘燕、李光耀、李广美参加了编写。具体分工为：李继业编写第一章至第四章；刘经强编写第五章至第九章；张明占编写第十章至十五章；赵良明编写第十六章至第二十一章；刘燕编写第二十二章至二十八章；李光耀编写第二十九章至第三十六章；李广美撰写第三十七章至第四十六章。全书最后由李继业统稿、定稿。

在本书编写过程中，我们参考了部分的技术文献和书籍，在此向这些作者深表谢意。同时该书的编写和出版得到有关单位的大力支持，在此也表示感谢。

由于编者水平所限，疏漏和不足之处在所难免，敬请有关专家、学者和广大读者给予批评指正。

编　者

2018 年 12 月

目录

第一篇　特殊性能混凝土应用技术

第二篇　特殊材料混凝土应用技术

第三篇　特殊施工混凝土应用技术

第四篇　绿色混凝土应用技术

第五篇 混凝土外加剂应用技术

第一篇 特殊性能混凝土应用技术

进入 21 世纪以来，我国各项建设事业飞速发展，给混凝土科学技术的发展带来欣欣向荣的景象，各种现代化的大型建筑如雨后春笋，新型混凝土技术和施工工艺不断涌现，并在工程应用中获得巨大的经济效益和社会效益，为我国社会主义现代化建设插上了腾飞的翅膀，有力地促进了国民经济各项事业的发展。

根据专家预测，到 21 世纪以后的更长时期，混凝土材料必然仍是现代建筑的主要建筑材料。随着现代建筑对功能更广泛的要求，对混凝土也提出了一系列更高更新的要求。

第一章 高性能混凝土

经过长期的工程实践充分证明，高强混凝土存在着如下缺陷：①高强混凝土的强度越高，脆性越大；②高强混凝土自身收缩大，变形性能严重；③掺加硅灰的高强混凝土，其后期强度增长减少。特别是 21 世纪开发重点将转向海洋、沙漠，甚至南极、太空和月球，因此对特殊性能和特殊用途的混凝土要求日趋突出，仅靠提高混凝土的强度，已无法满足这些地区的要求，这就需要改善高强混凝土的性能，高性能混凝土也由此诞生。

第一节 高性能混凝土的概述

水泥混凝土技术，由初期的大流动性混凝土，发展到塑性混凝土；第二次世界大战后，由于混凝土施工机械的发展，需要提高混凝土质量，发展了半干硬性混凝土与干硬性混凝土；新型高效减水剂问世后，发展了流态混凝土；直至今天，由于混凝土技术水平的提高及工程特种性能的要求，高强度、高性能混凝土迅速发展。

一、高性能混凝土的定义

何谓高性能混凝土？在 20 世纪 80 年代末，美国首次提出高性能混凝土这一名称，而后世界各国迅速开始研究和应用。在 20 世纪 90 年代以前，由于人们的认识不够统一，高性能混凝土没有一个确切的定义。

高性能混凝土可以认为是在高强混凝土基础上的发展和提高，也可说是高强混凝土的进一步完善。由于近些年来，在高强混凝土的配制中，不仅加入了超塑化剂，往往也掺入了一些活性磨细矿物掺合料，与高性能混凝土的组分材料相似，而且在有的国家早期发表的文献报告中曾提到："高性能混凝土并不需要很高的混凝土抗压强度，但仍需达到55MPa以上"。因此，至今国内外有些学者仍然将高性能混凝土与高强混凝土在概念上有所混淆。在欧洲一些国家常常把高性能混凝土与高强混凝土并提。

高强混凝土仅仅是以强度的大小来将混凝土分为普通混凝土、高强混凝土与超高强混凝土，而且其强度指标随着混凝土技术的进步而不断有所变化和提高。而高性能混凝土则由于其技术性能的多元化，诸如良好的工作性、体积稳定性、耐久性、物理力学性能等而难以用定量的性能指标给这种混凝土一个定义。

不同的国家，不同的学者因有各自的认识、实践、应用范围和目的要求上的差异，对高性能混凝土曾提出过不同的解释和定义，而且在性能特征上各有所侧重。

中国工程院院士吴中伟教授在1996年就明确提出："有人认为混凝土高强度必然是高耐久性，这是不全面的，因为高强混凝土会带来一些不利于耐久性的因素……高性能混凝土还应包括中等强度混凝土，如C30混凝土。"1999年吴中伟教授又提出："单纯的高强度不一定具有高性能。如果强调高性能混凝土必须在C50以上，大量处于严酷环境中的海工、水工建筑对混凝土强度要求并不高（C30左右），但对耐久性要求却很高，而高性能混凝土恰能满足此要求。"随着对高性能混凝土的深入研究，吴中伟教授结合可持续发展战略问题，提出高性能混凝土不仅具有高强度、高流动性和高体积稳定性，而且还应当包括节约资源、保护环境、符合可持续发展的原则。

我国混凝土专家冯乃谦教授认为：高性能混凝土首先必须是高强度；高性能混凝土必须是流动性好的、可泵性好的混凝土，以保证施工的密实性，确保混凝土质量；高性能混凝土一般需要控制坍落度的损失，以保证施工要求的工作度；耐久性是高性能混凝土最重要的技术指标。

根据混凝土技术的不断发展和建筑结构对混凝土性能的需求，现代高性能混凝土（HPC）的定义可简单概括为：一种新型高技术混凝土，是在大幅度提高普通混凝土性能的基础上，采用现代混凝土技术，选用优质的原材料，在严格的质量管理条件下制成的高质量混凝土。它除了满足普通混凝土的一些常规性能外，还必须达到高强度、高流动性、高体积稳定性、高环保性和优异耐久性的要求。

随着人口急剧增长、生产高度发达，大自然承受的负担日益加剧，以资源枯竭、环境污染最为严重，人类的生存受到严重威胁。1992年里约热内卢世界环境会议后，绿色事业受到全世界的普遍重视。在建筑领域中，人们对高性能混凝土的含义有了进一步延伸，提出了将绿色高性能混凝土（GHPC）作为今后发展的方向。目的在于加强人们在建筑界对绿色的重视，加强绿色意识，要求混凝土科学和生产工作者自觉地提高HPC的绿色含量，节约更多的资源和能源，将对环境的污染降低到最小限度。这不仅是为了混凝土和建筑工程的健康发展，更是为了人类更好的生存和发展，是造福千秋万代的辉煌事业。

二、实现混凝土高性能的技术途径

根据以上各种观点所述，高性能混凝土的内涵中共同的一点：高性能混凝土首先必须是高强混凝土，如何实现混凝土的高强度，这是配制高性能混凝土的核心问题。实现混凝土高强化的技术途径如图1-1所示。

实现混凝土的高强化，首先必须使胶结料本身高强化，这是混凝土高强度、高性能的必要条件。配制混凝土的胶结料，除了常用的硅酸盐水泥外，还有球状水泥、调粒水泥和活化

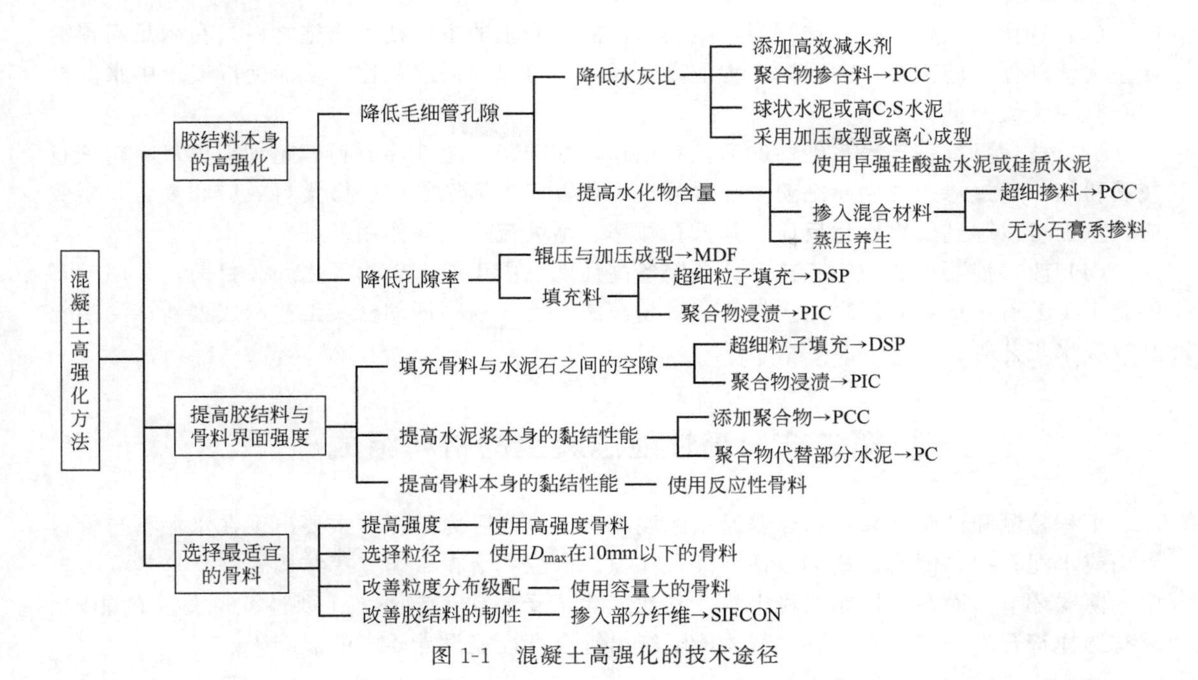

图 1-1　混凝土高强化的技术途径

水泥等。这些水泥的最大特点是标准稠度用水量低。因此，在相同水灰比的情况下，水泥浆的流动性大，或者说达到相同的流动性时，混凝土的水灰比可以降低。如调粒水泥混凝土的水灰比可降低 17.5%，坍落度仍可以达到 25cm 以上。

从骨料与胶结料之间的界面结构看，界面过渡层在约 20μm 范围内，氢氧化钙富集及定向排列情况与其他部分的水泥石相比，是一种多孔质的结构，其强度很低。为了改善其界面结构，可在混凝土中掺入矿物掺合料，如硅灰、超细矿渣、磨细粉煤灰及超细沸石粉等。这些超细的粒子与界面上存在的氢氧化钙反应，生成 C-S-H 凝胶，降低了氢氧化钙的富集及定向排列，因而可提高界面强度，同时还有利于提高混凝土的抗渗性和耐久性。

在普通混凝土中，骨料对强度的影响不太明显。但在高强混凝土中，骨料的数量和质量对混凝土的强度影响很大。当水灰比为 0.25 时，用不同粗骨料配制的混凝土，其抗压强度相差约 40MPa；而不同细骨料配制的混凝土，其抗压强度差值也达 20MPa。因此，在配制高强混凝土时，粗细骨料的品种与品质、单位体积混凝土中粗骨料的体积含量与最大粒径是 3 个必须要考虑的因素。

高性能 AE 减水剂是配制高性能混凝土不可缺少的材料，高性能 AE 减水剂在混凝土中除了降低水灰比、提高混凝土的强度和流动性以外，新型的高性能 AE 减水剂还能降低混凝土的坍落度损失，这也是配制高性能混凝土不可缺少的功能。

大量科学研究表明，影响混凝土强度和耐久性的主要因素有两个：一是混凝土中硬化水泥浆体的孔隙率，孔的分布状态和孔的特征；二是混凝土硬化水泥浆体与集料的界面。要想提高混凝土的强度和耐久性，必须降低混凝土中水泥石的孔隙率，改善孔的分布，减少开口型孔隙。为改善混凝土中硬化水泥浆体与集料界面的结合情况，应设法减少在集料-浆体界面上主要由 $Ca(OH)_2$ 晶体定向排列组成的过渡带的厚度，从而增强界面连接强度。

根据混凝土的施工经验，主要从以下几方面提高高性能混凝土的性能。

(1) 选用优质、符合国家现行标准要求的水泥和粗细骨料，这是配制高质量混凝土的基本条件，更是配制高性能混凝土的必要条件。

（2）选用高效减水剂，这是当今配制高性能混凝土的主要技术措施之一。在满足新拌混凝土大流动性（施工性）的同时，掺加高效减水剂可以降低水灰比，从而使混凝土中水泥石的孔隙率大大降低。

（3）选用具有一定潜水硬性的活性超细粉，如硅灰、超细沸石粉、超细粉煤灰、超细石灰石粉等。通过掺用活性超细粉，在混凝土中可以起到活性效应、微集料效应和复合胶凝效应，从而可以起到二次水化反应、降低孔隙率、增大流动性等作用。

（4）改善混凝土的施工工艺，这是制备高性能混凝土的有效途径之一。目前，采用较多的施工工艺有水泥裹砂混凝土搅拌工艺、超声波振动或高频振动密实工艺和成型新拌混凝土真空吸水工艺等。

第二节　高性能混凝土的材料组成

工程检测和试验结果表明，普通水泥混凝土结构的受力破坏，主要出现在水泥石与骨料界面或水泥石中，因为这些部位往往存在孔隙、水隙和潜在微裂缝等结构缺陷，这是混凝土中的薄弱环节。而在高性能混凝土中，其性能除了受制作工艺外，主要还受原材料的影响。只有选择符合高性能要求的原材料才能配制出符合高性能设计要求的混凝土。

一、胶凝材料

胶凝材料（水泥）是高性能混凝土中最关键的组分，不是所有的水泥都可以用来配制高性能混凝土的，高性能混凝土选用的水泥必须满足以下条件：①标准稠度用水量要低，从而使混凝土在低水灰比时也能获得较大的流动性；②水化放热量和放热速率要低，以避免因混凝土的内外温差过大而使混凝土产生裂缝；③水泥硬化后的强度要高，以保证以使用较少的水泥用量获得高强混凝土。用来配制高性能混凝土的水泥，主要有中热硅酸盐水泥、球状水泥、调粒水泥和活化水泥。

1. 中热硅酸盐水泥

中热硅酸盐水泥是指水泥中 C_3A 的含量不超过 6%，C_3S 和 C_3A 的总含量不超过 58% 的硅酸盐水泥。该种水泥具有较高的抵抗硫酸盐侵蚀的能力，水化热呈中等，有利于混凝土体积的稳定，避免混凝土表面因温差过大而出现裂缝。

2. 调粒水泥

调粒水泥是将水泥组成中的粒度分布进行调整，提高胶凝材料的填充率；使水泥粒子的最大粒径增大，粒度分布向粗的方向移动；同时还掺入适量的超细粉，以获得最密实的填充。这样就能获得流动性良好的水泥浆，具有适当的早期强度，水化热低，水化放热速度慢等方面的优良性能。

3. 活化水泥

将粉状超塑化剂和水泥熟料按适当比例混合磨细，即制得活性较高的活化水泥。活化水泥的活性大幅度提高，低强度等级的活化水泥可以代替高强度等级的普通硅酸盐水泥。采用活化水泥配制的高性能混凝土性能如表 1-1 所列。

二、矿物质掺合料

矿物质掺合料是高性能混凝土中不可缺少的组分，其掺入的目的是增加混凝土的活性、

表 1-1 活化水泥高性能混凝土的性能

混凝土所用水泥种类	水灰比(W/C)	坍落度/cm	抗压强度/MPa	弹性模量/10^4MPa	冻融循环次数	抗冻性系数
普通 32.5MPa 水泥	0.42	3.5	36.2	2.85	300	0.88
活化 32.5MPa 水泥	0.29	20	75.2	3.70	500	1.23

流动性、抗分离性、调节黏度及塑性、填充水泥石中的微孔，以利于提高混凝土的强度、密实性、特别是对改善混凝土的耐久性及防止碱骨料反应、降低混凝土水化热等有明显的效果。配制高性能混凝土常用的矿物质掺合料主要有硅粉、磨细矿渣、优质粉煤灰、超细沸石粉、无水石膏及其他微粉等。

三、粗细骨料

高性能混凝土骨料的选择对于保证高性能混凝土的物理力学性能和长期耐久性至关重要。清华大学冯乃谦教授认为，要选择适宜的骨料配制高性能混凝土，必须注意骨料的品种、表观密度、吸水率、粗骨料强度、粗骨料最大粒径、粗骨料级配、粗骨料体积用量、砂率和碱活性组分含量等。

（一）细骨料的选择

细骨料宜选用石英含量高、颗粒形状浑圆、洁净、具有平滑筛分曲线的中粗砂，其细度模数一般应控制在 2.6～3.2 之间；对于 C50～C60 强度等级的高性能混凝土，砂的细度模数可控制在 2.2～2.6 之间。其砂率控制在 36%左右。砂的品质应达到现行国家标准《建设用砂》（GB/T 14684—2011）中规定的优质砂标准。

有些试验研究指出，配制高性能混凝土强度要求越高，砂的细度模数应尽量采取上限。如果采用一些特殊的配比和工艺措施，也可以采用细度模数小于 2.2 的砂配制 C60～C80 的高性能混凝土。

（二）粗骨料的选择

1. 粗骨料表面特征

粗骨料的形状和表面特征对混凝土的强度影响很大，尤其在高强混凝土中，骨料的形状和表面特征对混凝土的强度影响更大。表面较粗糙的结构，可使骨料颗粒和水泥石之间形成较大的黏着力。同样，具有较大表面积的角状骨料，也具有较大的黏结强度。但是，针状、片状的骨料会影响混凝土的流动性和强度，因此针状、片状的骨料含量不宜大于 5%。

2. 粗骨料强度

由于混凝土内各个颗粒接触点的实际应力可能会远远超过所施加的压应力，所以选择的粗骨料的强度应高于混凝土的强度。但是，过硬、过强的粗骨料可能因温度和湿度的因素而使混凝土发生体积变化，使水泥石受到较大的应力而开裂。所以，从耐久性意义上说，选择强度中等的粗骨料，反而对混凝土的耐久性有利。试验证明，高性能混凝土所用的粗骨料，其压碎指标宜控制在 10%～15%之间。

3. 粗骨料最大粒径

高性能混凝土粗骨料最大粒径的选择，与普通混凝土完全不同。普通混凝土粗骨料最大粒径的控制主要是由构件截面尺寸及钢筋间距决定的，粒径的大小对混凝土的强度影响不大；但对高性能（高强）混凝土来说，粗骨料最大粒径的大小对混凝土的强度影响较大。材料试验证明，加大粗骨料的粒径会使混凝土的强度下降，强度等级越高影响越明显。造成强度下降的主要原因是：骨料尺寸越大，黏结面积越小，造成混凝土不连续性的不利影响也越大，尤其对水泥用量较多的高性能混凝土，影响更为显著。因此，高性能混凝土的粗骨料宜选用最大粒径不大于15mm的碎石。

4. 其他几方面的要求

粗细骨料的表观密度应在2.65g/cm^{3}以上；粗骨料的吸水率应低于1.0%，细骨料的饱和吸水率应低于2.5%；粗骨料的级配良好，空隙率达到最小；粗骨料中无碱活性组分。

四、高效减水剂

由于高性能混凝土的胶凝材料用量大、水灰比低、拌合物黏性大，为了使混凝土获得高工作性，所以在配制高性能混凝土时，必须采用高效减水剂。高效减水剂、高效AE减水剂、流化剂、超塑化剂、超流化剂等外加剂，是制备高性能混凝土的关键材料。

配制高性能混凝土所用的高效减水剂应当满足下列要求：a. 高减水率，减水剂的减水率一般应大于20%，当配制泵送高性能混凝土时，减水率应大于25%；b. 新拌混凝土的坍落度经时损失要小，使混凝土拌合物能保持良好的流动性；c. 选用的高效减水剂，与所用的水泥具有良好的相容性。

第三节　高性能混凝土配合比设计

由于高性能混凝土的强度高、水灰比低、受影响因素很多，因此，在高性能混凝土配合比设计方面，原来的普通混凝土配合比设计方法和原则已不适用。但是，迄今为止，世界上尚没有更为适合高性能混凝土配合比的设计的统一方法，各国研究人员在各自的试验基础上，粗略地计算具体的配合比，然后通过试配调整，确定最终配合比。

一、配合比设计的基本要求

高性能混凝土配合比设计的任务，就是要根据原材料的技术性能、工程要求及施工条件，科学合理地选择原材料，通过计算和试验，确定能满足工程要求的技术经济指标的各项组成材料的用量。根据现代建筑对混凝土的要求，高性能混凝土配合比设计应满足以下基本要求。

1. 高耐久性

高性能混凝土与普通混凝土有很大区别，最重要特征是其具有优异的耐久性，在进行配合比设计时，首先要保证耐久性要求。因此，必须考虑到抗渗性、抗冻性、抗化学侵蚀性、抗碳化性、抗大气作用性、耐磨性、碱-骨料反应、抗干燥收缩的体积稳定性等。

以上这些性能受水灰比的影响很大。水灰比越低，混凝土的密实度越高，各方面的性能越好，体积稳定性亦越强，所以高性能混凝土的水灰比不宜大于0.40。为了提高高性能混凝土的抗化学侵蚀性和碱-骨料反应，提高其强度和密实度，一般宜掺加适量的超细活性矿物质混合材料。

2. 高强度

各国试验证明，混凝土要达到高耐久性，必须提高混凝土的强度。因此，高强度是高性能混凝土的基本特征，高强混凝土也属于高性能混凝土的范畴，但高强度并不一定意味着高性能。高性能混凝土与普通混凝土相比，要求抗压强度的不合格率更低，以满足现代建筑的基本要求。

由于高性能混凝土在施工过程中不确定因素很多，所以，结构混凝土的抗压强度离散性更大。为确保混凝土结构的安全，必须按国家有关规定控制不合格率。我国现行施工规范规定，普通混凝土的强度等级保证率为95%，即不合格率应控制在5%以下；对于高性能混凝土，其强度等级的保证率为97.5%，即不合格率应控制在2.5%以下，其概率度 $t\leqslant -1.960$。

3. 高工作性

在一般情况下，对新拌混凝土施工性能可用工作性进行评价，即混凝土拌合物在运输、浇筑以及成型中不产生分离、易于操作的程度。这是新拌混凝土的一项综合性能，它不仅关系到施工的难易和速度，而且关系到工程的质量和经济性。

坍落度是表示新拌混凝土流动性大小的指标。在施工操作中，混凝土的坍落度越大，流动性越好，则混凝土拌合物的工作性也越好。但是，混凝土的坍落度过大，一般单位用水量也增大，容易产生离析，匀质性变差。因此，在施工操作允许的条件下应尽可能降低坍落度。根据目前的施工水平和条件，高性能混凝土的坍落度控制在18～22cm为宜。

4. 经济性

重视高性能混凝土配合比的经济性，是进行配合比设计时需要着重考虑的问题，它关系到工程造价的高低和混凝土性能的好坏。在高性能混凝土的组成材料中，水泥和高性能减水剂的价格最高，高性能减水剂的用量又取决于水泥的用量。因此，在满足工程对混凝土质量要求的前提下，单位体积混凝土中水泥的用量越少越经济。

众多工程实践证明，水泥用量多少不仅是一个经济问题，而且还是技术性问题。例如，对于大体积混凝土，水泥用量较少时，可以减少由于水化热过大而引起裂缝；在结构用混凝土中，水泥用量过多则会导致干缩增大和开裂。

二、配合比设计的方法步骤

目前，国际上提出的高性能混凝土配合比设计方法很多，目前应用比较广泛的主要有美国混凝土协会（ACI）方法、法国国家路桥试验室（LCPC）方法、P. K. Mehta 和 P. C. Aitcin 方法等。这些设计方法各有优缺点，但均不十分成熟。根据我国的实际情况，清华大学的冯乃谦教授创造的设计方法，与普通混凝土配合比设计方法基本相同，具有计算步骤简单、计算结果比较精确、容易掌握等优点。

（一）初步配合比的计算

根据选用原材料的性能及对高性能混凝土的技术要求，进行初步配合比的计算，得出供试配混凝土所用的配合比。

1. 配制强度的确定（$f_{cu,o}$）

由于影响高性能混凝土强度的因素很多，变异系数较大，因此，在配合比设计时就应该控制其不合格率。在通常情况下，高性能混凝土的不合格率宜控制在2.5%，即高性能混凝土的强度保证率在97.5%以上。

当设计要求的高性能混凝土强度等级已知时，混凝土的试配强度可按式(1-1)确定：

$$f_{cu,o}=f_{cu,k}-t\sigma \tag{1-1}$$

式中　$f_{cu,o}$——高性能混凝土的试配强度，MPa；

$f_{cu,k}$——设计的混凝土立方体抗压强度标准值，MPa；

t——概率度，当混凝土强度的保证率为97.5%时，$t=-1.960$；

σ——混凝土强度标准差，MPa。

混凝土强度标准差（σ）应根据施工单位的具体情况而确定。当施工单位有近期的同一品种混凝土强度资料时，其混凝土强度标准差（σ）可按标准差计算公式进行计算。如果施工单位没有高性能混凝土施工管理水平统计资料，且σ也无其他资料可查时，对于C60的混凝土，σ可取值6MPa；对于大于C60的混凝土，应参考有关工程施工经验确定。

2. 初步确定水胶比［$W/(C+M)$］

根据已测定的水泥实际强度f_{ce}（或选用的水泥强度等级$f_{ce,k}$）、粗骨料的种类及所要求的混凝土配制强度（$f_{cu,o}$），我国混凝土有关专家提出了高性能混凝土的如下关系式：

对于用卵石配制的高性能混凝土：

$$f_{cu,o}=0.296f_{ce}[(C+M)/W+0.71] \tag{1-2}$$

对于用碎石配制的高性能混凝土：

$$f_{cu,o}=0.304f_{ce}[(C+M)/W+0.62] \tag{1-3}$$

当无水泥实际强度数据时，公式中的f_{ce}值可按式(1-4)计算：

$$f_{ce}=\gamma_e f_{ce,k} \tag{1-4}$$

式中 C——每立方米混凝土中水泥的用量，kg/m^3；

M——每立方米混凝土中矿物质的掺加量，kg/m^3；

W——每立方米混凝土中的用水量，kg/m^3；

γ_e——水泥强度的富余系数，一般可取值1.13。

3. 选取单位用水量（W_0）

单位用水量的多少主要取决于混凝土设计坍落度的大小和高性能减水剂效果的好坏。在混凝土和易性允许的条件下，尽可能采用较小的单位用水量，以提高混凝土的强度和耐久性。一般情况下，单位用水量不宜大于175kg/m^3。在进行混凝土配合比设计时，可根据试配强度参考表1-2中的经验数据；对于重要工程，应通过试配确定单位用水量。

表1-2 最大单位用水量与混凝土试配强度的关系

混凝土试配强度/MPa	最大单位用水量/(kg/m^3)	混凝土试配强度/MPa	最大单位用水量/(kg/m^3)
60	175	90	140
65	160	105	130
70	150	120	120

4. 计算混凝土的单位胶凝材料用量（C_0+M_0）

根据已选定的每立方米混凝土用水量（W_0）和得出的水胶比［$W/(C+M)$］值，可按式(1-5)计算出胶凝材料用量：

$$C_0+M_0=(C+M)W_0/W \tag{1-5}$$

5. 矿物质掺合料（M_0）的确定

矿物质掺合料的掺量主要取决于掺合料中活性SiO_2的含量，在一般情况下其掺量为水泥的10%～15%。如果活性SiO_2含量高（如硅粉），取下限；如果活性SiO_2含量低（如优质粉煤灰），取上限。

6. 选择合理的砂率（S_p）

合理的砂率值主要应根据混凝土的坍落度、黏聚性及保水性要求等特征来确定。由于高性能混凝土的水胶比较小，胶凝材料用量大，水泥浆的黏度大，混凝土拌合物的工作性容易保证，所以砂率可以适当降低。合理的砂率值一般应通过试验确定，在进行混凝土配合比设计时，可在36%～42%之间选用。

7. 粗细骨料用量的确定

混凝土中粗细骨料用量的确定与普通混凝土配合比设计相同，可采用假定表观密度法计算求得。由于高性能混凝土的密实度比较大，其表观密度一般应比普通混凝土稍高些，可取2450～2500kg/m^3。

8. 高性能减水剂用量的确定

高性能减水剂是配制高性能混凝土不可缺少的组分，它不仅能增大坍落度，还能控制坍落度损失。高性能减水剂的最佳掺量应根据掺加的品种、施工条件、混凝土拌合物所要求的工作性、凝结性能和经济性等方面，通过多次试验确定。以固体计，高性能减水剂的掺量通常为胶凝材料总量的0.8%～2.0%，建议第一次试配时掺加1.0%。

9. 含水量的修正

由于上述高性能混凝土配合比设计是基于各材料饱和面干的情况，所以在实际拌和中还应根据骨料中含水量的不同，进行适当的粗细骨料含水修正。

（二）高性能混凝土配合比的试配与调整

高性能混凝土的配合比设计与普通混凝土基本相同，也包括两个过程，即配合比的初步计算和工程中的比例调整。由于在初步计算中有一些假设，与工程实际很可能不相符，所以计算得出的数据仅为混凝土试配的依据。工程实际中往往需要通过多次试配才能得到适当的配合比。

高性能混凝土配合比的试配与调整的方法和步骤与普通混凝土基本相同。但是，其水胶比的增减值宜为0.02～0.03。为确保高性能混凝土的质量要求，设计配合比提出后，还需用该配合比进行6～10次重复试验确定。

（三）高性能混凝土经验配合比

为方便配制高性能混凝土，特列出高性能混凝土参考配合比（见表1-3）和自密实高性能混凝土配合比（见表1-4），供施工单位参考选用。

表1-3　高性能混凝土参考配合比

强度等级	平均抗压强度/MPa	情况	胶凝材料/kg			用水量/kg	粗骨料/kg	细骨料/kg	总量/(kg/m^3)	水灰比(W/C)
			PC	FA(或BFS)	CSF					
A	65	1	534	0	0	160	1050	690	2434	0.30
		2	400	106	0	160	1050	690	2406	0.32
		3	400	64	36	160	1050	690	2400	0.32
B	75	1	565	0	0	150	1070	670	2455	0.27
		2	423	113	0	150	1070	670	2426	0.28
		3	423	68	38	150	1070	670	2419	0.28

续表

强度等级	平均抗压强度/MPa	情况	胶凝材料/kg			用水量/kg	粗骨料/kg	细骨料/kg	总量/(kg/m³)	水灰比(W/C)
			PC	FA(或BFS)	CSF					
C	90	1	597	0	0	140	1090	650	2477	0.23
		2	447	119	0	140	1090	50	2446	0.25
		3	447	71	40	140	1090	650	2438	0.25
D	105	—	—	—	—	—	—	—	—	—
		2	471	125	0	130	1100	630	2466	0.22
		3	471	75	40	130	1100	630	2458	0.22
E	120	—	—	—	—	—	—	—	—	—
		2	495	131	0	120	1120	620	2486	0.19
		3	495	79	44	120	1120	620	2478	0.19

注：表中PC为硅酸盐水泥；FA为粉煤灰；BFS为矿渣；CSF为硅粉。

表1-4 自密实高性能混凝土配合比

水胶比W/(C+F)	砂率/%	水/kg	水泥/kg	粉煤灰/kg	砂子/kg	石子/kg	其他/kg	外加剂(C×%)	抗压强度/MPa	
									设计	$f_{ce,28}$
0.370	50	200	350	180	800	800	UEA30	DFS-2(F)0.8	C30	57.0
0.360	50	200	350	180	782	797	UEA30	DFS-2(F)0.8	C30	47.0
0.430	50	200	270	162	834	850	UEA30	DFS-2(F)0.6	C30	37.5
0.365	51	201	382	168	796	760	—	SN1.8	C30	53.3
0.310	44	154	144	197	753	963	矿渣154	SP12.21	C50	60.0

第四节 高性能混凝土的基本性能

高性能混凝土的基本性能主要包括高性能混凝土拌合物的性能和高性能混凝土硬化后的性能两个部分。

一、高性能混凝土拌合物的性能

高性能混凝土拌合物的性能包括混凝土的填充性、流动中产生离析的机理、水泥浆对骨料抗摩擦性能的影响、粉体的种类与细度对剪切性能的影响4个方面。

1. 混凝土的填充性

为了使高性能混凝土的组成材料具有较高的填充性，不仅要求其具有高的流动性，同时还必须具有优异的抗离析性能。如图1-2所示，在钢筋混凝土配筋率较高的情况下，浇筑普通混凝土，在低坍落度范围，混凝土的填充性受其变形性支配；而在高坍落度时，材料的抗离析性是支配填充性的主要因素。如图1-3所示，考虑变形性与抗离析性两者的综合因素，可以得到拌合物最适宜的坍落度。

材料试验和工程实践证明，新拌混凝土中的自由水是支配混凝土变形及抗离析性能的主

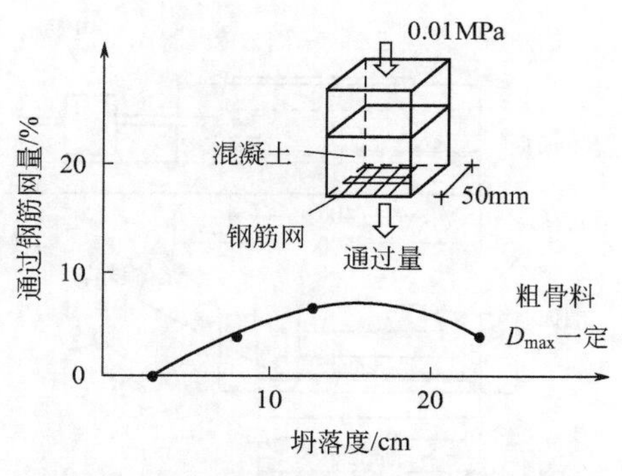

图 1-2　混凝土坍落度与通过钢筋网量关系

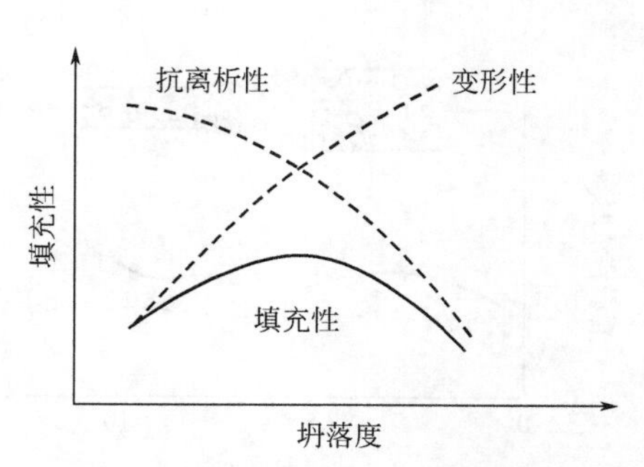

图 1-3　混凝土坍落度与填充性关系

要因素，自由水与变形性的关系是一线性关系，而与抗离析性能的关系则为非线性关系，如图 1-4、图 1-5 所示。

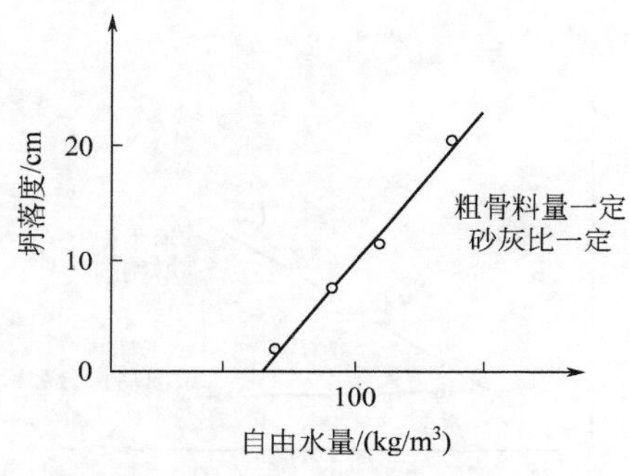

图 1-4　自由水与变形性的关系

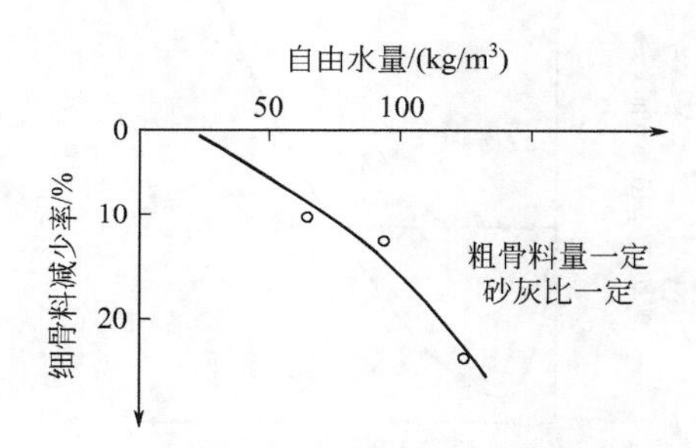

图 1-5　自由水与抗离析性的关系

由以上所述可见，高性能混凝土的填充性主要取决于其变形性及抗离析性，变形性大，抗离析性高的高性能混凝土拌合物填充性也好。但这些最终取决于自由水的含量，自由水含量较低，坍落度流动值大，这是高性能混凝土配合比设计中的关键技术之一。

2. 流动中产生离析的机理

不需要振动自密实的高性能混凝土拌合物，在浇筑成型填充模具的流动过程中，粗骨料与砂浆之间产生的分离现象是非常有趣的。如图 1-6 中(a) 所示，混凝土拌合物在其中流动，由大变小的喇叭口处，产生粗骨料的凝聚，进一步继续观察时，不仅发现粗骨料成拱，而且发生堵塞。

从图 1-6 中(b) 中可见，当混凝土中的砂浆黏度提高时，混凝土中粗骨料浓度基本上不变，混凝土拌合物即使通过喇叭口，粗骨料也不会产生分离现象。但是，如果混凝土拌合物中的浓度较低，则易发生如图 1-6(b) 中曲线 2 的现象，粗骨料在混凝土拌合物中的浓度增加，发生凝聚现象。这是由于两种拌合物在变截面处的剪切变形不同而引起的。砂浆黏度低的混凝土拌合物，在管内的某一处，粗骨料间发生激烈的碰撞与摩擦，浆体黏度低，容易发生流失，粗骨料间的内摩擦增大，产生凝聚现象。

3. 水泥浆对骨料抗摩擦性能的影响

由于粗骨料相互间的碰撞及摩擦，应力的传递是不同的，但对混凝土的变形性能有很大的影响。如图 1-7 所示，在两块钢板之间放入水泥浆试样，通过钢板进行直接剪切试验。固体之间的剪切力的传递机理与水泥浆是不同的，也就是说浆体的剪切应力是由摩擦与黏结两

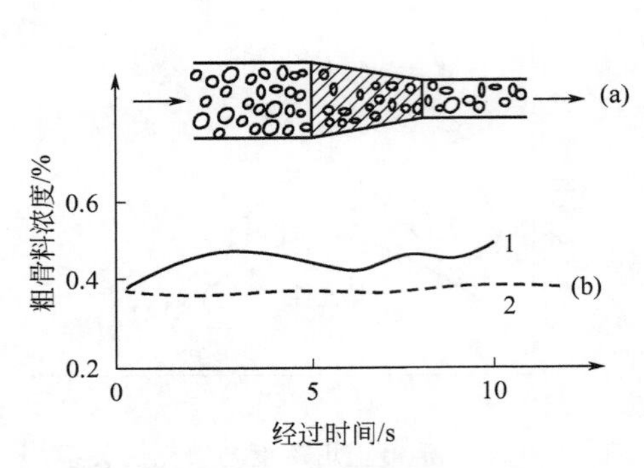

图 1-6 断面缩小处粗骨料浓度变化
1—低黏性模型砂浆；2—高黏性模型砂浆

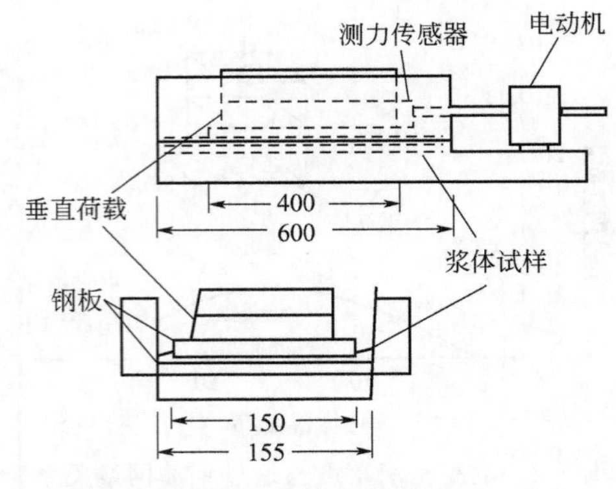

图 1-7 浆体剪切试验装置（单位：mm）

者复合而成（见图 1-8、图 1-9）。

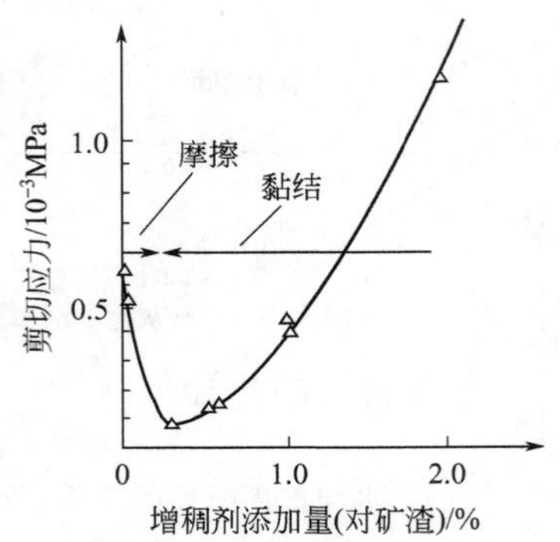

图 1-8 增稠剂添加量与剪切应力关系

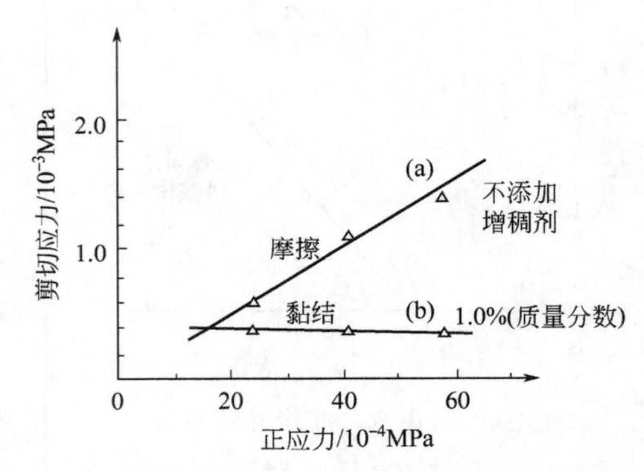

图 1-9 浆体剪切应力与正应力的关系

在水泥浆中掺入增稠剂，可以控制混凝土中液相的黏度，也影响变形与离析。在含矿渣的水泥浆中，掺入少量的增稠剂就能大大降低剪切应力，但随着增稠剂的增加，剪切应力迅速提高。当增稠剂最适宜的掺量是 0.2%（占矿渣质量分数）时，浆体的剪切应力最低（见图 1-8）。

从图 1-9 中可以看出，浆体中没有增稠剂时，虽然存在大量的自由水，但当正应力增大时，自由水被挤压出，摩擦阻力增大［见图 1-9 中直线(a)］。但掺入矿渣含量 1.0%的增稠剂后，自由水能保留于浆体之中，即使正应力增大，两钢板之间的摩擦抵抗也是不变的，两者间的相互作用只是由黏结引起的，且为线性关系［见图 1-9 中直线(b)］。

因此，掺入适量的增稠剂能改善固体间的摩擦抵抗，有效地降低体系的剪切力。

4. 粉体的种类与细度对剪切性能的影响

粉体的种类与细度对剪切性能的影响如图 1-10、图 1-11 所示。

试验结果证明，试验的 5 种粉体达到最低剪应力时，其曲线形状基本相似。但由于颗粒形状不同，达到最低剪应力时，水粉体比不相同。由于粉煤灰为球形颗粒，所以用水量比水泥及矿渣量低。关于粉体细度的影响，以矿渣材料为例，当矿渣细度提高（达 $7860cm^2/g$）时，其保水能力增强，最低剪应力的水粉比也相应增大。

粉煤灰、矿渣等活性混合材料，通过适宜的配比，水量很低时就能给予浆体所需要的黏性。使用适量的增稠剂，既可以不降低混凝土的变形性能，又能赋予混凝土拌合物抵抗离析

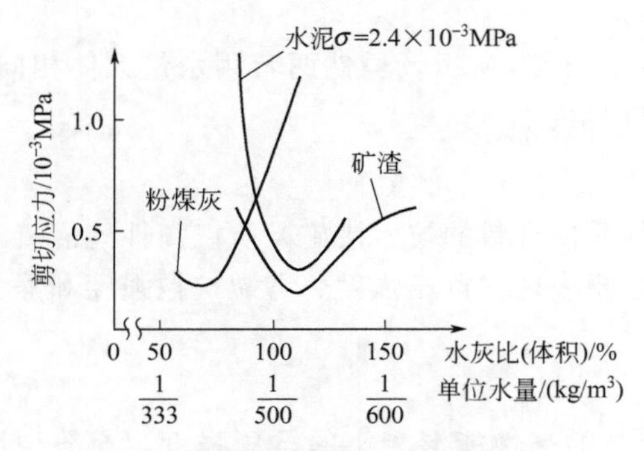

图 1-10　浆体剪切应力与水灰比关系（粉体种类影响）

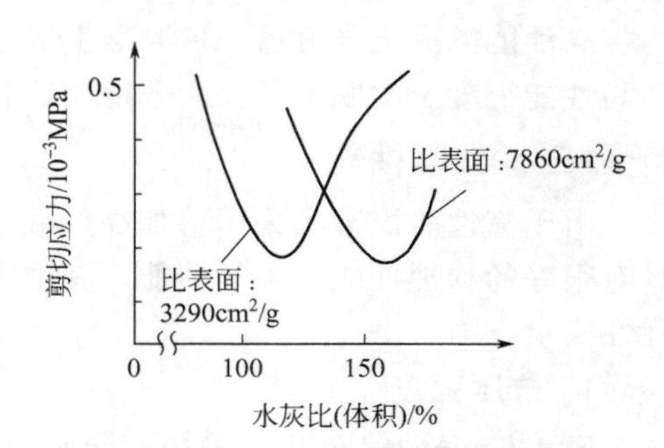

图 1-11　浆体剪切应力与水灰比关系（粉体细度影响）

分层的能力。

二、高性能混凝土硬化后的性能

高性能混凝土硬化后的性能主要包括干燥收缩性能、脱水性能、力学性能、耐久性能等方面。

（一）干燥收缩性能

根据日本工业标准 JISA1129，按表 1-5 中的配合比进行混凝土的干缩试验，其试验结果如图 1-12 所示。虽然高性能混凝土的用水量稍大，粉体的用量也比普通混凝土多，但其干缩率却比普通混凝土低，这是发展高性能混凝土非常有利的方面。

表 1-5　高性能混凝土与普通混凝土试验配合比

组成材料 / 混凝土	W	C	A_1	A_2	A_3	S	G	Ad	坍落度或流动值/cm	含气量/%
高性能混凝土	154	144	10	154	197	753	963	①	57(流动值)	2.1
普通混凝土	150	300	—	—	—		1176	②	17	4.2

注：A_1为膨胀剂；A_2为矿渣；A_3为粉煤灰。①为 4800CC 超塑化剂＋6g 增稠剂。②为 750CCAE 剂及减水剂。粗骨料最大粒径为 25mm。

以上两种混凝土的干缩试验结果如图 1-12 所示。

（二）脱水性能

高性能混凝土的脱水试验主要是检验混凝土的密实度。如果密实度不高，真空脱水时必

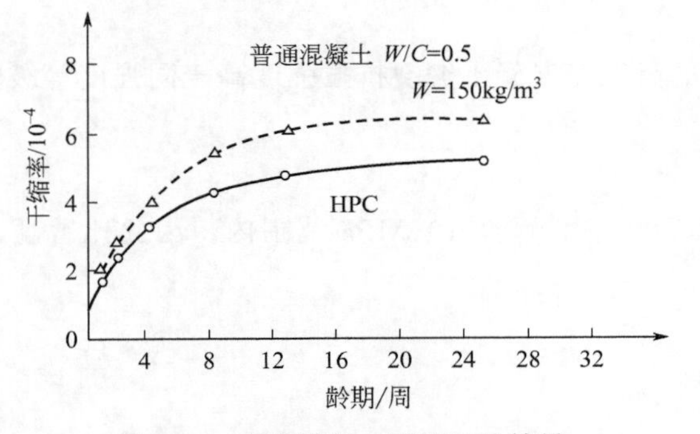

图 1-12　两种混凝土干缩试验结果

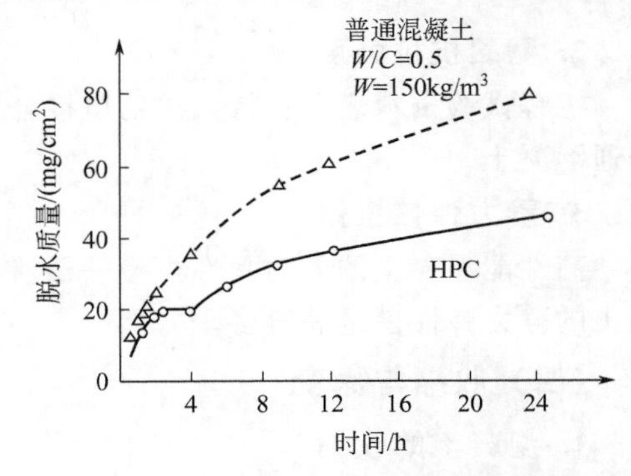

图 1-13　两种混凝土脱水试验结果

然有较多的水从孔缝中流出来，脱水量增大。

高性能混凝土与普通AE混凝土试验结果，如图1-13所示。虽然两者用水量大体相同，但高性能混凝土的脱水量仅为普通AE混凝土的50%左右。

（三）力学性能

由于高性能混凝土采用掺加高效减水剂和矿物质掺合料的技术措施，所以高性能混凝土具有很好的物理性能、力学性能，其中力学性能主要表现在抗压强度、劈裂抗拉强度和静力弹性模量方面。

1. 抗压强度

表1-6～表1-8列出了采用不同矿物掺合料配制的高性能混凝土的抗压强度，充分说明了高性能混凝土强度高是最显著的特征之一。

表1-6 粉煤灰高性能混凝土抗压强度

编号	水泥/(kg/m³)	粉煤灰/(kg/m³)	水灰比(W/C)	配合比 胶结料：细骨料：石	减水剂NF/%	抗压强度/MPa		
						3d	28d	56d
1	495	55	0.36	1：1.340：1.60	0.5	57.4	64.5	72.3
2	520	130	0.29	1：0.958：1.29	0.5	48.9	65.3	74.6
3	594	149	0.28	1：0.753：1.15	1.0	61.9	80.1	86.8

表1-7 超细矿渣高性能混凝土抗压强度

编号	混凝土组成材料						抗压强度/MPa		
	水/(kg/m³)	水泥/(kg/m³)	矿渣/(kg/m³)	砂子/(kg/m³)	石子/(kg/m³)	萘系减水剂/%	7d	28d	91d
1	165	589	—	637	1013	2.6	63.9	74.7	80.9
2	165	353	236	631	1001	2.6	75.0	80.6	85.3

注：超细矿渣比面积为8000cm²/g，混凝土的坍落度为23～25cm。

表1-8 硅粉高性能混凝土抗压强度

编号	水灰比(W/C)	高效减水剂/%	各种组成材料用量/(kg/m³)					坍落度/cm	抗压强度/MPa	
			水泥	硅粉	水	砂	石		7d	28d
1	0.26	1.0	440	38.9	127	622	1263	5～8	63.7	86.9
2	0.26	1.3	480	53.8	139	640	1182	13～15	63.5	86.1

2. 劈裂抗拉强度

工程试验资料表明：掺入矿物质掺合料的高性能混凝土劈裂抗拉强度高于同强度等级的普通混凝土。

3. 静力弹性模量

高性能混凝土的静力弹性模量一般在$(3.80\sim4.40)\times10^4$MPa范围内，因此比普通混凝土的静力弹性模量高得多。

（四）收缩与徐变

1. 混凝土的收缩

高性能混凝土的干燥收缩性与水泥用量、水灰比、掺合料种类、外加剂种类、混凝土配合比、环境相对湿度和温度等有关。

研究资料表明：掺加磨细粉煤灰、磨细沸石粉的高性能混凝土早期干缩较大，最终的收缩值比普通混凝土稍低；掺加硅粉和超细矿渣的高性能混凝土的干缩值低于相同强度等级的高强混凝土。

2. 混凝土的徐变

掺加磨细粉煤灰、磨细沸石粉的高性能混凝土的徐变度略高于未掺的基准混凝土；掺加硅粉和超细矿渣的高性能混凝土的徐变度低于未掺的基准混凝土。

（五）耐久性

高性能混凝土与普通混凝土相比，其水灰比低、密实度高、强度较高、体积稳定性好，所以，高性能混凝土具有很好的耐久性，这是高性能混凝土得以在工程中应用的最重要原因。高性能混凝土的优良耐久性主要包括抗渗透性、抗硫酸盐侵蚀、抗冻性、碱-骨料反应、耐磨性和抗碳化性等。

1. 抗渗透性

高性能混凝土由于水灰比低，并且又以一部分矿物质掺合料代替水泥，所以，混凝土一般不发生离析泌水现象，水泥石与石子界面得到改善，其抗渗性提高。采用内掺5%的硅粉替代5%的水泥，配制高性能混凝土的试验结果证明：硅粉高性能混凝土的渗透系数为6×10^{-14}m/s，非硅粉高性能混凝土的渗透系数为3×10^{-11}m/s。清华大学研究了掺加沸石粉高性能混凝土的抗渗性，强度为60MPa的高性能混凝土，抗渗压力为2.0MPa时未发现渗水现象，说明高性能混凝土具有很高的抗渗性。

除抗渗性外，Cl^-渗透是评价混凝土抗渗性的另一项重要指标。经有关试验证明：硅酸盐水泥的Cl^-扩散系数为$(1.56\sim8.70)\times10^{-12}m^2/s$；而以F级粉煤灰取代30%水泥后，扩散系数仅为$(1.34\sim1.35)\times10^{-12}m^2/s$。其他试验结果表明：含粉煤灰的混合水泥$Cl^-$扩散系数比纯水泥浆降低10%～50%；掺加硅粉的水泥石扩散系数比基准水泥石降低68%～84%。

上述研究试验结果说明高性能混凝土具有很高的抗渗能力和较高的抗Cl^-渗透能力。

2. 抗硫酸盐侵蚀

挪威工程实践证明：掺加15%硅粉的高性能混凝土，其抗硫酸盐侵蚀的能力大大优于普通混凝土；德国、法国等国家用磨细的矿渣代替部分胶凝材料的高性能混凝土，处于有硫酸盐侵蚀的环境下，当矿渣含量达到70%时，混凝土观察不到膨胀值；内掺30%粉煤灰的高性能混凝土能明显改善抗硫酸盐侵蚀的性能。

3. 抗冻性

工程试验证明：用7.5%和15%的硅粉代替相应的水泥，水胶比为0.45的砂浆耐久性系数，其抗冻性显著提高，这说明硅粉高性能混凝土具有很高的抗冻性。若混凝土中以20%磨细粉煤灰代替相应的水泥，其抗冻性也高于相对比的基准混凝土。但随着粉煤灰的掺量继续增加，混凝土的抗冻性反而下降。有的研究资料还表明：掺加超细矿渣的高性能混凝土，也可以获得很高的抗冻性。

4. 碱-骨料反应

碱-骨料反应是指水泥石中的碱与骨料中的活性物质反应，使混凝土产生较大的体积膨胀，最终导致混凝土破坏的现象。

清华大学测定了掺加沸石粉、粉煤灰、硅粉的砂浆棒的膨胀值。粉煤灰的比表面积为

$7000cm^2/g$，硅粉的比表面积为 $200000cm^2/g$，沸石粉的比表面积为 $7000cm^2/g$；混凝土中的掺量分别为：粉煤灰 20%，沸石粉 20%，硅粉 10%。试验结果表明：粉煤灰与沸石粉对碱骨料反应的抑制效果大体相同，当掺量为 20%时，180d 的膨胀率≤0.03%；硅粉抑制效果较好，掺量为 10%时就可达到上述效果。

5. 耐磨性

高性能混凝土一般都具有很高的耐磨性，而硅粉高性能混凝土更具有突出的耐磨性能。挪威研究结果表明：120MPa 以上的硅粉高性能混凝土，其耐磨性与花岗岩基本相同，磨耗率仅为 0.6×10^{-4}mm/次，这里的每次相当于以 63km/h 速度行驶的带有防滑铁钉轮胎的货车作用。

我国上海建筑材料所按照水工混凝土试验规程，进行过硅粉高性能混凝土冲磨试验，在相等水泥用量的情况下，掺加硅粉（7.5%～25%）、水灰比(W/C)＝0.48～0.58 的高性能混凝土，磨耗率为 1.62～2.01kg/(h・m²)，而不掺加硅粉混凝土的磨耗率为 3.74kg/(h・m²)。上述试验结果充分表明：掺加硅粉的高性能混凝土可大大提高耐磨性。因此，硅粉高性能混凝土可用于高等级路面、机场跑道和有高速水流冲刷的水工建筑。

6. 抗碳化性

高性能混凝土中虽然掺入了矿物质掺合料，降低了混凝土内部的碱度，但由于高性能混凝土内部结构致密，侵蚀介质很难进入，碳化的深度与普通混凝土基本相当，而碳化速度却小于普通混凝土。在一般情况下，当高性能混凝土的强度达到 60MPa 以上时可不考虑其碳化问题。

第五节 高性能混凝土的制备施工

采用高性能混凝土，在施工中的最大优势是不需振捣而密实。因此，高性能混凝土的制备实际上是高流动性混凝土的制备，经过计量配料、强制搅拌、质量检测等施工过程。其工艺流程如图 1-14 所示。

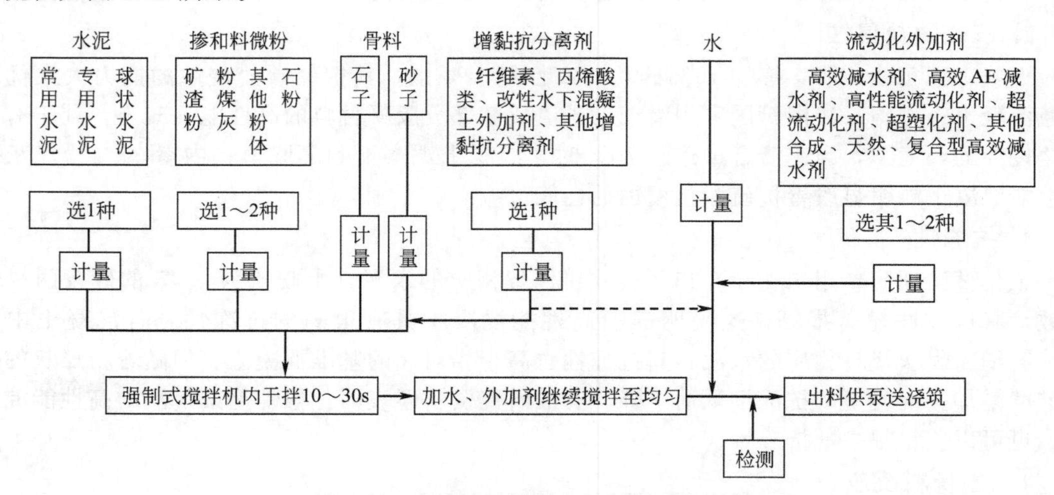

图 1-14 高流动性混凝土的制备工艺流程

采用高性能混凝土施工优点很多，获得的施工效果主要有：a. 可以确保混凝土施工质量与耐久性；b. 可以节省大量的人工，施工中比较安全；c. 在施工过程中，能有效防止施工噪声的产生；d. 能促进施工体系的改革，科学地组织施工；e. 使混凝土工程施工合理化，不仅可以缩短工期，而且可以减少气候对施工和质量的影响；f. 使工厂构件生产体系更加工业化。

一、高性能混凝土对模板的要求

由于高性能混凝土具有高流动性，所以对模板的侧压力大幅度增加。设计模板时，应以混凝土自重传递的液压力大小为作用压力，同时还要考虑到分隔板影响、模板形状、面积大小、配筋状况、浇筑速度、凝结速度、环境温度等因素。在混凝土凝结之前是最危险的时刻，若分隔板间的压力差太大，模板的刚度不够或组模不当，下部崩裂后会导致混凝土流出，造成危害。因此，在进行高性能混凝土模板设计时，选择高强度的钢材制作，提高设计安全系数，并取最不利的因素作为设计取值。

二、高性能混凝土充填性检查

对所有搅拌的高性能混凝土，在正式浇筑之前均要进行充填性检查，这是保证施工质量的重要环节。混凝土充填性检查的方法是：在受料或泵送前的位置设置类似于结构物的钢筋障碍物，以要求的速度通过，判断混凝土的充填性是否良好。不能正常通过该装置的混凝土，不能浇筑于结构，否则会损害整体质量。为保证顺利浇筑，施工中应经常做坍落度流动试验，掌握充填性好坏，以便及时采取措施。

三、高性能混凝土的泵送性能

高性能混凝土由于材料不易产生分离，变形性优良，因此泵送在弯管和锥管处发生堵塞的可能性较小。但是，由于高性能混凝土的黏性较高，混凝土与管壁的摩擦阻力增加，所以混凝土与管壁间的滑动膜层的形成比较困难，混凝土作用于轴向的压力增大。与普通混凝土相比，在同样输送量的情况下，其压力损失增大30%～40%。浇筑停止后，再泵送时需增大压送力。因此，泵送应制定周密的施工计划，合理地布置配管。

四、高性能混凝土的浇筑方法

高性能混凝土的浇筑是混凝土施工中最重要的工序，对确保工程质量起着重要作用。浇筑的关键是控制好浇筑的速度，千万不能过快，要防止过量空气的卷入和混凝土供应不足而中断浇筑。如果浇筑速度过快，混凝土的输送阻力将明显增大，且呈非线性增长，所以浇筑时应保持缓慢速度和连续性，注意组织好浇筑及配管计划。

高性能混凝土具有充填性优良、浇筑高度较大等优异的施工特点。箱形断面的结构有可能一次浇筑到顶，但其底部模板受到的推力大，应充分考虑到模板设计与安装。另外，混凝土的直接下落高度应小于3m，以防止下落时产生分离；遵守有关施工缝设置与处理的规定。此外，高性能混凝土虽然不泌水，施工缝处不会出现浮浆现象，但应注意防止干燥。

五、高性能混凝土的施工要点

以上讲述了高性能混凝土在模板架立、混凝土质量检查和混凝土浇筑等方面应注意事项，除此之外，在施工中还应注意以下几个方面。

(1) 如果制备高流动不振捣高性能混凝土，需要采用强制式混凝土搅拌机、储存、称量和检测设备，以确保混凝土的拌制质量。

（2）高流动的高性能混凝土会大大增加模板的侧压力。在进行模板设计时，应以混凝土自身质量传递的湿压力为作用压力，同时考虑分隔板影响、模板形状、大小、配筋状况、浇筑速度、施工温度、凝结速度等因素。由于在混凝土凝结之前是最危险的时刻，如果分隔板间的压力差太大，模板的刚度不够或组模不当，下部崩裂后会导致混凝土流出。因此，应选择高强钢材制作模板，提高模板设计安全系数，以最不利因素为设计取值。

（3）在浇筑高性能混凝土时，不能正常通过钢筋障碍状物的混凝土不能浇筑，否则会损害混凝土结构的整体质量。为保证浇筑速度，施工中应经常进行坍落度流动试验，掌握混凝土充填性能好坏，以便及时采取措施。

（4）在采用泵送时，高性能混凝土因材料不易分离，变形性优良，在弯管和锥管处堵塞的可能性减小。但混凝土与管壁的摩擦阻力增加，混凝土与管壁间的滑动膜层形成比较困难，混凝土作用于轴向的压力增大。与普通泵送混凝土相比，其压力损失增大30%～40%。浇筑停止后，再重新浇筑时需增大压送力。因此，泵送工艺时应制定周密计划，合理布置配管。

（5）在浇筑高性能混凝土时，应控制好浇筑速度，不能浇筑太快。要防止过量空气卷入和混凝土供应不足而中断浇筑。因随着浇筑速度的增加，不振捣混凝土比一般混凝土输送阻力的增加明显增大，且呈直线性增长，所以浇筑时应保持缓和而连续浇筑，注意制定好浇筑及泵送工艺配管计划，大型混凝土结构物可采用分枝配管工法。

（6）高性能混凝土充填性优良，浇灌的高度比较大。箱形断面有可能一次浇筑到顶，其顶部模板承受推力大，应考虑模板设计与安装条件。另外，混凝土的自由下落高度不得大于3m，防止粗骨料产生离散。此外，高性能混凝土不泌水，施工缝处不会出现浮浆，但应注意防止干燥，遵守有关施工缝设置与处理的规定。

（7）高性能混凝土，相对来说其胶凝材料用量大，水灰比较低，黏度比较大，流动性较差，与普通混凝土相比，坍落度相同时其振捣密实所需时间长。因此，混凝土浇筑完毕后应根据情况适当延长振捣时间。

（8）由于高性能混凝土混合物中相对粉体用量多，同时水灰比也较小，所以浇筑完毕后为了充分发展混凝土的后期强度，加强混凝土的养护是非常必要的，特别要注意采取保湿养护措施。

第二章　高强混凝土

随着工程材料质量和施工技术的不断提高，特别是高层建筑和超高层建筑钢筋混凝土结构的发展需要，一般强度的普通水泥混凝土已远远不能满足工程的需要，因此研究和制备高强混凝土已非常必要。

现代混凝土技术的发展趋势是混凝土的高强化与高强混凝土的流态化。随着建筑业的飞速发展，提高工程结构混凝土的强度已成为当今世界各国土木建筑工程界普遍重视的课题，它既是混凝土技术发展的主攻方向之一，也是节省能源、资源的重要技术措施之一。

第一节　高强混凝土的概述

近年来，世界各国使用的混凝土，其平均和最高抗压强度都在不断提高。大量混凝土工程实践证明，在建筑工程中采用高强混凝土，不仅可以减小混凝土结构断面尺寸、减轻结构自重、降低材料用量、有效地利用高强钢筋，而且还能增加建筑的抗震能力，加快施工进度，降低工程造价，满足特种工程的要求。因此，在混凝土结构工程中推广应用高强混凝土具有重大的技术意义和较好的经济效益。

一、高强混凝土的定义

高强混凝土并没有一个确切的定义，在不同的历史发展阶段，高强混凝土的含义是不同的。由于各国之间的混凝土技术发展不平衡，其高强混凝土的定义也不尽相同，即使在同一个国家，因各个地区的高强混凝土发展程度不同，其定义也随之改变。正如美国的 S. Shah 教授所指出的那样："高强混凝土的定义是个相对的概念，如在休斯敦认为是高强混凝土，而在芝加哥却认为是普通混凝土。"

日本京都大学教授六车熙指出：20 世纪 50 年代，强度在 30MPa 以上的混凝土称为高强混凝土；20 世纪 60 年代，强度在 30～50MPa 之间的混凝土称为高强混凝土；20 世纪 70 年代，强度在 50～80MPa 之间的混凝土称为高强混凝土；20 世纪 80 年代，强度在 50～100MPa 之间的混凝土称为高强混凝土；至 20 世纪 90 年代，一些工业发达国家将强度在 80MPa 以上混凝土称为高强混凝土。实际上，在 20 世纪 60 年代，美国在工程中大量应用的混凝土强度已达 30～50MPa，并且已有强度为 50～90MPa 的高强混凝土；到 20 世纪 80 年代末期，美国在西雅图商业大楼的框架柱上，采用了设计强度为 100MPa 的现浇高强混凝土。

我国自 20 世纪 70 年代开始，用高效减水剂配制高强混凝土的研究，为推广应用高强混凝土创造了有利条件，并使高强混凝土迅速用于建筑工程中。根据目前的施工技术水平，我国一些单位在试验室条件下已配制出 100MPa 以上的混凝土，在普通施工条件下采用优质骨料、减水剂，也能较容易获得 C60～C80 混凝土。通过以上可以充分说明，我国在高强混凝土的研究与应用方面已经取得了巨大成绩。高强混凝土在建筑工程中具有美好的前景。

在《高强混凝土结构设计与施工指南》（HSCC 93-1）中，具体给出了采用水泥、砂、石原料按常规工艺配制强度为50～80MPa的高强混凝土的技术规定。从我国目前平均的设计施工技术实际出发，将强度在50MPa以上的混凝土称为高强混凝土，强度在30～45MPa的混凝土称为中强混凝土，强度在30MPa以下的混凝土称为低强混凝土。因此，在实际工程中，一般采用50～60MPa的高强混凝土是符合中国国情的。经过这些年的工程实践，多数建筑专家认为，在工程中采用50～80MPa的高强混凝土也是比较实际的。

1998年，中国土木工程学会高强与高性能混凝土委员会，以30余个工程应用实例出版了《高强混凝土工程应用》论文集，表明我国在高强混凝土工程应用水平已经达到国际先进水平，为编制《高强混凝土应用技术规程》（JGJ/T 281—2012）创造了条件，这将进一步推动我国高强混凝土的应用及发展。

二、高强混凝土的特点与分类

1. 高强混凝土的特点

在当今的普通混凝土结构中，已经有广泛应用高强混凝土的趋势，而且向着轻质高强方向发展，其生产逐渐实现工业化、商品化和自动化。混凝土在50～80MPa范围内，可以由预拌混凝土工厂提供。有关试验资料表明：在实验室内，已可以配制成抗压强度高达100MPa以上的超高强混凝土。在预拌混凝土工厂中配制高强混凝土，可加快施工速度并减少浇灌时的产品质量损失。在高层建筑中，高强混凝土的优点是：可大幅度减小断面尺寸，降低负荷数量，增加结构的跨度。高强混凝土与普通混凝土一样，仍然属于一种脆性材料。

归纳起来，高强混凝土有如下优点：a. 强度高，变形小，适用于大跨度、重载和高耸结构；b. 耐久性好，能承受各种恶劣环境条件，使用寿命长；c. 能大大减小结构的截面尺寸，降低结构自身质量荷载；d. 其掺渗性和抗冻性均比普通强度的混凝土好；e. 对于预应力结构，能更早地施加更大的预应力，且预应力损失小。但是，高强混凝土也有如下缺点：a. 对于原材料质量要求非常严格；b. 混凝土质量易受生产、运输、浇筑和养护环境的影响；c. 其延性比普通混凝土还差，即高强混凝土的脆性更大。

2. 高强混凝土的分类

高强混凝土根据不同的工作性、水灰比及成型方式，可分为高工作性的高强混凝土、正常工作性的高强混凝土、工作性非常低的高强混凝土、压实高强混凝土以及低水灰比高强混凝土。其具体分类如表2-1所列。

表2-1　高强混凝土的类型

高强混凝土类型	水灰比(W/C)	28d抗压强度/MPa	注意事项
大流动性高强混凝土	0.25～0.40	40.0～70.0	150～200mm坍落度，水泥用量大
正常稠度高强混凝土	0.35～0.45	45.0～80.0	50～100mm坍落度，水泥用量大
无坍落度高强混凝土	0.30～0.40	45.0～80.0	坍落度小于25mm，正常水泥用量
低水灰比高强混凝土	0.20～0.35	100～170	采用掺加外加剂
压实施工高强混凝土	0.05～0.30	70.0～240	加压70.0MPa，甚至更大

第二节　普通高强混凝土

普通高强混凝土是各类工程中最常用的混凝土，这种混凝土具有与普通水泥混凝土相同的施工方法和施工工艺，强度基本能满足各种混凝土结构的要求，是一种值得提倡和推广应用的新型混凝土。

一、普通高强混凝土的原材料

高强混凝土的原材料主要包括胶凝材料、砂石骨料、化学外加剂、矿物掺合料和水等。原料的选择是否正确，是配制高强混凝土的基础和关键，必须引起足够的重视。

（一）胶凝材料

水泥是高强混凝土中的主要胶凝材料，也是决定混凝土强度高低的首要因素。因此，在选择水泥时必须根据高强混凝土的使用要求，主要考虑如下技术条件：水泥品种和水泥的强度等级；在正常养护条件下，水泥早期和后期强度的发展规律；在混凝土的使用环境中，水泥的稳定性；水泥的其他特殊要求，如水化热的限制、凝结时间、耐久性等。

1. 水泥的品种与强度等级

配制高强混凝土，不一定采用快硬水泥，因为早期强度高不是目的。过去，配制高强混凝土是比较困难的，所选水泥的强度等级往往是混凝土的0.9～1.5倍。也就是说，水泥的强度等级一般应高于相应混凝土的强度等级，有时也可以略低于混凝土的强度等级。在我国，现阶段随着材料性质及生产工艺方法的改善，尤其是外加剂的广泛应用，配制高强混凝土也就更加容易。

根据《高强混凝土应用技术规程》（JGJ/T 281—2012）中的规定，配制高强混凝土的水泥，宜选用强度等级为52.5MPa或更高强度等级的硅酸盐水泥或普通硅酸盐水泥；当混凝土强度等级不超过C60时，也可以选用强度等级为42.5MPa硅酸盐水泥或普通硅酸盐水泥。无论选用何种水泥，必须达到强度满足、质量稳定、需水量低、流动性好、活性较高的要求。

2. 水泥的矿物成分和细度

水泥熟料中的矿物成分和细度是影响高强混凝土早期强度和后期强度的主要因素。对硅酸盐系列的水泥来讲，其熟料中的主要矿物成分为硅酸三钙（C_3S）、硅酸二钙（C_2S）、铝酸三钙（C_3A）和铁铝酸四钙（C_4AF）。C_3S对早期和后期强度发展都有利；C_2S的水化速度较慢，但对后期强度起相当大的作用；C_3A的水化速度最快，主要影响混凝土的早期强度；C_4AF的水化速度虽较快，但早期和后期的强度都较低。

由以上可以看出，如果早期强度要求较高，应使用C_3S含量高的水泥；如果对早期强度无特殊要求，应使用C_2S含量高的水泥。由于C_3A、C_4AF的早期和后期强度均比较低，所以用于高强混凝土的水泥中，C_3A、C_4AF含量应严格控制。高细度的水泥能获得早强，但其后期强度很少增加，加上水化热严重，单纯利用增加水泥细度提高早期强度的方法也是不可取的。水泥的细度一般为3500～4000cm^2/g比较适宜。

3. 高强混凝土的水泥用量

生产高强混凝土，胶凝物质的数量是至关重要的，它直接影响到水泥石与界面的黏结力。为达到施工的要求，也应具有一定的工作度。从理论上讲，为了增加砂浆中胶凝材料的比例，提高混凝土的强度和工作度，国外水泥用量一般控制在500～700kg/m^3范围内。

根据我国上海金茂大厦、广州国际大厦、海口868公寓、深圳鸿昌广场大厦、青岛中银大厦等著名的超高层建筑工程实践，高强混凝土的水泥用量一般在500kg/m^3左右，最多不超过550kg/m^3。其具体掺加数量主要与水泥的品种、细度、强度、质量等方面有关，另外还与混凝土的坍落度、混凝土强度等级、外加剂种类、骨料的级配与形状、矿物掺合料等密切相关。

根据国内外大量的试验表明：如果混凝土中掺加水泥过多，不仅使其产生大量的水化热和较大的温度应力，而且还会使混凝土产生较大的收缩等质量问题。工程成功经验证明：在配制高强混凝土时，如果高强混凝土的强度等级较低（C50～C80），水泥用量宜控制在400～500kg/m^3；如果混凝土的强度等级大于C80，水泥用量宜控制在500～550kg/m^3，另外可通过掺加硅粉、粉煤灰等矿物料来提高混凝土强度。

（二）骨料

骨料是混凝土的骨架和重要组成材料，一般可占混凝土总体积的75%～80%，它在混凝土中既有技术上的作用又有经济上的意义。总的来看，配制高强混凝土的骨料应选用坚硬、高强、密实而无孔隙和无软质杂质的优良骨料。

1. 粗骨料

粗骨料是混凝土中骨料的主要组成，在混凝土的组织结构中起着骨架作用，一般占骨料的60%～70%，其性能对高强混凝土的抗压强度及弹性模量起决定性的作用。粗骨料对混凝土强度的影响主要取决于水泥浆及水泥砂浆与骨料的黏结力、骨料的弹性性质、混凝土混合物中水上升时在骨料下方形成的“内分层”状况、骨料周围的应力集中程度等。因此，如果粗骨料的强度不足，其他采取的提高混凝土强度的措施将成为空谈。对高强混凝土来说，粗骨料的重要优选特性是抗压强度、表面特征及最大粒径等。

（1）粗骨料的抗压强度　在许多情况下，骨料质量是获取高强混凝土的主要影响因素。所以，在试配混凝土之前应合理地确定各种粗骨料的抗压强度，并应尽量采用优质骨料。优质骨料系指高强度骨料和活性骨料。按规定，配制高强混凝土时，最好采用致密的花岗岩、辉绿岩、大理石等作骨料，粒型应坚实并带有棱角，骨料级配应在要求范围以内。粗骨料的强度可用母岩立方体抗压强度和压碎指标值表示。

（2）粗骨料的最大粒径　材料试验研究表明，用以制备高强混凝土的粗骨料，其最大粒径与所配制的混凝土最大抗压强度有一定的关系。《普通混凝土配合比设计规程》（JGJ 55—2011）中规定：对C60及C60以上强度等级的混凝土，粗骨料的最大粒径不宜超过31.5mm。工程试验表明，大于25mm的粗骨料不能用于配制抗压强度70MPa以上的高强混凝土，骨料的最大粒径为12～20mm时能获得最高的混凝土强度。因此，配制高强混凝土的粗骨料最大粒径一般应控制在20mm以内；如果岩石强度较高、质地均匀坚硬，或混凝土强度等级在C40～C55以下时，也可以采用20～30mm粒径的骨料。

（3）异形颗粒的含量　异形颗粒的骨料主要指针、片状骨料，它们严重影响混凝土的强度。对于中、低强度的混凝土，异形颗粒的含量要求较低，一般不超过15%，但对高强混凝土要求很高，一般不宜超过5%。

（4）粗骨料的表面特征　混凝土初凝时，胶凝材料与粗骨料的黏结是以机械式啮合为主，所以要配制高强混凝土，应采用立方体的碎石，而不能采用天然砾石。同时，碎石的表面必须干净而无粉尘，否则会影响混凝土内部的黏结力。

（5）粗骨料的坚固性　粗骨料的坚固性是反映骨料在气候、环境变化或其他物理因素作用下抵抗破坏的能力。骨料的坚固性是用硫酸钠饱和溶液法进行检验，即以试棒经过5次循环浸渍后，骨料的损失质量占原试棒质量的百分率。粗骨料的坚固性要求与混凝土所处的环境有关，具体标准如表2-2所列。

表 2-2 粗骨料的坚固性指标

不同环境下的混凝土	在硫酸钠饱和溶液中的循环次数	循环后的质量损失不宜大于/%
在干燥条件下使用的混凝土	5	12
在寒冷地区室外使用，并经常处于潮湿或干湿交替状态下的混凝土	5	5
在严寒地区室外使用，并经常处于潮湿或干湿交替状态下的混凝土	5	3

(6) 各种杂质的含量　各种杂质主要包括黏土、云母、轻物质、硫化物及硫酸盐、活性氧化硅等。黏土附着于粗骨料的表面，不仅会降低混凝土拌合物的流动性或增加用水量，而且大大降低骨料与水泥石间的界面黏结强度，从而使混凝土的强度和耐久性降低。所以，在配制高强混凝土时要认真对粗骨料进行冲洗，严格控制含泥量在1%以内。

硫化物及硫酸盐的含量，应采用比色法试验鉴别，颜色不得深于国家规定的标准色。

(7) 颗粒级配　骨料的颗粒级配对混凝土拌合物的工作性能和混凝土强度有着重要的影响。良好的颗粒级配可用较少的加水量制得流动性好、离析泌水少的混凝土混合料，并能在相应的施工条件下得到均匀致密、强度较高的混凝土，达到提高混凝土强度和节约水泥用量的效果。

在配制高强混凝土时，最好采用连续级配的粗骨料，即不大于最大粒径的石子都要占一定比例，然后通过试验从中选出几组容重较大的级配进行混凝土试拌，选择和易性符合要求、水泥用量较少的一组作为采用的级配。配制高强混凝土的粗骨料颗粒级配范围应符合国家标准《建设用卵石、碎石》(GB/T 14685—2011) 中的规定。

2. 细骨料

高强混凝土对细骨料的要求与普通混凝土基本相同，在某些方面稍高于普通混凝土对细骨料的要求。砂中的有害物质主要有黏土、淤泥、云母、硫化物、硫酸盐、有机质以及贝壳、煤屑等轻物质。黏土、淤泥及云母影响水泥与骨料的胶结，含量多时使混凝土的强度降低；硫化物、硫酸盐、有机物对水泥均有侵蚀作用；轻物质本身的强度较低，会影响混凝土的强度及耐久性。因此，配制高强混凝土最好用纯净的砂，起码有害杂质含量不能超过现行国家规定的限量。

细骨料的级配要符合设计要求。在高强混凝土的组成中，细骨料所占比例同样要比普通强度混凝土所用的量要少些。

根据工程实践经验证明，配制高强混凝土时，对有害杂质应按以下标准严格控制：含泥量（淤泥和黏土总量）不宜超过2%；云母含量按质量计不宜大于2%；轻物质含量按质量计不宜大于1%；硫化物及硫酸盐（折算成 SO_3）含量按质量计不宜大于1%；有机质含量按比色法评价，颜色不应深于标准色。

采用的砂子的细度模数应大于2.4，最好控制在2.7～3.1范围内。

(三) 外加剂

配制高强混凝土掺加一定量的高效减水剂，这是改善混凝土性能不可缺少的重要措施之一。大量的工程实践证明，高效减水剂掺量虽较少，在按要求改善混凝土性能，尤其在混凝土强度增长方面，显示出十分显著的效果，已成为高强混凝土中重要的材料。

1. 高效减水剂的类型

根据我国混凝土外加剂的质量标准，高效减水剂的减水率必须大于12%。按化学成分不同高效减水剂可分为萘系、多羧酸系、三聚氰胺系和氨基磺酸盐系四大类，目前最常用的是萘系和三聚氰胺系高效减水剂。

2. 高效减水剂的选择

在普通工艺的施工条件下，高强混凝土离不开高效减水剂，究竟选用哪一种高效减水剂，并不是一个简单的问题，必须科学、合理、慎重地选择才能达到预期的目的。

配制强度等级较高的高强混凝土时，应首先选用非引气型高效减水剂，常用的商品牌号有 SM、NF、UNF、FDN 等。高效减水剂它们的用量一般为水泥用量的 0.5%～1.5%，减水率可达 20%～30%。

当配制强度等级不太高的高强混凝土同时要求混凝土有较高的抗冻性或较好的可泵性时，可选用引气型高效减水剂，常用的牌号有 MF、建 1、JN、AF 等，另外还有低引气型的 FA、CRS 等，也可以采用高效减水剂和引气剂复合的方式。

高效减水剂不仅能增加混凝土拌合物的流动性，而且能大幅度地提高混凝土的强度和弹性模量，对减少徐变、提高混凝土的耐久性也非常有利。但是，在选择高效减水剂时，既要考虑到工程特点、施工条件、耐久性要求，也要考虑到高效减水剂的种类、用量、水泥品种、高强混凝土的强度等。

（四）混凝土掺合料

水泥水化反应是一个漫长的过程，有的持续几十年甚至几百年。材料试验证明：28d 龄期时水泥的实际利用率仅为 60%～70%。因此，高强混凝土中有相当一部分水泥仅起填充料作用，混凝土中掺加过量的水泥，不仅无助于进一步提高混凝土强度，而且给工程带来巨大的浪费。在高强混凝土的配制中，若加入适量的活性掺合料，既可促进水泥水化产物的进一步转化，也可收到提高混凝土配制强度、降低工程造价、改善高强混凝土性能的效果。《高强混凝土结构设计与施工指南》建议采用的活性掺合料有粉煤灰、沸石粉、硅粉等。

1. 粉煤灰

优质粉煤灰中含有大量的 SiO_2 和 Al_2O_3，它们是活性较强的氧化物，掺入水泥中能与水化产物 $Ca(OH)_2$ 进行二次反应，生成稳定的水化硅酸钙凝胶，具有明显的增强作用。根据试验研究证明，优质粉煤灰同减水剂一样，也具有一定的减水作用，如Ⅰ级粉煤灰的颗粒较细，在混凝土中能够均匀分布，使水泥石中的总孔隙降低，硬化混凝土更加致密，混凝土的强度也有所提高。由此可见，粉煤灰能提高混凝土的强度是其具有的主要作用。

在优质粉煤灰中含有 70%以上的球状玻璃体。这些球状玻璃体表面光滑、无棱角、性能稳定，在混凝土中起类似于轴承的润滑作用，减小了混凝土拌合料之间的摩擦阻力，能显著改善混凝土拌合料的和易性，泵送高强混凝土掺入粉煤灰后可以提高拌合料的可泵性。

在配制高强混凝土时掺加适量的粉煤灰，由于强度大幅度提高，孔结构进一步细化，孔分布更加合理，因此，也能有效地提高混凝土的抗渗性、抗冻性，混凝土的弹性模量也可提高 5%～10%。

2. 硅粉

硅粉是电炉生产工业硅或硅铁合金的副产品，从炉子排出的废气中过滤收集而得，是一种人工的火山灰质材料。从硅粉的化学成分可以看出，活性 SiO_2 是硅粉的主要组成，其颗粒极细，活性较强，掺入水泥混凝土中，可以得到 3 个方面的增强作用：a. SiO_2 与水泥水化物 $Ca(OH)_2$ 迅速进行二次水化反应，生成水化硅酸钙凝胶，这些凝胶不仅可沉积在硅粉巨大的表面上，也可伸入细小的孔隙中，使水泥石密实化；b. 二次水化反应使混凝土中的

游离 $Ca(OH)_2$减少，原片状晶体尺寸缩小，在混凝土中的分散度提高；c. 由于 $Ca(OH)_2$被大量消耗，界面结构得到明显改善。

有关试验资料表明，采用 425R 型水泥，掺入 12%的硅粉，混凝土的 3d 强度可以提高 11%，28d 强度可以提高 35%。但是，由于硅粉产量较少、价格较贵，为降低工程造价，硅粉的掺量一般不宜超过 10%，必要时可以和粉煤灰等掺合料一起使用。

（五）拌合水

1. 普通拌合水

配制高强混凝土的用水，一般来讲人能饮用的即可。水中不得含有影响水泥正常凝结与硬化的有害杂质，pH 值应大于 4。

2. 磁化拌合水

普通水经磁场得以磁化，可以提高水的“活性”。在用磁化水拌制混凝土时，水与水泥进行水解水化作用，就会使水分子比较容易地由水泥颗粒的表面进入颗粒内部，加快水泥的水化作用，从而提高混凝土的强度。

据俄罗斯有关资料介绍，利用磁化水拌和混凝土，可增加强度 50%。我国现有资料表明，在不减少水泥用量的情况下，用磁化水拌和混凝土，可使混凝土强度提高 30%～40%。有关磁化水的作用机理，尚处在深入研究阶段。

二、高强混凝土配合比设计

高强混凝土配合比设计是根据工程对混凝土提出的强度要求，所用各种材料的技术性能及施工现场的施工条件，合理选择原材料和确定高强混凝土各组成材料用量之间的比例关系。由此看来，高强混凝土与普通混凝土的配合比设计基本相同，只不过是对水泥及骨料提出了更高的要求。

（一）决定混凝土强度的主要因素

根据鲍罗米混凝土强度公式 $f_{28}=Af_{ce}(C/W-B)$ 可以看出，影响高强混凝土强度的主要因素有水泥浆体、骨粒和水泥浆-骨料黏结。

1. 水泥浆体

材料试验证明：影响浆体组分强度的主要因素是水灰比，在保持合适的工作性始终不变的条件下，水灰比应当尽可能低。因此，生产特干硬性混凝土（即无坍落度的混凝土）是一种发展趋势，因为这种混凝土可以降低需水量，从而提高混凝土强度。采用高强度等级的水泥和适当提高水泥用量，并掺加高效减水剂，可以配制出水灰比为 0.25～0.40、坍落度为 50～200mm 的高强混凝土。

2. 骨料

由于骨料颗粒断裂时，混凝土被破坏，故骨料强度对高强混凝土非常重要。此外，混凝土破坏时，其裂缝显现在水泥石与骨料的界面处，骨料的粒型也十分重要。因此，配制高强混凝土时，应选择高强、致密、表面粗糙、级配良好、质量符合要求的骨料，并且骨料要有坚固的抗压能力，细骨料用量相对较少。

3. 水泥浆-骨料黏结

因为水泥浆体与骨料间的黏结界面是混凝土的薄弱环节，故应注意改善其对混凝土总体强度的作用。碎石比砾石的表面粗糙，因此，碎石能使黏结较好，从而使混凝土有较高的强度。同样，碎石的表面积与体积之比要比圆形砾石大，因此，应特别注意保证碎石骨料表面的清洁。

（二）配制高强混凝土的主要技术途径

在我国目前施工技术和施工条件下，配制高强混凝土的主要技术途径有以下几个方面。

1. 用高强度等级水泥配制高强混凝土

在“指南”中指出：“配制高强混凝土宜选用强度等级不低于52.5MPa的硅酸盐水泥。对C50和C60混凝土，必要时也可用强度等级42.5MPa硅酸盐水泥和强度等级52.5MPa混合水泥配制。”目前，我国生产的高强度等级的水泥一般是指强度等级52.5MPa和62.5MPa硅酸盐水泥，适用于配制C60强度等级的混凝土，如果配制更高等级的混凝土，必须采取其他相应的技术措施。

2. 在拌制混凝土中掺加高效减水剂

单纯采用高强度等级水泥配制高强混凝土，由于水泥用量较多、水灰比要求较小，流动性很不好，不仅给施工带来很大困难，也难以保证混凝土的质量。工程实践证明，在拌制混凝土中掺加0.5%～1.8%的高效减水剂，不仅可以大幅度提高混凝土强度，而且将大大增加混凝土拌合料的流动性。国内外实践表明，配制C60以上的高强混凝土，掺加高效减水剂是一项重要的技术措施。

3. 掺加优质、适宜的活性矿物掺合料

由于优质粉煤灰和硅粉中含有大量的活性SiO_2和活性Al_2O_3，它们能与$Ca(OH)_2$进行二次水化反应，起到提高强度、改善结构的作用，所以掺加优质、适量的活性矿物掺合料，也是配制高强混凝土的重要技术途径。工程实践证明，掺加Ⅰ级粉煤灰，再配上高效减水剂，可以配制成C80的高强混凝土；掺加一定量的硅粉，再配上高效减水剂，可以配制成C100以上的超高强混凝土。

（三）高强混凝土配合比设计的步骤

1. 配合比设计的步骤

（1）确定灰水比　高强混凝土灰水比的确定，可以根据普通混凝土的方法，计算混凝土的试配强度，然后再以试配强度计算灰水比。在乔英杰等编著的《特种水泥与新型混凝土》中，提供了计算法和查表法，比较简单易行。

1）计算法。由于原材料的性质不同，其关系式也不相同。同济大学提出的关系式为：

① 对于用卵石配制的高强混凝土：

$$f_{28}=0.296f_{\mathrm{k}}(C/W+0.71) \tag{2-1}$$

② 对于用碎石配制的高强混凝土：

$$f_{28}=0.304f_{\mathrm{k}}(C/W+0.62) \tag{2-2}$$

式中　f_{28}——为高强混凝土的设计强度，MPa；

f_{k}——为水泥的强度等级，MPa；

C/W——混凝土的灰水比。

2）查表法。查表法是简捷、快速确定混凝土灰水比的方法，对于一般的高强混凝土工程是完全可以的，在混凝土配合比设计和施工中可参考表2-3中进行选用。但对于重要或大型高强混凝土工程仅供参考。

（2）选择单位用水量　根据选用的骨料种类、最大粒径和混凝土拌合料设计的工作度，可查表2-4选择单位用水量。

表 2-3　混凝土强度等级与水灰比参考值

水泥品种	水泥强度等级	混凝土强度等级	水灰比参考值	备注
高级水泥	82.5	C70	0.36	—
高级水泥	62.5	C60	0.33	—
普通水泥	52.5	C50	0.40	—
普通水泥	42.5	C70	0.30	干硬性
普通水泥		C60	0.35	干硬性
普通水泥		C50	0.40	—

注：表中水灰比为不掺减水剂的参考值。

表 2-4　高强混凝土用水量参考值

粗骨料 种类	用水量/(kg/m³) 工作度 S/mm 最大粒径	30～50	60～80	90～120	150～200	250～300	400～600
卵石	D=31.5mm	164	154	148	138	130	128
	D=20.0mm	170	160	155	145	140	135
碎石	D=31.5mm	174	164	154	144	138	134
	D=20.0mm	180	170	160	150	145	140

(3) 计算水泥用量　水泥用量可按式(2-3) 计算：

$$C=W\times C/W \tag{2-3}$$

(4) 选择砂率　根据工程实践经验和统计资料分析，高强混凝土的砂率（S_p）一般应控制在24%～33%之间。

(5) 计算砂石用量

$$V_{s+g}=1000-[(W/\rho_w+C/\rho_c)+10\alpha] \tag{2-4}$$

式中　V_{s+g}——砂石骨料的总体积；

W、C——混凝土中水和水泥的质量；

ρ_w、ρ_c——水和水泥的密度；

α——混凝土中含气量百分数，在不使用引气型外加剂时 α 取1。

砂子用量可按下式计算：

$$S=V_{s+g}S_p\rho_s \tag{2-5}$$

式中　S——1m³混凝土砂子用量；

S_p——砂率，$S_p=S/(S+G)\times 100\%$；

ρ_s——砂子的表观密度，kg/m³。

石子用量可按式(2-6) 计算：

$$G=V_{s+g}(1-S_p)\rho_c \quad 或 \quad G=(S-SS_p)/S_p \tag{2-6}$$

式中　ρ_c——石子的表观密度，kg/m³。

(6) 确定初步配合比

(7) 试配和调整

2. 配合比设计参考的原则

（1）混凝土的配合比设计必须满足混凝土的强度要求及施工要求，混凝土强度的保证率不得小于95%。如无统计数据，可按实际强度的平均值达到设计要求的1.15倍进行配合比设计。

（2）50～70MPa的混凝土水灰比宜小于0.35，80MPa的混凝土水灰比宜小于0.30，100MPa的混凝土水灰比宜小于0.26，大于100MPa的混凝土水灰比宜取0.22左右。

（3）高强混凝土必须选用高强度等级的优质水泥，每立方米混凝土中的水泥用量应在400～500kg范围内。80MPa的混凝土可达500kg/m^3，大于80MPa的混凝土也不宜超过550kg/m^3。

（4）配制高强混凝土时，应选择高强度、低吸水率的碎石，粗骨料的粒径不宜过大。试验证明，C60及以上的混凝土最大粒径不宜超过15mm，C60以下的混凝土最大粒径可放宽到25mm。

（5）为提高混凝土的强度，改善混凝土拌合料的工作性，必须掺加适宜品种和适量的高效减水剂。

（6）除泵送高强混凝土外，配制高强混凝土的砂率尽量要低，一般以控制在24%～28%范围内为宜。

（7）若掺加粉煤灰等活性矿物材料时，不能用等量取代水泥，而要采用超量取代法计算高强混凝土的配合比。

三、高强混凝土经验配合比

为方便配制高强混凝土，现将我国常用的强度等级为60MPa的配合比列于表2-5。

表2-5　60MPa高强混凝土配合比

编号	水灰比(W/C)	砂率/%	泵送剂NF/%	每1m^{3}混凝土材料用量/(kg/m^3)				7d强度/MPa	28d强度/MPa
				水泥	水	砂子	石子		
1	0.330	33.0	1.0	500	165	606	1229	—	70.2
2	0.350	35.7	1.2	550	195	566	1020	51.7	62.3
3	0.327	33.8	1.4	550	180	572	1118	52.4	65.1
4	0.360	36.0	1.4	500	180	634	1125	58.1	65.1
5	0.360	35.3	1.4	450 粉煤灰50	180	613	1125	59.7	69.8
6	0.330	34.8	0.8	550	180	597	1120	63.4	74.2
7	0.330	34.8	1.4(NF-2)	550	180	597	1120	58.4	63.4
8	0.330	34.8	1.2	550	180	597	1120	55.6	60.4
9	0.330	34.8	1.0	550	180	597	1120	61.9	70.1
10	0.390	40.0	1.0	500	195	689	1034	51.1	69.4
11	0.390	40.0	1.3	500	195	689	1034	49.5	67.8
12	0.336	34.0	1.4(NF-0)	550	185	579	1125	59.9	69.7
13	0.360	36.5	1.4	500	180	634	1105	59.9	72.0
14	0.360	35.3	1.4	450 粉煤灰50	180	613	1125	58.8	70.4
15	0.380	40.0	0.7(NF-1)	513	195	685	1028	57.4	73.1
16	0.400	40.0	0.55(NF-1)	488	195	694	1040	55.4	67.6

四、高强混凝土的施工工艺

加强高强混凝土的施工管理，提高高强混凝土的施工工艺，采取高强混凝土适宜的配制途径，是确保高强混凝土质量的重要措施。

高强混凝土的施工工艺主要包括搅拌工艺、振动成型工艺和养护工艺。

1. 混凝土搅拌工艺

混凝土施工工艺是保证高强混凝土质量的关键，在施工过程中影响其强度的主要因素是混凝土的搅拌。混凝土搅拌的目的，除达到混凝土拌合物的均匀混合之外，还要达到强化与塑化的作用。但是，不同的投料程序与拌和方式，对混凝土混合物的均匀性和和易性都有较大的影响。

采用强制式搅拌机、二次投料工艺拌和干硬性混凝土，是配制高强混凝土的重要工艺措施之一。二次投料法是先拌和水泥砂浆，再投入粗骨料，制成混凝土混合料。采用这种投料方法时，砂浆中无粗骨料，便于砂浆充分搅拌均匀；粗骨料投入后，易被砂浆均匀包裹，有利于混凝土强度的提高。

这里应当特别指出，采用日本东晴朗发明的造壳混凝土施工工艺，可以提高混凝土强度30%～40%。造壳混凝土的增强机理是：通过控制砂粒的面干含水率，改善水泥与粗、细骨料以及砂浆与粗骨料的界面状态。

2. 混凝土振动成型工艺

假如对混凝土拌合物施加一定的振动作用，则骨料和水泥颗粒获得加速度，其值和方向都是变化的。水泥浆在受到振动时，骨料和水泥颗粒便有可能占据更加紧凑的空间位置。

在混凝土混合物受到振动而紧密时，产生两个变化过程：一是骨料（特别是粗骨料）下沉，其空间相对位置紧密；二是水泥浆结构在水泥粒子凝聚过程中密实，即适宜的振动可以降低混凝土混合物的黏度，并使水粒子分散。

法国学者 H. 雷尔密特讨论混凝土混合物在振动下发生的现象时认为：振动频率对混凝土混合物的密实起着主要作用。不同粒度的材料，要振动密实，所需的频率与振幅不同。H. 雷尔密特指出，最佳振动频率 ω 与骨料颗粒粒度 d 之间的关系，可由下面的条件决定：

$$d<14\times10/\omega^2 \qquad (2\text{-}7)$$

对个别具体情况，由上述条件可以得到：$d<9$cm 时，$\omega=11$Hz；$d<6$cm 时，$\omega=25$Hz；$d<1.5$cm 时，$\omega=50$Hz；$d<0.4$cm 时，$\omega=100$Hz；$d<0.1$cm 时，$\omega=200$Hz；$d<0.01$cm时，$\omega=600$Hz。

实际上，通常采用的振动设备（$\omega=50\sim200$Hz）只能振实骨料，而不能振实水泥水化物和其他小颗粒，无法达到上述水泥粒子振实的理想状态。目前，我国已广泛地采用了高频电磁振动器，高频电磁振动器不仅能振实粗、细骨料，而且能振实水泥颗粒。德国采用超声波振动器，已制成抗压强度为 140MPa 的混凝土。

采用适当的减水剂，可使水泥细颗粒均匀分散，降低混凝土的水灰比，形成密实的水泥石，特别是对于干硬性混凝土，可大幅度提高混凝土的流动性，有利于混凝土的振捣密实，提高混凝土的强度。

采用振动加压、高频振动、离心成型或真空吸水、聚合物浸渍等技术措施都可提高混凝土的强度。

3. 混凝土养护工艺

混凝土混合物经过振动密实成型后，凝结硬化过程仍在继续进行，内部结构逐渐形成。

水泥的凝结硬化必须在适宜的温度和湿度条件下，为使已经密实成型的混凝土正常进行水化反应，必须采取必要的养护措施，设立水泥水化反应所必需的介质温度和湿度。

高强混凝土一般多采用早强、高强度等级的水泥，在早期就应立即进行养护，因为部分水化可使毛细管中断，即重新开始养护时水分将不能进入混凝土内部，因而不会引起进一步水化。

高强混凝土养护工艺的方式很多，其中，蒸压养护是提高混凝土强度的重要途径之一。干-湿热养护是目前比较理想的一种工艺，其优点是混凝土的增强过程合理。在养护制度上，采取适合于水泥特征的养护参数，也将有利于混凝土强度的提高。

总之，要想提高混凝土强度或要达到配制高强混凝土的目的，在一般情况下可以采取如下技术措施：a. 在选择混凝土胶凝材料方面，要改善其矿物组成，增加水泥细度，尽量使用快硬高强水泥或其他特种水泥；b. 在选择骨料方面，要使用坚硬、致密、级配良好、粒径不宜太大的碎石与质量良好的河砂；c. 在选择混凝土外加剂方面，主要可使用早强剂、减水剂或高效减水剂；d. 在混凝土密实成型方面，要采用强制式搅拌机进行搅拌，采用高频加压振捣、真空作业、离心、喷射等施工工艺，以提高混凝土的密实度。

第三节　普通高强粉煤灰混凝土

粉煤灰在建筑材料方面的应用，一直是世界各国努力探讨的一大课题。我国自 20 世纪 50 年代开始研究应用粉煤灰，是世界上开发利用粉煤灰较早的国家之一。粉煤灰主要作为混凝土的掺合料，不仅可以降低混凝土的初期水化热、改善和易性、抗硫酸盐侵蚀、提高抗渗性等性能，又可节约水泥、减少污染、降低成本，也可配制高强混凝土和缓解能源危机。

一、磨细粉煤灰在高强混凝土中的作用

经过工程实践和试验证明，磨细粉煤灰在高强混凝土中，主要具有改善原状灰形貌、显著增强效应和较好的微骨料功能。

1. 可显著改善原状灰的形貌

不论是湿排粉煤灰或干排粉煤灰经磨细后，不仅改变了其原来的形貌，而且也显著地改善了其物理性能。表 2-6 中列出了粉煤灰磨细前后的物理性能。

表 2-6　粉煤灰磨细前后的物理性能

编号	粉煤灰种类	表观密度/(kg/m³)	相对密度	标准稠度需水量/%	筛孔尺寸/mm / 颗粒级配 / 比表面积/(cm²/g)	1.000	0.085	0.045
F-2-1	湿排粉煤灰	780	2.01	5.00	2945	5.1	15.6	9.90
F-2-2	磨细湿排粉煤灰	788	2.58	33.6	5282	0.1	2.10	0.50
F-3-1	干排粉煤灰	559	1.83	84.0	1375	微量	59.2	11.7
F-3-2	磨细干排粉煤灰	631	2.52	38.8	6580	微量	1.10	0.20
F-5-1	干排粉煤灰	670	2.32	91.0①	5820	—	2.80	1.50
F-5-2	磨细干排粉煤灰	700	2.42	89.0①	6350	—	0.20	1.10

① 为标准稠度需水量比。

从表2-6中可以看出，粉煤灰磨细前后的物理性能有很大变化，原状粉煤灰经磨细后，由于形貌、颗粒表面、密实度发生变化，因此，磨细粉煤灰的表观密度、相对密度都比未经磨细粉煤灰有所增加，颗粒级配好，标准稠度需水量有较大幅度的减少，对配制高强混凝土是非常有利的。

2. 火山灰效应明显增强

粉煤灰的火山灰效应是指粉煤灰中的活性成分（SiO_2和Al_2O_3）与混凝土中水泥析出的$Ca(OH)_2$的化学反应。材料试验证明，磨细粉煤灰火山灰效应的高低和其反应速度、反应物质性质、结构及反应产物的数量有着密切的关系。低钙质粉煤灰的火山灰效应，主要是可溶二氧化硅和可溶氧化铝与氢氧化钙的化学反应；而高钙粉煤灰除火山灰效应外，还有一些类似于水泥矿物的水化作用。由此可见，粉煤灰中活性成分的含量多少是粉煤灰火山灰效应高低的主要因素。

表2-7中的数据表明了经过磨细后的粉煤灰，其可溶二氧化硅（SiO_2）和氧化铝（Al_2O_3）的含量显著增加，其火山灰效应也随之增加。

表2-7　原状粉煤灰与磨细粉煤灰活性成分对比

粉煤灰编号及种类		可溶SiO_2	可溶Al_2O_3	可溶SiO_2+可溶Al_2O_3
F-2-1	原状粉煤灰	3.92	1.68	5.60
F-2-2	磨细粉煤灰	6.72	2.92	9.64
F-3-1	原状粉煤灰	4.00	1.53	5.53
F-3-2	磨细粉煤灰	6.45	2.41	8.86
F-5-1	原状粉煤灰	1.58	0.46	2.04
F-5-2	磨细粉煤灰	1.88	0.72	2.60

从表2-7中可以看出，粉煤灰磨细后的可溶SiO_2和可溶Al_2O_3显著增加，最高者增加18%以上，最低者增加2.6%。这就充分证明磨细后的粉煤灰的火山灰效应比原状粉煤灰显著增强。

3. 磨细粉煤灰具有较好的微骨料功能

由于磨细粉煤灰的颗粒很小，表面比较光滑、密实，分散度也较高，所以在混凝土的搅拌过程中能较均匀地分散在混凝土中，并能填塞混凝土的孔隙和毛细孔通道，使混凝土更加密实。随着水泥水化作用的深化，粉煤灰颗粒与水泥浆体界面之间的距离越来越近，同时发生粉煤灰中可溶SiO_2、可溶Al_2O_3与水泥中析出的$Ca(OH)_2$反应，反应产物凝胶也会使骨料之间界面联结和致密，从而增强混凝土的结构强度。

二、高强粉煤灰混凝土的配制

高强粉煤灰混凝土的配制，与普通高强混凝土有相似之处，但是应当特别注意混凝土强度与$W/(C+F)$的关系、粉煤灰磨细时间与混凝土强度的关系、磨细粉煤灰水泥取代率与混凝土强度的关系，同时也要注意磨细粉煤灰种类对混凝土强度的影响、磨细粉煤灰对混凝土坍落度的影响。

1. 高强粉煤灰混凝土强度与$W/(C+F)$的关系

经采用强度等级52.5MPa普通硅酸盐水泥、掺有萘系减水剂NNO和不同磨细粉煤灰取代水泥率试验结果表明，高强粉煤灰混凝土强度与$W/(C+F)$的关系，服从于混凝土强

度与 $W/(C+F)$ 的关系。高强粉煤灰混凝土强度与 $W/(C+F)$ 的关系如图 2-1 所示。

2. 粉煤灰磨细时间与高强粉煤灰混凝土强度的关系

试验证明：粉煤灰磨细时间不仅与高强粉煤灰混凝土的造价有关，而且与高强粉煤灰混凝土的强度有关。某单位曾对成都热电厂干排低钙粉煤灰进行了 3h、6h、10h 磨细，以同样水泥取代率配制高强粉煤灰混凝土，粉煤灰不同磨细时间与高强粉煤灰混凝土强度的关系如图 2-2 所示。从粉煤灰磨细时间与高强粉煤灰混凝土强度角度出发，采用 3～6h 的磨细粉煤灰较好。

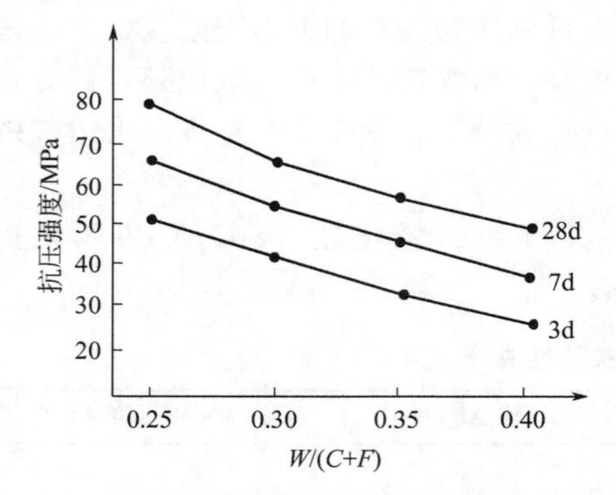

图 2-1　高强粉煤灰混凝土强度与 $W/(C+F)$ 的关系

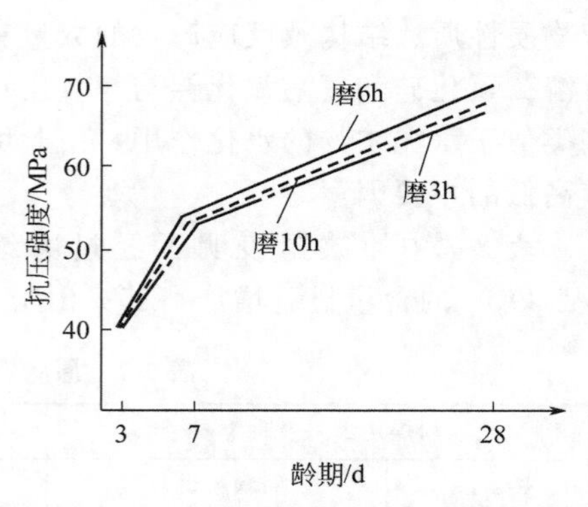

图 2-2　粉煤灰不同磨细时间与高强粉煤灰混凝土强度的关系

3. 磨细粉煤灰取代水泥率与混凝土强度的关系

试验结果证明，以一定量的粉煤灰取代混凝土中的部分水泥，当掺量小于 10%时，混凝土的强度有所增加；当掺量超过 10%后，随着掺量的增加混凝土的强度有所下降；当掺量超过 25%后，混凝土的强度下降趋势较大。磨细粉煤灰取代水泥率与混凝土强度的关系如图 2-3 所示。

4. 磨细湿排粉煤灰与干排粉煤灰对混凝土强度的影响

经多次不同取代水泥率试验证明，采用磨细湿排粉煤灰的增强效果，不如磨细干排粉煤灰的增强效果。磨细湿排与干排粉煤灰对混凝土强度的影响如图 2-4 所示。

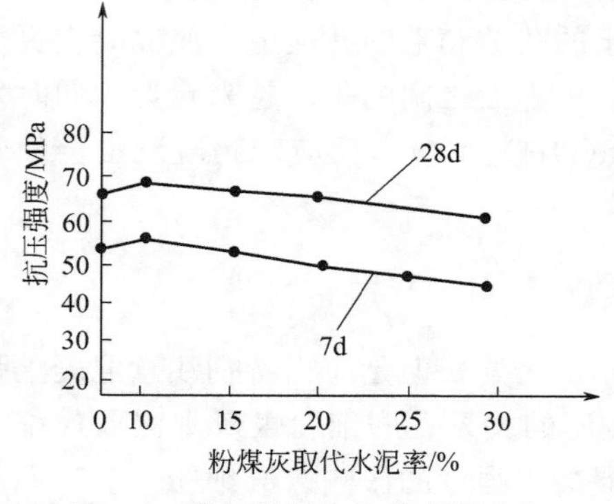

图 2-3　磨细粉煤灰取代水泥率与混凝土强度的关系

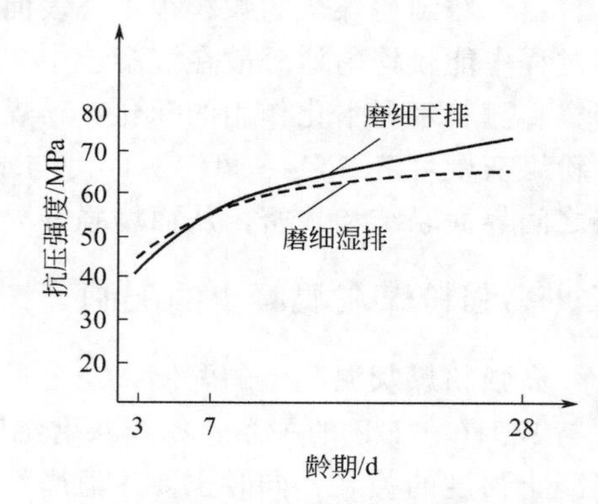

图 2-4　磨细湿排与干排粉煤灰对配制高强混凝土强度的影响

5. 磨细粉煤灰对配制高强混凝土坍落度的影响

磨细粉煤灰的形貌变化，对所配制的高强混凝土的坍落度影响较大。磨细粉煤灰对混凝土和砂浆的流动性影响，如图 2-5 所示。

根据以上所述的磨细粉煤灰与混凝土强度的几种关系曲线和基本规律，一般可以认为：磨细粉煤灰的细度达到 6000cm^2/g 左右、采用 $W/(C+F)=0.30$、NNO 减水剂掺量为 1.0%、磨细粉煤灰水泥取代率为 10%～25%、52.5MPa 普通硅酸盐水泥用量为 373～480kg/m^{3}时，可以配制出 60MPa 以上的高强混凝土。

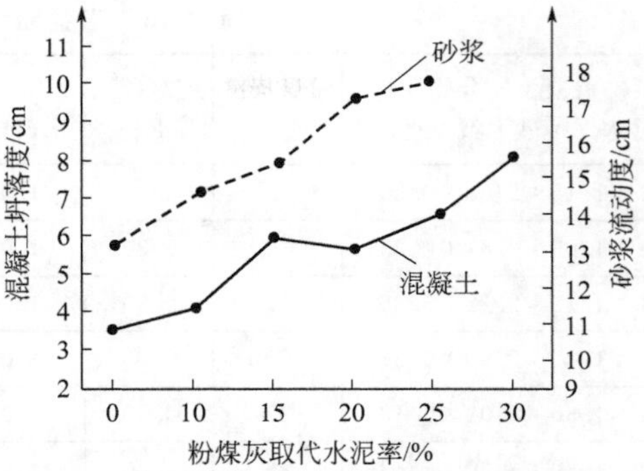

图 2-5　磨细粉煤灰取代水泥率对混凝土和砂浆流动性的影响

三、高强粉煤灰混凝土的性能

高强粉煤灰混凝土的性能主要包括抗压强度、抗渗性、抗冻性、抗碳化性、收缩及其他力学性能。

1. 抗压强度

高强粉煤灰混凝土的抗压强度试验是在磨细粉煤灰不同水泥取代率的条件下进行的，同时也对混凝土的长期强度和大坍落度混凝土的强度进行了试验，试验结果如表 2-8～表2-10 所列。

表 2-8　高强粉煤灰混凝土的抗压强度

混凝土配合比（水泥：砂：石：水）	粉煤灰掺量/%	$W/(C+F)$	NNO 减水剂/%	坍落度/cm	抗压强度/MPa	
					7d	28d
1：1.13：2.56：0.30	0	0.30	1.0	5.7	59.6	68.6
1：1.52：3.13：0.33	9	0.30	1.0	2.0	58.3	68.4
1：1.47：2.98：0.33	10	0.30	1.0	4.0	53.8	71.1
1：1.63：3.31：0.35	15	0.30	1.0	2.9	48.7	71.1
1：1.90：3.85：0.37	20	0.30	1.0	1.5	50.7	70.8
1：0.98：2.32：0.30	0	0.30	1.0	4.0	54.3	66.9
1：1.09：2.57：0.33	10	0.30	1.0	7.5	55.3	66.7
1：1.15：2.72：0.35	15	0.30	1.0	4.7	53.9	66.3
1：1.22：2.90：0.37	20	0.30	1.0	4.0	53.9	66.2
1：1.30：3.09：0.40	25	0.30	1.0	4.0	47.8	63.4
1：1.40：3.31：0.43	30	0.30	1.0	1.2	46.0	60.7

表 2-9　大坍落度高强粉煤灰混凝土的抗压强度

混凝土配合比（水泥：砂：石：水）	粉煤灰掺量/%	$W/(C+F)$	NNO 减水剂/%	坍落度/cm	抗压强度/MPa	
					7d	28d
1：0.82：2.08：0.30	0	0.30	1.0	17.8	64.1	68.6
1：0.94：2.24：0.33	10	0.30	1.0	20.5	51.6	65.2
1：1.00：2.37：0.35	15	0.30	1.0	21.0	50.4	68.9
1：1.07：2.52：0.37	20	0.30	1.0	21.5	47.8	61.6
1：1.14：2.69：0.40	25	0.30	1.0	20.5	45.3	63.7
1：1.22：2.88：0.43	30	0.30	1.0	22.0	43.8	60.7

表 2-10 高强粉煤灰混凝土的长期抗压强度

混凝土配合比(水泥∶砂∶石∶水)	粉煤灰掺量/%	W/(C+F)	NNO减水剂/%	坍落度/cm	抗压强度/MPa				
					7d	28d	91d	180d	360d
1∶1.15∶2.38∶0.30	0	0.30	1.0	4.00	59.3	68.0	70.7	76.3	—
1∶1.09∶2.57∶0.33	10	0.30	1.0	1.30	54.0	64.0	76.3	78.9	75.6
1∶1.15∶2.72∶0.35	15	0.30	1.0	5.00	53.0	64.0	70.6	76.7	81.4
1∶1.22∶2.90∶0.37	20	0.30	1.0	4.50	53.6	62.1	85.4	80.4	80.2
1∶1.30∶3.09∶0.40	25	0.30	1.0	11.0	50.8	62.1	80.3	82.3	80.4
1∶1.39∶3.30∶0.43	30	0.30	1.0	14.7	46.0	60.8	75.5	82.3	80.9

2. 抗渗性、抗冻性及抗碳化性

高强粉煤灰混凝土的抗渗性、抗冻性及抗碳化性明显优于普通混凝土，其不同配合比混凝土的试验指标如表 2-11 所列。

表 2-11 高强粉煤灰混凝土抗渗性、抗冻性及抗碳化性指标

混凝土配合比(水泥∶砂∶石∶水)	粉煤灰掺量/%	在大气压下水渗透深度/cm	28d冻融循环		碳化深度(140d)/cm		
			质量损失/%	强度损失/%	人工碳化 20%CO_2	自然碳化	
						室内	室外
1∶1.09∶2.38∶0.30	0	1.0	0.21	0.82	4.1	极微	极微
1∶1.25∶2.61∶0.33	10	0.7	0.09	4.83	5.0	极微	极微
1∶0.98∶2.32∶0.30	0	1.2	−0.1	1.75	—	—	极微
1∶1.15∶2.72∶0.35	15	1.8	−0.03	0.82	—	—	极微
1∶1.22∶2.90∶0.37	20	2.5	0.0	2.12	—	—	极微
1∶1.30∶3.09∶0.40	25	2.5	0.03	5.06	—	—	极微

3. 收缩性能

高强粉煤灰混凝土的收缩性能试验是在成型后，将试件置放于室内的养护架上，定期测定其收缩值。由于室内温度和相对湿度不断变化，试件的收缩值不十分稳定，但在半年后可测出规律，即半年后收缩趋于基本稳定。表 2-12 中是几种不同配合比高强粉煤灰混凝土收缩测定值，从中可看出其收缩性能。

表 2-12 高强粉煤灰混凝土的收缩性能

混凝土配合比(水泥∶砂∶石∶水)	粉煤灰掺量/%	W/(C+F)	NNO减水剂/%	收缩值/(mm/m)					
				7d	28d	100d	120d	180d	850d
1∶1.18∶2.45∶0.30	0	0.30	1.0	0.0633	0.162	0.360	0.295	0.643	0.620
1∶1.36∶2.82∶0.33	9.0	0.30	1.0	0.0164	0.186	0.387	0.387	0.691	0.700
1∶1.40∶2.87∶0.33	9.0	0.30	1.0	0.0967	0.214	0.440	0.571	—	0.564
1∶0.98∶2.32∶0.30	0	0.30	1.0	—	0.111	0.294	0.261	—	—
1∶1.15∶2.72∶0.35	15	0.30	1.0	—	0.124	0.279	0.255	—	—
1∶1.22∶2.90∶0.37	20	0.30	1.0	—	0.125	0.377	0.281	—	—
1∶1.30∶3.09∶0.40	25	0.30	1.0	—	0.044	0.370	—	—	—

4. 其他力学性能

高强粉煤灰混凝土的其他力学性能，除抗拉强度略低于基准混凝土外，其长期强度、弹性模量、与钢筋的黏结力与基准混凝土基本上一致。但以碎石为粗骨料配制的高强粉煤灰混凝土，其抗拉强度和弹性模量均高于基准混凝土。总体上讲，高强粉煤灰混凝土的力学性能优于基准混凝土。高强粉煤灰混凝土的其他力学性能如表 2-13 所列。

表 2-13 高强粉煤灰混凝土的其他力学性能

混凝土配合比（水泥：砂：石：水）	粉煤灰掺量/%	抗压强度/MPa	抗拉强度/MPa	长期强度/MPa	弹性模量/10^4MPa	钢筋黏结力/MPa
1∶0.98∶2.32∶0.30	0	67.3	2.48	54.7	3.34	72.80
1∶1.09∶2.57∶0.33	10	67.1	1.94	55.1	3.15	77.34
1∶1.15∶2.72∶0.36	15	65.6	1.79	56.1	3.22	77.81
1∶1.22∶2.90∶0.37	20	67.8	1.61	55.7	3.24	81.18
1∶1.30∶3.09∶0.40	25	67.6	1.68	56.7	3.15	74.68
1∶1.39∶3.31∶0.43	30	60.0	2.29	49.7	3.16	76.93
1∶1.15∶2.72∶0.35	15	66.7	2.31	57.3	3.94	61.54
1∶1.22∶2.90∶0.37	20	65.7	2.66	60.0	3.93	59.20
1∶1.39∶3.09∶0.40	25	70.8	2.71	59.7	3.88	61.40
1∶0.85∶2.20∶0.30	0	69.9	3.79	62.2	3.31	62.10
1∶1.00∶2.37∶0.35	15	67.5	2.31	59.3	3.12	61.28
1∶1.07∶2.52∶0.37	20	65.1	2.20	60.3	3.10	57.84

四、配制高强粉煤灰混凝土对材料的要求

配制高强粉煤灰混凝土的原材料，主要是指水泥、细骨料、粗骨料、外加剂、粉煤灰和水等。

（1）水泥　配制高强粉煤灰混凝土所用的水泥，最好是强度等级为 52.5MPa 的普通硅酸盐水泥，当普通硅酸盐水泥缺乏时，也可以采用强度等级为 52.5MPa 的矿渣硅酸盐水泥，但必须经过试验合格后才能用于实际工程中。

（2）细骨料　配制高强粉煤灰混凝土所用的细骨料（砂子），其相对密度为 2.60～2.64，表观密度为 1440～1495kg/m^3，细度模数 M＝2.37～2.64。含泥量、杂质含量、有机质含量、颗粒级配等均应符合普通高强混凝土对砂的要求。

（3）粗骨料　配制高强粉煤灰混凝土所用的粗骨料，卵石和碎石均可，其抗压强度、表观密度、相对密度、含泥量、有机质含量、颗粒级配等均应符合国家有关规范规定。

（4）外加剂　配制高强粉煤灰混凝土所用的外加剂，一般多采用萘系高效减水剂，其减水率要达到 15%～20%。

（5）粉煤灰　配制高强粉煤灰混凝土所用的粉煤灰，必须是经过磨细的粉煤灰，颗粒直径大部分为 2μm，这种粉煤灰颗粒应占到 90%以上，其活性成分 SiO_2 和 Al_2O_3 总量要占到 70%以上，比表面积最好在 6000cm^2/g 以上。

第四节　超细粉煤灰高强混凝土

通过空气分离的方法，可将粉煤灰分成 20μm、10μm 和 5μm 3 级，作为混凝土的掺合

料，则可以配制成为超细粉煤灰高强混凝土。这种超细粉煤灰所制成的高强混凝土，可以降低单位用水量，改善混凝土拌合物的工作度，提高混凝土的强度和抗水性，也能提高混凝土的抗碱-骨料反应能力。在实际混凝土工程施工中，一般常用 10μm 的超细粉煤灰（简称 FA10）、细度模数为 2.71 的河砂、粒径为 5～20mm 的硬质粗骨料，并掺加适量的超塑化剂 SP，配制超细粉煤灰高强混凝土。

一、超细粉煤灰高强混凝土的性能

超细粉煤灰高强混凝土的性能主要包括抗压强度、劈裂抗拉强度和静力弹性模量。

1. 抗压强度

当混凝土的水胶结料比一定，单位用水量也一定时，混凝土的抗压强度试验结果如图 2-6 所示。从图 2-6 中可以看出，水胶结料比 25%，以 10%的粉煤灰（FA10）置换等量水泥时，混凝土 7d 龄期强度低于硅酸盐水泥混凝土，但其后期强度发展较快；以 30%的磨细矿渣置换等量水泥的混凝土，28d 龄期后期发展相当大；以 10%的粉煤灰（FA10）及 30%的磨细矿渣（简称 BS）置换等量水泥的混凝土，28d 后的强度发展类似于掺加磨细矿渣的混凝土。

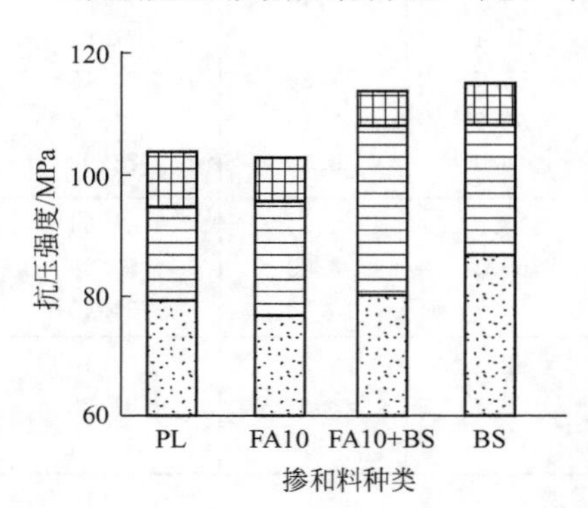

图 2-6 不同混凝土抗压强度比较图 $W/B=25\%$

如果将超细粉煤灰（FA10）和磨细矿渣（BS）一起使用，通过控制超塑化剂的量及改变单位用水量，保持混凝土拌合物的坍落度不变（22cm±2cm），其强度变化如图 2-7 所示。从图 2-7 中可以看出，混凝土 7d 与 28d 的抗压强度，与普通水泥混凝土一样，随着单位用水量的增加而降低；当混凝土中单位用水量较低时其强度发展较好。

如果单位胶结料含量及超塑化剂用量保持一个常数，控制单位用水量保持坍落度为一常数（22cm±2cm），在这种情况下混凝土的抗压强度如图 2-8 所示。

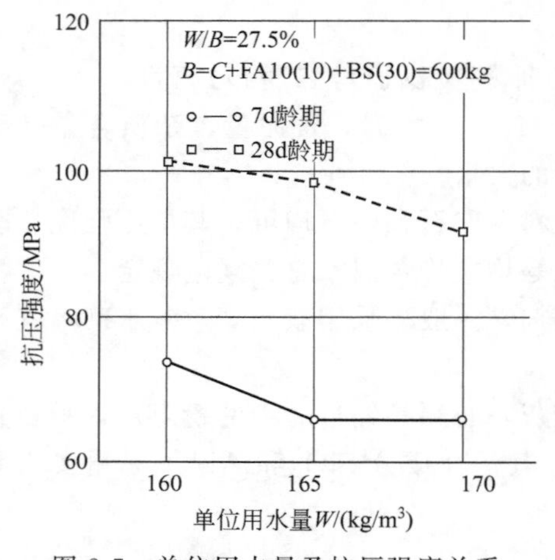

图 2-7 单位用水量及抗压强度关系

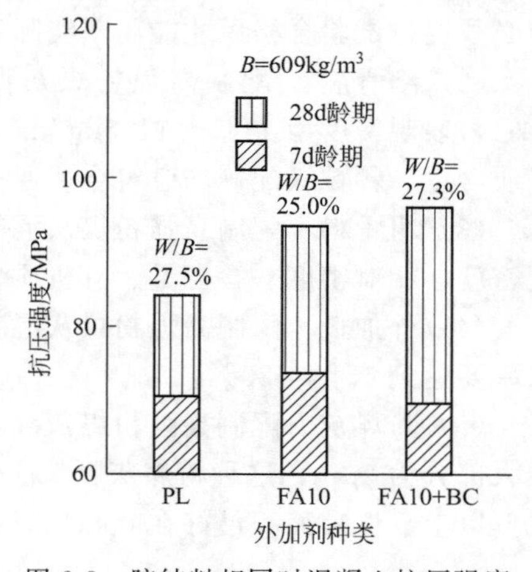

图 2-8 胶结料相同时混凝土抗压强度

由于掺入超细粉煤灰（FA10）具有减水效果，水胶结料比是降低的，所以这种混凝土的强度类似于不含超细粉煤灰（FA10）的硅酸盐水泥混凝土或含磨细矿渣（BS）的混凝土。为此，当超细粉煤灰（FA10）置换混凝土中的相应水泥量，保持用水量及超塑化剂用量不变，其强度发展是很高的，投资也是非常有效的。

2. 劈裂抗拉强度

超细粉煤灰高强混凝土抗压强度与劈裂强度之间的关系，如表 2-14 所列。当超细粉煤灰（FA10）或磨细矿渣（BS）掺入混凝土中，与不含这两种掺合料的混凝土相比，劈裂抗拉强度和抗压强度均比较高。

表 2-14 抗压强度与劈裂抗拉强度的关系

水胶结料比(W/B)/%	掺合料的种类	劈裂抗拉强度(28d)/MPa	抗压强度(28d)/MPa
27.5	水泥	4.63	99.6
	FA10	5.84	91.9
	FA10+BS	5.57	94.6
	BS	6.24	94.7
25.0	水泥	6.17	95.5
	FA10	6.01	96.1
	FA10+BS	6.87	108.6
	BS	6.67	108.2

3. 静力弹性模量

粉煤灰高强混凝土力学性能试验表明，掺加与不掺加超细粉煤灰（FA10）或磨细矿渣（BS）的混凝土，其静力弹性模量基本上是相同的，没有太大的影响。试验结果与 ACI 委员会所提出的经验公式是协调一致的。

二、超细粉煤灰高强混凝土的注意事项

（1）采用超细粉煤灰配制高强混凝土，可以降低单位用水量，从而可降低水灰比，提高混凝土的强度；当单位用水量相同时超塑化剂的用量可以降低。在超细粉煤灰高强混凝土中，掺入适量的磨细矿渣也能得到同样效果。

（2）低的水胶结料比以及超塑化剂的混凝土具有较高的黏性，即使这种混凝土具有与普通混凝土相同的坍落度，这种混凝土也很难进行施工操作。当掺入一定量的超细粉煤灰后其黏度可以降低，工作度可以得到改善。

（3）当水胶结料比固定时，含超细粉煤灰（FA10）的混凝土早期强度偏低，但 28d 龄期后，强度发展是比较高的，因此，超细粉煤灰可以安全地用于高强混凝土中。

（4）当低的水胶结料比的混凝土含有 10%的超细粉煤灰时，对混凝土后期强度发展是十分有效的。如果将超细粉煤灰与磨细高炉矿渣一起配合使用，对混凝土强度发展也是完全可以的。

三、超细粉煤灰高强混凝土的配合比

超细粉煤灰高强混凝土的配合比，可以参考表 2-15 中的经验配合比进行试配，然后再通过试验确定混凝土的施工配合比。

表 2-15　超细粉煤灰高强混凝土参考配合比

配合比系列		Ⅰ						Ⅱ			Ⅲ		
配合比编号		1	2	3	4	5	6	1	2	3	1	2	3
水-胶结料比(*W*/*B*)/%		25.0	25.0	25.0	27.5	27.5	27.5	27.5	27.5	27.5	27.5	25.0	27.3
单位体积混凝土质量/(kg/m^3)	水(*W*)	170	170	170	168	168	168	160	165	170	168	152	166
	水泥(*C*)	680	612	408	609	548	365	349	360	371	609	548	365
	粉煤灰(FA10)	0	98	98	0	61	61	58	60	62	0	61	61
	磨细矿渣(BS)	0	0	204	0	0	183	175	180	186	0	61	61
	细骨料(S)	564	558	553	596	591	586	602	592	580	596	605	587
	粗骨料(G)	964	954	994	997	988	980	1002	989	971	998	1013	982
	超塑化剂(SP)	2.1	1.2	1.8	1.5	1.0	1.2	1.4	1.3	1.1	1.5	1.5	1.5

第五节　碱矿渣高强混凝土

碱矿渣高强混凝土（简称 JK 混凝土）集高强、快硬、高抗渗、低热、高耐久性等优越性能于一身，它的某些性能是普通硅酸盐水泥混凝土难以达到或不可能达到的，所以被称为“高级混凝土”。

碱矿渣胶结材料的制造工艺简单，不需要高温煅烧成熟料，只要细度符合要求即可；其施工工艺与普通混凝土基本相同，既可以用来生产预制构件，也可以用于现浇工程，具有普通混凝土的万能性，应用现有的施工方法和施工机具便可施工，推广应用较为方便。

由于碱矿渣高强混凝土的强度很高，容易配制成 C60～C100 高强混凝土，因而可以满足大跨度、超高层等建筑结构的需要，并可以减小构件的断面，减轻建筑物的自重，节省建筑材料，降低工程造价，提高抗震能力。

一、碱矿渣高强混凝土胶凝材料的配制

碱矿渣高强混凝土中的碱矿渣胶凝材料，是通过矿渣通过碱性激发后，生成沸石类的水化硅铝酸盐。因此，在配制碱矿渣高强混凝土时，如何选择水玻璃模数、掺量及调节凝固时间，成为碱矿渣胶凝材料的技术关键。

1. 水玻璃模数、掺量及养护条件对抗压强度的影响

将磨细的矿渣与不同掺量和模数的水玻璃，加入适量的水拌合均匀制备试件，以不同的养护条件养护至规定龄期，分别测定其 3d、7d 和 28d 的抗压强度，试验结果如表 2-16 所列。

表 2-16　水玻璃模数、掺量及养护条件对抗压强度影响

序号	溶性玻璃		养护条件	抗压强度/MPa		
	模数	掺量/%		3d	7d	28d
1	0.8	10	标准养护	29.5	35.3	49.8
2	1.0	10	标准养护	33.2	38.2	58.2
3	1.5	10	标准养护	25.5	31.7	42.5
4	2.0	10	标准养护	9.00	25.2	39.8

续表

序号	溶性玻璃		养护条件	抗压强度/MPa		
	模数	掺量/%		3d	7d	28d
5	1.0	5	普通养护	21.7	30.0	46.6
6	1.0	8	普通养护	26.8	35.1	52.2
7	1.0	10	普通养护	33.2	38.2	58.2
8	1.0	15	普通养护	27.0	35.3	51.0
9	1.0	10	空气中	29.0	35.3	51.5
10	1.0	10	标准养护	33.2	38.2	58.2
11	1.0	10	水中	30.0	34.8	44.4

从表2-16中可以看出：a. 1～4号试件中，当水玻璃掺量一定（均为10%）时，水玻璃的模数对浆体的强度影响较大，从试验结果来看，当水玻璃模数为1.0时效果最佳；b. 5～8号试件中，当水玻璃模数为1.0，掺量在5%～15%之间变化时，浆体强度随着掺量的增加而提高。但当掺量增至或超过15%时，浆体的抗压强度反而下降，所以水玻璃的最优掺量一般为10%；c. 9～11号试件采用3种不同的养护制度养护，对其早期强度影响不大，但对28d的强度影响较大，一般应优先选择标准养护。

2. 凝结时间的调整

如果采用以上试验的最佳结果，即用模数为1.0、掺量为10%的水玻璃制备碱矿渣水泥胶凝材料，从强度方面讲是非常理想的，但这种胶凝材料的初凝及终凝时间很短，给施工带来极大的不便。因此，需要掺入一定量的可溶性碳酸盐，调节其凝结时间，试验结果如表2-17所列。

表2-17　不同掺量可溶性碳酸盐对凝结时间的调整

序号	Na_2CO_3含量/%	初凝时间/min	终凝时间/min
1	0.00	8	38
2	0.05	17	44
3	0.10	22	58

由表2-17中可以看出：掺入0.10%的Na_2CO_3，使初凝时间由8min延至22min，终凝时间由38min延至58min，掺入可溶性碳酸盐后，可以大幅度地调节凝结时间，有利于高温季节的施工。

二、碱矿渣高强混凝土的配合比设计

碱矿渣高强混凝土不同于普通硅酸盐水泥混凝土，它是由磨细的矿渣（如粒化高炉矿渣、粒化电炉磷渣等）碱性组分、骨料及水按一定比例配制而成的，因此这种混凝土的配合比设计也与普通混凝土不同。

（一）配合比参数的确定

对于碱矿渣水泥，其强度的高低不仅取决于拌合水的量，而且还取决于碱性组分的加入量。但是，在碱性组分加入量相同的情况下，拌合水的量越多，则溶液中碱性组分的浓度也就越小，因此常常采用固定碱性组分的浓度，确定加水量和碱性组分的加入量。

图2-9为使用不同浓度的碱性溶液来拌和混合料时，混凝土强度与矿渣/水比值的关系。

在实际工程中可根据对混凝土强度的要求，选择一种碱性组分浓度及加水量适当的矿渣/水比值。

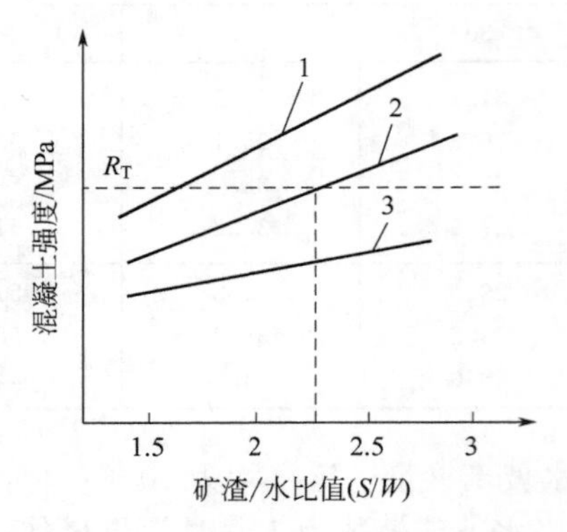

图 2-9　混凝土强度与矿渣/水比值（S/W）的关系

1—碱性溶液浓度为 20%；2—碱性溶液浓度为 15%；3—碱性溶液浓度为 10%；R_T—混凝土的设计强度

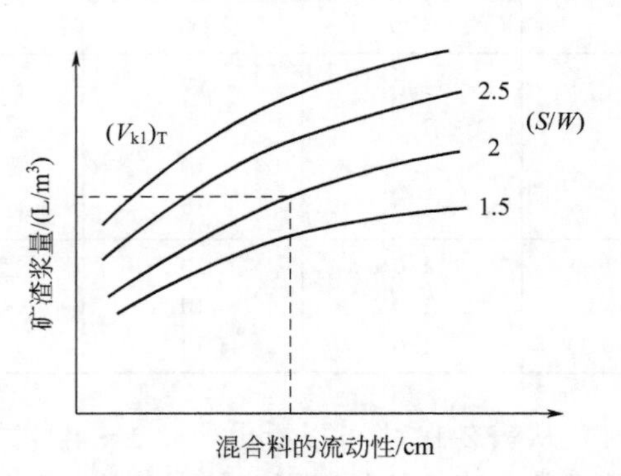

图 2-10　混合料流动性与矿渣浆量的关系

$(V_{k1})_T$ 为在给定混凝土混合料的流动度时，碱矿渣浆体的量

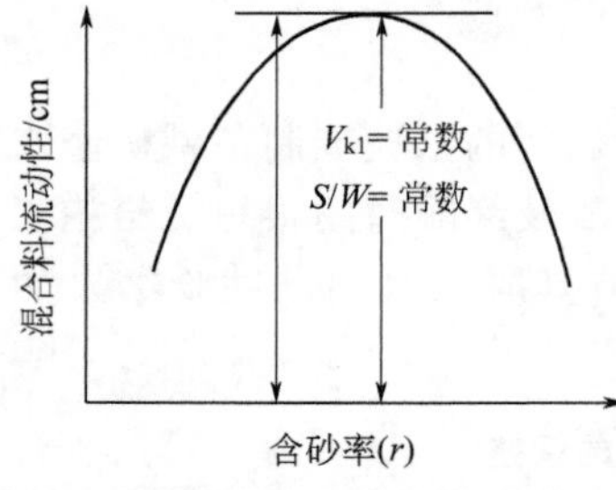

图 2-11　混合料流动性与合砂率之间的关系

在混凝土施工过程中，要求混凝土混合料具有一定的流动性，这样才便于成型和密实。混凝土混合料的流动性大小，与混合料中水泥浆的含量及粗细骨料的比例（Y/X）有关。图 2-10 为混合料中矿渣浆量与其流动性关系，图 2-11为混合料骨料的砂子份数与混合料流动性的关系。在实际工程使用过程中，应根据对混凝土混合料流动性的要求，根据试验结果确定混合料中水泥浆的含量及骨料中砂子的份数。

碱矿渣高强混凝土中用水量，是一个非常关键的技术数据。在进行配合比初步设计时，可参考表 2-18 中的用水量。

表 2-18　每立方米碱矿渣高强混凝土的用水量

流动性	用水量/L　最大骨料粒径/mm	砾石				碎石			
流动度/cm	干硬度/s	5mm	10mm	20mm	40mm	5mm	10mm	20mm	40mm
10～12	—	235	215	195	183	250	225	203	195
5～7	—	230	205	180	175	240	215	195	185
1～3	—	220	190	165	160	230	200	180	170
—	15～30	210	185	158	155	220	190	175	160
—	30～50	200	175	155	145	210	185	165	155
—	60～80	180	160	145	140	190	170	155	150

注：1. 如果所用砂子的细度模数小于 2.5，则每立方米混凝土的用水量增加 10L。

2. 如果每立方米混凝土矿渣用量超过 400kg，则在 400kg 以上部分，每增加 100kg 矿渣，用水量增加 10L。

（二）配合比设计步骤

碱矿渣高强混凝土的配合比设计，可分为选择用水量、确定水渣比和矿渣用量、确定用碱量和确定骨料用量4个步骤。

1. 选择用水量

碱矿渣高强混凝土混合料中的加水量，取决于混合料的流动性、最大骨料粒径、粗骨料的种类、矿渣用量和砂的细度模数。在进行初步设计时，可参考表2-14中的数据。

2. 确定水渣比及矿渣用量

对于碱矿渣高强混凝土，其强度与渣水比呈近似线性关系，在通常条件下，可按式(2-8)进行计算：

$$R=0.35(W/S-0.55)R_b \tag{2-8}$$

式中　R——碱矿渣高强混凝土的强度，MPa；

W/S——水用量与矿渣用量的比值；

R_b——碱矿渣水泥的强度，MPa。

在确定用水量W和W/S比值之后，则可按式(2-9)求出矿渣的用量：

$$S=W\times S/W \tag{2-9}$$

3. 确定用碱量

若已知碱溶液的密度为ρ，则每立方米混凝土混合料所需碱溶液的体积P为：

$$P=W/(\rho-C/1000) \tag{2-10}$$

式中　P——每立方米混凝土混合料所需溶液的体积，L/m^3；

ρ——所选用碱溶液的密度，kg/m^3；

C——溶液中碱的浓度，g/L。

用碱量A可用式(2-11)计算：

$$A=PC/1000 \tag{2-11}$$

4. 确定骨料的用量

碱矿渣高强混凝土总的骨料用量可按式(2-12)计算：

$$X+Y=\gamma_v-(S+P\rho) \tag{2-12}$$

式中　X——每立方米混凝土混合料中细骨料的用量，kg/m^3；

Y——每立方米混凝土混合料中粗骨料的用量，kg/m^3；

γ_v——碱矿渣高强混凝土混合料的密度，kg/m^3。

当使用砾石为粗骨料时，骨料中的含砂率一般为$S_p=0.36\%\sim0.38\%$，而使用碎石为粗骨料时，骨料中的含砂率一般为$S_p=0.40\%\sim0.47\%$，则粗细骨料的用量可分别按式(2-13)、式(2-14)计算：

$$X=S_p(X+Y) \tag{2-13}$$

$$Y=(X+Y)-X \tag{2-14}$$

三、碱矿渣高强混凝土的技术性能

碱矿渣高强混凝土的技术性能，主要包括物理化学性能和力学性能两个方面。

(一) 物理化学性能

碱矿渣高强混凝土的物理化学性能包括吸水率、软化系数、抗渗性、抗冻性、抗碳化性、化学侵蚀性和护筋性。

1. 吸水率

混凝土的吸水率反映混凝土中孔隙空间体积的大小，吸水率低的混凝土，说明其密实性高。试验证明，碱矿渣高强混凝土的吸水率很低，见表2-19，强度为50MPa以上的碱矿渣高强混凝土的吸水率在2.17%～4.56%之间，而普通水泥混凝土的吸水率在3.40%～7.70%之间，这充分说明碱矿渣高强混凝土的结构是致密的。

表2-19　碱矿渣高强混凝土的吸水率

序号	抗压强度/MPa	绝干容重/(g/cm^3)	饱水容重/(g/cm^3)	吸水率/%
1	81.6	2.488	2.542	2.17
2	76.5	2.483	2.549	2.66
3	61.2	2.396	2.456	2.50
4	52.9	2.326	2.432	4.56

2. 软化系数

材料的软化系数大小表示其耐水性能好坏，在建筑材料中将软化系数大于0.85者称为耐水性材料。我国生产的几种碱矿渣高强混凝土的软化系数试验结果如表2-20所列，从表中可以清楚地看出，碱矿渣高强混凝土在浸水饱和后，由于水分子的楔入劈裂作用，其抗压强度均有所下降；碱矿渣高强混凝土的软化系数均比较高，大多数大于0.85，这证明它是一种很好的耐水材料。

表2-20　碱矿渣高强混凝土的软化系数

序号	绝干强度/MPa	饱水强度/MPa	软化系数
1	104.6	91.9	0.88
2	97.1	89.1	0.92
3	77.3	65.8	0.85
4	67.3	63.1	0.94

3. 抗渗性

碱矿渣高强混凝土的抗渗性很好，能达到S35～S40不渗透，不仅比普通混凝土的抗渗性（S16～S20）要好得多，而且也比硅灰高强混凝土的抗渗性（S16～S20）好。表2-21为其试验结果，由此可见，高于50MPa的碱矿渣高强混凝土，在渗透压力为4.0MPa的情况下，其渗透深度仅1～3mm。

表2-21　碱矿渣高强混凝土抗渗性试验结果

序号	抗压强度/MPa	渗透压力/MPa	抗渗等级	试验条件及试验结果	渗透深度/mm
1	52.2	4.0	＞B40	一个试件在3.8MPa压力时渗漏，其余5个试件在4.0MPa压力下未产生渗漏	2～3
2	52.4	4.0	＞B40	6个试件在4.0MPa压力下16h不透水	2～3
3	99.0	4.0	＞B40	6个试件在4.0MPa压力下24h不透水	1

4. 抗冻性

据有关资料报道，碱矿渣高强混凝土的抗冻性能达到300～1000次冻融循环，而相应的普通混凝土一般只能达到300次，这说明碱矿渣高强混凝土的抗冻性很好。以3组配合比的碱矿渣高强混凝土的冻融循环试验结果如表2-22所列。

表 2-22　碱矿渣高强混凝土的冻融循环试验结果

序号	冻融前试件质量/kg	循环次数	冻融后质量/kg	质量变化情况		备注
				/g	/%	
1	2.543	218	2.540	−3	−0.118	质量稍有降低
2	2.527	207	2.530	+3	+0.118	质量无大变化
3	2.462	203	2.466	+4	+0.612	质量无大变化

5. 抗碳化性

碱矿渣高强混凝土的抗碳化性是在人工碳化箱内进行的，温度为（20±3）℃，相对湿度为（70±5）%，CO_2浓度为（20±3）%，其试验结果如表 2-23 所列。

表 2-23　碱矿渣高强混凝土的抗碳化性试验结果

序　号		1	2	3	4
碳化前抗压强度/MPa		21.7	39.9	43.0	54.0
碳化3d	抗压强度/MPa	20.1	38.1	46.0	57.0
	碳化深度/mm	14.3	11.2	12.3	8.80
碳化7d	抗压强度/MPa	20.0	37.7	45.7	54.2
	碳化深度/mm	21.8	17.5	16.5	13.5
碳化14d	抗压强度/MPa	19.8	37.5	45.5	54.2
	碳化深度/mm	30.0	23.0	20.6	19.1
碳化28d	抗压强度/MPa	17.8	38.7	45.8	57.4
	碳化深度/mm	40.7	27.6	27.6	23.8

以上试验结果说明，低强度等级的碱矿渣混凝土碳化速度快，碳化深度大，抗碳化能力差；高强度等级的碱矿渣混凝土结构致密，抗碳化能力则强。在碳化 28d 时，强度大于 40MPa 的混凝土强度稍有增加（6%以上），C30～C40 碱矿渣混凝土的强度稍有下降（大约 4.0%），而 C30 以下碱矿渣混凝土强度下降较大（接近 20%）。

6. 化学侵蚀性

用硫酸镁（2%$MgSO_4$或10%$MgSO_4$）、盐酸（pH=2）和硫酸溶液（10%H_2SO_4）对碱矿渣混凝土进行化学侵蚀性试验，以检验其抗化学侵蚀性能力，试验结果如表 2-24 所列。

表 2-24　碱矿渣混凝土化学侵蚀性试验结果

试验期限	24 个月				6 个月		1 个月	
侵蚀介质	pH=2 的 HCl		2%$MgSO_4$		10%H_2SO_4		10%$MgSO_4$	
抗压强度/MPa	原始	试验后	原始	试验后	原始	试验后	原始	试验后
	82.4	122.8	80.6	112.2	87.7	54.2	96.8	101.9
强度变化率/%	+48.3		+39.2		−38.2		+5.27	

从表 2-24 中可以清楚地看出，在 2%的硫酸镁溶液及 pH=2 的稀盐酸溶液中，碱矿渣混凝土试件的强度不但没有降低，反而大幅度提高，充分说明碱矿渣混凝土具有良好的抗硫酸盐侵蚀能力。这是因为碱矿渣混凝土结构致密，有害孔隙很少，而且不存在 $Ca(OH)_2$ 等高碱水化物，在硫酸盐的作用下不会生成石膏或钙矾石。因此，其抗硫酸盐侵蚀能力特别强。由于碱矿渣混凝土结构致密，稀盐酸对碱矿渣混凝土的侵蚀作用小于混凝土本身的结构

形成作用，因此，混凝土仍有所增长。但在浓酸中碱矿渣混凝土则受到严重侵蚀。

7. 护筋性

为加速碱矿渣混凝土中钢筋的锈蚀，采用浸烘方法进行试验，试验结果如表 2-25 所列。由于混凝土中具有足够的碱性，且抗渗性优异，所以其护筋性也是良好的。经 48～75 次循环破坏后，试件中钢筋无任何变化，失重仅在 0.0047～0.0087g 之间，失重率仅在0.18%～0.37%之间，基本上未遭受侵蚀。

表 2-25　碱矿渣混凝土的护筋性试验结果

编号	抗压强度/MPa	pH 值	循环次数	试验前钢筋重/g	试验后钢筋重/g	失重/g	失重率/%
1	100.7	12.34	75	25.7782	25.7721	0.0081	0.24
2	86.9	12.24	75	26.1245	26.1198	0.0047	0.18
3	69.0	12.29	75	23.8101	23.8017	0.0084	0.35
4	59.4	11.93	75	26.9286	26.9214	0.0072	0.27
5	21.8	1197	75	26.0241	26.0158	0.0083	0.32
6	35.3	12.17	48	20.2894	20.2828	0.0066	0.33
7	36.8	12.29	48	22.7983	22.7855	0.0087	0.37
灰砂混凝土	30～40	11.95	48	—	—	—	1.29
水泥砂浆	30～40	12.32	48	—	—	—	1.80

（二）力学性能

碱矿渣高强混凝土的力学性能包括抗压强度、抗折强度、劈拉强度、轴压强度、弹性模量和钢筋黏结力。

碱矿渣高强混凝土的凝结硬化速度很快，属于快硬与超快硬性混凝土。根据工程实践证明，有的混凝土 2h 的强度达 8.0MPa 以上，10h 的强度达 30MPa 以上；1d 的强度达 60MPa 以上，2d 的强度达 100MPa 以上。这种强度增长率，普通混凝土是无法比拟的。

特别值得重视的是：碱矿渣高强混凝土不仅前期强度增长很快，而且后期强度可以继续提高，并且没有倒缩现象。碱矿渣高强混凝土的力学性能如表 2-26 所列。

表 2-26　碱矿渣高强混凝土的力学性能

序号	抗压强度/MPa	抗折强度/MPa	劈拉强度/MPa	轴压强度/MPa	钢筋黏结力/MPa	弹性模量/10^4MPa
1	25.6	4.62	2.80	21.6	3.94	3.18
2	36.1	5.98	3.26	28.7	4.86	3.18
3	52.9	6.71	4.04	46.6	6.00	3.77
4	61.2	7.87	4.10	49.6	5.48	3.89
5	76.5	7.50	4.22	—	6.05	4.01
6	81.6	4.43	4.58	65.6	6.21	3.82
7	91.2	—	4.71	78.6	—	3.62
8	120.5	—	5.58	99.6	—	2.95

由表 2-26 中可以看出，随着碱矿渣高强混凝土抗压强度的提高，其劈拉强度也随之提

高，但增长的速率很小，这说明碱矿渣高强混凝土和普通混凝土一样也属于脆性材料。随着抗压强度的提高，碱矿渣高强混凝土的折压比逐渐下降，一般在0.091～0.180之间。其弹性模量和钢筋黏结力比普通混凝土略高。

第六节　硅灰高强混凝土

硅灰水泥砂浆试验证明，在水泥生产中掺入适量的硅灰（一般为6%～15%），可将普通硅酸盐水泥的强度大幅度提高，其中抗压强度可提高29.0%～37.6%，抗折强度可提高43.0%以上。不仅如此，在抗渗、耐磨、抗硫酸盐侵蚀能力均有大幅度的改善。但当掺量超过20%后，有可能导致混凝土产生较大的内干燥收缩。以上充分说明掺入适量硅灰后的复合水泥，实际上变为性能优异的特种多功能水泥。

一、硅灰高强混凝土的性能

硅灰高强混凝土的性能主要包括抗压强度、劈拉强度、弯折强度、三轴强度、弹性模量与泊桑比、黏结强度、收缩性、抗冻性、抗渗性和抗碳化性等。

1. 抗压强度

硅灰高强混凝土的轴心抗压强度与立方强度之比高于普通混凝土，普通混凝土的比值约为0.70，而硅灰高强混凝土在0.75～0.90之间。

2. 劈拉强度与弯折强度

混凝土的抗拉强度是比较小的，一般只有其抗压强度的7%～14%，并且抗压强度越高，其与抗压强度之比越小。也就是说，混凝土的抗拉强度不随抗压强度的增长而同步增长。根据有关单位试验证明，硅灰高强混凝土的劈拉强度仅为其抗压强度的6%左右。

硅灰高强混凝土的弯折强度略高于其劈拉强度。

3. 三轴强度

用10cm×10cm×10cm的混凝土试块加工成ϕ5cm×10cm的圆柱形试件，进行三轴压缩试验，试验结果如表2-27所列。通过理论计算可获得该混凝土在纯剪切受力状态时，其理论抗剪强度平均值为15.1MPa，它比一般混凝土抗剪强度的经验公式计算值小。

表2-27　硅灰高强混凝土三轴强度试验结果

序号	围压($\sigma_2=\sigma_3$)	轴向破坏荷载/kN	压缩极限应力/MPa
1	0	196.0	101.9
2	8	274.4	142.6
3	16	372.4	193.5
4	24	392.0	203.7

4. 弹性模量与泊桑比

经试验测定，硅灰高强混凝土的弹性模量E在4.6×10^4MPa左右、泊桑比在0.238左右。而一般混凝土强度从C5～C40的弹性模量，在$(1.5\sim3.0)\times10^4$MPa之间，泊桑比为0.167。由此可见，硅灰高强混凝土的弹性模量与泊桑比，符合一般混凝土随其增大而增加的规律，说明这种混凝土也具有脆性。

5. 黏结强度

黏结强度即混凝土与钢筋的握裹力。材料试验证明：当混凝土的抗压强度超过 20MPa 时，随着混凝土强度的增长，黏结强度的增长将逐渐减小，对于硅灰高强混凝土，黏结强度的增长更小。例如 C30 普通混凝土钢筋滑移 0.25mm 时，光面钢筋的握裹力为 3.23MPa，螺纹钢筋的握裹力为 5.88MPa；而 C100 级混凝土和 C30 级混凝土，其强度比值虽为 3.33，但黏结强度的比值仅为 1.76。

6. 收缩性

普通混凝土的极限收缩值一般在 0.5～0.6mm/m 之间，硅灰高强混凝土试验得出的结果是：除 3d 的收缩值较大外，其余龄期的收缩值均小于普通混凝土，这证明硅灰高强混凝土的抗收缩性优于普通混凝土。

7. 抗冻性

由于硅灰高强混凝土的早期强度高，且孔隙率小，密实度大，水分难以渗入内部，所以其抗冻性很好。试验资料表明，普通混凝土（水灰比 0.60）在接近 0℃时，就会出现一个初期冻害高峰，而掺入 8%硅灰的硅灰高强混凝土，要到－20℃时才发生第一次冻害高峰。水灰比 0.60 的硅灰高强混凝土其抗冻能力，与水灰比 0.48 的普通混凝土基本相同。

8. 抗渗性

以 C100 的硅灰高强混凝土为例，6 个抗渗试件标准养护 28d 后，在 HS-40 型混凝土渗透仪上进行渗透试验，水压由 0.2MPa 开始，每增压 0.2MPa 恒压 8h，直至增压到 4MPa，未发现任何试件出现渗水现象。将试件劈开后观察，几乎无任何渗水痕迹，这充分说明了硅灰高强混凝土的密实性很高，也说明了硅灰的微填实作用良好，从而使其具有很高的抗渗性能。

9. 抗碳化性

经过人工碳化试验证明，在相同水灰比的条件下，硅灰高强混凝土的抗碳化性显著优于普通混凝土，如表 2-28 所列。因此，硅灰高强混凝土作为钢筋的保护覆盖层性能是比较优异的，置于其中的钢筋不容易发生锈蚀。

表 2-28　混凝土抗碳化能力比较

混凝土种类	28d 混凝土强度/MPa	28d 混凝土碳化深度/cm
普通高强混凝土	64.7	1.0
硅灰高强混凝土	114	0

二、硅灰高强混凝土配合比设计

硅灰高强混凝土的组成材料与普通混凝土不同，由于硅灰的颗粒极细，会引起混凝土用水量的增加，在使用硅灰作为高强混凝土的掺合料时，必须掺加高效减水剂，所以其设计方法与普通混凝土相比有较大区别。在进行配合比设计时，必须明确硅灰-减水剂的掺量关系、硅灰混凝土的强度与灰水比的关系。

（一）硅灰-减水剂的掺量关系

与普通高强混凝土相比，硅灰高强混凝土的组分中增加了硅灰和减水剂。掺入适量的减水剂主要有两个作用：第一是减少混凝土中的单位用水量，以降低水灰比，达到提高强度的目的；第二是减少硅灰润湿并帮助分散到混凝土中去，以保持混凝土拌合物的工作性。

为找出减水剂-硅灰用量的对应关系，有关单位选定6种水灰比（W/C）的混凝土，每种混凝土中分别掺入0～15%硅灰，通过调节减水剂用量使各组混凝土的坍落度基本一致（3.0～4.0cm之间），这样就得到了如表2-29所列各种水灰比下的硅灰-减水剂掺量线性关系。

表2-29　硅灰-减水剂的掺量线性关系

水泥用量	W/C	坍落度/cm	硅灰掺量/% \ γ \ $\gamma=AX+B$	0	2.5	5.0	7.5	10.0	15.0
340	0.532	3.1～3.8	$\gamma=0.0661X+0.0124$	0.00	0.16	0.31	0.43	0.69	0.98
340	0.477	3.0～3.6	$\gamma=0.0766X+0.4090$	0.38	0.62	0.83	0.95	1.19	1.55
340	0.413	3.0～4.0	$\gamma=0.1120X+0.8440$	0.86	1.16	1.38	1.57	2.06	—
460	0.388	3.2～4.0	$\gamma=0.0710X+0.0400$	0.00	0.24	0.43	0.57	0.74	1.09
460	0.323	3.0～4.0	$\gamma=0.0887X+0.5070$	0.48	0.78	0.97	1.09	1.41	1.85
460	0.287	3.0～4.0	$\gamma=0.1040X+1.1380$	1.14	1.38	1.71	1.85	2.20	—

注：硅灰、减水剂的掺量均以水泥质量百分比计。表中γ为减水剂的掺量，X为硅灰的掺量，A、B为关系式常数。

从表2-29中可以看出，在大多数情况下，若选用同一种减水剂，每掺加1%硅灰要增加0.07%～0.09%的减水剂。

（二）硅灰混凝土的强度与灰水比的关系

根据以上试验得出的硅灰-减水剂掺量关系，通过混凝土试验的28d强度与灰水比（C/W）关系，从而形成了在不同硅灰掺量下的混凝土强度（R）与灰水比（C/W）的关系，如表2-30所列。

表2-30　不同硅灰掺量及灰水比（C/W）下硅灰高强混凝土R的值

$R=AC/W+B$	C/W \ R/MPa \ 硅灰的掺量/%	1.88	2.10	2.42	2.58	3.10	3.45
$R=19.32C/W-1.15$	0.0	35.2	41.4	41.7	49.8	59.2	65.6
$R=19.46C/W+1.49$	2.5	38.7	43.6	48.2	50.3	60.8	70.3
$R=19.88C/W+2.35$	5.0	41.9	43.8	54.6	55.9	66.7	72.1
$R=21.64C/W+1.46$	7.5	43.4	44.2	54.8	57.8	72.4	73.5
$R=22.05C/W+2.51$	10	44.0	49.2	57.0	61.5	75.0	77.5
$R=24.99C/W+0.27$	15	45.4	52.8	63.3	61.7	77.4	85.6

注：表中A、B为关系式常数。

从表2-30中可以看出，在相同灰水比（C/W）的情况下，硅灰高强混凝土的强度随着硅灰的增加而提高。

（三）硅灰高强混凝土配合比设计方法

在进行硅灰高强混凝土设计时，其中有许多参数与硅灰、减水剂、水泥、砂石品种质量等有密切关系，应根据实际情况加以适当调整，尽量使设计方法与普通混凝土接近。具体步骤如下。

1. 确定需水量

首先根据普通混凝土需水量经验公式 $W=10(T+K)/3$，初步计算其需水量，由于掺入高效减水剂对混凝土有减水作用，然后减去15%～25%计算的需水量。在混凝土强度较低（60MPa以下）和坍落度较小（6cm以下）时减水率取下限，反之取上限。

2. 选定硅灰掺量

从表2-30中可以看出，硅灰高强混凝土的强度，随着硅灰掺量的增加而提高。当混凝土的强度大于50MPa时，硅灰掺量在5%～10%之间增强效果比较明显。所以，在选定硅灰掺量时，要根据混凝土设计要求的强度，在5%～10%间选择，强度大者取上限，强度小者取下限。

3. 确定减水剂用量

在坍落度一定范围内，减水剂用量与硅灰掺量、水灰比等因素有关。在混凝土初步设计配合比中，可参考表2-29中的数据选定，再通过试拌进行调整。

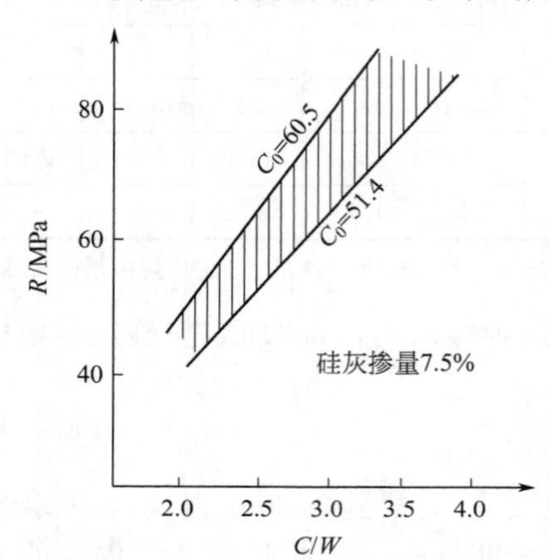

图2-12　硅灰混凝土 R-C/W 关系

4. 确定灰水比和水泥用量

确定灰水比有两种方法：一种是根据混凝土的设计强度和硅灰掺量，查表2-30可得相应的灰水比；另一种是根据硅灰掺量为7.5%的试验结果（见图2-12）和混凝土设计强度，用插入法求出相应的灰水比。

根据查得或求出的灰水比和确定的需水量，通过计算可求出混凝土的水泥用量。

5. 选择砂率

按照普通混凝土配合比设计的方法，选择砂率，在此基础上将砂率再提高10%～20%。

6. 计算配比

用“绝对体积法”计算混凝土的配合比，硅灰可以作为胶结材料之一进行计算，也可用扣除等体积砂的方法计算。

（四）硅灰高强混凝土配合比

硅灰高强混凝土的配合比，在实际工程施工中常以以下3种情况出现，即坍落度不变时掺入硅灰取代部分水泥的硅灰高强混凝土配合比、水胶比不变时掺入硅灰取代部分水泥的硅灰高强混凝土配合比和常用水胶比在坍落度不变时硅灰高强混凝土配合比。

坍落度不变和水胶比不变时掺入硅灰取代部分水泥的硅灰高强混凝土配合比，分别可参考表2-31和表2-32。

表2-31　坍落度不变时掺入硅灰取代部分水泥的硅灰高强混凝土配合比

硅灰取代水泥数量/%	混凝土配合比/(kg/m³)					新拌混凝土的性能		
	粗骨料	细骨料	水	水泥	硅灰	坍落度/mm	含气量/%	堆密度/(kg/m³)
0	1318	429	171	502	—	50	1.4	2420
5	1311	447	171	476	25	50	1.4	2430
10	1277	441	187	450	50	50	1.3	2405
15	1224	410	212	416	73	50	1.3	2335
20	1161	395	229	375	126	50	1.3	2290
25	1140	390	239	354	152	50	1.2	2275

表 2-32 水胶比不变时掺入硅灰取代部分水泥的硅灰高强混凝土配合比

硅灰取代水泥数量/%	混凝土配合比/(kg/m³)					新拌混凝土的性能		
	粗骨料	细骨料	水	水泥	硅灰	坍落度/mm	含气量/%	堆密度/(kg/m³)
0	1318	427	171	502	—	50	1.3	2418
5	1309	447	170	478	25	50	1.3	2429
10	1292	437	171	450	50	10	1.4	2400
15	1292	436	171	425	75	0	1.4	2399

第七节 高强混凝土的施工要点

高强混凝土的质量如何，一方面在于组成混凝土的原材料质量和配合比；另一方面在于其施工质量。因此，在确保混凝土组成材料质量的前提下，更要很好地掌握好其施工质量。以上不同类型的高强混凝土，其施工工艺也是不同的，但它们应当共同遵守以下施工要点。

一、高强混凝土施工的一般规定

(1) 高强混凝土施工中要严格控制配合比，各种原材料的称量误差不应超过以下规定：水泥±2%；活性矿物掺合料±1%；粗、细骨料±3%；水和高效减水剂±0.1%。

(2) 高强混凝土应采用强制式搅拌机进行拌制，并比普通混凝土适当延长搅拌时间。严格控制高效减水剂的掺入量，掌握正确的掺入方法。高强混凝土应尽量缩短运输时间，选择好高效减水剂的最佳掺入时间，以免高效减水剂失效而造成混凝土坍落度的损失。

(3) 高强混凝土要避免因搅拌和运输时间过长而增大其含气量，因为对水灰比较小的高强混凝土来讲，会因含气量的增加而降低强度。据试验证明，对于强度为60MPa的高强混凝土，每增加1%的含气量，其抗压强度将降低5%；对于强度为100MPa的高强混凝土，每增加1%的含气量，其抗压强度将降低9%。

(4) 高强混凝土应采用高频振捣器充分振捣，浇筑后8h内应覆盖并浇水进行养护，养护时间不应少于14d。由于高强混凝土的水灰比小，水泥用量较多，如果养护不当容易失水，出现干缩裂缝，影响混凝土的质量。

(5) 高强混凝土采用泵送施工工艺时，应控制水泥用量，一般不超过500kg/m³，可以掺入水泥质量的5%～10%磨细粉煤灰替代部分水泥，由于粉煤灰颗粒具有球状玻璃体的光滑表面，非常有利于混凝土的泵送。另外，还应选用减水效率高、有一定缓凝和少量引气作用的减水剂或复合型减水剂，砂率最好通过泵送试验确定，既要保证混凝土的强度，又要满足泵送施工的要求，一般宜控制在37%以内。

二、高强混凝土施工的其他规定

在高强混凝土的施工中，除了应当遵守以上所讲的一般规定外，还应当注意以下事项。

(1) 高强混凝土在掺入高效减水剂后，在流动性相当的条件下，对混凝土的凝结硬化不会产生大的影响，但在坍落度增大或气温较低、高效减水剂掺量较大时，混凝土的凝结往往会延缓。因此在确定后张法预应力混凝土构件抽拔管道和拆模时间时，应根据试验来确定。

(2) 用高效减水剂配制的高强混凝土，由于坍落度损失大于不掺或掺木钙的混凝土，因此浇筑完毕后的表面抹面处理更应当认真对待。

（3）配制高强混凝土的水泥用量大、强度等级高，因此水泥的水化热大，使混凝土内部的温度较高而产生较大的温度应力，有可能导致混凝土开裂。因此，为减小混凝土浇筑后结构物或构件的内外温差，应采取必要的保温措施。由于高强混凝土的水泥用量较大，所以其比普通混凝土的干缩性大，更应当重视保湿养护。

（4）高强混凝土在搅拌时，如果所用的水泥的温度过高或拌合水温度过高（＞50℃），可能会使掺加高效减水剂的混凝土出现假凝现象，失去高效减水剂的减水效能。此时，应将所用水泥或搅拌用水的温度降低。

（5）如果采用复合型高效减水剂，应当通过试验证明这些复合组成对混凝土的凝结硬化和体积稳定性不产生影响，并对钢筋无锈蚀促进作用。

（6）在配制高强混凝土时，应择优选用适宜的水泥和减水剂，尤其是当混凝土强度比水泥标准抗压强度高出 10MPa 以上时，选择水泥和减水剂更为重要。

（7）掺入高效减水剂的混凝土，往往容易出现坍落度损失过大的问题，应根据不同工程的特点，通过复配手段，选择对坍落度影响小的优质产品。在混凝土的输送施工过程中，还应考虑坍落度损失对浇筑抹面的影响。

第三章 流态混凝土

所谓流态混凝土，即在预拌的坍落度为80～120mm的基体混凝土中，在浇筑之前掺入适量的流化剂，经过1～5min的搅拌，使混凝土的坍落度立刻增大至200～250mm，能像水一样地流动，这种混凝土称为“流态混凝土”（Flowing concrete）。在美国、英国、加拿大等国家称为超塑性混凝土（Super-plasticized concrete），在德国和日本称为流动混凝土（Flowing concrete）。在实际工程中一般多称为泵送混凝土。

第一节 流态混凝土概述

流态混凝土流动性好，混凝土拌合物依靠自重不需要振捣即可充满模板和包裹钢筋，不仅具有良好的施工性能和充填性能，骨料不会产生离析，而且混凝土硬化后具有良好的力学性能和耐久性能。

一、流态混凝土的发展概况

流态混凝土是于1971年首先由联邦德国研制和开始应用的，几年后迅速推广到美国、英国、加拿大和日本等工业发达的国家，从20世纪70年代开始应用规模日渐扩大，目前已在大体积混凝土和泵送混凝土中大量应用。

流态混凝土的发展与混凝土泵送施工工艺的发展密切相关，泵送施工要求混凝土拌合物具有较大的流动性，且不产生离析，流态混凝土恰好可以满足以上要求，因而代替了过去采用的坍落度为200mm左右的大流动性混凝土。

流态混凝土，一方面具有水泥用量较多、坍落度较大的大流动性混凝土的施工性能，便于泵送运输和浇筑；另一方面又可以得到近似于坍落度50～100mm的塑性混凝土的性能。既能满足施工要求，又改善了混凝土的质量，因而受到广泛的重视，许多国家致力于研究和开发，应用规模逐渐扩大。

我国对高效能减水剂及流化剂的研究与开发较晚，流态混凝土的研究与应用也自然较晚。20世纪70年代初期，交通部在天津新河船厂修船码头地下连续墙中才开始采用萘系高效减水剂的流态混凝土，充分显示出了流态混凝土的优越性。以后，相继在海洋工程、水利水电工程、工业与民用建筑工程中应用，积累了丰富的施工经验，为在我国大力推广流态混凝土打下了良好基础。

二、流态混凝土的主要特点

流态混凝土自20世纪70年代初研制成功后，经过四十多年的不断探索和实践，在国内外的应用范围越来越广泛。根据工程实践经验，归纳起来流态混凝土主要有以下特点。

1. 施工方便、效果良好

流态混凝土的坍落度一般在200mm以上，其流动性非常好，能像水一样流动至模板的各部位，不仅可以采用泵送浇筑，而且不需要进行捣实，因而这种混凝土可以获得省能、省力及减少噪声等良好效果。

2. 用水量少、节省水泥

流态混凝土与坍落度相同的塑性混凝土相比，单位体积混凝土中的用水量可以大大减少，这样混凝土的水灰比可降低，混凝土的强度可大幅度提高；如果保持混凝土的水灰比相同，在强度不改变的情况下，单位体积混凝土的水泥用量也可以减少。

3. 泵送性好、性能良好

流态混凝土不增加单位体积混凝土中的用水量，不仅不会损害混凝土的泵送施工性能，而且可以大幅度降低水灰比，因而可以获得高强、耐久、抗渗等方面性能良好的混凝土。

4. 不易收缩、质量改善

流态混凝土与大流动性的泵送混凝土相比，既能减少单位体积混凝土的用水量，又能降低水泥用量，混凝土硬化后不易产生收缩和裂纹，而且还能保证混凝土泵送要求的施工性能，混凝土的质量可以获得大幅度的改善。

第二节　流态混凝土的原材料

流态混凝土所用的原材料与普通混凝土基本相同，除了水泥、粗骨料、细骨料、混合材料和水外，使混凝土成为流态的最关键材料是流化剂。流化剂也称为泵送剂，实际上是一种混凝土的高效能减水剂，或称为超塑化剂。

一、流态混凝土的原材料

（一）水泥

配制流态混凝土所用的水泥，与普通水泥混凝土所用的水泥相同，并无特殊要求。通过对不同品种的水泥掺加流化剂后进行流态化试验结果表明，除了细度较高的超早强水泥以外，其他各种水泥的流态化效果、流化后的坍落度、含气量等的经时变化基本相同。不同品种的水泥加入流化剂后，其坍落度显著增大，但超早强水泥流态化效果较差。

总的说来，流态混凝土所能采用的水泥品种非常广泛，我国生产的普通硅酸盐水泥、粉煤灰硅酸盐水泥、火山灰质硅酸盐水泥、矿渣硅酸盐水泥等，均可配制流态混凝土。在建筑工程中配制流态混凝土，使用最多的水泥品种是普通硅酸盐水泥。

（二）骨料

流态混凝土所用的粗骨料和细骨料应符合《建设用卵石、碎石》（GB/T 14685—2011）、《建设用砂》（GB/T 14684—2011）的规定。不符合上述规定的骨料，通过试验证明能获得性能要求的流态混凝土时，也可以采用。所采用的轻骨料要符合“轻骨料混凝土的技术标准”。

在流态混凝土中，水泥浆的黏性比基准混凝土低，与具有相同坍落度的大流动性混凝土相比，骨料的用量稍多些。考虑混凝土的工作度、离析等方面的因素，必须注意选择适宜的骨料最大粒径、粒型和级配等。

采用碎石和破碎高炉矿渣时，要适当除去粒径大于40mm的部分，因为使用粒径过大的骨料配制混凝土容易产生离析。如果必须采用粒径大于40mm的碎石骨料时，骨料的粒度和微粉部分的含量、混凝土配合比、流态化的程度等必须有可靠的资料，而且要通过试验慎重地进行分析研究。

采用人造轻骨料配制流态混凝土，在实际工程中也有些应用。一般来讲，人造轻骨料混凝土的坍落度在18cm以下时，采用泵送施工是非常困难的，但配制成流态混凝土则比较容易输送。

（三）混合材料

配制流态混凝土常用的混合材料，包括化学外加剂、粉煤灰和膨胀材料等。

1. 化学外加剂

在基体混凝土中所用的化学外加剂，一般为普通减水剂和其他性能的外加剂，我国常用的是AE剂或AE减水剂。而在流态混凝土中，作为流化剂使用的减水剂多为NL（多环芳基聚合磺酸盐类）、NN（高缩合三聚氰胺盐类）和MT（萘磺酸盐缩合物）为主要成分的表面活性剂，也称为超塑化剂。试验证明，现在日本市场上销售的所谓高效能减水剂的固体成分的减水剂，不管哪一种大体上是相同的。

我国生产的FDN高效能减水剂是一种分散力强、起泡很少、减水效果显著的新型高效能减水剂，掺量为水泥用量的0.2%～1.0%，最适用于配制流态混凝土。另外，NNO减水剂、UNF高效减水剂等均可用于配制流态混凝土。但是，无论采用何种流化剂，都必须符合《混凝土减水剂质量标准和试验方法》中的规定。

流态混凝土所用的流化剂有标准型、缓凝剂和促凝剂3种。在常温天气下，一般可采用标准型流化剂；混凝土有快凝时可采用促凝型流化剂。在夏天浇筑混凝土要使混凝土缓凝时，可用缓凝型的减水剂加入基体混凝土中，也有时加入标准型流化剂。

2. 粉煤灰

在流态混凝土中掺加一定量的粉煤灰，不仅能改善混凝土的工作度，而且降低混凝土的水化热。特别是混凝土中水泥用量较少、骨料微粒不足的情况下，掺加粉煤灰是较好的技术措施。掺入粉煤灰配制流态混凝土，流化剂的用量将稍有增加。

为保证流态混凝土的质量，充分发挥粉煤灰的作用，掺入的粉煤灰应符合《粉煤灰在混凝土和砂浆中应用技术规程》的品质要求，并最好采用Ⅰ级和Ⅱ级粉煤灰。粉煤灰品质指标和分级如表3-1所列。

表3-1 粉煤灰品质指标和分级

序号	品质指标	粉煤灰级别		
		Ⅰ	Ⅱ	Ⅲ
1	细度(0.080mm方孔筛余率)/%	≤5	≤8	≤25
2	烧失量/%	≤5	≤8	≤15
3	需水量比/%	≤95	≤105	≤115
4	三氧化硫/%	≤3	≤3	≤3
5	含水率/%	≤1	≤1	不规定

3. 膨胀材料

为了防止由于混凝土收缩而产生裂纹，可在配制流态混凝土时掺加一定量的膨胀材料。采用掺加膨胀材料的流态混凝土，其流态化的效果基本上不受影响。常用的膨胀材料（如建筑石膏），其表观密度较小、导热性较低、吸声性较强、可加工性良好、凝固后略有膨胀（膨胀量约1%），是防止混凝土产生收缩裂缝的良好膨胀材料。若把膨胀材料作为水泥的组分考虑，和通常情况一样，决定其流化剂的加入量即可。

4. 拌合水

配制流态混凝土所用的拌合水与普通混凝土相同，一般来说用人饮用的自来水即可。拌合水的技术指标应符合现行行业标准《混凝土用水标准》（JGJ 63—2006）中的要求。

二、流态混凝土的流化剂

在混凝土中采用高效能减水剂，其目的不是为了提高混凝土的强度，而是为了提高混凝土的流动性，制备流态混凝土，把这种高效能减水剂称为流化剂。流化剂与普通所用的减水剂，虽然都具有减水的作用，但它们的成分和效能有很大不同。流化剂不仅减水率高达30%，而且具有低引气性和低缓凝性等特点。这种流化剂掺入搅拌后的混凝土拌合物中，能够在不影响混凝土性质的条件下，显著地提高混凝土拌合物的流动性。

配制流态混凝土的实践证明，最关键的材料是流化剂或高效减水剂。它与普通水泥混凝土所采用的外加剂相比，具有不同的化学结构，对水泥粒子具有高度的分散性，而且即使掺量过多也几乎对混凝土不产生缓凝作用，引气量也相对较少，因而可以大量使用。这种对水泥粒子具有高度吸附-扩散作用以及可大量使用的特点，具有极高的减水效果，可据以提高掺量来增加减水率，调节混凝土拌合物的流化效果。

流态混凝土是伴随着高效能减水剂（流化剂）的研究与应用出现的，因此流化剂是流态混凝土的关键材料。工程实践证明：凡是高效能减水剂都可以作为流化剂使用。

（一）流化剂的种类

目前世界各国使用的流化剂，一般有两种分类方法。按化学成分可分为：a. 高缩合环式磺酸盐；b. 萘磺酸盐甲醛缩合物；c. 烷基烯丙基磺酸盐树脂。按使用用途可分为：a. 高强混凝土用的高强减水剂；b. 流态混凝土用的流化剂；c. 二次制品用的减水剂。常用的分类方法是按化学成分进行分类，如表3-2所列。

表3-2 高效减水剂——流化剂的分类

品种名称		主要成分	主要的作用和效果	使用量（水泥量×5%）	附注
A	1	高缩合环式磺酸盐	流化、减少和恢复稠度的降低、减水，有一定的早强性	300～500mL/100kg	根据时间不同而掺加
	2			500～1500mL/100kg	
B		烷基丙烯基磺酸盐树脂	流化、减少和恢复稠度的降低	0.5	根据时间不同而掺加
C		萘磺酸盐	流化、减少和恢复稠度的降低	0.5	根据时间不同而掺加

从20世纪70年代后期开始，又有许多人就目前世界上用量最大的木质素类减水剂进行改性研究，试图对它进行物理、化学处理，去掉其引气性大、缓凝性强等问题。通过多年的探索和试验，已研制出符合流态混凝土使用的流化剂——改性木质素磺酸盐类高效减水剂，为降低流态混凝土的成本打下了基础。

（二）流化剂的基本性质

配制流态混凝土所用的流化剂，实质上是利用了高效减水剂另一大功能，它与高效减水剂的共同性质为：a. 减水效果非常显著，减水率在20%以上；b. 引气性较小；c. 没有延迟混凝土硬化最终时间的作用；d. 对钢材没有腐蚀性；e. 无药害，施工安全性好；f. 具有良好的分散作用。

作为流化剂之所以成为配制流态混凝土的关键性材料，是因为流化剂主要具有减水性、引气性和缓凝性的三大基本性质。

1. 减水性

流化剂的突出特点是具有高的减水性能，减水率一般在20%～30%，比普通减水剂高1倍以上。流化剂掺入混凝土中，不仅能提高水泥的分散效果，而且也可增大其添加量，获得更大的流动性。

图3-1是在水泥净浆中分别掺入不同类型的减水剂或流化剂，掺入量为水泥用量的0.25%～2%，测定水泥浆流动度的变化曲线。当掺量为0.25%时，水泥浆流动度的差别不明显；当掺量增至0.5%～1%时，水泥浆流动度的差别非常明显。从图3-1中也可看出：流化剂的减水率一般在20%以上，而普通减水剂的减水率在20%以下。

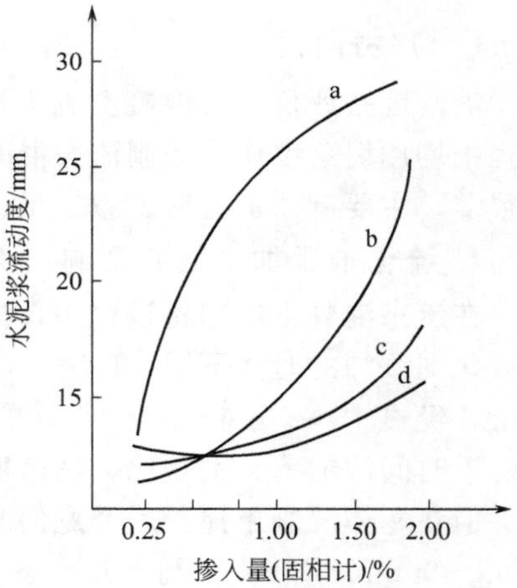

图3-1　流化剂与普通减水剂掺入量比较

a、b—流化剂；c、d—普通减水剂

2. 引气性

在水泥混凝土拌合物中，由于加入了一定量的减水剂，降低了水的表面张力，在混凝土搅拌的过程中，必然引入大量空气。如AE剂的掺入量为水溶液的1.5%时，水溶液的表面张力由原来的72dyn/cm下降至42dyn/cm，使混凝土中的含气量增大，将严重降低混凝土的强度。

但是，减水率高的流化剂与普通减水剂恰恰相反，即使其掺入量加大，水溶液的表面张力不降低或降低甚少，因而几乎没有引气性质，这是利用流化剂配制高强混凝土至关重要的一点。作为流化剂使用的三大类高效减水剂，其中无机电解质和聚合物电解质引气作用很小。

经材料试验证明：流化剂的添加量增至2.4%时，混凝土中的含气量仅2.2%。由于掺入流化剂不使水的表面张力过大降低，因此，混凝土拌合物不会产生过多的泌水和离析；由于掺入流化剂后混凝土中有一定的含气量，对提高流态混凝土的抗冻性、抗渗性有很大好处。

3. 缓凝性

据有关试验表明：分别在水泥砂浆中掺入水泥用量1%的减水剂，其中木质素系和含氧有机酸系减水剂对混凝土缓凝的影响最大，可长达7～8h，多元醇系减水剂也能缓凝2h，只有高效能减水剂（流化剂）缓凝作用很小，这对流态混凝土的施工与应用是很重要的方面。以上两种现象的产生是由于两者的作用机理不同，高效能减水剂属于高分子芳香族磺酸盐系，掺入混凝土中被吸附于水泥微粒表面上，在微粒表面形成双电层，使水泥粒子产生分散；而普通减水剂属于羟基酸盐系，对水泥初期的水化起着抑制作用。

流态混凝土的凝结速度，总的看来比流化前的基体混凝土稍慢一些，但当混凝土温度在20℃以上时，对凝结时间的影响甚小；当温度低于－50℃时，不管采用何种流化剂，混凝土的凝结时间将大幅度增长。

三、流态混凝土拌合物的性质

流态混凝土是在基体混凝土中加入一定量的流化剂配制而成的，是一种坍落度较大的流动性混凝土。因此，流态混凝土拌合物的性质，与基体混凝土的性质及流化剂的种类、添加量、添加方法等方面有关。流态混凝土拌合物的性质，主要包括坍落度、含气量、泌水、凝结时间和抗离析性。

(一) 坍落度

坍落度是评价流态混凝土流化效果的重要技术指标，日本、美国、中国、英国等在实际工程中均用坍落度作为控制流态混凝土的具体技术指标。影响流态混凝土拌合物坍落度的因素很多，主要有添加方法、添加量、混凝土温度、混凝土原材料等方面。

1. 流化剂添加方法的影响

在流态混凝土的制备过程中，流化剂添加方法有P法和F法两种，这两种方法实质上是流化剂添加的时间不同。P法是在混凝土拌合过程中加入流化剂；F法是先拌制好基体混凝土，经过15～90min静置后，再加入流化剂。工程实践证明，搅拌时同时加入流化剂，与延迟时间添加流化剂相比，坍落度增大以后者为佳。

但在基体混凝土搅拌后究竟何时添加流化剂为宜？大量的试验表明，基体混凝土搅拌之后60～90min添加流化剂，其流态化效果（坍落度增大值）大致相同。在夏季高温施工时，如果基体混凝土搅拌后的时间太长，拌合物的坍落度的损失也必然较大，流化后的坍落度也相应变小。

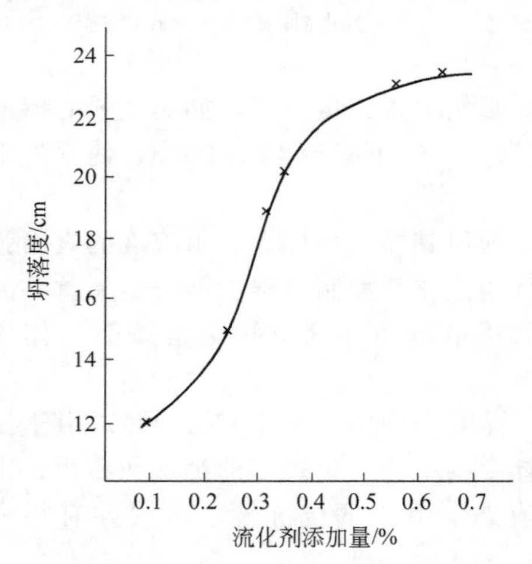

图3-2 流化剂添加量与坍落度的关系

2. 流化剂添加量的影响

流态混凝土若采用后添加方法，流化剂的添加量对流态混凝土坍落度的影响很大。例如，水泥用量300kg/m^3、水灰比0.60、坍落度12cm、含气量4%的基体混凝土，在流化剂添加量为水泥用量0.3%～10.7%时，其拌合物坍落度的变化如图3-2所示。

从图3-2中可以看出，流化剂添加量为0.5%时，流态混凝土拌合物的坍落度为20cm；添加量为0.7%时，坍落度为22cm；当添加量大于0.7%后，坍落度的增大基本趋于平稳。事实证明，如果流化剂添加量过大，不仅混凝土的流态化效果不明显，而且还会使混凝土拌合物产生分离现象，严重影响混凝土的质量。因此，日本规定：流态混凝土其流化剂的添加量，一般以为水泥用量的0.5%～0.7%为宜。

另外，流化剂添加量和坍落度增大的关系，还与基体混凝土拌合物的坍落度大小有关。当基体混凝土的坍落度在10cm以上时，流化剂添加量相同则坍落度的增大值也大致相同；当基体混凝土的坍落度在8cm以下时，流化后坍落度增大效果较差。因此，为取得较好的流化效果，基体混凝土的坍落度宜为8～12cm。由于各厂家制造的流化剂种类、黏度、密度及浓度不同，所以流化剂的标准添加量最好通过试验确定。

3. 原材料的影响

配制流态混凝土所用的原材料对坍落度的影响是不同的。一般情况下，水泥品种影响较大，微粉含量有一定影响，粗骨料基本没有大的影响。

(1) 水泥品种的影响　大量试验证明，除超早强水泥外，其他品种水泥的流化效果大致相同。超早强水泥含有较多的铝酸盐，在没有石膏情况下用同时添加法，水泥中的C_3A、C_4AF对萘系流化剂的吸附量相当高，当溶液中表观吸附平衡浓度为0.8%时，C_3A的吸附量约为150mg/g，C_4AF的吸附量约为300mg/g；在有石膏的情况下，C_3A的吸附量达到20mg/g，C_4AF的吸附量也达40mg/g。在流化剂添加量相同的条件下，由于C_3A和C_4AF吸附的量多，溶液中剩余给C_3S和C_2S吸附的量就减少了，因此超早强水泥的流态化效果差。

(2) 微粉含量的影响　细骨料中0.15mm以下微粉的含量，对流化效果有一定影响。当微粉含量与水泥含量之和达到500kg/m^3以上时，流化后坍落度的增大值将稳定在12cm左右。

4. 混凝土温度的影响

基体混凝土掺加流化剂后的流化效果，与基体混凝土的温度高低有关。一般情况下，基体混凝土的温度高，流化效果增大，温度低，则流化效果降低。在试验和施工中均发现，由于基体混凝土的温度低，需要增加流化剂的添加量；而当基体混凝土温度较高时，流化剂的添加量则可减少。如当混凝土的温度为30℃时，流化剂添加量的比值仅为0.9；当温度为20℃时，比值为1.0；当温度为10℃时，比值为1.1。

5. 坍落度的经时损失

流态混凝土的坍落度，与普通混凝土一样，也存在经时损失的问题，即搅拌好的流态混凝土也随着时间的延长而坍落度逐渐减少。一般说来，流态混凝土坍落度的经时变化，与混凝土的原材料、温度、流化剂的种类和添加时间、混凝土搅拌等因素有关。

(二) 含气量

混凝土中的含气量是流态混凝土拌合物的重要性质之一。含气量不仅对混凝土拌合物工作度的影响很大，而且对硬化混凝土的强度、耐久性、弹性模量等也有很大影响。据试验测定，混凝土中的含气量增大1%，坍落度约增大1.5cm，抗压强度约降低5%，弹性模量约降低100MPa。为防止混凝土的强度产生较大降低，在配制流态混凝土时所用的流化剂大多数是非引气型的。流化剂加入基体混凝土后，由于水泥的分散、坍落度的增大、重新进行搅拌等，混凝土的含气量不仅不会增加，反而有减少的趋势。随着流化剂添加量的增加，混凝土中的含气量将逐渐减小。

混凝土中的含气量不仅与流化剂的添加量有关，而且与添加的时间也有关。采用P法加入流化剂时，混凝土中的含气量最大，可达7.5%左右；而采用F法加入流化剂时，其含气量均低于基体混凝土中的含气量，并均在4%以下。有关试验还证明，采用AE剂或AE减水剂的基体混凝土，再加萘磺酸盐类流化剂配制出的流态混凝土，以及反复添加流化剂时的流态混凝土，其含气量虽稍有差别，但均在(4±0.5)%范围内。

(三) 泌水

混凝土浇筑完毕后，会出现水和微细的物质上浮，骨料及水泥粒子下沉，这种现象称为泌水。由于混凝土产生泌水，在粗骨料及水平钢筋下面会出现水膜，损害骨料与砂浆的界面黏结，以及混凝土与钢筋的黏结，降低混凝土的密实度，这是在流态混凝土施工中应引起特别注意的问题。流态混凝土的泌水，与基体混凝土的配合比和外加剂有关，亦与流化剂的添加量和掺加时间有关。

流态混凝土的泌水量与流化剂的添加量有关。当添加量在0.6%以内时，流态混凝土的泌水量与基体混凝土基本相同；当添加量超过0.8%时，泌水量则明显增加。

如果基体混凝土中不含有AE剂，当基体混凝土搅拌好后8min添加流化剂时，不管流化剂是何品种，其泌水量均比基体混凝土大；如果基体混凝土中含有 AE 剂，除了使用缓凝型的流化剂外，不论哪一种流态混凝土，其泌水量均比基体混凝土的泌水量稍低些。

流化剂掺加的时间亦与泌水量有关，流化剂加入的时间越迟，泌水量则越小。此外，流态混凝土的泌水量还与温度有关，环境温度为 5℃时，泌水量最大，温度升至 30℃时，泌水量降低；当 0.3mm 以下的微粉不足时，流态混凝土的泌水量明显增加。

（四）凝结时间

流态混凝土与基体混凝土相比，其凝结时间稍迟。但是，凝结时间与环境温度有关，当温度为 20～30℃时，任何流态混凝土均没有明显的缓凝现象；但温度在 20℃以下，却会有缓凝问题，特别是温度为 5℃时，某些品种的水泥（如矿渣水泥）配制的流态混凝土缓凝现象最严重，甚至达到 27h。

根据有关单位对三聚氰胺系等 4 种常用流化剂进行试验，其配制而成的流态混凝土初凝时间和终凝时间均比原来的基体混凝土稍迟。

（五）抗离析性

在流态混凝土中，如果流化剂的添加量超过了必要量，则会出现易于流动的灰浆最先开始流动、骨料却不断残留下来的离析现象。因此，为使流态混凝土具有必要的抵抗离析的性能，必须控制流化剂的添加量，一般控制在水泥用量的 0.8%以下，同时也可以增加细骨料中微粉的含量。

四、硬化流态混凝土的性能

硬化流态混凝土的性能与普通混凝土相同，主要包括抗压强度、与钢筋黏结强度、干燥收缩性和耐久性等。

1. 抗压强度

基体混凝土强度和添加流化剂后的流态混凝土强度相比较，龄期分别为 7d、29d、91d、1 年及 3 年时，它们的抗压强度没有明显差别。试验还表明，用不同品种的水泥，分别测定 3d、7d 和 28d 龄期的抗压强度，基体混凝土和流态混凝土是相同的。

2. 弹性模量

试验证明：基体混凝土与流态混凝土的弹性模量基本相同。主要表现在：基体混凝土的坍落度不同，掺入不同量的流化剂，流态混凝土的弹性模量与基体混凝土大致相同；流态混凝土的抗压强度与基体混凝土的相同时，两者的弹性模量相同；龄期分别为 4 周、13 周与 26 周时的弹性模量，基体混凝土与流态混凝土的相同；流化剂的添加量，对混凝土的弹性模量影响很小；流化剂采取同时添加与后添加，对弹性模量没有什么影响。

3. 与钢筋黏结强度

试验结果证明，流态混凝土与钢筋的黏结强度比原来的基体混凝土有所提高。流态混凝土和普通混凝土与钢筋间黏结强度的比较，如表 3-3 所列。

表 3-3　流态混凝土和普通混凝土与钢筋间黏结强度的比较

混凝土类别	流化剂	水泥用量/(kg/m^3)	坍落度/mm	黏结强度/MPa			
				7d		28d	
				光圆钢筋	螺纹钢筋	光圆钢筋	螺纹钢筋
普通混凝土	不掺	400	100	1.2	15.0	1.3	15.2
流态混凝土	掺加	400	220	3.5	27.5	4.0	28.5

4. 干燥收缩性

流态混凝土的干燥收缩量与普通基体混凝土相同，但比具有相同坍落度的大流动性基体混凝土小10%～15%。流态混凝土的干燥收缩量与流化剂的添加量有关。材料试验结果表明：当流化剂的添加量为0.3%～0.8%时，其干燥收缩量与基体混凝土的收缩量基本相同；当流化剂的添加量为0.9%～1.0%时，其干燥收缩量比基体混凝土的收缩量稍小。如果选用的是缓凝型流化剂，其干燥收缩量比基体混凝土稍大。但从总体上来讲，流态混凝土的干燥收缩量与基体混凝土的干燥收缩量差别不大。

5. 耐久性

根据混凝土的透水性试验证明，流态混凝土的透水性与基体混凝土的透水性相同。

流态混凝土的透水性试验证明，混凝土表面在6min内吸入的水量大约是基体混凝土的80%；有的资料报道，流态混凝土的透水系数与基体混凝土的基本相同。如基体混凝土坍落度为8cm，加入流化剂后，使混凝土的坍落度增大到12cm、15cm或18cm，其透水性试验结果与基体混凝土大体上相同。

经过300次冻融循环试验结果表明，流态混凝土的抗冻性与大流动性基体混凝土相同，而比基体混凝土稍差。流态混凝土的抗冻性与其含气量有关，为了获得一定的抗冻性，混凝土的含气量一般应在3.5%以上。

对于抗盐类侵蚀性能，用三聚氰胺类流化剂配制的流态混凝土，其抗盐类侵蚀的性能比基体混凝土好；用萘磺酸盐类流化剂配制的流态混凝土，其抗硫酸盐侵蚀的性能与基体混凝土基本相同。

流态混凝土抗钢筋锈蚀性是较强的，用掺有萘磺酸盐类的流态混凝土，用离心法制成一组直径300mm的预应力混凝土桩，用蒸压养护后将桩浸于水中1年，再在室外放置4年，测定钢筋的锈蚀情况，与掺加其他外加剂相比其抗钢筋锈蚀性能还是较好的。

6. 耐热性

将流态混凝土与标准混凝土进行耐热性对比试验，以加热前，标准混凝土和流态混凝土的强度均为100%，加热后，标准混凝土强度分别为75%和76%，而流态混凝土强度分别为79%和81%。由此可见，流态混凝土的耐热性比普通混凝土的耐热性稍好些。

7. 绝热温升

对于大体积混凝土来说，流态混凝土可以作为控制水化热的方法之一，特别与具有相同的水灰比和坍落度的大流动性混凝土相比，流态混凝土的绝热温升明显降低。

有的试验资料证明，由于加入流化剂，水泥的分散效果显著提高，并且易于进行水化。因此，流态混凝土的绝热温升比基体混凝土稍高。

8. 抗压徐变

流态混凝土的抗压徐变性能，随着荷载龄期增长而有所增大。当荷载龄期30d时，与基体混凝土的徐变大致相同；当荷载龄期超过60d时，流态混凝土的徐变比基体混凝土的稍大，而与普通大流动性混凝土的相似。在非常干燥的情况下，流态混凝土的徐变较大，在设计应力很大的构件时，必须加以充分考虑。

总而言之，流态混凝土具有以下特点。

(1) 在施工工艺方面，其性能比基体混凝土优越；而在物理力学性能方面，又与基体混凝土大致相同。

(2) 在配制流态混凝土时，同时添加流化剂与后添加流化剂，对混凝土坍落度的增长值影响很大；而在物理力学性能方面，两者没有多大的差别。

（3）流态混凝土与具有相同坍落度的大流动性混凝土相比，在施工工艺方面基本相同，但其硬化后的物理力学性能比大流动性混凝土好得多。

第三节　流态混凝土配合比设计

流态混凝土是在基体混凝土中掺加适量的流化剂，再进行二次搅拌而形成的坍落度大幅度增加，能像水一样流动的一种混凝土。基体混凝土是配制流态混凝土的基础，因此，流态混凝土的配合比设计，首先是基体混凝土的配合比设计。此外，要正确选择基体混凝土的外加剂和普通流态混凝土的流化剂；基体混凝土与普通流态混凝土坍落度之间要有合理的匹配。

流态混凝土配合比设计的原则一般是：①具有良好的工作度，在此工作度下，不产生离析，能密实浇筑成型；②满足混凝土设计所要求的强度、耐久性和其他力学性能；③符合特殊性能（如可泵性等）要求，节约原材料，降低成本。根据以上3条原则确定基体混凝土的配合比和流化剂的添加量。

一、配合比设计的程序

1. 配合比设计的要求

在配合比设计之前，还必须事先明确设计上和施工上的具体要求。

（1）设计上的要求　流态混凝土配合比在设计上的要求，主要应考虑：混凝土种类，设计标准强度，耐久性，气干容重，骨料的最大粒径，含气量，水灰比范围，最小水泥用量，坍落度，混凝土温度，发热量等。

（2）施工上的要求　流态混凝土配合比在施工上的要求，主要应考虑：混凝土浇筑时间，工程级别，输送管管径，配管的水平换算距离，混凝土的运输距离等。

此外，还必须对使用材料的种类及性能加以技术指标鉴定，即：①水泥的种类、强度；②粗细骨料的种类、细度模数、颗粒容重、吸水率、含泥量、针片状颗粒含量、级配等；③外加剂的种类、性能、掺合比例、减水率等；④掺合料的密度、掺合比例，用水量校正比例。

2. 试配强度的确定

根据日本建筑学会的规定，流态混凝土的试配强度，依据设计标准强度、施工级别、浇筑时间等，可由式(3-1)～式(3-4) 求得：

对于“高级”混凝土：

$$F \geqslant F_C + T + 1.64\sigma \tag{3-1}$$

$$F \geqslant 0.8(F_C + T) + 3\sigma \tag{3-2}$$

对于“常用”混凝土：

$$F \geqslant F_C + T + 1.64\sigma \tag{3-3}$$

$$F \geqslant 0.7(F_C + T) + 3\sigma \tag{3-4}$$

式中　F——混凝土的试配强度，MPa；

F_C——混凝土设计标准强度，MPa；

T——混凝土强度的气温修正值，MPa，如表3-4所列；

σ——混凝土的标准差，如表3-5所列。

表3-4　混凝土强度的气温修正值 T

水泥品种	从混凝土浇筑28d以后的预计平均气温或预计平均养护温度/℃				
早强硅酸盐水泥等	>1.8	1.5～1.8	0.7～1.5	0.4～0.7	0.2～0.4
普通硅酸盐水泥、高炉渣水泥、硅质水泥、粉煤灰水泥等	>1.8	1.5～1.8	0.9～1.5	0.5～0.9	0.3～0.5
高炉矿渣水泥(B)、硅质水泥(B)、粉煤灰水泥(B)等	>1.8	1.5～1.8	1.0～1.5	0.7～1.0	0.5～0.7
强度气温修正值 T/MPa	0	1.5	3.0	4.5	6.0

表3-5　混凝土的标准差 σ

混凝土等级	工程现场搅拌的混凝土	预拌混凝土
高级混凝土	2.5MPa	采用预制厂生产的实际的标准差
常用混凝土	3.5MPa	采用预制厂生产的实际的标准差

3. 水灰比的计算

流态混凝土的水灰比与基体混凝土的水灰比相同，根据试配强度和耐久性要求确定。在实际工程施工中为了获得与试配强度对应的水灰比，需要通过试验确定实际工程用料。在一般情况下，可先按式(3-5)计算初步水灰比：

$$W/C=61/(F/K+0.34) \tag{3-5}$$

式中　F——混凝土的试配强度，MPa；

K——水泥通过检验得出的水泥强度，MPa。

利用求出的初步水灰比为基础，用实际工程使用的材料，根据要求的坍落度和含气量，进行3～4个水灰比的配比试验，从中找出强度和水灰比的关系，然后据此来确定满足试配强度的水灰比。除了从强度上考虑水灰比之外，流态混凝土还必须满足结构物的耐久性要求。因此，流态混凝土的最大水灰比必须满足表3-6的水灰比范围。

表3-6　流态混凝土的最大水灰比

混凝土种类	最大水灰比	
	普通混凝土	轻骨料混凝土
"高级"混凝土	0.65(0.60)	0.60
"常用"混凝土	0.70(0.65)	0.65(0.60)
寒冷地区混凝土	0.60	
高强混凝土	0.55	
密实混凝土	0.50	
受海水作用混凝土(海工混凝土)	0.55	
屏蔽混凝土(防射线混凝土)	0.60	

注：1. 括号中的数字适用于混合水泥（B种）、所谓混合水泥系指以矿渣、硅质材料以及粉煤灰作掺合料的水泥。

2. 此外，直接与水接触的轻骨料混凝土，水灰比的最大值为0.55。

式(3-5)适用于硅酸盐水泥和普通硅酸盐水泥。水泥强度 K 值应通过检验水泥强度等级求出，其最大值应控制在表3-7中数值内。

表 3-7　水泥强度 K 的最大值

水泥种类	K 的最大值/MPa
早强硅酸盐水泥	40
普通硅酸盐水泥 高炉矿渣水泥 A 种 粉煤灰硅酸盐水泥 火山灰水泥 A 种	37
高炉矿渣水泥 B 种	35
粉煤灰水泥 B 种 火山灰水泥 B 种	32

4. 含气量的选择

为了提高混凝土的抗冻性，混凝土中一般要有一定的含气量。一般情况下，普通混凝土的含气量为 4%。但是，在流态混凝土中，由于流化剂属于非引气性外加剂，添加流化剂后加上水泥分散、坍落度增大及再搅拌等原因，使含气量会有所降低。

工程试验证明，流态混凝土的含气量要比基体混凝土的含气量减小 0.3%左右，而泵送后的流态混凝土含气量也减小 0.3%左右。因此，在流态混凝土配合比设计中，要考虑含气量减小的因素，必要时要补充加入适量的引气剂，以适当提高其含气量。

由于流化剂的品种、流化时间及掺加方法不同，再加上混凝土运输方法和配合比不同等原因，含气量也会有所不同。因此，事先必须测定混凝土拌合物含气量的变化，以便在确定基体混凝土的配合比时，能保证必要的含气量。

5. 单位用水量

在保证混凝土性能的前提下，应尽量降低用水量。使用流态混凝土的目的是降低混凝土干燥收缩，减少泌水，提高密实性，改善大流动性泵送混凝土的性能。如果基体混凝土的单位用水量太大，流态混凝土则会产生明显的离析现象，这方面要充分注意。

流态混凝土的单位用水量根据基本混凝土的坍落度大小而定。但是，即使基体混凝土坍落度相同，也视为与流态混凝土坍落度的组合，但与基体混凝土坍落度的增大值而有所不同。对于普通硅酸盐水泥、采用 AE 减水剂、砂的细度模数为 2.8、粗骨料最大粒径碎石为 20mm 和卵石为 25mm 的情况下，其单位用水量可参考表 3-8 选取。

表 3-8 中的单位用水量，是在试验和施工基础上确定的。对于表中的标准值，若使用 AE 剂的基体混凝土的坍落度所对应的单位用水量，混凝土的砂率每增加 1%，用水量大约增加 1.5kg/m^3。

由于地区不同，所选用的骨料质量有一定差异。在实际工程中，混凝土的单位用水量要根据所选用的具体材料，以表 3-8 中的数值为基本依据，通过试配后确定。

6. 单位水泥用量

根据以上计算的水灰比和确定的单位用水量，就可以计算出单位体积混凝土的水泥用量。但是，流态混凝土中单位用水量太低时，工作度容易变坏，泌水量增大，浇筑时易造成堵管，混凝土表面易出现蜂窝麻面。由此可见，流态混凝土中的水泥用量，除了满足强度及耐久性的要求外，还要考虑满足工作性的要求。由此，求出的单位水泥用量不得小于表 3-9 中的最小水泥用量。

表 3-8 单位用水量 单位：kg/m³

水灰比/%	普通混凝土				轻骨料混凝土			
	坍落度组合/cm		卵石	碎石	坍落度组合/cm		A类	B类
	基体混凝土	流态混凝土			基体混凝土	流态混凝土		
45	8	15	146	159	12	18	166	161
	8	18	148	161	12	21	170	165
	12	18	158	174	15	18	168	163
	12	21	163	177	15	21	171	169
	15	21	175	187	18	21	177	170
50	8	15	145	158	12	18	164	160
	8	18	147	160	12	21	168	163
	12	18	156	168	15	18	165	163
	12	21	161	171	15	21	169	164
	15	21	168	181	18	21	176	167
55	8	15	144	158	12	18	163	158
	8	18	146	160	12	21	166	161
	12	18	154	161	15	18	164	160
	12	21	159	170	15	21	167	163
	15	21	165	179	18	21	174	166
60	12	18	153	167	—	—	—	—
	12	21	157	169	—	—	—	—
	15	21	164	179	—	—	—	—

注：该表适用于硅酸盐水泥、AE减水剂，砂的细度模数为2.8，粗骨料最大粒径：碎石为20mm，卵石为25mm，人造轻骨料为15mm。表中A类、B类表示两种不同的轻骨料。

表 3-9 最小水泥用量 单位：kg/m³

混凝土等级	普通流态混凝土	轻骨料流态混凝土	适用范围
高级混凝土	270	300	—
常用混凝土	250	300	A、B类
	—	320	C、D类
	—	340	地下及水下混凝土工程

注：地下及水下的轻骨料混凝土最小水泥用量为340kg/m³。A、B、C、D类为日本划分的4种轻骨料混凝土。

7. 单位粗骨料用量

确定混凝土中粗、细骨料的比例，可以用砂率的方法来表示。日本建筑学会的标准中，采用单位粗骨料表观容积的标准值作为基准来决定。对于采用普通硅酸盐水泥、掺加AE减水剂、砂的细度模数为2.8、最大骨料粒径碎石20mm和卵石25mm（人造轻骨料为15mm）的混凝土，其单位粗骨料用量可参考表3-10。

从表3-10中查出的粗骨料用量数据为松散容积，再乘以骨料的密实度，即求得单位粗骨料绝对体积，然后再乘以粗骨料的表观密度，即求出单位粗骨料用量（kg/m³）。

8. 单位细骨料用量

根据以上确定的单位用水量、单位水泥用量、单位粗骨料用量及事先假定的含气量，可按式(3-6)、式(3-7)求出单位细骨料用量：

表 3-10 单位粗骨料松散容积 单位：m^3/m^3

水灰比/%	普通混凝土				轻骨料混凝土			
	坍落度组合/cm		卵石	碎石	坍落度组合/cm		A种	B种
	基体混凝土	流态混凝土			基体混凝土	流态混凝土		
45	8	15	0.71	0.69	12	18	0.59	0.59
	8	18	0.69	0.67	12	21	0.59	0.59
	12	18	0.68	0.66	15	18	0.57	0.57
	12	21	0.64	0.63	15	21	0.57	0.57
	15	21	0.63	0.62	18	21	0.57	0.57
50～60	8	15	0.71	0.69	12	18	0.58	0.58
	8	18	0.69	0.67	12	21	0.58	0.58
	12	18	0.68	0.66	15	18	0.56	0.56
	12	21	0.64	0.63	15	21	0.56	0.56
	15	21	0.63	0.62	18	21	0.56	0.56

$$V_S = 1000 - (V_W + V_C + V_G + V_a) \tag{3-6}$$

$$W_S = V_S \rho_S \tag{3-7}$$

式中 V_S——每立方米混凝土中细骨料的绝对体积，L/m^3；

V_W——每立方米混凝土中水的绝对体积，L/m^3；

V_C——每立方米混凝土中水泥的绝对体积，L/m^3；

V_G——每立方米混凝土中粗骨料的绝对体积，L/m^3；

V_a——每立方米混凝土中含气量，L/m^3；

W_S——每立方米混凝土中单位细骨料用量，kg/m^3；

ρ_S——细骨料的视密度，kg/m^3。

9. 流化剂的选择

AE剂、AE减水剂原来统称为表面活性剂，日本现称为混凝土化学外加剂。基体混凝土的外加剂，一般采用以上2种。AE减水剂又分为标准型、缓凝型和促凝型3种；流化剂分为标准型和缓凝型2类，其中缓凝型兼有流化和缓凝两种效果，宜于高温季节使用，以延缓混凝土的凝结。流化剂的添加量，基本上是根据目标坍落度的增大值来决定。其流化效果受流化剂的添加时间、添加后的搅拌方法、混凝土的温度等因素的影响；此外，水泥种类、流化剂的牌号、骨料种类及性能也有一定影响。因此，流化剂的添加量，应使用工程中实际选用的材料，通试试来确定。

10. 试拌及配合比调整

设计出混凝土配合比后，使用实际材料进行试拌，检验是否能达到设计规定的性能。对流态混凝土主要应检验下列项目：a. 工作度；b. 坍落度；c. 含气量；d. 单位表观密度；e. 抗压强度。其中，可以通过坍落度试验来判断其工作度和可泵性。而在坍落度试验中，重要的是观察好好坍落时的形状、坍落方式、骨料和水的离析状态等，分析坍落度与流化剂添加量的关系。搅拌好就要流化时的混凝土及刚流态化的混凝土的坍落度与目标坍落度差应掌握在±1.0cm左右。另外，还要测定其流动度，使流动度和坍落度的比值在1.7～1.8范围内，使流态混凝土具有良好的和易性。

除了坍落度以外，还要测定混凝土的流动度，并根据两者比值，确定流态混凝土的和易性，如表3-11所列。

表3-11　根据坍落度和流动性确定和易性

流动度和坍落度的比值	确定内容
1.6以下	这种混凝土没有离析现象，但现场浇筑与捣实困难
1.7～1.8①	这是一种和易性较理想的混凝土
1.4以上	表示混凝土开始离析

① 日本建筑学会关于流态混凝土的指南中认为是1.8～1.9。

关于含气量，由于基体混凝土中外加剂的用量是根据资料确定的，其试验测定值与设计目标值相差在0.5%左右即可。用含气量测定容器，可以同时测出混凝土的重量，除以容器的容积则可得出单位体积重量，根据实际容重，计算出1m^{3}混凝土中各种材料用量，即为调整后的混凝土配合比。

流态混凝土的坍落度符合设计要求后，用含气量测定混凝土的容重，可以同时测出混凝土的质量，用此质量除以容器的容积（一般为7L），则可以求得单位体积的质量，根据实测的容重，计算出每立方米混凝土的材料量，即为调整后的混凝土配合比。

二、流态混凝土参考配合比

卵石流态混凝土参考配合比如表3-12所列，碎石流态混凝土参考配合比如表3-13所列。

表3-12　卵石流态混凝土参考配合比

（普通硅酸盐水泥、AE减水剂、砂M_x=2.8、卵石D_{max}=25mm）

水灰比(W/C)	坍落度组合/cm		砂率/%	单位用水量/(kg/m^3)	绝对体积/(L/m^3)			材料用量/(kg/m^3)			单位粗骨料松散体积/(m^3/m^3)
	基体混凝土	流态混凝土			水泥	砂子	卵石	水泥	砂子	卵石	
0.45	8	15	34.7	146	103	247	464	324	642	1207	0.71
	8	18	36.2	148	104	257	451	329	668	1173	0.69
	12	18	35.6	158	111	246	445	351	641	1156	0.68
	12	21	38.6	163	115	264	418	362	685	1088	0.64
	15	21	37.7	175	123	250	412	389	650	1071	0.63
0.50	8	15	35.7	145	96	259	464	290	673	1207	0.71
	8	18	37.3	147	93	269	451	294	699	1173	0.69
	12	18	36.9	156	99	260	445	312	677	1156	0.68
	12	21	39.9	161	102	279	418	322	724	1088	0.64
	15	21	39.9	168	106	274	412	336	713	1071	0.63
0.55	8	15	36.6	144	83	269	464	262	699	1207	0.71
	8	18	38.1	146	84	279	451	265	725	1173	0.69
	12	18	37.9	154	89	272	445	280	708	1156	0.68
	12	21	41.0	159	91	292	418	289	758	1088	0.64
	15	21	41.1	165	95	288	412	300	749	1071	0.63
0.60	12	18	38.7	153	81	281	445	255	732	1156	0.68
	12	21	41.8	157	83	302	418	262	784	1088	0.64
	15	21	41.9	164	86	298	412	273	775	1071	0.63

表 3-13　碎石流态混凝土参考配合比

（普通硅酸盐水泥、AE 减水剂、砂 M_x＝2.8、卵石 D_{max}＝20mm）

水灰比 (W/C)	坍落度组合/cm		砂率/%	单位用水量/(kg/m³)	绝对体积/(L/m³)			材料用量/(kg/m³)			单位粗骨料松散体积/(m³/m³)
	基体混凝土	流态混凝土			水泥	砂子	卵石	水泥	砂子	卵石	
0.45	8	15	42.6	150	112	294	395	353	763	1028	0.69
	8	18	44.0	161	113	302	384	358	786	998	0.67
	12	18	43.0	174	122	286	378	378	743	983	0.66
	12	21	45.1	177	124	298	361	393	774	939	0.63
	15	21	44.5	178	132	286	355	416	743	924	0.62
0.50	8	15	43.6	158	100	307	395	316	797	1028	0.69
	8	18	45.0	160	101	315	384	320	819	998	0.67
	12	18	44.8	168	106	308	378	336	801	983	0.66
	12	21	46.9	171	108	320	361	342	832	939	0.63
	15	21	46.4	181	115	309	355	362	802	924	0.62
0.55	8	15	44.3	158	91	316	395	287	821	1028	0.69
	8	18	45.7	160	92	324	384	292	843	998	0.67
	12	18	45.7	167	96	319	378	304	829	983	0.66
	12	21	47.8	170	99	331	361	309	860	939	0.63
	15	21	47.5	179	103	323	355	325	839	924	0.62
0.60	12	18	46.3	167	88	327	378	278	850	983	0.66
	12	21	48.5	169	89	341	361	282	886	939	0.63
	15	21	48.2	179	94	332	355	298	862	924	0.62

注：水泥密度为 3.16g/cm³，砂的表观密度 2.60g/cm³（绝干状态），碎石表观密度 2.60g/cm³（绝干状态），碎石密实度 57.1%，空隙率 42.9%。

第四节　粉煤灰流态混凝土

流态混凝土与普通混凝土相比，具有混凝土浇筑质量好、施工方便、进度较快、节省人力、施工文明等优点，受到世界各国的高度重视。粉煤灰是配制粉煤灰流态混凝土不可缺少的理想辅助材料，加入一定量的粉煤灰主要起到以下作用。

（1）可以改善流态混凝土的和易性、可泵性。由于流态混凝土大部分采用泵送工艺，而泵送混凝土必须有一定的细粉含量，掺入适量的粉煤灰可以起到这个作用。

（2）可以适当减小砂率。多次试验证明，粉煤灰流态混凝土的砂率，可比一般流态混凝土的砂率低 2%～3%。

（3）掺入粉煤灰后可取代混凝土中的部分水泥，不仅能改善混凝土的性能，而且还可降低混凝土的成本。

（4）在大体积混凝土施工中，将粉煤灰掺入混凝土取代部分水泥，这样就可以降低水泥的水化热，避免或减少混凝土收缩开裂的可能性。

（5）可以充分利用粉煤灰的潜在活性，发挥混凝土的后期强度，为提高混凝土的耐久性作出贡献。

一、原材料配合比及制备工艺

1. 水泥

配制粉煤灰流态混凝土的水泥，与配制普通流态混凝土一样，并无特殊要求。在选择水泥时，其强度应根据混凝土的设计强度而选择，一般可选用强度等级为42.5MPa以上的水泥；其品种一般可选用普通硅酸盐水泥，也可根据工程实际选用其他品种水泥。

2. 粗骨料

配制粉煤灰流态混凝土的粗骨料粒径较小，可选用1～3cm碎石，其级配如表3-14所列。

表3-14 粉煤灰流态混凝土粗骨料的级配

筛孔尺寸/mm	30	20	10	5	底盘
累计筛余率/%	0	58.2	98.7	99.8	100

3. 细骨料

细骨料最好采用质地坚硬、杂质较少、色泽鲜艳、级配良好的河砂，在无河砂时用机制山砂也可。砂的适宜级配如表3-15所列。

表3-15 粉煤灰流态混凝土细骨料的级配

筛孔尺寸/mm	5	2.5	1.2	0.6	0.3	0.15	底盘
累计筛余率/%	12.1	45.7	61.2	75.4	63.2	87.9	100

4. 粉煤灰

粉煤灰流态混凝土所用的粉煤灰，其质量要求并不太高，火力发电厂湿排原状粉煤灰晒干后即可掺用，密度一般为2.05g/cm^3。

5. 流化剂

粉煤灰流态混凝土所用的流化剂，应当选择减水率高的减水剂，一般可选用FDN高效减水剂。

二、粉煤灰流态混凝土拌合物的性能

为了进行对不同混凝土流动性进行对比，某单位在试验时设计了3种不同的配合比，它们分别是基准混凝土（Ⅰ）、普通流态混凝土（Ⅱ）和粉煤灰流态混凝土（Ⅲ）。根据对以上3种配合比的试验，得出混凝土拌合物的性能，如表3-16所列。

表3-16 3种配合比混凝土拌合物的性能

混凝土配合比	坍落度/cm	外观质量	泌水率/%	裹浆量/g	分层度/%	凝结时间/h	
						初凝	终凝
Ⅰ	8.0	均匀	5.38	0.37	0.30	5.0	6.7
Ⅱ	18.4	一般	5.68	0.24	0.41	5.0	7.5
Ⅲ	18.4	均匀	5.00	0.27	0.32	5.3	8.7

(1) 坍落度　从表3-16中可以看出，基准混凝土的坍落度最低，普通流态混凝土和粉煤灰流态混凝土的坍落度相同，但普通流态混凝土比粉煤灰流态混凝土多用水泥50kg。由此可见，用粉煤灰将为满足流态混凝土和易性的水泥取代出来，不仅节约了水泥用量，而且还满足了强度要求，外观质量优于普通流态混凝土。

(2) 泌水率　从表3-16的结果可以看出，在配合比一定的情况下，泌水率随坍落度的增大而提高，这是因为流化剂的掺入使混凝土中的絮凝体系内的水充分释放出来的结果。但是，掺加粉煤灰的混凝土，泌水速度明显减慢，保水性能得到加强。

（3）裹浆量 混凝土裹浆量越大说明粗骨料所裹砂浆越多，混凝土的黏聚性越好。在试验中发现，同样坍落度的流态混凝土，不加粉煤灰的Ⅱ号混凝土其拌合物比较松散，缺乏黏聚性，石子与砂浆是分离的，加粉煤灰的Ⅲ号混凝土拌合物，不但可以节约水泥13%，而且混凝土的黏聚性很好，裹浆量可以提高3%。

（4）分层度 从表3-16的试验结果可以看出，基准混凝土与普通流态混凝土相比，混凝土的分层度随着坍落度的增大而增大，但粉煤灰流态混凝土的分层度却明显降低。

（5）凝结时间 从表3-16的试验结果可以看出，3种配合比混凝土的初凝时间差别甚小，但对混凝土的终凝影响较大。这说明掺加粉煤灰后对降低水泥水化热是非常有利的，尤其适用于大体积混凝土工程。

三、粉煤灰流态混凝土的物理力学性能

粉煤灰流态混凝土的物理力学性能，主要包括抗压强度、抗拉强度、后期强度、轴心抗压强度、抗折强度、弹性模量、抗渗性、收缩和徐变等。以下各项表中所列出的数据，仍是前面3种不同配合比混凝土的试验结果，以便进行比较。

（1）抗压强度与抗拉强度 表3-17中列出了3种配合比混凝土的抗压强度与抗拉强度，其中包括28d的平均值、最大值、最小值、标准差、拉压比等强度指标。

表3-17 3种配合比混凝土的抗压强度与抗拉强度

混凝土配合比	坍落度/cm	28d抗压强度/MPa						28d劈拉强度/MPa	拉压比/%
		统计数	平均值	最大值	最小值	标准差	变异系数/%		
Ⅰ	8.0	8.0	44.3	51.5	40.5	3.65	8.23	3.72	8.40
Ⅱ	18.4	8.0	43.8	47.7	39.3	2.78	6.35	3.62	8.30
Ⅲ	18.4	8.0	40.2	41.8	38.5	1.05	2.61	3.50	8.70

从表3-17中可以看出，由于粉煤灰流态混凝土比前两种混凝土少用50kg水泥，所以其抗压强度与抗拉强度则稍低一些，但它的拉压比却高于前两种，这说明粉煤灰流态混凝土比前两种在抗拉强度方面有所改善。这3种混凝土的拉压比在8.3%～8.7%之间，符合普通混凝土拉压比7%～14%的统计规律。

《混凝土结构设计规范》（GB 50010—2010）（2015年版）中规定混凝土的强度等级为C40时，其抗拉强度应达到2.55MPa，将表3-17中的劈拉强度换算成轴拉强度，拉压比达16%～24%，说明在混凝土的抗压强度和抗拉强度方面，粉煤灰流态混凝土和其他混凝土一样，完全能够满足混凝土结构设计规范。

从试件的均匀程度来看，粉煤灰流态混凝土虽比前两者多了一个组分，但它的均匀性却表现最佳，这与掺入粉煤灰后减少了混凝土的分层离析，改善了混凝土拌合物的均匀性是分不开的。

（2）后期强度 表3-18中列出了3种配合比混凝土的初期强度（7d）、养护结束时强度（28d）和后期强度（60d、360d）。

从表3-18中可以看出，在这3种混凝土配合比中，由于前两种的配合比基本相同，所以它们的强度增长规律也大同小异。粉煤灰流态混凝土由于用粉煤灰取代了50kg水泥，其各龄期的强度绝对值不如前两者，但后期强度发展的速度并不差。

表 3-18 3 种配合比混凝土的强度

混凝土配合比	抗压强度/MPa			
	7d	28d	60d	360d
Ⅰ	39.6	51.5	55.5	72.7
Ⅱ	39.6	47.7	53.8	72.8
Ⅲ	36.7	38.5	48.5	60.8

如果将各种混凝土 28d 的强度值定为 100%，再看各种混凝土各个龄期强度增长率会发现，粉煤灰流态混凝土的后期强度发展速度均高于前两者。这是由于粉煤灰具有潜在的火山灰活性，这对增加混凝土的耐久性是非常有利的。

(3) 轴心抗压强度　表 3-19 中列出了 3 种配合比混凝土 28d 立方抗压强度、28d 轴心抗压强度和两者的比值。

表 3-19 3 种配合比混凝土的轴心抗压强度

混凝土配合比	28d 立方抗压强度/MPa	28d 轴心抗压强度/MPa	轴心抗压强度/立方抗压强度/%	规范规定轴心抗压强度/立方体抗压强度/%
Ⅰ	44.8	34.8	76.8	70
Ⅱ	43.8	34.2	78.1	70
Ⅲ	40.2	32.1	79.9	70

从表 3-19 中试验结果可以看出，以上 3 种混凝土配合比所测得的轴心抗压与立方抗压的比值，均满足混凝土结构设计规范的要求。

(4) 抗折强度　抗折强度是混凝土的一项重要力学指标。表 3-20 中列出了 3 种配合比混凝土的 28d 立方抗压强度、28d 抗折强度和两者的比值。

表 3-20 3 种配合比混凝土的抗折强度

混凝土配合比	28d 立方抗压强度/MPa	28d 抗折强度/MPa	$R_{拉}/R_{压}$/%	国内有关 $R_{拉}/R_{压}$ 比的统计/%
Ⅰ	44.8	5.28	11.8	—
Ⅱ	43.8	5.33	12.1	11.4～15.9
Ⅲ	40.2	5.32	13.2	—

从表 3-20 中试验结果可以看出，粉煤灰流态混凝土的 $R_{拉}/R_{压}$ 值最高。道路、机场等工程所用的混凝土，在设计和施工验收中均以抗折强度作为依据，采用粉煤灰流态混凝土显然是有利的。目前我国公路建设规模很大，而大多数施工单位仍采用塑性混凝土施工，操作起来劳动强度相当大，施工速度比较缓慢。若改用粉煤灰流态混凝土施工，不但能满足设计上的要求，而且大大加快施工进度，减轻施工时的劳动强度。

(5) 弹性模量　表 3-21 中列出了 3 种配合比混凝土的弹性模量。

表 3-21 3 种配合比混凝土的弹性模量

混凝土配合比	28d 立方抗压强度/MPa	28d 轴心抗压强度/MPa	28d 静力受压弹性模量/10^4MPa
Ⅰ	44.8	34.8	4.38
Ⅱ	43.8	34.2	4.55
Ⅲ	40.2	32.1	4.25

从表 3-21 中试验结果表明，3 种配合比混凝土的弹性模量相差不大，同时均比规范中规定的弹性模量高。由于粉煤灰流态混凝土中用粉煤灰取代了 15%的水泥，其弹性模量仍与前两者接近，这个效果是令人相当满意的。

（6）抗渗性　3 种配合比混凝土的抗渗性能如表 3-22 所列。

表 3-22　3 种配合比混凝土的抗渗性能

混凝土配合比	坍落度/cm	28d 抗压强度/MPa	坡型渗水高度高/低/cm	混凝土评定抗渗级别
Ⅰ	8.0	44.8	10.0/2.0	＞S19
Ⅱ	18.4	43.8	—	S14
Ⅲ	18.4	40.2	11.0/2.0	＞S24

以上 3 组配合比混凝土的抗渗性试验结果表明，流态混凝土的坍落度虽然大，但它不是靠加水而获得的，它的水灰比（W/C）并不高，加上砂率较大、流动性好、振捣性好、填充性好，混凝土很容易密实、饱满，抗渗性也随之提高。

粉煤灰流态混凝土水泥用量仅 320kg/m^3，然而其抗渗级别达 S24 以上，充分说明粉煤灰加入流态混凝土后，对其抗渗性能的改善是相当可观的。这是由于粉煤灰在加入混凝土的初期作为一种惰性填充料，起到了填充空隙的密实作用；随着龄期的不断增加，粉煤灰的潜在活性逐渐发挥，产生出新的水化物，这些新的水化物向混凝土内部空间生长、发育，使混凝土更加密实，抗渗性能更加提高。

（7）收缩与徐变

1）粉煤灰流态混凝土的收缩性能。从测得不同龄期的混凝土收缩值看出，3 种配合比混凝土的收缩都具有早期大、后期小的共性。根据试验数据可以计算出这几种混凝土的收缩速度。28d 龄期时，3 种配合比混凝土的收缩分别为一年龄期总收缩的 56%、63%和 61%；90d 龄期时，其收缩分别为 1 年龄期总收缩的 83%、84%和 84%。

以上数据充分说明：①粉煤灰流态混凝土的收缩与一般混凝土一样，主要集中于早期收缩，特别是在 28d 以前，其收缩占总收缩的 50%以上，在实际工程中，为减少因收缩而带来的危害，加强混凝土的早期养护，是一项非常重要的工作；②粉煤灰流态混凝土的收缩速度，略大于基准混凝土，与普通流态混凝土基本相同，这说明掺加粉煤灰对混凝土的收缩影响不大；③当达到 1 年龄期时，3 种混凝土的收缩基本趋于一致，其值也趋于一定，没有太大变化。

2）粉煤灰流态混凝土的徐变性能。试验结果表明，粉煤灰流态混凝土的徐变性能，与一般混凝土、流态混凝土基本相同。90d 龄期的徐变值分别为一年总徐变的 86%、81%和 81%，这说明了在流态混凝土中是否掺加粉煤灰，其徐变都是早期较大、后期较小，以后随着龄期的增长而逐渐趋于稳定。

试验结果还表明，流态混凝土的徐变速度小于一般混凝土，而流态混凝土中是否掺加粉煤灰，对徐变速度影响很小。90d 以前的徐变度，前两种混凝土基本相等，而粉煤灰流态混凝土的徐变度却较小。这是由于混凝土掺加粉煤灰后，增加了混凝土中的浆体体积，改善了混凝土的硬化结构，使混凝土中孔隙降低，内部结构更加紧密，因而单位应力上的徐变减小。

第五节 普通流态混凝土施工工艺

根据国内外有关资料和工程实践，在采用普通流态混凝土施工工艺时，必须注意如下事项。

（1）众多工程试验证明，普通流态混凝土必须经过振捣才能密实，流态混凝土不振自密的做法是错误的，特别是短时间（1～5s）的振捣是非常必要的。在采用普通流态混凝土施工时要特别注意这一点。

（2）普通流态混凝土的浇筑要受到流化剂作用时间的限制，其坍落度损失比较快，应在施工前编制好施工组织设计，尽量避免出现拖延施工或中断施工，最好在接近浇筑地点时再掺加流化剂。

（3）普通流态混凝土的黏性比较大，在浇筑断面狭窄、钢筋密集和边角部位时，一是要有专人负责观察混凝土的灌注程度，二是要加强对这些部位的振捣。

（4）流态混凝土与普通混凝土相比，其用水量大大减少，水化反应迅速，必须特别注意混凝土初期的保温保湿养护，防止混凝土出现干缩裂缝。

（5）加强施工管理和配合，使施工人员充分了解后添加法流态混凝土的特点，掌握流态混凝土的施工规律，防止出现差错，以确保施工质量。

第四章 防水混凝土

防水混凝土也称为抗渗混凝土，是以调整混凝土配合比、掺加化学外加剂或采用特种水泥等方法，提高混凝土的自身密实性、憎水性和抗渗性，使其满足抗渗等级等于或大于抗渗等级 0.6MPa 要求的不透水性混凝土。

第一节 防水混凝土概述

混凝土结构在实际使用的过程中，往往是在水环境中，有的甚至承受较大的水压力，因此，对于在水环境中的混凝土结构，则需要具有较好的防水性能。但是，普通水泥混凝土有时则不能满足防水的要求，这就需要配制防水混凝土。

一、混凝土产生渗水的原因

在一般情况下，混凝土结构都要求具有一定的抗渗性，防水混凝土则要求具有较高的抗渗性。但是，由于种种原因往往会出现不同程度的渗漏，不仅影响混凝土结构的使用功能，而且影响混凝土结构的使用寿命。混凝土之所以产生渗水，从混凝土的内部结构看主要是由于下述原因形成了渗水通道。

(1) 混凝土中的游离水蒸发后，在水泥石的本身和水泥石与砂石骨料界面处，形成各种形状的缝隙和毛细管。

(2) 由于施工过程中管理不严，施工质量不好，混凝土未振捣密实，从而形成缝隙、孔洞、蜂窝等，成为渗水通道。

(3) 混凝土拌合物保水性不良，浇筑后产生骨料下沉、水泥浆上浮，形成严重的泌水，蒸发水分后，形成连通孔隙。

(4) 在混凝土凝结硬化的过程中，未按照施工规范的要求对混凝土进行养护，结果造成混凝土因养护不当，形成许多塑性裂缝。

(5) 由于温度差、地基不均匀下沉或荷载作用，在混凝土结构中形成裂缝，从而形成渗水的通道。

(6) 混凝土在使用的过程中，由于受到侵蚀性介质的侵蚀，特别是有压力的侵蚀水的作用，使混凝土结构遭到破坏，在混凝土内部产生大量裂缝等。

混凝土渗水原因主要是其中存在的较大缝隙或毛细管，并不是所有任何缝隙或毛细管都渗水。试验证明，当孔径小于 25nm 的孔和封闭的孔对混凝土的抗渗性影响很小。当孔径大于 25nm 的开口型孔隙才会渗水的，尤其是孔径大于 1μm 的孔隙，渗水更加严重。较小的凝胶孔，水在其中流动相当困难，可以说基本是不渗水的。

由此可见，要制备高抗渗性的防水混凝土，必须尽可能地减少混凝土中的孔隙率和微裂缝及各种影响抗渗性的缺陷，尤其是要避免出现孔径大于 1μm 的开口孔和毛细管道。

二、防水混凝土的优点及适用范围

工程实践充分证明，防水混凝土是一种良好的防水材料，与采用油毡卷材防水相比，防水混凝土具有以下优点：①可以大大简化施工工艺，缩短施工工期，并兼有防水和承重两种功能；②可以有效节约建筑材料，降低工程造价；③如果防水结构出现渗漏，不仅容易进行检查，而且便于施工修补；④耐久性很好，在正常情况下其防水功能与混凝土寿命基本相同。

防水混凝土的适用范围很广，防水混凝土的分类及适用范围如表 4-1 所列。

表 4-1　防水混凝土的分类及适用范围

防水混凝土种类		最高抗渗压力/MPa	特点	适用范围
普通防水混凝土		＞3.0	施工简单，材料来源广泛	适用于一般工业、民用建筑及公共建筑的地下防水工程
外加剂防水混凝土	引气剂防水混凝土	＞2.2	抗冻性好	适用于北方高寒地区抗冻性要求较高的防水工程及一般防水工程，不适用于抗压强度大于20MPa或耐磨性要求较高的防水工程
	减水剂防水混凝土	＞2.2	混凝土拌合物流动性好	适用于钢筋密集或捣固困难的薄壁型防水建筑物，也适用于对混凝土凝结时间（促凝或缓凝）和流动性有特殊要求的防水工程（或泵送混凝土）
	三乙醇胺防水混凝土	＞3.8	早期强度高，抗渗能力强	适用于工期紧迫，要求早强及抗渗性较高的防水工程及一般防水工程
	氯化铁防水混凝土	＞3.8	早期有较高抗渗性，密实性好，抗渗能力强	适用于水中结构的无筋少筋厚大防水混凝土工程及一般地下防水工程，砂浆修补抹面工程、抗油渗工程
	膨胀剂或膨胀水泥防水混凝土	＞3.8	密实性和抗裂性均好	适用于地下工程和地上防水建筑物、山洞、非金属油罐和主要工程的后浇缝

三、防水混凝土抗渗等级的选择

由于防水混凝土兼有防水和承重两种功能，所以防水混凝土既要满足抗渗要求，又要满足力学性能的要求。防水混凝土的抗渗等级选择，可参照水工混凝土抗渗等级的有关规定确定。一般根据最大计算水头（最高水位高于地下室底面的距离）与混凝土的壁厚的比值来确定，参见表 4-2。

表 4-2　防水混凝土抗渗等级选择（作用水头）

最大作用水头与建筑物最小壁厚之比	抗渗等级	最大作用水头与建筑物最小壁厚之比	抗渗等级
＜5	S4	10～15	S8
5～10	S6	＞15	＞S12

由于采用防水混凝土不允许出现渗漏，所以其抗渗等级一般最低定为 P6（即在 0.6MPa 水压力作用下不产生渗漏）。对于抗渗性要求高的重要工程，其抗渗等级可为 P8～P20。如果按水力梯度（m）来选择抗渗等级，则可按表 4-3 中进行。

表 4-3　防水混凝土抗渗等级选择（水力梯度）

水力梯度/m	＜10	10～15	15～25	25～35	＞35
设计抗渗等级/MPa	0.6	0.8	1.2	1.6	2.0

第二节 普通防水混凝土

普通防水混凝土，是以调整配合比的方法来提高自身密实度和抗渗性的一种混凝土，它是在普通水泥混凝土的基础上发展起来的。它与普通水泥混凝土的不同在于：普通水泥混凝土是根据结构混凝土所需的强度进行配制的，在普通水泥混凝土中，石子是混凝土的骨架，砂子填充石子的空隙，水泥浆填充细骨料的空隙，并将骨料黏结在一起。而普通防水混凝土，是根据工程所需要的抗渗要求配制的，其中石子的骨架作用并不十分强调，水泥砂浆除满足填充和黏结作用之外，还要求能在粗骨料周围形成一定厚度的、良好的砂浆包裹层，以提高混凝土的抗渗性。

通防水混凝土所以能够防水，是由于在保证一定的施工和易性的前提下，降低混凝土的水灰比，以减少毛细孔的数量和孔径，适当提高水泥的用量、砂率和灰砂比，使粗骨料彼此隔离，以阻隔沿粗骨料互相连通的渗水孔网；采用较小的骨料粒径，以减小沉降孔隙；保证混凝土搅拌、浇筑、振捣和养护的施工质量，以防止和减少施工孔隙的产生。

一、影响普通防水混凝土抗渗性的主要因素

普通防水混凝土的抗渗性，是其最重要的技术性能，也是评价其质量优劣的主要指标。但是，影响普通防水混凝土抗渗性的因素很多，主要有水灰比及坍落度、水泥品种及强度、水泥用量、砂率及灰砂比、骨料、养护条件等。

1. 水灰比及坍落度

水灰比对混凝土硬化后孔隙的大小和数量起着决定性的作用，直接影响混凝土的密实性。从理论上讲，用水量在满足水泥水化和施工和易性的前提下，水灰比越小，混凝土的密实度越高，其抗渗性和抗压强度也越高。但是，工程施工实践证明：如果混凝土的水灰比过小，会使混凝土非常干燥，拌合物的流动性很差，施工操作困难，振捣不密实，反而增加施工孔隙，对提高抗渗性不利。反之，如果混凝土的水灰比过大，混凝土拌合物的流动性虽比较好，施工操作也比较容易，但水分蒸发留下很多孔隙，混凝土的抗渗性也会随之降低。

此外，在相同水灰比和同样砂率的情况下，坍落度不同时，混凝土的泌水率有较大差别。泌水率越大，骨料的沉降作用越剧烈，混凝土内部开口型的毛细孔也就越多，这对混凝土的抗渗性带来不利影响。因此，在选择适宜的混凝土水灰比的同时，还必须控制混凝土拌合物的坍落度。从便于施工和确保混凝土的抗渗性两个方面考虑，不掺加减水剂的普通防水混凝土的坍落度以30～50mm为宜。

2. 水泥用量、砂率及灰砂比

在一定水灰比限值内，水泥用量和砂率对混凝土的抗渗性有明显的影响。足够的水泥用量和适宜的砂率，可以使混凝土中有一定数量和质量的水泥砂浆，从而使混凝土能具有良好的抗渗性。防水混凝土的抗渗性随着水泥用量的增加而提高。所以，一般普通防水混凝土中的水泥用量（含掺合料）不小于300kg/m^3，混凝土的抗渗等级可稳定在P8以上。

防水混凝土一般采用较高的砂率，因为在防水混凝土中除了填充石子空隙并包裹石子外，还必须具有一定的厚度砂浆层，普通防水混凝土中的砂率的选择必须和水泥用量相适应，在一般水泥用量的情况下，卵石防水混凝土的砂率可在35%左右，碎石防水混凝土的空隙率比较大，砂率以35%～40%为宜；灰砂比宜为（1：2)～(1：2.5)。

当最小水泥用量确定后，则灰砂比直接影响防水混凝土的抗渗性。因为灰砂比影响水泥

砂浆的浓度和水泥包裹砂子的情况。如果灰砂比偏大（砂率偏低），由于砂子数量少，水泥和水的含量多，往往出现不均匀和收缩大的现象，使混凝土的抗渗性降低。如果灰砂比偏小（砂率偏高），由于砂子数量过多，混凝土拌合物会表现为干涩而缺乏黏性，混凝土振捣比较困难，其结果也会使混凝土的抗渗性降低。因此，适当的灰砂比对提高普通防水混凝土的抗渗性是有利的。

工程实践证明，当混凝土的水灰比为0.60、水泥用量不低于300kg/m^{3}时，砂率应不小于35%，灰砂比应不小于1∶2.5。

3. 水泥的强度和品种

配制普通防水混凝土的水泥，在一般情况下其强度不宜小于42.5MPa，其品种应按设计要求进行选用；当混凝土有抗冻要求时应优先选用硅酸盐水泥或普通硅酸盐水泥。

普通硅酸盐水泥的早期强度比较高，泌水性小，干缩性也小，但其抗水性和抗硫酸盐侵蚀能力不如火山灰质硅酸盐水泥。因此，在配制普通防水混凝土时，应优先选用普通硅酸盐水泥。当有硫酸盐侵蚀时，可选用火山灰质硅酸盐水泥，而矿渣硅酸盐水泥则需要采取相应措施（如掺外加剂）后才能用于配制普通防水混凝土。

总之，用于配制普通防水混凝土的水泥，除必须满足国家规定的标准外，还要求抗水性好，泌水性小，水化热低，并具有一定的抗侵蚀性。

4. 骨料

通过试验证明，砂、石级配对混凝土的抗渗性的影响不大，所以配制普通防水混凝土，对粗、细骨料无特殊的要求，可按照普通混凝土对砂、石级配的要求。但是，石子的品种和粒径对抗渗性却有明显影响，石子品种对防水混凝土的抗渗性影响如表4-4所列。

表4-4　石子品种对防水混凝土的抗渗性影响

混凝土水灰比	水泥用量/(kg/m^3)	砂率/%	石子品种	坍落度/mm	抗压强度	抗渗压力
					MPa	
0.50	400	51.5	卵石	62	21.7	>2.5
			碎石	11	26.8	2.3
0.55	382	51.5	卵石	75	20.8	>2.6
			碎石	33	27.7	>2.5
0.60	333	51.5	卵石	54	21.4	1.4
			碎石	23	23.3	0.9
0.50	340	32.0	卵石	11	27.2	>2.5
			碎石	1.0	31.4	1.2
0.55	327	32.0	卵石	50	30.3	1.0
			碎石	5.3	30.8	0.8
0.60	300	32.0	卵石	110	25.0	1.2
			碎石	3.5	25.6	0.8

试验证明，石子的粒径不宜过大，一般最大粒径不宜大于40mm。因为在混凝土的硬化过程中，石子虽然不产生收缩，但周围的水泥浆会产生收缩。石子的粒径越大，与砂浆收缩的差值越大，容易在砂浆与石子界面间产生微细裂缝，这些裂变会使混凝土的有效阻水截面减小，压力水容易渗透。

同样，石子的粒径也不宜过小，如果石子粒径变小，其总表面积必然增大，为保持混凝土拌合物具有相同的和易性，势必要提高水泥用量和拌合用水量，这样会使混凝土中的游离水增多，待游离水产生蒸发后必然增加混凝土的收缩，这对混凝土的抗渗性不利。

配制普通防水混凝土所用的骨料要符合国家的有关规定：石子的含泥量（质量比）不得大于1.0%，泥块含量（质量比）不得大于0.5%；砂子的含泥量（质量比）不得大于3.0%，泥块含量（质量比）不得大于1.0%。

5. 混凝土的养护

混凝土的养护极为重要，这是保证混凝土获得一定抗渗性的必要条件，养护条件对混凝土的抗渗性影响很大。当在水中或潮湿环境中养护时，不仅可以延缓水分的蒸发速度，而且随着水泥水化的不断深入，水化生成的胶体和晶体体积不断增大，它将填充一部分原来被水占据的空间，阻塞毛细管通道，可以破坏彼此联通的毛细管体系，或使毛细管变细，因而可以增加混凝土的密实性，提高混凝土的抗渗性。

混凝土浇筑后，如果立即放在室内的干燥空气中，此时，混凝土中的游离水通过表面迅速蒸发，在混凝土中形成彼此连通的毛细管网体系，形成渗水通道，因而使混凝土的抗渗性急剧降低。普通防水混凝土不宜用蒸汽进行养护。因为采用蒸汽养护时，会使混凝土中的毛细管径受蒸汽压力而扩张，使混凝土的抗渗性能降低。

二、普通防水混凝土的主要物理力学性能

普通防水混凝土的主要力学性能与普通混凝土基本接近，但物理性能有较大的区别，主要表现在抗渗性方面。

（1）抗渗性　抗渗性是普通防水混凝土的主要耐久性技术指标。在一般情况下，普通防水混凝土的抗渗能力是在试验室内通过短期试验进行确定的，而在实际工程中，防水混凝土常年经受水的浸泡，或干湿交替作用，在这种情况下，防水混凝土的抗渗性能，与试验室所获得的结果可能有所不同。实际上，普通防水混凝土在长期压力水和水位变动的作用下，其抗渗性不仅不降低，甚至还会有所提高。这是因为水泥石在受水浸泡后，体积膨胀而将混凝土中的毛细管路堵塞的缘故。

（2）强度　普通防水混凝土的强度与普通水泥混凝土的基本相同。当水泥用量和砂率不变时，其抗压强度随着水灰比的减小而增加，而抗拉强度又随其抗压强度的提高而增长，二者的比值波动在1/10～1/8之间。

（3）弹性模量　弹性模量是反映混凝土变形性质的一项主要指标，与混凝土的组成材料的变形性质有关。由于普通防水混凝土的组成材料与普通混凝土基本相同，所以普通防水混凝土的弹性模量略低于普通水泥混凝土。

（4）耐热性　在常温下具有较高抗渗性的普通防水混凝土，而当加热温度至100℃后其抗渗性会明显降低。当温度超过250℃时，混凝土的抗渗能力急剧下降。因此，普通防水混凝土的使用温度不宜超过100℃。

三、普通防水混凝土的原材料组成

（一）对原材料的基本要求

普通防水混凝土的原材料组成，与普通混凝土基本相同。该类混凝土主要由水泥、粗细骨料和水组成，只是对水泥和骨料的质量要求有所不同。

1. 对水泥的要求

配制普通防水混凝土所用的水泥，一般应选用普通硅酸盐水泥，这种水泥早期强度较高，强度增进率也较快，保水性较好，收缩性较小，不容易使混凝土结构内部形成渗水的通道。在普通硅酸盐水泥缺乏时，也可选用粉煤灰硅酸盐水泥或火山灰硅酸盐水泥，这两种水泥泌水性较小，有较强的抗水溶蚀能力，同时水化热比较低，适宜于在一些体积较大的防水混凝土工程中使用，如果在冬季负温条件下施工则应掺加适量的早强剂和抗冻剂。

在有条件的情况下，配制普通防水混凝土尽量不采用硅酸盐水泥和矿渣硅酸盐水泥。硅酸盐水泥收缩性较大，水化热较高；矿渣硅酸盐水泥泌水性大，容易使混凝土拌合物产生离析，从而降低混凝土结构的防水性能。

2. 对粗细骨料的要求

配制普通防水混凝土所用的粗细骨料质量、级配和杂质含量等，对混凝土的抗渗性影响很大。因此，粗细骨料应分别符合下列要求。

(1) 对粗骨料的要求　配制普通防水混凝土的粗骨料，应选择质地坚硬致密，杂质含量很少的碎石或卵石，同时应满足下列要求：a. 粗骨料的最大粒径不得大于 40mm，粒径范围应控制在 5～30mm；b. 软弱颗粒的含量不得大于 10%，如果还有抗冻性要求，含量不得大于 5.0%；c. 风化颗粒的含量不得大于 1%；d. 颗粒级配应为连续级配；e. 其他方面的质量要求，应符合《建设用卵石、碎石》(GB/T 14685—2011) 中的规定。

(2) 对细骨料的要求　配制普通防水混凝土的细骨料，以选用洁净质地坚固的河砂或山砂为宜，同时应满足下列要求：a. 砂中的含泥量不得大于 3.0%，泥块含量不得大于 1.0%；b. 砂子无风化现象；c. 砂的细度模数以 2.4～3.3 为宜；d. 砂的平均粒径在 0.4mm 左右；e. 其他方面的质量要求，应符合《建设用砂》(GB/T 14684—2011) 中的规定。

3. 对拌合水和养护水的要求

配制和养护普通防水混凝土的水，与普通水泥混凝土相同，应采用 pH＝6～7 的洁净水。

(二) 普通防水混凝土配合比设计

1. 普通防水混凝土配合比设计的原则

普通防水混凝土配合比设计，与普通水泥混凝土相同，一般采用绝对体积法。在进行混凝土配合比设计时应考虑以下原则。

(1) 首先应满足混凝土抗渗性要求，这是进行防水混凝土配合比设计的前提。根据工程实际要求，如混凝土抗渗性、耐久性、使用条件及材料情况确定水泥品种；由混凝土的强度确定水泥的强度，并根据施工性能，适当提高水泥用量。

(2) 合理选用混凝土的组成材料，对于砂石一般优先选用当地的材料，适当提高砂率及灰砂比。

(3) 水灰比的选择，主要依据工程要求的抗渗性和施工最佳和易性来确定。施工和易性主要由结构条件和施工方法综合考虑决定。

2. 普通防水混凝土配合比设计的步骤

(1) 确定水灰比、拌合水用量　根据工程设计要求的抗渗指标、强度和施工条件，选定混凝土拌合物的坍落度、水灰比、用水量，并计算水泥用量。为确保防水混凝土的抗渗性，普通防水混凝土的最大允许水灰比应符合表 4-5 的规定。

表 4-5　普通防水混凝土最大允许水灰比

抗渗等级	最大水灰比		
	C20 混凝土	C25 混凝土	C30 混凝土
S6	0.60～0.65	0.55～0.60	0.50～0.55
S8～S10	0.55～0.60	0.50～0.55	0.45～0.50
＞S10	0.50～0.55	0.45～0.50	0.40～0.45

普通防水混凝土拌合水用量与砂石材料种类、搅拌条件等因素有关，在确定混凝土拌合水用量时，可根据混凝土拌合物的坍落度、砂率，参见表 4-6 选择。最后根据混凝土的试配结果确定。

表 4-6　普通防水混凝土拌合水量

砂率/% ／ 拌合水量/(kg/m³) ／ 混凝土拌合物的坍落度/mm	35	40	45
10～30	175～185	185～195	195～205
30～55	180～190	190～200	200～210

注：1. 表中石子的粒径为 5～20mm，若石子最大粒径为 40mm 时，用水量减少 5～10kg/m³。表中石子按卵石考虑，若采用碎石时，用水量增加 5～10kg/m³。

2. 表中采用火山灰质硅酸盐水泥，若采用普通硅酸盐水泥时，则用水量增加 5～10kg/m³。

（2）选择砂率　普通防水混凝土的砂率比普通水泥混凝土稍高，可根据石子的空隙率和砂子的平均粒径，按表 4-7 中选用。

表 4-7　普通防水混凝土的砂率选用表

石子空隙率/% ／ 砂的平均粒径/mm	30	35	40	45	50	55
0.30	35～37	36～38	36～38	36～39	37～39	38～40
0.35	35～37	36～38	36～38	37～39	37～39	38～40
0.40	35～37	36～38	37～39	38～40	38～40	39～41
0.45	35～37	36～38	38～40	39～41	39～41	40～42
0.50	36～38	36～39	38～40	40～42	41～43	42～44

注：1. 石子空隙率＝(1－石子松堆密度/石子表观密度)×100%。

2. 表中所用的粗骨料最大粒径为 20～30mm，当最大粒径取值较小时砂率取较高值，反之取较低值。

（3）计算砂石用量　普通防水混凝土的砂石用量，可按绝对体积法或假定表观密度法确定，或按以下方法进行确定。

① 根据选用的砂率，按式(4-1) 计算砂石的混合密度：

$$\rho_{砂石}=\rho_s S_p+\rho_g(1-S_p) \tag{4-1}$$

式中　S_p——混凝土的砂率，%；

$\rho_{砂石}$——砂石的混合密度，kg/m³；

ρ_s、ρ_g——砂、石的密度，kg/m³。

② 按照式(4-2) 计算砂石混合用量：

$$a=\rho_{砂石}(1000-m_w/\rho_w-m_c/\rho_c) \tag{4-2}$$

式中　a——混凝土中砂石的混合用量，kg/m³；

m_w、m_c——水和水泥的用量，kg；

ρ_w、ρ_c——水和水泥的密度，kg/m³。

③ 按式(4-3)、式(4-4) 计算砂子和石子的用量：

$$m_s = S_p a \tag{4-3}$$

式中　m_s——砂的用量，kg。

$$m_g = a - m_s \tag{4-4}$$

式中　m_g——石子的用量，kg。

根据上述计算的各种材料的用量，初步确定其配合比进行试配，如果与工程要求不符，则应进行适当调整，直至满足设计所提出的所有要求。

对于普通防水混凝土配合比设计，应增加混凝土的抗渗性能试验，试验结果应符合下列规定。

① 试配要求的抗渗水压值应比设计值提高 0.2MPa。

② 试配时应采用水灰比最大的配合比进行抗渗性能试验，其试验结果应符合式(4-5)的要求：

$$P_t \geqslant P/10 + 0.2 \tag{4-5}$$

式中　P_t——6 个试件中 4 个试件未出现渗水时的最大水压值，MPa；

P——混凝土设计要求的抗渗等级，MPa。

③ 对于掺加引气剂的混凝土还应进行含气量试验，普通防水混凝土的含气量宜控制在3%～5%范围内。

(三) 普通防水混凝土的参考配合比

在配制普通防水混凝土时，可以根据混凝土的抗渗等级、混凝土强度等级、材料组成后材料品种等，参考表 4-8 中的配合比。

表 4-8　普通防水混凝土参考配合比

混凝土强度等级/MPa	混凝土抗渗等级/MPa	混凝土组成材料/(kg/m³)							坍落度/cm
		水泥		砂	石子		粉煤灰	水	
		品种	数量		品种/mm	数量			
C20	S8	42.5 级普通	360	细砂 564	碎石 5～40	1256	20	200	2.0～4.0
C20	S8	42.5 级普通	360	中砂 800	碎石 5～40	1050	—	190	3.0～5.0
C20	S8	42.5 级普通	360	细砂 539	卵石 5～40	1456	—	176	3.0～5.0
C20	S8	42.5 级普通	360	细砂 450	卵石 5～40	1505	—	176	3.0～5.0
C20	S8	42.5 级普通	360	细砂 552	碎石 5～40	1228	—	200	2.0～4.0
C20	S12	42.5 级普通	360	中砂 800	碎石 5～40 碎石 20～40	415 735	—	190	3.0～5.0
C25	S6	42.5 级矿渣	380	细砂 626	碎石 5～40	1218	—	191	3.0～5.0
C30	S10	42.5 级普通	420	中砂 644	卵石 5～40	1156	50	182	2.0～4.5
C40	S8	42.5 级普通	455	中砂 627	碎石 5～20	1115	—	191	3.5～5.0

第三节　外加剂防水混凝土

外加剂防水混凝土是在普通水泥混凝土拌合物中，掺入适量的有机或无机外加剂，以改善混凝土拌合物的和易性，提高混凝土的密实性和抗渗性，以满足工程防水需要的一系列品种的混凝土。根据所掺加的外加剂种类不同，其防水机理也不相同。外加剂防水混凝土中常用的外加剂有引气剂、减水剂、防水剂、早强剂等。

外加剂防水混凝土的种类很多，目前在建筑工程上常用的有减水剂防水混凝土、加气剂防水混凝土、氯化铁防水混凝土和三乙醇胺防水混凝土等。

一、减水剂防水混凝土

减水剂防水混凝土是在混凝土中掺入适量的减水剂配制而成，凡以各种减水剂配制而成的混凝土，统称为减水剂防水混凝土。目前用于配制防水混凝土的减水剂种类很多，主要有木质素磺酸盐、萘磺酸盐甲醛缩合物、三聚氰胺磺酸盐甲醛缩合物和糖蜜等。

（一）减水剂防水混凝土的物理力学性能

减水剂防水混凝土的物理力学性能，主要包括混凝土拌合物的和易性、泌水性、抗渗性、抗冻性和强度。

1. 和易性

由于减水剂对水泥有高度的分散作用，从而显著地改善了混凝土拌合物的和易性。在配合比不变的条件下，掺入减水剂可使混凝土的坍落度明显增大，增大值随着减水剂的品种、掺量、水泥品种的不同而异。

减水剂防水混凝土的坍落度值，还与基准混凝土的坍落度有关。材料试验结果表明，干硬性混凝土以及大坍落度混凝土（>100mm）的坍落度增大的幅度并不明显，而对于低流动性混凝土的增大效果极为显著。由于减水剂能增大混凝土的流动性，所以掺加减水剂的混凝土，其最大施工坍落度可不受50mm的限制，但也不宜过大，一般以50～100mm为宜。

2. 泌水性

混凝土拌合物的泌水性对硬化后混凝土的抗渗性影响很大。不同品种的减水剂对混凝土的泌水性均有所降低，如表4-9所列。

表4-9 减水剂对防水混凝土的泌水性的影响

减水剂品种	减水剂掺量/%	坍落度/mm	泌水率/%	泌水率比/%
不掺加减水剂	0	0	4.87	0
NNO	0.50	35	3.81	78
MF	0.50	165	2.05	42
木钙	0.25	35	1.17	24

3. 抗渗性

用减水剂配制的混凝土，由于可以减少拌合水的用量，改善了混凝土的和易性，降低了混凝土的泌水率，从而可以显著提高混凝土的密实性和抗渗性。材料试验表明，当混凝土的坍落度相同时，减水剂防水混凝土的抗渗性可比基准混凝土的抗渗性提高1倍以上。

4. 抗冻性

在我国北方地区的室外防水混凝土工程，由于天气寒冷的原因，不仅要求混凝土具有较好的抗渗性能，而且要求具备一定的抗冻性能。试验证明，在混凝土坍落度相同和其他材料相同的条件下，掺加减水剂防水混凝土的水灰比减小，产生混凝土冻害的物质减少，所以其抗冻性一般优于不掺减水剂的混凝土。

为了提高混凝土的抗冻性，过去传统的方法是掺加引气剂。随着高效减水剂的出现，现在已改为同时掺加减水剂。工程实践证明，引气剂与减水剂复合使用，不仅可以增加混凝土中的气泡数目，减小气泡的间隙系数，而且可以充分发挥气泡对混凝土结冰冻胀的缓冲作用，从而大大提高混凝土的抗冻性。

5. 强度

由于减水剂具有明显减少拌合水量的效应，因而不但可以降低混凝土的水灰比，提高凝土的抗渗性，同时也能大幅度地提高混凝土的抗压强度。此外，在混凝土掺加减水剂后对混凝土的抗拉强度、弹性模量、与钢筋的握裹力等均无不利影响，且有一定程度的提高。

（二）减水剂防水混凝土减水剂的选择

在采用减水剂防水混凝土施工中，应根据结构要求、施工工艺、施工温度以及混凝土原材料的组成、特性等因素，正确地选择减水剂的品种。对所选用的减水剂，应经过试验复核产品说明书所列技术指标，不能完全依赖说明书推荐的“最佳掺量”，应以实际所用材料和施工条件，进行模拟试验，求得减水剂的适宜掺量。各类减水剂适宜掺量可参考表 4-10。

表 4-10 各类减水剂适宜掺量参考表

减水剂名称	木质素磺酸盐类（木钙）	多环芳香族磺酸盐类	糖蜜类	三聚氰胺类	腐殖酸类
适宜掺量（占水泥质量）/%	0.15～0.3	0.5～1.0	0.2～0.35	0.5～2.0	0.2～0.3

(1) NNO 减水剂是一种高效能分散剂，其减水率为 12%～20%，增强率为 15%～30%；早期（3d 和 7d）增强作用非常明显，并可使混凝土的抗渗性提高 1 倍以上，但是其价格较高，应用不太广泛。

(2) MF 减水剂是一种兼有引气作用的高效能分散剂，其减水和增强作用可以与 NNO 减水剂媲美，其抗渗性和抗冻性的效果还优于 NNO 减水剂。如果施工中不加强振捣，会降低混凝土的强度，所以使用时应用高频振动器排出混凝土中的大气泡。

(3) 木钙减水剂也是一种兼有引气作用的减水剂，但其分散作用不如 MF 和 NNO 减水剂，一般可减水 10%～15%，增强 10%～20%；对混凝土抗渗性能的提高特别明显，且具有一定的缓凝作用，适宜夏季混凝土施工。缺点是当温度较低时，强度发展比较缓慢，需要与早强剂复合使用。木钙减水剂价格低廉，在工程中应用最广泛。

(4) 糖蜜减水剂是一种与木钙减水剂基本相同的减水剂，其性能也与木钙相似，优点是比木钙的掺量少，但材料来源不如木钙广泛。

二、引气剂防水混凝土

引气剂防水混凝土是目前应用较为普遍的一种外加剂混凝土，它是在普通混凝土拌合物中掺入微量的引气剂配制而成的。引气剂防水混凝土具有良好的和易性、抗渗性、抗冻性和耐久性，且具有较好的技术经济效果，可以用于一般防水工程和对抗冻性、耐久性要求较高的防水工程。

掺加引气剂的混凝土可弥补矿渣硅酸盐水泥泌水率大、火山灰质硅酸盐水泥需水量高等缺陷。不仅可以有效地改善混凝土拌合物的和易性，而且还可以节省水泥用量、弥补骨料级配不良给施工操作带来的困难。目前，国内常用的引气剂是松香热聚物和松香酸钠，此外还有烷基磺酸钠、烷基苯磺酸钠、松香皂和氯化钙复合外加剂。

（一）引气剂防水混凝土的防水机理

引气剂是一种具有憎水作用的表面活性剂，在混凝土中加入加气剂后，它能显著降低混凝土拌合物的表面张力，在混凝土中产生大量微小而均匀的气泡，这些微小的气泡具有下列作用。

（1）掺入引气剂后，混凝土拌合物中产生无数微细的气泡，使混凝土拌合物中砂子颗粒之间的接触点大大减少，降低了体系的摩擦力，显著地改善了混凝土拌合物的和易性，便于混凝土的浇筑和振捣密实。

（2）引气剂掺入混凝土后，与水泥微粒之间产生吸附，在其外面生成凝胶状薄膜，从而使水泥颗粒相互黏结并增大水泥的黏滞性，混凝土拌合物不易松散离析。

（3）由于混凝土拌合物的黏滞性增大及微细气泡的阻隔作用，沉降阻力也相应增大，抑制了沉降离析和泌水作用，减少了由于沉降作用而引起的混凝土不均匀的结构缺陷、骨料周围黏结不良的现象和沉降孔隙。

（4）由于大量微小气泡以密闭状态均匀分布在水泥浆中，这种由密闭气泡形成的密闭球壳阻塞了毛细孔通道，使混凝土拌合物中自由水的蒸发线路变得曲折、细小、分散，因而改变了毛细管的数量和特征，减少了混凝土的渗水通路。

（5）在混凝土中掺加适量的引气剂，可以使水泥颗粒憎水化，从而使混凝土的毛细管壁憎水化，阻碍了混凝土的吸水和渗水作用，有利于提高混凝土的抗渗性。

引气剂中微小气泡的上述作用，都有利于提高混凝土的密实度和抗渗性。此外，引气剂还能使水泥颗粒产生憎水性，从而也使混凝土中的毛细管壁产生憎水性，这就阻碍了混凝土的吸水和渗水作用，也有利于提高混凝土的抗渗性。

（二）引气剂防水混凝土的物理力学性能

引气剂防水混凝土的物理力学性能，主要包括抗冻性、抗渗性、抗压强度和弹性模量等。

1. 抗冻性

试验结果表明，在普通水泥混凝土中掺加适量的引气剂，能显著提高混凝土的抗冻性。如松香皂引气剂防水混凝土的抗冻性可比普通混凝土高3～4倍，如表4-11所列。这是因为引气剂防水混凝土具有较好的抗渗性，压力水难以渗入混凝土的内部，也相应地减轻了混凝土的冻害。同时，引气剂在混凝土中形成无数微小封闭的气泡，增加了混凝土的抗变形能力，当水渗入混凝土产生结冰而体积膨胀时，附近的气泡能吸收和消除混凝土的内应力，保护混凝土不受损坏。

表4-11　引气剂防水混凝土的抗冻性

水灰比 (W/C)	水泥品种 (42.5MPa)	水泥用量 /(kg/m³)	引气剂掺量 $\times10^{-4}$	抗压强度 /MPa	冻融循环150次强度损失/%
0.50	抗硫酸盐水泥	312	0.50	19.0	4
0.47	普通硅酸盐水泥	345	0.75	30.4	0
0.47	矿渣硅酸盐水泥	357	0.75	35.7	0

引气剂防水混凝土的含气量在12%以下时，其抗冻性随着含气量的增加而提高；当含气量超过12%时，混凝土的抗冻性不再提高。

增加水泥用量和降低水灰比，可以有效地提高混凝土的抗冻性。因此，对抗冻性要求较高的混凝土工程，应同时采用低水灰比（0.40～0.45）和足够水泥用量（320～400kg/m³）的措施。用矿渣硅酸盐水泥配制的引气剂防水混凝土，其抗冻性能稍差。

2. 抗渗性

混凝土中只有因沉降和泌水造成的缝隙和较大毛细孔，以及养护时游离水蒸发造成的较大毛细孔才会影响混凝土的抗渗性。如上所述，引气剂能改善混凝土拌合物的和易性，减少其沉降和泌水，因而使混凝土的渗水渠道大为减少。

引气剂防水混凝土中的微小气泡是密闭的，由于这些气泡的存在，影响了毛细管的形成与发展，从而有助于减少混凝土中的孔隙。再加上毛细管网具有憎水因素，使引气剂防水混凝土的抗渗性等级较高。

引气剂防水混凝土的抗渗性能与含气量有关，在一般情况下混凝土中的含气量为3%～6%时，其抗渗性能最好。试验证明，混凝土中的含气量在10%以内时，其抗渗性能仍高于不掺加引气剂的混凝土，但此时的混凝土强度损失过大。

3. 抗压强度

引气剂防水混凝土的早期抗压强度较低，后期强度有与普通混凝土接近的趋势。其早期强度较低的是因为引气剂的定向吸附薄膜削弱了水泥的水化作用。到混凝土的后期，水化晶体的生长逐渐突破了吸附薄膜，而使混凝土的强度增长正常。引气剂防水混凝土的强度增长速率如表4-12所列。

表4-12　引气剂防水混凝土强度增长速率

混凝土中的含气量/%	不同龄期混凝土强度相对值/%			
	3d	7d	28d	90d
0	37.8	57.6	100	119.7
3	34.8	57.0	100	122.5
5	32.8	55.9	100	124.7
7	31.3	53.9	100	125.6

在一般情况下，引气剂防水混凝土的含气量每增加1%，28d的强度则下降3%～5%；但掺加引气剂能改善混凝土拌合物的和易性，在保持水泥用量及和易性不变的情况下，可相应地减少拌和用水量，从而减少混凝土强度的损失。

4. 弹性模量

当混凝土中加入引气剂后，其弹性模量有所下降。在一般情况下，混凝土中的含气量每增加1%，弹性模量约降低3%。这是因为混凝土中微小气泡的存在，使引气剂防水混凝土受力变形有所增大。混凝土弹性模量的降低，有利于提高混凝土的抗裂性，而对于预应力混凝土构件，则将加大其预应力的损失。

（三）引气剂防水混凝土的配制要点

根据试验和施工实践经验，加气剂防水混凝土的配制应注意以下几点。

（1）引气剂掺量　松香酸钠加气剂掺量一般为水泥质量的0.03%，掺入搅拌均匀后再加入0.075%（占水泥质量）的氯化钙。松香热聚物加气剂掺量为水泥质量的0.005%～0.015%。

（2）水灰比与水泥用量　水灰比宜在0.50～0.60之间，最大不宜超过0.65，水泥用量一般为250～300kg/m³，最小水泥用量不低于250kg/m³。

(3) 砂率 引气剂防水混凝土由于产生许多微小的气泡，所以其用砂量不如减水剂防水混凝土多，在一般情况下砂率宜在28%～35%之间。

(4) 含气量 由于混凝土中有微小气泡的存在，会提高混凝土的抗冻性和抗渗性，但如果含气量过大会严重降低混凝土的强度，所以，经试验证明混凝土的含气量宜控制在3%～6%之间，根据我国的实际以3%～5%为宜。

(5) 砂石级配、坍落度 引气剂防水混凝土的砂石骨料级配和混凝土拌合物的坍落度，与普通防水混凝土基本相同。

(四) 引气剂防水混凝土施工注意事项

(1) 引气剂防水混凝土宜采用机械搅拌。搅拌时首先将砂、石、水泥倒入混凝土搅拌机，引气剂预先加入混凝土拌合水中搅拌均匀溶解后，再加入搅拌机内。引气剂不得直接加入搅拌机，以免气泡集中而影响混凝土质量。

(2) 在搅拌过程中，应按规定检查混凝土拌合物的和易性（坍落度）和含气量，使其严格控制在规定的范围内。

(3) 引气剂防水混凝土宜采用高频振捣器振捣，以排除混凝土中的大气泡，保证混凝土的抗冻性。

(4) 养护的温度和湿度对引气剂防水混凝土的抗渗性有很大影响。如果在5℃条件下养护，混凝土几乎完全失去抗渗能力，因此冬期施工必须特别注意温度影响。养护湿度越高，对提高防水混凝土的抗渗性越有利。

三、三乙醇胺防水混凝土

三乙醇胺防水混凝土，是在混凝土中随着水掺入一定量的三乙醇胺防水剂配制而成的。其具有防水、早强和增强的多种作用，特别适用于需要早强的防水工程，是一种良好的防水混凝土。在建筑工程中广泛用于水塔、水池、地下室、泵房、地沟、设备基础等。

1. 三乙醇胺防水混凝土的防水机理

在混凝土中加入三乙醇胺后，能加强水泥颗粒的吸附分散与化学分散作用，加速水泥的水化，水化生成物增多，水泥石结晶变细，结构密实，从而提高了混凝土的抗渗性。它的抗渗性能良好，且具有早强和强化作用，施工简便，质量稳定，有利于提高模板周转率、加快施工进度和提高劳动生产率。此种防水混凝土尤其适合工期要求紧，要求早强及抗渗的地下防水工程。

当三乙醇胺和氯化钠、亚硝酸钠等无机盐复合时，三乙醇胺不仅能促进水泥本身的水化，而且还能促进氯化钠、亚硝酸钠等无机盐与水泥的反应，可加速水泥的水化，使水泥早期就生成较多的水化产物，夺取较多的水与其结合，相应地减少混凝土中的游离水，也就减少了由于游离水蒸发而遗留下来的毛细孔，从而提高了混凝土的抗渗性。

2. 三乙醇胺防水混凝土的配制

(1) 严格按配方配制防水剂溶液，并应充分搅拌至完全溶解。防止氯化钠和亚硝酸钠溶解不充分，或三乙醇胺分布不均而造成不良后果。

(2) 三乙醇胺对不同品种的水泥具有不同的作用，如果调换水泥的品种，则应当重新进行试验。

(3) 严格掌握三乙醇胺的掺量，并且不得将防水剂材料直接投入搅拌机内，致使拌和不均匀而影响混凝土的质量。配好的防水剂应与拌合用水掺和均匀使用。

(4) 工程中常用的三乙醇胺防水剂，一般有3种配方（见表4-13）。工程实践证明，靠近高压电源和大型直流电源的防水工程，宜采用1号配方来配制防水混凝土，不宜采用2号或3号配方。

表4-13 三乙醇胺防水剂常用配方

1号配方		2号配方			3号配方			
三乙醇胺0.05％		三乙醇胺0.05％＋氯化钠0.5％			三乙醇胺0.05％＋氯化钠0.5％＋亚硝酸钠1％			
水	三乙醇胺	水	三乙醇胺	氯化钠	水	三乙醇胺	氯化钠	亚硝酸钠
98.75/98.33	1.25/1.67	86.25/85.83	1.25/1.67	1.25/1.25	61.25/60.83	1.25/1.67	1.25/1.25	25/25

注：1. 表中的百分数为水泥质量的百分数。

2. 1号配方适用于常温和夏季施工，2号、3号配方适用于冬期施工。

3. 表中资料分子为采用100％纯度三乙醇胺的量，分母为采用75％工业品三乙醇胺的用量。

(5) 在冬季施工时，除了掺入占水泥质量0.05％的三乙醇胺外，再加入0.5％的氯化钠及1％的亚硝酸钠，其防水效果更好。

(6) 配制三乙醇胺防水混凝土必经严格控制水泥用量，当设计抗渗压力在0.8～1.2MPa时，水泥用量以300kg/m³为宜。

(7) 配制三乙醇胺防水混凝土，砂率必须随水泥用量的降低而相应提高，使混凝土中有足够的砂浆量，以确保混凝土的密实性，从而提高混凝土的抗渗性。当水泥用量为280～300kg/m³时，砂率以40％左右为宜。掺三乙醇胺早强防水剂后，灰砂比可以小于普通防水混凝土1∶2.5的限值。

(8) 三乙醇胺防水混凝土对石子的级配无特殊要求，只要在一定水泥用量范围内，并且保证混凝土有足够的砂率，无论采用何种级配的石子，都可以使混凝土具有良好的密实度和抗渗性。

(9) 三乙醇胺防水剂对不同品种水泥均有较强的适应性，特别是能够改善矿渣硅酸盐水泥的泌水性和黏滞性，提高矿渣水泥混凝土的抗渗性。对要求低水化热的防水工程，以选用矿渣水泥为宜。

3. 三乙醇胺防水混凝土的物理力学性能

(1) 抗渗性　工程实践证明，在混凝土中掺入单一的三乙醇胺或三乙醇胺与氯化钠复合剂，可显著提高混凝土的抗渗性能。抗渗压力可提高3倍以上，如表4-14所列。

表4-14 三乙醇胺防水混凝土的抗渗性

序号	水泥品种、强度	配合比 水泥∶砂∶石	水灰比	水泥用量/(kg/m³)	早强防水剂/％		抗压强度/(N/mm²)	抗渗压力/(N/mm²)
					三乙醇胺	氯化钠		
1	52.5普通水泥	1∶1.60∶2.93	0.46	400	—	—	35.1	1.2
2	52.5普通水泥	1∶1.60∶2.93	0.46	400	0.05	0.5	46.1	＞3.8
3	42.5矿渣水泥	1∶2.19∶3.50	0.60	342	—	—	27.4	0.7
4	42.5矿渣水泥	1∶2.19∶3.50	0.60	334	0.05	—	26.2	＞3.5
5	42.5普通水泥	1∶2.66∶3.80	0.60	300	0.05	—	28.2	＞2.0

注：序号1、2、5的砂子细度模数为2.16～2.71，石子粒级为20～40mm；序号3、4的石子粒级为5～40mm。

(2) 混凝土的强度　在混凝土中掺加适量的三乙醇胺早强剂，混凝土3d的抗压强度明显提高，比不掺加者提高60％左右，28d的抗压强度提高15％以上，365d的抗压强度仍继续增长，但增长的幅度较小。

（3）凝结时间　从混凝土的强度增长可以认为，凡是掺加早强型外加剂的混凝土，一定会加速混凝土的凝结，甚至会影响混凝土的正常浇筑。试验结果表明，在混凝土中单掺三乙醇胺外加剂，对混凝土的凝结时间基本上无大的影响，当掺加三乙醇胺和氯化钠复合剂时出现较大的影响，但也不影响混凝土的正常施工。

（4）钢筋锈蚀　在三乙醇胺早强防水剂的配方中，有的含有氯化钠，因此，人们担心钢筋会产生锈蚀。有的配方中掺有亚硝酸钠阻锈剂，可抑制钢筋的锈蚀。单独掺加氯化钠时，因其掺量较少，只为规范允许掺量的25%，所以钢筋的锈蚀也很轻微，且发展非常缓慢，只要遵循有关规定，一般情况下还是可以采用的。

4. 三乙醇胺防水混凝土的参考配合比

三乙醇胺防水混凝土的参考配合比如表4-15所列。

表4-15　三乙醇胺防水混凝土参考配合比

序号	配合比 水泥：砂：石	水灰比	水泥 /(kg/m³)	砂率 /%	坍落度 /cm	三乙醇胺/(kg /50kg水泥)	强度 /MPa	抗渗压力 /MPa
1	1∶1.84∶4.07	0.58	320	31	2.0	2.0	28.2	2.2
2	1∶2.12∶3.80	0.58	320	36	2.5		27.6	2.2
3	1∶2.40∶3.62	0.58	320	41	1.7		21.6	2.4
4	1∶2.00∶4.33	0.62	300	31	4.0		21.6	0.6
5	1∶2.30∶4.08	0.62	300	36	3.0		23.9	1.2
6	1∶2.60∶3.80	0.62	300	41	1.6		26.1	2.2
7	1∶2.50∶4.41	0.66	280	36	3.4		24.7	0.4
8	1∶2.82∶4.09	0.66	280	41	1.5		24.0	1.8

四、其他防水剂混凝土

由于目前混凝土所用的防水剂的品种很多，其性能也各不相同，所以组成的防水剂混凝土的种类也很多，使用不同品种的防水剂，其混凝土施工配合比均不相同。

（一）HE防水混凝土

HE混凝土高效防水剂集高效减水、缓凝泵送、抗裂防渗、高强耐久等功能于一体，具有掺量低、混凝土工作性优异等特点，既可用于施工现场配制防水混凝土，亦可用于配制商品防水混凝土，是一种多功能兼容的高效防水剂。

HE防水混凝土主要适用于防水功能要求较高的地下构（建）筑物，以及水塔、水池、储油罐、大型设备基础、后浇缝、预应力混凝土，制作高强预应力混凝土构件或管道等。

（1）HE混凝土高效防水性的特性

① 掺量低、效能高。掺量低于同类产品，仅为6%～8%，而限制膨胀率已达到行业标准《混凝膨胀剂》中一等品的要求。

② 功能多。其集高效减水、缓凝泵送、抗裂防渗、高强耐蚀等功能于一体，既可用于配制普通或高强的塑性防水混凝土，又可用于配制商品化泵送防水混凝土，且不需要同其他外加剂配合使用，是一种多功能兼容的高效防水剂。

③ 高性能。高强、高工作性和高耐久性是高性能混凝土的三大重要特征。一般情况下，高强与高耐久性二者密切相关，由于HE混凝土高效防水剂配制的防水混凝土不仅结构致密且具有抗裂能力，故侵蚀性介质不易渗入，从而使具有破坏性的化学反应不会发生；又由于防水剂本身不含氯、碱等成分，从而消除了钢筋锈蚀及碱骨料反应等隐患，这是使混凝土具有高强、高耐久性的切实保证。HE混凝土高效防水剂可使混凝土具有缓凝性，可在2h以内保持混凝土的高工作性，这对混凝土的夏季施工及商品混凝土的普及应用是非常有益的。

④ 综合经济效益好。由于HE混凝土高效防水剂的优异特性，从而可以大量节省生产、运输、贮存、管理等方面所需费用，其综合效益好。

(2) HE防水混凝土的配制要求

HE防水混凝土的配制，除应符合现行国家标准的有关规定之外，尚应当注意以下几个方面。

① 水泥宜选用强度等级不低于42.5MPa的硅酸盐水泥、普通水泥、矿渣水泥。

② 水泥用量应以水泥与HE高效防水剂之和计，且二者总量不得少于330kg/m³。HE高效防水剂掺量为水泥质量的6%～8%，后浇缝的掺量应以8%～10%为宜。

③ 用于配制混凝土的原材料不得随意更换，否则应重新试验选定配合比。

④ 混凝土原材料必须按配合比计算、并称量准确，其中HE高效防水以及拌合水的重量误差不得大于±1%。

⑤ 投料顺序：HE高效防水剂与水泥一并同砂搅拌均匀，再投入石子继续干拌均匀，然后再加水进行湿拌，要注意拌合水一次加入，搅拌过程中不得随意增加拌合水的用量。

⑥ HE防水混凝土的搅拌时间较普通混凝土延长30～60s。

⑦ 混凝土浇筑后应振捣密实，不漏振、不过振。

⑧ 混凝土浇筑完毕，应以草帘子或塑料薄膜进行覆盖、并浇水养护10～14d。对于混凝土暴露面，特别是阳光直射和寒气侵袭的表面，应当进行双层覆盖养护。

⑨ 施工缝的留设同普通防水混凝土，施工缝的处理应先将表面凿毛，然后将表面杂物除去，清洗干净，并在表面铺上渗入6%～8%HE型高强防水剂的1∶2水泥砂浆，厚度为2～2.5cm，再继续浇注HE型高效防水剂混凝土；施工缝处拆模后，可沿施工缝上下7～8cm范围凿毛，然后将凿毛表面清洗干净，再以HE型高效防水剂的水泥砂浆作4层防水抹面。

⑩ 无缝施工技术：HE防水混凝土具有补偿收缩功能，当混凝土结构超长时，可采用无缝施工技术，即根据工程情况沿长度方向每隔20～40m设置加强带，加强带的宽度一般为2～3m，带内水平配筋率增加10%～15%，且每立方米混凝土的水泥用量增加50kg。

(二) 聚合物水泥混凝土

聚合物加入混凝土或砂浆中，其形成的弹性网膜将混凝土、砂浆中的孔隙结构填塞，经化学作用加大了聚合物同水泥水化产物的黏结强度，有效地对混凝土和砂浆进行改性，抗渗性获得显著提高。聚合物水泥混凝土主要适用于地下建（构）筑物防水，以及游泳池、水泥池、化粪池等防水工程。如直接接触饮用水，应选用符合要求的聚合物。

1. 用于聚合物水泥混凝土的主要助剂

(1) 稳定剂　为避免聚合物乳液与水泥水化产物中出现多价金属离子作用而致破乳、凝聚，以及在搅拌过程中聚合物乳液产生析出及凝聚，必须加入一定的稳定剂，从而改善聚合物乳液对水泥水化生成物的化学稳定性以及对搅拌剪切力的机械稳定性，使聚合物与水泥有效地混合均匀，并紧密黏附成稳定的聚合物水泥多相体。

稳定剂多采用表面活性剂，其种类及掺量对效果有直接影响，所以应根据聚合物的品种选择适宜的稳定剂及掺量。常用的聚合物水泥混凝土的稳定剂主要有OP型乳化剂、均染剂102、农乳600等。

(2) 消泡剂　为避免因聚合物乳液中乳化剂、稳定剂的表面活化影响而在拌和时产生的大量气泡，必须加入适量的消泡剂，从而消除产生的气泡，降低混凝土拌合物的孔隙率，减少对混凝土强度的影响。

(3) 抗水剂　当选用耐水性较差的聚合物、乳化剂、稳定剂时，应加入适量的抗水剂。

(4) 促凝剂　为避免由于聚合物掺量较多而延缓聚合物水泥混凝土的凝结，可加入一定量的促凝剂，以加快混凝土的凝结。

2. EVA（醋酸乙烯-乙烯的共聚物）高分子乳液

EVA高分子乳液具有以下技术特点。

(1) 具有优良的机械力学性能　在适当配合比下，EVA聚合物水泥防水砂浆的抗压强度，可比相同配合比的普通水泥砂浆有所提高，抗拉强度和抗折强度提高1.5倍。

(2) 具有优良的抗裂性　EVA聚合物水泥防水砂浆抗拉和抗折强度大幅度提高，这就赋予了材料优良的抗干缩和冷缩能力，加之聚合物膜对水泥石毛细孔道的封闭作用，减缓了干湿环境变化下体系的水分蒸发速率，进一步提高了体系抗裂性。

(3) 具有优良的防水性能和抗渗性能　聚合物分子链上的极性基团对水有一定的吸附作用，在水的作用下，适度交联的聚合物仍有一定的遇水溶胀作用，这种溶胀作用可使水泥石孔隙中的聚合物发生体积膨胀，阻止水的进一步渗透，使材料具有优良的防水抗渗性能。

(4) 对多种异质材料具有良好的黏结性　由于聚合物分子链上的极性基团会与水泥无机相产生化学吸附作用，所以能提高两相接口间的黏结力。聚合物特殊的化学结构使聚合物水泥防水砂浆对普通砂浆和混凝土材料具有良好的湿态黏结性，这在防水工程中尤其是在已发生渗漏和潮湿的基面上的施工，具有特殊意义。

(5) 工作性可调范围宽　EVA聚合物水泥防水砂浆可通过助剂的调整随意安排体系的可工作性，其凝结时间可控制在几分钟至几小时范围内。可随意控制的工作性使该材料的适用范围大大加宽，即可作厕浴间及一般地下工程的防水、防渗，又可作潮湿工作面上及有一定慢渗水压的已渗漏防水工程的防水、防渗的维修。

EVA聚合物水泥砂浆可在潮湿基层上施工，适用于人防、隧洞、地铁、地下沟道，以及水下隧道等需防水结构；若以助剂调整砂浆凝结时间，则可用于堵漏工程，或根据需要控制砂浆工作性，扩大适用范围，满足不同工程的要求。另外，EVA聚合物水泥砂浆还有质量轻、耐候性、耐冻融性、耐冲击性优良的特点，因而适用于地面、道路、机场跑道，以及船舶、桥梁等工程。

第四节　膨胀水泥防水混凝土

膨胀水泥防水混凝土，在工程上习惯称为补偿收缩防水混凝土，其是用膨胀水泥，或在普通混凝土中掺入适量的膨胀剂配制而成的一种微膨胀混凝土。膨胀水泥防水混凝土，适用一般的工业和民用建筑的地下防水结构、水池、水塔等构筑物、人防、洞库以及修补堵漏、压力灌浆、混凝土后浇缝等。

一、膨胀水泥防水混凝土防水原理

膨胀水泥防水混凝土是依靠水泥本身水化过程中形成（或掺入微量膨胀剂）大量膨胀性柱状或针状的结晶水化物——水化硫铝酸钙，这种结晶水化物往往向阻力较小的孔隙中生长、发育，它的固相体积可增大1.22～1.75倍。在混凝土的硬化后期，水化硅酸钙、氢氧化钙和钙矾石交织在一起，不断填充、堵塞、切断连通的毛细孔道，改善了混凝土的孔隙结构，使大孔减少，孔隙率降低，形成了非常致密的水泥石结构，从而使混凝土的抗渗性大大提高。

采用膨胀水泥配制的钢筋混凝土，在约束其膨胀的情况下，由于混凝土膨胀而张拉钢筋，被张拉的钢筋对混凝土本身产生了压缩应力。这一压缩应力能大致抵消混凝土干缩和徐变所产生的拉应力，从而可以达到补偿收缩和抗裂防渗的良好效果。

二、常用的膨胀水泥和膨胀剂

（一）常用的膨胀水泥

配制膨胀水泥防水混凝土的膨胀水泥种类很多，各国的分类方法也不尽相同，我国习惯上按基本组成不同和按膨胀值不同进行分类。

1. 按基本组成不同分类

膨胀水泥按其基本不同分类，可分为硅酸盐膨胀水泥、铝酸盐膨胀水泥和硫铝酸盐膨胀水泥3种。

（1）硅酸盐膨胀水泥　硅酸盐膨胀水泥是以硅酸盐水泥为主，外加适量的高铝水泥和石膏而制成的水泥。

（2）铝酸盐膨胀水泥　铝酸盐膨胀水泥是以高铝水泥为主，外加适量的石膏而制成的水泥。

（3）硫铝酸盐膨胀水泥　硫铝酸盐膨胀水泥是以无水硫铝酸钙（$4CaO \cdot 3Al_2O_3 \cdot SO_3$）和硅酸二钙（$\beta\text{-}2CaO \cdot SiO_2$）矿物为主，外加石膏而制成的水泥。

2. 按膨胀值大小分类

配制膨胀水泥混凝土所用的水泥，按其膨胀值大小不同可分为膨胀水泥和自应力水泥。

（1）膨胀水泥　膨胀水泥的线膨胀率一般在1%以下，可以用来补偿普通混凝土的收缩，因此又称为不收缩水泥或补偿收缩水泥。当用钢筋限制其自由膨胀时，使混凝土受到一定的预压应力，这样能大致抵消由于干燥收缩所引起的混凝土产生的拉应力，从而提高了混凝土的抗裂性，防止混凝土干缩裂缝的产生，也必然提高了混凝土的防水性能。如果膨胀率较大，其膨胀除补偿收缩变形外尚有少量的线膨胀值。

（2）自应力水泥　自应力水泥是一种具有强膨胀性的膨胀水泥，与一般的普通膨胀水泥相比具有更大的膨胀性能。用自应力水泥配制的砂浆或混凝土，其线膨胀率为1%～3%，所以膨胀结果不仅使混凝土避免收缩，而且还有一定的多余线膨胀值，在限制条件下还可以使混凝土受到压应力，从而达到了预应力的目的。

（二）常用膨胀剂

膨胀剂掺入混凝土内能使混凝土体积在水化过程中一定膨胀，以补偿混凝土产生的收缩，达到抗裂目的。常用膨胀剂的主要品种与性能如表4-16所列。

表 4-16　常用膨胀剂主要品种与性能

产品名称	产品性能	掺量/%	适用范围及说明
YS-PNC 型膨胀剂	比表面积≥2500cm²/g，0.08mm 方孔筛余率≤10%； 限制膨胀率水中 14d≥0.04%，空气中 28d≥0.02； 胶砂强度 7d≥30MPa，28d≥50MPa； 对钢筋无锈蚀作用	按内掺法用 PNC 取代水泥，防水混凝土掺量为 10～14，填充型膨胀混凝土掺量为 10～16，膨胀砂浆掺量为 8～10	(1)优先选用 425 号及以上普通硅酸盐水泥或矿渣水泥，水泥用量不宜少于 300kg/m³； (2)有抗裂、抗渗性能，适用于接缝、填充用混凝土工程和水泥制品等
U 型混凝土膨胀剂（UEA）	Al_2O_3：10.19% SiO_2：31.39% Fe_2O_3：1.05% CaO：16.80% SO_3：31.92% MgO：0.45% 密度 2.88g/cm²	高配筋混凝土 11～14 低配筋混凝土 11～13 填充性混凝土 12～15 UEA 加入量按内掺法计算	(1)宜用于 525 号普通硅酸盐水泥、425 号普通硅酸盐水泥或矿渣水泥。火山灰水泥和粉煤灰水泥要经试验确定； (2)抗裂、防渗、接缝、填充用混凝土工程和水泥制品等均可使用
复合膨胀剂（CEA）	膨胀组分： 氧化钙、明矾石、石膏； 水化产物： 钙矾石、氢氧化钙	8～12	用于地下室、地铁、贮水池、自防水屋面板、坝体后浇缝、梁柱接头等
EA-L 膨胀剂（明矾石膨胀剂）	自由膨胀率为 0.05～0.10%；自应力值为 0.2～0.7MPa； 提高混凝土抗压强度 10～30%、抗渗性 2～3 倍、节约水泥 10%；对钢筋无锈蚀	15～17	适用于防水混凝土及防水砂浆
MNC-D 型膨胀防水剂	混凝土强度可达 30～50MPa；抗渗标号 S30—S50；微膨胀率为 $(1\sim2)\times10^{-4}$；对钢筋无锈蚀作用	6～8(按内掺法计算)	抗裂、防渗、接缝、填充用混凝土工程均可用

三、膨胀水泥防水混凝土的配制

混凝土的配合比，首先可按普通防水混凝土的技术参数进行试配，初步选定出水灰比、水泥用量和用水量，然后按所确定的砂率计算出每立方米混凝土的砂、石用量，求出初步配合比。一般采用膨胀水泥防水混凝土的配制要求如表 4-17 所列。

表 4-17　膨胀水泥防水混凝土的配制要求

项目	技术要求	项目	技术要求
水泥用量/(kg/m³)	350～380	坍落度/mm	40～60
水灰比	0.5～0.52；0.47～0.50(加减水剂后)	膨胀率/%	<0.1
砂率/%	35～38	自应力/MPa	0.2～0.7
砂子	宜用中砂	负应变	≤0.2‰

按表 4-17 配制要求拌制的混凝土（或采用膨胀剂拌制的混凝土），需制作强度试件和膨胀试件（包括自由膨胀试件和限制膨胀试件），以检验其是否满足设计要求。当满足设计要

求即可在施工现场试拌，考虑砂石的含水率，计算出施工配合比。

四、膨胀水泥防水混凝土的性能

补偿收缩防水混凝土的物理力学性能，主要包括混凝土的抗渗性、胀缩可逆性、强度、和易性和耐高温性能等。

（1）抗渗性　膨胀水泥防水混凝土在水化硬化的过程中，由于形成大量结晶膨胀的钙矾石，填充和堵塞了混凝土内部的孔隙，切断了毛细管和其他孔隙的联系，并使孔径大大缩小，从而提高了混凝土的抗渗性。在相同水泥用量的条件下，膨胀水泥防水混凝土的抗渗等级远远高于普通防水混凝土，其抗渗性如表 4-18 所列。

表 4-18　膨胀水泥防水混凝土的抗渗性

水泥品种	水泥用量/(kg/m³)	配合比（水泥：砂：石）	水灰比（W/C）	养护龄期/d	抗渗压力/MPa	恒压时间/h	渗透高度/cm	抗渗介质
AEC 水泥	360	1：1.61：3.91	0.50	28	3.6	8.00	13	水
	350	1：2.13：3.20	0.52	28	1.0	11.6	1～2	汽油
	380	1：1.28：2.83	0.52	28	2.5	11.0	13～44	水
CSA 水泥	400	1：1.73：2.66	0.52	28	3.0	11.0	1.2～2.5	水
普通水泥	370	1：2.08：3.12	0.47	28	1.2	8.00	12～13	水

（2）胀缩可逆性　用膨胀水泥配制的防水混凝土，具有一定的胀缩可逆性，即产生膨胀后如果水分足还将会出现回缩，但只要水分重新充足时，混凝土又会产生膨胀。这一特性十分有利于膨胀水泥防水混凝土微裂缝的自愈合。

试验证明，当膨胀水泥防水混凝土长期处于水中或湿度在 90％以上的工作环境中，不仅可以充分发挥膨胀混凝土的膨胀作用，而且可持久保持混凝土不产生收缩。

（3）强度　膨胀水泥防水混凝土的抗压强度、抗拉强度、抗压弹性模量、极限拉伸变形等力学性能，如表 4-19 所列。

表 4-19　膨胀水泥防水混凝土的力学性能

水泥品种	强度/MPa		抗压弹性模量/10^4 MPa	极限拉伸变形值/(mm/m)
	抗压	抗拉		
AEC 膨胀水泥	27.0	2.2	3.75～3.85	—
CSA 膨胀水泥	31.0～37.0	2.2～2.8	3.50～3.65	0.14～0.154
石膏高铝水泥	36.0	3.5	3.50～4.10	—

（4）和易性　混凝土配制实践证明，在保持混凝土拌合物坍落度相同时，膨胀水泥的需水量比普通水泥多，但早期水化作用却比较快。因此，膨胀水泥防水混凝土的流动度低于相同加水量的普通混凝土；而且其流动度随时间延长降低速度也较快，坍落度损失比较大，在施工中应引起特别重视。

（5）耐高温性能　凡是以生成钙矾石为膨胀源的膨胀水泥，在其环境温度高于 80℃时，易发生晶形转化，使混凝土的孔隙率增大，强度下降，抗渗性变差。因此，对于混凝土结构处于高温的情况下不宜选用膨胀水泥作为防水混凝土。

第五节　防水混凝土的施工工艺

由于防水混凝土是在普通混凝土的基础上配制而成，具有防水的特殊功能，因此，在施工工艺方面，与普通混凝土的施工既有相同点也有很多不同之处。即使都是防水混凝土，不同种类的防水混凝土，其施工也有很大不同。

一、防水混凝土的一般施工要点

防水混凝土的施工，除严格执行普通混凝土的有关规定外，在整个施工过程中还应注意下列一些问题。

（1）防水混凝土在施工条件允许的情况下，尽可能一次浇筑完成，以保证结构的整体性。因此，必须根据选用的机械设备制订周密的施工方案。尤其对于大体积混凝土结构更应当慎重对待，应计算由水泥水化热所能引起的混凝土内部温升，以采取分区浇筑、使用水化热低的水泥或掺加外加剂等相应技术措施；对于圆筒形构筑物，如沉箱、水池、水塔等，应优先采用滑模施工方案；对于运输通廊等，可按伸缩缝位置划分不同区段，采取间隔施工方案。

（2）配制防水混凝土所用的水泥、砂子和石子等原材料，必须符合国家有关的质量要求。水泥如有受潮、变质或过期现象，只能当作废品或用于其他方面，不能降格用于防水混凝土。砂石的含泥量直接影响防水混凝土的收缩性和抗渗性，因此要严格控制这一指标，砂子的含泥量不得大于3%，石子的含泥量不得大于1%。

（3）为确保防水混凝土的施工质量，用于防水混凝土的模板要求严密不漏浆。内外模板不得用螺栓或铁丝穿透，以免形成渗水的通路。

（4）钢筋骨架不能用铁钉或铁丝固定在模板上，必须用相同配合比的细石混凝土或水泥砂浆制作垫块，以确保混凝土的保护层厚度。防水混凝土的保护层要求十分严格，不允许出现负误差。此外，若混凝土配置上、下两排钢筋时，最好用吊挂方法固定上排钢筋，若不可能而必须采用马凳固定时，则铁马凳应在施工过程中及时取掉，否则，就需要在铁马凳架上加焊止水钢板，以增加混凝土的阻水能力，防止地下水沿着铁马凳架渗入。

（5）为保证防水混凝土拌合物的均匀性，其搅拌时间应比普通水泥混凝土稍长，尤其是对掺加引气型的防水混凝土，要求搅拌延长2～3min。外加剂防水混凝土所用的各种外加剂，必须经过严格检查符合国家的有关规定，必须将其预溶成较稀的溶液加入搅拌机内，严禁将外加剂干粉和高浓度溶液直接加入搅拌机，以防止外加剂或产生的气泡集中，影响防水混凝土的质量。采用引气剂的防水混凝土，还要按规定抽查混凝土中的含气量，以控制含气量在3%～5%范围内。

（6）光滑的混凝土泛浆面层，水泥浆含量较高，结构比较密实，对防止压力水渗透具有一定作用，所以，使用的模板面一定要光滑，在安装模板前，要及时清除模板表面上的水泥浆。

（7）为确保防水混凝土的抗渗性，防水混凝土不允许用人工进行捣实，必须采用机械进行振捣。机械振捣要严格遵守混凝土振捣的有关规定，不准出现漏振和跳振。对于引气剂防水混凝土和减水剂防水混凝土，宜用高频振动器排除大气泡，以提高混凝土的抗冻性、抗渗性和强度。

（8）施工缝是防水工程中的薄弱环节，在条件允许的情况下最好不留或少留，如必须设置施工缝时，宜留企口施工缝（如凸槽式、凹槽式、V形槽式或阶梯式等），当防水要求较高，但壁的厚度又较薄时宜在施工缝处加设钢板止水片。

(9) 混凝土早期出现脱水，或养护过程中缺少必要的水分和温度，混凝土的抗渗性将大幅度降低。为此，保证养护条件对于防水混凝土是十分重要的。当混凝土终凝之后，应立即开始浇水养护，养护的时间一般不应少于14d。在冬季施工时，应采取保温措施，使混凝土表面温度控制在30℃左右。

(10) 由于防水混凝土对养护要求比较严格，因此不能过早地拆除模板。拆模时混凝土表面的温度与周围气温之差不得超过20℃，以防止混凝土表面出现收缩裂缝。在模板拆除以后，应及时回填土，以利于混凝土后期强度的增长和获得预期的抗渗性。

(11) 防水混凝土的浇筑不得留有脚手孔洞，浇筑平台和脚手架应当随浇筑随拆除。如施工过程中无法当时拆除脚手架的，则必须采用表面凿毛的混凝土作垫块。浇筑完毕后的防水混凝土严禁打洞，所有预留孔都应事先埋设准确。

二、补偿收缩防水混凝土的施工要点

(1) 浇注前，应检查模板的坚固性、稳定性，使模板所有接缝严密，不得漏浆，并宜将模板及与混凝土接触的表面先行湿润或保潮，且保持清洁。

(2) 严格掌握补偿收缩防水混凝土的配合比，尤其是膨胀剂要有精度高的计量装置，避免因计量误差造成过量膨胀对工程的破坏；并依据施工现场的情况变化及时正确地调整其用量。

(3) 补偿收缩防水混凝土要注意充分搅拌，避免因膨胀剂在混凝土中分布不均匀，使局部因膨胀剂多而造成混凝土的破坏。

(4) 补偿收缩防水混凝土的坍落度损失较大，如现场施工温度超过30℃，或混凝土运输、停放时间超过30～40min，应在拌和前加大混凝土坍落度的措施。

(5) 补偿收缩防水混凝土拌制宜采用机械搅拌，搅拌时间要比普通混凝土时间适当延长。当采用UEA补偿收缩防水混凝土时，采用强制式搅拌机搅拌，时间要比普通混凝土延长30s以上；采用自落式搅拌机搅拌，时间要延长1min以上。搅拌时间的长短，主要应以拌和均匀为准。

(6) 补偿收缩防水混凝土无泌水现象，适用于泵送工艺，但应注意早期保养，并采取挡风、遮阳、喷雾等措施，以防产生塑性收缩裂缝。

(7) 为了提高补偿收缩防水混凝土的防渗、抗裂能力，必须要求混凝土中能建立0.2～0.7MPa的自应力值，则要求混凝土具有一定的膨胀率；选择合理的混凝土配筋率，也是提高混凝土防渗和抗裂能力的重要措施。

(8) 防水工程的混凝土要求一次浇灌完毕，尽可能不留施工缝，若因客观因素导致停工间歇时间过长，应按规定留设施工缝。施工缝是防水工程的薄弱环节之一，应当特别施工缝的留设位置和施工质量。

(9) 补偿收缩防水混凝土浇注温度不宜超过35℃；亦不宜低于5℃，当施工温度低于5℃时，应采取保温措施。使用UEA混凝土不能用于长期处于温度80℃以上的工程，否则因钙矾石晶体转变而使强度下降。

(10) 刚刚浇筑完毕的混凝土，应避免阳光直射，及时用草袋等覆盖，注意加强养护，特别要注意早期养护。常温下，浇筑后8～12h，即可覆盖浇水，并应保持湿润养护至少14d，使混凝土经常保持湿润状态。也可用塑料薄膜覆盖，或喷涂养护剂养护。

三、减水剂防水混凝土的施工要点

1. 进行配合比设计

减水剂防水混凝土的配合比，可以参考普通防水混凝土各项技术参数，但应注意控制水灰比，充分发挥减水剂的优越性，并应在试配过程中，特别注意所用水泥是否与所选减水剂相适应，在有条件的情况下，宜对水泥和减水剂进行多品种比较，不宜在单一的狭隘范围内寻求“最佳掺量”。此步骤应结合经济效益一并分析考虑。

2. 严格计量和掺加方法

施工中，应严格控制减水剂掺量，误差宜控制在1%以内。如减水剂为干粉状，宜在使用前，先将干粉倒入60℃左右的热水中搅匀，配制成20%浓度的溶液（以比重计控制溶液浓度），再根据实际情况决定减水剂的掺加方法（先加法或后加法）。严禁将减水剂干粉倒入混凝土搅拌机内拌和。

3. 其他注意事项

（1）若以粉煤灰为粉细料掺入混凝土，由于粉煤灰含有一定量的碳，可降低减水效果，应调整减水剂的用量。

（2）使用引气型减水剂，为消除过多的有害气泡，可采取高频振动、插入振动或与消泡剂复合使用等方法，以增加混凝土的密实性。

（3）应注意减水剂防水混凝土的养护，特别是采取潮湿养护的方法。

4. 减水剂防水混凝土的配制要求

减水剂防水混凝土配制，除了应遵循普通防水混凝土的规定外，还应注意以下技术要求。

（1）根据工程需要调节水灰比。当工程需要混凝土的拌合物坍落度80～100mm时，可不减少或稍减少拌和用水量；当要求坍落度30～50mm时，可大大减少拌和用水量。

（2）由于减水剂能增大混凝土拌合物的流动性，所以掺加减水剂的防水混凝土，其最大施工坍落度可不受50mm的限制，但也不宜过大，以50～100mm为宜。

（3）混凝土拌合物泌水率对硬化后混凝土的抗渗性有很大影响。由于加入不同品种的减水剂后，均能获得降低泌水率的良好效果，一般有引气作用的减水剂（如MF、木钙等）效果更为显著，故可采用矿渣硅酸盐水泥配制防水混凝土。

（4）减水剂的掺量必须严格控制，其适宜掺量应符合4-10中的规定。

四、三乙醇胺防水混凝土的施工要点

三乙醇胺防水混凝土在施工过程中，除按照普通混凝土施工有关规定外，还要严格遵循以下施工要点。

（1）要求严格按照设计的配方配制三乙醇胺防水剂溶液，并对其充分进行搅拌，防止氯化钠和亚硝酸钠溶解不充分，或三乙醇胺在溶液中分布不均匀，而影响三乙醇胺防水混凝土的质量。

（2）配制好的防水剂溶液应与拌合水混合均匀后使用，不得将防水材料直接投入混凝土搅拌机中，以防混凝土拌和不均匀，影响混凝土拌合物的质量。

（3）靠近高压电源的防水工程，如果采用三乙醇胺防水混凝土，只允许单掺三乙醇胺防水剂，而不能掺加氯化钠和亚硝酸钠。

第五章 防射线混凝土

防射线混凝土的研制和应用是随着原子能工业和核技术的发展应用而迅速发展起来的。近年来，核技术不仅已用于国防建设，而且已大量渗透到工业、农业、医疗等各个领域，如核能发电、同位素在工业上的应用、医疗检测及药物制造、核废料的封固等。

各国在原子能工业和核技术生产应用的过程中，如何保护工作人员不受放射线伤害成为突出的问题。因此，放射性射线的防护问题自然就成了原子能和核技术建筑中的主要研究课题之一，并构成与其他建筑不同的特点，也形成了一种特殊的建筑材料——防射线混凝土。

第一节 防射线混凝土概述

防射线混凝土即指防护来自试验室内各种同位素、加速器或反应堆等原子能装置的原子核辐射的特种混凝土，也是一种能够有效防护对人体有害射线辐射的新型混凝土。工程技术人员了解防射线混凝土的基本特点，掌握对防射线混凝土的分类，对于配制和施工防射线混凝土具有很大作用。

一、防射线混凝土的定义

防射线混凝土，又称防辐射混凝土、原子能防护混凝土、屏蔽混凝土、核反应堆混凝土、特重混凝土等。此种混凝土能屏蔽原子核辐射和中子辐射，是原子能反应堆、粒子加速器及其他含放射源装置常用的一种防护材料。

防射线混凝土也称为水化混凝土（Hydrated concrete），即含有较多的结晶水，能屏蔽中子辐射的混凝土。防射线混凝土常采用能结合大量水的特种水泥作为胶凝材料，如膨胀水泥、不收缩水泥、钡水泥、锶水泥、石膏矾土水泥等；采用含有较高结晶水的骨料作为骨架，如铁矿石、重晶石、蛇纹石等。

防射线混凝土采用普通水泥或密度很大，水化后结合水很多的水泥与特重的骨料或含结合水很多的重骨料制成，其表观密度可达到2700～7000kg/m^3。防射线混凝土防护效果较好，也能降低结构的厚度，但其价格要比普通水泥混凝土要高得多。

防射线混凝土，即指用于防护来自实验室内各种同位素、加速器或反应堆等原子能装置的原子核辐射的特种混凝土。实验室内的各种同位素、加速器或原子反应堆所产生的放射是多种多样的，其中主要有α射线、β射线、X射线、γ射线、中子射线及质子流等。

二、防射线混凝土的特点

材料试验结果充分证明，原子反应堆和加速器的防护问题，主要是防护X射线、γ射线和中子射线。

对于X射线、γ射线，物质的密度越大，其防护性能越好。几乎所有的材料对X射线、γ射线都具有一定的防护能力，但是采用密度小而轻质材料时则要求防护结构的厚度很大，这样便减小了有效的建筑面积和容积。采用铅、锌、钢铁等密度大的材料，防护X射线、γ

射线效果很好，防护结构可以做得比较薄，但材料价格昂贵，工程造价较高，不符合经济实用的原则。

对于中子射线，不但需要重元素，而且需要充分的轻元素。氢元素是最轻的元素，在这方面水具有优良的防护效果，因为水中的氢元素含量最高。因此，作为反应堆、加速器或放射化学装置的防护结构，应当是由轻元素和重元素有适当组合的材料制成。混凝土正是这样的混合材料，它不仅容重大，而且含有许多结合水。

防射线混凝土是有效的防护材料，这种混凝土是采用普通水泥和密度很大的重骨料配制而成，是一种容重大并含有大量结合水的混凝土，其表观密度可达 2500～7000kg/m^3。一般可由密度较大的重晶石（硫酸钡）或各种铁矿石作为骨料配制。由于防射线混凝土的密度大，所以对 X 射线和 γ 射线的防护性能良好；同时由于采用含结合水和氢元素较多的褐铁矿石作为骨料，因而对中子射线的防护性能也很好。

通过分析防射线混凝土的特点可以看出：防射线混凝土不同于普通水泥混凝土，不但要求其表观密度大、含结合水多，而且要求混凝土的导热系数高（使局部的温度升高最小）、热膨胀系数低（使由于温度升高而产生的应变最小）、干燥收缩率小（使湿差应变最小），还要求混凝土具有良好的均质性，不允许存在空洞、裂纹等缺陷。此外，混凝土还应具有一定的结构强度和耐火性。

三、防射线混凝土的分类

防射线混凝土的分类方法有两种，即按所用水泥不同分类和按抵抗射线种类不同分类。

（1）按所用水泥不同分类　按所用的水泥不同分类，可分为由普通硅酸盐水泥和特种水泥（如钡水泥、锶水泥等）制成的防射线混凝土。

（2）按抵抗射线种类不同分类　按抵抗射线种类不同分类，可分为抵抗 X 射线混凝土、抵抗 γ 射线混凝土和抵抗中子射线辐射混凝土。

第二节　防射线混凝土原材料

防射线混凝土与普通水泥混凝土一样，也是由胶凝材料、骨料和水组成的。但是，为了防止射线辐射，这种混凝土除了能吸收 X 射线、γ 射线外，还必须具有削弱中子射线的能力，因此，防射线混凝土的原材料，尤其在骨料上与普通混凝土有着极大的区别，合理选择原材料是保证防射线混凝土的首要条件。

一、水泥

配制防射线所用的水泥，一般应选用密度较大的水泥，以增加水泥硬化后的防射线的能力。根据工程实践证明：作为防射线混凝土的胶凝材料，可以采用硅酸盐水泥、矿渣水泥、矾土水泥、镁质水泥等。其中硅酸盐水泥应用最广，因为这种水泥产量大、易获得，而且拌和需水量较小。当选用硅酸盐水泥时，其强度等级不得低于 42.5MPa。

矾土水泥、石膏矾土水泥以及高镁水泥，可以增加混凝土中的结合水含量，对防中子射线有利。但矾土水泥、石膏矾土水泥的水化热较大，施工时必须采用相应的冷却措施，会给工程施工带来一定困难。用氯化镁溶液拌合镁质水泥有良好的技术性能，但镁质水泥对钢筋的腐蚀较大，在钢筋混凝土结构中应当慎重。

对于防射线性能要求很高的混凝土，以上水泥品种不能满足时，可以考虑采用特种水泥，如含重金属硅酸盐（硅酸钡水泥或硅酸锶水泥）水泥及含铁较高的高铁硅酸盐水泥（C_4AF≥18%）。这类水泥的密度较大（应大于 $4g/cm^3$），完全可满足防辐射的高要求。但这类水泥产量甚少，价格昂贵，一般不宜采用。

二、粗细骨料

材料试验证明，防射线混凝土除了需要含有重元素外，还应尽可能含有较多的轻元素（氢）。为了满足这一基本要求，除适当增加水泥用量以提高混凝土的结晶水含量外，更重要的是选择适当的粗细骨料。所以，选择合适的粗细骨料是配制防射线混凝土的关键，原则上防射线混凝土的粗细骨料应是高密度的材料。

防射线混凝土的主要功能是防止射线辐射，其用的粗骨料和普通水泥混凝土不同，一般应以密度较大的材料，如褐铁矿、赤铁矿、磁铁矿、重晶石、蛇纹石、废钢铁、铁砂或钢砂等，根据要求也可用部分碎石和砾石。防射线混凝土所用的细骨料，一般常用以上材料中的粗骨料和石英砂。

三、拌合水

防射线混凝土拌合水，与普通混凝土的相同，采用 pH 值大 4 的洁净水即可。为改善混凝土的和易性，减少拌合水，降低水灰比，提高混凝土密实度，可以加入适量的亚硫酸盐纸浆或苇浆废液塑化剂。总之，防射线混凝土所用的拌合水，其质量要求应符合现行行业标准《混凝土用水标准》（JGJ 63—2006）中的要求。

四、掺合料

为了改善和加强防射线混凝土的防护性能，在配制时还常常特意加入一定数量的掺合材料（或硼或锂盐等）。硼和硼的化合物是防射线混凝土中良好的掺合料，它能有效地挡住中子，且不形成第二次 γ 射线。例如，含硼的同位素的钢材，吸收中子的能力比铅高 20 倍，比普通混凝土高 500 倍。不仅如此，若采用掺硼的防射线混凝土，结构的厚度可大幅度降低。

将硼或硼的化合物掺入混凝土中十分方便，既可以把硼加入水或水泥中，也可以把硬硼钙石矿物、派拉克斯玻璃（含硼的玻璃）、硼砂、硼酸、硼的碳化物、电气石等加入混凝土中。但是，试验研究表明，将硼或硼的化合物直接加入混凝土中，会引起混凝土凝结速度极大延缓和物理力学性能的降低。因此，可以用硼和硼的化合物作为防护结构的内表面涂层，或制作这种材料的薄片贴在防护结构的内表面上。

第三节　防射线混凝土配合比设计

防射线混凝土的配合比设计，与普通混凝土的配合比设计基本上相同。但由于粗细骨料的密度均比较大，混凝土拌合物易产生离析，故在选择配合比时应尽可能选用较小的坍落度，一般以选 3～5cm 的坍落度为宜。

根据工程实践充分证明，防射线混凝土的配合比设计必须满足下列要求：①满足防护某种射线（如 γ 射线）所需要的表观密度；②满足为防护中子流所必须的结合水；③满足混凝土设计要求的强度；④满足混凝土在施工中所设计的拌合物和易性；⑤在满足以上各项要求的前提下尽量降低工程成本。

一、混凝土配合比设计的主要步骤

防射线混凝土配合比设计，主要包括确定灰水比、确定用水量、计算水泥用量、初步计算骨料用量、计算砂率、确定砂石用量和试拌校正，其中确定灰水比和用水量是极其重要的两个技术参数。

1. 确定灰水比（*C/W*）

防射线混凝土的强度高低，取决于水泥的强度等级、水灰比、水泥砂浆的多少、骨料的吸水程度以及混凝土的捣实程度等。为了初步确定灰水比，用振动器捣实的普通碎石混凝土、贫重晶石混凝土（按质量计，水泥浆：骨料不小于1：12）、贫磁铁矿混凝土（水泥浆：骨料=1：8），以及用褐铁矿砂和钢铁块段作粗骨料（或硬质碎石骨料）混凝土，均可用式(5-1) 计算其强度：

$$R_{28}=0.55R_c(C/W-0.50) \tag{5-1}$$

对于富磁铁矿混凝土（水泥浆：骨料>1：8）、褐铁矿混凝土、褐铁矿加磁铁矿或重晶石粗骨料混凝土，以及用普通砂和钢铁块段作粗骨料的混凝土，均可用式(5-2) 计算其强度：

$$R_{28}=0.45R_c(C/W-0.60) \tag{5-2}$$

式中　R_{28}——防射线混凝土28d的设计强度，MPa；

R_c——水泥的实际强度等级，MPa；

C/W——混凝土的灰水比，混凝土的水灰比的倒数。

2. 确定用水量（*W*）

为了便于施工和确保混凝土的质量，必须保证混凝土拌合物有足够的流动性。对于采用强度等级为32.5MPa硅酸盐水泥，可以按照图5-1选择用水量。普通碎石、重晶石、钢铁块段混凝土，选用下面的一条曲线；凡用褐铁矿砂或与之类似的吸水性很大的矿物为细骨料的混凝土，选用中间的一条曲线；粗细骨料均用褐铁矿的混凝土，选用上面的一条曲线。

干硬性混凝土拌合物的用水量，可以按照图5-2中的曲线选用。图中的资料是以强度等级为32.5MPa、水泥用量350kg/m^3，根据试验结果而绘制的，变动水泥用量时用水量亦需酌情增减。

图5-1、图5-2的注解中，前一字表示细骨料的类别，后一字表示粗骨料的类别。

为了避免混凝土在浇筑过程中的分层现象，建议采用低流动性的混凝土拌合物（坍落度为2～3cm）或干硬度为30～60s的干硬性混凝土混合料。为保了证混凝土的质量，必须选择相应的混凝土振捣机具。

二、防射线混凝土的具体配制方法

用作防射线的混凝土，其表观密度应当在2400kg/m^{3}以上。材料试验充分证明，混凝土越密实，防护性能越高。随着混凝土容重的提高，混凝土的成本也必然会增加。在防射线混凝土的初期，人们常用铅物质作用防射线材料，但其价格比较昂贵，一般防射线混凝土不能采用，应用范围比较小。

用防射线混凝土代替造价昂贵的铅物质，来达到防护的功能是经济的。工程上配制防射

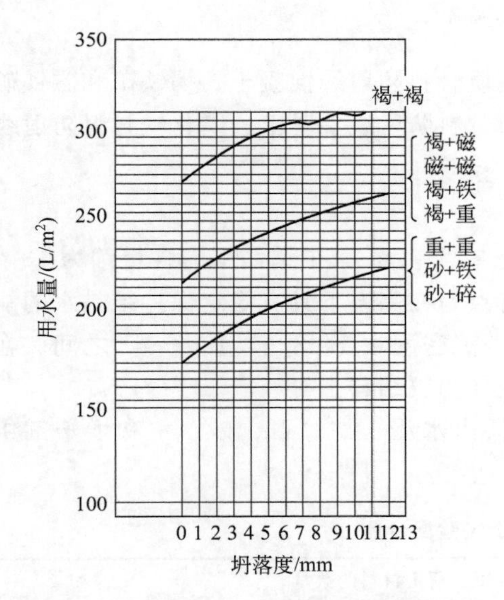

图 5-1　流动性混凝土拌合物用水量曲线

褐—褐铁矿；磁—磁铁矿；铁—铸铁或钢锻；
重—重晶石；砂—普通砂；碎—普通碎石

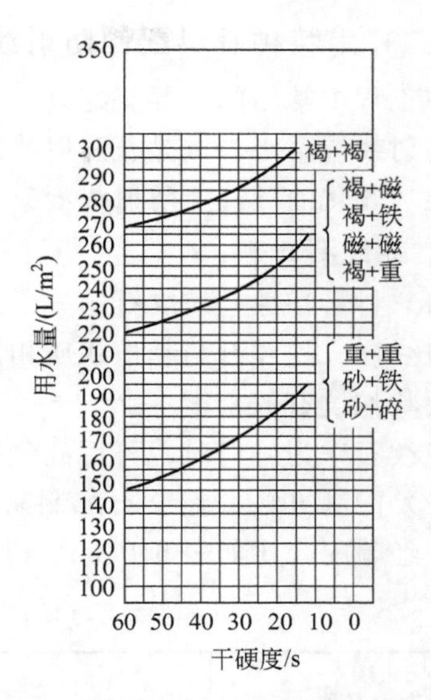

图 5-2　干硬性混凝土拌合物用水量曲线

褐—褐铁矿；磁—磁铁矿；铁—铸铁或钢锻；
重—重晶石；砂—普通砂；碎—普通碎石

线混凝土的主要方法有以下 3 种：①用特种胶结料进行配制；②用特种骨料进行配制；③掺加外加剂进行配制。

（一）用特种胶结料配制防射线混凝土

配制防射线混凝土用的特种胶结料，常用的主要有高铁质水泥、高密度水泥、钡水泥、锶水泥和镁质水泥等，其中最常用的是高铁质水泥和高密度水泥。

1. 高铁质钡矾土水泥

（1）材料特性　高铁质钡矾土水泥是一种铝酸盐系列的气硬性胶结料，它不仅易溶解于水，而且在水的作用下能迅速分解。氧化铁置换铝酸钡组成成分的一部分碳酸后，矾土水泥的硬化过程就迅速加快，而且早期强度提高。但是，钡矾土水泥中氧化铁的含量越高，则硬化过程和强度减弱得越大。

（2）配制方法　用 20％钡矾水泥和 80％重晶石骨料，则可制得防射线混凝土。虽然高铁质钡矾土水泥的质量不及纯钡水泥，但它也是一种优良的防 X 射线和 Y 射线的防射线水泥。

2. 含硫酸钡的高密度水泥

（1）材料特性　含硫酸钡的高密度水泥，是将主要成分为硫酸钡的材料和黏土、片岩或矾土的混合料进行煅烧，煅烧程度达到完全接近熔融状态时，然后进行冷却或部分结晶，最后加以磨细，并掺加适量的缓凝剂。

由于高密度水泥中含有大量的硫酸钡，所以这种水泥的相对密度为 3.8～4.2，要比一般硅酸盐水泥的相对密度（3.0～3.2）大得多。

（2）配制方法　这种混凝土是由硫酸钡高密度水泥作为胶结料，骨料可采用电气石、重晶石、蛇纹石，或其他含有化合水（结构水）的天然或人造的水化矿物。

此外，钡水泥和锶水泥都可以配制防射线混凝土，但这两种水泥生产困难、价格昂贵，一般防射线混凝土不宜采用。

(二) 用特种骨料配制防射线混凝土

在工程中常用的主要有蛇纹石防射线混凝土、钢质骨料防射线混凝土、褐铁矿和磁铁矿骨料防射线混凝土、重晶石防射线混凝土、镁铁矿石骨料防射线混凝土、磷化铁骨料防射线混凝土、硼化的硅藻土防射线混凝土等。

1. 蛇纹石骨料

(1) 材料特性 蛇纹石的分子式为 $3MgO \cdot SiO_2 \cdot 2H_2O$，其中结晶水的含量约为13%(质量比例)。蛇纹石与其他物质相比较，它的最大特点是在高温下具有稳定保持结晶水的能力。块状蛇纹石的密度在 2.55～2.65g/cm^3 之间，表观密度在 1.08～1.16g/cm^3 之间。在选用蛇纹石作为骨料时，可用硅酸盐水泥或钙铝水泥作为胶结料。

(2) 配制方法 蛇纹石配制防射线混凝土，主要由水泥、蛇纹石、砂、水和增塑剂组成。其经验配合比如表 5-1 所列。

表 5-1 蛇纹石防射线混凝土经验配合比

材料名称	每立方米混凝土所用材料的数量			
	质量/kg	体积/L	质量/%	体积/%
蛇纹石	1206	463.1	54.5	51.9
砂	567	215.8	25.8	23.9
水泥	311	99.2	14.2	23.0
水	211	221.4	5.5	11.1
增塑剂	0.82	—	—	—

2. 钢质骨料

用钢质骨料配制的特重混凝土，它的表观密度或密实性都比普通水泥混凝土大，其防射线能力很好，是提倡应用的一种防射线混凝土。

(1) 材料组成 美国对钢质骨料特重混凝土的组成进行了专门研究，他们采用第一类水泥作胶结料；掺加气剂和水泥分散剂（占水泥质量的1%），细骨料采用 5mm 以下的球状铁砂，粗骨料采用冶金工厂的废渣——碎铁屑，其形状大部分是扁圆形的（直径在 25.4mm 左右），也可采用其他碎铁屑。

(2) 配制方法 钢质骨料防射线混凝土，用水泥作为胶结料，掺加适量的加气剂和水泥分散剂（占水泥质量的 1%），细骨料采用 5mm 以下的球状铁砂，粗骨料采用冶金工厂的废渣，也可以用碎铁屑。其配合比如表 5-2 所列。

表 5-2 钢质骨料防射线混凝土的配合比

材料名称	相对密度	干料容重/(kg/m^3)	1m^3 混凝土中的材料用量	
			质量/kg	体积/m^3
水泥	3.10	—	398	0.1267
铁砂	7.45	4758	2819	0.3781
碎铁屑	7.50	3973	2819	0.3781
水	1.00	—	182	0.1221

(3) 性能特点 钢质骨料一般采用钢块及铁砂作为骨料，其所配制的混凝土表观密度可

达 6800kg/m³。由于钢质骨料的价格较高，所以配制的混凝土成本也较高。只有在需要配制特重（表观密度大于 4250kg/m³）混凝土时才可选用这种骨料。铁质骨料密度较大，配制的此种混凝土易发生分层现象，拌合物的和易性较差。在某种情况下，若钢、铁质骨料发生腐蚀则会引起混凝土结构强度下降。

3. 褐铁矿和磁铁矿细骨料及钢质粗骨料

（1）材料组成　粗骨料采用预先破碎和分级的褐铁矿，其粒径为 10～40mm；细骨料采用通过筛孔为 10mm 筛选的褐铁矿，然后在辊式破碎机上加工。在褐铁矿混凝土拌合物中掺有粒径为 13～18mm 的碎钢铁（钢筋头）。

钢骨料（0.38m³）和粗褐铁矿骨料（0.70m³）混合物，以及磁铁矿和褐铁矿粗骨料的混合物，可在移动式混凝土搅拌机内拌和。

（2）配比及性能　根据美国的多次试验结果，褐铁矿和磁铁矿细骨料及钢质粗骨料混凝土的配合比及各项技术性质指标，如表 5-3 所列。

表 5-3　褐铁和磁铁矿细骨料及钢质粗骨料混凝土配合比及技术性能

项目名称	单位	配合比		
		Ⅰ	Ⅱ	Ⅲ
一、组成成分				
硅酸盐水泥	kg/m³	396	410	362
褐铁矿细骨料	kg/m³	905	1064	—
磁铁矿细骨料	kg/m³	—	—	1139
钢质粗骨料	kg/m³	3510	2949	3548
水	kg/m³	194	218	200
二、技术性能				
表观密度	kg/m³	5.005	4.641	5.249
28d 抗压强度极限	MPa	24.2	22.8	25.9

（3）配制方法　这种特种重混凝土是由褐铁矿矿砂和硅酸盐水泥组成的特种重砂浆配制而成的。特重砂浆的搅拌不同于普通水泥砂浆，必须在垂直轴的砂浆搅拌机内制备。每次的搅拌料物组成为：硅酸盐水泥 170kg，褐铁矿砂 220kg，水 95kg 和 3kg 特种塑化剂。

（4）性能特点　用褐铁和磁铁矿细骨料及钢质粗骨料配制的混凝土，其容重比普通水泥混凝土大 1 倍，由此可说明这种特重混凝土具有较强的防护核子放射的能力。在只有单纯防射线要求的情况下，只要满足其容重要求即可；在有强度和防护要求的情况下，可与普通水泥混凝土一样进行配筋。

4. 重晶石骨料

（1）骨料级配　重晶石骨料是配制防射线混凝土的良好材料，可以作为原子反应堆的围护结构，重晶石砂为其细骨料，重晶石碎屑为其粗骨料。重晶石的密度为 3700～4140kg/m³，莫氏硬度为 3～3.5。常用的重晶石骨料级配如表 5-4 所列。

（2）材料配比　重晶石防射线混凝土由水泥、重晶石和水等材料组成。配制重晶石防射线混凝土，一般采用强度等级为 32.5MPa 硅酸盐水泥作为胶结材料，其水灰比在 0.45～0.50 之间。常用重晶石防射线混凝土的配合比如表 5-5 所列。

表 5-4 常用的重晶石骨料级配

筛孔直径/mm 过筛量/% 骨料种类	0.2	1	3	7	10	15	20	25	30	35	密度/(kg/m³)
A	2.7	31.4	89.6	100.0	—	—	—	—	—	—	3700
B	2.2	16.3	98.2	100.0	—	—	—	—	—	—	4000
B	0.6	1.0	3.0	66.3	—	100.0	—	—	—	—	4150
R	6.0	7.2	8.5	12.0	16.1	29.2	54.3	80.8	92.2	100.0	4140

表 5-5 重晶石防射线混凝土配合比

混凝土拌合物序号	水泥强度等级/MPa	配合比 水泥：重晶石：水(按质量)	每立方米混凝土的水泥用量/kg	混凝土的密度	视孔率/%	捣实程度
1	32.5	1：10.4：0.50	295	3.55	—	1.21
2	32.5	1：16.8：0.55	200	3.65	1.6	1.33
3	32.5	1：10.4：0.48	300	3.61	0.6	1.21
4	22.5	1：11.8：0.50	270	3.61	1.0	1.27

(3) 性能特点 重晶石防射线混凝土除热膨胀系数比普通重混凝土大 4/5 外，其余的性能和普通混凝土的性能基本相同。用表 5-5 中的 4 个配合比分别制作直径为 150mm 和高为 300mm 的圆柱体试件，以及边长为 300mm 的立方体试件。试件在同样条件下进行适当养护之后，重晶石防射线混凝土的抗压强度、弹性模数、收缩率、不透水性和受拉时的抗剪强度试验结果，如表 5-6 所列。

表 5-6 重晶石防射线混凝土技术性能指标

混合物序号	圆柱体 28d 龄期抗压强度极限/MPa 单个试样	圆柱体 28d 龄期抗压强度极限/MPa 平均值	表观密度/(t/m³) 单个试样	表观密度/(t/m³) 平均值	弹性模数 E/MPa	横向膨胀系数	水的渗透深度/cm	在受拉时的抗剪强度/MPa	混凝土收缩指标 最终的计算收缩率/%	混凝土收缩指标 大块构筑物计算收缩率/%	大块混凝土构筑物的最终收缩率/% 粒径为 15～30mm 的碎石块	大块混凝土构筑物的最终收缩率/% 用粗骨料
1	26.8	27.9	3.58	3.56	28650	—	11	2.2	—	—	—	—
	29.0	—	3.55	—	—	—	—	—	—	—	—	—
2	27.4	—	3.63	—	—	—	—	—	—	—	—	—
	29.0	27.7	3.65	3.64	29350	4.2	11	2.0	—	—	—	—
	26.6		3.64	—	—	—	—	—	—	—	—	—
3	34.0	36.7	—	3.64	31000	5.2	6	2.3	0.32	0.16～0.19	0.22	0.25
	39.3	—	3.64	—	—	—	—	—	—	—	—	—
4	34.7	—	3.59	—	—	—	—	—	—	—	—	—
	35.4	35.0	3.64	3.62	30800	4.7	3	2.5	0.24	0.12～0.15	0.19	0.21

(三) 掺外加剂的配制

在防射线混凝土中掺加各种含硼的外加剂（如派勒克斯玻璃细粉，含有 12% 的 B_2O_3；

硬硼钙石，含有30%的B_2O_3)，可以大大提高混凝土的防护中子流的能力。

美国欧克黎市国立实验室对各种防护辐射混凝土进行材料试验时，证明采用硬硼钙($2CaO \cdot 3B_2O_3 \cdot 5H_2O$)，其成分为：CaO含量27%左右，$B_2O_3$含量43%～45%，$H_2O$含量28.3%。这种外加剂防护效果很好，在混凝土中掺入1%的硼，一般会使吸收热中子的强度提高100倍。

材料试验结果表明：在普通混凝土中掺加1.25%的磨细含硼派勒克斯玻璃时，中子流的$T_{1/2}$值减少了4.5%；在γ射线的$T_{1/2}$值稳定的时候，向褐铁矿混凝土中掺加0.7%的含硼派勒克斯玻璃，中子流的$T_{1/2}$值将减小9%。

目前，在我国最适宜作外加剂的是硼酸方解石 ($CaO \cdot 2B_2O_3 \cdot 4H_2O$)，众多工程实践证明，同样也可起到硬硼钙石的作用。但是，含有钠的硼化物，由于其能阻碍水泥的正常凝结硬化，所以不宜作为混凝土的外加剂。

(四) 防射线混凝土的配合比

防射线混凝土（重晶石）及砂浆的配合比如表5-7所列，钢质骨料防射线混凝土配合比如表5-8所列。

表 5-7　防射线混凝土（重晶石）及砂浆的配合比

类别	水泥用量/(kg/m^3)	重晶砂		重晶石块		表观密度/(kg/m^3)
		粒径/mm	用量/(kg/m^3)	粒径/mm	用量/(kg/m^3)	
混凝土	342	<5	1144	8～20	1867	3350
	320	<5	1440	75	1440	3200
砂浆	460	<5	2740	—	—	3200

表 5-8　钢质骨料防射线混凝土配合比

组成材料	表观密度/(g/cm^3)	干料堆积密度/(g/cm^3)	$1m^3$混凝土所需材料	
			质量/kg	体积/m^3
水泥	3.1	1350	393	0.1267
铁砂	7.46	4.758	2819	0.3781
碎铁屑	7.5	2.973	2819	0.3781
水	1	1000	122	0.122

第四节　防射线混凝土的基本性能

防射线混凝土的技术性能主要包括物理性质和力学性质，其中物理性质主要包括堆积密度和导热性。

一、防射线混凝土的物理性质

防射线混凝土的物理性质，主要包括堆积密度和导热性。

1. 堆积密度

防射线混凝土堆密度的大小，是混凝土防射线效果的主要指标，堆密度越大，其对X射线和γ射线的防护性能越好。我国常用的抗X射线、γ射线及中子射线的混凝土，其堆积密度一般在 2600～4000kg/m³范围内，如表 5-9 所列。

表 5-9　防射线混凝土的堆积密度

混凝土种类	堆积密度/(kg/m³)		备注
	最小	最大	
普通混凝土	2100	2400	粗骨料为碎石，细骨料为河砂
磁铁矿或赤铁矿混凝土	2800	4000	粗细骨料均为磁铁矿或赤铁矿
加硼混凝土	2600	4000	粗骨料为重晶石，细骨料为硬硼酸钙
重晶石混凝土	3300	3600	粗细骨料均为重晶石
加褐铁矿砂和下列组分骨料的混合混凝土			
通碎石	2400	2600	粗骨料为重晶石，细骨料为硬硼酸钙
重晶石	3000	3200	
磁铁矿或赤铁矿	2900	3800	

2. 导热性

防射线混凝土的导热性在很大程度上取决于所用骨料的性质。当采用磁铁矿配制防射线混凝土时，其导热性与普通混凝土大致相同；当采用重晶石配制防射线混凝土时，其导热性比普通混凝土小 50%左右；当采用钢铁块骨料配制防射线混凝土时，其导热性比普通混凝土高。

二、防射线混凝土的力学性能

防射线混凝土的力学性能如表 5-10 所列。

表 5-10　防射线混凝土的力学性能

项目 ＼ 混凝土强度/MPa ＼ 防射线混凝土的强度	C10	C20	C30
轴心受压(棱柱强度)	8	12	14.5
弯曲受压	10	14	18
轴心受拉(抗拉强度)	1	1.5	2
弯曲受拉	1.6	2.1	2.6
与钢筋握裹力	1.1	1.8	2.2
弹性模量	1.11.4×10⁴	1.81.75×10⁴	2.22.15×10⁴

第五节　防射线混凝土的施工工艺

防射线混凝土和防射线砂浆均是用特殊材料配制而成具有特殊性能的新型混凝土，其在施工过程中，与普通水泥混凝土和普通水泥砂浆相比，在施工工艺上有许多不同之同。因此，必须根据这种特殊混凝土的要求进行施工。

一、防射线混凝土的施工工艺

防射线混凝土一般皆为由重骨料配制而成的重混凝土，在施工方面比普通混凝土的难度要大得多。因此，在施工的各个过程中，如拌制、运输、浇筑、养护、拆模等，要切实加强施工管理，确保密度大的骨料不产生离析。

重骨料防射线混凝土只适用于厚度空间很小的结构，在施工中重骨料容易使混凝土拌合物变得干硬粗糙，同时有产生离析的趋势，所以配制这种混凝土的骨料要求比通常的细小。

重骨料防射线混凝土，如采用一般的分层浇筑，重骨料则由于比密度大而下沉，使混凝土产生分层，造成密度不均匀现象；如采用混凝土灌浆法施工，即可消除这种现象。根据工程实践经验，在防射线混凝土施工中，应特别注意以下事项。

（1）搅拌机和运输设备里的混凝土数量不宜过多，以免发生重骨料下沉难以卸料，并应根据混凝土表观密度的增大相应减少数量。

（2）重骨料混凝土的表观密度较大，模板一定要坚固牢靠，刚度要满足，保证在混凝土自身荷载或较大侧压力的作用下不发生损坏和变形。

（3）施工中应特别注意不得产生混凝土重骨料的离析，尤其是在运输和浇筑时更应当引起足够重视。因此，建议配制混凝土的粗细骨料，尽量均采用高密度材料，以减少不正常离析。

（4）对于结构较复杂或有大量预埋件的结构物，当采用分层浇筑混凝土的施工方法时，可采用预填骨料灌浆混凝土的方法施工，这对于克服骨料下沉效果明显，并可制成堆密度均匀的重混凝土。

（5）对于大体积防射线混凝土的施工，应当像对待大体积混凝土施工那样重视，要采取有效的导温措施，以防止水泥水化热集中造成工程质量事故。

（6）随着养护条件与使用条件（温度、相对湿度等）的不同，后期混凝土的结晶水含量将有较大差异，对防中子射线的效果有很大影响。若养护条件良好，水泥水化过程继续进行。在一年龄期后其结晶水的含量能增加5%左右。因此，尤其对于抗中子射线的混凝土要特别注意加强养护。

（7）不同的养护条件，混凝土中水泥水化产物将有所不同，其结合水也有差别，这将直接影响对中子射线的防护，正确的养护是浇筑后7d内应保证混凝土养护温度不低于10℃，相对湿度不低于90%，在7～28d内不能受到冻害，相对湿度不低于80%。

（8）重骨料混凝土因其表观密度大，当骨料粒径适宜时可用泵送，但泵送距离一般不得超过50m，以免产生管道堵塞。

（9）在浇筑大体积的防射线混凝土时，为避免出现温度裂缝质量问题，应采取相应的导温或降温措施，以防止水化热温升过高而造成混凝土产生裂缝。

二、防射线砂浆的施工工艺

防射线砂浆常用的细骨料主要为钡砂（重晶石）。钡砂是天然硫酸钡（$BaSO_4$），用钡砂配制而成的钡砂砂浆，是一种很好的防射线材料。用这种材料作为掺合料制成的砂浆面层，对X射线、γ射线有阻隔作用，常用作X射线探伤室、X射线治疗室、同位素实验室等墙面的抹灰。

防射线砂浆的配合比，可参考表5-11。对于重要的防射线工程，对防射线砂浆的配合比应通过试验确定。

表 5-11　钡砂（重晶石）防射线砂浆参考配合比

材料名称	水	水泥	河砂	钡砂	钡粉
配合比(质量比)	0.48	1.0	1.0	1.8	0.4
每 $1m^3$ 用量/kg	252.5	526.0	526.0	947.0	210.4

在防射线砂浆的施工中，应当注意以下施工要点。

(1) 配制防射线砂浆所用的拌合水，与普通水泥砂浆所用的水，在质量技术指标方面是相同的，但对水拌和时的温度要求不同，应当将水加热到 50℃左右，这样才能有利于拌和均匀。

(2) 将按照配合比设计比例的钡粉（重晶石粉）与水泥干拌均匀，然后再与砂子和钡进行拌和，最后再加入水搅拌均匀。这是防射线砂浆配制比较合理的投料顺序。

(3) 在抹防射线砂浆之前，抹灰的基层要认真清除表面上的尘污，基层的凹凸不平处先用 1∶3 水泥砂浆找平，并浇水湿润加以养护，防止水泥砂浆面层出现裂缝。

(4) 对防射线砂浆层的施工要分层抹灰，每层的抹灰厚度一般不超过 3～4mm，每天只能抹一层。根据设计厚度，一般应分 7～8 次抹成，并要一层横抹一层纵抹，上下层互相垂直交叉，分层施工。

(5) 每层抹灰要求连续施工，不得留施工缝。在抹灰过程中如发现裂缝，必须将其铲除重抹。在常温情况下，每层抹完后 0.5h 要再压一遍，表面要划毛，最后一层必须待收水后用铁抹子压光。

(6) 对于抹灰层的阴阳角处，要抹成圆弧形，以免棱角出现开裂。

(7) 从抹完灰后应开始洒水养护，在常温情况下，每天洒水的次数不得少于 5 次。整个抹灰完毕后需关闭门窗 1 周，地面要进行浇水，使室内保持足够的湿度，并用喷雾器喷水养护。

第六章 耐油混凝土

在一般机械工业生产过程中，由于传动、金属切削及研磨而流溅出来的油类，如某些矿物油或植物油等，大部分密度小、黏度低、渗透能力强，很容易破坏水泥与骨料之间的黏结，有的油类还含有一些偏酸类与酯类的物质，对钢筋混凝土构件的强度影响很大，因此要求在这种环境中的混凝土密实度大，抗渗透能力强，其抗渗等级均在P8以上，一般应为P8～P10，耐油混凝土应运而生。耐油混凝土，主要是指不与植物油、动物油及矿物油类发生化学反应，并能够阻止其渗透的特种混凝土。

第一节 耐油混凝土概述

普通水泥混凝土长期与油类物质接触时，会遭到油类物质的侵蚀而使混凝土结构产生破坏。这种破坏具体表现为：混凝土的强度大大降低，甚至由表及里出现疏松、剥落等现象，最后完全溃散而失去使用功能。

一、混凝土产生油侵蚀的主要原因

众多耐油混凝土工程实践证明，导致水泥混凝土出现以上侵蚀作用的原因很多，归纳起来主要有以下几个方面。

(1) 油类物质中含有高分子量的有机酸，如油酸、硬脂酸、脂肪族酸等。由于这些有机酸或其他氧化物使油的酸度增加，与水泥的水化产物氢氧化钙［$Ca(OH)_2$］发生化学作用，生成相应的有机酸复盐，这些有机酸复盐使水泥石的结构产生破坏，从而导致混凝土结构疏松、溃散。

(2) 由于水泥混凝土在凝结硬化中的水分蒸发，使混凝土产生许多毛细孔道。如果油类物质逐渐沿混凝土的毛细孔和各种微裂缝渗透到混凝土的内部后，再渗透到硬化水泥浆体与粗细骨料的界面，使硬化水泥浆体与骨料之间的界面黏结遭到破坏，必然造成界面黏结力的严重下降，最终导致结构疏松。

(3) 如果在混凝土中的水泥尚未完全水化时，油类物质就浸入混凝土中，油就有可能包裹住尚未水化的水泥颗粒，使水与水泥分离开来，与水泥颗粒不能接触而无法发生水化，从而导致混凝土达不到应有的强度，自然也降低了混凝土的耐油性能。

二、提高混凝土耐油性能的措施

通过以上分析混凝土产生油类侵蚀的主要原因，要提高混凝土的耐油性能，应从以下几个方面采取措施。

(1) 尽量提高混凝土的抗渗能力，千方百计不使油类物质渗入混凝土中，减少油类物质对混凝土的渗透作用，这是混凝土减少或避免油腐蚀破坏的根本措施。

(2) 尽量减少混凝土中能与油类物质中有机酸发生反应的成分，这是在配制混凝土时选择材料方面的一项重要措施。

(3) 在混凝土中的水泥尚未达到足够的水化程度时，应尽量避免与油类物质接触。也就是说，在混凝土浇筑完毕后，要加强对混凝土结构的养护和保护，使混凝土结构（构件）不与油类物质接触。

目前，对于配制耐油混凝土的具体技术途径有两个方面：一方面要选择适宜的组成原料，这些原料应尽量不含或少含可能与油类物质中的有机酸发生反应的成分；另一方面是在配制耐油混凝土时掺加适宜的密实剂或采用其他的有效措施，使混凝土的结构尽量致密，从而提高对油类物质的抗渗透能力。

耐油混凝土主要适用于抗渗性能要求较高的贮存轻油类的油罐工程，也适用于耐油要求较高的底板和车间地坪等，还可代替常用金属等贵重材料。

第二节 耐油混凝土原材料

耐油混凝土与普通水泥混凝土在原材料组成上是大同小异的。其主要由胶凝材料、粗细骨料、密实剂、减水剂和水组成。

一、对水泥的选择

配制普通水泥混凝土的水泥，六大常用水泥均可根据工程实际采用；而配制耐油混凝土的水泥，应当选用强度等级等于或大于 42.5MPa 的硅酸盐水泥或普通硅酸盐水泥。为尽快使水泥及早完全水化反应，避免油类物质的浸入，最好选用早强型水泥。

配制油类混凝土所用的水泥中，要求游离氧化钙（f-CaO）的含量要少，立窑生产的水泥游离氧化钙（f-CaO）的含量应小于 2%，回转窑生产的水泥游离氧化钙（f-CaO）的含量应小于 1%，其贮存期不得超过 3 个月，受潮或结块的水泥不能再配制耐油混凝土。

二、对骨料的要求

配制耐油混凝土所用的粗、细骨料，与普通水泥混凝土基本相同，其质量应当采用符合现行国家标准《建设用卵石、碎石》(GB/T 14685—2011) 和《建设用砂》(GB/T 14684—2011) 中的要求。

1. 对粗骨料的要求

配制耐油混凝土所用的粗骨料，宜采用粒径 5～40mm、具有连续级配的碎石，要求质地致密坚硬、吸水率大于或等于 1%。配制耐油混凝土较好的粗骨料有花岗岩、玄武岩、辉绿岩及致密的石灰岩等。但是，质地疏松的石灰岩、砂岩及风化程度较严重的其他岩石都不能使用。粗骨料应有良好的级配，石子之间的空隙率应小于 45%。

2. 对细骨料的要求

配制耐油混凝土所用的细骨料，与水泥混凝土所用的砂子有所不同，宜选用杂质含量（特别严格控制含泥量及有机物含量）≤2%的石英砂，其细度模数 M_x应控制在 2.5～3.2 之间。

三、对外加剂的要求

配制耐油混凝土所用的外加剂，主要是密实剂和减水剂，这是提高耐油混凝土的强度和抗渗性的重要措施。

(一) 密实剂

在耐油混凝土中掺加密实剂的目的主要是使混凝土结构更加密实，从而提高混凝土的抗油渗的能力。目前，在耐油混凝土工程施工中常用的密实剂有氢氧化铁密实剂和复合密实剂两种。

1. 氢氧化铁密实剂

氢氧化铁密实剂是一种以氢氧化铁［$Fe(OH)_3$］为主要成分的胶凝状物质，用三氯化铁加氢氧化钠或氢氧化钙配制而成，其制备过程如下。

将工业级的三氯化铁（$FeCl_3$）溶于水中，制得三氯化铁饱含溶液。然后按 1kg 固体三氯化铁（$FeCl_3$）加入 0.74kg 的氢氧化钠（NaOH）或 0.68kg 的生石灰（CaO），边掺加边搅拌，直至反应完全。经沉淀后撇去上层清液（NaCl 或 $CaCl_2$ 溶液），留下的凝胶状沉淀物即为氢氧化铁［$Fe(OH)_3$］凝胶。将得到的氢氧化铁［$Fe(OH)_3$］凝胶应用清水冲洗，以便洗去残留在凝胶中的氯化物。

氢氧化铁［$Fe(OH)_3$］凝胶密实剂掺入混凝土中，在混凝土凝结硬化后，氢氧化铁［$Fe(OH)_3$］凝胶可堵塞在混凝土毛细孔和微裂缝中，这样就可大大降低混凝土的孔隙率，使混凝土的密实度增加，从而提高混凝土的强度和耐油性能。

2. 复合型密实剂

复合型密实剂是以三氯化铁（$FeCl_3$）和明矾［$KAl(SO_4)_2$］为主要成分，同时含有少量木糖浆的密实剂。在工程施工中可以根据表 6-1 中的配合比进行试配。

表 6-1 复合型密实剂的配合比及在混凝土中的掺量

材料名称	配合比/%	在混凝土中的掺量/%
三氯化铁	80～85	1.5～2.0
明矾	6～8	
木糖浆	8～9	

三氯化铁（$FeCl_3$）、明矾［$KAl(SO_4)_2 \cdot 12H_2O$］和木糖浆 3 种成分在混凝土中分别起着不同的作用。

三氯化铁（$FeCl_3$）可与水泥水化产物氢氧化钙［$Ca(OH)_2$］发生反应，从而生成氢氧化铁［$Fe(OH)_3$］凝胶对混凝土结构的密实作用与氢氧化铁密实剂相同。

明矾［$KAl(SO_4)_2$］又称白矾、钾矾、钾铝矾、钾明矾、十二水硫酸钾铝，是含有结晶水的硫酸钾和硫酸铝的复盐。在进行混凝土拌和时，明矾可以分解成氢氧化铝［$Al(OH)_3$］。氢氧化铝［$Al(OH)_3$］作为一种凝胶，也可以与氢氧化铁［$Fe(OH)_3$］一样起到堵塞混凝土孔隙的作用。另外，其中的 SO_4^{2-} 还可以与水泥水化产物氢氧化钙及水化铝酸钙形成水化硫铝酸钙晶体，使混凝土的体积收缩降低，减少混凝土因收缩而产生的微裂缝。

木糖浆的作用是促进氢氧化铁凝胶及氢氧化铝凝胶的分散，使这些凝胶在混凝土中能够更均匀地分布，从而堵塞混凝土中毛细孔和微裂缝，提高混凝土的强度和耐油性能。

(二) 减水剂

根据耐油混凝土结构的实际需要，在必要时可在混凝土中掺加适量的减水剂。耐油混凝土中掺加减水剂的主要作用，主要是降低混凝土的水灰比，减少拌合水的用量，从而进一步降低混凝土的孔隙率，提高混凝土抗油渗的能力。同时，也可改善混凝土拌合物的和易性，提高混凝土的密实度，从而也提高混凝土抗油渗能力。

耐油混凝土所用的减水剂与普通水泥混凝土相同。在一般情况下，应采用减水率较高的高效减水剂，减水率应不小于12%，如NF、UNF、FDN、MF、JN、DN和SM等，其掺量一般为水泥质量的0.5%～2.0%。

高效减水剂几乎都是一类聚合物电解质，它们具有减水效果大、引气性较小、对钢筋无腐蚀性、安全性好和没有延迟硬化作用等特点，对于水泥具有很高的分散作用，掺加后对于耐油混凝土可以取得明显的减水效果。

第三节　耐油混凝土的配合比设计

耐油混凝土配合比设计的原则，与耐碱混凝土基本相同，即尽量提高混凝土的密实度，提高混凝土抗油渗的能力。耐油混凝土的配合比通常参考经验配合比设计，然后通过试验确定施工中所用的配合比。

一、耐油混凝土的配合比

在进行配合比设计中，除通过密实剂及减水剂外，还应对水泥用量、水灰比及砂率等进行控制。根据工程经验，一般可按以下标准进行控制。

（1）水泥是耐油混凝土中的主要组成材料，用量多少不仅影响混凝土的性能，也关系到工程的投资。工程实践证明，$1m^3$耐油混凝土中水泥用量，一般控制在350～380kg范围内比较合适，如果配制耐油砂浆也可控制在$550kg/m^3$左右。

（2）混凝土中的砂子与水泥组成砂浆，用来填充粗骨料之间的空隙，关系到耐油混凝土的密实程度，工程试验证明耐油混凝土的砂率控制在0.36～0.40之间比较适宜。

（3）水灰比是耐油配合比设计中最重要的指标，关系到抗油渗性能和混凝土的强度，一般应控制在0.48～0.53之间。

（4）配制耐油混凝土所用的水，与普通水泥混凝土相同，应采用洁净的水，人畜能饮用的水均可。

表6-2中列出了耐油混凝土和耐油砂浆的参考配合比，可供耐油工程施工中参考。

二、耐油混凝土的配制

在工业与民用建筑工程施工中，以往对耐油混凝土楼地面的问题并未引起足够的重视，一般情况下仅考虑提高混凝土的密实度来满足抗渗要求。但由于施工因素及材料质量等方面的影响，即使密实的水磨石面层，也不能达到耐油渗透的目的，甚至出现水泥面层被油脂溶蚀的现象。因此，在配制耐油混凝土时，既要考虑抗渗的要求，又要重视耐油问题，两者同时兼顾。

耐油混凝土的配制方法主要有两种：一种是在混凝土中掺加适量的密实剂氢氧化铁，使其在混凝土中产生胶溶液，堵塞混凝土因水分蒸发出现的毛细孔道，从而进一步增加混凝土的抗油渗性能；另一种是采用骨料级配法，使混凝土的密实度大幅度提高，从而达到不渗透油的目的。

表 6-2 耐油混凝土和耐油砂浆的参考配合比

类别	耐油混凝土(砂浆)配合比/(kg/m^3)										28d抗压强度/MPa	抗渗性能	
	水泥	砂子	碎石	水	氢氧化铁	亚硝酸钠	三氯化铁	氢氧化亚铁	明矾	木糖浆		抗渗等级/MPa	油渗深度/cm
耐油混凝土	350	689.5	1281.0	185.9	—	—	—	—	—	—	41.6	S12	14.7
	355	617.7	1143.1	195.3	—	—	—	—	—	—	28.1～33.4	S3～S4	15.1
	355	617.7	1143.1	195.3	—	—	5.33	—	0.355	0.355	29.3～43.3	S12	1.3～2.7
	370	643.8	1191.4	203.5	—	—	—	—	—	—	28.1	S04	15.0
	370	643.8	1191.4	203.5	7.40	—	5.55	—	0.555	—	31.0	S12	6.0～8.0
	370	643.8	1191.4	203.5	—	—	7.10	—	—	—	37.2	S12	2.0～4.5
	370	639.9	1158.1	192.4	—	—	—	—	—	—	36.4	S12	10.0
	370	617.7	1143.1	195.3	—	—	—	—	—	—	22.0～38.6	S12	4.5～11
	370	691.9	1076.7	196.1	—	—	—	—	—	—	40.2	S12	12.8
	370	691.9	1076.7	196.1	—	—	—	—	—	—	31.0～46.6	S12	1.3～4.6
	370	691.9	1076.7	196.1	—	—	—	7.40	—	—	37.1～39.6	S12	3.4～4.5
	380	668.8	1132.4	193.8	—	3.70	—	7.40	—	—	41.9	S09	15.0
	380	668.8	1132.4	193.8	7.60	—	—	—	—	—	32.5	S12	6.2
	380	668.8	1132.4	193.8	—	—	—	7.60	—	—	37.2	S12	4.4
砂浆	550	1100	—	—	—	—	—	—	—	—	34.4	S12	3.5
	550	1100	—	—	11.0	—	—	—	—	—	33.3	S06	3.5
	550	1100	—	—	—	8.32	—	—	—	0.825	35.2	S12	1.0～1.5

(一) 掺加密实剂法配制耐油混凝土

掺加密实剂配制耐油混凝土，关键是制作质量合格的氢氧化铁密实剂。只要密实剂制作成功，再按照规定的比例和方法，将其加入混凝土拌合物即可。制作氢氧化铁的方法有以下3种。

1. 氢氧化铁的制作

氢氧化铁通常采用三氯化铁加石灰膏配制：

$$2FeCl_3 + 3Ca(OH)_2 \longrightarrow 2Fe(OH)_3 + 3CaCl_3$$

具体制作的方法是：将定量的三氯化铁放在木桶或瓷缸内，再将石灰膏用 0.6mm 的筛孔进行过滤，倒入三氯化铁溶液中，不断搅拌至混合均匀，使其起化学反应成为黄褐色胶体，再用指示试纸鉴定其碱性，使 pH 值等于 8 即可。

2. 用化学反应方法制取

用化学反应方法制取密实剂氢氧化铁，即用三氯化铁加工业烧碱（氢氧化钠）配成：

$$FeCl_3 + 3NaOH \longrightarrow Fe(OH)_3 + 3NaCl$$

具体制作方法是：将工业烧碱（NaOH）用 5 倍质量的清水进行溶解，然后将此溶液逐渐倒入三氯化铁溶液中，边倒入边搅拌，直至指示试纸呈现 pH=8 时为止。

3. 利用电解方法制取

利用电解方法制取密实剂氢氧化铁，就是利用阳极电解铁的方法制取。这种方法能提炼出更纯、廉价的密实剂产品，不仅可以制成以各种浓度不同的胶态氢氧化铁，同时还可以制成粉末状，以便运输和混凝土的搅拌。

工程经验充分证明，在一般情况下，氢氧化铁［$Fe(OH)_3$］密实剂的掺加量为水泥质量的1.5%～3.0%比较适宜。

（二）用骨料级配法配制耐油混凝土

用骨料级配法配制耐油混凝土，就是通过粗细骨料的颗粒筛析，进行粗细骨料的级配设计，以求获得最大密实度的混凝土，从而提高混凝土的抗油渗性能。实质上，这种方法与配制耐水混凝土相同。

国内外有关专家研究认为，决定混凝土（砂浆）防止石油渗透性的主要参数有以下几个：水泥与矿砂的适当质量比；水泥对石料颗粒的附着性；石料的密实性和选择合适的骨料。

在配制耐油混凝土中，使用各种水泥和矿石（如砂结晶石灰石、风化多孔石灰石、白云石、硅石、玄武石、斑岩和安山岩等）的质量比，用不同的水灰比、不同的养护时间和方法进行试验，可以得出如下基本论点：水泥颗粒的总面积必须大于石料颗粒总面积之和，如果水泥颗粒包围了每个石料颗粒，这种混凝土（砂浆）是不会渗油的。

第四节　耐油混凝土的施工工艺

耐油混凝土的施工质量如何，对于混凝土的抗油渗性能起着直接的影响。因此，在耐油混凝土的施工过程中应当注意以下几方面的问题。

(1) 配制耐油混凝土的原材料必须符合国家的有关规定，这是保证耐油混凝土质量的基础。在进行混凝土配制时，配料应按规定的配合比称量，并更加严格控制水灰比。总用水量应扣除粗细骨料及外加剂（密实剂和减水剂）带入的水分。

(2) 密实剂的掺加量对耐油混凝土及耐油砂浆的耐油性能有关键的影响。因此，密实剂的计量应当十分准确。在掺加密实剂时，应首先测定胶状氢氧化铁的固体含量，然后以水泥用量的1.5%～2.0%的固体含量掺入混凝土的拌合水中。在掺加复合密实剂时，切忌把木糖浆直接加入三氯化铁中，但硫酸铝（明矾）和三氯化铁可以混合配制。

(3) 耐油混凝土不宜采用人工搅拌，而应采用机械搅拌，有条件时最好采用强制式搅拌机搅拌。机械搅拌的时间一般为2.5～3.0min，以保证混凝土搅拌均匀。在耐油混凝土的运输过程中，应防止混凝土拌合物产生分层和离析。

(4) 耐油混凝土在浇筑时，要做到均匀卸料，粗骨料不得过分集中；在进行混凝土振捣时，应注意使振捣点分布均匀，严防出现漏振，务必使混凝土均匀密实，振捣结束后应注意将其表面刮平压光。

(5) 对于耐油混凝土更应加强养护，适当延长浇水养护的时间，特别是选用三氯化铁密实剂时，更应当引起足够重视。耐油混凝土的养护温度不得低于5℃，相对湿度应大于或等于90%。

混凝土凝固后应立即进行表面覆盖草帘、薄膜，或者喷洒养护剂，以保证在早期的养护湿度，防止混凝土表面产生毛细裂缝。为使水泥充分水化，在常温下浇水养护的时间不得少于 14d。

（6）如果耐油混凝土结构处于地下（如贮油罐、地下油池等），在施工前应根据地下水位的实际情况，事先做好降低地下水位的有效措施，使混凝土在浇筑、振捣和养护期间内不受地下水的侵袭。

第七章 耐火混凝土

耐火混凝土是一种能长期在高热高温状态下使用，且能保持所需的物理力学性的特种混凝土材料。目前，耐火混凝土已成功地应用在化工、冶金、建材等工业领域。

耐火混凝土是一种特殊而新型的建筑材料，随着工业的飞速发展，不仅耐火混凝土的用途越来越广泛，而且对其性能的要求也越来越高。了解耐火混凝土的基本知识，对于正确使用耐火混凝土具有重要意义。

第一节 耐火混凝土概述

耐火混凝土作为一种特种性能混凝土，由于其生产工艺简单、使用方便、成本低廉、节约能源、延长使用寿命、提高机械施工水平、便于高温结构改革等优点，所以是高热高温环境中最常用的建筑材料。

一、耐火混凝土的定义

什么是耐火混凝土至今还未有一个确切的定义。有的人认为：耐火混凝土是一种能长期经受900℃以上的高温作用，并在高温下保持所需的物理力学性能的新型混凝土。也有的人认为：耐火混凝土是由耐火材料和胶结料加水或其他液体，按一定比例配制而成的耐火温度高于1500℃的混凝土，称为耐火混凝土。而将使用在低于1300℃的混凝土称为耐热混凝土。

根据目前工程中的实际情况，耐火混凝土应当定义为：由适当胶结料、耐火集料、外加剂和水按一定比例配制而成，长期能经受1000℃以上的高温作用，并在此高温下能保持所需的物理力学性能的新型混凝土，称为耐火混凝土。

二、耐火混凝土的特点

耐火混凝土作为特种材料之一的耐火材料，是一种不经煅烧的新型耐火材料，现在又成为不定型的耐火材料的一个重要品种。它与普通混凝土和耐火砖相比均具有一定的特点。

1. 与普通混凝土相比所具有的特点

由于耐火混凝土的组成材料和用途不同，与普通混凝土相比，在组成材料上有以下特点。

(1) 所有组成材料必须具有相当的耐火性能，尤其是耐火骨料与粉料。在一般情况下，凡能烧制耐火砖的原料，均可满足配制耐火混凝土的要求。此外，某些工业废渣、废旧耐火砖及天然叶蜡石、白砂石、锆英石等也可配制耐火混凝土。

(2) 为了减少耐火混凝土的水泥用量，改善混凝土的和易性及高温性能，在配制耐火混凝土时必须掺加一定量的耐火粉料。

(3) 耐火混凝土所用的外加剂种类，比普通混凝土更加广泛，除采用调凝剂、减水剂外，根据对混凝土的改性要求，还可掺加少量的矿化剂、膨胀剂等。

2. 与耐火砖相比所具有的特点

(1) 工艺简单　耐火混凝土的生产设备与施工机具与普通混凝土相似，不需要用于生产耐火砖的那套成型、干燥和烧制设备。建厂投资少、见效快、成效大，有利于节约能源，缩短生产周期，提高生产效率。

(2) 易于造型　耐火混凝土的施工与普通混凝土相同，无论结构形状和尺寸怎样复杂，均可根据模板浇筑而成，特别适用于某些热工设备特殊部位的混凝土浇筑。

(3) 整体性好　耐火混凝土可以连续浇筑施工，建造的窑炉和热工设备整体性好、表面光滑、密实度高，使用寿命可提高30%～150%，甚至更高。

(4) 施工方法多样　耐火混凝土可代替耐火砖砌筑，有利于提高施工机械化水平，加快施工进度；根据耐火混凝土易于造型的特点，可以采用振动、捣固成型。还可以根据工程特点和需要，采用机械压力喷涂的施工方法；对于耐火混凝土窑炉内衬的局部损坏，还可以采取冷热喷补的方法。

(5) 热震稳定性好　由于耐火混凝土是不烧制品，在混凝土受热膨胀时，能因水分蒸发留下的空隙得以缓冲，因此其热震稳定性比同材质的耐火砖高1倍左右。某些温度波动较大的部位，可用耐火混凝土替代耐火砖。

三、耐火混凝土的分类

耐火混凝土的分类方法很多，主要的分类方法有按胶凝材料不同分类、按骨料矿物成分不同分类、按堆积密度不同分类和按用途不同分类。

(1) 按胶凝材料不同分类　耐火混凝土根据胶凝材料的凝结条件（或结合剂种类）不同，可以分为水硬性耐火混凝土、火硬性耐火混凝土和气硬性耐火混凝土3种。

(2) 按骨料矿物成分不同分类　按粗细骨料的化学成分及矿物成分不同，耐火混凝土可分为铝质耐火混凝土、硅质耐火混凝土和镁质耐火混凝土。

(3) 按堆积密度不同分类　按耐火混凝土的堆积密度不同分类，主要分为普通耐火混凝土和轻质耐火混凝土2种。

(4) 按用途不同分类　耐火混凝土按用途不同进行分类，主要分为结构用耐火混凝土、普通耐火混凝土、超耐火混凝土和耐热混凝土。

第二节　耐火混凝土原材料

配制耐火混凝土的原材料，主要包括胶结材料、磨细掺合料、耐火粗细骨料和化学外加剂等。为配制出性能良好的耐火混凝土，对所选用的原材料应当严格要求，并根据耐火混凝土处于酸、碱或中性的不同使用情况，采用与之相适应的原材料。

一、耐火混凝土的胶结材料

用于耐火混凝土的胶结材料很多，主要有硅酸盐类水泥、铝酸盐类水泥、水玻璃胶结材料、磷酸胶结材料和黏土胶结材料等。

1. 硅酸盐类水泥与铝酸盐类水泥

用于配制耐火混凝土的硅酸盐类水泥和铝酸盐类水泥的性能，除应符合国家标准所规定的各项技术指标外，水泥中不得含有石灰岩类杂质，矿渣硅酸盐水泥中矿渣的掺量不得大于

50%，水泥的强度不得低于 32.5MPa。

硅酸盐类水泥配制的耐火混凝土的耐火度比较低，为了改善其耐火性能和提高其耐火温度，常采用掺加混合料的方法。

铝酸盐水泥具有一定的耐高温性能，在较高温度下仍能保持较高的强度。随着温度的升高，产生固相反应，以烧结结合代替水化结合，形成稳定的烧结物料，使混凝土的强度又能有所提高。在高铝水泥的基础上，进一步提高氧化铝的含量，可制成低钙铝酸盐水泥。由于铝酸二钙（C_2A）含量提高到 60%～70%，所以可获得较高的耐火度。这种水泥已成为耐火混凝土首选的胶结材料。

2. 水玻璃胶结材料

水玻璃又称泡花碱，是由碱金属硅酸盐组成的。工程上常用的水玻璃是硅酸钠，其水玻璃模数一般控制在 2.4～3.0 范围内，相对密度为 1.38～1.40。水玻璃的促硬剂常选用氟硅酸钠，工业用的氟硅酸钠中的 Na_2SiF_6 的含量不应少于 90%，其掺量为水玻璃的 10%～12%。水玻璃的技术指标如表 7-1 所列。

表 7-1　水玻璃的技术指标

项目	中性水玻璃	碱性水玻璃	
	1∶3∶3($Na_2O\cdot3.3SiO_2$)	1∶2.4($Na_2O\cdot2.4SiO_2$)	
相对密度(20℃)	1.376～1.386	1.376～1.386	1.530～1.550
波美度/°Bé	40	40	51
Na_2O/%	8.52～9.09	10.14～10.94	13.10～14.20
SiO_2/%	27.20～29.10	23.60～25.50	30.30～33.10
摩尔比	1∶3.3	1∶2.4	1∶2.4
Fe_2O/%	<0.06	<0.06	<0.08
水不溶物/%	0.70	0.70	0.70

3. 磷酸胶结材料

磷酸盐的种类很多，在耐火混凝土中最常用的是磷酸铝。磷酸铝溶液通常是用活性较大的工业氢氧化铝与磷酸反应而制得，其化学反应产物为：磷酸二氢铝（$Al_2O_3\cdot3P_2O_3\cdot6H_2O$）、磷酸一氢铝（$2Al_2O_3\cdot3P_2O_3\cdot3H_2O$）和磷酸铝（$Al_2O_3\cdot P_2O_3$）。

目前，更为普遍的是直接采用磷酸配制耐火混凝土。磷酸胶结材料一般由工业磷酸调制而成，磷酸浓度是决定耐火混凝土耐高温性能的重要因素。一般磷酸（H_3PO_4）含量不得大于 85%。为了节约价格昂贵的工业磷酸，可掺入电镀用废磷酸（经过蒸发浓缩，相对密度为 1.48～1.50），与浓度为 50%的工业磷酸对半调制成相对密度为 1.38～1.42 的磷酸溶液，其效果并不亚于工业磷酸。

以磷酸胶结材料配制的铝质耐火混凝土，磷酸浓度一般为 40%～60%。在铝质耐火混凝土中掺入粒径小于 2mm 的氧化硅或黏土熟料（约 5%）或二者复合掺入，都能提高混凝土的耐火度。

4. 黏土胶结材料

黏土胶结材料属于陶瓷胶结材料其中的一种，由于材料来源容易、价格比较便宜、能满足一般工程的要求，因此其应用最为广泛。

配制耐火混凝土所用的黏土胶结材料，黏土为软质黏土（又称结合黏土），能在水中分散，可塑性良好，烧结性能优良。黏土技术指标如表 7-2 所列。

表 7-2　黏土技术指标规定

黏土级别	化学成分/%		耐火度/℃	烧失量/%
	$Al_2O_3+TiO_2$	Fe_2O_3		
一级品	>30	≤2.0	≥1670	≤17
二级品	26～30	≤2.5	≥1610	≤17
三级品	22～26	≤3.5	≥1580	≤17

二、耐火混凝土的磨细掺合料

耐火混凝土的磨细掺合料质量要求较高，最主要的是不应含有石灰石、方解石等在高温下易产生分解的杂质，以免影响耐火混凝土的强度和耐火性。磨细掺合料的具体技术要求如表 7-3 所列。

表 7-3　耐火混凝土磨细掺合料技术要求

耐火掺合材料的种类		黏土熟料	黏土耐火砖	黄土	高铝砖	矾土熟料	冶金镁砂	镁砖	铬铁矿	石英	粉煤灰
0.08mm 筛筛余率/%	水泥类	≥70	≥70	≥70	≥70	≥70			≥85		≥85
	水玻璃	≥80	≥50				≥70	≥70		≥85	
化学成分	Al_2O_3	≥30	≥30		≥65	≥48					≥25
	Fe_2O_3	≤5.5		≤5					≤16		
	SO_3	≤0.5									≤4
	SiO_2			≥70			≤4		≤8	≥90	
	CaO			≤8			≤4		≤1.5		
	MgO						≥88				
	CrO								≥4.5		
	烧失量			≤8			≤0.6				≤8

掺加于耐火混凝土中的掺合料，除了起着填充空隙、改善施工性能和保证密度的作用外，有时可与某些胶结材料发生化学反应，使耐火混凝土具有强度和其他性能。

三、耐火混凝土的粗细骨料

（一）耐火粗细骨料的种类

耐火混凝土同普通水泥混凝土一样，粗、细骨料在混凝土中占重要比例，是用量最多、起骨架作用的材料。可以用于配制耐火混凝土的耐火骨料的种类很多，主要有黏土质耐火骨料、高铝质耐火骨料、半硅质耐火骨料、硅质耐火骨料、镁质耐火骨料、特殊耐火骨料、其他耐火骨料和轻质耐火骨料等。

（二）骨料的最大粒径和级配

1. 耐火混凝土的最大骨料粒径

在耐火混凝土中，一般将粒径大于 5mm 的骨料称为耐火粗骨料，粒径小于 5mm 的骨料称为耐火细骨料。根据密里尼可夫对波特兰水泥耐火混凝土高温下结构的研究，得出水泥石的裂缝总宽度与骨料颗粒成正比的结论。

我国多年耐火混凝土的施工经验证明，用于耐火混凝土的最大骨料粒径，对于一般耐火混凝土不宜超过15mm，对于大体积耐火混凝土不宜超过25～30mm。在实际工程中多采用5～10mm。

2. 耐火混凝土的骨料级配要求

为使耐火混凝土达到较高的体积密度及设计要求的物理性能、力学性能和高温性能，应以达到最紧密状态的骨料级配。耐火混凝土的级配要求，还随着混凝土成型方法的不同而略有区别。各种成型方法的耐火混凝土骨料级配应符合表7-4中的要求。

表7-4　不同成型方法耐火混凝土的骨料级配

混凝土的成型方法	筛孔筛余率				
	15%～10%	10%～5%	5%～0.15%	5%～1.2%	1.2%～0.15%
振动成型	25～30	20～35	45～55	—	—
捣打成型	—	35～45	—	25～35	20～30
喷涂成型	—	25～35	—	30～40	25～45
机压成型	—	—	—	50～60	40～50

四、耐火混凝土的化学外加剂

用于配制耐火混凝土的化学外加剂种类很多，在工程中使用的主要有促硬剂、膨胀剂、减水剂等。

(1) 促硬剂　促硬剂也称为混凝土促凝剂。不同的胶结材料应选用相适应的促硬剂。特别是用化学或陶瓷胶结料时，其促硬剂尤其重要，是配制耐火混凝土不可缺少的组分。用水泥类胶结料时，一般应为适合某种需要而附加的组分。

(2) 膨胀剂　膨胀剂掺入混凝土的作用，主要是增加耐火混凝土的致密程度，提高其耐火性能。常用的膨胀剂是蓝晶石，其化学分子式为$Al_2O_3 \cdot SiO_2$。蓝晶石是一种耐火度高、具有高温体积膨胀特性的天然耐火原料，国外已经大量利用蓝晶石配制耐火混凝土。

(3) 减水剂　在应用减水剂方面，耐火混凝土至今仍引用普通混凝土常用的减水剂，没有什么专用减水剂。用于耐火混凝土的减水剂主要有木质素磺酸钙减水剂、糖蜜减水剂、高效减水剂等。由于耐火混凝土的品种很多，性质差异也比较大，因此选用减水剂需要经过试验后确定。

第三节　耐火混凝土配合比设计

耐火混凝土的配合比设计与普通水泥混凝土不同，不仅要求配制的混凝土要满足一定的强度、和易性和耐久性，而且还必须满足设计要求的耐火性能。组成材料本身的性能是决定耐火混凝土高温性能的主要因素。但胶结材料的用量、水灰比（或水胶比）、骨料级配、掺合料用量和外加剂等，对改善耐火混凝土的高温性能有很大作用。因此，配合比的选择对耐火混凝土的性能影响很大。

一、耐火混凝土配合比的基本参数

耐火混凝土配合比设计的基本参数，与普通混凝土大同小异，主要包括胶结材料的用量、水灰比（水胶比）、掺合料的用量、骨料级配和砂率。

1. 胶结材料的用量

材料试验证明，在一般情况下，混凝土骨料的耐火度都比胶结材料的高，当胶结材料超过一定范围时，随着胶结材料用量的增加，混凝土的荷重软化点降低，残余变形增大。因此，为了提高耐火混凝土的高温性能，在满足混凝土施工和易性和常温强度的前提下，尽可能减少胶结材料的用量。如果水泥耐火混凝土在不同使用条件下，水泥的用量可在10%～20%范围内浮动。对荷重软化点和耐火度要求较高，而常温强度要求不高的水泥耐火混凝土，水泥用量可控制在10%～15%之间。

2. 水灰比（水胶比）

水泥耐火混凝土的水灰比对其强度和残余变形的影响比较显著。与普通水泥混凝土相似，随着水灰比的增加，混凝土的强度下降，对耐火混凝土更为显著。因为水泥耐火混凝土经常处于高温环境中，混凝土中的水分容易散失，导致混凝土内部孔隙增加，结构疏松，强度降低。因此，在配制耐火混凝土时，在施工条件允许的情况下应尽量减少用水量，降低水灰比。一般混凝土拌合物的坍落度不宜大于2cm，最好采用干硬性混凝土。

如果胶结材料为水玻璃的耐火混凝土，水玻璃的模数一般控制在2.6～2.8范围内，密度一般采用1.36～1.40。促硬剂氟硅酸钠的用量一般为水玻璃用量的10%～12%。用磷酸作胶结材料的耐火混凝土，磷酸的浓度一般为50%。

3. 掺合料的用量

在耐火混凝土中掺加适量的掺合料，可以明显改善混凝土的高温性能，提高混凝土拌合物的和易性，同时还可以节约水泥。从试验结果可知：硅酸盐水泥石不掺加掺合料的耐火度为1440℃，烘干后的强度为80.4MPa，经1200℃加热后强度下降达46.6%；加入与水泥质量比为1∶1的掺合料后，烘干强度虽然降至52.8MPa，但水泥石的耐火度增至1640℃，经加热至1200℃后，强度为50.8MPa，仅下降3.0%。因此，对常温要求强度不高的耐火混凝土，掺合料的掺量可多一些，一般用量为水泥用量的30%～100%，最高可达300%。

4. 骨料级配和砂率

骨料的用量约占耐火混凝土混合料总量的80%，改善骨料的级配对提高耐火混凝土的密实度和高温特性均有良好的效果。选择骨料时，必须注意骨料的类别和耐火度，使骨料与胶结材料相适应，同时还应选择适宜的粒度。一般粗骨料如果粒径过大，用量过多，则混凝土拌合物的和易性较差，成型比较困难，使混凝土密实度下降，在高温下易于分层脱落。工程实践证明，砂率宜控制在40%～50%。

二、耐火混凝土的配合比设计步骤

由于耐火混凝土的配合比设计用计算法比较烦琐，一般常采用经验配合比作为初始配合比，再通过试拌调整，确定适用的配合比。如果用计算法选择混凝土的配合比，整个计算试配到配合比的确定，基本上与轻骨料混凝土相同。

1. 配合比的确定

耐火混凝土配合比的确定通常有以下两种方式：一是根据设计图纸或设计通知书所给定的原材料要求，经试拌能满足施工和易性的要求，即可按此配合比进行施工；二是设计图纸中只提出耐火混凝土品种及其技术要求，可由施工单位根据国家现行的有关规程、标准，按如下程序确定施工配合比：①由试验部门提出拟用配合比及原材料技术要求，并取样进行试验达到设计要求后，向供应部门提出备料配合比，以便以此配合比购进各种原材料；②由试验部门发出施工配合比，在施工现场进行试拌，如果能满足施工和易性要求，即可按该配合比施工。

2. 耐火混凝土配制的允许误差

为保证耐火混凝土的各项技术性能符合设计要求，对其所组成的各种材料的称量应严格控制。耐火混凝土配制的允许误差，与普通水泥混凝土基本相同，其具体要求是：①对水泥和粉料，误差为±1%；②对耐火骨料，误差为±3%；③对水及各种液体胶结料，误差为±1%。

三、耐火混凝土常用参考配合比

1. 硅酸盐水泥系列耐火混凝土

硅酸盐水泥系列耐火混凝土，主要适宜用于使用温度不超过1200℃的中温、低温工程部位。如热工设备基础和底板，烟道及烟道内衬、热贮矿槽等。硅酸盐水泥系列耐火混凝土，由于材料来源广泛，取材比较容易，成本相对低廉，应用时间较长，应用范围较广，是一种普及性传统材料。

（1）矿渣硅酸盐水泥耐火混凝土配合比及性能　如表7-5所列。

表7-5　矿渣硅酸盐水泥耐火混凝土配合比及性能

配合比/(kg/m³)					坍落度/cm	110℃烘干强度/MPa	烧后强度/相对强度/%					荷载软化点/℃	
32.5矿渣水泥	耐火黏土砖粉	细骨料	粗骨料	水			300℃	500℃		700℃		开始点	变形4%
								烧后	残余	烧后	残余		
370	120	耐火砖砂680	耐火砖块890	320	4.5	29.2/100	—	23.2/79.5	21.7/74.5	22.1/75.7	19.5/67.2	—	—
350	110	700	920	329	3.0	21.6/100	—	17.4/80.5	15.4/71.4	15.9/73.6	13.7/63.3	—	—
42.5水泥330	330	620	760	320	3.0	21.8/100	—	—	—	10.9/39.0	8.70/31.0	—	—
300	—	矿渣750	矿渣1170	171	—	25.0/100	—	17.5/70.0	—	10.0/40.0	—	1000	1100
380	矿渣750	矿渣750	矿渣1120	180	—	23.5/100	18.5/78.8	—	16.5/70.3	—	—	—	1150
340	—	耐火砖砂643	废红砖853	167	—	16.5/100	—	14.5/88.0	17.5/106	—	10.0/60.6	—	950
330	—	安山岩710	安山岩1300	192	—	25.0/100	—	19.0/76.0	—	12.0/48.0	—	—	—

（2）普通硅酸盐水泥耐火混凝土配合比和最高使用温度　如表7-6所列。

表 7-6 普通硅酸盐水泥耐火混凝土配合比和最高使用温度

耐火混凝土的组成材料/(kg/m³)									湿容重/(kg/m³)	最高使用温度
水泥		粉料		细骨料		粗骨料		水		
品种	数量	品种	数量	品种	数量	品种	数量			
32.5MPa普通水泥	250～400	黏土熟料	200～350	黏土熟料	500～700	黏土熟料	700～1000	200～300	2200～2300	1200
42.5MPa普通水泥	250	黏土熟料	250	黏土熟料	650	黏土熟料	950	200	2300	1200
42.5MPa普通水泥	300	黏土熟料	300	黏土熟料	570	黏土熟料	850	240	2200	1200
32.5MPa普通水泥	300	叶蜡石	150	叶蜡石	630	叶蜡石	1170	210	2510	1200
42.5MPa普通水泥	300	白砂石	300	白砂石	560	白砂石	840	233	2250	1200
42.5MPa普通水泥	250～300	四、五级黏土熟料	250～350	四、五级黏土熟料	480～560	四、五级黏土熟料	690～800	250～290	2200～2260	1000
42.5MPa普通水泥	250～300	废黏土熟料	250～300	废黏土熟料	480～560	废黏土熟料	690～730	230～250	2030～2050	1000
42.5MPa普通水泥	310	耐火黏土砖粉	310	焦宝石熟料	620	焦宝石熟料	810	247～260	2300	1200
42.5MPa耐热水泥	620	—	—	三级矾土熟料	600	三级矾土熟料	800	310	2330	1200

2. 铝酸盐水泥耐火混凝土

铝酸盐水泥耐火混凝土是以铝酸盐水泥为胶结料配制的混凝土。目前，我国生产的铝酸盐水泥品种有矾土水泥、铝-60 水泥、低钙铝酸盐水泥、纯铝酸钙水泥、超高铝水泥等，其中矾土水泥应用最广泛。这是一类没有游离氧化钙的中性水泥，具有快硬、高强、热震稳定性好、耐火度高等特点。在冶金、石油化工、建筑材料、水电和机械工业的一般工业窑炉上得到了广泛应用，其最高使用温度可达 1300～1600℃，有的甚至能达到 1800℃。

矾土水泥配制的耐火混凝土，其常用配合比如表 7-7 所列。

表 7-7 矾土水泥耐火混凝土常用配合比

项目		质量配合比/%								
		1	2	3	4	5	6	7	8	9
胶结材料	矾土水泥	6～12	12	15	15	15	15	15	15	15
骨料	高铝矾土熟料砂(0.15～5mm)	30～35								
	铝铬渣		76							
	焦宝石熟料(<6mm)			30					<5mm 35	
	焦宝石熟料(<15mm)								5～15mm 35	
	2 级矾土(<6mm)				30					75
	2 级矾土(<15mm)			40		70				
	高铝质熟料				40		49	43		
	高铝矾土熟料块(5～20mm)	35～40								
	高铝质(<5mm)						35	35		

续表

项目		质量配合比/%								
		1	2	3	4	5	6	7	8	9
粉料	高铝矾土熟料	15				15	10	12		2级矾土
	铝铬渣粉		12							10～15
	耐火黏土砖粉			18	15					10～15
	黏土质熟料								15	
水	（外加）				10	10		8～9	11～12	

注：铝铬渣应符合如下要求：化学成分，$Al_2O_3$80%～90%；$Cr_2O_3$9%～10%；耐火度1900℃；其粗细骨料级配是，5～10mm占55%；1.2～5mm占18%；＜1.2mm占27%；铝铬渣粉粒度＜0.088mm大于80%。

3. 水玻璃耐火混凝土

水玻璃耐火混凝土，是以水玻璃为胶结材料，与各种耐火骨料、耐火粉料按一定比例配制的气硬性耐火材料。水玻璃耐火混凝土具有高温下强度损失小、耐磨性好、耐腐蚀性强、热震稳定性好等优异特点。水玻璃耐火混凝土适用于温度为800～1200℃的环境，是一种比较理想的耐火混凝土品种。

水玻璃耐火混凝土的配合比，因工程要求材料和施工条件的不同而各异。其工程中常用的配合比如表7-8所列，以供在进行配合比设计时参考。

表7-8　水玻璃耐火混凝土的常用配合比

编号	水玻璃		氟硅酸钠		粉料		细骨料		粗骨料		湿容重/(kg/m³)
	模数	用量/kg	占水泥/%	用量/kg	品种	用量/kg	品种	用量/kg	品种	用量/kg	
1	3.0	290	10	29	铬渣矿	870	铬渣	850	铬渣	1110	2900
2	2.4～2.9	290～310	10～12	29～37.5	黏土熟料	385～410	黏土熟料	575～620	黏土熟料	770～835	2200～2300
3	2.9	310	12	37.5	黏土熟料	410	黏土熟料	620	黏土熟料	825	2200
4	2.9	310	12	37.5	黏土熟料	410	黏土熟料	620	黏土熟料	825	2200
5	2.9	310	12	37.5	黏土熟料	410	黏土熟料	620	黏土熟料	825	2200
6	2.9	310	12	37.5	白砂石	420	白砂石	630	白砂石	825	2200
7	2.6	370	12	45.0	叶蜡石	460	叶蜡石	690	叶蜡石	920	2490
8	3.0	300～370	10～12	30.0～43.0	石英石粉	400～500	耐火黏土砖粉	600～700	耐火黏土砖粉	800～900	2300～2370
9	3.0	300～370	10～12	30.0～43.0	耐火黏土砖粉	400～500	耐火黏土砖粉	600～700	耐火黏土砖粉	800～900	2300～2370
10	2.6	300～370	10～12	30.0～43.0	耐火黏土砖粉	400～500	高铝砖	1500～1600	—	—	2300～2375
11	3.0	240	10	24.0	镁砂粉	660	镁砂	880	镁砂	660	2460

4. 磷酸及磷酸盐耐火混凝土

磷酸及磷酸盐耐火混凝土，是以磷酸及磷酸铝溶液与耐火骨料、粉料，按照一定比例配制成型并经养护烘烤后，具有良好耐火性能的热硬性新型耐火材料。

磷酸盐耐火混凝土具有热震稳定性好，黏结力强，抗渣性和抗冲击性好，耐火度和荷载软化温度高，化学稳定性优良等特点。根据原材料的品位不同，其使用温度介于1000～2000℃之间。因此，磷酸盐耐火混凝土，除可以广泛用于工业窑炉和热工设备外，在空间技术等尖端科学领域也得到了广泛应用。

(1) 高铝质、黏土质磷酸耐火混凝土的常用配合比如表7-9所列。

表7-9　高铝质、黏土质磷酸耐火混凝土的常用配合比

项目			质量配合比/%						
			P-1	P-2	P-3	P-4	P-5	P-6	P-7
胶结料	磷酸	占混凝土质量比/%	15～18	13～14	6.5～18	10～12	12～14	12～14	14
		浓度/%	40%～60%	50%	50%	45%	32%～35%	32%～35%	50%
矾土水泥/%(促凝剂)				2		2	2～3	2～3	
粉料	高铝矾土熟料粉		25～30						30
	一级矾土熟料			25					
	矾土熟料(<0.088mm)				25～30	28			
	耐火砖粉						30		
细骨料	高铝矾土熟料		70～75			12			
	矾土熟料5～1.2mm				30～40	13		30	
	矾土熟料<1.2mm				30～40			30	
	焦宝石熟料<3mm						30		
粗骨料	焦宝石熟料<15mm						40		
	二级矾土熟料块			70				40	
	矾土熟料10～15mm					45			
	一级矾土熟料								70
最高使用温度/℃			1400～1500	1450	1450	1500	1450	1450	1600

(2) 磷酸及磷酸盐硅质耐火混凝土常用配合比如表7-10所列。

表7-10　磷酸及磷酸盐硅质耐火混凝土常用配合比

编号	废旧硅砖骨料用量/%	耐火粉料		胶结料		促凝剂	
		名称	用量/%	名称	用量/%	名称	用量/%
1	65	废硅砖	50	磷酸	16	镁砂粉	1.00
2	60	硅石粉	40	磷酸	16	镁砂粉	1.00
3	70	废硅砖	30	磷酸	12	矾土水泥	2.00
4	65	废硅砖	35	磷酸铝	18	镁砂粉	1.50
5	60	硅石粉	40	磷酸铝	18	镁砂粉	1.50
6	65	废硅砖	35	磷酸镁	19	镁砂粉	0.75
7	60	硅石粉	40	磷酸镁	19	镁砂粉	0.75
8	70	废硅砖	30	硫酸铝	12	矾土水泥	2.00
9	70	废硅砖	30	磷酸-硫酸铝	10	矾土水泥	2.00

5. 轻质耐火混凝土的参考配合比

轻骨料耐火混凝土的配合比，应根据耐火混凝土的性能要求进行配制。增大骨料颗粒可减小轻质混凝土的堆积密度，而增加水泥用量，则轻质混凝土的堆积密度和强度均增大。用膨胀蛭石作为骨料，混凝土的残余变形比较大。轻质耐火混凝土的参考配合比如表 7-11 所列。

表 7-11 轻质耐火混凝土参考配合比

序号	材料组成及配合比	水灰比 (W/C)	水泥 /(kg/m³)	湿堆密度 /(kg/m³)	极限温度 /℃	使用范围
1	高铝水泥：蛭石粉：蛭石块＝1：0.47：0.21	1.12	455	1230	800	隔热部位
2	高铝水泥：陶粒砂：陶粒＝1：0.90：1.15	0.57	415	1500	900	隔热承重部位
3	高铝水泥：蛭石砂：陶粒＝1：0.34：0.83	0.90	398	1230	1000	隔热部位
4	高铝水泥：粉煤灰：珍珠岩＝1：1.0：3～4	0.8～1.1	—	—	1000	隔热部位
5	高铝水泥：轻铝砖粉：轻铝砖砂：轻铝砖块＝1：0.62：0.25：0.63	0.77	460	1700	1300	隔热部位
6	高铝水泥：黏土砖粉：轻黏土粉：轻黏土块＝1：0.33：0.33：1.07	0.52（外加）	—	1340	1300	隔热部位
7	高铝水泥：珍珠岩：轻质高铝砖砂＝1：2.0：2.0	0.56	458	1690	1300	隔热部位
8	纯铝酸钙水泥：氧化铝粉：氧化铝空心球＝1：1.85：2.85	0.13（外加）	—	—	1600	隔热部位

第四节 耐火混凝土的主要性能

耐火混凝土一般是在高温条件下进行使用，因此混凝土在高温作用下的性能，是决定耐火混凝土质量优劣和使用范围的重要依据。耐火混凝土的耐高温性能，又因其胶结材料、耐火骨料、掺合料和配合比等不同而有所差异。

耐火混凝土的性能，与普通水泥混凝土有所不同。这种混凝土的性能，主要围绕着混凝土是否能满足高温下的要求，包括耐火混凝土的耐火度、耐火混凝土的荷载软化温度、耐火混凝土的高温下体积稳定性、耐火混凝土的热震稳定性和耐火混凝土的抗压强度等。

一、耐火混凝土的耐火度

耐火混凝土在高温作用下不产生熔化的性质，称为耐火度。耐火混凝土的耐火度，主要由所用骨料的耐火度来决定，骨料的耐火度较高，相应地所配制的混凝土的耐火度也高。另外，耐火混凝土的耐火度还与混凝土的配合比有关。

二、耐火混凝土的荷载软化温度

耐火混凝土在 0.2MPa 静荷载作用下，按规定的升温速度加热到一定的变形温度，称为荷载软化温度。

耐火混凝土中的易熔物质数量增多，会降低耐火混凝土在高温下的强度。对高铝质耐火混凝土而言，Na_2O 是一种有害成分；对硅质耐火混凝土而言，Al_2O_3 是一种有害成分；对镁质耐火混凝土而言，SiO_2 是一种有害成分。但是，在耐火混凝土中掺加适量的矿化剂，可以改善混凝土结晶转化的氧化物，从而可提高耐火混凝土的软化温度。

三、耐火混凝土的高温下体积稳定性

耐火混凝土在高温的长期作用下，会引起相组成的继续变化及产生重结晶和烧结等现象。由于耐火混凝土处于高温加热状态，可以使耐火混凝土产生线尺度的非可逆变化，这种线尺度变化称为线收缩及线膨胀。

各种由水泥配制的耐火混凝土，第一次在 200～900℃范围内加热时，由于凝胶体失水或 $Ca(OH)_2$ 脱水，会使耐火混凝土产生体积变化，则耐火混凝土产生体积收缩。第二次在 200～900℃范围内加热时，混凝土则产生体积膨胀，其膨胀系数一般在 $(4.0\sim6.6)\times10^{-6}$ mm/m 之间。

在第一次加热的过程中，耐火混凝土在加热温度超过 800℃时，则产生收缩，当加热温度为 800～1250℃时，其线收缩值为 0.2%～0.7%。当加热温度为 1350℃时，其线收缩值增加到 1.2%。

掺入黏土砖、耐火黏土、石英砂和黏土熟料等掺合料的耐火混凝土，其线收缩值较小；掺入矿渣、硅藻土和铬铁等掺合料的耐火混凝土，其线收缩值较大。

硅酸盐水泥用量较多的耐火混凝土，其线收缩也较大。如水泥用量为 580kg/m^3 的耐火混凝土，当加热温度达 250℃时，水泥产生局部熔化而使试件变形，其线收缩值高达 1.5%。

大部分耐火混凝土在高温影响下产生残余收缩，混凝土继续致密。这主要是由于组成的液相表面张力和重结晶作用促使结晶物质或固相物质相互靠近，引起耐火混凝土的致密。

四、耐火混凝土的热震稳定性

耐火混凝土很可能处于忽冷忽热的环境中工作，这种对于急冷急热温度变化的抵抗性能，称为耐火混凝土的热震稳定性。

耐火混凝土的热震稳定性一般在 5～25 次范围内。黏土熟料作为骨料配制的水玻璃耐火混凝土，具有良好的热震稳定性，试验证明其能耐 37 次急冷急热作用。

硅酸盐水泥用量较多的耐火混凝土，在耐急冷急热性能方面，并不一定优于水泥用量较少的耐火混凝土。试验证明，具有较好热震稳定性能的是硅酸盐水泥用量约为 350kg/m^3 的耐火混凝土。

五、耐火混凝土的抗压强度

耐火混凝土的强度主要取决于混凝土本身的结构。结构越密实均匀，骨料的颗粒越细，胶凝材料与骨料之间的微裂纹越小，混凝土的强度越高。而结构的质量主要决定于材料的颗粒组成和烧结程度。

耐火混凝土一般加热到 800～1000℃时，其强度均有不同程度的降低；但是，将混凝土再加热到 1200℃时，由于部分烧结熔融，其强度均较未加热的强度有所增加。

热工设备及重要结构用的耐火混凝土，除要测定其在100～110℃下烘干试件的抗压强度外，还必须测定它在加热到设备工作温度的抗压强度。

如果混凝土要在800℃或更高温度下使用，把试件加热到800℃或更高温度之后的冷却温度和烘干后抗压强度之比值，称为剩余抗压强度。耐火混凝土的剩余抗压强度应符合国家的有关规定。

第五节　耐火混凝土的施工工艺

耐火混凝土其最突出的技术性能是耐热和耐火，必须能在一定高温环境中应用。因此，耐火混凝土的设计、施工均必须围绕这一要求进行，并要采取一定的技术措施。

一、掌握正确的搅拌工艺

（1）耐火混凝土的拌制，以选择强制式搅拌机或湿碾机比较适宜，特别是采用水玻璃胶结材料时，由于其黏度比较大，搅拌均匀困难，更应当选用搅拌能力强的机械。

（2）由于耐火混凝土的组成材料比普通混凝土多，特别是有些胶结材料黏度大，为充分将各种材料搅拌均匀，搅拌时间宜比普通混凝土延长1～2min。

（3）以黏土、水泥或水玻璃作为胶结材料的混凝土，当采用强制式搅拌机搅拌时，先将干料搅拌混合1min，然后加水或水玻璃再湿混2～4min即可使用，总搅拌时间不少于3min。如果采用湿碾机搅拌时，先将干料搅拌混合2～3min，然后湿碾8～10min，总搅拌时间为10～12min。搅拌好的混凝土要在30min内用完。

二、符合连续浇筑的要求

耐火混凝土应当连续浇筑，间歇时间不得大于混凝土上、下层初凝时间，以避免形成过多的施工缝。耐火混凝土可以采用机械振捣或人工振捣，人工振捣只适用于施工部位复杂、用量较少的特殊部位，且要分层浇筑、分层振捣。

三、符合施工环境的要求

耐火混凝土的性能不同于普通混凝土，不同组成材料适于不同的施工环境。凡采用高铝水泥作为胶结材料的耐火混凝土，不宜在高于30℃的环境中施工，更不得采用蒸汽养护；采用水泥作为胶结材料的耐火混凝土在低于7℃条件下施工，采用水玻璃作为胶结材料的耐火混凝土在低于10℃条件下施工，均应按混凝土冬季施工执行。

四、要进行适当的热处理

耐火混凝土中含有大量的游离水和结合水，要求在养护后待混凝土达到设计强度的70%再进行热烘烤处理。不同的耐火混凝土，其热处理特点也不相同，在一般情况下应注意以下几个方面。

（1）水玻璃耐火混凝土应在不低于15℃的干燥空气条件下进行硬化，否则会对混凝土的强度增长产生较大的影响。

（2）磷酸盐耐火混凝土需要在150℃以上温度下烘干，总计干燥时间不得少于24h，且在硬化时不允许浇水。

（3）高铝水泥耐火混凝土的养护温度，一般不要超过 35℃，最好控制在 30℃左右。

（4）耐火混凝土窑炉在热处理时是采取烘炉烘烤的方法。在烘干过程中，由于混凝土内部不断地排出吸附水，如果混凝土升温速度过快，烘干后的表面容易产生开裂，因此，应注意保持均匀的升温速度。特别是对于大型或形状复杂的窑炉体，均匀升温是尤其重要的。

第八章 耐酸混凝土

化工、冶金等工业的大型设备和构筑物的外壳及内衬，往往由于酸介质的侵蚀，使混凝土产生不同程度的物理和化学破坏，这种破坏现象称为酸腐蚀。这些酸介质的来源，有的是生产和使用过程中正常产生的，有的则是“跑、冒、滴、漏”的结果。这类腐蚀过程一般比较缓慢，在短期内不会出现明显的危害，但腐蚀达到一定程度后造成的危害是相当严重的。因此，为了防止酸介质对构筑物的腐蚀，必须采用耐酸混凝土。

第一节 耐酸混凝土概述

众所周知，由于普通水泥混凝土中水泥的水化产物中含有大量的$Ca(OH)_2$和水化铝酸钙，这些水化产物很容易与酸性介质发生反应导致混凝土结构被破坏。即使采用抗硫酸盐水泥和抗硫铝酸盐水泥配制混凝土，也仅是因为水化产物中$Ca(OH)_2$和水化铝酸钙数量较少，而具有一定的耐酸腐蚀的能力，可以用于如海港工程等有硫酸盐侵蚀的场所。但是，对于一些化学工业中，如硫酸、盐酸等酸性较强的酸性介质，如果采用以上水泥配制的混凝土，仍然会很快遭到酸蚀性破坏，这就必须采用一种耐酸性更好的混凝土，即耐酸混凝土。

在国外，早就将耐酸混凝土用于防腐蚀工程中，20世纪30年代，就使用了沥青耐酸混凝土和水玻璃耐酸混凝土。20世纪70年代，美国研制成功了硫黄耐酸混凝土，并将其用于实际工程，获得较好的技术经济效益。我国对耐酸混凝土的研究和应用较晚，于20世纪50年代后期才开始进行水玻璃耐酸混凝土系列的研究，在国外成功经验的基础上，经过改进使水玻璃耐酸混凝土的性能得到较大幅度的提高，应用范围进一步扩大。1975年，我国将硫黄耐酸混凝土正式列入国家标准《建筑防腐蚀工程施工及验收规范》（TJ 212—1975）中。

经过数十年的研究和应用，耐酸混凝土的性能有很大的提高，品种也逐渐增多。优异的性能，特殊的用途，使其成为新型混凝土中的一个重要组成之一。根据我国的工程实践和经验，我国于2014年又正式颁布了新的国家标准《建筑防腐蚀工程施工及验收规范》（GB 50212—2014），为推广应用耐酸混凝土提出了更高的要求。

典型的耐酸混凝土是以水玻璃为胶结剂，加入固化剂和耐酸骨料或另掺外加剂按一定比例配制而成。耐酸混凝土具有优良的耐酸及耐热性能。除了氢氟酸、热磷酸和高级脂肪酸外，它几乎能耐所有的无机酸、有机酸及酸性气体的侵蚀，并且在强氧化性酸和高浓度酸如硫酸、硝酸、铬酸、盐酸等的腐蚀下不受损害。

实际上，耐酸混凝土也是一种耐热混凝土，能够经受高温的考验，在采用耐热性能好的骨料时，耐酸混凝土的使用温度可达到1000℃以上。由于具有以上特点，耐酸混凝土不仅可以解决一般工业设备及建筑物的抗酸性腐蚀问题，而且还可解决某些具有苛刻腐蚀条件的工程问题，而这方面往往是现有的一般有机高分子材料所不能达到的。目前，在建筑和工业工程中常用的耐酸混凝土有水玻璃耐酸混凝土、沥青耐酸混凝土和硫黄耐酸混凝土等。

第二节　水玻璃耐酸混凝土

水玻璃耐酸混凝土常用于浇筑地面整体面层、设备基础及化工、冶金等工业中的大型设备（如贮酸池、反应塔等）和构筑物的外壳及内衬等防腐蚀工程。水玻璃耐酸混凝土的主要组成材料为水玻璃、耐酸粉料、耐酸粗细骨料和氟硅酸钠。

水玻璃耐酸混凝土具有优良的耐酸及耐热性能。工程实践证明：水玻璃耐酸混凝土不仅耐酸性能好、机械强度高，而且材料来源广泛、成本低廉，是一种优质的耐酸材料。但是，水玻璃耐酸混凝土的耐水性较差，施工较复杂，养护期较长。

由于水玻璃耐酸混凝土具备上述优良性能，所以不仅可以解决一般工业设备及建筑物的抗酸性腐蚀问题，而且还可以解决某些具有苛刻腐蚀条件的工程问题，而这往往是现有的一般有机高分子材料所无法解决的。

一、水玻璃耐酸混凝土的原材料

水玻璃耐酸混凝土的原材料包括胶结料（水玻璃）、固化剂（氟硅酸钠）、耐酸填料、耐酸粗细骨料和外加剂。

1. 胶结料

水玻璃是水玻璃耐酸混凝土中的胶结料，是一种碱金属硅酸盐的玻璃状熔合物。根据碱金属氧化物的种类不同，可分为钠水玻璃和钾水玻璃两种。目前国内大量使用的是钠水玻璃。钠水玻璃是由石英砂（或粉）与碳酸钠（或硫酸钠）按一定比例混合后，经1400℃熔融反应而制得的。

水玻璃是一种复杂的碱性胶体溶液，外观呈白色、微黄或青灰色黏稠液体，不得混入杂质。其模数（SiO_2和Na_2O的摩尔数比值）和密度对耐酸混凝土的性能影响较大。所以，在有关技术规范中规定水玻璃的相对密度应在1.38～1.50范围内，模数应在2.40～3.00之间，但以2.60～2.80为最佳，相应的密度为1.38～1.42。

配制水玻璃混凝土的水玻璃模数以2.60～2.80为最佳，其相对密度为1.38～1.42。但是，市场上出售的水玻璃模数在1.80～3.00之间，相对密度在1.28～1.45之间。如模数和密度不符合要求，则应进行适当的调整。调整方法如下。

（1）调整水玻璃模数　如果需要提高水玻璃模数，可掺入可溶性的非晶质SiO_2（硅藻土），其数量根据水玻璃模数及硅藻土中的可溶性SiO_2含量而确定；如果需要降低水玻璃模数，可掺入NaOH。100g水玻璃所需氧化钠的克数（G_{NaOH}）可由式(8-1)进行计算：

$$G_{NaOH}=(S/n'-N)\times 80.02 \tag{8-1}$$

式中　G_{NaOH}——100g水玻璃所需氧化钠的克数；

S——每100g水玻璃中SiO_2的摩尔数；

n'——要求调整后的水玻璃模数；

N——每100g水玻璃中Na_2O的摩尔数；

80.02——由Na_2O换算成NaOH的系数。

（2）调整水玻璃密度　如果需要提高水玻璃密度，可加热溶液使水分蒸发；如果需要降低水玻璃密度，可在溶液中加入40～50℃热水。所调整水玻璃密度是否达到要求，可用波美密度计测出水玻璃的波美度（°Bé），再换算为密度，即密度ρ_s为：

$$\rho_s=145/(145-°\text{Bé}) \tag{8-2}$$

2. 固化剂

水玻璃耐酸混凝土中常用的固化剂是氟硅酸钠，其分子式为 Na_2SiF_6。氟硅酸钠为白色、浅灰色或黄色粉末，它是水玻璃耐酸混凝土在硬化中不可缺少的外加剂。固化剂的质量好坏，主要是看其纯度和细度，纯度高者，含杂质较少，相应地可以减少氟硅酸钠的用量；细度的大小与水玻璃的化学反应速度快慢及是否完全有密切关系。因此，氟硅酸钠的主要技术指标应符合 8-1 中的要求。

表 8-1　氟硅酸钠的主要技术指标

项目	技术指标	
	一级	二级
外观及颜色	白色结晶颗粒	允许浅灰或浅黄色
纯度/%	≥95	≥90
游离酸(折合 HCl)/%	≤0.2	≤0.3
氟化钠/%	≤0.2	≤0.3
氯化钠/%	≤0.2	≤0.3
硫酸钠/%	≤0.2	≤0.3
氧化钠/%	≤3.0	≤5.0
水分/%	≤1.0	≤1.2
水不溶物/%	<0.5	—
细度	全部通过 0.16mm(1600 孔/cm²)的筛孔筛	

3. 耐酸填料

配制水玻璃耐酸混凝土的耐酸填料，主要由耐酸矿物（辉绿岩）、陶瓷、铸石或含石英质高的石料粉磨而成。要求其细度大，耐酸度高。其主要技术指标应符合表 8-2 中的要求。常用耐酸填料性能比较如表 8-3 所列。

表 8-2　耐酸填料的主要技术性能指标

技术指标名称		指标
填料的耐酸度		≥94%
填料的含水率		≤0.5%
细度	1600 孔/cm²筛余率	≤5%
	4900 孔/cm²筛余率	10%～30%

注：1. 石英粉一般杂质较多，吸水性高，收缩性大，不宜单独使用。可与某质量的辉绿岩混合使用。
2. 现有商品供应的 69 号耐酸粉，其耐酸性能较好，但收缩性较大，成本较高。

表 8-3　常用耐酸填料的性能比较

性能	辉绿岩粉	石英粉	瓷粉	69 号耐酸粉	石墨粉	硫酸钡粉	硅胶粉
外观	黑褐色	白色	白色	白色	黑色	白色结晶	白色结晶
吸水性	小	较大	较大	小	小	小	大
耐酸性	好	一般	较好	好	好	好	—
耐碱性	耐	不耐	不耐	—	耐	耐	不耐

续表

性能	辉绿岩粉	石英粉	瓷粉	69号耐酸粉	石墨粉	硫酸钡粉	硅胶粉
耐氢氟酸	不耐	不耐	不耐	不耐	耐	耐	—
耐磨性	高	一般	一般	一般	较差	—	—
耐热性	高	一般	一般	一般	高	一般	—
导热性	一般	一般	一般	一般	好	—	—
收缩性	小	较大	一般	大	小	小	—
黏结力	高	一般	一般	高	高	低	—

4. 耐酸粗细骨料

配制水玻璃耐酸混凝土的粗细骨料，主要是要求其耐酸度高、级配良好和含泥量符合要求。用作耐酸粗细骨料的岩石，主要有石英质岩石、辉绿岩、安山岩、玄武岩、花岗岩及铸石等碎石和砂。其主要技术指标应符合表8-4～表8-6中的要求。

表8-4　耐酸粗细骨料的主要技术指标

技术指标名称	细骨料指标	粗骨料指标
耐酸度	≥94%	≥94%
空隙率(自然装料)	≤40%	≤45%
含泥量	≤1%	不允许有
含水率	≤1%	≤0.5%
吸水率	—	≤2%
浸酸后安定性	—	无裂缝、掉角
外观检查	—	无风化和非耐酸夹层

表8-5　耐酸细骨料的颗粒级配

筛孔尺寸/mm	0.160	0.315	0.630	1.250	2.500	5.000
累计筛余率/%	95～100	70～95	35～75	20～55	10～35	0～10

表8-6　耐酸粗骨料的颗粒级配

筛孔尺寸/mm	5	1/2最大粒径	最大粒径
累计筛余率/%	90～100	30～60	0～5

注：最大粒径（指累计筛余率不大于5%的筛孔直径）应不超过结构最小尺寸的1/4和钢筋净距的3/4，用于楼地面面层时不超过25mm，且小于面层厚度的2/3。

5. 外加剂

为了进一步提高水玻璃耐酸混凝土的密实度，从而改善其强度和抗渗性，可以在水玻璃耐酸混凝土中掺入适宜的外加剂（也称改性剂）。目前，国内外使用的外加剂，大体上可分为呋喃类有机单体、水溶性低聚物、高分子化合物和烷芳磺酸盐。其主要特性如表8-7所列。

表 8-7　外加剂的分类及其主要特性

外加剂分类	代表化合物	主要特性
呋喃类有机单体	糠醇、糠醛丙酮、糠醇与糠醛混合物等	以呋喃环为基体，沸点在150℃以上，溶于水，在酸性催化剂（如盐酸苯胺）的作用下，糠醇能缩聚成树脂
水溶性低聚物	多羟醚化三聚氰胺、水溶性氨基醛低聚物、水溶性聚酰胺	水溶性低聚物均为有机低聚物，水溶性好。如多羟醚化三氰胺能与水以任何比例混合，在酸性介质中可以发生聚合反应
高分子化合物	水溶性环氧树脂呋喃树脂等	为黏稠状液体，由于树脂聚合度较高，于水玻璃中的分散状态比以上两种外加剂差
烷芳磺酸盐	木质素磺酸钙、亚甲基二萘磺酸钠等	属于阴离子表面活性剂，粉状，易溶于水，其水溶液可均匀分散于水玻璃溶液中

二、水玻璃耐酸混凝土配合比设计

水玻璃耐酸混凝土的配合比设计，至今尚未有成熟固定的计算公式，大多数是根据试验由现场试配确定。根据对耐酸混凝土的基本要求，在进行耐酸混凝土配合比设计时，必须考虑以下 2 点：①应使耐酸混凝土具有良好的抗稀酸性、抗水稳定性，这是对耐酸混凝土的最基本的要求；②应使耐酸混凝土具有适宜的强度，以满足结构在强度方面的要求。另外，还应当满足施工和易性的要求。

以上两个方面同等重要，必须同时兼顾，不要单纯追求混凝土的强度，强度高并不一定就意味着其他性能好。例如，水玻璃用量偏低或密度过大时，混凝土的强度虽然有所提高，但其耐酸性、耐水稳定性和抗渗透能力较差；水玻璃用量过大或降低密度时，虽然能改善混凝土的和易性和施工条件，但很难保证耐酸混凝土的耐腐蚀性能。因此，水玻璃耐酸混凝土的强度一般控制在 20～30MPa 范围内为佳，坍落度控制在 1～5cm。为便于在施工中进行水玻璃混凝土的配合比设计，混凝土组成材料的用量，可按下述原则和数据选用。

1. 水玻璃用量

水玻璃的用量对混凝土的和易性及抗酸、抗水性能有很大的影响。如果用量过少，不仅混凝土拌合物和易性差，施工操作困难，特别是不易捣固密实，而且也达不到抗酸、抗水的目的；如果用量过多，混凝土拌合物的和易性虽然好，但混凝土的抗酸、抗水稳定性变差。因此，在满足施工和易性要求的条件下应尽量少用水玻璃为好。

水玻璃用量较少时，可减少混凝土中钠盐的含量，使其抗酸和抗水稳定性及抗渗透性相应提高。反之，抗酸和抗水稳定性及抗渗透性相应降低，收缩性也相应增大。根据工程实践经验，通常情况下，每立方米混凝土水玻璃的用量控制在 250～300kg 之间。

2. 氟硅酸钠

氟硅酸钠的掺量除对混凝土的硬化速率有影响外，对混凝土的抗酸、抗水稳定性也有很大影响。根据试验研究，混凝土的强度增长随着氟硅酸钠的掺量增加而提高，但掺量超过某一范围时，其强度却不再有大的增长，有时还略有降低。当掺量少时，混凝土在水的作用下的时间越长，抗水稳定性越差，即强度降低越大，产生麻面和溶蚀情况也越严重。

混凝土在酸的作用下，其强度均有所增长，当氟硅酸钠掺量在一定范围内，强度增长较大。掺量超过一定数量时，强度增长比较缓慢。此外，氟硅酸钠掺量过多，混凝土硬化速度过快，对施工操作不利，同时也增加了混凝土的造价。

当水玻璃模数、相对密度确定后，氟硅酸钠的理论用量就是一个定值。氟硅酸钠的理论掺量可按式(8-3)计算：

$$G=1.5\times N_1/N_2\times 100 \tag{8-3}$$

式中　G——氟硅酸钠用量占水玻璃用量的百分率，%；

N_1——水玻璃中含氧化钠的百分率，%，氧化钠含量可由图8-1中查出，图中曲线上所标的数字表示氧化钠的百分含量；

N_2——氟硅酸钠的纯度，%。

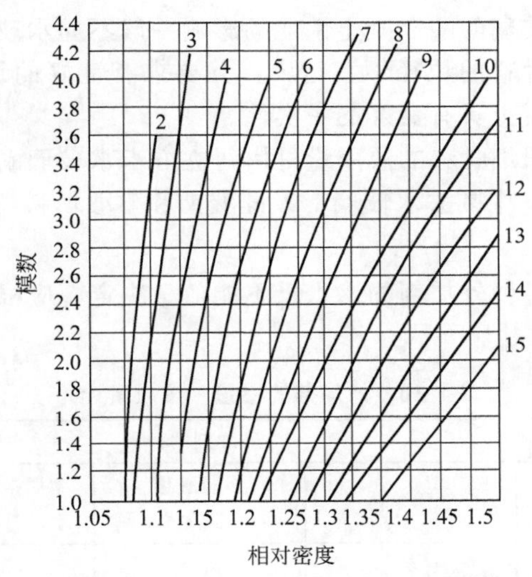

图8-1　水玻璃模数、相对密度与 Na_2O 含量的关系

由此可见，在配制水玻璃耐酸混凝土时，氟硅酸钠掺量过多是不适宜的，一般掺量为水玻璃用量的12%～15%。这主要根据拌制时的温度来确定。当水玻璃模数 $M=2.4\sim2.9$，相对密度为1.38～1.40时，氟硅酸钠的掺量可从表8-8和表8-9中进行选择。

表8-8　Na_2SiF_6 掺量与拌制温度的关系

拌制及养护时的温度/℃	8～15	15～25	>25	备注
氟硅酸钠占水玻璃比例/%	7	15	13	氟硅酸钠的纯度>95%

表8-9　氟硅酸钠固化剂理论用量参考值（占水玻璃用量的百分数）

密度/(g/cm³) \ 理论用量参考值/% \ 水玻璃模数(M)	3.2	3.0	2.8	2.6	2.4
1.46	—	—	—	—	18.9
1.44	—	15.9	16.3	17.5	17.9
1.42	14.5	15.5	15.9	16.5	17.4
1.40	13.9	15.0	15.5	16.0	16.7
1.38	13.5	14.1	14.5	15.4	15.9
1.36	12.9	13.7	14.0	14.5	14.8
1.34	12.3	—	—	—	—

3. 耐酸填料的用量

耐酸填料的作用是填充骨料的空隙，使混凝土达到最大密实度。如果耐酸填料用量过少，混凝土拌合物的塑性较差，密实度降低；如果耐酸填料用量过多，会使混凝土拌合物的黏性增大，不易振捣密实，混凝土硬化后，内部存在较多的气泡，从而抗渗能力较差，吸水率较大。耐酸填料用量过多或过少，都不能提高混凝土的抗渗能力，材料试验和工程实践证明：每立方米混凝土中耐酸填料的用量，一般以400～550kg为宜。

4. 粗细骨料的用量

粗细骨料的用量对水玻璃耐酸混凝土性能的影响一般不如水玻璃、氟硅酸钠和耐酸填料三者用量的影响大。但粗骨料的粒径不宜过大，并要求有良好的级配。砂率要求在40%以上才能保证水玻璃耐酸混凝土具有良好的密实性。

水玻璃耐酸混凝土中粗细骨料的总用量可由每立方米水玻璃耐酸混凝土总质量（即表观密度为2350～2450kg/m³）中减去水玻璃、氟硅酸钠和耐酸填料三者的用量求得。

5. 外加剂的掺量

水玻璃耐酸混凝土中各种外加剂的掺入量不能随意决定，应根据混凝土或胶泥的性能测试数据从表8-10中选择。

表8-10　外加剂的掺量（按质量计）

水玻璃	外加剂的种类				
	糠醇单体	糠酮单体	多羟醚化三聚氰胺	木质素磺酸钙＋水溶性环氧树脂	NNO
100	3～5	5	5～8	2＋3	4～5

注：用糠醇时也可加入盐酸苯胺，其用量为糠醇的4%。

6. 水玻璃耐酸混凝土的配合比

水玻璃耐酸混凝土的配合比，一般可参考经验配合比进行选择，然后再通过试验进行调整，最后确定出适合的配合比。表8-11列出了工程中水玻璃耐酸混凝土的参考配合比，可供设计时参考。

表8-11　水玻璃耐酸混凝土的参考配合比

混凝土组成材料/(kg/m³)								抗压强度/MPa		
水玻璃			氟硅酸钠	粉料	砂子	粗骨料		7d	14d	28d
模数	密度/(g/cm³)	用量				粒径/mm	用量			
2.3	1.35	300	49.0	450	520	20～40	1200	18.0	—	—
2.8	1.39	309	45.3	543	604	5～15	906	—	20.5	—
2.8	1.39	320	48.0	515	575	5～15	894	—	21.3	—
2.8	1.39	295	44.3	531	590	5～25	1033	—	21.7	—
2.8	1.39	318	47.7	509	572	5～25	954	—	19.0	—
2.3	1.39～1.41	330	49.5	450	450	5～25	1100	—	—	22.0

三、水玻璃耐酸混凝土基本性能

水玻璃耐酸混凝土的基本性能主要包括力学性能、耐久性和干缩变形性，其中力学性能主要包括抗压强度、抗折强度和抗冲击性。

1. 抗压强度

水玻璃耐酸混凝土的抗压强度一般应大于20MPa。材料试验和工程实践证明，只要正确地配制和施工，这个抗压强度是不难达到的，如果加入适量的改性剂进行改性，抗压强度完全可以大于25MPa。

水玻璃耐酸混凝土早期强度较高，在一般情况下，1d的抗压强度可以达到28d抗压强度的40%～50%，3d的抗压强度可以达到28d抗压强度的75%～80%，但28d后混凝土的抗压强度基本上不再增长。

2. 抗折强度

水玻璃耐酸混凝土的抗折强度，与其抗压强度有密切关系，随着抗压强度的提高而增大，一般为抗压强度的1/10～1/8。

3. 抗冲击性

水玻璃耐酸混凝土有较强的抗冲击性，尤其是耐酸胶泥和耐酸砂浆具有更强的抗冲击性。

影响水玻璃耐酸混凝土力学性能的因素很多，除了配合比设计、施工环境和施工质量外，还与水玻璃的模数、品质及耐酸骨料的品种、品质、表面性能等有关。此外，水玻璃耐酸混凝土的养护条件（主要指温度），在一定程度上也会影响其力学性能。

四、水玻璃耐酸混凝土的应用

水玻璃耐酸混凝土是防腐蚀工程领域中的传统材料之一，在我国已有60多年的应用历史，在工程应用实践中积累了丰富的经验。由于水玻璃耐酸混凝土具有材源广泛、施工方便、价格低廉、毒性较小、施工机具易于清洗等优良性能，所以在化工、冶金、石油、轻工、食品等各工业部门得到广泛应用。

众多工程实践证明，由于水玻璃耐酸混凝土具有上述优良性能，它不仅可以解决一般工业设备及建筑物的抗酸性腐蚀问题，而且还可以解决某些苛刻的工程问题，也是一般高分子材料所不能达到的，所以说水玻璃耐酸混凝土又是新型混凝土材料之一。

第三节　沥青耐酸混凝土

沥青材料是一种憎水性的有机胶凝材料，是由一些极其复杂的高分子烃类化合物和这些烃类化合物的非金属（氧、硫、氮等）的衍生物所组成的混合物，用沥青配制而成的混凝土是防腐工程中应用最广泛的材料。

沥青耐酸混凝土的特点是整体无缝，有一定弹性，材料来源广泛，价格比较低廉，施工简单方便，不需要进行养护，冷固后即可使用，能耐中等浓度的无机酸、碱和盐类的腐蚀。但是，沥青耐酸混凝土的耐热性较差，使用温度一般不能高于60℃，而且易于老化，强度比较低，遇重物易变形，色泽不美观，用于室内影响光线等。在防腐工程中，沥青耐酸混凝土多用作基础、地坪的垫层或面层。

一、沥青耐酸混凝土的组成原材料

沥青耐酸混凝土由胶凝材料沥青、粉料、粗细骨料和纤维状填料等组成。

（一）沥青材料

配制沥青耐酸混凝土所用的沥青材料主要是石油沥青和煤沥青。它们的化学组成不同，其技术性能也不相同。

1. 石油沥青的化学组成

石油沥青可分离为油分、树脂和地沥青质3种组分。

（1）油分　油分为淡黄色至红褐色黏性液体，其分子量为100～500，密度为0.7～1.0g/cm³，含量为40%～60%，能溶于大多数有机溶剂，但不溶于酒精。油分是决定沥青流动性大小的组分。

（2）树脂　树脂又称沥青脂胶，为黄色至黑褐色的黏稠状半固体，分子量为600～1000，密度为1.0～1.1g/cm³，其含量为15%～30%。树脂中绝大多数属于中性树脂，中性树脂能溶于三氯甲烷、汽油和苯等有机溶剂。另外，树脂中还有少量的酸性树脂，其含量大约在10%以下，是油分氧化后的产物，具有一定的酸性，它易溶于酒精、氯仿，是沥青中的表面活性物质，它可以提高沥青与矿物材料的黏结力。树脂是决定沥青塑性和黏结性的组分。

（3）地沥青质　地沥青质是深褐色至黑褐色无定形固体粉末，其分子量为1000～6000，密度为1.1～1.5g/cm³，含量为10%～30%，能溶于二氧化碳、氯仿和苯，但不溶于汽油和石油醚。地沥青质是决定沥青黏性和温度稳定性的组分。

除上述3种主要组分外，石油沥青中还有少量的沥青碳或似碳物，均为无定形的黑色固体粉末，分子量最大，但其含量很少，一般仅为2%～3%。它们是在沥青加工过程中，由于过热或深度氧化脱氢而生成的。沥青碳或似碳物是石油沥青中的有害物质，会降低沥青的黏结力和塑性。

此外，石油沥青中还含有石蜡。石蜡在沥青中会降低沥青的黏性和塑性，同时增加沥青的温度敏感性，所以石蜡是石油沥青中的有害成分。

2. 煤沥青的化学组成

煤沥青化学组成的分析方法，与石油沥青的方法相似，可分离为游离碳、树脂和油分等。

（1）游离碳　又称自由碳，是高分子有机化合物的固态碳质微粒，既不溶于苯，加热也不熔化，但高温产生分解。煤沥青的游离碳含量增加，可以提高其黏度和温度稳定性，但随着游离碳含量的增加低温脆性也随之增加。

（2）树脂　煤沥青的树脂为环心含氧烃类化合物，其又分为硬树脂和软树脂。硬树脂类似石油沥青中的沥青质；软树脂为赤褐色黏塑性物，可溶于氯仿，类似石油沥青中的树脂。

（3）油分　油分是液态烃类化合物。与其他组分比较，为结构最简单的物质。

除以上3种基本组分外，煤沥青的油分中还含有萘、蒽和酚等。萘和蒽均能溶解于油分中，在含量较高或低温时，能呈固体晶状析出，影响煤沥青的低温变形能力。酚为苯环中含羟物质，不仅能溶于水中，而且易被氧化。煤沥青中的酚、萘和水均为有害物质，对其含量必须严格控制。

在实际工程施工中，配制沥青耐酸混凝土的沥青材料，一般选用10号或30号建筑石油沥青，不与空气直接接触的部位，例如在地下和隐蔽工程中也可以使用煤沥青。

（二）粉料

配制沥青耐酸混凝土的粉料，可采用石英粉、辉绿岩粉、瓷粉等耐酸粉料，其耐酸率不得小于94%；用于耐碱工程时，可用滑石粉或磨细的石灰岩粉、白云岩粉等；用于耐氢氟酸工程时，可用硫酸钡、石墨粉等。粉料的湿度应不大于1%，细度要求通过1600孔/cm²筛，筛余率不大于5%，4900孔/cm²筛余率为10%～30%。

（三）粗细骨料

配制沥青耐酸混凝土的粗细骨料，采用石英岩、花岗岩、玄武岩、辉绿岩、安山岩等耐酸石料制成的碎石或砂子，其耐酸率不应小于94%，吸水率不应大于2%，含泥量不应大于1%。细骨料应用级配良好的砂，最大粒径不超过1.25mm，空隙率不应大于40%；粗骨料的最大粒径不超过面层分层铺设厚度的2/3，一般不大于25mm，空隙率不应大于45%。

（四）纤维状填料

配制沥青耐酸混凝土的纤维状填料，一般可采用6级石棉绒。耐酸工程应用角闪石类石棉，耐碱工程应用温石棉，石棉的含水率均应小于7%，在施工条件允许时也可采用长度4～6mm的玻璃纤维。

二、沥青耐酸混凝土配合比及配制工艺

1. 粉料及骨料混合物的颗粒级配

配制沥青耐酸混凝土的粉料及骨料的颗粒级配，如表8-12所列。

表8-12 粉料及骨料的颗粒级配

混凝土的种类 \ 颗粒级配/mm \ 混合物累计筛余率/%	25	16	5.0	2.5	1.25	0.63	0.315	0.16	0.08
细粒式沥青混凝土	—	0	22～37	37～60	47～70	55～78	65～85	70～88	75～90
中粒式沥青混凝土	0	10～20	30～50	43～67	52～75	60～82	68～87	72～90	77～92

2. 沥青耐酸混凝土的参考配合比

沥青耐酸混凝土的配合比，应当根据试验确定。在进行初步配合比设计时，可参考表8-13中所列的数值。

表8-13 沥青耐酸混凝土的参考配合比

混凝土的种类	粉料和骨料混合物/kg	沥青含量(按质量计)/%
细粒式沥青混凝土	100	8～10
中粒式沥青混凝土	100	7～9

3. 沥青耐酸混凝土的配制工艺

将沥青碎块加热至160～180℃后搅拌脱水、去渣，使其不再起泡沫，直至沥青升到规定温度时（建筑石油沥青200～230℃，普通石油沥青250～270℃）为止。当用两种不同软化点的沥青时，应先熔化低软化点的沥青，待其熔融后再加入高软化点的沥青。

按照设计要求的施工配合比，将预热至140℃左右的干燥粉料和骨料混合均匀，随即将熬制好的、温度为200～230℃的沥青逐渐加入，并进行强烈搅拌，直至全部粉料和骨料被沥青包裹均匀为止。

沥青耐酸混凝土的拌和温度应当适宜，当环境温度在5℃以上时其为160～180℃，当环境温度在－10～5℃时其为190～210℃。

第四节 硫黄耐酸混凝土

硫黄耐酸混凝土，是将刚熬制好的硫黄胶泥，或硫黄砂浆灌注于耐酸粗骨料中而制成。硫黄耐酸混凝土的特点是：结构密实，抗渗、耐水、耐稀酸性能好，凝结硬化速度快，强度比较高，不需要进行专门的养护，因此特别适用于抢修工程。但是，这种混凝土收缩性很大，耐火性较差，质比较脆，且不耐磨。因此，硫黄耐酸混凝土常用于浇筑整体地坪面层、设备基础和池槽等。

当采用一般耐酸粉料和骨料配制硫黄耐酸混凝土时，可以耐浓硫酸、盐酸及40%的硝酸；当采用石墨粉或硫酸钡作填料时，可以耐氢氟酸和氟硅酸，也能耐一般铵盐、氯盐、纯机油及醇类溶剂。但不耐浓硝酸和强碱，不适用于温度高于80℃或冷热交替部位，也不适用于与明火接触部位或受重物冲击的部位。

一、硫黄耐酸混凝土的原材料

硫黄耐酸混凝土的组成材料主要包括硫黄、耐酸粉料、耐酸细骨料、耐酸粗骨料和增韧剂等。

1. 硫黄

硫黄是单质硫（S）的俗称，平常也称硫黄，可以由天然硫矿获取，也可由加热黄铁矿（FeS）而得。纯硫黄在常温下呈淡黄色固体，密度为2.07g/cm^3，熔点为112.8℃，沸点为444.6℃。配制硫黄耐酸混凝土的硫黄，一般可采用工业用块状或粉状的硫黄皆可，硫黄为金黄色，熔点为120℃，纯度不低于94%，含水率不大于1%。用于硫黄耐酸混凝土的硫黄有关技术指标，应符合现行国家标准《工业硫黄及其试验方法》中的要求。

2. 耐酸粉料

硫黄耐酸混凝土中掺加耐酸粉料，其主要作用是减少混凝土的体积收缩，增加混凝土的强度。在一般情况下，耐酸粉料多采用石英粉、辉绿岩粉和安山岩粉等，但辉绿岩粉不宜单独使用，可与石英岩粉按1∶1混合使用。如果混凝土有耐氢氟酸的要求，可用石墨粉或硫酸钡。

配制硫黄耐酸混凝土的耐酸粉料，其耐酸率不小于94%，颗粒细度要求1600孔/cm^{2}筛余率不大于5%，4900孔/cm^{2}筛余率为10%～30%，含水率不大于0.5%，使用前必须烘干。为减少硫黄胶泥的收缩，改善其脆性，可掺入少量的石棉绒。石棉绒要求质地干燥，不含杂质。

3. 耐酸细骨料

配制硫黄耐酸混凝土所用的耐酸细骨料，最常用的是石英砂，要求其耐酸率不应低于94%，含水率不应大于0.5%，含泥量不应大于1%，粒径1mm筛孔筛余率不大于5%，在使用前要进行烘干。硫黄耐酸混凝土所用耐酸细骨料的颗粒级配如表8-16所列。

4. 耐酸粗骨料

配制硫黄耐酸混凝土所用的耐酸粗骨料一般包括石英岩、花岗岩和耐酸砖块等。不得含有泥土，其耐酸率不应小于 94%，浸酸安定性合格，粒径要求 20～40mm 的含量不小于85%，10～20mm 的含量不大于 15%，在使用前也要进行烘干。硫黄耐酸混凝土所用耐酸骨料的颗粒级配如表 8-14 所列。

表 8-14 硫黄耐酸混凝土耐酸骨料的颗粒级配要求

项目	细骨料					粗骨料				
筛孔尺寸/mm	0.15	0.30	1.25	2.50	5.00	5.00	10.0	20.0	30.0	40.0
筛余率/%	85～100	50～85	0～5	0～3	0～1	99～100	95～100	85～95	40～50	10～30

5. 增韧剂

硫黄在熔融、冷却、凝固的过程中会发生晶格的变化，从而导致体积发生变化，同时还会降低其强度（特别是抗冲击强度）和热稳定性。为减小这些不良影响，用于硫黄耐酸混凝土的硫黄往往需要加以改性，即加入一定量的改性剂。

配制硫黄耐酸混凝土所用的改性剂，也称为增韧剂，常用的一般是聚硫橡胶。聚硫橡胶是甲醛与多硫化钙的缩聚物，其掺量一般为硫黄用量的 2%～3%。掺加增韧剂的作用是改善硫黄耐酸混凝土的脆性、和易性，提高其抗压强度。

另外，配制时掺入少量的短纤维（如玻璃纤维、石棉等），不仅可提高硫黄耐酸混凝土的韧性，同时还可以降低其收缩性。

二、硫黄耐酸混凝土的配合比

1. 硫黄砂浆、胶泥及混凝土的配合比

迄今为止硫黄耐酸混凝土（包括硫酸砂浆和硫黄胶泥）的配合比设计，尚无如水泥混凝土配合比那样有可以依循的设计方法，仍然是根据工程需要和施工经验进行试配，最后确定工程使用的配合比。工程中常用的硫黄砂浆、硫黄胶泥及硫黄耐酸混凝土的参考配合比，如表 8-15 所列。

表 8-15 硫黄砂浆、硫黄胶泥及硫黄混凝土的参考配合比

材料名称	配合比（质量比）								
	硫黄	石墨粉	碳质粉料	辉绿岩粉	细骨料	石棉绒	聚硫橡胶	聚氯乙烯	粗骨料
硫黄胶泥	58～60	17～20	—	19～20	—	—	1～2	—	—
	54～60	18～20	—	18～20	—	—	—	5	—
	70～72	—	26～28	—	—	—	1～2	—	—
硫黄砂浆	50	8.5	—	8.5	30	0～1	2～3	—	—
硫黄混凝土	40～50（硫黄胶泥或硫黄砂浆）								50～60

在工程实际应用时，在表 8-15 参考配合比的范围内，随着硫黄掺量的增加，其强度也会相应增加。

2. 硫黄砂浆、胶泥及混凝土的配制工艺

配制方法是将硫黄破碎成 3～4cm 的碎块，按照设计的配合比称量，装入特制的砂锅

内，在130～150℃下加热熔化、脱水，在加热的过程中，边熔化边加料边搅拌，防止局部过热，加入量为锅容积的1/3～1/2。如果熬制硫黄砂浆，在熔化的硫黄中加入经130℃预热烘干的粉料、细骨料，边加边搅拌，加热温度保持在140～150℃，待搅拌脱水并无气泡时，分批逐渐加入粒度小于20mm的聚硫橡胶，并加强搅拌，温度控制在不大于160℃，待聚硫橡胶全部加完，泡沫减少后，可继续升温至160～170℃，熬制3～4h，待物料变得均匀，颜色一致，泡沫完全消失后即可使用。

熬制好的砂浆或胶泥应取样，在140℃的温度下浇注“8”字形抗拉试块，观察其冷却后有无起鼓、凹陷、不密实、气孔、分层等现象。如有起鼓，或将试件打断后观察，颈部断面内肉眼可见小孔多于5个，应适当延长熬制时间，可在160～170℃下继续加热熬制和搅拌，或加入适量硫黄和聚硫橡胶继续熬制，直至气体散发出来达到合格为止。硫黄胶泥（砂浆）一般可预先熬制并浇注成小块备用，使用时再加热进行熔化。

三、硫黄耐酸混凝土的性能

硫黄耐酸混凝土的性能主要包括力学性能、耐久性等方面。

1. 力学性能

硫黄耐酸混凝土与水泥混凝土在结构和力学性能上具有很大的不同，水泥混凝土是依靠水泥的水化反应形成各种水化产物而产生凝结硬化，与骨料共同形成水泥基复合材料而具有抵抗荷载的能力；而硫黄耐酸混凝土是以熔融的硫黄与骨料拌和、冷却固化，与骨料形成硫黄基复合材料而具有抵抗荷载的能力。

另外，水泥的水化是随时间逐步进行的，1个月一般达到60％～70％的抗压强度；而硫黄耐酸混凝土中硫黄由熔融态冷却至固态，只是一种物理变化过程，所以强度发展非常迅速，1天时间可达到100％的抗压强度。因此，硫黄耐酸混凝土是一种早强快硬材料。

硫黄耐酸混凝土的抗拉强度与抗压强度之比，一般为（1∶7）～（1∶8），基本上与普通水泥混凝土相同。不经改性的硫黄耐酸混凝土韧性较差，当工程对混凝土的韧性要求较高时，必须加入适量的改性剂进行改性。硫黄耐酸混凝土的力学性能，如表8-16所列。

表8-16 硫黄耐酸混凝土的力学性能

抗压强度/MPa	抗弯强度/MPa	抗拦强度/MPa	弹性模量/GPa
25～70	3.4～10.4	2.8～8.3	20～45

2. 耐久性

硫黄耐酸混凝土的耐久性主要包括耐酸性、耐碱性、耐盐性、耐热性、抗冻性和抗渗性等。

（1）耐酸性　硫黄耐酸混凝土与水玻璃耐酸混凝土一样，耐酸性能是其最主要、最基本的性能，也是衡量混凝土质量如何的主要指标。工程实践充分证明，硫黄耐酸混凝土的耐酸性，比水玻璃耐酸混凝土更强，尤其是水玻璃耐酸混凝土耐稀酸和耐水性比较差，而硫黄耐酸混凝土却具有很强的抗水性和耐稀酸性。

（2）耐碱性和耐盐性　硫黄耐酸混凝土与水玻璃耐酸混凝土一样，也是一种不耐碱和某些盐的材料。但对于浓度较低的碱和盐，硫黄耐酸混凝土还具有一定的耐蚀性。

（3）耐热性　由于硫黄耐酸混凝土中的胶结材料是熔点较低（120℃）的硫黄，因此，硫黄耐酸混凝土的耐热性比较差。特别需注意的是硫黄耐酸混凝土在80℃后，其热膨胀系数会随着温度的升高而快速增加。因此，硫黄耐酸混凝土仅适宜在常温环境中使用，最高使用温度不得超过80℃。

(4) 抗冻性和抗渗性　配制和施工较好的硫黄耐酸混凝土，具有一定的抗冻性和抗渗性。在一般情况下，可按水泥混凝土抗冻和抗渗性的测定方法对硫黄耐酸混凝土进行测定。当抗冻标号大于或等于 D_{15}，抗渗标号大于或等于 S_8 时，《实用混凝土大全》中列出了硫黄胶泥、硫黄砂浆和硫黄耐酸混凝土的技术要求，如表8-17所列。

表8-17　硫黄胶泥、硫黄砂浆和硫黄耐酸混凝土的技术要求

项目		技术性能指标		
		硫黄胶泥	硫黄砂浆	硫黄混凝土
未浸酸	抗压强度/MPa	—	—	≥40
	抗折强度/MPa	—	—	≥40
	抗拉强度/MPa	≥4.0	≥3.5	—
	急冷急热残余抗拉强度/MPa	≥2.0	—	>1.0
	吸水率/%	≤0.5	≤0.5	≤0.5
	分层度/cm	—	0.7～1.3	—
	表观密度/(kg/m³)	2200～2300	—	2400～2500
	与耐酸砖的黏结强度/MPa	≥1.3	≥1.3	—
浸酸后	抗拉强度降低率/%	≥20	≥20	—
	质量变化率/%	≥1	≥1	—

第五节　耐酸混凝土的施工工艺

耐酸混凝土的质量如何，关键在于组成材料的配合比设计和施工工艺，施工质量往往是影响耐酸混凝土质量的主要因素。因此，在耐酸混凝土的施工中应当严格按照有关规定进行。不同组成材料的耐酸混凝土，其施工工艺也是不同的。

一、水玻璃耐酸混凝土的施工要点

(一) 水玻璃耐酸混凝土的施工工艺

水玻璃耐酸混凝土的施工工艺，主要包括混凝土的搅拌工艺、混凝土的浇筑和混凝土的拆模等。

1. 混凝土搅拌工艺

(1) 机械搅拌水玻璃耐酸混凝土时，按照设计配合比先将耐酸填料、耐酸粗细骨料与氟硅酸钠加入搅拌机内，干拌均匀，然后再加入水玻璃湿拌1min以上，直至均匀为止。搅拌时，宜选用强制式搅拌机，搅拌时间为4～5min。常用型号为 J_w-375、J_4-375，每次搅拌的混凝土量以不超过150L为宜。

(2) 采用人工搅拌时，先将耐酸填料和氟硅酸钠混合，过筛两遍后，加入粗细骨料，放在铁板上干拌混合均匀，然后逐渐加入水玻璃湿拌，湿拌不少于3次，直至均匀，一般在5～7min内拌制完成。每次拌和的混凝土应在30min内用完。

(3) 采用改性水玻璃混凝土配制时，应先将改性材料如糠醇单体或糠酮树脂加水玻璃在小搅拌机内搅拌均匀后，再按照上述程序进行搅拌。

若加木质素磺酸钙及水溶性环氧树脂时，应先计算出调整水玻璃密度时所需的总加水量，将木质素磺酸钙溶解后，再与水溶性环氧树脂及水玻璃进行搅拌。

（4）拌和好的水玻璃耐酸混凝土，严禁加入其他任何物料，并必须在初凝前（一般在加入水玻璃起 30min 内）用完。

2. 混凝土浇筑

（1）水玻璃类的材料最大的缺陷是不耐碱，在呈碱性的水泥砂浆或混凝土基层上铺设水玻璃混凝土时，应设置沥青油毡、沥青涂料等隔离层。施工时，应先在隔离层或金属基层上涂刷两道稀胶泥（水玻璃∶氟硅酸钠∶填料＝1∶0.15∶1），两道涂刷之间的间隔时间一般为 6～12h。

（2）在浇筑大面积地面工程时，应进行分格缝处理，分格缝内可嵌入聚氯乙烯胶泥或沥青胶泥。

（3）水玻璃耐酸混凝土的终凝时间较长，侧压力较大，模板支撑应牢固，拼缝要严密，表面要平整，当池槽的底板与主壁同时施工时，浇筑时宜设封底模板。模板与混凝土接触面应涂以非碱性矿物油脱模剂，钢筋与预埋件必须除锈刷漆。

（4）拌和好的水玻璃耐酸混凝土应立即浇灌。混凝土拌合物的坍落度，采用机械振捣时，不大于 1.0cm；采用人工振捣时，为 1.0～2.0cm。

（5）水玻璃耐酸混凝土应分层进行浇筑，当采用插入式振动器振捣时，每层的厚度一般应不大于 200mm，采用平板式振动器或人工捣实时，每层浇筑厚度不大于 100mm，并在初凝前振捣密实。

（6）耐酸贮槽的浇筑应当一次完成，上一层混凝土应在下一层混凝土初凝前浇完，并以一次连续浇灌成型不留施工缝为宜。如果超过初凝时间必须留施工缝时，需在下次浇灌混凝土前将施工缝进行凿毛，清理干净后涂一层同类型的耐酸稀胶泥，待其稍干后再继续浇筑混凝土。

（7）水玻璃耐酸混凝土的捣实主要应采用振动成型，不同的振动机具适用场合不同，如表 8-18 所列。

表 8-18 振动机具及其适用场合

振动机具的种类	适用场合
振动平台	成型水玻璃耐酸混凝土预制块、构件等
平板振动器	成型水玻璃耐酸混凝土地面、槽、罐底平面等
附着式振动器	成型整体水玻璃耐酸混凝土槽罐等设备
插入式振动器	成型侧壁厚度较大的槽罐设备(可与附着式振动器配合使用)

3. 混凝土拆模

（1）水玻璃耐酸混凝土浇筑后，在不同的温度条件下，允许拆模的时间是不同的。允许拆模的时间为：在 10～15℃时应不少于 5d；在 16～20℃时应不少于 3d；在 21～30℃时应不少于 2d；在 31～35℃时应不少于 1d。

（2）拆除模板后，如有蜂窝、麻面、裂纹等缺陷，应将该处的混凝土凿去并清理干净，然后在上面涂上一薄层水玻璃胶泥，待其稍干后再用水玻璃胶泥砂浆进行修补。

4. 工程质量要求

当水玻璃耐酸混凝土有设计规定时，混凝土的所有指标均应符合设计规定；当无设计规定时，耐酸混凝的抗压强度应不低于15MPa；浸酸后，其抗压强度的降低不大于20%，外观检查应无裂纹或掉角。

（二）水玻璃耐酸混凝土的养护及酸化处理

1. 水玻璃耐酸混凝土的养护

水玻璃耐酸混凝土在成型及养护期间，应特别注意防潮、防冻和防晒。水玻璃耐酸混凝土的养护温度以15～30℃为宜，一般可采用干热养护，条件允许时最好有一定的湿度，但不允许用蒸汽养护。受冻后的水玻璃应加热熔化，经过滤后才能使用。

2. 水玻璃耐酸混凝土的酸化处理

水玻璃耐酸混凝土硬化后，应进行酸化处理。由于水玻璃耐酸混凝土在硬化后，混凝土的内部和表面，常残留一些游离水玻璃，如果不进行酸化处理，遇水后很容易溶解，致使混凝土密实度降低，影响其耐酸、耐水的效果。

游离的水玻璃经酸化处理后，转变为硅酸凝胶，并且充填于混凝土的空隙中，不仅增加混凝土的密实度和强度，而且改善了其耐酸、耐水性能。同时，也使有害的氧化钠变成盐类析出，减少碱性腐蚀作用。

水玻璃耐酸混凝土的酸化处理，一般可参考下列要求进行。①酸化处理应在混凝土养护期满后进行。②酸的浓度可达到下列标准：40%～60%浓度的硫酸，15%～25%浓度的盐酸（或1：2～1：3的盐酸酒精溶液），40%浓度的硝酸。③温度在15～30℃时，每次酸化间隔时间为8～10h。④每次酸化处理前，应清除混凝土表面析出的白色结晶物。⑤酸化处理要求涂刷均匀，一般不少于4次。

二、沥青耐酸混凝土的施工要点

在沥青耐酸混凝土摊铺前，在已涂有沥青冷底子油的水泥砂浆或混凝土基层上，先涂一层沥青稀胶泥（沥青：粉料＝100：30）。一般情况下，沥青耐酸混凝土的摊铺温度为150～160℃，压实后的温度为110℃；当环境温度在0℃以下时，摊铺温度为170～180℃，压实后的温度不低于100℃，摊铺后应用铁滚进行压实。为防止铁滚表面黏结沥青混凝土，可涂刷防粘剂（柴油：水＝1：2）。

在沥青耐酸混凝土浇筑中应连续进行，使结构具有良好的整体性，尽量不留施工缝。如果工程量较大，在浇筑中无法保持连续进行，确实需要留设施工缝时，垂直施工缝应当留成斜槎并加强密实。再继续施工时，应把槎面处清理干净，然后覆盖一层热沥青砂浆，或将沥青混凝土进行预热，预热后将覆盖层除去，然后再涂一层热沥青或沥青稀胶泥后继续施工。当采用分层施工时，上下层的垂直施工缝要错开，水平施工缝之间也应涂一层热沥青或沥青稀胶泥。

细粒式沥青耐酸混凝土，每层的压实厚度不宜超过30mm；中粒式沥青耐酸混凝土，每层的压实厚度不应超过60mm。混凝土的虚铺厚度应经试验确定。当采用平板式振动器时一般为压实厚度的1.3倍。

沥青耐酸混凝土如果表层有起鼓、裂缝、脱落等缺陷，可将缺陷处挖除，清理干净后涂上一层热沥青，然后用沥青砂浆或沥青混凝土趁热填补压实。

三、硫黄耐酸混凝土的施工要点

硫黄耐酸混凝土是将熬制好的硫黄胶泥或硫黄砂浆注入松铺的碎石层内而形成的。为便于硫黄胶泥或砂浆与粗骨料的黏结，在浇筑混凝土前必须对粗骨料进行干燥和预热。小型工程可以用人工干燥预热，工程较大时可用机械干燥预热，应保证在浇筑时粗骨料的温度不低于40℃。

浇筑时，先将模板支撑牢固，要求拼缝严密，模板的表面刷上一层废机油（施工缝处的模板不刷），然后将干燥预热的粗骨料（40～60℃）浮铺在模板内，每层的厚度不宜大于400mm，并相隔30～40cm预先埋入直径50mm钢管或废瓷管作为浇筑口，口底距碎石底层10～20mm，待粗骨料铺完后，将钢管或废瓷管缓缓抽出，并将预留孔妥善保护，或将瓷管分段埋入作为浇入孔，浇筑时随时抽出。浇筑时，将刚熬好的硫黄砂浆或硫黄胶泥同时向各预留孔的浇筑孔由下而上连续浇筑，不得中断，直至灌入的硫黄砂浆或硫黄胶泥上升到距碎石层表面约5cm为止。留下的表面层，待硫黄砂浆或硫黄胶泥冷缩并凿除收缩孔中的针状物后，再用热硫黄砂浆或硫黄胶泥找平。

施工应根据工程实际分块进行，每块面积以2～4m^2为宜，后一块的浇筑工作必须在前一块浇筑的硫黄砂浆（或胶泥）冷缩（约2h）后进行，块与块之间的接槎应做成阶梯形。在浇筑立面时，垂直缝应互相错开。施工环境温度若低于+5℃，在浇筑完毕后表面应加以覆盖，防止产生冷缩裂纹。

硫黄耐酸混凝土地面也可制成预制块，块体底面先浇筑一层厚度约3mm的硫黄砂浆或硫黄胶泥，作为预制块的找平层，然后再按铺设块材的方法进行施工。铺好的面层应密实，不得有裂纹、气孔、脱皮、起壳、麻面等现象，用2m直尺进行检查，空隙不应大于6mm。

施工中要特别注意安全防护。熬制硫黄砂浆或硫黄胶泥时，不仅施工是在100℃以上的高温下进行，而且会产生有毒气体，对人体健康非常不利，因此，在硫黄的熬制过程中应注意以下几个方面：①熬制地点应设在下风方向，若需要在室内熬制时锅上应有排气罩；②熬制硫黄要严格控制温度，防止硫黄温度过高而着火，熬制中发现黄烟应立即撤火降温，出现局部燃烧时可向锅内撒石英粉灭火；③工作人员在操作中要穿上较厚的工作服，并戴口罩、手套、脚罩等保护用品，千万不可被烫伤。

第九章 耐碱混凝土

在一些工业建筑中，常常有与碱性介质密切接触的建筑工程和建筑构件，如烧碱（学名氢氧化钠）和纯碱（学名碳酸钠）的生产车间，碱法生产氧化铝及合成氨的一些车间等。这些车间的地面和一些构件，经常处于有不同浓度的氢氧化钠（NaOH）、碳酸钠（Na_2CO_3）及氨水（$NH_4 \cdot H_2O$）等碱性介质中。虽然普通水泥混凝土也具有一定的抗碱腐蚀能力，但当碱介质超过一定的浓度时，普通水泥混凝土就不可避免地受到腐蚀破坏。

第一节 耐碱混凝土概述

众多的工程实践证明，碱性介质对普通水泥混凝土的腐蚀有三种情况：一种是以物理腐蚀为主；一种是以化学腐蚀为主；还有一种是物理和化学两种腐蚀同时存在。也就是说，碱对水泥混凝土的破坏是一种比较复杂的物理化学作用过程。

在混凝土结构或构件的一般使用条件下，产生物理腐蚀的可能性比较多一些，如当混凝土局部处于碱溶液中，碱溶液单侧毛细孔渗入，或者受碱溶液的干湿交替作用时，都会发生物理腐蚀。在一般使用条件下，产生化学腐蚀是比较少见的，只是在温度较高、浓度较大和介质的碱性较强的情况下才容易发生。

一些碱介质（如 NaOH）通过混凝土的毛细孔通道渗入混凝土的表层乃至内部后，一方面 NaOH 在混凝土表层与空气中的 CO_2 作用生成 Na_2CO_3，其化学反应方程式如下：

$$2NaOH + CO_2 \longrightarrow Na_2CO_3 + H_2O$$

随着混凝土中水分的蒸发和 Na_2CO_3 的不断生成，Na_2CO_3 在混凝土表层中结晶沉积并产生膨胀，使混凝土由表及里逐层胀裂。另一方面，碱介质在混凝土内还能与水泥的一些矿物及水化产物发生反应，如 NaOH 与水泥中的铝酸三钙（C_3A）会发生如下反应：

$$6NaOH + 3CaO \cdot Al_2O_3 \longrightarrow 3Na_2O \cdot Al_2O_3 + 3Ca(OH)_2$$

生成的铝酸钠（$3CaO \cdot Al_2O_3$）是一种易溶于水的物质，因此会使混凝土结构遭到破坏。另外，混凝土中的骨料中如果含有易与碱发生化学反应的成分（如无定形氧化硅），特别是含有活性较高的无定形氧化硅（SiO_2）、氧化铝（Al_2O_3）等酸性氧化物，也会降低混凝土的抗碱能力。

从以上混凝土的破坏机理可以发现，如果能提高混凝土的密实度，物理腐蚀是可以防止的；防止化学腐蚀，主要应从选择原材料方面考虑。通过以上所述，可以从以下几个方面提高混凝土的抗碱性：①提高混凝土结构的致密性，减少混凝土的孔隙率，特别要减少开口孔和连通孔的数量，从而提高混凝土的抗渗透能力，降低碱性介质的渗透；②尽量降低水泥中易与碱介质发生反应的水泥熟料矿物及水化产物，例如降低水泥中的铝酸三钙（C_3A）含量及游离氧化钙（CaO）的含量；③在设计和经济性允许的前提下，适当提高混凝土的强度，以提高抵抗碱膨胀应力破坏的能力；④在设计和配制混凝土时，选用耐碱性较强的粗、细骨料，耐碱混凝土就是根据以上途径研制而成的。

第二节 耐碱混凝土原材料

工程实践证明，采用一些技术措施配制的耐碱混凝土，可以耐50℃以下、浓度25%的氢氧化钠（NaOH）和50～100℃、浓度12%的氢氧化钠（NaOH）和铝酸钠溶液的腐蚀，以及任何浓度的氨水、碳酸钠、碱性气体和粉尘等的腐蚀。

耐碱混凝土的组成原材料主要有水泥、骨料、掺合料和外加剂，它与普通水泥混凝土既有相同之处，也有不同之处。

一、水泥

用于配制耐碱混凝土的水泥应选择硅酸盐矿物（C_3S、C_2S）含量较高、铝酸盐矿物（C_3A）和铁铝酸盐矿物（C_4AF）含量较少的硅酸盐水泥或普通硅酸盐水泥，特别应注意铝酸三钙（C_3A）是一种十分容易与碱发生反应、降低耐碱性能的物质，因此C_3A在水泥中的含量应予以严格的控制。

在我国的耐碱工程中，一般多采用硅酸盐水泥和碳酸盐水泥，有时根据工程实际情况，也采用一些其他品种的水泥。

1. 硅酸盐水泥

水泥的耐碱性能的高低主要取决于化学成分和矿物组成。在硅酸盐类水泥熟料的矿物组成中，硅酸三钙（C_3S）和硅酸二钙（C_2S）是耐碱性较高的矿物，铁铝酸四钙（C_4AF）次之，而铝酸三钙（C_3A）易被碱液所分解，所以它的耐碱性较差。

在水泥的化学成分中，氧化钙是耐碱的物质，而水泥熟料中的氧化铝（Al_2O_3），只有和氧化铁（Fe_2O_3）等构成络合物时，那一部分才具有耐碱性能，其余大部分是以铝酸盐的形式存在，所以其耐碱性最差。因此，在配制耐碱混凝土时，应采用强度等级不低于42.5MPa、C_3A在水泥中的含量不应高于7%的硅酸盐水泥。当采用普通硅酸盐水时，C_3A在水泥中的含量不应高于5%。

2. 碳酸盐水泥

配制耐碱混凝土所用碳酸盐水泥，其成分中水泥熟料与石灰石的含量各占50%，其化学成分如表9-1所列。碳酸盐水泥和普通水泥的物理性能比较，如表9-2所列。

表9-1 碳酸盐水泥的化学成分

化学成分/%							密度/(g/cm³)	标准稠度/cm
SiO_2	Al_2O_3	CaO	Fe_2O_3	MgO	SO_2	灼减		
12.38	4.25	5.25	2.26	1.04	0.82	2.25	2.08	22.5

表9-2 碳酸盐水泥和普通水泥的物理性能比较

水泥品种	配合成分/%				密度/(g/cm³)	标准稠度/cm	安定性
	水泥熟料	石灰石	石膏	活性混合材			
硅酸盐水泥	85	—	—	<15	3.15	26.25	合格
B号碳酸盐水泥	48	48	4	—	3.10	27.25	合格
C号碳酸盐水泥	50	50	—	—	2.88	28.00	合格

3. 其他水泥

矿渣水泥其成分基本与普通硅酸盐水泥相似，其耐碱性也比较好。但由于泌水性大，配制的混凝土密实性难以保证，如果采取一定的技术措施，也能克服上述缺点，如掺加适量的氢氧化铝密实剂，即能显著提高矿渣水泥混凝土的耐碱性能。

矾土水泥和火山灰质水泥中含有大量的氧化铝（Al_2O_3）和氧化钙（CaO），这都是一些极不耐碱的物质，所以不能用于耐碱混凝土。

二、骨料

骨料的耐碱性能主要取决于其化学成分中的碱性氧化物含量高低和骨料本身的致密性。配制耐碱混凝土所用的骨料，一般为石灰岩、白云岩和大理岩。对于碱性不强的腐蚀介质，也可采用密实的花岗岩、辉绿岩和石英岩，这类火成岩虽然二氧化硅的含量比较高，但由于分子的聚合度高、密实度大，所以其碎石或中等粒径的砂都具有一定的耐碱性。工程实践证明，只有细粉状的火成岩在较高的温度下才易被碱性溶液溶解，从而造成混凝土的破坏。由于耐碱混凝土的密实性要求较高，所以对其骨料级配的要求也比较严格。用于配制耐碱混凝土的骨料级配应符合图9-1所示曲线的要求。对所用的骨料在使用前应进行碱溶率测定，粗细骨料的碱溶率应小于1.0g/L。

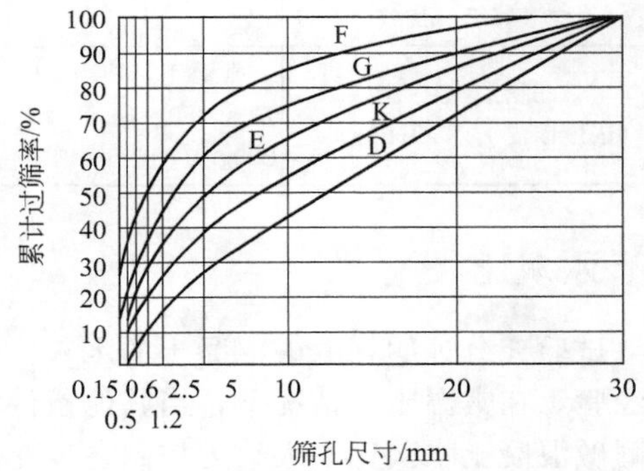

图9-1　耐碱混凝土骨料级配曲线

F、E、D—卵石混合骨料级配曲线；

G、K—碎石混合骨料级配曲线

三、掺合料

为提高耐碱混凝土的耐碱性和致密性，可以在配制耐碱混凝土时掺加一些具有耐碱性的掺合料，常用的掺合料是磨细的石灰石粉，其细度应小于0.080mm方孔筛筛余率的25%，碱溶率不大于1.0g/L，掺量一般为水泥用量的15%～20%。

四、外加剂

为进一步降低耐碱混凝土的孔隙率及提高混凝土的强度，相应提高耐碱混凝土的耐碱性能，在配制耐碱混凝土时可以掺加适量的减水剂和早强剂。为了保证耐碱混凝土的密实度，掺入的减水剂应尽量选用非引气型的，如树脂类高效减水剂等；早强剂可选用三乙醇胺和硫酸钠（Na_2SO_4）的复合物。

第三节　耐碱混凝土配合比设计

在配制耐碱混凝土时，由于同时要考虑混凝土的强度、抗渗性和耐碱性等多项要求，目前还没有系统的配合比设计方法，一般可根据工程的技术要求和施工经验进行。在进行耐碱混凝土配合比设计中，除严格按照耐碱混凝土原材料组成和技术要求外，还应主要考虑到混凝土水灰比、水泥用量、砂率等。

耐碱混凝土配合比设计过程中，其主要的设计指标包括混凝土的水灰比、水泥用量和骨料的选择。表9-3中列出了耐碱混凝土主要技术性能，可供混凝土配合比设计中参考。

表9-3　耐碱混凝土主要技术性能

技术性能	耐碱等级	
	一级	二级
抗压强度/MPa	≥30	≥25
抗渗等级/MPa	≥1.6	≥1.2
适用条件 （浓度以g/L NaOH计）	常温下，浓度＜330g/L；40～70℃时，浓度＜180g/L；暂时作用100℃时，浓度为330g/L	常温下，浓度＜230g/L；40～70℃时，浓度＜120g/L；暂时作用100℃时，浓度为330g/L

一、水灰比

试验充分证明，耐碱混凝土的水灰比越小，其耐碱腐蚀的能力越强。根据试验资料和施工经验，在常温施工情况下，当其他条件相同时，与各种浓度氢氧化钠（NaOH）溶液相应的耐碱混凝土水灰比，大致可控制在表9-4范围内。在耐碱混凝土配料设计中，如果不考虑掺加减水剂的减水作用，水灰比一般可在0.45～0.55之间选择。

表9-4　碱浓度与混凝土水灰比相关表

氢氧化钠浓度/%	混凝土的水灰比	备注
＜10	0.60～0.65	（1）每米混凝土中水泥用量不少于300kg； （2）水泥的强度等级不低于32.5MPa
10～25	0.50～0.60	
＞25	0.50以下	

二、水泥的用量

水泥用量是确保耐碱混凝土质量和关系工程造价的主要设计指标。根据众多工程的施工经验，每单位体积（m^3）耐碱混凝土中，硅酸盐水泥用量一般不得少于300kg，水泥和粒径小于0.15mm的磨细掺加料的总细粉料用量不少于400kg。

当耐碱度和强度要求不高时，可以在保持细粉总量不变的前提下，适当减少水泥用量，而相应增加一部分磨细掺料，以达到节约水泥用量、降低工程造价的目的。

在硅酸盐水泥中，强度等级高的水泥，因水泥熟料中硅酸三钙（C_3S）的含量较高，所以其抗碱腐蚀的能力也比较强，因此，配制耐碱混凝土一般应采用强度等级较高的硅酸盐水泥。

三、骨料的选择

配制耐碱混凝土的粗骨料，最好选用破碎的石灰石，其最大粒径不得大于35mm，最小粒径为5mm，碱溶率最好小于或等于0.48%；配制耐碱混凝土的细骨料，最好选用石灰石粉，其细度模数$M_x=3.1$，粒径应小于0.080mm方孔筛筛余最好12.5%。砂率可在38%～42%之间选择。另外，可根据工程强度和施工条件的要求，适量掺加适宜品种的减水剂，在一般情况下减水剂的减水率应在10%以上。

四、参考配合比

耐碱混凝土配合比一般应根据工程技术要求，参考经验配合比进行设计，然后通过试验确定。表 9-5 中列出了耐碱混凝土设计配合比及主要规定，表 9-6 中列出了耐碱混凝土的经验配合比，可供配合比设计时参考。

表 9-5　耐碱混凝土设计配合比及主要规定

项目	混凝土的种类	
	耐碱混凝土	耐碱砂浆
用料配合比	水泥：砂：耐碱骨料＝1：1.56：2.50 （骨料粒径：5～40mm，级配符合要求）	水泥：砂＋粉料＝1：2 水泥：粉料（重晶石）：石棉绒＝50：45：5
水泥用量/(kg/m^3)	用河砂时：水泥用量≥300 用山砂时：水泥用量≥330	用河砂时：水泥用量≥315 用山砂时：水泥用量≥345
水灰比（W/C）	一级≤0.50；二级≤0.60	≤0.50
稠度/mm	坍落度≤40	用于混凝土基层：沉入度≤60 用于砖的墙面：沉入度≤80
粉料用量	占粗细骨料和粉料总量的 6%～8%	占砂和粉料总量的 15%～25%

表 9-6　耐碱混凝土的经验配合比

序号	耐碱混凝土的配合比/(kg/m^3)							坍落度/cm	自然养护/d	浸碱养护/d	抗压强度/MPa
	水泥		石灰石粉	中砂	碎石		水				
	品种与强度	用量			粒径	用量					
1	42.5 普通	360	—	780	5～40	1179	178	5	28	14	21
2	42.5 普通	340	110	740	5～40	1120	184	5	24	28	23
3	42.5 普通	330	—	637	5～15 5～40	366 855	188	—	—	—	30

注：1. 浸碱养护的碱溶液浓度 25% 的氢氧化钠溶液。

2. 在混凝土中掺入三氯化铁或氢氧化铁，对提高混凝土耐碱性能也有良好效果。

第四节　耐碱混凝土的配制方法与施工工艺

耐碱混凝土的配制和施工工艺是确保混凝土耐碱性能的关键，根据工程经验证明，在工程施工中配制耐碱混凝土有两条途径：一种是用碳酸盐水泥和硅酸盐水泥配制；另一种是用耐碱骨料进行配制。

一、耐碱混凝土的配制方法

1. 用碳酸盐和硅酸盐水泥配制

根据工程实践证明，采用碳酸盐水泥 340kg、中砂 600kg、粒径为 10～40mm 的卵石 1405kg、水 150kg，制成混凝土的坍落度为 2cm 左右，混凝土的和易性和耐碱性能均良好，可以用于有一般耐碱要求的工程。

用强度等级为 32.5MPa 的硅酸盐水泥熟料和破碎的石灰石粉，按照 1：1（质量比）的比例相混合，并按照上述配比所制得的耐碱混凝土，在 70～90℃ 的条件下能耐浓度为 30% 氢氧化钠（NaOH）溶液的作用。

以上两种配合比均为经验配合比，在工程施工中可根据工程实际耐碱性要求，通过试配确定耐碱混凝土的配合比。

2. 用耐碱骨料进行配制

配制耐碱混凝土所用的骨料，除应当满足普通混凝土的骨料要求外，关键应具有良好的耐碱性能，至少不低于水泥的耐碱性能。在耐碱混凝土的组成中，细骨料应占有一定的比例，一般含砂率在45%～50%。骨料中0.15mm以下的耐碱性能良好的磨细掺合料的数量，应以占骨料总量的6%～8%为最优。

采用耐碱骨料配制的混凝土中，所用胶凝材料硅酸盐水泥，最好是采用强度等级较高（不得低于32.5MPa）的水泥。另外，水泥应有一定的细度，以保证具有良好的密实度，而增强防止溶液渗透的能力。在配制耐碱混凝土时，为确保混凝土的质量和性能，要特别注重不得使用过期或结块的水泥。

3. 新型配制耐碱混凝土的水泥

除上述两种配制耐碱混凝土的方法外，还有各种耐碱水泥，如法国在水玻璃水泥中掺加50%能引起和控制水泥膨胀的氰氨金属化合物，从而配制成自硬性耐酸耐碱水泥。

日本公布的一种新型合成树脂水泥，是在麸醇的水溶液中加入磷酸作为催化剂，使其起缩合反应而制成麸醇低级聚合物，再加入氯化钙、生石灰、氧化锌的混合物，并根据需要再加入硅酸而制成的。工程实践证明，新型合成树脂水泥是一种耐酸、耐碱性能优良的水泥。

二、耐碱混凝土的施工工艺

耐碱混凝土的施工与普通水泥混凝土有所不同。为确保耐碱混凝土的质量，在施工中应注意以下几个方面。

1. 采用机械搅拌

耐碱混凝土最好采用强制性搅拌机进行搅拌，这样可以保证混凝土搅拌均匀。在混凝土搅拌时应遵照以下投料顺序与搅拌时间。

石子→水泥→石灰石粉→砂子（干拌1～2min）→水和减水剂的溶液（搅拌2～3min）→出料。

2. 坚持连续浇筑

耐碱混凝土结构要求具有良好的整体性，在浇筑耐碱混凝土时要边浇筑边用振捣器捣实，必须注意做到连续浇筑，不留施工缝。

3. 保温保湿养护

耐碱混凝土的养护是确保其施工质量的重要措施，如果养护不满足耐碱混凝土的要求，混凝土将出现干缩裂缝或表面水化不充分，而导致结构疏松，严重影响混凝土的耐碱性能和力学性能。

对于耐碱混凝土应特别注意浇筑后初期（7d内）的保温保湿，养护温度不得低于5℃，养护湿度应保证相对湿度大于90%，即浇筑完毕后应加盖草帘或塑料薄膜，3d后经常淋水进行保湿。

第十章 耐海水混凝土

材料试验和海中混凝土检测证明，氯离子有很强的渗透扩散能力，当氯离子在钢筋表面达到一定浓度时会破坏钢筋钝化膜而引起锈蚀，锈蚀反应具有膨胀性，可导致混凝土开裂、剥落。因此，海水中氯盐的存在必然使用于其中的混凝土遭到海洋环境的侵蚀破坏。

海洋工程混凝土由于经常地或周期性地与海水相接触，受到海水或海洋大气的物理化学作用，或者受到波浪的冲击、磨损等作用，很容易使这种环境的混凝土遭受损害而缩短其耐用年限，因此，海洋工程混凝土除满足施工的和易性、强度外，还应根据建筑结构具体使用条件，具有海洋工程所需的抗渗性、抗蚀性、抗冻性、防止钢筋锈蚀和抵抗撞击的性能。

第一节 耐海水混凝土概述

海洋工程所需的混凝土，也称为耐海水混凝土、海工混凝土，这是最近几年发展起来的一种能抵抗海水中各种盐类侵蚀的新型混凝土，主要用于海港、码头、引桥、防浪堤坝等与海水接触的混凝土构件。

海水中含有种类较多的可溶性盐类，其中最主要的盐有氯化钠（NaCl）、硫酸钠（Na_2SO_4）和硫酸镁（$MgSO_4$）等。由于这些盐类的存在，对于与海水经常接触的混凝土，将会产生硫酸盐腐蚀作用和氯盐腐蚀作用。

一、硫酸盐的腐蚀作用

硫酸钠（Na_2SO_4）和硫酸镁（$MgSO_4$）等硫酸盐，与混凝土中水泥的水化产物氢氧化钙［$Ca(OH)_2$］反应生成硫酸钙（$CaSO_4$），而硫酸钙（$CaSO_4$）又迅速与水泥石中的固态水化铝酸钙（如 $4CaO \cdot Al_2O_3 \cdot 12H_2O$）作用，生成高硫型水化硫铝酸钙（即钙矾石，$3CaO \cdot Al_2O_3 \cdot 3CaSO_4 \cdot 31H_2O$），以 $MgSO_4$ 为例，它们的化学反应方程式如下：

$$MgSO_4 + Ca(OH)_2 \longrightarrow CaSO_4 + Mg(OH)_2$$

$$3CaSO_4 + 4CaO \cdot Al_2O_3 \cdot 12H_2O + 20H_2O \longrightarrow 3CaO \cdot Al_2O_3 \cdot 3CaSO_4 \cdot 31H_2O + Ca(OH)_2$$

以上化学反应生成的钙矾石，其固相体积是原来的1.5倍以上，由于这是在固化的混凝土中发生的反应，因此在混凝土内形成较大的膨胀应力，从而引起混凝土结构的破坏。

二、氯盐的腐蚀作用

海水中的氯化钠（NaCl）、氯化镁（$MgCl_2$）与水泥中的水化产物氢氧化钙［$Ca(OH)_2$］作用，生成氯化钙（CaCl）和氢氧化镁［$Mg(OH)_2$］等物质，它们的化学反应方程式如下：

$$MgCl_2 + Ca(OH)_2 \longrightarrow CaCl_2 + Mg(OH)_2$$

$$2NaCl + Ca(OH)_2 \longrightarrow CaCl_2 + 2NaOH$$

由于氯化钙（$CaCl_2$）的溶解度比氢氧化钙［$Ca(OH)_2$］大，生成的氯化钙很快溶解于海水中，上述反应可以一直向生成氯化钙的方向进行，加之生成的氢氧化镁是一种无胶凝作用的物质，从而也会造成混凝土结构的破坏。

海水中的氯离子（Cl^-）若渗进钢筋混凝土的内部，与钢筋接触就会引起钢筋的严重腐蚀，不仅降低钢筋对混凝土的增强作用，钢筋锈蚀后生成的氢氧化亚铁［$Fe(OH)_2$］、氯化铁（$FeCl_3$）等产物，还会因体积膨胀对混凝土结构造成破坏。

另外，与所有的水工混凝土一样，水位变动区混凝土的冻融破坏、水对混凝土构件的冲刷磨损、混凝土中水泥水化产物在海水中的溶蚀等，也对混凝土的耐久性有很大的影响。因此，耐海水混凝土不仅要能够有较强的抵抗海水中各类盐的腐蚀作用，而且还要有较强的抵抗海浪冲刷磨损作用。对于冬季海水结冰地区，耐海水混凝土还需具有较强的抗冻融作用。

第二节 耐海水混凝土的原材料

耐海水混凝土的原材料组成，与普通水泥混凝土基本相同，但对材料的要求有所不同。因此，对于耐海水混凝土原材料的选择，应当严格按照有关规定，以确保混凝土的基本性能和使用功能。

一、对水泥的选择

水泥是配制耐海水混凝土的最关键原材料，如果选择的水泥不当，所配制的混凝土则不符合耐海水混凝土的要求。根据海水对混凝土的腐蚀，应尽量选择水化产物中氢氧化钙和水化铝酸钙少的水泥；如果混凝土处于水位变动区，还要考虑混凝土的抗冻性、耐磨性和收缩性等方面的要求。

根据工程实践经验，一般耐海水混凝土可以选择铝酸三钙含量小于6%的中热或低热硅酸盐大坝水泥或普通硅酸盐大坝水泥，也可选择矿渣掺量不小于50%的矿渣硅酸盐水泥。掺量不小于50%的矿渣硅酸盐水泥具有较强的抗硫酸盐和抗氯盐腐蚀能力，可以在海水水面以下部位，但这种水泥的抗冻性较差，不宜在水位变动区使用。

为保证耐海水混凝土的抗渗性、抗冻性、抗蚀性和其他性能，配制耐海水混凝土所用的水泥，既要水泥品种适宜，其强度等级也不应低于32.5MPa。在配制耐海水混凝土时，应当根据不同地区和不同部位，可按照表10-1选用适当的水泥品种。

表10-1 耐海水混凝土水泥品种选择表

环境条件＼选择要求		优先采用	可以采用	不宜采用
水上部位	不冻	硅酸盐水泥、普通硅酸盐水泥	矿渣硅酸盐水泥、粉煤灰硅酸盐水泥(对于混凝土)、抗硫酸盐水泥	—
	偶冻	硅酸盐水泥、普通硅酸盐水泥	矿渣硅酸盐水泥、抗硫酸盐水泥	火山灰质硅酸盐水泥、粉煤灰硅酸盐水泥
水位变动区	受冻	抗硫酸盐水泥、普通硅酸盐水泥、硅酸盐水泥*	矿渣硅酸盐水泥	火山灰质硅酸盐水泥、粉煤灰硅酸盐水泥
	不冻	抗硫酸盐水泥、普通硅酸盐水泥	矿渣硅酸盐水泥、硅酸盐水泥*、粉煤灰水泥(对于混凝土)	火山灰质硅酸盐水泥
水下部位		矿渣硅酸盐水泥、抗硫酸盐水泥、火山灰质硅酸盐水泥、粉煤灰水泥	硅酸盐水泥*、普通硅酸盐水泥	—

注：1. “*”表示尽量选用铝酸三钙（C_3A）含量不大于10%的水泥，如果含量大于10%，宜在混凝土中掺入引气剂或木质磺酸盐系减水剂。

2. 当有充分论证时，粉煤灰水泥可用于不冻地区的水上部位、水位变动区的钢筋混凝土和处于受冻、偶冻条件下的混凝土。

3. 粉煤灰硅酸盐水泥不得用于受严重冰凌撞击、泥砂冲刷和机械磨损的混凝土。

二、对骨料的选择

耐海水混凝土的骨料与普通水泥混凝土一样由粗骨料和细骨料组成，但对骨料的质量要求有所不同。

1. 对粗骨料的要求

(1) 粗骨料中的山皮水锈颗粒对混凝土的强度和抗冻性均产生不利影响，在《水运工程混凝土施工规范》(JTS 202—2011) 中规定：这种颗粒的含量，对用于无抗冻性要求的混凝土时不宜大于30%；对用于有抗冻性要求的混凝土时不宜大于25%。

(2) 当耐海水混凝土用的粗骨料中含有蛋白质或其他无定形二氧化硅颗粒大于1%，且水泥中的含盐量大于0.6%，并在有海水的环境条件下使用，有出现碱-活性骨料反应引起混凝土膨胀开裂的可能，所以这种活性骨料的含量应严格限制在1%以内。

2. 对细骨料的要求

为便于配制耐海水混凝土和降低工程造价，这种混凝土的施工一般就地取材采用海砂作为细骨料。由于海砂中含有多种盐分，在混凝土中溶解于水中并释放出氯离子 (Cl^-)。当混凝土中的氯离子达到一定浓度时就会破坏钢筋表面的钝化膜，并增加铁元素的溶解，加速铁的阳极过程。

用于配制耐海水混凝土的细骨料，应当严格控制其含盐量，在《水运工程混凝土施工规范》(JTS 202—2011) 中规定：海砂的氯化钠总含量不得超过0.1% (以全部氯离子换算成氯化钠占干砂质量的百分率计)。当含量超过这个规定时，应通淡水淋洗降低至0.1%以下，或在所拌制的混凝土中掺入占水泥质量0.6%～1.0%的亚硝酸钠 ($NaNO_3$) 作为阻锈剂。

我国沿海海岸的海砂含盐量变化范围较大，一般为0.01%～0.30%。除特殊情况外，一般多小于0.15%，而在0.1%左右变动，在波浪溅击线以上者，含盐量多在0.08%以下。在有青草生长处砂的含盐量一般在0.005%以下。

3. 对骨料级配的要求

用于配制耐海水混凝土的粗细骨料，不仅要求其质地坚硬、清洁无杂，而且要求其粒径适宜、级配良好。特别是骨料级配直接影响混凝土的密实性和耐腐蚀性，所以应当选择优良的骨料级配。表10-2中列出了部分耐海水混凝土的粗细骨料级配实例，可供海洋工程施工中参考。

表10-2 部分耐海水混凝土的粗细骨料级配实例

工程名称	骨料种类	骨料粒径/mm 占比/% 最大粒径/mm	150～80	80～40	40～20	20～5
B	卵石	120	19	38	38	25
			25	20	25	30
30I	卵石	150	20	20	25	30
			30	25	20	30
		80	—	50	20	30
		30	—	40	30	30
E	卵石	150	35	25	20	20

续表

工程名称	骨料种类	骨料粒径/mm 占比/% 最大粒径/mm	150～80	80～40	40～20	20～5
C	卵石	150	40	30	18	12
S	卵石	150	35	19	26	20
G	卵石	150	32	27	19	22
K	卵石	150	32	26	18	24
F	卵石	150	44	36	13	7
H	卵石	150	21.5	31.5	21.5	25.5
V	卵石	150	30	25	20	25
Q	碎石	150	30	30	20	20
R	卵石	120	30	25	20	25
			30	25	15	30
			50	—	25	25
			55	—	20	25
		80	—	50	20	30
M	碎石	120	36	24	24	16
			35	35	—	30

三、对拌合水的要求

配制耐海水混凝土时，如果用海水拌制其早期强度比较高，但后期强度则有所下降，一般28d的强度降低10%左右，抗冻性也有较大的不良影响。因此，在一般情况下不能将海水作为耐海水混凝土的拌合水，而应采用河水、地下水或城市供水系统的水，并注意水中的氯离子含量不大于200mg/L，硫酸根离子含量不大于0.22%，水的pH值应大于4。

在严重缺乏淡水的地区，必须采用海水拌制混凝土时，应符合下列规定：①对于有抗冻性要求的混凝土，水灰比应降低0.05；②对于无抗冻要求的混凝土，应加强对混凝土强度的检验，以符合设计的要求。

四、对外加剂的要求

根据现行行业标准《港口工程质量检验评定标准》中的规定，为提高耐海水混凝土的耐久性和强度，改善混凝土拌合物的和易性，达到节约水泥、降低工程造价、加快施工进度的目的，在拌制耐海水混凝土时可以掺加适量的引气剂、减水剂或低温早强剂。

1. 引气剂

掺入耐海水混凝土的引气剂，主要有松香热聚物或松香皂等，它们的品质标准应符合以下要求：松香热聚物0.2%溶液（不包括氢氧化钠）的泡沫度不得小于手摇时40%，机摇时15%，30min后泡容量不得小于300ml/g；松香皂1%溶液（包括氢氧化钠）的泡沫度不得小于手摇时40%，机摇时15%。

2. 减水剂

适用于配制耐海水混凝土的减水剂很多，主要有木质素磺酸钙（又称木钙或 M 减水剂)、纸浆废液（即苇浆废液、木浆废液）和亚甲基二萘磺酸钠（又称 NNO 减水剂）等。当有充分论证时，可根据需要使用其他品种减水剂。

3. 低温早强剂

在低温季节进行耐海水混凝土施工时，为提高其早期强度，可采用适宜的低温早强剂，如三乙醇胺、硫化硫酸钠和氯化钙等。当掺加氯化钙时应符合以下规定。

(1) 耐海水混凝土中氯化钙的掺量不得大于 2%（以无水氯化钙质量对水泥质量的百分率计)。采用海水配制混凝土时不得掺加氯化钙。对于与海水接触又有抗冻性要求的混凝土，掺入氯化钙时水灰比应酌情降低。

(2) 当采用海砂配制的耐海水混凝土中掺入氯化钙时，氯化钙和海砂中氯盐质量的总和不得超过水泥质量的 2%。

(3) 在耐海水钢筋混凝土中不得掺加氯化钙低温早强剂，以防止氯化钙对钢筋产生锈蚀而破坏。

第三节　耐海水混凝土配合比设计

耐海水混凝土配合比设计，与普通水泥混凝土基本相同。但是，由于耐海水混凝土的抗冻性、抗渗性要求更高，因此，这种混凝土的配合比设计也有一定的特殊性。耐海水混凝土配合比设计的具体步骤如下。

一、计算混凝土的配制强度

耐海水混凝土的配制强度，可按式(10-1) 进行计算：

$$f_{cu,0}=f_{cu,k}/(1-tC_v) \tag{10-1}$$

式中　$f_{cu,0}$——耐海水混凝土的配制强度，MPa；

$f_{cu,k}$——耐海水混凝土的设计强度，MPa；

t——混凝土的强度保证系数，一般取 1.25～1.645；

C_v——混凝土的离差系数，可查表 10-3。

表 10-3　混凝土的离差系数

混凝土强度等级	<C15	C20～C25	>C30
混凝土离差系数	0.20	0.18	0.15

二、计算混凝土的水灰比

耐海水混凝土的水灰比（W/C)，可以按式(10-2) 进行计算：

$$W/C=1/(f_{cu,0}/Af_{ce}+B) \tag{10-2}$$

式中　W/C——耐海水混凝土的水灰比；

$f_{cu,0}$——耐海水混凝土的配制强度，MPa；

f_{ce}——水泥的实际强度，MPa；

A、B——与水泥品种和粗骨料种类有关的系数，如表 10-4 所列。

表 10-4　与水泥品种和粗骨料种类有关的系数

水泥品种	粗骨料种类	A	B
普通硅酸盐大坝水泥	碎石	0.642	0.559
	卵石	0.531	0.502
矿渣大坝水泥 抗硫酸盐水泥	碎石	0.623	0.552
	卵石	0.527	0.498

按照式(10-2）计算出来的混凝土水灰比，仅仅是满足强度要求的水灰比，不一定满足工程对混凝土的抗渗性和抗冻性要求。当耐海水混凝土还有抗渗性和抗冻性要求时，其水灰比还应分别满足表 10-5 和表 10-6 中的要求。

表 10-5　抗渗标号与水灰比的关系

要求抗渗标号	水灰比(W/C)允许值	要求抗渗标号	水灰比(W/C)允许值
S_4	0.60～0.65	S_8	0.50～0.60
S_6	0.55～0.60	$\geqslant S_{10}$	<0.50

表 10-6　抗冻标号允许最大水灰比值

要求抗冻标号	允许的最大水灰比(W/C)值		要求抗冻标号	允许的最大水灰比(W/C)值	
	不加引气剂	掺加引气剂		不加引气剂	掺加引气剂
D_{50}	0.55	0.60	D_{150}	—	0.50
D_{100}	—	0.55	D_{200}	—	0.45

三、选择用水量和砂率

耐海水混凝土的用水量和砂率，与混凝土中的含气量及粗骨料的最大粒径有关。在进行耐海水混凝土配合比设计时，可以根据混凝土设计给定的条件查表 10-7，并根据表 10-8 进行调整。

表 10-7　耐海水混凝土试拌用水量和砂率选取表

石子最大粒径/mm	未加外加剂的混凝土			掺外加剂的混凝土	
	含气量近似值/%	砂率/%	用水量/(kg/m³)	引气混凝土的含气量/%	用水量/(kg/m³)
20	2.0	38	172	5.5	单掺引气剂或一般减水剂，可减水 6%～8%；引气剂和一般减水剂联合掺用或单掺高效减水剂，可减水 15%～20%
40	1.2	32	150	4.5	
80	0.5	28	129	3.5	
120	0.4	25	117	3.0	
150	0.3	24	110	3.0	

注：表 10-7 是依据水灰比为 0.55，粗骨料用卵石，砂的细度模数为 2.70，混凝土拌合物的坍落度为 60mm 条件而制定的。

四、计算水泥用量

根据混凝土强度和耐久性而确定的水灰比（W/C），依据选定的单位用水量（W_0），由公式(10-3）计算水泥用量：

表 10-8 砂率和用水量条件变化调整值

条件变化情况	砂率调整值/%	用水量调整值/(kg/m³)
由卵石改为碎石	+(3～5)	+(9～15)
采用火山灰质水泥或火山灰掺合料	—	+(10～20)
混凝土拌合物坍落度±10mm	—	±(2～3)
砂率每±1%	—	±1.5
砂的细度模数每±0.1	±0.5	—
混凝土的水灰比每±0.05	±1.0	—
混凝土中的含气量±1%	±(0.5～1.0)	±(2～3)

$$C_0 = W_0 C/W \tag{10-3}$$

式中 C_0——每 1m 混凝土中的水泥用量，kg；

W_0——单位体积混凝土的用水量，kg/m^3，根据表 10-7 中选取；

C/W——混凝土的灰水比。

通过式(10-3) 计算得出的水泥用量，还应当满足耐海水混凝土所处工程环境最低水泥用量的要求，应不小于表 10-9 中的水泥用量。

表 10-9 耐海水混凝土最小水泥用量限值

混凝土所处环境条件	最小水泥用量限值/(kg/m³)	
	配筋混凝土	无筋混凝土
无冰冻海域	>250	225
有冰冻海域	300	275

五、计算砂石用量

根据已选定的砂率（S_p）、单位用水量（W_0）和计算得出的水泥用量（C_0），利用绝对体积法可求得 $1m^3$ 混凝土的石子用量（G_0）和砂子用量（S_0）。

$$G_0 = V_{sg}(1 - S_p)\rho_g \tag{10-4}$$

$$S_0 = V_{sg} S_p \rho_s \tag{10-5}$$

式中 G_0——$1m^3$ 混凝土中石子的用量，kg；

V_{sg}——$1m^3$ 混凝土中砂石的绝对体积，可用式(10-6) 计算；

S_p——混凝土的砂率，%；

ρ_g——石子的表观密度，kg/m^3；

S_0——$1m^3$ 混凝土中砂子的用量，kg；

ρ_s——砂子的表观密度，kg/m^3。

$$V_{sg} = 1 - [(W_0/\rho_w + C_0/\rho_c) + 0.01\alpha] \tag{10-6}$$

式中 W_0——$1m^3$ 混凝土中的用水量，kg；

C_0——$1m^3$ 混凝土中的水泥用量，kg；

ρ_w、ρ_c——水和水泥的密度，kg/m^3；

α——$1m^3$ 混凝土中的含气量的百分数，%，如不掺引气剂，α 取 1，如掺引气剂，按实际含气量进行计算。

六、进行试拌和调整

根据所设计的耐海水混凝土配合比进行试拌，并根据原材料情况、混凝土拌合物坍落度和其他情况等对混凝土配合比进行调整。

第四节　耐海水混凝土的施工工艺

耐海水混凝土的施工与普通水泥混凝土在总体上是相同的，但是海洋工程具有自己的特点，在具体操作中还有很多不同之处。因此，耐海水混凝土在施工的过程中，必须根据其施工特点、施工程序和特殊要求进行施工，并且应特别重视一些注意事项。

一、耐海水混凝土的施工特点

耐海水混凝土由于在海中或海岸施工，因此，这种混凝土的施工具有海上作业、赶潮作业、利用工程船舶、预制装配化、利用浮力和利用永久性模板等特点。

1. 海上作业

耐海水混凝土工程大部分为海中、水下或海岸作业，它与陆地上的一般土建工程不同，受到波浪、潮汐、潮气、潮流、冰凌等天然因素的影响很大。尤其是波浪大，施工的工程船舶剧烈摆动，混凝土浇筑则无法进行，支架的模板可能会被波浪撞击而倒塌，有时甚至造成返工事故。

由于海风、波浪、潮汐、天气等因素的不利影响，施工中很容易出现被迫停工事故，年作业天数比陆地上大大减少，一般为200d左右，有的甚至只有100d，这是耐海水混凝土最明显的施工特点。

2. 赶潮作业

在施工现场灌注耐海水混凝土时，一般是趁落潮时进行施工；对于吃水较大的沉箱拖运等作业，则要趁涨潮时进行施工。这是耐海水混凝土另一个比较明显的施工特点。

3. 利用工程船舶

由于耐海水混凝土施工以海上作业为主，施工中不可避免地使用工程船舶，如起重船、打桩船、驳船和拖轮等。

4. 预制装配化

由于海上作业会受到海水和气象的各方面限制，现场灌注混凝土作业要比陆上困难且复杂得多，施工质量难以确实保证。因此，海洋工程多预先在岸上预制构件（如沉箱、方块等），然后吊运或浮运至现场进行安装。

需要在现场灌筑混凝土的多属于整体性要求较高的部位，或者体积过大（$>80m^3$）不易运输的结构，如混凝土结构的结点、码头胸墙、码头路面、系船墩、引桥墩台等。目前，我国海港工程的装配化程度已达到75%以上，其中高桩承台式码头已达到85%以上。

5. 利用浮力

在海洋上进行混凝土的施工，最大的优越性是凡能利用浮运或驳船装载的预制构件均可利用浮力或驳船装载，比较方便地将预制构件运至现场安装，或将预制的混凝土块体用驳船装载，或用起重船一次吊运至现场安装。其他预制构件（如栈桥的筒形桥墩）也可用浮船夹持在海上浮运。

6. 利用永久性模板

当现场灌筑水上混凝土的体积较大，应当尽量采用预制的钢筋混凝土镶面板作为永久性模板。工程实践证明，耐海水混凝土现场灌注采用永久性模板有如下优点：①预制钢筋混凝土镶面板可以作为结构物的组成部分，可以减少水上现场灌注混凝土的工程量，大大缩短工程施工工期；②利用永久性模板不仅可以减少拆除模板工序，从而简化施工，而且可以加快施工进度，使海洋工程及早发挥效益；③预制的钢筋混凝土镶面板不仅可作为模板进行成型，而且具有较强的抗波浪冲击和抗冰凌撞击的能力，从而保护混凝土结构，延长使用年限；④由于预制钢筋混凝土镶面板作为结构的一部分，不存在现场灌注混凝土模板周转周期长、需占用大量模板的缺点。

二、耐海水混凝土的施工程序

耐海水混凝土在现场作业难度很大，施工作业应尽可能在结构物设计位置以外有掩护的地区或近岸进行预制，然后将预制构件运至设计位置进行安装。预制耐海水混凝土的施工程序如下：①按照设计形状、尺寸和质量要求，进行混凝土构件的预制；②将预制好的混凝土构件浮运、拖运、载运离岸，或以起重船悬吊离岸；③预制构件在浮起或临时着地的状态下，在近岸有掩护区域内继续施工；④将预制构件运至结构物的设计位置，并安放在预定位置；⑤按照设计要求，现场灌注部分混凝土，并安装附属设备。

三、耐海水混凝土的特殊要求

1. 尽量提高预制装配程度

为尽量减少施工难度较大的海上作业，并避免新灌注混凝土过早地接触海水，甚至受到波浪冲刷而影响其耐久性和完整性，耐海水混凝土应尽量提高其预制装配化程度，尽量减少现场灌注混凝土的工程量。

2. 严格进行施工缝的处理

工程实践充分证明，耐海水混凝土结构构件多数从水位变动区产生破坏，因此，应尽量避免在水位变动区设置施工缝。对于有抗渗性要求的或用以贮油的采油平台基础，也应尽量避免留置施工缝。

对于留置的施工缝应严格进行处理，老混凝土的表面应凿毛，并利用高压水除去松动部分，使粗骨料的暴露深度达到6mm。在灌注新的混凝土之前，水平缝处应铺一层厚度为1～2cm的水泥砂浆，其水灰比应小于混凝土的水灰比，必要时可将施工缝局部范围内的混凝土强度提高一级。对于重要的混凝土结构物，可采用喷涂（或涂刷）环氧黏结剂的方法，对混凝土施工缝进行处理。

3. 消除混凝土松顶的措施

由于在水中浇筑的混凝土，很容易出现上层混凝土的强度较低、质地松软现象，因此，在施工中应采用以下消除混凝土松顶的措施。

（1）严格按照设计确定的配合比配制混凝土，控制混凝土配料的准确性，称量误差应符合现行规范规定，确保供给质量合格的混凝土。

（2）按照设计或试验确定的分层厚度进行浇筑，在保证不漏振和保证振捣时间的基础上，防止因过分振捣而产生混凝土离析现象。

（3）对于高大的耐海水混凝土结构构件，应根据施工经验或混凝土配合比设计的要求，对配制的混凝土坚持分层减水。

(4) 对于耐海水混凝土的密实，宜采取二次振捣和二次抹面的措施，以增强顶层混凝土的密实性。二次振捣和二次抹面的适宜时间为混凝土初凝时间的 1/3～1/2 范围内，先用平板式振捣器振捣后，再将混凝土表面抹平压光。

4. 控制混凝土的内部温升

海洋工程的混凝土结构构件，很多体积比较大。对于大块体混凝土，应控制由于水泥水化热所引起的混凝土温升，以防止可能引起混凝土开裂的过度的温度应力梯度。

大体积混凝土内部温升控制的方法很多，主要包括选用水化热低的水泥、掺加适量的缓凝剂、减慢混凝土灌注速度、控制各层混凝土浇筑间隔时间、夏季夜间施工、充分进行湿养护等。但是，在进行浇水养护时，应避免出现温度冷击现象，防止因冷击而产生裂缝。

5. 特殊状态和情况的施工

特殊状态和情况的施工，主要是指浮态施工或临时着地施工。沉箱处于浮态下继续施工时应具有足够的稳定性，以抗衡波浪、海风、水流和系缆力的影响；当沉箱是临时着地时，搁置地点的海底形状应使着力点的混凝土弯曲应力不得超过其容许极限。

6. 预制构件的拖运或吊运

预制混凝土构件采用拖运时，应计划在可靠的气象预报期间内完成，在恶劣气候比较频繁或预期可能有冰凌的季节，应避免进行拖运作业。在拖运的过程中，其所具有的抵抗倾覆能量应为由风引起的倾覆能量的 1.4 倍以上。

预制混凝土构件在由起重船悬吊时，应验算海风、波浪、水流等对起重船及其荷载的稳定性的影响。

7. 混凝土预制构件的安放

预制混凝土结构构件的安放，应当在预期的最大风速、浪高和流速下安全地进行。在施工过程中，还要考虑施工所处地区天气预报的可靠性和预期安放的历时，以及水流速度随深度的变化。

8. 水上灌注混凝土的施工

在进行水上灌注混凝土施工时应当注意以下事项。

(1) 灌注混凝土所用的模板，应能承受海风和波浪等外力的作用。利用低潮灌注混凝土时，应仔细考虑模板组装所需要的时间、灌注混凝土的时间和混凝土表面上升高度与潮水位上涨的关系。必要时，从还未达到低潮位之前就开始浸在水中进行模板的组装作业，使混凝土灌注有充足的时间。

(2) 如果下部混凝土结构为沉箱或方块时，灌注上部结构混凝土的伸缩缝应设置在沉箱或方块的安装缝上。

(3) 当利用混凝土拌合船浇筑混凝土时，为避免因附近通过船舶产生船行波而引起船体的摇晃，使拌合船的投料口发生大的摆动，应在其端部设置一定长度的软管。

(4) 因混凝土结构物形状和位置的原因，有时对灌注完毕的混凝土难以进行养护，可利用脚手架盖上罩布，以防因受阳光直接照射和风吹而产生干裂，设法保持混凝土表面充分潮湿，尽量推迟拆除模板的时间。

(5) 在模板拆除之后，对混凝土表面所残留的对销螺栓孔洞，应立即用水泥砂浆将其堵塞密实，防止海水从孔洞内渗入。

四、耐海水混凝土的注意事项

为确保耐海水混凝土的质量，在施工中应特别注意以下事项。

(1) 混凝土中的含盐量是一个严格控制的指标，是防止产生盐类侵蚀破坏的主要措施，在施工中严禁用海水作为混凝土的拌合水，也不能用海水冲洗骨料。

(2) 在耐海水混凝土施工中，要加强对混凝土的振捣，最好采用高频振动设备，以便振破混凝土中的气泡，降低混凝土中的孔隙率，尤其是要减少大孔的数量，从而增加混凝土的抗渗性，这是保证耐海水混凝土质量的必要措施。

(3) 对浇筑完毕的耐海水混凝土要充分进行养护，在有施工条件的工程中最好做到混凝土浇筑养护 1 个月后再接触海水。

(4) 为进一步增强耐海水混凝土的耐久性，在混凝土的表面可以涂刷一层具有抗腐蚀和抗磨损性能的涂料作为混凝土的保护层。

第二篇　特殊材料混凝土应用技术

混凝土是现代建筑中运用最广泛的材料之一，它具有结构性能好，可塑性好，防水性能好和适合工业化生产等优点。

第十一章　聚合物混凝土

普通水泥混凝土是一种材料来源广、各种性能良好、施工比较容易、价格比较低廉的结构材料，在土木工程中应用非常广泛。但是，与其本身的抗压强度相比，其抗拉强度和抗弯强度均很小，伸缩变形能力也较差，在温度和湿度变化的条件下易产生裂纹或裂缝，同时其耐化学腐蚀性能也较差。

聚合物混凝土是由有机聚合物、无机胶凝材料、骨料有效结合而形成的一种新型混凝土材料的总称。确切地说它是普通混凝土与聚合物按照一定比例混合起来的建筑材料，它克服了普通水泥混凝土抗拉强度低、脆性较大、易于开裂、耐化学腐蚀性差等缺点，具有强度高、耐腐蚀、耐磨、耐火、耐水、抗冻、绝缘等显著优点，从而扩大了混凝土的使用范围，是国内外大力研究和发展的新型混凝土。

第一节　聚合物混凝土概述

由于聚合物混凝土是在普通水泥混凝土的基础上再加入一种聚合物，以聚合物与水泥共同作为胶结料黏结骨料配制而成的，因而配制工艺比较简单、可利用现有设备、成本比较低、实际应用广泛。20 世纪 70 年代以后，许多国家开始将聚合物混凝土用于生产实践，并取得了良好的效果。

一、聚合物混凝土的发展

聚合物在水泥砂浆和混凝土中的应用也已有很久的历史。1923 年 Cresson 获得了第一个这方面的专利，在这个专利中，用天然胶乳改性道路材料，将水泥作为填料使用。1924 年 Lefebure 的专利已成为现代意义上的聚合物改性混凝土，并且用配合比设计的方法来进行天然胶乳改性水泥混凝土的配制。从此，聚合物混凝土开始逐渐发展起来。

聚合物混凝土是一种有机、无机的复合材料。从 1930 年开始，塑料被首次用于普通水泥混凝土中，但由于这种新型材料未经实践充分证明其优越性，所以一直在小范围内应用。到 1950 年它的潜在用途引起了人们的重视，开始了对聚合物用于普通混凝土的研究。美国在这方面更加领先一步，开始了聚合物的商业应用，在一定规模上开始了塑料用于混凝土的试验研究，并取得了显著的研究成果，最初是用于生产人造大理石，此后聚合物混凝土开始在建筑领域逐渐应用。

1971 年，美国混凝土协会下面成立了一个混凝土中的聚合物（Polymers in Concrete）委员会，即 548 委员会。美国塑料工业协会（SPI）下面也成立了一个聚合物混凝土委员会（Polymer Concrete Committee），它和 548 委员会共同从事聚合物混凝土复合材料方面的组织工作。548 委员会每隔 2～3 年召开一次学术讨论会，出版技术指南、使用指南和论文集，为聚合物混凝土的发展起到一定的促进作用。国际上为开展聚合物混凝土的学术研究和交流，成立了国际聚合物混凝土组织（ICPIC）。

1975 年 5 月，在英国伦敦召开了由英国混凝土学会、塑料协会、塑料橡胶协会、美国混凝土协会、国防建筑材料及结构研究试验协会联合举办的第一届国际聚合物混凝土会议（ICPIC—Internatinal Congress on Polymers in Concrete），在这次会议上第一次使用聚合物混凝土这一专业用词语。1978 年 10 月，在美国奥斯汀召开了第二届国际聚合物混凝土会议，世界各国的专家发表了大量关于聚合物混凝土的专题性论著，这些论著大大促进了在水泥及混凝土中应用聚合物的研究工作。此后，聚合物混凝土在一些国家引起重视，较大规模地开展了研究工作，并陆续在一定规模上用于生产实践，逐渐积累了一些经验。

1981 年，在日本召开了第三届国际聚合物混凝土会议，着重讨论和研究了聚合物在水泥及混凝土中的应用，使世界各国对聚合物水泥及其混凝土的兴趣与日俱增，掀起了聚合物混凝土用于工程的高潮。1990 年 9 月，在中国上海召开了第六届国际聚合物混凝土会议，有力地促进了亚洲聚合物混凝土的发展。

亚洲地区于 1993 年成立了亚洲聚合物混凝土国际组织（ASPIC），并于 1994 年 5 月在韩国召开了第一届东亚聚合物混凝土会议，1997 年 5 月在日本郡山市日本大学工学部召开了第二届东亚聚合物混凝土会议，2000 年在中国的上海同济大学召开了第三届东亚聚合物混凝土会议。

我国自 20 世纪 70 年代也开始重视这方面的研究，特别是在成立亚洲聚合物混凝土国际组织后，更加引起了应用研究和实践。现在，在特种聚合物乳液在 PC 材料中的应用、制备技术的新进展、聚合物改性水泥混凝土的性能、以及废材料在 PC 材料中的再生利用等方面，取得了显著成效。

目前，美国、日本、德国、俄罗斯等国家都非常重视聚合物混凝土的研究与应用，我国在该领域也开始了试验研究工作，有的已在工程中应用，并取得良好效果。

聚合物混凝土这一新型材料学科，是介于聚合物科学、无机胶结材料化学及混凝土工艺学之间的边缘学科，现已逐渐成为一个独立的研究方向。随着科学技术的发展，聚合物混凝土必将成为一种前途光明、发展迅速的新型建筑材料。

二、聚合物混凝土的分类

按照国际惯例，聚合物在混凝土中的应用包括 3 个分支，即聚合物混凝土主要分为聚合物浸渍混凝土、聚合物混凝土和聚合物水泥混凝土 3 类。

1. 聚合物浸渍混凝土

聚合物浸渍混凝土（Polymer Impregnated Concrete，PIC）。它是将已硬化的普通混凝土，经干燥和真空处理后，浸渍在以树脂为原料的液态单体中，然后用加热或辐射（或加催化剂）的方法，使渗入混凝土孔隙内的单体产生聚合作用，使混凝土和聚合物结合成一体的一种新型混凝土。按其浸渍方法的不同，又分为完全浸渍和部分浸渍两种。

2. 聚合物混凝土

聚合物混凝土（Polymer Concrete，PC），又称树脂混凝土，它是以聚合物（树脂或单体）代替水泥作为胶结材料与骨料结合，浇筑后经养护和聚合而成的一种混凝土。

3. 聚合物水泥混凝土

聚合物水泥混凝土（Polymer Cement Concrete，PCC）又称聚合物改性混凝土（Polymer Modified Cement Concrete，PMC)。它是在普通水泥混凝土（水泥砂浆）拌合物中，加入单体或聚合物，浇筑后经养护和聚合而成的一种混凝土。

在一般情况下，将普通水泥混凝土与聚合物的复合材料（或称含聚合物的混凝土复合材料）称为聚合物混凝土，这种称谓在我国工程界应用非常广泛。而将单独用聚合物作为胶结材料的混凝土称为树脂混凝土或纯聚合物混凝土。

以上 3 种类型的聚合物混凝土，由于其生产工艺不同，所以它们的物理力学性质也有所区别，其造价和应用范围亦有不同。

第二节 聚合物浸渍混凝土

普通水泥混凝土是一种非均质的多孔材料，在其凝结硬化干燥后，由于水分的蒸发存在着许多微小的孔隙，从而严重影响混凝土的强度、抗裂性、抗渗性、耐腐蚀性和耐久性等性能，使得其使用范围受到很大限制。材料试验和工程实践证明，混凝土结构如果采用聚合物浸渍混凝土，即对普通水泥混凝土进行改性，完全可以克服上述缺点。

一、聚合物浸渍混凝土简介

所谓聚合物浸渍混凝土，就是将已经硬化的混凝土（基材）浸渍在以树脂为原料的液态单体中，然后用加热或辐射等方法使混凝土孔隙内的单体聚合而成。将聚合物浸渍于混凝土的孔隙中，其在混凝土内与水泥水化产物共同形成膜状体，使聚合物填充了混凝土内部的孔隙和微裂缝，特别是提高了水泥石与骨料间的黏结强度，减少了应力集中，使聚合物浸渍混凝土具有高强、密实、防腐、抗渗、耐磨、抗冲击等优良的物理力学性能。与基准混凝土相比，抗压强度可提高 2～4 倍，一般在 150MPa 以上，最高可达 285MPa。

聚合物浸渍混凝土，按其浸渍深度可分为完全浸渍和局部浸渍。完全浸渍适用于制作高强度浸渍混凝土；局部浸渍通常用以改善混凝土的面层性能。用于聚合物浸渍的基材种类很多，如水泥混凝土、轻骨料混凝土、钢丝网水泥混凝土、石棉水泥混凝土、石膏混凝土等。这些浸渍处理后的基材，性能改善效果都非常显著。如经浸渍处理的轻骨料混凝土，具有轻似木材、强如岩石的优点。按其浸渍单体的种类不同，可分为聚苯乙烯浸渍混凝土、聚甲基丙烯酸甲酯浸渍混凝土、聚苯乙烯-环氧树脂浸渍混凝土等。

我国于 20 世纪 80 年代初开始聚合物浸渍混凝土的开发研究工作，并在葛洲坝电站等工程中试用。大量的研究和应用证明，聚合物浸渍混凝土是一种有发展前途的新型材料。但是，由于高分子材料价格昂贵及制备工艺对产品尺寸的局限，目前应用范围还很不广泛，大多用于强度和耐久性有特别要求的小型构件，或者用于一些混凝土结构表面的强化处理。

聚合物浸渍混凝土，目前主要用于耐腐蚀、高温、耐久性要求较高的混凝土构件，如管道内衬、隧道衬砌、桥面板、混凝土船、铁路轨枕等。可以作为高效能结构材料应用于海洋构筑物，如海上采油平台、水下建筑制品、大吨位油轮等。

二、聚合物浸渍混凝土的原材料

聚合物浸渍混凝土的原材料，主要是指基材（被浸渍材料）和浸渍液（浸渍材料）两种。混凝土基材、浸渍液的成分和性能，对聚合物浸渍混凝土的性能有着直接的影响。另外，根据工艺和性能的需要，在基材和浸渍液中还可以加入适量的添加剂。

1. 聚合物浸渍混凝土的基材

聚合物浸渍混凝土的基材很多，凡用无机胶凝材料与骨料经过凝结硬化组成的混合材料(水泥砂浆、普通混凝土、轻骨料混凝土、石棉水泥、钢丝网水泥、石膏制品等)，经成型制成为构件，都可以作为聚合物浸渍混凝土的基材。目前，国内外主要采用水泥混凝土和钢筋混凝土作为被浸渍基材，其制作成型方法与一般混凝土制品相同，但应满足下列要求。

(1) 混凝土构件表面或内部应有适当的孔隙，并能使浸渍液渗入内部，聚合物浸渍量随着孔隙率的增大而增加，而聚合物浸渍混凝土的强度又随浸渍量的增加而提高。

(2) 有一定的基本强度，能承受干燥、浸渍和聚合过程中的作用力，不会在搬动时产生裂缝、掉角等缺陷。

(3) 在基体混凝土中的化学成分（包括掺加的外加剂），不得含有溶解浸渍或阻碍浸渍液的聚合的物质。

(4) 组成混凝土的材料结构尽可能是匀质的，构件的尺寸和形状要与浸渍、聚合的设备相适应。

(5) 被浸渍的混凝土如果含有水分，不仅影响聚合物的浸渍量，而且影响聚合物浸渍混凝土的质量。因此，基材表面与内部要充分干燥，应达到几乎不含水分的要求。

工程实践证明，在一般情况下，混凝土的水灰比、空气含量、坍落度、外加剂掺量、砂率等变化不大时，对聚合物浸渍混凝土的强度无显著影响。

混凝土养护方法的不同，会引起混凝土孔结构的变化。孔隙率高而强度低的混凝土经浸渍处理后，能达到原来孔隙率低而强度高的混凝土同样的浸渍效果，但将导致混凝土成本的迅速增加。因此，在选择浸渍基材时必须对浸渍量适当加以控制。

2. 聚合物浸渍混凝土的浸渍液

浸渍液是聚合物浸渍混凝土的主要材料，由一种或几种单体组成，当采用加热聚合时，还应加入适量的引发剂等添加剂。

聚合物浸渍混凝土浸渍液的选择，主要取决于浸渍混凝土的最终用途、浸渍工艺、混凝土的密度和制造成本等。如果基材需完全浸渍时，应采用黏度较小的单体，如甲基丙烯酸甲酯、苯乙烯等，它们的黏度均小于 1×10^{-4}Pa·s，这种单体浸渍液具有很高的渗透能力；如果基材需局部浸渍或表面浸渍时，可选用黏度较大的单体，如聚酯-苯乙烯、环氧-苯乙烯等，以便控制浸渍的深度，减少聚合时的流失。

为了取得改善混凝土（基材）性能的良好效果，必须选用性能优良、与水泥相容好、价格较低的浸渍液。作为浸渍用的单体，一般应满足下列要求：①有较低、适当的黏度，浸渍时容易渗入到被浸渍混凝土（基材）的内部，并能达到要求的浸渍深度；②有较高的沸点和较低的蒸汽压力，以减少浸渍后和聚合时的损失，使更多的聚合物存在于混凝土中；③浸渍液所生成的玻璃状聚合物耐热温度必须超过混凝土（基材）的使用温度，以适应混凝土的应用范围；④经过加热等处理后，浸渍液能在基材内聚合，并与基材的黏结性好，能与基材形成一个整体；⑤聚合物应有较高的强度，并具有较好的耐水、耐碱等性能；⑥聚合物浸入混凝土孔隙后，其收缩率小，聚合后不会因水分等作用而产生软化或膨润。

在聚合物浸渍混凝土工程中常用的浸渍液主要有甲基丙烯酸甲酯（MMA）、苯乙烯（S）、丙烯腈（AN）、聚酯树脂（P）、环氧树脂（E）、丙烯酸甲酯（MA）、三羟甲基丙烷三甲基丙烯酸甲酯（TMPTMA）、不饱和聚酯等，应用最广泛的是甲基丙烯酸甲酯（MMA）和苯乙烯（S）。

3. 其他添加剂

聚合物浸渍混凝土中所用的添加剂种类很多，常用的有阻聚剂、引发剂、促凝剂、交联剂、稀释剂等。聚合物浸渍混凝土所用添加剂的主要作用及品种如表 11-1 所列。

表 11-1 聚合物浸渍混凝土所用添加剂

添加剂名称	主要作用	主要品种
阻聚剂	单体几乎都不稳定，在常温下都有一定程度的自发聚合，所以单体中都含有一定量的阻聚剂	对苯二酚、苯醌等
引发剂	加热至一定温度时，引发剂以一定的速度分解成游离氢，诱导单体产生连锁反应。所以在加热聚合时必须使用引发剂，引发单体产生聚合。引发剂用量一般为单体质量的 0.1%～0.2%	过氧化物（二苯甲酰、甲乙酮、环乙酮）、偶氮化合物（偶氮 2 异丁腈）、过硫酸盐等
促凝剂	用来降低引发剂的分解温度，加快引发剂生成游离氢，促进单体在常温下产生聚合	环烷酸钴、辛酸钴、二甲基苯胺等
交联剂	使线型结构的聚合物转化为体型结构的聚合物	甲基丙烯酸甲酯、苯乙烯、二甲酸、二丙烯酯
稀释剂	降低浸渍液的黏度，提高其渗透能力	甲基丙烯酸甲酯、苯乙烯等

三、聚合物浸渍混凝土的配合比设计

聚合物浸渍混凝土基体配合比设计可采用普通混凝土设计方法。几种常用浸渍混凝土的配合比及性能如表 11-2 所列。

表 11-2 几种常用浸渍混凝土的配合比及性能

基材种体	使用骨料		配合比				浸渍率/%	抗压强度/MPa	抗弯强度/MPa	对基材强度的增长倍数
	砂子	石子	水	水泥	砂子	石子				
混凝土 1	标准砂	碎石(1)	171.5	380	764	1141	5.85～7.92	162～167	10.6～24.2	2.5～3.8
混凝土 2	标准砂	碎石	171.5	380	764	1141	3.91～7.30	102～137	—	2.7～4.5
混凝土 3	标准砂	碎石	171.5	380	764	1141	6.00～6.10	91.0～129	—	4.1～4.2
混凝土 4	河砂	碎石(2)	165.0	450	756	1019	4.83～5.23	91.0～93.8	—	2.3～2.5
轻混凝土	人造骨料	人造骨料	201	358	433	394	24.8～25.2	101～105	11.8～14.2	5.4～5.5
轻混凝土	珍珠岩	天然骨料	222	347	143	361	51.0～52.3	51.7～53.5	—	8.1～8.4
轻混凝土	珍珠岩	珍珠岩	208	398	614	737	39.7～40.2	25.2～26.8	—	2.8～2.9

四、聚合物浸渍混凝土的生产工艺

聚合物浸渍混凝土的生产工艺流程为：混凝土（基体）干燥→真空抽气→单体浸渍→聚合。被浸渍的材料即基材就是普通混凝土制成的预制构件，其成型方法相同于一般预制构件所用的各种方法。但对于基材也具有如下要求：①根据浸渍容器能容纳的尺寸，一般基材的厚度不超过15cm；②基材的厚度不宜变化太大，以便提高浸渍容器的使用效率；③由水灰比、捣固、养护所确定的基材的致密度，应适合浸渍所要求的范围；④在混合剂、脱模剂中不得含有溶解于单体阻碍聚合的物质；⑤不得在单体中引入产生膨胀的物质。

为了获得高强度的聚合浸渍混凝土，选择适宜的基体养护方法十分重要。试验表明，混凝土用高压釜养护较好，因为高压釜养护在混凝土内所形成孔隙的形状和大小，对单体浸渍是有利的。其制备工艺过程如图11-1所示。

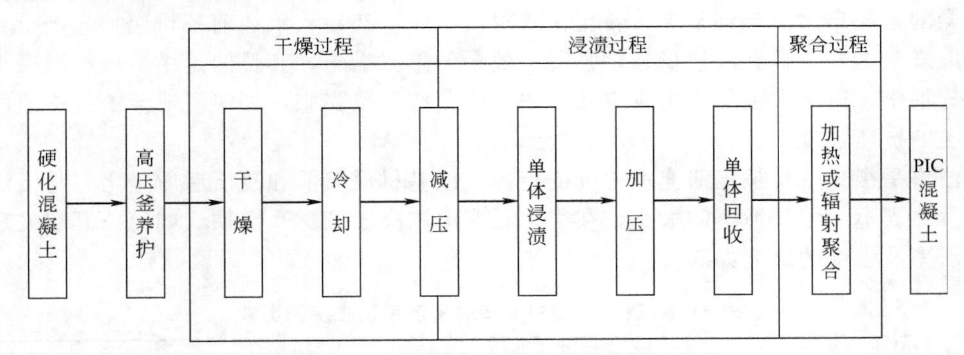

图11-1　聚合物浸渍混凝土的制备工艺过程

（一）基材干燥

基材干燥的目的是为了使聚合物能充分浸渍基体的孔隙，基材和树脂很好黏结，确保树脂的连续性，抑制聚合时的蒸发收缩等，使基材性能得到最大限度地改善，从而确保聚合物浸渍混凝土的强度和耐久性。

聚合物能否充满基材的孔隙，对聚合物浸渍混凝土的强度和耐久性等性能有很大的影响。为了最大限度地改善基材的性能，提高聚合物浸渍混凝土的物理力学性能，必须对基材进行充分的干燥，这是基材浸渍之前的必要准备步骤，其目的是排除阻碍单体渗入的游离水，以使基材获得较大的单体浸渍量，确保聚合物对基材的黏结性。一般要求基材中的含水率以不超过0.5%为宜。

基材一般采用常压下热风干燥的方法，基材干燥时所用的温度取决于基材的致密度、大小和形状。为了加快基材的干燥速度，制作出高质量的聚合物浸渍混凝土，经过试验美国建议干燥的温度，以120～150℃为宜，因为采用这个温度进行干燥，不但基材的干燥速度较快，而且能制作出高质量的聚合物浸渍混凝土。

如果干燥温度过高，不仅对基材性能产生不利影响，而且导致浸渍混凝土强度降低；如果干燥温度过低，基材干燥不充分，单体在基材中的渗入也就不完全，浸渍的改性效果就差。基材干燥温度对浸渍率及聚合物浸渍混凝土强度的影响如表11-3所列。

干燥所用的时间与基材的表面积体积之比、基材最小厚度、干燥环境温度和湿度、基材表面部分的气流速度、开始干燥时含水率、干燥方式等有关。

表 11-3 基材干燥温度对浸渍率及聚合物浸渍混凝土强度的影响

干燥温度/℃	浸渍率/%	抗压强度/MPa	抗拉强度/MPa	抗折/MPa
0	0	54.5	5.1	10.7
105	3.8	121.0	13.5	23.2
120	4.2	116.0	13.8	23.2
150	4.3	131.0	14.7	24.6
170	4.3	124.0	15.1	29.6
190	4.3	105.0	14.1	26.9

注：浸渍率是衡量基材被浸渍液浸填程度的指标，即基材浸渍后，浸渍前后的重量差与浸渍前重量的百分比。

（二）真空抽气

干燥的基材自然冷却到常温，转至正式浸渍工序，在导入单体前基材应预先进行真空抽气。采取真空抽气是提高浸渍量、增强浸渍效果的重要措施，其目的是用负压将混凝土孔隙中的空气抽出，以增大混凝土中真空孔隙率，避免空气热膨胀，加快浸渍液的渗透速度，提高混凝土的抗压强度。

浸渍率是衡量基材被浸渍充填程度的指标，以基材浸渍前和浸渍后质量之差与浸渍前质量的百分比表示。但浸渍率的大小，在很大程度上取决于基材真空抽气如何。真空处理对砂率的浸渍率及强度的影响如表 11-4 所列。

表 11-4 真空处理对砂率的浸渍率及强度的影响

单体	处理方式	浸渍率/%	抗压强度		抗压强度		抗压强度	
			/MPa	/%	/MPa	/%	/MPa	/%
80%S+20%MA	真空处理	5.60	146.5	125	9.7	126	28.2	104
	未真空处理	4.65	117.0	100	7.7	100	27.1	100
90%S+10%P	真空处理	5.05	138.0	147	11.0	136	26.8	130
	未真空处理	4.35	94.0	100	8.1	100	20.6	100
MMA	真空处理	5.75	170.0	110	13.0	102	30.5	110
	未真空处理	5.55	153.5	100	12.7	100	27.7	100

真空抽气是在密封的容器内进行的，真空度以 50mmHg 为宜。真空抽气是一项烦琐、费时的施工工艺，并不是所有的混凝土都必须进行真空抽气，对高强浸渍混凝土应当进行真空抽气处理，对强度要求不高的混凝土及耐腐蚀混凝土等不必要进行真空抽气处理。

（三）单体浸渍

浸渍，即将基体混凝土制品在常压或压力状态下浸渍在单体浸渍液中，直到完全浸透为止。在选择用于浸渍的单体时应注意以下几个方面：①浸渍单体后可获得设计的混凝土强度、耐久性等；②浸渍、聚合易于处理，成本较低；③单体本身的成本不高，不至于造成浸渍混凝土的成本过高；④同基材不发生化学反应，操作处理比较方便，对人体健康无大的影响，对环境无污染。根据对浸渍混凝土的不同要求，浸渍可分为完全浸渍和局部浸渍，在进行浸渍中应选用适宜的时间和压力。

1. 完全浸渍

完全浸渍是指混凝土断面被单体完全渗透，完全浸渍主要是为了提高混凝土的密实度和强度，如混凝土板、管、柱等。由于构件是完全浸渍，其强度与基材混凝土关系不大。浸渍量一般为6%左右，浸渍方式为真空-常压或真空-加压浸渍。

基体完全浸渍常用的单体有：甲基丙烯酸甲酯（MMA）、苯乙烯（S）、80%苯乙烯+20%甲基丙烯酸甲酯、90%苯乙烯+10%甲基丙烯酸甲酯、80%苯乙烯+20%丙烯酸甲酯(MA)、90%苯乙烯+10%丙烯酸甲酯等。单体使用量取决于混凝土基材的孔隙率，孔隙率大的混凝土基材，能比较容易达到完全浸渍，其单体用量必然也大。

2. 局部浸渍

局部浸渍是指混凝土断面被单体浸透到一定深度，我国浸渍的深度要求一般为10～20mm，浸渍量一般为2%左右。局部浸渍主要是封闭混凝土表面孔隙，改善混凝土的表面性能，提高混凝土的耐久性、抗渗性、耐腐蚀性等，同时也可用于修补混凝土基材，浸渍的方式一般为浸泡法。

基体局部浸渍常用的单体有：90%苯乙烯+10%聚酯树脂（P）、80%苯乙烯+20%聚酯树脂、70%苯乙烯+30%聚酯树脂、90%苯乙烯+10%环氧树脂（E）、80%苯乙烯+20%环氧树脂、70%苯乙烯+300%环氧树脂等。由于采用局部浸渍，聚合物浸渍混凝土的强度取决于混凝土中最后的孔隙，而对未浸渍混凝土强度没有显著影响。

3. 浸渍时间和压力

混凝土基材的浸渍时间，主要取决于浸渍方法、单体种类、基材种类和尺寸。如水灰比为0.45的普通混凝土，构件尺寸为40mm×40mm×160mm，完全浸渍需要浸渍4h；构件尺寸为100mm×100mm×100mm，完全浸渍则需要8h。

浸渍试验证明，浸渍可以在常压下进行，也可以在压力下进行，但采用加压浸渍是浸渍最好方式，不但能提高浸渍速度，而且能提高浸渍量，增强混凝土的浸渍效果。

施工现场进行浸渍处理，一般多为局部浸渍，现场浸渍的经验工艺参数如表11-5所列。表11-6为我国以水泥砂浆为基材进行加压浸渍试验的结果，可以看出高压下浸渍效果较好。

表11-5 现场浸渍经验工艺参数

所用单体	单体黏度/cP	烘干器与受热面距离/cm	受热面的温度/℃	烘干时间/h	浸渍时间/h	浸渍深度/cm
90%S+10%P	1.42	60	120	4	14	1.2
90%S+10%P	1.42	60	120	6	14	2.0
90%S+10%P	1.42	60	120	8	14	2.3
90%S+10%P	1.42	60	120	12	14	2.5
90%S+10%P	1.42	60	120	8	12	2.3
90%S+10%P	1.42	60	120	8	8	2.3
80%S+20%P	2.41	60	120	12	12	2.0
70%S+30%P	4.47	60	120	12	12	2.0

注：1cP=1mPa·s。

加压浸渍所以能提高浸渍的质量和效果，是由于加压浸渍时混凝土中残留空气的影响大幅度下降，基体中呈墨水瓶状气孔的气堵现象被克服，减少了浸渍液在聚合时的体积收缩，同时增大了聚合物与基体的界面面积，大大提高了界面间的黏结。

表 11-6 MMA 加压浸渍的效果（未经热处理）

试件类型	浸渍量(质量百分数)/%	抗折强度/MPa	抗压强度/MPa	抗压强度提高的倍数
水泥砂浆基体	0.0	9.00	60.0	1.00
常压下浸渍	7.5	3.20	162.0	2.70
在 25×10^5Pa 下浸渍	8.3	33.50	206.0	3.43
在 25×10^5Pa 下浸渍	9.0	33.00	218.0	3.63
在 25×10^5Pa 下浸渍	9.1	31.00	225.0	3.75
在 25×10^5Pa 下浸渍	9.2	27.00	237.0	3.95

（四）聚合

聚合是将渗入混凝土孔隙中的单体转化为聚合物，使聚合后的聚合物混凝土，具有较高的强度、较好的耐热性、抗渗性、耐腐蚀性和耐磨性等。

聚合物浸渍混凝土的聚合方法，有热催化聚合（加热法）、辐射聚合（辐射法）和催化剂聚合（化学法）3 种。目前，工程上应用较多的是催化聚合和辐射聚合，美国和日本认为热催化聚合最好，其施工工艺简单、聚合速度较快、工程造价较低，我国也较多采用热催化聚合。

热催化聚合是增加化学引发剂的加热法，促进引发剂分解产生游离基而诱导单体聚合，加热温度一般在 60～100℃之间。加热聚合时温度不宜过高，因为温度如果过高，聚合物的分子量越低，从而会影响聚合物的强度。通常根据聚合时间限制在一个合理范围来确定聚合物的强度，如果温度过低，聚合速度很慢，完全聚合所需时间越长。

五、聚合物浸渍混凝土的物理力学性能

聚合物浸渍混凝土是在普通混凝土中浸入 6%～9%的聚合物而制成的，混凝土的改性也是由聚合物充满混凝土中的孔隙和毛细管而造成的。因此，聚合物浸渍混凝土与普通混凝土虽然在外观上基本相同，但其内在的性能却有很大区别。

研究结果表明，聚合物浸渍混凝土抗压强度及抗拉强度的提高与浸填量有关，而浸填量又取决于混凝土的孔隙率和毛细管的大小，此外强度也与单体的黏性、表面张力、单体分子量大小等有关。材料试验充分证明，聚合物浸渍混凝土对于孔隙率较大而强度低的混凝土，用有机单体来浸渍改性效果是非常显著的；而对于孔隙率小且强度高的混凝土，用有机单体来浸渍改性效果是不大的。

1. 聚合物浸渍混凝土的强度

在一般情况下，聚合物浸渍混凝土的各种强度均比普通水泥混凝土高。其抗压强度约提高 3～4 倍；抗拉强度约提高 3 倍；抗弯强度约提高 2～3 倍；弹性模量约提高 1 倍；冲击强度约提高 70%。此外，徐变大大减少，如图 11-2 所示，抗冻性、耐硫酸盐性、耐酸和耐碱等性能都有很大的改善。

2. 聚合物浸渍混凝土的弹性模量

聚合物浸渍混凝土的弹性模量比普通混凝土高，其应力-应变关系近似直线，如图 11-3 所示，延性比普通混凝土还差。其原因是：普通混凝土破坏时裂缝围绕着骨料展开，裂缝遇到骨料要转向绕道，因而骨料起到阻挡裂缝开展的作用，故普通混凝土表现出有一定的延

性。而聚合物浸渍混凝土破坏时的裂缝是通过骨料展开，上述作用很小或不存在，特别在受拉时聚合物浸渍混凝土无任何预兆就会破坏。

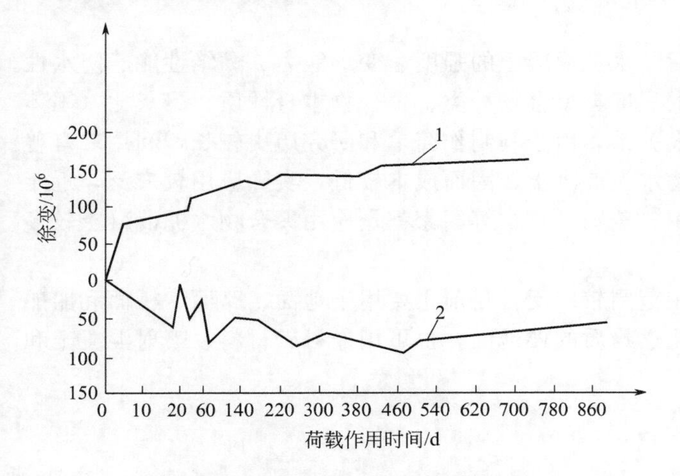

图 11-2　MMA 浸渍混凝土与普通混凝土的徐变
1—普通混凝土的徐变；
2—MMA 浸渍混凝土的徐变

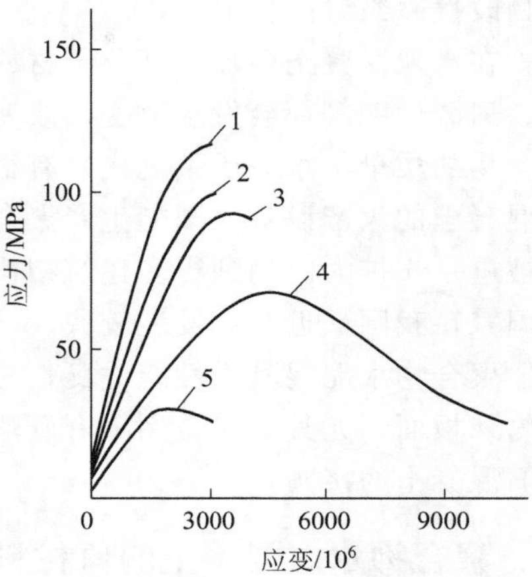

图 11-3　聚合物浸渍混凝土的应力-应变关系
1—100％MMA；2—90％MMA＋10％BA；
3—70％MMA＋30％BA；
4—50％MMA＋50％BA；5—普通混凝土

在有必要的情况下，通过在浸渍单体中添加丙烯酸丁酯或添加钢纤维的办法，提高聚合物浸渍混凝土的延性。但是，应当注意：添加丙烯酸丁酯可能使浸渍混凝土的强度有所降低。

3. 聚合物浸渍混凝土的吸水率与抗渗性

普通水泥混凝土中的孔隙在浸渍之后，被聚合物所填充，使混凝土的密实度大大提高。从而使得浸渍混凝土的吸水率、渗透率显著减小，抗冻性和抗渗性显著提高。

4. 聚合物浸渍混凝土的耐化学腐蚀性

试验结果表明，浸渍混凝土对碱和盐类具有良好的耐蚀稳定性，对无机酸的耐蚀能力也有一定的改善，是一种耐化学腐蚀性较好的建筑材料。

5. 聚合物浸渍混凝土的抗磨性能

对聚合物浸渍混凝土抗磨性的全面研究还很少，根据目前的研究结果表明，这种混凝土的抗磨性与单体类型、骨料种类及混凝土的水灰比有关。在以苯乙烯为基本单体的浸渍混凝土中，引入类似于甲基丙烯酸丁酯这样的共聚单体，其聚合物具有良好的弹性，可以提高聚合物浸渍混凝土的抗磨性能；采用强度较高的硬骨料可以充分发挥聚合物浸渍处理的作用；较高的水灰比有利于共聚单体的浸渍，并可以获得高抗磨性的聚合物浸渍混凝土。

由于聚合物在高温下易产生分解，因此温度对聚合物浸渍混凝土的性能也会产生一定影响，因此，目前在高温下使用聚合物浸渍混凝土还存在着安全隐患，当到达比产生火灾还低的温度时，聚合物就会产生热分解、冒烟，并产生恶臭气体和燃烧，强度和刚度急剧下降，严重地影响结构的安全，在设计和施工中必须引起高度重视。

第三节　聚合物水泥混凝土

所谓聚合物水泥混凝土（简称 PCC），也称为聚合物改性水泥混凝土（简称 PMC），是在普通混凝土的拌合物中加入聚合物而制成的，这种由水泥混凝土和高分子材料有效结合的有机复合材料，其性能比普通混凝土要好得多。如果将高分子材料加入水泥砂浆中，称为聚合物改性砂浆（简称 PMM）。

在水泥混凝土中加入高分子材料后，水泥混凝土的强度、变形能力、黏结性能、防水性能、耐久性能等都会发生改变，改变的程度与聚合物种类、聚合物本身性质、聚灰比（固体聚合物的质量与水泥质量之比）有很大关系。由于其制作简单和研究历史较长，利用现有普通混凝土的生产设备，即能生产聚合物水泥混凝土，因而成本较低，实际应用较广泛，近年来被进一步扩大应用到很多建筑结构中。美国、日本等国家都是应用聚合物水泥混凝土较多的国家，我国最近几年发展较快。

聚合物水泥混凝土性能优良，应用范围较广泛，目前主要用于地面、路面、桥面和船舶的内外板面，尤其是更适用于有洒落化学物质的楼地面，也可用作衬砌材料、喷射混凝土和新旧混凝土的接头。

一、聚合物水泥混凝土的原材料

聚合物水泥混凝土所用的原材料，除一般混凝土所用的水泥、骨料和水外，还有聚合物和助剂。国内外用于水泥混凝土改性的聚合物添加剂品种繁多，但总体上可以分 3 种类型，即乳胶、液体聚合物和水溶性聚合物，其中乳胶是聚合物水泥混凝土中应用最广泛的一种。

由于乳胶类树脂在生产过程中，大多用阴离子型的乳化剂进行乳液聚合，因此当这些乳胶与水泥浆混合后，由于与水泥浆中大量的 Ca^{2+} 作用会引起乳液变质，产生凝聚现象，使其不能在水泥中均匀分散，因此必须还加入阻止这种变质现象的稳定剂。此外，有些乳胶树脂或其乳化剂、稳定剂的耐水性较差，有时还需加入抗水剂；当乳胶树脂等掺量较多时，会延缓聚合物水泥混凝土的凝结，还要加入水泥促凝剂。

聚合物水泥混凝土对原材料的技术要求如下。

（一）对胶结材料的要求

聚合物水泥混凝土中的胶结材料，主要包括水泥和聚合物两种。

1. 对水泥的要求

聚合物水泥混凝土所用的水泥，除优先选用普通硅酸盐水泥外，还可使用各种硅酸盐水泥、矾土水泥、快硬水泥等，其技术性能应符合现行的国家标准的要求，其强度等级大于或等于 32.5MPa 即可。

2. 对聚合物的要求

聚合物水泥混凝土所用的聚合物可以分为以下 4 类：①聚合物乳液（或水分散体）；②水溶性聚合物；③可再分散的聚合物粉料；④液体聚合物。

对水泥中掺加用的聚合物，除应符合表 11-7 中的要求外，还应满足以下几个方面：①对水泥的凝结硬化和胶结性能无不良影响；②在水泥的碱性介质中不被水解或破坏；③对钢筋无锈蚀作用。

（二）对骨料的要求

聚合物水泥混凝土所用的粗细骨料，与普通水泥混凝土相同，即卵石、碎石、河砂、碎砂、硅砂等。有时根据工程的需要，也可以选用人造轻骨料；当用于有防腐蚀要求的工程时，应使用硅质碎石和碎砂。

表 11-7 水泥掺加用聚合物的质量要求

试验种类	试验项目	规定值
分散体试验	外观	应无粗颗粒,异物和凝固物
	总固体成分	35%以上,误差在±1.0%以内
聚合物水泥砂浆试验	抗弯强度/MPa	4 以上
	抗压强度/MPa	10 以上
	黏结强度/MPa	1 以上
	吸水率/%	15 以下
	透水量/g	30 以下
	长度变化率/%	0~0.15

(三) 对主要助剂的要求

聚合物水泥混凝土所用的主要助剂有稳定剂、消泡剂、抗水剂和促凝剂，这些助剂应分别满足以下要求。

1. 稳定剂

聚合乳液与水泥拌和时，由于水泥溶出的多价离子（指 Ca^{2+} 、Al^{3+} ）等因素的影响，往往使聚合物乳液产生破乳，出现凝聚现象。为了防止乳液与水泥拌和时及凝结过程中聚合物过早凝聚，保证聚合物与水泥均匀混合，并有效地结合在一起，通常需要加入适量的稳定剂。常用的稳定剂有 OP 型乳化剂、均染剂 102、农乳 600 等。

2. 消泡剂

聚合乳液与水泥拌和时，由于乳液中的乳化剂和稳定剂等表面活性剂的影响，通常在混凝土内产生许多小泡，如果不将这些小泡消除，就会增加砂浆的孔隙率，使其强度明显下降。因此，必须添加适量的消泡剂。

良好的消泡剂必须具备以下几个方面：①有较好的化学稳定性；②其表面张力要比被消泡介质低；③不溶于被消泡介质中。另外，消泡剂还要具有较好的分散性、破泡性、抑泡性及碱性。

必须特别指出：消泡剂的针对性非常强，它们往往在这一种体系中能消泡，而在另一种体系中却有助泡的作用。因此，在使用消泡剂时应当认真地进行选择，并通过试验加以验证。工程实践证明，几种消泡剂复合使用有较好的效果。

3. 抗水剂

有些聚合物（如乳胶树脂及乳化剂、稳定剂），其耐水性比较差，会严重影响聚合物水泥混凝土的耐久性，因此在配制中尚需掺加适量的抗水剂。

4. 促凝剂

当聚合物水泥混凝土中的乳胶树脂等掺量较多时，会延缓聚合物水泥混凝土的凝结速度，应根据施工温度等条件加入适量的促凝剂，以促进水中的凝结。

二、聚合物水泥混凝土的配合比

聚合物水泥混凝土的配合比是否适当，是影响混凝土性能的主要因素之一。与常规水泥混凝土的配合比设计相比，聚合物水泥混凝土除考虑混凝土的一般性能外，还应当考虑到聚合物水泥混凝土的影响因素。影响聚合物水泥混凝土性能的因素很多，其中主要有聚合物的种类、聚合物的掺量、聚合物与水泥用量之比（聚灰比）、水灰比、消泡剂及稳定剂的掺量和种类等。

聚合物水泥混凝土由于水灰比的影响没有像普通水泥混凝土那样大，为此，对聚合物水泥混凝土的水灰比主要以被要求的和易性（坍落度或流度）来确定。

设计聚合物水泥混凝土的配合比时，除要着重考虑拌合物的和易性和混凝土的抗压强度外，还应根据使用要求，考虑其抗拉强度、抗弯强度、黏结强度、抗渗性、耐腐蚀性等。以上各项性能虽与混凝土的水灰比有密切关系，但与聚灰比（聚合物与水泥的质量比）有着更重要的关系。试验证明，当聚灰比为15%～20%时混凝土的抗弯强度最大。

聚合物水泥混凝土的配合比设计，除应考虑聚灰比以外，其他大致可按普通水泥混凝土进行。在一般情况下，聚合物水泥砂浆的配合比为：水泥∶砂＝(1∶2)～(1∶3)（质量比）。聚灰比控制在5%～20%范围内，水灰比可根据混凝土拌合物的设计和易性适当选择，大致控制在0.30～0.60范围内。

聚合物水泥混凝土参考配合比如表11-8所列。

表11-8 聚合物水泥混凝土参考配合比

聚合物与水泥之比/%	水灰比	砂率/%	聚合物分散体用量/(kg/m³)	用水量/(kg/m³)	水泥用量/(kg/m³)	砂用量/(kg/m³)	石子用量/(kg/m³)	坍落度/mm	含气量/%
0	0.50	45	0	160	320	510	812	50	5
5	0.50	45	16	140	320	485	768	170	7
10	0.50	45	32	121	320	472	749	210	7

聚合物水泥砂浆参考配合比如表11-9所列。

表11-9 聚合物水泥砂浆参考配合比

砂浆用途	参考配合比(质量比)			涂层厚度/mm
	水泥	砂	聚合物	
路面材料	1	3.0	0.2～0.3	5～10
地板材料	1	3.0	0.3～0.5	10～15
防水材料	1	2～3	0.3～0.5	5～20
防腐材料	1	2～3	0.4～0.6	10～13
黏结材料	1	0～3	0.2～0.5	—
	1	0～1	>0.2	—
	1	0～3	>0.2	—

三、聚合物水泥混凝土的物理力学性能

根据材料试验表明，聚合物与无机胶结材料之间的作用，是可以形成离子键或共价键，其中两价或三价离子可在有机聚合物链之间形成特殊的桥键，在一定程度上改变了水泥混凝土（砂浆）的微观结构，因而聚合物水泥混凝土（砂浆）性能得到明显的变化。

（一）新拌聚合物水泥混凝土的性能

1. 减水性和流动性

普通水泥混凝土中加入专用乳液后，由于聚合物具有较好的减水作用，再加上颗粒、引

入的空气滚珠效应和乳液中表面活性剂对水泥颗粒的分散作用，使得水泥混凝土的和易性大大改善。因此，在规定的流动度下，加入聚合物乳液可减少混凝土的单位体积用水量，减水率随着聚灰比（聚合物的用量）的提高而增大。

当混凝土的水灰比不变时，随着聚灰比的提高，混凝土拌合物的流动性增大，或者要达到某预定的流动性，其所需的水灰比会随着聚灰比的增大而降低。这一作用对提高混凝土的早期强度及降低混凝土的干缩具有非常重要作用。但非专用乳液可能无减水效果。

2. 混凝土中含气量

由于乳液中表面活性剂的作用，会在水泥混凝土中引入大量的气泡。少量气泡对于混凝土的流动性和抗冻性是有益的，如果含气量过多会降低混凝土的强度。聚合物水泥混凝土中的含气量较多，有的可达到10%～30%，这样对混凝土的强度是不利的。材料试验证明，在配制中如果掺加适量的消泡剂，混凝土中的含气量可控制在2%以下，与普通水泥混凝土基本相同。这是因为混凝土与砂浆相比，混凝土中的骨料颗粒大一些，有利于空气的排除。

3. 保水性、泌水和离析

与普通水泥混凝土相比，乳液改性的聚合物水泥混凝土有很好的保水性，这是由于聚合物乳液本身亲水的胶体特性和所形成的聚合物薄膜的填充及封闭效果所致。聚合物水泥混凝土的保水能力与聚灰比有关，良好的保水性对于提高养护条件下的长期性能及在高吸水性基底上施工的混凝土是有益的。

聚合物乳液本身亲水的胶体特征及减水效应，还可以减小混凝土（砂浆）的泌水和离析现象，这样有益于提高混凝土（砂浆）的强度和抗渗性能。

4. 混凝土的凝结时间

材料试验结果表明，聚合物改性的混凝土（砂浆）的凝结时间比普通水泥混凝土（砂浆）要长一些，延长的程度与聚合物的类型和聚灰比有密切关系。不同种类的聚合物，对水泥混凝土（砂浆）凝结时间的影响是不同的；随着聚灰比的增加，水泥混凝土（砂浆）的凝结时间有延长的趋势。

（二）硬化聚合物水泥混凝土的性能

在聚合物改性水泥混凝土（砂浆）中，由于聚合物与水泥形成互穿网络结构，堵塞了砂浆内部的孔隙，强化了作为胶结料的水泥硬化体，加强了骨料之间的黏结，因此，硬化后的聚合物水泥混凝土的各种性能均比普通水泥混凝土好。

1. 力学性能

硬化聚合物改性水泥混凝土（砂浆）的力学性能，主要包括强度、黏结性、韧性和弹性模量、耐磨性等。

（1）强度　与普通水泥混凝土相比，影响聚合物水泥混凝土强度的因素更多，除影响普通水泥混凝土的因素，如水灰比、灰砂比、养护条件、测试方法等外，还要受聚合物本身性能、聚灰比等因素的影响，并且这些因素还相互关联。

聚合物的品种不同，本身的性能也不同，对聚合物水泥混凝土强度的影响变化也不同。弹性胶乳有使抗压强度下降的趋势，而热塑性树脂乳液有使抗压强度提高的倾向。同一种聚合物乳液，其共聚物中单体含量的不同对强度也有不同的影响。

材料试验也表明，一种聚合物聚灰比不同，对混凝土的强度影响也不同。一般来说，聚合物水泥混凝土的抗压强度、抗弯强度、抗拉强度和抗剪强度，均随着聚灰比的增加而有所提高，其中以抗拉及抗弯强度的增加更为显著，而抗压强度则基本不变，有时呈现上升或下降的趋势。其下降的原因是聚合物的弹性模量比水泥石低，当复合体受压时起不到刚性支撑的作用。如果聚合物的刚性提高，则抗压强度可随聚灰比的提高而提高。

养护条件对聚合物水泥混凝土强度也有一定影响，对聚合物水泥混凝土，理想的养护条件是：早期水中养护以促进水泥水化，而后进行干养护，以促进聚合物成膜。

(2) 黏结性　工程实践和材料试验证明，有机聚合物水泥混凝土在各种基材的黏结性，均比普通水泥混凝土有所提高，其提高的程度受聚合物品种、聚灰比、被粘基材对聚合物与水泥悬浮体的液相渗透程度影响。

与普通水泥混凝土相比，乳液改性混凝土对各种基材的黏结强度均得到提高，并且黏结强度随聚灰比的提高而提高，同时也受基底材料性质的影响。试验也证明，由于试验方法、养护条件和基面孔隙度的不同，其黏结强度试验数据往往相当分散。

有机聚合物不仅可以改善水泥混凝土的内聚强度及水泥浆与骨料之间的黏结力，而且对旧混凝土或钢板的黏结效果都有显著提高，这种性质使得聚合物水泥混凝土（砂浆）很适用于老混凝土的修补及表面涂层。

(3) 韧性和弹性模量　试验研究证明，聚合物水泥混凝土（砂浆）的韧性比普通水泥混凝土（砂浆）要好得多，断裂能是普通水泥混凝土（砂浆）的 2 倍以上。显微研究表明，在胶乳改性混凝土横断面上，可以清楚地看到聚合物薄膜像桥一样跨于微裂缝上，有效地阻止裂缝的形成和扩展，所以胶乳改性混凝土的韧性、变形性能较普通混凝土有很大提高。

乳液改性混凝土（砂浆）的冲击韧性随着聚灰比的提高而增大，其弹性胶乳优于热塑性树脂乳液，但弹性模量明显比普通水泥混凝土（砂浆）下降，下降的程度也与聚合物种类和聚灰比有关，通常聚灰比增大，弹性模量下降。

(4) 耐磨性　普通水泥混凝土中加入适量的聚合物，可以大幅度提高其耐磨性。耐磨性提高的程度，与聚合物的种类、聚灰比以及磨损条件有关。在一般情况下，随着聚灰比的提高，其耐磨性也提高。材料试验研究证明，在混凝土中掺加聚合物，可以使磨损表面中含有一定数量的有机聚合物，这些聚合物对水泥材料的颗粒起着很好的黏结作用，可防止它们从表面脱落。

聚合物水泥混凝土（砂浆）的耐磨性，比普通水泥混凝土（砂浆）将有大幅度提高，聚灰比越大，耐磨性越好。如聚灰比为 5%的聚酯酸乙烯改性砂浆，在相对湿度 50%条件下养护，其耐磨性比普通水泥砂浆提高 2 倍；聚灰比为 20%的聚酯酸乙烯改性砂浆，其耐磨性比普通水泥砂浆提高 20 倍。

在普通水泥混凝土中掺加聚合物后，由于其孔隙率的减小，使得聚合物水泥混凝土的强度比普通水泥混凝土的高。但强度提高的幅度又随着聚合物的种类、聚灰比、水灰比不同而不同。聚合物改性水泥混凝土（砂浆），目前主要用于地面、路面、桥面和船舶的内外甲板面，尤其是有洒落化学物质的楼地面更为适宜，也可以用作衬砌材料、喷射混凝土和新老混凝土的接头。

2. 物理和化学性能

聚合物水泥混凝土的物理和化学性能，主要包括密度及孔隙率、耐水性、抗冻性、抗碳化性和耐候性、抗氯离子渗透性、耐化学腐蚀性、干缩性等。

(1) 密度　聚合物水泥混凝土的密度取决于很多因素，但在其他因素相同的情况下，聚合物混凝土的密度与聚合物的用量（聚灰比）、聚合物的类型、聚合物的性能有关。据有关文献报道，当聚合物含量增加时，由于混凝土中空气引入量的增加，聚合物混凝土的密度减小。当聚灰比为 0.20～0.25 时，密度出现极大值可能是由于在这个用量下，聚合物分散体的塑化作用，提高了混凝土的成型性，有利于混合物的密实。

（2）孔隙率　在普通水泥混凝土中加入聚合物乳液，可以引起材料内孔隙的重新分布，使得混凝土的孔隙率提高，因此聚合物水泥混凝土在密度下降的同时，孔隙变小及在整体中均匀分布。

（3）耐水性　聚合物水泥混凝土的耐水性，可以用吸水性、不透水性和软化系数来描述。由于聚合物填充了孔隙，使总的孔隙量、大直径孔隙量和开口孔隙量减少，使得聚合物水泥混凝土的吸水性大大减小。在比较理想的情况下，吸水率可下降50%，软化系数达到0.80～0.85，这种聚合水泥混凝土属于稳定性材料。

材料试验充分证明，用不同的聚合物所配制的聚合物水泥混凝土的吸水率不同，其中聚醋酸乙烯乳液配制的混凝土的耐水性最差，这与乳液本身耐水性差有关。

（4）抗冻性　由于聚合物水泥混凝土的吸水率大大下降、孔隙率降低及具有一定的引气作用，所以改性后的水泥混凝土抗冻性比普通水泥混凝土要好得多。

（5）抗碳化性　在聚合物水泥混凝土中，由于聚合物的填充作用和封闭作用，空气、二氧化碳、氧气的透过性降低，因而其抗碳化能力大大提高。在一般情况下，聚灰比提高，抗碳化能力也相应提高。抗碳化作用的大小与聚合物的含量、二氧化碳的暴露条件等有关。

（6）抗氯离子渗透性　氯离子是影响钢筋锈蚀的重要因素，而抗氯化物的渗透对保护钢筋有十分重要的意义。因为氯离子是随着水迁移的，聚合物水泥混凝土良好的不透水性，使其具有很好的抗氯离子渗透性。材料试验证明，随着聚灰比的提高，氯离子扩散系数降低，氯离子的深度呈线性下降。

（7）耐化学腐蚀性　聚合物水泥混凝土由于聚合物的填充作用和聚合物薄膜的密封作用使其耐腐蚀性提高。材料试验证明，聚合物耐化学腐蚀性，主要是耐油和耐油脂腐蚀，但不能耐酸。耐化学腐蚀性随着聚灰比的提高而提高。

（8）干缩性　聚合物水泥混凝土的干缩受到聚合物种类及聚灰比的影响，有的干缩性增加，有的干缩性减小。如聚灰比为12%的丙烯酸酯共聚乳液配制的混凝土，比不掺加的收缩率减少60%；而氯丁胶乳配制的混凝土，其干缩反而比不掺加的有所增加。

四、聚合物改性混凝土（砂浆）的应用

随着聚合物种类的增多，聚合物改性混凝土（砂浆）在工程中的应用越来越广泛。目前，主要用于作为修补材料、黏结材料，用于路桥铺面材料、防腐蚀涂层，用于表面装饰和保护、配制预应力聚合物改性混凝土、配制水下不分散聚合物改性混凝土等。

1. 用于作为修补材料

由于聚合物对旧混凝土有很好的黏结效果，因此聚合物改性水泥混凝土最早是用于修补混凝土结构，可以用于修补混凝土裂缝、表面剥落和钢筋防腐保护等。

用作修补材料的聚合物胶乳，大多数已制备成水泥材料的专用外加剂，这样使用起来非常方便，如聚醋酸乙烯酯（PVAC）、聚偏二氯乙烯（PVDC）、丁苯胶乳（SBR）、丙烯酸和改性丙烯酸乳液（常用的苯-丙乳液）。

近些年来，我国已有专供聚合物水泥混凝土使用的商品化聚合物胶乳供应。如苏州混凝土水泥制品研究院研制的MA、MB、MS型水泥改性液，是采用合成胶乳及各种化学助剂配制而成的有机高分子乳液；又如南京永丰化工厂生产的专供配制聚合物水泥混凝土（砂浆）使用的聚丙烯酸乳液，其黏结性、防水性、抗氯离子渗透性、抗冻融性和抗碳化老化性能俱佳，自1980年起，在混凝土结构修复、钢结构保护、高速公路路面、水工建筑耐水层

等多个工程中得到成功的应用，取得了良好的技术效果和经济效益。

进行混凝土结构修补的情况是多种多样的，如房屋建筑中混凝土的修补，路面、桥梁、水库大坝、溢洪道、港口码头混凝土的修补，由于这些混凝土所处的使用条件和环境不同，所以，不仅需要根据工程的实际情况选用所适宜的聚合物混凝土材料，而且还要根据混凝土结构破坏的情况选择适宜的修补材料。

目前，聚合物改性水泥混凝土在国内的应用，主要还是以聚合物改性水泥砂浆的形式用于修补、耐蚀防护材料为主。经过对许多工程的实际应用，对混凝土的冻融剥蚀的修补、防水防渗表面保护层、混凝土防碳化处理或碳化混凝土的修补、表面防侵蚀或侵蚀破坏的修补、混凝土一般裂缝的修补或混凝土伸缩缝的修补等，均取得了良好的经济效益和社会效益。

2. 作为黏结材料

由于聚合物水泥混凝土和水泥砂浆具有良好的黏结性能，因此，作为一种黏结材料已用于黏结瓷砖、新旧混凝土之间的黏结等。近几年来，我国研制了许多优良的聚合物。

聚合物水泥砂浆可采用的有机聚合物是聚乙烯醇缩甲醛胶或聚醋酸乙烯乳液，最常用的是聚乙烯醇缩甲醛胶。在水泥或水泥砂浆中掺入适量的聚乙烯醇缩甲醛胶，可以将水泥或水泥砂浆的黏结性能提高2～4倍，增加砂浆的柔韧性与弹性，防止面层空鼓、脱落等现象，还可以提高砂浆的黏稠度和保水性，以便于操作。

由于水泥砂浆中有聚乙烯醇缩甲醛胶，胶体阻隔水膜，砂浆不易流淌，容易保证墙面洁净，减少了清洁墙面的工作，而且能延长砂浆的使用时间。此外还可减薄黏结层，一般只需2～3mm，此法称为“硬贴法”。其配合比（质量比）为水泥：砂：水：聚乙烯醇缩甲醛胶＝1：2.5：0.44：0.03。聚乙烯醇缩甲醛胶的掺量不可盲目增大，否则会降低黏结层的强度，一般以占水泥质量的3%为宜。

3. 用于路桥铺面材料

早在20世纪60年代，苏联、日本等国已开始这个方面的研究，并开始将聚合物改性水泥混凝土用于公共建筑、民用及工业厂房的地面、路面及公路、桥梁、机场跑道的面层材料。实践证明，用聚合物水泥混凝土作为道路面层，不仅具有良好的防水性能和耐磨效果，而且具有较好的弹性和耐久性。

目前，在我国仍然很少用聚合物改性水泥混凝土作为建筑结构材料，这是因为与树脂混凝土和聚合物浸渍混凝土相比，其成本比较高、投资比较大。因此，在我国除了某些特殊使用场合，如消振、抗冲击、耐磨性要求高的结构外，还没有采用聚合物改性水泥混凝土作为大体积的结构材料。

4. 用于防腐蚀涂层

由于聚合物改性水泥混凝土（砂浆）的密实度显著提高，从而使其吸水率大大降低，抗渗性能大为改善，能够有效阻止腐蚀介质的渗入，提高混凝土结构的耐腐蚀性。

我国已有将聚合物水泥砂浆应用于化工车间（或化学实验室）的地面、墙面、屋面板、高压引入管、钢筋混凝土防腐保护以及港口码头的钢筋混凝土海水池防腐保护层等，并获得成功和显著效益。

5. 用于表面装饰和保护

工程实践充分证明，聚合物改性水泥砂浆不仅可直接作为建筑物墙面的装饰层，也可作为要进一步装饰用的找平层，还可用作各种结构的保护层。如作为隧道、地沟、坑道、管道、桥面板等的保护层，不仅可以延长结构的使用寿命，而且还可以降低工程的投资。

当将聚合物改性水泥砂浆用作内外装饰层时，对砂浆的性能要求和聚灰比是不同的。因此，在选用聚合物种类时应特别注意，如本身耐水性较差的聚合物乳液（聚醋酸乙烯）不适合用于湿度较大的场所和部位。

6. 配制预应力聚合物改性混凝土

在配制预应力聚合物改性混凝土方面，前苏联进行很多研究工作，并取得了可喜的成果。研究结果表明，用聚合物改性水泥混凝土代替普通水泥混凝土后，可在减少水泥用量的条件下，减少混凝土梁的高度和混凝土的横截面积5%～10%，在水泥用量相同时可减少10%～15%，这样不仅可以减轻建筑结构的自重，而且可以增加建筑物的利用空间；在梁的横截面、高度相同时，张拉钢筋的用量可减少25%～35%，混凝土构件的抗裂性约提高30%，这样不仅可以降低工程的造价，而且可以提高混凝土的耐久性。

7. 配制水下不分散聚合物改性混凝土

水下不分散混凝土也称为无冷缝水下混凝土，这是一种新型水下混凝土，具有在水下不离析、不分散、不泌水、自流平、自密实、易施工等优良性能。

水下不分散聚合物改性混凝土，是通过将具有某些性能的聚合物加入新拌的水泥混凝土中，与水泥颗粒表面及骨料表面发生某种作用，起到吸附水泥颗粒、保护水泥的作用，同时水泥颗粒之间、水泥与骨料之间，通过聚合物联系形成空间柔性网络，提高了混凝土内部的黏聚力，限制了新拌水泥混凝土的分散、离析及水泥流失。

水下不分散聚合物改性混凝土，具有与钢筋握裹力强、抗渗性高、抗冲磨性好等优良性能。不仅可以用于水工建筑物的施工和修补，而且也可以用于桥梁、船坞、海上钻井平台、海岸防浪堤的施工。

聚合物改性水泥混凝土（砂浆），除了可以在以上几个方面应用外，随着科学技术的不断发展，其应用范围还在不断地扩大。例如，可以作为防水材料用于结构防水，其防水效果远远超过普通水泥防水混凝土；纤维增强聚合物改性水泥混凝土（砂浆），具有更好的抗开裂性、更高的抗拉强度和更优的耐磨性。

第四节　聚合物胶结混凝土

聚合物胶结混凝土，是以合成树脂为胶结材料、以砂石为骨料的混凝土。由于胶结材料全为合成树脂，所以也称为树脂混凝土、聚合物混凝土、塑料混凝土或纯聚合物混凝土。在实际配制中，为了减少合成树脂的用量、降低工程造价，还可加填料粉砂等。

聚合物混凝土与普通水泥混凝土相比，聚合物胶结混凝土的强度高达几倍以上；其黏结性、抗渗性、耐水性、耐冻融性、耐药物性及耐化学腐蚀性能均有很大提高；尤其是具有优良的绝缘性能，使其应用范围更加广泛。

另外，聚合物胶结混凝土还具有施工方便、工艺简单、硬化速度快、黏结强度高等特点，不仅可以广泛用于耐腐蚀的化工结构和高强度接头，而且在装配式建筑板材、桩、管道等预制构件中得到广泛应用。

由于聚合物混凝土具有上述一系列优点和用途，所以从1950年开始研究以来，受到很多国家的高度重视，无论是基础研究还是应用研究都取得显著进展，尤其是前苏联、联邦德国、日本、美国、法国、意大利等国家，在这方面进行了大量的研究试制和推广工作。

一、聚合物胶结混凝土的原材料

配制聚合物胶结混凝土的原材料主要包括胶结材料、骨料、填充粉料、增强材料和外加剂等。

(一) 胶结材料

生产聚合物胶结混凝土，胶结材料是其主要组成材料。目前所采用的胶结材料主要是各种树脂，主要有热固性树脂、热塑性树脂、沥青类及树脂改性沥青、煤焦油改性树脂和乙烯类单体5种类型。

1. 对胶结材料的要求

聚合物混凝土选用的胶结料（即合成树脂材料），应视此种混凝土的用途而定，选择时应考虑以下几点：①在满足混凝土要求性能的前提下，尽可能选用价格较低的树脂，以降低聚合物混凝土的单价；②树脂的黏度要低，并能比较容易调整，不仅便于同骨料混合，而且便于混凝土的拌制均匀；③当混凝土中掺入硬化剂、促进剂等外加剂时，无论是否对其加热均能正常硬化成固体；④混凝土的硬化时间可随意调节，并在硬化过程中不得产生低分子物质及有害物质，其固化收缩比较小；⑤与混凝土中的粗细骨料具有良好的黏结性能，能使混凝土中的组成材料成为一个紧固的整体；⑥具有良好的耐水性，应当达到极少吸水或不吸水的要求，并且要具有良好的化学稳定性；⑦具有良好的耐候性、耐老化性，并有一定的耐热性，且不易燃烧；⑧在通常的成型条件或现场施工的条件下，固化过程中温度和湿度等现场环境条件对硬化过程的影响不大。⑨适应预制品的成型条件或现场施工条件，而且达到完全硬化的时间要短。

2. 胶结材料的种类

(1) 热固性树脂　热固性树脂加热后产生化学变化，逐渐硬化成型，再受热也不软化，也不能溶解。热固性树脂其分子结构为体型，它包括大部分的缩合树脂。热固性树脂的优点是耐热性高，受压不易变形；其缺点是机械性能较差。热固性树脂的种类很多，在混凝土工程中常用的有不饱和聚酯（收缩型、低收缩型）树脂、聚氨基甲酸乙酯、环氧树脂、苯酚树脂、呋喃树脂（糠醛树脂、丙酮树脂等）等。

(2) 热塑性树脂　热塑性树脂是指有线型或分枝型结构的有机高分子化合物。这类树脂最大的特点是遇热软化或熔融，处于可塑性状态，冷却后又变得坚硬，而且这一过程可以反复进行。热塑性树脂种类很多，在混凝土工程中应用最广泛的是聚氯乙烯树脂、聚乙烯树脂等。

(3) 沥青类及树脂改性沥青　沥青类及树脂改性沥青如沥青、橡胶沥青、环氧沥青、聚硫化物沥青等。

(4) 煤焦油改性树脂　煤焦油改性树脂如环氧焦油、焦油氨基甲酸乙酯、焦油聚硫化物等。

(5) 乙烯类单体　乙烯类单体如甲基丙烯酸甲酯（MMA）、苯乙烯（S）等。

目前，在工程中最常用的胶结材料有环氧树脂、不饱和聚酯树脂、呋喃树脂、脲醛树脂及甲基丙烯酸甲酯单体、苯乙烯单体等。其中以不饱和聚酯树脂的价格比较低，对聚合物混凝土的固化控制比较容易；当采用甲基丙烯酸甲酯单体时，由于其黏度低，聚合物混凝土的和易性好，施工非常方便，在低温（−20℃）下固化性能也较优良。

(二) 骨料

聚合物胶结混凝土使用的粗细骨料，基本与普通混凝土相同，可使用河卵石、河砂、硅砂、安山岩或石灰岩等碎石，有时也可使用轻骨料。粗骨料的粒径一般为10～20mm，细骨料的粒径一般为2.5～5.0mm。

骨料的性能、粒径、质量等对聚合物胶结混凝土的性能有很大的影响，使用时应满足以下要求。

(1) 聚合物胶结混凝土所用的骨料与普通水泥混凝土基本相同，其质量要求应符合国家标准《建设用卵石、碎石》(GB/T 14685—2011) 和《建设用砂》(GB/T 14684—2011) 中的要求。工程实践证明，聚合物胶结混凝土所用粗骨料，应选用最大粒径不大于20mm的坚硬材料。

(2) 为确保聚合物胶结混凝土质量，骨料和粉料中不含有与树脂发生化学反应的杂质，也不得含有影响树脂固化的物质。

(3) 试验表明，聚合物胶结混凝土的强度，随着骨料及粉料的含水量增加而显著下降。因此，骨料和粉料必须保持干燥，其含水率应在0.1%以下，以使骨料能与树脂牢固地黏结在一起，这是保证聚合物混凝土质量的关键。

(4) 所选用的骨料和粉料的吸附性要小，以减少树脂材料的用量，降低聚合物胶结混凝土的单价。

(5) 骨料要满足强度高、级配好、密度大、易于与树脂黏结的要求。为了提高聚合物胶结混凝土的强度，骨料本身的强度应尽可能高，一般规定，配制聚合物胶结混凝土的骨料强度应为混凝土设计强度的2倍以上。

(三) 填充材料

细颗粒粉状材料一般被称为填充材料，填充材料在聚合物胶结混凝土组成中，主要是产生增量效果，使得有更多体积的树脂用于黏结骨料，或减少树脂用量和改善聚合物胶结混凝土的性能。填充材料应满足以下基本条件：基本不含水分；对树脂或单体以及其他液体组分的吸收量很小；对单体的聚合反应或树脂的固化反应没有有害的影响；对树脂组分的流变性质的影响比较小。

工程实践证明，氢氧化铝、氢氧化镁等粉末作为填充材料，还能提高聚合物混凝土的阻燃性能，如用作厨房台面板的聚合物混凝土通常使用氢氧化铝作为填充材料。当聚合物混凝土用于耐腐蚀场合时，必须对填充材料的耐腐蚀性也提出相应的要求。

(四) 增强材料

在聚合物混凝土中掺加适量的增强材料，能够提高聚合物混凝土的韧性和弯曲强度。工程材料试验证明，许多类型的增强材料都可用于聚合物混凝土的增强，如钢筋或玻璃纤维增强材料制成的增强筋，由钢丝、玻璃纤维、聚合物纤维制成的织物，钢纤维、碳纤维或聚合物纤维等。

在实际聚合物混凝土工程中，常掺加玻璃纤维、玻璃纤维织物或玻璃纤维毡，由于这些增强材料的耐久性、强度和耐化学腐蚀性均比较好，价格比较便宜，施工比较简单，因此是优先选用的增强材料之一。

(五) 外加剂

材料试验证明，液体树脂原料本身不会硬化，在配制聚合物胶结混凝土的搅拌过程中还需加入一定量的外加剂，应用较多的有消泡剂、浸润剂、减缩剂、防老剂、固化剂、稀释剂、增塑剂、阻燃剂、偶联剂和促进剂等。

二、聚合物胶结混凝土的生产工艺

(一) 聚合物胶结混凝土生产工艺流程

聚合物胶结混凝土生产工艺流程如图 11-4 所示。其中影响聚合物胶结混凝土质量的最重要因素是称量的准确性，以及树脂和固化剂在混凝土拌合物体积内的均匀性。

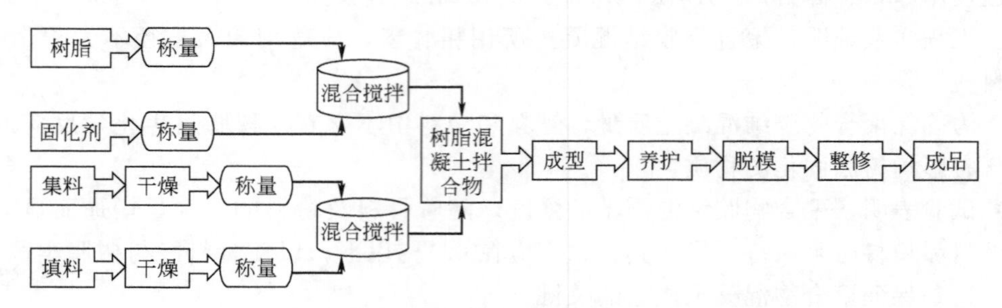

图 11-4 聚合物胶结混凝土生产工艺流程

构件的成型工艺较多，如振动法、离心法、压轧法、挤压法等成型工艺。由于聚合物胶结混凝土的黏度较大，若采用振动成型时应注意宜选用高频振动，所用模板一般应采用玻璃钢模板。

聚合物胶结混凝土的发热不但速度快，而且热量大，为避免过大的热量产生不良影响，聚合物混凝土的浇筑厚度一般掌握在 10cm 以下。

聚合物胶结混凝土构件的养护，除自然养护外，还有加热养护。加热养护不受环境条件的影响，质量容易控制，而且可以批量生产。在养护过程中，聚合物胶结混凝土虽有一定的收缩，但收缩值很小可以忽略不计。

在混凝土浇筑之前，可根据树脂的种类，选用合适的脱模剂，这是应当引起重视的施工环节。模板拆除后，国外多用含二氯甲烷的洗涤剂清理模板。

(二) 聚合物胶结混凝土配合比设计

聚合物胶结混凝土配合比设计合理与否，对其性能及成本有很大影响。聚合物混凝土配合比设计的目的，是寻求液态树脂和骨料之间的有效配合比。

因此，聚合物胶结混凝土配合比设计必须满足以下几个方面：提高混凝土的耐久性；提高混凝土的安定性；降低单位体积混凝土的成本。

1. 聚合物胶结混凝土配合比设计的内容

聚合物胶结混凝土配合比直接关系到混凝土的性能和造价，在一般情况下主要包括以下内容。

(1) 树脂与固化剂（硬化剂）之间的适当比例，使固化后的聚合物材料有最佳的技术性能，并可适当调整混凝土拌合物的使用时间。

(2) 按最大密实体积法选择骨料（包括砂、石、粉料）的最佳级配，可以采用连续级配，也可以采用间断级配。

(3) 确定胶结材料与填充材料之间的配比关系，即根据对固化后聚合物胶结混凝土技术性能的要求和对拌合物施工工艺性能的要求，确定两者合适的比例关系。在配合比设计时常把树脂和固化剂作为胶结料，按比例计算填充材料，填料应采用最密实级配。

2. 聚合物胶结混凝土配合比设计的步骤

根据工程实践证明，聚合物胶结混凝土配合比的设计内容，实际上也是在配合比设计中的设计步骤。在一般情况下可按如下设计步骤进行。

(1) 确定树脂与硬化剂的适当比例　确定液态树脂与硬化剂（引发剂、促进剂）的适当比例，以保证操作方便和硬化后的聚合物混凝土的性能。若硬化剂用量过多，则混凝土硬化过快，不仅操作困难，而且振捣不密实便产生硬化，严重影响混凝土的密实性和性能；若硬化剂用量过少，则硬化时间过长，甚至硬化不完全，也会影响硬化聚合物混凝土的性能。

(2) 按最大密实体积法选择最佳骨料级配　根据骨料级配理论，将不同粒度分布的骨料和填料混合，测定其孔隙率，寻求最密实状态的骨料组成，级配可采用连续级配或间断级配。实践证明，填充材料用量和砂率高低皆影响聚合物混凝土的强度。砂率对聚合物胶结混凝土的影响如表 11-10 所列，填充材料对聚合物胶结混凝土的影响如表 11-11 所列。

表 11-10　砂率对聚合物胶结混凝土强度的影响

砂率/%	骨料表观密度/(kg/m^3)		混凝土抗压强度/MPa
	松散	密实	
30	1660	1840	40.1
35	1680	1840	40.2
40	1700	1920	50.0
45	1730	1920	63.4

表 11-11　填充材料对聚合物胶结混凝土强度的影响

填料占骨料量/%	骨料表观密度/(kg/m^3)		混凝土抗压强度/MPa
	松散	密实	
10	1730	2010	78.6
20	1780	2070	92.4
30	1830	2130	102.5
40	1860	2110	100.0

(3) 试验确定最佳配合比　以最密实状态下级配的骨料、填料和液态树脂进行拌和，制成聚合物胶结混凝土拌合物，并根据拌合物的施工工艺要求和硬化后聚合物混凝土的性能，测定其和易性和强度等各项性能，寻求出最佳配合比，确定树脂的用量。我国常用的聚合物胶结混凝土配合比如表 11-12 所列。

表 11-12　我国常用聚合物胶结混凝土的配合比（质量比）

组成材料	环氧树脂混凝土	聚酯树脂混凝土
环氧树脂	180～220	—
溶剂	36～44	—
不饱和聚酯树脂	—	180～220
乙二胺	8～10	—
引发剂	—	2～4
促进剂	—	0.5～2
粉	350～400	350～40
砂	700～760	700
石	1000～1100	1000～1100

三、聚合物胶结混凝土的物理力学性能

与普通水泥混凝土相比，聚合物胶结混凝土是一种具有极好耐久性和良好力学性能的多功能材料，这种混凝土的抗压、抗拉、抗弯强度均高于普通水泥混凝土，其抗冲击性、耐磨性、抗冻性、抗渗性、耐水性、耐化学腐蚀性能良好，因此在土木工程和其他工程中均得到广泛的重视和应用。

1. 未硬化聚合物胶结混凝土的性能

(1) 与普通水泥混凝土相比，由于液态树脂的黏性较大，其混凝土拌合物的和易性较差，所以在配制时必须用搅拌机进行拌和。

(2) 适当选择液态树脂适用的硬化剂、促凝剂，即可在大范围内调节和控制混凝土拌合物的操作和硬化时间。

(3) 与普通水泥混凝土相比，早期强度发挥得比较早，一般可在浇筑后1～3h内脱模。在预制厂可加速模板周转；在现场施工时，可节省时间，缩短工期，并可适用于寒冷地区或冬季施工。

2. 硬化后聚合物胶结混凝土的性能

聚合物胶结混凝土具有多种优异的物理力学性能和化学性能，如强度高、抗渗和抗冻性好、耐磨、抗冲击、耐化学腐蚀、电绝缘性好等，但其耐燃性差。

(1) 混凝土强度　聚合物胶结混凝土的抗压强度一般在60～180MPa之间，用MMA制成的聚合物胶结混凝土抗压强度最高可达210MPa，其强度取决于所用聚合物的类型、骨料的尺寸、级配和类型。

聚合物胶结混凝土的物理力学性能如表11-13所列。从表中可以看出：其堆积密度小于普通混凝土，其各种强度都大大高于普通混凝土，其吸水率不仅低于普通混凝土，而且还低于沥青混凝土。

表11-13　几种聚合物胶结混凝土的物理力学性能

性能	树脂种类						对比混凝土	
	聚氨酯	呋喃	酚醛	聚酯	环氧	聚氨基甲酸酯	沥青混凝土	普通混凝土
堆积密度/(kg/m^3)	2000～2100	2000～2100	2000～2100	2200～2400	2100～2300	2000～2100	2100～2400	2300～2400
抗压强度/MPa	65.0～72.0	50.0～140.0	24.0～25.0	80.0～160.0	80.0～120.0	65.0～72.0	2.0～15.0	10.0～60.0
抗拉强度/MPa	8.0～9.0	6.0～10.0	2.0～8.0	9.0～14.0	10.0～11.0	8.0～9.0	0.2～1.0	1.0～5.0
抗弯强度/MPa	20.0～23.0	16.0～32.0	7.0～8.0	14.0～35.0	17.0～31.0	20.0～23.0	2.0～15.0	2.0～7.0
弹性模量/10^4MPa	10.0～20.0	2.0～3.0	1.0～2.0	1.5～3.5	1.5～3.5	1.0～2.0	0.1～0.5	2.0～4.0
吸水率(质量)/%	0.3～1.0	0.1～1.0	0.1～1.0	0.1～1.0	0.2～1.0	1.0～3.0	1.0～3.0	4.0～6.0

(2) 弹性模量　聚合物胶结混凝土其变形依赖于所用聚合物的弹性模量和最大延伸率。聚合物胶结混凝土具有非常好的韧性，材料冲击强度和断裂前吸收能量的能力都和韧性

有关。

聚合物胶结混凝土的弹性模量可以在很宽的范围内变化，弹性模量的大小主要取决于所用聚合物黏结剂的种类及聚合物所占的比例。当黏结剂含量减少（体积的近5%时），聚合物胶结混凝土的弹性模量越来越受骨料和增强材料的影响。聚合物胶结混凝土的弹性模量范围小到柔性树脂系统的4GPa，高到刚性树脂系统的40GPa，拉伸断裂应变应不小于1%。弹性模量随着温度而变，也因主要应力状态不同而不同。

(3) 疲劳和蠕变　所用应力的大小是影响聚合物胶结混凝土结构疲劳寿命的重要因素。试验证明，当应力增加时其疲劳寿命降低；最大应力与最小应力之间差值越大，疲劳寿命也越短。在静态试验中有较高弯曲强度和刚性的梁，在疲劳试验中更不容易产生破坏，聚合物胶结混凝土梁的疲劳寿命比水泥混凝土梁要长。

聚合物胶结混凝土具有聚合物的一般蠕变特性，在明显低于短时间极限强度的应力水平下，聚合物胶结混凝土就可能因蠕变而破坏。当应力增加时，其蠕变应变也随之增加，应力越接近短时间极限强度，蠕变破坏也就越快。

聚合物胶结混凝土的蠕变约为普通水泥混凝土的2～3倍，但两者的比蠕变（蠕变与强度之比）却几乎相同。与普通水泥混凝土相比，聚合物胶结混凝土的蠕变-应变大，持续强度低。当应力水平为0.5或更高时，呋喃基聚合物胶结混凝土的蠕变应变特别大，试样不到2个月就会发生蠕变破坏。在这种情况下，在进行强度设计时应把设计应力定在极限强度的50%以下。

聚合物胶结混凝土的蠕变行为也受环境温度和聚合物含量的影响。环境温度提高，聚合物胶结混凝土的蠕变增加，因此聚合物胶结混凝土不应当在环境温度接近聚合物热变形温度的场合。

在聚合物胶结混凝土的长时间挠度和变形的设计计算时，蠕变是极其重要的指标，用相应的混合比设计在预计使用温度条件进行蠕变试验是非常必要的。蠕变-应变一般随着聚合物含量的增加而增加，因此，如果要使聚合物胶结混凝土蠕变最小，应选用级配良好的骨料，以减少聚合物的掺量。

(4) 冲击韧性和耐磨性　聚合物胶结混凝土的抗冲击韧性、耐磨损性均高于普通水泥混凝土，分别为普通水泥混凝土的6倍和2～3倍。Neelamegam等研究了不同玻璃纤维增强聚合物砂浆的抗冲击和磨耗性能，其中聚合物砂浆是用间苯二甲酸的聚酯和很细的河砂制备的，玻璃纤维的含量为0～4%（质量百分数）。试验结果表明，加入玻璃纤维2%以上时，能明显提高混凝土的冲击韧性；玻璃纤维的长度对其性能也有影响，长纤维的抗冲击韧性值较高；加入2%～3%的长纤维也能提高混凝土的耐磨性，玻璃纤维的长度以6～25mm比较适宜。

(5) 耐老化性　聚合物老化的基本机理是分子链的分解，虽然通常是一个非常缓慢的过程，但当聚合物受到紫外线照射和高温作用时也会产生不同程度的老化，聚合物的种类不同，其老化程度也不相同。因此，当聚合物胶结混凝土的使用环境将受到紫外线照射和高温作用时，应根据其耐老化性能来选用适宜的聚合物。由于高填充料可以增加聚合物胶结混凝土的不透明性，所以聚合物黏结料本身的耐老化性能也许不是紫外线稳定性的一个好的判据。

(6) 吸水性和抗渗性　聚合物胶结混凝土的吸水性很小，一般为1%（质量分数）或更小，这是因为新拌和的所有液体组分在固化时均能聚合为固体，不产生初始毛细孔，大多数吸收的水分存在于表面或近表面的不连续孔内，这些孔是在混合时或浇筑时由夹入的空气产生的，因此，聚合物胶结混凝土的吸水很少、抗渗性很好。

有些研究表明，有些聚合物的强度在浸水后会降低，这是因为水损坏了骨料和聚合物间的黏结。聚合物本身耐水性差，用在聚合物胶结混凝土中时，遇水很容易降低强度。但强度的降低一般很小，固化很好、孔隙很少的聚合物胶结混凝土，要经过很长的时间才会发生强度的降低。

聚合物胶结混凝土的可渗透性，要比普通水泥混凝土小，但比金属要大。聚合物胶结混凝土中没有相互连通的内部孔结构，在浇筑过程中因夹入空气所产生的孔隙都是孤立的、不连续的。

(7) 抗冻融性　交替冻融会降低非加气普通水泥混凝土的抗冻性，由于聚合物胶结混凝土的各种强度均较高，再加上其内部没有吸水和放水的孔结构，因此各种聚合物混凝土都具有良好的抗冻性。例如不饱和聚酯树脂混凝土，经过400次冻融循环，其弹性模量基本不变；有人对聚合物胶结混凝土进行了1600次冻融循环试验，都没有发现质量损失。

(8) 收缩性　聚合物的聚合反应是放热反应，随着温度升高其体积产生膨胀，当聚合物胶结混凝土硬化时温度下降则产生收缩。所用树脂品种不同，其收缩值也不同。聚合物胶结混凝土的收缩率是普通水泥混凝土的几倍甚至几十倍，因此在工程应用中经常发生聚合物胶结混凝土开裂和脱空等质量问题。为降低聚合物胶结混凝土的收缩率，可通过添加热塑性高分子弹性体或加入减缩剂、适当增加填料量、降低固化过程的温度升高等方法减少收缩。

(9) 耐热性　材料试验充分证明，在温度升高到某一温度时，有机聚合物的物理性能会发生突变，这个温度被称为玻璃化温度。在玻璃化温度下，聚合物从坚硬的玻璃态转变为更有柔性的高弹态。玻璃化温度可以在很宽的范围内变化，依赖于最终聚合物的分子结构。对聚合物胶结混凝土中的常用聚合物来说，玻璃化温度可从柔性很大的10℃到刚性的耐高温的200℃。

聚合物的耐热性随着聚合物的种类不同而有所差异，丙烯酸系统和环氧系统的一般耐热温度为65～90℃，乙烯基酯、呋喃和酚类的耐热温度可达120～150℃，具有特殊性能的聚合物胶结混凝土耐热温度可超过150℃，但这类材料不易获得、价格昂贵。

(10) 耐燃性　如果聚合物胶结混凝土中的树脂含量为10%或更少，这种聚合物胶结混凝土一般是不会燃烧的。如果树脂含量超过10%，仍然要求不燃烧，应在混凝土配制中掺加适量的阻燃剂。与其他的聚合物胶结混凝土相比，呋喃基的聚合物混凝土有更高的比热，其具有更好的耐燃性。但是，在180℃或更高温度持续加热的条件下，呋喃基的聚合物混凝土的强度会明显下降，接着有材料的分解和气体放出。当温度接近所用树脂的负荷变形温度时，聚合物的力学性能会发生突变（下降）。

(11) 热胀系数　聚合物胶结混凝土的热膨胀系数可在很宽的范围内变化。低聚合物含量小于10%的聚合物胶结混凝土，其热膨胀系数较小，主要受骨料的影响。随着聚合物含量的增加，聚合物胶结混凝土的热膨胀系数逐渐接近聚合物的数值。

聚合物胶结混凝土的热膨胀系数，一般在$(13\sim126)\times10^{-6}/K$之间变化，其线膨胀系数通常是钢或普通水泥混凝土的1.5～2.5倍。这种性能对于与其他材料作刚性连接的聚合物胶结混凝土结构（如建筑外墙板等）是非常重要的。

(12) 电性能　对于聚合物胶结混凝土若适当选择材料，可以得到介电性能优良的绝缘材料。聚合物胶结混凝土的这种特性，可以使它用于电气绝缘材料。Gunasekaran 报告说，现在已成功开发了生产绝缘级聚合物胶结混凝土的配方、试验方法和浇筑工艺。

材料试验证明，纯环氧树脂固化物的体积电阻率为 10^{14}～10^{15}Ω·cm，介电常数为3.0～4.2，介电强度为160～200kV/mm，功率因数为（17～80）×10^{13}。当添加填料时，其体积电阻、介电强度和功率因数值将提高，而介电常数值将降低。

（13）耐化学介质性　聚合物胶结混凝土具有很强的耐化学介质性能，但骨料和聚合物的选择也会影响其耐化学介质性。聚合物是化学上比较不活泼的材料，因此大多数聚合物胶结混凝土都耐碱、耐酸和其他腐蚀性介质，如氨、石油产品、盐类和一些溶剂，但不能耐氧化性的酸（如硝酸和铬酸等）。氧化性的酸会与大多数聚合物反应，会与酚类聚合物和聚酯类聚合物反应。所以，在酸性环境中，应当选择能抗酸的骨料。有机溶剂大多数会腐蚀常用聚合物，并使之溶胀甚至产生破坏。

（14）表观密度　聚合物胶结混凝土的密度主要取决于所用的骨料。当使用普通水泥混凝土骨料和聚合物含量小于15%时，其密度为2200～2400kg/m^3，聚合物砂浆的密度接近上述值的下限。使用轻骨料的聚合物胶结混凝土，其密度的典型值为1000～1400kg/m^3，在工程中也开发了一些密度为640kg/m^3的特殊聚合物胶结混凝土材料。

在工程中几种常用聚合物胶结混凝土的物理力学性能，如表11-14所列。

表11-14　几种常用聚合物胶结混凝土的物理力学性能

性能	树脂种类						普通混凝土
	聚氨酯	呋喃	酚醛	聚酯	环氧树脂	聚氨基甲酸酯	
表观密度/(kg/m^3)	2000～2100	2000～2100	2000～2400	2200～2400	2100～2300	2000～2100	2300～2400
抗压强度/MPa	65.0～72.0	50.0～140.0	24.0～25.0	80.0～160.0	80.0～120.0	65.0～72.0	10.0～60.0
抗拉强度/MPa	8.0～9.0	6.0～10.0	2.0～8.0	9.0～14.0	10.0～11.0	8.0～9.0	1.0～5.0
抗弯强度/MPa	20.0～23.0	16.0～32.0	7.0～8.0	14.0～35.0	17.0～31.0	20.0～23.0	2.0～7.0
弹性模量/10^4MPa	10.0～20.0	2.0～3.0	1.0～2.0	1.5～3.5	1.5～3.5	1.0～2.0	2.0～4.0
吸水率/%	0.3～1.0	0.1～1.0	0.1～1.0	0.1～1.0	0.2～1.0	1.0～3.0	4.0～6.0

3. 聚合物胶结混凝土的性能特征

（1）聚合物胶结混凝土的胶结材料由液态树脂和硬化剂组成，如果改变其硬化剂的掺量，即能控制混凝土的硬化速率。因此，在实际工程中可根据不同用途，较广泛地选择容许静置时间。

（2）由于液态树脂早期强度发挥较快，所以能获得较高的早期强度，有利于寒冷地区或冬季施工。

（3）聚合物胶结混凝土力学性能好，特别是可获得较大的抗弯强度和抗拉强度，因此可以减小构件的断面尺寸，增加结构的抗震能力。

（4）聚合物胶结混凝土硬化后，可以成为完全不透水的结构，具有优良的防水和抗渗性。由于抗渗性良好，水难以浸入结构内部，其抗冻融循环能力很强。

（5）聚合物胶结混凝土一般具有较好的黏结力，可黏结水泥混凝土、水泥砂浆、石材、金属、木材、陶瓷、黏土砖等。

（6）聚合物胶结混凝土抗化学侵蚀能力良好。另外，聚合物胶结混凝土的耐磨损、抗冲击、绝缘性能也很好。

第五节 聚合物混凝土的施工工艺

一、聚合物水泥混凝土的施工工艺

（一）聚合物水泥混凝土拌制工艺

聚合物水泥混凝土中聚合物的掺量一般为水泥用量的5%～25%，并根据实际工程要求和聚合物种类经试验而确定。由于大多数聚合物具有一定的减水作用，因此，采用的水灰比应稍低于普通水泥混凝土。

聚合物水泥混凝土的拌制与普通水泥混凝土基本相同，拌制时可使用与普通水泥混凝土一样的搅拌设备，其区别是将水泥和聚合物共同作为胶结材料。另外，搅拌时间应稍长于普通水泥混凝土，搅拌时间一般为3～4min即可。

聚合物掺加方法有两种：一种是在拌和混凝土加水时将单体直接掺入，然后用聚合的办法制得；另一种是将聚合物粉末直接掺入水泥中。待掺加聚合物的水泥混凝土凝结后，再采取一定的方式加热混凝土，使聚合物溶化并浸入混凝土的孔隙，这样聚合物便浸入混凝土的孔隙中，混凝土冷却后便使聚合物和混凝土成为一个整体。这种聚合物水泥混凝土具有良好的抗渗性能。

（二）聚合物水泥混凝土施工工艺

1. 基层处理

聚合物水泥混凝土（砂浆）在正式浇筑前，应当对基层进行认真处理，即用钢丝刷刷去基层表面的浮浆及污物，如有裂缝等缺陷，应用砂浆堵塞修补。对基层处理的顺序为：①边喷砂、边用钢丝刷子刷去砂浆或混凝土表面脆性的浮浆层或泥土等，用溶剂（汽油、酒精或丙酮）洗掉油污或润滑油的油迹；②对出现的孔隙、裂缝等伤痕，首先进行V形开槽冲洗，然后用砂浆进行堵塞修补。对排水沟周围、管道贯通部位，也要进行同样的处理；③对处理过的基层认真检查，并用水冲洗干净，用棉纱擦去游离的水分。

2. 施工要点

如为聚合物水泥砂浆施工，则应注意以下几个方面：①分层涂抹，每层厚度以7～10mm为宜，但不宜像普通水泥砂浆那样用抹子压抹多遍，一般压抹2～3遍为宜；②在抹平时，抹子上往往会黏附一层聚合物薄膜，应边抹边用木片、棉纱等将其拭掉；③如大面积涂抹，每隔3～4m要留设宽15mm的缝。

如为聚合物水泥混凝土，则可与普通水泥混凝土一样进行浇筑和振捣，但需要在较短的时间内浇筑完毕。浇筑后如果混凝土尚未硬化，必须注意养护，但不能洒水养护或遭雨淋，否则表面会形成一层白色脆性的聚合物薄膜，影响混凝土的表面美观和使用性能。

二、聚合物胶结混凝土的施工工艺

（一）聚合物胶结混凝土的搅拌

在确定最密实填充状态的骨料组成后，接着决定胶结材料用量，再根据配合比进行聚合物胶结混凝土的搅拌。若是在施工现场，必须进行试搅拌，检验是否符合施工和易性等。与普通水泥混凝土不同，聚合物胶结混凝土的黏性较大，如不迅速搅拌，会使其发生硬化反应，混凝土无法混合均匀。为此，对于聚合物胶结混凝土必须选用搅拌机进行机械搅拌，最好使用搅拌盘与滚轮同时作反向回转的艾里奇型强制式搅拌机。

使用间断式搅拌机的标准搅拌方法，首先是在搅拌机中加入骨料和填充材料充分均匀混合，然后再将预先混合好的液态树脂和硬化剂进行强制搅拌，直到搅拌均匀。聚合物胶结混凝土搅拌时间则根据搅拌机的性能而确定。

1. 聚合物胶结混凝土的搅拌工艺

聚合物混凝土的搅拌可采用以下 2 种方法：①先将骨料（包括填充材料）投入搅拌机中，经过约 2min 的混合，随后投入预先混合好（约 2min）的液态树脂基剂和硬化剂，再搅拌 3min；②先在搅拌机中加入液态树脂基剂和硬化剂，混合约 2min 的时间，随后投入骨料和填充材料的混合料，再搅拌 3min。

无论采用何种方法，都应使混凝土拌合物达到均匀状态。

2. 搅拌中的注意事项

在聚合物胶结混凝土搅拌的过程中，除按照普通混凝土搅拌的有关规定外，还应特别注意以下 3 个方面：①液态树脂的称量是否准确，对聚合物胶结混凝土的硬化速度和力学性能影响很大，因此，对液态树脂的比例应当严格控制；②骨料和填充材料中的含水量大小，对聚合物胶结混凝土的强度影响非常显著，随着含水量的增大而降低，因此应使骨料和填充材料保持绝干状态；③搅拌时的温度对聚合物胶结混凝土能否拌和均匀起决定性作用。工程实践证明，搅拌温度以常温为宜。

（二）聚合物胶结混凝土的浇筑和成型

聚合物胶结混凝土不能像普通水泥混凝土那样在搅拌后可以放置一段时间再浇筑，应当在搅拌后在尽可能短的时间内全部用完，更不能在搅拌机内存放，而应立即送到施工现场铺开，使反应热尽快散发。

聚合物胶结混凝土对各种材料均具有良好的黏接性，使用模型浇筑成型时，应根据所用树脂的种类选择适当的脱模剂（如聚硅氧烷等），事先将其涂在模板的表面上，否则会不易脱模，致使表面损伤而影响外观质量。聚合物混凝土浇筑、抹平及装修所用的机具，与普通水泥混凝土相同，但应当注意用后要立即进行冲洗和清除黏附在机具上的混合物。

在工厂生产预制构件时，筑模、振动、离心、挤压等成型方法均可适用。采用何种成型方法主要由产品的形状、尺寸和产量等来确定。

在浇筑聚合物混凝土时，应严格控制每次的浇筑厚度，厚度主要取决于液态树脂的种类和发热程度，通常每层为 50～100mm。若浇筑厚度过大，由于蓄热过多的影响，将会出现不良后果。

（三）聚合物胶结混凝土的养护

聚合物胶结混凝土的养护是保证其质量的关键环节，它与普通水泥混凝土不同，其硬化条件随液态树脂和引发剂、促进剂的种类，以及它们的掺量多少而发生较大变化，这是聚合物混凝土的一大明显特征。根据适用的温度条件，聚合物混凝土的养护，可分为常温养护硬化法和加热养护硬化法两种。

1. 常温养护硬化法

常温养护硬化法是一种不采取任何加热措施，在常温下使混凝土强度增长的方法。其特点是：节省能源，成本较低，硬化收缩值小；但容易受到气温等环境条件的影响，质量控制工作比较复杂。

采用常温养护硬化法，只要充分把握液态树脂和引发剂、促进剂的种类、掺量，以及它们各自的性能，即使不准备特别的加热装置，也可达到硬化的目的。这种方法最适用于现场浇筑或大型制品以及形状复杂制品的生产。但要有适应环境突变的应急措施，避免在养护的过程中降低质量。

2. 加热养护硬化法

加热养护硬化法是一种适用范围较广泛、能确保工程质量的方法。其特点是不受环境条件的限制，质量控制比较容易，养护周期短，最适合批量生产；但产品硬化收缩大，易发生变形或裂缝，需要配备加热装置，工程成本相应增加，现场浇筑应用比较困难。这种养护方法适用于冲压或挤压方法成型的制品。

第十二章 轻质混凝土

轻质混凝土是以硅酸盐水泥（或硫铝酸盐水泥、氯氧镁水泥）、活性硅和钙质材料（如粉煤灰、磷石膏、硅藻土）等无机胶结料，集发泡、稳泡、激发、减水等功能为一体的阳离子表面活性剂为制泡剂，形成的微孔轻质混凝土。混凝土终凝后气泡形成大量独立封闭的匀质微孔，形成蜂窝结构，降低体积密度和导热系数，提高热阻和隔声性能。

根据使用功能的不同也可掺入填料和骨料（如粉煤灰、陶粒、碎石屑、膨胀珍珠岩等），可设计成轻质超强混凝土和超轻混凝土。在一般情况下，表观密度较大的轻质混凝土强度比较高，可以用作结构材料；表观密度较小的轻质混凝土强度比较低，主要用作保温隔热材料。

第一节 轻质混凝土概述

轻骨料混凝土是由轻粗集料、轻细集料（或普通砂）、水泥胶凝材料和水配制而成的混凝土，其表观密度不大于 1900kg/m^3。轻骨料混凝土一般是用水泥作为胶凝材料，但有时也采用石灰或石膏作为胶凝材料。由于轻骨料混凝土具有轻质、高强、保温、抗震性能好、耐火性能高、易于施工等优点，所以是一种具有发展前途的新型混凝土。

轻骨料混凝土在我国应用虽然较晚，但在应用范围和品种研制方面做出了不懈努力。目前，我国在轻骨料混凝土应用方面，正向着轻质、高强、多功能方向发展。随着建筑节能、高层、抗震的综合要求，轻骨料的质量和产量还远不能满足建筑业高速发展的需要。提高轻骨料混凝土的质量，大力推广应用轻骨料混凝土，这是摆在建筑业所有技术人员面前的一项重要任务。

一、轻质混凝土的种类

在建筑工程中，将表观密度小于 1900kg/m^3 的混凝土均称为轻质混凝土。轻质混凝土一般主要用作保温材料，也可以作为结构材料使用。材料试验证明，在一般情况下，表观密度较小的轻质混凝土强度也较低，但其保温隔热性能比较好；表观密度较大的轻质混凝土强度也较高，可以用作结构材料。

在工程中常用的轻质混凝土，主要有轻骨料混凝土、多孔混凝土、轻骨料多孔混凝土和大孔混凝土，其中以轻骨料混凝土和多孔混凝土应用最广泛。

1. 轻骨料混凝土

轻骨料混凝土是一种以表观密度较小的轻粗骨料、轻砂（或普通砂）、水泥和水配制而成的混凝土。这种混凝土的表观密度为 700～1900kg/m^3，抗压强度可达 5～50MPa。

2. 多孔混凝土

多孔混凝土是在混凝土砂浆或净浆中引入大量的气泡而制得的混凝土。根据引气的方法不同，多孔混凝土又可分为加气混凝土和泡沫混凝土两种。多孔混凝土的表观密度较小，一般在 300～800kg/m^3 范围内，是轻质混凝土中表观密度最小的混凝土。由于其表观密度较小，所以其强度比较低，一般干态强度为 5.0～7.0MPa，主要用于墙体或屋面的保温。

3. 轻骨料多孔混凝土

轻骨料多孔混凝土是在轻骨料混凝土和多孔混凝土的基础上发展起来的一种轻质混凝土，即在多孔混凝土中掺加一定比例的轻骨料，从而制成表观密度较小的混凝土。这种混凝土的干表观密度在950～1000kg/m³时，其强度可达7.5～10.0MPa。

4. 大孔混凝土

大孔混凝土又称无砂大孔混凝土，这是一种由骨料粒径相近的粗骨料、水泥和水为原料配制而成的轻质混凝土。由于所用的粗骨料粒径相近，粗骨料之间无细骨料填充，仅有很少的水泥浆将粗骨料黏结在一起，使混凝土内部形成很多大孔，从而降低了混凝土的表观密度，增加其保温隔热性能。无砂大孔混凝土根据所用的粒骨料不同，混凝土的表观密度可在1000～1900kg/m³ 范围内变化，强度为5.0～15.0MPa。

二、轻骨料混凝土的分类

轻骨料混凝土的种类很多，根据现行行业标准《轻骨料混凝土技术规程》（JGJ 51—2002）的规定：一般包括按用途不同分类、按混凝土密度等级不同分类、按细骨料种类不同分类和按粗骨料种类不同分类4种方法。

1. 按用途不同分类

按用途不同分类，轻骨料混凝土主要分为保温轻骨料混凝土、结构保温轻骨料混凝土和结构轻骨料混凝土3种，如表12-1所列。

表12-1 轻骨料混凝土按用途分类

类型名称	混凝土强度等级的合理范围	混凝土表观密度的合理范围/(kg/m³)	主要用途
保温轻骨料混凝土	CL5.0	<800	主要用于保温围护结构或热工构筑物
结构保温轻骨料混凝土	CL5.0 CL7.5 CL10 CL15	800～1400	主要用于承重、保温的围护结构
结构轻骨料混凝土	CL15 CL20 CL25 CL30 CL35 CL40 CL45 CL50	1400～1900	主要用于承重构件或构筑物

2. 按混凝土密度等级分类

按混凝土密度等级不同分类，轻骨料混凝土可以分为14个密度等级，如表12-2所列。

表12-2 轻骨料混凝土的密度等级

密度等级	干表观密度的变化范围/(kg/m³)	密度等级	干表观密度的变化范围/(kg/m³)
600	560～650	1300	1260～1350
700	660～750	1400	1360～1450
800	760～850	1500	1460～1550
900	860～950	1600	1560～6650
1000	960～1050	1700	1660～1750
1100	1060～1150	1800	1760～1850
1200	1160～1250	1900	1860～1950

3. 按细骨料不同分类

按细骨料不同分类，轻骨料混凝土可分为全轻混凝土（用轻砂）与砂轻混凝土（普通砂）两种，如表 12-3 所列。

表 12-3　轻骨料混凝土按细骨料种类分类

混凝土名称	细集料种类
全轻混凝土	细集料全部用轻砂，如粉煤灰、岩砂与陶砂等
砂轻混凝土	细集料部分或全部采用普通砂

4. 按粗骨料不同分类

按粗骨料不同分类，轻骨料混凝土可分为天然轻骨料混凝土、工业废料轻骨料混凝土、人造轻骨料混凝土 3 种，如表 12-4 所列。

表 12-4　轻骨料混凝土按粗骨料种类分类

混凝土种类	粗骨料品种	轻骨料混凝土		
		混凝土名称	表观密度/(kg/m^3)	抗压强度/MPa
天然轻骨料混凝土	浮石 火山渣 多孔凝灰岩	浮石混凝土 火山渣混凝土 多孔凝灰岩混凝土	1200～1800	15.0～20.0
工业废料轻骨料混凝土	炉渣 碎砖 自然煤矸石 膨胀矿渣珠	炉渣混凝土 碎砖混凝土 煤矸石混凝土 膨胀矿渣混凝土	1600～1800	20.0～30.0
	粉煤灰陶粒	粉煤灰陶粒混凝土	1750～1900	40.0～50.0
人造轻骨料混凝土	膨胀珍珠岩	膨胀珍珠岩混凝土	800～1400	10.0～20.0
	页岩陶粒 黏土陶粒	页岩陶粒混凝土 黏土陶粒混凝土	800～1400	30.0～50.0

三、轻骨料的分类

按照现行行业标准《轻骨料混凝土技术规程》（JGJ 51—2002）的规定：粒径在 5mm 以上、堆积密度不大于 1200kg/m^3 的多孔体骨料，称为粗轻骨料；粒径在 5mm 以下、堆积密度不大于 1100kg/m^3 的材料，称为细轻骨料（简称轻砂）。轻骨料的分类方法很多，主要有按原材料来源分类、按使用功能分类、按材料属性分类和按材料粒型分类等。

（一）按原材料来源分类

按照国际材料与结构研究试验所协会（RILEM）的建议，轻集料可以分为天然轻骨料、工业废料轻骨料和人造轻骨料 3 类。

1. 天然轻骨料

由火山爆发或生物沉积形成的天然多孔岩石加工而成。如浮石、泡沫熔岩、火山渣、火山凝灰岩、多孔石灰岩等。

天然轻骨料是由于地壳破裂流出的熔岩通过冷却而形成的多孔轻质岩石。由于熔岩的矿物成分和冷却形式不同，而形成各种不同的天然轻骨料，如浮石火山渣、泡沫熔岩等。

天然轻骨料内部孔隙较大，其表观密度和强度均较低，只能用来配制低强度的非承重结构用轻骨料混凝土。

2. 工业废料轻骨料

以粉煤灰、矿渣、煤矸石等工业废料为原料，经过加工而成的多孔轻骨料。如粉煤灰陶粒、膨胀矿渣珠、烧结煤矸石陶粒、炉渣、煤渣等。

3. 人造轻骨料

人造轻骨料是以黏土、页岩、板岩或某些有机材料为原材料，经过加工而成的多孔材料。人造轻骨料的种类很多，在工程上应用也比较广泛。如页岩陶粒、黏土陶粒、膨胀珍珠岩、沸石岩轻骨料、聚苯乙烯泡沫轻骨料等。

工业废渣轻骨料和人造轻骨料按制造原理不同，可分为烧胀法和烧结法两种。烧胀法就是将原料破碎后直接经高温煅烧，在高温煅烧时，由于骨料内部含有水分或气体，在高温下发生体积膨胀，形成内部具有微细气孔结构、表面由一层坚硬薄壳包裹的陶粒。

烧结法就是将原料在高温下烧至部分熔融而形成多孔性结构。用烧结法生产的骨料，其内部具有微细的多孔结构，其容重比天然轻骨料大，强度也比天然轻骨料高，因此可以用其配制高强度的结构轻骨料混凝土。

（二）按使用功能分类

轻骨料按使用功能不同分类，主要可分为结构型轻骨料、结构保温型轻骨料和保温型轻骨料 3 种。

（三）按材料属性分类

1. 无机轻骨料

无机轻骨料主要包括天然和人造无机硅酸盐类的多孔材料，如浮石、火山渣等天然轻骨料和各种陶粒、矿渣等人造轻骨料。

2. 有机轻骨料

有机轻骨料主要包括天然或人造的有机高分子多孔材料，如木屑、炭珠、聚苯乙烯泡沫轻骨料等。

（四）按材料粒型分类

按材料粒型不同，可分为圆球型、普通型和碎石型 3 种。

1. 圆球型

圆球型轻材料是原材料经造粒工艺加工而成呈圆球状的材料，如粉煤灰陶粒和磨细成球的页岩陶粒等。

2. 普通型

普通型轻骨料是原材料经破碎加工而成呈非圆球状材料，如膨胀珍珠岩、页岩陶粒等。

3. 碎石型

碎石型轻骨料是由天然轻骨料或多孔烧结块经破碎加工而成的呈碎石状的材料，如浮石、自然煤矸石、煤渣等。

第二节　轻骨料混凝土

用轻粗骨料、轻细骨料（或普通砂）、水泥胶凝材料和水，按一定比例配制而成的混凝土，其表观密度不大于 $1900kg/m^3$ 者，称为轻骨料混凝土。如果其粗、细骨料均是轻质材料，则称为全轻骨料混凝土；如果粗骨料为轻质材料，细骨料全部或部分采用普通砂，则称为砂轻混凝土。轻骨料混凝土所用的胶凝材料一般是水泥，有时也可用石灰、石膏、硫黄、沥青等作为胶凝材料。

一、轻骨料混凝土的原材料组成

在建筑工程中所用的轻骨料混凝土，其原材料主要为水泥、轻骨料、掺合料、拌合水和外加剂。

(一) 水泥

轻骨料混凝土本身对水泥无特殊要求，在选择水泥品种和强度等级时，主要应根据混凝土强度和耐久性的要求进行。由于轻骨料混凝土的强度可以在一个很大的范围内（5～50MPa）变化，所以在通常情况下不宜用高强度等级的水泥配制低强度等级的轻骨料混凝土，以免影响混凝土拌合物的和易性。在一般情况下，所采用的水泥强度 f_{ce}，可为轻骨料混凝土的强度为 $f_{cu,L}$ 的 1.2～1.8 倍。如果因为各种原因的限制，必须采用高强度等级的水泥配制低强度的轻骨料混凝土时，可以通过掺加适量的粉煤灰进行调节。

(二) 轻骨料

凡堆积密度小于或等于 $1200kg/m^3$ 的天然或人工多孔材料，具有一定力学强度且可以用作混凝土下骨料均称为轻骨料。轻骨料是轻骨料混凝土中的主要组成材料，其性能影响混凝土的性能能否符合设计要求，因此，对轻骨料的技术要求必须符合以下规定。

用于配制轻骨料混凝土的轻骨料，对其技术要求主要包括结构表面特征及颗粒形状、骨料颗粒级配及最大粒径、轻骨料的堆积密度、轻骨料的强度及强度等级、轻骨料的吸水率与软化系数等。

1. 结构表面特征及颗粒形状

轻骨料的表面特征是指其表面粗糙程度和开口孔隙的多少。轻骨料的表面比较粗糙，有利于硬化水泥浆体与轻骨料界面的物理黏结。如果轻骨料的开口孔隙多，会增加轻骨料的吸水率，可能要消耗更多的水泥浆，但开口孔隙从砂浆中吸取水分后，可以提高骨料界面的黏结力，降低骨料下缘聚集的水分量，使混凝土的抗冻性、抗渗性和强度均得到一定的改善。

轻粗骨料的颗粒形状主要有圆球型、普通型和碎石型 3 种。从轻粗骨料受力的角度和对混凝土拌合物和易性的影响，骨料呈圆球型比较有利；但从与水泥浆体黏结力的角度，普通型和碎石型要比圆球型好。在拌制轻骨料混凝土时，由于骨料密度较轻，特别是圆球型比碎石型更容易产生上浮，其原因是碎石形骨料表面棱角较多，颗粒之间的内摩擦力较大而又易互相牵制。

在选择轻骨料时，可根据工程要求和轻骨料上述特征进行选择。黏土陶粒、粉煤灰陶粒主要形状为圆球型，表面粗糙度较低，开口孔隙较少；页岩陶粒、膨胀珍珠岩为普通型，表面比较粗糙，开口孔隙稍多些；而浮石、自燃煤矸石、煤渣为碎石型，表面粗糙度高，开口孔隙也较多。

2. 骨料颗粒级配及最大粒径

与普通水泥混凝土一样，轻骨料的颗粒级配和最大粒径对混凝土的强度等一系列性能有很大影响。轻粗骨料级配是用标准筛的筛余率进行控制的，混凝土的用途不同，级配要求也不同，同时还要控制其最大粒径。轻粗骨料的最大粒径，保温用（含结构保温）轻骨料混凝土的最大粒径为30mm，结构用轻骨料混凝土的最大粒径为20mm。轻粗骨料的级配要求如表12-5所列。

表12-5 轻粗骨料的级配要求

筛孔尺寸	d_{min}	$1/2d_{max}$	d_{max}	$2d_{max}$
	累计筛余率(按质量计)/%			
圆球型及单一粒级	≥90	不规定	≤10	0
普通型的混合级配	≥90	30～70	≤10	0
碎石型的混合级配	≥90	40～60	≤10	0

除表12-5中所要求的颗粒级配外，对于自然级配和粗骨料，其孔隙率应小于或等于50%。

"轻砂"主要是指粒径小于5mm的轻骨料，用于轻骨料混凝土的轻砂，主要有陶粒砂和矿渣粒等，要求其细度模数应小于4.0，轻砂的颗粒级配如表12-6所列。

表12-6 轻砂的颗粒级配

轻砂名称	等级划分	细度模数	不同筛孔累计筛余率/%			
			10.0	5.00	0.63	0.16
粉煤灰陶砂	不划分	≤3.7	0	≤10	25～65	≤75
黏土陶砂	不划分	≤4.0	0	≤10	40～80	≤90
页岩陶砂	不划分	≤4.0	0	≤10	40～80	≤90
天然轻砂	粗砂	4.0～3.1	0	0～10	50～80	>90
	中砂	3.0～2.3	0	0～10	30～70	>80
	细砂	2.2～1.5	0	0～5	15～60	>70

3. 轻骨料的堆积密度

轻骨料的堆积密度也称为松堆密度，是指轻骨料以一定高度自由落下、装满单位体积的质量。轻骨料的堆积密度与其表观密度、粒径大小、颗粒形状和颗粒级配有关，同时还与骨料的含水率有关。在一般情况下，轻骨料的堆积密度约为其表观密度的1/2。

为在轻骨料混凝土施工中应用方便，现行行业标准《轻骨料混凝土技术规程》(JGJ 51—2002)中将轻骨料分为12个密度等级，在应用中可参考表12-7中的数值。

表12-7 轻骨料的密度等级

轻粗骨料		轻砂	
密度等级	堆积密度范围/(kg/m³)	密度等级	堆积密度范围/(kg/m³)
300	<300	200	150～200
400	310～400		
500	410～500	400	210～400
600	510～600		
700	610～700	700	410～700
800	710～800		
900	810～900	1100	710～1100
1000	910～1000		

4. 轻骨料的强度及强度等级

如何评价轻骨料的强度，至今尚无公认的满意的试验方法，现有的试验方法，其测试结果相差很大，无法估计轻骨料强度对混凝土强度的影响。特别对于轻细骨料的强度，至今尚无很好的试验方法。轻骨料的强度不是以单位强度来表示的，而是以筒压强度和强度标号来衡量轻骨料的强度。

（1）轻骨料的筒压强度　表12-8中为国产粗骨料的筒压强度与松散表观密度的关系，从表中可以看出，粗骨料的松散表观密度越大，筒压强度也越高，其关系式如下：

$$R_{\gamma}=0.0048\gamma \qquad (12\text{-}1)$$

式中　R_{γ}——轻骨料的筒压强度，MPa；

γ——轻骨料的松散表观密度，kg/m^3。

表12-8　轻骨料筒压强度

序号	堆积密度等级	粉煤灰陶粒和陶砂	黏土陶粒和陶砂	页岩陶粒和陶砂	天然轻骨料
1	300	—	—	—	0.2
2	400	—	0.5	0.8	0.4
3	500	—	1.0	1.0	0.6
4	600	—	2.0	1.5	0.8
5	700	4.0	3.0	2.0	1.0
6	800	5.0	4.0	2.5	1.2
7	900	6.5	5.0	3.0	1.5
8	1000	—	—	—	1.8

（2）轻骨料的强度等级　轻骨料的筒压强度反映了轻骨料颗粒总体的强度水平。但是，在配制成轻骨料混凝土后，由于轻骨料界面黏结及其他各种因素的影响，轻骨料颗粒与硬化水泥浆一起承受荷载时的强度，却与轻骨料的筒压强度有较大的差别。为此，常用轻骨料的强度等级来反映轻骨料的强度性能。

轻粗骨料的密度、筒压强度及强度等级的关系如表12-9所列。

表12-9　轻粗骨料的密度、筒压强度及强度等级的关系

密度等级	筒压强度/MPa		强度等级/MPa	
	碎石型	普通和圆球型	普通型	圆球型
300	0.2/0.3	0.3	3.5	3.5
400	0.4/0.5	0.5	5.0	5.0
500	0.6/1.0	1.0	7.5	7.5
600	0.8/1.5	2.0	10	15
700	1.0/2.0	3.0	15	20
800	1.2/2.5	4.0	20	25
900	1.5/3.0	5.0	25	30
1000	1.8/4.0	6.5	30	40

注：碎石型天然轻骨料取斜线之左值；其他碎石型轻骨料取斜线之右值。

5. 轻骨料的吸水率与软化系数

由于轻骨料的孔隙率很高，因此吸水率比普通骨料要大得多。不同种类的轻骨料，由于其孔隙率及孔隙特征有显著差别，所以吸水率也有很大差别。

由于轻骨料的吸水率会严重影响混凝土拌合物的水灰比、工作性和硬化后的强度，所以在配制过程中应严格控制。

材料的软化系数 K 反映其在水中浸泡后抵抗溶蚀的能力，软化系数 K 可按式(12-2)进行计算：

$$K=f_w/f_g \tag{12-2}$$

式中　f_w——材料吸水饱和后的强度，MPa；

f_g——材料完全干燥时的强度，MPa。

不同品种轻骨料的吸水率与软化系数的要求，如表 12-10 所列。

表 12-10　不同品种轻骨料的吸水率与软化系数的要求

轻骨料品种	堆积密度等级	吸水率/%	软化系数/K
粉煤灰陶粒	700～900	≤22	≥0.80
黏土陶粒	400～900	≤10	≥0.80
页岩陶粒	400～900	≤10	≥0.80
天然轻骨料	400～1000	不规定	≥0.70

(三) 掺合料

为改善轻骨料混凝土拌合物的工作性，调节水泥的强度等级，在配制轻骨料混凝土时，可加入一些具有一定火山灰活性的掺合料，如粉煤灰、矿渣粉等。工程实践证明，在轻骨料混凝土中掺加适量的粉煤灰，其效果比较理想。

(四) 拌合水

轻骨料混凝土所用的拌合水，没有特殊的要求，与普通水泥混凝土相同。其技术指标应符合《混凝土用水标准》(JGJ 63—2006) 中的要求。

(五) 外加剂

根据工程施工条件和性能要求，在配制轻骨料混凝土时可掺加适量的减水剂、早强剂及抗冻剂等各种外加剂。无论掺加何种外加剂，其技术性能必须符合现行国家标准《混凝土外加剂》(GB 8076—2008) 和《混凝土外加剂应用技术规范》(GB 50119—2013) 中的规定。

二、轻骨料混凝土的配合比设计

普通混凝土配合比设计的原则和方法，同样适用于轻骨料混凝土。但是，轻骨料混凝土配合比设计又与普通混凝土有着很大的区别，不仅要满足设计强度与施工和易性的要求，而且还必须满足对混凝土表观密度的限制，并能合理使用材料，特别应尽量节约水泥。

由于轻骨料的种类很多，性能差异比较大，其强度往往低于普通水泥混凝土所使用的砂、石等骨料，所以在混凝土配合比设计中的步骤也与普通水泥混凝土不同，如强度已不完全符合鲍罗米强度公式，水泥用量及用水量的确定也与普通水泥混凝土有所区别。

因此，在进行轻骨料混凝土配合比设计时，要符合轻骨料混凝土配合比设计的特点，满足轻骨料混凝土配合比设计的要求，遵循轻骨料混凝土配合比设计的原则，按照轻骨料混凝土配合比设计的方法和步骤。

（一）配合比设计的要求和特点

1. 配合比设计的要求

轻骨料混凝土配合比设计的任务，是在满足使用功能的前提下，确定施工时所用的、合理的轻骨料混凝土各种材料用量。为满足混凝土设计强度和施工方便的要求，并使混凝土具有较理想的技术经济指标，在进行轻骨料混凝土配合比设计时，主要应考虑以下4项基本要求：①满足轻骨料混凝土的设计强度等级与表观密度等级；②满足轻骨料混凝土拌合物施工要求的和易性；③满足轻骨料混凝土在某些情况下应考虑的特殊性能；④在满足设计强度等级和特殊性能的前提下，尽量节约水泥，降低工程成本，满足其经济性要求。

轻骨料混凝土的强度等级主要与水泥砂浆和骨料强度有关。当配制全轻混凝土时，轻骨料的强度往往大于水泥砂浆的强度，这时全轻混凝土的强度主要取决于水泥砂浆的强度。在配制轻砂混凝土时，由于普通水泥砂浆的强度往往大于轻骨料的强度，轻砂混凝土的强度主要取决于轻粗骨料的强度。

2. 配合比基本参数的选择

轻骨料混凝土配合比设计的基本参数，主要包括水泥强度等级和用量、用水量和有效水灰比、轻骨料表观密度和强度、粗细骨料的总体积、轻骨料混凝土砂率、外加剂和掺合料等。

（1）水泥强度等级和用量的选择　轻骨料混凝土所用水泥强度等级与水泥用量的选择，可按照表12-11中所列资料确定与选用。

表12-11　轻骨料混凝土水泥强度等级与水泥用量的选择

序号	轻骨料混凝土强度等级	水泥强度等级/MPa	水泥用量/(kg/m³)
1	C5.0	32.5	200
2	C7.5		200～250
3	C10		200～320
4	C15		250～350
5	C20		280～380
6	C25		380～400
7	C30	42.5	340～450
8	C40		420～500
9	C50	52.5	450～550

工程实践证明，增加水泥用量，可以提高混凝土的强度。当轻骨料混凝土的强度未达到给定骨料强度顶点以前，水泥用量平均增加20%时，轻骨料混凝土的强度可以提高10%。但随着水泥用量的增加，混凝土的表观密度也随之提高，水泥用量每增加50kg/m³，混凝土的表观密度增加约30kg/m³。

如果轻骨料混凝土水泥用量过高时，不仅表观密度大、水化热高、收缩率大，而且在经济上也不适宜。我国规定高强度等级轻骨料混凝土的最大水泥用量不得超过550kg/m³。此外，为了保证轻骨料混凝土有一定的强度和耐久性，其最小水泥用量不得低于200kg/m³。

（2）用水量和有效水灰比的确定　轻骨料的吸水率比较大，不同于普通混凝土中的骨料。每立方米混凝土的总用水量减去干骨料1h后吸水量的净用水量称为有效用水量。轻骨料混凝土有效用水量根据混合料和易性的要求，可按表12-12中的规定选用。

表 12-12　轻骨料混凝土有效用水量

轻骨料混凝土的施工条件	和易性		有效用水量/(kg/m³)
	工作度/s	坍落度/cm	
预制混凝土构件现浇混凝土	<30	0～3	155～200
机械振捣的	—	3～5	165～210
人工捣实或钢筋较密的	—	5～8	200～220

每立方米混凝土中有效用水量与水泥用量之比，称为轻骨料混凝土的有效水灰比。有效水灰比应根据轻骨料混凝土的设计强度等级要求进行选择，不能超过构件和工程所处环境规定的最大允许水灰比，如超过则应按规定的最大允许水灰比进行选用。轻骨料混凝土的最大水灰比和最小水泥用量，可按表 12-13 中的规定进行选用。

表 12-13　轻骨料混凝土的最大水灰比和最小水泥用量

序号	混凝土所处环境	最大水灰比	最小水泥用量/(kg/m³)	
			无筋	配筋
1	不受风雪影响的轻骨料混凝土结构	—	225	250
2	受风雪影响的露天轻骨料混凝土结构、位于水中及水位升降范围内的结构和在潮湿环境中的结构	0.70	250	275
3	寒冷地区水位升降范围内的结构、受水压作用的结构	0.65	275	300
4	严寒地区水位升降范围内的结构	0.60	300	325

(3) 轻骨料表观密度和强度的确定　根据轻骨料的原材料和制造方法不同，一般轻骨料的颗粒表观密度、强度和松散表观密度均随着颗粒尺寸的增大而减小。因此，用大粒级的轻骨料配制的轻骨料混凝土，其强度一般都比较低。为了克服这个缺点，可在混凝土拌合物中减小骨料的最大粒径或掺入适量的砂。这种方法虽然增加了轻骨料混凝土的表观密度，但只要混凝土的表观密度不超过规定值，配制高等级轻骨料混凝土还是可行的。

(4) 粗细骨料的总体积的确定　轻骨料混凝土的粗细骨料总体积，指配制每立方米轻骨料混凝土所需粗细骨料松散体积的总和。这是用松散表观密度法进行配合比设计的一个重要参数。轻骨料混凝土的粗细骨料总体积主要与粗骨料的粒型、细骨料的品种以及混凝土的内部结构等因素有关。配制比较密实的普通轻骨料混凝土时，混凝土粗细骨料的总体积可参照表 12-14 选用。

表 12-14　普通轻骨料混凝土所需粗细骨料总体积

序号	轻粗骨料粒型	细骨料品种	粗细骨料总体积/m³
1	圆球型(如粉煤灰陶粒及粉磨成球状的黏土陶粒等)	轻砂	1.30～1.50
		普通砂	1.30～1.35
2	普通型(如页岩陶粒及挤压成型的黏土陶粒等)	轻砂	1.35～1.60
		普通砂	1.30～1.40
3	碎石型(如浮石、火山灰、炉渣等)	轻砂	1.40～1.55
		普通砂	1.40～1.50

(5) 轻骨料混凝土砂率的确定　轻骨料混凝土中的砂率对混凝土拌合物的和易性影响很大，直接关系到轻骨料混凝土的施工质量和施工速度，也在一定程度上影响轻骨料混凝土的

弹性模量、表观密度和强度。砂率主要根据粗骨料的粒形和孔隙率来决定。配制轻骨料混凝土的适宜砂率，可参考表 12-15 所列出的数值。

表 12-15 轻骨料混凝土的适宜砂率

序号	轻骨料混凝土用途	细骨料类型	砂率/%
1	预制构件用	轻砂	35～40
		普通砂	30～40
2	现浇混凝土用	轻砂	40～45
		普通砂	30～45

(6) 外加剂和掺合料的确定　配制轻骨料混凝土与普通水泥混凝土一样，可以根据混凝土设计性能的需要，允许采用各种外加剂（如减水剂、塑化剂、加气剂等）。为保证混凝土的质量，其用量必须通过试验确定，或按有关规程执行。

配制低强度等级（CL10 以下）的轻骨料混凝土时，允许加入占水泥用量 20%～25%的粉煤灰或其他磨细的水硬性矿物掺合料，以改善混凝土拌合物的和易性。

(二) 配合比设计的原则

轻骨料混凝土的强度与水泥砂浆、骨料的强度、水泥用量等因素有关。当配制全轻混凝土时，轻粗骨料的强度往往大于水泥砂浆的强度，这时全轻混凝土的强度主要取决于轻砂浆的强度；当配制砂轻混凝土时，由于普通砂浆的强度往往大于轻骨料的强度，砂轻混凝土的强度主要取决于轻粗骨料的强度。

由于轻骨料混凝土配合比设计既要满足设计强度等级的要求，又要满足轻骨料混凝土表观密度等级的要求，所以提高轻骨料混凝土的强度和降低其表观密度等级，是轻骨料混凝土配合比设计的主要原则。

(三) 配合比设计的方法

轻骨料混凝土的配合比设计是通过初步试算，然后再经过试配调整确定的。配合比设计的方法分为：绝对体积法和松散体积法两种。砂轻混凝土宜采用绝对体积法；全轻混凝土宜采用松散体积法。在进行配合比计算中，粗细骨料的用量均以干燥状态为准。

1. 绝对体积法

(1) 配合比设计原则　绝对体积法计算配合比的原则为：假定每立方米砂轻混凝土的绝对体积为各组成材料的绝对体积之和。其中，砂率是根据砂子填充骨料空隙的原理来计算的。绝对体积法配合比设计，一般适用于普通砂配制的砂轻混凝土。对于用轻砂配制的全轻混凝土，在测得轻砂的颗粒表观密度和吸水率数值后，亦可按此法进行配合比设计。

(2) 配合比设计步骤

① 根据混凝土设计要求的强度等级、密度等级、混凝土用途、构件的形状及配筋情况等，确定混凝土的粗细骨料的种类和粗骨料的最大粒径。

② 测定粗骨料的堆积密度、颗粒表观密度、筒压强度及 1h 吸水率，测定细骨料的堆积密度及颗粒表观密度。

③ 根据轻骨料混凝土的设计强度等级按下列计算混凝土的试配强度：

$$f_{ch}=f_{cc}+1.645\sigma_0 \tag{12-3}$$

式中　f_{ch}——轻骨料混凝土的试配强度，MPa；

f_{cc}——轻骨料混凝土的设计强度等级，MPa；

σ_0——施工单位的混凝土强度标准差历史统计水平，无统计资料时可采用表 12-16 数值。

表 12-16　轻骨料混凝土强度标准差取值

混凝土强度等级	CL5～CL7.5	CL10～CL20	CL25～CL40	CL45～CL50
σ_0	2.0	4.0	5.0	6.0

④ 根据混凝土强度等级，确定水泥强度等级、品种及用量。按混凝土的强度等级，查表 12-17 确定水泥强度等级和水泥品种；然后再根据计算的轻骨料混凝土试配强度和轻骨料密度等级，查表 12-18 确定水泥用量。

表 12-17　轻骨料混凝土合理水泥强度等级和品种选择

混凝土强度等级	水泥强度等级/MPa	适宜水泥品种
CL5～CL7.5	27.5	火山灰硅酸盐水泥
CL10～CL20	32.5	粉煤灰硅酸盐水泥
CL20～CL30	42.5	矿渣硅酸盐水泥
CL30～CL60	52.5 或 62.5	硅酸盐水泥、普通水泥、矿渣水泥

表 12-18　轻骨料混凝土水泥用量　　单位：kg/m³

混凝土试配强度/MPa	轻骨料密度等级						
	400	500	600	700	800	900	1000
<5.0	260～320	250～300	230～260				
5.0～7.5	280～360	260～340	240～320	220～300			
7.5～10		280～370	260～350	240～320			
10～15			280～350	260～340	240～330		
15～20			300～400	280～380	270～370	260～360	250～350
20～25				330～400	320～390	310～380	300～370
25～30				380～450	370～440	360～430	350～420
30～40				420～500	390～490	380～480	370～470
40～50					430～530	420～520	410～510
50～60					450～550	440～540	430～530

⑤ 确定净用水量。根据轻骨料混凝土的施工工艺要求的和易性（坍落度或工作度）要求，可参照表 12-19 确定净用水量。

表 12-19　轻骨料混凝土净用水量

序号	轻骨料混凝土用途	和易性		净用水量/(kg/m³)
		工作度/s	坍落度/cm	
1	预制混凝土构件			
	振动台成型	5～10	0～1	155～180
	振捣棒或平板振捣器	—	3～5	165～200
2	现浇混凝土构件			
	机械振捣	—	5～7	180～210
	人工振捣或钢筋较密的	—	6～8	200～220

表12-19中的净用水量仅适用于粗骨料为轻骨料、细骨料为普通砂的“砂轻混凝土”，如果细骨料也是轻骨料，应在净用水量的基础上附加轻砂1h所吸的水量。当遇到这种情况时，对轻砂所增加的附加吸水量可参考表12-20中的公式进行计算。

表12-20　附加吸水量W_1计算方法

粗骨料预湿及细骨料种类	附加吸水量计算公式	粗骨料预湿及细骨料种类	附加吸水量计算公式
粗骨料预湿，细骨料为普通砂	$W_1=0$	粗骨料预湿，细骨料为轻砂	$W_1=Gq$
粗骨料不预湿，细骨料为普通砂	$W_1=Gq$	粗骨料不预湿，细骨料为轻砂	$W_1=Gq+Sq_s$

注：1. q_s为细骨料1h吸水率；q为粗骨料1h吸水率；W_1为附加吸水量。

2. G、S分别为粗骨料、细骨料的掺加量。

3. 当轻骨料中含水时，必须在附加水量中扣除自然含水量。

⑥ 轻骨料品种的选择。轻骨料品种的选择应根据轻骨料混凝土要求的强度等级、密度等级来确定。表12-21中列出了我国生产的轻骨料可能达到的轻混凝土各种性能指标，在进行轻骨料混凝土配合比设计时作为参考。

表12-21　各种轻骨料可能达到的轻混凝土各种性能指标

轻粗骨料			轻细骨料		混凝土可能达到的性能指标	
品种	堆积密度/(kg/m³)	筒压强度/(N/mm²)	品种	堆积密度/(kg/m³)	密度/(kg/m³)	强度等级
浮石	500	0.6	轻砂	＜300	900～1000	CL5～CL7.5
			普通砂	1450	1200～1400	CL10～CL15
火山渣	800	1.2	轻砂	＜300	900～1000	CL5～CL10
			轻砂	＜900	1100～1300	CL10～CL15
			普通砂	1450	1699～1800	CL15～CL20
页岩陶粒	500	1.5	轻砂	＜300	900～1000	CL5～CL10
			轻砂	＜900	1100～1300	CL10～CL15
			普通砂	1450	1699～1800	CL15～CL20
	800	2.5	轻砂	＜300	900～1000	CL7.5～CL10
			轻砂	＜900	1100～1300	CL10～CL20
			普通砂	1450	1699～1800	CL20～CL30
黏土陶粒	600	2.0	轻砂	＜300	900～1000	CL7.5～CL10
			轻砂	＜900	1100～1300	CL10～CL15
			普通砂	1450	1699～1800	CL15～CL20
	800	4.0	轻砂	＜300	900～1000	CL7.5～CL10
			轻砂	＜900	1100～1300	CL10～CL25
			普通砂	1450	1699～1800	CL20～CL35
粉煤灰陶粒	700	4.0	轻砂	＜300	900～1000	CL7.5～CL10
			轻砂	＜900	1100～1300	CL10～CL25
			普通砂	1450	1699～1800	CL20～CL30
	800	5.0	轻砂	＜300	900～1000	CL10～CL15
			轻砂	＜900	1100～1300	CL10～CL30
			普通砂	1450	1699～1800	CL25～CL40

⑦ 确定混凝土的砂率。由于轻骨料的堆积密度相差非常大，有“全轻”和“砂轻”混凝土之分，所以砂率宜采用密实状态的“体积砂率”。轻骨料混凝土的砂率主要根据粗骨料

的粒形和孔隙率来确定，进行轻骨料混凝土配合比设计时可参照表12-15选用。

⑧ 计算细骨料的用量。轻骨料混凝土细骨料的用量，可按式(12-4) 计算：

$$S=[1-(C/\rho_c+W/\rho_w)]S_p\rho_s \tag{12-4}$$

式中　S——每立方米轻骨料混凝土中的细骨料（或砂）的用量，kg；

C——每立方米轻骨料混凝土中水泥的用量，kg；

ρ_c——水泥的密度，kg/m^3；

W——每立方米轻骨料混凝土中净用水量，kg；

ρ_w——水的密度，kg/m^3；

S_p——密实体积砂率，%；

ρ_s——轻细骨料或砂的密度，kg/m^3。

⑨ 计算粗骨料用量。轻骨料混凝土粗骨料的用量，可按式(12-5) 计算：

$$G=[1-(C/\rho_c+W/\rho_w+S/\rho_s)]\rho_g \tag{12-5}$$

式中　G——每立方米轻骨料混凝土中粗骨料的用量，kg；

ρ_g——轻粗骨料的密度，kg/m^3。

⑩ 计算总用水量。轻骨料混凝土的总用水量，可按式(12-6) 计算：

$$W_{总}=W+W_1 \tag{12-6}$$

式中　$W_{总}$——每立方米轻骨料混凝土中总的用水量，kg；

W——每立方米轻骨料混凝土中用水量，kg；

W_1——每立方米轻骨料混凝土中附加用水量，kg。

⑪ 计算轻混凝土干表观密度。通过计算轻混凝土的干表观密度，与设计要求的干表观密度相比，若误差大于3%，证明混凝土配合比设计失败，必须重新调整和计算配合比，轻混凝土的干表观密度可按式(12-7) 计算：

$$\rho_{ch}=1.15C+G+S \tag{12-7}$$

⑫ 混凝土的试配和调整。轻骨料混凝土拌合物的试配和调整，一般可按下列方法进行。

以计算的混凝土配合比为基础，保持用水量不变，再选两个相邻的水泥用量，分别按3个配合比拌制混凝土，测定混凝土拌合物的和易性，然后调整用水量，直到达到设计要求的和易性为止，并分别校正混凝土的配合比。

按校正的3个混凝土配合比进行试配，测定混凝土的强度及干表观密度，以达到既能满足设计要求的混凝土配制强度，又具有最小水泥用量和符合设计要求的干表观密度的配合比，作为轻混凝土选定的配合比。

对选定的轻混凝土配合比进行质量校正，其校正系数可按式(12-8) 计算：

$$\eta=\rho_{co}/(G+S+C+W) \tag{12-8}$$

式中　ρ_{co}——轻骨料混凝土拌合物的振实湿表观密度，kg/m^3。

将选定配合比中的各项材料用量均乘以校正系数 η，即得最终的轻骨料混凝土配合比设计值。

2. 松散体积法

(1) 配合比设计原则　松散体积法是以给定每立方米混凝土的粗细骨料松散总体积为基础，即假定每立方米混凝土的干重量为其各组成干材料重量的总和，最后通过试验调整得出配合比。此法适用于全轻混凝土的配合比设计。

(2) 配合比设计步骤

① 根据原材料的性能和轻骨料混凝土的设计强度、密度等级及施工和易性要求，确定

粗细骨料的种类和粗骨料的最大粒径。

② 测定粗骨料的堆积密度、筒压强度和 1h 吸水率，并测定细骨料的堆积密度。

③ 利用混凝土强度计算公式 $f_{ch}=f_{cc}+1.645\sigma_0$，计算轻骨料混凝土的试配强度。

④ 按照表 12-18 确定水泥的强度等级、品种及用量。

⑤ 根据施工对混凝土拌合物的和易性要求，按表 12-19 选择净用水量。

⑥ 根据轻骨料混凝土的用途，按表 12-15 选取松散体积砂率。

⑦ 根据粗细骨料的类型，按表 12-14 选取粗细骨料的总体积。

⑧ 根据选用的粗细骨料的总体积和砂率，按式(12-9)、式(12-10) 求出每立方米轻骨料混凝土中的粗细骨料用量：

$$S=V_s\rho_{1s}=V_1S_p\rho_{1s} \tag{12-9}$$

$$G=V_g\rho_{1g}=(V_1-V_s)\rho_{1g} \tag{12-10}$$

式中　V_s——细骨料的松散体积，m^3；

V_g——粗骨料的松散体积，m^3；

V_1——粗细骨料总的松散体积，m^3；

ρ_{1s}——细骨料的堆积密度，kg/m^3；

ρ_{1g}——粗骨料的堆积密度，kg/m^3。

⑨ 根据施工要求的和易性所选用的净用水量，以及粗骨料 1h 吸水率计算附加水，并计算出总的用水量。

⑩ 计算轻骨料混凝土干表观密度，并与设计要求的干表观密度进行对比，如果误差大于 3%，则应重新调整和计算配合比。

（四）轻骨料混凝土配合比

为便于施工中进行轻骨料混凝土配制，表 12-22 中列出了工程中常用的高强轻骨料混凝土的基本配合比，供施工试配时参考。

表 12-22　高强轻骨料混凝土的基本配合比

粗骨料粒径（最大/最小）/mm	细骨料 600μm 筛孔通过量/%	骨料用量/(kg/m³)						用水量/(L/m³)
		圆滑型		不规则型		棱角型		
		细	粗	细	粗	细	粗	
20/15	45～64	450	1220	520	1150	590	1080	180
	65～84	380	1290	450	1220	520	1150	
	85～100	310	1360	380	1290	450	1220	
15/10	45～64	420	1190	480	1130	540	1070	200
	65～84	360	1250	420	1190	480	1130	
	85～100	300	1310	360	1250	420	1190	
10/5	45～64	400	1150	450	1100	500	1050	225
	65～84	350	1200	400	1150	450	1100	
	85～100	300	1250	350	1200	400	1150	

三、轻骨料混凝土的技术性能

轻骨料混凝土的技术性能主要包括力学性能、变形性能、热物理性能、抗冻性能和抗碳化性能等。

(一) 力学性能

1. 强度和强度等级

轻骨料混凝土的强度等级，与普通水泥混凝土一样，也是以150mm×150mm×150mm立方体28d抗压强度标准值作为数值标准的，而且与普通水泥混凝土相对应，轻骨料混凝土划分为CL5.0、CL7.5、CL10、CL15、CL20、CL25、CL30、CL35、CL40、CL45和CL50共11个等级。

轻骨料混凝土强度增长规律与普通水泥混凝土相似，但也有一定的不同。当轻骨料混凝土强度较低时（≤CL15），强度增长规律与普通水泥混凝土相似，轻骨料混凝土的强度越高，早期强度与用同种水泥配比的同强度等级普通水泥混凝土相比也更高，例如CL30轻骨料混凝土的7d抗压强度即可达到28d抗压强度的80%以上。

2. 密度和密度等级

轻骨料混凝土按其表观密度不同，可分为14个等级。某一密度等级的轻骨料混凝土密度标准值，可取该密度等级干表观密度范围内的上限值。

(二) 变形性能

轻骨料混凝土的变形性能包括弹性模量、徐变、收缩变形和温度变形。

1. 弹性模量

混凝土的弹性模量取决于混凝土的骨料和硬化水泥浆体的弹性模量及胶骨比，由于轻骨料的弹性模量比普通水泥混凝土的砂石低，所以轻骨料混凝土的弹性模量比普通水泥混凝土的低。

根据轻骨料的种类、轻骨料混凝土强度及轻骨料在混凝土中的配比不同，其弹性模量一般比普通水泥混凝土低25%～65%，并且随着混凝土强度越低，弹性模量比普通水泥混凝土低得越多；轻骨料的密度越小，其弹性模量也随之越小。

2. 徐变

对于混凝土徐变的影响因素，与对混凝土弹性模量的影响因素基本相似。在正常情况下，弹性模量较大的混凝土，其徐变相应也比较小，所以轻骨料混凝土的徐变比普通水泥混凝土要大。根据材料试验证明，CL20～CL40轻骨料混凝土的徐变值，比C20～C40普通水泥混凝土的徐变大15%～40%。

材料试验发现，在养护龄期早期（约7d内）轻骨料混凝土持荷，其徐变值比7d后要大得多。养护龄期越长的轻骨料混凝土，持荷所产生的徐变影响越小。与普通水泥混凝土类似，轻骨料混凝土的徐变终值也在2～5年内即可完成。

3. 收缩变形

轻骨料混凝土的收缩变形，一般大于同强度等级的普通水泥混凝土，其原因与混凝土的徐变类似。其中最主要的原因是轻骨料混凝土中水泥用量较大，从而产生的化学收缩也比较大。另外，轻骨料混凝土干燥收缩也比普通水泥混凝土大。在干燥条件下，轻骨料混凝土的最终收缩值为0.4～1mm/m，为同强度等级普通水泥混凝土的1～5倍。

通过试验还证明，全轻混凝土的收缩略高于砂轻混凝土，而砂轻混凝土的收缩又高于无砂轻骨料混凝土。

4. 温度变形

由于轻骨料的弹性模量比砂石材料小，所以轻骨料对水泥硬化浆体温度变形的约束力自然也比砂石小。按这个规律进行推测，轻骨料混凝土的温度变形应当比普通水泥混凝土大。另外，轻骨料本身的温度变形又小于砂石的温度变形，这就导致了轻骨料混凝土的温度变形与同强度等级普通水泥混凝土相差很小。例如，黏土陶粒混凝土的线膨胀系数为 7×10^{-6}/K，而普通水泥混凝土的线膨胀系数为 $(6\sim9)\times10^{-6}$/K。

（三）热物理性能

由于轻骨料混凝土的保温性能良好，常被用作保温隔热材料，因此其热物理性能是轻骨料混凝土极其重要的性能。轻骨料混凝土的热物理性能主要包括导热系数、比热容、导温系数和传热系数。

研究结果表明，影响轻骨料混凝土热物理性能的因素，主要是轻骨料混凝土组成材料的化学成分、结构和含水状况。轻骨料混凝土中水泥硬化浆体的组成及结构相差不大，主要差别是轻骨料的组成、结构及轻骨料在混凝土中的比例。

（四）抗冻性能

轻骨料混凝土的抗冻性是其极其重要的性能，是评价轻骨料混凝土耐久性的重要指标。轻骨料混凝土的抗冻性取决于水泥砂浆的强度和密实度，而水泥砂浆和密实度受水灰比、水泥用量的影响，过大的水灰比和过小的水泥用量，将降低水泥砂浆的强度和密实度，而使混凝土的抗冻性降低。

为了确保轻骨料混凝土的抗冻性，轻骨料混凝土中的最小水泥用量应不少于 225kg/m^3，水灰比不宜大于 0.70；对于全轻混凝土，其总水灰比不宜大于 1.0。

四、轻骨料混凝土的工程应用

由于轻骨料混凝土具有许多显著的优良性能，特别是随着高层建筑和混凝土科学技术的发展，使轻骨料混凝土在建筑工程中应用更广，轻骨料混凝土的表观密度更低，保温隔热性能更好，混凝土的强度更高。

目前，用作保温隔热材料的轻骨料混凝土的导热系数可低至 0.23W/(m·K)，用作结构材料的轻骨料混凝土在表观密度为 1600～1700kg/m^{3}时，抗压强度可达到 50MPa 以上。有些国家已研究出表观密度 1700kg/m^{3}左右、抗压强度高达 70MPa 以上的轻骨料混凝土。

由于轻骨料混凝土具有轻质、高强、材料易得、配制容易、施工方便等优良性能，符合高层和超高层建筑所用材料的发展趋势，由此可见，轻骨料混凝土的应用前景广阔，应用范围必将越来越广泛。

根据我国的建筑工程的实践，轻骨料混凝土主要用于以下几个方面。

1. 制作预制保温墙板和砌块

在建筑工程中制作的保温墙板、屋面板厚度 6～8mm，用直径 6～8mm 的钢筋作为增强材料，其表观密度为 1200～1400kg/m^3，强度等级为 CL5.0～CL7.5。

预制陶粒混凝土砌块有普通砌块和空心砌块两种。普通砌块的强度等级为 CL10～CL15，可用于多层建筑的承重墙砌筑；空心砌块强度等级为 CL5.0～CL7.5，主要用于框架结构建筑的保温隔热填充墙的砌筑。

2. 预制式保温屋面板

预制式保温屋面板主要用作屋面的保温隔热，其厚度一般为 10～12cm，强度等级一般为 CL7.5～CL10，用直径 8～10mm 的钢筋作为加强材料。

3. 现场浇筑楼板材料

对于一些高层和超高层建筑，利用轻骨料混凝土作为现浇楼板材料，不仅可以大大降低建筑物的自重，而且还可以起到保温隔热的作用。

4. 浇筑钢筋轻骨料混凝土剪力墙

强度等级较高、表观密度较大的钢筋轻骨料混凝土，不仅是一种很好的结构混凝土，而且还可以起到保温隔热、隔声的作用。

由于轻骨料混凝土的徐变较大，抗拉强度及弹性模量均比较低，直接用于梁、柱等重要受力结构很少见。因此，如何提高轻骨料混凝土的弹性模量和抗拉强度，降低混凝土的徐变，是轻骨料混凝土研究的重要课题。

第三节 加气混凝土

加气混凝土也称为发气混凝土，是一种通过发气剂使水泥料浆拌合物发气，产生大量孔径为0.5～1.5mm的均匀封闭气泡，并经过蒸压养护硬化而成多孔型轻质混凝土，属于泡沫混凝土的范畴。目前，我国政府大力提倡建设节约型社会，大力推广节能建筑材料，推进墙体材料革新，给加气混凝土行业带来难得的发展机遇，应充分发挥加气混凝土既是保温材料又是墙体材料的优势，进一步研究单一材料节能体系，以弥补目前复合保温体系的不足。因此，加快加气混凝土的发展步伐，并在建筑工程中大力推广应用，是建筑领域一个非常重要的课题。

一、加气混凝土的特点

自1824年波特兰水泥问世以来，特别20世纪70年代以后，混凝土一直向着快硬、高强、轻质、改性、复合、节能的方向发展。加气混凝土所具备的特点，正符合混凝土的发展方向，表现出光辉的发展前景。归纳起来，加气混凝土具有以下优点。

1. 节省大量的土地资源

我国建筑用的墙体材料，至今有些地区还是以黏土实心砖为主。据有关部门统计，黏土实心砖仍是墙体材料主体，每年要毁掉大量的良田，这对于人均耕地只有1亩多的我国来说是一个十分严重的问题。加气混凝土的主要原料是砂或粉煤灰，以它代替黏土实心砖，不仅可以有效地保护耕地，而且可以消砂造田。

2. 节省大量的煤炭资源

按照近几年的黏土实心砖的产量测算，烧制黏土砖每年要消耗煤9×10^7t左右，占全国煤炭总产量的6%。据科学试验测定，黏土砖的耗煤量为91kg/m^3，加气混凝土的耗煤量为56kg/m^3，如果能利用电厂废气进行养护，实际耗煤为22.5kg/m^3，仅为黏土砖的1/4～1/2。由此可见，加气混凝土与黏土实心砖相比在节能方面具有明显的优势。

3. 具有良好的耐久性

由于加气混凝土成材的机理与普通混凝土不同，则由硅、钙材料在水热条件下产生化学反应，生成水化硅酸钙将“集料残骸”胶结而成，它的强度和耐久性决定于自身的晶体构造。工程检测结果表明，加气混凝土在大气中暴露1年后，其抗压强度可提高25%，10年后强度仍能保持稳定。1931年我国所建的加气混凝土工程，经历80余年仍然完好无损，这充分证明加气混凝土具有良好的耐久性。

4. 耐热耐火性能良好

加气混凝土是一种不燃性建筑材料。材料试验证明，在受热80～100℃时，只会出现收缩性的微裂缝，温度小于70℃时，混凝土的强度不会降低。当建筑物发生火灾后，加气混凝土构件只出现表皮龟裂和酥松现象，但将表面损伤部分清除后，通过采取措施修复仍可使用。由此可见，加气混凝土的耐热、耐火性能明显优于普通混凝土。

5. 具有优良的保温隔热性能

加气混凝土是承重和保温隔热合一的建筑材料，大量致密匀质密闭的气泡，使其具有优良的保温隔热性能。加气混凝土及其砌体的导热系数为0.108～0.200W/(m·K)，仅为砖砌体的1/15～1/7。按现行标准《夏热冬暖地区居住建筑节能设计标准》(JGJ 75—2012)计算，加气混凝土墙厚225mm、250mm、300mm，就相当于黏土实心砖墙厚730mm、890mm、930mm的保温效果。由此可见，保温能力为黏土砖的3～4倍，为普通混凝土的4～8倍。加气混凝土既具有优良的保温隔热性能，又是理想的节能材料。

6. 具有轻质的优良性能

材料试验证明，加气混凝土气化体积约占总体积的70%～80%，固体物质只有20%～30%，体积密度仅为400～700kg/m^3，为黏土砖的1/4～1/3，为普通混凝土的1/6～1/4，同时也低于一般轻骨料混凝土。因而，采用加气混凝土作为墙体材料，不仅可以大大减轻建筑物的自重，也可以节约建筑材料和工程费用。

7. 具有充分利用强度的优良性能

加气混凝土的抗压强度与孔隙率基本呈线性关系，体积密度越大，混凝土的强度越高。加气混凝土的强度虽然不如黏土实心砖的强度高，但在工程中的应用不是材料的强度，而是砌体强度。按现行规范计算，黏土实心砖的砌体强度仅能发挥其强度的30%，而加气混凝土的砌体强度却发挥其强度的80%，由此可见加气混凝土具有充分利用强度的优良性能。

二、加气混凝土的原材料组成

加气混凝土的原料由钙质原料、硅质原料、发气剂、稳泡剂、调节剂和防腐剂等组成。

1. 钙质原料

加气混凝土中的钙质原料主要有水泥、石灰等。这是加气混凝土中不可缺少的原料，起着非常重要的作用，因此钙质原料的质量必须符合有关标准的要求。

(1) 对水泥的质量要求　加气混凝土对水泥的质量要求，根据加气混凝土的品种和生产工艺不同而不同。当单独用水泥作为钙质原料时，应采用强度等级较高的硅酸盐水泥或普通硅酸盐水泥，这些水泥在水化时可产生较多的氢氧化钙。当水泥与石灰共同作为钙质原料时，可使用强度等级为32.5MPa矿渣硅酸盐水泥、粉煤灰硅酸盐水泥和火山灰质硅酸盐水泥。

对水泥中的游离氧化钙含量可适当放宽，这种水泥经蒸压养护后，游离氧化钙将全部水化，而且水泥的掺量不是很高，不会引起安定性不良。

在配制加气混凝土时，不宜用高比表面积的早强型水泥作为钙质原料，因为早强型水泥水化硬化过快，会严重影响铝粉的发气效果，使加气混凝土达不到设计要求。

(2) 对石灰的质量要求　用于加气混凝土的石灰，其质量必须符合下列要求：①有效氧化钙（以与SiO发生反应的CaO，简称为ACaO）的含量大于60%；②氧化镁（MgO）的含量应小于7%；③采用消化时间30min左右的中速消化石灰，经细磨至比表面积2900～

3100cm²/g；④为防止粉磨时产生黏结，可加入石灰量0.3%的三乙醇胺作为助磨剂。

2. 硅质原料

用于配制加气混凝土的硅质原料主要有石英砂、粉煤灰、烧煤矸石和矿渣等。硅质原料的主要作用是为加气混凝土的主要强度组分水化硅酸钙提供氧化硅（SiO_2）。因此，对硅质原料的主要要求有：①二氧化硅（SiO_2）含量比较高；②二氧化硅在水热条件下有较高的反应活性；③原料中杂质含量很少，特别是对加气混凝土性能有不良反应的氧化钾（K_2O）、氧化钠（Na_2O）及有机物等，应当严格加以控制。

3. 发气剂

发气剂是生产加气混凝土中不可缺少、极其关键的原料，它不仅能在浆料中发气形成大量细小而均匀的气泡，同时对混凝土的性能不会产生不良影响。对加气混凝土所用的发气剂曾进行过大量的试验研究，目前可以作为发气剂的材料主要有铝粉、双氧水、漂白粉等。考虑生产成本、发气效果、施工工艺等多种因素，在生产加气混凝土中采用铝粉作为发气剂是比较适宜的。

4. 稳泡剂

稳泡剂加入混凝土后，表面活性剂的亲水基一端与水相吸，憎水基一端与水相斥而指向气体，这样表面活性剂就被吸附在气-液界面上，降低了气-液界面的表面张力。同时，由于表面活性剂能在液相表面形成单分子吸附膜，使液面坚固而不易破裂，从而达到稳定气泡的目的。在加气混凝土的配制中，常用的稳泡剂有氧化石蜡稳泡剂、可溶性油类稳泡剂和SP稳泡剂3种。

5. 调节剂

为了在加气混凝土生产过程中对发气速度料浆的稠化时间、坯体硬化时间等技术参数进行控制，往往要加入一些物质对上述参数进行调节，这类物质称为调节剂。在加气混凝土配制中常用的调节剂有纯碱、烧碱、石膏、水玻璃、硼砂和轻烧镁粉等。

6. 防腐剂

由于加气混凝土孔隙率高、碱度较低、抗渗性有效期短，钢筋加气混凝土制品中的钢筋很容易受到锈蚀。因此，在生产过程中应对钢筋的表面进行防锈处理，如在钢筋表面涂刷防腐剂。防锈剂的共同特点是：①对于钢筋有良好的黏结性，能牢固地黏附在钢筋表面上；②在加气混凝土的蒸压过程中，防锈剂涂层不会被破坏；③防锈剂的价格较便宜。

三、加气混凝土的配合比设计

加气混凝土的配合比设计是确保其质量的关键，在进行配合比设计中，既要遵循一定的设计原则，还要对各种材料的用量进行认真计算。

（一）加气混凝土配合比设计原则

根据加气混凝土的特点，在进行加气混凝土配合比设计时，首先要考虑必须满足其表观密度和强度性能。在一般情况下，加气混凝土表观密度和强度是相互矛盾的两个指标，表观密度小、孔隙率大，其强度则低；表观密度大、孔隙率小，其强度较高。在进行加气混凝土材料组成设计时，应在保证表观密度条件下尽量提高固相物质（即孔壁物质）的强度。

（二）铝粉掺量的确定

铝粉是加气混凝土中的关键材料，影响加气混凝土中气泡形成、混凝土的表观密度、混凝土的性能和强度大小，应认真加以确定。加气混凝土的表观密度取决于孔隙率，而孔隙率又取决于加气量，加气量又决定于铝粉掺量，所以铝粉掺量是根据表观密度的要求确定的。在一般情况下，铝粉的掺量应由试验确定，也可以根据工程中的经验公式计算求得。

（三）各种基本原料的配合比

确定各种基本原料的配合比，主要是保证材料在蒸压养护后化学反应形成的加气混凝土结构中孔壁的强度。孔壁强度决定于形成孔壁材料的化学组成和化学结构，孔壁材料的主要成分为水化硅酸钙和水石榴子石，而这些物质的强度又决定于其钙硅比和化学结构。

1. 钙硅比的确定

在确定各种基本原料配比时，确定料浆中的钙硅比（CaO/SiO_2）和水料比是非常重要的。国内外试验研究表明，$CaO\text{-}SiO_2\text{-}H_2O$ 体系及杂质影响下，水热反应生成物以 175℃以上的水热条件下，钙硅比（CaO/SiO_2）等于 1 时的制品强度最高。如果蒸压温度过高（>230℃）和恒温时间过长，将会形成硬硅钙石，此时制品的强度反而会降低。

实际生产和试验研究表明，在进行加气混凝土配合比设计时，钙硅比不宜全部大于 1，而应当随原料组成不同有所区别。一般可按以下规定：①对于水泥-矿渣-砂系统，其钙硅比为 0.52～0.68；②对于水泥-石灰-粉煤灰系统，其钙硅比为 0.80～0.85；③对于水泥-石灰-砂系统，其钙硅比为 0.70～0.80。

2. 水料比的确定

加气混凝土的水料比大小，不仅会影响加气混凝土的强度，而且对其表观密度也有较大的影响。水料比越小，加气混凝土的强度越高，且表观密度也随之增大。水料比的确定，同时还应考虑浇筑、发气膨胀过程中的流动性和稳定性。目前，在加气混凝土配合比设计中，尚未有确定水料比密度、强度、浇筑料流动性和稳定性之间关系的计算公式，在配料计算时，可参考表 12-23 选择适宜的水料比。

表 12-23　加气混凝土水料比选择参考

加气混凝土原料 \ 密度/(kg/m³)	500	600	700
水泥-矿渣-砂	0.55～0.65	0.50～0.60	0.48～0.55
水泥-石灰-砂	0.65～0.75	0.60～0.70	0.55～0.65
水泥-石灰-粉煤灰	0.60～0.70	0.55～0.65	0.50～0.60

（四）加气混凝土参考配合比

表 12-24 中列出了 3 种加气混凝土的配合比及热工性能，表 12-25 中列出了表观密度为 500kg/m³ 加气混凝土的参考配合比，仅施工中参考。

表 12-24　3 种加气混凝土的配合比及热工性能

序号	组成原料	配合比	表观密度/(kg/m³)	导热系数/(W/m·K)	传热系数/(W/m²·K)
1	水泥-矿渣-砂	20∶20∶60	540	0.110	9.2×10^{-4}
2	水泥-石灰-粉煤灰	18.5∶18.5∶63	500	0.095	8.3×10^{-4}
3	水泥-石灰-砂	15∶25∶60	532	0.100	8.4×10^{-4}

表 12-25　表观密度为 500kg/m³ 加气混凝土的参考配合比

材料名称	水泥-石灰-砂	水泥-石灰-粉煤灰	水泥-矿渣-砂
水泥/%	5～10	10～20	18～20
石灰/%	20～33	20～24	30～32(矿渣)
砂子/%	55～65	—	48～52
粉煤灰/%	—	60～70	—
石膏/%	≤3	3～5	—
纯碱、硼砂/(kg/m³)	—	—	4,0.4
铝粉/%	7～8	7～8	7～8
水料比	0.63～0.75	0.60～0.65	0.60～0.70
浇筑温度/℃	35～38	36～40	40～45
铝粉搅拌时间/s	30～60	30～60	15～25

四、加气混凝土的技术性能

加气混凝土的技术性能如何，不仅影响加气混凝土结构的使用功能，而且影响结构的耐久性和工程造价。加气混凝土的技术性能包括表观密度、抗压强度、干燥收缩、导热性能、耐久性及其他性能。

（一）表观密度

表观密度是加气混凝土的主要性能指标，随着其表观密度的变化，加气混凝土的其他性也相应发生改变。加气混凝土的表观密度取决于混凝土的总孔隙率，是以绝干状态下的表观密度为标准。

原来，各国生产的加气混凝土的表观密度在 400～800kg/m³ 之间，经过工程应用的实践和试验，加气混凝土的表观密度有一个最佳值。目前各国趋向于生产表观密度为 500kg/m³ 的加气混凝土，这种混凝土的总孔隙率约 79%。在生产加气混凝土时，混凝土的表观密度用发气剂的掺量多少进行控制。

（二）抗压强度

抗压强度是加气混凝土的基本性能之一。混凝土中气孔的结构、气孔的大小、气孔周围孔壁的强度和总孔隙率等，对加气混凝土的抗压强度大小都有很大影响。对于加气混凝土的力学性能，一般仅以其抗压强度来表示，其他强度均与抗压强度有一定的函数关系，如抗折强度约为抗压强度的 1/10。

力学试验充分证明，含水率对加气混凝土的抗压强度影响极大，因此必须规定一定含水状态下的强度作为加气混凝土的标准强度。在建筑工程中，一般将加气混凝土的含水状态分为 3 种：①绝干状态，含水率为 0；②气干状态，含水率为 5%～10%；③出釜状态，含水率为 35%左右。当加气混凝土含水状态处于出釜状态（35%左右）时，加气混凝土的强度十分稳定，所以一般将出釜状态时混凝土的抗压强度作为其标准强度。

（三）干燥收缩

由于加气混凝土中的孔隙率较大，是一种强度比较低的材料，所以干燥收缩引起的徐变应力对制品本身和建筑物的破坏起着十分敏感的作用。选择合理的蒸压条件和制度，改善混凝土原材料配比，加强生产过程的质量控制，可以把加气混凝土的干燥收缩值控制在允许范围内。生产实践证明，出厂的加气混凝土制品经过一段时间自然干燥，使干燥收缩在使用前基本结束，这也是一种行之有效的措施。

对于加气混凝土制品，一般要求温度20℃、相对湿度43%的条件下，干燥收缩值小于或等于0.50mm/m；温度50℃、相对湿度30%的条件下，干燥收缩值小于或等于0.80mm/m。

（四）导热性能

材料的导热性能不仅与孔隙率有关，而且还取决于孔隙的大小和形状。加气混凝土是一种多孔材料，且孔隙多为封闭型，所以其导热系数比较小，一般小于0.23W/(m·K)，是一种良好的保温隔热材料。

但是，加气混凝土的蓄热性能比较差，这是它在热工性能方面存在的缺点。蓄热系数是材料层的表面对不稳定热作用敏感程度的一个物理量，与材料的导热系数和比热容有关，还与其表观密度有关。

加气混凝土的导热系数受其本身含水率的影响很大。为了提高加气混凝土制品的保温隔热性能，应对加气混凝土的面层作适当的防水处理，以使其保持较小的含水率。

（五）耐久性及其他性能

加气混凝土的耐久性及其他性能很多，主要包括抗冻性、碳化稳定性、盐析现象、抗裂性等，这些性能均严重影响工程质量和使用寿命。

1. 抗冻性

由于加气混凝土中含有很多封闭气泡，所以具有良好的抗冻性能。但抗冻性与含水率有很大关系，含水率越大，其抗冻性越差。在潮湿环境使用加气混凝土时，应采取适当的防水防潮措施。

2. 碳化稳定性

表观密度较小、透气性较大的加气混凝土，与外界的接触面积大，其碳化作用自然也就强。加气混凝土的碳化程度与二氧化碳浓度、环境湿度和存放时间成正比。

在二氧化碳的作用下，水热反应产物托勃莫来石和低钙水化硅酸钙出现碳化分解，给加气混凝土制品的强度等性能带来不利的影响。但是，碳化作用的影响并不完全取决于碳化作用的快慢，影响更大的是材料的内部结构特点。

空气中的二氧化碳浓度很低，一般仅为0.03%左右，但加气混凝土的疏松结构使水化产物可以缓慢而完整地完成晶体转换过程。在一般情况下，加气混凝土在空气中放置1～1.5年后才能完全碳化，初期加气混凝土的抗压强度略有下降，随着水泥水化反应不断进行，其后期强度有所回升，甚至会超过原始强度。因此，在正常情况下从宏观上加气混凝土具有较好的碳化稳定性。

3. 盐析现象

在干湿循环和毛细管的作用下，加气混凝土在使用中表面会出现盐析现象。当盐析现象比较严重时，由于盐类在毛细管中反复溶解和结晶膨胀，往往会引起制品的表面层产生剥落、饰面遭到破坏等不良结果。由于砂中氧化钠和氧化钾的含量要比粉煤灰高，所以含砂的加气混凝比含粉煤灰的加气混凝土盐析现象严重。

避免加气混凝土吸水受潮是减少加气混凝土盐析的主要措施之一。另外，用甲基硅醇钠等防水剂对加气混凝土表面进行憎水处理，或者进行其他饰面（釉面砖、瓷砖等）处理，也是防止盐析现象的有效措施。

4. 抗裂性

工程实践证明，加气混凝土在长期使用过程中，经受日晒雨淋和干湿交替的反复循环，几年后其表面往往出现纵横交错的裂纹。产生裂纹的主要原因是加气混凝土截面上含水率分布不均匀，各处收缩值不一样而产生收缩应力，当收缩应力大于混凝土抗拉强度时则产生裂纹。避免和减少加气混凝土产生裂纹的主要措施有以下几种。

(1) 提高加气混凝土本身的强度，这是避免和减少加气混凝土产生裂纹的关键措施。可以在改善加气混凝土的配合、选择合理的蒸养制度、在混凝土中掺加适量的纤维材料等方面采取措施。

(2) 用浸泡、涂刷和敷设等方法，对加气混凝土结构构件表面进行憎水处理或饰面处理，以降低断面上的含水梯度。

(3) 加气混凝土制品在正式出厂前，要尽量减少混凝土的含水率，使混凝土的收缩消除在使用于建筑物上之前。

第四节　泡沫混凝土

泡沫混凝土是用机械的方法将泡沫剂水溶液制成泡沫，再将泡沫加入含硅材料（如砂、粉煤灰）、钙质材料（如石灰、水泥）、水及附加剂组成的料浆中，经混合搅拌、浇筑成型、蒸汽养护而制成的轻质多孔建筑材料。泡沫混凝土最突出的特点是气孔率特别高，有的可达76%，其抗压强度一般为3～14MPa，导热系数为0.75～1.89W/(m·K)，表观密度一般为600～1200kg/m^3，是一种保温性能良好的轻质材料，常用于屋面和热力管道的保温层。

混凝土中泡沫的形成可以通过化学泡沫剂发泡、压缩空气弥散及天然沸石粉吸附空气等方法来实现。其中压缩空气弥散形成气泡制得的泡沫混凝土，被称为充气型泡沫混凝土；天然沸石吸附空气形成气泡制得的泡沫混凝土，被称为载气型泡沫混凝土。

一、泡沫混凝土的原料组成

泡沫混凝土的主要原料为水泥、石灰、具有一定潜水硬性的掺合料、发泡剂及对泡沫有稳定作用的稳泡剂，必要时还应掺加早强剂等外加剂。

（一）发泡剂

发泡剂也称泡沫剂，是配制泡沫混凝土最关键原料，发泡剂关系到在混凝土中的发泡数量、形状、结构，必然会影响泡沫混凝土结构构件的质量。

1. 泡沫剂的种类

泡沫混凝土常用的泡沫剂有松香胶泡沫剂、废动物毛泡沫剂和其他泡沫剂。

(1) 松香胶泡沫剂　松香胶泡沫剂是用碱性物质定量中和松香中的松脂酸，使其生成松香皂，加入适量的稳定剂——胶溶液，再加入适量的水熬制而成，这是一种液体状的泡沫剂，配制泡沫混凝土非常方便。

(2) 废动物毛泡沫剂　废动物毛泡沫剂是将废动物毛溶于沸腾的氢氧化钠溶液中，用硫酸中和酸化后滤得红棕色液体，再经过浓缩、干燥、粉磨而制成的粉状物质。这种泡沫剂是动物毛在水解过程中产生的中间体的混合物，是一种表面活性物质。

(3) 其他泡沫剂　其他泡沫剂主要是指树脂皂素泡沫剂、石油硫酸铝泡沫剂和水解血胶泡沫剂。树脂皂素泡沫剂是用皂素的植物制成；石油硫酸铝泡沫剂是由煤油促进剂、硫酸铝和苛性钠配制而成；水解血胶泡沫剂是由新鲜（未凝结）动物血、苛性钠、硫酸亚铁和氯化铵配制而成。

2. 泡沫剂的制备

（1）胶液的配制　将胶擦拭干净，用锤砸成4～6cm大小的碎块，经天平称量后，放入内套锅内，再加入计算用水量（同时增加耗水量2.5％～4.0％）浸泡2000h，使胶全部变软，连同内套锅套入外套锅内隔水加热，加热中随熬随搅拌，待全部溶解为止，熬煮的时间不宜超过2h。

（2）松香碱液的配制　将松香碾压成粉末，用100号的细筛过筛，将碱配制成碱液装入玻璃容器中。称取定量的碱液盛入内套锅中，待外套锅中水温加热到90～100℃时，再将盛碱液的内套锅套入外套锅中继续加热，待碱液温度为70～80℃时，将称好的松香粉末徐徐加入，随加入随搅拌，松香粉末加完后，熬煮2～4h，使松香充分皂化，成为黏稠状的液体。在熬煮时应当充分考虑到蒸发掉的水分。

（3）泡沫剂的配制　待熬好的松香碱液和胶液冷却至50℃左右时，将胶液徐徐加入松香碱液中，并快速地进行搅拌，至表面有漂浮的小泡为止，即配制成泡沫剂。

3. 泡沫的质量鉴定

泡沫的质量如何直接影响着泡沫混凝土的质量，对泡沫的质量应当从坚韧性、发泡倍数、泌水量等指标来鉴定。

（1）泡沫的坚韧性　泡沫的坚韧性就是泡沫在空气中在规定时间内不致破坏的特性，常以泡沫柱在单位时间内的沉陷距来确定。规范规定：1h后泡沫的沉陷距不大于10mm时才可用于配制泡沫混凝土。

（2）发泡倍数　发泡倍数是泡沫体积大于泡沫剂水溶液体积的倍数。规范规定：泡沫的发泡倍数不小于20时才可用于配制泡沫混凝土。

（3）泌水量　泌水量是指泡沫破坏后所产生泡沫剂水溶液体积。规范规定：泡沫的1h的泌水量不大于80mL时才可用于配制泡沫混凝土。

（二）水泥

配制泡沫混凝土，一般可采用硅酸盐系列的水泥，如硅酸盐水泥、普通硅酸盐水泥、矿渣硅酸盐水泥、火山灰硅酸盐水泥、粉煤灰硅酸盐水泥和复合硅酸盐水泥等；也可根据实际情况采用硫铝酸盐水泥和高铝水泥。

泡沫混凝土根据养护方法的不同，所采用的水泥品种和强度等级也不应相同。当采用自然养护时，应采用早期强度高、强度等级也高的水泥，如早强型（R型）硅酸盐水泥、R型普通硅酸盐水泥、硫铝酸盐水泥及高铝水泥；当采用蒸汽养护时，可采用一些掺混合材的硅酸盐水泥，对水泥的强度等级也无特殊要求。但应特别注意：当采用蒸汽养护时千万不能选用高铝水泥。

（三）石灰

如果泡沫混凝土采用蒸汽养护，可掺加适量的石灰代替水泥作为钙质原料，所用石灰的质量应符合加气混凝土中提出的标准。

（四）掺合料

用于配制泡沫混凝土的掺合料主要有粉煤灰、沸石粉和矿渣粉。粉煤灰的质量同加气混凝土中的要求，对于沸石粉和矿渣粉的质量要求，主要包括以下2个方面：①化学成分应当符合水泥混合材对矿渣和沸石的要求；②配制泡沫混凝土矿渣和沸石的细度，其比表面积应大于或等于 3500cm²/g。

在某些情况下，也可以用石英粉作为硅质掺合料，但掺用石英粉时的泡沫混凝土，必须采用蒸压养护，其配料基本上类似于加气混凝土。

（五）稳泡剂

为确保泡沫混凝土中的泡沫数量和稳定，在制备泡沫时可以加入适量的稳泡剂，所用稳泡剂的品种与加气混凝土相同。

二、泡沫混凝土的配合比设计

（一）泡沫混凝土配合比的试配设计法

泡沫混凝土配合比试质设计法的原则，与加气混凝土基本相同。对于水泥-砂泡沫混凝土和石灰-水泥-砂泡沫混凝土，其配合比可首先以表 12-26 和表 12-27 的配合比数据为依据，初步选定两种配合比设计方案，每种配合比以 3 种与“开始时的”水料比相差 0.02～0.04 的水料比来进行试拌。例如，“开始时的”水料比为 0.32 时，试验拌料采用的水料比为 0.32、0.30、0.28。

表 12-26　水泥-砂泡沫混凝土试验拌料配合比

容量与配比 / 原材料	800/(kg/m³)		1000/(kg/m³)		1200/(kg/m³)	
	Ⅰ配比	Ⅱ配比	Ⅰ配比	Ⅱ配比	Ⅰ配比	Ⅱ配比
每 1m³ 的材料用量/kg						
水泥	300	350	300	350	300	350
磨细砂子	460	410	650	600	840	790
水泥：砂子(质量比)	1：1.5	1：1.2	1：2.2	1：1.17	1：2.8	1：2.3
开始时的水料比	0.32	0.34	0.28	0.30	0.26	0.28

表 12-27　石灰-水泥-砂泡沫混凝土试验拌料配合比

容量与配比 / 原材料	800/(kg/m³)		1000/(kg/m³)		1200/(kg/m³)	
	Ⅰ配比	Ⅱ配比	Ⅰ配比	Ⅱ配比	Ⅰ配比	Ⅱ配比
每 1m³ 的材料用量/kg						
石灰	100	100	100	100	100	100
水泥	70	100	70	100	70	100
磨细砂子	590	560	780	750	970	940
石灰：水泥：砂子(质量比)	1：0.7：5.9	1：1：5.6	1：0.7：7.8	1：1：7.5	1：0.7：9.7	1：1：9.4
开始时的水料比	0.38	0.40	0.36	0.38	0.34	0.36

注：1. 泡沫用水量不计算在水料比内。

2. 如果试验方法测得的多孔混凝土的抗压极限强度符合规范式设计的要求，则多孔混凝土配合比采用较小的胶凝材料用量。

对每种拌料分别浇灌 6 件尺寸为 100mm×100mm×100mm 的立方试块和 1 件300mm×300mm×300mm 的立方试块。按规定方法进行物理力学性质试验。凡试块没有多孔拌合物的沉陷，并在所规定的表观密度下具有所需的抗压极限强度，同时胶凝材料用量又最小，这种试样就有最佳的胶凝材料、砂的配合比和最佳水料比。

对规定表观密度的多孔混凝土，其多孔拌合物的表观密度，可按式(12-11) 进行计算：

$$G=KG_1(1+W/B)+W_n \tag{12-11}$$

式中　G——多孔混凝土拌合物的表观密度，kg/m^3；

G_1——在已烘干状态下的多孔混凝土的表观密度，kg/m^3；

K——泡沫混凝土和泡沫硅酸盐蒸压后，所含的结合水和吸附水的计算系数，$K=0.95$；

W/B——水料比；

W_n——在泡沫混凝土搅拌机的泡沫搅拌器中倒入的水量和泡沫剂溶液量，L。

每 $1m^3$ 多孔混凝土的材料用量，可根据下列公式计算确定：

$$A=KG/(1+H) \tag{12-12}$$

$$H=An \tag{12-13}$$

$$W=(A+H)/B \tag{12-14}$$

式中　A——多孔混凝土的水泥用水或石灰和水泥拌合物的用量，kg/m^3；

n——每 1 份胶凝材料所用的磨细砂子的分数；

H——多孔混凝土的磨细砂的用量，kg/m^3；

W——多孔混凝土的用水量，kg/m^3。

目前，我国常用的泡沫混凝土多为粉煤灰泡沫混凝土，施工单位总结出了比较成功的配合比，表 12-28 中配合比可供施工中参考。

表 12-28　粉煤灰泡沫混凝土经验配合比

原材料名称	配合比	混合料有效 CaO/%	抗压强度/MPa
粉煤灰：生石灰：废模型石膏	74：22：4	8～10	9.92

要想获得规定容重的生产用泡沫混凝土拌料，就必须变动装在泡沫混凝土搅拌机砂浆滚筒中的干燥物质（水泥、石灰、磨细砂子）的数量，对于容量为 500L 和 750L 的泡沫混凝土搅拌机，根据泡沫混凝土不同容重而定的干燥物质的参考数量，如表 12-29 所列。

表 12-29　泡沫混凝土搅拌机每 1 次搅拌所需干燥物质的参考数量

泡沫混凝土的容重/(kg/m³)	每 1 次搅拌所需干燥物质的参考数量/kg	
	500L 的泡沫混凝土搅拌机	750L 的泡沫混凝土搅拌机
800	260	550
1000	330	675
1200	400	750

(二) 泡沫混凝土配合比的计算法

1. 确定混凝土的砂灰比

泡沫混凝土的砂灰比，可按式(12-15) 进行计算：

$$K=S_0/H_a \tag{12-15}$$

式中　K——泡沫混混凝土的砂灰比；

S_0——泡沫混凝土的砂用量，kg/m^3；

H_a——泡沫混凝土的总用灰量（石灰＋水泥用量），kg/m^3。

砂灰比 K 值与泡沫混凝土的要求表观密度有关，其关系如表 12-30 所列。

表 12-30　砂灰比 K 值的选用

混凝土表观密度/(kg/m³)	K 值	混凝土表观密度/(kg/m³)	K 值
≤800	5.0～5.5	1000	7.0～7.8
900	6.0～6.5	—	—

2. 计算总用灰量

当泡沫混凝土是以水泥和石灰为胶凝材料时，其总用灰量（水泥＋石灰）可按式(12-16) 进行计算：

$$H_a = a\rho_f/(1+K) \tag{12-16}$$

$$H_a = C_0 + H_0 \tag{12-17}$$

式中　a——结合水系数，随混凝土的表观密度而不同，当 $\rho_f \leqslant 600\text{kg/m}^3$ 时 $a=0.85$，当 $\rho_f \geqslant 700\text{kg/m}^3$ 时 $a=0.90$；

ρ_f——泡沫混凝土绝干表观密度，kg/m^3；

C_0——泡沫混凝土中的水泥用量，kg/m^3；

H_0——泡沫混凝土中的石灰用量，kg/m^3。

3. 计算水泥用量

根据泡沫混凝土的施工经验，其水泥用量可按式(12-18) 进行计算：

$$C_0 = (0.7 \sim 1.0)H_a \tag{12-18}$$

4. 计算石灰用量

根据水泥用量和石灰用量的关系，石灰用量可用式(2-24) 进行计算：

$$H_0 = H_a - C_0 = (0 \sim 0.3)H_a \tag{12-19}$$

5. 确定水料比

泡沫混凝土的水料比，可按式(12-20) 进行计算：

$$k = W/T \tag{12-20}$$

式中　k——泡沫混凝土的水料比，与泡沫混凝土的表观密度有关，可参考表 12-31 中的数值；

W——1m^3泡沫混凝土中的总用水量，kg；

T——1m^3泡沫混凝土中的用灰量与砂用量总和，kg。

表 12-31　水料比 k 值的选用

混凝土表观密度/(kg/m³)	k 值	混凝土表观密度/(kg/m³)	k 值
≤800	0.38～0.40	1000	0.34～0.36
900	0.36～0.38	—	—

6. 计算泡沫混凝土料浆用水量

由计算或查表确定的水料比和已知的总用灰量、砂用量，用式(12-21) 可计算用水量：

$$W = k(H_a + S_0) \tag{12-21}$$

式中　W——1m^3泡沫混凝土中的总用水量，kg/m^3；

k——泡沫混凝土的水料比；

H_a——泡沫混凝土的总用灰量（石灰＋水泥用量），kg/m^3；

S_0——泡沫混凝土的砂用量，kg/m^3。

7. 计算发泡剂用量

泡沫混凝土中发泡剂用量，可按式(12-22)进行计算：

$$P_t = [1000 - (H_0/\rho_h + S_0/\rho_s + C_0/\rho_c + W_0)]/ZV_p \qquad (12\text{-}22)$$

式中　P_t——泡沫混凝土中发泡剂用量，kg/m^3；

ρ_h、ρ_s、ρ_c——石灰、砂和水泥的密度；

Z——泡沫活性系数；

V_p——1kg发泡剂泡沫成型体积，L，对于U-FP型发泡剂，V_p=700～750L；对于松香皂发泡剂，V_p=670～680L。

三、泡沫混凝土的制作方法

目前，我国泡沫混凝土生产采用平模或立模浇筑、带模进行蒸压养护的生产方式。这种生产工艺，浇筑高度较低，生产效率不高，工艺比较落后，一直制约泡沫混凝土的推广应用。近几年，四川省建材研究所的试验证明：泡沫混凝土的浇筑高度也可达到60m，浇筑稳定性良好，料浆硬化速度也比较快，为泡沫混凝土采用钢丝切割工艺奠定了基础。因此，泡沫混凝土的生产工艺，除了发泡和搅拌与加气混凝土不同外，其他工序和加气混凝土大体相同。

为确保泡沫混凝土的质量，在制作的过程中应当按照以下步骤进行。

(1) 按设计配合比规定的比例，称取一个批量的各种原料（不包含发泡剂），每批的质量多少应根据搅拌机的能力确定。

(2) 将发泡剂根据要求加入到水中，用人工或机械将其搅打成泡沫，同时加入适量的稳泡剂。

(3) 在制备泡沫的同时，将原料中的干料在另两台搅拌机中干拌1min。然后加入拌合水，将拌和均匀的干料拌制成料浆。其加入的拌合水应扣除泡沫带入的水量。

(4) 将料浆倒入盛有已制备好泡沫的容器中，按照一个方向均匀搅拌，使泡沫均匀地分散到料浆中，然后将混凝土注模成型。也可用压缩空气充气法和天然沸石载气法制备泡沫料浆。

(5) 泡沫混凝土成型后，在常温下养护至料浆凝结硬化（一般掌握12～24h），再根据混凝土原料组成不同决定下一步的养护方法。

① 硅酸盐系列水泥-石灰-砂　最好采用蒸汽养护，蒸汽的温度控制在75～90℃范围内，其养护制度为：升温1～2h，恒温6～8h，冷却2～6h。

如果采用常温养护，应采用强度等级大于或等于42.5MPa的水泥，最好选用早强型水泥。

② 硅酸盐系列水泥-粉煤灰（或矿渣粉）-砂　采用压蒸法或蒸养法，采用压蒸法时，其热工制度可参考加气混凝土；采用蒸养法的热工制度为：升温2h→恒温8～10h→降温1～2h。

③ 高铝水泥（或硫铝酸盐水泥）-砂　只能采用常温养护，且高铝水泥混凝土的养护温度不宜超过25℃。由于这种泡沫混凝土的凝结硬化速度快，3～5d即可脱模，7d后可使用。

第五节　浮石混凝土

在水泥砂浆中加入天然轻骨料浮石，再根据混凝土的性能要求和工程需要，加入适量的磨细料和外加剂而制成的混凝土称为浮石混凝土。由于浮石骨料颗粒表面呈蜂窝状，为了保证混凝土拌合物的工作性，必须适当增加水泥砂浆用量，即这种混凝土中的水泥用量偏高。在浮石资源比较丰富的地区，常用作墙体材料、建筑构件，以减轻建筑物自身质量，提高保温隔热性能、降低建筑造价，因此，浮石混凝土是我国目前提倡应用的建筑节能材料。

一、浮石混凝土对原材料的要求

1. 对浮石的技术要求

对浮石的技术要求主要包括以下几个方面。

（1）要尽量选用表观密度适宜和强度较大，表面孔隙较小而清洁的浮石。浮石的堆积密度应小于或等于 600kg/m³，表观密度为 900～1000kg/m³。

（2）配制浮石混凝土所用的浮石粗骨料，其最大粒径一般不宜超过 20mm。

（3）浮石粗骨料的粒径一般可分为二级：5～10mm 和 10～15mm。在正式配制混凝土之前，首先应进行试配，使混凝土的水泥用量尽可能减小。

（4）细骨料宜选用级配良好、洁净的中砂，若采用浮石砂作为细骨料，虽然能降低混凝土的表观密度，但对混凝土拌合物的和易性和混凝土的强度不利。

2. 对胶结材料的要求

（1）水泥的品种和强度。配制浮石混凝土的水泥，一般可选用强度等级为 42.5MPa 的硅酸盐水泥或普通硅酸盐水泥即可。

（2）配制浮石混凝土的水泥用量，与混凝土设计要求的强度密切相关，随着强度的增大而增加，一般不应低于 250kg/m³，试配时可参考表 12-32 中的数值。

表 12-32　浮石混凝土水泥用量参考值

混凝土的强度等级	C10	C20	C30
水泥用量/(kg/m³)	180～220	200～300	300～360

（3）为节约水泥并改善混凝土拌合物的和易性，可以掺入适量磨细的粉煤灰、硅藻土、烧黏土 15%～30%（以水泥质量计），或掺入适量的塑化剂、加气剂等外加剂。

二、浮石混凝土的配合比设计

进行浮石混凝土的配合比设计，一般要经过确定浮石用量、砂子用量、水泥用量、用水量、测定表观密度和选定配合比等步骤。

1. 确定浮石用量

在确定浮石用量之前，首先要测定浮石的紧密容重，并测定其颗粒间的孔隙率 P_y，在紧密容重大和孔隙率 P_y 值小的情况下，浮石的级配最好，其质量即为每立方米浮石混凝土的用量。

配制浮石混凝土的浮石，一般选用 60%粒径为 5～10mm 颗粒和 40%粒径为 10～15mm 颗粒级配较好。浮石颗粒级配和孔隙率参考如表 12-33 所列。

2. 确定砂子用量

先确定砂子的密度及浮石粗骨料的空隙率计算砂子的用量，然后再乘以剩余系数 1.1～1.2。砂子的用量多少，与石子的空隙率有密切关系，空隙率大则砂子用量多。在一般情况下，砂子的用量为 680～800kg/m³。石子空隙率与砂子用量关系如表 12-34 所列。

表 12-33 浮石颗粒级配、密度和孔隙率参考表

配合比例/%	配合比例/%	密度/(kg/m³)	孔隙率 P_y/%
5～10mm	10～15mm		
0	100	746	43.6
30	70	781	40.8
40	60	811	39.0
60	40	833	37.4

表 12-34 石子空隙率与砂子用量关系

浮石石子的空隙率/%	砂子的相应用量/(kg/m³)	浮石石子的空隙率/%	砂子的相应用量/(kg/m³)
43.8	790	39.0	700
40.8	735	37.4	674

3. 确定水泥用量

配制浮石混凝土水泥的用量，可根据浮石混凝土的强度，参阅表 12-33 中数据选用试配。若配制中等或低等强度的混凝土，必须加入 15%～30%的掺合料或 0.2%～0.3%的塑化剂。

4. 确定用水量

浮石混凝土的拌合水分两次加入。最初用水量以所配制的拌合物在手中挤压成团而不粘手为准。一般用水量控制在 150～200kg/m³之间。

在不同水泥用量的条件下，再选择最优用水量，浮石混凝土的用水量以所配制混凝土的强度为最大（或混凝土拌合物最适宜施工）的用水量即为最优用水量。

5. 测定混凝土表观密度

先在混凝土试块破型前称取其质量，然后在破型后将试块烘干，根据测定的含水率，可得浮石混凝土的标准表观密度（干密度）。

6. 选定混凝土配合比

按照不同颗粒组成、不同水泥用量、不同用水量分别进行试配，利用正交试验法求得符合设计强度和表观密度要求的最优配合比。

第六节 轻质混凝土的施工工艺

轻骨料混凝土的施工工艺，基本上与普通混凝土相同。但由于轻骨料的堆积密度小、呈多孔结构、吸水率较大，配制而成的轻骨料混凝土也具有某些特征。只有在施工过程中充分加以注意，才能确保工程质量。

一、轻骨料的堆放及预湿要求

轻骨料应按不同品种和不同粒径分别堆放，如果堆放混杂，会直接影响混凝土的和易性、强度和表观密度。在采用自然级配时，轻骨料的堆放高度不宜超过 2m，并防止树叶、泥土和其他有害物质的混入。轻砂的堆放和运输时应采取防雨措施。

轻骨料吸水量很大，会使混凝土拌合物的和易性很难控制，因此，在气温 5℃以上的季

节施工时应对轻骨料进行预湿处理。预湿时间可根据外界气温和来料的自然含水状态确定，一般应提前12～24h对轻骨料进行淋水、预湿，然后滤干水分进行投料。在气温5℃以下时，或表面无开口孔隙的轻骨料，一般可不进行预湿。

二、轻骨料混凝土的配料和拌制

轻骨料混凝土的粗细骨料、水、水泥和外加剂，均应按重量配料，其中粗细骨料的允许偏差为3%，水泥、水和外加剂的允许偏差为2%。

在正式拌制混凝土前，应对轻骨料的含水率进行测定；在正式拌制的过程中，应每隔一日复测一次。雨天施工或遇到混凝土拌合物和易性反常时，应及时测定轻骨料的含水率，以调整拌合水用量。

轻骨料混凝土的拌制，宜采用强制式搅拌机。轻骨料混凝土拌合物的粗骨料经预湿处理和未经预湿处理，应采用不同的搅拌工艺流程。

外加剂应在轻骨料吸水后加入，以免吸入骨料内部失去作用。当用预湿粗骨料时，液状外加剂可与净用水量同时加入；当用干粗骨料时，液状外加剂应与剩余水同时加入。粉状外加剂可先制成溶液，采用上述方法加入，也可以与水泥混合同时加入。

对于易破碎的轻骨料，搅拌时要严格控制搅拌时间。合理的搅拌时间，最好通过试拌确定。

三、轻骨料混凝土的运输

轻骨料混凝土在运输过程中，由于轻粗骨料表观密度较小，易产生上浮现象，因此比普通混凝土更容易产生离析。为防止混凝土拌合物的离析，运输距离应尽量缩短，若出现严重离析，浇筑前宜采用人工二次拌和。

轻骨料混凝土从搅拌至浇筑的时间，一般不宜超过45min，如运输中停放时间过长，会导致混凝土拌合物和易性变差。

若用混凝土泵输送轻骨料混凝土，要比普通混凝土困难得多。主要是因为在压力下骨料易于吸收水分，使混凝土拌合物变得比原来干硬，从而增大了混凝土与管道的摩擦，易引起管道堵塞。如果将粗骨料预先吸水至接近饱和状态，可以避免在泵压力下大量吸水，可以像普通混凝土一样进行泵送。

四、轻骨料混凝土的浇筑成型

由于轻骨料混凝土的表观密度较小，施加给混凝土下层的附加荷载较小，而内部衰减较大，再加上从轻骨料混凝土中排出混入的空气速度比普通混凝土慢，因此浇筑轻骨料混凝土所消耗的振捣能量，要比普通混凝土大。在一般情况下，由于静水压力降低，混入拌合物中的空气就不容易排出，所以振捣必须更加充分，应采用机械振捣成型，最好使用频率为16000r/min和20000r/min的高频振动器；对流动性大、能满足强度要求的塑性拌合物，或结构保温类及保温类轻骨料混凝土，也可以采用人工振捣成型。

当采用插入式振动器时，由于它在轻骨料混凝土拌合物中的作用半径约为普通混凝土中的1/2，因此插点间距也要缩小1/2。插点间距也可以粗略地按振动器头部直径的5倍控制。当轻骨料与砂浆组分的容重相差较大时，在振捣过程中容易使轻骨料上浮和砂浆下沉，产生分层离析现象，在振捣中还必须防止振动过度。

现场浇筑的竖向结构物，每层浇筑厚度宜控制在30～50cm，并采用插入式振捣器进行振捣。混凝土拌合物浇筑倾落高度大于2m时，应加串筒、斜槽、溜管等辅助工具，以免产生拌合物的离析。

浇筑面积较大的构件时，如其厚度大于24cm，宜先用插入式振捣器振捣后，再用平板式振捣器进一步进行表面振捣；如其厚度在20cm以下，可采用表面振动成型。

插入式振捣器在轻骨料混凝土中的作用半径较小，大约仅为在普通混凝土中的1/2。因此，振捣器插入点之间的间距，也为普通混凝土间距的1/2。

振捣延续时间以拌合物捣实为准，振捣时间不宜过长，以防止轻骨料出现上浮。振捣时间随混凝土拌合物坍落度（或工作度）、振捣部位等不同而异，一般宜控制在10～30s内。

五、轻骨料混凝土的养护

轻骨料多数为孔隙率较大的材料，其内部所含的水分足以供轻骨料混凝土养护之用。当水分从混凝土表面蒸发时，骨料内部的水分不断地向水泥砂浆中转移。水分的连续转移，在一段时间内能使水泥的水化反应正常进行，并能使混凝土达到一定的强度。这段时间的长短视周围气候而定。

在温暖和潮湿的气候下，轻骨料混凝土中的水分，可以保证水泥的水化，因而不需要覆盖和喷水养护。但在炎热干燥的气候下，由于混凝土表面失水太快，易出现表面网状裂纹，有必要进行覆盖和喷水养护。采用自然养护时，湿养护时间应遵守下列规定：用硅酸盐水泥、普通硅酸盐水泥、矿渣水泥拌制的轻骨料混凝土，养护时间不得少于14d。构件用塑料薄膜覆盖养护时，一定要密封。

轻骨料混凝土的热容量较低，热绝缘性较大。采用蒸汽养护的效果比普通混凝土好，有条件时尽量采用热养护。但混凝土成型后，其静置时间不得少于2h，以防止混凝土表面产生起皮、酥松等现象。采用蒸汽养护和普通混凝土一样，养护时温度升高或降低的速度不能太快，一般以15～25℃/h为宜。

六、轻骨料混凝土的质量检验

轻骨料混凝土拌合物的和易性波动要比普通混凝土的大得多，尤其是超过45min或用于轻骨料拌制，更易使拌合物的和易性变坏。因此，在施工中要经常检查拌合物的和易性，一般每班不少于一次，以便及时调整用水量。

轻骨料混凝土与普通混凝土的质量控制，检验其强度是否达到设计强度的要求是两者的共同点，而检验轻骨料混凝土其表观密度是否在容许的范围之内，是普通混凝土所不要求的。因此，对轻骨料混凝土的质量检验主要包括其强度和表观密度两方面。

第十三章 纤维混凝土

自1824年发明波特兰水泥后，水泥混凝土得到迅速发展，经过近190多年的研究和应用，混凝土已成为当今主要的一种优良建筑材料。但是，水泥混凝土仍然存在着一个突出的缺陷，即材料具有非常明显的脆性。它的抗压强度虽然比较高，但其抗拉强度、抗弯强度、抗裂强度、抗冲击韧性等性能却比较差。纤维混凝土就是人们考虑如何改善混凝土的脆性，提高其抗拉强度、抗弯强度、抗裂强度、抗冲击韧性等力学性能的基础上发展起来的，它具有普通钢筋混凝土所没有的许多优良品质。

第一节 纤维混凝土概述

纤维混凝土又称纤维增强混凝土，是以水泥净浆、砂浆或混凝土作为基材，以适量的非连续的短纤维或连续的长纤维作为增强材料，均布地掺和在混凝土中，成为一种可浇筑或可喷射的材料，从而形成的一种新型增强建筑材料，则称为纤维混凝土。

一、纤维混凝土的发展概况

纤维混凝土的发展始于20世纪初，其中以钢纤维混凝土研究的时间最早、应用的最广泛。早在1910年，美国的H. F. Porter就发表了关于短钢纤维增强混凝土的第一篇论文。1911年，美国的Graham则提出了将钢纤维加入普通钢筋混凝土中。20世纪40年代，由于军事工程的需要，英、美、法、德等国的学者，先后发表了纤维混凝土的研究报告，但这些研究报告均未能从理论上说明纤维对混凝土的增强机理，因而限制了这种复合材料在工程结构中的推广应用。

纤维混凝土真正进入应用于工程的研究，是在经过50年后的20世纪60年代初期。1963年，美国的J. P. Romualdi等发表了钢纤维约束混凝土裂缝发展机理的研究报告，首次提出了纤维的阻裂机理（或称纤维间距理论），才使这种复合材料的发展有实质性的突破，尤其钢纤维混凝土的研究和应用受到高度重视。1966年，美国混凝土协会成立了纤维混凝土专业委员会（ACI 544委员会），继而国际标准化协会也增设了纤维增强水泥制品技术标准委员会（简称ISO TC77）。

我国开展纤维混凝土的研究起步较晚，大约始于20世纪70年代末，有关科研单位和大专院校才开始研究纤维混凝土的配合比、增强机理、物理力学性能等，并使纤维混凝土在实际工程中得以应用。目前，在一些水利、交通、军工、建筑、矿山等行业，纤维混凝土已有成功的实际应用经验，我们对于纤维混凝土已从实验研究阶段逐渐过渡到了实际工程的应用阶段。

随着人们对这些新型材料的认识深化，其应用领域也不断扩大。就目前的情况来看，纤维混凝土，特别是钢纤维混凝土在大面积混凝土工程上的应用最为成功。若钢纤维掺量大约为混凝土体积的2.0％，其抗弯强度可提高2.5～3.0倍，韧性可提高10倍以上，抗拉强度可提高20％～50％。

钢纤维混凝土在工程中应用很广，如桥面部分的罩面和结构；公路、地面、街道和飞机跑道；坦克停车场的铺面和结构；采矿和隧道工程、耐火工程以及大体积混凝土工程的维护与补强等。此外，在预制构件方面也有不少应用，而且除了钢纤维，玻璃纤维、聚丙烯纤维在混凝土中的应用也取得了一定经验。纤维混凝土预制构件主要有管道、楼板、墙板、柱、楼梯、梁、浮码头、船壳、机架、机座及电线杆等。

二、纤维混凝土的增强机理

自1910年纤维混凝土问世以来，经过90多年的不懈努力，其增强机理才逐渐发展起来。目前，对于混凝土中均匀而任意分布的短纤维对混凝土的增强机理存在着两种不同的理论解释：其一为美国的J. P. Romualdi提出的“纤维间距机理”；其二为英国的Swarny、Mamgat等提出的“复合材料机理”。

1. 纤维间距机理

J. P. Romualdi提出的“纤维间距机理”是根据线弹性断裂力学理论来说明纤维材料对于裂缝发生和发展的约束作用的。这一机理认为：在混凝土内部原来就存在缺陷，欲提高这种材料的强度，必须尽可能地减小缺陷的程度、提高这种材料的韧性、降低内部裂缝端部的应力集中系数。

纤维间距机理假定纤维和基体间的黏结是完美无缺的。但是，事实却不尽如此，它们之间的黏结肯定有薄弱之处。因此，后来有人将间距的概念扩大到包括不同长度和直径的纤维，以及不同配合比的混合料，并提出了其他的间距计算公式。间距的概念一旦超出了比例极限就不再成立，因而还不能客观反映纤维增强的机理。

2. 复合材料机理

复合材料机理的理论出发点是复合材料构成的混合原理。将纤维增强混凝土看作是纤维强化体系，并应用混合原理来推定纤维混凝土的抗拉和抗弯强度。

在基体和纤维完全黏结的条件下，并在基体和连续纤维构成的复合体上（设纤维是同方向配置于基体中）施加拉伸力时，该复合体的强度是由纤维和基体的体积比和应力所决定。

在具体运用复合材料机理时，应当考虑复合体在拉伸应力方向上有效纤维量的比例，和非连续短纤维的长度修正，尽量同实际情况相符。由这一原理，从而提出了纤维混凝土强度与纤维的掺入量、方向、细长比以及黏结力间的关系。

第二节 钢纤维混凝土

以适量的钢纤维掺入普通混凝土中，成为一种既可浇灌或可喷射的特种混凝土，即为钢纤维混凝土。由于大量很细的钢纤维均匀地分散在混凝土中，钢纤维与混凝土的接触面积大大增加，并且在所有方向都使混凝土各向强度得到增强，大大改善了混凝土各项性能，使钢纤维混凝土成为一种新型复合材料。

钢纤维混凝土与普通混凝土相比，其抗拉强度、抗弯强度、耐磨性、耐冲击性、耐疲劳性、抗裂性和韧性等都得到很大改善和提高。钢纤维混凝土从1970年开始在我国推广应用。工程实践充分证明，钢纤维混凝土除具有普通混凝土的优点外，还具有以下优点：一是减薄混凝土的铺设厚度；二是扩大了工程伸缩缝之间的距离；三是延长了使用寿命，是一种具有广阔应用前景的混凝土新品种。

一、钢纤维混凝土的组成材料

钢纤维混凝土所用的材料主要由钢纤维和混凝土基体组成，它们的质量和配比不仅直接影响钢纤维混凝土的质量，而且也影响着施工难易、造价高低。

（一）对钢纤维的要求

配制钢纤维混凝土时对钢纤维的要求主要包括钢纤维的强度、尺寸、形状、长径比和技术性能等方面。

1. 钢纤维的强度

工程实践和材料试验证明，钢纤维混凝土结构被破坏时，往往是钢纤维被拉断，因此要提高钢纤维的韧性，但也没有必要过于增加其抗拉强度。如果材料是用淬火或其他激烈硬化方法获得较高的抗拉强度，则使其质地变得硬脆。质地硬脆的钢纤维在搅拌过程中很容易被折断，也会降低强化效果。因此，仅从钢纤维的强度方面，只要不是易脆断的钢材，通常强度较高的钢纤维均可满足要求。

2. 钢纤维的尺寸

钢纤维的尺寸主要由强化特性和施工难易性决定。如果钢纤维过于粗、短，则钢纤维混凝土强化特性差；如果钢纤维过长、细，则钢纤维混凝土在搅拌时容易结团。比较合适的钢纤维尺寸是：圆截面长直形的钢纤维，其直径一般在0.25～0.75mm范围内，扁平形钢纤维的厚度为0.15～0.40mm，宽度为0.25～0.90mm。这两种钢纤维的长度一般在20～60mm范围内。

试验资料表明：在$1m^3$混凝土中掺入2%的0.5mm×0.5mm×30mm的钢纤维时，其总表面积可达到$1600m^2$，是与其重量相同的18根直径16mm、长度为5.5m钢筋总表面积的320倍左右。适当增大钢纤维的总表面积，可以增加钢纤维与混凝土之间的黏结强度。

3. 钢纤维的形状

材料试验充分证明，为了增加钢纤维同混凝土之间的黏结强度，常采用增大表面积或将钢纤维表面加工成凹凸形状，如波形、哑铃形、端部带弯钩、扁平形等。但工程实践也证明，钢纤维如果表面呈凹凸形，只是在同一方向定向时，对于提高与混凝土间的黏结强度效果显著，在均匀分散的状态下则不一定有效。同时，钢纤维不宜加工得过薄或过细，过薄或过细不仅在搅拌时易于折断，而且还会提高工程成本。

4. 钢纤维的长径比

为使钢纤维能比较均匀地分布于混凝土中，必须使钢纤维具有合适的长径比，一般均不应超越纤维的临界长径比值。当使用单根状钢纤维时，其长径比不应大于100，在一般情况下控制在60～100。各种混凝土结构中适用的钢纤维几何参数如表13-1所列。

表13-1　各种混凝土结构中适用的钢纤维几何参数选用范围

钢纤维混凝土结构类别	长度/mm	直径/mm	长径比(l/d)	钢纤维混凝土结构类别	长度/mm	直径/mm	长径比(l/d)
一般浇筑成型结构	25～50	0.3～0.8	40～100	铁路用钢纤维轨枕	20～30	0.3～0.6	50～70
抗震混凝土框架节点	40～50	0.4～0.8	50～100	喷射钢纤维混凝土	20～25	0.3～0.5	40～60

5. 钢纤维的技术性能

普通水泥混凝土增强用的钢纤维技术指标，应符合表13-2中的要求。

表13-2　普通水泥混凝土增强用的钢纤维技术指标

材料名称	相对密度	直径/mm	长度/mm	软化点/熔点	弹性模量/MPa	抗拉强度/MPa	极限变形/%	泊桑比
低碳钢纤维	7.80	0.25～0.50	20～50	500/1400	0.20	400～1200	0.4～1.0	0.30～0.33
不锈钢纤维	7.80	0.25～0.50	20～50	550/1450	0.20	500～1600	0.4～1.0	—

6. 钢纤维的种类与强度

钢纤维的分类有以下几种不同的方法：按钢纤维长度不同分类、按钢纤维加工方法不同分类和按钢纤维外形不同分类。在工程中所用的钢纤维有以下几种。

(1) 钢丝切断制成短钢纤维　用钢丝切断这种加工方法制作钢纤维比较简单，是用经过压延和冷拔的钢丝用刀具切断成一定长度的钢纤维，这种加工方法所获得的钢纤维抗拉强度很高，一般在1000～2000MPa之间，但这种钢纤维与混凝土基体的黏结强度较小，且成本也比较高。

(2) 剪断薄钢板制成剪切钢纤维　将预先剪切成同钢纤维长度一样宽的卷材，连续不断地送入冲床进行切断。这种加工方法制成的钢纤维形状很不规则，但能增大与混凝土的黏结力。目前日本大多采用这种方法制造钢纤维。

(3) 切削厚钢板制造切削钢纤维　采用一定厚度的钢板或钢锭为原料，用旋转的平刃铣刀进行切削而制成的钢纤维。这种加工方法所用的原材料以软钢比较适宜。在加工的过程中，可以通过改变切削条件来改变钢纤维的断面形状和尺寸，也可以制得极细的钢纤维。这种钢纤维具有轴向扭曲的特点，因此可以有效增大与混凝土的黏结力，且制得的钢纤维价格比较低。

(4) 熔钢抽丝制成熔融抽丝钢纤维　抽丝钢丝纤维从熔炼钢中抽出，即以离心力从圆盘分离并抛出而制成的钢纤维。这种钢纤维的断面呈月牙状，两头比中间稍粗。当用碳素钢加工时，由于急冷成淬火状态，质地变得硬脆，所以应当经过回火处理。

(二) 对混凝土基体的要求

任何品种的纤维增强混凝土都应采用强度高、密实性好的混凝土基体。因为只有采用这样的混凝土才能保证纤维与基体有较高的界面黏结强度，从而充分纤维的增强作用。当配制钢纤维混凝土时，对混凝土基体所用的原材料还有以下特殊要求。

1. 对水泥的要求

配制一般体积钢纤维混凝土的水泥，应尽量选用强度等级等于或大于42.5MPa的普通硅酸盐水泥或硅酸盐水泥。如果配制体积较大的混凝土构件，也可采用水化热较低的矿渣硅酸盐水泥或粉煤灰硅酸盐水泥。考虑到配制混凝土一般要掺加适量的高效减水剂，为减少新拌混凝土的坍落度损失，应控制水泥中铝酸三钙（C_3A）的含量小于6%。

2. 对骨料的要求

配制钢纤维混凝土所用的骨料，要选用硬度高、强度大的碎石，并对粗骨料的最大粒径应加以控制，一般要控制在20mm以下。当配制钢纤维喷射混凝土时，其最大粒径不得大于10mm。如果粗骨料粒径过大，不利于钢纤维在混凝土基体中均匀分散。粗骨料的其他质量要求，应符合国家标准《建设用卵石、碎石》(GB/T 14685—2011) 中的规定。

对细骨料一般可选用河砂、山砂和碎石砂，其质量要求应符合国家标准《建设用砂》(GB/T 14684—2011) 中的规定。砂的细度不宜太小，细度模数 M_x 应控制在 2.5～3.2 之间。

3. 对掺合料的要求

为了提高混凝土基体的强度，在配制钢纤维混凝土时，一般应掺加适量的掺合料。用于钢纤维增强混凝土的掺合料，可以是二级以上的粉煤灰、硅灰、磨细高炉矿渣、磨细沸石粉等。粉煤灰、磨细高炉矿渣、磨细沸石粉的比表面积应控制在 $4500m^2/kg$ 以上。

在一些特殊情况下，也可以掺入一定量的聚合物，使混凝土基体成为聚合物混凝土。以聚合物混凝土为基体的钢纤维混凝土，能够进一步发挥钢纤维的增强作用。

4. 对外加剂的要求

配制钢纤维混凝土常用的外加剂，主要有减水剂和缓凝剂两种。

(1) 减水剂　对于钢纤维增强混凝土，应选用减水率较高（大于 18%)、引气性低的高效减水剂。国内比较适用的高效减水剂品种有 NF、FDN 和 SM 等减水剂。

(2) 缓凝剂　在配制体积较大的钢纤维增强混凝土，并使用一些水化热较高的水泥（如硅酸盐水泥、普通硅酸盐水泥）时，可掺加适量的缓凝剂，以减缓水化热的放热速率，避免水化热引起的混凝土结构破坏。

二、钢纤维混凝土的技术性能

钢纤维混凝土的技术性能，主要包括力学性能、耐久性能和收缩性能。

(一) 力学性能

钢纤维混凝土的力学性能，与普通混凝土基本相同，主要包括抗压强度、抗拉强度、抗折强度、抗剪切强度和抗冲击性。

1. 抗压强度

测定钢纤维混凝土的抗压强度，一般用边长 150mm 的立方体混凝土试件，在 (20±3)℃ 的温度和标准的相对湿度的空气中养护 28d，然后按国家规定的标准方法测定。在确定其强度等级时应有 95%的保证率。

有关资料中推荐了钢纤维混凝土抗压强度计算公式，式(13-1) 是通过对 55 组不同品种的普通钢纤维混凝土的抗压强度测定值，经统计归纳分析得出的。

$$f_{fcu}=f_{cu}(1+0.06\lambda_f) \tag{13-1}$$

式中　f_{fcu}——钢纤维混凝土的抗压强度，MPa；

f_{cu}——不掺加钢纤维混凝土（基体）的抗压强度，MPa；

λ_f——钢纤维含量特征系数，$\lambda_f=V_f L/d$（L 和 d 分别为钢纤维的长度和直径)。

从式(13-1) 中也可以看出，钢纤维混凝土的抗压强度，比素混凝土基体高出的部分是与钢纤维的掺量和相关尺寸有密切的关系。

2. 抗拉强度

钢纤维混凝土的抗拉强度应为轴向拉伸强度，但由于在实际测定时夹具难以准确在一条直线上对试件夹紧拉伸，因此测得的数据变异性比较大。目前，一般用劈拉强度来表征轴向拉伸强度，经大量轴向拉伸强度与劈拉强度试验结果统计，钢纤维混凝土的轴向拉伸强度与劈拉强度的关系为：

$$f_{ft}=0.85f_{ct} \tag{13-2}$$

$$f_{ct}=0.637P/A \tag{13-3}$$

式中 f_{ft}——钢纤维混凝土的轴向拉伸强度，MPa；

f_{ct}——钢纤维混凝土的劈拉强度，MPa；

P——试件劈拉破坏荷载，N；

A——试件劈拉面积，mm^2。

3. 抗折强度

钢纤维混凝土的抗折强度设计值可按式(13-4) 进行计算：

$$f_{ftm}=f_{tm}(1+a_{tm}\lambda_f) \tag{13-4}$$

式中 f_{ftm}——钢纤维混凝土的抗拉强度设计值，MPa；

f_{tm}——素混凝土（基体）的抗拉强度设计值，MPa；

a_{tm}——钢纤维对抗拉强度的影响系数，可通过试验确定，当 $f_{tm}<0.6$MPa 时也可按表 13-3 中取值。

表 13-3 钢纤维对抗折强度的影响系数 a_t 及抗拉强度的影响系数 a_{tm}

钢纤维品种	熔抽($L<35$mm)圆直型	熔抽($L\geqslant35$mm)剪切型
a_t	0.36	0.47
a_{tm}	0.52	0.73

4. 抗剪切强度

钢纤维混凝土的抗剪切强度，可以用普通混凝土抗剪切强度测定方法，对其抗剪切强度进行测定。也可以通过钢纤维混凝土抗压强度、抗拉强度与剪切强度的相关性来计算剪切强度。图 13-1 及图 13-2 分别表示了钢纤维混凝土抗剪切强度与抗压强度及抗拉强度的关系。

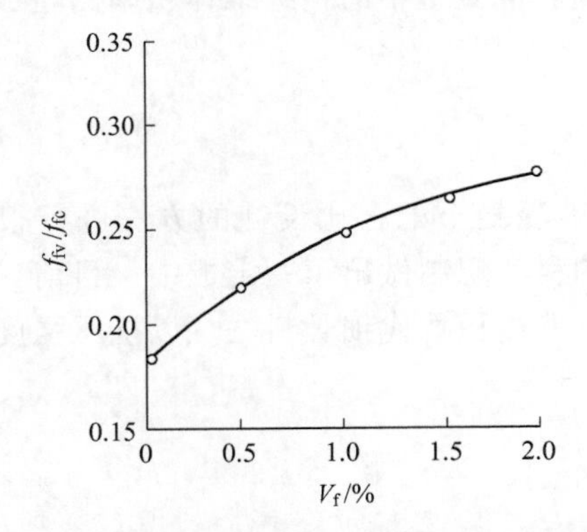

图 13-1 钢纤维混凝土抗剪切强度与抗压强度的关系

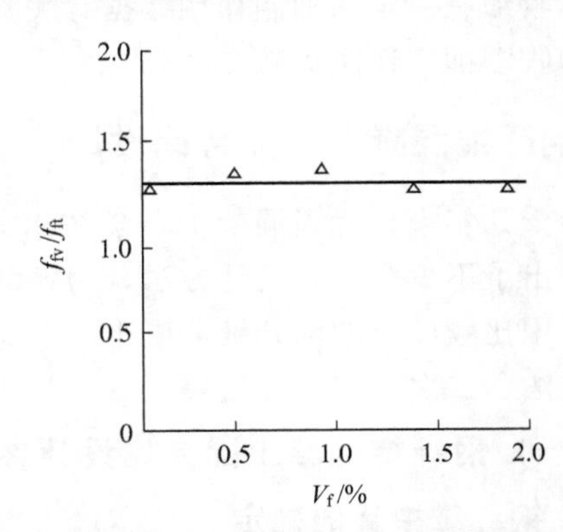

图 13-2 钢纤维混凝土抗剪切强度与抗折强度的关系

从以上两图中可看出，钢纤维混凝土抗剪切强度与抗压强度之比，随着钢纤维体积率的增加而呈上升趋势；而与抗拉强度之比基本上不受钢纤维体积率的影响，其比值一般约为1.33。因此，只要测得钢纤维混凝土的抗压强度或劈拉强度，由图 13-1 和图 13-2 即可求得其钢纤维混凝土的抗剪切强度。

5. 抗冲击性

材料的抗冲击性是韧性的指标。钢纤维混凝土的主要优点之一，就是使普通混凝土的抗冲击性得到很大提高。目前，混凝土抗冲击性的测定方法很多，但不论采用何种方法测定，虽然测定的指标值有较大差异，但得到的结果都说明钢纤维混凝土抗冲击性有极大程度的改善。采用美国 ACI544 委员会的测定方法表明，钢纤维混凝土的抗冲击性是相应的基体混凝土的12～20倍。

（二）耐久性能

钢纤维混凝土的耐久性能主要包括抗腐蚀性、抗冻性和抗渗性。

1. 抗腐蚀性

钢纤维混凝土具有优良的抗腐蚀性，其主要原因一方面是因为混凝土基体的强度较高、致密性较好；另一方面是钢纤维掺入后，对混凝土承受荷载及收缩变形产生的裂缝有很强的抑制和约束作用。因此，各种侵蚀介质向混凝土内部的扩散速度大大降低，从而提高了混凝土的抗腐蚀能力。

2. 抗冻性

钢纤维混凝土具有比普通混凝土更好的抗冻性。其抗冻性良好的主要原因不仅是基体混凝土孔隙率低，而且钢纤维的掺入对提高混凝土的抗冻性有以下3种作用：①改善了孔隙结构，即减少了连通孔、开口孔的数量；②在混凝土结构中形成与冰冻过程中，钢纤维具有阻碍和抑制膨胀的作用；③钢纤维的掺入使混凝土抗拉强度提高后，本身就提高了抵抗冰冻引起的膨胀应力对混凝土结构的破坏作用。

3. 抗渗性

抗渗性与抗渗性关系密切的两个性能，由于钢纤维混凝土孔隙率较低，所以其开口孔、连通孔少，抗裂性能大大提高，因此其抗渗性也必然得到相应提高。

（三）收缩性能

在普通混凝土掺入钢纤维后，由于钢纤维弹性模量高、尺度较小、间距较密，因此对混凝土的收缩有一定的抑制作用。据有关资料报道，随着混凝土中的钢纤维体积率的增加，混凝土的收缩抑制作用也随之增强。

三、钢纤维混凝土的配合比设计

近十几年来，我国混凝土科学技术人员对钢纤维混凝土配合比设计的方法进行很多研究，提出了不少配合比设计方法，为钢纤维混凝土的科学配制做出了一定成绩。目前，在工程中应用比较广泛的钢纤维混凝土配合比设计方法有等体积替代细骨料法、以抗压强度为控制参数法和二次合成设计法等。

（一）钢纤维混凝土配合比设计参数的确定

1. 钢纤维掺量的确定

钢纤维混凝土中钢纤维的含量，应以混凝土的抗拉强度和抗弯强度来确定，根据钢纤维混凝土的施工经验，一般情况下钢纤维掺量为混凝土体积的2%左右为宜，当使用单根状钢纤维时，其长径比控制在不应大于100，多数应控制在60～80，并尽可能取有利于和基体混凝土黏结的纤维形状。对于粗骨料最大粒径为10mm的钢纤维混凝土，钢纤维的掺量不应超过水泥质量的2%。

2. 混凝土水灰比确定

钢纤维混凝土的抗拉强度，基本上受钢纤维的平均间隔（S）和混凝土的基本强度所支配。钢纤维的平均间隔越小，势必导致增加钢纤维掺量并选用直径小的钢纤维；同时混凝土的水灰比越小，钢纤维混凝土的抗拉强度也越高。

由此可见，配制钢纤维混凝土宜采用强度等级较高的水泥，一般应选用42.5MPa的普通硅酸盐水泥；当配制高强钢纤维混凝土时，可选用 52.5MPa 以上的硅酸盐水泥或硫铝酸盐水泥。钢纤维混凝土的水泥用量比普通混凝土大，一般都超过 400kg/m^3。其所采用的水灰比与普通混凝土相同，一般控制在 0.40～0.50 范围内，如果掺加减水剂，既可节省水泥又可降低水灰比。

3. 粗骨料最大粒径确定

普通混凝土中粗骨料的最大粒径，主要根据构件尺寸和钢筋间距来决定，而钢纤维混凝土中粗骨料的最大粒径对抗弯强度有较大影响。当钢纤维掺量为 1%左右时，其影响比较小，达到 1.8%时则影响十分明显。

试验充分证明，如果粗骨料的粒径较大，钢纤维不容易均匀分散，引起局部混凝土中平均间隔加大，导致抗弯强度的降低。在粗骨料最大粒径为 15mm 左右时，能够获得最高的强度，而最大粒径为 25mm 时，钢纤维的增强效果较差。因此，配制钢纤维混凝土粗骨料最大粒径控制在 10～15mm。

4. 混凝土砂率的确定

钢纤维混凝土配合比中的砂率，比普通混凝土的砂率有更重要的意义。试验证明，混凝土的砂率支配着钢纤维在混凝土中的分散度，对混凝土的强度有影响，另外砂率又是支配钢纤维混凝土稠度最重要的因素。

钢纤维混凝土配制试验证明，从强度方面考虑，砂率在 60%左右比较合适；从混凝土的稠度方面考虑，砂率在 60%～70%范围内比较合适。

5. 单位用水量的确定

钢纤维混凝土的单位用水量，与混凝土的稠度有密切关系。塑性钢纤维混凝土单位用水量如表 13-4 所列，半干硬性钢纤维混凝土单位用水量如表 13-5 所列。

表 13-4 塑性钢纤维混凝土单位用水量

拌合料条件	粗骨料品种	最大骨料粒径/mm	单位体积用水量/kg
$L/d=50, V_f=0.5\%$ 坍落度为 20mm $W/C=0.50\sim0.60$ 中砂	碎石	10～15	235
		20	220
	卵石	10～15	225
		20	205

注：1. 坍落度变化范围为 10～50mm 时，每增减 10mm，单位用水量相应增减 7kg。
2. 钢纤维体积率每增减 0.5%，单位体积用水量相应增减 8kg。
3. 钢纤维长径比每增减 10，单位体积用水量相应增减 10kg。
4. L/d 为钢纤维的长径比。

表 13-5 半干硬性钢纤维混凝土单位用水量

拌合料条件	维勃稠度/S	单位体积用水量/kg
$V_f=1.0\%$ 碎石最大粒径 10～15mm $W/C=0.40\sim0.50$ 中砂	10	195
	15	182
	20	175
	25	170
	30	166

注：1. 当粗骨料最大粒径为 20mm 时，单位体积用水量相应减少 5kg。
2. 当粗骨料为卵石时，单位体积用水量相应减少 10kg。
3. 钢纤维体积率每增减 0.5%，单位体积用水量相应增减 8kg。

6. 混凝土外加剂确定

由于钢纤维混凝土的水泥用量较大，一般情况下均超过400kg/m³，所以工程造价比较高。利用高效减水剂，不仅能大幅度地降低水泥用量，而且还可以降低工程造价。如果适当地使用高效减水剂，可节省水泥用量15%左右。高效减水剂对钢纤维混凝土水泥用量的减少效果如表13-6所列。

表13-6　高效减水剂对钢纤维混凝土水泥用量的减少效果

砂率/%	钢纤维混凝土类别	水泥用量		钢纤维混凝土的坍落度/cm				
		用量/(kg/m)	比较值/%	$V_f=0\%$	$V_f=0.5\%$	$V_f=1.0\%$	$V_f=1.5\%$	$V_f=2.0\%$
60	不掺减水剂	410	100	7.0	4.7	2.4	0.6	0.0
	掺加减水剂	350	85	8.0	6.0	2.8	0.2	0.0
80	不掺减水剂	434	100	5.7	4.8	3.8	2.8	1.4
	掺加减水剂	366	84	7.0	5.7	4.7	3.4	1.7

（二）钢纤维混凝土参考配合比

随着钢纤维混凝土的推广应用，其配合比也趋于逐渐成熟，国内外总结出很多成功的配合比。美国农里欧斯大学经过试验研究，得出一种典型的钢纤维混凝土的设计配合比，他们经过实践认为，这是一组经济、合理、切实可行具有较高强度和较小干燥收缩值的配合比。这种钢纤维混凝土的配合比及特性如表13-7所列。

表13-7　钢纤维混凝土配合比及特性

序号	纤维体积/%	混凝中混合物的比例(质量比)				水泥用量/(kg/m³)	湿堆积密度/(kg/m³)	含气体积/%
		水泥	骨料	钢纤维	水			
1	0	1	4.51	0	0.42	400	2.39×10^3	0.3
2	1.0	1	4.38	0.20	0.42	400	2.46×10^3	0
3	2.0	1	4.31	0.40	0.42	400	2.50×10^3	0.1
4	2.5	1	4.28	0.50	0.42	400	2.52×10^3	0.3
5	3.0	1	4.25	0.60	0.42	400	2.55×10^3	0
6	1.5	1	3.90	0.27	0.42	400	2.47×10^3	0.1
7	1.5	1	3.90	0.27	0.42	430	2.47×10^3	0
8	2.0	1	3.87	0.37	0.42	430	2.48×10^3	0.2
9	2.0	1	3.87	0.37	0.42	430	2.50×10^3	0
10	2.0	1	3.87	0.37	0.42	430	2.49×10^3	0
11	2.5	1	3.84	0.46	0.42	430	2.51×10^3	0
12	2.5	1	3.84	0.46	0.42	430	2.53×10^3	0
13	2.5	1	4.28	0.50	0.42	400	2.49×10^3	0.5
14	2.5	1	4.28	0.50	0.42	400	2.52×10^3	0.3

第三节　玻璃纤维混凝土

玻璃纤维混凝土，简称GRC或GFRC混凝土，是将弹性模量较大的抗碱玻璃纤维，均匀地分布于水泥砂浆、普通混凝土基材中而制得的一种复合材料，是一种开发应用较早的纤维增强混凝土，它是在玻璃纤维与不饱和树脂复合材料（即玻璃钢）的基础上发展起来的。

玻璃纤维混凝土是一种轻质、高强、不燃类的新型建筑材料，它具有较高的抗拉强度和抗弯强度，韧性比较大，耐冲击性能好，其堆积密度及导热系数均小于水泥制品，可以根据需要设计成薄壁或水泥制品不易成型的其他形状的制品。但是，由于目前生产的玻璃纤维耐老化性能尚不过关，所以现阶段主要限于用作非承重或次要承重的构件或制品。

一、玻璃纤维混凝土的特点

根据纤维混凝土不同成型方法的需要，所制成的玻璃纤维有硬质玻璃纤维、软质玻璃纤维、玻璃纤维束及玻璃纤维网等类型。

以水泥砂浆为基体，用耐碱玻璃纤维作为增强材料，不仅必须具备在碱性环境中的长期稳定性，而且还必须具有增加抗拉强度、抗弯强度、提高韧性和耐冲击性能等力学性能。这样，不但可以改善混凝土构件或制品的使用功能，而且可以减小混凝土构件的断面尺寸，降低混凝土构件的自重，有利于在建筑工程中推广应用。

材料试验和工程实践证明，玻璃纤维混凝土由于使用玻璃纤维作为增强材料，比采用合成纤维、石棉纤维具有更大的优越性。玻璃纤维比高分子合成纤维价格便宜，比石棉纤维资源丰富，比增强塑料纤维耐火性好，比石棉水泥制品耐冲击性高。

归纳起来，耐碱玻璃纤维有以下优点：①抗拉强度高，由于玻璃纤维在混凝土中能均匀分布，使混凝土的抗拉强度普遍提高，可以防止混凝土出现收缩裂缝；②抗弯强度较高，这种混凝土的极限变形值较大，韧性比较好，大大提高了其抗弯强度，破坏时也不会出现飞散；③耐冲击性能良好，材料试验证明，掺加玻璃纤维的混凝土，其耐冲击性能明显高于水泥混凝土；④热工性能较好，玻璃纤维是一种完全不燃的无机燃料，具有良好的耐燃性；⑤其他方面，隔声性较好，其透水性小于石棉板。

二、玻璃纤维混凝土的组成材料

玻璃纤维混凝土主要由水泥、水、骨料、玻璃纤维和外加剂，按照一定比例配制而成。对所用水和骨料的要求与普通混凝土基本相同。

（一）对玻璃纤维的要求

在建筑工程施工中，由于水泥混凝土呈碱性，所以配制玻璃纤维混凝土的玻璃纤维，一般多采用耐碱玻璃纤维，这种玻璃纤维除应当满足一般纤维的要求外，还应符合下列技术指标的要求。

1. 玻璃纤维的成分与性能

耐碱玻璃纤维是在玻璃纤维的化学组成中加入适量的氧化锆（ZrO_2）、氧化钛（TiO_2）等元素，从而提高玻璃纤维的耐碱蚀能力。在玻璃纤维化学组成中加入氧化锆（ZrO_2）、氧化钛（TiO_2），主要作用是锆和钛等元素的加入使玻璃纤维中的硅氧结构更为完善，活性更小，从而降低了玻璃纤维与碱液发生化学反应的可能性。

根据工程实践证明，在玻璃纤维中加入氧化锆（ZrO_2）、氧化钛（TiO_2）后，也可以在玻璃纤维的表面涂覆一层树脂，或者将纤维表面经过一些特殊的浸渍处理，使玻璃纤维表面与碱液形成一个隔离层，不仅使碱不能对玻璃纤维表面侵蚀，同时也防止了氢氧化钙晶体在玻璃纤维表面的成长，从而增加了玻璃纤维的耐碱性。

2. 玻璃纤维的形式

用于玻璃纤维混凝土的玻璃纤维，一般不是玻璃的原丝，而是由 100～200 根原丝组成的纤维束，每根原丝的直径约为10μm。若干根集束纤维松弛地黏结在一起组成粗砂称为玻璃纤维无捻粗纱。将其切割成适当长度或用无捻粗纱编织成纤维毡或网格布，即可用于玻璃纤维增强混凝土的制备。表13-8中列出了常用的一种耐碱玻璃纤维网格布的规格，可供在工程中参考选用。

表13-8　耐碱玻璃纤维网格布的规格

网格尺寸/mm	幅宽/mm	经向		纬向		质量/(kg/m²)
		经纱密度/(根/cm)	承载力/(kg/cm)	纬纱密度/(根/cm)	承载力/(kg/cm)	
5×5	850	4.0	32.4	2.0	15.1	130

（二）对水泥材料的要求

配制玻璃纤维所用的水泥，在工程中常用的有低碱硫铝酸盐水泥、混合型低碱水泥和改性硅酸盐水泥等。

1. 低碱硫铝酸盐水泥

低碱硫铝酸盐水泥是目前在玻璃纤维混凝土中应用最多的一种水泥，这种水泥在20世纪60年代由中国建材研究院研制成功，其主要原料是石灰石、矾土、石膏，按一定的比例配料粉磨成生料后，在1280～1350℃的温度下煅烧成以硫铝酸钙为主要矿物成分的熟料，最后掺以石膏磨细而制成。

低碱硫铝酸盐水泥中不含硅酸三钙（C_3S），硅酸二钙（C_2S）的含量也很少，水化后产生的氢氧化钙要比硅酸盐水泥要少得多，因此其碱性较低，而硫铝酸钙是一种水化速度较快、早期强度较高的矿物。在进行水化反应的过程中，不仅不产生氢氧化钙，而且消耗体系中由硅酸二钙水化产生的氢氧化钙，使混凝土的碱度进一步降低。这个化学反应产生的化学收缩很小，可以在一定程度上抵消混凝土干缩对强度不利的影响。

2. 混合型低碱水泥

混合型低碱水泥是一种以硫铝酸钙熟料为基本原料，掺加适量的其他原料而组成的一种低碱性水泥。根据掺加的原料不同，目前主要有以下几种。

（1）中国混合型低碱水泥　中国混合型低碱水泥是由中国建筑科学研究院研制的，其原料组成为：硫铝酸钙熟料，硅酸盐水泥熟料或水泥，明矾石，石膏。

（2）日本混合型低碱水泥　日本混合型低碱水泥是由日本秩父水泥公司研制的秩父玻璃纤维混凝土用水泥，其原料组成为：硫铝酸钙熟料，硅酸盐水泥，水淬高炉矿渣，石膏。

（3）英国混合型低碱水泥　英国混合型低碱水泥是由英国兰圈公司研制的，其原料组成为：硫铝酸钙熟料，硅酸盐水泥，偏高岭土，石膏。

3. 改性硅酸盐水泥

改性硅酸盐水泥是通过在硅酸盐水泥中掺加可降低碱性，而对水泥强度影响不大或对水泥强度产生有利影响的物质制成的低碱水泥。目前，在工程中应用的主要有以下几种。

（1）荷兰Intron-Forton公司研制的聚合物低碱水泥　即在硅酸盐水泥中掺加适量的聚合物乳液，如氯丁胶乳液等。

（2）法国St. Goban公司研制的低碱度水泥　这种水泥除在硅酸盐水泥中掺加适量的聚合物乳液外，还掺加一些高活性火山灰材料。

（3）我国建材研究院研制的矿渣-硅灰硅酸盐水泥　这种水泥是在矿渣硅酸盐水泥中掺

加10%～20%的硅灰。

(4) 德国Heidebery公司研制的低碱矿渣水泥　这种水泥是在矿渣掺量达70%的矿渣硅酸盐水泥中掺加硅灰或偏高岭土。据有关资料报道，这种水泥的水化产物中基本没有氢氧化钙，因此对玻璃纤维的碱蚀作用很小。

(三) 对骨料的要求

配制玻璃纤维混凝土所用的骨料，一般只用细骨料——砂，其质量除应符合现行国家标准《建设用砂》(GB/T 14684—2011) 中的规定外，其他具体技术要求还应符合如下规定：①最大粒径小于或等于2mm；②细度模数在1.2～1.4范围内；③含泥量应不大于0.3%。

(四) 对增黏剂的要求

为有利于玻璃纤维的分散，在配制玻璃纤维混凝土时，应加入少量的增黏剂，一般可选择甲基纤维素或聚乙烯醇的水溶液。

三、玻璃纤维混凝土的配合比设计

1. 配合比设计的注意事项

(1) 配合比设计计算要以发表的性能数据为基础，并要有充分的安全系数。由于生产厂家目前均具备一定的试验能力，因此使用时必须与对方联系，如建筑墙板要求承受风荷载和其他应力，就应进行相应的试验。

(2) 使用直接喷射法制作墙板时，一般的标准厚度为10～19mm，但由于存在表面偏差，最小厚度可能在6～13mm，因此，设计时必须考虑用加劲肋增强，以提高墙板的刚度，增强其抗变形的能力。

(3) 玻璃纤维混凝土，包括不含砂的玻璃纤维增强混凝土，很少出现裂缝，但如果玻璃纤维的含量过少，则抑制不住裂缝的扩展，将会沿玻璃纤维方向出现收缩裂缝。

(4) 对于长、大断面的构件，由于玻璃纤维混凝土干缩时也会出现变形和裂缝，因此在玻璃纤维增强混凝土中配置钢筋和其他钢材。

(5) 对于带有沟、槽或尖棱的制品，采用喷射玻璃纤维增强水泥时，玻璃纤维容易出现“搭接”现象，水泥基体不能充分覆盖，容易造成薄弱区域。因此在制作时必须进行碾压和精细的处理，为减少玻璃纤维的“搭接”，应选用更加柔软的玻璃纤维。

2. 玻璃纤维混凝土经验配合比

玻璃纤维混凝土的配合比，根据成型工艺不同而不同。表13-9列出了采用喷射成型法和铺网-喷浆法时参考配合比，表13-10中列出了成型工艺不同时的参考配合比，可以供施工时进行选用。

表13-9　不同成型工艺参考配合比

成型工艺	玻璃纤维	灰砂比	水灰比
直接喷射法	切断长度:34～44mm 体积掺率:2%～5%	(1:0.3)～(1:0.5)	0.32～0.38
铺网-喷浆法	抗碱玻璃纤维网格布 体积掺率:2%～5%	(1:1.0)～(1:1.5)	0.42～0.45
喷射-抽吸法	抗碱玻璃纤维无捻粗纱 切断长度:33～44mm 体积掺率:2%～5%	(1:0.3)～(1:0.5)	0.32～0.38

表 13-10　玻璃纤维混凝土不同成型工艺参考配合比

成型工艺	混凝土配合比				
	水泥	砂	水	玻璃纤维（体积掺率）/%	增黏剂
预拌法	1	1.0～1.2	0.32～0.38	3～4	0.01～0.015
压制成型法	1	1.2～1.5	0.70～0.80	3～4	0.01～0.015
注模成型法	1	1.1～1.2	0.50～0.60	3～5	0.03～0.05
直接喷涂法	1	0.3～0.5	0.32～0.40	3～5	—
铺网-喷浆法	1	1.2～1.5	0.40～0.45	4～6	—
缠绕法	1	0.4～0.6	0.60～0.70	12～15	—

第四节　聚丙烯纤维混凝土

聚丙烯纤维混凝土，是将切成一定长度的聚丙烯膜裂纤维，均匀地分布在水泥砂浆或普通混凝土的基材中，用以增强基材的物理力学性能的一种复合材料。聚丙烯纤维混凝土具有轻质、抗拉强度高、抗冲击和抗裂性能等优点，也可以以聚丙烯纤维代替部分钢筋而降低混凝土的自重，从而增加结构的抗震能力。

配制聚丙烯纤维混凝土既可用于制作预制品，也可用于现场施工。掺加适量的短切聚丙烯膜裂纤维，即可部分或全部代替制品或构件中的钢筋，达到提高抗冲击性能，保持开裂后混凝土构件的整体性和降低自身质量等目的。

一、聚丙烯纤维混凝土的原材料

组成聚丙烯纤维混凝土的原材料主要有聚丙烯膜裂纤维、水泥和骨料。

1. 聚丙烯膜裂纤维

聚丙烯膜裂纤维系一种束状的合成纤维，拉开后可成为网格状，其纤维直径一般为6000～26000 旦尼尔（9000m 长的质量克数）。我国生产的聚丙烯膜裂纤维，其物理力学性能指标如表 13-11 所列。

表 13-11　聚丙烯膜裂纤维物理力学性能

比密度/(g/cm^2)	抗拉强度/MPa	弹性模量/10^4 MPa	极限延伸率/%	泊桑比
0.91	400～500	0.8～1.0	8.0	0.29～0.46

2. 水泥

配制聚丙烯纤维混凝土对水泥没有特殊的要求，一般采用强度为 42.5MPa 或 52.5MPa 硅酸盐水泥或普通硅酸盐水泥均可。

3. 骨料

配制聚丙烯纤维混凝土所用的粗骨料和细骨料，与普通水泥混凝土基本相同。其质量要求应当符合现行国家标准《建设用卵石、碎石》（GB/T 14685—2011）和《建设用砂》（GB/T 14684—2011）中的规定。

配制聚丙烯纤维混凝土细骨料，可用细度模数为 2.3～3.0 的中砂或 3.1～3.7 的粗砂，粗骨料可用最大粒径不超过 10mm 的碎石或卵石。

二、聚丙烯纤维混凝土的物理力学性能

聚丙烯纤维混凝土中的聚丙烯膜裂纤维的抗拉强度极高，一般可达到 400～500MPa，但其弹性模量却很低，一般为（0.8～1.0）×10^4 MPa。所以，配制出的聚丙烯纤维混凝土，也具有比普通混凝土抗拉强度高、但弹性模量很低的特性。以致在较高的应力情况下，混凝土将达到极限变形，在纤维能够产生约束应力之前混凝土即将开始破裂。

所以，聚丙烯纤维混凝土同不含纤维的普通混凝土相比，聚丙烯纤维混凝土的抗压、抗拉、抗弯、抗剪、耐热、耐磨、抗冻等性能几乎都没有提高，一般还将随着含纤率、长径比的增大而降低，这是由于稍大的纤维含量，引起混凝土物均匀性不良和水灰比过高的缘故。

但是，混凝土在纤维含量较小的情况下，这种复合材料的抗冲击性能，要比普通混凝土大得多，所以一般常用于耐冲击要求高的构件。表 13-12 是聚丙烯纤维混凝土硬化后的物理力学性能。

表 13-12 聚丙烯纤维混凝土硬化后的物理力学性能

名称	性能特点
抗拉强度	用喷射法制得的混凝土极限强度可达 7.0～10.0MPa
抗弯强度	体积掺率为 1%左右时，抗弯强度提高不超过 25%； 用喷射法（掺率为 5%），抗弯极限强度可达 20MPa
抗压强度	比普通砂浆、普通混凝土无明显增加
抗冲击强度	体积掺率为 2%时，抗冲击强度可提高 10～20 倍； 用喷射法（掺率为 6%），抗冲击强度可达 3.0～3.5J/cm^2
抗收缩性	体积掺率为 1%左右时，收缩率降低约 75%
耐火性	体积掺率为 1%左右时，耐火等级与普通混凝土相同
抗冻性	经 25 次冻融，无龟裂、分层现象，质量和强度基本无损失
耐久性	英国研究院曾将体积掺率为 4%的聚丙烯纤维混凝土构件在 60℃水中浸泡一年，未发现抗弯极限强度和抗冲击强度有明显下降

三、聚丙烯纤维混凝土的配合比设计

原来，我国对聚丙烯纤维混凝土的研究和应用较少，在配合比设计方面尚无十分成熟的经验。最近几年，根据一些工程的实践经验，聚丙烯纤维混凝土的配制，配合比因成型方法而不同。表 13-13 列出了预拌法和喷射法的参考配合比，仅供施工中进行配合比设计的参考。

表 13-13 不同成型工艺的配合比

成型工艺	聚丙烯膜裂纤维要求	水泥	骨料	外加剂	灰骨比	水灰比
预拌法	细度：6000～13000 旦尼尔 切矩长度：40～70mm 体积掺率：0.4%～1%	强度 42.5MPa 或 52.5MPa 硅酸盐水泥或普通硅酸盐水泥	细骨料： D_{max}=5mm 粗骨料： D_{max}=10mm	减水剂或超塑化剂，掺量由预拌试验确定	砂浆：水泥：砂=（1：1）～（1：1.3） 混凝土：水泥：砂：石=（1：2：2）～（1：2：4）	0.45～0.50
喷射法	细度：4000～12000 旦尼尔 切矩长度：20～60mm 体积掺率：2%～6%	强度 42.5MPa 或 52.5MPa 硅酸盐水泥或普通硅酸盐水泥	骨料： D_{max}=2mm	减水剂或超塑化剂，掺量由预拌试验确定	砂浆：水泥：砂=（1：0.3）～（1：0.5）	0.32～0.40

第五节　碳纤维增强混凝土

当今，随着现代混凝土技术的不断进步与发展，人们逐渐地认识到各种高强纤维增强混凝土技术，是有效地克服钢筋锈蚀、碳化、盐蚀、碱集料反应等引起的钢筋混凝土“综合征”的技术措施，从而可以延长混凝土结构的有效使用寿命，提高混凝土的耐久性，使古老而廉价的混凝土材料焕发出新的活力。

一、碳纤维增强混凝土的发展和应用

碳纤维是高科技纤维中发展最快的品种之一，它具有高强度、高弹模、高抗疲劳性和高抗腐蚀性众多的优点，因此，国内外对碳纤维增强混凝土的研究日趋活跃。但决定碳纤维能否推广使用于土木工程的关键是其价格的高低。随着工业技术的进步，ZOLTEK公司开发出了民用工业级大丝束碳纤维，大大降低了碳纤维的价格，为碳纤维在建筑工程领域的应用铺平了道路。国外在土木工程领域的应用包括以下几种：①短切碳纤维加入新混凝土中，目前主要应用于需要减重、防震耐腐蚀的环境中或喷射混凝土和道路工程中；②将碳纤维长丝支撑预应力筋，代替钢筋埋植于混凝土中，主要用于海洋工程、大跨度桥梁及需要电磁透过的工程结构或结构加固的场合；③将碳纤维长丝支撑预应力绞绳，用于大跨度桥梁的拉锁或大跨度空间结构的悬索拉索等；④将短切碳纤维或连续碳纤维应用于各种公路路面及桥梁路面工程和高速公路的防护栏，以提高公路的质量及耐久性；⑤将碳纤维棒材与混凝土制成预制件，包括梁、板、屋架或网架，充分利用碳纤维的质轻高强耐腐蚀等优点；⑥将碳纤维制成单向织物，用于结构补强。

短切碳纤维填充到混凝土中，不仅约束微裂缝扩展，提高混凝土的抗裂性、抗渗性和抗冻性，减少干缩变形，而且可以明显地改善混凝土结构的物理力学特性。提高结构的抗震性和抗疲劳特性，这是由于碳纤维具有高强度和高弹模的优势。

另外，碳纤维增强混凝土具有良好的压敏性，而且具有一定导电性，如果在混凝土中埋藏电极可有效实现对混凝土结构件的在线检测（应变）和安全监控（损伤程度）在实际应用中，可实现对桥梁幕墙建筑的智能化管理。因此，短切碳纤维增强混凝土不仅具有减重增强的优点，而且还是一种智能材料，将来必然具有良好的发展前景。

目前，国外短切碳纤维增强混凝土主要应用于腐蚀性高，要求减重强度的场合，如薄壳结构、大跨度桥梁、海洋工程、超高层结构、抗震结构等。

二、碳纤维的种类与特性

碳纤维是一种将一些有机纤维在高温下碳化成石墨晶体，然后使石墨晶体通过“热张法”定向而得到的一种纤维材料。碳纤维是一种高强度、高弹性模量的材料，按其原材料不同分为两种：一种是以聚丙烯腈为主要原料的高分子碳化纤维，通常称为聚丙烯腈基碳纤维，简称PAN系碳纤维；另一种是以煤焦油、石油硬沥青为主要原料的碳化纤维，通常称为硬沥青系碳纤维。

碳纤维不仅有很高的抗拉强度和弹性模量，而且与大多数物质不起化学反应，因此用碳纤维配制的增强混凝土具有高抗拉性、高抗弯性、高抗裂性和高抗蚀性等优良性能。以硬沥青为原料的碳纤维，是石油化学工业和煤化学工业副产品的派生物，所以硬沥青系碳纤维的商品价格比聚丙烯腈基碳纤维（PAN系碳纤维）低得多，前者仅为后者价格的1/10～1/5。

据有关资料介绍，目前硬沥青系碳纤维增强混凝土的成本（按掺入量 2%体积比计），约为镀锌钢纤维的 2 倍，如果大批量生产时，能与镀锌钢纤维、耐碱玻璃纤维的成本相接近，如表 13-14 所列，今后将有很强的市场竞争力。

表 13-14　几种纤维增强混凝土的成本比较

纤维种类		参考价格/(日元/kg)	$1m^3$混凝土掺 2%纤维时		成本比较	
			纤维质量/(kg/m^3)	参考成本/(日元/m^3)	以碳素钢纤维为 1 时	以镀锌钢纤维为 1 时
钢	碳素钢	200	158	31600	1.0	0.7
	镀锌钢	300	158	47400	1.5	1.0
	不锈钢	800	158	126000	4.0	2.7
耐碱玻璃纤维		800	54	43200	1.4	0.9
碳纤维	低弹性	3000	32	96000	3.0	2.0
	高弹性	30000	30	90000	28.5	19.9

如表 13-14 所列碳纤维的密度约为玻璃纤维的 70%，抗拉强度虽然与玻璃纤维基本相同，但弹性模量却高于玻璃纤维好几倍。在现有的工业纤维材料中，碳纤维的比强度、比弹性模量都是最高的。此外，碳纤维还具有以下几个优点。

(1) 具有优异的耐碱、耐海水等抗化学腐蚀性，试验证明：除硝酸等强酸外，不怕其他酸碱的腐蚀。

(2) 具有较好的导电性。用碳纤维增强混凝土（简称 CFRC）板装饰电子计算机房，可防止静电感应。

(3) 具有超高温耐热特性，这是碳纤维增强混凝土最突出的一个性能，可在 3000℃高温环境条件下使用。

(4) 对人体无害，是一种环保型建筑材料，施工比较安全。

(5) 施工工艺比较简单，可用一般混凝土搅拌机进行拌和。可采用挤压成型、加压成型等工艺生产制品，也可湿式喷射法喷射混凝土施工。

三、碳纤维增强混凝土的物理力学性能

1. 碳纤维增强混凝土的抗拉强度

碳纤维的基本性能如表 13-15 所列。试验混凝土的水灰比为 0.42，集料水泥比为 0.25，试件尺寸为 330mm×30mm×6mm。试验结果表明：随着碳纤维掺量的增加，碳纤维增强混凝土的抗拉强度、拉伸应变能力逐渐增大，试件龟裂的间隙和宽度减小，微细裂纹大多呈分散状态。另外，取拉断试件断面做显微镜观测，发现对面突出的纤维长度基本在 1mm 以下，以 0.3～0.6mm 最多，这说明碳纤维与胶结料之间的黏结特别好，碳纤维是被拉断的，而不是被拔出的。

表 13-15　碳纤维的基本性能

碳纤维的尺寸			密　度	抗拉强度	弹性模量	延伸率
直径/μm	长度/mm	长径比/(L/D)	/(g/cm^3)	/MPa	/GPa	/%
14.5	10	600	1.63	780	38	2.1

2. 碳纤维增强混凝土的抗弯强度

在进行碳纤维增强混凝土抗弯强度试验时，碳纤维的性能、混凝土的水灰比、集料水泥比等与抗拉强度试验时相同。试件尺寸为530mm×40mm×6mm，两个支点的间距为450mm，加载为中心加载。试验结果表明：碳纤维增强混凝土的抗弯强度随着碳纤维掺量的增加而提高，与此同时其韧性也得到明显提高。

3. 碳纤维增强混凝土的耐水性

将碳纤维增强混凝土试件投入75℃的热水中，分别做龄期1周至5个月的不同龄期浸渍后的抗弯强度试验，以检验碳纤维增强混凝土的耐水性。试验结果表明：各个浸渍龄期的抗弯强度值虽有若干增减变化，但从总体来说，抗弯强度仍保持在热水浸渍前的强度水平，这充分说明CFRC的耐水性很好。

4. 碳纤维增强混凝土的抗冻性

按照ASTMC 666标准规定，碳纤维增强混凝土经过300次冻融循环试验，其相对动弹性模量在95%以上，这说明碳纤维增强混凝土具有很好的抗冻性。

5. 碳纤维增强混凝土长度尺寸变化

碳纤维增强混凝土试件出釜（蒸压养护）后的长度尺寸变化，为一般钢筋混凝土制品在20℃、相对湿度65%标准条件养护下一年的20%。碳纤维增强混凝土脱模两周至一年的长度变化仅为$\pm 2\times 10^{-4}$左右，这说明碳纤维增强混凝土的尺寸稳定性非常好。

第六节　纤维混凝土的施工工艺

工程施工实践证明，纤维混凝土的施工工艺与普通混凝土有较大的差异，各种纤维混凝土的组成材料不同，它们的施工工艺也各不相同。因此，在纤维混凝土的施工过程中应当根据不同纤维混凝土的特点，采取相应不同的施工工艺，这样才能确保其施工质量，达到工程设计的要求。

一、钢纤维混凝土的施工工艺

钢纤维混凝土的质量如何，关键在于施工质量；施工质量如何，关键在于混凝土的拌制。另外，其浇筑和养护对质量也有重要影响。

（一）钢纤维混凝土的拌制质量控制

配制钢纤维混凝土最关键的问题，是钢纤维不产生结团，能在混凝土中均匀分散。特别是当钢纤维掺量较多时，如果不能使其均匀分散，就容易同水泥浆或砂子结成球状团块，混凝土的强度必然会因拌合物不均匀而降低增强效果。因此，千方百计避免钢纤维产生结团，则成为搅拌工序中的控制重点。

工程实践证明，避免钢纤维混凝土在拌制中出现结团现象的措施，主要可从以下几个方面着手。

1. 采用强制式搅拌机

工程实践充分证明，在混凝土中掺加钢纤维后，如果没有足够的搅拌能力，钢纤维在混凝土中很容易出现结团现象。因此，拌制钢纤维混凝土，必须采用搅拌能力较强的强制式搅拌机，在有施工条件时最好采用双卧轴强制式搅拌机，这样才有可能使钢纤维比较均匀地分散于混凝土中。

2. 采用适宜投料顺序

由于钢纤维材料的掺加，使混凝土拌制比普通混凝土难度增大，因此采用适宜的投料顺序，对缩短搅拌时间、提高均匀性有重要作用。

表 13-16 中列出了 3 种不同的钢纤维混凝土配制中投料顺序，其根本区别在于先湿拌或先干拌后湿拌。先干拌虽然会使飞扬的粉尘较多，但由于钢纤维已分布均匀，但后湿则纤维结团的可能性较少。

表 13-16 钢纤维混凝土的搅拌工艺

项目		操作工艺
搅拌设备		有施工条件时，最好采用双卧轴强制式搅拌机
纤维投料方法		(1)使用散装钢纤维时，应通过摇筛进行加料； (2)采用人工投料时，宜采用分散投料方式； (3)使用集束状钢纤维时，可集束进行投放
投料和搅拌	方法一	(1)粗细骨料、水泥和水同时一次投入(时间 1min)； (2)再将钢纤维投入(时间 1.5～2.0min)
	方法二	(1)将粗细骨料与钢纤维同时投入并进行干拌(时间 1min)； (2)再将水泥与水同时投入(时间 1.0～1.5min)
	方法三	(1)将细骨料与水泥同时投入进行干拌(时间 0.5min)； (2)加入粗骨料和钢纤维再进行干拌(时间 2min)； (3)最后同时加入水与活性剂进行湿拌(时间 1min)

究竟采用何种投料顺序，并不是有固定的模式选择。如果工程中钢纤维混凝土用量较多时，在确定采用何种投料顺序之前，可实地对所用设备、材料配合比进行试拌，然后选择比较适宜的投料顺序。

(二) 钢纤维混凝土的浇筑与养护

钢纤维混凝土的浇筑和养护，除了按照普通混凝土的要求外，其工艺要点应符合表 13-17中的规定。

表 13-17 钢纤维混凝土浇筑和养护的工艺要点

项目	工艺要点
基本要求	(1)宜将模型的杂角、棱角处做成圆角，以避免钢纤维露在混凝土表面； (2)为使混凝土边角处达到饱满，宜进行模外振动，较大的构件可采用附着式振动器振捣； (3)同一个连续浇筑区或一个完整的构件，浇筑工作应连续进行，不得中断；局部增强部分与普通混凝土搭接还应连续搭接，互相掺合，不得中断； (4)混凝土应采用机械振捣为主，边角部位可用人工进行补插，但要确实保证振捣密实； (5)振捣的时间应按规定进行，既不要欠振，也不要过振，特别是过度振捣则钢纤维的向下沉积； (6)浇筑和振捣方法在保证混凝土密实的同时，应保证钢纤维混凝土的均匀性和连续性，避免出现结团； (7)不得采用快速脱模
路面、地面和桥面	(1)混凝土表面浇筑基本平整后，先用平板动捣器振捣密实，然后再用振动梁振平； (2)用表面带有凸棱的金属圆滚将竖起的钢纤维和露在表面的石子压入混凝土内，再用圆滚将表面压平整；外表面不得裸露钢纤维，也不应留有浮浆； (3)如果混凝土表面需做拉毛处理的，可在初凝前做好，进行拉毛时不得将钢纤维带出；拉毛工具可用刷子或压滚，不得使用木刮板、粗布刷或竹扫帚； (4)路面、地面和桥面胀缩缝的设置，应当严格按设计施工

续表

项 目	工 艺 要 点
刚性防水屋面	(1)粗骨料的最大粒径不应大于10mm； (2)应采用平板振动器进行振实，并在泛浆后抹平，收水后随即压光
局部增强	(1)钢纤维混凝土用于受压增强时，其配置范围如图13-3所示，其高度应不小于配置区最小边长加80mm，但三边临空和角部受压区不宜采用钢纤维混凝土增强； (2)对钢纤维混凝土板作抗冲切的局部增强，其配置范围如图13-4所示； (3)框架节点中钢纤维混凝土进入相邻梁、柱中的范围为50～100mm，如图13-5所示； (4)用作局部增强的钢纤维混凝土所用的水泥，应与该结构混凝土所用的水泥同一品种、同一批号
混凝土养护	(1)养护基本上与普通混凝土相同，主要是应注意连续保湿养护；预制构件也可以用蒸汽养护； (2)路面、地面和桥面等大面积面层，一般宜采用蓄水养护，或用蓄水性能良好的覆盖物淋水保湿养护

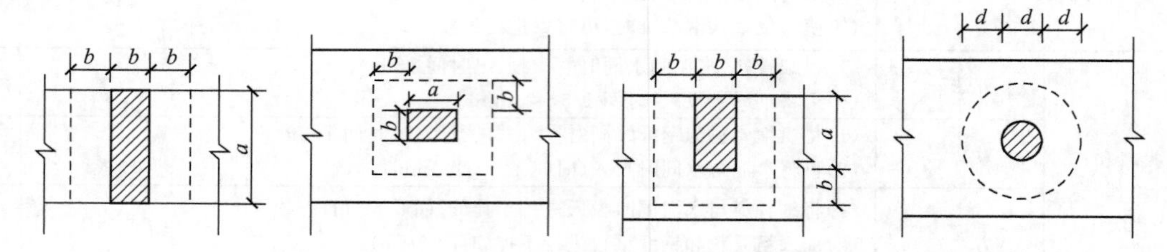

图13-3 局部受压区钢纤维混凝土配置范围

注：1. 图中斜线为局部受压区；2. 虚线为钢纤维混凝土最小配置范围

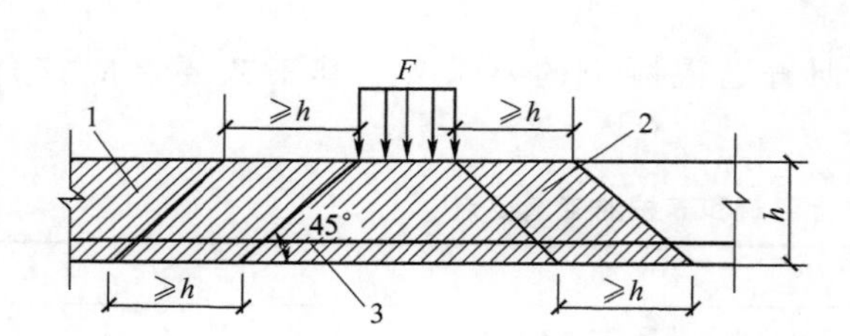

图13-4 钢纤维混凝土在板内抗冲切增强配置范围

1—钢筋混凝土板；2—钢纤维混凝土；3—冲切力影响锥体斜面线

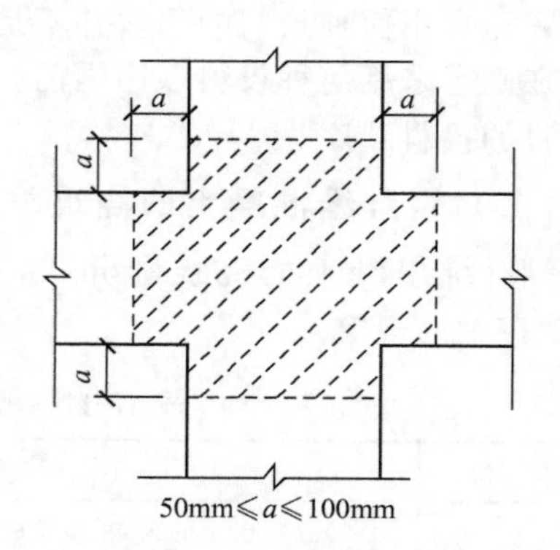

图13-5 钢纤维混凝土在节点区的配置范围

注：斜虚线为钢纤维混凝土增强区

二、玻璃纤维混凝土的施工工艺

玻璃纤维混凝土的浇筑、密实成型和纤维处理等施工工艺，与普通混凝土传统施工方法根本不同。浇筑要有专门的设备和特殊的方法，密实成型应采用不同类型的平板或插入式振动器、振动台和轮压设备。在一般情况下，玻璃纤维混凝土是采用普通硅酸盐水泥、粒径2mm以下的砂子，并根据不同的成型方法按适用的范围选用玻璃纤维。

为适应不同类型制品的需要，已经研究发展了预拌成型法、压制成型法、注模成型法、直接喷射法、喷射抽吸法、铺网-喷浆法和缠绕法等多种玻璃纤维混凝土的成型方法。如果采用玻璃纤维丝网，也可以采用与一般水泥制品相同的成型方法。

1. 预拌成型法

预拌成型法是先将水泥和砂在强制式搅拌机中干拌均匀，将增黏剂溶于少量的拌合水中(一般占总拌合水的1%左右)，然后将短切玻璃纤维分散到有增黏剂的水中，再与拌合水同时加入列水泥与砂的干混合料中，边加边搅拌，直至均匀。

搅拌好的混凝土混合料分层入模并分层捣实，每层厚度不得超过25mm。捣实应采用平板式振动器。表面经抹光覆盖薄膜后，在温度大于或等于10℃的条件下养护24h脱模。脱模后再在相对湿度大于或等于90%、温度大于或等于10℃条件下养护7～8d即可使用。

2. 压制成型法

压制成型法是在预拌成型法的基础上，浇筑成型后在模板的一面或两面采用滤膜（如纤维毡、纸毡等）进行真空脱水过滤，以减少已成型混凝土中的水分，而使混凝土的强度得到进一步提高，并可以缩短脱模的时间。由于成型后采用真空脱水，所以在搅拌时可适当增加水灰比，这样可增大混凝土拌合物的流动性，有利于混凝土成型。

3. 注模成型法

注模成型法是在混凝土预拌时适当加大水灰比，以提高混凝土拌合物的流动性，然后采用泵送的施工工艺，将混凝土浇筑到密封的模具内成型。注模成型法特别适用于生产一些外形复杂的混凝土构件。

4. 直接喷射法

直接喷射法是利用专门的施工机械喷射机进行施工的方法。施工时用两个喷嘴，一个喷嘴喷射短切的玻璃纤维，一个喷嘴喷射拌制好的水泥砂浆，并使喷出的短切纤维与雾化的水泥砂浆在空间混合后溅落到模具内成型。

待喷射混合的混合料达到一定厚度后，用压辊或振动抹刀压实，再覆盖塑料薄膜，经20h以上的自然养护后脱模，然后在相对湿度大于或等于90%条件下养护7d左右。如果采用蒸汽养护，可先带模养护4～6h后，连模置于50℃左右的蒸汽中养护6～8h，脱模后再在相对湿度大于或等于90%的环境下养护3～4d即可用于工程。直接喷射法施工工艺流程如图13-6所示。

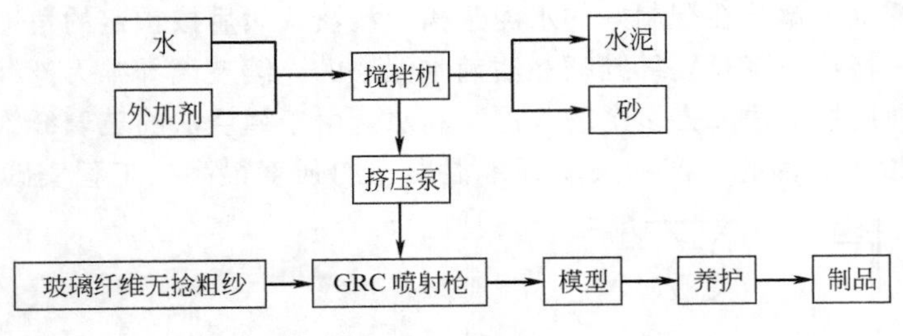

图13-6　直接喷射法施工工艺流程

5. 喷射抽吸法

喷射抽吸法是在用直接喷射法成型时，采用可抽真空的模具（模具表面开有许多小孔，并覆以可滤水的毡布）。当喷射到规定的厚度后，通过真空（真空度约8000Pa）抽出部分水以降低混凝土的水灰比，达到降低孔隙率、提高强度的目的。

经过真空吸水后，可使混凝土拌合料成为具有一定形状的湿坯，然后用真空吸盘将湿坯吸至另一模具内，再进行进一步的模塑成型。这种方法不仅可以提高混凝土的强度，而且可以生产形状比较复杂的制品。所用的机具除模具与直接喷射法有区别外，还需要增加一套真空抽吸装置。

6. 铺网-喷浆法

铺网-喷浆法是将一定数量、一定规格的玻璃纤维网格布置于砂浆中，从而制得的一定厚度的玻璃纤维增强混凝土制品。具体的施工方法为：先用砂浆喷枪在模具内喷一层砂浆，然后铺一层玻璃纤维网格布；在网格布上再铺一层砂浆，接着铺第二层玻璃纤维网格布，如此反复喷射至设计厚度；再用真空抽吸法吸抽部分水，最后进行振压抹平收光。每层砂浆的厚度根据需要控制在10～25mm，养护条件及时间，与直接喷射法相同。铺网-喷浆法的施工工艺流程如图13-7所示。

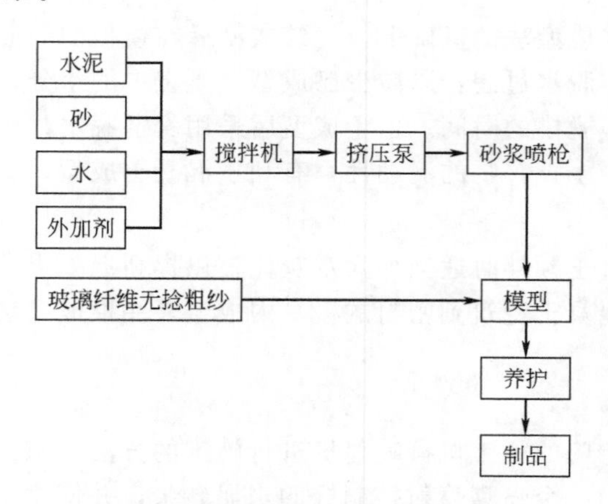

图13-7　铺网-喷浆法的施工工艺流程

7. 缠绕法

缠绕法一般适用于生产玻璃纤维增强混凝土管材制品，如市政工程上常用的输水管道和空心柱材等。

玻璃纤维混凝土的缠绕法施工，与以上几种施工方法均不相同，所用的机具也比较特殊。缠绕法的施工工艺如下。

连续的玻璃纤维无捻纱在配制好的水泥浆槽中浸渍，然后按预定的角度和螺距绕在卷筒上，在缠绕过程中将水泥浆及短纤维喷在沾满水泥浆的连续玻璃纤维无捻纱上，然后用辊压机进行碾压，并利用抽吸法除去多余的水泥浆和水。由于缠绕法的玻璃纤维体积率很高，一般可以达到15%以上，因此生产的玻璃纤维混凝土的强度很高。工程实践证明，如果生产

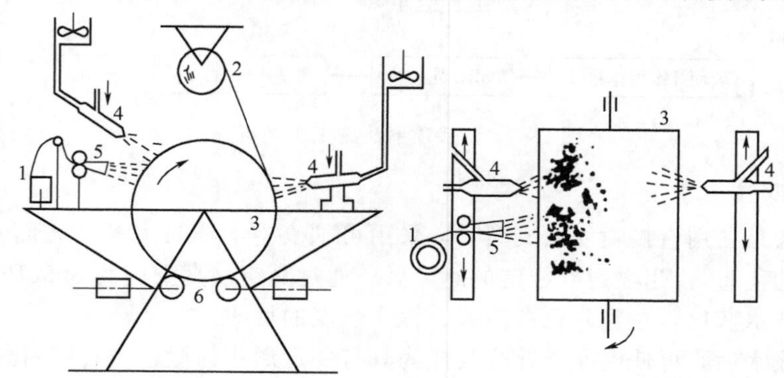

图13-8　缠绕法生产玻璃纤维管材制品工艺

1—线筒；2—无捻纱；3—缠绕筒；4—水泥浆喷射机；5—切断的纤维喷射机；6—辊压机

大批的玻璃纤维混凝土管材制品，完全可以实现生产过程自动化。缠绕法生产玻璃纤维管材制品工艺如图 13-8 所示。

三、聚丙烯纤维混凝土施工工艺

聚丙烯纤维混凝土的施工，在搅拌、运输、浇筑和养护等方法，均与普通混凝土基本相同。由于在混凝土基体中掺加了适量的聚丙烯纤维，在一些具体操作中还有不同之处。表 13-18 为聚丙烯纤维混凝土的搅拌操作要求，表 13-19 为聚丙烯纤维混凝土施工中的注意事项。

表 13-18　聚丙烯纤维混凝土的搅拌操作要求

操作步骤	操作中的注意事项
1	混凝土的配合比是按普通混凝土进行设计的，聚丙烯纤维是另加的。此步是在混凝土基体配合比设计的基础上确定纤维掺量
2	按照聚丙烯纤维混凝土所需要的数量进行备料，质量要符合要求，称量要准确，并用清洁容器（或胶袋）盛好备用
3	将混凝土按原配合比数量投入混凝土搅拌机时，也同时将聚丙烯纤维投入，待这些干料搅拌均匀后，再加入水开始搅拌
4	搅拌完成后，取出部分拌合物试样进行观察，可能出现以下四个情况：一是合格，即可输送进行浇筑；二是稠度有很小的损失，这是因为纤维丝的影响，不会影响操作，可以浇筑混凝土；三是稠度与设计相差很大，处理的方法是加入适量的减水剂搅拌至合格即可使用，千万不可加水搅拌；四是混凝土搅拌合格，但纤维在混凝土中分布不均匀，这种情况可能因搅拌时间不足而造成，可再搅拌 30s 便可
5	在聚丙烯纤维混凝土搅拌操作中，搅拌机组工作人员在熟练掌握搅拌工艺后，在一般情况下不宜多变动，这样可保证混凝土的搅拌质量和搅拌效率

表 13-19　聚丙烯纤维混凝土施工中的注意事项

序号	项　目	操作时的注意事项
1	检查质量	在混凝土搅拌完毕后，应按照规定随机进行取样检查；如果聚丙烯纤维均与分散在混凝土中，即可将混凝土送往浇筑地点
2	常规操作	聚丙烯纤维混凝土的浇筑、养护操作无特殊要求，在一般情况下与普通混凝土相同，可按照常规要求进行操作
3	劳保用品使用	聚丙烯纤维有一个最大的缺陷，易使人的皮肤过敏，操作者应按规定穿戴好防护帽、眼镜、手套、工作服、鞋袜等，避免在施工中沾染散飞的聚丙烯纤维
4	意外处理	如果施工中不小心，聚丙烯纤维沾在人的皮肤上，或感到眼睛有不适，应当立即用水进行冲洗，千万不可大意
		如果不慎聚丙烯纤维进入眼部，千万不可用手揉眼，当冲洗也不能解决时，应立即到医院检查治疗，不可进行非正规处理
5	其他事项	在整个施工过程中，不得将带有聚丙烯纤维的制品任意抛撒，避免聚丙烯纤维扩散

第十四章 沥青混凝土

沥青是一种有机胶结料，是由一些极其复杂的高分子烃类化合物及其非金属（氧、氮、硫）的衍生物所组成的混合物。由于沥青的产地和加工方法不同，使沥青材料的种类繁多，通常在工程上常用的沥青主要是指石油沥青，其他沥青要在沥青两字之前加上名称加以区别，如煤沥青、页岩沥青等。

沥青混凝土是以沥青（主要是石油沥青）为胶结材料，与粗骨料、细骨料和矿粉适量配合，在一定条件下混合均匀，然后经铺筑、碾压或捣实成为密实的混合物。沥青混凝土主要用于铺筑路面、防腐工程及海港工程中的护面，也可用于建筑工程的防水等。

第一节 沥青混凝土概述

沥青混凝土是一种以沥青为胶结材料的特殊材料新型混凝土，在建筑工程中主要用于防水工程，但是，沥青混凝土用途最广泛的是用高等级公路路面。因此，以下所述有关沥青混凝土内容的介绍，主要以道路沥青混凝土材料为主。

一、道路沥青混凝土的特点

工程实践充分证明，沥青混凝土具有非常显著的优点，也具有比较突出的缺点。

（一）沥青混凝土的优点

1. 力学性能优良

沥青混凝土不同于普通水泥混凝土，它是一种黏弹性材料，用这种混凝土修筑的路面，具有良好的力学性能，不仅表面平整无接缝，车辆在其上面行驶平稳、舒适，而且力学性能优良、轮胎磨耗较低。

2. 路面噪声较小

在车辆密集的交通条件下，道路噪声是主要的公害之一，它对人体的健康和居住环境都有一定的影响，西方发达国家非常重视这个问题。沥青混凝土路面具有一定的柔性，能够吸收部分噪声，是高等级公路应用最广泛的路面混凝土。

3. 抗滑性能良好

用沥青混凝土铺筑的路面，不仅路面平整、柔软、舒适，而且表面粗糙、摩擦力大。特别是雨天沥青混凝路面能基本上保持原有的性能，其摩擦力不会发生大的变化。再加上沥青色黑无强烈反光，能保证汽车行驶的安全性。

4. 比较经济耐久

沥青混凝土中的胶结材料用量比较小，沥青属于工业副产品加工利用，旧路面还可以再生利用，造价一般比水泥混凝土低。工程实践证明，采用现代工艺配制的沥青混凝土，可以保证15～20年不用大修；施工中操作比较方便，施工速度快，铺压完毕可以立即开放交通。

5. 排水性能良好

公路路面出现短期内返修的实例告诉我们，产生早期路面损坏的主要原因就是排水不良，特别是在有冰冻的寒冷地区，因排水性能不良而造成冻胀破坏的非常多。沥青混凝土具有良好的排水性能，而且晴天无尘、雨天不泞，可以保证顺利通车。

6. 可以分期加厚

水泥混凝土路面施工必须按照设计的路面厚度一次连续铺筑，而沥青混凝土路面上下层结合比较容易，完全可以在旧路面上加厚加强，能够充分发挥原有路面的强度，特别符合资金比较短缺、分期进行改造的公路工程。

（二）沥青混凝土的缺点

沥青混凝土虽然具有以上显著的优点，但也具有易于老化、感温性大等缺点，这也是在设计、施工和使用中应当注意的。

1. 易于老化

沥青材料是一种高分子烃类化合物，在大气因素（阳光、温变、侵蚀等）的影响下，很容易产生化学组成的变化，使沥青混凝土出现老化，材料的脆性加大，路面易造成裂缝，使路面强度降低而破坏。

工程实践证明，由于沥青混凝土易于老化，因而使用年限比水泥混凝土路面短，其养护维修费用比较大。这是一个世界性技术难题，有待于研究和探索。

2. 感温性大

水泥混凝土路面在较大温差的情况下，也会出现膨胀或收缩，但在高温下不会出现软化，其对温度的敏感性远远不如沥青混凝土大。用沥青混凝土修筑的路面，在夏季高温的环境下容易软化，使路面产生车辙、纵向波浪、横向推移等现象；在冬季低温的情况下，又易使路面变得硬而脆，凹凸处受车辆冲击产生的重复荷载的作用，路面易产生裂缝。

二、道路沥青混凝土的分类

沥青道路混凝土是用沥青材料与石子、砂子和矿粉，经过适当的配合、拌匀，然后压实成为密实的混合物。沥青道路混凝土路面具有表面平整、无接缝、行车舒适、耐磨性好、噪声较低、施工期短、养护维修简便、宜于分期修建等优点，因此在国内外得到广泛应用，欧洲大部分国家高等级公路路面采用沥青混凝土面层。在我国，高等级公路路面面层的最常见类型为沥青混凝土和沥青碎石。

沥青混凝土的分类方法很多。根据所用骨料的最大粒径不同，沥青混凝土分为粗粒式沥青混凝土（最大粒径为35mm）、中粒式沥青混凝土（最大粒径为25mm）、细粒式沥青混凝土（最大粒径为15mm）和沥青砂（最大粒径为5mm）。

沥青混凝土按其用途和性质不同，可分为耐腐蚀沥青混凝土、道路混凝土和水工混凝土3类。其中耐腐蚀混凝土又分为耐酸沥青混凝土、耐碱沥青混凝土、耐盐沥青混凝土和耐油沥青混凝土。

沥青混凝土按施工方法不同，可分为热拌热铺沥青混凝土、热拌冷铺沥青混凝土、冷拌冷铺沥青混凝土。

沥青混凝土按标准压实后的剩余孔隙率不同，可分为Ⅰ型沥青混凝土（剩余孔隙率为3%～6%）和Ⅱ型沥青混凝土（剩余孔隙率为6%～10%）。按所用沥青材料的不同，沥青混凝土可分为石油沥青混凝土、煤沥青混凝土等。

沥青混凝土按其强度构成不同，可分为嵌挤型沥青混凝土和级配型沥青混凝土两大类。嵌挤型沥青混凝土的结构强度是以矿料之间的嵌挤力和内摩擦力为主、沥青的黏结作用为辅，沥青碎石就属于此类。这类沥青混合料是以颗粒较粗、尺寸均匀的矿料构成骨架，沥青混合料填充其空隙，并把矿料黏结成一个整体。这类沥青混凝土的结构强度受自然因素的影响较小。

级配型沥青混凝土的结构强度是以沥青与矿料之间的黏结力为主、矿料的嵌挤力和内摩擦力为辅，沥青混凝土就属于此类。这类沥青混凝土的结构强度受温度影响较大。

第二节　沥青混凝土组成材料

沥青混凝土高等级公路的组成断面主要是由面层、基层、垫层和路基构成，其中只有面层使用沥青混凝土，所以沥青混凝土公路的面层又称为沥青材料层。沥青混凝土高等级公路的断面构成如图 14-1 所示。

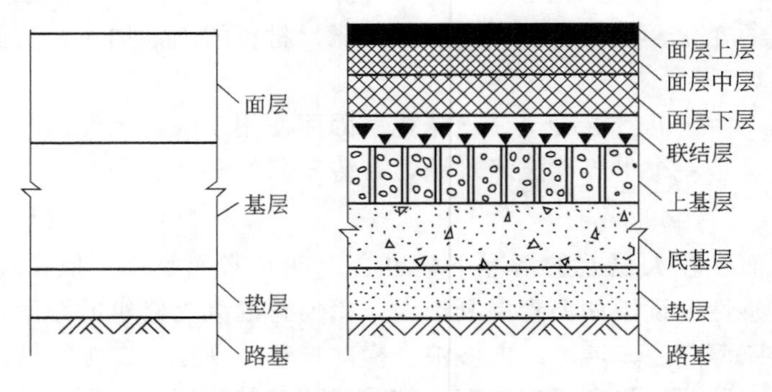

图 14-1　沥青混凝土高等级公路的断面构成

一、沥青混凝土的材料组成

组成沥青混凝土的材料主要是沥青材料、粗骨料、细骨料和矿粉填料。沥青是混凝土中的胶结材料，能将散碎的骨料和矿粉组合成一个整体，起着黏结和传递荷载的作用。粗细骨料和矿粉填料均属于矿质材料，占沥青混凝土总体积 90%以上，起着骨架和填充作用，沥青混凝土的受力性能主要取决于粗细骨料所形成的骨架，所以骨料对沥青混凝土的整体强度和刚度起到重要作用。

1. 沥青材料

沥青路面所用的沥青材料有道路石油沥青、煤沥青、液体石油沥青和沥青乳液等。各类沥青路面所用沥青材料的标号，应根据路面的类型、施工条件、地区气候条件、施工季节和矿料性质与尺寸等因素而定。煤沥青不宜作沥青面层用，一般仅作为透层沥青使用。当选用乳化沥青时，对于酸性石料、潮湿石料及低温季节施工，宜选用阳离子乳化沥青，对于碱性石料或与掺入水泥、石灰、粉煤灰共同使用时，宜选用阴离子乳化沥青。

对热拌热铺沥青路面，由于沥青材料和矿料均须加热拌合，并在热态下进行铺压，所以可采用稠度较高的沥青材料；热拌冷铺类沥青路面，所用的沥青材料稠度可较低；对浇灌类沥青路面，宜采用中等稠度的沥青材料。当地气候寒冷、施工气温较低、矿料粒径偏细时，宜采用稠度较低的沥青材料。在炎热季节施工时，由于沥青材料的温度散失较慢，宜采用稠度较高的沥青材料。对于路拌类沥青路面，一般仅采用稠度较低的沥青材料。

将沥青材料用于高等级公路路面，最近几年很多国家进行了大量研究和探索，取得了非常显著的成果。根据我国有关部门的研究成果，我国高等级公路沥青路面的石油沥青技术要求，如表 14-1 所列。

表 14-1　高等级公路石油沥青技术要求

检验项目			AH-130	AH-110	AH-90	AH-70	AH-50
针入度(25℃,100g,5s)/(1/10mm)			120～140	100～120	80～100	60～80	40～60
延度(5cm/min,15℃)/cm			>100	>100	>100	>100	>80
软化点(环球法)/℃			40～50	41～51	42～52	44～54	45～55
溶解度(三氯乙烯)/%			>99				
薄膜加热163℃,5h	质量损失/%		<1.3	<1.2	<1.0	<1.0	<0.6
	针入度比/%		>45	>48	>50	>55	>58
	延度/cm	25℃	>75	>75	>75	>50	>40
		15℃	实测记录				
闪点(开口式)/℃			>230				
含蜡量(蒸馏法)/%			<3				
密度(15℃)/(g/cm^3)			实测记录				

2. 粗骨料

沥青混合料所用的碎石应尽量选用高强、耐磨、与石油沥青黏附性好的碱性碎石。若在就地取材的情况下选用酸性碎石（如花岗岩），则需掺加各种憎水性材料，如水泥、石灰或工业废料等使石料表面碱化。此外，也有单位研究采用掺加各种表面活性物质（如低分子聚酰胺树脂等），以改善石料与沥青的黏附性。

碎石的形状宜接近于正方形强度比较高，扁平颗粒的含量应比较少，表面比较粗糙，洁净、无风化、无杂质。沥青路面用粗骨料质量技术要求如表 14-2 所列。抗滑表面使用的粗骨料应尽量选用坚硬、耐磨、抗冲击的碎石，其技术要求如表 14-3 所列。

表 14-2　沥青路面用粗骨料质量技术要求

质量技术指标	一般公路	高等级公路
石料压碎值/%	≤28	≤25
洛杉矶磨耗损失/%	≤40	≤30
表观密度/(t/m^3)	≥2.45	≥2.50
吸水率/%	≤3.0	≤3.0
对沥青的黏附性	≥3 级	≥4 级
安定性/%	—	≤12
细长扁平颗粒含量/%	≤20	≤15
泥土含量/%	≤1	≤1
软石含量/%	≤5	≤5

表 14-3 沥青路面抗滑表层用粗骨料质量技术要求

质量技术指标	一般公路		高等级公路	
	一般路段	不良路段	一般路段	不良路段
石料磨光值/%	≥35	≥42	≥42	≥47
道端磨耗损失/%	≤16	≤14	≤14	≤12
石料冲击值/%	≤30	≤28	≤28	≤20

3. 细骨料

细骨料是指粒径小于 5mm 的天然砂（河砂、海砂、山砂）、人工砂、石屑。天然砂的细度模数及级配如表 14-4 所列。

表 14-4 天然砂的细度模数及级配

天然砂分类		粗砂	中砂	细砂	特细砂
	筛孔尺寸/mm				
通过各筛孔的质量百分率/%	9.50	100	100	100	100
	4.75	90～100	90～100	90～100	90～100
	2.36	65～95	75～100	85～100	—
	1.18	35～65	50～90	75～100	—
	0.60	15～29	30～59	60～84	75～100
	0.30	5～20	8～30	15～45	25～85
	0.15	0～10	0～10	0～10	0～20
	0.075	0～5	0～5	0～5	0～10
细度模数 M_x		3.7～3.1	3.0～2.3	2.2～1.6	≤1.5

石屑是指采石场加工碎石后 2.5～5mm 的筛下部分，也是沥青混凝土中的重要组成部分，其规格如表 14-5 所列。

表 14-5 适用于沥青面层的石屑规格

规格	级配比例 / 公称粒径/mm \ 通过下列筛孔（方孔筛）的质量百分率/%	9.50	4.75	4.36	0.60	0.30	0.075
S14	3～5	100	85～100	0～25	0～5	—	—
S15	0～5	100	85～100	40～70	—	—	0～15
S16	0～3	—	100	85～100	20～50	—	0～15

用于沥青路面混凝土细骨料的质量技术要求如表 14-6 所列。

表 14-6 沥青路面混凝土用细骨料质量技术要求

质量技术指标	一般公路	高等级公路
表观密度/(t/m³)	≥2.45	≥2.50
安定性(>0.3mm 部分)/%	—	≤12
泥土含量/%	≤5	≤3
塑性(<0.4mm 部分)	无	无

安定性试验根据需要进行，泥土含量指标仅适用于天然砂，此处指水洗法小于0.075mm部分的含量。细骨料应与沥青具有良好的黏结力，酸性岩石的人工砂或石屑不宜用于高等级公路沥青面层。

沥青路面所用的细骨料应洁净、干燥、无风化、无杂质，并有适当的颗粒级配。热拌沥青混合料的细骨料宜采用优质的天然砂或机制砂，在缺少砂子地区也可以用石屑。细骨料应与沥青有良好的黏结能力，与沥青黏结性能很差的天然砂及用花岗岩、石英岩等酸性石料破碎的机制砂或石屑，不宜用于高速公路、一级公路的沥青面层。当必须采用时应采取抗剥落措施。

4. 矿粉填料

矿粉要求由最好的碱性岩石制成，常用有石灰岩或岩浆岩中的强基性岩石等憎水性石料经磨细制成的矿粉，矿粉要求干燥、洁净。当取得矿粉有困难时，也可以利用工业粉末废料煤灰、石灰或水泥等代替，但其用量不宜超过矿料总量的2%。另外，还要注意：使用矿粉时小于0.074mm的颗粒应不少于80%，孔隙率在压实后不大于35%，亲水系数≤1。

沥青路面用矿粉质量技术要求见表14-7。

表14-7　沥青路面用矿粉质量技术要求

质量技术指标		一般公路	高等级公路
表观密度/(g/cm^3)		≥2.45	≥2.50
含水量/%		≤1	≤0.5
外观		无团粒结块现象	
亲水系数		<1.0	
粒度范围/%	<0.60mm	100	100
	<0.15mm	90～100	90～100
	<0.075mm	70～100	75～100

二、沥青混凝土的工程应用

沥青混凝土的用途比较广泛，主要用于铺筑路面、防腐工程及海港工程中的沥青护面、沥青衬里和沥青屋面等。沥青材料的强度与温度有密切关系，在施工时其环境温度一般不宜低于5℃，最高温度也不宜高于60℃。

沥青混凝土的主要工程应用及用途如表14-8所列。

表14-8　沥青混凝土的主要工程应用及用途

混合物名称	结构物名称		主要用途
沥青混凝土	公路		沥青路面
	机场		沥青路面、跑道
	防腐工程	耐酸碱池、槽	基础、地坪面层、垫层
	海港工程	堤坝	护面、面层、高水压、防水层
		填充大坝	面层、衬里、核心
		储水池	衬里
		航道	衬里

续表

混合物名称	结构物名称		主要用途
沥青砂浆 沥青胶	公路		沥青路面、公路、桥面面层（沥青砂浆）
	防腐工程	耐酸碱池、槽	地坪面层、池壁衬里（沥青砂浆）
	海港工程	堤坝	底部加固（沥青胶）
		填充大坝	核心（沥青胶）
		储水池	护面（沥青胶）
		航道	用于下沉地面沥青垫层（沥青胶）

三、沥青混凝土的组成结构

沥青混凝土主要分为悬浮密实型结构、骨架空隙型结构和骨架密实型结构 3 类。

1. 悬浮密实型结构

悬浮密实型结构是组成的矿质材料由连续级配矿料组成的密实混合料，即矿料从大到小连续变化，并且各种均有一定的比例。实际上同一档较大颗粒迫使较小一档颗粒挤开，大颗粒犹如悬浮于较小颗粒之中。这种结构通常按最佳级配的原则进行设计，因而其密实度与强度均比较高。

由于这种结构中大颗粒含量比较少，不能形成骨架，内摩擦阻力较小，受沥青材料的性质和物理状态的影响较大，所以其热稳定性比较差。这种结构类型的沥青混凝土中矿质材料是连续级配，即属密实型。我国大多数采用此连续级配型的沥青混凝土路面。

2. 骨架空隙型结构

骨架空隙型结构中粗骨料较多，彼此紧密相接，细粒料的数量较少或基本没有，不足以充分其空隙。因此，混合料的空隙比较大，骨料能充分形成骨架。在这种类型的结构中，粗粒料之间的摩阻力起着重要作用，按级配角度属于连续型开级配。此种结构的混凝土受沥青的性质影响比较小，因而热稳定性较好，沥青与矿料的黏结力小，空隙率大，耐久性差。

3. 骨架密实型结构

骨架密实型结构是综合以上两种类型结构所长而组成的结构。在这种沥青混合料中，既有一定数量的粗粒料形成骨架，又根据粗粒料空隙的多少加入细粒料，再加入适量的沥青材料，从而形成较高的密实度和较大黏聚力的整体结构。间断级配就是按照此原理构成。

骨架密实型结构比骨架空隙型结构和悬浮密实型结构的强度高，其内摩擦阻力、黏聚力也比较高，是一种比较理想的结构类型。

第三节 沥青混凝土的配合比设计

在组成沥青混凝土的原材料选定后，沥青混凝土的很多技术性能在很大程度上取决于其配合比。在进行沥青混凝土配合比设计之前，首先应了解所拟建道路工程的路面等级、使用功能和使用寿命，明确配合比设计的目标，然后按照步骤进行设计。

一、沥青混凝土的配合比设计的目标

高等级公路路面面层，为汽车提高安全、经济、舒适而服务，并直接承受汽车荷载的作用和自然因素的影响。因此，铺筑公路路面面层所用沥青混合料的设计目标，必须考虑到高温稳定性、低温抗裂性、耐久性、抗滑稳定性、抗疲劳性及工作度等问题。

1. 高温稳定性

沥青混合料的强度和抗变形能力随着温度的变化而变化。当温度升高时，沥青的黏滞度降低，矿料之间的黏结力削弱，导致强度与抗变形能力降低。因此，高温季节在行车荷载的重复作用下，路面易出现车辙、波浪、推移等质量病害。提高高温稳定性，可采用提高黏结力和内摩阻力的方法。在沥青混合料中，增加粗矿料的含量，使粗矿料形成空间骨架结构，从而提高沥青混合料的内摩阻力。适当地提高沥青材料的黏稠度，控制沥青与矿料的比值（油石比），严格控制沥青的用量，采用具有活性的矿粉以改善沥青与矿料的相互作用，就能提高沥青混合料的黏结力。

2. 低温抗裂性

随着温度的降低，沥青的黏滞度增高，抗压强度增大，但变形能力降低，并出现脆性破坏。气温下降，特别是急剧下降时，沥青层受基层的约束而不能收缩，产生很大的温度应力，若累计温度应力超过沥青混合料的极限抗拉强度，路面便容易产生开裂。裂缝往往出现在低温季节，无论是低温荷载裂缝、冻胀裂缝，还是反射裂缝都是在外因作用下沥青混合料低温发“脆”所致，而低温缩裂则是温度降低时内部应力所致。

影响沥青混合料低温开裂的因素很多，主要因素是所用沥青混合料的性质、当地气温状况、路基的类型、路面结构和层间结合状况。从低温抗裂性的要求出发，沥青混合料在低温时应具有较低的劲度和较大的抗变形能力。因此，沥青混合料组成设计中，应选用稠度较低、温度敏感性低、抗老化能力强的沥青。在沥青中掺入适量的高聚物，也能大大提高沥青混合料的低温抗裂性能。

3. 耐久性

在自然因素的长期作用下，要想保证路面具有较长的使用年限，必须使沥青混合料具备良好的耐久性。耐久性差的沥青混合料，容易引起路面过早出现裂缝、沥青膜剥落、松散等质量问题。影响沥青混合料耐久性的主要因素有沥青的性质、矿料的矿物成分、沥青混合料的组成结构等。

4. 抗滑稳定性

高等级公路的发展，对沥青混合料的抗滑性提出了更高要求。国外有研究资料认为：在开级配沥青混合料中采用表面结构粗糙的矿料，最大颗粒粒径为9.5～12.5mm，可获得最佳的抗滑性。沥青的用量对抗滑性影响非常敏感，沥青用量如果超过最佳用量的0.5%，其抗滑系数明显下降。如果所用沥青混合料的稳定性不佳，路面易出现车辙和泛油现象，也会使抗滑性下降。

5. 抗疲劳性

抗疲劳性是沥青混合料抵抗荷载重复作用的能力。通常把沥青混合料出现疲劳破坏时的重复应力值称为疲劳强度，相应的重复作用次数称为疲劳寿命，而把可以承受无限次重复荷载循环而不发生疲劳破坏的应力值称为疲劳极限。从沥青混合料组成设计方面考虑，影响抗疲劳性能的主要因素有沥青的质量与含量、混合料的孔隙率、矿料的性质及级配。

6. 工作度

沥青混合料的工作度也称为施工和易性，指沥青混合料摊铺和碾压工作的难易程度。工作度良好的沥青混合料容易进行摊铺和碾压，施工速度快，施工质量好。影响沥青混合料工作度的因素很多，如当地气温条件、施工条件及混合料性质等。

二、沥青混合料的配合比设计步骤

沥青混合料配合比设计的主要任务是选择合格的材料、确定各种粒径矿料和沥青的配比。设计的总目标是确定混合料的最佳组成，使其满足路用各项性能要求。但由于沥青混合料是一种可变的相互矛盾的体系，当满足高温稳定性要求时，可能出现低温稳定性不足的问题；当采取一定措施满足低温稳定性时，却有可能对抗疲劳不利。到目前为止，还没有建立一个统一全面的指标体系，解决各种矛盾交叉的问题。因此，在沥青混合料组成设计中，应结合当地具体情况，抓住要解决的主要矛盾，求得相对比较合理的配比。

（一）矿料配合比设计

1. 确定矿料的级配曲线

根据理论曲线和实际使用情况的调查资料，确定既能保证具有一定密实度，又能保证稳定性的矿料级配范围。现在常用的矿料级配范围分为：连续级配和间断级配两大类。

（1）连续级配　连续级配是指矿料颗粒各级尺寸是连续的。连续级配又分为密级配与开级配两种。密级配混合料，矿料级配曲线范围较小，如图 14-2 所示，矿料中的矿粉及沥青用量较多，混合料压实后空隙率一般在 5%以下。沥青与石料的黏聚力虽然较大，但因矿料中粗颗粒用量较少，粒料之间内摩阻力差，因而沥青混合料的高温稳定性差。

开级配混合料，矿料级配曲线范围较大如图 14-3 所示，矿料中粗颗粒含量较多，混合料压实后空隙率一般在 5%以上，该级配组成的沥青混合料高温稳定性好，但因沥青用量少很容易渗水，只适用于做路面的底层。

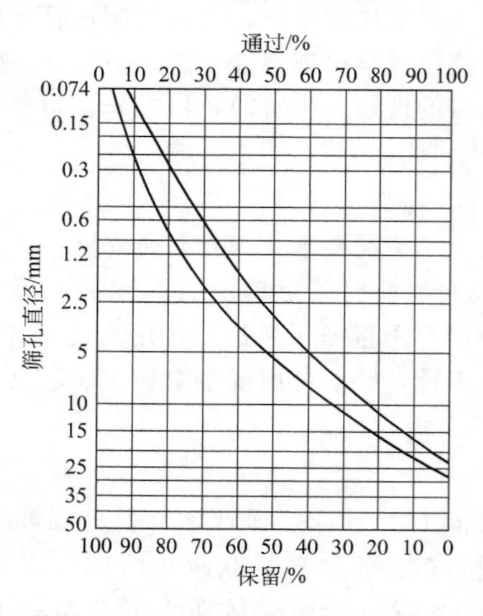

图 14-2　密级配沥青混合料级配曲线

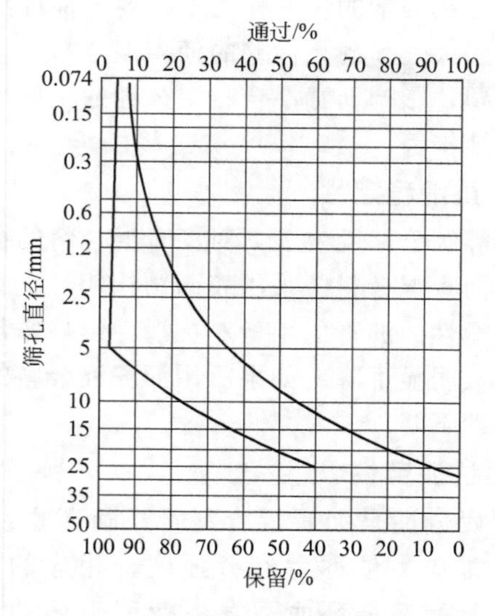

图 14-3　开级配沥青混合料级配曲线

（2）间断级配　间断级配是由粗颗粒、细颗粒石料和矿粉组成，不含或含有较少的中等粒径的砂料。因在混合料中用有较多的粗颗粒石料，保证了沥青混合料具有良好的骨架作用，同时又含有一定数量的细料和粉料，保证了沥青混合料具有较好的密实性和柔韧性，所以这种沥青混合料修筑的路面有较好的高温稳定性、低温抗裂性和耐久性。但是，由于这种混合料在配料、生产和施工中还存在一些技术难题，有待于进一步研究解决，目前尚未广泛应用。

2. 计算各种矿料的配比

选择符合质量要求的各种矿料，分别进行筛析试验，并测定各种矿料的相对密实度。根据各种矿料的颗粒组成，确定达到级配曲线要求时的各种矿料的配比。

矿料配比确定的方法有试算法、正规方程法、图解法等，其中图解法最为常用。图解法又称矩形图解法。这种方法原则上适用于最大粒径不超过 25mm 的热拌沥青混合料的配合试验。这种试验的程序和方法如下。

① 首先根据工程设计确定混合料的种类，并在此混合料的级配范围内确定标准级配曲线，基本上多采用级配范围的中线。

② 把所使用的各种粒料分别进行筛析试验，求出它们各自的级配（包括填充料在内）。

③ 绘制标准级配和各种颗粒的级配曲线。首先在普通方格纸上画成矩形图，如图 14-4 (a) 所示，纵轴表示矿料通过百分率，横轴表示筛孔直径。连接对角线，即表示为标准级配曲线。根据选定的标准级配各筛通过百分率（一般可取级配范围的中值)，在纵轴上取坐标引水平线与对角线相交，从交点引垂线与横轴相交的坐标，即表示相应各个筛孔的孔径。按上述所得的各筛孔径与各筛孔通过百分率的坐标位置，绘制各组成矿料的级配曲线，如图 14-4 (b)所示。

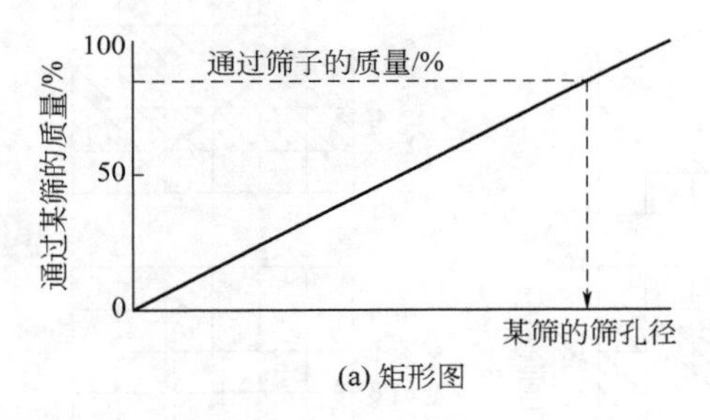

(a) 矩形图

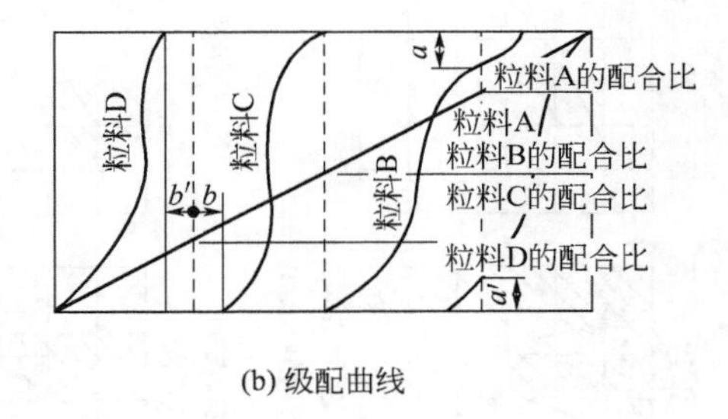

(b) 级配曲线

图 14-4　确定各组成矿料配比的图解法

（二）确定沥青最佳用量

沥青最佳用量可以采用各种理论或半理论半经验公式计算，但是由于实际材料性质的差异，计算公式有很大的局限性，一般只能用作粗略估计沥青用量。由于沥青用量对沥青混合料，特别是密实型沥青混合料的性质影响很大，因此，沥青混合料中的沥青用量一般均需要通过试验确定。

以矿料（包括粗细骨料和矿粉）总量为 100，沥青用量按其占矿料总重的百分率计。对一定级配的矿料而言，沥青用量则成为唯一的配比参数。为了确定级配，我国现行施工规范规定，沥青混合料的沥青最佳用量，采用马歇尔试验法确定。该方法是首先以已有经验初步估计沥青用量，以估计值为中值，以 0.5%间隔上下变化沥青用量，制备马歇尔试件不少于 5 组，然后在规定的试验温度及试验时间内，用马歇尔试验仪测定其稳定度、流值、密度，并计算其空隙率、饱和度和矿料间隙率。

根据试验和计算所得的结果，编制成如表 14-9 的形式，或者分别绘制沥青用量与密度、稳定度、流值、空隙率、饱和度的关系曲线，如图 14-5 所示。

表 14-9　不同沥青用量的混凝土性能指标测试结果统计

测定指标	表中▲表示满足要求，×表示不满足要求					
空隙率	×	×	▲	▲	▲	▲
稳定度	×	×	▲	▲	×	×
流值	×	×	▲	▲	▲	▲
沥青用量	6.5%	7.0%	7.5%	8.0%	8.5%	9.0%

根据 14-9 表中的试验结果表明，当沥青用量为 7.5%和 8.0%时，沥青混凝土的空隙率、稳定度和流值均满足要求，从经济的角度选用 7.5%为最佳沥青用量。

从图 14-6 中取相应于稳定度最大值的沥青用量为 a_1，相应于密度最大的沥青用量为 a_2，相应于规定空隙率范围中值的沥青用量为 a_3，求取 3 者的平均值作为最佳沥青用量的初始值 OAC_1。

$$OAC_1=(a_1+a_2+a_3)/3 \tag{14-1}$$

按最佳沥青用量初始值 OAC_1 在图 14-5 中求取相应的各项指标值，检验其是否符合表 14-10、表 14-11 中的技术标准，同时检验矿料间隙率（VMA）是否符合要求，如均符合要求，沥青用量初始值 OAC_1 则为最佳沥青用量。如果不符合要求，应调整级配，重新进行配合比设计马歇尔试验，直至各项指标均能符合要求为止。

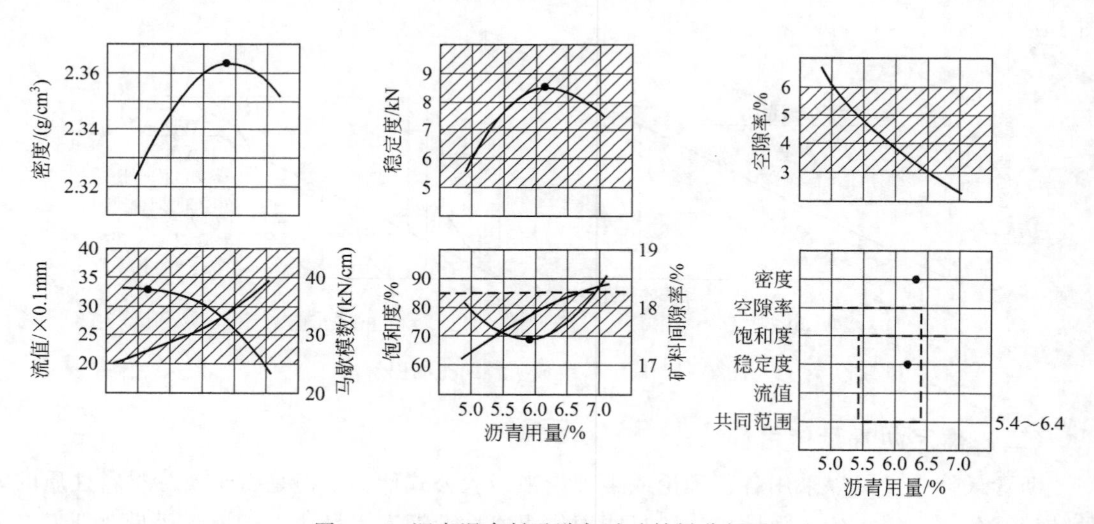

图 14-5　沥青混合料马歇尔试验结果分析图

表 14-10　沥青混合料马歇尔试验技术标准

试验项目	沥青混合料类型	高等级公路	一般公路
击实次数/次	沥青混凝土	两面各 75	两面各 50
	抗滑表层	两面各 50	两面各 50
稳定度/kN	Ⅰ型沥青混凝土	7.0	5.0
	Ⅱ型沥青混凝土、抗滑表层	5.0	4.0
流值/(×0.1mm)	Ⅰ型沥青混凝土	20～40	20～45
	Ⅱ型沥青混凝土、抗滑表层	20～40	20～45
空隙率/%	Ⅰ型沥青混凝土	3～6	3～6
	Ⅱ型沥青混凝土、	6～10	6～10
	抗滑表层沥青碎石	>10	>10

续表

试验项目	沥青混合料类型	高等级公路	一般公路
沥青饱和度	Ⅰ型沥青混凝土	70～85	70～85
	Ⅱ型沥青混凝土、抗滑表层	60～75	60～75
残留稳定度/%	Ⅰ型沥青混凝土	>75	>75
	Ⅱ型沥青混凝土、抗滑表层	>70	>70

表 14-11　沥青混凝土混合料的矿料间隙率（VMA）

集料最大粒径/mm	37.5	26.0	19.0	13.0	9.5	4.75
VMA/%	≥12	≥13	≥14	≥15	≥16	≥18

对上述方法决定的最佳沥青用量，还应根据实践经验和公路等级及气候条件考虑下述情况进行调整：①对于较热地区的高等级公路，预计可能产生较大车辙的情况时，可以在表中的中限值与最小值范围内决定，但一般不宜小于中限值的0.5%；②对于寒冷地区的公路，最佳沥青用量可以在中限值与上限值范围内决定，但一般不宜大于中限值的0.3%。

（三）水稳性与抗车辙能力的检验

按决定的最佳沥青用量制作马歇尔试件，进行浸水马歇尔试验或真空饱水马歇尔试验，检验其残留稳定度是否合格，如果不符合要求，应重新进行配合比设计。

按决定的最佳沥青用量制作车辙试验试件，在60℃条件下用车辙试验检验动稳定度是否符合技术要求，如果不符合设计技术要求，应对矿料级配或沥青用量进行调整，重新进行沥青混合料配合比设计。

（四）抗滑表层的材料组成设计

路面的抗滑性能是确保行车安全、高速行驶的基本条件。近年来，随着我国高等级公路的快速发展，路面表层抗滑问题已引起工程技术人员的高度重视，有关科研和生产部门对此进行了研究，取得了重要成果。

防滑耐磨层的主要功能，除与面层一样具有抗车辙能力外，更应满足路面摩阻系数和纹理深度指标的要求，因此，要采用磨光值符合要求的矿料和合格的沥青。在矿料组成方面，国外学者一致认为：应采用开级配沥青混凝土，而且75%的粒料应介于12.7mm和4.76mm之间，4.76mm以下的矿料应尽量减少，使其内部有大量的空隙，表面水可在内部流动，并能使极少量的表面水在空隙内部暂时储存，这样就减少了高速行驶的车辆发生飘滑或滑溜的可能性。更重要的是，防滑层内部的空隙可以为轮胎与路表面之间的水分提供一个压力消减槽，这可以大大改善路面在潮湿状态时的抗滑性。

根据我国当前沥青和矿料的供应情况及施工技术水平，建议防滑耐磨层的矿料组成为：粗骨料以$D_{max}/4$～D_{max}为主，一般占2/3左右的质量比，以提供良好的抗滑性和抗车辙能力；$D_{max}/4$以下的细料部分采用理想级配组成，以提高结构的稳定性和抗裂性。这样的组成仍有一定空隙，但渗水量大大降低，兼顾了各方面的要求。

（五）确定施工配合比

在实验室中确定的配合比，其材料的各方面不会完全与现场相同，因此必须经过现场试铺加以检验，必要时做出相应的调整。最后选定技术性能符合设计要求，又保证施工质量的配合比，即确定施工配合比。

三、沥青混凝土参考配合比

沥青混凝土参考配合比如表14-12所列，沥青砂浆典型配合比如表14-13所列。

表14-12　沥青混凝土参考配合比

沥青混凝土种类	粉料和骨料混合物/%	沥青用量(质量计)/%	沥青混凝土种类	粉料和骨料混合物/%	沥青用量(质量计)/%
细粒式沥青混凝土	100	8～10	中粒式沥青混凝土	100	7～9

表14-13　沥青砂浆典型配合比

沥青混合料类型	混合料累计筛余率/%							沥青用量/%	沥青牌号
	5.00	2.50	1.25	0.63	0.315	0.160	0.080		
沥青砂浆	0	20～38	33～57	45～71	55～80	63～86	70～90	11～14	30号沥青、10号沥青或60号沥青、10号沥青混合

第四节　沥青混凝土的施工工艺

由于沥青混凝土的组成材料与水泥混凝土不同，所以沥青混凝土的工作性能、力学性能、质量要求和施工工艺也不相同。

一、沥青混凝土施工准备工作

沥青混凝土施工前的准备工作主要有确定料源及进场材料的质量检验、机械选型与配套、拌和厂的选址、修筑试验路段等项工作。其中材料的质量检验是一项非常重要的工作。

(1) 沥青材料　目前，我国高等级公路路面所用的沥青大部分从国外进口的，如京津塘高速公路、济青高速公路、广佛高速公路等，主要采用新加坡或阿尔巴尼亚等国的沥青。有些公路工程，如沪嘉高速公路、沈大高速公路等，则采用国产的基本满足道路沥青技术要求的稠油沥青。

近几年来，对国产稠油沥青在高等级公路工程中的应用研究及工程实践表明，克拉玛依、单家寺等厂家生产的稠油沥青，铺筑的高等级沥青路面平整、坚实、无明显车辙、早期裂缝较少，路用性能达到或超过进口沥青，完全可以取代进口沥青。

对于进场的沥青，每批到货均应检验生产厂家所附的试验报告，检查装运数量、装运日期、订货数量、试验结果等。对每批沥青进行抽样检测，试验中若有一项达不到规定要求时，应加倍抽样试验，如果仍不合格，应退货并进行索赔。对沥青材料的试验项目主要有针入度、延度、软化点、薄膜加热、蜡含量、相对密度等。有时根据工程要求，签订合同可增加其他非常规测试项目。

(2) 粗骨料　对于沥青混凝土中所用的粗骨料，首先应确定石料料场，主要是检查石料的技术标准是否满足要求，如石料等级、饱水抗压强度、磨耗率、压碎值、石料与沥青的黏结力等，这些都是石料场取舍的关键条件。在实际中，有的石料虽然达到了技术标准要求，但不具备开采条件，在确定石料场时也应慎重考虑。

碎石的性能受石料本身的结构与加工设备的影响较大，应先进行试轧，检验针片状含量及级配情况。对进场的粗集料也要进行上述技术指标的检验，对不合格的集料不允许进场。

(3) 细骨料 细骨料包括砂、石屑及矿粉，其中砂的质量是确定砂料场的主要条件。进场的砂、石屑及矿粉应满足规定的质量要求。

二、沥青混凝土的拌和与运输

1. 沥青混合料拌和与运输的一般要求

(1) 沥青混合料的试拌 道路沥青混合料宜在拌和厂中制备。在拌制一种新配合比的混合料之前，或生产中断一段时间后，应根据室内配合比进行试拌，通过试拌及抽样试验确定施工质量的控制指标。控制指标主要包括下列几种。

① 对间歇式拌和机械，应确定每盘热料仓的配合比；对连续式拌和机械，应确定各种矿料送料口的大小及沥青、矿料的进料速度。

② 沥青混合料应按设计沥青用量进行试拌，试拌后取样进行马歇尔试验，并将其试验值与室内配合比试验结果进行比较，验证设计沥青用量的合理性，必要时可作适当调整。

③ 确定适宜的拌和时间。间歇式拌和设备每盘拌和时间宜为30～60s，以沥青混合料拌和均匀为准。

④ 确定混合料适宜的拌和与出厂温度。沥青（均指石油沥青）的加热温度宜为130～160℃，加热不宜超过6h，且当天加热的混合料要当天用完，不宜多次加热，以免沥青产生老化。砂石加热温度为140～170℃，但对矿粉不宜加热。沥青混合料出厂温度宜控制在130～160℃。

(2) 沥青混合料的拌制 根据配料单进料，严格控制各种材料用量及其加热温度。拌和后的沥青混合料要均匀一致，无花白、无离析和结团成块等现象。每班抽样做沥青混合料性能、矿料级配组成和沥青用量检验。每班拌和结束时，要清洁拌和设备，放空管道中的沥青。做好各项检查记录，不符合技术要求的沥青混合料禁止出厂。

(3) 沥青混合料的运输 沥青混合料用自卸汽车运至浇筑工地，在车厢底板及周壁应涂一薄层油水（柴油：水＝1：3）混合液。运输车辆上应加以覆盖，运至摊铺地点的沥青混合料温度不宜低于130℃。运输中尽量避免急刹车，以减少混合料离析。

2. 拌和与运输的生产组织

沥青混合料的生产组织，主要包括矿料、沥青供应和混合料运输两个方面，任何一方面组织不好都会引起施工混乱。

(1) 沥青混合料的拌和 拌和设备在正式启动前要发出信号，使各岗位人员相互联系，确认准备就绪时才能合上电闸。对各组成部分的启动，应按料流方向顺序进行。待各部分空运转片刻，确认工作状态良好时，才可开始上料，进行负荷运转。

通常用装载机将不同规格的矿料投入相应料仓，在拌和设备运行中要经常检查砂石料仓的贮料情况。如果发现各料斗内的贮料不平衡时，应及时停机进行调整，以防止满仓或贮料串仓。检查振动筛的橡皮减振块，发现有裂纹时，应及时更换，贮料仓中的存料要过半后才可开始称量。矿粉要根据用料情况上料，防止上料过多或卡住机器。防止沥青从保温箱中溢出，必要时可用工具在箱内搅动，以免沥青溢出。

拌和设备在停机之前，应先停止供给砂石料并少上矿粉，使滚筒空转3～5min，待筒内出完余料再停止筒的转动。在滚筒空转时还应加大喷燃器的风门，尽快驱除筒内的废气，并使筒冷却下来，然后关闭喷燃器的油门和燃油泵的总油门。停机后矿粉仓和矿粉升运机内不得有余料，在停止搅拌前应先停止喷沥青，将进入搅拌器内的余料干拌几分钟后放净，以便刷净搅拌器内的残余沥青。

拌和设备在每次作业完毕后，必须立即用柴油清洗沥青系统，以防止沥青堵塞管路。

（2）沥青混合料的运输　沥青混合料成品应及时运往工地。运输前应查明具体位置、施工条件、摊铺能力、运输路线、运输距离和运输时间，以及所需沥青混合料的种类和数量等。拌和设备忽开忽停会造成燃料的浪费，并影响沥青混合料的质量。运输车辆的数量必须满足拌和设备连续生产的要求，不能因运输车辆少而临时停工。

要组织好车辆在拌和设备处装料和工地卸料的顺序，尤其是要计划好车辆在工地卸料时的停置地点。装料时必须按其载重量装足，经安全检查后再启运。

为了精确控制材料的用量，载料车出厂时应进行称量，常用磅秤或使用拌和厂的自动称量系统。

（3）沥青混合料拌和质量检测

1）拌和质量的直观检查　质检人员必须对沥青混合料进行全过程目测，及时发现混合料可能发生的质量问题。沥青混合料生产的每个环节都应特别强调温度控制，这是质量控制的首要因素。目测经常可以发现沥青混合料的温度是否符合规定。料车装载的混合料如果冒黄烟证明温度过高，会造成沥青的严重损失和性质变化；如果混合料的温度过低，则沥青裹覆不匀，装车将比较困难。此外，如运料车上的沥青混合料能够堆积很高，则说明混合料欠火，或混合料中所含沥青量过低。反之，如果热拌混合料在料车中容易坍平，则可能是因为沥青含量过大或矿料湿度较大所致。

2）沥青混合料质量检测内容　沥青混合料质量检测主要包括温度测试、取样与测试、填写检测记录。

① 温度测试　温度测试是控制沥青混合料的重要内容，检测人员必须按规定进行温度测试。沥青混合料的温度通常在料车上测出，较理想的方法是使用有度盘的温度计，将枢轴从车厢一侧的预留孔中插入混合料，使之达到足够的深度（15cm 以上）。

② 取样与测试　沥青混合料的取样和测试，是拌和厂进行质量控制重要的工作。取样和测试所得到的数据，可以证明混合料是否合格。因此，必须严格遵循取样和测试的程序，确保试验结果能够真实反映混合料的质量和特性。

取样和测试的程序及要求，一般在供货合同中明确规定。主要包括抽样频率、规格、位置，以及要做的试验等内容。取样时，首先应确保所取样品能反映整批混合料的特性。测试的主要内容是马歇尔稳定度、流值、孔隙率、饱和度、沥青抽提试验、抽提后的矿料级配组成，必要时进行残留稳定性的测定。测定的频率按生产量确定比较合理。

③ 填写检测记录　检验人员必须保留好详细的检验记录，这些记录是确定沥青混合料是否合格的证据，也是供需双方进行结算的基本依据，还是今后对工程质量进行评价的重要资料。因此，记录必须清楚、完整、准确和真实。

为了能够反映实际情况，检测记录必须在进行所规定的试验中及时填写，每项工程都必须有施工日志。对异常情况，特别是对沥青混合料可能产生不利影响的情况必须说明。

三、沥青混合料的摊铺技术

摊铺作业是沥青路面施工的关键工序之一，主要包括下承层准备、施工放样、摊铺机各种参数的调整与选择、摊铺机作业等内容。

1. 摊铺沥青混合料的一般要求

（1）摊铺前应先检查摊铺机的熨平板宽度是否适当，并调整好摊铺机的自动找平装置。

当施工有条件时，尽可能采用全路幅摊铺，如采用分路幅摊铺，接茬应紧密、拉直，并宜设置样桩控制摊铺厚度。

(2) 双层式沥青混凝土面层的上下层铺筑宜在当天内完成，如间隔时间过长，下层受到污染的路段铺筑上层前应对下层进行清扫，并浇洒黏结层沥青。

(3) 摊铺时，沥青混合料温度不应低于100℃，摊铺厚度应为设计厚度乘以松铺系数，松铺系数应通过试碾压确定，也可按沥青混凝土混合料1.15～1.35、沥青碎石料1.15～1.30取值。细粒式取上限，粗粒式取下限。摊铺后应检查平整度及路拱，发现问题及时修整。

(4) 施工温度在10℃以下或冬季气温虽在10℃以上，但有5级以上的大风时，摊铺时间宜在上午9时至下午4时进行，并做到快卸料、快摊铺、快整平、快碾压，摊铺机的熨平板及其他接触热沥青混合料的机具要经常加热。

(5) 沥青路面必须在雨季施工时，应随时注意当地的天气预报，加强工地现场与拌和厂的联系，现场应缩短施工路段，各工序要紧密衔接。运料车辆和工地应备好防雨设施，并做好基层及路肩的排水工作。

2. 沥青混合料摊铺的准备工作

(1) 下承层的准备工作　在铺筑沥青混合料时，它的下承层无非是基层、联结层或面层下层。虽然下承层完成之后已进行质量检查验收，但在两层施工的间隔期间，很可能因某种原因，如雨天、施工车辆在其上通行等，会使其发生程度不同的损坏，因此需要进行维修。沥青类联结层表面可能污染，必须进行清洗。工程实践证明，下承层表面出现任何质量缺陷，都会影响到路面结构的层间黏结强度，以至路面的整体强度。

(2) 施工放样　沥青混凝土路面施工放样，主要包括标高测定与平面控制两项内容。标高测定的目的是确定下承层表面高程与设计高程的误差，以便在挂线时纠正到设计值或保证施工层厚度。根据标高值设置挂线标准桩，以控制摊铺厚度和标高。为便于摊铺机掌握铺筑宽度和方向，还应放出摊铺的平面轮廓线或导向线。

标高放样应考虑下承层标高差值、厚度和本层应铺厚度。综合考虑后定出挂线桩顶的标高，再打桩挂线。当下承层厚度不够时，应在本层内加入厚度差并兼顾设计标高；当下承层厚度与标高都超过设计值时，应按本层厚度放样。总之，不但要保证沥青路面的总厚度，而且要考虑标高不超过容许范围。当两者有矛盾时应以满足厚度为主考虑放样。

(3) 摊铺机施工前的检查工作　摊铺机在每日施工前，必须对工作装置及其调节机构进行专门检查，即检查刮板输送器、闸门和螺旋摊铺器的状态是否良好，有无黏附沥青混合料；振捣梁的底面及其前下部是否磨损过大，行程及运动速度是否恰当，它与熨平板之间的间隙以及离熨平板底面的高度是否合适；熨平板底面有无磨损、变形和黏附混合料，其加热装置是否良好；厚度调节器和拱度调节是否良好；各部位有无异常振动；采用自动调平装置时，要检查装置是否良好。

3. 沥青混合料摊铺机的作业

摊铺机作业包括熨平板加热、摊铺机供料机构操作、选择摊铺方式和进行接茬处理。

(1) 熨平板加热　开始施工前或停工后再工作时，应对熨平板进行加热。因为100℃以上的混合料碰到30℃以下的熨平板底面时，将会冷粘在板底上，这些黏附的黏料随板向前移动时，会拉裂铺层的表面，使之形成沟槽和裂纹。但不可加热过猛过热，过热不仅易使板本身变形和加速磨损，而且还会使铺层表面烫出沥青胶浆和拉沟。

在连续摊铺过程中，当熨平板已充分受热时，可暂停对其加热。但对于摊铺低温混合料和沥青砂，熨平板则应连续加热，以使板底对混合料经常起熨烫作用。

（2）摊铺机供料机构操作　摊铺机供料机构包括刮板输送器和向两侧布料的螺旋摊铺器两部分。两者的工作应相互密切配合，工作速度匹配。工作速度确定后，还要力求保持其均匀性，这是决定路面平整度的一项重要因素。

刮板输送器的运转速度及闸门的开启度共同影响向摊铺室的供料量。通常，在刮板输送器的运转速度确定后不再变动，向摊铺室的供料量基本上依靠闸门的开启高度来调节。若闸门开启度过大，使摊铺室中积料过多，造成螺旋摊铺器过载，加速其叶片的磨损，增加熨平板的前进阻力，破坏熨平板的受力平衡，铺层厚度增加。若闸门开启过小，使摊铺室中的混合料不足，中部形成下陷状，其密实度与对熨平板的阻力减小，同样会破坏熨平板的受力平衡，使熨平板下沉，铺层厚度减小。

摊铺室内最恰当的混合料量，是料堆的高度平齐或略高于螺旋摊铺器的轴心线，即稍微看见螺旋叶片或刚盖住叶片为度。闸门的最佳开启度，应在保证摊铺室内混合料处于上述正确料堆高度状态下，使刮板输送器和螺旋摊铺器在全部工作时间内连续工作，最低也要使其运转时间占全部工作时间的80%～90%。

（3）选择摊铺方式　摊铺时，先从横坡较低处开铺。各条摊铺带的宽度最好相同，以节省重新接宽熨平板的时间。使用单机进行不同宽度的多次摊铺时，应尽可能先摊铺较窄的一条，以减少拆接宽的次数。

如果是多机摊铺，则应在尽量减少摊铺次数的前提下，各条摊铺带的宽度可以有所不同，但梯队间距不宜太大，一般在5～10m之间，以便形成热接茬。如果是单机非全幅作业，每幅不宜铺筑太长，一般为100～150m。

（4）接茬处理　接茬处理按照施工方向不同，可分为纵向接茬和横向接茬两种；按施工方法不同，可分为冷接茬和热接茬两种。

① 纵向接茬　两条摊铺带相接处，必须有一部分搭接，才能保证该处与其他部分具有相同的厚度。搭接的宽度应前后一致，搭接的施工方法分为冷接茬和热接茬。

冷接茬施工是指新铺层与经过压实后的已铺层进行搭接。搭接的宽度为3～5cm，过宽会使接茬处压实不足，产生热粘现象；过窄会在接茬处形成斜坡，难以平整。在摊铺新铺层时，对已铺层接茬处边缘应铲修垂直。

热接茬施工是在使用两台以上摊铺机梯队作业时采用的，此时两条毗邻摊铺带的混合料都处于压实前的热状态，纵向接茬易于处理，且连接强度较好，其搭接宽度为2～5cm。

② 横向接茬　前后两条摊铺带横向接茬质量好坏，对路面的平整度影响很大，它比纵向接茬对汽车行驶速度和舒适性的影响更大。处理好横向接茬的一个基本原则是，要将第一条摊铺带的尽头边缘锯成垂直面，并与纵向边缘成直角。

4. 摊铺过程的质量检验

沥青混合料在摊铺中常见的质量缺陷主要有厚度不准、平整度差、混合料离析、裂纹、拉沟等。产生这些质量缺陷的原因有机械本身的调整、摊铺机的操作和混合料的质量等。因此，在摊铺过程中应进行严格的质量检验。

（1）沥青含量的直观检查　如果混合料又黑又亮、料车上的混合料呈圆锥状或混合料在摊铺机受料斗中“蠕动”，则表明沥青含量正常；如果混合料显得特别黑亮，料车上的混合料呈平坦状或沥青结合料从骨科中分离出来，则表明沥青含量过多；如果混合料呈褐色、暗而脆、粗骨料没有被完全覆盖、受料斗中的混合料不“蠕动”，则表明沥青含量太少。

（2）量测混合料的温度　沥青混合料在正常摊铺和碾压温度范围内，往往冒出淡蓝色蒸汽。若沥青混合料产生黄色蒸汽或缺少蒸汽，说明其温度过高或过低。

通常在料车到达摊铺工地时，测定沥青混合料的温度。每天早晨要特别注意做这项检查，因此时下承层表面温度和气温都比较低。平时只要混合料有温度较低现象或初次碾压，而压路机跟不上时，则应量测混合料的温度。

(3) 摊铺厚度的检测　摊铺厚度是否符合设计要求，是影响路面工程质量的最重要因素。因此，在摊铺机整个摊铺过程中，应按照有关规定经常检测混合料虚铺厚度。

(4) 混合料表观检查　未压实混合料的表面结构，无论是纵向还是横向都应均匀、密实、平整、无撕裂、小波浪、局部粗糙、拉沟等现象，否则应查明原因，及时处理。

四、沥青混合料的压实技术

压实是沥青混凝土路面施工的最后一道工序，如果采用优良筑路材料、精良拌和与摊铺设备、良好的施工技术，摊铺出了较理想的混合料层，而良好的路面质量最终要通过碾压来体现。如果碾压中出现任何质量缺陷，必将是前功尽弃。因此，必须十分重视沥青混合料的压实工作。

压实的目的是提高沥青混合料的强度、稳定性及抗疲劳特性。研究表明：标准压实度相应的空隙率增加1%时，疲劳寿命将降低35%，压实度每降低1%，沥青混合料的渗透性提高2倍。如果压实不足，导致空隙率增大，从而加速沥青混合料的老化；如果压实过头，将会使矿料破碎而使压实度反而降低，易出现泛油和失稳，影响路面的强度与稳定性。

压实工作的主要内容包括碾压机械的选型与组合、压实温度、压实速度、压实遍数、压实方式的确定。

提高沥青混合料压实的措施很多，主要从碾压温度、选择合理的压实速度与遍数、选择合理的振频与振幅、混合料特性等方面采取措施。

(1) 选择碾压温度　碾压温度直接影响沥青混合料的压实质量和施工速度。因此，选择适宜的碾压温度是非常重要的，不仅可以保证沥青混合料的压实质量，而且还可以快速完成设计规定的压实任务。当沥青混合料温度较高时，可用较少的碾压遍数，获得较高的密实度和较好的压实效果；而当混合料温度较低时，碾压工作变得比较困难，不仅达到理想的压实效果，而且很难消除压实时产生的轮迹，造成路面不平整。因此，在实际施工中要求在摊铺完毕后及时进行碾压。

工程实践证明，在一般情况下，沥青混合料的最佳压实温度在110～120℃之间，最高也不宜超过160℃。所谓最佳压实温度是指在材料允许的温度范围内，沥青混合料能够支承压路机而不产生水平推移，且压实阻力较小的温度。

碾压时如果沥青混合料温度过高，会引起压路机两旁混合料的隆起，碾轮后的摊铺层裂纹，碾轮上粘起沥青混合料及前轮推料等问题。若碾压时沥青混合料的温度过低，由于沥青混合料的黏性增大，会导致压实无效。

碾压试验研究表明：当沥青混合料的摊铺初始温度每提高10℃，则碾压时间可缩短近16%；而最低碾压温度每降低10℃，则碾压时间可延长30%。

碾压试验也证明，压实质量与压实温度有着直接的关系，而摊铺后混合料温度是随着环境温度在不断变化的，特别是在摊铺后4～15min内，温度损失可达1～5℃/min，因此必须掌握好有效压实时间，做到适时碾压。有效压实时间与混合料的冷却速度、压实厚度等因素有关。

(2) 选择合理的压实速度与遍数　碾压试验充分证明，选择合理的压实速度，对减少碾压时间、提高作业效率、确保工程质量有重要意义。速度过快，会产生料物推移、横向裂纹等质量问题；速度过慢，会使摊铺与压实工序间断，影响压实质量。压实速度一般控制在2～4km/h，轮胎压路机可适当提高，但不得超过5km/h。

选择碾压速度的基本原则是：在保证沥青混合料碾压质量的前提下，最大限度地提高碾压速度，从而减少碾压遍数，提高工作效率。

表14-14所列3组对比试验表明，在不同碾压温度条件下，当碾压遍数相同，而碾压速度不同时，沥青混合料的压实度平均值相差仅1%左右。

表14-14　压实度、碾压速度空隙率、碾压温度和碾压遍数的关系

试验路编号	碾压遍数		碾压速度/(km/h)	压实度/%	空隙率/%	碾压温度/℃
	振压	静压				
1	2	1	5	97.9	3.9	—
	2	1	10	97.0	5.0	115～130
	4	1	5	97.8	3.7	
	4	1	10	97.5	4.0	
2	2	1	5	99.0	3.0	—
	2	1	10	98.1	3.4	155～170
	4	1	5	98.8	3.5	
	4	1	10	97.8	3.1	
3	2	1	5	99.0	2.7	—
	2	1	10	97.0	4.1	
	4	1	5	97.1	4.3	80～115
	4	1	10	97.3	4.4	120～140

(3) 选择合理的振频与振幅　目前，振动压路机已广泛用于沥青混合料的压实，为了获得最佳的碾压效果，合理选择振频与振幅是非常重要的。振频主要影响沥青面层的表面压实质量，对于沥青混合料的碾压，其振频多在42～50Hz范围内选择。振幅主要影响沥青面层的压实深度，对于沥青混合料的碾压，其振幅可在0.4～0.8mm内选择。

(4) 混合料特性　沥青混合料特性对压实质量有较大影响，表14-15中列出了影响原因、后果及对策，供碾压作业中参考。

表14-15　沥青混合料特性对压实作业的影响

原因			后果	对策
矿料	表面光滑		粒间摩擦力大	使用轻型压路机和较低的混合料温度
	表面粗糙		粒间摩擦力大	使用重型压路机
	强度不足		会被钢轮压路机压碎	使用坚硬矿料，使用轮胎式压路机
沥青	黏度	高	限制颗粒运动	使用重型压路机，提高温度
		低	碾压过程中颗粒容易移动	使用重型压路机，降低温度
	含量	高	碾压时失稳	减少沥青用量
		低	降低了润滑性，碾压困难	增加沥青用量，使用重型压路机
混合料	粗矿料过量		不易压实	减少粗矿料，使用重型压路机
	砂子过量		工作度过高，不易碾压	减少砂用量，使用轻型压路机
	矿粉过量		混合料软黏，不易碾压	减少矿粉用量，使用重型压路机
	矿粉不足		黏性下降，混合料可能离析	增加矿粉用量

五、工程质量检查与验收

1. 沥青路面施工质量控制及验收的基本内容

沥青路面施工质量控制主要包括所用材料的质量检验、修筑试验段、施工过程中的质量控制和工序间的检查验收。

施工前沥青材料应按规定的技术要求进行各项指标的质量检验，施工中抽样检查时，可只进行针入度、软化点、延度 3 项试验。施工前对矿料、矿粉也应进行质检。

对石料测定的项目有抗压强度、磨耗率、磨光值、压碎值、级配、相对密度、含水量、吸水率、土及杂质含量、异形颗粒含量、与沥青黏结力等。

对砂和石屑测定的项目有相对密度、级配、含水量、含土量等。对矿粉测定的项目有相对密度、含水量、筛分析试验等。

施工过程中应对沥青混合料性能进行抽样检查，其项目有马歇尔稳定度、流值、孔隙率、饱和度、沥青抽提试验、抽提后的矿料级配组成。

2. 沥青路面施工质量控制及验收的质量标准

(1) 工程完工后，施工单位应将全线以 1～3km 作为一个评定路段；按表 14-16 中所规定的频度，随机选取测点；对沥青面层进行全线自检，将单个测定值与表中的质量要求或允许偏差进行比较，计算合格率；然后计算一个评定路段的平均值、极差、标准差及变异系数。施工单位应在规定时间内提交全线检测结果及施工总结报告，申请交工验收。

表 14-16 公路热拌沥青混合料路面交工检查与验收质量标准

检查项目		检查制度（每一侧车行道）	质量要求或允许偏差		试验方法
			高速公路、一级公路	其他等级公路	
外观		随时	表面平整密实，不得有明显轮迹、裂缝、推挤、油汀、油包等缺陷，且无明显离析		目测
面层总厚度	代表值	每 1km 测 5 点	设计值的－5%	设计值的－8%	T 0912
	极值	每 1km 测 5 点	设计值的－10%	设计值的－15%	T 0912
上面层厚度	代表值	每 1km 测 5 点	设计值的－10%	—	T 0912
	极值	每 1km 测 5 点	设计值的－20%	—	T 0912
压实度	代表值	每 1km 测 5 点	实验室标准密度的 96%(98%) 最大理论密度的 92%(94%) 试验段密度的 98%(99%)		T 0924
	极值(最小值)	每 1km 测 5 点	比代表值放宽 1%(每 1km)或 2%(全部)		T 0924
路表平整度	标准差	全线连续	1.2mm	2.5mm	T 0932
	IRI	全线连续	2.0m/km	4.2m/km	T 0933
	最大间隙	每 1km10 处，各连续 10 杆	—	5mm	T 0931
路表渗水系数不大于		每 1km 不少于 5 点，每点 3 处取平均值评定	300mL/min(普通沥青路面)200mL/min(SMA 路面)	—	T 0971
宽度	有侧石	每 1km20 个断面	±20mm	±30mm	T 0911
	无侧石	每 1km20 个断面	不小于设计宽度	不小于设计宽度	T 0911
纵断面高程		每 1km20 个断面	±15mm	±20mm	T 0911

续表

检查项目		检查制度（每一侧车行道）	质量要求或允许偏差		试验方法
			高速公路、一级公路	其他等级公路	
中线偏位		每1km20个断面	±20mm	±30mm	T 0911
横坡度		每1km20个断面	±0.3%	±0.5%	T 0911
弯沉	回弹弯沉	全线每20m测1点	符合设计对交工验收要求	符合设计对交工验收要求	T 0951
	总弯沉	全线每5m测1点	符合设计对交工验收要求	—	T 0952
构造深度		每1km测5点	符合设计对交工验收要求	—	T 0961/62/63
摩擦系数摆值		每1km测5点	符合设计对交工验收要求	—	T 0964
横向力系数		全线连续	符合设计对交工验收要求	—	T 0965

注：1. 高速公路、一级公路面层除验收总厚度外，还应验收上面层的厚度，代表值的计算方法按照行业标准《公路沥青路面施工技术规范》（JTG F40—2004）中附录E的方法进行。

2. 压实度检测按照行业标准《公路沥青路面施工技术规范》（JTG F40—2004）中附录E的规定执行，钻孔试件的数量按本节的7中的规定执行。括号中的数值是对SMA路面的要求，对马歇尔成型试件采用50次或者35次击实的混合料，压实度应适当提高要求。进行核子仪等无破损检测时，每13个测点的平均数作为一个测点进行评定是否符合要求。实验室密度是指与配合比设计相同方法成型的试件密度。以最大理论密度作标准密度时，对普通沥青混合料通过真空法实测确定，对改性沥青和SMA混合料，由每天的矿料级配和油石比计算得到。

3. 渗水系数适用于公称最大粒径等于或小于19mm的沥青混合料，应在铺筑成型后未遭行车污染的情况下测定，且仅适用于要求泌水的密级配沥青混合料、SMA混合料。不适用于OGFC混合料，表中渗水系数以平均值评定，计算的合格率不得小于90%。

（2）沥青路面交工时应检查验收沥青面层的质量指标主要包括路面的厚度、压实度、平整度、渗水系数、构造深度、摩擦系数等。

① 需要作破损路面进行检测的指标，如厚度、压实度等，宜利用施工过程中的钻孔数据，检查每一个测点与极值相比的合格率，同时按照行业标准《公路沥青路面施工技术规范》（JTG F40—2004）中附录F的方法计算代表值。厚度也可利用路面雷达连续测定路面剖面进行评定。压实度验收可选用其中的1个或2个标准，并以合格率低的作为评定结果。

② 路表平整度可采用连续式平整度仪和颠簸累计仪进行测定，以每100m计算一个测值，计算其合格率。

③ 路表渗水系数与构造深度，宜在施工过程中在路面成型后立即测定，但每一个点为3个测点的平均值，计算其合格率。

④ 交工验收时可采用连续式摩擦系数测定车在行车道实测路表横向摩擦系数，如实记录测点的数据。

⑤ 交工验收时可选择贝克曼梁或连续式弯沉仪实测路面的回弹弯沉或总弯沉，如实记录测点的数据（含测定时的气候条件、测定车数据等），测定时间宜在公路最不利使用条件下（指春融期或雨季）进行。

（3）工程交工时应对全线的宽度、纵断面高程、横坡度、中线偏位等方面进行实测，以每个桩号的测定结果评定合格率，最后提出实际的施工竣工图。

（4）行人道路沥青面层的质量检查及验收，与车行道相同，其质量指标应符合表14-17中的规定。

表 14-17 行人道路沥青面层的质量标准

检查项目		质量要求或允许偏差	检查频度	检查方法
厚度		±5mm	每 100m 测 1 个点	T 0912
路表平整度（最大间隙）	沥青混凝土	5mm	每 200m 测 2 个点各连续 10 尺	T 0931
	其他沥青面层	7mm		
宽度		−20mm	每 100m 测 2 个点	T 0911
横坡度		±0.3%	每 100m 测 2 个点	T 0911

(5) 大、中型桥梁桥面沥青铺装工程的质量检查与验收，以 100m 作为一个评定路段，其质量指标应符合表 14-18 中的规定。

表 14-18 桥面沥青铺装工程的质量标准

检查项目		检查频度	允许偏差		检查方法
			高速公路、一级公路	其他等级公路	
厚度		每 100m 测 2 个点	0～5mm		T 0912
路表平整度	标准差	连续测定	1.8mm	2.5mm	T 0932
	最大间	连续测定	3.0mm	5.0mm	T 0931
宽度		每 100m 测 10 个点	0～5mm		T 0911
压实度		每 100m 测 2 个点	马歇尔密度的 97% 最大相对密度的 93%		T 0924
横坡		每 100m 测 10 个点	±0.3%		T 0911
其他		与热拌沥青混合料的要求相同			

(6) 路缘石和止水带工程的质量检查及验收，与车行道检查与验收相同，其质量指标应符合表 14-19 中的规定。

表 14-19 路缘石和止水带工程质量标准

检查项目	质量要求或允许偏差	检查频度	检查方法
直顺坡	10mm	每 100m 测 2 个点	拉 20m 小线量取最大值
预制块相邻块高差	3mm	每 100m 测 5 个点	用钢板尺量
预制块相邻的缝宽	±3mm	每 100m 测 5 个点	用钢板尺量
立式路缘石顶面高程	±10mm	每 100m 测 5 个点	T 0911
水泥混凝土路缘石的预制块强度	25MPa	每 1km 测 1 个点	留试块试验
沥青混凝土拦水带的压实度	95%	每 1km 测 1 个点	取样试验

第十五章 装饰混凝土

普通水泥混凝土是当今世界上最主要的建筑材料，不仅可以作为常用的建筑材料，而且也具有一定的装饰作用。由于混凝土具有良好的可塑性，可以浇筑成各种各样的复杂形状；由于拌合物具有较好的流动性，可以用于雕塑、壁饰及其他美术创作品。

但是，普通水泥混凝土的最大不足之处是外观色彩比较单调、灰暗、呆板，给人以压抑感。于是人们设法在建筑物的墙面、地面和屋面上做些适当艺术性处理，使普通水泥混凝土的表面上具有一定的色彩、线条、质感或花饰，产生一定的装饰效果，达到设计的艺术感，这种具有艺术效果的混凝土称为装饰混凝土。

第一节 装饰混凝土概述

装饰混凝土是装饰与功能结合为一体，结构施工与装饰同时进行，充分利用混凝土的可塑性和材料的构成特点，在墙体、构件成型时采取适当措施，使其表面具有装饰性的线条、图案、纹理、质感及色彩，以满足建筑在装饰方面的要求，因此装饰混凝土又被称为“建筑艺术混凝土”“视觉混凝土”。

普通混凝土通过采取适当措施，使其表面具有装饰性的线条、图案、纹理、质感及色彩，以满足人们的审美要求，满足各种装饰的不同要求，展现出独特的建筑装饰艺术效果。使普通混凝土获得装饰效果的手段很多，主要有线条与质感、颜色与色彩、造型与图案 3 个方面。

一、线条与质感

混凝土是一种塑性成型材料，利用模板几乎可以加工成任意形状和尺寸。在墙体、构件成型时，利用设计的适当模具，采用一定的工艺方法，使混凝土表面形成一定的线条或纹理质感，这是普通混凝土进行装饰的主要手段，被称为清水装饰混凝土。如采用钢模板成型，可以使混凝土表面形成大的分格缝；纹理质感则可通过模板、模衬、表面加工或露明粗、细骨料形成；在墙体表面形成线条、质感时要有一定的凸凹程度，使一部分混凝土成为纯装饰性的混凝土。

二、颜色与色彩

当采用露骨料装饰混凝土时，其色彩随着表面剥离的深浅和水泥、砂或石渣品种而异。表面剥离的程度较浅，表面比较平整时，水泥和细骨料的颜色将起主要作用；随着剥离程度加深，粗骨料颜色的影响加大。在露骨料装饰混凝土的表面上，由于表面光影及多种材料颜色、质感的综合作用，使其色彩显得比较活泼。

改变清水装饰混凝土颜色的措施有多种，主要措施是在混凝土制品表面掺加颜料做一层色彩装饰层，或者在混凝土表面喷涂一层色调适宜、经久耐用的涂料。改变露骨料装饰混凝土色彩的有效措施，是采用色泽明亮的水泥或骨料，这种方法不仅可获得较好的色彩，而且骨料色泽稳定、耐污染，具有很好的耐久性。目前，在建筑装饰工程中最常采用白色水泥、彩色水泥或彩色骨料等。

三、造型与图案

利用混凝土可以塑性成型的特点，使混凝土制品按设计的艺术造型进行制作，或使混凝土表面带有几何图案及立体浮雕花饰，这是近几年发展起来的混凝土装饰手段。在满足设计功能的前提下，将普通混凝土制品设计成一定的造型，既美观耐久又经济实用。

建筑装饰工程实践证明，在混凝土的模板内，按照设计布置一定花纹和图案的衬板，待混凝土硬化拆除模板后，便可使混凝土表面形成立体装饰图案，这是一种施工比较简便、装饰效果良好的装饰手段。

第二节 装饰混凝土的分类

根据施工方法不同和表层装饰效果不同，装饰混凝土主要分为彩色装饰混凝土、清水装饰混凝土和外露骨料混凝土 3 种。

一、彩色装饰混凝土

熟练运用颜色是建筑师在彩色装饰混凝土设计中习惯使用的关键性技术措施。工程实践证明，通过使用特种水泥和颜料，或者选用彩色骨料可以获得装饰效果优异的彩色混凝土。彩色混凝土有两种做法：一种是使整个混凝土混合物中均匀掺加适量的颜色；另一种是只是在混凝土的表面涂上颜色。前者成本较高，但不单纯依赖于技巧或环境条件，容易获得成功；后者施工比较方便，但耐久性较差，且易于褪色。

目前，我国彩色装饰混凝土大部分是用作混凝土的面层着色。这种混凝土是在普通混凝土中掺入适当的着色颜料，掺入适量的彩色外加剂、无机氧化物颜料和化学着色剂等着色料，或者干撒着色硬化剂等。制成的彩色装饰混凝土，先铺于模底，其厚度一般不小于10mm，再在其上面浇筑普通混凝土，这种制作方法称为反打一步成型。

在普通混凝土基材表面上加做彩色饰面层，制成各种规格、形状和色彩的彩色混凝土砖，在工程中已有非常广泛的应用。不同颜色的水泥混凝土花砖，按照设计图案铺设，外观美观，色彩鲜艳，成本低廉，施工方便，并可获得良好的装饰效果。

彩色装饰混凝土最大的缺陷，在使用中会出现“白霜”现象，其原因是混凝土中的氢氧化钙及少量硫酸钠，随着混凝土内部水分蒸发而被带出并沉淀在混凝土表面，以后又与空气中二氧化碳作用，变成白色的碳酸钙（$CaCO_3$）和碳酸钠（Na_2CO_3）晶体，这些晶体就是“白霜”。“白霜”遮盖了混凝土的色彩，严重影响混凝土的装饰效果。

经过工程实践和材料试验证明，防止“白霜”出现的技术措施很多，在建筑装饰工程中常用的主要有以下几种：①混凝土采用较小的水灰比，选用机械搅拌和振捣，提高混凝土的密实度，减小混凝土的空隙率，则可避免“白霜”顺着通道流出；②采用蒸汽养护混凝土的方法，使混凝土早期强度较高，这样可有效防止初期“白霜”的形成；③在硬化后的混凝土表面上，喷涂一层聚烃硅氧系憎水剂或丙烯酸系树脂等，使“白霜”物质被隔在混凝土内部；④在进行混凝土表面色彩设计时，根据周围环境和实际装饰要求，尽量避免使用深色的彩色混凝土。

彩色装饰混凝土也称为着色装饰混凝土，在装饰工程中主要是指白色混凝土和彩色混凝土。白色混凝土是以白色水泥为胶凝材料，以白色或浅色矿石作为骨料，或掺入一定数量的白色颜料配制而成的基色为白色的混凝土。彩色混凝土是以彩色水泥为胶凝材料，以彩色骨料和白色或浅色骨料按一定比例配制而成的各种色彩的装饰混凝土。

白色混凝土和彩色混凝土的成型工艺基本相同。彩色混凝土按照着色的方式不同，又可分为整体着色混凝土和表面着色混凝土。

二、清水装饰混凝土

清水装饰混凝土是通过模板，利用普通混凝土结构本身的造型、线条或几何外形，而取得简单、大方、明快的立面装饰效果，使混凝土外表面产生具有设计要求的线型、图案、凹凸层次，并保持混凝土原有外观质地的一种装饰混凝土。

清水装饰混凝土具有朴实无华、自然沉稳的外观韵味，与生俱来的厚重与清雅是一些现代建筑材料无法效仿和媲美的。材料本身所拥有的柔软感、刚硬感、温暖感、冷漠感不仅对人的感官及精神产生影响，而且可以表达出建筑情感。因此建筑师们认为，这是一种高贵的朴素，看似简单，其实比金碧辉煌更具艺术效果。

清水装饰混凝土基层与装饰层使用相同材料，采用一次成型的加工方法，具有装饰工效高、饰面牢固、造价较低等优点。由于这类装饰混凝土构件基本保持了普通混凝土的外形质地，故称为清水装饰混凝土。其成型工艺主要有正打成型工艺、反打成型工艺和立模成型工艺3种。

三、外露骨料混凝土

外露骨料混凝土是在混凝土硬化前或硬化后，通过一定的工艺手段使混凝土骨料适当外露，以天然骨料的色泽、粒形、质感和一定规则的分布，达到一定的装饰效果。

外露骨料混凝土的制作方法很多，如水洗法、缓凝剂法、酸洗法、水磨法、喷砂法、抛丸法、火焰喷射法、劈裂法和凿剁法等。总的来讲，一种是在混凝土硬化前进行制作，如水洗法、酸洗法或缓凝剂法等；另一种是在混凝土硬化后进行，如水磨法、喷砂法、抛丸法、火焰喷射法、劈裂法和凿剁法等。

外露骨料混凝土饰面的质量和效果如何，关键在于石子的正确选择，在使用彩色石子时配色要协调美观，这样才能获得良好的装饰效果。

第三节 彩色混凝土与白色混凝土

彩色混凝土和白色混凝土是装饰混凝土中最常用的材料，它们以鲜明的色彩、特殊的装饰效果，深受设计和施工人员的喜爱。

一、彩色混凝土

彩色混凝土是以白色水泥为胶凝材料，以白色或浅色矿石为骨料，或者掺加一定数量的颜料而制成的混凝土。目前，在建筑装饰工程中，彩色混凝土有两种做法：一种是使整个混凝土混合物中均匀混入适量的颜色；另一种是只在混凝土的表面上涂以设计的颜色。在建筑装饰工程施工中，常应用的颜料多数为红、黄、黑、蓝、绿等色。彩色混凝土与白色混凝土所用材料基本相同，所不同的是彩色混凝土除用白色水泥、白色骨料制作外，还可以使用彩色水泥、彩色骨料及彩色颜料。因此，彩色混凝土是一种典型的装饰混凝土。

（一）彩色混凝土原材料要求

彩色混凝土的主要原材料包括彩色水泥、彩色骨料和掺合料等。原材料的质量如何，不仅直接关系到混凝土结构构件的质量，而且也关系到彩色混凝土的设计装饰效果。因此，对彩色混凝土所用原材料必须符合一定的技术要求。

1. 对彩色水泥的技术要求

彩色水泥一般是在浅色的普通灰水泥或白色水泥熟料中，掺入适量的规定颜料，经磨细混合加工而成。

(1) 彩色水泥的定义　根据我国行业标准《彩色硅酸盐水泥》(JC/T 870—2012) 中的规定：凡以白色硅酸盐水泥熟料和优质白色石膏在粉磨过程中掺入颜料、外加剂（防水剂、保水剂、增塑剂、促硬剂等）共同粉磨而成的一种水硬性彩色胶凝材料，称为彩色硅酸盐水泥，简称彩色水泥。

在生产彩色水泥时，加入适量的色散剂和表面活性剂，可使色彩更加均匀。各国生产彩色水泥的方法基本相同，只是掺入的颜料不同，所得水泥的颜色也不同。生产和使用实践证明，一般使用天然或合成的矿物颜料比较适宜，它不会与水泥或骨料发生化学反应。有机颜料在使用中容易褪色，一般不宜选用。适宜于生产彩色水泥和混凝土的颜色主要有红、黄、黑、褐、绿、蓝等。

(2) 颜料应具备的性质　用于生产彩色水泥的颜料应具备与水泥相容性好、色彩浓厚、颗粒较细、耐碱性强、耐久性好和不含杂质等优良性质性能。

① 相容性好　颜料的相容性好，是指与水泥熟料具有良好的相容性，即将颜色掺入水泥熟料后不应有明显损害水泥的现象，这是非常重要的性质。实践证明，任何颜料均会程度不等地影响水泥的性质，如使水泥的凝结、硬化、收缩等发生改变。

对水泥所起到的不良影响，有时是因为颜料的材质起作用，有时是颜料中的杂质起作用。在作为生产彩色水泥的材料时，必须考虑到对水泥所产生的不良作用；在作为涂料使用时，可以完全不加考虑。

② 色彩浓厚　颜料对水泥性质的影响随着掺量的增加而加大，因此在生产彩色水泥中，希望尽量减少颜料的掺量而获得满意的效果，这就要求掺加的颜料必须色彩浓厚。从对水泥性质有影响的颜料的掺合比例而言，在正常情况下一般约为水泥质量的6%，最大掺量限制在10%以内。

③ 颗粒较细　颜料颗粒的细度根据其种类和制造方法而不同，一般从0.1μm到数微米不等。由于颜料的颗粒细度与表面积有关，所以颜料的颗粒越细则着色力越强，颜料的分布均匀性也越好。有关试验证明，颜料的着色力与粒径的平方成正比，即当颜料的粒径减至一半时，则同一着色度所需要的颜料仅为大粒径的1/4，这样对于减少颜料用料、降低彩色水泥成本也具有很大作用。

④ 耐碱性强　由于水泥在水化过程中生成大量的氢氧化钙，溶于混凝土的水中呈强碱性。如果颜料的耐碱性不强，很容易被分解而变色。有机颜料一般耐碱性比较差，不宜生产彩色水泥。

⑤ 耐久性好　颜料的耐久性一般是指其耐光性和耐大气腐蚀性。用彩色水泥配制的彩色混凝土，大多数暴露于空气之中，长年经受阳光、大气、雨雪、温差、干湿等的作用，颜

料非常容易分解变色，因此要求颜料必须具有较强的耐光性和耐大气腐蚀性。有机颜料的耐光性和耐大气腐蚀性均较差，不宜生产彩色水泥。

⑥ 不含杂质　颜料在生产、储藏、搬运和使用的过程中，如果混进一定量的杂质（如砂糖、腐殖酸等），很可能就损害水泥的性能，也可能助长发生粉化（如水溶性盐类）等，因此用于生产彩色水泥的颜料不得含有杂质。

（3）使用注意事项　在用颜料配制生产彩色水泥时，对颜料的使用应注意以下事项：①要特别注意同一名称的颜料，因制造厂商不同可能质量有所不同，同一制造厂商的质量也可能不相同；②将水泥熟料和颜料混合成颜色均匀的彩色水泥，需要非常熟练的技术，即使使用同一数量的颜料，因混合装置和技术不同，水泥也可能出现颜色差别；③水泥熟料与颜料混合必须在工厂中进行，质量管理水平不高的工厂，也很难制得颜色固定和一致的彩色水平，因此，水泥熟料与颜料混合不能在混凝土施工现场进行。

（4）颜料的用量　在配制彩色砂浆和彩色混凝土时，用于水泥色浆的颜料用量必须适宜、准确，这样才能配制出所需要的颜色和色彩。从对水泥性质有影响的颜料的掺加比例而言，在正常情况下一般约为水泥质量的6%，最大掺量限制在10%以内。在进行混合时，加入适量的色散剂和表面活性剂可使水泥的色彩更加均匀。

2. 对彩色骨料的技术要求

彩色混凝土中所用的骨料，除应符合设计的色泽要求外，其他的技术条件应符合现行国家标准《建设用卵石、碎石》（GB/T 14685—2011）和《建设用砂》（GB/T 14684—2011）中的要求。特别注意不允许含有尘土、有机物和可溶盐，因此在配制时应将骨料进行清洗。一般情况下宜采用天然骨料，如花岗岩或陶瓷材料；特殊的混凝土制品的骨料，常用膨胀矿渣、页岩、火山灰、浮石及带色石子。

3. 对掺合料的技术要求

彩色混凝土所用的掺合料，主要包括引气剂、促凝剂、填充料、防水剂和火山灰等，它们各自的掺量应符合设计的要求。

（1）引气剂　在塑性混凝土中加入占体积3%～10%的引气剂，能增加抗风化能力和抗冻性，并能破坏毛细渗透作用，而减水分流通现象。

（2）促凝剂　在配制彩色混凝土时，应用最广泛的促凝剂是氯化钙，其使用量为水泥质量的2%，这样3d时间即可达到其7d的强度。

（3）填充料　为了增加混凝土的和易性及密实度，特别是在制作彩色混凝土砌块时，应掺加适量的磨细硅石、黏土和硅藻土，其掺加量一般占水泥用量的3%～8%。

（4）防水剂　为了增加混凝土的防水性能，在进行混凝土配制时，可掺加适量的各种油类、乳剂和金属硬脂酸盐类防水剂，其掺加量一般占水泥用量的2%。

（5）火山灰　火山灰能和水泥水化时生成的石灰质发生作用，从而提高混凝土的强度，最常用的是优质粉煤灰，它在含有高碱性骨料的混凝土拌合物具有特殊的作用。但是，粉煤灰含有一定量的碳质，能使彩色混凝土制品变成墨色或减弱原来的颜色。

（二）彩色混凝土配合比设计

彩色混凝土在混凝土结构中，一般常用于装饰工程和结构工程。由于用于不同工程所受到力的作用不同，所以对于混凝土的组成材料也要求不同。彩色混凝土的配合比设计，可分为装饰用彩色混凝土配合比设计和结构用彩色混凝土配合比设计。

1. 装饰用彩色混凝土配合比设计

（1）配制彩色水泥，并确定其活性　白色水泥可掺加5%的赭石。采用掺10%～20%的赭石的灰水泥和白色水泥混合，可以制得带灰色的黄色混凝土；当掺加铁丹颜料时，掺量为水泥用量5%，配制的混凝土的颜色和强度较好，如果颜料用量增至10%～20%，彩色混凝土的强度则会下降。

(2) 选择骨料混合物的颗粒级配 对于浇筑在密实混凝土基层上的装饰混凝土，骨料的孔隙率应控制在25%左右；对于浇筑在轻混凝土基层上的装饰混凝土，骨料的孔隙率应控制在33%～35%之间，粗骨料的最大粒径不大于20mm。

(3) 确定拌合水用量（W） 当骨料采用石灰石时，拌合水用量一般为240L/m^3；当骨料采用大理石或河砂时，拌合水用量一般为120L/m^3。

(4) 确定混凝土水灰比（W/C） 按照普通水泥混凝土强度计算经验公式，求得混凝土的水灰比，装饰混凝土的强度一般可取15MPa左右。

(5) 求单位体积水泥用量（C） 为使彩色装饰混凝土具有最大的气候稳定性，必须使水泥用量较少，而使表面突出的骨料颗粒较多。水泥用量及最优用水量的数量，必须通过试拌确定。彩色混凝土水泥用量可按式(15-1)计算：

$$R_{28}=0.55R_{C}(C/W-0.50) \tag{15-1}$$

式中 R_{28}——彩色混凝土28d的设计强度，MPa；

R_C——水泥的实际强度，MPa；

C/W——混凝土的灰水比，即水灰比的倒数。

(6) 确定混凝土拌合物捣实系数 混凝土拌合物捣实系数，是指标准松散状态下的混凝土拌合物体积与捣实后的混凝土体积之比，一般可取1.3～1.4。

(7) 初步配合比确定后，试拌的混凝土制成抗压强度试块，按规定的条件和时间养护后进行试压，对不符合要求的配合比进行适当调整。

2. 结构用彩色混凝土配合比设计

(1) 骨料混合物颗粒级配的选择 结构用彩色混凝土宜采用细度模数不小于2和细度模数不大于4的碎石，必要时可以采用彩色骨料，如大理石和石灰石骨料。

(2) 选择水泥的颜色 为保证水泥的强度不产生过大的降低，对结构用彩色混凝土中掺加的颜料应当加以控制，铁丹的掺量应不大于5%，赭石的掺量应不大于15%。

(3) 进行强度验算 若采用干硬性彩色混凝土，可参考式(15-2)进行强度验算：

$$R_{2}=0.16R_{C}(C/W-0.50) \tag{15-2}$$

式中 R_2——混凝土经过2h蒸养后的强度，MPa。

(4) 确定水泥用量 结构用彩色混凝土的水泥用量用试验法确定，首先近似地选用混凝土的胶骨比，当采用台座法生产预制板时，水泥∶砂子∶碎石=1∶2.5∶1，则其胶骨比为1∶3.5；当采用压轧板时，水泥∶砂子∶碎石=1∶1.5∶0.5，则其胶骨比为1∶2。

按照预先确定的灰水比（C/W）加水，制作混凝土试块并测其强度，然后调整水泥浆使混凝土的工作度达到30～40s。

(5) 进行强度试验和颜色鉴定，如果不符合设计要求，可改变水泥用量及颜料用量。

二、白色混凝土

（一）白色混凝土原材料要求

白色混凝土是以白色硅酸盐水泥为胶结料，以白色矿石骨料配制而成的混凝土。白色混凝土的用途不如普通混凝土广泛，除用作建筑物装饰材料外，还常用于道路工程中。

1. 对白色水泥的技术要求

根据国家标准《白色硅酸盐水泥》(GB/T 2015—2005) 中的规定，凡以适当成分的生料烧至部分熔融，所制得的以硅酸钙为主要成分及含少量铁质的熟料，加入适量的石膏，磨成细粉，制成的白色水硬性胶凝材料，称为白色硅酸盐水泥，简称为白色水泥或白水泥。

制造白色水泥的方法很多，国内外应用比较广泛的主要有脱色法、冷却法和替代法等。

2. 对骨料的技术要求

配制白色混凝土骨料不同于普通混凝土，选择白色或浅色的骨料对白色混凝土的亮度影响很大。天然存在的硬质岩石（如石英）一般是透明的，用它作为白色混凝土的骨料时，如果粒径超过 1mm 就会呈现出暗色。用作道路混凝土时，粗大颗粒在车辆行驶之下会使其表面变暗，如果在细小和中等颗粒中间掺加一种不透明的白色岩石（如白色石灰石），则可以克服这一缺点。

在白色混凝土中掺加石灰石有利于亮度，却降低其耐磨性。如果需要较大的耐磨性，则只能掺加小量的石灰石，混凝土的色彩则会暗淡；如果需要较大的亮度，则掺加较多的石灰石，混凝土的磨损性变大。因此，用石灰石配制的白色混凝土，应用于不受磨或受磨较轻的地方。国外经验表明，在各种由方解石矿物形成的岩石中，最常用的是侏罗系的白色石灰石。

如果白色混凝土既要满足耐磨性的要求，又要满足亮度的要求，选用煅烧过的燧石更为适宜。这种骨料不仅具有硬质岩石的硬度，而且具有不透明侏罗系石灰石的白度。采用这种岩石的骨料，必须使其不沾染颜色，粒径要在 3mm 以下，当采用蒸压养护时效果更好。

3. 对拌合水的技术要求

拌合水的质量在很大程度上能决定混凝土制品的耐久性、强度和防水性。配制白色混凝土的拌合水首先必须是洁净的，不得含有任何油质、碱、酸和盐类，其他技术要求必须符合国家现行的有关要求。

4. 对颜料的技术要求

工程实践充分证明，在白色混凝土中掺加一定数量的白色颜料，可以明显提高混凝土的亮度。如用氧化镁反射的百分率表示亮度，则其最低值在干燥的情况下应达到 70%，在沾湿的情况下应达到 60%。普通的白色混凝土达不到这一数值，因此，可以根据工程设计要求掺加适量的白色颜料，但白色颜料必须具备下列条件。

(1) 彩色颜料所起的作用主要是由于材料吸色，而所用白色颜料应使混凝土反射白色，不应当有吸色现象。

(2) 由于白色混凝土对照射光的反射率是随着颜料的表面扩大而增长，因此用于混凝土的颜料颗粒越细越好。试验证明，颜料的颗粒越小，其表面积越大；表面积越大，其反射率也越大。

(3) 如果白色颜料仅具备以上两个条件，则可满足在干燥时的白度要求，但湿润后的亮度则大大削弱，其主要原因是颜料的折射率太小，因此配制白色混凝土所用的白色颜料，其折射能力越大越好。

(4) 所掺加的颜料对混凝土的某些重要性能不得产生不良影响。国外试验证明，白垩对水的折射率比较小，因此不适宜作为白色混凝土的颜料，最适用的是二氧化钛和硫化锌，其价格也比较便宜。当掺量达到 10%左右时，既不会影响混凝土的各种力学性能，也会产生良好的色泽效果。如果很好加以湿润的颜料，在无细砂的骨料中能将混凝土更好地密实，有时甚至能提高混凝土的强度。

(5) 由于作标志用的白色混凝土一般是分两道工序制作的，即底面层用普通混凝土，上面再铺设含有白色颜料的白色混凝土，因此，必须避免上面一层混凝土的收缩比底层大，否则会引起较大的内应力，从而产生裂缝和高低不平。

(二) 白色混凝土配合比设计

白色混凝土的配合比设计，与彩色混凝土完全相同，可以参见彩色混凝土的配合比设计方法和步骤。

第四节 装饰混凝土的制品及应用

装饰混凝土及其制品的应用，大致可分成预制和现浇装饰壁板、彩色混凝土地砖、装饰混凝土砌块和园林装饰材料 4 个方面。

一、预制和现浇装饰壁板

1. 预制装饰壁板

预制装饰壁板主要指预制外墙板、预制阳台栏板、混凝土外挂板等带有线型、质感的混凝土构件。彩色混凝土外挂板于 20 世纪 90 年代初开始在工程中应用。随着建筑装饰技术的发展，在建筑装饰工程中，已经大量应用的有反打外墙板、反打阳台栏板，正打外墙板也正在逐渐推广应用。

2. 现浇装饰壁板

现浇装饰壁板主要指现浇装饰混凝土墙体。随着工业化建筑装饰施工技术的发展，内外墙全现浇大模板建筑日益增多。现浇装饰混凝土墙体主要是应用全现浇大模板施工技术，即以现浇装饰混凝土外墙代替普通预制外墙板或预制装饰混凝土外墙板。

现浇装饰壁板与内墙现浇、外墙预制相比，不仅可以加强结构的整体性，而且又能减少装饰混凝土外墙板的生产和运输环节，是一种结构良好、施工简便的结构形式，具有很好的技术效果和经济效益。

二、彩色混凝土地砖

彩色混凝土地砖是指预制的彩色混凝土路面砖，主要有彩色混凝土路面砖和彩色混凝土连锁砖等制品。目前，在城市道路和园林装饰建筑中应用较多。

1. 彩色混凝土路面砖

彩色混凝土路面砖又称混凝土铺地砖、混凝土铺道砖，这是一种以水泥、砂石、颜料等为主要原料，经过搅拌、压制成型或浇筑成型、养护等工艺制成的板材。这种地砖强度比较高，不仅可以用于人行道的铺设，而且也可以用于车行道的装饰。

用于人行道铺设的路面砖，又分为普通型和异型砖两种。普通砖的规格分为 250mm×250mm、300mm×300mm，厚度为 50mm；500mm×500mm，厚度分为 60mm 和 100mm。异型砖的厚度分为 50mm 和 60mm 两种，形状与尺寸由供需双方商定。

用于车行道铺设的路面砖，其厚度分为 60mm、80mm、100mm、120mm，尺寸与形状不作具体规。

混凝土路面砖的表面可做出多种色彩、凹凸线条和各种花纹，可以拼出很多不同的图案，并具有较高的抗折强度和抗冻性，主要用于人行道、停车场、广场等。

2. 彩色混凝土连锁砖

彩色混凝土连锁砖又称连锁砌块，这种砖的生产工艺与普通混凝土铺路砖完全相同，只是砖的外形不同。由于铺设时利用每块砖边缘的曲折变化，使铺设的砖互相啮合交接、相连相扣，故称为连锁砖。

用彩色混凝土连锁砖铺地，不仅能使地面拼成各种美观的图案，而且还具有防滑性好、耐荷性高、实用性强、铺设方便、价格低廉等优点，是国际上近 20 年来发展迅速的铺地、铺路新产品，很受设计和施工人员的欢迎。

彩色混凝土连锁砖按其特性和用途不同，可以分为透水砖、不透水砂、防滑砖、护坡砖、植草砖等；按其表面处理不同，可以分为水泥浆本色面、水磨石面、凿毛面、凹凸条纹面等。彩色混凝土连锁砖由于装饰效果好，其应用范围越来越广泛，主要用于人行道、花园小路、停车场、路面分隔带、广场等。

三、装饰混凝土砌块

装饰混凝土砌块是近些年发展起来的一种块状装饰材料，其种类已经很多。如有在混凝土拌合物中掺入颜料、彩色骨料制成的彩色砌块，有用不同线型金属模箱成型的雕塑砌块，有用锤击法冲击砌块表面制成的凿毛砌块，有用磨研机制成的类似水磨石砌块等。

最近几年，装饰混凝土砌块开始在建筑装饰工程中应用，并取得了良好的技术、装饰效果以及良好的经济效益和环境效益。如 600mm×300mm、500mm×250mm 的大型仿毛石边砌块，已用于工业与民用建筑工程，以及市政、园林、水利等建筑工程的内外墙、柱子、护墙和基座等。

仿毛石边砌块是在水泥混凝土小型砌块的外侧表面上进行仿石装饰而制成的一种既可以承载又可以起到装饰作用的混凝土砌块，通常情况下制成空心砌块。在进行这种砌块制作时，应特意加大砌块外侧的厚度，待养护脱模之后用劈离机进行割边，使加厚的侧面呈现毛石或蘑菇状的饰面。

装饰混凝土砌块将承重、围护和装饰作用融为一体，大大简化了施工过程，加快了施工进度。工程实践证明，装饰混凝土砌块的装饰效果很好，可以与天然石材媲美，显得古朴、自然、美观、大方，给人一种全新的感觉。

四、园林装饰材料

在城市园林建设中，利用装饰材料美化环境，已成为不可缺少的技术手段。采用着色及模具衬模成型法，制作用于园林装饰的材料，这是园林设计和施工中重要组成内容。如仿古树的树干树根，仿自然岩石制成假山等。

一些经验丰富的制作者，用装饰混凝土仿制的作品可以达到以假乱真的程度，装饰混凝土不仅具有良好的装饰效果，而且还可以降低园林建造成本。

第五节 装饰混凝土的施工工艺

由于装饰混凝土按照制作工艺不同，可以分为彩色装饰混凝土、清水装饰混凝土和露骨料装饰混凝土，所以它们的施工工艺各具有自己的特点。

一、彩色装饰混凝土的施工工艺

彩色装饰混凝土自身和表面着色是装饰混凝土色彩的主要来源。混凝土着色是使混凝土中的粗骨料、细骨料、水和颜料均匀地混合成一体，但实际上粗骨料和细骨料并不被着色，而是在一定的条件下保持其固有的颜色。因此，混凝土的彩色效果主要是着色材料（颜料）直接制作法和水泥浆的固有颜色混合的结果。

总结彩色混凝土的施工经验，彩色混凝土的着色则成为其施工的关键，着色方法主要有彩色水泥着色法、化学外加剂着色法、无机颜料着色法、化学染色剂染色法、干撒着色硬化剂法和浸渍混凝土着色法等。

1. 彩色水泥着色法

彩色水泥着色法，实际上是采用白色水泥或彩色水泥作为混凝土的胶凝材料，可以制作各种颜色的整体着色装饰混凝土，这种着色法制作工艺比较简单，混凝土色调均匀，耐大气稳定性好，抗碱能力比较强，但成本比较高。

2. 化学外加剂着色法

化学外加剂着色法，是将颜料和其他改善混凝土性能的外加剂一起充分混合磨制而成。由于这种彩色化学外加剂是专门生产的，配比控制严格，质量能够确保，是一种很好的着色方法。这种彩色化学外加剂不同于其他混凝土着色料，不仅可以使混凝土很好地着色，而且还能提高混凝土各龄期的强度，改善混凝土拌合物的和易性，对颜料和水泥有扩散作用，减少浮浆、盐析现象，能在混凝土中均匀分布，以使混凝土的颜色达到均匀。

3. 无机颜料着色法

材料试验和工程实践证明，在混凝土中直接加入无机矿物氧化物颜料，可以使混凝土着色。无机矿物颜料与彩色化学外加剂相比，价格比较低廉。但在施工中应当满足以下要求：配制彩色混凝土的无机颜料应不溶解于水，其颗粒应比水泥还要细，这样才能均匀地分散在混凝土中，以获得均匀的色调。另外，无机颜料还应具有耐碱、耐光、耐酸雨、耐风化、不褪色等性能，无机颜料应选择惰性物质，不与混凝土中的成分发生有害反应，在正常掺量下对制品强度影响不大。

用无机颜料着色的方法，通常有混合法和粉饰法两种。混合法即把矿物晶体颜料掺入混凝土拌合料中，使其成为混凝土的组分之一，使混凝土整体着色。混合法的缺点是将混凝土完全着色，不仅所用费用增大，而且还可能造成强度损失。粉饰法即在混凝土抹平、压实、表面水分蒸发后撒上颜料，待颜料从混凝土中吸收水分后，再抹平压光 1 次。粉饰法一般进行 2 次撒颜料、3 次压光，以获得均匀的彩色表面。无机颜料着色法适用的色彩主要有褐红色、瓦红色、棕色、黑色、米色等。

4. 化学染色剂染色法

化学染色剂染色法是将化学染色剂施加于已养护的混凝土上，使已具有一定强度的混凝土着色。常用的化学染色剂是一种金属盐的水溶液，它侵入混凝土并与有关物质发生反应，从而在混凝土孔隙中生成难溶的、抗磨性较高的颜料沉淀物。

由于化学染色剂中含有稀释的酸，可以缓慢地侵蚀混凝土表面，使化学染色剂成分渗透得更深，反应更加均匀。工程实践证明，化学染色剂应施加在龄期在 1 个月以上的混凝土上，并要清除掉混凝土表面上的一切杂质。化学染色剂着色以黑色、绿色、红褐及黄褐色为主，其中褐色、黑色适用于耐磨混凝土。

由于染色剂对混凝土表面有一定的侵蚀和损坏，着色后的混凝土表面应以彩色的石蜡打磨养护，出现的缺陷应以同色料浆进行修补。

5. 干撒着色硬化剂法

干撒着色硬化剂是由细颜料、表面调节剂、分散剂等混合而成的，可以对新浇混凝土楼地板、庭院、水池底、人行道、汽车道及其他水平表面进行着色、促凝和饰面。对于工业或其他商业用楼板、坡道和装载码头等耐磨、防滑要求高的地方，在干撒着色硬化剂制品的制造中，还应当掺入适量的金刚砂或金属骨料。但这种着色方法只适用于水平表面，而不适用于大面积的垂直表面，在进行养护时应采用专门的彩色养护石蜡。

干撒着色硬化剂产品是不闪光的，所用的颜料必须具有良好的耐碱性，并且具有较强的抗紫外线能力。着色剂所包含的骨料颗粒，应按照硬度和纯度进行选择，并通过各种筛孔进行分级，以使混凝土表面具有较高的密实性和耐磨性。

6. 浸渍混凝土着色法

浸渍混凝土着色法是先将已初凝混凝土表面粗略加工或使骨料表面暴露，按规定条件养护一定龄期（1～3d），然后用颜料液体浸渍混凝土的表面。由于刚初凝的混凝土或砂浆中的水泥尚未完全水化，水泥仍具有一定的吸收作用，这时浸渍于混凝土表面的颜料液体被吸入内部一定深度，在混凝土表层形成一定的色彩。

二、清水装饰混凝土的施工工艺

清水装饰混凝土不同于彩色装饰混凝土，它是依靠混凝土自身的质感、色彩和花纹获得装饰效果。根据工程施工经验，清水装饰混凝土的制作工艺有反打和正打两种。

清水装饰混凝土的反打是指采用凹凸的线型底模或模底，铺加专用的衬模来浇筑混凝土，利用模具或衬模线型、花饰的不同，从而形或凹凸、纹理、浮雕花饰或粗糙面等立体装饰效果。反打施工工艺一般多用于预制混凝土墙板或砌块，也可以用于现场立模现浇成型的。

清水装饰混凝土的正打是指浇筑混凝土后再制作饰面，即立模浇筑混凝土后铺筑一层砂浆，再用手工或专用机具做出线型、花饰和质感，如扫刷、抹刮、滚压等手法，或用刻花橡胶、塑料等在表面做出花饰，这种装饰混凝土主要用装配式大型墙板。

在确定清水装饰混凝土施工工艺时，除要考虑一般节点连接、结构、热工等构造要求及强度、表观密度、配筋等质量要求外，还必须充分考虑有关装饰效果和装饰质量方面的要求，如外形规格、表面质量、颜色均匀、线型形状、质感情况等。

（一）模具或衬模浇筑混凝土工艺

浇筑混凝土的模具种类很多，在装饰工程中应用最广泛的是钢模。用于浇筑混凝土的钢模，要求尺寸准确、整体刚性好；模板的拼缝、焊缝饱满，表面平整光洁，成型后的制品表面不留痕迹；模板的组装与拆除灵活方便，侧旁开启时应能先平移再翻转；外形尺寸施工误差应控制在质量要求与允许偏差幅度以内。

1. 对装饰混凝土模具和衬模的质量要求

要全面达到装饰混凝土的综合效果，必须采用符合设计与成型工艺要求的钢模板。因此在钢模板制作质量上创造条件，使装饰混凝土脱模后具有设计规定的线型、花饰和质感，是模具浇筑混凝土成型工艺的最关键环节。钢模板加工尺寸可以达到很高的精度，甚至其表面也可以达到很高的光洁度，这是确保装饰混凝土表面装饰效果的基本条件。

工程实践充分证明，直接在钢模板上加工成设计要求的线条，固然是成型装饰混凝土表面纹理、质感最好的一种形式，但加工非常费时费工，也不易改变图案，经济上很不合理。经过探索和实践，较好的方法是采用另加其他材料制成的衬模，以衬模的形状、线条形成设计的表面质感。

制作衬模的材料很多，主要应选用一些硬质材料，如木材（经聚合物浸渍处理）、钢材、玻璃钢和硬质塑料等，软质材料可以选用各种合成橡胶或软质塑料等。

制作的衬模应满足以下要求：①与混凝土间的黏附力不大，有利于脱模和混凝土表面光滑；②最好具有一定的弹性，以便形成条纹质感时，可采用较小的脱模锥度，不至于损伤线型，使设计更加灵活；③衬模的本身要有良好的质感，或易于加工成设计需要的纹理；④衬模要便于与钢模临时固定，周转时所需要的维修工作量小、更换方便；⑤要能经受旋转钢筋网片、浇筑和振捣时的机械磨损，用于冬季施工或采用蒸汽养护时能经受温度变化；⑥要求衬模的耐碱性要好、尺寸稳定、变形很小、反复使用、成本较低。

2. 预制平模反打方法的施工工艺

预制平模反打施工工艺是通过在钢模底面上做出凹槽或安置衬模，使浇筑出来的混凝土表面上能形成各种线型。工程实践证明，预制平模反打条件下采用衬模，只要材料选择得当，进行一定固定，其施工工艺比较简单，形成的花纹比较自然，脱模的吸附力小，边角不易粘贴，线条比较整齐，衬模更换也很方便。

预制平模反打工艺也存在着不能在混凝土表面上另行抹灰，也不能做成一定厚度的其他饰面来弥补墙体外形尺寸或质量方面的缺陷。因此成型墙体或预制板材时，必须严格做到外形规格、尺寸准确、大面平整、线条规矩，饰面表面没有孔洞、气泡和龟裂现象。

3. 反打工艺存在的质量问题与防治

在装饰混凝土施工中，如果不认真按照有关规范进行，其饰面很容易出现一些质量问题，影响装饰混凝土的装饰效果，需要引起高度重视。

装饰混凝土制品表面出现发丝裂缝，这是混凝土最容易产生的质量问题。这些发丝裂缝在大气中尘埃逐渐积聚，会使裂缝的颜色变黑，严重影响混凝土表面的美观。施工中如果出现微漏浆现象，不仅会使装饰混凝土的美观受到影响，甚至使其成为废品，给修补带来很大工作量。以上质量问题应引起特别注意，并应杜绝模板接缝处的漏浆现象。只要混凝土配合比与流动度合理、模板接缝严密、振捣比较密实，装饰混凝土制品表面就不会出现孔洞、麻面等质量问题。

装饰混凝土制品表面另一个质量问题是铁锈水流出污染饰面。这是当制品表面有线型时，布置在凹处的钢筋，特别是绑扎用的铅丝头的防锈保护层厚度不足，铁锈产生体积膨胀使该处混凝土爆裂，带色的锈水流出污染立面。因此，钢筋网片设置位置应能保证最凹处保护层的最小厚度。

为了保证装饰混凝土制品表面的颜色基本均匀一致，所用的原材料必须保持稳定供应，水泥必须是同一工厂、同一批号的产品，骨料和掺合料必须来自同一产地、同一规格的材料，外加剂的质量必须符合国家标准《混凝土外加剂定义、分类、命名与术语》（GB/T 8075—2017）、《混凝土外加剂》（GB 8076—2008）和《混凝土外加剂应用技术规范》（GB 50119—2013）的规定。

保持装饰混凝土制品表面清洁，免除钢模铁锈污染和脱模剂残迹，这是保证装饰混凝土质量的另一重要因素。脱模剂一般多为油性物质，油渍不仅妨碍涂料的正常黏附，还会吸附很多的脏污，甚至渗透至后加的涂层表面上。铁锈对混凝土有很强的附着力，也很不容易清除。铁锈和脱模剂在混凝土的表面上，虽然不是永久性的，却能延续很长时间。

4. 对装饰混凝土脱模剂的基本要求

由于油性的脱模剂会给建筑立面带来不良影响，所以正确选择脱模剂的品种，对装饰混凝土的表面装饰性具有重要作用。对装饰混凝土用脱模剂的基本要求如下。

(1) 脱模性能好　这是对混凝土脱模剂的最基本要求，在脱模时模板上不得粘有混凝土，拆模后露出的混凝土表面光滑、平整、美观。

(2) 不残留痕迹　为确保装饰混凝土表面的装饰性，所用的脱模剂在适当的涂抹量下，在混凝土表面不会残留痕迹，出现轻微的残渍也能很快消失。

(3) 无不利影响　装饰混凝土所用的脱模剂直接与混凝土接触，不应与混凝土发生反应，不能影响混凝土的强度，更不能引起面层的粉化、疏松等。

(4) 配制较容易　在装饰混凝土的浇筑施工中，所用的脱模剂一般是由施工单位配制的，应当做到配制容易、使用方便、价格合理。

目前在装饰混凝土施工中，常用的脱模剂为乳化油脱模剂。这种脱模剂脱模质量稍差些，但含油量很少，不会造成对装饰混凝土表面的污染。乳化油脱模剂是由皂化混合油配制而成的，皂化混合油脱模剂原液常用配合比如表 15-1 所列。

表 15-1　皂化混合油脱模剂原液常用配合比

材料名称	配合比例	材料名称	配合比例
10#机油	60%	石油磺酸	5%
松香	10%	工业酒精	5%
皂角液	10%	水	3%
烧碱(NaOH)	2%	—	—

在配制皂化混合油原液时，先将松香加热熔化，在甲容器中将烧碱（NaOH）溶于水中，在容器中将机油、皂角液和石油磺酸混合搅拌，同时加热至 60～70℃；再将熔化的松香倒入乙容器中，边搅拌边加入烧碱溶液，直至均匀形成棕黄色液体，即制成皂化混合油脱模剂原液。在使用时，将 5%的皂化混合油原液与 95%的水混合，快速将它们搅拌均匀，即可成为乳化油脱模剂。

（二）在浇筑混凝土表面加工线型及花饰工艺

在浇筑混凝土表面加工线型及花饰工艺，是一种混凝土表面正打施工工艺。壁板外侧面朝上，可以在成型板材混凝土初凝前后，用工具加工形成设计所需的各种造型、花饰、线条和质感。这种施工工艺常用的有印花、压花、滚花与挠刮等多种方法。

1. 印花工艺

印花工艺是将印刷技术中的漏印方法用于建筑饰面的一种技术。它是利用刻有漏花图案的模具，在刚浇筑成型的混凝土墙板表面印出凸纹。模具采用柔软、有一定弹性、能反复使用的材料，如橡胶板或软质塑料板等，按设计刻出漏花的图案，模具底面最好为布纹麻面，可使墙板表面凸出花纹之间的底面上形成质感均匀的“水纹”，并防止揭模时破坏板面。

模具的厚度可根据对花纹凸出程度的要求决定，一般情况不超过 10mm。模具的大小可按墙板立面适宜的分块情况决定。

工程实践证明，虽然新浇筑混凝土墙板经拍打、抹压能印出花纹，但由于混凝土中粗骨料的含量多，要达到良好的效果比较困难。一般可先在浇筑完的墙板表面铺一层水泥砂浆再印花，或者将模具先铺放在已找平、表面无泌水的新浇筑混凝土墙板上，再用砂浆将漏花处抹平，从而形成凸出的图案。

印花工艺具有材料和设备简单、操作比较方便、技术容易掌握、线型花饰多样等优点，但线型和花饰凹凸程度比较小，远视效果不够理想。

2. 压花工艺

压花工艺是将钢筋或角铁焊制成具有一定线型、花饰的模具，在新浇筑、未抹平的混凝土或砂浆表面压出凹纹。模具也可以用硬质塑料、玻璃钢等材料制成。

压花工艺与印花工艺相比，其线型、花饰的凹凸差较大，装饰效果比较好，但压花深浅等操作技术比较复杂，不如印花工艺容易掌握。

3. 滚花工艺

滚花工艺是在成型预制混凝土墙板时，浇筑混凝土后抹一层厚度为1～1.5mm的面层砂浆，在面层砂浆表面用滚压工具滚压出具有一定装饰效果的线型、花饰。

线型、花饰是按设计要求在滚压工具上，可以实现装饰效果多样化。由于操作是在面层砂浆表面进行，所以这种工艺简单易行。

4. 挠刮工艺

挠刮工艺就是在新浇筑、已找平的混凝土墙板上，用硬毛刷等工具在其表面上挠刮成具有一定毛面质感的面。这种工艺非常简单，也是正打工艺墙板的一种装饰处理方法，但装饰很难做到多样化，装饰效果也不理想。

三、露骨料装饰混凝土施工工艺

露骨料装饰混凝土施工，可分为混凝土硬化前露骨料施工工艺和混凝土硬化后露骨料施工工艺两种。

(一) 混凝土硬化前露骨料施工工艺

混凝土硬化前露骨料施工方法很多，目前在装饰工程中应用的主要有水洗法、缓凝法、酸洗法、抛丸法和砂垫法等。

1. 水洗法

水洗法是类似水刷石的一种做法，用于正打施工工艺。在常温情况下，待混凝土浇筑1～2h后，在混凝土达到终凝之前，采用具有一定压力的射流水冲刷混凝土表面，把面层的水泥浆冲刷掉3～5mm，使混凝土中的粗骨料露出其自然色彩。

预制正打工艺可以直接用水进行冲洗，采用整体模板在混凝土墙板浇筑成型后迅速抬起一端，使之与地面倾斜成45°角，以便用水冲洗时，让冲掉的水泥浆流淌下来。刷洗完毕后要用毛巾将板面下侧多余的水吸掉，避免干燥后该处的骨料表面不干净。

2. 缓凝法

缓凝法既适用于反打工艺，也适用于正打工艺。它是先施缓凝剂在模板上，然后浇筑混凝土，借助缓凝剂使混凝土表面层的水泥浆不硬化，以便待脱模后用水进行冲刷，使粗骨料露出。

当采用反打施工工艺时，浇筑混凝土前在底模上涂刷缓凝剂或铺放预先涂布缓凝剂的纸；当采用正打施工工艺时，可采用在模板上贴缓凝剂纸的方法。

采用缓凝法工艺的费用较低，只需要将缓凝剂涂刷在模板表面或成型混凝土表面即可，缓凝剂的涂层厚度一般为1mm左右。但在施工过程中应特别注意，不允许把混凝土放到尚未干燥的缓凝剂涂层上，否则会出现涂层的滑移和导致缓凝剂涂层厚薄不均匀。

缓凝法工艺常用的缓凝剂是亚硫酸纸浆废液缓凝剂和硼酸缓凝剂。亚硫酸纸浆废液缓凝剂的配方是：纸浆废液：石灰膏＝2：1（质量比）；硼酸缓凝剂的配方是：硼酸：羧甲基纤维素水溶液（含固量5%）＝(5～7)：100。

缓凝法施工工艺对缓凝剂有以下基本要求：①能够根据养护条件使混凝土制品接触缓凝剂的表层水泥推迟硬化，并能使混凝土制品达到脱模的强度；②脱模后接触缓凝剂的混凝土表层，能够用一定压力的水进行冲刷，冲掉混凝土表面的水泥浆膜；③便于涂刷，并能迅速干燥形成厚薄均匀的涂层，且涂层能经受住浇筑混凝土时的水分、摩擦作用，不至于被破坏；④配制方便，价格合理，原料供应有保证；⑤不腐蚀模板，不污染制品表面，不改变混凝土颜色。

3. 酸洗法

酸洗法是利用化学作用去掉混凝土外层水泥浆，使骨料外露的一种施工工艺。这种方法在常温情况下，在浇筑完毕混凝土24h后进行酸洗。酸洗溶液通常选用一定浓度的盐酸。由于盐酸对骨料有侵蚀作用，且工程成本较高，一般不予采用。如果选用酸洗法，要求混凝土中的骨料具有较好的耐酸性。

4. 砂垫法

砂垫法是一种类似于反打成型与露骨料装饰相结合的施工方法，即在模板底铺设一层湿砂，并将颗粒较大的骨料部分埋入砂中，然后在骨料上浇筑混凝土，在起模后把湿砂冲去，骨料即有部分外露，从而可以达到露骨料装饰混凝土的效果。这种方法可以使骨料露出的深度比较大，一般在12～50mm，大于缓凝法可能达到的深度。

（二）混凝土硬化后露骨料施工工艺

混凝土硬化后露骨料施工方法也很多，目前在装饰工程中应用的主要有水磨法、喷砂法、凿剁法、火焰喷射法、劈裂法和抛丸法等。

1. 水磨法

水磨法类似于水磨石生产工艺。其基本做法是：制作预制混凝土墙板时，在浇筑混凝土并抹平后，铺放塑料模片或塑料网格，再铺抹厚度为1～1.5cm水泥石碴浆，其水泥石碴浆的颜色、粒径、形状、配合比应符合设计要求。待水泥石碴浆达到一定强度时，将铺放的塑料模片或分格网去掉，然后按照水磨石的方法进行磨石，磨至全部露出石碴，将磨下来的碎屑和浆液冲洗干净即可。

采用这种方法也可以不铺抹水泥石碴浆，而是在抹平的混凝土表面直接进行磨石，磨至混凝土中的骨料露出也能获得同样的装饰效果。但是，磨石时混凝土要达到较高的强度，一般要求混凝土强度达到12～20MPa时方可进行水磨。

2. 喷砂法

喷砂法是一种将铸造行业铸件清砂除锈的设备和方法，直接用于制作混凝土饰面的技术。由于可以利用自动化程度很高的设备加工，喷砂法施工的效率很高，质量也易保证。

喷砂法的基本做法是：将预制墙板用辊式输送机依次送到喷丸直射区，接受喷丸的冲击磨琢。这种施工工艺一般在混凝土强度达到设计强度的40%～50%时即可进行。

3. 凿剁法

凿剁法是利用手工或电动工具，剁除混凝土表面上的水泥浆皮，使混凝土的骨料外露，这种施工方法也称为凿毛法。经过凿毛后的混凝土表面，显示出如同花岗石的质感，因此也称为“斩假石”。

用人工方法进行混凝土的凿毛，不仅工效比较低、劳动强度大，而且质量和装饰效果难以保证。在有施工条件时，最好采用凿毛机凿剁，这种凿毛机有3个风动的錾子，它们轮换冲击凿毛的混凝土表面，工效高、强度低、较安全、质量好。

4. 火焰喷射法

火焰喷射法是用乙炔和氧气等混合气体而产生的火焰处理混凝土表面，使混凝土中的骨料外露。这种施工工艺的基本原理是：利用骨料高温炸裂和致密骨料因骤热而破坏的特点，在混凝土表面形成良好的仿石饰面。

由于火焰喷射法施工工艺复杂、温度不易掌握、消耗大量能源、混凝土配比和成型方法特殊等原因，目前在我国的装饰工程中很少应用。这种饰面方法关键在于掌握好喷射温度，据日本资料介绍为2200～3000℃，瑞典却控制在3590℃左右。

5. 劈裂法

劈裂法是当混凝土达到一定的强度时，对混凝土表面进行劈裂处理，使混凝土形成露骨料的断面，这种断面具有良好的石质装饰效果。

为保证混凝土饰面的装饰效果，应在混凝土强度达到设计强度的50%时进行劈裂，强度过低易剥落下大块混凝土，强度过高劈裂比较困难。

6. 抛丸法

抛丸法是将混凝土制品以1.5～2.0m/min通过抛丸室，抛丸机以65～80m/s的线速度抛出铁丸，利用铁丸冲击力将混凝土表面的水泥浆皮剥离下来，使混凝土中的骨料露出。由于这种方法不仅可以将水泥浆皮剥落，而且也可将骨料的表皮凿毛，所以其效果如花锤剁斧、自然逼真。

四、装饰混凝土的施工要点

装饰混凝土的施工不同于普通水泥混凝土，特别是当装饰混凝土外观表层要求有复杂的铸型时，必须特别注意混凝土在振动作用下的工作度，以保证混凝土与模板的紧密接触，从而形成棱角清晰的细部构造。因此，在装饰混凝土的施工过程中，应当注意以下方面。

(1) 用搅拌机分批拌合彩色混凝土，只需连续搅拌2～3min即可。如果采用干拌法，则需要8min左右。为了使所有色料发挥出最好的效果，防止混凝土产生条痕或不均匀，最好把色料和干水泥在搅拌机中至少分别搅拌10min后再调和。

(2) 在装饰混凝土的浇筑成型时，要采用正确的成型工艺。根据施工经验，装饰混凝土的浇筑成型工艺一般有一次浇筑法、两次浇筑法和撒粉法3种。

① 一次浇筑法　装饰混凝土的一次浇筑法，与普通水泥混凝土的成型方法相同。即在模板支设完毕后，将搅拌的混凝土连续浇筑于模板中，使混凝土成为一个整体。

② 两次浇筑法　装饰混凝土的两次浇筑法，是将混凝土结构（构件）分为两部分。在浇筑混凝土施工时，先浇筑装饰混凝土的基层，待该层混凝土凝固和表面水分蒸发后，再浇筑15～20mm厚的彩色混凝土表层。

③ 撒粉法　撒粉法是用1份水泥（白色水泥或普通水泥）、0.5～1份砂子或色料干拌均匀，然后将这些混合料撒在新浇筑的混凝土表面上，所用色料一般不少于0.06kg/m^3。然后把这些混合料用工具镘平，直到获得均匀的颜色为止。

(3) 对于装饰混凝土，当要求以浇灌的面作为饰面时，混凝土捣实是个需要着重考虑的问题，应分别注意如下事项。

① 当混凝土的表面在以后会饰以某种组织结构时，可容许捣实偏差稍微大一些。但即使在这种情况下，也不可降低对混凝土捣实的要求。工程实践证明，适当的振捣可以避免表面缺陷，使混凝土表面光滑、棱角清晰、质量均匀、强度提高，是施工中的关键。

② 当彩色混凝土采用精心设计的低坍落度混凝土时，超振不一定会引起不良的作用，相反振捣不足很容易引起表面缺陷。如果在混凝土的振捣过程中，振动不能正常进行，被驱赶到模板表面的空气则不能被彻底排除，混凝土的表面则会出现蜂窝麻面，严重影响混凝土的装饰效果。

③ 在混凝土振捣过程中，不应使振动器碰撞模板，如果碰撞模板就会混凝土表面浆液过多，导致混凝土组织结构和颜色的改变。当采用露石装饰混凝土饰面时，应使振动器距模板表面至少保持 75mm，以防止由于成型造成的细粒小囊。

(4) 白色混凝土或彩色混凝土的精心镘平压光，不仅可以消除混凝土组织结构的微小差别，而且能使更多的水泥和颜料带到表面上。这样可以提高颜色的均匀性，从而使颜色更好、表面更亮。

(5) 工程实践证明，彩色混凝土过早的干燥，其颜色较更长时间养护的混凝土为浅，这与水化变色是同样的作用。因此，应该比较均匀的养护彩色混凝土，否则水化变色将重新引起颜色变化。

彩色混凝土最好是在拆除模板之前养护若干天，以保证均匀的水化作用和强度正常的发展，减少在拆除模板过程中可能发生的破坏，并能使由于迅速干燥引起的开裂或将裂纹减至最少，同时防止水化变色所重新引起的颜色变化。

第十六章 导电混凝土

普通水泥混凝土以其优越的机械性能和良好的耐久性被广泛应用在各种建筑工程中。不过，在比较干燥的环境下，普通混凝土的导电性能很差。在道路、电力、电子、军事等建筑工程中，机械性能和导电性能都优越的混凝土有很重要的作用。例如消除路面结冰，传统的方法虽然能通过加热路面从而达到除冰的目的，但是其安装成本高，工艺也过于复杂，而使用导电混凝土就会取得优异的效果。

导电混凝土是用可导电的材料部分或全部替代混凝土的普通骨料，经凝结、硬化后所获得的具有规定导电性能、一定力学性能和耐久性能的新型特种混凝土，这也是一种具有节省能源并具有广阔发展前景的新型建筑材料。

第一节 导电混凝土概述

材料试验和工程实践证明，如果在混凝土中添加一定量的导电物质，可以使混凝土的导电性大大改善，从而成具有较好导电性能的导电体。导电混凝土的基本原理是导电材料部分或全部取代混凝土中的普通骨料，它是具有符合规定的电性能和一定的力学性能的特种混凝土，前苏联将它归为电工混凝土的一种。

目前，国内外正在研究性能更先进的导电混凝土，很多国家主要研究碳纤维增强混凝土(简称为 CFRC)。CFRC 不仅具有较高的抗压强度与抗拉强度，更重要的是其体积电阻率随外界应力的改变而改变，这些都引起国内外一些学者对其性能和应用开展了一系列的研究工作。虽然碳纤维增强混凝土具有良好的电学和力学性能，但在目前的情况下，昂贵的价格限制了它在很多领域的应用。近年来，我国的有关专家已开始利用钢纤维和钢渣作为导电相来研究导电混凝土的导电性，并取得了可喜的成绩。

一、混凝土导电的原理

1. 混凝土的电阻率

在硅酸盐类水泥混凝土中，如果要想获得稳定的导电性，关键问题在于：使电能够借助于电解质中离子的运动或金属与半导体中电子的运动而流动。

由水泥和天然骨料组成的普通混凝土，在其完全干燥后具有极高的电阻，因此可以把干燥的混凝土归为绝缘体类。但是，混凝土在具有一定含水的情况下，其内部含有一种容许电流通过的电解质。这种电解质是由水溶性的导电化合物组成的，而这种化合物是从水泥水化反应中获得的，存在于混凝土的拌合水中。

新浇混凝土的初始电阻率主要取决于可溶盐的数量、混凝土的水灰比和混凝土拌合物的温度等。据有关试验资料介绍，在常温情况下，水灰比为 0.35～0.60 的硅酸盐类的水泥混凝土中，其电阻率值为 300～600Ω · cm，即电流在穿过 $1m^3$ 材料试块的两个相对表面时感到的电阻。

2. 电阻率的变化

混凝土混合物经过振捣密实成型并呈静止状态后，其电阻率会产生很大的变化。试验证明：混凝土电阻率变化最大的特点是：电阻率在最初 1h 左右显著降低，随后逐渐上升，并达到一个不能预料的数值，如图 16-1 所示。发生这种变化的原因可以解释为：电流在通过潮湿混凝土时，主要是以电解方式进行传导；而在可蒸发的水中是以离子方式进行传导的。总的是在水泥发生水化反应过程中离子密度发生变化而引起的。

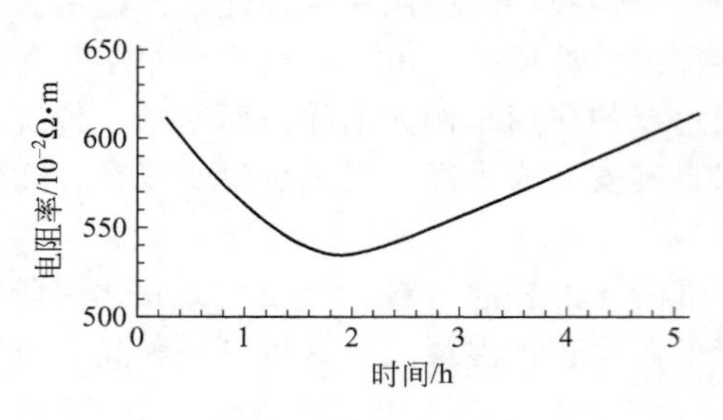

图 16-1 混凝土拌合物电阻率变化曲线

从图 16-1 中可以看出：混凝土拌合物的电阻率将逐渐升至某个数值，然后停下来。这个数值取决于浇筑完毕的混凝土所处介质的种类。如果将混凝土埋入潮湿的土壤之中，其电阻率为 3000～8000Ω・cm，如果将混凝土暴露于高温或比较干燥的环境中，其电阻率将达到 2.0×10^{8}Ω・cm，甚至更大。

普通新浇筑的混凝土虽然其含水量比较大，也是可以导电的，但即使电阻率很小（如 500Ω・cm）的拌合物，也完全不能适用任何一种用途。在混凝土凝结硬化的过程中，随着水分的蒸发，电阻率会变得越来越大，成为原来的 400 倍以上。因此，要想使混凝土具有良好的导电性能，必须设法使电解质的电阻短路。要做到这一点，可在混凝土中掺加一定比例的导电材料，使整个混凝土的基体中出现相连的导电粒子链，借助于电子的运动使混凝土导电。

二、导电混凝土的应用

导电混凝土虽然是一种特种材料制成的新型混凝土，但经过几十年的研究和实践，并随着相关科学的发展，现在导电混凝土的应用范围越来越广泛，主要具体用于如下领域：①利用导电混凝土作建筑采暖地面和环境加热；②利用导电混凝土浇筑可自行融雪化冰的公路和城市道路；③利用导电混凝土制作电站的接地装置；④利用导电混凝土进行金属防腐的阴极保护；⑤利用导电混凝土电阻率变化对大体积混凝土结构的微裂缝进行监测；⑥利用导电混凝土的导电压敏性对高速公路交通进行在线监控和对汽车进行自动称重；⑦利用导电混凝土制作建筑物的避雷装置；⑧利用导电混凝土建造具有屏蔽功能的实验室和厂房。

1. 制作电热电器

由水泥、石墨和耐火材料组成的导电混凝土，既具有普通水泥混凝土的易成型性，又能承受一定范围内的高温，还具有一定的导电性，因此这种混凝土是一种较为理想的电阻加热元件，只要调节混凝土中的石墨含量，就可以方便地调整混凝土的导电性，从而可以改变其电阻值，以满足各种电热元件的功率要求。

这种新型的非金属电热元件，由于电流是在整个混凝土块内部较为均匀地通过，所以其通流截面比较大；另外，它的单位面积所允许通过的最大电流也很大。经测试发现，当电流超过 200A/cm^2时，导电混凝土块也不会出现损坏。所以，导电混凝土块中允许通过的最大电流可以比额定工作电流高出许多。由此可见，这种导电混凝土的抗过电流、过电压的能力很强，其使用寿命也比较长。

此外，由于这种电热元件的体积可以制作得比较大，相应的散热面积也比较大，这样就能使散热快且均匀，电热元件表面的温度低，从而可以避免出现明火，大大提高了安全性。因此，这种电热元件可以在电热电器领域中开发应用。

2. 断路器的合闸电阻

断路器是输电线路中的重要组成部件，输电线路的合闸和分闸都是依靠断路器来完成的。输电线路的合闸一般是用加装并联合闸电阻的断路器进行。在进行合闸时，断路器内部的合闸电阻上会在较长时间内流过较大的电流，因此要求其要具有较大的热容量。

过去一般多采用由金刚砂掺以碳墨制成的煅烧电阻来作为合闸电阻，但由于金刚砂和碳墨均是较好的导热体，其热容量不可能很大。由于这种断路器合闸电阻的热容量不够大，因此常会造成线路合闸时断路器的合闸电阻被烧毁。

采用导电混凝土就可以较好地解决这一难题。合闸电阻的电阻值一般在数百欧姆至上千欧姆，只要适当调节导电混凝土中石墨的含量，就可以使电阻值满足合闸电阻的要求。

导电混凝土是由水泥、砂、骨料和其他材料组成，它们的热容量均比金刚砂、碳墨的热容量大得多，故导电混凝土的热容量可高达 500～800J/cm^2。因此，采用导电混凝土作为断路器的合闸电阻时，可以大大提高其热容量。实测结果表明，导电混凝土合闸电阻的热容量比传统的煅烧合闸电阻的热容量高约 2.5 倍。导电混凝土合闸电阻不仅热容量大，而且承受过电流的能力也很强，允许通过的最大电流密度可高达 200A/cm^2，因此通过很大的故障电流也不会造成损坏。

3. 作为金属防腐

导电混凝土的另一重要功能是对金属有良好的防腐蚀性。科学试验证明，金属是依靠电子进行导电的，而电解质是依靠离子进行导电的。金属的腐蚀主要发生在电子导电转向离子导电的界面处。在普通钢筋混凝土中存在着这种界面，因此钢筋腐蚀是难以避免的。

如果采取措施消除这种界面，则可以防止金属腐蚀的产生。由于导电混凝土主要是依靠电子导电的，如果将导电混凝土应用于钢筋混凝土中，就可以消除这种界面，从而防止钢筋的腐蚀。当然，消除这种界面的前提是尽可能排除导电混凝土中的离子相通路。为了达到这一目的，可以将其用憎水剂来浸渍，浸渍后导电混凝土的电阻率几乎没有变化。

在 20 世纪 60 年代，苏联已生产出具有良好耐腐蚀性的导电混凝土制品，对防止金属腐蚀起到了很好的作用。

4. 其他方面应用

在冬季需要取暖的广大北方地区，采用导电混凝土装置用于环境加热，完全可以代替现有的取暖设备，对于节省能源、保护环境具有非常重要的意义。在我国越来越多的高层建筑上，导电混凝土用作避雷装置是非常适宜的。在严寒地区用导电混凝土加热融冰化雪，可以确保车辆安全行驶，避免交通事故。

接地网是变电所和水电站确保电气设备和人身安全的重要设施，保证接地网的性能达到国家标准是安全运行的关键，而衡量其性能的主要技术参数是工频接地电阻值，一般要求小于 0.5Ω。传统的接地网是金属桩打入地下直到含水较多的低电阻土壤层形成接地网。为了降低土壤的电阻值，有时必须向土壤中加入降阻剂，但对金属棒的腐蚀非常严重。尤其在通电的情况下，腐蚀后在金属柱表面形成氧化层，增加了与土壤接触面的电阻值，导致接地网失败。

由中南勘察设计院研制的导电混凝土接地材料，先后在广东清新 110kV 变电所和福建秦山电站的接地网中得到成功应用。用导电混凝土代替金属材料不仅降低了成本，更重要的是大大延长了接地网的有效使用寿命。

5. 导静电和阻电击

在使用可燃性麻醉瓦斯的手术室中，手术的主要人员、患者和手术器具之间，有相互间蓄积起来的静电压，彼此相互接近产生火花的可能性很大，这种情况引起可燃性气体爆炸的危险是存在的。如手术室内的人静电容量约200PF，在麻醉瓦斯中及氧气、乙醚的混合气体中，用0.01mJ的微小能量就会引起爆炸。为不使静电在人和物体上积蓄，必须设置通常的导电地面将其引走。

纺织厂、印刷厂、制粉厂、电子计算机室、橡胶厂、飞机修理厂等均会在生产的过程中产生一些静电。如果对这些静电不进行很好地引导，很容易产生各种各样的事故及降低效率。为了防止出现这些问题，防止相当部分的静电及减少电击，往往也应采用导电地面。

另外，由于导电混凝土具备热和电的感知和转换能力，这就使得它不仅能作为一种建筑承载材料使用，而且还将在电工、电子、电磁干扰屏蔽、防静电、电加热器、钢筋阴极保护、建筑地面采暖等方面发挥重要作用。

第二节　导电混凝土的组成材料

导电混凝土是由胶凝材料、导电材料、水和外加剂等，按照一定的配合比配制而成的多相复合材料。按胶凝材料不同，导电混凝土可分为无机类导电混凝土、有机类导电混凝土和复合类导电混凝土。在工程中最常用的是无机类导电混凝土，也称为碳质导电混凝土。

工程实践充分证明，配制导电混凝土过程中存在许多要解决的问题，其中最主要的问题是保证混凝土符合工程所要求的力学强度、耐久性和导电性能。因此，如何使配制的导电混凝土满足以上3项主要技术性能，关键在于选择适宜的组成材料。

一、导电材料

材料试验证明，导电材料是配制导电混凝土的关键性材料。目前可作为导电混凝土导电的材料，主要是碳质材料。碳质材料的骨料主要有石墨材料、炭黑材料、碳质轻骨料等。

1. 石墨材料

石墨是一种可行的导电材料，也是应用于导电混凝土中最早的导电骨料，它具有强度比较高、导电性能比较好等特点。工程实践证明，如果配比适合，可以配制成符合一定电性能要求的导电混凝土。但是，石墨要制成一定粒度的骨料，在目前技术上有一定难度，配制的导电混凝土电阻不够，再加上其价格较高，在应用上受到很大限制。

2. 炭黑材料

炭黑是以含碳原料（主要为石油）经不完全燃烧而产生的微细粉末，外观为纯黑色的细粒或粉状物。炭黑的种类和用途很多，用于导电混凝土的炭黑主要有导电炭黑、超导电炭黑等。炭黑虽然在价格上比石墨低廉，但在成粒上也有很大难度，存在着与水泥浆体黏结性差等缺点，也不利于在导电混凝土中应用。

3. 碳质轻骨料

碳质轻骨料的压实堆积密度为960kg/m^3，松散堆积密度为800kg/m^3。其具有电阻率小、质量轻、价格低、杂质少等优点，pH值一般为7.1左右。碳质轻骨料不仅克服了石墨材料严重不足，而且其价格较低。材料试验证明，这种材料的吸水率虽然比较大，在饱和面干状态（含水率0.2%）时的吸水率可达到15%，但是瞬时性的，且吸水膨胀性很小。在掌握这一特性后，有利于在设计配合比和施工过程中更容易控制水灰比。但是，碳质轻骨料与水泥浆体的黏结性较低，虽然不如普通砂石，但要比石墨和炭黑高。

二、胶凝材料

配制导电混凝土的胶凝材料多数是水泥。在选择水泥时，应像普通水泥混凝土一样，主要应考虑水泥的强度等级和水泥的品种。

1. 水泥的强度等级

在导电混凝土的组成骨料中，除碳纤维的强度较高外，其他材料（如碳质轻骨料等）的强度均比较低，因此配制出的导电混凝土的强度比普通混凝土低。为保证导电混凝土的强度，应选用强度等级较高的水泥，一般为强度42.5MPa以上的水泥。

2. 水泥的品种选择

配制导电混凝土所用水泥的品种与普通水泥混凝土一样，应根据工程所处环境、设计要求和耐久性等而确定。

三、拌合水

配制导电混凝土所用拌合水的要求与普通水泥混凝土相同。其技术指标应符合现行行业标准《混凝土用水标准》(JGJ 63—2006）中的要求。

四、外加剂

在配制导电混凝土时可以根据实际需要掺加适量的外加剂。导电混凝土常用的外加剂有减水剂、早强剂等。但在掺加含电解质（如 $CaCl_2$、Na_2SO_4）的早强剂时，必须考虑到对混凝土导电性能的影响。

第三节　导电混凝土的配合比设计

由于导电混凝土的基本性能与普通水泥混凝土有很大区别，因此在混凝土配合比设计的原则上也有一定不同。对于导电混凝土来讲，既要满足工程对混凝土强度和耐久性的要求，还要考虑施工时混凝土拌合物工作性的要求，另外特别要满足工程对混凝土导电性能的要求。因此，在进行导电混凝土配合比设计时，可以先以普通水泥混凝土的强度为基准进行配合比设计，然后再满足混凝土导电性能和工作性的要求。

一、配制强度的确定

在导电混凝土中，除碳纤维导电混凝土外，其他碳质材料对混凝土强度均有不利影响，所以在确定混凝土配制强度时，应当给配制强度增加一个碳质骨料对强度的影响系数 ψ，导电混凝土的配制强度可按式(16-1) 计算：

$$f_{cu,0}=\Psi(f_{cu,k}+1.65\sigma) \tag{16-1}$$

式中　$f_{cu,0}$——导电混凝土的配制强度，MPa；

Ψ——碳质骨料的影响系数，一般可取1.10～1.15；

$f_{cu,k}$——导电混凝土的设计强度，MPa；

σ——导电混凝土的强度标准差，MPa。

二、混凝土用水量的确定

由于导电混凝土中的骨料多数为轻骨料，因此其用水量的选取方法可参照轻骨料混凝土，即要考虑净水用量和附加吸水量。

三、混凝土水泥用量的确定

导电混凝土的水泥用量，应根据沉凝土的强度要求和所用水泥强度等级确定。由于加入碳质骨料对混凝土的强度有不利影响，使混凝土的强度有所降低，因此，在混凝土强度等级相同的情况下，导电混凝土所用水泥的强度等级应比普通混凝土高一些。

表 16-1 中列出了某些工程用全部轻骨料作为粗、细骨料的导电混凝土配制时水泥用量数据，可作为施工中配制导电混凝土的参考。

表 16-1 碳质轻骨料导电混凝土 $1m^3$ 水泥用量参考表

混凝土强度等级/MPa	C10	C15	C20	C25	C30	C35	C40
水泥强度等级/MPa	32.5	32.5	42.5	42.5	42.5	52.5	52.5
水泥用量/(kg/m³)	250～300	300～340	290～330	350～380	400～420	410～430	450～470

四、混凝土骨料用量的确定

根据导电混凝土的使用性能不同，导电混凝土中的骨料可以全部为导电骨料，也可以部分为导电骨料和部分普通骨料。在一般情况下，导电混凝土要求的电阻率越小（即导电性越大），则所要求掺加的导电骨料越多。

导电混凝土的骨料用量，可以按照以下步骤进行确定。

1. 确定混凝土的砂率

$$S_p=\Sigma S/(\Sigma S+\Sigma G) \tag{16-2}$$

式中 S_p——导电混凝土的砂率，%；

ΣS——$1m^3$ 导电混凝土中普通砂和碳质细骨料或碳纤维的总掺量，kg/m³；

ΣG——$1m^3$ 导电混凝土中粗骨料的总掺量，kg/m³。

导电混凝土中的细骨料总掺量 ΣS_0 和粗骨料总掺量 ΣG，可分别按式(16-3)、式(16-4)计算：

$$\Sigma S_0=S_0+S_1 \tag{16-3}$$

$$\Sigma G=G_0+G_1 \tag{16-4}$$

式中 S_0——导电混凝土中普通砂的掺量，kg/m³；

S_1——导电混凝土中导电细骨料的掺量，kg/m³；

G_0——导电混凝土中粗骨料的掺量，kg/m³；

G_1——导电混凝土中导电粗骨料的掺量，kg/m³。

导电混凝土配制试验证明，其砂率一般可控制在 30%～50% 范围内。由于砂率的变化范围比较大，究竟选用何种砂率应当根据混凝土的强度和电阻率要求通过试验确定。

2. 计算骨料用量

导电混凝土的骨料用量可与普通混凝土一样，用绝对体积法计算其粗骨料和细骨料的用量。

上述计算也可以根据强度要求先按普通混凝土配合比设计方法求出原材料配合比，然后通过掺入不同比例的导电骨料代替普通骨料，以调整混凝土的电阻率。

五、混凝土掺合料的确定

导电混凝土的掺合料可分为两种：一种是调节导电混凝土工作性和强度的掺合料，如磨细粉煤灰、磨细矿渣粉和硅灰等；另一种是调节导电混凝土电阻率的掺合料，如石墨粉、炭黑等。但是，在掺加导电掺合料后，在降低混凝土电阻率的同时也会降低其强度。

为满足和确保导电混凝土的强度，不至于使混凝土的强度有大的降低，应当严格控制掺合料的掺量。工程实践证明，如果在导电混凝土中掺加碳纤维，既可以满足混凝土的导电性能要求，又可以满足混凝土的强度要求。

试验证明，导电混凝土在掺加掺合料时，其掺量应当以水泥用量为基数，最高掺量可达到水泥用量的50%。当导电混凝土的强度等级大于或等于C20时，掺合料的掺量一般不应超过25%；当导电混凝土的强度等级大于或等于C30时，掺合料的掺量一般不应超过15%。当掺合料的掺量达到最高限制仍不满足其导电性要求时，可通过掺加碳纤维或增加导电细骨料来进行调节。

六、导电混凝土的参考配合比

在实际工混凝土程中，导电混凝土多采用碳质骨料混凝土，有的采用碳质导电砂浆和碳质导电水磨石等。为了方便设计和施工，表16-2和表16-3中分别列出了一些导电混凝土的参考配合比，供施工中配制参考。

表16-2 碳质导电混凝土参考配合比

材料用量/(kg/m³)			骨胶比(粗骨料＋细骨料＋导电材料)/水泥用量	水灰比(W/C)		7d的抗压强度/MPa
普通水泥	碳质骨料	水用量		游离水量	总水量	
485	1450	385	3.0	0.34	0.79	8.20
550	1380	380	2.5	0.31	0.69	16.7
645	1290	375	2.0	0.29	0.58	24.1

表16-3 碳质导电混凝土砂浆和水磨石参考配合比

导电混凝土的种类	材料配合比(质量比)			
	普通水泥	炭黑粉	砂子	石子或石碴
碳质导电混凝土	1	1	3	10
碳质导电砂浆	1	1	3	—
碳质导电水磨石	1	1	—	2

第四节 导电混凝土的施工工艺

导电混凝土的组成材料和性能与普通混凝土有所不同，其施工工艺必然也不相同。下面根据导电混凝土在工程中的应用不同，简单介绍它们各自的施工工艺及应用。

一、导电混凝土的具体应用与施工

用于采暖地面的导电混凝土，可以按照以下步骤进行施工。

(1) 首先在已做好下混凝土基层上，加铺一层10～20mm厚的聚苯乙烯泡沫塑料板，在纵横方向每隔50cm板上留上直径为10～15cm的孔，以便导电混凝土与基层的联结。

(2) 按照设计规定的导电混凝土的配合比，将物料投入强制式混凝土搅拌机中，如果导电材料为磁纤维可用撒入法加入，并在搅拌机内搅拌 3～5min。

（3）将搅拌好的导电混凝土拌合料倒在打孔的泡沫塑料板上，用铁铲等工具将其分散，并用平板式振动器振捣密实，导电混凝土的铺筑厚度一般为 4～6cm。

（4）在合适的位置预埋碳纤维电板，以便保证混凝土设计的导电性能。

（5）在导电混凝土的上层，用掺加 20%～25%石粉的水泥浆刮铺抹平压光，这层水泥浆的厚度可根据混凝土上层平整度情况而确定。

（6）如果地面原设计不做任何装饰，应在其上面加铺一层 1cm 厚的防水砂浆，防水砂浆的具体做法参见"防水混凝土"有关内容。如果在地面上铺设装饰瓷砖，装饰瓷砖所用的砌筑砂浆中，应掺加 20%～25%的石墨粉和适量的 108 建筑胶。

（7）为保证导电混凝土工程的施工质量和导电效果，导电混凝土在浇筑完毕后应养护 10～14d 才能通电。

采用导电混凝土地板的电阻率，一般应控制在 1800～2500Ω·cm 为宜。采用这种地面，其表面温度可达到 25℃，最高温度可达到 35℃，是一种采暖效果良好的混凝土地板。

二、导电混凝土在接地网工程中的施工

接地网是一些变电所和水电站确保电气设备和人身安全的重要设施，保证接地网的性能达到国家规定的标准是安全运行的关键，而衡量其性能的主要参数是工频接地的电阻值，国家现行规范中规定不得大于 0.5Ω。

传统的接地网是将金属桩打入地下，并使其直到含水较多的低电阻土壤层形成接地网。为了降低土壤的电阻值，必要时可向土壤中加入一定量的降阻剂，但这种方法的缺点是金属柱在含水土壤中极易产生腐蚀。尤其是在通电的情况下，腐蚀后在金属柱的表面形成氧化层，这样反而增加了与土壤接触面的电阻值，甚至导致接地网失败。

如果用导电混凝土代替金属材料，不仅可以降低工程的成本，更重要的是可以在确保使用功能的前提下，大大延长接地网有效使用寿命。

三、导电混凝土的施工要点及注意事项

1. 导电混凝土的施工要点

（1）碳质导电砂浆地面一般可以用加入炭黑粉的砂浆，在该砂浆的底层中铺设网眼为 4～11cm 的 11～16 号镀锌金属网、铜丝网，并满铺作为地线（零线）。表面层加入铁粉的砂浆在下层导电砂浆未干透时涂上，并用铁抹子加工抹平压光。这样施工的地面不一定就能发挥高性能，而是与医院手术室的导电地面相比，具有经济性好，能防止相当部分的静电及减少电击的效果。

（2）碳质导电水磨石地面是在混凝土基层上抹平 15～20mm 厚水泥砂浆后，再在其上面施工 30～40mm 厚的导电砂浆，将导电砂浆压实抹平后，在导电砂浆中敷设 20 号左右的裸铜线。导电砂浆施工完毕后，以水磨石的石碴和导电砂浆按 2∶1 比例磨制成导电水磨石。水磨石的厚度在 15mm 左右，所用石碴的规格为小八厘（即 4mm），用白色方解石或彩色大理石破碎加工而成。

（3）碳质导电混凝土地面是在普通混凝土垫层基层上抹平 15～20mm 厚的水泥砂浆后，再施工厚度不小于 50mm 厚的导电混凝土。导电混凝土所用的粗骨料可以用普通石子，也可以用碳质导电粗骨料，但最大粒径不得大于 20mm。

2. 导电混凝土的注意事项

(1) 碳质导电混凝土浇筑后一般不需要进行振捣，将混凝土表面赶平抹光即可。由于导电混凝土一般比较干硬，施工较困难时可稍加振捣，但振捣时间不宜过长，以免出现炭黑上浮或金属网被碰断，影响导电混凝土结构的质量。

(2) 铺设的镀锌金属网或铜丝网，其中一端必须要牢固接地，这是确保导电混凝土导电良好的关键。

(3) 导电混凝土需要分块时，根据工程施工经验，各块之间的缝隙嵌缝条宜选用塑料条，每块的面积以 $0.36m^2$ 比较合适。

(4) 对于碳质导电混凝土或导电砂浆，在使用中要求每周清扫一次，一般可采用中性洗涤剂。由于油性物质易使导电性降低，在使用中要注意不得污染油质东西。

第十七章 煤矸石混凝土

煤矸石混凝土主要由煅烧煤矸石、生石灰和石膏按一定比例组成，水是在湿碾的过程中根据设计要求加入的。块状煅烧煤矸石经过轮碾，有一小部分碾碎成细小的颗粒，与氢氧化钙反应生成水化硅酸钙而产生强度，大部分煤矸石成为混凝土中的骨料。因此，煤矸石混凝土的性质和用途与普通水泥混凝土不同。

第一节 煤矸石混凝土概述

一、煤矸石的危害

煤矸石是煤炭生产和加工过程中产生的固体废弃物，每年的排放量相当于当年煤炭产量的10%左右，目前已累计堆存30多亿吨，占地约$1.2\times10^4hm^2$，是目前我国排放量最大的工业固体废弃物之一。我国煤炭年产量约10×10^8t，居世界第一位．煤炭生产和加工中产生的煤矸石，占当年煤炭产量的10%～15%。目前累计煤矸石山达1500多座，约4.0×10^9t，占地1.33万亩以上，而且每年约以1.0×10^8t的速度递增，每年形成新增占地约400亩。

煤矸石的堆积不但占用大量土地，而且煤矸石中所含的硫化物散发后会污染大气和水源，造成严重的后果。煤矸石中所含的黄铁矿（FeS_2）易被空气氧化，放出的热量可以促使煤矸石中所含煤炭风化以至自燃。煤矸石燃烧时散发出难闻的气味和有害的烟雾，使附近居民慢性气管炎和气喘病患者增多，周围树木落叶，庄稼减产。煤矸石山受雨水冲刷，常使附近河流的河床淤积，河水受到污染。因此，解决煤矸石的处理和利用问题也是煤矿开采和环境保护部门的重要课题。

世界上许多国家都很关注煤矸石的利用，将其称为“新资源”。法国、波兰、前苏联、英国、美国、芬兰等利用煤矸石生产建筑材料；法国、英国、前苏联用煤矸石生产烧结实心砖和空心砖，取得成功的经验。因此，煤矸石又是可利用的资源，其综合利用是资源综合利用的重要组成部分。我国政府对此高度重视，提出了“因地制宜、积极利用”的方针，实行“谁排放、谁治理”“谁利用、谁受益”的原则。将资源化利用与企业发展相结合，资源化利用与污染治理相结合，实现经济效益、环境效益和社会效益的统一。

二、煤矸石的化学组成

煤矸石是采煤和洗煤的副产品，是无机质和少量有机质的混合物，主要是由炭质泥岩、泥岩、粉砂岩、砂岩等岩石组成的。其矿物组成主要有高岭石、蒙脱石、长石、伊利石、方解石、黄铁矿、水铝石和少量稀有金属矿物等组成，元素组成多达数十种。尽管煤矸石的成分非常复杂，在一般情况下，煤矸石的化学成分主要是SiO_2、Al_2O_3和C，其次是Fe_2O_3、CaO、MgO、Na_2O、K_2O、SO_3、P_2O_5、N和H等。此外，也常含有少量Ti、V、Co和Ga等金属元素，煤矸石的化学成分不稳定，不同地区、不同煤矿的煤矸石成分变化较大，

表 17-1 中列出了煤矸石中主要化学成分。

表 17-1　煤矸石中主要化学成分

项目	SiO_2	Al_2O_3	Fe_2O_3	CaO	MgO	Na_2O	K_2O	C
含量/%	30～60	15～40	2～10	1～4	1～3	1～2	1～2	20～30

煤矸石的矿物成分以黏土矿物和石英为主，常见矿物为高岭土、蒙脱石、伊利石、石英、长石、云母和绿泥石类。除了石英和长石外，以上矿物均属于层状结构的硅酸盐，这是煤矸石矿物成分的一个特点。

三、煤矸石混凝土的种类

煤矸石混凝土按照生产工艺不同，可以分为煅烧煤矸石熟料混凝土、煤矸石无熟料水泥混凝土和压蒸煤矸石混凝土。

1. 煅烧煤矸石熟料混凝土

试验结果表明，煤矸石经过燃烧，烧渣属人工火山灰类物质而具有活性。煅烧煤矸石的最佳温度：对于以高岭石为主的煤矸石，最佳煅烧温度为 600～950℃；对于以云母矿为主的煤矸石，最佳煅烧温度为 1000～1050℃。用煅烧煤矸石配制的混凝土强度比较高，可用于要求抗压强度较高的工程。

2. 煤矸石无熟料水泥混凝土

煤矸石无熟料水泥混凝土，是以煤矸石无熟料水泥作为胶结料，以自燃煤矸石和粗、细骨料所配制的混凝土制品。在了解和掌握这种水泥性能和作用的基础上，合理地选择确定煤矸石空心砌块的配合比，对保证混凝土产品质量、满足工艺要求和降低生产成本都有着重要的作用。

3. 压蒸煤矸石混凝土

压蒸煤矸石混凝土也称压制蒸养煤矸石混凝土、耐压蒸煤矸石混凝土，是以煤矸石或沸腾炉渣为主要原料，再掺入一定量的生石灰和石膏，经过压力成型后再蒸养而成。压蒸煤矸石混凝土的抗压强度不高，一般稳定在 8.0～12MPa。

第二节　煤矸石混凝土组成材料

根据我国的工程实践，煤矸石混凝土主要由一定比例的煤矸石、生石灰、石膏、矿渣粉、拌合水和减水剂组成。

一、生石灰

生石灰是配制煤矸石混凝土中不可缺少的组成材料，其用量必须保证生成水化生成物的需要。材料试验证明，在一定范围内，随着生石灰用量的增加，煤矸石混凝土的强度相应提高，但达到一定量后，再增加生石灰的用量，煤矸石混凝土强度却无明显增长。如果生石灰用量过多，由于生石灰产生的水化热增加，加快混合料凝固的速度，影响混凝土制品的成型，煤矸石混凝土的强度也会降低。

不同生石灰用量配制的煤矸石混凝土，其蒸养后的抗压强度如表 17-2 所列。

表 17-2　不同生石灰用量的煤矸石混凝土强度试验结果

煤矸石	生石灰	蒸养后抗压强度/MPa	煤矸石	生石灰	蒸养后抗压强度/MPa
100	4	16.0	100	10	27.7
100	6	19.8	100	12	22.6
100	8	27.6	100	14	26.1

生石灰用量以有效氧化钙计算为5%～9%时，煤矸石混凝土的强度可以达到20MPa。由于煤矸石混合料中属于胶结料部分（指粒径在0.15mm以下的颗粒）占30%左右，因此有效氧化钙占混合料总量中的5%～9%，即相当于在胶结料中的有效氧化钙含量为17%～30%，这与一般蒸养硅酸盐制品控制有效氧化钙含量为20%～25%是比较接近的。一般生石灰的有效氧化钙在65%～75%之间，因此生石灰的用量可为总干料量的8%～12%。

二、石膏

工程实践证明，在煤矸石混凝土中掺入0.5%～1.0%的石膏，可以提高煤矸石混凝土的强度，但混凝土的耐水性有所降低。根据有关研究单位对煤矸石混凝土耐久性研究，掺加石膏的抗碳化性能不如不掺加石膏的好，由于加入石膏后要增加原材料的成本，所以对石膏的用量要适当控制。掺加不同石膏用量的煤矸石混凝土试验结果如表17-3所列。

表 17-3　掺加不同石膏用量的煤矸石混凝土试验结果

组成材料/%				抗压强度/MPa	
煤矸石	生石灰	石膏	水	蒸养后抗压强度	蒸养后饱水抗压强度
92	8	0.0	20	21.5	21.8
92	8	0.5	20	29.4	25.9
92	8	1.0	20	25.7	23.2

注：煤矸石系人工煅烧煤矸石，石膏为二水石膏。

从表17-3中可以看，在同样煤矸石、生石灰和水的情况下，掺加不同用量的石膏，对煤矸石混凝土的抗压强度是有影响的，对强度提高是有利的；但是，石膏的掺量应当适宜，即煤矸石混凝土中石膏的最佳掺量应控制在0.5%。

三、矿渣粉

试验证明，水淬高炉矿渣具有较高的活性，其化学成分与煤矸石相类似，如表17-4所列。在煤矸石混凝土中加入适量的磨细矿渣粉，可以明显提高混凝土的强度。尤其是采用煅烧质量不很好的煤矸石，或配制强度较高的煤矸石混凝土时，掺加15%的矿渣粉可作为提高强度、确保质量的一项重要技术措施。

表 17-4　矿渣粉的化学成分　　单位：%

种类	SiO_2	Al_2O_3	CaO	MgO	Fe_2O_3	FeO	MnO	TiO_2	P_2O_5	K_2O	NaO_2
转炉渣	11.03	2.78	46.89	8.97	13.82	9.84	0.43	0.82	1.29	0.07	—
电炉渣	16.17	2.75	35.73	6.45	8.42	23.62	3.91	0.55	1.10	0.03	0.01

四、拌合水

材料试验证明，拌合水的用量对煤矸石混凝土的强度有明显影响。如果用水量过大，虽然混凝土流动性较好，操作起来比较容易，但由于水灰比的增大，煤矸石混凝土的强度明显降低；如果用水量过小，从理论上讲，煤矸石混凝土的水灰比减小，其强度应相应提高，但由于干硬性的煤矸石混凝土很难振捣密实，内部会产生蜂窝麻面，其强度反而下降。因此，煤矸石混凝土拌合水的用量应控制在一个适宜的范围内。

材料试验还证明，煤矸石混凝土的适宜用水量与其成型方式有密切关系。当煤矸石为人工煅烧、混凝土采用振动成型时，用水量可控制在18%～20%之间；当煤矸石为人工煅烧、混凝土采用加压振动成型时，用水量可控制在14%～16%之间。

用于配制煤矸石混凝土的拌合水，其质量要求与普通水泥混凝土相同，应符合现行行业标准《混凝土用水标准》(JGJ 63—2006) 中的要求。

五、减水剂

适量的减水剂掺加于煤矸石混凝土中，不仅可以减少混凝土的水灰比，改善混凝土拌合物的和易性，而且具有促进混凝土早强和增强作用。

试验证明，在煤矸石混凝土工作度基本相同的情况下，采用NNO扩散剂（亚甲基二萘磺酸钠）作为减水剂，当掺量为0.5%～1.0%时，减水率可达10%～25%，混凝土的强度可增长8%～37%；用自燃煤矸石配制胶结料的煤矸石混凝土，当掺加0.5%～1.0%减水剂时，混凝土的强度增长可达11%～30%，配制的煤矸石混凝土强度均在C30以上。

在满足煤矸石混凝土设计要求的条件下，在混凝土中掺加一定量的减水剂，不仅可以改善混凝土拌合物的和易性，而且可以节约水泥用量、降低制品成本。

第三节　煤矸石混凝土制品

自开展煤矸石综合应用以来，我国建筑材料界的技术人员积极致力于煤矸石混凝土制品的研究，取得了非常明显的经济效益、技术效益、环境效益和社会效益，使煤矸石混凝土成为我国建筑节能方面的环保型新型建材。

一、煤矸石混凝土空心砌块

用煤矸石混凝土制成的空心砌块，是以煤矸石无熟料水泥作胶结料，用自燃煤矸石作粗、细骨料所配制的混凝土制品，这也是煤矸石混凝土在建筑工程中的主要应用。

煤矸石混凝土空心砌块的配合比设计及正确选择，是保证制品质量的重要因素。在一般情况下，既要考虑到制品能满足墙体材料的使用要求，又要符合经济合理的原则，还要考虑到便于施工操作。经过多个生产厂家的实践证明，煤矸石混凝土空心砌块的胶骨比以（1∶3)～(1∶4）比较适宜，细骨料与粗骨料的比例以（1∶2.0)～(1∶3.5）比较适合，水灰比宜控制在0.50～0.60之间，并以0.50～0.55较好。

自燃煤矸石吸水性比较强，在生产中应根据骨料含水量和气候变化情况，及时调整加水量，避免因水灰比变化过大而影响制品的质量。目前，煤矸石混凝土空心砌块的各生产单位，其混凝土配合比多采用正交设计法或试配法进行确定。表17-5为某些生产单位煤矸石混凝土空心砌块的配合比及水灰比，可供同类混凝土配合比设计时参考。

从表17-5中的强度结果来看，煤矸石混凝土配合比及水灰比在上述范围内，配制所得的混凝土强度都在C20以上，完全可以满足煤矸石混凝土空心砌块的生产要求。

表 17-5 煤矸石混凝土空心砌块的配合比及水灰比

煤矸石产地	混凝土配合比					蒸养后密度/(kg/m³)	蒸养后强度/MPa
	水灰比	胶结料	细骨料	粗骨料	胶骨比		
甲地	0.55	1	1.04	2.66	1∶3.70	2043	22.0
	0.60	1	0.80	2.70	1∶3.50	2117	21.7
	0.50	1	1.00	2.00	1∶3.00	2117	32.8
	0.55	1	1.00	2.00	1∶3.00	2163	26.1
乙地	0.50	1	1.03	3.18	1∶4.21	2071	21.7
	0.60	1	0.80	2.70	1∶3.50	2115	31.3
	0.50	1	1.00	2.00	1∶3.00	2131	35.9
	0.55	1	1.00	2.00	1∶3.00	2115	38.6

煤矸石混凝土配比试验表明，当采用水灰比为0.50～0.55、材料组成为1∶1∶2（水泥∶细骨料∶粗骨料）配合比进行生产时产品的质量比较稳定，这是生产煤矸石混凝土空心砌块较好的配合比。

二、压蒸煤矸石混凝土

压蒸煤矸石混凝土即压制蒸养煤矸石混凝土，这是混凝土是以煤矸石或沸腾炉渣为主要原料，再掺入一定比例的生石灰、石膏，经过压力成型后经蒸养而制成的一种新型混凝土。压蒸煤矸石混凝土的抗压强度比较低，一般稳定在8～12MPa。

（一）压蒸煤矸石混凝土对原材料要求

压蒸煤矸石混凝土对原材料要求，主要包括对原材料化学性质和骨料粒径两个方面。

1. 对原材料化学性质的要求

配制压蒸煤矸石混凝土的原材料主要有煤矸石和生石灰。

煤矸石的化学成分与黏土相似，其中二氧化硅（SiO_2）、三氧化二铝（Al_2O_3）的含量占绝大多数；三氧化二铁（Fe_2O_3）、氧化钙（CaO）和氧化镁（MgO）等的含量极少。二氧化硅与三氧化二铝是煤矸石的主要活性成分，其活性越高，制品的质量越好。配制压蒸煤矸石混凝土的煤矸石，一般要求二氧化硅（SiO_2）的含量不低于40%，三氧化二铝（Al_2O_3）的含量不低于15%。

生石灰的主要化学成分是氧化钙（CaO）和少量的氧化镁（MgO）。它在压蒸煤矸石混凝土中起着激发的作用，使煤矸石混凝土在较短的时间内具有一定的物理力学性能。生产压蒸煤矸石混凝土制品，应当选用新鲜的生石灰，其质量应符合现行行业标准《建筑生石灰》（JC/T 479—2013）中的规定。

2. 对原材料骨料粒径的要求

配制压蒸煤矸石混凝土所用的骨料和生石灰，其粒径大小对混凝土制品的质量影响很大。

用于压蒸煤矸石混凝土所用的骨料，系将自燃后的煤矸石用锤式破碎机粉碎，并通过孔径为4mm的筛子进行筛分，其中粗粒（1～3mm）占到25%。

用于压蒸煤矸石混凝土所用的生石灰，应用球磨机进行磨细。然后用4900孔/cm^2的筛子进行筛分，其筛余率为15%。

（二）压蒸煤矸石混凝土的配合比设计

压蒸煤矸石混凝土的配合比设计，一般应通过试验确定，下述配合比可供设计和试配时参考。

某压蒸煤矸石混凝土制品厂采用的配合比为：自燃煤矸石80%，生石灰20%，加水20%。其中确定生石灰的掺量，是配制蒸压煤矸石混凝土的关键，掺量不宜过少或过多。如果掺量过少，不能充分激发煤矸石的活性，混凝土的强度较低；如果掺量过多，也会起到相反的作用，使混凝土的强度降低。

第四节　煤矸石混凝土的施工工艺

由于煤矸石混凝土的组成材料是不同的，按生产工艺不同又分为煅烧煤矸石混凝土、煤矸石无熟料水泥混凝土和压蒸煤矸石混凝土，因此，其施工工艺和方法与普通混凝土有所不同。总结煤矸石的施工经验，在施工中应当注意如下事项。

(1) 煤矸石混凝土中的大部分骨料都是自燃煤矸石，因此，煤矸石混凝土的配合比与普通水泥混凝土不同，组分中没有明确的胶凝材料和粗细骨料之分。但未经自燃的煤矸石不能作为煤矸石的骨料，因为煤矸石中不少岩石受大气作用和日晒雨淋后容易风化解离，严重影响混凝土制品的质量。

作混凝土骨料的自燃煤矸石，要求体积稳定、性能可靠，并具有较高的强度。骨料中严禁夹杂石灰僵块，否则混凝土制品在蒸养或堆放的过程中将产生逐渐消解和膨胀，从而造成混凝土制品开裂。

(2) 由于自燃煤矸石的活性波动性很大，在相同条件下配制的水泥强度差别也较大，所以一般情况下不宜采用自燃煤矸石配制无熟料水泥。而煅烧煤矸石在950～1100℃范围内，活性二氧化硅（SiO_2）和三氧化二铝（Al_2O_3）的含量增加，配制的熟料水泥强度也较高。

(3) 配制煤矸石混凝土所用的煤矸石必须符合要求，即煤矸石中二氧化硅（SiO_2）的含量不得低于40%，三氧化二铝（Al_2O_3）的含量不得低于15%。生石灰中的氧化钙在煤矸石混凝土中起激发作用，因此其质量必须符合现行行业标准《建筑生石灰》(JC/T 479—2013) 中的有关规定，使煤矸石混凝土具有一定的物理力学性能。

第十八章 粉煤灰陶粒混凝土

粉煤灰陶粒混凝土是一种节能环保型混凝土，具有隔热、抗渗、耐热、抗冲击、抗腐蚀等优良性能。特别是其优异的抗冲击性能，更加显示出粉煤灰陶粒混凝土的独特的优点。材料试验证明，在同样冲击荷载作用下，粉煤灰陶粒混凝土板的裂缝宽度比普通混凝土板较细，构件挠度比普通混凝土板小。卸载后回弹比较快。冲击试验后24h，两种板的变形已基本回弹，这时粉煤灰陶粒混凝土板的裂缝肉眼已不易看到，而普通混凝土板的裂缝仍然比较明显。

最近几年，在高层建筑、桥梁工程、地下建筑工程、造船工业及耐热混凝土等工程中，粉煤灰陶粒混凝土正在逐渐得到越来越广泛的应用。

第一节 粉煤灰陶粒混凝土概述

粉煤灰陶粒是粉煤灰陶粒混凝土的主要组成材料，其质量直接影响着混凝土的质量。因此，了解粉煤灰陶粒的基本特点、技术条件、生产工艺、主要性能和发展概况十分必要。

一、粉煤灰陶粒的基本特点

粉煤灰陶粒是利用粉煤灰作为主要原料，掺加少量黏结剂（如黏土）和固体燃料（如煤粉），经混合、成型、高温焙烧（1200～1300℃）而制得的一种人造轻骨料。

粉煤灰陶粒一般是圆球形，表皮粗糙而坚硬，呈淡灰黄色；其内部有细微的气孔，呈灰黑色。粉煤灰陶粒的主要特点是表观密度较小、强度比较高、导热系数低、耐火度较高、化学稳定性好等，由此可见，粉煤灰陶粒比天然石材具有更为优良的物理力学性能。

工程实践充分证明，粉煤灰陶粒一般可以用来配制各种用途的高强轻质混凝土。根据工程的要求不同，可以配制不同强度的无砂大孔陶粒混凝土、素陶粒混凝土、钢筋陶粒混凝土和预应力陶粒混凝土。

粉煤灰陶粒根据焙烧前后体积的变化（收缩式膨胀），可以分为烧结粉煤灰陶粒和膨胀粉煤灰陶粒两种。在一般情况下，烧结粉煤灰陶粒比膨胀粉煤灰的表观密度大、强度高，因而应用范围也有所不同。

焙烧后的粉煤灰陶粒，一般会出现不结块的和结块的两种：不结块的粉煤灰陶粒为松散圆球状，即为粉煤灰陶粒；结块的粉煤灰陶粒称为粉煤灰陶块，必须经破碎和筛分后才能使用。但是，粉煤灰陶块破碎后部分外壳被破坏，形状也不规则，通常与球状陶粒混合使用。

二、粉煤灰陶粒的生产工艺

随着科学技术的发展，粉煤灰陶粒生产工艺越来越多，据有关资料报道，粉煤灰陶粒比较成功的生产工艺已有几十种。但是，在实际生产中常用的有烧结粉煤灰陶粒、蒸养粉煤灰陶粒和双免粉煤灰陶粒等。

1. 烧结粉煤灰陶粒

烧结粉煤灰陶粒是以粉煤灰为主要原料，掺加少量的黏结剂（黏土、页岩、煤矸石、固化剂等）、固体燃料（如无烟煤粉），经混合、成球、高温焙烧（1200～1300℃）而制得的一种性能较好的人造轻骨料。其用灰量比较大，还可以充分利用粉煤灰中的热值。当使用的黏土塑性指数在15%～20%时，粉煤灰用量占85%～90%。

烧结粉煤灰陶粒的生产工艺一般包括原料的磨细处理、配料及混合、生料球制备、焙烧和成品处理等工艺过程。焙烧是烧结粉煤灰陶粒的关键，采用不同的焙烧设备，其他工艺过程也有所差别；生料球制备也是生产粉煤灰陶粒的重要一环，不同的成球工艺及成球设备对原材料处理、配料及混合等工艺也有不同要求。

焙烧通常采用烧结机、回转窑或立波尔窑，以烧结机烧结技术较好，其适用范围广、生产操作方便、生产效率高、质量较好、工艺技术成熟。用烧结机生产的粉煤灰陶粒表观密度一般为650kg/m^3，可以配制强度为30MPa的混凝土。

2. 蒸养粉煤灰陶粒

蒸养粉煤灰陶粒是以电厂干排粉煤灰为主要原料，掺入适量的激发剂（如石灰、石膏、水泥等），经过加工、制球、蒸汽养护而成的球形颗粒产品。蒸养粉煤灰陶粒与烧结粉煤灰陶粒相比，不用烧结，工艺简单，成本较低，且可以解决烧结粉煤灰陶粒散粒的问题，因而具有较强的竞争能力和社会效益。

用蒸养工艺制成的粉煤灰陶粒，外面裹有一层松散的粉煤灰，可以避免其在运输和养护过程中发生凝聚。其养护比较简单，通过控制养护条件可以控制陶粒内发生的火山灰反应，以使陶粒产生硬化。养护条件在常压情况下，一般控制在温度80～100℃，相对湿度为100%。

为解决蒸养粉煤灰陶粒密度高（800～950kg/m^3）的问题，有试验研究表明，分别掺加泡沫剂、铝粉或轻质骨料，经搅拌、制成多孔芯材，再成球而制得陶粒坯体，养护后得到的陶粒，其自然状态下含水的堆积密度一般为780kg/m^3，绝干状态下的堆积密度一般为650～720kg/m^3，筒压强度及吸水率均能达到有关标准的要求。

3. 双免粉煤灰陶粒

双免粉煤灰陶粒以粉煤灰为主要原料，掺入适量的固化剂、成球剂和水，以强制搅拌、震压成型、自然养护而成。相对于烧结粉煤灰陶粒与蒸养粉煤灰陶粒，具有明显的能耗较少、工艺简单、成本较低等优点。

双免粉煤灰陶粒的主要原理，是利用激发剂来激发粉煤灰的活性，使粉煤灰受到激发后，形成类似水泥水化产物的水化硅酸钙和钙矾石，即依靠水化产物来获得强度。

三、粉煤灰陶粒对粉煤灰的性能要求

1. 粉煤灰陶粒对粉煤灰的品质要求

粉煤灰陶粒对粉煤灰的品质要求根据其采用不同的工艺技术和产品类型而有所不同。

（1）采用回转窑烧胀工艺　回转窑烧胀型工艺技术对粉煤灰烧失量的限制很严，对其化学组成也有要求，这是因为粉煤灰的烧胀是物料在高温软化条件下，氧化铁和碳元素反应并受其混合料的化学组成和碳铁比的制约而形成的，过大或过小的碳铁比能使烧胀反应无法实现，一般的碳铁比可控制在0.40左右。

（2）采用回转窑烧结工艺　当用回转窑生产烧结型产品时，它对粉煤灰的化学组成比烧胀型要求低，但对烧失量仍有限制，这是因为无论采用单筒或双筒回转窑，它对粉煤灰的除碳效率是很低的，因此，过高的含碳量会影响产品质量，当产品的烧失量≥5%时则不符合轻集料国家标准中对有害物质含量要求的规定，因此也必须有所限制。

（3）采用烧结机工艺　采用烧结机工艺时，国内技术对粉煤灰品质要求远比引进技术要求低。因此，它对各种粉煤灰的适应性强，可使用区域广，符合普遍发展粉煤灰陶粒的条件。烧失量的限值，可根据混合料内含碳量的要求而定，一般为5%～8%，如混合料内含碳量过高，可使物料过烧熔融，影响产品质量和正常生产。

2. 粉煤灰陶粒对粉煤灰的技术要求

在粉煤灰陶粒中粉煤灰是主体组成材料，一般占原材料总量的80%，因此，粉煤灰的质量直接影响粉煤灰陶粒的质量。生产粉煤灰陶粒对粉煤灰有如下几个方面的技术要求。

（1）颗粒细度　生产粉煤灰陶粒所用粉煤灰的细度必须符合标准的要求，即4900孔/cm^2的筛余率小于40%。如果所用粉煤灰的细度不能满足以上要求，应当与细灰混合使用。

（2）含碳量　粉煤灰中的含碳量高可以减少固体燃料的掺加量，能节能燃料、降低成本；如果含碳量过高，即使不掺加固体燃料，仍然超过配合比要求，焙烧时会产生过烧。因此，粉煤灰中的含碳量一般不宜高于10%，并且要所用粉煤灰含碳量均匀、稳定。

（3）杂质含量　粉煤灰中有害杂质含量多少，是影响粉煤灰陶粒质量非常重要的因素。因此，生产粉煤灰陶粒所用粉煤灰，不得含有有害的杂质，如块状煤渣、杂草等。

（4）高温性能　生产粉煤灰陶粒所用粉煤灰对高温性能要求较高，其高温变形温度应为1200～1300℃，软化温度为1500℃。

（5）化学成分　生产粉煤灰陶粒所用粉煤灰的化学成分，一般不受严格限制。其基本要求是：三氧化二铁（Fe_2O_3）含量不宜大于10%，并希望含有较多的氧化钠（Na_2O）、氧化钾（K_2O）和较少的三氧化硫（SO_3）。因为三氧化二铁（Fe_2O_3）被还原时产生氧化亚铁（FeO），有显著的助熔作用，但氧化亚铁（FeO）过多，又会使焙烧温度范围减小，不利于焙烧的控制。氧化钠（Na_2O）和氧化钾（K_2O）不仅有助熔作用，使焙烧温度降低，而且使焙烧温度范围较宽，有利于焙烧的控制。三氧化硫含量过多对设备和管道腐蚀严重。我国生产粉煤灰陶粒所用粉煤灰的化学成分，其波动范围如表18-1所列。

表18-1　生产粉煤灰陶粒所用粉煤灰的化学成分

化学成分	SiO_2	Al_2O_3	Fe_2O_3	CaO	MgO	SO_3	烧失量
比例/%	46.32～50.48	35.64～40.47	3.35～6.52	2.60～4.80	0.75～2.76	0.41	3.18～4.70

四、粉煤灰陶粒的主要性能

粉煤灰陶粒的主要性能包括化学成分、矿物组成、物理力学性能、化学稳定性和热工性能等。以我国某市硅酸盐制品厂生产的粉煤灰陶粒为例，各性能的指标如下所述。

1. 化学成分

材料试验证明，我国某市生产的粉煤灰陶粒化学成分比较稳定，其波动范围如表18-2所列。

表 18-2 粉煤灰陶粒化学成分

化学成分	SiO_2	Al_2O_3	Fe_2O_3	CaO	MgO	SO_3	烧失量	残余含碳量
比例/%	50.09～54.60	32.56～36.44	3.94～5.82	2.26～3.43	0.13～1.77	微量	1.18～2.00	0.55～1.79

从表 18-2 中可以看出，粉煤灰陶粒的化学成分与粉煤灰的化学成分比较接近，这是因为生产粉煤灰陶粒的主要原料是粉煤灰，而辅助原料黏土和无烟煤（经焙烧后的灰分）与粉煤灰的化学成分也比较接近。

2. 矿物组成

粉煤灰陶粒的矿物组成主要是晶体矿物，如莫来石（$3Al_2O_3 \cdot 2SiO_2$）、α-石英（α-SiO），可能还有少量含铁镁的氧化硅化物，此外还有较多的玻璃体。

从以上矿物组成可知，莫来石（$3Al_2O_3 \cdot 2SiO_2$）和 α-石英（α-SiO）等晶体矿物，具有较高的强度，特别是陶粒表面玻璃体较多，不仅粉煤灰陶粒的强度比较高，而且耐火性和化学稳定性也比较好。

3. 物理力学性能

（1）物理力学性能 我国生产的干燥粉煤灰陶粒的物理力学性能，经过反复测定，其各种状态下的密度、孔隙率、吸水率、颗粒级配和容器强度等，如表 18-3 所列，如图 18-1 和图 18-2 所示。

表 18-3 粉煤灰陶粒的物理力学性能

粒径/mm	密度/(kg/m^3)			孔隙率/%	吸水率/%		颗粒级配	容器强度/MPa	
	松散	密实	颗粒		1h	1d		压入4cm	压入5cm
5～15	630～700	720～730	1200～1300	45～48	16～17	20～21	<5mm，≤5%；8～12mm，65%～70%；12～15mm，25%～30%；>15mm，≤5%	6.5～9	11～15

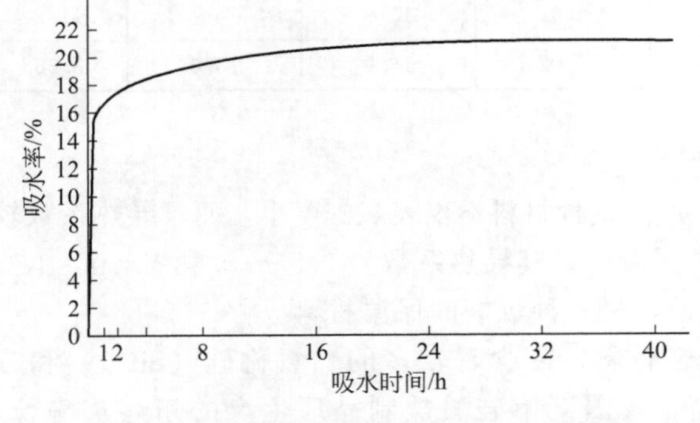

图 18-1 粉煤灰陶粒吸水率与吸水时间的关系

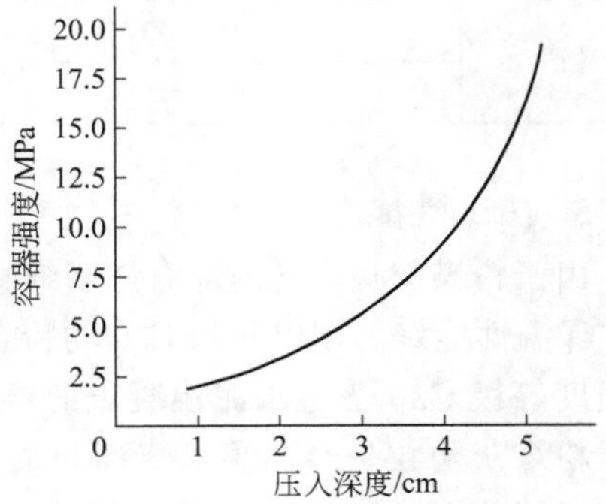

图 18-2 粉煤灰陶粒容器强度与压入深度的关系

（2）吸水率与吸水时间的关系 在图 18-1 中，明确表示出粉煤灰陶粒吸水率与吸水时间的规律：在 1h 以内的吸水率增长速度较快，特别是在 10min 以内的吸水率增长极快；在 1h 以后的吸水率增长逐渐缓慢，24h 以后几乎不再增加，即粉煤灰陶粒 1d 的吸水率与饱和吸水率相近。

吸水试验还证明，粉煤灰陶粒的质量不同，其吸水率也不同。粉煤灰陶粒焙烧质量好，容器强度高，吸水率则小；反之，其吸水率则大。这说明，粉煤灰陶粒烧结越差，水分越容易渗入内部。

(3) 容器强度与压入深度的关系 试验证明，测定粉煤灰陶粒的颗粒强度比较复杂，所测得结果的代表性也较差。生产中常以容器强度作为陶粒强度性能的主要指标。测定陶粒容器强度的方法比较简便，取样的代表性也比较好，但所测结果只间接反映了陶粒强度的大小。

陶粒容器强度大小与测定时压模的压入深度有着密切关系。图 18-2 是陶粒容器强度与压入深度的关系曲线。曲线表明，在压入 3cm 以前，容器强度增长比较缓慢，几乎与压入深度成线性关系；压入深度达到 4cm 以后，容器强度增长很快；压入深度超过 5cm 时，容器强度增长极快，已不能代表陶粒的强度性能。因此，在测定陶粒的容器强度时，一般常以压入 4cm、4.5cm 和 5cm 的容器强度作为粉煤灰陶粒的主要强度指标。

试验证明，陶粒容器强度还与陶粒的颗粒级配有关，在陶粒颗粒强度相同的条件下，陶粒的级配好，其容器强度稍高，陶粒的级配差，其容器强度稍低。

4. 化学稳定性

粉煤灰陶粒的化学稳定性很好，尤其是耐酸性能最为突出，表 18-4 中列出了粉煤灰陶粒在各种酸溶液中浸泡 1 个月的耐酸性能，充分证明粉煤灰陶粒具有优良的化学稳定性。

表 18-4 粉煤灰陶粒的耐酸性能

酸的类型	酸浓度（当量）	取样质量/g	浸蚀后质量/g	质量损失/%	浸前容器强度/MPa	浸后容器强度/MPa	强度损失/%
盐酸	1	2180	2100	3.67	15.9	14.8	6.92
	3	2180	2100	3.67	15.9	15.4	3.14
硝酸	1	2180	2135	2.06	15.9	15.8	0.60
	4	2180	2100	3.67	15.9	14.8	6.92
硫酸	1	2180	2005	8.02	15.9	14.1	11.3
	6	2180	2005	8.02	15.9	15.0	5.66

5. 热工性能

由于粉煤灰陶粒的内部有许多细微气孔，所以这种材料不仅表观密度小，而且导热系数较低，保温性能好。用以配制 C20 的粉煤灰陶粒混凝土，其导热系数为 0.55～0.58W/(m·K)，比强度等级 C20 普通水泥混凝土的导热系数低，是一种较好的保温材料。

粉煤灰陶粒是经高温焙烧而制成的人造轻骨料，内含有较多的二氧化硅（SiO_2）和三氧化二铝（Al_2O_3），因此它的耐火度也较高。我国某市硅酸盐制品厂生产的粉煤灰陶粒，其耐火度为 1610℃，可以用来配制耐热 1000℃左右的陶粒混凝土。

第二节 粉煤灰陶粒混凝土的配合比设计

粉煤灰陶粒混凝土的配合比设计方法有很多种，有的计算起来还比较复杂。下面仅介绍一种工程上最常用且比较简单的计算方法。

一、粉煤灰陶粒混凝土的配合比计算

(一) 配合比计算原则

粉煤灰陶粒混凝土配合比一般常用按实体积法进行计算。即根据混凝土的设计强度和实践经验，并假定水泥砂浆填满粉煤灰陶粒间的孔隙和包裹粉煤灰陶粒表面时，确定单位体积混凝土中的水泥用量，然后根据满足强度要求的水泥用量，再计算出其他材料的用量。

(二) 配合比计算步骤

粉煤灰陶粒混凝土的配合比可以按照以下步骤计算。

1. 确定水泥用量

根据粉煤灰陶粒混凝土设计强度和水泥强度，参考同类工程的施工经验，通过试验确定单位体积混凝土的水泥用量。

2. 确定水灰比和有效用水量

根据粉煤灰陶粒混凝土设计强度和工作度指标，确定粉煤灰陶粒混凝土的水灰比和有效用水量。

3. 计算砂子用量

根据试验确定的粉煤灰陶粒孔隙率，计算单位体积混凝土中的砂子用量。

4. 计算各组分体积

根据以上计算所确定的水泥、砂子和水的用量，计算各组分的体积。

5. 计算陶粒用量

根据计算的水泥、砂子和水的体积，用式(18-1)计算陶粒的用量：

陶粒用量＝陶粒颗粒的密度×(1－水泥体积－砂子体积－水的体积)　　(18-1)

6. 计算总拌合水

根据粉煤灰陶粒的吸水率，计算粉煤灰陶粒 15min 吸水量和总拌合水用量，有些施工单位采用粉煤灰陶粒 30min 的吸水量。

二、粉煤灰陶粒混凝土的常用配合比

有关生产厂家对粉煤灰陶粒混凝土配合比进行试验，一般均可配制出 C10～C30 粉煤灰陶粒混凝土。表 18-5 中列出了比较成功的常用参考配合比，表 18-6 中列出了预应力粉煤灰陶粒混凝土配合比，可以供同类工程施工中参考采用。

表 18-5　粉煤灰陶粒混凝土常用参考配合比

混凝土强度等级	水泥强度等级/MPa	配合比(质量比)(水泥：砂：陶粒)	水灰比(W/C)	陶粒混凝土原材料用量/(kg/m³)			
				水泥	砂子	陶粒	有效水
C10	32.5级普	1：3.00：3.00	0.67	230	690	690	155
C15	32.5级普	1：2.40：2.40	0.55	280	680	680	155
C20	32.5级普	1：2.33：2.33	0.49	305	680	680	150
C25	32.5级普	1：2.03：2.03	0.45	330	670	670	150
C20	42.5级普	1：2.52：2.52	0.56	270	680	680	150
C25	42.5级普	1：2.26：2.26	0.50	300	680	680	150
C30	42.5级普	1：2.09：2.09	0.47	320	670	670	150

表 18-6　预应力粉煤灰陶粒混凝土配合比

设计强度等级/MPa	配制混凝土的水泥品种	水泥用量/(kg/m³)	水灰比(W/C)	配合比(质量比)水泥：砂：陶粒	试块 28d 抗压强度/MPa
C30	42.5 级普通水泥	400～450	0.37～0.42	(1：1.36：1.24)～(1：1.84：1.48)	≥30

第三节　粉煤灰陶粒混凝土的性能

工程实践证明，用粉煤灰陶粒可以配制 C10～C30 轻混凝土，与同强度等级的普通混凝土相比，具有表观密度小、导热系数低、抗渗性较好、抗冲击性优等优点。其他性能，如与钢筋的黏结强度、抗冻性、收缩性、耐水性，抗拉强度、抗压强度、抗剪强度和抗折强度之间的关系等，均能满足同强度等级普通混凝土的设计要求。由于具有以上这些良好性能，粉煤灰陶粒混凝土正获得越来越广泛的研究和推广应用。

但是，粉煤灰陶粒混凝土也存在着弹性模量小、徐变比较大、单位水泥用量多等缺点。

粉煤灰陶粒混凝土的性能主要包括物理力学性能、弹性模量、抗渗性能、抗冲击性能和强度等。

一、物理力学性能

粉煤灰粒陶混凝土的物理力学性能包括很多方面，根据其材料组成和使用性能，主要有各种强度、弹性模量、热导系数、干表观密度、收缩率、抗渗性和抗冻性等，其测定的技术指标如表 18-7 所列。

表 18-7　粉煤灰粒陶混凝土的物理力学性能

强度/MPa			弹性模量/MPa	热导系数/(W/m·K)	干表观密度/(kg/m³)	收缩率/%	抗渗性			抗冻性	
抗压强度	抗拉强度	抗折强度					试验水压/MPa	加压制度/(kg/h)	渗透厚度/cm	冻融循环/次	强度损失/%
15～25	1.4～1.7	4.0～4.3	1.4×10^4～1.8×10^4	0.55～0.58	1600～1650	0.022	2.5	8	≯8	25 50 100	2.0 11.2 17.7

二、弹性模量

试验结果表明粉煤灰陶粒混凝土的弹性模量在 $(1.4\sim1.8)\times10^4$ MPa 之间，比普通水泥混凝土的弹性模量低 30%～40%。这是因为在相同的应力阶段，粉煤灰陶粒混凝土的变形比普通水泥混凝土大。粉煤灰陶粒混凝土变形大的主要原因有以下两个方面。

1. 内部细微气孔多

由于陶粒的内部有很多细微气孔，与普通混凝土中的粗骨料碎石相比，陶粒颗粒相对比较软弱，因此在相同应力状态下变形也较大，这样也必然使陶粒混凝土的变形也增大，这是粉煤灰陶粒混凝土比普通混凝土弹性模量低的主要原因。

2. 水泥砂浆用量大

配制相同强度等级混凝土时，陶粒混凝土的水泥用量略高于普通水泥混凝土，一般情况多用 15～35kg/m^3，由此水泥砂浆在混凝土内所占的体积也相应增加。在应力状态时，由于水泥砂浆的变形比碎石大，自然使粉煤灰陶粒混凝土的变形也随之增加。

三、抗渗性能

试验和工程实践证明，在相同强度等级的情况下，粉煤灰陶粒混凝土的抗渗性能比普通混凝土要好得多，其主要原因如下。

1. 黏结强度比较高

粉煤灰陶粒的表面非常粗糙，在混凝土中与水泥砂浆的黏结强度比较高，使液体从粉煤灰陶粒与水泥砂浆黏结处渗透的可能性大大降低，这是粉煤灰陶粒混凝土抗渗性能较好的一个主要原因。

2. 具有良好吸附作用

粉煤灰陶粒表面有较多的孔隙，能较多地吸收水泥砂浆中的水分，从而引起了陶粒周围的“自真空”状态（即吸附作用），使水泥颗粒在“自真空”的作用下进入陶粒表面的孔隙中，将孔隙紧密填充，从而提高了混凝土的抗渗性。

3. 具有很好的自养性

在粉煤灰陶粒混凝土进行养护时，陶粒表面孔隙中的水分又能逐渐放出，使混凝土产生内部自养，也使水泥砂浆更有充分的水化条件，因而水泥砂浆更为致密，粉煤灰陶粒混凝土的强度和抗渗性得到提高。

四、抗冲击性能

相同强度等级的混凝土，在同样冲击荷载作用下，同样规格的粉煤灰陶粒混凝土板的裂缝宽度比普通水泥混凝土板的裂缝宽度要细，这种构件挠度也比普通水泥混凝土板小，卸载后回弹也比较快。

冲击试验表明：冲击试验 24h 后，两种混凝土板的变形均基本回弹，这时粉煤灰陶粒混凝土板的裂缝肉眼已不易看到，但普通水泥混凝土板的裂缝仍然比较明显。这说明粉煤灰陶粒混凝土的抗冲击性能优于普通水泥混凝土。

冲击试验结果表明：粉煤灰陶粒混凝土板在冲击荷载下的裂缝荷载为 20kg，而普通水泥混凝土板的裂缝荷载仅 13kg，抗冲击能力普通水泥混凝土仅为粉煤灰陶粒混凝土的 65%。

五、轻质高强

粉煤灰陶粒混凝土最大的优点是表观密度小、强度比较高，是一种典型的轻质、高强、节能的建筑材料，是我国在建筑工程中提倡应用的新型材料。

第四节 粉煤灰陶粒混凝土的施工

粉煤灰陶粒混凝土的生产工艺，与普通水泥混凝土基本相同。由于粉煤灰陶粒混凝土具有隔热、抗渗、抗冲击、抗腐蚀、轻质、高强等优良性能，所以在高层建筑、桥梁工程、地下建筑工程、造船工业及耐热混凝土工程等方面，正逐渐得到越来越广泛的应用。由于粉煤灰陶粒混凝土具有堆积密度小、吸水率比较大等显著的特点，所以在其施工的过程中应特别注意如下事项。

一、粉煤灰陶粒混凝土的搅拌

由于粉煤灰陶粒较轻，在搅拌过程中容易上浮，很不易搅拌均匀，因而粉煤灰陶粒混凝土应选用搅拌性能好的设备，如强制式混凝土搅拌机。

粉煤灰陶粒混凝土的搅拌时间，应当比普通水泥混凝土适当延长一些。当采用强制式搅拌机时，一般为1.5min左右；当采用自落式搅拌机时，搅拌时间可控制为2～3min。

在进行粉煤灰陶粒混凝土搅拌时，最佳加水时间与进料顺序也直接影响混凝土的拌和质量。如果采用自落式搅拌机拌和，料斗升起刚进料时就应及时放水，这样不仅搅拌时间可以缩短，而且拌和容易、比较均匀。如果采用先加水或后加水，则混凝土不易搅拌均匀。因此，粉煤灰陶粒混凝土选择最佳加水时间至关重要，关系到混凝土的搅拌质量和生产效率。

二、粉煤灰陶粒混凝土的加水

由于粉煤灰陶粒具有较强的吸水性能，在配制混凝土时，总加水量必然要比普通水泥混凝土大，一般要增加所用陶粒15min的吸水量。对于露天堆放的粉煤灰陶粒，其实际含水量变化幅度较大，陶粒堆体的上部和下部不一样，早晨、中午和晚上也不同，特别是雨天以后，陶粒的含水量变化更大。因此，必须根据实际情况及时测定陶粒的含水量，以便准确确定合理的总加水量，保证粉煤灰陶粒混凝土的质量。

工程实践证明，采用正确的加水方法，才能确保粉煤灰陶粒混凝土拌合物的质量。在拌制粉煤灰陶粒混凝土时，可以采用以下两种加水方法。

1. 洒水预湿方法

对粉煤灰陶粒预先洒水，使其近乎达到平衡状态，然后再进行配料、搅拌，正式搅拌时只加入有效用水量。这种加水方法的优点是配合比比较稳定；缺点是粉煤灰陶粒吸水（近乎饱和）后配制混凝土，其水灰比有所增大，混凝土的强度有所下降。

2. 一次加水方法

将自然干燥状态下的粉煤灰陶粒直接用于配料和搅拌，正式搅拌时加入设计的总用水量(包括配合比计算的有效用水量和所用陶粒15min的吸水量)。这种加水方法的优点是所配制粉煤灰陶粒混凝土强度比较高，缺点是配合比不够稳定，混凝土的质量不均匀、不稳定。

粉煤灰陶粒混凝土搅拌后的混合物，其坍落度几乎等于零，工作度低于30s，但从外观上看，比普通水泥混凝土的湿料干些，流动性也比较差，这主要是因为粉煤灰陶粒混凝土比较轻的原因。但在一定振动力的作用下，仍能振捣密实，流动性也与普通水泥混凝土差不多。因此，应当避免因粉煤灰陶粒混凝土外观显得比较干，而随便更改粉煤灰陶粒混凝土的总加水量。

三、粉煤灰陶粒混凝土的浇捣

由于粉煤灰陶粒吸水率在1h内增加比较快，因此应尽量缩短粉煤灰陶粒混凝土搅拌后到浇灌操作的时间。工程实践证明，如果时间过长，粉煤灰陶粒混凝土的湿料很容易变干，就会影响混凝土浇捣质量。

粉煤灰陶粒的颗粒松散堆积密度比水泥砂浆要小得多，在浇捣过程中很容易出现砂浆下沉现象。但在振捣时和振捣后，下层陶粒由于上层砂浆的阻挡不会浮上来，只有面层的粉煤灰陶粒容易产生露面质量问题。因此，对粉煤灰陶粒混凝土的振捣宜采取加压振动的方式，即当出现陶粒露面现象时，可用木拍将陶粒压（拍）下去，使水泥砂浆向上，再施加一定压力抹平。

如果粉煤灰陶粒混凝土采用插入式振动器进行振捣时，应按照“快插慢拔、插点均匀、增加密度”的原则，加强对混凝土振捣质量的控制。振动时间应当适宜，切不可振捣时间过长，否则易使粉煤灰陶粒和水泥砂浆分离。

四、粉煤灰陶粒混凝土的养护

粉煤灰陶粒混凝土施工完毕后，应注意加强对其进行保湿养护，以防止过快失水而易于产生裂纹或裂缝。在常温情况下，洒水养护的时间不得少于10d，每天洒水的次数为4～6次。在冬季低温施工时，养护必须采取保温措施，有条件的最好采取洒浇热水养护，以确保混凝土强度的正常增长。

第五节 其他粉煤灰陶粒混凝土

除以上所述的粉煤灰陶粒混凝土外，采用不同的材料、配合比和施工工艺，还可以生产出其他种类的粉煤灰陶粒混凝土。在建筑工程中最常见的有预应力粉煤灰陶粒混凝土和高强度粉煤灰陶粒混凝土。

一、预应力粉煤灰陶粒混凝土

(一) 预应力粉煤灰陶粒混凝土的物理力学性能

在普通水泥混凝土结构中，混凝土最大的缺陷是抗拉强度很低，严重影响了混凝土的应用范围。解决混凝土抗拉强度不足的问题，是由预应力钢筋预先施加压应力后得到妥善处理，以提高混凝土的抗拉强度。

试验证明，如果混凝土的抗压强度不足，就会影响钢筋预应力值的建立。因此，在预应力结构中应当采用抗压强度较高的混凝土，一般常用C30～C50中高强度的混凝土。此外，用于预应力构件的混凝土还应具有早期强度较高、收缩性和徐变较小、与钢筋的黏结能力较好等性能。

天津市建筑科学研究院等单位共同研制了预应力粉煤灰陶粒混凝土，对强度较高的粉煤灰陶粒混凝土物理力学性能进行了测试，测试结果如表18-8所列。

表18-8 强度较高的粉煤灰陶粒混凝土物理力学性能

测试项目	技术指标	备 注
混凝土设计强度/MPa	30～45	
水灰比(W/C)	0.40	
水泥∶砂子∶陶粒	1∶1.80∶1.34	
水泥用量/(kg/m³)	400	
混凝土干燥状态下的堆积密度/(kg/m³)	1680～1700	
抗压强度/MPa	34.5	
抗拉强度/MPa	1.98	10cm×10cm×10cm试块,直径4mm钢筋
抗折强度/MPa	4.52	
棱柱强度/MPa	33.5	10cm×10cm×30cm试块

续表

测试项目	技术指标	备　注
抗剪强度/MPa	单剪 3.74；双剪 5.16	
混凝土与钢筋黏结强度/MPa	5.0	
弹性模量	$(1.8\sim2.0)\times10^4$	
收缩性	0.40mm/m(1月)；0.56mm/m(6个月)	20℃，相对湿度 60%～75%

试验结果说明，高强度等级粉煤灰陶粒混凝土与同强度等级普通混凝土相比，除了其弹性模量比较低、徐变值比较大外，其他物理力学性能均比较好，完全可以代替普水泥混凝土用于预应力结构构件。

（二）预应力粉煤灰陶粒混凝土的配制方法

1. 对原材料的要求

配制高强度等级的预应力粉煤灰陶粒混凝土，应采用较高强度的粉煤灰陶粒，其容器强度（压入 4cm）应大于 6.5MPa；胶结材料最好采用强度等于或大于 32.5MPa 的普通硅酸盐水泥，但不宜采用火山灰质硅酸盐水泥；细骨料最好采用洁净的中粗黄砂，不宜采用粉砂或陶砂。

2. 配合比计算方法

预应力粉煤灰陶粒混凝土的配合比计算方法比较简单，一般可按照以下步骤进行：①根据施工条件和材料含水量情况，通过试验确定每立方米混凝土的加水量，一般控制在 150～190kg/m^3；②在保证混凝土强度和工作度（40s）的情况下，确定混凝土的水灰比，一般控制在 0.37～0.42 之间；③根据所用水泥和水的密度，求得水与水泥的体积；④根据以上计算所得结果，再求出砂子和陶粒的体积和质量。

材料试验证明，为了克服粉煤灰陶粒混凝土弹性模量偏低的缺点，确保其弹性模量大于 1.8×10^4 MPa，混凝土的砂率（体积）必须控制在 33%～38% 范围内，水泥（强度 32.5MPa 普通硅酸盐水泥）用量应大于 400kg/m^3。

某工程所用高强度等级预应力粉煤灰陶粒混凝土的配合比，如表 18-9 所列，以供工程配制此类混凝土时作为参考。

表 18-9　预应力粉煤灰陶粒混凝土参考配合比

粉煤灰陶粒混凝土设计强度等级/MPa	水泥品种	水泥用量/(kg/m^3)	水灰比(W/C)	配合比(质量比)水泥：砂：陶粒	试块 28d 抗压强度/MPa
≥C30	42.5 普通水泥	400～450	0.37～0.45	(1：1.36：1.24)～(1：1.84：1.48)	≥30

二、高强度粉煤灰陶粒混凝土

在轻骨料质量良好的前提下，配制高强度等级的轻骨料混凝土方法很多。在工程上常用的方法如下。

(1) 采用高强度的水泥。这是配制高强度等级轻骨料混凝土最基本的方法，陕西省建筑材料科学研究所曾采用强度 52.5MPa 的普通水泥配制过 C50 粉煤灰陶粒混凝土。

(2) 水泥重磨活化。这种方法虽然可行，但操作起来比较复杂，且工程成本比较高，一般不宜采用。

(3) 为使其工艺简便，经济合理，采用掺加减水剂和同时改革成型工艺条件（如采用两次变频振捣）的方法。通过多次试验证明，掺加减水剂措施和两次变频振成型工艺，对配制高强度粉煤灰陶粒混凝土是比较成功的。

(一) 高强度粉煤灰陶粒混凝土的原材料及配合比

配制粉煤灰陶粒混凝土的原材料，主要包括胶结料（水泥)、细骨料（砂子)、粗骨料(粉煤灰陶粒)、减水剂等。

为配制合格的高强度粉煤灰陶粒混凝土，胶结材料最好采用强度等于或大于42.5MPa的普通硅酸盐水泥；细骨料最好采用细度模数较小、洁净无杂的中砂；粗骨料宜采用符合有关物理力学性能、筛分标准和化学成分的粉煤灰陶粒混凝土；减水剂可以根据工程实际选用木质素磺酸钙、建1、MF、FDN和UNF等。

高强度粉煤灰陶粒混凝土的配合比设计应按照“轻骨料及轻骨料混凝土的统一试验方法”中绝对体积法进行计算。

配制高强度粉煤灰陶粒混凝土所用粉煤灰陶粒的物理力学性能、筛分结果和化学成分的指标要求，分别如表18-10～表18-12所列。

表18-10　高强度粉煤灰陶粒混凝土所用粉煤灰陶粒的物理力学性能

试样编号	松堆密度/(kg/m³)	表观密度/(g/cm³)	比密度/(g/cm³)	空隙率/%	孔隙率/%	1h吸水率/%	筒压强度/MPa	
1	890	1.60	2.61	41	42	10.9	10.8	>30.0
2	890	1.48	2.61	42	43	11.2	10.4	85.1

表18-11　高强度粉煤灰陶粒混凝土所用粉煤灰陶粒的筛分结果

试样编号	不同孔径的累计筛余率/分计筛余率/%				
	孔径>20mm	孔径=15～20mm	孔径=10～15mm	孔径=5～10mm	孔径<5mm
1	9.6/9.6	57.7/48.7	97.6/39.9	99.7/2.1	100/0.4
2	0.4/0.4	10.2/9.8	78.3/68.1	99.7/21.4	100/0.3

表18-12　高强度粉煤灰陶粒混凝土所用粉煤灰陶粒的化学成分　　单位：%

试样编号	SiO_2	Al_2O_3	Fe_2O_3	CaO	MgO	SO_3	烧失量	残余含碳量
1	54.24	19.69	10.07	5.90	0.78	1.24	0.50	1.20
2	55.40	22.21	8.39	5.28	1.08	0.72	0.80	0.40
3	54.49	20.84	9.22	6.78	0.81	0.85	1.40	0.60

(二) 高强度粉煤灰陶粒混凝土的制备工艺

高强度粉煤灰陶粒混凝土的制备工艺，既不同于高强混凝土，也不同于普通粉煤灰陶粒混凝土，有以下几方面的要求。

(1) 高强度粉煤灰陶粒混凝土应采用人工与机械搅拌两种方法，先以人工方法干拌1～2min，再用机械方法加水湿拌2min。

(2) 高强度粉煤灰陶粒混凝土的成型、振动和养护等，应按照“轻骨料及轻骨料混凝土的统一试验方法”有关要求进行。为减少由于掺加减水剂而引起的气泡，成型时可采用高频插捣振动器（其频率为10000次/min，插捣时间为10～15s/次)，并配合振动台进行变频振捣，这样才能获得良好的效果。

（3）配制高强度粉煤灰陶粒混凝土时，应先将减水剂溶于拌合水中，然后与拌合水一起加入，切不可将减水剂直接投入搅拌。

（4）浇筑施工的高强度粉煤灰陶粒混凝土，一般多为低流动性拌合物，其工作度宜控制在 30s 以下。

（三）影响高强度粉煤灰陶粒混凝土强度的因素

影响高强度粉煤灰陶粒混凝土强度的因素很多，归纳起来主要有配制因素的影响和工艺条件的影响两大方面。

1. 配制因素对高强度粉煤灰陶粒混凝土强度的影响

在混凝土配制方面，影响其强度的因素很多。为了确定配比的最佳方案，采用在水灰比固定不变的情况下正交设计试验法。由试验结果可知，水泥用量取 500～550kg/m^3、减水率取 15%、砂子利用系数取 1 时是比较适宜的。对粉煤灰陶粒混凝土来讲，减水剂的掺量：UNF 取 0.5%、建 1 取 1.0%、木钙取 0.15%比较适宜。

掺加这 3 种减水剂后，经试验可知掺加木质素磺酸钙的混凝土强度最高，掺加建 1 的混凝土强度次之，掺加 UNF 的混凝土强度最低，如表 18-13 所列。这说明，配制高强度粉煤灰陶粒混凝土宜采用木质素磺酸钙减水剂。

表 18-13　掺加不同减水剂对混凝土强度的不同影响

减水剂品种	R_{28}/MPa	S/MPa	n(组数)	C_v/%	备　注
UNF	50.2	0.9	5	—	(1)R_{28}加权平均值； (2)S 为均方差； (3)C_v为变异系数
建 1	52.4	2.4	12	4.6	
木质素磺酸钙	55.9	3.4	30	6.1	

从正交设计试验分析的极差看，在水灰比固定不变的情况下，水泥用量对粉煤灰陶粒混凝土强度的影响较大，减水剂用量的影响次之，减水率的大小影响较小，砂子综合利用系数影响很小，一般不予以考虑。

2. 工艺条件对高强度粉煤灰陶粒混凝土强度的影响

在高强度粉煤灰陶瓷混凝土掺加减水剂后，会因混凝土中存在气泡而降低强度，一般每增加 1%的气泡混凝土强度将降低 5%。

通过对高强度粉煤灰陶粒混凝土“单插”“单振”“复合变频”振捣，以及人工搅拌和机械搅拌、减水剂先掺和后掺的对比试验，充分证明采用不同的工艺条件，混凝土的强度损失也是不同的。其试验结果如表 18-14 所列。

表 18-14　高强度粉煤灰陶粒混凝土不同工艺条件对比试验结果

试样编号	混凝土设计强度等级	水灰比(W/C)	工作度/s	每 1m^{3}混凝土的材料用量/kg				减水剂品种与掺量/%	28d 强度/MPa	干密度/(kg/m^3)	备注
				水泥	砂子	陶粒	水				
1	C50	0.28	6.3	550	630	621	减水 20% 193	木 0.15	56.3	1820	单插
2	C50	0.28	10.8	550	630	621	193	木 0.15	52.0	1850	单振
3	C50	0.28	5.8	550	630	621	193	木 0.15	55.5	1870	复合
4	C50	0.28	6.0	550	628	634	225	0	52.6	1820	单插

续表

试样编号	混凝土设计强度等级	水灰比(W/C)	工作度/s	每1m³混凝土的材料用量/kg				减水剂品种与掺量/%	28d强度/MPa	干密度/(kg/m³)	备注
				水泥	砂子	陶粒	水				
5	C50	0.28	3.0	550	628	634	减水30% 179	建1.00	53.2	1940	单插
6	C50	0.28	4.6	550	628	634	减水15% 201	木0.25	50.0	1830	单插
7	C50	0.28	5.9	550	628	634	225	0	52.9	1830	单振
8	C50	0.28	2.9	550	628	634	179	建1.00	46.9	1810	单振
9	C50	0.28	4.8	550	628	634	201	木0.25	53.1	1870	单振
10	C50	0.28	6.3	550	628	634	225	0	54.2	1810	复合
11	C50	0.28	3.3	550	628	634	179	建1.00	52.8	1830	复合
12	C50	0.28	5.0	550	628	634	201	木0.25	55.2	1830	复合
13	C50	0.28	7.2	550	628	634	225	0	50.3	1820	人工
14	C50	0.28	7.7	550	628	634	201	木0.25	56.6	1850	人工
15	C50	0.28	6.9	550	628	634	225	0	53.7	1800	机械
16	C50	0.28	4.5	550	628	634	201	木0.15	58.5	1850	机械
17	C50	0.28	7.1	550	630	621	201	木0.15	55.7	1850	先掺
18	C50	0.28	6.4	550	630	621	201	木0.25	56.5	1860	先掺
19	C50	0.28	5.2	550	630	621	201	木0.35	58.2	1860	先掺
20	C50	0.28	8.0	550	630	621	201	木0.15	56.2	1860	后掺
21	C50	0.28	6.5	550	630	621	201	木0.25	60.5	1880	后掺
22	C50	0.28	5.2	550	630	621	201	木0.35	52.6	1860	后掺

第十九章 细骨料混凝土

细骨料混凝土实际上就是无掺加粗骨料的混凝土，有些地方习惯称为细骨料混凝土，在工程上俗称砂浆。这种混凝土由胶凝材料、细骨料和水按一定比例配制而成，也可以根据工程和使用要求掺加适宜、适量的外加剂。

砂浆的种类特别多，分类方法也很多。按胶凝材料不同，可以分为水泥砂浆、石灰砂浆、水泥石灰混合砂浆、沥青砂浆、环氧砂浆、聚合物砂浆等；按其用途不同，可以分为砌筑砂浆、抹面砂浆、保温砂浆、防水砂浆、耐酸砂浆、装饰砂浆等。

由于篇幅所限，本章仅介绍工程中最常用的砌筑砂浆、抹灰砂浆、抗冲耐磨砂浆、高强度喷射砂浆和沥青砂浆。

第一节 砌筑砂浆

用于砌筑砖、石块、砌块等各种块材的砂浆称为砌筑砂浆。砌筑砂浆在砌体中起着胶结块材、传递荷载的作用，同时还起着填实块材缝隙，提高砌体绝热、隔声等性能的作用。因此，砌筑砂浆应进行配合比设计来保证砌体工程质量。

一、常用砌筑砂浆的种类

根据现代砌筑工程的需要，常用的砌筑砂浆主要分为水泥砂浆、石灰砂浆和水泥石灰砂浆 3 种。由于砌体材料、结构变化和砌筑质量要求提高，原来常用的石灰黏土砂浆和水泥黏土砂浆已很少应用。

（1）水泥砂浆　水泥砂浆是目前应用最广泛的一种砂浆，由水泥、砂子和水按一定比例混合而成。水泥砂浆的和易性较差，但抗压强度和黏结力均较高，适用于潮湿环境、水中及要求砂浆强度等级较高的工程。

（2）石灰砂浆　石灰砂浆由石灰、砂子和水按一定比例混合而成。石灰砂浆的和易性比较好，但其强度比较低，加上石灰是一种气硬性胶凝材料，所以石灰砂浆不宜用于潮湿环境和水中。石灰砂浆一般宜用于地上的、强度要求不高的低层建筑或临时性建筑。

（3）水泥石灰砂浆　水泥石灰混合砂浆由水泥、石灰、砂子和水按一定比例混合而成。这种砂浆的强度、和易性、耐水性介于水泥砂浆和石灰砂浆之间，一般用于地面以上的工程。

二、砌筑砂浆的配合比设计

砂浆中各种组成材料之间的比例，称为砂浆的配合比。砌筑砂浆不仅要求其具有良好的和易性、抗变形能力，而且要求其硬化后具有设计规定的强度和黏结力。砌筑砂浆的强度等级是根据工程类别及砌体部位的工程设计要求来确定的，选择其强度等级后，由所需的砂浆强度等级确定砂浆的配合比。

砌筑砂浆的配合比可查有关资料和技术手册，然后通过试验进行必要调整而确定，也可根据《砌筑砂浆配合比设计规程》(JGJ 98—2010) 中的规定进行计算，取得砂浆配合比数据。砌筑砂浆的计算步骤如下。

1. 确定砂浆的试配强度

为了保证砂浆具有95%的保证率，砂浆的配制强度应高于设计强度。砌筑砂浆的配制强度可按式 (19-1) 进行计算：

$$f_m = kf_2 \tag{19-1}$$

式中　f_m——砂浆的试配强度，MPa；

f_2——砂浆的设计强度等级，MPa；

k——系数，可按表19-1中的数据选用。

表 19-1　砌筑砂浆现场强度标准差 σ 及系数 k 选用值

施工水平 \ 强度标准差 σ \ 砂浆强度等级	M5	M7.5	M10	M15	M200	M25	M30	k 值
优良	1.00	1.50	2.00	3.00	4.00	5.00	6.00	1.15
一般	1.25	1.88	2.50	3.75	5.00	6.25	7.50	1.20
较差	1.50	2.25	3.00	4.50	6.00	7.00	9.00	1.25

2. 确定砂浆的水泥用量

根据式 (19-2)，可求得每立方米砂浆中的水泥用量 Q_c，计算式如下：

$$Q_c = \frac{1000(f_m - B)}{Af_{ce}} \tag{19-2}$$

式中　f_{ce}——水泥的实测强度，MPa；

A、B——砂浆特征系数，A 取3.03，B 取−15.09。

当计算出的水泥砂浆中的水泥用量不足200kg/m³时，应取 $Q_c = 200\text{kg/m}^3$。

3. 确定砂浆中砂的用量

砂浆中的胶凝材料、掺和料和水是用来填充砂子中的空隙的，因此，每立方米砂浆含有堆积体积为1m³的砂子。则砂子的用量可按下式计算：

$$Q_s = \rho_{0,干}(1+\beta) \tag{19-3}$$

式中　Q_s——每立方米砂浆中砂子的用量，kg/m³；

$\rho_{0,干}$——砂子在干燥状态下的堆积密度，kg/m³；

β——砂子的含水率，%。

4. 确定砂浆掺加料用量

为保证砂浆具有良好的流动性和保水性，每立方米砂浆中胶凝材料和掺加料的总量应控制在300～350kg/m³之间。则砂浆中掺加料可用式 (19-4) 计算：

$$Q_d = Q_a - Q_c \tag{19-4}$$

式中　Q_d——每立方米砂浆中掺加料的用量，kg/m³；

Q_a——每立方米砂浆中胶凝材料和掺加料的总用量，kg/m³；

Q_c——每立方米砂浆中水泥的用量，kg/m³。

为了保证砂浆的流动性，石灰膏的稠度按120mm±5mm计量。当石灰膏的稠度为其他值时，其用量应乘以换算系数，换算系数如表19-2所列。

表 19-2　石灰膏不同稠度时的用量换算系数

石灰膏稠度/mm	120	110	100	90	80	70	60	50	40
换算系数	1.00	0.99	0.97	0.95	0.93	0.92	0.90	0.88	0.87

5. 确定砂浆中水的用量

砂浆中用水量的多少对其强度等性能影响不大，可根据砂浆稠度及施工现场的气候条件，用水量一般在 250～330kg/m³ 之间选用，也可按表 19-3 中的数值选用。

表 19-3　砌筑砂浆用水量选用表

砂浆品种	水泥砂浆	混合砂浆
用水量/(kg/m³)	270～330	250～300

6. 水泥砂浆初步配合比设计

由于现代砌筑工程中最常用的是水泥砂浆，所以对水泥砂浆应先进行初步配合设计，再进行试配、调整。为快捷进行水泥砂浆的配合比设计，根据现行行业标准《砌筑砂浆配合比设计规程》（JGJ 98—2010）中的规定，砌筑砂浆中各种材料的用量可从表 19-4 中参考选用，试配强度可按式（19-1）计算。

表 19-4　水泥砂浆中的各种材料参考用量　　单位：kg/m³

砂浆强度等级	水泥用量	砂子用量	用水量
M2.5～M5.0	200～230	砂子的堆积密度值	270～330
M7.5～M10	220～280		
M15	280～340		
M20	340～400		

注：1. 此表水泥强度等级为 32.5 级，大于 32.5 级水泥用量宜取下限；2. 根据施工水平合理选择水泥用量；3. 当采用细砂或粗砂时，用水量分别取上限或下限；4. 施工现场气候干燥时，可适当增加用水量；5. 当稠度小于 70mm 时用水量可小于下限。

7. 进行配合比试配调整

（1）采用与工程实际相同的材料和搅拌方法试拌砂浆，选用基准配合比中水泥用量分别增减 10%共 3 个配合比，分别进行试拌。

（2）按照规定的试验方法测定砂浆的沉入度和分层度，判定哪种配合比能满足要求。当不能满足要求时，应调整砂浆配合比，使砂浆的和易性满足施工要求。

（3）分别制作强度试件（每组 6 个试件），在标准条件下养护 28d，测定砂浆的抗压强度，选用符合设计强度要求且水泥用量最少的砂浆配合比，作为工程中所用砂浆配合比。

（4）根据砂浆拌合物的密度，校正材料的用量。一般情况下，水泥砂浆拌合物的密度不应小于 1900kg/m³，水泥混合砂浆拌合物的密度不应小于 1800kg/m³。

第二节　抹灰砂浆

凡涂抹在建筑结构或建筑构件表面的砂浆，称为抹面砂浆，也称为抹灰砂浆。抹面砂浆的主要作用是保护结构主体免遭各种侵蚀，提高结构的耐久性，改善结构的外观。根据砂浆的使用功能不同，抹面砂浆又可分为普通抹面砂浆、装饰抹面砂浆和特种砂浆等。

一、普通抹面砂浆

普通抹面砂浆具有保护建筑物、延长使用寿命、改善外观形象等作用，其材料组成与砌筑砂浆基本相同，但胶凝材料的用量稍微多一些，而且抹面砂浆的和易性要求更好，黏结力要求更高。通常用的普通抹面砂浆有水泥砂浆、石灰砂浆、水泥混合砂浆、麻刀石灰浆和纸筋石灰浆等。

为保证抹面砂浆与基层黏结牢固，表面比较平整，不产生起层和开裂，普通抹面砂浆在施工时分为两层或三层进行，各层抹灰要求不同，所用的砂浆也应不同。普通抹面砂浆的底层、中层和面层所用砂浆，可参考表 19-5 进行选用。

表 19-5 抹面砂浆的最大骨料粒径及稠度选用表

抹面层名称	沉入度/mm	砂的最大粒径/mm
底层	100～120	2.5
中层	70～90	2.5
面层	70～80	1.2

底层砂浆主要起黏结作用，使抹面砂浆与基层牢固联结，要求砂浆的稠度较稀。其组成材料应随基底不同而异。如一般砖墙常用石灰砂浆，有防水、防潮要求用水泥砂浆，混凝土基底用混合砂浆或水泥砂浆，板条结构用石灰砂浆或混合砂浆等。

中层砂浆是底层和面层的连接层，主要起着找平作用，有时也可以省去。一般采用混合砂浆或石灰砂浆，比底层砂浆稍稠些，这样容易抹平。

面层砂浆起着保护和装饰的双重作用，多采用细砂配制的水泥混合砂浆、麻刀石灰砂浆或纸筋石灰砂浆，这样可增加表面的光滑程度及质感。在潮湿地方或容易受碰撞的部位，一般宜采用水泥砂浆。当在加气混凝土砌块墙面上抹灰时，应采取特殊的施工方法。

常用普通抹面砂浆的配合比及应用范围，参见表 19-6。

表 19-6 常用普通抹面砂浆配合比及应用范围参考表

砂浆组成材料	配合比(体积比)	应用范围
石灰：砂	(1：2)～(1：4)	用于砖石墙的表面(檐口、勒脚、女儿墙及潮湿房间的墙除外)
石灰：黏土：砂	(1：1：4)～(1：1：8)	干燥环境墙的表面
石灰：石膏：砂	(1：0.4：2)～(1：1：3)	用于不潮湿房间的墙及天花板
石灰：石膏：砂	(1：2：2)～(1：2：4)	用于不潮湿房间的线脚及其他装饰工程
石灰：水泥：砂	(1：0.5：4.5)～(1：1：5)	用于檐口、勒脚、女儿墙及比较潮湿的部位
水泥：砂	(1：3)～(1：2.5)	用于浴室、潮湿车间等墙裙、勒脚或地面基层
水泥：砂	(1：2)～(1：1.5)	用于地面、顶棚或墙面面层
水泥：砂	(1：0.5)～(1：1)	用于混凝土地面随时压光
石灰：石膏：砂：锯末	1：1：3：5	用于吸声粉刷
水泥：白石子	(1：2)～(1：1)	用于水磨石(打底用 1：2.5 水泥砂浆)
水泥：白石子	1：1.5	用于斩假石[打底用(1：2)～(1：2.5)水泥砂浆]
白灰：麻刀	100：2.5(质量比)	用于板条顶棚的底层
石灰膏：麻刀	100：1.3(质量比)	用于板条顶棚面层(或 100kg 石灰膏加 3.8kg 纸筋)
纸筋：白灰浆	灰膏 0.1m^3，纸筋 0.36kg	用于较高级墙板、天棚

二、装饰抹面砂浆

装饰抹面砂浆是指涂抹在建筑物内外墙的表面，具有美观装饰效果的抹面砂浆。装饰抹面砂浆的组成、性质与普通抹面砂浆相比，底层和中层是基本相同的，区别只在于面层具有特殊的表面或各种色彩。

装饰抹面砂浆的各种色彩主要通过选用白色水泥、彩色水泥、天然彩色砂或矿物颜料组成各种彩色的砂浆面层。

装饰抹面砂浆按组成材料不同，可分为灰浆类装饰砂浆和石渣类装饰砂浆两种，在建筑工程中常见的有水磨石、水刷石、干粘石、拉假石、斩假石、拉毛灰、甩毛灰、搓毛灰、扫毛灰、喷涂、滚涂、假面砖、假大理石、弹涂饰面和拉条抹灰等。

1. 灰浆类装饰砂浆

(1) 拉毛灰　拉毛灰是用铁抹子或木蟹将罩面灰轻压后顺势轻轻拉起，从而在表面形成一种凹凸不平质感较强的饰面层。拉毛灰工艺所用的灰浆，通常是水泥石灰砂浆或水泥纸筋灰浆，这是过去较广泛采用的一种传统饰面做法。

对拉毛灰施工的质量要求是表面拉毛花纹斑点分布均匀，整个饰面的颜色一致，同一平面上不显接槎。拉毛灰具有装饰和吸声双重作用，多用于外墙面及影剧院等，也可以用于有吸声要求的室内墙壁和天棚的饰面。

(2) 甩毛灰　甩毛灰是用竹丝刷等工具，将装饰罩面灰浆甩洒在墙面上，从而形成大小不同、但又很有规律的云朵状的毛面；也有先在基层上刷上一层水泥色浆，再甩上不同颜色的罩面灰浆，并用抹子轻轻将灰浆压平，形成两种颜色的套色做法。

对于甩毛灰的质量要求是云朵必须形状逼真、大小相称、纵横相同，既不能杂乱无章，也不能整齐划一、过于呆板。

(3) 扫毛灰　扫毛灰是用竹丝扫帚把设计组合分格的面层砂浆，扫出设计方向规定的条纹，或做成仿岩石的装饰抹灰，这是一种非常简单易行的灰浆类装饰饰面。

工程实践证明，扫毛灰做成假石代替天然石饰面，其工序简单、施工方便、造价低廉、吸声效果好，适用于电影院、酒吧、餐厅、宾馆、车站等的内墙和庭院的外墙饰面。

(4) 外墙喷涂　外墙喷涂是利用挤压式砂浆泵或喷斗，将配制好的聚合物水泥砂浆喷涂在墙面基层或底灰上，从而形成表面有一定花纹的饰面层。然后在涂层表面再喷上一层甲基硅酸钠或甲基硅树脂疏水剂，以提高涂层的耐久性和减少墙面的污染。

根据喷涂后涂层的质感可分为 3 种喷涂：①波面喷涂，这种喷涂表面灰浆饱满，波纹起伏，装饰效果较好；②颗粒喷涂，饰面表面不出浆，布满细碎的颗粒；③花点喷涂，在波面的喷涂层上，再喷以不同色调的砂浆点，远看水刷石或花岗石的饰面效果。

(5) 外墙滚涂　外墙滚涂是预先将聚合物水泥砂浆抹在墙体的表面上，然后用表面带有花纹的辊子滚压，使聚合物水泥砂浆表面上压上花纹，再喷罩一层甲基硅酸钠或甲基硅树脂疏水剂，从而形成饰面层。

外墙滚涂施工工艺，其施工方法简单、技术容易掌握、施工效率较高，施工中不污染其他墙面及门窗，尤其是对局部施工更为适用。

(6) 搓毛灰　搓毛灰是在罩面灰达到初凝时，用硬木抹子在罩面灰上按由上至下的顺序，搓抹出一条条细而直的纹路，也可以沿着水平方向搓出 L 形的细纹路，当纹路明显搓出后停止。

搓毛灰这种装饰方法，工艺简单、施工方便、造价低廉、朴实大方、效果很好，从远处观望有石材经过细加工的效果。

(7) 假面砖 假面砖是采用掺加氧化铁系颜料的水泥砂浆，通过手工操作达到模拟面砖装饰效果的一种饰面做法。假面砖饰面装饰效果很好，好像真的面砖，造价比较低廉，但施工难度较大、要求技术较高。假面砖适合于房屋建筑外墙抹灰饰面。

(8) 假大理石 假大理石是用掺加适当颜料的石膏色浆和素石膏浆，按照1∶10的比例进行配合，通过技术工人的手工操作，做成具有大理石表面特征的装饰抹灰。

假大理石施工工艺，对操作技术要求高，施工难度也比较大，如果精心施工，无论在颜色和光洁度方面，还是在质感和花纹方面，都能接近天然大理石的效果。这种饰面适用于高级装饰工程中的室内墙面抹灰。

(9) 弹涂饰面 弹涂饰面是在墙体表面涂刷一道聚合物水泥色浆后，通过一种电动(或手动)筒形弹力器，按照设计要求分几遍将各种水泥色浆弹到墙面上，从而形成直径1～3mm、大小相近、颜色不同、均匀分布、互相交错的圆粒状色点，深浅色点互相衬托，构成一种彩色艳丽的装饰面层。

弹涂饰面黏结力较好，对基层的适应性强，既可以直接弹涂在底层灰上，也可以弹涂在底基较平整的混凝土墙板、石膏板等墙面上。由于饰面表面比较平整，加之罩上一层疏水剂或聚乙烯醇缩丁醛涂料，其耐污染性、耐久性都较好。

(10) 拉条抹灰 拉条抹灰是一种采用专用模具把面层砂浆做出竖向线条的装饰工艺。拉条抹灰的线条有：细条形、粗条形、半圆形、波浪形、方形等多种形式，是当前比较流行的抹灰做法。一般细条灰，可采用同一种砂浆级配，经多次加浆抹灰拉模而制成；粗条形抹灰，则应采用底、面层两种不同配合比的砂浆，经多次加浆抹灰拉模而制成。

拉条抹灰所用的砂浆不得过干，也不能过湿，以能拉动可塑为宜。这种抹灰具有施工简单、美观大方、不易积灰、成本较低等优点，适用于公共建筑的门厅、会议室的局部、影剧院的观众厅等。

2. 石渣类装饰砂浆

(1) 水刷石 水刷石是将水泥和细小的石渣(约5mm)按一定比例进行配合，并加适量的水拌制成水泥石渣浆，在建筑墙面的面层上抹灰，待水泥石渣浆达到初凝时，用硬毛刷蓝水刷洗，或用喷浆泵、喷枪等机具喷以清水冲洗，将石渣浆层表面的水泥浆皮冲刷掉，使石渣半露而不脱落，从而达到良好的装饰效果。水刷石饰面多用于建筑物的外墙。

水刷石饰面的主要优点是：具有石材饰面的朴实稳重的质感效果，如果再进行适当的艺术处理，如分格、分色、凹凸线条、各种图案等，可使饰面获得自然美观、明快庄重、秀丽淡雅的艺术效果。因此，水刷石饰面是一种颇受人们欢迎的外墙装饰工艺，已经在我国的各种建筑物外墙广泛应用。

水刷石饰面的主要缺点是：施工工艺比较复杂，操作技术要求较高，比较费工费料，大部分为湿作业，对施工现场有一定的污染，工人劳动条件较差，也不符合我国墙体材料改革的要求，今后应适当加以控制。

在水刷石的水泥石渣浆配制时，选用的粗骨料的粒径不同，其所用材料的配比也不能相同。工程实践证明：当采用大八厘石渣时，水泥石渣浆的比例为1∶1；当采用中八厘石渣时，水泥石渣浆的比例为1∶1.25；当采用大八厘石渣时，水泥石渣浆的比例为1∶1.30；当采用石屑时，水泥与石屑的比例为1∶1.50。

虽然水刷石有一定的缺陷，但由于其美观耐久、图案多样、用途广泛，除常用于建筑物外墙装饰外，建筑的檐口、腰线、窗套、阳台、雨篷、勒脚及花台等部位也常采用。

(2) 干粘石　干粘石是在素水泥浆或聚合物水泥砂浆黏结层上，把石渣、彩色石子等备好的骨料粘在其表面，再拍平压实即成为干粘石饰面。干粘石的操作方法，有手工甩粘和机械甩喷两种。无论采何种操作方法，其施工质量要求是：颗粒分布均匀、黏结牢固、不掉粒、不露浆、石粒压入黏结层内 2/3。

干粘石饰面的施工工艺实际上是由传统的水刷石饰面施工工艺演变而来的，具有操作简单、造价比较低、饰面效果较好等优点，所以在建筑工程中应用比较广泛。干粘石所用的骨料，一般选用小八厘（即粒径为 4mm）石渣，由于这种石渣的粒径比较小，甩粘到砂浆面上易于排列密实，暴露出来的砂浆层很少，装饰效果比较理想。中八厘（即粒径为 6mm）石渣有时也可以采用，但很少采用大八厘（即粒径为 8mm）石渣。在配制基层砂浆时，可掺入一定量适宜的胶，这样不仅有利于石渣黏结牢固，还可避免在拍压石子时挤出浆液污染石渣。

(3) 水磨石　水磨石是由水泥、彩色石渣或白色大理石碎粒及水等材料，按照适当的比例进行配料，需要时再加入适量的颜料，经过混合、搅拌、浇筑、捣实、蒸汽养护、硬化、表面打磨、草酸冲洗、干后打蜡等工序而制成。水磨石由于具有色彩鲜艳、图案丰富、施工方便、耐磨性好、应用面广、价格便宜等特点，所以是装饰工程中应用最广泛的一种材料。这种装饰板材不仅可以在现场制作，也可以在工厂预制、现场安装。

水磨石与水刷石、干粘石和斩假石等，虽然同属于石渣类饰面，但它与这几种饰面材料相比，在质感方面有明显区别。从外表上来看，水刷石最为粗犷，干粘石粗中带细，斩假石典雅凝重，而水磨石则具有润滑细腻、色彩斑斓之感。另外，在颜色花纹、表面光洁、色泽华丽、纹理美观等方面水磨石均好于以上几种。

目前，在建筑工程中所用的水磨石，大部分为按设计要求在现场制作，这也是一种最常用的施工方法，一般可以分为以下 6 道工序。

① 打砂浆底子　为了使水磨石与基层牢固地黏结和基层表面平整，在铺筑水磨石材料之前，首先在基层上铺抹一层配合比为 1∶3、厚度为 15～20mm 的水泥砂浆，并用木抹子将其搓实，在常温下 24h 后立即洒水养护。

② 弹线与镶条　为了使水磨石饰面美观和防止收缩裂缝，水磨石应进行分块浇筑。因此，应按照设计要求弹出分格线，并在分格线处将分格条（如铜条、铝条、玻璃条、不锈钢条等）用素水泥浆固定就位。

③ 施工罩面层　待分格条黏结牢固后，将按设计要求配制好的水泥石渣浆浇筑于各分格中，并在其面层上均匀撒一层规定的石渣，用钢抹子拍入水泥石渣浆内，再用一定重量的滚筒纵横碾压，直至面层压出均匀的浆液为止。

④ 对饰面水磨　当饰面水泥石渣浆硬化至一定强度后，可不同的金刚砂（60～80 号、100～150 号、180～240 号）进行 3 遍水磨，直至面层磨出设计要求的光亮，即完成饰面的水磨。

⑤ 洒草酸清洗　将磨好的水磨石用清水冲洗干净后，洒上配制好的草酸溶液，并用 280 号油石进行研磨酸洗，以彻底清除水磨石表面的污垢。

⑥ 对饰面打蜡　待水磨石研磨酸洗完毕，其面层干燥至发白时，即可对饰面进行打地板蜡，随打随擦直至产生镜面光泽，使嵌入水泥浆中的各种石子露出美丽色彩。

为方便施工和配制，表 19-7 中列出了多种彩色水磨石参考比，可供水磨石施工中参考。

表 19-7 彩色水磨石参考比

<table>
<tr><td>彩色水磨石名称</td><td colspan="4">主要材料用量/kg</td><td colspan="2">颜料（占水泥质量的百分数）/%</td></tr>
<tr><td rowspan="2">赭色水磨石</td><td>黄石子</td><td colspan="2">黑石子</td><td>白水泥</td><td>红色</td><td>黑色</td></tr>
<tr><td>160</td><td colspan="2">40</td><td>100</td><td>2.0</td><td>4.0</td></tr>
<tr><td rowspan="2">绿色水磨石</td><td>绿石子</td><td colspan="2">黑石子</td><td>白水泥</td><td colspan="2">绿色</td></tr>
<tr><td>160</td><td colspan="2">40</td><td>100</td><td colspan="2">0.5</td></tr>
<tr><td rowspan="2">浅粉红色水磨石</td><td>红石子</td><td colspan="2">白石子</td><td>白水泥</td><td>红色</td><td>黄色</td></tr>
<tr><td>140</td><td colspan="2">60</td><td>100</td><td>适量</td><td>适量</td></tr>
<tr><td rowspan="2">浅黄绿色水磨石</td><td>绿石子</td><td colspan="2">黄石子</td><td>白水泥</td><td>黄色</td><td>绿色</td></tr>
<tr><td>100</td><td colspan="2">100</td><td>100</td><td>4.0</td><td>1.5</td></tr>
<tr><td rowspan="2">浅橘黄色水磨石</td><td>黄石子</td><td colspan="2">白石子</td><td>白水泥</td><td>黄色</td><td>红色</td></tr>
<tr><td>140</td><td colspan="2">60</td><td>100</td><td>2.0</td><td>适量</td></tr>
<tr><td rowspan="2">本色水磨石</td><td>白石子</td><td colspan="2">黄石子</td><td>白水泥</td><td colspan="2">—</td></tr>
<tr><td>60</td><td colspan="2">140</td><td>100</td><td colspan="2">—</td></tr>
<tr><td rowspan="2">白色水磨石</td><td>白石子</td><td>黑石子</td><td>黄石子</td><td>白水泥</td><td colspan="2">—</td></tr>
<tr><td>140</td><td>40</td><td>20</td><td>100</td><td colspan="2">—</td></tr>
</table>

注：白水泥的强度等级为 42.5MPa；颜色采用氧化铬绿、氧化铁黄和氧化铁红。

(4) 斩假石　又称剁斧石，这种饰面是以水泥石渣浆或水泥石屑浆作为面层抹灰，待其硬化到具有一定强度时，用钝斧及其他凿剁等工具，在面层上剁斩出类似石材经雕琢的纹理效果的一种人造石材的装饰方法。

工程实践证明，在石渣类饰面的各种做法中，以斩假石饰面的装饰效果最好。这种饰面既具有貌似真石的质感，又具有精工细作的特点，给人以朴实、自然、素雅、庄重的感觉。但是，在斩假石饰面的施工中，也存在着费时费力、技术要求高、劳动强度大、施工条件差、工作效率低等缺点。

斩假石饰面所用的材料，与水刷石饰面基本相同，不同之处是骨料粒径较小。通常，斩假石采用粒径为 0.5～1.5mm 的石屑，也可以采用粒径为 2mm 左右的米粒石，内掺 30%粒径为 0.15～1.0mm 的石屑，有时也采用小八厘石渣。

斩假石饰面的材料配比，一般采用水泥∶白石屑＝1∶1.5 的水泥石屑浆，或者采用水泥∶石渣＝1∶1.25 的水泥石渣浆（石渣内要掺加 30%的石屑）。为了模仿不同天然石材的装饰效果（如花岗石、青条石等），可以在配制的材料中加入各种彩色骨料及颜料。

斩假石饰面一般多用于局部小面积装饰，如建筑物的勒脚、台阶、柱面、扶手等。

(5) 拉假石　拉假石是用废旧的钢锯条或 5～6mm 厚的铁皮加工成锯齿形，将其钉在木板上构成一个抓耙，用抓耙挠刮去除表层水泥浆皮露出部分石渣，从而形成条纹状的装饰效果。拉假石饰面施工工艺，实质上是斩假石施工工艺的演变。但是，这种工艺与斩假石相比，具有施工速度快、劳动强度小、装饰效果良好、可大面积使用等优点。

拉假石饰面所用的材料，与斩假石饰面基本相同，只是用石英砂代替石屑。由于石英砂比较坚硬，所以在斩假石工艺中不能采用。

第三节 抗冲耐磨砂浆

在混凝土结构的某些部位，由于高速水流、其他介质的磨损等，普通混凝土和普通砂浆不能满足这一特殊的要求，这就需要在这些磨损之处采用抗冲耐磨材料，抗冲耐磨砂浆就是其中最常用的一种。抗冲耐磨砂浆根据其组成材料不同，可分为很多种类，在工程中常用的主要有抗冲耐磨水泥砂浆和抗冲耐磨聚合物砂浆。

一、抗冲耐磨水泥砂浆

抗冲耐磨水泥砂浆由水泥、水和细骨料等材料按适当比例配制而成，它与抗冲耐磨混凝土的区别主要在于没有粗骨料。硬化后的砂浆也和水泥混凝土一样，是水泥石和细骨料组成的复合材料。目前，在工程中常用的抗冲耐磨水泥砂浆种类很多，主要有干硬性铸石预缩砂浆和氯偏共聚物砂浆。

（一）干硬性铸石预缩砂浆

干硬性水泥预缩砂浆是将拌制后的砂浆堆放0.5～1.5h后再使用的一种砂浆。干硬性预缩砂浆比普通砂浆的强度高，抗冲耐磨性能较好。为了更进一步提高砂浆的抗冲耐磨性能，用铸石砂代替砂浆中的普通砂，则制成干硬性铸石预缩砂浆。

1. 干硬性铸石预缩砂浆的原材料

干硬性铸石预缩砂浆的原材料，主要有水泥、拌合水、铸石砂和非引气型高效减水剂。

（1）铸石砂　铸石砂是用铸石加工而成的细骨料。铸石是一种经加工而成的硅酸盐结晶材料，以天然岩石（玄武岩、辉绿岩等基性岩以及页岩）或工业废渣（高炉矿渣、钢渣、铜渣、铬渣、铁合金渣等）为主要原料，经配料、熔融、浇注、热处理等工序制成的晶体排列规整、质地坚硬、细腻的非金属工业材料。

铸石具有很好的耐腐蚀、耐磨性能，其耐酸碱性可达99%以上，耐磨性比锰钢高5～10倍，比碳素钢高数十倍；其莫氏硬度7～8，仅次于金刚石和刚玉。

干硬性铸石预缩砂浆中所用的铸石砂的粒径级配应尽可能符合中、粗砂级配区要求。

（2）水泥　干硬性铸石预缩砂浆中所用的水泥应采用强度等级大于或等于42.5MPa的硅酸盐水泥；当用于大体积混凝土时，应采用强度等级大于或等于42.5MPa的大坝水泥。水泥的技术性能应符合国家的有关规定，不得使用超过允许储存期和结块的水泥。

（3）拌合水　干硬性铸石预缩砂浆中所用的拌合水与普通混凝土拌合水相同，其技术指标应符合《混凝土用水标准》（JGJ63—2006）中的要求。

（4）外加剂　干硬性铸石预缩砂浆中所用的外加剂主要为非引气型高效减水剂，以降低砂浆的水灰比，提高其强度和耐磨性能，如FDN、UNF、NF等。

2. 干硬性铸石预缩砂浆的配合比

干硬性铸石预缩砂浆的配合比，对于比较重要的工程，应根据工程抗冲耐磨性要求由试验确定。对于一般抗冲耐磨要求的工程，其配合比为：水∶水泥∶铸石砂＝（0.25～0.27）∶1∶2，减水剂的掺量为水泥用量的1%。

（二）氯偏共聚物砂浆

氯偏共聚物砂浆是在干硬性砂浆中掺入5%～10%的氯乙烯、偏氯乙烯和丙烯酸丁酯的共聚物，再掺加适量的促进剂、扩散剂和消泡剂而制成的一种特种砂浆。这种砂浆具有快硬、早强、抗水、耐磨等性能，适用于水中混凝土缺陷的修补。我国在葛洲坝工程中修补冲磨破坏的混凝土时，获得了良好的技术效益和经济效益。

1. 氯偏共聚物砂浆的原材料

氯偏共聚物砂浆主要由氯偏乳液、水泥、细骨料和外加剂等组成。

（1）氯偏乳液　氯偏乳液是以OP-10为乳化剂，以水为溶剂，把氯乙烯、偏氯乙烯和丙烯酸丁酯共聚物乳化而制成的乳液。这种乳液一般由厂家配成浓度为45%～50%的共聚物乳液，用磷酸三钠中和至pH值为7。使用时如果溶液的pH值降低，可再加入适量的磷酸三钠，直至pH值达到7～8为止。

（2）水泥　由于氯偏共聚物砂浆适用于水中混凝土缺陷的修补，因此它所用的水泥有一定限制，一般宜选用与被修补混凝土使用的水泥品种相同，水泥的强度等级也不得低于被修补混凝土所用水泥的强度等级。

（3）细骨料　氯偏共聚物砂浆所用的细骨料宜选用清洁坚硬的河砂或人工砂。为了减少砂浆中抗冲耐磨强度较低的水泥石含量，又能方便砂浆的施工，最好选用级配良好的粗砂或中砂，尽量避免用细砂。如果修补层的厚度比较薄，应将粒径大于5mm的颗粒筛除，以利于施工。

（4）外加剂　氯偏共聚物砂浆宜采用非引气型高效减水剂作为水泥的扩散剂，以正硅酸乙酯作为促进剂，以284P作为消泡剂。

2. 氯偏共聚物砂浆的配合比

根据工程实践经验，一般氯偏共聚物砂浆的配合比，可接照以下比例进行配制。

（1）水灰比　氯偏共聚物砂浆的水灰比，应根据施工面的干湿程度而定，一般应控制在0.21～0.23范围内。施工面干燥取用大值，反之取用小值。

（2）灰砂比　氯偏共聚物砂浆的灰砂比不宜过大，一般以1∶2比较适宜。

（3）乳液用量　氯偏共聚物砂浆所用的氯偏乳液，一般配制成浓度为45%的氯偏乳液，其用量为水泥用量的15%～20%。具体掺量根据修补混凝土的面积大小而定，当修补面积比较大时，一次需要拌制的量较多，掺量可取较小值，使砂浆不致凝结过快，有足够的时间进行施工。

（4）外加剂用量　当采用FDN作为水泥的扩散剂时，其掺量为水泥用量的0.75%；当采用正硅酸乙酯作为水泥的促进剂时，其掺量为氯偏固体含量的5%～10%（视施工条件而定，高温掺量应少，低温掺量应多）；当采用284P消泡剂时，其掺量为氯偏固体含量的1%。

（5）拌合水用量　在配制氯偏共聚物砂浆时，对拌合水的用量应特别细心计算，尤其不要忘记减去氯偏乳液及FDN溶液中的水分，还要除掉砂子的表面含水。

（6）参考配合比　表19-8中列出了某工程氯偏砂浆参考配合比，可供工程施工中参考。

表19-8　氯偏砂浆参考配合比

材料名称	水	水泥	砂子	20%FDN溶液	45%氯偏乳液	OP-10乳化剂	正硅酸乙酯促进剂	284P消泡剂
配合比例（质量比）	4.75	100	206	3.75	15	0.27	0.473	0.0675

二、抗冲耐磨聚合物砂浆

抗冲耐磨聚合物砂浆是在抗冲耐磨水泥砂浆的基础上，更换砂浆中的胶凝材料，即将水泥改为聚合物配制而成，使砂浆具有更高的抗冲耐磨性能。在工程中常用的抗冲耐磨聚合物砂浆有环氧树脂砂浆、呋喃树脂砂浆和不饱和聚酯树脂砂浆等。

（一）环氧树脂砂浆

环氧树脂砂浆是水利工程最常用的一种聚合物砂浆，主要由环氧树脂、增韧剂、稀释剂、固化剂和填料组成。

1. 环氧树脂原材料的性质

（1）环氧树脂　凡含有环氧基团的高分子化合物，统称为环氧树脂。环氧树脂的种类很多，环氧树脂经历50多年的研制与发展，已经开发上百种规格的品种。其中应用最广、产量最大的一种是双酚A型环氧树脂，占环氧树脂树脂总产量的90%。它是由环氧氯丙烷和双酚A（二酚基丙烷）缩聚而成，平均分子量在340～7000之间。在分子结构中含有羟基和醚键，使固化物具有很高的内聚力和黏附力。

环氧树脂中所含环氧基的多少是环氧树脂的一项重要指标，通常用环氧当量和环氧值表示。将分子量除以每个分子中所含环氧基的个数，所得数值称为环氧当量；每100g环氧树脂所含环氧当量数，称为环氧值。环氧树脂的分子量越大，则环氧当量越大，而环氧值则越小。在工程上常用环氧当量或环氧值来表示环氧树脂的品种和规格。水工建筑物中常用的环氧树脂牌号及规格如表19-9所列。

表 19-9　水工建筑物中常用的环氧树脂牌号及规格

国家统一牌号	原来的名称	规格	
		软化点/℃	环氧值
E-51#	618	液态	0.48～0.54
E-44#	6101	12～20	0.40～0.47
E-42#	634	21～27	0.32～0.47
E-35#	637	20～35	0.30～0.40
E-31#	638	40～55	0.23～0.38

（2）增韧剂　在配制环氧树脂砂浆时，掺加增韧剂的主要作用是提高其韧性，增强材料的抗弯、抗冲击能力。增韧剂一般分为活性增韧剂和非活性增韧剂两种。

活性增韧剂是最常用的外加剂，掺入后能参与环氧树脂的固化反应，共同组成体型结构，最常用的是低分子量的聚酰胺树脂，其掺量为40%～60%，另外还可以采用聚硫橡胶和丁腈橡胶，它们的增韧效果很好，但价格较高。

非活性增韧剂只能减弱环氧树脂分子间的作用，可以增加树脂的流动性。但是，时间长久，或者增韧剂从树脂中游离出来，会造成固化体的变质或老化，或者增韧剂仍保留在固化体的内部，但影响环氧树脂的刚度，在水利工程中一般不使用。

（3）稀释剂　不掺加稀释剂的环氧树脂，黏性很大且很稠，施工中很难操作。掺加稀释剂的主要作用是降低环氧树脂的黏度，以利于施工操作、确保施工质量。

稀释剂一般分为活性稀释剂和非活性稀释剂两种。活性稀释剂在树脂中既起到稀释作用，又参与树脂的固化反应。在工程中常用的活性稀释剂有环氧丙烷苯基醚（690#）、环氧丙烷丁基醚（501#）、甘油环氧树脂（662#）和糠醛丙酮等。

非活性稀释剂在环氧树脂中只起到稀释作用，但不参与树脂的固化反应，常用的有丙酮、甲苯、氯苯及二甲苯等。非活性稀释剂在树脂固化及使用过程中逐渐挥发，因而使环氧树脂的黏结力降低，收缩率随之增加，甚至降低热变形温度、冲击韧性和抗弯强度，因此在重要的工程中不得使用。

(4) 固化剂　环氧树脂在使用时，必须加入适量的固化剂，使线型结构交联成为体型结构。固化剂的种类很多，在工程中常用的有胺类、酸酐类及合成树脂类化合物。随着环氧树脂在潮湿环境中使用的增多，很多科研单位根据水中建筑物不易干燥、室外施工温度变化范围广的特点，研制出了能使环氧树脂在潮湿环境或低温情况下固化的固化剂，使环氧树脂的应用范围进一步扩大。

目前，在工程中使用较多的水下环氧树脂固化剂有 MA 固化剂、810 固化剂和 T-31 固化剂等；在低温（负温）环境中使用的固化剂有 YH-82 固化剂等。这些固化剂仍属于胺类固化剂。

(5) 填料　填料是抗冲耐磨环氧树脂砂浆中不可缺少的材料之一，掺加适量的填料具有多种作用，主要是为了减小环氧树脂用量、降低砂浆成本、提高强度和硬度、增加砂浆耐磨性能和导热系数、减少砂浆收缩率、减小膨胀系数及变形性能等。

用于环氧树脂砂浆的填料品种很多，可以根据工程的实际按以下要求进行选用：①为了提高环氧树脂砂浆的冲击韧性、抗拉与拉弯强度，宜选用石棉纤维和玻璃纤维材料；②为了提高环氧树脂砂浆的抗压强度和硬度，宜选用滑石粉、石英粉、水泥、砂子和小石子；③为了降低环氧树脂砂浆的弹性和提高抗开裂能力，宜选用橡胶粉等材料；④为了提高环氧树脂砂浆的耐磨性，宜选用石墨粉、铸石粉、二硫化钼和石英粉；⑤为了提高环氧树脂砂浆的耐热性，宜选用石棉粉等材料；⑥为了提高环氧树脂砂浆的导热性，宜选用铝粉或铜粉等金属材料。

此外，在选用填料时应与被黏结物质的性质相同或相近，如用作金属材料的黏结，宜选用铝粉或其他金属粉末；用以黏结修补混凝土，宜选用水泥、铸石粉、石英粉、铸石砂、普通砂及小石子等。填料的用量应随着施工要求的黏度大小及其他技术指标而定，必要时可通过配制试验确定，应注意所掺入的填料都能被环氧树脂润湿包裹。

2. 环氧树脂砂浆的配合比

表 19-10 中列出了涂抹在干燥部位的环氧胶液及环氧砂浆配合比，表 19-11 中列出了涂抹在潮湿或水下部位环氧胶液及环氧砂浆配合比，表 19-12 中列出了适用于低温条件下的环氧砂浆配合比，可供配制不同部位和环境中环氧砂浆参考。

在填料中适当减少石英粉、水泥、砂子，加入符合级配要求的石子，便配制成为环氧混凝土。在一般情况下，环氧混凝土的填料石英粉或水泥为 100～120、砂子为 300～400、石子为 600～700（均以环氧为 100 的质量计算）。

(二) 呋喃树脂砂浆

1. 呋喃树脂砂浆原材料

呋喃树脂砂浆是由呋喃树脂、固化剂、固化剂溶剂和填料按照一定的比例配制而成的一种抗冲耐磨材料。

(1) 呋喃树脂　呋喃树脂是以糠醛（$C_5H_4O_2$）、糠醇（$C_5H_6O_2$）等为原料而制成的一类聚合物的总称，其分子结构都带有呋喃环，主要品种有糠醇树脂、糠醇-糠醛树脂、糠醛-丙酮树脂、糠醛-丙酮-甲醛树脂等。制成呋喃树脂所用糠醛的原料主要是一些农副产品，如棉籽壳、稻壳、玉米芯和玉米秆等。由于原料来源非常广泛，所以成本相应较低。

表 19-10 涂抹在干燥部位的环氧胶液及环氧砂浆配合比

组成材料名称		环氧树脂配比(质量比)		
		类型 1	类型 2	类型 3
环氧树脂 E-44#		100	100	100
增韧剂	聚酯树脂(牌号 304#)	30	20	—
	聚酰胺树脂(牌号 650#)	—	—	60
稀释剂	环氧丙烷苯基醚(牌号 690#)	20	20	—
	环氧丙烷丁基醚(牌号 501#)	—	—	15
固化剂	间苯二胺	15～17	—	—
	乙二胺	—	9～10	—
	二乙烯三胺	—	—	8～11
环 氧 胶 液				
填料	石英粉	125～200	125～200	125～200
	砂 子	375～600	375～600	375～600
将所有材料拌制均匀则成为环氧树脂				

表 19-11 涂抹在潮湿或水下部位环氧胶液及环氧砂浆配合比

组成材料名称	环氧树脂配比(质量比)		
	类型 1	类型 2	类型 3
环氧树脂 E-44#(或 E-42#)	100	100	100
810#环氧固化剂	32～35	—	—
MA 环氧固化剂	—	10	—
T-31 环氧固化剂	—	—	20～40
环氧丙烷丁基醚(牌号 501#)	15～20	—	—
丙酮	—	10	—
聚酰胺树脂(牌号 650#)	40	—	—
聚硫橡胶(分子量 1000)	—	20	—
DMP-30 促进剂	—	1～3	—
生石灰粉	20	—	—
石英粉	140～200	—	160
环 氧 胶 液			
石英砂或河砂	500～600	500～700	400
环 氧 砂 浆			

表 19-12 适用于低温条件下的环氧砂浆配合比

材料名称	技术指标	质量比
环氧树脂 E-44#	环氧值 0.47	100
糠醇稀释剂	工业品含量 98%	15～25
YH-82 低温固化剂	胺值大于 600	30
DMP-30 促进剂	粗品	0～3
水泥填料	≥42.5MPa 硅酸盐水泥或大坝水泥	100
砂子填料	混凝土所用的砂子	400～500

呋喃树脂在酸性固化剂（如苯磺酸、苯磺酰氯等）的作用下，在常温条件下就能够使呋喃开环，从而形成网状结构而产生固化。这种树脂具有很强的耐强酸、强碱和有机溶剂的腐蚀作用，另外其耐热性较好、电绝缘性较高、黏结力与机械强度较大。但与环氧树脂相比，以上性能稍差一些，尤其是材性比较脆。

（2）固化剂　呋喃树脂砂浆中常用的固化剂，主要有苯磺酸和苯磺酰氯两种。苯磺酸为针状或叶状结晶，微溶于苯，极易溶于水和乙醇，但不溶于乙醚和二硫化碳。苯磺酰氯淡黄色至无色液体，根据其质量不同，可分为普通型苯磺酰氯和精品型苯磺酰氯两种。

（3）固化剂溶剂　配制呋喃砂浆所用的固化剂溶剂为糠醛（单体）。其化学名称为a-呋喃甲醛，分子式为$C_5H_4O_2$，是以农业原料通过水解制得的一种物质。一般为浅黄至琥珀色透明液体，储存中色泽逐渐加深，直至变为棕褐色，具有苦杏仁气味。

（4）填料　配制呋喃砂浆所用的填料非常单一，主要是提高砂浆的强度和抗冲耐磨性，常用的填料是石英粉和石英砂。但其质量、粒径和级配应符合设计要求。

2. 呋喃树脂砂浆配合比

呋喃树脂砂浆的配合比，应当根据工程实际要求，最好经试验后加以确定。表19-13中列出了呋喃胶液及呋喃砂浆的配合比，可供配制中参考。

表19-13　呋喃胶液及呋喃砂浆的配合比（质量比）

组成材料名称	呋喃胶液	呋喃砂浆
呋喃树脂	100	100
糠醛(单体)	25	25
苯磺酸	—	3.75
苯磺酰氯	2.50	3.75
石英粉	—	100～150
石英砂	2.5	400～600

（三）不饱和聚酯树脂砂浆

不饱和聚酯树脂砂浆是一种性能良好的抗冲耐磨材料，由于其价格便宜、制作方便、效果较好，目前在工程中的应用越来越广泛。

1. 不饱和聚酯树脂砂浆的组成材料

不饱和聚酯树脂砂浆是由不饱和聚酯树脂、引发剂、促进剂、减缩剂和填料，按照一定比例配制而成的一种特殊性能砂浆。

（1）不饱和聚酯树脂　不饱和聚酯是由醇和酸酐进行酯化反应后，而制得的含有—CH—CH—不饱和双键的高分子化合物。不饱和树脂是用单体苯乙烯作为溶剂，溶解不饱和聚酯所组成的溶液，我国生产的UP307和UP189两个牌号是目前比较便宜的产品。丙烯酸环氧树脂是一种含有不饱和键的线型结构树脂与苯乙烯的混合物，系属于一种新型的不饱和聚酯树脂。

（2）引发剂　引发剂是一种容易产生游离基的过氧化合物，掺入后能使树脂和苯乙烯单体中的双键活化发生共聚反应，放出热量形成立体网状交联结构的大分子。

在配制不饱和聚酯树脂砂浆时，最常用的引发剂为过氧化环乙酮糊，它是过氧化环乙酸与邻苯二甲酸二丁酯各为50%的浆状物。

（3）促进剂　在不饱和聚酯树脂中掺加适量的促进剂，主要是起到降低引发剂正常分解温度、加快分解速度的作用。在聚酯树脂砂浆中常用的促进剂是环烷酸钴溶液和萘酸钴溶液，前者的含钴量约为0.5%，后者的含钴量约为2.0%。

工程实践证明，不饱和聚酯树脂在低温环境中使用时，有时还需要掺加第二种促进剂，一般常用二甲基苯胺。

（4）减缩剂　在不饱和聚酯树脂中掺加适量的减缩剂，其主要作用是为了克服不饱和聚酯树脂固化时收缩较大的缺陷，减缩剂一般是一种热塑性聚合物，常采用聚氯乙烯粉末或用聚苯乙烯颗粒，掺加到苯乙烯单体中配制成减缩剂溶液。

根据工程试验资料证明，掺加减缩剂溶液的不饱和聚酯树脂砂浆的和易性及其减缩效果，要比聚氯乙烯粉末的效果好。

（5）填料　在不饱和聚酯树脂中掺加适量的填料，其主要作用与环氧树脂加入填料一样，是为了减小不饱和聚酯树脂的用量、降低砂浆成本、提高强度和硬度力学性能、增加砂浆耐磨能力、减少砂浆收缩率及变形性能等。

使用的填料品种及质量要求与环氧树脂砂浆基本相同，一般为矿物粉及砂、石等。

2. 不饱和聚酯树脂砂浆的配合比

不饱和聚酯树脂砂浆（或混凝土）在水利工程中应用比较广泛，尤其在我国大型水利工程葛洲坝、三门峡泄水建筑物中获得成功，并积累了丰富的施工经验，其配合比如表19-14所列。

表19-14　不饱和聚酯树脂砂浆及混凝土参考配合比

组成材料名称	聚酯树脂砂浆配合比（质量分数）				聚酯树脂混凝土配合比（质量分数）
	1	2	3	4	
不饱和聚酯树脂（UP307）	100	80	100	—	70
丙烯酸环氧树脂（含60%苯乙烯）	—	—	—	100	—
丙烯酸	—	—	—	3～5	—
过氧化环乙酸：邻苯二甲酸二丁酯=1：1的糊状	2.5	2.5	—	2.0	2.5
过氧化环乙酸	—	—	4.0	—	—
萘酸钴苯乙烯溶液	1.25～2.50	2.00	1.50～2.00	1.20	1.50
N,*N*-二甲基苯胺	—	—	—	0.05～0.07	—
减缩剂溶液	—	20	—	—	30
石英粉	156	156	—	165	120
辉绿岩铸石粉	—	—	300	—	—
河砂	400	400	400	385	270
卵石	—	—	—	—	940

第四节　高强度喷射砂浆

喷射砂浆（或喷射混凝土）施工技术是近些年来发展较快的一项新技术，其具有生产效率较高、施工速度较快、施工工艺较简单、比较节约原材料等优点，它把砂浆施工中的运输、浇筑、振捣等施工工序有机地结合在一起，从而实现砂浆施工的机械化和连续性。

为使喷射砂浆（或喷射混凝土）应用范围更大，采用水泥裹砂工艺提高喷射砂浆的强度、改善喷射砂浆的特性，可以将喷射砂浆的抗压强度提高到50MPa以上。工程实践证明，喷射砂浆的抗压强度提高后，其抗冲耐磨能力显著增加。

一、对高强度喷射砂浆原材料的技术要求

高强度喷射砂浆主要由水泥、细骨料、高效减水剂、硅粉和拌合水等材料组成。影响喷射砂浆强度的因素很多，但原材料的质量是配制高强砂浆的基础，因此必须对高强度喷射砂浆的原材料提出严格的技术要求。

1. 对水泥的技术要求

配制高强度喷射砂浆的水泥不同于配制普通水泥砂浆，不仅要考虑到水泥品种和强度等级应满足工程要求，而且对掺加外加剂的砂浆还应考虑水泥与外加剂的相容性。

高强度喷射砂浆应选用强度不低于42.5MPa的硅酸盐水泥或普通硅酸盐水泥，这两种水泥中的C_3S和C_3A含量比较高，不仅能够速凝、快硬、后期强度比较高，而且与减水剂、速凝剂等的相容性好。配制高强度喷射砂浆时所用的水泥，必须是新鲜的水泥，无潮解和板结现象；在配制之前，无论水泥的储存期长短，对水泥的各项技术性能均应进行鉴定，以确保高强度喷射砂浆的质量。

2. 对细骨料技术要求

配制高强度喷射砂浆的细骨料，宜选用质地坚硬、洁净无杂、级配良好的天然河砂，其细度模数控制在2.65～3.10范围内，含泥量不得大于3%，其他质量必须符合国家标准《建设用砂》(GB/T 14684—2011)中的规定。

砂子的颗粒级配应满足表19-15中的要求。砂子过细，会使喷射砂浆的干缩性增大；砂子过粗，会增加喷射砂浆的回弹量。砂子中粒径小于0.075mm的颗粒含量不应超过20%，否则会因骨料周围粘有粉尘，而影响砂子与水泥的良好黏结。

表19-15　配制高强度喷射砂浆的细骨料级配限度

筛孔尺寸/mm	通过百分数(以质量计)	筛孔尺寸/mm	通过百分数(以质量计)
10.0	100	0.60	25～60
5.00	95～100	0.30	10～20
2.50	80～100	0.15	2～10
1.25	50～85	0.075	<20

配制实践证明，砂子的含水率以不超过7%为宜，这样能够满足水泥裹砂施工工艺的技术要求。

3. 对高效减水剂的要求

在水泥砂浆中掺加适量的高效减水剂，可以使水泥砂浆拌合物的流动性大大提高，或者在相同流动性的情况下，大幅度减少水泥砂浆拌合物中的用水量，可以配制成高强度、高密实性水泥砂浆，对于提高水泥砂浆强度具有非常重要的意义。

配制高强度喷射砂浆所用的减水剂应当选用无引气现象的品种，如FDN、UNF、建-1、JN、MF、DN、SM等，最常用的是FDN和UNF高效减水剂，并经试验确定其掺量和是否满足设计要求。

4. 对硅粉的技术要求

配制高强度喷射砂浆选用硅粉作为掺和材料，这是提高砂浆力学性能的一项重要技术措施。这是因为硅粉的比表面积为（20～50）$\times10^4cm^2/g$，相当于普通水泥比表面积的50～70倍，在水泥硬化过程中，硅粉可以填充砂浆中水泥无法填充的空隙，因而提高了砂浆的抗压强度及抗冲耐磨能力。

5. 对拌合水的技术要求

配制高强度喷射砂浆所用的拌合水与普通混凝土拌合水相同，可用饮用水或洁净的河水，但其技术指标应符合现行行业《混凝土用水标准》（JGJ 63—2006）中的要求。

二、高强度喷射砂浆的配合比设计

高强度喷射砂浆作为水工建筑物的抗渗材料，是我国近几年开发应用的。为提高喷射砂浆的致密性，改善喷射砂浆的抗冲耐磨性能，通常应选用强度等级较高的水泥，采用较小的水灰比、适当的砂率和优质的材料，并掺加高活性原材料硅粉和高效减水剂。采用以上这些技术措施，则可大大提高喷射砂浆的强度和致密性，改善砂浆的和易性。

工程实践充分证明，采用水泥裹砂施工工艺后，经水泥裹砂拌和后的混合材料，在砂子的表面含水适当时，经过水泥的裹砂造壳作用，就会形成以砂颗粒为核心，并包裹得较结实的水泥外壳球体。这些球体相互黏结在一起，则可以提高水泥砂浆的强度。

室内抗冲耐磨试验证明，由于掺入硅粉砂浆的致密性得到提高，抗冲耐磨能力显著增强。掺加水泥用量10%硅粉的砂浆，与不掺加硅粉的砂浆相比，其磨损率可减少50%。表19-16为某工程施工推荐的配合比，供配制高强度喷射砂浆参考。

表19-16　高强度喷射砂浆参考施工配合比

材料名称	水泥/(kg/m^3)	砂子/(kg/m^3)	水/(kg/m^3)	FDN	硅粉	灰砂比	水灰比	表观密度/(kg/m^3)
材料用量	486	1613	170	水泥用量0.7%	水泥用量10%	1∶3.32	0.35	2270

第五节　沥青砂浆

沥青砂浆是用沥青作为胶结材料，掺入适量的细骨料和粉料拌制而成的一种特殊材料砂浆。由于沥青具有水泥所不具备的特性，因此在工程中常用于特殊要求的部位和场合。用于各种工程的沥青砂浆品种很多，根据沥青砂浆所使用部位不同，主要可分为普通沥青砂浆和水下沥青砂浆。

一、普通沥青砂浆

普通沥青砂浆是将熬制至规定温度的沥青，加入适量的粉料拌制均匀而成。沥青为普通沥青砂浆中的胶结材料，经过搅拌混合均匀后，沥青被吸附在粉状填充料的周围，经过振捣或压实将粉料胶结在一起，从而形成一个密实的整体。

普通沥青砂浆主要用于建筑工程和路桥工程。在建筑工程中主要用于铺设平顶屋面的找平层防水，或有抗腐蚀要求的车间和仓库地面；在路桥工程中主要用于道路路面工程和桥梁防水层等。

（一）普通沥青砂浆原材料的技术要求

1. 对沥青材料的技术要求

普通沥青砂浆一般采用石油沥青作为胶凝材料。国产高等级公路石油沥青的技术要求见本书第十四章“沥青混凝土”表14-1中的规定。

2. 对粉料和细骨料的技术要求

试验和工程实践证明，普通沥青砂浆的性能主要取决于粉料、细骨料的级配及沥青的用量。细骨料的级配应当合理、密实，细骨料的级配可以通过优选法进行确定；细骨料与粉料混合物应选取最大干表观密度。但粉料与细骨料之间的比例应符合表19-17中规定的范围。

表19-17　普通沥青砂浆中粉料、细骨料混合物的颗粒级配参考

筛孔/mm	5.00	2.50	1.20	0.60	0.30	0.15	0.085
通过百分率/%	100	63～80	43～67	29～55	20～45	14～37	10～20

注：为提高普通沥青砂浆的抗裂性，可适当掺入纤维状的填料。

（二）普通沥青砂浆配合比设计步骤

由于沥青砂浆与水泥砂浆在组成材料上有较大差别，所以普通沥青砂浆配合比设计步骤与普通水泥砂浆也不同，一般可按以下步骤进行设计：①进行沥青胶结物质（沥青＋粉料）的组成设计，这是普通沥青砂浆配合比设计的基础，是确保沥青砂浆质量的重要条件，必须充分重视；②在沥青胶结物质组成设计的基础上，再进行沥青砂浆（沥青胶结物质＋砂）组成设计，这是构成普通沥青砂浆的重要环节，直接影响着砂浆的强度和黏结力；③进行普通沥青砂浆的校核试验，这是确保砂浆质量的技术手段，也是调整砂浆组成不可缺少的一环。

（三）普通沥青砂浆的配合比设计

普通沥青砂浆的配合比设计，实质上就是其各种组成材料的最佳组合设计，即确定沥青胶结物质与砂的最优配比，它的选择是以标准试验结果与技术规范的要求来确定的。

普通沥青砂浆的配合比设计，以选定最优配比的沥青胶结物质，与不同比例的最优级配（按水泥混凝土用砂级配曲线）的砂组成沥青砂浆。

工程实践证明，砂浆的合理配比范围为（1∶1.0）～（1∶1.6），平均可控制在1∶1.3范围内。在确定沥青砂浆配合比时，在以上范围内选取多种比例，按砂质沥青混凝土混合料技术性质试验方法，制备$d=50$mm、$h=50$mm的圆柱体试件，并按照技术规范规定进行R_{50}、R_{20}、饱水率和膨胀率等试验。

根据试验结果，从中选定符合现行技术规范要求，具有最优技术指标，且沥青与矿粉的用量最少、价格较低的配合比。

（四）普通沥青砂浆施工配合比的确定

普通沥青砂浆试验室配合比确定后，其实防材料的质量、砂浆的流动性和强度等方面，并不一定完全符合设计要求，还需要在施工前对所配制的沥青砂浆进行现场铺设试验，检验砂浆施工是否方便，并按照规定方法进行性能试验，检验其与室内试验是否一致，必要时应对试验室配合比进行调整，最后确定施工配合比。

（五）普通沥青砂浆的参考配合比

表19-18中列出了沥青砂浆参考配合比，表19-19中列出了沥青砂浆参考试验配合比，均可供施工中配制参考。

表 19-18　沥青砂浆参考配合比

配合比/%			孔隙率/%	主要用途
沥青	填料	粗细骨料		
14～30	20～25	38～63	0～2	注入填充碎石、卵石等的间隙里，使之成为一个整体，承受各种外力的作用，在确定配合比和施工方法时，要确保基础加固工程核心部分的抗冲击、抗拉、耐侵蚀、耐磨及翘曲性和水密性
7～9	25～30	细骨料 25～35 粗骨料 35～55	0	可用在有积雪的沥青路面层，承受轮胎防滑链的磨损和需要防水的桥面作沥青护面
11～14	20～30	细骨料 25～40 粗骨料 20～40	—	灌注在模板里，作为厚度为 5～10mm 的垫层。该垫层可以起到防水、渗水、冲刷、吸出作用。也可用于海岸防堤坡时的底部，铺设在防波砌块和沉箱的下面

表 19-19　沥青砂浆参考试验配合比

配合比编号	沥青砂浆配合比（质量比）（沥青：填充料）：砂	极限抗压强度/MPa			饱水性体积比/%	膨胀体积比/%	强度比	
		f_{50}	f_{20}	f_{20W}			f_{20}/f_{50}	f_{20W}/f_{20}
1	(1：2.0)：1.2	0.8	3.6	3.2	0.5	0.2	4.50	0.89
2	(1：2.0)：1.4	1.4	3.2	2.9	2.0	1.0	3.23	0.91
3	(1：2.0)：1.6	1.3	4.2	2.9	4.0	2.5	2.39	0.69

注：表中的 f_{50}、f_{20}、f_{20W}分别表示：沥青砂浆在＋50℃时的极限抗压强度，在＋20℃时的极限抗压强度和在饱水后＋20℃时的极限抗压强度。

二、水下沥青砂浆

水下沥青砂浆是用于水下灌筑的一种特殊砂浆，由沥青、填充料、细砂在加热情况下混合而成，当掺入一定比例的粗骨料时则成为沥青混凝土。

水下沥青砂浆在融熔状态下流动性很好，遇水后急剧冷却而硬结，浇筑时其允许抗冲流速可达 12m/s 以上，且具有良好的防渗性能，渗透系数一般控制在 10^{-9}～10^{-7}cm/s 范围内。因此，水下沥青砂浆的用途比较广泛。

水下沥青砂浆在水利工程和建筑工程中应用较多，如可以用来改善抛石体表面的平整度、提高抗冲能力、加固大坝防冲区、浇筑土坝截水墙、灌筑水下防渗层、水下结构伸缩缝、灌注预制混凝土构件水下接头、对高渗漏区进行堵漏等。

1. 对沥青材料的技术要求

用于水下施工的沥青砂浆，一般要采用石油沥青作为胶凝材料。国产高等级公路石油沥青的技术要求见本书第十四章“沥青混凝土”表 14-1 中的规定。用于水下施工的沥青标号选择应当考虑要求的扩散范围。

(1) 当用于填充水下堆石体、灌注预制混凝土构件接缝时，为了减少沥青砂浆的流失量，应严格控制浇筑时的扩散范围，宜选用针入度较小的石油沥青，如 60 甲、60 乙、30 甲、30 乙、10 号石油沥青。

对以上用途水下沥青砂浆所用沥青的具体技术要求是：在 20℃时的沥青的相对密度在 1.0 左右，在 160℃时经过 5h 蒸发后，其质量损失应不超过 1.0%，其着火点不低于 230℃，含水量不大于 0.2%。

(2) 当在水中或在膨润土浆液中，采用导管法直接浇筑厚层沥青砂浆（如沥青砂浆防渗墙、坝面防渗层等）时，应当选用黏滞度较好的沥青，以便在水中或在膨润土浆液中流动，一般宜选用针入度较大的200号或160号石油沥青。

2. 对填充料的技术要求

用于水下施工的沥青砂浆的填充料，一般多选用砂质粉末。由于粉末状填充料的表面积大，能吸附大部分沥青于表面，从而形成一层薄膜状胶凝物，使沥青与骨料更好地黏结，可以大大提高沥青砂浆的稳定性、密实性和黏滞度。

用于水下施工的沥青砂浆的填充料，应当选用憎水性石料制成的碱性骨料，经加工磨制而制成粉尘。工程试验证明，填充料以石灰岩粉为最好，其次为白云岩粉、板岩粉、消石灰、水泥及天然细微无机物质。

配合比试验证明，填充料的粒径大小对水下沥青砂浆的性能影响很大，配制中应当特别注意。对水下沥青砂浆所用填充料的具体技术要求是：①磨制后的石粉应全部通过80号筛孔（筛孔直径为0.177mm），70%以上应通过200号筛孔（筛孔直径为0.074mm）；②小于0.005mm的细颗粒含量，宜控制在5%以内，以节约沥青、降低造价；③石粉的亲水系数（吸附水分与吸附煤油的比值）应小于1；④其杂物及水分含量不得大于1%。

3. 对细骨料的技术要求

用于水下施工的沥青砂浆的细骨料，一般选用细度模数在1.3～2.2之间的有机物质含量较低的清洁细砂，其粒径控制在0.074～2.0mm之间，含泥量不得超过3%，其他的质量要求应当符合国家标准《建设用砂》（GB/T 14684—2011）中的规定。

4. 对粗骨料的技术要求

如果工程需要的沥青砂浆中必须掺加适量粗骨料时，应当选用合适的骨料粒径和品种。在沥青混凝土中，粒径大于2.5mm的骨料，则称为粗骨料。在选择粗骨料时，应当考虑粗骨料的化学性质，宜选用碱性岩石制成的骨料，如石灰岩、白云岩、玄武岩、辉绿岩等。因为碱性骨料与沥青的黏结力，要比酸性骨料（如花岗岩、斑岩、安山岩、闪长岩等）强。

试验结果证明，若在沥青中加入沥青质量的万分之一的聚酰胺能明显提高沥青与骨料的黏结力。

工程实践证明，配制水下沥青混凝土时，用卵石的稳定性不如碎石好，因此，在进行水下沥青混凝土配合比设计时，宜选用形状带棱角、表面比较粗糙、质地比较坚硬的碎石骨料，并要求扁平细长颗粒的含量不应大于5%。

另外，所用粗骨料要具有一定的耐热性，即加热到25℃时不显著降低强度；骨料的吸水率不得超过3%。粗骨料的其他技术指标要求，应当符合国家标准《建设用卵石、碎石》（GB/T 14685—2011）中的规定。

众多工程施工经验证明，水下沥青砂浆的配合比应控制在如下范围内：砂浆中的填料与沥青之比（质量比）一般控制在0.8～1.0之间；细骨料（砂子）与沥青之比（质量比）一般控制在2.5～3.5之间。

根据以上所述水下沥青砂浆各种材料的比例，在水下沥青砂浆组成材料中，沥青占材料总量的12%～20%，填充料占材料总量的5%～20%，细砂占材料总量的60%～70%。拌制好的沥青砂浆的表观密度在1800kg/m³以上。

如果配制水下施工沥青混凝土，粗骨料的用量为沥青用量的2.3～3.3倍。

表19-20中列出了某工程水下灌筑沥青砂浆（混凝土）的配合比，可供配合比设计和施工中参考。

表 19-20　某工程水下灌筑沥青砂浆（混凝土）的配合比

序号	石油沥青的针入度/(1/10mm)	填充料的种类	粗骨料粒径/mm	配合比(质量比)/%				主要用途
				沥青	填充料	细砂	粗骨料	
1	40～50	石灰石粉	—	20	20	60	—	填充抛石空隙
2	50～60	石灰石粉	—	17	15	68	—	填充抛石空隙
3	50～60	石灰石粉	—	18～20	22～30	50～58	—	防浪坡堤补强
4	38～41	—	6～13	13	8	34.0	45.0	抛石丁坝护面
	11 号煤沥青	—	6～13	13	10	34.5	42.5	
5	180～200	消石灰	<3	15	10	40.0	35.0	防渗漏截水墙

按照表 19-20 中的经验数据初选水下灌注沥青砂浆配合比后，通过试配沥青砂浆的流动性、强度、稳定性试验进行验证，最后确定采用的配合比。

第二十章 耐磨损混凝土

混凝土在各类工程使用的过程中，会遇到各种各样的情况和环境，造成不同的作用和磨损。特别是在高速水流（如水工混凝土）、急驶车辆（如道路混凝土）和机械磨损（如车间地面）等的作用下，会使混凝土结构的表面有一定的磨损。如何提高混凝土的耐磨损能力，延长混凝土结构的使用寿命，这是耐磨损混凝土重点应解决的技术问题。

材料试验和工程实践证明，在各种工程中常用的耐磨损混凝土，实际上是在普通水泥混凝土的基础上，掺加或更换一些耐磨损性能好的特殊材料，从而配制成由普通建筑材料和特殊耐磨损材料组成的耐磨损混凝土。

第一节 耐磨损混凝土概述

混凝土科学研究表明，耐磨损混凝土是指对机械磨损、流体冲刷等磨损破坏有较强抵抗作用的混凝土。在混凝土各类工程的使用过程中，所处的环境不同和所起的功能不同，其受到的磨损类型也不同，因此混凝土产生磨损的原因主要有以下几种。

一、混凝土磨损的类型

总结混凝土在各种不同的使用情况下，其磨损的类型主要包括研磨型磨损、剥蚀型磨损和气蚀型磨损 3 种。

1. 研磨型磨损

混凝土研磨型磨损，系指混凝土受到反复研磨或摩擦而造成的磨损，这是一种最常见的混凝土磨损。如公路路面、人流较多的通道，一些工厂、车间及仓库、堆场的地面，商场、车站、舞厅等公共建筑的地面等。

以上这些场所的混凝土表面，由于经常反复地受到车辆、行人、机械、各种货物、工件，对其施加滑动或滚动摩擦产生的研磨作用，使混凝土由表及里逐层受到磨耗。

2. 剥蚀型磨损

混凝土剥蚀型磨损，系指混凝土表面在流动液体的冲刷作用下，其表面产生逐层的剥蚀破坏，这也是一种常见的混凝土磨损。如混凝土桥墩、水上建筑中的水中支柱、混凝土给排水管道和水工建筑物等。

室内试验和工程实践表明，液体在混凝土表面的流速越快，对混凝土表面的剥蚀磨损作用就越大；如果液体中再含有悬浮坚硬的颗粒，对混凝土的剥蚀磨损则更严重。

3. 气蚀型磨损

混凝土气蚀型磨损，系指在高速流动液体在受到扰动时，对混凝土表面所产生的一种冲击性破坏，这也是这 3 种混凝土磨损中最严重的破坏。如水工建筑中的混凝土溢洪道、江河大坝的冲淤道及泄水闸的挑流鼻坎等。

产生气蚀型磨损破坏的机理比较复杂，主要破坏机理是：当一股流速很高的水或其他液体，在其流动方向或原来流速受到某种干扰而发生改变时，在紧靠变化处下游的混凝土表面局部出现一个低压区，当其压力低于相应环境温度的水蒸气压时，就会形成大量的气泡。气泡随着水流进入高压区，高速水流进入原水蒸气所占的空间，产生很大的冲击力使气泡急速溃灭，随之产生巨大的瞬时压力。当气泡溃灭发生在混凝土的局部边缘时，由于高速水流中不断溃灭的气泡所产生的瞬时压力的反复作用，使混凝土表面产生很多的麻点与坑洞，即出现气蚀型磨损。

通过以上所述，以水工建筑物为例，很显然，混凝土的磨损，从内因方面分析，它与混凝土本身的耐冲磨性能有关；从外因方面分析，它与水流的速度和水流挟带泥砂的含量、颗粒大小、形状和硬度等因素有关。

二、混凝土产生磨损的危害性

通过对以上 3 种磨损类型的分析可知，不论是研磨磨损、冲刷剥蚀，还是气蚀所产生的损坏，都可以归结到磨耗和冲击两种破坏作用，大部分情况下这两种破坏作用是同时存在的，其区别仅仅是以何种作用为主。

混凝土产生磨损破坏的过程，首先是硬化水泥浆体部分被磨损，并且露出混凝土中的骨料，接着由于冲击力的作用使骨料被磨损。因此，混凝土往往是在冲击力的作用下骨料被剥离出来，从而使剥离处形成孔穴。随后硬化水泥浆体又被磨耗，又露出新的一层骨料，如此反复进行，混凝土由表及里受到逐层破坏。

如果混凝土的内部原来就存有微裂缝，在冲击力的作用下可能会产生扩展，加之一些砂砾进入形成的孔穴后，在高速水流作用下在孔穴中对混凝土进行“洗挖”，更加使混凝土的损坏加剧，甚至出现破坏性的损坏，造成巨大的经济损失。

三、提高混凝土耐磨性的措施

通过对混凝土受磨损破坏的原因和过程分析可知，混凝土的耐磨损性很难进行评定，因为损坏作用的变化取决于磨损的真正原因。因此，选择耐磨损混凝土最适用的指导原则是提高混凝土的抗压强度，抗压强度是决定混凝土具有耐磨损性的最主要因素。由此可见，要提高混凝土的耐磨性，制得耐磨损能力强的耐磨损混凝土，应当从以下两个方面采取相应的技术措施。

（一）提高混凝土表面的耐磨损性

混凝土的耐磨性能好坏，首先表现在混凝土的表面耐磨性高低，因此，提高混凝土表面的耐磨损性，是非常重要的技术措施。要增加混凝土表面的耐磨损性，其最根本的技术措施是：不论是水泥浆体还是骨料，都必须具有足够的耐磨性。这就要求在进行混凝土配合比设计和配制时，要选用耐磨性好的原材料，即选用适宜的水泥和骨料。

1. 选用强度较高的水泥

工程实践证明，水泥的强度越高，其耐磨性越好。因此，在配制有耐磨性要求的混凝土时，应优先选择强度等级较高的水泥，一般不能选用低于 32.5MPa 的水泥。

2. 选用适宜的水泥品种

材料试验证明，常用的硅酸盐系列的水泥，其耐磨性有很大的差别。因此，在配制有耐磨性要求的混凝土时，应优先选用耐磨损性高的水泥品种，如硅酸盐水泥和普通硅酸盐水泥，也可以选用矿渣硅酸盐水泥，但不能选用火山灰质硅酸盐水泥和粉煤灰硅酸盐水泥。

3. 选用强度较高的骨料

配制有耐磨性要求的混凝土时，骨料宜选用强度较高的火成岩和变质岩，一般不选用水成岩，其坚固性和压碎指标应符合《建设用砂》（GB/T 14684—2011）和《建设用碎石、卵石》（GB/T 14685—2011）中的规定。

（二）提高混凝土材料的黏结强度

提高混凝土材料的黏结强度，是提高混凝土耐磨性的重要措施。在这方面主要包括以下3个技术措施。

1. 适当提高混凝土的强度

在一般情况下强度越高的混凝土，硬化水泥浆体与骨料的黏结力也越大，其耐冲击磨损的性能也越好。因此，适当提高混凝土的强度，既可以满足混凝土耐磨性的要求，又可符合经济性的要求。

2. 选用质量优良的原材料

混凝土配制试验证明，原材料的质量对混凝土质量影响最直接，因此，应当选用质量良好的原材料。特别是对骨料的含泥量和泥块含量应严格控制，这是影响黏结强度的关键因素，其含泥量和泥块含量应符合《建设用砂》（GB/T 14684—2011）和《建设用碎石、卵石》（GB/T 14685—2011）中的规定。

3. 选择良好级配的骨料

骨料的级配如何，不仅影响混凝土的强度和材料用量，而且影响混凝土的黏结强度。试验结果证明，骨料级配越好混凝土的黏结强度越高，相应其耐磨性越好。

第二节　耐磨损混凝土的组成材料

耐磨损混凝土的组成材料，主要有胶凝材料、粗细骨料、掺合料、外加剂和拌合水等。由于这种混凝土具有耐磨损性要求，因此对材料的要求不同于普通水泥混凝土。

一、胶凝材料

配制耐磨损混凝土的胶凝材料，主要是水硬性胶凝材料水泥，在特殊情况下也可掺加适量的环氧树脂，也可根据工程实际情况采用一些新型胶凝材料。

1. 水泥

水泥的物理力学性能（包括耐磨损性能），主要取决于水泥的矿物成分及水泥矿物成分的耐磨损性能。国内外有关专家在试验室内对水泥熟料的单矿物进行了磨损试验，单矿物水泥及单矿物水泥砂浆的磨损试验结果表明，硅酸三钙（C_3S）的耐磨损强度最高，硅酸二钙（C_2S）的耐磨损强度最低，铝酸三钙（C_3A）和铁铝酸四钙（C_4AF）耐磨损强度接近。

材料试验研究证明，混凝土的耐磨损性能与水泥掺加混合材料的种类和数量有关，从国外有关试验资料看，一般采用掺混合材料的水泥制备的混凝土，在所有龄期内，其抗冲磨强度均比不掺混合材料的水泥制备的混凝土低，如水泥中掺加活性混合材30%～35%时，可使混凝土的磨损率增加30%～35%。

工程实践证明，配制耐磨损混凝土的水泥品种最好选用不掺或少掺混合材的水泥，如硅酸盐水泥或普通硅酸盐水泥。配制耐磨损混凝土所用水泥的强度等级，一般应大于或等于42.5MPa。如果选用低于42.5MPa的水泥，必须经试验后确定。

2. 环氧树脂

在某些特殊场合下，当使用水泥混凝土不能满足抗磨损要求时，可以采用一些抗磨损性能更好的胶凝材料，如环氧树脂、呋喃树脂、饱和聚酯树脂等。工程实践证明，其中环氧树脂是比较理想的一种材料。有关环氧树脂的性质、用环氧树脂配制混凝土的方法等有关内容，可参考“树脂混凝土”。

二、粗细骨料

与普通水泥混凝土一样，骨料是耐磨损混凝土中用量最大的材料，一般占混凝土体积的80%左右，其品种、质量、级配、粒径等，直接影响耐磨损混凝土的强度和抗磨损能力。在选择耐磨损混凝土骨料时，主要应考虑粗细骨料品种选择、最大骨料粒径选择和砂的细度模数选择3个方面。

1. 粗细骨料品种选择

骨料本身的耐磨性对耐磨损混凝土的耐磨损性有着至关重要的作用，有时甚至起决定性作用。因此，配制耐磨损混凝土所用骨料，应当选用质地致密、材质坚硬、耐磨损性强的材料。粗骨料一般宜选用花岗岩、闪长岩、辉绿岩和属变质岩的片麻岩、石英岩等。属沉积岩的石灰岩的硬度都比较差，另外铁质页岩、黏土质页岩的各项力学性能也很差，均不宜作为耐磨损混凝土的粗骨料。但是，岩石的力学性能不仅与其品种有密切的关系，而且与其风化程度也有密切的关系，因此，不能选用已经风化的岩石。细骨料一般宜选用比较纯净、无风化的石英砂。

粗骨料和细骨料的各种技术指标，除应符合配制耐磨损混凝土的特殊要求外，还应当分别符合现行国家标准《建设用碎石、卵石》（GB/T 14685—2011）和《建设用砂》（GB/T 14684—2011）中的规定。

有关建筑材料专家通过研究发现，相同强度等级的碎石混凝土的磨损系数稍高于卵石混凝土，这是因为卵石的表面比较光滑不易磨损，而碎石的表面比较粗糙容易受到磨损。虽然碎石混凝土的磨损系数偏高，但卵石混凝土中的卵石与硬化水泥浆体的界面黏结强度却低于碎石混凝土。在有高速水流的磨损过程中，卵石更容易被冲击脱离开硬化浆体而形成孔穴和凹槽，使混凝土的磨损破坏速度加快。

由以上分析可知，与卵石混凝土相比，即使碎石混凝土的磨损系数稍高一些，由于碎石与水泥浆体的黏结强度高，所以碎石更适宜于耐磨损混凝土的配制。试验研究也证实，磨损导致碎石混凝土结构最终破坏的时间，要比卵石混凝土长一些。由此可见，配制耐磨损混凝土宜选用新鲜的碎石。

2. 最大骨料粒径选择

混凝土试验证明，粗骨料最大粒径（D_{max}）的选择对混凝土的抗磨损性也有较大的影响。当使用水泥、细骨料及粗骨料岩石品种相同、混凝土水灰比也相同，只是粗骨料粒径不同的混凝土，其抗压强度基本相同，但其抗冲磨强度却随着粒径的增大而增大。这是由粗骨料粒径增大，使混凝土中抗磨强度较低的水泥石含量减少所致。因此，采用较大粒径的粗骨料，是减少混凝土中水泥石含量而有利于提高混凝土抗冲磨强度简单而有效的措施。

抗冲磨试验证明，混凝土表层的粗骨料在机械磨损、水流冲击的作用下，如果粗骨料的粒径不适宜，会出现骨料被“拔出”现象，在混凝土表面形成孔穴后，磨耗将继续快速进行下去，从而对混凝土结构造成更大的破坏。

特别是当砂砾进入孔穴中，由于高速水流的旋转，使混凝土受到损坏性的“洗挖”，而使混凝土磨损更加严重。混凝土配合比试验证明，当单位体积混凝土中的水泥用量和水灰比确定后，改变粗骨料的最大粒径（D_{max}）时，混凝土的磨损系数随着骨料粒径的增大而降低。

试验结果表明：当采用不同粗骨料最大粒径（10mm、15mm、20mm 和 25mm）时，D_{max}＝25mm 时混凝土的磨损系数最低，而 D_{max}＝10mm 时粗骨料被拔出的比例较大。综合考虑磨损系数和骨料被拔出的孔穴数量，配制耐磨损混凝土粗骨料的最大粒径，宜选 D_{max}＝25mm。

根据工程经验得知，粗骨料的粒径较大，受挟砂水流冲磨后的混凝土表面不平整度较大，因而产生气蚀的可能性也较大。所以在有可能产生气蚀的抗冲磨混凝土，粗骨料的最大粒径应受到一定限制。据其他有关资料表明，配制耐磨损混凝土粗骨料的最大粒径 D_{max} 在 15mm 左右比较适宜。究竟采用什么样的粗骨料最大粒径，最好通过试验确定。

3. 砂的细度模数选择

细骨料的细度模数是砂子平均粗细程度的重要指标，对于混凝土的密实度和强度有很大影响。因此，选择细骨料的适宜细度模数，也是非常重要的一个技术指标。配制耐磨损混凝土试验结果表明，采用的细骨料以洁净、级配良好的石英中、粗砂为宜，其细度模数应控制在 2.4～3.5 范围内。

配制耐磨损混凝土所用的细骨料，除必须符合国家标准《建设用砂》（GB/T 14684—2011）中的规定外，石英砂的质量应符合表 20-1 中的要求。

表 20-1 用于耐磨损混凝土石英砂的质量要求

项目名称	SiO_2 /%	云母 /%	硫化物 /%	尘土 /%	硬度 /HB	吸水率 /%	比密度 /(g/cm^3)	空隙率 /%	粒径 /mm	栏堆密度 /(kg/m^3)
质量技术指标要求	≥95	≤0.5	≤0.5	≤0.5	5～7	≤1.0	2.65	≤40	≥0.15	≥1600

三、掺合料

配制耐磨损混凝土试验结果表明，用于这种混凝土的掺合料主要有两类：一类是用于直接增强耐磨性的掺合料，常用的有钢屑、钢纤维、钢渣砂、金刚砂、烧矾土等，其中以钢屑、钢纤维、金刚砂的效果最好，这类掺合料可以替代混凝土中的部分细骨料；另一类是用于增加混凝土致密性和强度的掺合料，间接地增加混凝土的耐磨性，常用的有硅灰及超细矿渣粉等，其中以硅灰的效果比较好。

四、外加剂

为了降低混凝土内部的孔隙率，提高混凝土的强度，在配制耐磨损混凝土时，可以掺入适量的减水剂及早强剂。在掺加这两种外加剂时，应特别注意以下两点：为确保混凝土的强度不降低，所掺加的减水剂，不宜采用引气型减水剂；在钢筋混凝土中掺加早强剂时应避免掺用对钢筋有锈蚀作用的早强剂。无论掺加何种外加剂，外加剂的掺量、性能和相容性等，均应通过试验确定，不可盲目掺加。

五、拌合水

配制耐磨损混凝土所用的拌合水技术要求与普通水泥混凝土相同，应符合《混凝土用水标准》（JGJ 63—2006）中的要求。

第三节　耐磨损混凝土的配合比设计

由于耐磨损混凝土的组成材料与普通混凝土有所不同，所以在进行混凝土配合比设计时应遵循的原则也不一样。

一、耐磨损混凝土的配合比设计原则

在选用耐冲磨性能较好的岩石作为混凝土的骨料时，即使是高强混凝土中的水泥石，其抗冲磨强度也比骨料要低得多。因此，抗冲耐磨混凝土配合比设计的原则是：尽可能提高水泥石的抗冲耐磨强度及黏结强度，同时也要注意尽可能减少水泥石的含量，这是提高混凝土抗冲耐磨强度的根本措施。

1. 抗压强度的确定原则

混凝土在原材料选定后，其抗压强度随着水灰比的减小而增大。在水泥浆用量变化不大的条件下，混凝土的抗冲耐磨强度也随着水灰比的减小而提高。抗冲耐磨混凝土的强度必须满足在挟砂石水流冲磨条件下足以把骨料黏结在一起；如果水泥石的黏结强度及抗冲耐磨强度过低，挟带砂石的水流首先将水泥石冲磨后，紧接着就会把骨料冲掉，从而会造成严重的冲蚀磨损现象。因此，要提高混凝土的抗冲耐磨强度，就必须提高混凝土的抗压强度。

混凝土强度试验表明，混凝土的水灰比越小，所形成的水泥浆就越干稠，达到施工所要求的和易性（流动性）时，所需要占水泥浆用量则越多。于是就会出现虽然混凝土中的水泥石强度有所提高，但由于水泥石的增加而降低混凝土的抗冲耐磨强度。

由此可见，在配制抗冲耐磨混凝土时，其抗压强度只要能满足在挟砂石水流冲磨条件下，足以将骨料黏结在一起即可；如果再提高混凝土的抗压强度，不仅达不到提高混凝土抗冲磨强度的目的，而且抗冲磨强度还可能随着抗压强度的提高而下降。

2. 用水量的确定原则

材料试验证明，对于有抗冲耐磨损要求的混凝土，最好是采用干硬性混凝土，并以施工所用振捣器能将混凝土拌合物振密实为准，一般混凝土的维勃稠度以30～40s为宜。如果采用塑性混凝土，拌合物的坍落度最好不超过5cm，以便尽可能减少混凝土中抗冲耐磨损性能差的水泥石含量，提高混凝土的抗冲耐磨损强度。

水泥石的抗冲耐磨损强度一般都比骨料低得多。因此，混凝土中水泥石的含量越高，混凝土的抗冲耐磨损强度则越低。当混凝土的原材料相同、水灰比相同，而水泥石含量不同时，混凝土抗压强度基本相同；但其抗冲耐磨损强度却随着水泥石含量的增加而明显下降。

由此可见，在配制抗冲耐磨损混凝土时，不仅要注意选用耐冲磨性能较好的高强度水泥，而且还要注意在保持水灰比不变的前提下，尽可能减少水泥用量。这样，不仅可以节省水泥、降低成本、简化温控措施，而且还能提高混凝土的抗冲耐磨损强度。

当混凝土的原材料和水灰比确定后，混凝土的用水量（即水泥浆用量）决定于混凝土拌合物设计坍落度。混凝土拌合物的坍落度大。则用水量就多，混凝土中的水泥浆含量必然也多，从而就会降低混凝土的抗冲耐磨损强度。因此，对于抗冲耐磨损混凝土流动性的要求，应当在满足混凝土浇筑密实的前提下，流动度（用水量）越小越好。

3. 砂率的确定原则

抗冲耐磨损混凝土砂率的确定，与普通水工混凝土相同，在一般情况下应通过试验确定

其最佳砂率，以便减少水泥浆的用量，有利于提高混凝土的抗冲耐磨损强度。根据工程实践，抗冲耐磨损混凝土的砂率宜控制在30%～40%范围内。

二、工程中常用耐磨损混凝土的配合比设计

通过对耐磨损混凝土原材料不同的分析，实质上耐磨损混凝土是对多种具有增强耐磨损性能混凝土的总称。根据工程对混凝土耐磨损性的要求不同，所采用的耐磨损骨料是不同的。也可以说，耐磨损混凝土是由各种特殊耐磨损材料配制而成的混凝土。

在各种工程中，目前常用的耐磨损混凝土主要有石英砂耐磨损混凝土、钢屑耐磨损混凝土、钢纤维耐磨损混凝土、高性能耐磨损混凝土、环氧树脂耐磨损混凝土和防滑耐磨损胶粉混凝土等。

（一）石英砂耐磨损混凝土

石英砂耐磨损混凝土是以硅酸盐水泥或普通硅酸盐为胶凝材料，以石英砂为主要原料配制而成的一种耐磨损混凝土。

根据耐磨损混凝土工程的要求不同，石英砂耐磨损混凝土的配合比也不同，一般可分为以下两种情况的混凝土配合比设计。

1. 承受磨损为主的耐磨损混凝土

对于主要承受磨损、对抗压强度和抗冲击要求不高的混凝土，其水泥可以采用强度等级大于或等于42.5MPa的普通硅酸盐水泥，混凝土的配合比为：水泥∶砂子∶水=1∶(1.8～2.5)∶(0.45～0.50)。

2. 承受多种强度的耐磨损混凝土

对于不仅要承受磨损，而且对抗压强度和抗冲击强度有一定要求的混凝土，其水泥可以采用强度等级大于或等于42.5MPa的硅酸盐水泥，混凝土的配合比为：水泥∶砂子∶水=1∶(1.2～1.5)∶(0.40～0.48)。

（二）钢屑耐磨损混凝土

钢屑耐磨损混凝土，也称为铁屑耐磨损混凝土。这种混凝土是用钢（铁）屑作为骨料的一部分，然后再与水泥、石、砂和水配制而成的混凝土。钢屑耐磨损混凝土的耐磨性非常高，一般高于石英砂耐磨损混凝土，同时其抗压强度也很高。工程实践证明，配比合理、精心施工的钢屑耐磨损混凝土，其28d抗压强度可以达到800MPa，耐磨性可与花岗石媲美。

1. 钢屑耐磨损混凝土对原材料要求

钢屑耐磨损混凝土的配合比设计方法与普通水泥混凝土基本相同。水泥应选用强度等级大于或等于42.5MPa的硅酸盐水泥或普通硅酸盐水泥，水泥的各项技术指标应符合国家标准《通用硅酸盐水泥》(GB 175—2007）中的要求。

粗骨料优先选用坚硬耐磨的花岗石、辉绿岩，细骨料应选用洁净、坚硬、级配良好的河砂，骨料的各项技术指标应符合国家标准《建设用碎石、卵石》（GB/T 14685—2011）和《建设用砂》(GB/T 14684—2011）中的规定。

钢屑应选用金属切削时的废屑，既可废物利用、降低费用，又能符合钢屑耐磨损混凝土的要求。但是，在配制混凝土前需经过以下筛分和清洗处理。

钢屑的筛分，就是筛去过大或过小的钢屑，即筛除小于0.3mm的碎屑及大于75mm的钢屑，以便于配制和施工。钢屑的清洗，是将筛分后的钢屑先经10%的氢氧化钠（NaOH）

溶液浸泡去除油污，再用50～70℃的热水进行清洗，然后捞出晾干待用。在浸泡和清洗过程中，应当边浸泡边搅动，以便浸泡均匀、去掉油污。

2. 钢屑耐磨损混凝土的参考配合比

表20-2为钢屑耐磨损混凝土参考配合比，可供配制钢屑耐磨损混凝土时参考。

表20-2 钢屑耐磨损混凝土参考配合比

序号	混凝土或砂浆强度等级	水泥的强度等级	混凝土(砂浆)材料用量配合比/(kg/m³)				28d抗压强度/MPa	28d抗拉强度/MPa
			水泥	砂子	钢屑	水		
1	C40	42.5	1150	细砂345	1150	323.1	45.40	6.68
2	C50	52.5	929	细砂464	1858	343.7	64.85	14.6
3	C50	52.5	1051	中砂329	1544	361.0	54.50	—
4	M40	52.5	978	—	1467	350.0	48.00	—

(三) 钢纤维耐磨损混凝土

钢纤维耐磨损混凝土是在钢纤维混凝土的基础上，在配合比方面加以改进配制而成的一种耐磨性很强的混凝土。钢纤维实质上也是一种钢屑，因此钢纤维耐磨损混凝土也可以看作是钢屑耐磨损混凝土的一种。

1. 钢纤维耐磨损混凝土对原材料要求

钢纤维耐磨损混凝土对原材料要求主要包括对水泥、细骨料、粗骨料、砂率、钢纤维、外加剂和水等材料的要求。

钢纤维耐磨损混凝土所用的水泥，优先选用普通硅酸盐水泥、硅酸盐水泥和明矾石膨胀水泥，水泥的强度等级一般不低于42.5MPa，其他技术指标应符合现行国家标准《通用硅酸盐水泥》(GB 175—2007) 和行业标准《明矾石膨胀水泥》(JC/T 311—2004) 中的要求。

钢纤维耐磨损混凝土所用的细骨料，与普通水泥混凝土相同，其他没有具体规定；钢纤维耐磨损混凝土所用的粗骨料，一般宜采用D_{max}=15mm质地坚硬的碎石。粗、细骨料的其他技术指标，应符合国家标准《建设用碎石、卵石》(GB/T 14685—2011) 和《建设用砂》(GB/T 14684—2011) 中的规定。钢纤维耐磨损混凝土所用的砂率，一般在40%左右比较适宜。

钢纤维耐磨损混凝土所用的钢纤维，与普通钢纤维混凝土有所不同，一般宜采用长度为2～5mm的钢纤维。为使钢纤维耐磨损混凝土易于拌和均匀，使耐磨损面性能最佳，最好采用异型钢纤维，而不采用直线型钢纤维。

钢纤维耐磨损混凝土所用的外加剂，一般多采用普通减水剂或超塑化剂，外加剂的技术指标应符合现行的有关规定。

2. 钢纤维耐磨损混凝土的参考配合比

由于钢纤维耐磨损混凝土是钢屑耐磨损混凝土中的一种，其配合比可以参考表20-3。对于抗磨要求较高的钢纤维耐磨损混凝土，其配合比应当通过试验确定。

表20-3 钢纤维耐磨损砂浆典型配合比

质量配合比(水泥：砂子：钢纤维：水)	28d抗压强度/MPa	主要用途
1：0.3：(1.0～1.5)：0.12	40～80	主要用于车间混凝土地面耐磨层、矿仓料斗衬面、楼梯踏步等

(四) 高性能耐磨损混凝土

在“高性能混凝土”中已经了解到，高性能混凝土在各种性能上都优于普通水泥混凝土，其中包括耐磨损性也比较好，因此可以满足一些对耐磨性要求较高的混凝土工程。但是，对于一些有更高耐磨性要求的混凝土，高性能混凝土不能满足耐磨性要求时，则可以通过改变原料的选择来解决，则配制成高性能耐磨损混凝土。

1. 高性能耐磨损混凝土对原材料要求

高性能耐磨损混凝土，是在高性能混凝土的基础上，在耐磨损方面提出更高的要求，而成为一种具有高的强度、高的流动性、优异的耐久性和高的耐磨损性的混凝土。这种混凝土所用的原材料和高性能混凝土有所不同。

(1) 对于水泥的要求　高性能耐磨损混凝土所用的水泥，优先选用硅酸三钙（C_3S）和铁铝酸四钙（C_4AF）含量高的硅酸盐水泥，水泥的强度等级一般不低于42.5MPa，其用量一般应控制在500kg/m^3左右。水泥的其他技术指标应符合现行国家标准《通用硅酸盐水泥》(GB 175—2007）中的要求。

(2) 对于骨料的要求　高性能耐磨损混凝土所用的粗骨料，应选用耐磨性更强的花岗岩或辉绿岩，其最大骨料粒径不应超过20mm；高性能耐磨损混凝土所用的细骨料，应选用洁净、坚硬、级配良好的河砂。粗、细骨料的其他技术指标，应符合现行国家标准《建设用碎石、卵石》(GB/T 14685—2011）和《建设用砂》(GB/T 14684—2011）中的规定。

(3) 对于掺加料的要求　高性能耐磨损混凝土所用的掺加料，一般为优质的粉煤灰和硅粉。粉煤灰是火力发电厂排放出来的灰渣，是一种火山灰质混合材料，其化学成分与高铝黏土相近，活性取决于玻璃体及无定形氧化铝和氧化硅的含量，用于配制高性能耐磨损混凝土的粉煤灰，其技术指标应符合现行国家标准《用于水泥和混凝土中的粉煤灰》(GB/T 1596—2005）中的规定。

硅灰是在电炉内生产硅铁合金时产生大量挥发性很强的SiO_2和Si气体，这些气体在空气迅速氧化并冷凝而成的一种超微粒固体物质。由于硅灰的主要成分是SiO_2、粒径在0.01～1μm之间，是水泥颗粒的1/100～1/50。因此，这是一种特效混凝土掺加料，它能明显地改善混凝土的性能，大幅度提高混凝土的耐磨性。

硅灰的SiO_2含量多少是其质量好坏的主要指标，根据硅灰的排放条件不同，SiO_2的含量大致波动在63%～89%范围内。掺入混凝土和砂浆中的硅灰，至今我国尚未制订其质量标准，根据工程实践证明，用于普通水泥混凝土的硅灰，SiO_2的含量必须在70%以上；用于高性能耐磨损混凝土的硅灰，SiO_2的含量必须在75%以上。

(4) 对于外加剂的要求　高性能耐磨损混凝土所用的外加剂，主要有膨胀剂、高效减水剂等。所用的膨胀剂应符合建材行业标准《混凝土膨胀剂》(GB 23439—2009）中的规定；所用的减水剂应符合国家标准《混凝土外加剂》(GB 8076—2008）中的规定。

高效减水剂是高性能耐磨损混凝土必不可少的组成材料，其有效组分的适宜掺量为胶凝材料总量的1.0%以下，并应控制引气量。配制高性能耐磨损混凝土适用的高效减水剂有：①磺化三聚氰胺甲醛树脂高效减水剂，该品种减水剂减水分散能力强，引气量低，早强和增强效果明显，产品性能随合成工艺的不同而有所不同；②高浓型高聚合度萘系高效减水剂，低聚合度的萘系减水剂，引气量大，不宜用于高性能耐磨损混凝土；③改性木质素磺酸盐高效减水剂；④复合高效减水剂，包括缓凝高效减水剂。

为使混凝土用水量达到140～170kg/m^3，外加剂减水率不得小于25%～30%。高效减水剂用量可按表 20-4 建议掺量选用。

表 20-4　高效减水剂建议掺量

高性能耐磨损混凝土强度等级	外加剂的种类	外加剂的掺量/%	高性能耐磨损混凝土强度等级	外加剂的种类	外加剂的掺量/%
C50～C60	蜜胺系 SM	0.5～1.0	C60～C80	改性 M+N	0.7～1.0
C50～C60	萘系 N	0.5～1.0	C80 以上	M+N+缓凝剂	0.8～1.0
C60～C80	SM+缓凝剂	0.5～1.0	C80 以上	SM+N	0.8～1.0
C60～C80	N+缓凝剂	0.5～1.0	C80 以上	SM+N+缓凝剂	0.8～1.0

(5) 对于拌合水的要求　配制高性能耐磨损混凝土所用的拌合水，其技术要求与普通水泥混凝土相同。应符合现行行业标准《混凝土用水标准》(JGJ 63—2006) 中的要求。

2. 高性能耐磨损混凝土的参考配合比

高性能耐磨损混凝土的配合比可以参考高性能混凝土的配合比，在其基础上加以改进，以满足具有高的强度、高的流动性、优异的耐久性和高的耐磨损性。表 20-5 中列出了某工程配制高性能耐磨损混凝土的参考配合比，可供施工中参考。对于耐磨损要求高的高性能混凝土，应当经过试验确定其配合比。

表 20-5　高性能耐磨损混凝土的参考配合比

水胶比 [$W/(C+F)$]	砂率/%	混凝土各种材料用量/(kg/m³)					抗压强度/MPa		
		水	水泥	砂子	石子	粉煤灰	CM-1	7d	28d
0.288	36	170	510	624	1108	80	8.22	65.2	76.8

注：1. 表中 C+F 为胶凝材料的用量，即水泥和粉煤灰用量之和。
2. 采用的水泥为强度等级 42.5MPa 的硅酸盐水泥。

(五) 环氧树脂耐磨损混凝土

飞机跑道要求耐磨性和耐冲击性较高，一般可将环氧树脂或适量增塑剂拌入水泥浆料中铺制路面，这样的跑道具有高度的耐磨、耐冲击效果。中国环氧树脂行业协会专家表示，道路尤其是高速公路的耐磨性要求也是相当高的。路面上以及道路接缝处，特别是在雨天，防止汽车在急转弯处打滑非常重要。可采用高性能的环氧树脂胶黏剂与表面较硬的粗骨料配合制成防滑黏合层，涂敷在车辆急转弯的显要位置及接缝上，能有效地解决这个问题。

环氧树脂耐磨损混凝土由环氧树脂、粗骨料、细骨料、填充料、增强材料和外加剂等按一定比例配制而成。其中环氧树脂是混凝土中的胶凝材料，其质量如何对混凝土的耐磨损性有直接关系。

(1) 对环氧树脂的要求　环氧树脂是泛指分子中含有两个或两个以上环氧基团的有机高分子化合物，除个别外，它们的分子量都不高。环氧树脂的分子结构是以分子链中含有活泼的环氧基团为其特征，环氧基团可以位于分子链的末端、中间或成环状结构。由于分子结构中含有活泼的环氧基团，使它们可与多种类型的固化剂发生交联反应而形成不溶、不熔的具有三向网状结构的高聚物。根据分子结构，环氧树脂大体上可分为缩水甘油醚类环氧树脂、缩水甘油酯类环氧树脂、缩水甘油胺类环氧树脂、线型脂肪族类环氧树脂和脂环族类环氧树脂五大类。

用于配制环氧树脂耐磨损混凝土的环氧树脂应当满足以下几个方面的技术要求。

① 固化方便　选用各种不同的固化剂，环氧树脂体系几乎可以在0～180℃温度范围内固化。

② 黏附力强　环氧树脂分子链中固有的极性羟基和醚键的存在，使其对各种物质具有很高的黏附力。环氧树脂固化时的收缩性低，产生的内应力小，这也有助于提高黏附强度。

③ 收缩性低　环氧树脂和所用的固化剂的反应是通过直接加成反应或树脂分子中环氧基的开环聚合反应来进行的，没有水或其他挥发性副产物放出。它们和不饱和聚酯树脂、酚醛树脂相比，在固化过程中显示出很低的收缩性（＜2%）。

④ 力学性能　固化后的环氧树脂体系具有优良的力学性能，尤其是应当具有很高的耐磨损性能。

⑤ 绝缘性能　固化后的环氧树脂体系是一种具有高介电性能、耐表面漏电、耐电弧的优良绝缘材料。

⑥ 化学稳定性　在通常情况下，固化后的环氧树脂体系具有优良的耐碱性、耐酸性和耐溶剂性。像固化环氧体系的其他性能一样，化学稳定性也取决于所选用的树脂和固化剂。适当地选用环氧树脂和固化剂，可以使其具有特殊的化学稳定性能。

⑦ 尺寸稳定性　由于环氧树脂耐磨损混凝土用于磨损比较严重的部位，因此配制环氧树脂混凝土的环氧树脂，要具有突出的尺寸稳定性和优良的耐久性。

(2) 对骨料的要求　配制环氧树脂耐磨损混凝土用的骨料，与普通水泥混凝土相同。可以使用卵石、河砂、硅砂、安山岩及石灰岩等粗、细骨料，粗骨料的最大粒径应在20mm以下，细骨料的粒径在2.5～5.0mm范围内。对于粗细骨料的技术要求，除严格符合国家标准《建设用碎石、卵石》(GB/T 14685—2011) 和《建设用砂》(GB/T 14684—2011) 中的规定外，还应符合以下要求。

① 严格控制含水率　试验表明，环氧树脂耐磨损混凝土的强度和耐磨损性，随着骨料及粉料含水量的增加而显著下降。强度和耐磨损性下降的原因，主要是骨料及粉料的表面极易被水所浸润，不同程度地形成一层水膜，从而严重影响了骨料与环氧树脂的吸附效应和黏结效果，导致环氧树脂混凝土的强度和耐磨性显著降低。因此，用于环氧树脂耐磨损混凝土的骨料含水率应严格控制在0.1%以下。

② 具有良好的级配　用于环氧树脂耐磨损混凝土的粗、细骨料，必须具有良好的级配和密实度，这样才能使配制出的环氧树脂耐磨损混凝土表观密度大，强度和耐磨损性能好。

③ 不得含有杂质　用于环氧树脂耐磨损混凝土的粗、细骨料，不仅应当符合国家标准《建设用砂》(GB/T 14684—2011) 中的有关规定，而且也不允许含有阻碍环氧树脂固化反应的杂质及其他有害杂质。

④ 具有较高的强度　环氧树脂耐磨损混凝土的耐磨损性能好坏，与粗、细骨料的强度大小有直接关系。因此，用于环氧树脂耐磨损混凝土的骨料，必须选用抗压强度较高的火成岩或变质岩，尤其不得使用已经风化的岩石。

(3) 对填充料的要求　用于环氧树脂耐磨损混凝土的填充料，在胶结材料中主要产生增量效果，一方面减少适量的环氧树脂用量，另一方面改善环氧树脂混凝土的工作性能。同时提高混凝土的强度、硬度、耐磨性、增加热导系数、减少收缩率和膨胀系数。

填充料宜采用粒径为200目左右的粉状填料，如石英粉、滑石粉、玻璃纤维、玻璃微珠、粉煤灰、火山灰等。

(4) 对增强材料的要求　为了改善环氧树脂的抗冲击韧性、抗裂性和耐磨性，可在环氧树脂耐磨损混凝土中掺加适量的增强材料。增强材料主要是一些短纤维，如钢纤维、玻璃纤维、碳纤维和聚合物合成纤维等。

(5) 对外加剂的要求　为了改善环氧树脂耐磨损混凝土的某些性能，可加入适量的添加剂，它们主要有固化剂、增韧剂、减缩剂、防老剂等。

(六) 防滑耐磨损胶粉混凝土

防滑耐磨损胶粉混凝土，由防滑耐磨损胶粉、粗骨料、细骨料和水按照一定比例配制而成。根据工程实践经验，混凝土的水胶比（即拌合水与防滑耐磨损胶粉的比值）一般控制在0.20～0.40之间；防滑耐磨损胶粉与细骨料之比一般控制在（1∶1.5）～(1∶2.0）之间。

防滑耐磨损胶粉混凝土的配合比如表20-6所列。

表 20-6　防滑耐磨损胶粉混凝土的配合比

混凝土(砂浆)编号	各种材料用量/(kg/m³)				配合比(胶粉∶石子∶砂子∶水)
	LY-01耐磨损胶粉	粗骨料用量	细骨料用量	拌合水用量	
混凝土A	455.0	1325.0	616.0	92.2	1∶2.912∶1.354∶0.203
混凝土B	366.9	1310.7	703.8	102.0	1∶3.572∶1.918∶0.278
混凝土C	402.5	1604.7	624.0	147.0	1∶3.987∶1.550∶0.350
防滑耐磨砂浆	480.0	—	720.0	153～192	1∶1.500∶0.318～0.400

第四节　耐磨损混凝土的施工工艺

以上几种抗冲耐磨损混凝土，由于各自的组成材料不同，所以它们的施工方法也不相同。石英砂耐磨损混凝土的施工，与普通水泥混凝土的施工方法相同；钢屑耐磨损混凝土及钢纤维耐磨损混凝土的施工，可参考钢纤维混凝土的施工；高性能耐磨混凝土的施工，可参考高性混凝土的施工。在耐磨损混凝土的施工过程中，除了分别按有关混凝土进行施工外还应注意如下事项。

一、采用正确的施工工艺

在抗冲耐磨损混凝土的施工中，采用正确的施工工艺是确保耐磨损混凝土的高性能有效途径之一，是制备高强、耐磨混凝土的重要措施。

工程实践证明，耐磨损混凝土采用胶粉裹砂搅拌工艺，是提高混凝土耐磨损性能的好方法。胶粉裹砂搅拌工艺流程是：投入砂子→加适量水搅拌1min→加耐磨胶粉搅拌2min→加入石子搅拌2～3min→加入剩余水搅拌2～3min→出料。按这种方法搅拌，强度比常规方法制备的混凝土高20%左右，耐久性、抗渗性也大幅度提高。

另外，采用超声波振动或高频振动密实混凝土，使振动频率≥20000次/min，这样可以大大提高混凝土的耐磨损强度。

二、注意混凝土表面的处理

认真对混凝土的表面进行抹面与压光，不仅可以提高混凝土的表面美观，而且可以提高混凝土抗冲刷和耐磨损性能，在水工混凝土中尤其显得更加重要。在进行混凝土表面抹面与压光中，应注意以下几个方面。

1. 掌握适宜抹面与压光的时间

耐磨损混凝土的抹面与压光，应在混凝土浇筑后表面泌水基本消除时进行。材料试验证明，如果在表面泌水未完全消除前就进行抹面，必然会堵塞很多水蒸发的通道，大量多余水被储存在混凝土表层，使混凝土的水灰比（W/C）增加，硬化后混凝土表面的孔隙率较高，不仅严重影响混凝土的强度，而且也大大降低混凝土的耐磨损性。

2. 采用适宜抹面与压光的工具

在进行耐磨损混凝土的抹面与压光时，应选用钢抹刀而不要选用木抹刀。施工经验证明，用钢抹刀可将混凝土抹压出比较光滑的表面，并封闭一些表面缺陷，使混凝土表面不产生阻挡，具有较好的耐磨损性能。用木抹刀抹压混凝土时，会拉动混凝土表面的水泥浆及骨料，对混凝土的耐磨损性能有不良影响。

3. 正确进行混凝土表面的处理

在耐磨损混凝土的表面进行处理，就是在混凝土表面达到初凝前，均匀撒上一层干水泥和砂子，再用钢抹刀将其压入混凝土的表面内。这样可以降低混凝土表面的水灰比（W/C），使混凝土的表面更加致密，从而有效地提高混凝土的表面耐磨损性能。

三、要特别注意加强养护

养护条件对混凝土的强度增长和其他性能均有直接影响。对于抗冲耐磨损混凝土，养护温度、养护湿度和养护时间，对其耐磨损强度的提高更有直接关系。

工程经验证明：耐磨损混凝土的养护温度应≥5℃，并保证在14d内有足够的湿度。浇筑后24h应用湿麻袋、湿草毡覆盖1～14d，除覆盖外还可以喷水或蓄水养护。

当环境温度在5～15℃时，混凝土构件需养护20～28d以上方可使用；当环境温度在15～30℃时，混凝土构件需养护14～20d。

第三篇　特殊施工混凝土应用技术

根据专家预测，混凝土今后发展的基本趋势是：①混凝土技术已进入高科学技术时代，正向着高强度、高工作性和高耐久性的高性能方向发展；②混凝土科学技术的任务已从过去的“最大限度向自然索取财富”，变为合理应用、节省能源、保护生态平衡，使其成为科学、节能和绿色建筑材料；③混凝土能否长期维持在特殊环境中正常使用，以适应特殊性能的要求也成为今后混凝土的努力方向，也是混凝土的未来和希望；④混凝土能否采用特殊的施工方法，达到混凝土的性能和技术要求，这也是混凝土技术发展和研究的重要课题。

新型混凝土的种类已经很多，各自具有其独特的技术性能和施工方法，又分别适用于某一特殊的领域。随着我国基本建设规模的不断扩大，有些新型混凝土技术与施工工艺已在工程中广泛应用，并积累了丰富的施工经验；有些新型混凝土技术与施工工艺正处于探索和研究阶段，纵观其未来它们都具有广阔的发展前景。

第二十一章　道路混凝土

道路混凝土主要是指以混凝土作为面层路面混凝土，也称为混凝土路面。混凝土路面在使用的过程中，其上面有重型车辆反复荷载的作用，尤其是经常受到风、雨、霜、雪、冰冻、炎热、日晒等大自然作用的影响，是暴露在严峻环境中的结构物，并且行驶的车辆是高速运行的，如果道路混凝土的路面不平整，不仅会给驾驶人员和乘坐者一种不舒适和不安全感，而且还会给混凝土面层施加很大的冲击力，从而造成路面在很短的时间内遭到破坏。

第一节　道路混凝土概述

回顾社会发展史，古今中外人类生存离不开交通和道路，社会生产发展更少不了交通和道路，人、车、路是构成交通的基本元素。在一定程度上，社会的进步、民族的振兴、地区的繁荣，与交通道路的发展密切相关。

一、对道路路面的基本要求

路面是道路的上部结构，直接承受车辆等荷载和其他自然因素的影响，常由各种坚硬材料分层铺筑于路基之上，因此路面应能承受较大冲击力和各种自然因素的作用。

由此可知，对公路路面结构的基本要求是：①应具有足够的强度和刚度，使路面不裂、不碎、不沉、耐磨、无轮辙和推移；②应具有足够的稳定性，使路面能承受冷热、干湿、冻融和荷载的长期反复作用；③应具有足够的耐久性，使路面在荷载、气候因素的长期综合多次作用下耐疲劳、耐老化；④应具有足够的平整度，使车轮与路面之间有足够的附着力和摩阻力；⑤应具有与周围环境的协调性，主要包括洁净、低振动、低噪声、质地、亮度及色彩等方面。

路面通常是按照面层的使用品质、材料以及结构强度和稳定性等划分等级，一般分为高级、次高级、中级、低级 4 个等级。高速公路和一级公路是汽车专用路，采用的路面等级是高级，高级路面所用的材料主要有沥青混凝土、水泥混凝土、厂拌沥青碎石和整齐石块或条石。水泥混凝土路面是最近十几年来才发展起来的，国内外对水泥混凝土路面的修筑技术一直进行不懈地研究和总结，使水泥混凝土路面在技术上日臻完善，近年来在我国得到广泛推广应用。

水泥混凝土路面，又称为刚性路面、白色路面或混凝土路面，这是高速公路和一级公路常采用的一种高等级路面。按照水泥混凝土路面的组成材料不同，又可分为素混凝土路面、钢筋混凝土路面、预制混凝土路面、预应力混凝土路面和钢纤维混凝土路面。

水泥混凝土路面具有较高的抗压强度、抗折强度、抗磨耗、耐冲击等力学性能，具有不怕日晒雨淋、不怕严寒酷暑、经得起干湿循环与冻融循环的良好稳定性和耐候性，具有板体刚性大、荷载应力分布均匀、板面厚度较薄、容易铺筑与整修的优良性能。这是水泥混凝土高速发展的主要原因。

二、道路混凝土路面的分类

道路混凝土一般主要是指路面混凝土，目前国内外对道路混凝土主要分为水泥混凝土路面和沥青混凝土路面两大类。根据所用建筑材料及施工工艺的不同，道路混凝土路面的分类如表 21-1 所列。

表 21-1　道路混凝土路面的分类

混凝土路面的类别	胶结料	路面所属分类	适用范围
水泥混凝土路面	水泥	素混凝土路面	高级路面、机场道面过水路面及停车场
		钢筋混凝土路面	高级路面、机场道面过水路面及停车场
		预制混凝土路面	低交通路面和一般道路路面试验阶段
		预应力混凝土路面	低交通路面和一般道路路面试验阶段
		钢纤维混凝土路面	高级路面与机场跑道
沥青混凝土路面	沥青	细粒式沥青混凝土路面	高级路面表层、防水层、磨耗层
		中粒式沥青混凝土路面	高等级路面底层、磨耗层、防滑层底面层
		粗粒式沥青混凝土路面	透水路面防滑层、透水路面
		开级配沥青混凝土路面	透水路面、底面层

三、混凝土路面技术指标与构造要求

（一）混凝土路面技术指标与构造要求

混凝土路面的技术指标主要包括标准轴载、使用年限、动载系数、超载系数、当量回缩模量、抗折强度和抗折弹性模量等。这些技术指标是根据不同交通量确定的，不同交通量混凝土路面技术参考指标如表 21-2 所列。

表 21-2　不同交通量混凝土路面技术参考指标

交通量的等级	标准轴载/kN	使用年限/年	动载系数	超载系数	当量回弹模量/MPa	抗折强度/MPa	抗折弹性模量/10^4MPa
特重	98	30	1.15	1.20	120	5.0	4.1
重	98	30	1.15	1.15	100	5.0	4.0
中等	98	30	1.20	1.10	80	4.5	3.9
轻	98	30	1.20	1.00	60	4.0	3.9

（二）混凝土路面的构造要求

1. 混凝土路面的厚度

水泥混凝土路面的厚度主要取决于行车荷载、交通流量和混凝土的抗弯拉强度，可结合路面与基层强度和稳定性，参照表 21-3 选择。

表 21-3　路面混凝土板的经验厚度

交通量分级	标准荷载/kN	基层回弹弯沉值 L_0/cm	混凝土面层厚度/cm
特重	98	0.10	≥28
重	98	0.11	26～28
中等	98	0.13	23～26
轻	98	0.15	20～23

混凝土路面一般采用层式，路面的路拱坡度一般为 1.0%～1.5%，路肩横向坡度可与路拱坡度相同或大于 1.0%。

2. 混凝土路面板下的基层和土基

为防止在行车荷载反复作用下混凝土路面板产生下沉、错台、断裂、拱胀等质量病害，确保混凝土路面经久耐用，必须对混凝土路面板下的基层、垫层与土基提出一定技术要求和材料要求，如表 21-4 所列。

表 21-4　混凝土路面板下的基层垫层和土基的技术要求

结构名称	技术要求	材料要求	厚度/cm
基层	基层要求铺设坚实、稳定、均匀、平整、透水性小、整体性好，确保混凝土路面经久耐用。基层铺设宽度，宜较路面两边各宽出 20cm，以备施工支模及防止边缘渗水至土基	(1)石灰稳定土，石灰碎石(砂砾)土； (2)级配砂砾石； (3)石灰土，碎(砾)石灰土，炉渣石灰土，粉煤灰石灰混合料，工业废渣等	15～20 20～30 10～15
垫层	垫层介于基层与路基之间(通常设于潮湿或过湿路基顶面)。按其作用不同应有较好的水稳定性与一定强度，寒冷地区应有良好的抗冻性。垫层铺设宽度应横贯路基全宽	(1)水泥或石灰稳定土，粉煤灰石灰稳定土； (2)砂、天然砂砾、碎石等颗粒材料； (3)冰冻潮湿地段在石灰土垫层下设隔离层(砂或炉渣)	≤15

续表

结构名称	技术要求	材料要求	厚度/cm
土基	土基是混凝土路面的基础，必须有足够的强度和稳定性，表面应有合乎要求的拱度和平整度。土基上部1m厚应用良好土质，填方路基应分层压实，压实系数以轻型击实法为标准，填方高度80cm以上的不小于0.98，80cm以下的不小于0.95	土基的压实应在土壤的最佳含水量条件下进行	填土压实厚度一般以20～30cm为宜

3. 混凝土路面板接缝的布置和构造

（1）接缝的布置　混凝土材料的面板会因热胀冷缩的作用而产生变形。白天的阳光照射会使板体顶面温度高于底面温度，这种温差会使板体中部产生隆起；夜间环境气温降低，可使板的顶面温度低于底面温度，造成板体的边缘和角隅翘起。这些变形受到板与基础之间的摩擦阻力和黏结作用以及板的自重等的约束，使板的产生过大的变形，造成板体的断裂和拱胀等破坏。

另外，由于环境温度的变化，例如冬季冻胀或春季融化，土基将产生不均匀的沉陷或隆起，板体在行车荷载作用下也可能产生开裂。为了避免和克服以上这些缺陷，在混凝土路面设计和施工中，必须在纵向、横向布置接缝，把整个路面分割成许多板块，以避免出现混凝土裂缝。

横向接缝有胀缝和缩缝两种。缩缝保证板体在温度和湿度降低时能自由收缩，从而避免产生不规则的裂缝。胀缝保证板体在温度和湿度升高时能自由伸张，从而避免产生拱胀或板体的挤碎和折断现象，同时胀缝也能保证板体的自由收缩。另外，混凝土路面每天完工或因雨天及其他原因不能继续施工时，应尽量做到设置在胀缝之处；如不可能时也应做到设置缩缝处，并做成工作缝的构造形状。

（2）接缝的构造

① 胀缝的构造　胀缝间隙宽度为18～25mm。如果施工时气温高，缝隙可小些，反之可大些，缝隙上部在板厚的1/4～1/3处浇筑灌填缝料，下部则设置嵌缝板。对于交通量特重和重级别的路面，在胀缝处于板厚的中央设置滑动传力杆，杆长为40～60cm，直径为20～25mm，间距30～50mm。胀缝应根据板厚、施工温度、混凝土膨胀性并结合当地经验确定，一般应尽量少设置。在夏季施工，板厚等于或大于20cm时，可以不设胀缝；其他季节施工，一般每隔100～200m设置一条胀缝。

② 缩缝的构造　缩缝一般采用假缝形式即在板体上部设缝隙，当板体产生收缩时即沿此最薄弱断面有规则地自行断裂。对于交通量特重和水文条件不良地段，也应设置滑动传力杆，杆长30～40cm，直径为14～16mm。

③ 纵缝的构造　纵缝一般每隔一个车道宽度（3～4m）设置一道，这对于行车和施工都比较便利。当双车道路全幅宽度施工时，纵缝可做成假缝的形式；但当按半幅宽度施工时，则可做成平头缝形式；当板厚大于20cm时，为便利板间传递，可采用企口式纵缝形式。

第二节　道路混凝土对材料的要求

水泥混凝土的面层，不仅直接承受行车荷载的重复作用，而且还要受到环境因素的影响。因此，要求混凝土的面层必须具有足够的耐久性，同时具有抗滑、耐磨、平整的表面，以确保行车的快速、安全和舒适。但是，要满足以上这样性能，则与材料品质、混合料组成有很大关系。研究水泥混凝土的路用要求，分析影响混凝土性能的因素，从而选择合格的材料，科学地进行配合比设计，这是技术人员应当掌握的基本知识。

道路混凝土的组成材料基本上与普通水泥混凝土相同，也由胶凝材料、骨料外加剂等材料组成，但对材料质量要求有一定差别。

一、胶凝材料

水泥是混凝土的胶凝材料，混凝土的性能在很大程度上取决于水泥的质量。高等级公路水泥混凝土所使用的水泥，应符合现行国家标准《通用硅酸盐水泥》(GB 175—2007)中的规定，即选用抗弯拉强度高、干缩性小、耐磨性强、抗冻性好的水泥。

水泥品种及强度等级的选用，必须根据公路等级、施工工期、铺筑时间、浇筑方法及经济性等因素综合考虑决定。从国内外路用水泥的使用情况来看，主要采用硅酸盐水泥、普通硅酸盐水泥和专用的道路水泥。无论采用何种水泥，均必须符合各项性能及经济合理的要求。对于机场跑道和高速公路的路面，还必须采用高耐磨性、高抗冻性的专用道路水泥。

如果采用专用的道路硅酸盐水泥，其技术性能应符合现行国家标准《道路硅酸盐水泥》(GB 13693—2005)中的规定。水泥熟料中铝酸三钙（C_3A）的含量不得超过5%，铁铝酸四钙（C_4AF）的含量不得低于16%；水泥熟料中游离氧化镁的含量不得超过5.0%；三氧化硫的含量应不大于3.5%；烧失量应不大于3.0%；初凝时间不得早于1.5h，终凝时间不得迟于10h；28d干缩率应不大于0.10%；28d的磨耗量应不大于3.0kg/m^2；安定性用沸煮法检验必须合格；比表面积在300～450m^2/kg之间；碱含量由供需双方商定。

二、细骨料

作为道路混凝土的细骨料，主要应满足一定的级配及细度模数、有害杂质含量等方面的技术要求。

1. 细骨料级配

优质的道路混凝土用砂希望具有较高的密度和较小的比表面积，这样才能既保证新拌混凝土有适宜的工作性，又保证硬化后混凝土有一定的强度和耐久性，同时又达到节约水泥的目的。因此，砂不仅应质地坚硬、耐久、洁净，而且应符合表21-5的级配要求。

表21-5　细骨料标准级配范围

级配分区	筛孔尺寸/mm						
	10	5	2.5	1.25	0.63	0.315	0.16
	通过率/%						
Ⅰ	100	90～100	65～95	35～65	15～29	5～20	0～10
Ⅱ	100	90～100	75～100	50～90	30～59	8～30	0～10
Ⅲ	100	90～100	85～100	75～90	60～84	15～45	0～10

2. 细度模数

根据我国公路工程施工实践证明，道路水泥混凝土所用砂子多为中砂，其细度模数一般宜控制在2.6～2.8之间。

3. 有害杂质含量

用于道路混凝土的砂中有害杂质的含量，不应超过如下规范规定：含泥量不大于3%；硫化物及硫酸盐含量（折算为SO_3）不得大于1%；采用比色法测定有机质含量，颜色不深于标准色；不得混有石灰、煤渣、草根等其他杂物。

三、粗骨料

为保证混凝土具有足够的强度、良好的抗滑性、耐磨性和耐久性，配制道路混凝土所用的粗骨料，通常多采用质地坚硬、洁净、耐久、级配良好的碎石或卵石。为了获得质量良好的道路混凝土，并取得良好的施工性能，粗骨料的最大粒径最好控制在40mm以下。

道路水泥混凝土所用的粗骨料应符合现行国家标准《建设用卵石、碎石》（GB/T 14685—2011）中的规定。材料试验证明，表面粗糙且多棱角的碎石，由于其总表面积较大，所以同水泥石的黏附性好，配制的混凝土具有较高的强度，在相同水泥浆用量的条件下卵石配制的混凝土只有较好的工作性。

对于寒冷地区的混凝土，骨料的坚固性要求较高，要求在硫酸钠溶液中浸湿和烘干5次循环后的质量损失小于5%（寒冷地区）或3%（严寒地区）。

粗骨料的级配类型，基本上与普通混凝土相同。连续级配所配制的混凝土较密实，具有优良的工作性，不易产生离析现象。采用间断级配所配制的混凝土，所需要的水泥用量可以少些，但容易产生离析，并需要强力振捣。根据我国近几年道路工程的实践经验，其使用级配范围可参考表21-6。

表21-6 路面混凝土粗骨料级配范围

级配类型	粒级/mm	筛孔尺寸/mm							
		40	30	25	20	15	10	5	2.5
		通过百分率(以质量计)/%							
连续	5～40	95～100	55～69	39～54	25～40	14～27	5～15	0～5	—
	2.5～30	—	95～100	67～77	44～59	25～40	11～24	3～11	0～5
	2.5～20	—	—	—	95～100	55～39	25～40	5～15	0～5
间断	5～40	95～100	55～69	39～54	25～40	14～27	0～5	—	—
	2.5～30	—	95～100	67～77	44～59	25～40	25～40	3～11	0～5
	2.5～20	—	—	—	95～100	25～40	25～40	5～15	0～5

四、外加剂

为了改善道路混凝土的技术性质，有时在混凝土的制备过程中必须加入一定量的外加剂。在配制道路混凝土中，常用的外加剂有流变剂、调凝剂和改变混凝土含气量的外加剂三大类。

道路水泥混凝土应根据工程需要选用相应的外加剂，但所选用外加剂的质量应符合国家标准《混凝土外加剂应用技术规范》（GB 50119—2013）和《混凝土外加剂》（GB/T 8076—2008）中的规定。由于引用外加剂会改变混凝土对制备工艺的要求，使用时应特别小心，应在充分调查试验和实际试用后才可正式用于工程中，同时要注意配量正确和在混合料中拌和均匀。

五、钢筋

水泥混凝土路面所用的钢筋主要有传力杆、拉杆及补强钢筋等。钢筋的品种、规格应符合设计要求，钢筋应顺直，不得有裂缝、断伤、刻痕。表面油污和颗粒状或片状锈蚀应清除干净。所用的钢筋强度与弹性模量应符合表 21-7 的要求。

表 21-7　钢筋强度与弹性模量

钢筋种类	屈服强度/MPa	弹性模量/MPa
Ⅰ级(Q235)	235	210000
Ⅱ级(20MnSi、20MnNb) 钢筋直径＜25mm 钢筋直径＞28mm	 335 315	200000
Ⅲ级(25MnSi)	370	200000
Ⅳ级(40MnV、45SiMnV、45SiMnTi)	540	200000

六、接缝材料

道路混凝土板体的接缝是路面结构的重要组成部分，也是薄弱、易坏、影响路面使用寿命的极重要部位。填缝材料用于道路混凝土板体的接缝中，可防止路面上的水分侵入，防止砂石等硬块物体落入缝隙，保护板体的接缝使其发挥应有的作用。

用于道路混凝土接缝的材料，按使用性能分为接缝板和填缝料两类。接缝板应选用适应混凝土板的膨胀与收缩、施工时不变形、耐久性良好的材料。填缝料应选用与混凝土板壁黏结力强、回弹性好、能适应混凝土的收缩、不溶于水和不渗水、高温不溢、低温不脆的耐久性材料。

第三节　道路混凝土的配合比设计

水泥混凝土路面板厚度的计算以抗弯拉强度为依据，因此，道路混凝土的配合比设计应根据设计弯拉强度、耐久性、耐磨性、工作性等要求和经济合理的原则选用原材料，通过计算、试验和必要的调整，确定混凝土单位体积中各种组成材料的用量。

材料试验和工程实践证明，和普通水泥混凝土一样，道路水泥混凝土配合比设计的主要任务是选好水灰比、单位用水量、砂率等技术参数。由以上可见，道路混凝土的配合比设计与普通水泥混凝土基本上相同。

一、道路混凝土配合比设计步骤

道路水泥混凝土配合比设计通常可按下述步骤进行。

1. 确定混凝土拌合物的和易性

道路水泥混凝土拌合物应具有与铺路机械相适应的和易性，以保证顺利施工和工程质量的要求。道路施工中水泥混凝土拌合物的稠度标准，以坍落度为 2.5cm 或工作度为 30s 为宜。在搅拌设备离浇筑现场较远时，或在夏季高温环境施工，坍落度会产生一定的损失，应适当加以调整。

2. 确定混凝土单位粗骨料体积

单位粗骨料体积应当在所要求的拌合物和易性及易修整性的允许范围内，并达到最小单位用水量。过去用细骨料率的配合比参考表中，如果粗骨料的最大尺寸、单位水泥用量、单位用水量、含气量及稠度等有变化，必须对细骨料率进行修正，而用单位粗骨料体积表示混凝土配合比则无此必要。

3. 确定混凝土单位用水量

混凝土单位用水量与粗骨料的最大尺寸、骨料级配及其形状、单位粗骨料体积、砂率、拌合物稠度、外加剂种类、施工环境温度、施工条件、混凝土设计强度等因素有关。在道路混凝土工程施工中，必须以所用材料进行试验而确定。在一般情况下，单位用水量不宜超过150kg，因为单位用水量过大，不仅会影响混凝土的可修整性，而且使混凝土的收缩增大而产生早期裂缝，同时也会降低混凝土的强度。

4. 确定混凝土单位水泥用量

混凝土单位水泥用量应根据混凝土设计抗弯拉强度确定，一般情况下在280～350kg范围内。按强度决定单位水泥用量时，必须通过试验进行检验。如果根据耐久性确定单位水泥用量时，其水灰比应控制在0.45～0.50之间。

单位水泥用量过多，不仅工程造价较高，而且容易产生塑性裂缝和温度裂缝，所以在满足强度和耐久性等质量要求的前提下应尽量减少水泥的用量。

5. 确定混凝土单位外加剂用量

混凝土单位外加剂用量应根据混凝土的具体要求通过材料试验确定。

二、道路混凝土配合比设计方法

道路工程最常用的混凝土有普通混凝土、钢纤维混凝土、碾压混凝土和贫混凝土等，这几种混凝土的组成材料不同，其配合比设计也有一定差异。

普通混凝土配合比设计适用于滑模摊铺机、轨道摊铺机、三辊轴机组及小型机具4种施工方式。设计中在兼顾经济性的同时，应满足设计弯拉强度、工作性和耐久性3项技术要求。

1. 确定混凝土的配制28d弯拉强度 f_c

普通路面混凝土的配制28d弯拉强度 f_c，首先应根据设计要求的混凝土强度等级 f_r 和施工单位质量管理水平，再按照《公路水泥混凝土路面施工技术规范》（JTG F30—2014）中的规定，可按式(21-1)计算：

$$f_c=\frac{f_r}{1-C_v}+ts \tag{21-1}$$

式中　f_c——28d弯拉配制强度的均值，MPa；

f_r——设计弯拉强度标准值，MPa；

s——弯拉强度试验样本的标准差，MPa；

t——混凝土保证率系数，应按表21-8确定；

C_v——弯拉强度变异系数，应按统计数据在表21-9的规定范围内取值；在无统计数据时，弯拉强度变异系数应按设计取值；如果施工配制弯拉强度超出设计给定的弯拉强度变异系数上限，则必须改进机械设备和提高施工控制水平。

表 21-8　混凝土保证率系数 t 值

公路技术等级	判别概率 p	样本数 n				
		3组	6组	9组	15组	20组
高速公路	0.05	1.36	0.79	0.61	0.45	0.39
一级公路	0.10	0.95	0.59	0.46	0.35	0.30
二级公路	0.15	0.72	0.46	0.37	0.28	0.24
三、四级公路	0.20	0.56	0.37	0.29	0.22	0.19

表 21-9　各级公路混凝土路面弯拉强度变异系数

公路技术等级	高速公路	一级公路		二级公路	三、四级公路	
混凝土弯拉强度变异水平等级	低	低	中	中	中	高
弯拉强度变异系数 C_v 允许变化范围	0.05～0.10	0.05～0.10	0.10～0.15	0.10～0.15	0.10～0.15	0.15～0.20

2. 计算混凝土的水灰（胶）比

① 根据所用粗集料类型，分别计算水灰比

碎石或碎卵石混凝土

$$\frac{W}{C}=\frac{1.5684}{f_c+1.0097-0.3595f_s} \tag{21-2}$$

式中　W/C——混凝土的水灰比；

f_s——水泥实测 28d 的抗折强度，MPa。

卵石混凝土

$$\frac{W}{C}=\frac{1.2618}{f_c+1.5492-0.4709f_s} \tag{21-3}$$

② 当掺用粉煤灰时，应计入超量取代法中代替水泥的那一部分粉煤灰用量（代替砂的超量部分不计入），用水胶比［$W/(C+F)$］代替水灰比（W/C）。

③ 应在满足弯拉强度计算值和耐久性，如表 21-10 所列两者要求的水灰（胶）比中选取小值。

表 21-10　混凝土满足耐久性要求的最大水灰（胶）比和最小单位水泥用量

公路技术等级		高速公路、一级公路	二级公路	三、四级公路
最大水灰(胶)比		0.44	0.46	0.48
抗冰冻要求最大水灰(胶)比		0.42	0.44	0.46
抗盐冻要求最大水灰(胶)比		0.40	0.42	0.44
最小单位水泥用量/(kg/m³)	42.5 级水泥	300	300	290
	32.5 级水泥	310	310	305
抗冰(盐)冻时最小单位水泥用量/(kg/m³)	42.5 级水泥	320	320	315
	32.5 级水泥	330	330	325
掺粉煤灰时最小单位水泥用量/(kg/m³)	42.5 级水泥	260	260	255
	32.5 级水泥	280	270	265
抗冰(盐)冻掺粉煤灰最小单位水泥用量(42.5 级水泥)/(kg/m³)		280	270	265

注：1. 掺粉煤灰，并有抗冰（盐）冻性要求时，不得使用 32.5 级水泥。

2. 水灰（胶）比计算以砂石料的自然风干状态计（砂含水量≤1.0%，石子含水量≤0.5%）。

3. 处在除冰盐、海风、酸雨或硫酸盐等腐蚀性环境中，或在大纵坡等加减速车道上的混凝土，最大水灰（胶）比可比表中数值降低 0.01%～0.02%。

3. 确定混凝土砂率

砂率应根据砂的细度模数和粗集料的种类，查表 21-11 确定混凝土的砂率。在做软抗滑槽时，砂率可在表 21-11 的基础上增大 1%～2%。

表 21-11　砂的细度模数与最优砂率的关系

砂细度模数		2.2～2.5	2.5～2.8	2.8～3.1	3.1～3.4	3.4～3.7
砂率 S_P/%	碎石	30～34	32～36	34～38	36～40	38～42
	卵石	28～32	30～34	32～36	34～38	36～40

4. 确定单位用水量

根据粗集料种类和表 21-12 和表 21-13 中的适宜坍落度，分别按下列经验公式计算单位用水量（砂石料以自然风干状态计）。

碎石：
$$W_0=104.97+0.309S_1+11.27C/W+0.61S_p \tag{21-4}$$

卵石：
$$W_0=86.89+0.370S_1+11.24C/W+1.00S_p \tag{21-5}$$

式中　W_0——不掺外加剂与掺合料混凝土的单位用水量，kg/m³；

S_1——混凝土拌合物的坍落度，mm；

S_p——混凝土的砂率，%；

C/W——混凝土灰水比，水灰比的倒数。

对于掺加外加剂的混凝土单位用水量，可按式(21-6) 进行计算：

$$W_{0W}=W_0(1-\beta) \tag{21-6}$$

式中　W_{0W}——掺加外加剂混凝土的单位用水量，kg/m³；

β——所用外加剂剂量的实测减水率，%。

表 21-12　公路桥涵用混凝土拌合物的坍落度

项次	结构种类	坍落度/mm
1	桥涵基础、墩台、仰拱、挡土墙及大型制块等便于灌筑捣实的结构	0～20
2	上列桥涵墩台等工程中较不便施工处	10～30
3	普通配筋的钢筋混凝土结构，如钢筋混凝土板、梁、柱等	30～50
4	钢筋较密、断面较小的钢筋混凝土结构(梁、柱、墙等)	50～70
5	钢筋配制特密、断面高而狭小，极不便灌注捣实的特殊结构部位	70～90

注：1. 使用高频振捣器时，其混凝土坍落度可适当减小；2. 本表系指采用机械振捣的坍落度，采用人工振捣时可适当放大；3. 需要配置大坍落度混凝土时，应掺加外加剂；4. 曲面或斜面结构的混凝土，其坍落值应根据实际需要另行选定；5. 轻骨料混凝土的坍落度，宜比表中数值减少 10～20mm。

表 21-13　混凝土路面滑模摊铺机最佳工作性及允许范围

界限＼指标	坍落度 S/mm		振动黏度系数 η/(N·s/m²)
	卵石混凝土	碎石混凝土	
最佳工作性	20～40	25～50	100～500
允许波动范围	5～55	10～65	100～600

注：1. 滑模摊铺机适宜的摊铺速度应控制在 0.5～2.0m/min 之间。

2. 本表适用于设超铺角的滑模摊铺机；对不设超铺角的滑模摊铺机，最佳振动黏度系数为 N·s/m²；最佳坍落度卵石混凝土为 10～40mm，碎石混凝土为 10～30mm。

3. 滑模摊铺时的最大单位用水量，卵石混凝土不宜大于 155kg/m³，碎石混凝土不宜大于 160kg/m³。

最后单位用水量应取计算值和表 21-14、表 21-15 中的规定值两者中的小值。如果实际单位用水量仅掺引气剂不满足所取数值，则应掺用引气（高效）减水剂。三、四级公路也可以采用真空脱水施工工艺。

表 21-14　混凝土单位用水量选用表

项目 \ 用水量/(kg/m³) \ 最大粒径/mm		卵石				碎石			
		10.0	20.0	31.5	40.0	10.0	20.0	31.5	40.0
坍落度(塑性混凝土)	10～30s	190	170	160	150	200	185	175	165
	35～50s	200	180	170	160	210	195	185	175
	55～79s	210	190	180	170	220	205	195	185
	75～90s	215	195	185	175	230	215	205	195
维勃稠度(干硬性混凝土)	16～20s	175	160	—	145	180	170	—	155
	11～15s	180	165	—	150	185	175	—	160
	5～10s	185	170	—	155	190	180	—	165

表 21-15　不同路面施工方式混凝土坍落度及最大单位用水量

摊铺方式	轨道摊铺机摊铺		三辊轴机组摊铺		小型机具摊铺	
出机坍落度/mm	40～60		30～50		10～40	
摊铺坍落度/mm	20～40		10～30		0～20	
最大单位用水量/(kg/m³)	碎石 156	卵石 153	碎石 153	卵石 148	碎石 150	卵石 145

注：1. 表中的最大单位用水量系采用中砂、粗细集料为风干状态的取值，采用细砂时，应使用减水率较大的（高效）减水剂。

2. 使用碎卵石粗集料时，最大单位用水量可取碎石与卵石中值。

5. 计算水泥用量

单位体积混凝土的水泥用量，可由式（21-7）进行计算，并取计算值与表 21-10 中的规定值两者中的大值。

$$C_0=\frac{C}{W}\times W_0 \tag{21-7}$$

式中　C_0——混凝土的单位水泥用量，kg/m³。

6. 计算砂石用量

混凝土中砂石的用量可用密度法或体积法计算。按密度法计算时，混凝土单位体积的质量可取 2400～2450kg/m³；按体积法计算时，应计入设计的含气量。

（1）按密度法计算　可按式(21-8）和式(21-9）联立计算：

$$C_0+W_0+S_0+G_0=\gamma_0 \tag{21-8}$$

$$S_p=\frac{S_0}{S_0+G_0}\times 100\% \tag{21-9}$$

式中　C_0、W_0、S_0、G_0——水泥、水、砂和石子的单位用量，kg；

γ_0——假定混凝土的单位体积质量，kg；

S_p——混凝土的砂率，%。

（2）按体积法计算　体积法计算砂石用量，可按式(21-9)和式(21-10）联立计算：

$$C_0/\gamma_{cc}+W_0/\gamma_w+S_0/\gamma_s+G_0\gamma_g+10\alpha \quad (21\text{-}10)$$

式中　γ_{cc}、γ_w、γ_s、γ_g——水泥、水、砂和石子的单位质量，kg/m^3；

α——混凝土中的含气量，%。

三、道路水泥混凝土的参考配合比

为方便道路水泥混凝土的试拌，表21-16中列出了道路水泥混凝土试拌配合比，表21-17中列出了道路水泥混凝土参考配合比，在施工中可以根据工程实际查表采用。

表 21-16　道路水泥混凝土试拌配合比

搅拌次数	道路混凝土单位材料用量/(kg/m^3)					粗骨料的体积/m^3	固结系数/s	坍落度/cm	含气量/%
	水泥	水	砂子	石子	引气剂				
1	338	130	753	1156	0.845	0.72	43	1.5	2.8
2	348	134	735	1156	0.870	0.72	32	2.5	3.1
3	341	134	748	1156	0.853	0.72	33	2.5	4.1

表 21-17　道路水泥混凝土参考配合比

序号	水泥强度等级/MPa	混凝土强度等级/MPa	水泥用量/(kg/m^3)	水灰比(W/C)	混凝土质量配合比			
					水泥	中砂	碎石(1～2cm)	碎石(3～5cm)
1	32.5	C30	330	0.450	1	2.08	—	3.88
2	32.5	C30	340	0.430	1	1.68	0.485	3.74
3	32.5	C30	365	0.425	1	1.73	—	3.64
4	42.5	C30	300	0.427	1	2.25	—	4.58
5	52.5	C40	400	0.400	1	1.61	2.99	—

第四节　水泥道路混凝土的施工

水泥混凝土路面是由混凝土面板与基层组成的路面结构，水泥混凝土面板必须具有足够的抗折强度，良好的抗磨耗、抗滑、抗冻性能，也应具有尽可能低的线膨胀系数和弹性模量，使混凝土路面能承受荷载应力和温度应力的综合疲劳作用，为行驶的汽车提供快速、舒适、安全的服务。由此，水泥道路混凝土的施工，必须严格按照国家或行业现行的有关规范进行，使其施工质量符合设计要求。目前，水泥混凝土路面的施工工艺，我国主要采用轨道式摊铺机施工和滑模式摊铺机施工两种。

一、轨道式摊铺机施工

(一) 施工准备工作

轨道式摊铺机施工前的准备工作，包括材料准备及质量检验、混合料配合比检验与调整、基层的检验与整修等多项工作。

1. 材料准备及性能检验

根据拟定的施工进度计划，在正式施工前分期分批备好所需要的各种材料，并对其进行逐项核对调整。混凝土组成材料的性能检验主要包括：①对砂、石料抽样检验测定含泥量、级配、有害物质含量、坚固性；②对碎石还应抽检其强度、软弱及针片状颗粒含量和磨耗等；③对水泥除查验出厂质量报告单外，还应逐批抽验其细度、凝结时间、标准稠度用水量、安定性及3d、7d和28d的强度等是否符合要求；④对所采用的外加剂按其性能指标检验，通过试验判断是否适用。

对混凝土所用材料的检验应特别注意：①严格控制砂、石的含泥量，不准超过国家标准的规定；②水泥的品种、强度等级、矿物成分等，一定符合混凝土性能要求；③外加剂的性能一定符合设计要求。

2. 混凝土配合比检验与调整

关于混凝土混合料配合比检验与调整，在配合比设计部分已详细介绍，下面着重介绍工作性检验与调整、强度的检验。

（1）工作性检验与调整　按设计配合比适量取样试拌，测定混凝土拌合物的工作度，必要时还应通过试铺进行检验。

（2）强度的检验　按工作性符合要求的配合比，制作混凝土的抗压、抗拉、抗弯试件，标准养护28d后测定其强度。若强度较低时，可采用水泥强度高的水泥、降低水灰比或改善骨料级配等措施。

除进行上述检验外，还可以选择不同用水量、不同水灰比、不同砂率或不同骨料级配等配制混合料，通过比较从中选出经济合理的方案。为及早、及时进行配合比检验与调整，试件可不采取标准养护28d，可以压蒸4h快速测定强度后推算28d强度。

3. 基层检验与整修

（1）基层质量检验　基层强度应以基层顶面的当量回弹模量或以黄河标准汽车测定的计算回弹弯沉值作为检查指标。基层质量检查的项目与标准为：当量回弹模量值或计算回弹弯沉值，现场每50m测2点，不得小于设计要求；压实度以每1000m^{2}测1点，亦不得小于规定要求；厚度每50m测一处，不得小于允许误差±10%；平整度每50m测一处，用3米直尺量测，最大不超过10mm；宽度每50m测一处，不得小于设计宽度；纵坡高程要求用水准仪测量，每20m测1点，允许误差±10mm；横坡亦要求用水准仪测量，当路面宽度为9～15m时检测5点、大于15m时检测7点，允许误差应≤±1%。

基层完成后，应加强养护，控制行车，不出现车槽。如有损坏应在浇筑混凝土板前采用相同材料修补压实，严禁用松散粒料填补。对加宽的部分，新旧接槎要牢固、强度要一致。

（2）测量放样　测量放样是水泥混凝土路面施工的一项重要工作。首先应根据设计图纸放出路中心线及路边线。在路中心线上一般每20m设一中心桩，并相应在路边各设一对边桩。放样时，基层的宽度应比混凝土板每侧宽出25～35cm。测设临时水准点每隔100m设置一个，以便于施工时就近对路面进行高程复核。放样时为了保证曲线地段中线内外侧车道混凝土块有较合理的划分，必须保持横向分块线与路中心线垂直。

（二）机械选型与配套

轨道式摊铺机施工是公路机械化施工中最普遍的一种方法。各施工工序可以采用不同类型的机械，而不同类型的机械具有不同的工艺要求和生产率。因此，整个机械化施工需要机械的选型和配套。轨道式摊铺机施工方法各工序可选用的施工机械，如表21-18所列。

表 21-18　轨道式摊铺机施工配套机械

施工工序	可考虑选用的配套机械
混凝土卸料	侧面卸料机、纵向卸料机
混凝土摊铺	刮板式匀机、箱式摊铺机、螺旋式摊铺机
混凝土振捣	插入式振捣器、内部振动式振捣机、平板式振动器
混凝土养护	养生剂喷洒器、养护用洒水车
接缝施工机械	调速调厚切缝机、钢筋插入机、灌缝机
表面修整机械	纵向修光机、斜向表面修整机
修整粗糙面	纹理制作机、拉毛机、压(刻)槽机
其他配套机械	装载机、翻斗车、供水泵、计量水泵、移动电话、地磅等

1. 主导机械选型

决定水泥混凝土路面质量和使用性能的施工工序，主要是混凝土的拌和和摊铺成型，一般把混凝土摊铺机作为施工中的第一主导机械，把混凝土搅拌机械作为施工中的第二主导机械。在施工机械选型时，应首先选定主导机械，然后根据主导机械的技术性能和生产率，选择配套机械。

主导机械的选择，应考虑满足施工质量和进度的要求，同时还要考虑我国施工技术人员的素质、管理水平和购买能力等实际情况。用机械铺筑的路面质量（密实度和平整度）以及施工进度，取决于水泥混凝土的拌制质量。在选择拌和机械时，主要考虑混凝土的拌合能力、拌合质量、机械可靠度、工作效率和经济性。

2. 配合机械及配套机械

(1) 配合机械　配合机械主要是指运输混凝土的车辆，选择的依据主要是混凝土的运输强度和运输距离。工程实践研究表明，运距在 1km 以内的距离，以 2t 以下的小型自卸车比较经济；运输距离在 5km 左右时，以 5～8t 的中型自卸车最为经济。考虑到混凝土在运输过程中水分的蒸发和离析等问题，更远的运输距离以采用容量为 $6m^3$ 以上的混凝土搅拌运输车较为理想。

(2) 配套机械　配套机械的选型和配套数量，必须保证主导机械发挥其最大效率，具使用配套机械的类型和数量尽可能少。

(3) 机械合理配套　道路水泥混凝土施工机械的合理配套，主要指混凝土拌和机与摊铺机、运输车辆之间的配套情况。当混凝土摊铺机选定后，可根据机械的有关技术参数和施工中的具体情况，计算出摊铺机械的生产率。拌和机械与其配套就是在保证摊铺机械生产率充分发挥的前提下，使搅拌机械的生产率得到正常发挥，并在施工过程中保持均衡、协调一致。

当摊铺机和拌和机的生产率确定后，车辆在整个系统内的配套，实质上是车辆与拌和机的配套。车辆的配套问题可以应用排队论，找出合理的配套方案。考虑到装载点与车辆的配套是一个动态系统，即随着摊铺作业的推进，车辆的运输路程随时间的增加而增加。

在运输与装载过程中，随机影响因素比较多，如道路状况、运距长短、操作水平、天气变化、设备运行状况等都会发生不断变化，因此对排队论中单通道模型进行改进，增加时间变化等因素便于在配套方案中适时优化控制，通过输入不同的采集数据得到不同的结果，然后进行分析比较，找出合理的优化方案。

(三）道路水泥混凝土的搅拌与运输

1. 混凝土的拌和

在搅拌机的技术性能满足混凝土拌制要求的条件下，混凝土各组成材料的技术指标和配比计量的准确性是混凝土拌制质量的关键。在机械化施工中，混凝土的供料系统应尽量采用配有电子秤等自动计量设备。在正式搅拌混凝土前，应按混凝土配合比要求，对水泥、水和各种骨料的用量准确调试，输入到自动计量的控制贮存器中，经试拌检验无误后，再正式拌和生产。混凝土生产应采用强制式搅拌机，其搅拌时间应符合有关规定：最短拌和时间不低于低限，最长拌和时间不超过最短拌和时间的3倍。

为确保混凝土拌和和运输的质量，应满足以下基本要求。

（1）道路水泥混凝土的配制不允许用人工拌合，应采用机械进行搅拌，并且优先采用强制搅拌机。

（2）投入搅拌机的每次原材料数量，应按施工配合比和搅拌机容量确定，称量的容许误差必须符合表21-19中的要求。

表 21-19 混凝土配制材料容许称量误差

序号	材料名称	容许误差(质量百分数)/%
1	水泥	±1
2	粗、细骨料	±3
3	水	±1
4	外加剂	±2

（3）为保证首先浇筑的混凝土的质量，开工搅拌第一盘混凝土拌合物前，应先用适量的混凝土拌合物或砂浆搅拌，并将其作为废品排弃，然后再按设计规定的配合比进行搅拌。

（4）搅拌机的装料顺序，可采用砂、水泥、石子，也可采用石子、水泥、砂。进料后，边搅拌边加水。

保证混凝土拌合物质量的重要条件，是严格控制混凝土的最短搅拌时间和最长搅拌时间，必须符合表21-20中的规定。

表 21-20 混凝土拌合物搅拌时间的规定

搅拌机的类型			搅拌时间/s	
类型	容量/L	转速/(r/min)	低流动性混凝土	干硬性混凝土
自落式	400	18	105	120
	800	14	165	210
强制式	375	38	90	100
	1500	20	180	240

注：1. 表中搅拌时间为最短搅拌时间；2. 最长搅拌时间不得超过最短时间的3倍；3. 掺加外加剂的搅拌时间可增加20～30s。

2. 混凝土的运输

混凝土拌合物运输宜用自卸机动车，远距离运送商品混凝土宜用搅拌运输车，运输道路应平整、畅通。

为保证混凝土拌合物的（坍落度）工作性，在运输过程中应考虑蒸发失水和水化失水的影响，以及因运输的颠簸和振动使混凝土拌合物发生离析等。要减少这些因素的影响程度，其关键是缩短运输时间，并采取适当措施（表面覆盖或其他方法）防止水分损失和离析。

在有条件时，尽量采用自卸汽车或搅拌车运输混凝土。一般情况下，坍落度大于5.0cm时用搅拌车运输。从开始搅拌到浇筑的时间，用自卸汽车运输时必须不超过1h，用搅拌车运输时不超过1.5h，若运输时间超过限值，或者在夏季铺筑路面时应当掺加缓凝剂。

混凝土拌合物从搅拌机出料到浇筑完毕的时间，是混凝土的施工时间，它对混凝土的施工质量有重大影响，一般是由水泥品种、水灰比、外加剂种类、施工气温等所决定的。在一般情况下，施工气温对其影响最大。因此，对混凝土的施工时间也必须严格控制，以防止出现混凝土初凝现象。具体规定如表21-21所列。

表21-21　混凝土施工容许最长时间

施工气温/℃	容许最长时间/h	施工气温/℃	容许最长时间/h
5～10	2.0	20～30	1.0
10～20	1.5	30～35	0.75

注：1. 若掺加缓凝剂，可以适当延长时间；2. 若掺加速凝剂，可以适当缩短时间。

（四）混凝土的摊铺与振捣

1. 轨道模板安装

轨道式摊铺机施工的整套机械在轨道上移动前进，也以轨道作为控制路面表面的高程。由于轨道和模板同步安装，统一调整定位，将轨道固定在模板上，既作为水泥混凝土路面的侧模板，也是每节轨道的固定基座。

轨道高程控制是否精确，铺轨是否平直，接头是否平顺，将直接影响路面表面的质量和行驶性能。轨道及模板本身的精度标准和安装精度要求，按表21-22和表21-23中的质量要求施工。

表21-22　轨道及模板的质量指标

项目	纵向变形	局部变形	最大不平整度(3m直尺)	高度
轨道	≤5mm	≤3mm	顶面≤1mm	按机械要求
模板	≤3mm	≤2mm	侧面≤2mm	与路面厚度相同

表21-23　轨道及模板安装质量要求

纵向线型直度	顶面高程	顶面平整度(3m直尺)	相邻轨、板间高差	相对模板间距离误差	垂直度
≤5mm	≤3mm	≤2mm	≤1mm	≤3mm	≤2mm

模板要能承受从轨道上传下来的机组重量，横向要保证模板的刚度。轨道的数量要根据施工进度配备，并要有拆模周期内的周转数量。施工时日平均气温在20℃以上时，按日进度配置；日平均气温低于19℃时，按日铺筑进度2倍配置。

设置纵缝时，应按要求的间距，在模板上预先作拉杆置放孔。对各种钢筋的安装位置偏差不得超过10mm；传力杆必须与板面平行并垂直接缝，其偏差不得超过5mm；传力杆间距偏差不得超过10mm。

2. 摊铺

摊铺是将倾卸在基层上或摊铺机箱内的混凝土，按摊铺厚度均匀地充满模板范围之内。常用的摊铺机械有刮板式匀料机、箱式摊铺机和螺旋式摊铺机。

(1) 刮板式匀料机　机械本身能在模板上自由地前后移动，在前面的导管上左右移动。

由于刮板本身也旋转，所以可以将卸在基层上的混凝土堆向任意方向摊铺。这种摊铺机械重量轻、容易操作、易于掌握，使用比较普遍，但其摊铺能力较小。德国弗格勒J型、美国格马可和我国南京建筑机械厂制造的C-450X等摊铺机均属于此种机型。

(2) 箱式摊铺机　混凝土通过卸料机（纵向或横向）卸在钢制的箱内，箱子在摊铺机前进行驶时横向移动，混凝土落到基层上，同时箱子的下端按松铺厚度刮平混凝土。此种摊铺机将混凝土混合料一次全部放入箱内，载重量比较大，但摊铺均匀而准确，摊铺能力大，很少发生故障。

(3) 螺旋式摊铺机　由可以正反方向旋转的螺旋杆将混凝土摊开，螺旋杆后面有刮板，可以准确调整高度。这种摊铺机的摊铺能力大，其松铺系数一般在1.15～1.30之间。它与混凝土的配合比、骨料粒径和坍落度等因素有关，但施工阶段主要取决于坍落度大小。合适的松铺系数按各工程的配合比情况由试验确定。设计时可参考表21-24中的数值。

表21-24　混凝土的松铺系数

坍落度/cm	1	2	3	4	5
松铺系数	1.25	1.22	1.19	1.17	1.15

3. 混凝土的振捣

道路水泥混凝土的振捣，可选用振捣机或内部振动式振捣机进行。混凝土振捣机是跟在摊铺机后面，对混凝土进行再一次整平和捣实的机械。此种振捣机主要由复平刮梁和振捣梁两部分组成。复平刮梁在振捣梁的前方，其作用是补充摊铺机初平的缺陷、使松铺混凝土在全宽度范围内达到正确高度；振捣梁为弧形表面平板式振动机械，通过平板把振动力传至混凝土全厚度。

按混凝土工艺学的振动原理，道路水泥混凝土的振捣属于低频振捣，是以骨料接触传递振动能量。振捣梁的弹性支承使施振时同时具有弹压力。布料的均匀和松铺厚度掌握是确保质量的关键。复平刮梁前沿堆壅有确保充满模板的少量余料，余料堆积高度不应超过15cm，过多会加大复平刮梁的推进阻力。弹性振捣梁通过后混凝土已全部振实，其后部混凝土应控制有2～5mm回弹高度，并提出一定厚度的砂浆，使以后的整平工序能正常进行。但是，靠近模板处的混凝土还必须用插入式振捣器补充振捣。

（五）混凝土表面修整

振实后的路面水泥混凝土还应进行整平、精光、纹理制作等工序。

混凝土表面整平的机械有斜向移动表面修整机和纵向移动表面修整机。在整平操作时，要注意及时清除推到路边沿的粗集料，以确保整平效果和机械正常行驶。对于出现的不平之处，应及时辅以人工挖填找平，填补时要用较细的混凝土拌合物，严格禁止使用纯水泥砂浆填补。

精光工序是对混凝土表面进行最后的精细修整，使混凝土表面更加密实、平整、美观，这是混凝土路面外观质量优劣的关键工序。我国一般采用C-450X刮板式匀料机代替，这种摊铺机由于整机采用三点式整平原理和较为完善的修光配套机械，整平和精光质量较高。施工中应当加强质量检查与校核，保证精光质量。

纹理制作是提高水泥混凝土路面行车安全性的重要措施之一。施工时用纹理制作机，对混凝土路面进行拉槽或压槽，使混凝土表面在不影响平整度的前提下，具有一定的粗糙度。纹理制作的平均深度控制在1～2mm之间，制作时应使纹理的走向与路面前进方向垂直，相邻板的纹理要相互衔接，横向邻板的纹理要沟通以利于排水。适宜的纹理制作时间，以混凝土表面无波纹水迹比较合适，过早和过晚都会影响纹理制作质量。近年来，国外还采用一种更加有效的方法，即在完全凝固的面层上用切槽机切出深 5～6mm、宽 3mm、间距为 20mm 的横向防滑槽。

(六) 混凝土的养护

混凝土表面修整完毕后，应立即进行养护，使混凝土路面在开放交通前具有足够的强度。在混凝土养护初期，为确保混凝土正常水化，应采取措施避免阳光照射，防止水分蒸发和风吹等，一般可用活动的三角形罩棚将混凝土全部遮盖起来。

混凝土板表面的泌水消失后，可在其表面喷洒薄膜养护剂进行养护，养护剂应在纵横方向各洒一次以上，喷洒要均匀，用量要足够。也可以采取洒水湿养，即用湿草帘或麻袋等覆盖在混凝土板表面，每天洒水至少 2～3 次。

养护时间要达到混凝土抗弯拉强度在 3.5MPa 以上的要求。根据经验，使用普通硅酸盐水泥时约为 14d，使用早强水泥约为 7d，使用中热硅酸盐水泥约为 21d。

模板在浇筑混凝土 60h 以后拆除。但当交通车辆不直接在混凝土板上行驶，气温不低于 10℃时，可缩短到 20h 以后拆除；当温度低于 10℃时，可缩短到 36h 以后拆除。

(七) 接缝的施工

水泥混凝土路面的接缝可分为纵缝、横向缩缝和胀缝 3 种。接缝的类型不同，各自的作用不同，其施工要求也不同。

1. 纵缝施工

纵缝的构造一般采用平缝加拉杆型；若采用全幅施工时，也可采用假缝加拉杆型。如图 21-1 所示。

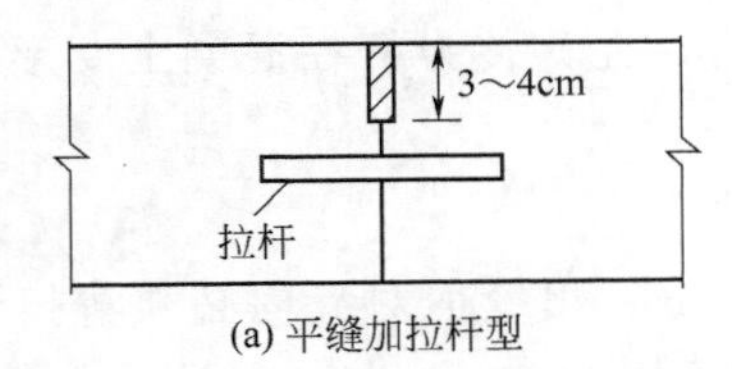

(a) 平缝加拉杆型

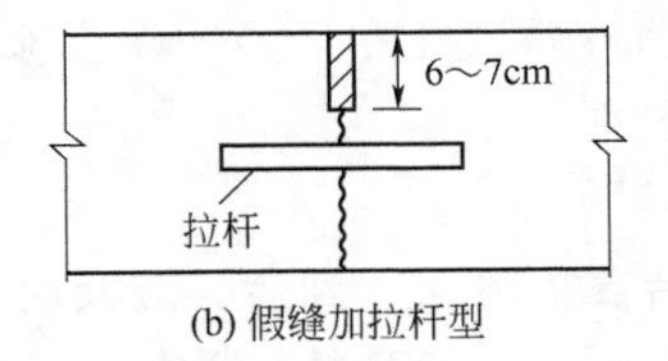

(b) 假缝加拉杆型

图 21-1　纵缝构造

平缝施工应根据设计要求的间距，预先在模板上制作拉杆置放孔，并在缝壁一侧涂刷隔离剂，拉杆应采用螺纹钢筋，顶面的缝槽以切缝机切成，深度为 3～4cm，并用填料填满。

假缝施工应预先将拉杆采用门形式固定在基层上，或用拉杆置放在施工时置入。假缝顶面的缝槽应采用切缝机切成，深度为 6～7cm，使混凝土在收缩时能从此缝向下规则开裂。

2. 横向缩缝施工

横向缩缝在混凝土硬化后，在适当的时机用切缝机进行切割。切缝过早，混凝土的强度不足，会使骨料从砂浆中脱落，而不能切出整齐的缝；切缝过晚，不仅使切割造成困难，而且会使混凝土板在非预定位置出现早期裂缝。适时的切缝时间，应控制在混凝土已有足够的强度，而收缩应力尚未超出其强度范围时。它随混凝土的组成和性质（骨料类型、水泥品种、水泥用量、水灰比等）、施工气候条件（温度、湿度、风力等）因素而变化。

试验研究表明，适时的切缝时间，一般可掌握在施工温度与施工后时间的乘积为 200～300℃·h，或混凝土的抗压强度为 8.0～10.0MPa 时比较合适。切缝的方法以调深调速的切缝机锯切效果较好。为减少早期裂缝，切缝可采用“跳仓法”，即每隔几块板切一道缝，然后再逐块切割。切缝深度一般为板厚的1/4～1/3，如果切缝太浅会引起不规则断板。

3. 胀缝施工

胀缝设置分浇筑混凝土终了时设置和施工中间设置两种。

施工终了时设置胀缝，可采用图21-2(a)所示的形式。传力杆长度的一半穿过端部挡板，固定于外侧定位模板中。混凝土浇筑前应先检查传力杆位置，浇筑时应先摊铺下层混凝土，用插入振捣器振实，并校正传力杆位置，再浇筑上层混凝土。浇筑邻板时应拆除顶头木模，并设置下部胀缝板，木制嵌条和传力杆套管。

施工过程设置胀缝，可采用图21-2(b)所示的形式。胀缝施工先设置好胀缝板和传力杆支架，并预留好滑动空间。为保证胀缝施工的平整度以及机械化施工的连续性，胀缝板以上的混凝土硬化后，先用切缝机按胀缝的宽度切两条线，待临填缝时将胀缝板以上的混凝土凿去，这种施工方法，对保证胀缝施工质量特别有效。

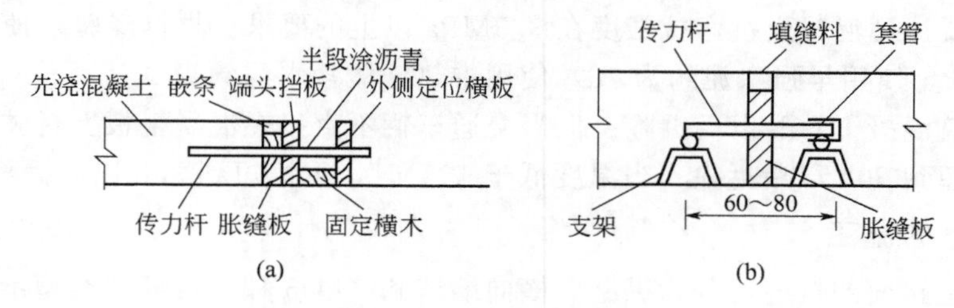

图21-2　胀缝施工工艺（尺寸单位：cm）

4. 施工缝

施工缝是施工期间需要必须间断时设置的横缝，常设置于胀缝处或缩缝处，多车道施工缝应避免设置于同一横断面上。施工缝如果设置于缩缝处，板中应增设传力杆，其一端（长度的50%）锚固于混凝土中，另一端应涂上沥青，允许传力杆在混凝土变形时滑动。传力杆必须与缝壁垂直。

5. 接缝填封

混凝土板待养护龄期达到后，应及时填封接缝。填缝前对缝内必须清扫干净并保持干燥，填缝料应与混凝土缝壁黏结紧密，其灌注深度以3～4cm为宜，下部可填入多孔柔性材料。填缝料的灌注高度，夏天应与板面平齐，冬天宜稍低于板面。

当采用加热施工式填缝料时，应不断搅匀，至规定温度。当气温较低时，应用喷灯加热缝壁；个别脱开处，应用喷灯烧烤，使其黏结紧密。目前用的强制式灌缝机和灌缝枪，能把改性聚氯乙烯胶泥和橡胶沥青等加热施工式填缝料和常温施工式填缝料灌入缝宽不小于3mm的缝内，也能把分子链较长、稠度较大的聚氨酯焦油灌入7mm宽的缝内。

接缝施工分别为常温施工式和加热施工式，所用的封缝料应分别符合表21-25和表21-26中的技术要求。

表21-25　常温施工式封缝料技术要求

项目	技术要求检验项目	技术要求标准
封缝施工要求	灌入稠度/s	＜20
	失黏时间/h	6～24
	弹性(复原率)/%	＞75
	流动度/mm	0
	拉伸量/mm	＞15

表 21-26　加热施工式封缝料技术要求

项目	技术要求检验项目	技术要求标准
封缝施工要求	针入度(锥针法)/mm	＜9
	弹性(复原率)/%	＞60
	流动度/mm	＜2
	拉伸量/mm	＞15

二、滑模式摊铺机施工

滑模式摊铺机与轨道式摊铺机不同，其最大的特点是不需要轨模，整个摊铺机的机架支承在 4 个液压缸上，它可以通过控制机械上下移动，以调整摊铺机的铺层厚度。这种摊铺机的两侧设置有随机械移动的固定滑模板，不需另设轨模，一次通过就可以完成摊铺、振捣、整平等多道施工工序。

滑模式摊铺机摊铺过程如图 21-3 所示。

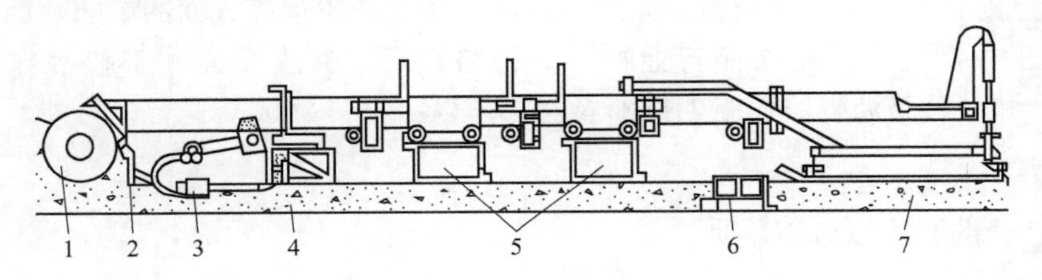

图 21-3　滑模式摊铺机摊铺过程示意

1—螺旋摊铺器；2—刮平器；3—振捣器；4—刮平板；
5—搓动式振捣板；6—光面带；7—混凝土面层

其具体施工工艺为：首先由螺旋摊铺器把堆积在基层上的水泥混凝土向左右横向铺开，刮平器进行初步齐平，然后振捣器进行捣实，刮平器进行振捣后整平，形成密而平整的表面，再利用搓动式振捣板对混凝土层进行振实和整平，最后用光面带进行光面。

滑模式摊铺机的施工工艺过程与轨道式基本相同，但轨道式摊铺机所需配套的施工机械较多、施工程序多，特别是拆装固定式轨模，不仅费工费时，而且成本增加、操作复杂。滑模式摊铺机则不同，由于其整机性能好，操纵方便和采用电子液压控制，因此，其生产效率高、施工工艺简单。

采用滑模式摊铺机铺筑加筋混凝土路面进行双层施工时，其工艺过程如图 21-4 所示。整个施工过程由下列两个连续作业行程来完成。

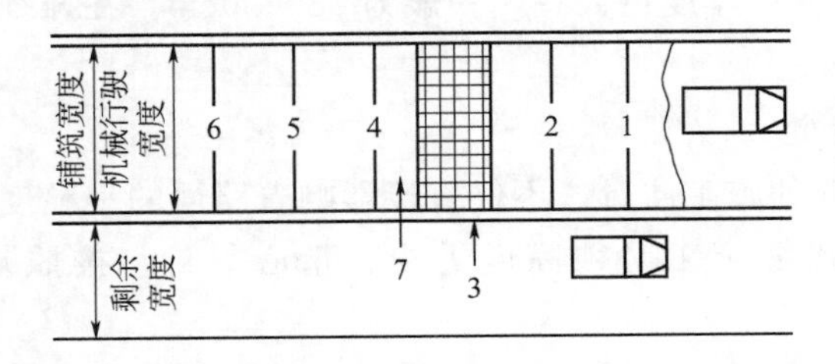

图 21-4　滑模摊铺机施工时的施工机械组合工艺过程

1—摊铺机；2—钢筋网格平板机；3—混凝土输送机；4—混凝土摊铺机；
5—切缝机；6—养护剂喷洒机；7—传送带

（1）第一作业行程　摊铺机牵引着装载钢筋网格的大平板车，从已整平的基层地段开始摊铺，此时可从正面或侧面供应混凝土，随后的钢筋网格大平板车，按规定位置将钢筋网格自动卸下，并铺压在已摊平的混凝土层上，如此连续不断地向前铺筑。

（2）第二作业行程　它是紧跟在第一作业行程之后压入钢筋网格，混凝土面层摊铺、振实、整平、光面等作业程序。钢筋网格是用压入机压入混凝土的。压入机是摊铺机的一个附属装置，不用时可以卸下，使用时可安在摊铺机的前面，它由几个对称的液压千斤顶组成。施工开始时，摊铺机推着压入机前行，并将第一行程已铺好的钢筋网格压入混凝土内，摊铺机则进行摊铺、振捣、整平、光面等工序，最后进行切缝和喷洒养护剂。

第五节　道路施工中的注意事项

道路混凝土的施工是确保公路工程质量的重要过程。道路混凝土的质量，除了受混凝土原材料、配合比的影响外，还受施工温度、条件、环境和质量等方面的影响，因此，在道路混凝土的施工中，应当严格按照行业标准《公路水泥混凝土路面施工技术规范》（JTG F30—2003）和《公路沥青路面施工技术规范》（JTG F40—2004）进行。另外，还要特别注意以下事项。

一、施工中一般应注意的事项

1. 拌合物的坍落度

混凝土拌合物的坍落度是施工中的重要技术参数，关系到施工难易、施工速度、施工质量等。道路混凝土拌合物的坍落度选择，除要考虑施工气候、距离长短等因素外，主要根据所用摊铺机来确定，各种常用摊铺机所需的坍落度如表 21-27 所列。

表 21-27　各种常用摊铺机所需的坍落度

摊铺机类型	混凝土的坍落度/cm	摊铺机类型	混凝土的坍落度/cm
轨道式	1～5	振碾式	0～1
滑模式	3～5	简易机具	1～5

2. 混凝土的浇筑

混凝土的摊铺厚度要根据混凝土振动设备而定。一般平板振动器摊铺厚度较小，不得大于 22cm；插入式振动器摊铺厚度可大些，一般为 23～30cm。在摊铺时，摊铺的顶面高程要高出道路路面 2cm 左右。

3. 路面混凝土板接缝

路面混凝土板体接缝的施工质量，不仅直接影响着路面的平整度，而且也直接影响路面的使用寿命。因此，对接缝施工必须高度重视、精心设计、按照规范、严格施工、确保质量。

4. 混凝土道路开放时间

水泥混凝土道路的开放交通时间，这是确保工程质量的最后关键环节，开放过早会对道路造成不应有的损伤，开放过晚则影响道路的利用率。一般情况下，道路混凝土强度达到设计强度的 80％、机场道面混凝土达 100％、接缝全部灌入填缝材料后方可开放交通。

二、特殊季节施工中的注意事项

水泥混凝土路面的施工质量要求很高，但施工质量受环境因素的影响较大，对在高、低温季节及雨季施工，应考虑其施工条件的特殊性，采取确保混凝土质量的技术措施，保证水泥混凝土路面满足设计的要求。

（一）高温季节施工中的注意事项

如果道路施工现场（包括拌合和铺筑场地）的气温高于30℃时，则属于高温施工。高温会促进水泥的水化反应，增加水分的蒸发量，容易使混凝土板表面出现裂缝。因此，在高温季节施工应尽可能降低混凝土的浇筑温度，缩短从开始运输、浇筑、振捣到表面修整完毕的操作时间，并保证混凝土在凝结硬化中进行充分的养护。施工单位应根据高温施工的工艺设计要求，制定包括降温、保持混凝土工作性和基本性质的措施。

当整个施工环境气温大于35℃，且没有专门的工艺措施时，不能再进行水泥混凝土路面施工。无论什么情况和条件，水泥混凝土拌合物的温度不能超过35℃。为确保水泥混凝土的施工质量，在高温季节施工时，应有专人定期专门测量混凝土拌合物的温度。

在我国地理纬度和气候条件下，绝大部分地区在夏季是可以铺筑水泥混凝土路面的，但应根据施工环境气温和条件采取降温措施和其他技术措施。如材料方面可以采取降低砂石料和水的温度，或掺加缓凝剂等措施。在铺筑方面，可通过洒水降低模板与基层温度、缩短运输时间以及摊铺后尽快覆盖表面等。

（二）低温季节施工中的注意事项

水泥混凝土路面施工操作和养护的环境温度等于或小于5℃，或昼夜最低气温有可能低到－2℃时，即属于低温施工。

在低温施工和养护时，混凝土会因水泥水化速度降低而使强度增长缓慢，同时也会因混凝土内部水结冰而遭受冻害。因此，在低温季节施工时，施工单位应根据实际情况和条件，提出低温施工的工艺设计，包括低温操作和养护方面的各项技术措施。其主要技术措施如下。

1. 提高混凝土拌合时的温度

气温在0℃以下时，拌制混凝土的水和骨料必须加温。一般规定水的加热温度不能超过60℃，砂石料应采用间接法加热，如保暖储仓、热空气加热、在矿料堆内埋设蒸气管等。不允许用炒、烧等方法直接对砂石加热，也不允许直接用蒸汽喷洒砂石料，砂石料加热不能超过40℃。绝对不允许对水泥加热。

2. 路面保温措施

水泥混凝土铺筑后，通常采用蓄热法保温养护。即选用合适的保温材料覆盖路面，使已加热拌制成的混凝土的热量和水泥水化反应产生的热量蓄保起来，以减少路面热量的失散，使之在适宜的温度条件下硬化而达到要求的强度。路面保温措施只需对原材料加热即可，而路面混凝土本身不加热，施工比较简单，易于控制，附加费用低，是简单而经济的冬季施工养护手段。

保温层的设计要考虑就地取材，在能满足保温要求的同时还要注意经济性。工程上常用麦秸、谷草、油毡纸、锯末、石灰、稻草等作为保温材料，覆盖于路面混凝土的表面。若采用以上材料作为保温层，其厚度不得小于10cm。

3. 其他应注意的问题

水泥混凝土路面在低温季节施工，除采取以上主要技术措施外，还应注意以下问题。

(1) 在进行路面水泥混凝土配合比设计时，注意不宜采用过大的水灰比，一般不宜超过 0.60。

(2) 为使水泥混凝土尽快产生水化反应，应适当延长搅拌时间，一般为常温搅拌混凝土增加 50%左右。

(3) 为保证混凝土浇筑振捣完毕具有一定温度，混凝土出料温度不能低于 10℃。

(4) 在混凝土摊铺时，不宜把工作面铺大、拉长，应集中力量全幅尽快推进，加速完成摊铺工艺。

(5) 建立定期测定温度制度。在搅拌站应检测砂石料、水和水泥搅拌前的温度，测定混凝土拌合物出料时的温度，每个台班不少于 4 次；测定混凝土摊铺时的温度，即测定经运输工具运达工地卸料后混凝土的温度和摊铺振实后的温度，每个台班不少于 6 次；测定混凝土在养护阶段的温度，浇筑完前两天每隔 6h 测 1 次，以后每昼夜至少测 3 次，其中 1 次应在凌晨 4 点测定。

(6) 测温孔的位置应设在路面板边缘，深度一般为 10～15cm，温度计在测孔内应停留 3min 以上。施工段全部测温孔应按照路面桩号编号，绘制出每一测温孔的温度-时间曲线。

(7) 铺筑后的路面混凝土，要求在 72h 内养护温度应保持在 10℃以上，接下来的 7d 养护温度应保持在 5℃以上。

(三) 雨季施工中的注意事项

水泥混凝土路面施工在雨季到来之前，应掌握年、月、日的降雨趋势的中期预报，尤其是近期预报的降雨时间和雨量，以便安排施工。施工单位要拟订雨季施工方案和建立雨季施工组织，了解和掌握施工路段的汇水面积及历年水情，调查施工区段内，路线的桥涵和人工排水构造物系统是否畅通，防止雨水和洪水影响铺筑场地和混凝土拌和、运输场地。

在混凝土拌和场地，对混凝土的搅拌设备应搭设雨棚遮雨。砂石料场因含水量变化较大，需要经常进行测定，以便调整混凝土拌和时的用水量。雨季空气比较潮湿，水泥的储存要防止漏雨和受潮。混凝土在运输的过程中应加以遮盖，严禁淋雨并要防止雨水流入运输车箱内。在混凝土铺筑现场，禁止在下雨时进行混凝土浇筑。

如果铺筑前施工现场有雨水，应及时排除基层的积水。在混凝土达到终凝之前，应将塑料薄膜覆盖于已抹平的路面上，防止雨水直接淋浇。如果确实需要在雨天施工时，现场应制备工作雨棚，雨棚应轻便易于移动。

第二十二章 商品混凝土

在现代化建设飞速发展的时代，在大中城市的基本建设中，往往会因为施工占地、施工污染等方面产生一些难以克服的矛盾。特别是我国建筑体系发生变化后，内浇外砌、框架结构和高层建筑的比重增加，传统生产混凝土的方法已不能满足生产需要，加之经济合同制在建筑施工中推广应用，现浇混凝土的需要量日益增加。寻找一种新的混凝土生产方式，是现代化建设的迫切需要，商品混凝土就因此迅速发展起来。

第一节 商品混凝土概述

商品混凝土商品混凝土生产是建筑工程中的现代化生产形式，其全部内容就是把混凝土这一主要建筑工程材料，从备料、拌制到运输一系列生产环节，从传统的一揽子施工系统分离出来，成为一个独立经济核算的材料加工企业——预拌混凝土工厂。

混凝土的商品化生产不需要生产技术和装备进行根本性的改变，却能因为生产实现专业化、集中化、机械化和规范化，使混凝土不仅可以节省原材料、改进施工组织、提高设备利用率、减轻劳动强度、降低生产成本，而且可以节省施工用地、改善劳动条件、减轻环境污染、确保混凝土质量。国外实践表明，采用商品混凝土后，一般可提高劳动生产率200%～250%，节约水泥10%～15%，降低生产成本5%左右。

一、商品混凝土厂的组成与装备

商品混凝土生产工厂一般由砂石堆场（或储罐）、水泥储罐、混凝土搅拌楼、混凝土运输车、试验室、机修车间、办公室等组成。但是，不同的时期，其组成也不完全相同。

近年来，人们对混凝土生产的质量控制越来越重视，而集中在工厂中搅拌则显示出较大的优越性，因而集中搅拌商品混凝土已成为发展趋势。用于集中搅拌的混凝土搅拌楼有固定式和移动式两种，我国多以固定式为主。固定式大多是一阶式上料，配有若干台可倾式或强制式拌和机，整个运行系统用工业电视监视，原材料计量与调整配合比用微机控制，可以实现自动计量、供料和出料，自动记录砂石含水量，及时准确调整配合比，有利于确保混凝土的质量。

混凝土运输车可分为搅拌车和翻斗车两种。混凝土搅拌车是目前工程上最常用的运输工具。搅拌车有三种作业形式：一种是在搅拌楼将混凝土搅拌好后装车，为了防止混凝土产生离析，在运输的过程中一面行驶，一面搅拌混凝土；另一种是将原材料按配合比计量后装入车内，在运输车的鼓筒内搅拌；第三种是将干的拌合料计量后装入车内，同时在车上装有储水和外加剂的罐，在行驶的过程中，选择适当的时间加水，到达施工现场前拌好，这样可以扩大混凝土的供应半径。前两种在日本比较普遍，后者在美国比较普遍，而我国采用最多的是第一种。

混凝土的生产和其他工业不同，其最大的特点就是产品不能贮存和远程运输。由于水泥的凝结时间有严格限制，混凝土从搅拌机出料至浇灌地点一般不能超过1.5h，如果用搅拌车在运输中拌制，为防止骨料过度磨耗，搅拌筒的旋转次数不宜超过300次。考虑到以上特点，混凝土搅拌工厂的供应半径，一般不应超过20～30km。在交通频繁或道路坎坷的地区，供应半径更小。因此，除工程密集的区域及大型工程需要大量混凝土外，一般以建立中小型混凝土搅拌工厂为宜，年产量以（2～3）×10^4m^3比较适宜。

二、发展商品混凝土的优越性

根据我国北京、上海、天津、常州等城市的实践证明，应用商品混凝土的综合效益十分显著。混凝土的商品化生产，在不对生产技术和装备作根本性改变的情况下，却能因混凝土生产的专业化、集中化，可为改进施工组织、提高设备利用率、减轻劳动强度、降低生产成本提供可能，同时也因节省施工用地、改善劳动条件、减轻环境污染而使社会受益。

在城市工程建设中，选用商品混凝土施工方案，不需要在施工现场堆放材料及中转材料，不仅可以避免对城市产生脏、乱和粉尘污染，改善环境卫生条件，而且还可以避免影响交通安全和市容及污水、泥砂漫流、堵塞管道、沟渠，以及搅拌混凝土产生的噪声污染等。具体地讲，商品混凝土有以下优越性。

1. 经济效益十分显著

据1996年的有关统计资料表明：采用商品混凝土施工方案后，节省了许多单位的费用开支，其经济效益十分显著。如某工程节省砂石中间储料堆场租用费0.90元/m^3，砂石运输费8.00元/m^3，水泥中转仓库租用或搭设1.00元/m^3，水泥袋装费1.75元/m^3，现场临时水电及设施4.00元/m^3，搅拌设备投资0.45元/m^3，现场材料堆放场地租用费2.40元/m^3，搅拌混凝土管理费6.00元/m^3等。

国外工程实践证明，采用商品混凝土之后，一般可提高劳动生产率200%～250%，节约水泥10%～15%，降低生产成本5%左右。

2. 提高施工机械化程度

发展商品混凝土，有利于建筑工业化的发展，提高施工机械化程度，减轻体力劳动强度，加快施工速度，是其最突出的优越性。如上海宝山钢铁厂转炉基础底板，混凝土达到6912m^3，采用商品混凝土和泵送浇灌工艺，原计划需连续施工48h，结果仅用了28h就全部完成；上海华亨宾馆建筑面积8.6×10^4m^3，高29层，仅基础结构阶段的混凝土达4×10^4m^3，全部采用商品混凝土和泵送浇灌工艺，只用了470d结构全部封顶，创造了1000m^2建筑面积平均施工期为5.2d的纪录，充分显示了商品混凝土供应的优越性。

3. 有利于提高工程质量

商品混凝土由于计量准确、搅拌均匀，有利于改善混凝土的级配，提高和控制混凝土的质量，所以对确保工程质量具有决定性的作用。据我国有关搅拌站连续3年收集的12313组混凝土试块抗压强度分析，年强度合格率在99.46%～100%之间，年强度保证率在93.03%～99.95%之间。由此可见，商品混凝土的合格率、保证率和匀质性都达到了国家规定的优良标准。

4. 可以节省建筑材料

商品混凝土的生产具有一套完善合理的生产工艺、严格的管理制度和准确的称量计量装置，不仅可以生产出质量较高的混凝土，可以有效避免水泥、砂、石等原材料的浪费。经我国有关人员测算和分析，商品混凝土与现场搅拌混凝土相比，应用商品混凝土可节约水泥8.59%、砂石12%左右。如年产量达5×10^4m^3的商品混凝土搅拌站，一年可节省水泥

3000t，经济效益非常可观。

5. 可以实现文明施工

采用商品混凝土施工，有利于减少施工用地，适合城市狭小场地的文明施工，并可减轻对环境的污染。对施工面积大、混凝土用量大的工程，可避免施工、运输中的忙乱现象；对施工现场场地小，不能设搅拌机和砂石堆料场的工程，商品混凝土可随要随送，按时、按质、按量供应，改变了过去砂石到处乱堆、道路不畅、尘土飞扬、泥浆四溅、管道堵塞等不文明施工现象。

6. 社会经济效益明显

城市建筑用地较少，人口密度较大，交通比较拥挤，环境要求较高，这些给高层建筑施工带来了极大困难。例如我国上海市建筑密度达70%～80%，人口密度达4.2万人/平方公里，人均道路面积仅2.2m^2，若不采用商品混凝土施工，而采用现场拌制混凝土，根本无法顺利进行。但采用商品混凝土供应和泵送混凝土工艺后，以上问题迎刃而解。

总之，采用商品混凝土主要具有以下十大优点：①节约水泥；②有利于推广散装水泥；③可以减少砂石的耗损；④有利于工业废渣和废混凝土的利用；⑤有利于掺加外加剂改善混凝土的性能；⑥在现场掺加混合材料，有利于有效利用水泥熟料；⑦提高工程质量，降低工程造价；⑧加快施工进度，缩小施工场地，减少现场设施；⑨减少城市污染；⑩节省能源。

第二节　商品混凝土的配合比设计

预拌混凝土就是在混凝土的生产厂拌制好混凝土拌合物，用运输工具运往施工现场的商品混凝土，商品混凝土配合比设计是其配制的前奏，是确保商品混凝土配制质量的重要技术数据，是供应方向需要方提供合格商品的重要依据。工程实践证明，商品混凝土配合比设计对于满足用户的需要、保证产品质量具有十分重要的意义。

一、商品混凝土配合比的确定

商品混凝土配合比的确定是生产商品混凝土和确保其质量的重要指标。为满足用户要求、符合规范规定、确保施工质量，在商品混凝土配合比设计中应当注意以下方面。

1. 满足混凝土用户的要求

通常是先由用户向生产单位提出标准品、特购品或非标准品中任何一种混凝土的订购要求。混凝土生产厂在接到订货确定最终产品的配合比时，要考虑从工厂拌制混凝土时起，直至运往施工现场卸车时止，可能发生的质量变化，以便满足已确定的质量要求。

在建筑施工中，根据有关规定需要对结构混凝土的强度试验进行检查时，用户所指定的公称强度，不仅要符合国家标准《预拌混凝土标准》(GB/T 14902—2012) 的规定，而且还要研究该强度是否能符合该项检查规定的要求。在一般情况下，生产厂只要能保证满足JISA 5308规定的强度即可。

2. 严格执行有关标准的规定

预拌混凝土的配合比要执行《预拌混凝土标准》(GB/T 14902—2012) 的规定。标准品的配合比由生产厂决定，特购品的配合比要经过协商，由生产厂决定。但是，无论是何种产品（即使标准品），也要明确一些必要的事项。不论在何种情况下，所确定的配合比均应保证满足指定的质量，并应通过检验合格。

为确实保证混凝土的质量，生产厂在发货之前，还应把生产中所用的材料与配合比报告给用户，用户若有其他方面的要求，还应提供混凝土配合比设计的有关基础资料。

3. 根据用户要求做试配搅拌试验

原来我们参照执行的日本工业标准《预拌混凝土》(JISA5308)，修订后虽然仍未规定试配搅拌，在必要时用户仍可与生产厂协商，会同进行搅拌试验。不过，在我国《预拌混凝土标准》(GB/T 14902—2012) 的规定中有自己的内部标准，即根据实际使用的状况对所用的材料与配合比等分别做出相应的规定。这样，由生产厂确定的标准品配合比是可以信赖的。因此，除特殊情况外，标准品的搅拌试验可以免做。当由于某些原因必须进行试配搅拌时，对所用费用可协商解决。

特殊用途商品混凝土的配合比，虽然是由生产厂与用户协商决定的，但由于对混凝土的质量和使用材料也有某些指定的项目，所以，为了确认配合比和混凝土的质量，也可根据实际情况，经过协商进行试配搅拌。

二、商品混凝土标准配合比的确定

(1) 在一般情况下，商品混凝土工厂是按图 22-1（普通混凝土）和图 22-2（轻混凝土）所示的程序来确定标准品混凝土的标准配合比。为适应 JISA 5308 中质量和配合比的规定，日本建筑学会标准 (JASS5) 和日本土木学会 (RC) 规范中也有相应的规定。

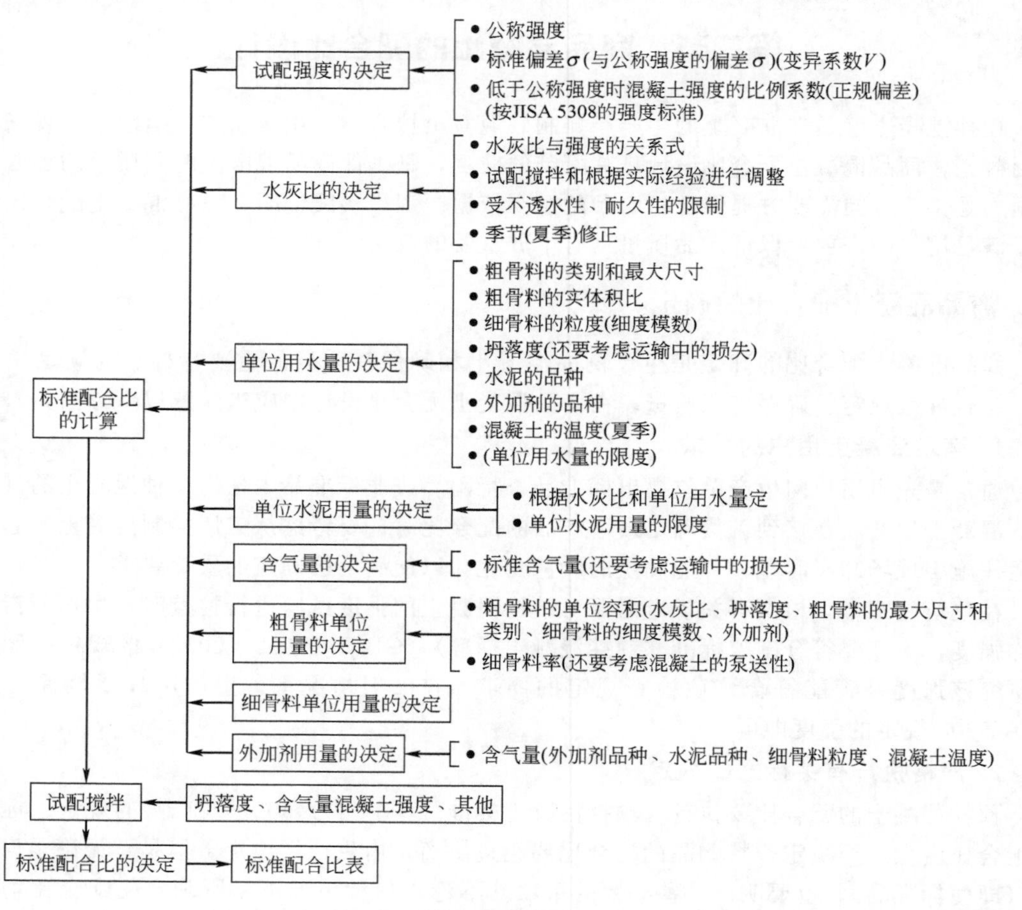

图 22-1 普通混凝土标准配合比的设计程序

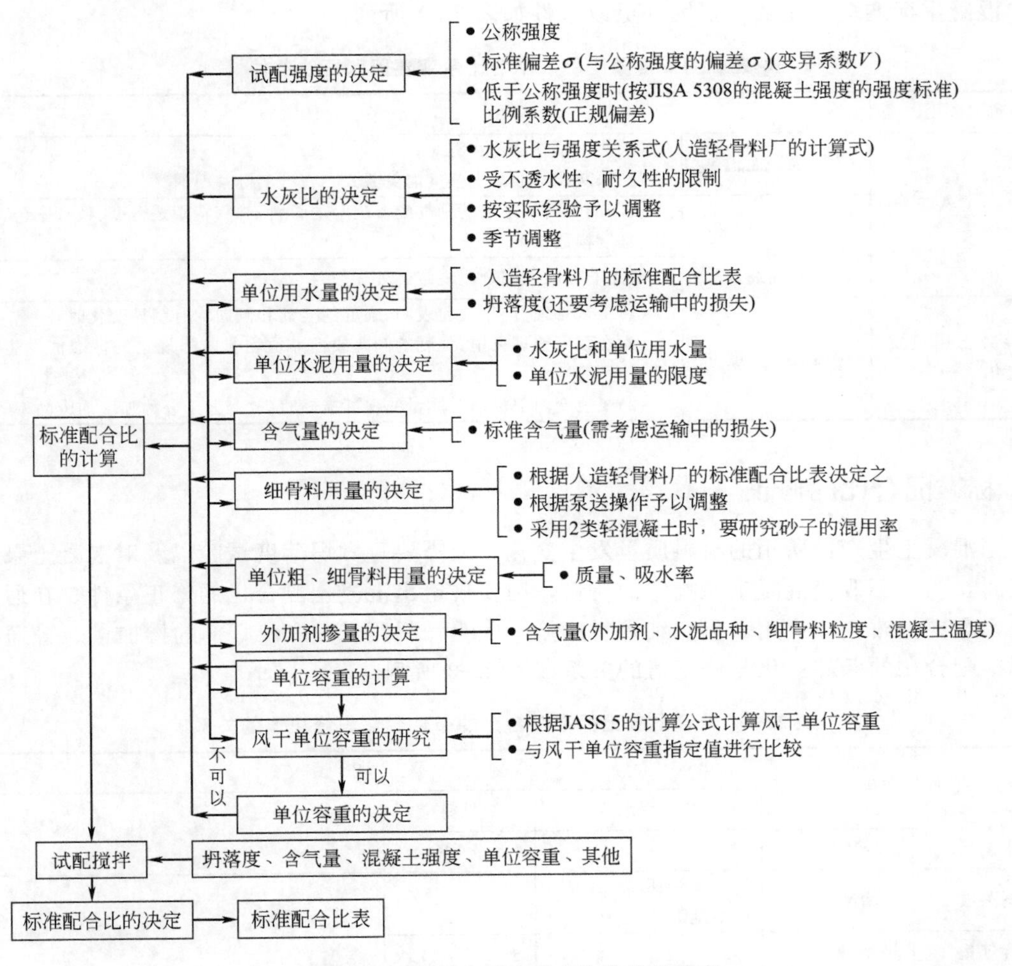

图 22-2　轻混凝土标准配合比的设计程序

(2) 为了保证进货时混凝土体积满足交货单上的数量，生产厂通常把由工厂至施工现场运输过程中损失的含气量估计在内，以标准配合比设计时含气量为 30L 算出各种材料的用量。但是，实际上则是以新拌混凝土的含气量 4%来配制混凝土的。因此，配制好的混凝土量为 1.01m^3。

(3) 当用户在商品混凝土工厂参与会同试配搅拌时，新拌混凝土的坍落度、含气量、轻混凝土的容重等，有时与指定值有一定差异，这是因为在混凝土配合比设计时已把坍落度和含气量的损失估计在内，对于如此结果应听取生产厂的说明。

(4) 特购品标准配合比的确定方法，与标准品配合比一样。在用户指定的事项中，若指定了生产厂平时未曾使用，甚至没有任何经验的材料（水泥、集料、外加剂）时，生产厂必须认真研究有关的参考资料，并与用户充分协商、达成共识后确定。同时，作为特购品，事先还要弄清可接受材料的类别、混凝土类别及其有关的各项规定。

三、标准配合比的变动

当已确定的混凝土标准配合比的条件（主要指原材料质量和混凝土强度）长期超过某些标准规定时，就必须改变原来确定的标准配合比。为此，对标准配合比的变动条件要加以规定。混凝土标准配合比致变要因和更改条件如表 22-1 所列。

表 22-1 混凝土标准配合比致变要因和更改条件

<table>
<tr><th>致变要因</th><th colspan="2">更 改 条 件</th></tr>
<tr><td rowspan="3">原材料质量发生变化</td><td>水 泥</td><td>(1)改用了新品种水泥时；
(2)水灰比与混凝土强度的关系式不符合实际情况时</td></tr>
<tr><td>骨 料</td><td>使用的骨料与制定的标准配合比时的骨料不同(特别是密度、吸水率、实体积比、细度模数)时</td></tr>
<tr><td>外加剂</td><td>改用非标准品配合比规定的外加剂时</td></tr>
<tr><td>混凝土质量发生变化</td><td>混凝土强度</td><td>(1)工艺管理、产品检验表明，强度的变动和倾向均有明显变化时；
(2)在强度管理区里，强度的倾向或标准值均与内部规定的标准值发生明显变化时；
(3)要改变内部标准对质量的保证措施时(改变低于公称强度的废品率时)</td></tr>
</table>

四、标准配合比的修正

当混凝土生产厂所用的材料质量发生变化，或需要重做坍落度试验以及对混凝土泵进行校正时，为了不改变混凝土原指定的质量，则要规定出混凝土配合比的修正条件。在通常情况下，主要是改变单位用水量、细骨料用量（或粗骨料用量）和 AE 剂的掺加量。普通混凝土标准配合比的条件变化与修正值的关系如表 22-2 所列。

表 22-2 普通混凝土标准配合比的条件变化与修正值的关系

<table>
<tr><th colspan="2" rowspan="2">条件的变化</th><th colspan="3">修 正 值</th></tr>
<tr><th>单位用水量</th><th>细骨料量</th><th rowspan="2">备 注</th></tr>
<tr><td>水灰比</td><td>增减 0.05</td><td>0</td><td>±1%</td></tr>
<tr><td>坍落度</td><td>增减 1cm</td><td>坍落度<18cm±1.2%
坍落度>18cm±1.5%</td><td>0</td><td rowspan="6">按下式求算
单位用水量的增加率(%)
$=[(1-\Delta_E)V_E/(100-V_E)]\times 100$
式中 Δ_E—碎石对砾石实体积率之比
V_E—同一水灰比、同一坍落度砂和砾石混凝土中砾石的绝对容积，l/m^3</td></tr>
<tr><td>含气量</td><td>增减 1%</td><td>±30%</td><td>±(0.5～1)%</td></tr>
<tr><td>细骨料的细度模数</td><td>增减 0.1%</td><td>0</td><td>±0.5%</td></tr>
<tr><td>粗骨料的实体积比</td><td>增减 1%</td><td>±3kg</td><td>±0.9%</td></tr>
<tr><td>细骨料率</td><td>增减 1%</td><td>坍落度不足 15cm 时，可增减 1～5kg；坍落度超过 15cm 时，可增减 2～7kg</td><td>—</td></tr>
<tr><td>回收水</td><td>对固体物添加量(2%±1%)而言</td><td>增 2%～3%</td><td>减 1%</td><td>AE 剂添加量增 15%～20%</td></tr>
</table>

通过多次试验表明，当混凝土标准配合比条件发生变化时，其性能还发生如下变化。

① 含气量增减 1%，混凝土强度则增减 4%～6%，坍落度增减 2cm。

② 普通混凝土砂子的 FM=2～8，$W/C=0.55$、坍落度为 8cm 时，若采用碎石，则单位用水量增加 9～15kg，细骨料率增加 3%～5%；若采用碎石砂，则单位用水量增加 6～9kg，细骨料率增加 2%～3%。

③ 普通混凝土（砂和砾石混凝土），当砾石的最大尺寸为 25mm 时，则可分为 AE 混凝土、碎石混凝土、碎石 AE 混凝土 3 种配合比，必须按照表 22-3 中的规定值予以补偿。

表 22-3　几种混凝土配合比补偿规定值

混凝土品种及粗骨料尺寸	水泥用量	含砂量(绝对容积)	粗骨料量(绝对容积)	用水量
砂和砾石 AE 混凝土	不补偿	减少 15L	不补偿	减少 8%
砂和碎石混凝土	不补偿	增加 15L	减少 10%	增加 8%
砂和碎石 AE 混凝土	不补偿	增加 10L	减少 10%	不补偿
<30mm	减少 3%	减少 15L	增加 5%	减少 3%
<40mm	减少 6%	减少 20L	增加 10%	增加 6%

五、标准配合比设计参考资料

1. 运输中坍落度降低的估计值

混凝土在运输过程中坍落度降低的程度，取决于使用材料的质量、坍落度大小、施工季节、外加剂品种、运输时间等。有人曾对运输时间为 40～50min 商品混凝土坍落度降低进行统计分析，由调查结果可见，不同地区差异很大。特别是气温高和采用缓凝剂时，混凝土坍落度损失很大，应引起足够的重视。

2. 运输中含气量散失的估计值

混凝土在运输过程中含气量散失的程度，会因水泥品种、混凝土种类、配合比、预拌混凝土温度、搅拌时间、道路状况等不同而有所差异。建筑混凝土含气量散失的估计值，一般取 0.5%～2.0%，配合比设计时多采用 1.0%。

3. 混凝土温度的变化

在冬季施工时，混凝土浇灌时的温度规定为 10～20℃。因此，在施工过程中，必须在充分考虑当地气象和施工条件的基础上预计确定混凝土运输中温度下降的影响，以保证浇灌时混凝土的温度不低于 10℃。

混凝土运输中温度下降的程度，可按下式计算：

$$\Delta T=0.15(T_1-T_0)t \tag{22-1}$$

式中　ΔT——预拌混凝土温度的下降值，℃；

T_1——搅拌时混凝土的温度，℃；

T_0——混凝土运输中的环境温度，℃；

t——混凝土自搅拌时起至浇灌完毕时止的时间，h。

夏季采用泵送施工时，浇灌部位的预拌混凝土的温度可能上升 0.5～1.5℃。特别是在夏季进行大体积混凝土施工时，必须考虑到运输过程中的温升、浇灌后水化热导致温度上升等方面，据以确定搅拌时混凝土的温度。为了降低混凝土的温度，可以采取投入冰块拌和、预冷骨料、选择适宜搅拌时间、搅拌车运输等措施。

4. 混凝土强度的标准偏差

混凝土强度的偏差，是采用以往拌制混凝土的实际数据而推算的。取混凝土强度的平均值，或视其波动取大一点的安全值，并要明确该计算值的适用期间或季节。通常，取比平均值大 0.5MPa 的数值为宜。

从对全国预拌混凝土厂的调查可以看出，混凝土强度如果为 24～27MPa 时，其强度标准偏差为 2.0MPa，多采用 2～2.5MPa；混凝土强度如果为 30～35MPa 时，其强度标准偏差为 3～3.5MPa。

5. 水灰比和混凝土强度计算公式

(1) 在一般情况下，预拌混凝土厂通过对本厂所用材料进行试配搅拌，以确定混凝土水灰比与混凝土强度的关系式。该关系式是按水泥品种、强度等级、骨料类别及质量、AE剂、AE减水剂、减水剂及其他外掺物组合的关系（通过标准养护）确定的。但实际配制的混凝土的强度，还会因受到混凝土的温度、季节变化、水泥强度的变化、骨料质量的变化、养护方法、试验误差等的影响而变化。因此，在确定水灰比与混凝土强度的关系时，要全面考虑以上这些因素。

（2）常用混凝土在进行试配搅拌时，其水灰比一般介于50%～70%之间，取用3种以上的水灰比，对每种水灰比至少试配两种坍落度。高强混凝土的水灰比在50%以下，也按相同方法求其计算式。

特别是在确定可靠性高的计算式时，必须要进行多次试配搅拌。对于整年使用的同一个计算式，则要考虑到季节的变化，每间隔一定的时间重新试配确定。

在混凝土生产过程中，由于设备的特性、配合比的修正错误、计量操作误差等，也会使混凝土的实际强度与确定的计算公式不相符合。因此，一定要把在工艺管理中通过试验得出的强度结果，列于水灰比与强度的关系图中，以便对通过试拌确定的关系式予以修正。

（3）对冬期施工的混凝土，根据累计温度求算公称强度的水灰比时，可采用JASS5规定的方法和参考混凝土冬期施工指南等。

6. 单位用水量、单位粗骨料用量、细骨料率

如前面所述，混凝土标准配合比是按照图22-1和图22-2中所示的顺序确定的。水灰比一旦确定，便可针对坍落度决定单位用水量，继而再决定细骨料率（或单位粗骨料用量），最后通过设定含气量便可计算出各种材料的用量。在进行混凝土配合比初步设计时，单位用水量、单位粗骨料容积、细骨料率的参考值，可参见表22-4。

表22-4 混凝土单位粗骨料容积、细骨料率和单位用水量参考值

粗骨料最大尺寸/mm	单位粗骨料容积/%	未掺AE剂的混凝土			掺加AE剂的混凝土				
		截留空气/%	细骨料率/%	单位用水量/kg	含气量/%	掺加优质AE剂时		适当掺加优质减水剂时	
						细骨料率/%	单位用水量/kg	细骨料率/%	单位用水量/kg
15	53	8.5	49	190	7.0	48	170	47	160
20	61	8.0	45	185	6.0	42	165	43	155
25	66	1.5	41	175	5.0	37	155	38	145
40	72	1.2	36	165	4.5	33	145	34	135
50	75	1.0	33	156	4.0	30	135	31	125
80	81	0.5	31	140	3.5	28	130	29	110

表22-4中所列数值，系指其骨料为普通粒度的砂子（细度模数为2.08）和砾石、水灰比为0.55、坍落度为8cm混凝土的试验结果。当所用材料或混凝土的质量与表22-4中的规定有差异时，必须把表22-4中的数值按表22-5的规定予以修正。

表22-5 混凝土的细骨料率和单位用水量修正

修正因素	细骨料率的修正/%	单位用水量的修正
当砂子的细度模数每增加(或减小)0.1	增加(或减小)0.5	不修正
混凝土坍落度每增加(或减小)1cm	不修正	增加(或减小)1.2%
混凝土中含气量每增加(或减小)1%	减小(或增加)0.5～1	减小(或增加)3%
混凝土的水灰比每增加(或减小)0.05	增加(或减小)1	不修正
细骨料率每增加(或减小)1%时	不修正	增加(或减小)1.5kg
采用碎石时	增加3～5	增加9～15kg
采用碎石砂时	增加2～5	增加6～9kg

第三节 商品混凝土的运输方式

混凝土拌合物的运输是商品混凝土生产环节中非常重要的组成部分。在商品混凝土的整个生产过程中，除了计量、搅拌等一整套设备外，还需要由运输工具将混凝土运送到使用地点。不同的运输方式，所采用的运输工具也不相同。

总结近 60 年来商品混凝土的发展历程，正是商品混凝土的扩大应用促进混凝土拌制及输送设备的发展，而商品混凝土拌制及输送设备技术的进步又大大推动了商品混凝土行业的发展。据有关专家预测，到 2020 年西欧、美国、日本等国家商品混凝土的应用，可以占混凝土总量的 90%以上，混凝土运输搅拌车也必然随之有较大的发展。

一、混凝土运输搅拌车的分类方法

混凝土运输搅拌车，在工程中简称搅拌车或罐车，其分类方法很多，在工程实际中主要有：按混合料的状态不同分类、按搅拌筒容量不同分类和按搅拌车功能不符分类。

1. 按混合料的状态不同分类

按混合料的状态主要分为以下 3 种。

(1) 用以运送拌和好的、质量符合施工要求的混凝土拌合物（也称为湿料）。在运送的路途中，搅拌筒一直保持 1～4r/min 的低速运转，以防止混凝土产生离析与筒壁黏结。因此，在国外称运输搅拌车为湿料搅拌车。

(2) 用以装运在配料站按设计配合比配制好的干混合料（指砂、石子、水泥等混合物），在将要到达施工地点时，按设计要求在搅拌筒内注入拌合水，并使搅拌筒按搅拌机的标准速度转动，在运送路途中完成搅拌全过程，待到达施工地点用反转卸料或混凝土泵浇注。这种混凝土运输搅拌车，也称为干料搅拌车。

(3) 用以运送半干料，即运送在配料站按设计配合比混合好的水泥、砂、石子及部分拌合水的混合物，在运送的路途中，搅拌筒一直保持低速运转，同时在筒内注入不足的拌合水，待搅拌筒总转数达到 70～100 转时，则可认为完成了搅拌全过程。

以上 3 种混凝土运输搅拌车，第一种常用于运输距离较短的工程，后两种适用于运距较大、浇筑作业面分散的工程。

2. 按搅拌筒容量不同分类

按搅拌筒容量不同分类，可以区分为 2.0m³、2.5m³、4.0m³、5.0m³、6.0m³、7.0m³、8.0m³、9.0m³、10m³ 和 12m³10 个档次，相对于搅拌筒的几何容积来说，混凝土料的充盈率一般为 55%～60%。通常，2.5m³以下的称为轻型运输搅拌车，由翻斗车或普通载重卡车为底盘改装而成；4～6m³者称为中型运输搅拌车，由重型载重卡车为底盘改装而成；8m³以上者称为重型运输搅拌车，由大功率三轴式重型卡车为底盘制成。

3. 按搅拌车功能不符分类

近些年来，为了增加混凝土运输搅拌车的功能，以扩大其使用范围，国外生产厂家相继推出了一些变型产品，在工程中常见到的有：①装有皮带输送机的混凝土运输搅拌车，皮带输送机的带长 10m，带宽 400mm，倾角可达 27°，回转可达 270°，升运高度达 6m；②附装有混凝土泵和折叠式臂架布料杆的混凝土运输搅拌车，布料杆的最大工作高度达 23m；③配有装料铲的轻型混凝土运输搅拌车，可自行集运并装入各组成材料，在运输路程中可自动往搅拌筒内注入拌合水，并完成搅拌全过程。

二、使用混凝土运输搅拌车的注意事项

为确保商品混凝土在运输中的质量，在选定某种混凝土运输搅拌车后，在正式使用过程中应当注意如下事项。

(1) 新购置混凝土运输搅拌车后，在正式投产前必须经空车和负荷试运转，待检验合格后方可交付使用。

(2) 搅拌车上液压系统的压力应符合使用说明书中的规定，不得任意进行调整。液压油的油质和油量应符合原定要求。

(3) 混凝土运输搅拌车在装料前，应排净搅拌筒内残存的积水和杂物。在运输过程中不得停止运转，以防止混凝土产生离析和粘壁。混凝土运输搅拌车在到达工地和卸料之前，应先使搅拌筒以 14～18r/min 的转速转动 1～2min，然后再进行反转卸料，反转卸料前应使搅拌筒停稳不转。

(4) 在一般情况下，当外界环境温度高于 25℃时，从装料、运输到卸料延续时间不得超过 60min；当外界环境温度低于＋25℃时，延续时间不得超过 90min。这项操作的延续时间最好应经过测定后确定。

(5) 在冬期施工时，应当切实做到：开机前，检查水泵是否结冰；下班时，认真排除搅拌筒内及供水系统内的残存积水，关闭水泵开关，将控制手柄置于规定的位置。

(6) 在施工现场卸料完毕后，应立即用搅拌车上带的软管冲洗装料口、出料漏斗及卸料溜槽等处，清除黏附在车身各处的污泥及混凝土。在返回混凝土搅拌站的途中，应向搅拌筒内注入 150～200L 清水，以清洗筒壁及叶片上黏结的混凝土残渣。

(7) 每个工作班结束后，司机应负责向搅拌筒内注入一定量的清水，并以 14～18r/min 的速度转动 5～10min，然后将水排出搅拌筒，以保证筒内清洁。用高压水清洗搅拌车各部分时，应注意避开仪表及操纵杆等部位，压力水喷嘴与车身油漆表面的距离不得小于 40cm。

(8) 无论在清除搅拌筒内外积污及残存的混凝土渣块时，还是在机修人员进入筒内进行检修和焊补作业时，必须首先关闭汽车发动机，使搅拌筒完全停止转动，这是一项严格的规定，是确保操作人员安全的重要措施。

(9) 在检修人员进入搅拌筒内工作期间，必须保证搅拌筒内通风良好，空气新鲜，无可燃气体及有害灰尘，氧气供应充足（但不得使用纯氧）。在搅拌筒内使用电动工具时，操作人员必须有良好的绝缘保护。

(10) 工作时，不得将手伸入旋转中的混凝土搅拌筒内，严禁将手伸入主卸料溜槽和接长卸料溜槽的连接部位，以免发生事故。

(11) 要按照机械的使用说明书，定期检查搅拌叶片的磨损情况，并对磨损者及时进行修补和更换。

(12) 严格贯彻各项有关安全操作的规定，坚决杜绝违反操作规定的行为，并形成企业中必须严格执行的规章制度。

(13) 混凝土运输搅拌车司机，必须经过正规的专业培训，坚持持证上岗。

三、商品混凝土施工现场的运输

商品混凝土施工现场的运输，也是商品混凝土运输的重要组成部分，不仅关系能否按要求尽快地将混凝土浇筑至设计位置，而且关系到混凝土工程的施工质量。为搞好商品混凝土

施工现场的运输，在施工中应注意以下事项。

(1) 在施工现场将混凝土拌合物输送至浇筑地点灌入模板，最重要的是必须保持混凝土拌合物的均匀性，避免出现分层离析现象，这是保证混凝土工程施工质量的关键。

为了避免出现混凝土的分层离析，必须确定适宜的施工现场运输方法，运输方法的确定与运输距离有着密切的关系。在混凝土工程的施工现场，混凝土的输送距离一般为几十米或几百米。在运输过程中应注意以下几个方面。

① 应当以最快的速度将混凝土拌合物入模，其时间不得超过混凝土的初凝时间，混凝土运输延续时间应遵守有关规定。

② 在寒冷、炎热或大风等施工气候条件下，输送混凝土拌合物时，应采取有效的保温、防热、防雨、防风等措施。

③ 混凝土采用车辆运输时，应力求运输道路平坦、行车平稳，以避免发生严重的分层离析现象。如果运输中发生分层离析，应在浇筑入模前进行二次搅拌。

④ 混凝土的转运次数不宜过多，垂直运输时自由落差不得超过 2m，否则应加设分级溜管、溜槽，减少混凝土的落差，避免或减少混凝土的分层离析。混凝土卸料溜管的倾角不得小于 60°，卸料溜槽的倾角不得小于 55°。

(2) 混凝土的运输设备种类很多，在进行选择时应根据工程特点、混凝土性能和施工条件等，经过方案比较或现场试验确定，选用时需满足以下要求。

① 混凝土运输设备的容量应适宜，必须根据搅拌机的容量和混凝土储料斗的容量来确定，并且要大于它们的容量，一般取整数倍。

② 为确保混凝土拌合物在运输过程中的质量，运输设备必须保证混凝土运输中不漏浆、不分层离析。

③ 混凝土运输设备的接料周期，必须考虑搅拌机的搅拌周期和满足工艺需要。

(3) 施工现场中的混凝土运输方法很多，主要运输方法如表 22-6 所列。混凝土构件厂常用的运输设备有：独轮手推车（适用于运距 30～50m）、双轮架子车（适用于运距 100～300m）、窄轨翻斗车（适用于运距 300～500m）和机动翻斗车（适用于运距 500～1000m），此外还可以采用自卸汽车、浇灌机等。

表 22-6 一般建筑施工现场混凝土的主要运输方法

运输机械	运输方式	运距/m	运送量/m^3	坍落度/cm	动力	适用场所	附注
混凝土泵	水平 垂直	水平约 500 垂直约 100	每小时 20～85	8～21	发动机	高处远距离	常用于流动度较大的混凝土建筑工程
混凝土塔架	垂直	10～120	0.6～1.0	12～21	电力	高处运输	用泵皮带机等分担水平运输时 10～15m/h
爬升式起重机	垂直	300	0.6～1.1	12～21	电力	超高层工程	用泵皮带机等分担水平运输时 10～15m/h
混凝土吊罐	水平 垂直	10～50	每罐 0.5～1.0	8～21	吊车	一般建筑工程	由于混凝土分离较小，所以适宜场内运输
斜溜槽		2～5		12～21	重力	建造简易	混凝土分离较大
纵向斜槽	垂直	5～15	每小时 10～40	12～21	重力	浇灌地下钢筋混凝土	容易产生分离
皮带运输机	水平	5～100	每小时 10～30	小于 10	电动	重混凝土	混凝土易分离
混凝土导管	垂直	30	每小时 10～40	13～18	重力	水下混凝土	因不能捣固，故要求流动性较大

(4) 工程实践证明，采用泵送混凝土具有许多优越性，不仅可以加快施工进度、施工费用可降低20%～30%；而且可使普通混凝土的强度提高10%以上，这样不仅可间接节约水泥用量，而且可节约大量劳动力，减轻劳动强度。由此可见，泵送混凝土已成为商品混凝土的重要组成部分。

第四节　商品混凝土的质量控制

商品混凝土从预拌工厂出厂，直至浇灌到建筑结构的模板施工过程中，影响预拌商品混凝土质量的因素很多，有时有些因素还在不断发生变化之中，使混凝土工程出现这样或那样的质量问题。因此，关于商品混凝土的质量，供需双方不可避免地存在着一系列的矛盾与争议，商品混凝土质量的现场控制与验收，则成为发展商品混凝土生产、销售、采购、使用中的一个重要课题。

一、商品混凝土产生质量问题的原因

商品混凝土在工厂生产、运输和浇筑中，由于会遇到各种预想不到的不利因素，对混凝土的质量均有较大的影响。产生商品混凝土质量问题的原因是多方面的，根据工程实践，主要原因有以下几个方面。

1. 现场向混凝土中加水

在城市建设中，由于市政交通十分拥挤，易出现车辆堵塞问题。从混凝土搅拌站运至施工现场，往往需要较长的时间，所以混凝土拌合物的坍落度损失较大。特别是夏季高温时节，混凝土坍落度的损失则更大。

当商品混凝土超过一定的运输时间后，由于现场施工管理不严，经常造成施工现场人员误认为混凝土坍落度达不到施工的要求，而出现既没有经过双方技术人员认可与签证，也没有在加水后进行二次搅拌的现象，严重影响了混凝土拌合物的质量。造成混凝土水灰比增大，游离水和层间水增多，增加了混凝土硬化浆体的空隙率，削弱了混凝土中水泥和骨料界面黏结力，降低了混凝土的强度。

2. 现场验收制度不严格

混凝土搅拌站在生产运输的过程中，如果不按国家规范操作可能出现各种质量问题，如有时采用的砂石料质量较差，石子出现过多的超径，造成堵塞混凝土泵；有时搅拌时间不足，造成混凝土拌合物搅拌不均匀；有时因为搅拌车的搅拌筒老化，造成混凝土离析；有时运送或在工地等待时间过长，造成混凝土坍落度不符合施工要求等。对于这些在商品混凝土未形成构件之前产生的问题，在施工现场往往没有进行严格的交接验收或妥善的处理，或者没有按有关规定和制度处理这些问题。这些质量问题都给混凝土的质量留下了隐患，也给日后的质量检查和质量事故的处理带来困难。

3. 现场混凝土养护欠佳

在许多工程的施工现场，对浇筑完毕的混凝土构件及制作试块的养护不够重视，不能按照施工规范进行养护。有些工程现场甚至在夏季高温情况下，也不坚持在14d内每天洒水养护，以致造成混凝土早期脱水，强度降低。

在一些工地甚至重要工程的现场，没有设置混凝土试块养护室，试块的取样、制作不符合标准。所做的混凝土试块，既不是标准养护的试块，也不是和构件同条件养护的试块，以

致试块缺乏代表性，这也是一些工程现场试块强度和构件强度较低的一个原因。

二、提高商品混凝土质量的管理措施

1. 加强商品混凝土质量的现场控制

商品混凝土在运输和卸料的过程中，既不能丢失任何一种原料和产生离析，也不能混入其他成分和附加水分，特别是不准任意向拌合料中加水和向泵车料斗中加水。如遇特殊情况需要加水或掺外加剂（如流化剂）时，需经有关技术管理人员协商认可签证，并在加水后进行二次搅拌使之均匀。

为防止混凝土拌合物在浇注之前产生凝结和坍落度损失过大，在运输和等待卸料的过程中，混凝土搅拌车的搅拌筒应不停地转动。混凝土在浇灌过程中，构筑物模板（特别是基础模板）内不得留有积水，模板应密封以防止漏浆。混凝土浇捣完毕后，应立即加强养护，防止早期脱水，在冬天还要注意保温，防止混凝土受冻开裂或强度下降。

2. 加强商品混凝土质量的现场验收

商品混凝土生产工厂要向施工单位提供商品混凝土的有关配合比资料，主要包括单位体积的水泥用量、水灰比、最大用水量、外加剂品种与用量、粗细骨料品质与用量、掺合料品种与性能等。另外，还要提供以标准养护强度试件为根据的混凝土 28d 强度数据。总之，商品混凝土生产工厂要对预拌商品混凝土的配合比、原材料质量、混凝土标准强度和拌合物的稠度等技术指标负责。

运送至施工现场的混凝土，如果坍落度不符合所规定的稠度，可以将混凝土退回。但是，混凝土的稠度如高于规定的稠度且装进搅拌车内，则允许掺入水和外加剂来调整到所规定的稠度。但加水量不得大于规定稠度或最高水灰比。混凝土运至施工现场后，应尽可能在 0.5h 内卸完。由于施工单位的原因延误卸料而造成的混凝土质量问题，商品混凝土生产工厂概不负责。

3. 加强商品混凝土质量的现场检验

商品混凝土的质量检验是评定混凝土质量最科学的方法，可由供需双方分别取样检验或会同取样检验试验，或者委托由双方认可的有质量检测资质的第三方进行。检验试验应包括强度试验、坍落度试验和空气含量等试验。在施工现场卸料取样，不能取混凝土开头和末尾的料，因为这样取样不能代表整车混凝土的质量情况。预拌商品混凝土强度试块应进行标准养护，不标准养护不具有可比性。

第二十三章 喷射混凝土

喷射混凝土是指将掺加速凝剂的混凝土，利用压缩空气的力量喷射到岩面或建筑物表面的混凝土。混凝土与基面紧密地黏结在一起，并能填充岩面上的裂缝和凹坑，把岩面或建筑物加固成完整、稳定的结构，从而使岩层或结构物得到加强和保护。

喷射混凝土是用于加固和保护结构或岩石表面的一种具有速凝性质的混凝土，这种混凝土在常温下其初凝时间一般为2～5min，终凝时间不大于10min。由于混凝土具有这种速凝的特性，其施工必须采用特制的混凝土喷射机进行喷射施工，因此称为喷射混凝土。

第一节 喷射混凝土概述

20世纪70年代以来，国内外十分重视对喷射混凝土技术的研究开发工作，在技术方面取得了许多突破。从1973年起，由美国工程基金会组织的“地下喷射混凝土支护技术”国际学术讨论会，已先后在美国、奥地利和哥伦比亚等国召开了多次，对于推动国际喷射混凝土的发展起着良好的作用。美国混凝土学会，于1960年成立了喷射混凝土专业委员会（简称506委员会），1977年制定了《喷射混凝土的材料、配比与施工规定》（ACI506—77）。联邦德国钢筋混凝土学会，于1974年制定了《喷射混凝土施工规范》（DIN 18551），于1976年制定了《喷射混凝土维修和加固混凝土结构的规程》，于1983年对喷射混凝土维修规程做了较大全面修改，颁发了喷射混凝土维修建筑结构的新规程。

我国冶金、水电、军工、铁道、煤炭等部门，相继推广应用了喷射混凝土，并制定了有关喷射混凝土锚杆支护的标准，于1979年国家建委批准颁发了《锚杆喷射混凝土支护设计施工规定》，于2001年国家正式颁发了《锚杆喷射混凝土支护技术规范》（GB 50086—2001），2004年又颁布了《喷射混凝土加固技术规程》（CECS：2004），随着技术的成熟正在进行不断完善和修改。通过以上国家对喷射混凝土标准化建设的重视程度，充分反映了喷射混凝土在土木建筑工程中的重要地位，也标志着喷射混凝土技术的开发和应用已进入一个新的阶段。

一、喷射混凝土的特点及应用

1. 喷射混凝土的特点

喷射混凝土是一种用特殊施工方法进行作业的新型混凝土，由于混凝土组成材料和配比不同，再加上施工工艺比较特殊，因此与普通混凝土相比有以下优点。

（1）喷射混凝土是利用特殊的喷射机械，将混凝土拌合物直接喷射在施工面上，施工中可以不用模板或少用模板。这样，不仅可以节省大量模板、降低工程造价，而且可以节省支模与拆模时间，加快工程施工进度。

（2）喷射混凝土施工是利用喷射机械喷出具有一定冲击力的混凝土，使混凝土拌合物在施工面上反复连续冲击而使混凝土得以压实，因此具有较高的强度和抗渗性能。在喷射施工中，混凝土拌合物还可以借助喷射压力黏结到旧结构物或岩石缝隙之中，因此喷射混凝土与施工基面有较高的黏结强度。

(3) 在施工时混凝土的喷射方向可以任意调节，所以特别适用于在高空顶部狭窄空间及一些形状复杂的施工面上进行操作。

工程实践充分证明，喷射混凝土施工具有一般不用模板，可以省去支模、浇筑和拆模工序，可以将混凝土的搅拌、输送、浇筑和捣实合为一道工序，具有加快施工进度、强度增长快、密实性良好、施工准备简单、适应性较强、应用范围较广、施工技术易掌握、工程投资较少等优点。

但是，喷射混凝土施工也有厚度不易掌握、回弹量较大、表面不平整、劳动条件较差、对施工环境有污染、需用专门的施工机械等缺点。特别是如何降低混凝土回弹率（即反弹落下的混凝土量占喷射混凝土总量的百分比），已成为喷射混凝土应用研究中的重要课题。为进一步提高喷射混凝土的强度和抗收缩性，近几年又在纤维增强混凝土的基础上研制出喷射纤维混凝土。

2. 喷射混凝土的应用

喷射混凝土是利用压缩空气、借助喷射机械，把按一定配比的速凝混凝土高速高压喷向岩石或结构物表面，从而在被喷射面形成混凝土层，使岩石或结构物得到加强和保护。喷射混凝土是由喷射水泥砂浆发展起来的，它主要用于矿山、竖井平巷、交通隧道、水工涵洞、地下电站等地下建筑物和混凝土支护或喷锚支护；公路、铁路和一些建筑物的护坡及某些建筑结构的加固和修补；地下水池、油罐、大型管道的抗渗混凝土施工；各种热工窑炉与烟囱等特殊工程的快速修补；大型混凝土构筑物的补强与修补等。

喷射混凝土喷射施工，按混凝土在喷嘴处的状态，有干法和湿法两种工艺。将水泥、砂、石子按一定配合比例拌和而成的混合料装入喷射机内，混凝土在“微湿”状态下（$W/C=0.1\sim0.2$）输送至喷嘴处加水加压喷出者，称为干式喷射混凝土。将水灰比为0.45～0.50的混凝土拌合物输送至喷嘴处加压喷出者，称为湿式喷射混凝土。

目前，在喷射混凝土施工中，提倡采用湿式喷射混凝土。这种施工工艺在施工过程中，可以使工作面附近空气中的粉尘含量降低到$2mg/m^3$以下，符合国家规定的卫生标准；混凝土的回弹量可以减少到5%～10%，既可以改善施工工作条件，又可以降低原材料消耗，是喷射混凝土施工首选的施工方法。其所存在的问题是：因为混凝土拌合料含水量小，与喷射机管道的摩阻力较大，如果处理不当，混凝土拌合物容易在输送管中产生凝固和堵塞，造成清洗比较困难。

二、喷射混凝土技术的发展趋势

自20世纪80年代以来，喷射混凝土技术引起各国的高度重视，无论在施工机械、施工工艺、新材料开发方面，还是在结构设计、革新模板体系等方面，均取得了较大的突破，使喷射混凝土技术健康迅速发展。归纳起来，喷射混凝土技术的最新发展趋势，主要表现在以下几个方面。

1. 施工机械向系列化、配套化、自动化方向发展

在瑞士成功研制转子式混凝土喷射机的基础上，美国、日本、中国等国家进行多方面改进，现已研制出结构紧凑、体积小、质量轻、综合性能好的新型转子式混凝土喷射机，为喷射混凝土的推广应用做出了很大贡献。

美国巧仑奇公司研制成功的挤压泵送型湿喷机，不仅生产能力高达 $18m^3/h$，而且还附有能精确控制速凝剂添加的装置，其回弹率仅 5%～8%，混凝土抗压强度达 2.8MPa。瑞典研制成用于单独喂送钢纤维的专门设备，为喷射钢纤维混凝土施工攻克了难关。

遥控喷射机械手的问世，为加快施工进度、减少作业坍塌、降低劳动强度创造了有利条件。在地下工程中，采用喷射机械手同配料、运输、搅拌联合作业的三联机组相结合的施工方式，不仅能大大提高工效，而且有利于稳定岩层、安全施工和减轻粉尘。

2. 新型外加剂与喷射水泥的开发促进了喷射混凝土的发展

喷射混凝土是一种快速凝结的混凝土，外加剂和水泥的特性对喷射混凝土的凝结速度有着重要的影响。

近些年来，各国为推广喷射混凝土技术，在外加剂研制方面都花费了很大精力，并获得巨大成功。如我国研制的“782”型速凝剂，其含碱量较低，当掺量为水泥重量的 6%～8% 时，混凝土后期强度的损失仅为其他速凝剂的 50%；美国研制的新型非碱性速凝剂，pH 值仅为 7.5，当掺量为水泥重量的 2%时，初凝时间仅为 38s，后期强度损失和混凝土回弹也较小。

20 世纪 70 年代初期，美国、日本等国研制成的喷射水泥（Jet cement），对改善喷射混凝土的性能和扩大喷射混凝土的应用范围，起到巨大的推动作用。喷射水泥与硅酸盐水泥相比，具有良好的快硬性能、凝结时间能任意调节、低温下强度发展良好、干缩性较小、抗渗性好等特性，是喷射混凝土的优良胶凝材料。

3. 地下工程喷射混凝土支护的设计方法日趋成熟

20 世纪 80 年代以来，国内外在地下工程喷射混凝土支护设计理论研究方面，取得了令人可喜的成果，一种以工程类比法为主、与监控量测和理论计算法相结合的综合设计法正在日趋成熟，为经济可靠地建造地下工程提供了重要保证。

近几年，随着喷射混凝土支护力学形态的量测元件的发展，使喷射混凝土支护的监控量测法设计得到更加广泛的应用。这种方法可以通过现场量测，比较准确地了解围岩的变形特征，适时地调整支护抗力，使之与围岩变形控制相协调，能将支护的经济性和稳定性统一起来。另外，块体平衡理论、弹塑性理论和位移反分析计算法等，已成功地用于地下工程支护的设计。

4. 钢纤维喷射混凝土在工程中得到广泛应用

国内外试验研究表明，在 $1m^3$ 喷射混凝土中掺入 90kg 左右、直径为 0.25～0.40mm、长度为 20～30mm 的钢纤维，可以明显地改善喷射混凝土的诸多性能，抗压强度可提高 50%，抗拉强度可提高 50%～80%，抗弯强度可提高 60%～100%，韧性可提高 20～50 倍，抗冲击性可提高 8～30 倍，其抗冻融能力、疲劳强度、耐磨性和耐热性都有明显改善，是一种综合性能极好的建筑材料。目前，钢纤维喷射混凝土已在国内外的矿山巷道、交通隧道、边坡维护、薄壳圆顶结构等工程中得到广泛的应用。

5. 喷射混凝土在“新奥法”中得到不断革新

“新奥法”是奥地利以最大限度地发挥岩石的自支承作用为理论基础，以喷射混凝土、锚杆和量测技术为三大支柱的新的隧道设计施工法。其主要特点是：有一整套保护岩体原有强度、容许围岩变形又不致出现有害松散的基本原则，在施工中能及时地掌握围岩和支护的变形动态，以此作为指导设计和施工的信息，使围岩变形与限制变形的支护抗力保持动态平衡，具有极大的适用性和经济性。

第二节　喷射混凝土的原材料

喷射混凝土的原材料与普通混凝土相比，骨料和水基本相同，但由于这类混凝土要求其具有速凝性，所以水泥和外加剂有所不同。

一、水泥

水泥是喷射混凝土中的关键性原材料。对水泥品种和强度等级的选择，主要应满足工程使用要求。一般情况下，喷射混凝土应优先选用不低于强度等级 42.5MPa 的硅酸盐水泥和普通硅酸盐水泥，这两种水泥熟料中硅酸三钙（C_3S）和铝酸三钙（C_3A）含量较高，不仅能速凝，快硬、后期强度也较高，而且与速凝剂的相容性好。矿渣硅酸盐水泥凝结硬化较慢，但对抗硫酸盐腐蚀的性能比普通硅酸盐水泥好。

用于喷射混凝土的水泥，由于要求其早期强度比较高，所以根据喷射混凝土施工经验，一般宜选用硅酸盐水泥、普通硅酸盐水泥、喷射水泥、双快水泥和超早强水泥，在某些情况下也可采用矿渣硅酸盐水泥。

二、骨料

1. 细骨料

喷射混凝土宜采用细度模数大于 2.5、质地坚硬的中粗砂，或者选用平均粒径为 0.25～0.50mm 的中砂，或者选用平均粒径大于 0.50mm 的粗砂。砂子过细，会使混凝土干缩增大；砂子过粗，会使喷射中回弹增加。砂子中粒径小于 0.075mm 的颗粒不应超过 20%，否则由于砂粒周围粘有灰尘，将影响水泥与骨料的黏结。

喷射混凝土所用砂子的颗粒级配应满足表 23-1 要求，喷射混凝土所用砂子的技术要求应满足表 23-2 中的标准。

表 23-1　喷射混凝土用细骨料颗粒级配

筛孔尺寸/mm	通过百分数(以重量计)	筛孔尺寸/mm	通过百分数(以重量计)
10	100	0.613	25～60
5	95～100	0.315	10～30
2.5	80～100	0.150	2～10
1.25	50～85	—	—

表 23-2　喷射混凝土用砂技术要求

技术要求项目	技术要求标准
硫化物和硫酸盐含量(折算为 SO_3)按质量计/%	≤1
泥土杂质，按质量计/%	≤3
有机物含量(用比色法试验)	颜色不应深于标准色

2. 粗骨料

喷射混凝土用的石子，卵石或碎石均可，但以卵石为优。卵石对喷射设备及管路的磨蚀较小，也不会像碎石那样针片状含量多而易引起管路的堵塞。喷射混凝土中所用的石子粒径越大，混凝土的回弹则越多，尽管我国生产的喷射机能使用25mm的骨料，但使用效果并不理想。因此，喷射混凝土石子的最大粒径，应小于喷射机具输送管道最小直径的1/3～2/5。

目前大多数国家多以15mm作为喷射混凝土石子的最大粒径，我国目前规定喷射混凝土粗骨料的最大粒径不宜超过20mm。

骨料级配如何对喷射混凝土拌合物的可泵性、通过管道的流动性、在喷嘴处的水化、对受喷面的黏附，以及对混凝土的最终质量和经济性能都具有重要作用。为取得最大的混凝土表观密度，一般宜采用连续级配的石子，这样不仅可以避免混凝土拌合物产生分离、减少混凝土的回弹，而且还可以提高喷射混凝土的质量。

当喷射混凝土若需掺入速凝剂时，不得用含有活性二氧化硅的石材作为粗骨料，以免碱骨料反应而使喷射混凝土开裂破坏。

喷射混凝土用石子的技术要求，如表23-3所列。其级配应符合表23-4中的要求。

表23-3　喷射混凝土用石子的技术要求

颗粒级配	筛孔尺寸/mm	5	10	20
	累计筛余率/%	90～100	30～60	0～5
强度	岩石试块(5cm×5cm×5cm)在水饱和状态下极限抗压强度与混凝土设计强度之比/%	—	≥150	—
软弱颗粒含量(按质量计)/%		≤5		
针、片状颗粒含量(按质量计)/%		≤15		
泥土杂质含量(用冲洗法试验)/%		≤1		
硫化物和硫酸盐含量(折算成 SO_3,按质量计)/%		≤1		
有机物含量(用比色法试验)		颜色不深于标准色		

表23-4　喷射混凝土用石子的颗粒级配

筛孔尺寸/mm	通过每个筛子的质量百分比/%		筛孔尺寸/mm	通过每个筛子的质量百分比/%	
	级配1	级配2		级配1	级配2
20.0	—	100	5.0	10～30	0～15
15.0	100	90～100	2.5	0～10	0～5
10.0	85～100	40～70	1.2	0～5	—

三、拌合水

喷射混凝土用的拌合水基本与普通混凝土相同。不得使用污水、pH值小于4的酸性水、含硫酸盐量（按 SO_3 计）超过水总量1%的井水或海水。总之，其技术指标应符合现行行业标准《混凝土用水标准》（JGJ 63—2006）中的要求。

四、外加剂

用于喷射混凝土的外加剂主要有速凝剂、引气剂、减水剂、早强剂和增黏剂等。

1. 速凝剂

使用速凝剂的主要目的是使喷射混凝土速凝快硬，减少混凝土的回弹损失，防止喷射混凝土因重力作用而引起脱落，提高其在潮湿或含水岩层中使用的适应性能，也可以适当加大一次喷射厚度和缩短喷射层间的间隔时间。

当某一品种速凝剂对某一品种水泥认为可以采纳时，最好应符合以下4个条件：①初凝时间在3min以内；②终凝时间在12min以内；③8h后的强度不小于0.3MPa；④28d的强度不低于不掺加速凝剂的混凝土强度的70%。

2. 早强剂

喷射混凝土所用的早强剂也不同于普通混凝土，一般要求速凝和早强作用兼而有之，而且速凝效果应当与其他速凝剂相当。喷射混凝土常用的早强剂主要有氯化钙、氯化钠、亚硝酸钠、三乙醇胺、硫酸钠等。

在工程施工过程中，为使混凝土达到更好的早强效果，一般多采用复合型早强剂，主要有以下类型：①氯化钠0.5%+三乙醇胺0.05%复合早强剂，用于一般的钢筋混凝土结构；②亚硝酸钠1%+三乙醇胺0.05%+二水石膏2%复合早强剂，用于严禁使用氯盐的钢筋混凝土结构；③亚硝酸钠0.5%+氯化钠0.5%+三乙醇胺0.05%复合早强剂，用于对钢筋锈蚀有严格要求和采用矿渣硅酸盐水泥的钢筋混凝土结构。

3. 减水剂

在混凝土中掺入适量的减水剂，一般减水率可达5%～15%，在保持流动性不变的条件下，可显著地降低水灰比。由于水灰比的降低，喷射混凝土的速凝效果可显著提高。

国内外的实践证明，在喷射混凝土中加入少量（水泥质量的0.5%～1.0%）减水剂，不仅可以减少混凝土的回弹、提高混凝土的强度，而且还可以明显地改善其不透水性和抗冻性，具有一举多得的优越性。

在选择减水剂时，要认真考查其对水泥是否具有缓凝作用，有缓凝作用的减水剂不能用于喷射混凝土，所以最好要选择具有早强作用的减水剂。

4. 增黏剂

在喷射混凝土拌合物中，加入一定量的增黏剂，可以明显地减少施工粉尘和回弹损失，对于改善工作条件和节省材料有重大作用。工程实践证明，对于干法喷射，在混凝土拌合料中加入水泥质量3%的增黏剂，可以使粉尘减少85%（在喷嘴处加水）或95%（骨料预湿）；对于湿法喷射，在水灰比为0.36～0.40的条件下，加入水泥质量0.3%的增黏剂，可以使粉尘浓度减少90%以上。

5. 防水剂

喷射混凝土的高效防水剂的配制原则是：减少混凝土的用水量，减少或消除混凝土的收缩裂缝，增强混凝土的密实性，提高混凝土的强度。

喷射混凝土常用的防水剂，是由明矾石膨胀剂、三乙醇胺和减水剂按一定比例复合而成。它可使喷射混凝土抗渗强度达到3.0MPa以上，比普通喷射混凝土可提高1倍以上；其抗压强度可达到40MPa，比普通喷射混凝土提高20%～80%。

6. 引气剂

对于湿喷法施工的喷射混凝土，可在混凝土拌合物中掺加适量的引气剂。

引气剂是一种表面活性剂，通过其表面活性作用，降低水溶液的表面张力，引入大量微细气泡，这些微小封闭的气泡可增大固体颗粒间的润滑作用，改善混凝土的塑性与和易性。气泡还对水转化成冰所产生的体积膨胀起缓冲作用，因此能显著地提高抗冻融性和不透水性，同时还增加一定的抗化学侵蚀的能力。

我国常用的引气剂是松香皂类的松香热聚物和松香酸钠，也可以用合成洗涤剂类的烷基本磺酸钠、烷基磺酸钠或洗衣粉。

第三节 喷射混凝土的配合比设计

喷射混凝土能否顺利进行施工，喷射后能否符合设计要求，在很大程度上取决于其配合比设计。喷射混凝土不同于普通混凝土，因此，在进行喷射混凝土配合比设计时必须满足一定的技术要求，并按照规定的步骤进行。

一、喷射混凝土配合比的设计要求

喷射混凝土配合比的设计要求，基本上与普通混凝土相似，但由于施工工艺有很大差别，所以还必须满足一些特殊要求。无论干喷法或湿喷法施工，喷射混凝土配合比设计必须符合下列要求：①喷射混凝土必须具有良好的黏附性，必须喷射到设计规定的厚度，并能获得密实、均匀的混凝土；②喷射混凝土应具有一定的早强作用，喷射后 4～8h 的强度应能具有控制地层变形的能力；③喷射混凝土在速凝剂用量满足可喷性和早期强度的条件下，必须达到设计的 28d 强度；④喷射混凝土在工程施工中，应做到粉尘浓度较小，混凝土回弹量较少，且不发生管路堵塞；⑤喷射混凝土设计要求的其他性能，如耐久性、抗渗性、抗冻性等。

二、喷射混凝土配合比的设计步骤

1. 确定喷射混凝土骨料的最大粒径和砂率

骨料的最大粒径是影响混凝土可喷性的关键数据。一般情况下，喷射混凝土骨料的最大粒径，不得大于喷射系统输料管道最小断面直径的 1/5～1/3，亦不宜超过一次喷射厚度的 1/3，最好控制在 20mm 以内。

砂率对喷射混凝土的稠度和黏聚性影响很大，对喷射混凝土的强度也有一定影响。砂率对喷射混凝土回弹损失、管路堵塞、湿喷时的可泵性、水泥用量、混凝土强度和混凝土收缩等性能的影响，如表 23-5 所列。

表 23-5 砂率对喷射混凝土性能的影响

性能	砂率		
	<45%	>55%	45%～55%
回弹损失	大	较小	较小
管路堵塞	易	不易	不易
湿喷时的可泵性	不好	好	较好
水泥用量	少	多	较少
混凝土强度	高	低	较高
混凝土收缩	较小	大	较小

根据喷射混凝土施工工艺的特点，为了能最大限度地吸收二次喷射时的冲击能，必须选择较大的砂率。综合权衡砂率大小所带来的利弊，喷射混凝土拌合料的砂率以 45%～55% 为宜，一般粗骨料的最大粒径越大，其砂率应当越小。另外，砂粒较粗时，砂率可以偏大

些；砂粒较细时，砂率可以偏小些。当喷拱肩及拱顶部位时，宜采用较大的砂率。

喷射混凝土的砂率也可以根据骨料的最大粒径、喷射部位和围岩表面状况，参照表23-6进行初选，然后经试拌、试喷确定最佳砂率。

表23-6 喷射混凝土砂率与最大骨料粒径的关系

骨料最大粒径/mm	10	15	20	25	30
砂率允许范围/%	65～85	52～75	45～70	40～65	38～62
砂率的平均值/%	75.0	63.5	57.5	52.5	50.0

2. 确定水泥及细粉掺料的用量

水泥及细粉掺料（如粉煤灰、火山灰等）总称为细粉料。细粉料的用量与骨料的最大骨料粒径有关，如表23-7所列。

表23-7 喷射混凝土的细粉料用量

骨料的最大粒径 D_{max}/mm	10	15	20	25	30
细粉料用量/(kg/m³)	453	411	382	364	357

水泥的用量，可以用喷射混凝土的胶骨比表示，即水泥与骨料之比，常为（1∶4）～（1∶4.5）。水泥过少，回弹量大，初期强度增长慢；水泥过多，不仅能使粉尘量增多，而且硬化的强度不一定增加，反而使混凝土产生过大的收缩变形。

水泥用量过多，对喷射混凝土后期强度的增长也有不利影响。铁道科学研究西南研究所的研究结果表明，当水泥用量超过400kg/m³时，喷射混凝土的强度并不随水泥用量增大而提高。水泥用量对喷射混凝土抗压强度的影响如表23-8所列。日本有的研究报告中指出，水泥用量对抗压强度的影响很大，但水泥用量最大时会使强度降低。

表23-8 水泥用量对喷射混凝土抗压强度的影响

单位体积混凝土的材料用量/(kg/m³)						混凝土抗压强度/MPa	表观密度/(kg/m³)
水泥		砂子		石子			
设计	实测	设计	实测	设计	实测		
380	526	950	883	950	810	31.4	2450
542	689	812	698	812	730	22.6	2370
692	708	692	716	692	644	19.0	2360

3. 确定喷射混凝土的水灰比

水灰比是影响喷射混凝土强度、耐久性和施工工艺的主要因素。当水灰比为0.20时，水泥不能获得足够的水分与其水化，硬化后有一部分未水化的水泥质点，反而使混凝土的强度降低。当水灰比为0.60时，过量的水分蒸发后，在水泥石中形成毛细孔，也造成混凝土的强度和抗渗性下降。

对于干法喷射混凝土施工，预先不能准确地给定拌合料中的水灰比，水量全靠喷射手在喷嘴处调节。一般来说当喷射混凝土表面出现流淌、滑移、拉裂等现象时，表明混凝土的水灰比太大；若喷射混凝土表面出现干斑，作业中粉尘较大，回弹较多，表明喷射混凝土的水灰比太小。水灰比适宜时，混凝土表面平整，呈水亮光泽，粉尘和回弹均较少。

喷射混凝土的水灰比取决于喷射物要求的稠度，它与水泥净浆标准稠度用水量、砂率、砂的粒径、细粉掺料及外加剂的种类与掺量等有关。工程实践证明，在不掺加减水剂的情况下，喷射混凝土的水灰比一般以0.40～0.50为宜。

材料试验和工程实践证明，喷射混凝土砂率与水灰比的关系密切，当采用湿法喷射施工工艺时，喷射混凝土的水灰比可参考表23-9。

表23-9 喷射混凝土砂率与水灰比的关系

砂率S_p/%	35	40	45	50	55	60	65	70	75
水灰比(W/C)	0.41	0.43	0.45	0.47	0.49	0.52	0.54	0.56	0.58

4. 确定混凝土中的砂、石用量

确定混凝土中的砂、石用量，可用普通水泥混凝土配比时求砂石用量的绝对体积法计算，也可用假定表观密度法进行计算。如果采用表观假定密度法，喷射混凝土的表观密度可以假定为2450～2500kg/m^3。

5. 速凝剂的掺量

喷射混凝土中掺加适宜的速凝剂，是加速混凝土凝结硬化、防止混凝土流淌和脱落、减少混凝土回弹损失的重要技术措施之一。但是，并不是所有的喷射混凝土都要掺加速凝剂，更不是掺量越多越好。

由于国内目前生产的大多数速凝剂都在不同程度上降低混凝土的最终强度，所以对速凝剂的掺量应当严格控制。根据工程实践证明，红星Ⅰ型及711型速凝剂的掺量不应大于水泥质量的4%；782型速凝剂的掺量不应大于水泥质量的8%。

三、喷射混凝土的参考配合比

喷射混凝土按施工工艺不同，可分为干式喷射混凝土和湿式喷射混凝土。表23-10和表23-11分别列出了干式喷射混凝土和湿式喷射混凝土的最佳配合比，供施工时试配和试喷参考。

表23-10 干式喷射混凝土的最佳配合比

因素	混凝土的几种配合比		
	回弹率最小的配合比	28d强度最大的配合比	综合最佳配合比
水泥用量/(kg/m^3)	350	350	350
砂率/%	70	50	60
水灰比(W/C)	0.60	0.40	0.50
速凝剂掺量/%	2	2	2
粗骨料种类	碎石	卵石	碎石
喷射面角度/(°)	90	90	90
喷射距离/cm	70	70	70
平均回弹率/%	23.6±6.2	47.3±6.3	32.1±6.3
28d龄期平均抗压强度/MPa	12.23±0.99	18.18±0.99	12.51±0.99

表 23-11　湿式喷射混凝土的最佳配合比

因　素	混凝土的几种配合比			
	回弹率最小的配合比	28d 强度最大的配合比	粉度最小的配合比	综合最佳配合比
水泥用量/(kg/m^3)	340	340	340	340
砂率/%	50	50	60	60
水灰比(W/C)	0.47	0.42	0.47	0.42～0.74
速凝剂掺量/%	5.0	1.0	1.5	顶拱 5;侧壁 1
砂细度模数	3.0	3.0	2.0	2.5
喷射面角度/(°)	90	45	90	—
缓凝剂掺量/%	0.2	0	0.4	0.4

第四节　喷射混凝土的技术性能

喷射混凝土的技术性能主要包括力学性能、变形性能、耐久性等方面，它与原材料的品种和质量、混凝土的配合比、施工方法、施工条件等因素有关。

一、力学性能

喷射混凝土的抗压强度是其主要的力学性能，包括抗压强度、抗拉强度、黏结强度和弹性模量四大方面。

1. 抗压强度

喷射混凝土的抗压强度是其主要的力学性能，也是用来评定喷射混凝土质量的主要指标。由于喷射混凝土的水灰比较小，加上高速喷射使水泥和骨料受到连续冲击，使混凝土层连续得到密实，因而喷射混凝土一般都具有良好的密实性和较高的强度。喷射混凝土的强度与水泥品种、强度等级与用量、混凝土配合比、外加剂种类和掺量、水灰比、施工温度、施工技术水平等有关。

在喷射混凝土中加入适量速凝剂，其早期强度增长较快，一般喷射后 2h 开始具有强度，8h 抗压强度达 1～2MPa，24h 高达 6.0～15.0MPa，28d 龄期抗压强度可达 30MPa 以上。但掺入速凝剂后，虽然使喷射混凝土的早期强度得到明显提高，但后期强度会有一定下降。

2. 抗拉强度

喷射混凝土的抗拉强度与衬砌的支护能力有很大关系，因为在薄层喷射混凝土衬砌中，衬砌突出部位附近会产生较大的拉应力。喷射混凝土用于薄层衬砌、隧洞工程和水工建筑中，抗拉强度则是一个重要的技术参数。确定喷射混凝土抗拉强度有两种方法，即轴向受拉或劈裂受拉试验，工程上常用后者，其试件制取与抗压强度试件相同。

喷射混凝土的抗拉强度约为抗压强度的 10%～12%。大量的实测资料表明，喷射混凝土的抗拉强度，随着龄期的增加而增加，也随着混凝土抗压强度的提高而提高。因此，提高混凝土的抗拉强度可以采取以下措施：①采用碎石配制喷射混凝土拌合料；②采用 C_4AF 含量高、C_3A 含量低的水泥；③掺加适宜的减水剂，减小混凝土的水灰比；④采用钢纤维混凝土；⑤采用粒径较小的骨料。

3. 黏结强度

喷射混凝土常用于地下工程支护和建筑结构的补强加固，为了使喷射混凝土与基层共同工作，其黏结强度是保证工程质量的重要指标之一。

喷射混凝土的黏结强度主要包括抗拉黏结强度与抗剪黏结强度两项。抗拉黏结强度是衡量喷射混凝土在受到垂直于结合面上的拉应力时保持黏结的能力，而抗剪黏结强度则是抵抗平行于结合面上作用力的能力，作用于结合面上的应力，常常是两种黏结强度的结合。

喷射料冲出喷嘴的速度为40～60m/s。由于材料颗粒高速冲击受喷面，并要在初期形成5～10mm厚的砂浆层后，石子才能嵌入。这样水泥颗粒会牢固地黏附在受喷面上，因此喷射混凝土与岩面、砖结构及旧混凝土有良好的黏结强度，对地下工程的喷射混凝土支护及结构物的补强加固都是有益的。

4. 弹性模量

由于混凝土配合比设计、混凝土龄期、抗压强度和试件类型的不同，因而国内文献报道的喷射混凝土的弹性模量有较大的离散，最小值与最大值有的相差1倍以上。

同普通混凝土一样，喷射混凝土的弹性模量与混凝土的强度和表观密度有关，与骨料的弹性模量有关，与试件的试验状态有关。一般情况下，混凝土的强度和表观密度越大，弹性模量也越大；骨料的弹性模量越大，则喷射混凝土的弹性模量也越高，潮湿的混凝土试件比干燥试件的弹性模量高。

二、变形性能

1. 收缩变形

同普通混凝土一样，喷射混凝土在其硬化过程中，由于物理化学反应及混凝土的温度变化而引起体积变化，最大的变形是收缩。在一定程度上，喷射混凝土水泥和水的用量较大、砂率较高，加上速凝剂的影响和表面系数较大，其干缩率比普通混凝土还大。

喷射混凝土的收缩变形主要包括干缩和热缩。干缩主要由水灰比决定，较大的水灰比会出现较大的收缩，而采用粒径较大与级配良好的粗骨料，可以减少收缩。热缩是由水泥水化过程的温升值决定的，采用水泥含量大、速凝剂含量高或采用速凝快硬水泥的喷射混凝土热缩较大。

养护条件，也就是喷射混凝土硬化过程中的空气温度和混凝土自身保水条件，它对喷射混凝土的收缩也有明显的影响。养护实践表明，喷射混凝土在潮湿条件下，养护的时间越长，则收缩量越小，从而可减弱内应力，减小混凝土开裂的危险。

2. 徐变变形

喷射混凝土的徐变变形，是其在恒定荷载长期作用下变形随时间增长的性能。一般认为，徐变变形取决于水泥石的塑性变形及混凝土基本组成材料的状态。徐变在加荷的初期增加得比较快，以后就逐渐减缓而趋于某一极限值。喷射混凝土徐变稳定较早，持荷120d的徐变度为$6.6\times10^{-5}mm^2/N$，即接近极限值。

影响混凝土徐变的因素比影响收缩的因素要多，如水泥品种与用量、水灰比、粗骨料的种类、骨料杂质含量、混凝土的密实度、加荷龄期、周围介质、混凝土本身的湿、温度及混凝土的相对应力值等。特别是掺加速凝剂的喷射混凝土，更会使混凝土的徐变增大，这是应当引起注意的。

三、耐久性

喷射混凝土的耐久性主要是指抗渗性和抗冻性。

1. 抗渗性

喷射混凝土的抗渗性是水工及其他构筑物所用混凝土的重要性能，抗渗性如何主要取决于孔隙率和孔隙结构。由于喷射混凝土的水泥用量较大、水灰比较小、砂率较高，并采用粒径较小的粗骨料，这些都有利于在粗骨料周边形成足够数量的砂浆包裹层，有助于阻隔沿粗骨料互相连通的渗水孔网，同时也可以减少混凝土多余水分蒸发形成的毛细孔渗水通路。因此，国内外普遍认为，喷射混凝土具有较好的抗渗性能，其抗渗压力一般均在 0.7MPa 以上。

但是，如果混凝土配合比不当、水灰比控制不好、施工中回弹较大、岩面上有渗水等，喷射混凝土难以达到稳定的抗渗指标，这已经成为一个世界性的工程质量通病，应当引起高度重视。

2. 抗冻性

喷射混凝土的抗冻性是在饱和水状态下经受反复冻结与融化的性能。引起冻融破坏的主要原因，是水结冰时对孔壁及微裂缝孔所产生的压力。

喷射混凝土一般具有良好的抗冻性，这是因为在拌合料在高速喷射的过程中，会自行带入一部分空气。据测定，喷射混凝土中的空气含量为 2.5％～5.3％，这些气泡一般是不贯通的，并且有适宜的大小和分布状态，类似于加气混凝土的气孔结构，它有助于减少水的冻结压力对混凝土的破坏。

有多种因素影响着喷射混凝土的抗冻性。坚硬的骨料、较小的水灰比、优良的施工质量、较多的空气含量和适宜的气泡组织等，都有利于提高喷射混凝土的抗冻性。相反，则不能保证其良好的抗冻性。

第五节　喷射混凝土的施工工艺

喷射混凝土的施工根据配料方式、搅拌工艺和喷射方式不同，主要可以分为干式喷射施工和湿式喷射施工两种。近几年来，随着喷射混凝土施工技术的发展，在水泥裹砂混凝土施工方法的基础上，又发展起来造壳喷射施工新工艺。

一、喷射混凝土的施工工艺流程

不论采用何种施工工艺，喷射混凝土的施工机具设备大体上相同，除了配料计量设备外，主要还包括混凝土喷射机、喷嘴、混凝土搅拌机、上料装置、混合料输送机、空气压缩机及储水容器等。混凝土喷射机又分干式和湿式两类。干式喷射设备简单，价格较低，能进行远距离压送，易加入速凝剂，喷嘴脉冲现象少；但施工粉尘多，回弹比较严重，工作条件较差。湿式喷射施工粉尘少，回弹比较轻，混凝土质量易保证；但设备比较复杂，不宜远距离压送，不易加入速凝剂。国内以干式喷射机为主。

根据喷射混凝土采用的施工机具不同，干式喷射和湿式喷射的施工工艺流程也不同，各自的工艺流程如图 23-1 所示。

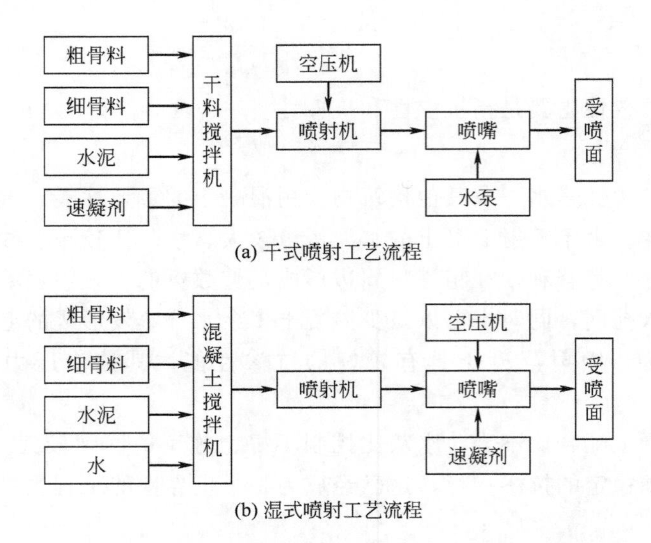

图 23-1 喷射混凝土施工工艺流程

二、喷射混凝土的施工步骤

(一) 待喷面的准备工作

在正式进行喷射施工之前，除了应当搞好配料、设备试运转、施工劳动组织等工作外，做好待喷面的准备工作，是保证喷射混凝土顺利施工的关键。待喷面的准备工作，主要包括清除危石、待喷面冲洗、作业区段划分和其他准备工作等。

1. 清除喷面危石

在将要实施喷射混凝土的垂直岩面上，必须认真清除松动的岩块，这是保证工人安全施工的最基本要求，也是使混凝土发挥支护作用的需要。工程实践充分证明，可能暂时稳定的松动岩石，它会在无任何预警的情况下，随着喷射混凝土衬砌一起塌落，不仅造成不可意料的损失，而且也影响喷射混凝土与岩石的相互作用。

2. 冲洗待喷面

喷射混凝土造成脱落、下垂和空隙的原因，主要是受喷面冲洗不当而黏结不良。对于喷敷初始层或相继层，可通过料管吹入压缩空气并在喷嘴处加水，直至冲净表面上的泥土，并吹除积水为止；对于土层，其表面要严格压实和整平，吹除松散土和积水，才能喷射混凝土；对于旧建筑物，首先要清除其表面所有松散物质，然后再用压力水彻底冲洗，使表面湿润而不积水时喷射混凝土。

3. 作业区段划分

喷射施工要按一定的顺序有条不紊地进行。喷射作业区段的宽度，应根据施工机具、受喷面的具体情况而定，一般应以 1.5～2.0m 为宜。对于水平坑道，其喷射顺序为先墙后拱、自下而上；侧墙应自墙基开始，拱应自拱脚开始，封拱区宜沿轴线由前向后，如图 23-2 所示。

4. 其他准备工作

喷射混凝土施工的其他准备工作很多，归纳起来主要包括以下几个方面：①检查喷射面的尺寸、几何形状是否符合设计的要求；②拆除影响喷射作业的障碍物，确实不能拆除者应采取措施加以保护；③如果夜间也进行喷射混凝土施工，作业区应安装足够的照明设施，灯具应有保护装置；④对有涌水的部位，要做好排水工作；⑤喷射面上若有冻结，应清扫掉融化后的水分；⑥当喷射面具有较强的吸水性时，要预先洒水进行养护。

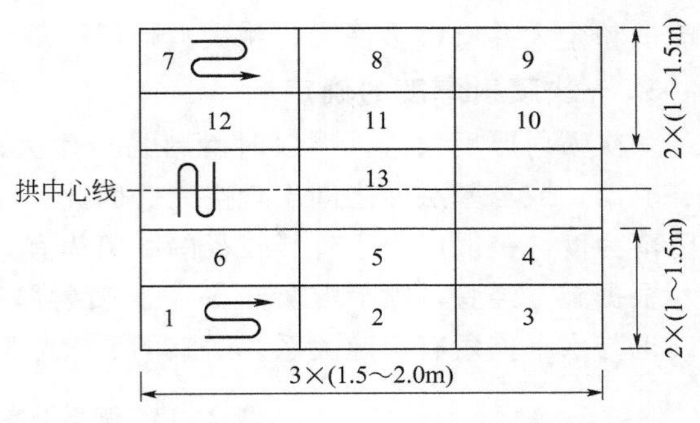

图 23-2　喷射施工作业区段的划分

(二) 喷射混凝土的作业

根据我国喷射混凝土的施工经验，以干式喷射施工机具为例，在具体作业中应当注意以下问题。

1. 工作风压的选择

喷射机在正常进行喷射作业时，工作罐内所需的风压称为工作风压。选择适宜的工作风压，是保证喷射混凝土顺利施工和工程质量的关键。工程实践证明，工作风压是否适宜，对喷射混凝土的粉尘大小与回弹率高低影响甚大。不同类型的喷射机有不同的工作风压，而且它还与喷射方向、拌合料输送距离、混凝土配合比、含水量等有关。当其他条件变化不大时，工作风压主要取决于输料管长度。

喷射机在工作开始时，应打开进气阀，在机械空转中调好空载压力；待开始喷射拌合料后，风压逐渐增大，使其达到某一较稳定的数值；在实际操作中，再根据喷嘴处粉尘和回弹大小，对工作风压进行微调，使之达到满意的压力。表 23-12 为我国常用的双罐式、螺旋式喷射机的空载风压与工作风压，可供施工中参考。

表 23-12　喷射机空载风压与工作风压　　单位：MPa

输料管长度/m	双罐式喷射机		螺旋式喷射机	
	空载风压	工作风压	空载风压	工作风压
20	0.03～0.04	0.10～0.11	0.05～0.07	0.12～0.13
40	0.05～0.06	0.14～0.16	0.10～0.12	0.14～0.20
60	0.07～0.08	0.17～0.18	0.13～0.14	0.21～0.23
80	0.09～0.10	0.20～0.22	0.15～0.16	0.24～0.26

表 23-12 中所列数值为水平输料时的情况，在实际喷射作业中，作业手应根据实际情况及时调整风压。当输送距离或方式变化时，工作风压的调整可参考下列数值：①水平输送距离每增加 100m，工作风压应提高 0.08～0.10MPa；②倾斜向下 25°～30°喷射，每增加 100m，工作风压应提高 0.05～0.07MPa；③垂直向上喷射每增加 10m，工作风压应提高 0.02～0.03MPa。

2. 喷嘴处水压的选择

在采用干式喷射施工时，作业手必须在风流通过喷嘴时向材料注入正确的水量，而正确水量的注入必须有适宜的水压力。工程实践证明，喷嘴处的水压必须大于工作风压，并且压力稳定才会有良好的喷射效果。水压一般比工作风压大 0.10MPa 左右为宜。

正确选择喷嘴处的水压对喷射混凝土的施工质量影响甚大。如加水过多（水压过大），则表面会出现流淌，喷射混凝土易出现下垂；如加水过少（水压过小），则表面将呈现干斑，料流的粉尘大并有过多回弹，将大大降低混凝土的强度。

3. 一次喷射厚度的确定

一次喷射厚度太薄，喷射时骨料易产生大的回弹，一次喷射厚度太大，易出现喷层下坠、流淌，或与基层面之间出现空壳。因此，一次喷射的适宜厚度，以喷射混凝土不滑移、不坠落为度，一般以大于骨料粒径的2倍为宜。

根据施工经验，喷射混凝土的一次喷射厚度，与喷射方向、是否掺加速凝剂有密切关系，也与水平夹角有一定关系。适宜的一次喷射厚度，可参考表23-13。

表23-13　喷射混凝土一次喷射厚度

喷射方向	一次喷射厚度/mm	
	掺加速凝剂	不加速凝剂
向上	50～70	30～50
水平	70～100	60～70
向下	100～150	100～150

4. 骨料含水率的控制

喷射混凝土所用的骨料，如果含水率低于4%，在搅拌、上料及喷射过程中，很容易使粉尘飞扬；如果含水率高于8%，很容易发生喷射机料罐黏料和堵管现象。因此，骨料在使用前应提前8h洒水，使之充分均匀湿润，保持适宜的含水率，这样对拌制拌合料时水泥同骨料的黏结、减少粉尘和提高喷射混凝土的强度都是有利的。喷射混凝土所用骨料中适宜的含水率，一般情况以5%～7%为宜。

5. 水泥预水化的控制

骨料中有适宜的含水率具有众多的优越性。但是，水泥与高湿度的骨料接触，会产生部分水泥预水化，特别加入速凝剂更会加速水泥预水化。水泥预水化的混合料，会出现结块成团现象，使拌合料温度升高，喷射后则形成一种缺乏凝聚力的、松散的、强度很低的混凝土。

水泥预水化并不是单一因素引起的，而是几种因素的联合作用结果。为了防止水泥预水化的不利影响，最重要的是缩短拌合料从搅拌到喷射的时间，即拌合料一般应随搅随喷，两者应当紧密衔接。

6. 严格控制混凝土的回弹

喷射混凝土的回弹量的大小与很多因素有关，是随着混凝土的配合比、喷射压力（速度）、喷射水压、喷射角度、喷射距离、操作技术等变化的，这些都直接影响回弹量的大小，而不能单纯根据喷射机的性能来确定。在以上众多影响因素中，混凝土的配合比是最重要的一个方面。经过反复试验，日本推荐如下喷射混凝土的最佳配合比，如表23-14所列。

表23-14　回弹量较小的喷射混凝土配合比

方　式	水灰比/%	细骨料含量/%	单位水泥用量/(kg/m³)	速凝剂与水泥比/%	回弹量/%	28d压缩强度/MPa	粉尘
干式(空气压送)	50	60	350	2	25	17	大
湿式(机械压送)	47	60	340	3	28	26	小
湿式(空气、机械混合压送)	48	50～60	360	3	28	24	小

混凝土回弹是由于喷射料流与坚硬表面、钢筋碰撞或骨料颗粒间相互撞击，而从受喷面上弹落下来的混凝土拌合料。回弹是喷射混凝土施工中的一大难题，它不仅浪费建筑材料和能量，而且改变了混凝土的配合比和强度。回弹率大小，同原材料的配合比、施工方法、喷射部位及一次喷射厚度关系很大。

为保证喷射混凝土的施工质量，进行喷射施工时应尽量减少回弹。在正常情况下，侧墙的回弹率不得超过10%，拱顶的回弹率不得超过15%。回弹物应及时回收利用，但掺量不得超过总骨料的30%，并要进行试验确定。

7. 加强喷射混凝土的养护

加强对喷射混凝土的养护，对于水泥含量高、表面粗糙的薄壁喷射混凝土结构尤为重要。为使水泥充分水化，减少和防止收缩裂缝，在喷射混凝土终凝后即开始洒水养护。

工程实践证明，喷射混凝土在喷射后的7d内，对于养护是最关键的时期，因此，在任何情况下地下工程养护时间不得少于7d，地面工程不得少于14d。养护中喷水的次数主要取决于水泥品种和空气湿度，当地下工程相对湿度大于85%时也可采用自然养护。

冬季施工的喷射混凝土应注意以下事项：作业区的气温不得低于+5℃；干混合料进入喷射机时的温度及混合用水温度不低于+5℃；分层喷射时，已喷射面层应保持正温；受冻前必须养护到具有足够的强度。

规范规定：普通硅酸盐水泥配制的喷射混凝土，低于设计强度的30%时不得受冻；矿渣硅酸盐水泥配制的喷射混凝土，低于设计强度的40%时不得受冻。

8. 及时进行质量检查

在喷射混凝土施工中，及时进行质量检查是一项非常重要的工作，它便于及早发现问题，立即采取措施，保证施工质量。质量检查包括的内容很多，并且贯穿于施工的全过程。归纳起来，主要有以下几个方面：①对原材料的质量检查，这是保证工程质量的基础，原材料质量的优劣，对喷射混凝土质量有直接影响，对各种原材料都应当按国家标准严格验收，不合格的原材料决不能用于工程；②对混凝土拌合料配合比的质量检查，在喷射过程中要及时测定混凝土的配合比和回弹率，尤其是采用干喷法更要严格控制配合比，以达到设计标准；③对受喷面混凝土的质量检查。要及时检查已经喷射的混凝土表面，检查是否有松动、开裂、下坠滑移等质量问题，如有以上问题应及时消除重喷；④对混凝土力学性能的质量检查。按规范规定及时制作喷射混凝土试件，进行混凝土力学性能的试验，以控制和评价喷射混凝土的质量。

三、喷射混凝土的施工工艺

1. 拌合料的配制和搅拌

喷射混凝土的骨料应按设计的质量配料，只有在原材料表观密度经准确测定的情况下才可以在换算后按体积进行配料。按质量进行配料时，允许的称量偏差：水泥为±3%，砂石为±2%。向搅拌机投料的顺序为：先投入细骨料，再投入水泥，最后投粗骨料。干拌合料应搅拌均匀、颜色一致。为了保证混凝土拌合料达到均匀，搅拌的最短时间应符合表23-15中的要求。

对于干法施工的喷射混凝土，骨料的平均含水率应达到5%，如果含水率低于3%，则骨料不能被水泥充分包裹，从而使喷射回弹比较多，硬化后的混凝土密实度较低。当骨料含水率低于3%时，应事先进行加水。当骨料的含水率大于7%时，材料有结团成球的趋势，

表 23-15 喷射混凝土拌合料搅拌的最短时间

喷射方式	搅拌机类型 \ 最短时间/s \ 搅拌机的容量/L	<400	400～1000	>1000
湿喷	自落式搅拌机	90	120	150
	强制式搅拌机	60	90	120
干喷	自落式搅拌机	150	180	210
	强制式搅拌机	120	150	180

注：掺有外加剂时，搅拌时间应适当延长。

使喷嘴处的拌合料不均匀，很容易造成堵管。当骨料中含水率过高时，可以通过加热使之干燥，或者向湿料中掺加适量干料，但不能用增加水泥用量的方法来降低拌合料的含水量，否则会引起混凝土的过量收缩。

对于湿法施工的喷射混凝土，必须进行砂子含水率的测定，以便修正混凝土的用水量，获得期望的混凝土拌合物坍落度。无论干喷施工或湿喷施工，配料时骨料与水泥的温度不应低于 5℃。

在混凝土拌合物运送过程中会产生不同程度的离析。因此，在湿拌合料运到工地后应进行适当的搅拌。采用垂直管道运送干拌合料时，其离析是比较严重的，在不至于形成堵塞的条件下，连续快速地向管道倾卸拌合料，使已经离析的粗骨料赶上前面的细骨料和水泥，使它们比较均匀地混合在一起。

喷射混凝土拌合料在运输、存放的过程中，严防雨淋及大块石等杂物掺入，并在装入喷射机前进行过筛。由于水泥预水化的拌合料会产生结块成团现象，喷射后会形成一种无凝聚力的、松散的、强度很低的混凝土。为了防止水泥预水化而产生的不利影响，拌合料应当随拌随用，不可预拌存放时间过长。在常温情况下，不掺加速凝剂时，拌合料存放时间不应超过 2h；掺加速凝剂时，拌合料存放时间不应超过 20min。

2. 混凝土的喷射作业

在混凝土喷射作业之前，用压缩空气吹扫待喷射作业面，吹干净受喷面上的松散杂质或尘埃；待喷面有冻结的情况时，应用热空气融化并清除融化后的水分；受喷面有较强吸水性时，要预先对此受喷面进行洒水；凡设有加强钢筋（丝）网时，为了不至于出现反弹，要将钢筋（丝）网牢固地固定在受喷面的基层上。

为确保喷射混凝土的施工质量，在混凝土的喷射作业中应当按照以下规定进行。

（1）喷射混凝土作业宜根据实际情况分区分段进行，分区分段应和其他作业，特别是井巷开挖支护作业交叉协调进行。

（2）交喷面的喷射顺序要正确，一般应当按照由下而上、先墙面后拱顶的顺序进行。

（3）喷射机的工作状况良好，是喷射混凝土质量的保障，在操作中应注意以下方面：①在喷射机正式工作前，要对风、水、电线路进行认真检查和试运行，待一切正常后才能正式喷射操作；②喷射作业开始时应当先给风再给电，喷射即将结束时应当先关电后断风，在整个喷射过程中喷射机供料应连续均匀；③在喷射施工过程中，当突然发生停电、停风、停水而不能继续作业时喷射机和输料管中的积料必须及时清除干净；④喷射作业结束时，必须将喷射机和输料管中的积料完全喷出后方可停机停风，并将喷射机受料口加盖防护；⑤喷射前应先用高压风、水冲洗受喷面，对于不良的岩层应采取加固措施；⑥在喷射操作时，喷嘴与受喷面应尽量垂直，一般要保持0.8～1.2m的距离，如果采用双水环喷嘴，其距离可缩小至0.15～0.45m；⑦喷射混凝土时，喷嘴应按螺旋形轨迹（R=300mm）一圈压半圈地移动，一般是先喷凹洼处补平，然后再喷其他受喷面。

(4) 严格控制混凝土的水灰比，这是保证施工质量的关键。水灰比过小时，混凝土的回弹量大，粉尘大，密实性差；水灰比过大时，喷射层不稳定，甚至出现滑移流淌现象。一般以受喷面混凝土表面平整、呈湿润光泽、黏性比较好、无干斑时的水灰比为施工配合比，宜控制在0.40～0.50范围内。喷射混凝土作业的水灰比是靠喷射手调节喷嘴水环阀门控制的。

(5) 当喷射混凝土的设计厚度较大，对喷射面需要分层进行喷射时，应按照以下规定进行作业：①混凝土中掺加速凝剂时一次喷射厚度，墙为7～10cm，拱为5～7cm；不掺加速凝剂时一次喷射厚度：墙为5～7cm，拱为3～5cm；②掌握好喷层之间的间歇时间，在常温情况下当混凝土中掺加速凝剂时，间歇时间一般为10～15min，当不掺加速凝剂时可在混凝土达到终凝后进行；③如果混凝土间歇时间超过2h，再次喷射前应先喷水湿润混凝土表面，以确保混凝土层的良好黏结。

(6) 在喷射操作中，如发现混凝土表面干燥松散、下坠滑移或拉裂时，应将这些部位及时清除，然后再进行补喷。

(7) 对于不良地质条件下的喷射作业，应按照以下做法进行操作：①对于易风化或膨胀性的围岩，严禁用高压水冲洗岩面，可用高压风吹除岩面浮碴；②喷射作业应紧跟掘进工作面进行，待掘进放炮后可立即喷一层混凝土，作为临时支护，厚度一般应不小于5cm；③混凝土中必须掺加适量的速凝剂，混凝土喷射完后到下一次掘进放炮的时间，常温下一般应不少于4h。

(8) 对于带钢筋（丝）网的喷射混凝土的作业，应按照以下做法进行操作：①钢筋（丝）网应随着岩面的变化而铺设，并与岩面保持不小于3cm的间歇，以便混凝土与受喷面能牢固地黏结在一起；②钢筋（丝）网应与锚杆或其他锚点绑扎牢固，使其在喷射混凝土时不发生弹动；③如果发现有脱落的混凝土被钢筋（丝）网架住时，应及时清除并进行补喷；④为保证混凝土与受喷面良好地黏结，钢筋（丝）网的网格尺寸应不小于20cm。

(9) 对于有水的岩面喷射混凝土时，必须预先做好治水工作。岩面水的处理以排为主、先排后堵，其具体做法如下：①在潮湿的岩面上喷射混凝土时，混凝土中必须掺加速凝剂，适当减小混凝土的水灰比，加大喷射时的风压；②对于岩面的渗水、滴水，宜采用导水或盲沟排水，对于一般的集中涌水，宜采用注浆堵水；对于竖井岩面淋水，可设置截水圈。

(10) 喷射混凝土作业应尽量减少混凝土的回弹量。在正常作业的情况下，回弹量应控制在下列范围内：侧墙不超过15%，拱顶不超过25%。

(11) 喷射混凝土在冬季施工时，应按照下列规定进行：①喷射作业区的气温不得低于5℃，当低于5℃时应采取措施，如搭设暖棚等；②干混合料进入喷射机时的温度及混合用水的温度，均不得低于5℃；③喷射到受喷面上的混凝土，在其强度未达到5MPa时不得受冻；④当采用分层喷射时，已喷射的面层应始终保持正温。

(12) 重视喷射混凝土的养护。喷射混凝土的水泥用量较大，凝结硬化速度快。为使混凝土的强度均匀增加，减少或防止产生不正常收缩，必须认真做好混凝土养护。养护工作应符合下列要求：①在常温情况下，混凝土喷完后2～4h内，应当开始喷水养护；②喷水的次数应根据施工气温和喷射面上的实际情况而定，一般以保持混凝土表面湿润状态为宜；③喷射混凝土的养护时间，当采用普通硅酸盐水泥时不得少于10d，当采用矿渣硅酸盐水泥或火山灰质硅酸盐水泥时不得少于14d。

第二十四章 泵送混凝土

在普通水泥混凝土工程施工过程中，由于水泥这种胶凝材料有时间上的严格限制（如初凝和终凝），所以其搅拌、运输和浇筑是一项繁重的、关键性的工作。随着科学技术的发展和混凝土结构施工高质量要求，水泥混凝土施工不仅要求迅速、及时，而且要保证质量和降低劳动消耗。尤其是对大型钢筋混凝土构筑物和高层建筑，如何正确选择混凝土的运输工具和浇筑方法尤为重要，它往往是施工方案、施工工期、劳动消耗、施工质量和工程投资的关键。

近些年来，在各类建筑工程推广应用的泵送混凝土技术，以其效率较高、费用较低、节省劳力、水平和垂直运输可一次连续完成、适用于大体积混凝土结构和高层建筑、适用于狭窄和有障碍物施工现场等优点，越来越受到人们的重视。

第一节 泵送混凝土概述

混凝土泵是一种用于输送和浇筑混凝土的施工设备，它能一次连续地完成水平和垂直运输，尤其对于一些工地狭窄和有障碍物的施工现场，用其他运输工具难以直接靠近施工工程，混凝土泵更能有效地发挥作用。工业发达国家早就推广应用，尤其是预拌混凝土生产与泵送施工相结合，彻底改变了施工现场混凝土工程的面貌。这些年来，我国掀起大规模基本建设，泵送混凝土在我国亦得到很大发展，北京、上海、广州等发展泵送混凝土较早的城市，泵送混凝土技术已接近世界先进水平。

泵送混凝土就是将预先搅拌好的混凝土，利用混凝土输送泵泵压的作用，沿管道实行垂直及水平方向输送的混凝土。泵送混凝土以其显著的特点，已在建筑工程中广泛推广应用。归纳起来，泵送混凝土有如下特点。

一、施工效率很高

泵送混凝土与常规混凝土的施工方法相比，施工效率高是其明显的优点。目前，世界上最大功率的混凝土泵的泵送量可达 $159m^3/h$，较大功率的混凝土泵的泵送量可达 $100m^3/h$ 左右，一般混凝土泵的泵送量可达 $60m^3/h$ 左右，其施工效率是其他任何一种施工机械难以相比的。

二、施工占地较小

根据施工现场的实践经验证明，混凝土泵可以设在远离或靠近浇筑点的任何一个方便的位置，由于混凝土泵的机身体积较小，所以特别适用于场地受到限制的施工现场。在配置合适的布料杆后，施工现场不必为混凝土的输送、浇筑留置专用通道，因此在建筑物集中区特别适用。

三、施工比较方便

泵送混凝土施工的最大优势，是可使混凝土一次连续完成垂直和水平的输送、浇筑，从而减少了混凝土的倒运次数，较好地保证了混凝土的性能；同时，输送管道也易于通过各种障碍地段直达浇筑地点，有利于结构的整体性。

四、保护施工环境

泵送混凝土是商品（预拌）混凝土，一般不在施工现场拌制，不仅节省了施工场地，而且减少了搅拌混凝土的粉尘污染；再加上泵送混凝土是通过管道封闭运输，又减少了混凝土运输过程中的泥水污染，更加有利于施工现场的文明整洁施工。

五、各方面要求严

泵送混凝土由于施工工艺的要求，其所采用的施工设备、原材料、混凝土配合比、施工组织管理、施工方法等，与普通混凝土不同。尤其是泵送混凝土对材料要求较严，对混凝土配合比要求较高，要求施工组织严密，以保证混凝土连续输送，避免有较长时间的间歇而造成管道堵塞。

第二节　泵送混凝土材料组成

泵送混凝土与普通混凝土一样，具有一定的强度和耐久性指标的要求。但与普通混凝土的施工方法不同，泵送混凝土在施工过程中，为了使混凝土沿管道顺利地进行运输和浇筑，必须要求混凝土拌合物具有较好的可泵性。所谓混凝土的可泵性，即指混凝土拌合物在泵送压力作用下，具有能顺利通过管道、摩阻力小、不离析、不堵塞和黏塑性良好的性能。这对能否顺利泵送和混凝土泵的使用寿命有很大影响。

泵送混凝土的组成材料与普通水泥混凝土基本相同，主要由水泥、粗细骨料、掺合料、外加剂和水等组成，但外加剂的种类和掺量有所不同。

一、泵送混凝土原材料要求

（一）水泥

在泵送混凝土中水泥是影响泵送效果的重要因素，在选择水泥时主要考虑水泥品种和水泥用量两个方面。

1. 水泥品种选择

水泥品种对混凝土拌合物的可泵性有一定影响。为了保证混凝土拌合物具有可泵性，必须使混凝土拌合物具有一定的保水性，而不同品种的水泥对混凝土保水性的影响是不相同的。一般情况下，保水性好、泌水性小的水泥，都宜用于泵送混凝土。根据北京、上海、广州等地的大量工程实践经验，泵送混凝土一般采用硅酸盐水泥、普通硅酸盐水泥为佳。

2. 最小水泥用量

泵送混凝土中的水泥砂浆在输送管道里起到润滑和传递压力的作用，适宜的水泥用量对混凝土的可泵性起着重要作用。如果水泥用量过少，混凝土拌合物的和易性则差，泵送阻力增大，泵和输送管的磨损加剧，容易引起堵塞；如果水泥用量过多，不仅工程造价和水化热提高，而且使混凝土拌合物黏性增大，也会使泵送阻力增大而易引起堵塞，对大体积混凝土还会引起过大的温度应力而产生温度裂缝。适宜的水泥用量，就是在保证混凝土设计强度的前提下，能使混凝土顺利泵送的最小水泥用量。

按照我国现行国家标准《钢筋混凝土结构工程施工质量验收规范》（GB 50204—2015）中规定：泵送混凝土的最小水泥用量为280～300kg/m^3。有关试验结果表明：用强度等级为42.5MPa的水泥配制C30泵送混凝土，适宜的水泥用量为380～420kg/m^3；用强度等级为52.5MPa的水泥配制C30泵送混凝土，适宜的水泥用量为350～380kg/m^3。

（二）粗骨料

泵送混凝土中粗骨料的级配、粒径和颗粒形状，对混凝土拌合物的可泵性都有很大的影响。泵送混凝土对石子粒径和级配的要求比普通混凝土严格，泵送是否顺利与石子的最大粒径和形状密切相关，所以泵送混凝土要控制石子的最大粒径，形状以圆球形或近似圆球形为佳。

配制泵送混凝土的粗骨料应选用符合《建设用卵石、碎石》（GB/T 14685—2011）中的规定。级配良好的粗骨料，其空隙率较小，对节约水泥砂浆和增加混凝土的密实度起很大作用。配制泵送混凝土的粗骨料最大粒径与输送管径之比，一般建筑混凝土用碎石不宜大于1∶3.0，卵石不宜大于1∶2.5，高层建筑宜控制在（1∶3.0）～(1∶4.0)，超高层建筑宜控制在（1∶4.0）～(1∶5.0)。粗骨料的最大粒径与输送管径之比如表24-1所列。

表24-1　粗骨料的最大粒径与输送管径之比

石子品种	泵送高度/m	粗骨料最大粒径与输送管径之比	石子品种	泵送高度/m	粗骨料最大粒径与输送管径之比
碎石	<50	≤1∶3.0	卵石	<50	≤1∶2.5
	50～100	≤1∶4.0		50～100	≤1∶3.0
	>100	≤1∶5.0		>100	≤1∶4.0

级配良好的粗骨料，其空隙率小，对节约砂浆和增加混凝土的密实度都起着很大作用。对于粗骨料颗粒级配，国外有一定的规定，各国皆有其推荐的曲线。

在我国行业标准《混凝土泵送施工技术规程》（JGJ/T 10—2011）中，对5～20mm、5～25mm、5～31.5mm和5～40mm的粗骨料，分别推荐了最佳级配曲线，图24-1中的粗实线为最佳级配线，两条虚线之间的区域为适宜泵送区，在选择粗骨料最佳级配区时宜尽可能接近两条虚线之间范围的中间区域。由于我国的骨料级配曲线不完全符合泵送混凝土的要求，所以仅作为参考，必要时可进一步进行试验，把不同粒径的骨料加以合理掺合，以得到理想的混凝土可泵性。

（三）细骨料

泵送混凝土拌合物之所以能在管道中顺利移动，是由于靠水泥砂浆体润滑管壁，并在整个泵送过程中使集料颗粒能够不离析的悬浮在水泥砂浆体之中的缘故。因此，细骨料对混凝土拌合物可泵性的影响要比粗集料大得多，这就要细骨料不仅要含量丰富，而且级配良好。

我国多数工程实践证明，采用中砂适宜泵送，砂中通过0.315mm筛孔的数量对混凝土可泵性的影响很大。日本建筑学会制定的《泵送混凝土施工规程》中规定，用于配制泵送混凝土的细集料，通过0.3mm筛孔颗粒的含量为10%～30%；美国混凝土协会（ACI）推荐的细集料级配曲线建议为20%。国内工程实践亦证明，此值过低输送管理易堵塞，上海、北京、广州等地泵送混凝土施工经验表明，通过0.315mm筛孔的颗粒含量应不小于15%，最好能达到20%。这对改善泵送混凝土的泵送性能非常重要，因为这部分颗粒所占的比例过小会影响正常的泵送施工。

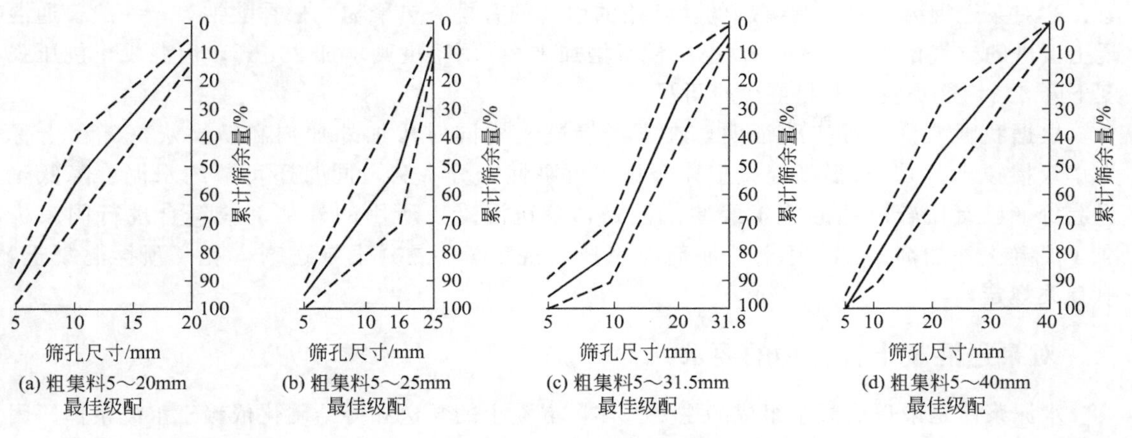

图 24-1　粗集料最佳级配曲线

工程实践证明，采用细度模数为 3.0～2.3 的中砂适宜泵送，虽然个别工程也有采用粗砂获得成功的，但规程中仍规定泵送混凝土宜采用中砂。

(四) 混合材料

所谓混凝土的混合材料，是指除去水泥、水、粗骨料和细骨料四种主要材料外，在搅拌时所加入的其他材料。混合材料一般分为掺合料和外加剂两大类。

1. 矿物掺和料

材料试验结果表明：掺入粉煤灰等硅质矿物掺和料，可显著降低混凝土拌合物的屈服剪切应力，大大提高混凝土拌合物的坍落度，从而提高混凝土拌合物的流动性和稳定性，粉煤灰颗粒在泵送过程中起着“滚珠”的作用，大大减少了混凝土拌合物与管壁的摩阻力。

粉煤灰是一种表面圆滑的微细颗粒，掺入混凝土拌合物后，不仅能使混凝土拌合物的流动性增加，而且能减少混凝土拌合物的泌水和干缩程度。当泵送混凝土中水泥用量较少或细骨料中粒径小于 0.315mm 者含量较少时，掺加粉煤灰是最适宜的。

泵送混凝土中掺加粉煤灰的优越性不仅如此，它还能与水泥水化析出的 $Ca(OH)_2$ 相互作用，生成较稳定的胶结物质，对提高混凝土的强度极为有利；同时也能减少混凝土拌合物的泌水和干缩程度。对于大体积混凝土结构，掺加一定量的粉煤灰，还可以降低水泥的水化热，有利于裂缝的控制。

2. 外加剂

目前，国内外所使用的泵送混凝土，一般都掺加各类外加剂。用于泵送混凝土的外加剂，主要有泵送剂、减水剂和引气剂三大类。对于大体积混凝土，为防止收缩裂缝有时还掺加适量的膨胀剂。在选用外加剂时，宜优先使用混凝土泵送剂，它具有减水、增塑、保塑和提高混凝土拌合物稳定性等技术性能，对泵送混凝土的施工较为有利。

在输送距离不是特别远的泵送混凝土施工中，也可以使用木质素磺酸钙减水剂。减水剂都是表面活性剂，其主要作用在于降低水的表面张力以及水和其他液体与固体之间的界面张力。结果使水泥水化产物形成的絮凝结构分散开来，使包裹着的游离水释出，使混凝土拌合物的流动性显著改善。

材料试验证明，引气剂是一种表面活性剂，掺入后能在混凝土中引进直径约 0.05mm 的微细气泡。这些细小、封闭、均匀分布的气泡，在砂粒周围附着时起到“滚珠”的作用，使混凝土拌合物的流动性显著增加，而且也能降低混凝土拌合物的泌水性及水泥浆的离析现象，这对泵送混凝土是非常有利的。常用的引气剂有松香热聚物、松香酸钠等。一般普通混凝土引进的空气量为3%～6%，空气量每增加1%，坍落度则增加25mm，但混凝土抗压强度下降5%，这是应当引起重视的问题。

根据我国大量工程实践证明，在泵送混凝土中同时掺加外加剂和粉煤灰（工程上称为“双掺技术”），对提高混凝土拌合物的可泵性十分有利，同时还可节约水泥、降低工程造价，已有比较成熟的施工经验。但是，泵送混凝土所用的外加剂应符合现行国家标准《混凝土外加剂》《混凝土外加剂应用技术规范》《混凝土泵送剂》和《预拌混凝土》中有关规定。

二、对泵送混凝土拌合物的要求

水泥浆体是泵送混凝土组成的主要基体，混凝土的泵送和凝结硬化依赖于水泥浆体。因此，水泥浆体的结构基本上控制了混凝土的各项物理力学性能。水泥浆体在泵送混凝土中，既是泵送混凝土获得强度的来源，又是混凝土具有可泵性的必要条件。水泥浆体能使混凝土拌合物稠化，提高石子在混凝土拌合物中均匀分散的稳定性，在泵送过程中形成润滑层，与输送管内壁起着润滑作用，当混凝土拌合物受到的压力超过输送管与砂浆之间的摩阻力时，混凝土拌合物则向前流动。

混凝土的可泵性可以说是在特殊情况下混凝土拌合物的工作性，是一个综合性技术指标。为了保证浇灌后的混凝土质量，为了能够形成一个很好的润滑层，以保证混凝土泵送能顺利进行，对混凝土拌合物有以下要求。

（1）所配制的混凝土拌合物必须满足混凝土的设计强度、耐久性和混凝土结构所需要的其他各方面的要求。

（2）混凝土的初凝时间不得小于混凝土拌合物运输、泵送，直至浇灌完毕全过程所属的时间，以保证混凝土在初凝之前完成上述工作。

（3）必须有足够的含浆量，它除了能填充骨料间的所有空隙外，还有一定的富余量使混凝土泵输送管道内壁形成薄浆润滑层。

（4）混凝土拌合物的坍落度一般不得小于5cm，同时要具有良好的内聚性、不离析、少析水，自始至终保持混凝土拌合物的均匀性。

（5）在混凝土基本组成材料中，粗骨料的最大粒径应不大于泵送时输送管道内径的1/3，它的颗粒级配应采用连续的级配。

第三节　泵送混凝土的配合比设计

泵送混凝土配合比设计的目的，是根据工程对混凝土性能的要求（强度、耐久性等）和混凝土泵送的要求，选择适宜的原材料比例，设计出经济、质量优良、可泵性好的混凝土。与传统施工的混凝土相比，其可泵性是设计的重点和关键。由此可见，泵送混凝土配合比设计的主要内容是原材料选择、施工配制强度和混凝土可泵性。

一、泵送混凝土的配合比设计原则

泵送混凝土的配合比设计，主要是确定混凝土的可泵性、选择混凝土拌合物的坍落度、选择水灰比、确定最小水泥用量、确定适宜的砂率、选择外加剂与粉煤灰。

1. 配合比设计的原则

根据泵送混凝土的工艺特点，确定泵送混凝土配合比设计的基本原则如下：①配制的混凝土要保证压送后能满足所规定的和易性、均质性、强度和耐久性等方面的质量要求；②根据所用材料的质量、混凝土泵的种类、输送管的直径、压送的距离、气候条件、浇筑部位及浇筑方法等，经过试验确定配合比，试验包括混凝土的试配和试送；③在混凝土配合成分中，应尽量采用减水型塑化剂等化学附和剂，以降低水灰比，改善混凝土的可泵性。

2. 混凝土的可泵性

在常规混凝土的施工中，混凝土工作性的好坏是用和易性表示的；在泵送混凝土施工中，混凝土可泵送性能的好坏是用可泵性表示的。混凝土的可泵性，即混凝土拌合物在泵送过程中，不离析、黏塑性良好、摩阻力小、不堵塞、能顺利沿管道输送的性能。

目前，混凝土可泵性尚没有确切的表示方法，一般可用压力泌水仪试验结合施工经验进行控制，即以其10s时的相对压力泌水率 S_{10} 不超过40%，此种混凝土拌合物是可以泵送的。

压力泌水试验是一种检验混凝土拌合物可泵性好坏的有效方法。混凝土拌合物在管道中于压力推动下进行输送时，水是传递压力的媒介，如果在混凝土的泵送过程中，由于管道中压力梯度大或管道弯曲、变径等出现“脱水现象”，水分通过骨料间的空隙渗透，而使骨料聚结而引起阻塞。

在泌水实验中发现，对于任何坍落度的混凝土拌合物，开始10s内的出水速度很快，140s以后泌出水的体积很小，因而 V_{10}/V_{140} 可以代表混凝土拌合物的保水性能，也反映阻止拌合水在压力作用下渗透流动的内阻力。V_{10}/V_{140} 的值越小，表明混凝土拌合物的可泵性越好；反之，则表明可泵性不良。

3. 坍落度的选择

泵送混凝土坍落度是指混凝土在施工现场入泵泵送前的坍落度。普通方法施工的混凝土坍落度是根据振捣方式确定的；而泵送混凝土的坍落度，除要考虑振捣方式外，还要考虑其可泵性，也就是要求泵送效率高、不堵塞、混凝土泵机件的磨损小。

泵送混凝土的坍落度应当根据工程具体情况而定。如水泥用量较少，坍落度应当相应减小；用布料杆进行浇筑，或管路转弯较多时，由于弯管接头多，压力损失大，宜适当加大坍落度；向下泵送时，为防止混凝土因自身下滑而引起堵管，坍落度宜适当减小；向上泵送时，为避免过大的倒流压力，坍落度也不宜过大。

在选择泵送混凝土的坍落度时，首先应满足《混凝土结构工程施工质量验收规范》(GB 50204—2015) 的规定，另外还应满足泵送混凝土的流动性要求，并考虑到泵送混凝土在运输过程中的坍落度损失。我国规定泵送混凝土入泵压送前的坍落度选择范围，可参考表24-2。

表24-2　泵送混凝土的坍落度

泵送高度/m	<30	30～60	60～100	>100
坍落度/mm	100～140	140～160	160～180	108～200

在一般情况下，泵送混凝土的坍落度可按照现行国家标准《混凝土结构工程施工质量验收规范》(GB 50204—2015) 中的规定选用，对普通骨料配制的混凝土以80～180mm为宜，对轻骨料配制的混凝土以大于180mm为宜。

在混凝土拌合物在进入混凝土泵体时，其坍落度应当符合设计要求，坍落度的允许误差不得超过表 24-3 中的规定。

表 24-3 混凝土拌合物坍落度的允许误差

所需坍落度/mm	坍落度允许误差/mm	所需坍落度/mm	坍落度允许误差/mm
≤100	±20	>100	±30

4. 砂率的选择

在泵送混凝土配合比中除单位水泥用量外，砂率对于泵送混凝土的泵送性能也非常重要。在保证混凝土强度、耐久性和可泵性的情况下，水泥用量最小时的砂率即最佳砂率。影响砂率的因素很多，主要有骨料的粒径、粗骨料的种类、细骨料的粗细和水泥用量等。

泵送混凝土的砂率应比一般施工方法所用普通水泥混凝土的砂率高 2%～5%。这主要是因为输送泵送混凝土的输送管，除配备直管外，还有锥形管、弯管和软管等。当混凝土拌合物经过这些锥形管和弯管时，混凝土拌合物颗粒间的相对位置会发生变化，此时如果砂浆量不足，很容易出现管道的堵塞。经过试验证明，适当提高混凝土的砂率，对改善混凝土的可泵性是非常有利的。但是，如果砂率过大不仅会引起水泥用量和用水量的增加，而且会引起硬化混凝土质量变坏。

根据配制实践充分证明，泵送混凝土的砂率与其粗骨料的最大粒径有关。比较适宜的砂率范围如表 24-4 所列。

表 24-4 泵送混凝土的适宜砂率范围

粗骨料最大粒径/mm	适宜砂率范围/%	粗骨料最大粒径/mm	适宜砂率范围/%
25	41～45	40	39～43

5. 水灰比的选择

泵送混凝土的水灰比主要受施工工作性能的控制，一般情况要比理想水灰比大。工程实践证明，水灰比大有利于混凝土拌合物的泵送，但对混凝土硬化后的强度和耐久性有重大影响。因此，泵送混凝土水灰比的选择，既要考虑到混凝土拌合物的可泵性，又要满足混凝土强度和耐久性的要求。

有关试验证明，水灰比与泵送混凝土在输送管中的流动阻力有关。混凝土拌合物的流动阻力随着水灰比的减小而增大，其临界水灰比约为 0.45。当水灰比低于 0.45 时，流动阻力显著增大；当水灰比大于 0.60 时，流动阻力虽然急剧减小，但混凝土拌合物易于离析，反而使混凝土拌合物的可泵性恶化。

我国在现行行业标准《混凝土泵送施工技术规程》（JGJ/T 10—2011）中规定，泵送混凝土的水灰比宜为 0.40～0.60。但是，对于高强泵送混凝土，水灰比应适当减小。如 C60 泵送混凝土，水灰比可控制在 0.30～0.35；C70 泵送混凝土，水灰比可控制在 0.29～0.32；C80 泵送混凝土，水灰比可控制在 0.27～0.29。

从以上数据可以看出，水灰比、强度指标和混凝土可泵性之间，实际上存在着互相制约的因素。因此，泵送混凝土配合比设计在某种意义上，最重要的是根据试配强度和可泵性来选择水灰比值。为了保证泵送混凝土具有必需的可泵性和硬化后的强度，可以采用掺加减水剂的方法来提高混凝土的流动性和强度。

6. 最小水泥用量的限制

传统的混凝土施工，水泥用量是根据混凝土的强度和水灰比确定的。而在泵送混凝土施工中，除必须满足混凝土的强度要求外，还必须满足混凝土拌合物可泵性的要求。因为泵送混凝土是用水泥浆或灰浆润滑管壁的。为了克服输送管道内的摩阻力，必须有足够的水泥砂浆包裹骨料表面和润滑管壁，这就要求对泵送混凝土有最小水泥用量的限制。

最小水泥用量与泵送距离、集料种类、输送管直径、泵送压力等因素有关。英国规定，泵送混凝土的最小水泥用量为300kg/m³；美国规定为213kg/m³。根据我国的工程实践，对于普通混凝土最小水泥用量多为280～300kg/m³；对于轻集料混凝土多为310～360kg/m³。

由以上综合分析，根据我国泵送混凝土的施工水平，我国规定泵送混凝土的最小水泥用量宜为300kg/m³。

7. 混凝土黏聚性要求

按确定的配合比所拌制的泵送混凝土应具有良好的黏聚性。如果混凝土拌合物的黏聚性不良，易产生离析现象，在泵送过程中易发生输送管道的堵塞。为保证混凝土具有良好的可泵性，有离析现象的混凝土不能进入混凝土输送泵受料斗，对其应及时调整混凝土的配合比，改善混凝土的黏聚性，使其达到泵送的要求。

二、泵送混凝土的参考配合比

泵送混凝土的配合比，一般是先根据经验配合比进行试验，待试验的混凝土各项技术指标符合设计要求后，再确定最终的配合比。

为方便在实际工程中进行泵送混凝土的试配，尽快确定施工所用的配合比，表 24-5 列出了未掺粉煤灰泵送混凝土的配合比，表 24-6 列出了掺加粉煤灰泵送混凝土的配合比。

表 24-5　未掺粉煤灰泵送混凝土的配合比

序号	强度换算/MPa		碎石粒径/mm	配合比			每1m³混凝土用料/kg					坍落度/cm
	日本(f28)	中国(f28)		水灰比/%	砂率/%	木钙比/%	水泥	砂子	石子	木钙	水	
1	15.0	18.8	5～40	71.5	44	0.25	268	854	1036	0.670	192	11～13
2	18.0	22.5	5～40	62.0	43	0.25	310	816	1082	0.775	192	11～13
3	21.0	26.3	5～40	54.8	42	0.25	350	780	1078	0.875	192	11～13
4	15.0	18.8	5～25	71.5	45	0.25	282	861	1055	0.705	202	11～13
5	18.0	22.5	5～25	62.0	44	0.25	326	825	1047	0.815	202	11～13
6	21.0	26.3	5～25	54.8	43	0.25	369	786	1043	0.922	202	11～13

注：表中的木钙比为木钙掺加量占水泥用量的比例。

表 24-6　掺加粉煤灰泵送混凝土的配合比

强度换算/MPa		碎石粒径/mm	配合比				每1m³混凝土用料/kg						坍落度/cm
日本(f28)	中国(f28)		水胶比/%	砂率/%	木钙比/%	粉煤灰比/%	水泥	砂子	石子	木钙	粉煤灰	水	
15.0	18.8	5～40	58.5	42	0.25	15	291	780	1078	0.855	51	200	11～13
18.0	22.5	5～40	52.1	41	0.25	15	326	745	1071	0.960	58	200	11～13
21.0	26.3	5～40	47.0	40	0.25	15	361	710	1065	1.062	64	200	11～13
15.0	18.8	5～25	58.5	42	0.25	15	305	770	1061	0.898	54	210	11～13
18.0	22.5	5～25	52.1	42	0.25	15	342	750	1037	1.007	61	210	11～13
21.0	26.3	5～25	47.0	41	0.25	15	379	715	1029	1.118	67	210	11～13

注：表中的水胶比为水占水泥与粉煤灰总量的比例；粉煤灰比为粉煤灰占水泥与粉煤灰的比例。

第四节 影响混凝土泵送的因素

混凝土能否顺利泵送主要取决于是否供应可泵送的混凝土拌合物，因为并不是所有的混凝土拌合物都能泵送。工程实践证明，如果混凝土坍落度太小，粗细骨料的级配不好，或者骨料的最大粒径过大，都会给混凝土泵送带来很大困难。

根据工程实践和材料试验证明：在一般情况下，不同原材料和配合比，所拌制的混凝土的性能固然不同。当原材料和配合比相同时，若拌和时间、温度、搅拌机械及运输车辆等不同时，所显示出的泵送混凝土的性能也不相同。由此可见，影响混凝土泵送的因素既是多方面的，也是非常复杂的。

一、水及细粉料对混凝土可泵性的影响

混凝土拌合物是由表面性质、颗粒大小和密度不同的固体材料与水组成的。混凝土拌合物在未加水之前，各种固体材料为散状颗粒堆聚体，颗粒之间无任何有机联系。但加入拌合水之后，则可以使这个散状颗粒堆聚体具有连续性，水泥的水化反应开始。由此可见，在混凝土拌合物中的水是水泥进行水化的必要条件，是各种组成材料之间的关键联络相，它主宰着混凝土泵送的全过程。

混凝土拌合物中加水拌和使其流动性满足泵送施工工艺要求，这是水对泵送混凝土有利的一个方面。如果在混凝土拌合物中的细粉料（水泥加 0.3mm 以下的细料）对水没有足够的吸附能力和阻力，一部分水会在泵压力作用下穿过固体之间的空隙，流向阻力较小的区域内。在泵送混凝土过程中，这种现象在输送管道内会造成压力传递不均，甚至出现水首先流失，骨料与水泥浆分离。这是水对泵送混凝土不利的一个方面。

材料试验证明，水通过固体材料之间空隙的阻力，与固体材料的粒径大小有关。较粗颗粒的砂水通过的阻力非常小，粒径在 0.3mm 以下时才具有阻力，颗粒的粒径越小水通过的阻力越大。因此，在泵送混凝土中更显示出水对细粉料的依赖性，这与混凝土的可泵性有直接的关系。施工经验证明，每立方米混凝土应当含有 300～400kg 的细粉料。

在泵送混凝土中增加细粉料和使用减水剂的原理，实际上是稠化和提高净浆的内聚性，目的是为了防止混凝土拌合物在泵送压力下脱水，以防止在泵送过程中导致管道堵塞。

二、水泥浆含量对泵送混凝土的影响

混凝土泵送工艺的可靠性主要与水泥用量有很大的关系。因为混凝土拌合物中石子和砂子本身无流动性，它必须均匀地分散在水泥浆体中才能产生相对位移，而且石子产生相对位移的阻力大小与水泥浆的厚度有关。在混凝土拌合物中，水泥浆填充骨料之间的空隙并包裹着细骨料，水泥砂浆在粗骨料的表面形成一个润滑层，随着水泥砂浆层厚度加大，石子产生相对位移的阻力减小。另外，随着水泥浆含量的增加，骨料的含量相应减少，混凝土坍落度增大，这样非常有利于混凝土泵送。

水泥浆体的作用原理可以用摩擦理论加以分析，由黏着理论而言，摩擦表面互相黏着，是造成摩擦阻力的根本原因。如果把泵送压力当成一定值，要想降低摩擦系数时，主要途径是设法降低或减弱摩擦的剪切强度，而剪切强度的大小取决于管道内壁表面的润滑性能，实质上是取决于水泥浆含量的多少。因此，对泵送混凝土的水泥用量有最低的数值，我国规定泵送混凝土的水泥用量应在 280～300kg/m^{3}之间。

泵送混凝土的可泵性，除了水泥用量对其有较大影响外，还与水泥浆本身的稠度有密切的关系。如果稠度过大，混凝土的流动性就会减小，混凝土与管壁的摩阻力增大，由此将会引起混凝土拌合物不能泵送。如果水灰比过大，混凝土拌合物的流动性虽然较好，则水在泵送压力的作用下首先损失，也会使混凝土与管壁摩阻力增加，造成混凝土质量不佳。

三、石子粒径和表面性质对泵送混凝土的影响

石子是水泥混凝土中用量最多的材料，在混凝土中起着骨架的作用，并能显著影响混凝土的可泵性和硬化后的物理力学性能。石子粒径的最大尺寸与配筋、施工方法等因素有关。泵送混凝土实践证明，在进行混凝土泵送时，如果输送管内有3个大颗粒石子，排在一起就容易造成堵塞。因此，石子的粒径大小和颗粒级配是配制泵送混凝土的重要条件。美国混凝土协会（ACI）304.2R71《泵送混凝土》中建议，石子的最大粒径应不大于输送管内径的1/3。

此外，石子的形状和表面性质也影响混凝土拌合物的流动性和硬化后混凝土的强度。颗粒较圆、表面较平滑的石子，其空隙率较小，填充空隙和包裹颗粒所需要的水泥浆较少，当水泥浆用量一定时混凝土的流动性比较大。因此，从泵送混凝土施工工艺来说，卵石比碎石的可泵性好。但是，表面光滑的卵石和水泥浆之间黏结不如碎石牢固，当混凝土的水灰比相同时卵石混凝土的强度偏低。

四、管道和泵送压力对泵送混凝土的影响

管道对混凝土泵送的影响主要表现在管道内壁表面是否光滑、管道截面变化情况和管线方向是否改变3个方面。混凝土泵送最主要的功能是给予混凝土拌合料压力，使其沿着管道向前滑动，也可以说采用混凝土泵来压送混凝土是通过管道实现的。因此，此时混凝土混合料和管道内壁之间的摩擦力，直接影响到混凝土泵的压力。若降低混凝土与管道壁的摩擦力，则希望管道内壁具有光滑的表面。与此同时，需要有水泥浆使输送管内壁形成薄浆层，起到润滑作用。

混凝土拌合物在管内输送的过程中，当改变管线方向或输送管道截面由大变小时将产生较大的摩擦阻力，对混凝土泵送不利。所以泵送混凝土的管道弯头越少越好，在整个泵送管路系统中最好采用相同直径的管道。在进行泵送混凝土时，泵送的压力必须大于混凝土拌合物在管壁上的抗剪力。此外，作用于管壁上的剪应力必须小于混凝土拌合物的屈服值。

第五节　泵送混凝土的施工工艺

由于泵送混凝土采用混凝土泵输送，所以泵送混凝土的施工工艺比普通混凝土复杂，其主要施工工艺包括对混凝土泵的选择与计算、混凝土泵的现场布置、泵送混凝土的拌制和运输、混凝土输送管道的选用和配置、泵送混凝土的泵送和浇筑等。

一、施工用混凝土泵

混凝土泵是泵送混凝土施工的核心设备，自1970年德国开始研究混凝土泵，至今已有90多年的历史。1959年，德国的施文英公司生产出第一台全液压的混凝土泵；1963年，美国的查伦奇-考克兄弟公司研制出了挤压式混凝土泵；20世纪60年代中叶，德国又研制出

了混凝土泵车。根据驱动方式不同，混凝土泵又分为挤压式、活塞式和气压式3类；活塞式又可分为机械式和液压式2种，由于机械式比较笨重，其已逐渐被液压式所代替。

1. 挤压式混凝土泵

挤压式混凝土泵首先在美国研制和推广，这是一种小管径型的移动式混凝土泵，其工作原理与传统泵有很大不同。挤压式混凝土泵的压力比活塞式混凝土泵小，其输送距离和排出量不如活塞式混凝土泵大。因此，挤压式混凝土泵应用虽然很广，但并不是混凝土泵的发展方向。挤压式混凝土泵的主要工作技术性能，主要包括单位时间内的最大排量和最大输送距离。

2. 活塞式混凝土泵

活塞式混凝土泵是应用最早和最多的一种混凝土泵。20世纪50年代中叶，德国施文英公司生产了以油作为工作液体的混凝土泵。由于液压式混凝土泵功率大，震动小，排量大，运输距离远，可以做到无级调节，泵的活塞可进行逆向运动，将输送管中将要堵塞的混凝土拌合物吸回混凝土缸，以减少堵塞的可能性，所以为混凝土泵大规模用于实际工程，创造了非常有利的条件，这是混凝土泵的发展方向。

3. 气压式混凝土泵

气压式混凝土泵是一种没有动力传动装置的风动混凝土输送设备，这种混凝土泵系由一个压力容器和空压设备组成，它具有结构简单、质量较轻、易于制造、价格便宜和维修方便等优点。

气压式混凝土输送泵要与空压机储气罐出料器配套使用。气压式混凝土输送泵的工作程序，是被泵送的混凝土由钟形盖加入，经进风弯头将混凝土从出料口处吹出。工作时，首先加料，用喷嘴吹去进料口的污物，关闭钟形盖，打开截止阀使上部充气，然后打开进气阀则可以送混凝土。吹送完毕后关闭进气阀，打开排气阀，再打开钟形盖，准备第二次加料。ZH05型气压式混凝土输送泵所需空压机能力，如表24-7所列。

表24-7 ZH05型气压式混凝土输送泵不同水平距离和垂直高度需配空压机能力

垂直高度/m	水平距离/m				
	50	100	150	200	250
0	2/3	3/3	4/5	5.5/6	7/8
10	3/3	4/5	5.5/6	7/8	—
20	4/5	5.5/6	7/8	—	—
30	5.5/6	7/8	—	—	—
40	7/8	—	—	—	—

二、混凝土泵送计算

泵送混凝土在施工前，首先应根据混凝土工程特点、浇筑工程量、施工进度计划、输送距离、输出量等，选择适宜的混凝土泵的型号，或对已有的混凝土泵进行验算，以便按照设计的工程进度计划顺利施工。

1. 输出量的验算

混凝土泵的主要技术参数是其压送能力，它是以单位时间内最大输出量（m^3/h）和最大输送距离来表示的。这些技术参数一般在混凝土泵的技术资料中标明，这也是在标准条件下所能达到的最高限额。然而，在实际施工中，混凝土泵或泵车的输出量与输送距离有关，输送距离增大，实际的输出量就要降低，也就是最大输出量和最大输送距离不可能同时达到。

因此，对泵送混凝土施工中所能达到的实际输出量必须进行计算，这才是我们实际组织泵送施工需要的数据，才能用该值计算工程中混凝土泵的数量，然后进行布置。实际输出量Q_A可按式(24-1) 计算：

$$Q_A = Q_{max}\alpha\eta \tag{24-1}$$

式中　Q_A——混凝土的实际平均输出量，m^3/h；

Q_{max}——混凝土的最大输出量，m^3/h；

α——配管条件系数，如表 24-8 所列；

η——作业系数，根据混凝土运输车与混凝土泵供料的间断时间，拆装输送管和布料停歇等情况，一般取 0.5～0.7。

表 24-8　配管条件系数

水平换算的泵送距离/m	α 值	水平换算的泵送距离/m	α 值
0～49	1.0	150～179	0.70～0.60
50～99	0.90～0.80	180～199	0.60～0.50
100～149	0.80～0.70	200～249	0.50～0.40

由以上计算出的混凝土实际平均输出量Q_A，就可以判断所选的混凝土泵型是否能满足工程要求，也可以计算需要配置几台混凝土泵才能满足工程的要求，即：

$$N = Q/Q_A t \tag{24-2}$$

式中　N——混凝土泵所需的台数；

Q——混凝土的浇筑数量，m^3；

t——混凝土泵送施工作业时间，h。

2. 输送距离的验算

泵送混凝土的输送不可能全部是水平直管，根据工程实际需要，必须设置一定数量的弯管、锥形管、垂直管和软管等，与直管相比，弯管、锥形管、软管的流动阻力大，引起的压力损失也大。垂直向上的直管，除存在与水平直管相同的摩阻力外，还需加上管内混凝土拌合物的重量，因而引起的压力损失比水平直管大得多。因此，在进行混凝土泵选型、验算其输送距离时，必须把向上垂直管、弯管、锥形管、软管等换算成水平直管长度，具体换算可按表 24-9 进行。

表 24-9　混凝土输送管道的水平换算长度

种类	单位	规格		水平换算长度/m
向上垂直管	每米	100A(4B)		3
		125A(5B)		4
		150A(6B)		5
锥形管	每根	175A→150A		4
		150A→125A		8
		125A→100A		16
弯管	每根	90°	R=0.5m	12
			R=1.0m	9
软管	每根	5～8m		20

在考虑混凝土磨损状态的情况下，计算得出的总水平换算长度，不得超过混凝土泵所能达到的最大输送距离。如果总的水平换算长度超过或接近混凝土泵的最大输送距离，则应考虑在输送管道的适当位置增设接力泵。

混凝土泵的最大水平输送距离可以参照产品的性能表确定。必要时通过计算或试验确定。混凝土泵的最大水平输送距离可按式(24-3)进行计算：

$$L_{max}=\frac{P_{max}}{\Delta P_H} \tag{24-3}$$

$$\Delta P_H=\frac{2}{r_0\left[K_1+K_2\left(1+\frac{t_2}{t_1}\right)V_2\right]\alpha_2} \tag{24-4}$$

式中　L_{max}——混凝土泵的最大水平输送距离，m；

P_{max}——混凝土泵的最大出口压力，Pa；

ΔP_H——混凝土在水平输送管内每流动 1m 产生的压力损失，Pa/m；

r_0——混凝土输送管的半径，m；

K_1——黏着系数，Pa；

K_2——速度系数，Pa/(m·s)；

t_2——混凝土泵分配阀的切换时间，s；

t_1——活塞推压混凝土的时间，s；

t_2/t_1——比值，一般取 0.30；

V_2——混凝土拌合物在输送管内的平均流速，m/s；

α_2——径向压力与轴向压力之比，对于普通混凝土可取 0.90。

混凝土泵的泵送能力的计算结果，应符合以下几点要求：a. 混凝土输送管道的配管整体水平换算长度，不应当超过计算所得的最大水平泵送距离 L_{max}；b. 按照表 24-10 和表 24-11 换算的总压力损失，应当小于混凝土泵正常工作的最大出口压力。

表 24-10　混凝土泵送的换算压力损失值

管件名称	换算量	换算压力损失/MPa	管件名称	换算量	换算压力损失/MPa
水平管	每 20m	0.10	90°弯管	每只	0.10
垂直管	每 5m	0.10	管路截止阀	每个	0.80
45°弯管	每只	0.05	3～5m 的橡皮软管	每根	0.20

表 24-11　附属于泵体的换算压力损失值

部位名称	换算量	换算压力损失/MPa
Y 形管 125～175mm	每只	0.05
分配阀	每个	0.08
混凝土泵启动内耗	每台	2.80

三、泵送混凝土的施工

泵送混凝土施工是一种高效率、高质量的施工工艺，这就要求施工技术人员根据工程特点、工期要求、施工气候和施工条件，正确地选择混凝土泵、泵车和输送管道，对混凝土泵管道进行科学布置，合理地组织泵送混凝土施工，以求在保证质量、工期的前提下，取得较好的经济效益和社会效益。

泵送混凝土的施工工艺主要包括泵送混凝土的供应、混凝土泵及管道的选择与布置、混凝土泵的排量、混凝土的泵送与浇筑和泵送混凝土的质量控制等。

（一）泵送混凝土的供应

泵送混凝土的供应包括泵送混凝土的拌制和运输两项内容。泵送混凝土只有按照设计的配合比要求，拌制出高质量的混凝土拌合物，才能保证混凝土的质量和泵送顺利进行；泵送混凝土只有连续不断地按计划均衡供应，才能保证混凝土结构的整体性和按施工进度完成。因此，泵送施工前周密地组织泵送混凝土的供应，对混凝土泵送施工是极其重要的。

1. 泵送混凝土的拌制

泵送混凝土的拌制，在原材料的计量精度、质量控制、搅拌延续时间等方面，与普通混凝土基本相同。但对泵送混凝土所用集料的粒径和级配应严格控制，防止粒径过大的颗粒和异物拌入混凝土中，造成泵送中的堵塞现象。

泵送混凝土宜采用预拌混凝土，即在商品混凝土工厂制备，用混凝土搅拌运输车运送至施工现场，这样制备的泵送混凝土容易保证质量。如不采用商品混凝土工厂制备的泵送混凝土，在施工现场设混凝土搅拌站（楼）也可以，但必须符合国家现行标准《混凝土搅拌站（楼）技术条件》的有关规定。无论采用何种形式，在拌制泵送混凝土时，都必须符合国家现行标准《预拌混凝土》（GB/T 14902—2012）中的有关规定。

2. 泵送混凝土的运输

泵送混凝土的运输是泵送混凝土施工工艺的关键，要求所选用的运输机具和方法要保证在运输过程中不使混凝土产生离析，目前常用的是搅拌筒为 $3m^3$ 或 $6m^3$ 的混凝土搅拌运输车。混凝土泵最好是连续作业，这样不仅能提高其泵送量，而且能防止输送管堵塞。要保证混凝土泵连续作业，则泵送混凝土的运输应能满足需要。

泵送混凝土的运输延续时间，在有条件的情况下应当缩短。一般情况下，对未掺加外加剂的混凝土，其运输延续时间不宜超过表 24-12 中的规定；对掺加外加剂的混凝土，其运输延续时间应通过试验确定，也可参考表 24-13 中的规定。

表 24-12　混凝土允许运输延续时间

混凝土的出机温度/℃	允许运输延续时间/min
25～35	50～60
10～25	60～90
5～10	90～120

表 24-13　掺木质素磺酸钙的泵送混凝土运输延续时间

混凝土强度等级	气温		混凝土强度等级	气温	
	≤25℃	＞25℃		≤25℃	＞25℃
≤C30	120min	90min	＞C30	90min	60min

3. 泵送混凝土运输注意事项

泵送混凝土运输车辆的调配，应保证混凝土输送泵压送时混凝土供应不中断，并且应使混凝土运输车辆的停歇时间最短。混凝土运输车装料之前，要排净滚筒中多余的洗润水，并且在运输过程中不得随意增加水。为保证混凝土的均质性，搅拌运输车在卸料前应先高速运转 20～30s，然后反转卸料。连续压送时，先后两台混凝土搅拌运输车的卸料应有 5min 的搭接时间。

（二）混凝土泵及输送管的选择与布置

1. 混凝土泵的数量计算

混凝土泵的选型是根据工程特点、要求的最大输送距离、最大输出量和混凝土浇筑计划（施工进度）来确定的。在计算混凝土泵实际平均输出量、混凝土泵最大水平输送距离和施工作业时间的基础上，按式(24-5) 即可计算出需要的混凝土泵台数：

$$N_2=Q/(TQ_1) \tag{24-5}$$

式中 N_2——所需混凝土泵的台数，台；

Q——混凝土浇筑数量，m^3；

T——混凝土泵送施工作业时间，h；

Q_1——每台混凝土泵的实际平均输出量，m^3/h。

2. 混凝土泵的布置

混凝土泵或泵车在现场的布置要根据工程的轮廓形状、混凝土工程量分布、地形和交通等条件确定。在具体布置时，应考虑以下因素：a. 混凝土泵尽量靠近浇筑地点安排，这样布置一是便于配管、节省管道，二是方便运输、便于施工；b. 为保证混凝土泵连续工作，每台泵的料斗周围最好能同时停放两辆混凝土搅拌运输车，或者能使其快速交替；c. 多台泵同时浇筑时，各泵选定的位置要使其各自承担的浇筑量相近，最好能同时浇筑完毕；d. 为使混凝土泵能在最优泵送压力下作业，如泵送距离超过混凝土的最大泵送距离时，最好考虑设置中继泵；e. 为便于混凝土泵的清洗，其位置最好靠近供水管道和排水设施；f. 为保证施工安全，在混凝土泵和泵车的作业范围内，不得有高压线、路沟和排水沟等障碍物；g. 在采用泵送混凝土施工工艺时，应当考虑到供电、交通、防火等方面。

3. 输送管和配管设计

（1）输送管的选择 泵送混凝土的技术性能除和泵体的性能有关外，还与配管有着密切的关系。通常配管的管径、质量、弯度、长度、接头等都直接影响着泵送效率。混凝土输送管包括直管、弯管、锥形管、软管、管接头和截止阀。

① 直管。建筑工程施工中应用的混凝土输送直管，常用管径为 100mm、125mm 和 150mm，壁厚一般为 1.6～2.0mm 的焊接钢管或无缝钢管，管段的长度有 0.5m、1.0m、2.0m、3.0m、4.0m 和 5.0m。常用泵送混凝土直管的质量应符合表 24-14 中的要求。

表 24-14 常用泵送混凝土直管的质量要求

管子内径/mm	管子长度/m	管子质量/kg	充满混凝土后的质量/kg
100	4.0	22.3	102.3
	3.0	17.0	77.0
	2.0	11.7	51.7
	1.0	6.4	26.4
	0.5	3.7	13.5
125	3.0	21.0	113.4
	2.0	14.6	76.2
	1.0	8.1	33.9
	0.5	4.7	20.1

② 弯管。输送混凝土所用的弯管，其弯曲角度有15°、30°、45°、60°和90°，其曲率半径有1.0m、0.5m和0.3m 3种，具有与直管相应的口径。常用泵送混凝土弯管的质量应符合表24-15中的要求。

表24-15　常用泵送混凝土弯管的质量要求

管子内径/mm	弯曲角度/°	管子质量/kg	充满混凝土后的质量/kg
100	90	20.3	52.4
	60	13.9	35.0
	45	10.6	26.4
	30	7.1	17.6
	15	3.7	9.0
125	90	27.5	76.14
	60	18.5	50.9
	45	14.0	38.3
	30	9.5	25.7
	15	5.0	13.1

③ 锥形管。锥形管主要用于不同管径的变换处，以便前后管子顺利连接。常用的锥形管有ϕ175～150mm、ϕ150～125mm、ϕ125～100mm，长度一般多为1m。

④ 软管。软管主要安装在输送管的末端直接进行布料，其长度可根据实际需要设置，一般为5～8m。对软管的要求是柔软、轻便和耐用，便于人工搬动。常用泵送混凝土软管的质量应符合表24-16中的要求。

表24-16　常用泵送混凝土软管的质量要求

管子内径/mm	软管长度/m	软管质量/kg	充满混凝土后的质量/kg
100	3.0	14.0	68.0
	5.0	23.3	113.3
	8.0	37.3	181.3
125	3.0	20.5	107.5
	5.0	34.1	179.1
	8.0	54.6	286.6

⑤ 管接头。管接头主要用于管子之间的连接，以便快速装拆输送管道和及时处理堵管部位，这样既方便施工，又可提高工作效率。

⑥ 截止阀。泵送混凝土管道上常用的截止阀，常用的有针形阀和制动阀。截止阀用于垂直向上泵送混凝土过程中，主要为防止因混凝土泵送暂时中断，垂直管道内的混凝土因自重而对混凝土泵产生的逆向压力，不仅可以使混凝土泵得到保护，同时还可以降低混凝土泵的启动功率。

选择输送管，关键在于输送管直径的选择，它取决于：粗集料的最大粒径；要求的混凝土输送量和输送距离；泵送的难易程度；混凝土泵的型号。在满足使用要求的前提下，选用小管径的输送管有以下优点：a. 末端用软管布料时，小直径输送管质量轻，搬运比较方便；

b. 泵送混凝土拌合物产生泌水时，在小直径管中产生离析的可能性较小；c. 在正式泵送前润滑管壁所用的材料较少；d. 输送管的购置费用低，可以降低工程造价。

目前，国内常用的输送管，多数直径为 100mm、125mm 和 150mm，相应的英制管径为 4B、5B 和 6B，其中以 125mm 的应用最多。

（2）配管设计　混凝土输送管应当根据工程特点、施工现场情况和制订的混凝土浇筑方案进行配管设计。配管设计方案的好坏关系到施工是否顺利、质量是否合格。根据工程实践经验，配管设计的原则是：满足工程施工的要求，便于混凝土浇筑和管段装拆，尽量缩短管线长度，少用弯管、斜管和软管。

配管设计应绘制布管简图，列出各种管件、管连接环和弯管、软管的规格与数量，提出备件清单，并选用正规厂家生产的优质输送管。在配管设计和具体布置中应主要注意以下事项。

① 混凝土输送管道的布置要求横平竖直。在同一条管线中，应采用相同管径的混凝土输送管；同时采用新、旧管段时，应将新管段布置在混凝土出口泵送压力较大处；管线尽可能布置成横平竖直。

② 混凝土输送管应根据粗骨料最大粒径、混凝土强度等级、混凝土输出量和输送距离及输送难易程度等进行选择，选择的输送管应具有与泵送条件相适应的强度。

③ 选择的混凝土输送管的管径要适宜，不宜太大或太小。如果管径过小，只能使用小粒径的粗骨料，会增大混凝土与管壁的摩擦力，缩短可输送距离；如果管径过大，管子本身质量较大，拆装搬运很不方便。

④ 垂直向上配管时，一般需在垂直向上配管下端与混凝土泵之间配置一定长度的水平管，水平管长度不宜小于垂直管长度的 1/4，且不宜小于 15m，或者按照混凝土泵的产品说明书的规定配置。

⑤ 当垂直向上配管的高度很高时，除配置水平管外，还应在混凝土泵 Y 形管出料口3～6m 处的输送管根部设置截止阀，以防止混凝土拌合物出现倒流。

⑥ 向下倾斜配管，当配管的倾斜角度大于 7°时，应在倾斜管的上端设排气阀；当高差 h 大于 20m 时，还应在倾斜管下端设 $L=5h$ 长度的水平管。

⑦ 水平输送管每隔一定距离，用支架、台架、吊具等加以固定，以便排除堵塞的管道、装拆和清洗管道；垂直管宜用预埋件固定在墙或柱、楼板预留孔处，但不得直接支承在钢筋、模板上。

⑧ 为确保混凝土顺利输送，对于混凝土输送管，夏季应用湿草袋等加以遮盖，以避免阳光直接照射，并注意每隔一定时间洒水湿润，防止管中混凝土因升温而导致堵塞；在严寒季节施工时，混凝土输送管道应用保温材料包裹，以防输送管内的混凝土受冻，确保混凝土的入模温度。

⑨ 当水平输送距离超过 200m、垂直输送距离超过 40m 时，垂直向下的输送管或斜管的前面应设置水平管。

⑩ 当混凝土拌合物中的单位水泥用量低于 300kg/m^3 时，必须慎重选择配管方案和泵送工艺，通常可采用大直径的混凝土输送管和长的锥形管，尽量少用或不用弯管和软管，以降低混凝土输送阻力。

⑪ 当混凝土输送高度超过混凝土泵的最大输送高度时，可用接力泵进行泵送，接力泵出料的水平管长度，也不宜小于其上垂直长度的 1/4，且不小于 15m，并要设置一个容量约 1m^3、带搅拌装置的贮料斗。

⑫ 混凝土输送管道的铺设不仅应符合经济、适用的要求，而且还要确保安全施工，便于管道的清洗、排除故障和装拆维修。

⑬ 输送管的接头应严密，有足够的强度，并能够快速装拆。

常用的混凝土输送管的规格如表 24-17 所列，输送管道的直径与粗骨料粒径的关系如表 24-18 所列。

表 24-17　常用的混凝土输送管的规格

混凝土输送管种类		输送管内径/mm		
		100	125	150
焊接直管	外径/mm	109.0	135.0	159.2
	内径/mm	105.0	131.0	155.2
	壁厚/mm	2.0	2.0	2.0
无缝直管	外径/mm	114.3	139.8	165.2
	内径/mm	105.3	130.8	155.2
	壁厚/mm	4.5	4.5	5.0

表 24-18　混凝土输送管道的直径与粗骨料粒径的关系

粗骨料最大粒径/mm		输送管最小直径/mm
卵石	碎石	
25	20	100
30	25	100
40	40	125

（三）混凝土泵的排量

混凝土输送泵的实际排量是施工中进行施工组织管理的重要技术数据，一般用泵的理论排量与容积效率乘积表示。活塞式混凝土泵的排量是活塞缸的排出容积乘以活塞的行程次数，如果是多缸型混凝土泵，则还需乘以活塞缸数。在同一理论排量的情况下，若活塞缸的内径大，则长度小；若排出容积小，活塞往复行程次数就相应增加。为了尽可能减少混凝土在输送管内断面形状的变化，泵的活塞内径应尽可能与混凝土输送管的内径相接近，一般为 100～150mm。

混凝土输送泵的容积效率一般为 80%～90%，输送的混凝土坍落度越低，则容积效率也随之下降。混凝土输送泵的容积效率一般由试验测定。目前我国工程中混凝土泵的排量一般分为 $30m^3/h$ 以下、$45～65m^3/h$ 和 $80～90m^3/h$ 3 档，最常见的混凝土泵排量为 $60m^3/h$。

（四）混凝土的泵送与浇筑

混凝土的泵送与浇筑工作内容很多，实际上主要包括泵送前的准备工作、混凝土泵送与混凝土浇筑 3 个方面。

1. 泵送前的准备工作

为保证把混凝土拌合物顺利地用混凝土泵经输送管送至浇筑地点，必须在正式泵送前做好一系列的准备工作。准备工作主要包括模板和支撑的检查、结构钢筋骨架的检查、检查混凝土泵或泵车的放置、检查混凝土泵和输送管路、检查施工组织方面的准备等。

（1）模板和支撑的检查　泵送混凝土流动性大，施工浇筑速度快，混凝土拌合物对模板的侧压力大，为此，模板和支撑必须具有足够的强度、刚度和稳定性，不得产生任何的破坏和变形。在泵送前要逐块、逐件检查，以保证顺利施工和结构的形状、尺寸。同时要检查布料设备，使其不得碰撞或直接放置在模板上，对布料杆下的模板和支撑要适当加固。

（2）结构钢筋骨架的检查　结构钢筋骨架是钢筋混凝土中的关键性材料，在钢筋混凝土中起着重要作用，加之钢筋是隐蔽工程，事后很难采取补救措施。因此，在泵送前要认真检查钢筋的位置、规格、根数、绑扎情况，在正式浇筑混凝土之前进行验收，并由监理工程师签字。板和大体积块体结构的水平钢筋骨架（网），应设置足够的钢筋撑脚或钢支架，钢筋骨架重要节点处宜采取专门的加固措施。

（3）检查混凝土泵或泵车的放置　混凝土泵或泵车，在泵送混凝土时都有脉冲式振动，如果放置处地基不坚实稳定，或有一定的坡度，很可能因振动而使混凝土泵或泵车滑动，造成不必要的麻烦，所以应将泵体垫平固定。如基坑采用支护结构，则在支护结构设计和施工时，要充分考虑混凝土泵或泵车的地面附加荷载，以确保泵送混凝土时支护结构的安全。

对混凝土泵车，应伸出外伸支腿支承于地面上，必要时支腿下应加设垫木扩大支承面积，减小单位压强，以防止泵车回转或使用布料杆浇筑混凝土时，因支腿不均匀下降而导致泵车不稳定，在软土地区要特别注意。

（4）检查混凝土泵和输送管路　混凝土泵的安全使用和正确操作，应严格执行使用说明书和其他有关规定。同时，施工管理部门也可根据具体实际情况使用说明书，制订专门的操作规程。待混凝土泵与输送管路连通后，应按所用混凝土泵使用说明书的规定进行全面检查，符合要求后方能开机进行空运转。

（5）检查施工组织方面的准备　混凝土泵送施工是一个多方配合、相互协作、综合保证、全面管理的系统工程，必须认真做好施工组织方面的准备工作。施工组织检查的内容主要包括：混凝土泵的操作人员是否经过专门培训，是否有劳动部门颁发的上岗证书；水、电、道路是否畅通；指挥人员、管理人员、通信设备是否齐全；混凝土泵、搅拌运输车、浇筑地点是否明确、协调；施工进度计划是否落实等。

2. 泵送混凝土的运输工具选择

泵送混凝土的运输是混凝土泵送施工工艺的关键，是保证泵送混凝土质量的基础，必须严格按照规范规定进行。

（1）泵送混凝土的运输设备　泵送混凝土的供应，国内外一般采用商品化的预拌混凝土。预拌混凝土的运输工具种类很多，有条件的单位最好优先使用混凝土搅拌运输车，否则需要在施工现场设置二次搅拌装置。常用混凝土搅拌运输车的料斗容量有 $3m^3$ 和 $6m^3$ 两种。

（2）泵送混凝土的运输延续时间　混凝土拌合物的和易性随着运输时间的延长而降低，为保证混凝土拌合物的质量，应尽量缩短运输的延续时间。一般情况下，泵送混凝土的运输延续时间不宜超过表 24-12 中所列数值。

3. 混凝土的泵送

为防止初泵送时混凝土配合比的改变，在正式泵送前应用水、水泥浆、水泥砂浆进行预泵送，以润滑泵和输送管内壁，一般 $1m^3$ 水泥砂浆可润滑约 300m 长的管道。

混凝土泵的操作方法是否正确，不仅直接影响混凝土的泵送效果，而且也影响混凝土泵的使用寿命。所以，在压送混凝土时混凝土输送泵的操作注意以下几个方面。

① 开始泵送混凝土时，混凝土泵应处于低速、匀速并随时可反泵的状态，并时刻观察泵的输送压力，当确认各方面均正常后才能提高到正常运转速度。

② 混凝土泵送要连续进行，尽量避免出现泵送中断。混凝土在输送管连续压送时处于运动状态，匀质性好；压送出现中断时，输送管内的混凝土处于静止状态，混凝土就会产生泌水，混凝土中的骨料也会按照密度不同而下沉分层，停歇的时间越长，越容易使混凝土产生离析，还可能引起输送管道的堵塞。如果出现不正常情况，宁可降低泵送速度，也要保证泵送连续进行，但从搅拌出机至浇筑的时间不得超过 1.5h。

③ 如果由于技术或组织上的原因，在迫不得已停泵时，每隔 4～5min 开泵一次，使泵正转和反转各两个冲程；同时开动料斗中的搅拌器，使之搅拌 3～4 转，以防止混凝土离析。如果泵送时间超过 45min，或混凝土出现离析现象，应及时用压力水或其他方法冲洗输送管，清除管内残留的混凝土。

④ 当混凝土泵出现工作压力异常、输送管路振动增大、液压油温度升高等现象时，不可再勉强高速泵送，操作人员应及时慢速泵送，立即查明原因，采取措施排除。可先用木槌敲击输送管弯管、锥形管等易堵塞部位，并进行慢速泵送或反泵，以防止堵塞。当混凝土输送管堵塞时可采取下述方法排除。

a. 使混凝土泵反复进行反泵和正泵，逐渐吸出堵塞处的混凝土拌合物，在料斗中重新加以搅拌后再进行正常泵送。

b. 用木槌敲击输送管，查明堵塞管段，将堵塞处混凝土拌合物击松后，再通过混凝土泵的反泵和正泵，排除堵塞。

c. 当采用以上两种方法都不能排除堵塞时，可在混凝土泵卸压后，拆卸堵塞部位的输送管，排出堵塞的混凝土后，再接管重新泵送。但在重新泵送前，应先排除输送管内的空气后方可拧紧管段接头。

⑤ 在混凝土泵送过程中，如经常发生泵送困难或输送管堵塞时，施工管理人员应检查混凝土的配合比、和易性、匀质性以及配管方案、操作方法等，以便对症下药，及时解决问题。如事先安排有计划中断时，应在预先确定的中断浇筑部位停止泵送，但中断时间不宜超过 1h。

混凝土泵送即将结束时，应正确计算尚需要的混凝土数量，协调供需关系，避免出现停工待料或混凝土多余浪费。尚需混凝土的数量不可漏计输送管内的混凝土，其数量可参考表 24-19。

表 24-19　输送管长度与混凝土数量的关系

输送管径	每 100m 输送管内的混凝土量/m^3	每 $1m^3$ 混凝土量的输送管长度/m
100A	1.0	100
125A	1.5	75
150A	2.0	50

⑥ 在混凝土压送过程中，如需要接长输送管，应预先用水泥浆或水对接长管段进行润滑；如果接长管段的长度小于或等于 3m 也可不进行润滑。

4. 混凝土的浇筑

混凝土的浇筑应预先根据工程结构特点、平面形状和几何尺寸、混凝土制备设备和运输设备的供应能力、泵送设备的泵送能力、劳动力和管理水平以及施工场地大小、运输道路情况等条件，划分混凝土浇筑区域，明确设备和人员的分工，以保证浇筑结构的整体性和按计划进行浇筑。

根据泵送混凝土的浇筑实践经验，在混凝土浇筑中应注意下列事项：a. 当混凝土入模时，输送管或布料杆的软管出口应向下，并尽量接近浇筑面，必要时可以借用溜槽、串筒或挡板，以免混凝土直接冲击模板和钢筋；b. 为便于集中浇筑，保证混凝土结构的整体性和施工质量，浇筑中要配备足够的振捣机具和操作人员；c. 混凝土浇筑完毕后，输送管道应及时用压力水清洗，清洗时应设置排水设施，不得将清水流到混凝土或模板里。

（五）泵送混凝土的质量控制

泵送混凝土的质量控制是泵送混凝土施工的核心，是保证工程质量的根本措施。要保证泵送混凝土的质量，必须从原材料的选用开始，并将“百年大计、质量第一”的观念，在原材料计量、混凝土搅拌和运输、混凝土泵送的浇筑、混凝土养护和检验等全过程具体体现，进行全面有效的管理和控制，才能使混凝土既有良好的可泵性，又符合设计规定的物理力学指标。

1. 原材料的质量控制

骨料的级配和形状对混凝土的可泵性有明显影响。对泵送混凝土所用的骨料，除符合《混凝土结构工程施工及验收规范》的有关规定外，还必须特别注意以下事项。

① 我国目前生产的骨料难以完全符合最佳的级配曲线，有时施工单位在施工现场制备泵送混凝土时需自己掺配，对所掺配的骨料要进行筛分试验，使级配符合粗骨料最佳级配的要求。

② 对骨料中的含泥量要严格控制，以保证混凝土的质量，特别是对高强混凝土和大体积混凝土更要严格控制含泥量。

③ 砂中通过 0.315mm 筛孔的数量是影响可泵性的关键数据，不得小于 15%，砂的细度模数亦要满足要求。

④ 正确选择水泥的品种和强度等级，并要对其包装或散装仓号、品种、出厂日期等进行检查验收，当对水泥质量有怀疑或水泥出厂超过 3 个月时，应对其进行复查试验，并按试验结果使用。

⑤ 现场制备泵送混凝土时，原材料应按品种、规格分别堆放，不得混杂，更要严禁混入煅烧过的白云石或石灰块。

2. 混凝土搅拌的质量控制

混凝土搅拌的质量控制，关键在于保证混凝土原材料的称量精度、搅拌充分。在进行泵送混凝土配合比设计时，应符合现行国家或行业标准《混凝土泵送施工技术规程》（JGJ/T 10—2011）、《普通混凝土配合比设计规程》（JGJ/T 55—2011）的规定。混凝土施工配制强度应符合《混凝土结构工程施工及验收规范》（GB 50204—2015）的规定。混凝土原材料每盘的称量偏差，不得超过表 24-20 中的规定。

表 24-20 混凝土原材料称量允许偏差 单位：%

材料名称	允许偏差
水泥、混合材料	±2
粗、细骨料	±3
水、外加剂	±2

混凝土拌合物搅拌均匀是混凝土拌合物具有良好可泵性的可靠保证，而达到最短搅拌时间是基本条件。由于泵送混凝土的坍落度都大于 30mm，所以根据搅拌机的种类和出料量不

同，要求的最短搅拌时间也不同。对强制式搅拌机，搅拌时间不得少于 90s；对自落式搅拌机，搅拌时间不得少于 120s。但亦不得搅拌时间过长，若时间过长会使混凝土坍落度损失加快，造成混凝土泵送困难。

3. 混凝土运输的质量控制

混凝土运输的质量控制是保持混凝土拌合物原有性能的重要环节。为保证混凝土运输中的质量，首先，要选择适宜的运输工具，最好采用混凝土搅拌运输车，可确保在运输过程中混凝土不离析；其次，选择科学的运输线路，尽量缩短运输距离，减少在运输过程中混凝土的坍落度损失；第三，运输道路要平坦，减少对混凝土的振动。

4. 混凝土泵送的质量控制

混凝土泵送的质量控制，主要是使混凝土拌合物在泵送过程中，不离析、黏塑性良好、摩阻力小、不堵塞、能顺利沿管道输送。混凝土在入泵之前，应检查其可泵性，使其 10s 时的相对泌水率 S10 不超过 40%，其他项目应符合国家现行标准《预拌混凝土》（GB/T 14902—2003）的有关规定。

在混凝土泵送过程中，操作人员应正确操作混凝土泵，以确保泵送过程中不堵塞输送管，并应随时检查混凝土的坍落度，以保证混凝土的质量和可泵性，混凝土入泵时的坍落度允许误差为±20mm。一旦出现输送管堵塞，要及时采取措施加以排除，不能强打硬上，以免造成严重事故。

当发现混凝土可泵性差，出现泌水、离析，难以泵送和浇筑时，应立即对混凝土配合比、混凝土泵、配管、泵送工艺重新进行研究，并应立即采取相应措施加以改善。

在混凝土泵送过程中，对所泵送的混凝土，应按规定及时取样和制作试块，应在浇筑地点取样、制作，且混凝土的取样、试块制作、养护和试验，均应符合国家现行标准《混凝土强度检验评定标准》（GB 50107—2010）的有关规定。

对混凝土坍落度的控制，是混凝土泵送质量控制的重要方面。每一个工作班内应进行 1～2 次试验，如发现混凝土坍落度有较大变化应及时进行调整。压送前后，泵送混凝土坍落度的变化不得大于表 24-21 中的规定。

表 24-21　压送前后泵送混凝土坍落度变化允许值

原混凝土配合比要求的坍落度/cm	混凝土坍落度变化允许值/cm
<8	±1.5
8～12	±2.5
>18	±1.5

对混凝土骨料的最大粒径、级配、含泥量、含水量、拌合料的表观密度等，每一个工作班内也要进行 1～2 次试验。

（六）混凝土泵管的堵塞与排除

在混凝土泵送的施工过程中，混凝土输送管道经常会发生堵塞现象，主要是由于摩擦阻力过大而引起的，而泵送速度、水泥品种、粗细骨料的形状、骨料级配、配合比等都影响摩擦阻力。混凝土输送管道发生堵塞，不仅影响浇筑速度和混凝土质量，而且还会出现混凝土凝固于管道中的事故，非常难以处理。

为了防止产生混凝土输送管堵塞，在泵送过程中必须注意以下几个方面：a. 输送管道是否清洗干净；b. 混凝土的最小水泥用量、最大骨料粒径、砂率和用水量是否合适；c. 输送管道的接头处是否有漏浆现象；d. 混凝土拌合物的坍落度变化是否太大；e. 混凝土搅拌是否均匀，搅拌运输的时间是否太长；f. 混凝土拌合物是否在管道中停留过久而凝固；g. 输送管道是否太长，弯管软管是否用得太多；h. 施工现场外部气温是否过高或过低等。只要特别注意了以上这些方面，就能够有效地防止混凝土输送管的堵塞。

为了防止产生混凝土输送管堵塞，必须严格限制粗骨料最大粒径、最低水泥用量，并采用适宜的砂率和坍落度、适量的用水、良好的配合比、优质的预拌混凝土，掺加适量的外加剂，合理地配管和输送等。

混凝土输送管一旦出现堵塞，要立即停止泵送，查明堵塞的部位，卸下堵塞的管道，用人工清除障碍物，然后把管子重新接上，开动混凝土泵恢复正常工作。

第二十五章 水工混凝土

水工混凝土是一种在水环境中使用的特种混凝土，即用以修建能经常或周期性地承受淡水、海水或冰块的冲刷、侵蚀、渗透和撞击作用的水工建筑物和构筑物所用的混凝土。水工混凝土体积一般较大，常用水上、水下或水位变化等部位。由于受到的自然条件比较严酷，因此在设计和施工中，应按照有关特殊要求和规定，注意对混凝土原材料的选择，精心进行配合比设计，使混凝土的水化热较低、收缩性较小、抗冲击和耐久性良好。

第一节 水工混凝土概述

水工混凝土建筑物主要包括混凝土大坝、水闸、渠道、堤防、隧洞、渡槽等，这些水工混凝土建筑物能否长期安全运行不仅影响着巨大的经济效益，更是涉及大江大河防洪度汛等国计民生的大事，因此水工混凝土建筑物的耐久性是极其重要的大问题。

一、水工混凝土的发展概况

发达国家对于水工混凝土的认识始于20世纪初期，随着水利水电事业的发展，越来越多的混凝土大坝的施工兴建，对水工混凝土的了解越来越深刻。

在工程实践中发现混凝土的强度与水灰比有关，才逐步用低流态混凝土代替高流态混凝土；对混凝土配合比进行设计和试验，才懂得选择不同级配骨料代替以往不洗不筛；为调节和降低混凝土水化热，才推行利用中、低热水泥品种，掺加掺合料和外加剂等措施；为适应大体积混凝土施工受温度控制的制约，普遍采用柱状分块法浇筑、骨料预冷、加冰拌和、快速入仓、通仓薄层浇筑等综合措施。

正是以上对水工混凝土的认识和措施，为混凝土坝向更大高度、更大规模发展创造了条件，为水工混凝土的施工不断提高质量、缩短工期、降低造价，改善结构性能等，找到了一条有效的途径。

我国的混凝土坝建设起步于20世纪50年代初，比工业发达国家落后数十年。由于我国是个农业大国，水电资源非常丰富，建坝综合效益特别显著，所以，尽管20世纪50年代我国工业基础薄弱，科技相对落后，资金也很短缺，但是国家和政府把水电建设放在非常重要的位置，推动了水电事业的快速发展，基本上是每10年就上一个台阶。

随着坝工建设的高速进展，水电施工技术也得到了长足进步，特别是近20年来，水电施工技术在许多方面都获得了较大突破，与传统的施工技术相比产生了许多新的变革。

二、水工混凝土的分类方法

水工混凝土的分类方法很多，一般主要有以下几种：经常处于水中的水下构筑物；处于水位变化区的构筑物；偶然受水冲刷的水上构筑物。除此之外，还可分为大体积及非大体积混凝土；有压头及无压头结构等。其具体分类方法如下所述。

（1）按水工建筑物和水位的关系分类　按水工建筑物和水位的关系不同分类，可分为经常处于水中的水下混凝土和水位变化区以上的水上混凝土。

(2) 按水工建筑物或结构的体积大小分类　按水工建筑物或结构的体积大小不同分类，可分为大体积混凝土（外部或内部）和非大体积混凝土。

(3) 按混凝土受水压的情况分类　按混凝土受水压的情况不同分类，可分为受水压力作用的混凝土和不受水压力作用的混凝土。

(4) 按受水流冲刷的情况分类　按受水流冲刷的情况不同分类，可分为受冲刷部分混凝土和不受冲刷部分混凝土。

(5) 按大体积建筑物的位置分类　按大体积建筑物的位置不同分类，可分为外部区域的混凝土和内部区域的混凝土。

第二节　水工混凝土的原材料

由于坝体水工混凝土分区部位及各分区混凝土的性能，应符合现行行业标准《混凝土重力坝设计规范》(SL 319—2005) 中的规定。因此，配制水工混凝土所用的原材料，与普通水泥混凝土基本相同，主要包括水泥、粗骨料、细骨料、水、混合材料和外加剂等。

一、水泥

水泥是水工混凝土中重要的组成材料，所用水泥的品质如何，关系到水工混凝土的质量是否符合设计要求。因此，水工混凝土所用的水泥应符合现行的国家标准及有关部颁标准的规定，不符合设计要求和现行标准的水泥，不能用于水工混凝土。

大型水工建筑物所用的水泥，可根据工程具体情况对水泥中的矿物成分等提出专门的要求。一项水利工程所用的水泥品种应尽量少，一般以 2～3 个品种为宜，并经过检验技术指标完全合格后，固定厂家供应。

水工混凝土所用水泥的选择与普通水泥混凝土一样，也应着重考虑水泥品种和水泥强度等级。但是，由于水工混凝土技术要求复杂、工程量大、消耗水泥多，所以在选择水泥时，必须从技术上、经济上和管理上全面考虑。

工程实践充分证明，水工混凝土选择水泥主要取决于：a. 工程部位所处的条件；b. 环境水有无侵蚀；c. 混凝土中有无活性骨料；d. 选用品种尽量少；e. 运输距离尽量短。

1. 水泥品种的选择

在配制水工混凝土选用时，应根据混凝土所处的具体部位，选择不同品种的水泥，选择水泥品种时可按以下原则进行。

① 水位变化区的外部混凝土、构筑物的溢流面处混凝土、经常受水流冲刷部位的混凝土、有抗冻要求的混凝土，应优先选用硅酸盐大坝水泥、普通硅酸盐大坝水泥、硅酸盐水泥和普通硅酸盐水泥等。

② 水工混凝土所处的环境水有硫酸盐侵蚀时，应当选用抗硫酸硅酸盐水泥，其质量应符合现行国家标准《抗硫酸盐硅酸盐水泥》(GB/T 748—2005) 中的规定；也可以选用高铝水泥，其质量应符合现行国家标准《铝酸盐水泥》(GB 201—2015) 中的规定。

③ 大体积建筑物的内部混凝土、位于水下的混凝土和高层建筑深基础混凝土，由于混凝土内部的温度较高，要求选用水化热小、含碱量低的水泥。通常宜选用矿渣硅酸盐大坝水泥、矿渣硅酸盐水泥、粉煤灰硅酸盐水泥和火山灰质硅酸盐水泥，以降低水泥的水化热，防

止混凝土出现温度裂缝。

材料试验证明，配制水工混凝土的水泥，其铝酸三钙（C_3A）的含量最好不超过3%，且铝酸三钙（C_3A）和铁铝酸四钙（C_4AF）的总含量不宜超过2%，最好选用硅酸二钙（C_2S）含量较高的水泥。

2. 强度等级的选择

选用的水泥强度等级应与混凝土的设计强度相适应。对于低强度等级的水工混凝土，当其强度等级与水泥强度等级不相适应时，应在施工现场掺加适量的活性混合材料，以此对混凝土强度进行调整。

对于建筑物外部水位变化区的外部混凝土、建筑物的溢流面处混凝土、经常受水流冲刷部位的混凝土、有抗冻要求的混凝土，选用的水泥强度等级不宜低于32.5MPa。

运至施工现场的水泥，应当有水泥生产厂家的水泥品质试验报告，试验室对所用水泥必须进行复验，必要时应进行化学分析。

二、骨料

配制水工混凝土所用的骨料主要包括细骨料（砂子）和粗骨料（石子）。选用的骨料应根据优质经济、就地取材的原则，尽量选用天然骨料，或选用人工骨料，也可选用两者的混合骨料。无论选用何种骨料，其质量必须符合有关标准的规定。

1. 细骨料的质量要求

用于配制水工混凝土的细骨料，与国家标准《建筑用砂》（GB/T 14684—2001）中Ⅱ类砂相接近，其具体的质量应符合下列要求。

（1）砂料应当质地坚硬、清洁无杂、级配良好，最好采用天然的河砂；当需要采用山砂或特细砂时，必须经过试验确定。

（2）砂子的细度模数一般宜控制在2.4～2.8范围内。对于天然的砂子，宜按粒径分成两级；对于人工的砂子，可以不进行分级。

（3）为确保水工混凝土的质量，当砂料中有活性骨料时，必须进行专门试验，以确定是否可用于配制水工混凝土。

（4）配制水工混凝土所用砂子的其他质量要求应符合表25-1中的规定。

表25-1　细骨料的质量技术要求

项　目	指　标	备　注
天然砂中的含泥量/% 其中黏土的含量/%	<3.0 <1.0	含泥量是指粒径小于0.08mm的细屑、淤泥和黏土总量，不含有黏土团粒
人工砂中的石粉含量/%	6～12	石粉是指粒径小于0.15mm的颗粒
坚固性/%	<10	指硫酸钠溶液法5次循环后的质量损失
云母含量/%	<2.0	
密度/(t/m³)	>2.50	
轻物质含量/%	<1.0	轻物质是指视密度小于2.0g/cm的物质
硫化物及硫酸盐含量，按质量计（折算成SO_3）/%	<0.5	
有机质含量	浅于标准色	如深于标准色，应配成砂浆进行强度对比

2. 粗骨料的质量要求

用于配制水工混凝土的粗骨料，其质量应符合下列要求。

（1）粗骨料的最大粒径应适宜，不应超过钢筋间距的 2/3、构件断面最小边长的 1/4、混凝土板厚度的 1/2。对于少筋或无筋水工混凝土结构，应选用较大的粗骨料粒径。

（2）在水工混凝土工程施工中，宜将粗骨料按粒径分成下列几个粒级：a. 当最大粒径为 40mm 时，分成 5～20mm 和 20～40mm 两级；b. 当最大粒径为 80mm 时，分成 5～20mm、20～40mm 和 40～80mm 三级；c. 当最大粒径为 80mm 时，分成 5～20mm、20～40mm、40～80mm 和 80～120mm 四级。

（3）配制水工混凝土采用连续级配或间断级配，应根据试验确定。如果采用间断级配，应注意混凝土在运输中骨料易产生分离质量问题。

（4）当配制水工混凝土的粗骨料含有活性骨料、黄锈等时，不能随便用于工程中，必须进行专门试验认可后才能使用。

（5）水工混凝土用的粗骨料，不仅必须具有较好的级配，而且在某些力学性能方面比普通水泥混凝土要求高。应特别指出骨料的极限抗压强度不得小于混凝土强度等级的 2.0～2.5 倍（普通水泥混凝土为 1.2～1.5 倍）。

（6）粗骨料必须按照有关标准和规定，进行力学性能方面的检验。在水电行业无新的标准时，一般应参照国家标准《建设用卵石、碎石》（GB/T 14685—2011）中的要求，要进行岩石抗压强度和压碎指标两项检验。

（7）用于配制水工混凝土的粗骨料，除必须满足以上几项要求外，其他质量技术要求应符合表 25-2 中的规定。

表 25-2　粗骨料的质量技术要求

项　　目	指　　标	备　　注
含泥量/%	D_{20}、D_{40}粒径级<1.0 D_{80}、D_{150}（或 D_{120}）粒径级<0.5	各粒径级均不应含有黏土团块
坚固性/%	<5.0 <12	有抗冻性要求的水工混凝土 无抗冻性要求的水工混凝土
硫化物及硫酸盐含量，按质量计（折算成 SO_3）/%	<0.5	
有机质含量	浅于标准色	如深于标准色，应配成砂浆进行强度对比
密度/(t/m³)	>2.55	
吸水率/%	<2.5	
针、片状颗粒含量/%	<15	碎石经试验论证，可以放宽至 25%

三、拌合水

用于水工混凝土的水，与普通水泥混凝土相同，凡是适于饮用的水均可用以配制和养护水工混凝土。拌合水的技术指标应符合现行行业标准《混凝土用水标准》（JGJ 63—2006）中的要求。

四、活性混合材料

为了改善混凝土的性能，合理降低水泥用量，宜在水工混凝土中掺入适宜品种和适量的混合材，掺用部位及最优掺量应通过试验决定。在配制水工混凝土时，常掺加的活性混合材料多为粉煤灰，拌制水泥混凝土和砂浆时作掺合料的粉煤灰成品应满足表 25-3 要求。

表 25-3　作为掺合料的粉煤灰成品的要求

序号	质量指标	粉煤灰级别		
		Ⅰ	Ⅱ	Ⅲ
1	细度(0.045mm方孔筛的筛余率)/%	≤12	≤20	≤45
2	需水量比/%	≤95	≤105	≤115
3	烧失量/%	≤5	≤8	≤15
4	含水量/%	≤1	≤1	不规定
5	三氧化硫含量/%	≤3	≤3	≤3

五、外加剂

为了改善水工混凝土的某些技术性能，提高水工混凝土的质量及合理降低水泥用量，应在配制混凝土时掺加适量的外加剂，外加剂的品种和掺量应通过试验确定。拌制水工混凝土或水泥砂浆常用的外加剂主要有减水剂、加气剂、缓凝剂和早强剂等。

水工混凝土在使用外加剂时应注意如下事项。

(1) 外加剂不能直接加入混凝土混合料中，必须与水混合成一定浓度的溶液，各种成分的用量应十分准确，对含有大量固体的外加剂（如含石灰的减水剂），其溶液应通过0.6mm的筛子过筛。

(2) 在混凝土的拌制过程中，外加剂溶液必须搅拌均匀。为确保外加剂起到预定的效果，应定期取有代表性的拌制品进行鉴定。

(3) 混凝土的外加剂不可贮存时间过长，对外加剂的质量有怀疑时，必须进行试验鉴定，不得将变质的外加剂用于混凝土中。

第三节　水工混凝土的配合比设计

水工混凝土的配合比设计大体上与普通混凝土相同。由于水工混凝土使用的环境比较特殊，所以在某些方面有一定区别。在进行配合比设计时，除应考虑符合水工混凝土所处部位的工作条件，并分别满足抗压、抗裂、抗渗、抗冻、抗冲击、抗磨损、抗风化和抗侵蚀等设计要求外，还应满足施工和易性要求，并采取措施合理降低水泥用量，以降低工程造价。

一、水工混凝土的配合比设计主要参数

在进行水工混凝土配合比设计时，其基本参数主要包括对水泥、骨料、外加剂、和易性、强度、抗冻性和抗渗性等。其中，抗渗性和抗冻性是水工混凝土的两个极其重要的特殊性能，因而也是设计水工混凝土的主要参数，必须对这两个参数采取措施加以保证，这也是水工混凝土配合比设计的一项重要任务。其主要的保证措施如下。

(1) 选择能保证水工混凝土抗渗性和抗冻性的组成材料，如水泥的品种、强度、凝结时间、细度、安定性、水化热等；骨料的颗粒级配、吸水率、空隙率、表观密度等；外加剂的种类和性质等。

(2) 在确定混凝土的水灰比时，不仅要根据水工混凝土的强度要求，同时也要根据混凝土的耐久性（抗渗性和抗冻性）的要求确定。

(3) 在确定水工混凝土的水泥用量时，尤其是对于强度较小部位的混凝土，其水泥用量要在一定范围内选择，不可用量过小。

(4) 在确定水工混凝土的配合比时，要合理选择能保证混凝土密实和耐久的骨料拨开系数。

(5) 对于大体积水工混凝土，有时要采用能减少放热量及体积变形，并能在低水泥用量下使混凝土密实的细填料。

(6) 采用适宜和适量的引气剂，使水工混凝土结构内部产生均匀的封闭微孔，以阻断透水通路，从而改善和提高混凝土的抗渗性、抗冻性等耐久性能。

二、水工混凝土的配合比设计基本原则

水工混凝土配合比设计的原则，基本上与普通混凝土相同。根据水工建筑物的特点，也具有一定的特殊性。在进行水工混凝土配合比设计时应注意以下基本原则。

(1) 最小单位用水量　水灰比是决定混凝土强度和耐久性的主要因素，对于水工混凝土，由于其抗渗性和抗冻性要求更高，所以在满足混凝土拌合物和易性的条件下，力求单位用水量最小，以降低混凝土的水灰比，提高混凝土的强度和耐久性。

(2) 粗骨料选用原则　由于水工结构的体积一般较大、投资较多，对于混凝土中粗骨料应认真选择。在一般情况下，应根据结构物的断面、钢筋的稠密程度和施工设备等情况，在满足混凝土拌合物和易性的条件下，选择尽可能大的石子最大粒径和最多用量。

(3) 优选骨料的级配　选择空隙率较小的骨料级配，对于提高混凝土强度、耐久性，节省水泥用量，降低工程造价，均有很大作用。因此，在进行水工混凝土配合比设计时，必须选择优良级配，同时也要考虑到料场材料的天然级配，尽量减少弃方。

(4) 选料的基本原则　在进行水工混凝土配合比设计中，要经济合理地选择水泥的品种和强度等级，优先考虑采用优质、经济的粉煤灰掺合料和外加剂等。

优质的粉煤灰对改善混凝土拌合物的流变性具有显著效果，使混凝土易于振捣密实，因此在设计粉煤灰水工混凝土的坍落度时可取下限值。

在贫混凝土中，以超量取代法（即掺入的粉煤灰数量超过所取代的水泥量）掺加粉煤灰最为有效，超量系数一般以 1.5 左右为宜。

三、水工混凝土的配合比设计步骤

水工混凝土配合比的设计步骤与普通混凝土基本相同，除应符合水工混凝土所处部位的工作条件，分别满足抗压、抗渗、抗冻、抗裂（抗拉）、抗冲耐磨、抗风化和抗侵蚀等设计要求的规定外，还应满足混凝土拌合物施工和易性的要求，并采取相应措施降低水泥用量。其设计步骤一般为以下几点。

(1) 根据水工混凝土设计要求的强度和耐久性选定水灰比，即根据强度、抗冻、抗渗、抗裂等要求确定水灰比，最终选定一个全部满足各种设计要求的水灰比。

(2) 根据混凝土施工和易性（坍落度）和石子最大粒径等选定单位用水量，以选定的水灰比和单位用水量，可求出水泥用量。

(3) 根据以上所初步选定和计算的水泥用量、用水量和各种材料的密度等，按照普通混凝土配合比设计的“绝对体积法”或“表观密度法”，计算砂、石的用量，初步确定各种材料的用量。

(4) 根据混凝土初步配合比计算和材料的实际情况，通过配合比材料试验和必要的调

整，确定 $1m^3$ 混凝土材料用量和配合比。

四、水工混凝土的配合比设计注意事项

水工混凝土所修建的水工结构，大部分为挡水建筑物，混凝土配合比设计质量对建筑安全起着关键作用，甚至危及人民生命财产的安全。因此，在进行水工混凝土配合比设计中还应当注意如下事项。

(1) 为确保水工混凝土的质量符合设计要求，工程中所用混凝土的配合比必须通过试验确定。在进行混凝土配合比时，必须按下式计算其保证强度 $R_{保}$：

$$R_{保}=R_1/(1-t/C_v)=KR_1$$

式中 $R_{保}$——水工混凝土的保证强度，MPa；

R_1——水工混凝土的设计强度，MPa；

t——混凝土保证率系数，如表 25-4 所列；

C_v——混凝土离差系数，如表 25-5 所列；

K——混凝土强度保证系数，如表 25-6 所列。

表 25-4　混凝土保证率系数

混凝土保证率 P/%	80	85	90	95
混凝土保证率系数 t	0.84	1.04	1.28	1.63

表 25-5　混凝土离差系数

混凝土设计强度/MPa	<15	20～25	>30
混凝土离差系数 C_v	0.20	0.18	0.15

表 25-6　混凝土强度保证系数

C_v \ K \ P/%	90	85	80	75
0.10	1.15	1.12	1.09	1.08
0.13	1.20	1.15	1.12	1.10
0.15	1.24	1.19	1.15	1.12
0.18	1.30	1.22	1.18	1.14
0.20	1.35	1.26	1.20	1.16
0.25	1.47	1.35	1.27	1.21

(2) 对于大体积水工建筑物的内部混凝土，其胶凝材料的用量不宜低于 $140kg/m^3$。混凝土的水灰比应当以骨料在饱和面干状态下的混凝土单位用水量对单位胶凝材料用量的比值为准，单位胶凝材料用量为 $1m^3$ 混凝土中水泥与混合材质量的总和。

(3) 水工混凝土的水灰比应根据设计对混凝土性能的综合要求，由试验室通过试验确定，所确定的水灰比不应超过表 25-7 中的规定。

(4) 水工混凝土粗骨料级配及砂率的选择，应尽量考虑到骨料生产的平衡、混凝土拌合物的和易性及最小单位用水量等要求，经过综合分析后确定。

(5) 水工混凝土拌合物的坍落度，应根据建筑物的特点、钢筋含量、混凝土的运输方案、混凝土的浇筑方法和施工气候条件等决定，尽可能采用较小的坍落度。在使用机械振捣的情况下，水工混凝土在浇筑地点的坍落度可参考表 25-8 中的规定。

表 25-7 水工混凝土最大允许水灰比

混凝土所在部位	寒冷地区	温和地区
上、下游水位以上(坝体外部)	0.60	0.65
上、下游水位变化区(坝体外部)	0.50	0.55
上、下游最低水位以下(坝体外部)	0.55	0.60
混凝土大坝的基础	0.55	0.60
混凝土大坝的内部	0.70	0.70
混凝土受水流冲刷部位	0.50	0.50

注：1. 在环境水有侵蚀性的情况下，外部水位变化区及水下混凝土的最大允许水灰比应减少 0.05；2. 在采用减水剂和加气剂的情况下，经过试验证明，内部混凝土的最大允许水灰比可增大 0.05；3. 寒冷地区系指最冷月份月平均气温在 −3℃以下的地区。

表 25-8 水工混凝土在浇筑地点的坍落度

建筑物的性质	圆锥坍落度/mm	建筑物的性质	圆锥坍落度/mm
水工素混凝土或少筋混凝土	30～50	配筋率超过 1%的钢筋混凝土	70～90
配筋率不超过 1%的钢筋混凝土	50～70	特殊部位或特殊要求	经试验后确定

第四节 水工混凝土的施工工艺

水工混凝土的施工工艺与普通水泥混凝土基本相同。为确保水工混凝土的施工质量，在整个施工过程中应当严格按照现行行业标准《水工混凝土施工规范》(DL/T 5144—2015)中的规定进行，在施工过程中主要是掌握好混凝土的拌制、浇筑、振捣和养护。

一、水工混凝土的拌制

在大型水利水电工程建设中，水工混凝土的用量特别大，要求也比较高，为满足施工进度和质量的要求，对混凝土的拌制可采用搅拌系统实现，如设置混凝土搅拌楼。搅拌楼容量比较大、装料时间短、自动化程度高、生产效率高、拌制质量好，特别适用于混凝土量集中的大型工程。对于一般水利水电工程，可采用移动式的混凝土搅拌机械或搅拌站进行拌制。为确保水工混凝土的拌制质量，在施工中应注意如下事项。

(1) 水工混凝土在进行水工混凝土拌制时，必须严格遵守试验室签发的混凝土配料单进行配料，严禁擅自更改。水泥、砂子、石子和混合材均应以质量计，水及外加剂溶液可按质量折算成体积。配制时的称量要准确，偏差不应超过表 25-9 中所规定的数值。

表 25-9 混凝土各组分称量的允许偏差

材料名称	允许偏差/%	材料名称	允许偏差/%
水泥	±1	混合材料	±1
砂、石	±2	水、外加剂溶液	±1

(2) 在混凝土拌制前，应结合工程的混凝土配合比情况，检验设备的性能，如发现不相适应时，应适当调整混凝土的配合比；当有条件时，也可调整混凝土搅拌设备的转速、叶片结构等，直至拌制的混凝土符合设计要求。

(3) 在混凝土拌制的过程中，应根据气候条件定时测定砂石骨料的含水量；在降雨的天气情况下，应相应地增加测定的次数，以便随时调整混凝土的加水量。同时，应采取相应措施保持砂石骨料含水率稳定，砂子含水率应控制在6%以内。

(4) 掺有混合材料（如粉煤灰、硅粉等）的混凝土进行拌制时，混合材料可以湿掺也可以干掺，但应保证在混凝土中掺和均匀。

(5) 如果需在混凝土中掺加外加剂，应将外加剂溶液均匀地配入拌和用水中。外加剂中的水量，应包括在混凝土用水量之内，以保证混凝土的水灰比不变。

(6) 必须保证将混凝土中的各组分搅拌均匀，其拌和程序和拌和时间，应当通过试验确定，也可以参考表25-10中所规定的最小拌和时间。

表25-10　水工混凝土最小拌和时间

搅拌机进料容量/m³	最大骨料粒径/mm \ 最短拌和时间/min \ 混凝土拌合物坍落度/cm	2～5	5～8	>8
1.0	80	—	2.5	2.0
1.6	120(或150)	2.5	2.0	2.0
2.6	150	2.5	2.0	2.0
5.0	150	3.5	2.0	2.5

注：1. 入混凝土搅拌机的量不应超过搅拌机规定容量的10%；2. 掺加混合材料、减水剂、引气剂及加冰时，宜延长搅拌时间，出机的混凝土中不应有冰块。

二、水工混凝土的浇筑

水工混凝土的浇筑是混凝土施工的重要环节，也是确保水工建筑物工程质量的关键，在进行混凝土浇筑中应做好如下工作。

1. 浇筑前的准备工作

水工混凝土浇筑前的准备工作十分重要，不仅关系到混凝土施工能否顺利进行，而且关系到混凝土工程质量能否达到设计要求。在一般情况下，建筑物地基必须验收合格后，方可进行混凝土浇筑的准备工作。准备工作主要包括以下几点。

(1) 对于岩基上的杂物、泥土及松动岩石均应清除，用清水冲洗干净后并排净积水，清洗后的岩基在浇筑混凝土前应保持洁净和湿润；如果有承压力，必须由设计与施工单位共同研究，经处理合格后才能浇筑混凝土。

(2) 对于容易风化的岩基及软基，应做好如下各项工作：a. 在架立模板绑扎钢筋之前，应处理好地基临时保护层，以避免在处理保护层时碰撞模板和钢筋；b. 在软土地基上进行操作时，应力求避免破坏和扰动原状土壤，如果出现扰动，应会同设计人员商定补救办法；c. 非黏性土地基，如果其湿度不够，应至少浸湿15cm深，使其湿度与此种土壤在最优强度时的湿度相符；d. 当地基为湿陷性黄土时，应采取有效措施进行专门处理；e. 在混凝土浇筑前，应详细检查有关准备工作：地基处理情况，混凝土浇筑的准备工作，模板、钢筋、预埋件及止水设施等是否符合设计要求，并应做好施工记录。

2. 水工混凝土的运输

(1) 水工混凝土拌合物的运输要求，与普通水泥混凝土基本相同。按照现行行业标准《水工混凝土施工规范》(DL/T 5144—2015) 中的规定，在不考虑掺加外加剂、掺合料及特殊施工影响的情况下，混凝土拌合物的运输时间不宜超过表25-11中的要求。

表25-11 混凝土拌合物的允许运输时间

气温/℃	混凝土拌合物允许运输时间/min	气温/℃	混凝土拌合物允许运输时间/min
30～35	20	10～20	45
20～30	30	5～10	60

(2) 为了避免因日晒、雨淋、风吹受冻影响混凝土的质量，必要时应将运输工具加以遮盖或采取保温措施，所有的运输设备都应保证混凝土拌合物自由下落高度不大于2m，否则应采用溜槽、串筒等缓降措施。

3. 水工混凝土的浇筑工艺

基岩面的浇筑仓面和老混凝土的表面，在浇筑第一层混凝土前，必须先铺一层2～3cm的水泥砂浆；对于其他仓面是否铺筑水泥砂浆，应进行专门论证。

水泥砂浆的水灰比应比混凝土的水灰比减少0.03～0.05。一次铺设的砂浆面积应与混凝土的浇筑强度相适应，采用的铺设工艺应保证新混凝土与基岩或老混凝土结合良好。

(1) 混凝土应按设计的一定厚度、顺序、方向分层进行浇筑，在高压钢管、竖井、廊道等周边浇筑混凝土时应使混凝土均匀上升。

(2) 混凝土的浇筑层厚度应根据混凝土拌制能力、运输距离、浇筑速度、施工气温及振捣器性能参数等因素确定。在一般情况下，浇筑层的允许最大厚度不应超过表25-12中规定的数值；如果采用低流态混凝土及大型强力振捣设备时，其浇筑层厚度应根据试验确定。

表25-12 混凝土浇筑层的允许最大厚度

项次	振捣器的类别		浇筑层的允许最大厚度
1	插入式	电动、风动振捣器 软轴式振捣器	振捣器工作长度的4/5 振捣器头长度的1.25倍
2	表面振捣器	在无筋和单层钢筋结构中 在双层钢筋结构中	250mm 120mm

(3) 浇筑仓内的混凝土应随浇随平仓，不得产生混凝土堆积。仓内如果有粗骨料堆叠时应均匀地分布到砂浆较多处，但不得用水泥砂浆进行覆盖，以免造成内部蜂窝。在倾斜面上浇筑混凝土时，应当从低处开始浇筑，浇筑面应保持水平。

(4) 在浇筑混凝土的过程中，如果混凝土拌合物流动性较差，严禁在仓内浇水。若发现混凝土拌合物的和易性不符合要求时，必须采取加强振捣等有效技术措施，以保证混凝土质量。

(5) 水工混凝土结构大部分为挡水结构，要求其具有良好的抗渗性和整体性。因此，水工混凝土应连续浇筑，如因故中止且超过允许间歇时间时则应按施工缝进行处理；如果下层混凝土能重塑者，仍可继续浇筑混凝土。浇筑混凝土的允许间歇时间，可通过试验确定，也可参考表25-13中的规定。

表25-13 水工混凝土浇筑的允许间歇时间

混凝土浇筑时的气温/℃	浇筑允许间歇时间/min	
	普通硅酸盐水泥	矿渣硅酸盐水泥、火山灰质硅酸盐水泥
20～30	90	120
10～20	125	180
5～10	195	—

对于混凝土施工缝的处理，应遵守以下规定：a. 已浇筑好的混凝土，在混凝土的强度尚未达到 2.5MPa 前，不得在其上面进行上一层混凝土的浇筑准备工作；b. 混凝土表面应用压力水、风砂或刷毛机等加工成粗糙面并清洗干净，排除混凝土的表面积水，在表面铺设一层 2～3cm 的水泥砂浆方可浇筑新的混凝土。

(6) 在进行混凝土浇筑时，应经常清除黏附在模板、钢筋和预埋件表面的砂浆。

三、水工混凝土的振捣

(1) 混凝土宜使用振捣棒进行振捣，每一个位置的振捣时间，以混凝土不再呈现明显下沉，并且不出现气泡，表面开始泛浆时为准。

(2) 振捣棒前后两次插入混凝的间距，应不超过振捣棒的有效半径 1.5 倍。混凝土振捣棒的有效半径应根据试验确定。振捣棒宜垂直插入混凝土中，并按顺序依次振捣，如果需要略微倾斜，则倾斜方向应保持一致，以免出现漏振。

(3) 浇筑块的第一层混凝土以及两罐混凝土卸料后的接触处，应加强平仓和振捣，特别要防止这些混凝土出现漏振。振捣上层混凝土时应将振捣棒插入下层混凝土 5cm 左右，以加强与下层混凝土的结合。

(4) 结构物设计预面的混凝土浇筑完毕后，应使其表面达到平整，高程应符合设计要求，避免因高程不足而需浇筑二期混凝土。在浇筑高流态混凝土时，应使用相应的平仓振捣设备，如平仓机、振捣器组等，对这种流动性较大的混凝土必须振捣密实。

四、水工混凝土的养护

水工混凝土与普通混凝土基本相同，在浇筑完毕后应及时进行洒水养护，以保持混凝土表面经常湿润。低流态混凝土浇筑完毕后，更应加强养护，并延长养护时间。水工混凝土在养护中应注意以下方面。

(1) 水工混凝土在浇筑完毕以后，其凝结硬化的早期应避免太阳的直接照射，混凝土的表面应加以遮盖。

(2) 在常温条件下，水工混凝土在浇筑后 12～18h 内即开始养护，在炎热和干燥的气候情况下，应提前进行养护。

(3) 水工混凝土的养护时间应根据选用的水泥品种而定，一般应控制在 14～21d。重要结构部位或利用后期强度的混凝土，以及在炎热、干燥气候条件下，不仅应提前进行养护，而且应适当延长养护时间，一般至少养护 28d。

(4) 水工混凝土的养护方法很多，一般多采用人工洒水养护。在大仓面薄层浇筑的工程中，有的采用水套法进行养护，这对混凝土的散热防裂更为有利。对于一些不便于洒水和覆盖草袋养护的部位，也可用薄膜养生剂对混凝土进行养护。

(5) 有温控要求的混凝土和低温季节施工的混凝土，其养护应按有关规定执行。混凝土的养护工作应有专人负责，并应做好施工记录。

第二十六章　水下浇筑混凝土

水下灌筑混凝土，系指在地面上进行搅拌、直接灌筑于水下结构部位，并在就地成型硬化的混凝土，简称水下混凝土。这是一种用普通的混凝土材料、特殊的施工工艺的施工方法，在水中结构中采用这种施工方法，可以省去因造成在干地施工条件所必须进行的一系列工作，如基坑排水、基础防渗和施工围堰等，在某些情况下水下混凝土甚至可能是采用的唯一施工方法。

第一节　水下浇筑混凝土概述

很多土木工程的混凝土结构是需要在水下进行施工的，如混凝土桥墩、海上油气井台的桩基、海岸的防浪堤坝、混凝土码头和船坞等。另外，还有一些水下混凝土构筑物的修补及加固工程也需要在水下进行混凝土的浇筑施工。

一、水下混凝土的发展概况

19 世纪中叶，由于建筑领域的不断扩大，有些建筑的基础和结构需要在水中进行施工，此时有人开始着手进行水下混凝土的浇筑试验，后来有人用木溜槽成功地将混凝土直接浇筑于水下河床中，为水下浇筑混凝土打下了良好的基础。

20 世纪初期，美国成功地应用了导管法进行水下混凝土的浇筑，成为水下混凝土浇筑方法的一大突破。20 世纪 30 年代以后，有关国家相继研究发展了开底容器法、端进法和水下预填骨料灌浆法，20 世纪 60 年代末荷兰发明了柔性管法。

自 20 世纪 80 年代以来，国内外许多科学研究单位和施工单位对水下混凝土的施工方法进行了广泛的研究和实践，不仅使其理论日渐成熟，而且在施工工艺方面日趋完善。目前，水下混凝土的种类已发展为水下浇筑混凝土和水下不分散混凝土两大类。水下混凝土的施工方法已发展成为两大类：一是在水上拌制混凝土拌合物，进行水下浇筑，如导管法、泵压法、柔性管法、倾注法、开底容器法和装袋叠置法；二是水上拌制胶凝材料，进行水下预填骨料的压力灌浆，包括加压灌注和自流灌注。

由于施工方法多样化和不断发展进步，水下不但能浇筑一般的水泥混凝土，还能浇筑纤维混凝土、沥青混凝土、树脂混凝土等。水下混凝土的施工方法越来越多，工程规模越来越大，应用范围越来越广，是一种极有发展前途的新型混凝土。

二、水下混凝土的施工要求

为正确浇筑水下混凝土，在其施工过程中应注意以下事项。

(1) 在混凝土拌合物到达浇筑地点以前，避免其与环境水的接触；在进入浇筑地点以后，也要尽量减少与水的接触；尽可能使与水接触的混凝土始终为同一部分。

(2) 水下混凝土的浇筑应当连续进行，一直浇筑到混凝土结构所需高度或高出水面为止，以减少环境水对混凝土的不利影响，也减少凝固后清除强度不符合要求的混凝土的数量。

（3）对于已浇筑的混凝土不宜搅动，使其在较好的环境中逐渐凝固和硬化。

水下浇筑混凝土必然要受到环境水的浸渍、扰动和稀释，施工本身对水下浇筑混凝土的质量也影响很大。为了减少和避免这些不利因素，不仅要求采用特殊的施工方法，而且还要对水下浇筑混凝土拌合物的性质、组成混凝土原材料的质量和混凝土凝结硬化后的强度有一定要求。

三、水下混凝土对拌合物的要求

工程实践证明，用于水下浇筑的混凝土拌合物必须满足如下要求：a. 具有良的和易性；b. 具有良好的流动性保持能力；c. 具有较小的泌水性；d. 具有较大的表观密度。要想使水下浇筑混凝土拌合物具备以上 4 个要求，关键在于混凝土有科学的配合比和适宜的材料组成。

（1）具有良好的和易性　混凝土拌合物的和易性表现在流动性、黏聚性和保水性 3 个方面。水下浇筑混凝土一般不采用振动密实，是依靠自重（或压力）和流动性摊平与密实，如果拌合物的流动性差，就会在混凝土中形成蜂窝和空洞，严重影响混凝土的质量。如果通过管道进行输送和浇筑，流动性的混凝土容易造成堵塞，给施工带来不便。

因此，要求拌制的水下浇筑混凝土应具有较大的流动性。但混凝土拌合物的坍落度过大，不仅浪费水泥和增加灰浆量，当采用导管法、泵送法施工时，而且还易造成开浇阶段下注过快，影响管口脱空和返水事故。

根据水下浇筑混凝土的浇筑方法不同，对其混凝土拌合物的流动性要求如表 26-1 所列。

表 26-1　水下浇筑混凝土对混凝土拌合物流动性的要求

水下混凝土浇筑方法	导管法			混凝土泵压送	倾注法		开底容器法	袋装叠置法
	无振捣		振捣		捣动推进	自然推进		
	导管直径 200～250/mm	导管直径 300/mm						
坍落度/cm	18～20	15～18	14～16	12～15	5～9	10～15	10～16	5～8

对于水下浇筑混凝土，既要满足混凝土强度要求，又要保持具有较高的流动性，就需要提高混凝土的单位用水量，但会增加混凝土拌合物产生离析和损失流动性的倾向。为满足强度和流动性要求，可采取增加砂的含量，同时掺入适量的减水剂和引气剂等措施。

（2）具有良好的流动性保持能力　不同材料组成的水下浇筑混凝土，其流动性的保持能力有较大差别。水下浇筑混凝土在运输和浇筑的过程中，只有具有良好的流动性保持能力，才能确保水下混凝土的浇筑不产生分层离析，从而保证混凝土的施工质量均匀。

混凝土拌合物流动性保持能力，用其在浇筑条件下保持坍落度 15cm 流动时间（h）来表示。对于用导管法浇筑的水下混凝土拌合物，一般要求流动性保持能力不小于 1h。当操作熟练、运距较近时流动时间可不小于 0.7h。

（3）具有较小的泌水性　水下浇筑混凝土拌合物，不但要求具有良好的流动性，而且还要求具有较好的黏聚性和保水性。材料试验证明，泌水率为 1.2%～1.8%的混凝土拌合物，具有较好的黏聚性。在水下浇筑混凝土的实际施工中，一般要求在 2h 内水分的析出不大于混凝土体积的 1.5%。

（4）具有较大的表观密度　水下浇筑混凝土依靠自重排开仓面的环境水或泥浆进行摊平和密实，因此要求这种混凝土具有较大的表观密度，一般不得小于 2100kg/m^3。

第二节 水下浇筑混凝土原材料

配制水下浇筑混凝土的原材料，除了必须具备地上浇筑混凝土对原材料的要求外，鉴于水下施工的特殊环境，对水下浇筑混凝土的组成材料还应满足其他一些特殊要求。

一、对胶凝材料的要求

为保证水下浇筑混凝土的质量和水下压浆的顺利进行，配制水下浇筑混凝土宜选用颗粒细、泌水率小、收缩性小的水泥。

1. 水泥品种的要求

（1）硅酸盐水泥和普通硅酸盐水泥　由于硅酸盐水泥和普通硅酸盐水泥矿物组成中的硅酸三钙（C_3S）和硅酸二钙（C_2S）含量高，水化后析出的氢氧化钙数量多，可用于具有一般要求的水下混凝土工程，但不能用于海水中的工程。

（2）矿渣硅酸盐水泥　由于矿渣硅酸盐水泥泌水量较大，不能保证水下浇筑混凝土的质量，所以这种水泥不适用于水下浇筑混凝土工程。

（3）火山灰质硅酸盐水泥和粉煤灰硅酸盐水泥　由于火山灰质硅酸盐水泥和粉煤灰硅酸盐水泥化学成分中二氧化硅（SiO_2）含量较高，可用于具有一般要求及有侵蚀性海水、工业废水中的水下混凝土工程。

2. 水泥强度的要求

用于水下浇筑混凝土的水泥，其强度一般不宜低于 32.5MPa。由于水下混凝土的水泥用量较大，所以水泥强度等级也不宜过高。用于水下浇筑混凝土的水泥与混凝土一般有如下关系：水泥强度(MPa)＝(2.0～2.5)混凝土的强度等级。

用于水下浇筑混凝土的水泥，根据水下浇筑混凝土结构的运用条件及环境水的侵蚀性，参考表 26-2 进行选择。

表 26-2　不同水泥品种制备的水下混凝土性能

水泥品种		硅酸盐水泥 普通水泥	矿渣水泥	火山灰水泥 粉煤灰水泥	硅酸盐大坝水泥	矿渣硅酸盐大坝水泥
强度增长率	早期 后期	较大 较小	较小 最大	最小 较大	次大 次大	较小 最大
抗磨损性 抗冻性 抗渗性		较好 较好 较好	较差 较差 较差	较差 最差 较差	好 好	
抗蚀性	抗渗出性 抗硫酸盐 抗碳酸性 抗一般酸 抗碳化性	较差 较差 较好 较差 较好	较好 较好 较差 较好 较差	好 最好 较差 一般 较差	好	较好 好
防止碱骨料膨胀 混凝土的和易性 混凝土的泌水性		次好	较有利 较差 较大	最有利 好 较小	有利	有利 较差 大
说明		可用于具有一般要求的水下混凝土工程，不宜在海水中使用	不适于水下压浆混凝土	可用于具有一般要求及有侵蚀性的海水、工业废水中的水下混凝土工程，不宜于低温施工	适用于溢流面、水位变动区及要求抗冻、耐磨部位	适用于大体积结构物，内部要求低热部位

拌制水下浇筑混凝土不宜使用出厂已超过 3 个月及受潮结块的水泥，因为水泥贮存时间超过 3 个月后其强度大幅度下降，不能满足混凝土强度及其他性能的要求。

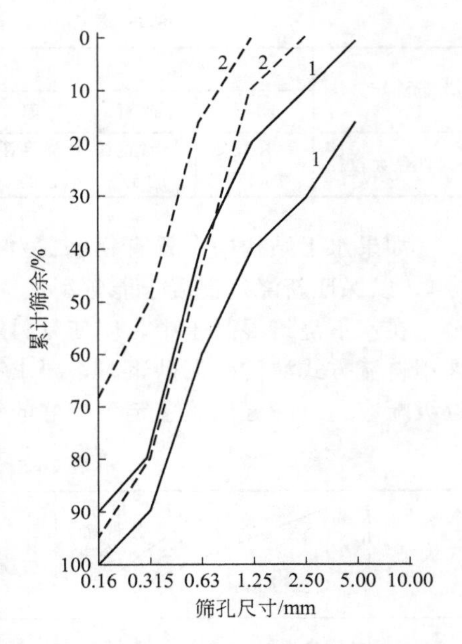

图 26-1　适用水下浇筑混凝土的砂的级配
1—水下浇筑混凝土；2—水下压浆混凝土

二、对细骨料的要求

由于水下浇筑混凝土具有不同的施工方法，所以对细骨料也有不同的要求。

宜选用石英含量高、表面平滑、颗粒浑圆、符合筛分曲线（位于图 26-1 实线范围内）的中砂，其细度模数应控制在 2.3～2.8 之间。

为满足水下浇筑混凝土的流动性要求，其含砂率较大，一般为 40%～47%。比普通混凝土一般大 5% 左右；采用碎石配制混凝土时，含砂率必须再增加 3%～5%，以使砂浆含量多些。

对于水下压浆混凝土，若砂的粒径较粗，易破坏砂浆的黏性而引起离析，还阻碍水泥砂浆在预填骨料空隙间流动，因此以采用颗粒浑圆的细砂为宜（位于图 26-1 虚线范围内）。砂的最大粒径应满足：$d_{\max} \leqslant 2.5$mm。

水下浇筑混凝土和水下压浆混凝土的用砂最佳级配范围如表 26-3 所列。

表 26-3　水下混凝土砂的最佳级配范围

筛孔尺寸/mm		5.0	2.5	1.25	0.63	0.315	0.16
累计筛余率/%	水下浇筑混凝土	0～15	10～30	20～40	40～60	80～90	90～100
	水下压浆混凝土	0	0	0～10	15～40	50～80	70～95

除以上要求外，对于细骨料的其他方面质量要求，应符合现行国家标准《建设用砂》(GB/T 14684—2011) 中的规定。

三、对粗骨料的要求

用于水下混凝土的粗骨料分为天然卵石、人工碎石及块石 3 种。块石系指粒径大于 80mm 的人工开挖石料，可用于水下块石压浆混凝土的预填骨料。对于水下浇筑混凝土，为保证混凝土拌合物的流动性，在一般情况下宜采用卵石配制。当需要增加水泥砂浆与骨料的胶结力时，可掺入 20%～25%的碎石，如果缺乏卵石也可采用碎石。

对于水下压浆混凝土的预填骨料，在饱和含水的情况下，火成岩、变质岩不应丧失其干燥状态下强度的 10%以上，沉积岩不应丧失其干燥状态下强度的 30%以上。在海水中，不宜采用易被凿石虫破坏的石灰岩、砂岩作预填骨料。

采用单一级配的粗骨料，水下混凝土很容易产生离析。因此，对于水下浇筑的混凝土，最好采用连续级配的粗骨料。粗骨料的最大粒径，与浇筑方法和浇筑设备的尺寸有关，如表 26-4 所列。

表 26-4 水下混凝土粗骨料允许最大粒径

水下浇筑方法	导管法		泵送法		倾注法	开底容器法	袋装法
	卵石	碎石	卵石	碎石			
允许最大粒径	导管直径的 1/4	导管直径的 1/5	浇筑管直径的 1/3	浇筑管直径的 1/3.5	60mm	60mm	视袋大小而是

如果水下结构中布置有钢筋笼和钢筋网等，则粗骨料的最大粒径不能大于钢筋间距的1/4，以保证新浇筑混凝土能顺利地穿过钢筋笼、网形成整体。

在水下浇筑混凝土中，应使骨料颗粒间的空隙率尽可能小，以达到节约水泥的目的。但采用自流方式灌注水泥砂浆时，要求有一定的空隙率，以保证浆液流通顺畅。碎石、卵石颗粒级配应通过筛分试验鉴定，较好的级配如表 26-5 所列。

表 26-5 碎石、卵石较好的级配范围

级配	级配/% 按质量计累计筛余率 粒级/mm	2.5%	5.0%	10%	20%	40%	60%	80%	100%
连续级配	5～10	95～100	85～100	0～15	0				
	5～20	95～100	90～100	40～70	0～10	0			
	5～40		95～100	75～90	30～65	0～5	0		
单粒级	5～20		95～100	85～100	0～15	0			
	20～40			95～100	80～100	0～10	0		
	40～80				95～100	70～100	30～65	0～10	0

除满足以上要求外，对于粗骨料的其他方面质量要求，应符合现行国家标准《建设用卵石、碎石》(GB/T 14685—2011) 中的规定。

四、对外加剂的要求

在水下浇筑混凝土中，常用的外加剂有减水剂、加气剂、膨胀剂、早强剂和缓凝剂 5 种，分别用于不同要求的工程。

(1) 减水剂 在水下浇筑混凝土中应用较多的减水剂为木质素磺酸盐类、萘磺酸盐甲醛缩合物类和糖蜜类等。所选用的减水剂，在掺入拌合物后能显著降低混凝土的用水量，从而提高混凝土的密实度和强度，并达到节约水泥、不增加或少增加含气量的目的。

(2) 加气剂 加气剂主要用于需要提高混凝土抗渗性和抗冻性的工程中，一般以掺加脱脂的铝粉为主。加气剂掺入混凝土后，不仅能改善混凝土拌合物的保水性和黏滞性，降低泌水率，而且还可以提高混凝土拌合物的流动性。

根据工程实践证明，在坍落度保持不变情况下，掺加一定量的加气剂，可减少用水量 5%～9%，混凝土的抗冻性能可提高 3 倍，抗渗性能可提高 50%。但是，由于混凝土中有一定数量的气泡存在，混凝土的强度会有所降低。材料试验证明：当水泥用量相同时，引入 1%的引气量，混凝土的 28d 强度降低 2%～3%。在水下混凝土中，加气剂主要用于需要提高抗渗、抗冻性的防渗墙混凝土工程中。

(3) 膨胀剂 为了减少水泥砂浆凝结时的收缩，增大水泥砂浆与骨料间的胶结力，可引入铝粉、铁粉、氧化镁等膨胀剂，借助发泡作用的膨胀，使水泥浆或水泥砂浆能充分伸入粗骨料的间隙内，使它们之间的胶结更为有效。

在水下压浆混凝土工程中，主要使用鳞片状铝粉作为膨胀剂。铝粉的纯度应在99%以上，有效细度在50μm以下，细度应满足通过4900孔/cm²的筛孔达98%以上。由于铝粉会浮于水面，拌和时应在加水前先将其掺入，使之与干混合料拌和均匀。

根据我国某工程试验成果，不掺铝粉的水泥砂浆收缩率为0.47%～0.52%，掺入水泥质量0.1%的铝粉后，在水泥砂浆内均布着铝粉，与水泥水化过程中产生的氢氧化钙起作用，产生密集的氢气泡，使水泥砂浆在初凝时产生的体积膨胀率为0.93%～1.78%，从而增加了水泥砂浆与预填骨料之间的胶结力。

(4) 早强剂 在水下浇筑混凝土中，早强剂只用于抢险和堵漏工程中。主要采用三乙醇胺、氯化钙、三氯化铁等早强剂。在钢筋混凝土及预应力钢筋混凝土结构中，不宜使用上述对钢筋有腐蚀作用的氯盐。我国已试制成功了不含氯盐的粉状NC早强剂，掺量为水泥质量的3%～4%，可提高强度20%以上。

(5) 缓凝剂 缓凝剂宜用于浇筑总时间超过混凝土初凝时间的首批混凝土中。由于它能延长首批水下混凝土的初凝时间，使整个仓面的水下混凝土均能在首批混凝土初凝时间内浇完，从而避免混凝土拌合物在凝结硬化期间内受到扰动影响。可供应用的缓凝剂有缓凝型减水剂、酒石酸或酒石酸钾钠、柠檬酸、硼酸、氯化锌、硫酸和氯化锌的复合物等。

五、对水的要求

混凝土中的拌合水直接影响水下混凝土的质量，环境水则影响浇筑方法、水下混凝土的硬化条件及耐久性。因此，水下浇筑混凝土对于拌合水和环境水均有一定要求。

(1) 拌合水 用于拌制水下混凝土的水，不应含有影响水泥正常凝结、硬化的有害杂质，如油脂、糖类及含锌铅的盐类。因此，不能使用含有石油或其他油类、有害杂质的工业污水和沼泽水。一般适于饮用的水、天然的清洁水，均可满足制备混凝土的要求，可以不经试验使用。总之，拌制水下浇筑混凝土所用拌合水的要求，与普通水泥混凝土相同，其技术指标应符合现行行业标准《混凝土用水标准》(JGJ 63—2006) 中的要求。

(2) 环境水 仓面环境水以清水为最好，在浑水或泥浆中浇筑水下混凝土时需采取一定的隔离措施，以减少环境水对混凝土的不利影响；为保证水下混凝土浇筑顺畅，仓面环境水与混凝土拌合物的相对密度差应在1.1以上。由于仓面泥浆会严重污染预填骨料，影响水泥浆与预填骨料的胶结强度，因此不能在泥浆中采用水下压浆法形成压浆混凝土。

水下浇筑混凝土环境水的水温不宜过低，一般应保持在10℃以上。工程检测结果表明，如果环境水的水温低于7℃时水下混凝土凝固速度很慢；当环境水的水温低于2℃时便不宜浇筑水下混凝土。当用粉煤灰拌制的混凝土温度低于5℃时混凝土则会停止硬化。

第三节 水下浇筑混凝土的配合比设计

水下浇筑混凝土的配合比设计，主要是掌握好其中的几个参数的选择，包括混凝土拌合物坍落度、水泥的强度和用量、混凝土中的砂率等。

一、水下浇筑混凝土配合比参数的选择

工程实践证明，对于水下混凝土配合比设计，首先要确定在配合比设计中的几个重要参数，这是进行水下混凝土配合比设计的基础。这些参数主要包括混凝土的坍落度、水泥的强

度等级和用量、砂率。

1. 适合水下混凝土坍落度的范围

对水下混凝土的稠度测定，以混凝土自重流下，横向也能平滑流动，流到各个角落，气泡和空气少，能取得比较密实的混凝土为标准。

大量工程经验证明：在陆地上浇筑的混凝土，如果坍落度超过13cm时，加外力捣固密实和不捣固密实程度差不多。从抗压强度的观点看，比较湿稠的混凝土也不一定要捣固密实，这在水下混凝土方面也大致是相同的。另一方面，坍落度过大会使混凝土失掉黏着性和使材料容易分离。从便于施工的角度出发，不同的水下浇筑方法对混凝土拌合物的流动性要求，可参考表26-6中的数值。

表 26-6　浇筑方法对混凝土拌合物流动性要求

水下混凝土浇筑方法	导管法			混凝土泵压送	倾注法		开底容器法	袋装叠置法
	无振捣		振捣		振捣推进	自然推进		
	导管直径200～250mm	导管直径300mm						
坍落度/cm	18～20	15～18	14～16	12～15	5～9	10～15	10～16	5～8

混凝土拌合物仅仅最初具有良好的和易性是很不够的，还应在运输、浇筑和扩散的过程中都保持一定的流动性和均匀性，使混凝土拌合物在整个施工的过程中无分层离析现象，即具有良好的流动性的保持能力。

2. 水泥强度和用量

用于配制水下混凝土的水泥，其强度不宜低于32.5MPa。由于水下施工要求采用的混凝土拌合物坍落度较大，水泥用量也随之增加。在满足强度要求的情况下，采用的水泥强度也不宜过高，一般为水下混凝土设计强度的2～2.5倍。

为保证水下混凝土的强度、耐久性和经济性达到设计的要求，同时考虑到混凝土在水中下落时有部分水泥流失，因此对水下浇筑混凝土要采取两种措施：一种是要采用富配合比；另一种是要尽量降低水灰比，原则上在0.50以下。

3. 砂率的选择

砂率的大小对水下混凝土拌合物的和易性影响很大，同时混凝土的黏着性也因砂率而发生变化。如果砂率过小，混凝土显得比较粗糙；如果砂率过大，所需用水量增加，但混凝土容易分离。砂率与粗骨料的种类和最大粒径有关，进行水下混凝土配合比设计时可参考表26-7选择。

表 26-7　水下混凝土砂率的选择参考表　　单位：%

粗骨料最大粒径/mm	采用碎石的混凝土	采用卵石的混凝土
20	49	45
40	42	39
60	39	35

注：1. 本表所列数值是在水灰比为0.65、砂的细度模数为2.5、石子空隙率42%情况下得出的。

2. 水灰比增减0.05时，砂率应增减1%；砂的细度模数增减0.1时，砂率应增减0.5%；粗骨料空隙率增减1%时，砂率应增减0.4%；加气混凝土的砂率可减少2%～3%。

二、水下混凝土配合比设计的原则

由于水下混凝土施工和检查质量时都非常困难，加之存在环境水的不利影响，配制高强度的混凝土是不现实的，一般控制混凝土的抗压强度在25MPa以内。在进行水下混凝土配合比设计时应符合节约水泥、降低造价的原则，在强度、耐久性和施工条件许可范围内，尽可能降低水泥用量和单位用水量。

为确保水下混凝土的施工质量，要努力提高混凝土的均质性。因此，要运用数理统计的方法作为控制质量的手段，根据工程统计的强度均方差或离差系数来评价混凝土施工管理的质量控制水平（见表26-8）。

表26-8 施工管理质量控制水平

项目		等级			
		优秀	良好	一般	较差
控制标准		<35	35～42	42～50	>50
不同混凝土强度的离差系数 C_v	≤15MPa	<0.15	0.15～0.17	0.18～0.20	>0.20
	15～25MPa	<0.13	0.13～0.15	0.16～0.18	>0.18
	>25MPa	<0.10	0.10～0.12	0.13～0.15	>0.15
	试验	<0.03	0.03～0.04	0.05～0.06	>0.06

在水下混凝土施工的过程中，应经常分析抽样检验所得出的强度数据，对材料质量、配合比、拌和、运输、浇筑、试块成型、试压等各个环节都要进行细致检查，发现问题及时加以改进，力争把强度均方差或离差系数降低到最低限度。

三、水下浇筑混凝土配合比选择

（一）试配强度的确定

由于水下混凝土施工的特殊性和隐蔽性，往往其施工质量是不均匀的。为了保证工程质量，在混凝土施工过程中，抗压强度的混凝土试块，不仅总的平均值应满足设计强度的要求，而且还应满足一定的强度保证率的要求。因此，混凝土的试配强度必须大于其设计强度。

在实际工程中，试配强度按均方差法或离差系数法计算。前者认为在各种不同强度的混凝土中，均方差为一恒量；后者则认为离差系数为一恒量。一般根据试配验证结果，采用其中一种较准确的方法计算试配强度。

均方差法计算公式为：
$$R_p = R + t\sigma \tag{26-1}$$

离差系数法计算公式为：
$$R_p = R/(1 - tC_v) \tag{26-2}$$

式中 R_p——水下混凝土的试配强度，MPa；

R——水下混凝土的设计强度，MPa；

C_v——混凝土强度离差系数；

σ——混凝土的均方差；

t——混凝土强度保证率系数如表26-9所列。

当混凝土强度保证率已经确定，工程统计的强度均方差为已知时，可由图26-2中查得试配强度与设计强度的差值。当工程统计的强度离差系数为已知时，可由图26-3中查得试配强度与设计强度的比值。即可直接算出试配强度。

表 26-9　混凝土强度保证率系数

保证率 P/%	保证率系数 t	保证率 P/%	保证率系数 t	保证率 P/%	保证率系数 t
50.0	0.00	70.0	0.52	90.0	1.28
51.0	0.03	71.0	0.55	91.0	1.34
52.0	0.05	72.0	0.58	92.0	1.41
53.0	0.08	73.0	0.61	93.0	1.48
54.0	0.10	74.0	0.64	94.0	1.55
55.0	0.13	75.0	0.67	95.0	1.63
56.0	0.15	76.0	0.71	96.0	1.75
57.0	0.18	77.0	0.74	97.0	1.88
58.0	0.20	78.0	0.77	98.0	2.05
59.0	0.23	79.0	0.81	99.0	2.33
60.0	0.25	80.0	0.84	99.1	2.37
61.0	0.28	81.0	0.88	99.2	2.41
62.0	0.31	82.0	0.92	99.3	2.46
63.0	0.33	83.0	0.95	99.4	2.51
64.0	0.36	84.0	0.99	99.5	2.58
65.0	0.39	85.0	1.04	99.6	2.65
66.0	0.41	86.0	1.08	99.7	2.75
67,0	0.44	87.0	1.13	99.8	2.88
68.0	0.47	88.0	1.18	99.9	3.09
69.0	0.50	89.0	1.23	—	—

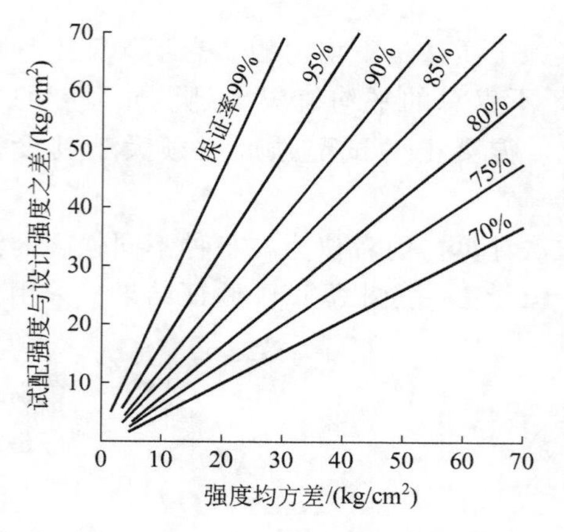

图 26-2　在不同强度均方差时试配强度与设计强度之差

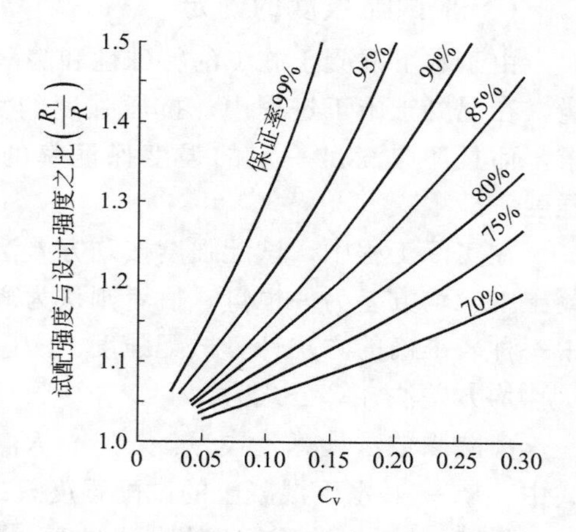

图 26-3　在不同强度离差系数时试配强度与设计强度之比

（二）配合比选择方法

水下浇筑混凝土配合比选择方法，根据工程的实际要求不同，可分为流动性选择法和强度选择法两种。

(1) 流动性选择法 按水下浇筑所要求的流动性，选择单位用水量；按要求水下混凝土的试配强度，确定几组水灰比。通过计算或试验资料绘制水灰比-强度相关曲线，从而选择同时满足强度和水下施工流动性要求的混凝土配合比。

这种方法可以一次选择出适于水下浇筑混凝土的配合比。但由于满足水下浇筑混凝土的坍落度要求较大，往往引起试验的不便和耗费较多的水泥。因此，流动性选择法主要用于计算法或重要工程的试验法。

(2) 强度选择法 为满足水下混凝土的强度要求，先根据设计强度和不同的水下浇筑方法，适当提高混凝土的试配强度，混凝土设计强度提高的幅度如表 26-10 所列。

表 26-10 混凝土设计强度提高百分数（仅供参考）

水下混凝土浇筑方法	导管法		倾注法	开底容器法
	＜25MPa	＞25MPa		
强度提高百分数/%	15	10	10～20	30

按要求的试配强度选择几组不同的混凝土水灰比，按满足水上塑性混凝土施工要求的用水量，通过计算或试验资料绘制水灰比-强度相关曲线，从而选择水灰比和骨料级配。

在维持确定的水灰比前提下，调整用水量和水泥用量，以满足水下浇筑混凝土流动性要求，克服水下施工时对混凝土强度的不利影响。

采用这种方法，试验时混凝土拌合物的坍落度适中，简化试验操作过程；可引用一般混凝土试验室都具有的干地浇筑混凝土的试验资料，简化试验项目。因此，适用于通过试验法求出一般水下混凝土工程的混凝土配合比。

(三) 配合比计算步骤

水下混凝土配合比一般要通过试验确定。对于工程量较小或临时性工程，可按照下述的方法步骤计算混凝土的配合比，然后通过试拌确定是否能采用。

1. 用水量计算

水下混凝土拌合物单位用水量，一般都要通过试验确定。在初步估算时，可根据不同浇筑方法、环境水及仓内钢筋的布置情况，参照表 26-6 选择要求的坍落度，再根据选择的坍落度参考表 26-11 选择单位用水量，也可以用以下公式进行计算。

表 26-11 塑性混凝土单位用水量参考表

坍落度/cm \ 用水量/kg \ 粗骨料最大粒径/mm	卵石混凝土					碎石混凝土				
	10	20	40	60	80	10	20	40	60	80
3～4	190	185	175	165	160	205	200	185	175	170
5～8	200	195	185	175	170	215	210	195	185	180
8～12	210	205	195	185	180	225	220	205	195	190
12～15		215	205	200	195		230	215	210	205
15～18		225	225	215	210		240	230	225	220

注：表中所列数值，适于普通硅酸盐水泥，细骨料为中砂。采用粗砂时，宜减少用水量 10～15kg；采用细砂时，可增加 10～15kg。当使用火山灰水泥时，增加用水量 20kg；掺入减水剂时，减少用水量 10～20kg；掺入引气剂时，减少用水量 8～15kg。

普通水下混凝土的用水量： $G_w=3.33(S+K)$ (26-3)

引气水下混凝土的用水量： $G_{wa}=G_w-K_aA$ (26-4)

式中 G_w——每立方米普通水下混凝土中的用水量，kg；

G_{wa}——每立方米引气水下混凝土中的用水量，kg；

S——混凝土拌合物的坍落度，cm；

K——试验常数，如表26-12所列；

K_a——减水系数，一般为3.4～3.8；

A——混凝土的含气量，%。

表 26-12 试验常数 *K* 值

骨料最大粒径/mm		10	20	40	80
K 值	碎石混凝土	57.5	53.0	48.5	44.0
	卵石混凝土	54.5	50.0	45.5	41.0

注：1. 采用火山灰质水泥时，增加4.5～6.0；2. 采用细砂时，增加3.0。

2. 水泥用量计算

水下混凝土中的水灰比是根据试配强度、水泥品种及水泥强度计算的。混凝土中的水泥用量是根据用水量和水灰比计算的。混凝土中的水灰比和单位体积的水泥用量，除应当满足混凝土的强度外，还应满足耐久性的要求。当按强度计算的水灰比和水泥用量达不到耐久性要求的有关限值时，应按耐久性有关要求来确定。

（1）按试配强度计算初步水灰比 按试配强度计算水下混凝土的初步水灰比，与普通混凝土基本相同，即根据采用的水泥品种、水泥强度和水下混凝土的试配强度，按下式计算水灰比：

$$R_a=aR_c(C/W-b) \tag{26-5}$$

式中 R_a——混凝土的试配强度，MPa；

R_c——水泥的实际强度，MPa；

C/W——灰水比，即水灰比的倒数；

a、b——与水泥品种和粗骨料种类有关的试验系数，如表26-13所列。

表 26-13 与水泥品种和粗骨料种类有关的试验系数 *a*、*b*

粗骨料种类	卵石		碎石	
水泥品种	硅酸盐水泥 普通硅酸盐水泥	矿渣硅酸盐水泥 火山灰质硅酸盐水泥 粉煤灰硅酸盐水泥	硅酸盐水泥 普通硅酸盐水泥	矿渣硅酸盐水泥 火山灰质硅酸盐水泥 粉煤灰硅酸盐水泥
a	0.43	0.50	0.52	0.50
b	0.44	0.66	0.56	0.58

（2）按耐久性要求确定水灰比 有抗渗性要求的混凝土，其水灰比可参考表26-14选择。根据工程实践经验，$1m^3$水下混凝土中的水泥用量一般不宜小于300kg。有抗冻性要求的混凝土，其水灰比可以参考表26-15进行选择。

表 26-14　抗渗标号与水灰比的关系

抗渗标号	S_2	S_4	S_6	S_8	S_{12}
相应渗透系数/(cm/s)	1.96×10^{-8}	0.783×10^{-8}	0.419×10^{-8}	0.216×10^{-8}	0.129×10^{-8}
最大水力梯度	133	267	400	533	800
水灰比	—	0.60～0.65	0.55～0.60	0.50～0.55	＜0.50

表 26-15　抗冻标号与水灰比的关系

抗冻标号	$D_{25}\sim D_{50}$	D_{100}		D_{200}
强度损失不超过 25%的反复冻融的次数	25～50	100		200
水泥品种 外加剂 水灰比	矿渣水泥或粉煤灰水泥 加气剂 ＜0.65	普通水泥 不可掺 ＜0.55	普通水泥 可不掺 ＜0.60	普通水泥 加气剂 ＜0.50

若环境水具有侵蚀性，应当针对侵蚀介质的种类和性质，选择水泥品种，对表中的水灰比应适当减小，一般情况下可以减小 0.05。

(3) 计算水泥用量　每立方米混凝土中的水泥用量，根据前面计算出的单位用水量和水灰比，用式(26-6) 计算水泥用量：

$$G_c=G_wC/W \tag{26-6}$$

式中　G_c——$1m^3$ 混凝土中的水泥用量，kg；

G_w——$1m^3$ 混凝土中的用水量，kg；

C/W——混凝土的灰水比。

当采用混凝土泵进行输送时，为防止出现堵管现象，水泥用量不宜过少，应满足图 26-4中的要求。

3. 砂石的用量计算

(1) 计算骨料的绝对体积　$1m^3$ 混凝土中骨料（砂石）所占的绝对体积可按下式进行计算：

$$V_h=1000-G_w-G_c/\Delta_c-100K_a \tag{26-7}$$

式中　V_h——$1m^3$ 混凝土中骨料的绝对体积，L；

G_w——$1m^3$ 混凝土中的用水量，kg；

G_c——1m 混凝土中的水泥用量，kg；

Δ_c——水泥的密度，如表 26-16 所列；

K_a——混凝土的含气量，%，一般水下混凝土为 1%～2%，加气混凝土为 3%～6%。

表 26-16　不同品种水泥的密度

水泥品种	硅酸盐水泥	普通硅酸盐水泥	矿渣硅酸盐水泥	火山灰硅酸盐水泥	粉煤灰硅酸盐水泥
密度/(g/cm^3)	3.10～3.20	3.00～3.15	2.90～3.05	2.85～2.95	2.85～2.95

(2) 砂率的选择　含砂率为砂的质量占全部骨料（砂和石）质量的百分率，可按式(26-8)、式(26-9) 计算。

$$a=Ke\gamma_s/(\gamma_g+e\gamma_s)\times100\% \tag{26-8}$$

$$e=(1-\gamma_g/\Delta_g)\times100\% \tag{26-9}$$

式中　a——混凝土的含砂率，%；

e——粗骨料的空隙率，%；

Δ_g——粗骨料的密度，kg/m^3；

γ_s、γ_g——砂石的容量，kg/m^3；

K——富余系数，水下混凝土为1.3～1.4，施工条件差，K取较大值；水泥用量多，K取较小值。

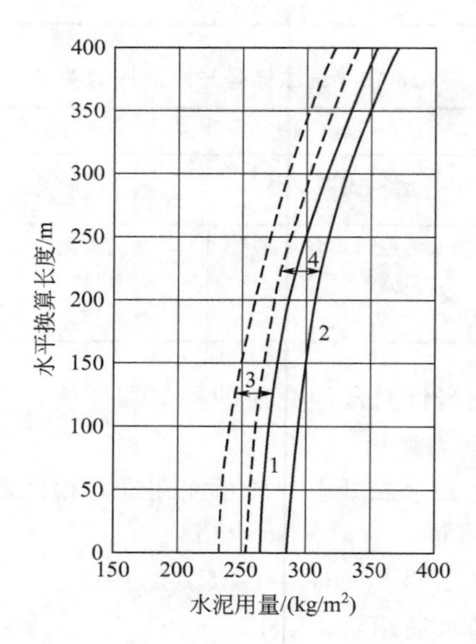

图26-4　水泥用量与输送距离的关系

1—卵石界限；2—碎石界限；3—卵石不稳定区；4—碎石不稳定区

(3) 计算每立方米混凝土的砂石用量　水下混凝土中的砂石用量，一般用绝对体积法计算。每立方米混凝土中所用材料的总体积为1000L，利用下式联立方程求解：

$$G_s/(G_s+G_g)=a \tag{26-10}$$

$$G_s/\Delta_s+G_g/\Delta_g=1000-(G_c/\Delta_c+G_w/\Delta_w)-1000K_a \tag{26-11}$$

式中　G_s、G_g、G_c、G_w——每立方米混凝土中砂、石、水泥和水的用量，kg；

Δ_s、Δ_g、Δ_c、Δ_w——砂、石、水泥和水的密度，g/cm^3；

a——混凝土的含砂率，%；

K_a——水下混凝土的含气量，%。

当采用粗骨料最大粒径为40mm的二级配混凝土时，5～20mm的小石子占粗骨料用量的40%，20～40mm中石子占60%。当小石子的储量较多时，两种石子也可各占50%。对于比较重要的工程，混凝土中粗骨料级配也应通过试验确定。

(四) 工程施工现场配合比

施工现场所贮存的骨料一般都含有水分。在现场配料拌和混凝土之前应快速测定和计算砂、石的含水率。在计算的用水量中扣除这部分水量。在称量砂石时，则应相应地增大称量。假定砂中的含水率为a，石子中的含水率为b，则砂子的称量校正值、石子的称量校正值和用水量的校正值可分别按下式进行计算：

砂子的称量校正值为：$$G_s'=G_s(1+a) \tag{26-12}$$

石子的称量校正值为：$$G_g'=G_g(1+b) \tag{26-13}$$

用水量的校正值为：　$G'_w = G_w - G_s a - G_g b$　(26-14)

当施工现场使用袋装水泥时，宜按水泥用量为每袋水泥质量（50kg）的整数倍，一次拌合物总量又接近搅拌机容量的各种材料，作为施工配合比。

我国水下浇筑混凝土最常采用导管法，现将此法的一些配合比列于表 26-17 中，供施工中参考。

表 26-17　导管法水下混凝土配合物实例

序号	粗骨料最大粒径/mm	坍落度/cm	水灰比	含砂率/%	1m³混凝土中各种材料用量/kg				设计强度/MPa	实测强度/MPa
					水	水泥	砂子	石子		
1	20	18～20	0.60	45	—	—	—	—	17.0	—
2	20	18～20	0.65	44	302	465	581	744	10.0	—
3	20	16～18	0.60	40	204	340	782	1156	14.0	—
4	20	16～18	0.57	48	230	410	820	877	15.0	18.0
5	25	12～18	0.49	43	183	370	751	1006	40.0	34.5
6	25	19	0.52	46	180	346	840	990	—	17.0
7	25	15	0.50	38	185	370	—	—	20.0	31.8
8	40	14～16	0.48	37	176	370	718	1170	20.0	31.0
9	40	13～18	0.43	41	159	370	772	1115	19.0	38.0
10	40	16～20	0.41	33	152	374	579	1220	34.0	37.8
11	40	12	0.50	—	158	315	—	—	24.0	26.2
12	40	10	0.44	—	163	370	—	—	25.0	29.7
13	40	15	0.42	—	155	370	—	—	30.0	28.0
14	40	18～20	0.50	37	260	520	546	946	20.0	—
15	40	17～19	0.58	46	215	370	777	925	17.0	15.6～19.3
16	40	18～20	0.60	39	204	340	680	1054	17.0	14.6～19.4
17	40	20	0.55	46	205	375	788	938	14.0	10.0～14.0
18	40	18～20	0.60	50	216	360	900	900	14.0	—
19	40	16～18	0.57	45	230	410	820	986	15.0	18.0
20	50	15～18	0.75	33	262	350	520	1040	—	9.4～17.9
21	50	15～18	0.75	33	262	350	520	1040	—	10.0～13.2
22	40～60	15～18	0.56	38	195	350	705	1155	—	26.4～27.4

第四节　水下浇筑混凝土的施工工艺

水下浇筑混凝土采用的施工方法不同，其施工工艺是不一样的。本节仅主要介绍水下浇筑混凝土导管法的施工工艺。

一、浇筑方法的选择

水下浇筑混凝土的浇筑方法有开底容器法、倾注法、装袋叠置法、柔性管法、导管法和泵压法。

开底容器法只适用于小量的、零星的水下混凝土工程的施工，施工技术和施工设备也比较简单。

倾注法类似于干地的斜面分层浇筑法，施工技术比较简单，但只能用于水深不超过 2m 的浅水区。

装袋叠置法虽然施工比较简单，但袋与袋之间有接缝，整体性较差，一般只用于对整体性要求不高的水下抢险、堵漏和防冲工程，或在水下立模困难的地方用作水下模板。

柔性管法是较新的一种施工方法，能保证水下混凝土的整体性和强度，可以在水下浇筑较薄的板，并能得到规则的表面。

导管法和泵压法是工程上应用最广泛的浇筑方法，可用于规模较大的水下混凝土工程，能保证混凝土的整体性和强度，可在深水中施工（泵压法水深不宜超过 15m），要求模板密封条件较好。

二、导管法施工工艺

导管法施工是通过不透水的金属导管来浇筑水下混凝土，具有设备简单、整体性好、浇筑速度快、不受水深和仓面大小限制等优点，是工程中应用最广泛的一种水下浇筑混凝土的方法。导管法施工的主要设备是金属导管，其直径为 200～450mm（见图 26-5）；多是由长度不同的钢管管节组成，通过法兰盘和螺栓连接而组成空心圆管。

导管可以组装成整节式、套筒式和活节式 3 种（见图 26-6）。

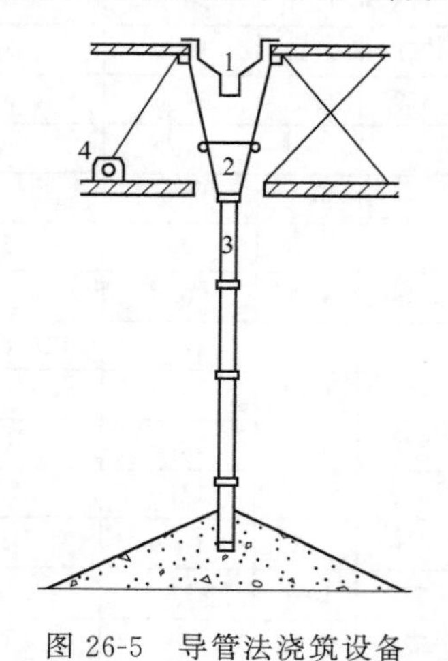

图 26-5 导管法浇筑设备

1—储料斗；2—承料漏斗；3—导管；4—提升机具

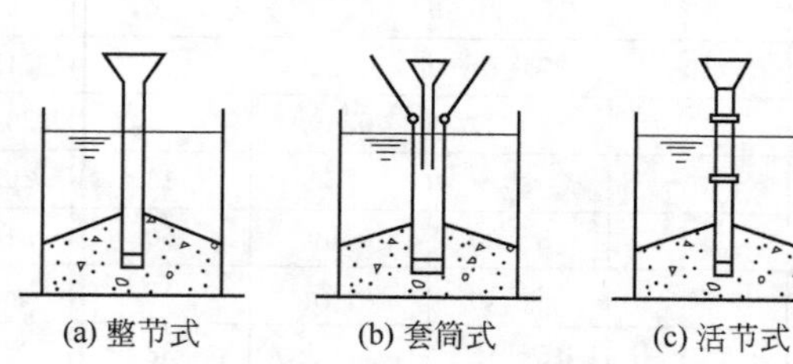

图 26-6 导管的组装方式

整节式导管由一根钢管或非拆卸管节组成，这种导管适用于浇筑层厚度不超过 5m 的水下混凝土。工作平台应有足够超高，在浇筑过程提升导管或可以随承料漏斗一起上提到仓面。

套筒式导管是布置双层导管，与承料漏斗相接的内导管固定不动，施工中只提升埋入水中的外套管，这样可省去拆卸导管的时间，特别适用于泵压法施工。

在水下浇筑混凝土施工中，真正应用最多的是活节式导管，它可以随着混凝土面的上升逐节拆卸导管，施工非常简单而方便。

用导管法施工，进入导管内的第一批混凝土拌合物，能否在隔水条件下顺利到达仓底，并使导管底部埋入混凝土内一定深度，是能否顺利浇筑水下混凝土的重要环节。为此，就必须采用悬挂在导管上部的顶门或吊塞作为隔绝环境水。顶门用木板或钢板制作，吊塞可以用各种材料制成圆球（柱）形。在正式浇筑前，用吊绳把滑塞悬挂在承料漏斗下面的导管内，随着混凝土的浇筑面一起下滑，至接近管底时将吊绳剪断，在混凝土自重推动下滑塞下落，混凝土冲出管口并将导管底部埋入混凝土内。此外，采用自由滑动软塞或底塞，也可达到以上目的。

导管直径与导管通过能力和粗骨料的最大粒径有关，可参照表 26-18 进行选择。

表 26-18 导管直径的选择

导管直径/mm	100	150	200	250	300
导管通过能力/(m^3/h)	3.0	6.5	12.5	18.0	26.0
允许粗骨料最大粒径/mm	20	20	碎石 20，卵石 40	40	60

用导管法浇筑水下混凝土时，为保证施工质量，需要注意以下几个方面。

1. 首批混凝土的数量

为保证导管底部埋入混凝土内，在开始浇筑阶段，首批混凝土推动滑塞冲出导管后，在管脚处堆高不宜小于 0.50m，以便导管口埋入混凝土中的深度不小于 0.30m。首批混凝土宜采用坍落度较小的混凝土拌合物，使其流入仓内的混凝土坡率约为 0.25。因此，对于水平基础面的首批混凝土量应不少于 2.10m^3。如利用天然或人工凹坑设置导管，首批混凝土量可以少于 2.10m^3。

2. 导管作用半径

由图 26-7 可知，导管作用半径为 R_t，混凝土拌合物水下扩散平均坡率为 i，混凝土的上升高度则为 iR_t。同时在流动性保持指标 t_h时间内，仓面上升高度为 $t_h I$，两者应当相等，即：

$$iR_t=t_h I \tag{26-15}$$

$$R_t=t_h I/i \tag{26-16}$$

式中 I——水下混凝土面上升的速度，m/h。

在浇筑阶段，一般要求水下混凝土面坡率小于 1/5，如果以平均坡率 $i=1/6$ 代入式 (26-16) 中，则求得：

$$R_t=6t_h I \tag{26-17}$$

这样，可以根据求得的导管作用半径来布置导管。

3. 导管插入混凝土内的深度

根据工程实际观察发现，当导管插入混凝内的深度不足 0.5m 时，混凝土锥体会出现骤然下落，导管附近会出现局部隆起现象如图 26-8 所示，表面曲线突然转折。这说明混凝土拌合物不是在表面混凝土保护层下面流动，而是灌注压力顶穿了表面保护层，在已浇筑的混凝土拌合物表面成层流动，这就破坏了混凝土的整体性和均匀性。

当导管插入混凝土内超过 1m 时，混凝土表面坡率均匀一致，新浇筑的混凝土拌合物在已浇筑混凝土体内部流动，混凝土内质量也比较均匀。由此可见，导管插入混凝土内的深度，对水下混凝土的浇筑质量密切相关。

导管埋入已浇筑混凝土内越深，混凝土向四周均匀扩散的效果越好，混凝土更密实，表面也更平坦。但如果埋入过深，混凝土在导管内流动不畅，不仅对浇筑速度有影响，而且易造成堵管事故。因此，导管法施工有一个最佳埋入深度，该值与混凝土的浇筑强度和拌合物的性质有关，它约等于流动性保持指标 t_h 与混凝土面上升速度 I 乘积的 2 倍：

$$h_t=2t_h I \tag{26-18}$$

式中　h_t——导管插入混凝土内的最佳深度，m；

t_h——水下混凝土拌合物的流动性保持指标，h；

I——仓面混凝土面上升速度，m/h。

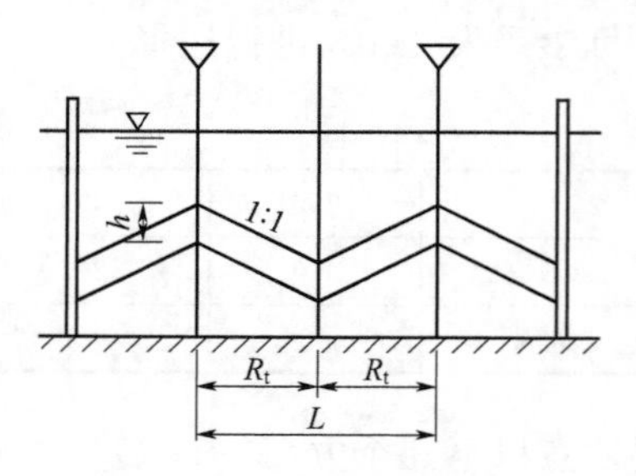

图 26-7　导管作用半径

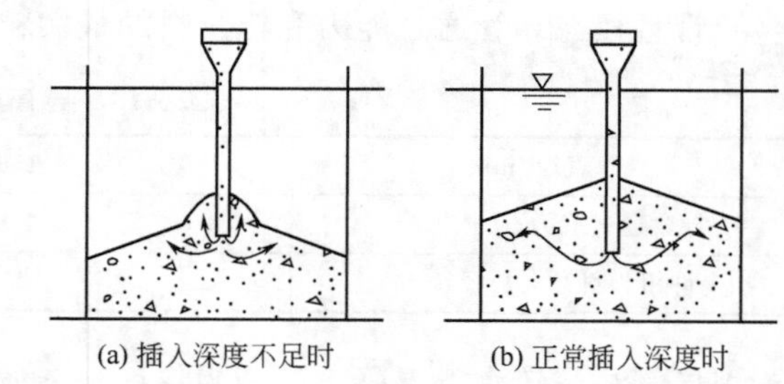

图 26-8　导管插入深度不同时混凝土拌合物的扩散情况

导管插入混凝土内的最大深度，可按下式计算：

$$h_{tmax}=Kt_fI \tag{26-19}$$

式中　h_{tmax}——导管最大插入深度，m；

t_f——混凝土的初凝时间，h；

I——混凝土面上升速度，m/h；

K——系数，一般可取 0.8～1.0。

导管的最小插入深度，从混凝土拌合物在仓面的扩散坡面，不陡于 1∶5 和极限扩散半径不小于导管间距考虑：

$$h_{tmin}=iL_t \tag{26-20}$$

式中　h_{tmin}——导管最小插入深度，m；

i——混凝土面的扩散坡率，1/6～1/5；

L_t——导管之间的间距，m。

由以上求得的导管的插入最大深度和插入的最小深度，可求出导管的一次提升高度：

$$h=h_{tmax}-h_{tmin} \tag{26-21}$$

4. 混凝土的超压力

为保证混凝土能顺利通过导管下注，导管底部的混凝土柱压力，应等于或大于仓内水压力和导管底部必需的超压力之和，即：

$$\gamma_cH_c\geqslant P+\gamma_wH_{cw} \tag{26-22}$$

$$H_c\geqslant(P+\gamma_wH_{cw})/\gamma_c \tag{26-23}$$

式中　H_c——导管顶部至已浇筑混凝土面的高度，m；

H_{cw}——水面至已浇筑混凝土的高度，m；

γ_c、γ_w——水下混凝土拌合物和水的容重，kN/m^3；

P——混凝土的最小超压力，kN/m^2，取值如表 26-19 所列。

表 26-19　导管底部的最小超压力

仓　面　类　型	钻孔	大　仓　面			
导管作用半径/m	—	≤2.5	3.0	3.5	4.0
最小超压力/(kN/m^2)	75	75	100	150	250

5. 导管的通过能力

根据混凝土流变学原理，导管通过水下混凝土拌合物的能力，可用式(26-24）表示：

$$Q=0.0036\pi r_t^4[\gamma_c H_c+(\gamma_c-\gamma_w)H_{cw}-1.33P_0]/8\eta(H_a+H_{cw}) \tag{26-24}$$

式中　Q——导管的通过能力，cm^3/s；

γ_c、γ_w——混凝土拌合物和水的容重，N/cm^3；

H_a——导管水上部分的长度，cm；

H_{cw}——水下混凝土顶部上面的水深，cm；

r_t——导管的内半径，cm；

η——混凝土拌合物的黏度，Pa·s。

P_0——水中混凝土的上浮力，kN/m^2。

6. 混凝土面的上升速度

当一次浇筑水下混凝土的高度不高时，最好使其上升速度能在混凝土拌合物初凝之前浇筑到设计高度。因此，混凝土面的上升速度为：

$$I=H/t_f \tag{26-25}$$

式中　I——混凝土面的上升速度，m/h；

H——混凝土一次浇筑高度，m；

t_f——混凝土的初凝时间，h。

在导管法实际施工中，对于大仓面宜使混凝土面的上升速度为0.3～0.4m/h，小仓面可达0.5～1.0m/h，但不能小于0.2m/h。

第二十七章 冬季施工混凝土

普通水泥混凝土是一种应用极其广泛的建筑材料，是构成各类建筑物主体的重要物质基础。由于普通水泥混凝土受到材料组成、环境温度、施工条件等多方面的影响，其工程施工质量有很大的区别。尤其是在寒冷的气候中进行普通水泥混凝土的施工，要保证设计要求的工程质量，应当采取一系列冬季施工的技术措施，这样必然会增加工程的费用。

但是，在我国北方广大地区，冬季时间较长，环境温度较低，对混凝土影响较大，为了保证混凝土工程的质量，使建筑业实现常年均衡施工，以推动经济建设的快速发展，必须组织冬季混凝土施工。因此，混凝土的冬季施工是混凝土工程不可避免，采用经济、适宜的冬季施工技术也是建筑业的一个重大技术课题。

第一节 冬季施工混凝土概述

冬季施工混凝土，又称为抗冻混凝土，即在低温条件下施工的混凝土。我国在国家标准《混凝土结构工程施工及验收规范》（GB 50204—2015）中规定：根据当地多年气温资料，室外日平均气温连续5d稳定低于5℃时，混凝土结构工程的施工应采用冬期施工措施。可以取第一个出现连续5d稳定低于5℃的初日作为冬季施工的起始日期；同样，当气温回升时，取第一个连续5d稳定高于5℃的末日作为冬季施工的终止日期。初始日期和终止日期之间的日期，即为混凝土冬季施工期。

我国的东北、华北、西北等地区是冬季混凝土施工的主要地区。冬季施工混凝土的实质，是指在自然负温气候条件下，采取防风、防干和防冻等施工措施，使混凝土的水化和凝结硬化能够按照预期的目的，最终使混凝土的强度满足设计和使用的要求。

一、冬季施工混凝土的原理

普通水泥混凝土之所以具有一定的强度，是由于其组成材料中的水泥和水，在一定的温度和湿度条件下进行水化反应的结果。试验表明：普通水泥混凝土凝结硬化的速度和获得强度的快慢，除与混凝土本身组成材料和配合比有关外，主要是随着温度的高低而变化的。当温度升高时，水泥水化作用加快，混凝土强度增长也较快；而当温度降低到0℃时，存在于混凝土中的一部分水开始结冻，逐渐由液相变为固相，这时参与水泥水化作用的水大大减少。

新浇筑的水泥混凝土强度增长对温度非常敏感，在低温条件下进行比较缓慢，要比常温情况下慢得多，尤其在4～5℃时比较显著。当环境温度低于0℃，特别是温度下降至混凝土的冰点温度以下时，由于水泥的水化反应停止，不能产生新的水化热，混凝土中的水就开始结冰，经过一定的时间存在于混凝土中的水完全变成冰，体积膨胀大约9%，同时在混凝土中产生约2500kg/cm^{2}的冰胀应力。

材料试验充分证明，产生的冰胀应力常大于水泥石内部形成的初期强度值，使混凝土受到不同程度的破坏（即早期受冻破坏）而降低强度。此外，当水变成冰后还会在骨料和钢筋表面上产生颗粒较大的冰凌，减弱水泥浆与骨料和钢筋的黏结力，从而影响混凝土的抗压强度，也会给混凝土的强度、抗渗性、抗冻性和耐久性等性能带来巨大损失。

材料试验还证明，当环境温度低于5℃时，与常温（15～20℃）相比，混凝土的强度增长显著延缓，这期间混凝土的强度对温度相当敏感。试验结果表明，当温度在0～4℃时混凝土的凝结时间要比15℃时延长3倍。所以，对各类工程应采取相应的技术措施。

由以上所述可见，在冬季混凝土施工中，水的形态变化是影响混凝土强度增长的关键。国内外许多学者对水在混凝土中的形态进行大量的试验研究结果表明，新浇混凝土在冻结前有一段预养期，在这个预养期内可以增加其内部液相，减少固相，加速水泥的水化作用。试验研究还表明，混凝土受冻前的预养期越长，强度的损失越小。

混凝土化冻后（即处在正常温度条件下）继续养护，其强度会增长，不过增长的幅度大小不一。预养期较长、获得初期强度较高的混凝土受冻后，其后期强度几乎没有损失。而预养期较短、获得初期强度较低的混凝土受冻后，后期强度都会有不同程度的损失。

二、冬季寒冷条件对混凝土的影响

冬季混凝土施工实践证明，冬季寒冷条件对水的形态变化起着关键作用，而混凝土受冻的早晚又是影响其损失的重要因素。因此，了解冬季混凝土施工的规律，对于提高施工质量、降低工程造价等都有重要意义。

1. 早期受冻对混凝土的损害

新浇筑混凝土受冻后所引起的损害，是混凝土内部的水结冰膨胀所致。经过试验证明：在不同的养护条件下，处于不同冻结温度下的水泥浆及混凝土试件，随着负温的降低，冰的析出量增加。混凝土中的含冰量多少，一方面取决于所达到的负温温度，另一方面取决于冰冻前混凝土的硬化时间。但是，温度由－20℃降至－40℃时，含冰量的增加却很慢。由此看来，冰冻前混凝土的硬化时间是决定含冰量的主要因素。混凝土冰冻前经历的硬化时间越长，水泥水化产物越多，混凝土的强度越高，保持不结冰的水的比例越大，而能变成冰的游离水就越少，产生冻害的损失也越小。

新浇筑的混凝土过早受冻促使强度降低的原因，可归纳为以下3个方面。

① 水冻结成冰后，体积增加大约9%。由于水产生冻结，混凝土体积膨胀，在解冻以后，混凝土的体积不会再缩回去，而是保留原膨胀的体积。因此，混凝土受冻后孔隙率将显著提高，而密实度却大幅度下降。

② 在混凝土骨料的周围，形成一层水膜或水泥浆膜，在受冻后，其黏结力受到严重损害，即使在解冻后也不能完全恢复。据有关研究资料表明，如果黏结力完全丧失，混凝土强度将降低13%。

③ 在混凝土的冻结和解冻过程中，会发生水分的迁移现象，水分的体积也会发生一定变化。在混凝土中，各组分体积膨胀系数各不相同，混凝土的体积及各组分的相对位置有所改变，由于此时混凝土的强度很低，无法承受体积膨胀和位置变化，结构会因此而产生裂纹。

2. 冬季施工混凝土的早期抗冻性

如果混凝土早期就遭受冻害，其结构将会受到一定程度的破坏，后期强度也会受到一定损失。冻结的时间越早，造成的损失越大。

材料试验表明：为达到早期混凝土的抗冻能力，所需要的预硬化时间与水泥品种、水灰比及养护温度有关。所谓预硬化时间，是指使混凝土具有一定的早期抗冻能力，获得不致遭受冻害的最低强度，即达到受冻临界强度所需的时间。经过这样长的预硬化时间以后，混凝土的抗压强度可达到3.5～5.0MPa，这时已有相当一部分拌合水固定到已形成的水化物中，由于产生冻结的水量大大减少，混凝土本身也就具有一定的抗冻能力。

三、冬季施工混凝土的有关规定

混凝土在冻结前，要使其在正常温度下有一段预养期，以加速水泥的水化作用，使混凝土获得不遭受冻害的最低强度，这个最低强度一般称为临界强度。

试验结果充分表明：混凝土的凝结硬化必须达到一定程度才不会受冻害的影响。这种程度往往与冰冻时的水分、空气含量、冻结温度和冻结次数有关。为达到不受冻害的标准，冬期施工混凝土必须满足如下规定。

（1）冬季施工混凝土的施工要点，是寻求一种混凝土的施工方法，使混凝土在室外气温低于冰点的气候条件下，也能达到所需要的强度和耐久性。

（2）按当地多年的气温资料，当室外平均气温连续5d稳定低于5℃时，必须遵守冬季施工混凝土的有关规定。

（3）尚未凝结硬化的混凝土在－0.5℃时就会产生冻结，混凝土的强度将因产生冻结而明显受到损害。所以，冬季施工混凝土在受冻前的抗压强度（受冻临界强度），应符合国家标准《混凝土结构工程施工及验收规范》（GB 50204—2015）中的规定。

① 采用硅酸盐水泥和普通硅酸盐水泥配制的混凝土，其受冻临界强度为设计强度等级的30%，但对于C15以下的混凝土，其受冻临界强度不得低于3.5MPa。

② 采用矿渣硅酸盐水泥、火山灰质硅酸盐水泥和粉煤灰硅酸盐水泥配制的混凝土，其受冻临界强度为设计强度等级的40%，但对于混凝土强度等级小于或等于C10的，其受冻临界强度不得低于5.0MPa。

在一般情况下，在寒冷地区，暴露在露天的结构物，从浇筑完毕开始保温养护到开春之前有几次冰冻是非常正常的事情。但当混凝土的抗压强度达到3.5～5.0MPa时，出现1～3次的冻结，混凝土不会受到很大的冻害。

第二节 冬季施工混凝土原材料

冬季施工混凝土和普通水泥混凝土相同，主要由胶凝材料、细骨料、粗骨料、水和外加剂组成，由于这种混凝土施工条件很差，气候等对混凝土强度的影响很大，所以它与常温下施工的水泥混凝土相比，对原材料的质量要求更加严格。

工程实践证明，冬季施工混凝土的质量好坏、进度快慢和造价高低，在很大程度上取决于对组成混凝土原材料选择是否正确。因此，在混凝土进入冬季施工时，要根据施工气候条件和实际施工水平，很好地进行混凝土原材料的选择和配合比设计。

一、对胶凝材料的选择

冬季施工混凝土所用水泥品种和性能主要取决于混凝土养护条件、结构特点、结构使用期间所处环境和施工方法。因此，冬季施工混凝土应优先选用硅酸盐水泥和普通硅酸盐水泥，一般不得选用火山灰质硅酸盐水泥和粉煤灰硅酸盐水泥。若选用矿渣硅酸盐水泥，宜优先考虑采用蒸汽养护方法。

如果因为硅酸盐水泥和普通硅酸盐水泥缺乏，需要选用其他品种水泥时，应注意其中的掺合料对混凝土抗冻性、抗渗性等性能的影响，也可选用经过技术鉴定的早强水泥，但在水泥中掺加早强剂时要进行相关试验合格后方可使用。

有条件的工程可用特种快硬高强类水泥来配制冬季施工混凝土。但采用掺外加剂冬期施工方法时，冬季施工混凝土是不能选用高铝水泥的，这是因为高铝水泥因重结晶而导致混凝土强度的降低，对钢筋混凝土中钢筋的保护作用也比硅酸盐水泥差的缘故。

对于厚大体积的混凝土结构物，如水坝、反应堆、高层建筑物的大体积基础等，则选用水化热较小的水泥，以避免温差应力对结构产生不利影响。

总之，冬季施工混凝土对水泥的选择主要应注意以下方面：a. 优先选用硅酸盐水泥或普通硅酸盐水泥，不得选用火山灰质硅酸盐水泥；b. 如果选用矿渣硅酸盐水泥，应同时考虑采用蒸汽养护；c. 所用的水泥强度不应低于 32.5MPa；d. 水泥用量最低不少于 300kg/m^3，大体积混凝土的水泥最少用量，应根据实际情况确定。

二、对骨料的选择

冬季施工混凝土所用的骨料分为细骨料和粗骨料。细骨料宜选用色泽鲜艳、质地坚硬、级配良好、质量合格的中砂，其含泥量不得大于 1.0%；粗骨料宜选用经 15 次冻融值试验合格（总质量损失小于 5%）的坚实级配花岗岩或石英岩碎石，其坚固性指标应符合现行国家标准的规定，不得含有风化的颗粒，含泥量不得大于 1.0%。总之，所用粗骨料和细骨料的其他技术要求，应当符合国家标准《建设用卵石、碎石》（GB/T 14685—2011）和《建设用砂》（GB/T 14684—2011）中的规定。

混凝土的骨料多数处于露天堆场，对混凝土的质量有较大影响，因此，要求对骨料应提前清洗和贮备，做到骨料清洁、数量满足。配制混凝土时，要使用冰雪完全融化的骨料，不宜使用冻结或掺有冰雪的骨料，否则会降低混凝土的温度和质量。在混凝土中，冰雪融化后会留下孔隙。为了有利于骨料的加热，特别要注意在运输和贮存过程中，不要混入冰雪，以免融化时吸热降低混凝土的温度。冬季施工混凝土所用的骨料堆场，应选在地势较高、不积水、运输方便、有排水出路的地方。

三、对早强防冻剂的选择

冬季施工混凝土中掺入适宜的混凝土早强减水剂和防冻剂，能有效地改善混凝土的工艺性能，提高混凝土的耐久性，并保证其在低温初期时获得早期强度，或在负温时期的水化硬化能继续进行，防止混凝土早期遭受冻害。

1. 防冻剂的作用机理

（1）在混凝土中加入防冻剂，可以在寒冷条件下进行施工而不需对材料加热；在混凝土成型后，也不需要对混凝土加热。防冻剂的作用是在负温下确保混凝土中有液相存在，从而使水泥中的矿物成分可继续水化，使混凝土在严寒下硬化。

（2）水中加入防冻剂，其化学作用使其冰点降低并且由于生成溶剂化物，即在被溶解物质与水分子间形成比较稳定的组分。当将溶液中的水转化为水分子时，不仅需要降低水分子的温度，而且需要使水分子从溶剂化物中分开，两者都需要消耗能量。

（3）防冻剂对冰的力学性质有极大的影响，在这种情况下生成的冰，结构有缺陷，强度非常低，不会对混凝土产生显著的损害。与此相反，不掺加防冻剂的混凝土在早期受冻时，混凝土的力学性能及耐久性都受到很大的损害。

(4) 与不掺加防冻剂的混凝土相比，掺加防冻剂混凝土受冻时所生成的冰，其结晶强度低，可以允许受冻。防冻剂的主要作用除降低水的冰点外，还可以参加水泥的水化过程，改变熟料矿物的溶解性及水化产物，并且对水化生成物的稳定性起作用。

2. 早强防冻剂应具有的作用

冬季施工混凝土用的外加剂应通过正式技术鉴定，其技术性能应符合《混凝土外加剂应用技术规范》(GB 50119—2013) 和《混凝土防冻剂》(JC 475—2004) 标准的规定。我国配制的早强防冻剂主要由减水、引气、防冻、早强组分组成，不仅具有对混凝土显著早强防冻功能，而且无毒、不易燃、对钢筋无锈蚀作用。

掺有早强防冻剂的混凝土，可以在负温情况下凝结硬化而不需要保温或加热，最终能达到与常温养护的混凝土相同的质量水平。冬季施工混凝土所用的早强防冻剂是配制低温施工环境中的重要材料，也是确保混凝土在一定负温下正常施工、保证工程质量的技术措施，因此选用的早强防冻剂应同时具备以下几个作用。

(1) 具备良好的早强作用　具备良好的早强作用，使混凝土能在较短的时间内达到受冻临界强度，从而增强混凝土的抗冻能力，这是对早强防冻剂最基本的要求。

(2) 具有高效减水作用　选用的早强防冻剂具有高效减水作用，是防止混凝土产生冻胀应力的重要措施。通过掺加早强防冻剂，可有效地减少混凝土的单位用水量，从而细化混凝土中的毛细孔径，这是减轻混凝土冻胀的内在因素。

(3) 具有降低冰点的作用　掺加早强防冻剂后，可使混凝土在较低的环境温度条件下，保持混凝土中一定数量的液态水存在，为水泥的持续水化反应提供条件，保证混凝土强度的持续增长。

(4) 对钢筋无锈蚀作用　掺加的早强防冻剂对钢筋无锈蚀作用，这是非常重要的一个方面。因为在混凝土结构和构件中，多数是钢筋混凝土，如果防冻剂对钢筋有锈蚀作用，会影响其使用寿命。

(5) 其他作用　另外，许多研究结果认为，防冻剂还应具有一定的引气作用，以缓和因游离水冻结而产生过大的冻胀应力。但试验证明，含气量对混凝土的早期抗冻能力并无益处，从冬季施工的角度要求出发，防冻剂无需包含引气组分。如果设计方面对混凝土的抗冻融性能有特殊要求时，可通过试验再掺入引气剂。

四、对保温材料的选择

冬季施工混凝土所用的保温材料，应根据工程类型、结构特点、施工条件、经济效益和当地气温情况进行选用。一般应遵循就地取材、综合利用、经济适用的原则。

在选择保温材料时，以导热系数小、密封性好、坚固耐用、防风防潮、价格低廉、质量较轻、便于搬运、支设简单、重复使用者为优。

保温材料必须干燥，含水量对导热系数影响很大，因此，保温材料特别要加强堆放管理，注意不能和冰雪混杂在一起堆放。

随着工业新技术的开发，冬季施工混凝土中越来越广泛地使用轻质高效能保温材料（如岩棉等)，这是今后发展的方向。

五、对混凝土水灰比的选择

在负温下混凝土产生冻结，主要是由其内部的水分结冰所致。在混凝土中，孔隙率和孔结构特征（大小、形状、间隔距离）对抵抗冻害起着明显的作用，而水灰比的大小又直接影响混凝土的孔隙率和孔结构。因此，冬季施工混凝土的水灰比的选择是一个非常重要的指标，在一般情况下应尽量减小，即应不大于0.60。

第三节　冬季施工混凝土的配合比设计

冬季施工混凝土，除了在施工工艺上必须采取相应的技术措施外，更重要的是通过良好的配合比设计来提高混凝土本身的抗冻性能。所以，认真进行冬季施工混凝土配合比设计，是确保混凝土施工质量的基础。

一、配合比设计的原则

冬季施工混凝土的配合比设计，除了应遵循上述原材料的选用规定外，还应适量地增加水泥用量，选用较小的水灰比，一般水灰比控制在0.40～0.60范围内，并要充分考虑应使冬季施工混凝土具有很好的抵御早期遭受冻害的早期临界强度、抵御冻融危害的防冻性能、抗渗性能和耐久性能。在满足以上性能的前提下，也要考虑到冬季施工混凝土的经济性。

二、配合比设计的过程

冬季施工混凝土配合比设计，在遵照其设计原则的前提下，在整个设计过程中，必须按照《普通混凝土配合比设计技术规程》（JGJ 55—2011）和《混凝土结构工程施工及验收规范》（GB 50204—2015）中的有关规定执行。

三、配合比设计的实例

冬季施工混凝土在低温条件下施工，除了在工艺方面采取相应的加热措施外，更重要的是提高混凝土自身的抗冻能力，即精心进行混凝土配合比设计。表27-1中列出了某工程基础冬季施工混凝土的C20、D150实际工程配合比，供配合比设计中参考。

表27-1　C20、D150冬季施工混凝土配合比实例

质量配合比（水泥：砂：碎石）	水泥用量/(kg/m³)	水灰比	粗骨料		泡沫剂掺量/%	抗压强度/MPa	冻融质量损失/%	抗渗等级
			粒径/mm	掺量/%				
1∶1.57∶3.35	370	0.50	20～40	100	0	30.8	31.4	—
1∶1.57∶3.34	368	0.50	20～40	100	0.01	21.9	16.0	0.8
1∶1.57∶2.92	384	0.50	20～40 5～15	80 20	0.01	23.8	14.5	1.2
1∶1.63∶3.30	380	0.50	20～40 5～25	80 20	0.01	31.5	9.6	1.2
1∶1.77∶3.15	385	0.45	20～40 15～20 5～15	50 30 20	0.01	32.7	10.0	0.8～1.2
1∶2.00∶0	590	0.45	—	—	0.02	32.0	1.2	—

第四节　冬季施工混凝土的施工工艺

在冬季寒冷的条件下，水泥混凝土的施工有多种方法可以选择，如暖棚法、蓄热法、电张法、蒸汽加热法及冷混凝土施工法等。具体采用何种冬季施工方法，应根据工程实际、结构特点、施工单位的基本条件和环境因素，遵循经济、简便、可靠、适用等原则。

一、蓄热法施工工艺

冬季施工混凝土蓄热法，是利用加热除水泥外的原材料使混凝土拌合物获得一定初始热量加之水泥水化释放出的水化热量，通过适当的保温材料覆盖，防止热量过快散失，延缓混凝土的冷却速度，保证混凝土在正温环境下硬化，并达到混凝土预期的临界强度以上的一种施工方法。

（一）蓄热法的适用范围

蓄热法施工工艺的基本特点是：对拌合水和骨料进行适当加热，用热混凝土拌合物浇筑，浇筑完成的构件用保温材料覆盖围护。利用原材料预加的热量和水泥水化放出的水化热，使混凝土缓慢冷却，在混凝土温度降至0℃前，获得早期抗冻能力或达到预定的强度目标。

蓄热法施工比较简单，在混凝土周围不需要特殊的加热设备和加热设施，因此，混凝土的施工费用比较低，这是冬季施工混凝土首先考虑的一种施工方法，只有当确定蓄热法确实不能满足要求时才考虑选择其他方法。

蓄热法适用于气温不太寒冷的地区，或者是每年的初冬和冬末季节；室外气温在－10℃以上时；或是厚大结构建筑物其表面系数为6～8的构件。工程经验表明，对大型深基础和地下建筑，如地下室、挡土墙、地基梁及室内地坪等，采用蓄热法均能取得良好效果。因为这类建筑易于保温，热量损失较少，并能利用地下土壤的热量。对于表面系数较大的结构（表面系数大于6.0）和气候较寒冷地区（气温低于－10℃）也可以应用。但对于保温应特别注意和重视，如增加保温材料的厚度或使用早强剂，则较为有利。这样，可以防止混凝土早期遭受冻害，但必须要经过热工计算。

使用蓄热法除与上述各项因素有关外，还与下列条件有关：a. 在混凝土拆除模板时，所需达到的强度越小者，越宜采用蓄热法；b. 在冬季施工混凝土时，室外的气温越高，风力越小时，也宜用此法；c. 当混凝土采用的水泥强度越高、发热量越大或水泥用量越多时，越宜采用此法施工，但要考虑其经济效果。

（二）蓄热法加热的基本原则

冬季施工混凝土通过原材料的加热，使混凝土在搅拌、运输、浇筑以后，还蓄存有相当的热量，具有适当的温度，混凝土在正温养护条件下，逐步增长到所需要的混凝土强度，不致受到冻害。为此，对混凝土原材料加热规定如下原则。

（1）不论采取何种方法进行加热，必须以节约能源、降低造价、实现目标为原则。

（2）水的加热最简单易行，非常容易控制，且水的比热较砂石骨料高5倍左右，故首先加以考虑。如果水加热到规定的温度，尚不能使混凝土拌合物达到规定的温度时，再考虑砂石骨料的加热。

（3）原材料加热的温度不是随意的，必须通过热工计算决定。

（4）为了防止水泥出现“假凝”，水的加热极限温度不宜超过80℃，如果经过热工计算，80℃的水所含的热量还不能满足要求时，可以对骨料进行适当加热，也可以适当提高水温，但必须将砂石与热水先行混合搅拌，待砂石和热水的温度降低后，再加入水泥搅拌成混凝土，以防止水泥出现假凝现象而影响混凝土的强度。

（三）加热材料的热工计算

加热原材料经过混合搅拌后，所得到的混凝土温度可由下式进行计算：

$$T_0=[0.9(m_cT_c+m_sT_s+m_gT_g)+4.2T_w(m_w-\omega_sm_s-\omega_gm_g)+c_1(\omega_sm_sT_s+\omega_gm_gT_g)-c_2(\omega_sm_s+\omega_sm_g)]/[4.2m+0.9(m_c+m_s+m_g)] \tag{27-1}$$

式中　T_0——混凝土拌合物的温度，℃；

m_w——混凝土中的用水量，kg；

m_c——混凝土中的水泥用量，kg；

m_s——混凝土中的砂子用量，kg；

m_g——混凝土中的石子用量，kg；

T_w——水的温度，℃；

T_c——水泥的温度，℃；

T_s——砂子的温度，℃；

T_g——石子的温度，℃；

ω_s——砂子的含水率，%；

ω_g——石子的含水率，%；

c_1——水的比热容，kJ/(kg·K)；

c_2——冰的比热容，kJ/(kg·K)。

当骨料的温度大于0℃时，$c_1=4.2$kJ/(kg·K)，$c_2=0$；当骨料的温度小于或等于0℃时，$c_1=2.1$kJ/(kg·K)，$c_2=335$kJ/(kg·K)。

（四）各种材料的加热方法

1. 水的加热方法

水的加热方法非常简单、种类很多，在实际工程中对水加热的方法有：a. 用锅炉或锅直接进行烧水；b. 直接向水箱内导入热蒸汽对水进行加热；c. 在水箱内装置螺旋管传导蒸汽的热量，间接对水进行加热；d. 在水箱内插入电极对水进行加热。

2. 砂石的加热方法

（1）直接加热　直接将蒸汽管通到需要加热的骨料中去。这种加热方法优点是加热迅速，并能充分利用蒸汽中的热量，有效系数高。其缺点是骨料中的含水量增加，不易控制搅拌时的用水量。

（2）间接加热　在骨料堆、贮料斗或运输骨料的工具中，安装蒸汽盘管间接地对砂、石送汽加热。这种加热方法加热比较缓慢，但容易控制搅拌时的用水量。

（3）用大锅或大坑进行加热　这种加热方法设备简单，但热量损失较大，热的有效系数很低，加热不均匀，一般只用于小型工程。

原材料不论采取何种方法加热，在设计加热设备时，必须先求出每天的最大用料量和要求达到的温度。根据原材料的初温和比热容，求出所需要的总热量，考虑到加热过程中的热量损失，求出总需热量。有了总需热量，即可决定采用热源的种类、规模和数量。

（五）混凝土拌合物热量损失计算

混凝土在寒冷条件下施工时，外界的气温比较低，由于空气和容器的热传导作用，在搅拌、运输、浇筑和振捣的过程中，混凝土的热量损失很大，所以在混凝土的整个施工过程中，必须认真对待。计算混凝土搅拌、运输、浇筑过程中的温度损失，可参考表27-2。

表 27-2 混凝土施工时的温度损失

搅拌温度与环境温度/℃	15	20	25	30	35	40	45	50	55	60	65	70	75
搅拌温度损失/℃	3.0	3.5	4.0	4.5	5.0	6.0	7.0	8.0	9.0	10.5	—	—	—
运输温度损失/℃	0.52	0.63	0.73	0.90	1.0	1.25	1.5	1.75	2.0	2.25	2.50	2.75	3.00
浇筑温度损失/℃	2.0	2.5	3.0	3.5	4.0	4.5	5.0	5.5	6.0	6.5	7.0	7.5	8.0

特别值得指出的是：在同样温差的情况下，刮风比无风时具有更大的热量损失。因此，在具体混凝土施工的过程中，应经常进行实际测量，以便适当增加混凝土的搅拌温度，最终满足需要的入模温度。

二、综合蓄热法施工工艺

综合蓄热法是在混凝土拌合物中掺加少量的防冻剂，并对原材料预先加热，搅拌站和运输工具都要进行适当保温，混凝土拌合物浇筑后的温度一般应在10℃以上，当构件的断面尺寸小于300mm时必须达到13℃以上。通过蓄热保温，使混凝土经过1～1.5d后才冷却至0℃，此时混凝土已达到终凝。然后逐渐与外界环境气温相平衡，由于防冻剂的作用，混凝土仍能在负温中继续硬化。

综合蓄热法的优点是：与负温养护法相比，防冻剂的掺量可以减少，混凝土的强度增长也比较快；与其他各种加热养护法相比，综合蓄热法可以节省大量能源。另外，还扩大了蓄热法的应用范围，避免了人工加热，有较好的技术经济效果。综合蓄热法适用于在日平均气温不低于－10℃，极端最低气温不低于－16℃的条件下施工。

为保证综合蓄热法养护的效果，在施工中必须选择好工艺参数。综合蓄热法最基本的参数是预养时间和防冻剂的掺量。

综合蓄热法养护开始时的正温养护过程，被称为混凝土的预养。混凝土的预养程度可以用在20℃恒温条件下所经历的时间来表示。实际上混凝土在预养阶段的温度并不一定就等于20℃，也不可能保持恒温不变，可用混凝土的成熟度计算强度的方法，来换算成相当于20℃条件下的等效龄期。综合蓄热法养护时的最佳预养程度如表27-3所列，所掺防冻剂的配方可参考表27-4。

表 27-3 混凝土最佳预养程度

水泥品种	室外平均气温/℃	预养程度(20℃)/h
普通硅酸盐水泥	－5 －10	12 18
矿渣硅酸盐水泥	－5 －10	18 24

表 27-4 防冻剂的参考配方

混凝土硬化温度/℃	防冻剂的掺量(占水泥质量的百分比)/%
0	尿素3＋硫酸钠2＋木质素磺酸钙0.25 硝酸钠3＋硫酸钠2＋木质素磺酸钙0.25 亚硝酸钠2＋硫酸钠2＋木质素磺酸钙0.25 碳酸钾3＋硫酸钠2＋木质素磺酸钙0.25

续表

混凝土硬化温度/℃	防冻剂的掺量(占水泥质量的百分比)/%
−5	亚硝酸钠2+硫酸钠2+木质素磺酸钙0.25 尿素1+硝酸钠2+硫酸钠2+木质素磺酸钙0.25 亚硝酸钠2+硝酸钠3+硫酸钠2+木质素磺酸钙0.25 尿素2+硝酸钠2+硫酸钠2+木质素磺酸钙0.25
−10	亚硝酸钠2+硫酸钠2+木质素磺酸钙0.25 乙酸钠2+硝酸钠6+硫酸钠2+木质素磺酸钙0.25 亚硝酸钠2+硫酸钠2+硫酸钠2+木质素磺酸钙0.25 尿素2+硝酸钠2+硫酸钠2+木质素磺酸钙0.25*

注：1. 外加剂掺量均为无水物的净重。

2. 带*号的配方不适用于矿渣硅酸盐水泥。

3. 混凝土硬化温度系指混凝土本身温度，当无保温覆盖层时按日最低温度掌握；当有保温覆盖层时按日平均气温掌握。

4. 木质素磺酸钙可用适量的其他减水剂取代。

当采用综合蓄热法施工时，必须进行施工工艺设计，其具体步骤如下。

(1) 在正式施工之前，通过天气预报或当地气象台（站），预测从混凝土浇筑之日起未来6d内的平均气温，作为综合蓄热施工工艺设计的基本依据。

(2) 选择适宜的拌制混凝土的水泥品种和强度等级，并了解所用水泥的性能和强度发展情况。

(3) 根据室外平均气温和近期的气温变化，选择和确定混凝土的预养程度。

(4) 根据施工条件，先暂时设定混凝土浇筑完毕时的温度，并准备好保温围护层的材料和构造。

(5) 计算混凝土从浇筑完毕时起至温度降为0℃时止的等效龄期，以便推算混凝土所能达到的强度。

(6) 如果冷却过程的等效龄期与所选择的预养程度相等，即可按规定的混凝土温度与保温构造进行施工。如果两者不相符，则需重新设定再进行计算，直至冷却过程的等效龄期与所选择的预养程度相等为止。

(7) 如果重新设定的混凝土温度与保温构造可以满足预养程度的要求，即可按重新设定的工艺参数施工。如果在现实条件下无法满足要求，则必须采用人工短时加热的办法来达到预养程度。

(8) 人工加热的全过程，包括升温、恒温和温度降至0℃前的整个养护过程，也需要计算出其等效龄期，其值必须与所选择的预养程度相等。

(9) 选定防冻剂的配方，并通过试验予以确定。

三、暖棚法施工工艺

暖棚法施工工艺是在建筑物或构件的周围搭设围护结构，通过人工加热使围护结构内的空气保持正温，混凝土的浇筑、振捣和养护均在围护结构中进行。

暖棚法的优点是：施工操作与在常温下施工基本相同，劳动条件较好，工作效率较高，混凝土的质量有可靠保证，不易发生冻害。

暖棚法的缺点是：围护结构的搭设需要大量的材料和人工，供热需要大量的能源，能源利用系数不高，工程费用增加较多。

由于暖棚散热较快，其内部温度不高，所以混凝土的温度增长较慢。一般适用于地下结构、建筑物面积不大和混凝土浇筑量比较集中的结构工程。

采用暖棚法施工工艺，关键是要使围护结构内测点温度不得低于5℃，并保持混凝土表面湿润，因此必须设专人检测混凝土及棚内的温度和混凝土表面湿度。暖棚内测温点应选择具有代表性位置进行布置，在离地面50cm高度处必须设点，每昼夜测温不得少于4次，一般可安排在每天的2时、8时、14时和20时。

养护期间应测量棚内的湿度，混凝土不得出现失水现象。当有失水现象时，应及时采取增温措施或在混凝土的表面洒水养护。为防止暖棚内的热量散发，在暖棚的出入口应设专人管理，特别要注意风口处混凝土不可受冻。在混凝土的养护期间，应将烟或燃烧气体排至暖棚外，并应采取有效防止烟气中毒和防火的措施。

根据我国冬季混凝土的施工经验，暖棚法施工的基本做法如表27-5所列。

表27-5　暖棚法施工的基本做法

序号	项　目	基本要点
1	临时暖棚	(1)在施工地段搭设临时棚屋，使棚内的混凝土保持在正温范围内施工； (2)临时暖棚适宜于小型构件生产场或混凝土浇筑量比较集中的地段； (3)暖棚通常以竹木或轻型钢材为构架；墙壁及屋盖可采用保温材料或聚乙烯薄膜；在暖棚内部设置热源
2	多层民用建筑	(1)利用已建筑好的下一层，将门窗全部临时封闭，在其内设置热源；使上一层正在浇筑混凝土的模板保持正温； (2)楼板混凝土浇筑振捣完毕后，立即覆盖适宜的保温材料进行保温； (3)按照上一层外界气温调节下一层的热源温度
3	热源	(1)通常采用蒸汽、太阳能、电热器等热源，使施工环境温度达到5℃以上； (2)如果采用炉火热源，必须设置排烟装置，防止炭火产生二氧化碳影响混凝土的性能； (3)热源若属于干热性质，应加水盆若干个，提高棚内湿度，并保持混凝土表面湿润； (4)热源应当均匀布置，能使暖棚内各部位的温度基本相等； (5)在冬季混凝土施工中，应当有专人管理热源，特别应注意消灭火灾和煤气中毒

四、负温法施工工艺

混凝土负温养护法，也称为冷混凝土施工法。混凝土负温养护法是将拌合水预先加热，必要时对砂子也可进行加热，使经过搅拌后的混凝土出机时具有一定的正温温度。在混凝土拌合物中加入防冻剂，混凝土浇筑后不再加热，仅做保护性覆盖以防止风雪的侵袭。在混凝土达到终凝前，其本身温度已降至0℃，并迅速与环境气温相平衡，混凝土在负温环境中逐渐硬化。

混凝土之所以能够在负温中继续硬化，完全是由于早强防冻剂的作用。因为当防冻剂掺入混凝土中以后，拌合水即能成为防冻剂的溶液，在一定负温情况下，溶液中虽有一部分水结冰成固相，但大部分水仍为液相，从而为水泥的水化硬化提供了物质基础，混凝土得以逐渐硬化。

负温养护法是目前比较提倡应用的冬季混凝土施工工艺，一般适用于不易加热保温且对混凝土强度增长无特殊要求的工程。

采取负温养护法施工的混凝土，其施工中应当掌握的关键技术是：a. 配制混凝土时应优先选用硅酸盐水泥或普通硅酸盐水泥，一般不选用其他品种的水泥；b. 混凝土浇筑后的起始养护温度一般不应低于5℃，以便混凝土产生一定的强度；c. 应以浇筑后5d内的预计日最低气温来选用防冻剂，以防止混凝土出现冻害；d. 混凝土浇筑后，裸露表面应采用塑料薄膜覆等材料盖加以保护。

在混凝土负温养护法的施工过程中应当特别加强混凝土的测温工作，关键要掌握好混凝土拌和温度、混凝土入模温度和起始养护温度。当混凝土内部温度降到防冻剂规定温度之前，混凝土的抗压强度应达到其受冻临界强度。负温养护法混凝土各龄期的强度可按表 27-6使用。

表 27-6　掺防冻剂混凝土在负温下各龄期混凝土强度增长规律

防冻剂及组成	混凝土硬化平均温度/℃	各龄期混凝土强度为设计强度的比例/%			
		7d	14d	28d	90d
$NaNO_2$(100%)	−5	30	50	70	90
	−10	30	35	55	70
	−15	10	25	35	50
NaCl(100%) $NaCl+CaCl_2$ (70%+30%)	−5	35	65	80	100
	−10	25	35	45	80
	−15	15	25	35	70
$NaNO_2+CaCl_2$ (50%+50%)	−5	40	60	80	100
	−10	25	40	50	80
	−15	20	35	45	70
	−20	15	30	40	60
K_2CO_3(100%)	−5	50	65	75	100
	−10	30	50	70	90
	−15	25	40	65	80
	−20	25	40	55	70
	−25	20	30	50	60

工程实践和试验证明，采用负温养护法施工的混凝土质量如何，最核心的问题是对早强防冻剂的选择。掺有适量防冻剂的混凝土，如果施工环境温度与防冻剂的规定温度保持一致，即使延续时间较久，混凝土也不至于遭受大的冻害。只要混凝土不出现脱水现象，其强度可以持续上升。

另外，混凝土在低温袭击下是否会遭受冻害，取决于混凝土本身的水化程度。当混凝土的水化达到一定程度后，即具备了抵抗气温突降的能力，冷空气对混凝土不会造成危害。由于冬季施工经常遇到气温突降现象，因此，要求防冻剂应具有良好的早强作用，以加速混凝土的凝结和硬化，提高混凝土的早期强度和抗冻性。

目前，复合早强防冻剂的应用较为广泛，而且技术经济效果比较显著。现以青岛建工学院研制的 CS-1# 早强防冻剂为例，简要介绍其技术性能。

CS-1# 早强防冻剂由催化早强组分、高效减水组分、高效防冻组分和增强组分等经过合理匹配混合而成。各种有效组分在混凝土中互相协调、互相促进，从而可有效地提高混凝土的早期强度和抗冻能力。

1. CS-1# 早强防冻剂的掺量

CS-1# 早强防冻剂的掺量范围与环境温度有密切关系。CS-1# 早强防冻剂的掺量范围如表 27-7 所列。

表 27-7　CS-1# 早强防冻剂的掺量范围

环境温度/℃	5～-7	-7～-12	-12～-18
掺量(水泥质量的比例)/%	3～5	5～7	7～9

2. CS-1# 早强防冻剂的早强效果

CS-1# 早强效果非常明显，尤其是 1～7d 的早强效果，抗压强度一般为不掺者的 1.45 倍以上。CS-1# 早强防冻剂的早强效果如表 27-8 所列。

表 27-8　CS-1# 早强防冻剂的早强效果

水泥品种		普通硅酸盐水泥	矿渣硅酸盐水泥
抗压强度比/%	1d	≥180	≥195
	3d	≥165	≥160
	7d	≥150	≥145
	28d	≥145	≥140
	90d	≥130	≥125

注：CS-1# 掺量为水泥的 4%，采用标准养护。

3. CS-1# 早强防冻剂的性能指标

CS-1# 早强防冻剂是严格按照现代混凝土防冻理论研制而成的，主要是由高效减水组分、催化早强组分、防冻组分、引气组分及其他功能组分经过合理匹配复合而成，绝对不含氯离子，对钢筋无腐蚀作用。在混凝土中掺入该剂，各种有效组分能互相协调，互相促进，能有效地提高冬季施工混凝土的防冻能力，使混凝土在-15～0℃范围内不会遭受冻害，并且混凝土的强度也能持续正常发展，从而能简化防冻措施，大幅度降低施工成本，保证施工工期不受影响。CS-1# 早强防冻剂有普通型、泵送型和引气型 3 个型号。CS-1# 早强防冻剂的性能指标，如表 27-9 中所列。

表 27-9　CS-1# 早强防冻剂的性能指标

试验项目		性能指标		
减水率/%		≥15		
泌水率/%		≤65		
含气量/%		≤3.5		
凝结时间之差/min	初凝	-120～+120		
	终凝	-120～+120		
抗压强度比/%	规定温度/℃	-5	-10	-15
	$f_{标28}$	≥150	≥145	≥135
	f_{-7+28}	≥150	≥115	≥100
	f_{-7+56}	≥150	≥120	≥100
抗渗压力比/%		≥300		
90d 收缩率比/%		≤110		
钢筋锈蚀		无		

大量的工程实践证明，在寒冷的冬季施工时，掺入适量的 CS-1# 早强防冻剂的混凝土，

在不采取保温防护的情况下，混凝土不仅不会遭受冻害，而且混凝土的强度能持续正常发展，在达到抗冻临界强度后，即使受到比规定温度更低气温的袭击，混凝土的力学性能和耐久性能不会受到损害。试验及现场检测证明，当混凝土达到一定龄期后其力学性能和耐久性能均可达到设计要求。

第五节　冬季施工混凝土的质量控制

冬季施工混凝土是在特殊气候下施工的混凝土，由于负温的影响使混凝土的质量更加难以控制。如果采用的施工方法不同，其质量控制的要求也不相同。

一、掺防冻剂混凝土的质量控制

防冻剂可用于负温条件下施工的混凝土，为确保这种混凝土的施工质量，必须遵守以下各项规定。

1. 防冻剂的适用范围

（1）含强电解质无机盐的防冻剂用于混凝土中时，必须符合现行国家或行业的规定。

（2）含亚硝酸盐、碳酸盐的防冻剂，严禁用于预应力混凝土结构。

（3）含有六价铬盐、亚硝酸盐等有害成分的防冻剂，严禁用于饮水工程及食品相接触的工程，特别严禁食用。

（4）含有硝铵、尿素等产生刺激性气味的防冻剂，严禁用于办公、居住及人员集中的建筑工程。

（5）含钾、钠离子的外加剂，其质量和掺量应符合现行国家或行业规范的规定。

（6）有机化合物类防冻剂可用于素混凝土、钢筋混凝土及预应力混凝土工程。

（7）有机化合物与无机化合物复合防冻剂及复合型防冻剂，可用于素混凝土、钢筋混凝土及预应力混凝土工程，并应符合上述1～5条的规定。

（8）对水工、桥梁及有特殊抗冻融要求的混凝土工程，应通过试验确定防冻剂的品种及掺量。

2. 掺防冻剂混凝土的质量控制

（1）混凝土浇筑后，在结构最薄弱和易冻的部位，应加强保温防冻措施，并应在有代表性的部位或易冷却的部位布置测温点。测温测头埋入深度应为100～150mm，也可为板厚的1/2或墙厚的1/2。在达到受冻临界强度前应每隔2h测温1次，以后应每隔6h测温1次，并应同时测定环境温度。

（2）掺防冻剂混凝土的质量应满足设计要求，并应符合下列规定。

① 应在浇筑地点制作一定数量的混凝土试件进行强度试验。其中一组试件应在标准条件下养护，其余放置在工程条件下养护。在达到受冻临界强度时，拆模前、拆除支撑前及与工程同条件养护28d、再标准养护28d均应进行抗压强度试验。试件不得在冻结状态下进行试压，边长为100mm立方体试件，应在15～20℃室内解冻3～4h或应浸入10～15℃的水中解冻3h；边长为150mm立方体试件应15～20℃室内解冻5～6h或应浸入10～15℃的水中解冻6h。试件擦干后再进行试压。

② 检验抗冻、抗渗所用试件应与工程同条件养护28d，再标准养护28d后再进行抗冻或抗渗试验。

二、热材料混凝土的质量控制

冬季施工混凝土所用的材料加热后进行搅拌，称为热材料混凝土。当外界施工气温不低于－5℃时，如果骨料中不含冰粒，可以不对骨料进行加热，只将水加热可满足冬季施工要求。当外界施工气温低于－5℃时，应对水、砂和石子进行分别加热。在冬季施工时，热材料混凝土的质量控制应符合以下要求。

（1）水泥的要求　①当采用袋装水泥时，使用前将其运入暖棚内进行预热，预热温度最好在5℃以上；②当采用散装水泥时，水泥应当用贮罐等器具存放，不允许露天放置。

（2）水的加热　①水采用蒸汽加热时，可将蒸汽直接通入贮水箱，或在贮水箱内装设蛇形导热管或散热器；②水采用电热加热时，可将电热棒直接插入绝缘的贮水箱内；③加热的贮水箱内应有温度计，以便于及时观察和控制水温。

（3）骨料的加热　①可以在大贮料斗内装置蛇形导热管或散热器，间接对骨料进行加热；②可以直接用热蒸汽对骨料进行加热，但注意要将蒸汽形成的含水扣除；③露天堆放的砂石，应用帆布或编织布进行覆盖，并防止砂石产生结块。

（4）材料温度控制　①采用强度等级小于42.5MPa的普通硅酸盐水泥和矿渣硅酸盐水泥时，水温度应小于80℃，骨料的温度应小于60℃；②采用强度等级等于或大于42.5MPa的普通硅酸盐水泥和硅酸盐水泥时，水温度应小于60℃，骨料的温度应小于40℃；③如果不对所用骨料进行加热，拌合水可加热至100℃；④混凝土配制时的加料顺序是先投骨料和水，稍作搅拌后再投入水泥；⑤为避免水泥出现假凝质量问题，水泥不得与温度等于或大于80℃的水直接接触。

（5）搅拌时间　冬季施工混凝土的搅拌时间，应比常温下普通混凝土增加50%。

（6）混凝土的出机温度　为避免混凝土出现速凝而影响其施工，既要使其出机温度不得低于10℃，也不得使混凝土的出机温度大于35℃。

第二十八章　大体积混凝土

大体积混凝土，一般是指结构的体积较大，又就地浇筑、成型、养护的混凝土。常见的大体积混凝土主要有水利工程的混凝土大坝、高层建筑的深基础底板、反应堆体、其他重力底座结构物等，这些结构物都是依靠其结构形状、质量和强度来承受荷载的。因此，为了保证混凝土结构物能够满足设计条件和稳定性要求，混凝土必须具备耐久性好、抗渗性强，有足够的强度，满足单位质量要求，施工质量波动大等条件。

第一节　大体积混凝土概述

大体积混凝土主要的特点就是体积大，一般实体的最小尺寸大于或等于1m。它的表面系数比较小，水泥水化热释放比较集中，内部温升比较快。由于混凝土内外温差较大时，会使混凝土产生温度裂缝，影响结构安全和正常使用。所以必须从根本上分析它，来保证施工的质量。由于大体积混凝土具有结构厚、体形大、所需强度不高、混凝土数量多、工程条件复杂和施工技术要求高等特点，则形成一种特殊的混凝土，这就是体积较大又就地浇筑、成型、养护的混凝土——大体积混凝土。

一、大体积混凝土的定义与特点

1. 大体积混凝土的定义

由于大体积混凝土结构的截面尺寸较大，所以因为在外荷载作用下引起裂缝的可能性很小。但是，水泥在水化反应过程中释放的水化热产生的温度变化和混凝土收缩的共同作用，将会产生较大的温度应力和收缩应力，这是大体积混凝土结构出现裂缝的主要因素。工程实践证明，这些裂缝往往带来不同程度的危害，如何进一步认识温度应力、防止温度变形裂缝的开展，是大体积混凝土结构施工中的一个重大研究课题。

关于大体积混凝土的定义，目前国内外尚无一个统一的规定。美国混凝土学会（ACI）规定："任何就地浇筑的大体积混凝土，其尺寸之大，必须要求采取措施解决水化热及随之引起的体积变形问题，以最大限度减少开裂。"日本建筑学会标准（JASS5）中规定："结构断面最小尺寸在80cm以上，同时水化热引起混凝土内的最高温度与外界气温之差，预计超过25℃的混凝土，称为大体积混凝土。"从上述两国的定义可知：大体积混凝土不是由其绝对截面尺寸的大小决定的，而是由是否会产生水化热引起温度收缩应力来定性的，但水化热的大小又与截面尺寸有关。

我国有的规范认为，当基础边长大于20m，厚度大于1m，体积大于400m^3时称为大体积混凝土。一般认为当基础尺寸大到必须采取措施，妥善处理混凝土内外所产生的温差，合理解决混凝土体积变化所引起的应力，力图控制裂缝开展到最低程度，这种混凝土才称得上大体积混凝土。

2. 大体积混凝土的特点

大体积混凝土的最主要特点是以大区段为单位进行浇筑施工，每个施工区段的体积比较厚大，由此带来的问题是，水泥水化热引起结构物内部温度升高，冷却时如果不采取一定技术措施控制，则容易出现裂缝。为了防止裂缝的发生，必须采取切实可行的技术措施。如使用水化热较小的水泥，掺加适量的粉煤灰，使用单位水泥用量少的配合比，控制一次浇筑高度和浇筑速度，以及人工冷却控制温度等。

在大体积混凝土设计和施工过程中，从事设计与施工的技术人员，首先应掌握混凝土的基本物理力学性能，了解大体积混凝土温度变化所引起的应力状态对结构的影响，认识混凝土材料的一系列特点，掌握温度应力的变化规律。

为此，在结构设计上，为改善大体积混凝土的内外约束条件以及结构薄弱环节的补强，提出行之有效的措施；在施工技术上，从原材料选择、配合比设计、施工方法、施工季节的选定和测温、养护等方面，采取一系列的综合性措施，有效地控制大体积混凝土的裂缝；在施工组织上，编制切实可行的施工方案，制定合理周密的技术措施，采取全过程的温度监测。只有这样，才能防止产生温度裂缝，确保大体积混凝土工程的质量。

二、大体积混凝土的温度变形

混凝土随着温度的变化而发生膨胀或收缩变形，这种变形称为温度变形。对于大体积混凝土，产生裂缝主要是由温度变形引起的，因此，如何减少和控制大体积混凝土的温度变形是一个重要问题。

混凝土的热膨胀系数为 $(7\sim12)\times10^{-6}/℃$，由于具有热胀冷缩的性质，容易造成混凝土的温度变形，这对大体积混凝土尤其不利。因为混凝土是热的不良导体，散热的速度非常慢，在混凝土浇筑后，由于水泥的水化反应产生大量的水化热，其内部的温度远高于外部的温度，有时甚至相差 50～70℃，造成内部膨胀外部收缩，使外表产生很大拉应力而导致开裂。

从混凝土使用骨料的品种来看，石英岩的热膨胀系数最大，其次为砂岩、花岗岩、石灰岩。但是，骨料的热膨胀系数却低于水泥浆体，在混凝土中骨料含量较多时混凝土的热膨胀系数则较小。

在约束条件下，混凝土浇筑块产生的温差 ΔT 引起的温度变形，是温差与热膨胀系数的乘积。当乘积超过混凝土的极限拉伸值时混凝土则出现裂缝。

对于大体积混凝土的温度控制，主要应考虑混凝土浇筑时温度、混凝土最高温度和混凝土最终稳定温度（或外界气温）3 个特征值。这 3 个特征值，有的是可以人为控制的，有的取决于气候条件。必须指出，在采取措施防止大体积混凝土裂缝上，应当考虑提高混凝土极限拉伸能力、降低内外温差、降低水泥用量、改善约束条件、掺加混合料和外加剂等。

三、混凝土裂缝产生的原因

大体积混凝土施工阶段所产生的温度裂缝，一方面是混凝土内部因素：由于内外温差而产生的；另一方面是混凝土的外部因素：结构的外部约束和混凝土各质点间的约束，阻止混凝土收缩变形，混凝土抗压强度较大，但受拉力却很小，所以温度应力一旦超过混凝土能承受的抗拉强度时即会出现裂缝。这种裂缝的宽度在允许限值内，一般不会影响结构的强度，但却对结构的耐久性有所影响，因此必须予以重视和加以控制。

总结大体积混凝土产生裂缝的工程实例，产生裂缝的主要原因有以下几个方面。

1. 水泥水化热的影响

水泥在水化反应过程中产生大量的热量，这是大体积混凝土内部温升的主要热量来源，试验证明每克普通硅酸盐水泥放出的热量可达500J。由于大体积混凝土截面厚度大，水化热聚集在结构内部不易散发，所以会引起混凝土结构内部急骤升温。水泥水化热引起的绝热温升，与混凝土结构的厚度、单位体积的水泥用量和水泥品种等有关。混凝土结构的厚度越大，水泥用量越多，水泥早期强度越高，混凝土结构的内部温升越快。大体积混凝土测温试验研究表明，水泥水化热在1～3d内放出的热量最多，大约占总热量的50%；混凝土浇筑后的3～5d内，混凝土内部的温度最高。

混凝土的导热性能较差，浇筑初期混凝土的弹性模量和强度都很低，对水泥水化热急剧温升引起的变形约束不大，温度应力自然也比较小，不会产生温度裂缝。随着混凝土龄期的增长，其弹性模量和强度相应不断提高，对混凝土降温收缩变形的约束也越来越强，即产生很大的温度应力，当混凝土的抗拉强度不足以抵抗此温度应力时便容易产生温度裂缝。

2. 内外约束条件的影响

各种混凝土结构在变形变化中，必然受到一定的约束，从而阻碍其自由变形，阻碍变形的因素称为约束条件，约束又分为内约束和外约束。结构产生变形变化时，不同结构之间产生的约束称为外约束，结构内部各质点之间产生的约束称为内约束。外约束又分为自由体、全约束和弹性约束3种。建筑工程中的大体积混凝土相对水利工程来说（如混凝土大坝）体积并不算很大，它承受的温差和收缩主要是均匀温差和均匀收缩，故外约束应力占主要地位。

大体积混凝土与地基浇筑在一起，当温度变化时受到下部地基的限制，因而产生外部的约束应力。混凝土在早期温度上升时，产生的膨胀变形受到约束面的约束而产生压应力，此时混凝土的弹性模量很小，徐变和应力松弛均较大，混凝土与基层连接不太牢固，因而压应力较小。但当温度下降时，则产生较大的拉应力，若超过混凝土的极限抗拉强度，混凝土将会出现垂直裂缝。

在全约束的条件下，混凝土结构的变形应当是温差和混凝土线膨胀系数的乘积，即$\varepsilon=\Delta T\alpha$。当变形值$\varepsilon$超过混凝土的极限拉伸值$\varepsilon_p$时，混凝土结构便出裂缝。由于结构不可能受到全约束，况且混凝土还有徐变变形，所以温差在25～30℃情况下也可能不产生裂缝。由此可见，降低混凝土内外温差和改善其约束条件，是防止大体积混凝土产生裂缝的重要措施。

3. 外界气温变化的影响

大体积混凝土结构在施工期间，外界气温的变化对防止大体积混凝土开裂有着重大影响。混凝土的内部温度由浇筑温度、水泥水化热的绝热温升和结构的散热温度等各种温度的叠加之和组成。混凝土的浇筑温度与外界气温有着直接关系，外界气温越高，混凝土的浇筑温度也越高；如果外界气温下降，会增加混凝土的温度梯度，特别是气温骤然下降，会大大增加外层混凝土与内部混凝土的温差，因而会造成过大的温度应力，易使大体积混凝土出现裂缝。

大体积混凝土由于厚度大，不易散热，混凝土内部的温度一般可达60～65℃，有的工程竟高达90℃以上，而且持续时间较长。温度应力是由温差引起的变形造成的，温差越大，温度应力也越大。因此，研究和采取合理的温度控制措施，控制混凝土表面温度与外界气温的温差是防止混凝土裂缝产生的另一个重要措施。

4. 混凝土收缩变形的影响

混凝土收缩变形的影响主要包括塑性收缩变形和体积变形两个方面。

(1) 混凝土塑性收缩变形　在混凝土硬化之前，混凝土处于塑性状态，如果上部混凝土的均匀沉降受到限制，如遇到钢筋或大的混凝土骨料，或者平面面积较大的混凝土，其水平方向的减缩比垂直方向更难时，就容易形成一些不规则的混凝土塑性收缩性裂缝。这种裂缝通常是互相平行的，间距一般为0.2～1.0m，并且有一定的深度，它不仅可以发生在大体积混凝土中，而且可以发生在平面尺寸较大、厚度较薄的结构构件中。

(2) 混凝土的体积变形　混凝土在水泥水化过程中要产生一定的体积变形，但多数是收缩变形，少数为膨胀变形。混凝土中约20%的水分是水泥硬化所必需的，而约80%的水分要蒸发。多余水分的蒸发会引起混凝土体积的收缩。混凝土收缩的主要原因是内部水蒸发引起混凝土收缩。如果混凝土收缩后，再处于水饱和状态，还可以恢复膨胀并几乎达到原有的体积。干湿交替会引起混凝土体积的交替变化，这对混凝土是很不利的。

混凝土干缩变形的机理比较复杂，其主要原因是混凝土内部孔隙水蒸发引起的毛细管应力所致，这种干缩变形在很大程度上是可逆的，即混凝土产生干燥收缩后，如再处于水饱和状态，混凝土还可以膨胀恢复到原来的体积。

除上述干燥收缩外，混凝土还会产生碳化收缩变形即空气中的二氧化碳(CO_2)与混凝土中的氢氧化钙反应生成碳酸钙和水，这些结合水会因蒸发而使混凝土产生收缩变形。

四、对大体积混凝土的要求

大体积混凝土结构，如大坝、反应堆体、高层建筑深基础底板及其他重力底座结构物。这些结构物又都是依靠其结构形状、质量和强度来承受荷载的。因此，为了保证混凝土构筑物能够满足设计条件和坚固的稳定性，其混凝土必须具备耐久性好、密度较大、强度适宜、抗渗性好、施工质量波动小等条件。

大体积混凝土所选用的材料、配合比和施工方法等，应当与大体积混凝土构筑物的规模相适应，并且应当是最经济的。作为整体结构来讲，大体积混凝土所需的强度是不高的，这一点可以作为优点加以利用，尽量利用当地的材料资源，甚至质量较差的骨料也可用于混凝土的配制，以便降低工程费用。

第二节　大体积混凝土配合比设计

大体积混凝土的配合比设计，与普通水泥混凝土基本相同，在配合比设计中要满足强度、耐久性和经济性的要求。与普通水泥混凝土不同之处，为有效控制混凝土温度裂缝的产生，主要是对混凝土的水泥水化热控制应特别严格。

一、配合比设计的原则

大体积混凝土的配合比设计，不仅要满足最基本的强度和耐久性的要求，还应与大体积混凝土的规模相适应，并且应是最经济的。

大体积混凝土结构物的经济问题是配合比设计中需要考虑的一个最重要的参数。某工程大体积混凝土构筑物形式的选择，有可能取决于经济条件。因此，大体积混凝土的配合比设计，既受结构形式、经济性的要求，又受混凝土强度、耐久性和温度性质的限制。在进行混凝土配合比设计时，主要应考虑以下几个方面。

(1) 除骨料的最大尺寸之外，用水量应根据能充分地拌和、浇灌和捣实的新拌混凝土容许的最干稠度来决定。典型的不配筋的大体积混凝土的坍落度控制在1～3cm。若要采用预冷却混凝土，则在实验室做试验性拌合物时，也应在相同的低温下进行，因为在低温情况下，水泥水化速度较慢，在5～10℃达到给定稠度的需水量比在正常室温（15～20℃）下更少些。

(2) 在大体积混凝土中，水泥用量是由水灰比与强度之间的关系所决定的。这种关系在很大程度上受到骨料组织的影响，不同水灰比、不同骨料与抗压强度的关系如表28-1所列。将在标准养护条件下养护过的混凝土试块，与从高坝中钻取芯样（混凝土的水泥用量为223kg/m³）相比较，结果表明：在混凝土结构中的实际强度大大超过了要求。在含有火山灰、粉煤灰等活性混合材料的混凝土中，观察到的强度增幅更为惊人，表明了活性混合材料可以增加强度，减少水泥用量并具有降低水化热的作用。在正常或比较温和的气候中，对大体积混凝土的内部，混凝土的最大容许水灰比为0.80，而对暴露于水中或空气中的，其允许水灰比为0.60。

表28-1 不同水灰比、不同骨料与抗压强度的关系

混凝土的水灰比	28d混凝土抗压强度/MPa	
	天然骨料	破碎过的骨料
0.40	31.0	34.5
0.50	23.4	26.2
0.60	18.6	21.4
0.70	14.5	17.2
0.80	11.0	13.1

注：当掺加火山灰时，强度应以90d为准，而水灰比则变为$W/(C+F)$。

(3) 大体积混凝土的含气量通常规定为3%～6%，这样有利于提高混凝土的抗渗性和抗冻性等耐久性指标。根据工程经验，对大体积内部混凝土，按胶凝材料的总体积掺加35%的粉煤灰，对大体积外露混凝土，掺加25%的粉煤灰，是可以满足大体积混凝土各项技术性能要求的。采用的砂子，其细度模数通常为2.6～2.8，粗骨料用量为全部骨料绝对体积的78%～80%，细骨料的含量相应为20%～22%。

二、配合比设计过程

大体积混凝土的配合比设计，在遵照其设计原则的前提下，整个设计过程必须按照现行国家或行业标准《普通混凝土配合比设计规程》（JGJ 55—2011）和《混凝土结构工程施工质量验收规范》（GB 50204—2015）中的规定执行。

三、配合比设计实例

大体积混凝土配合比设计比较简单，主要是对内外温差、抗渗性、抗冻性等进行设计，其强度要求不高。因此，对大体积混凝土配合比设计的具体方法步骤，不再叙述。在表28-2中只列出工程中常用的大体积混凝土的配合比，供工程中应用参考。

表 28-2 大体积混凝土参考配合比

序号	水灰比(W/C)	引气剂/%	减水剂/%	骨料 D_{max}/cm	大体积混凝土中材料用量/(kg/m³)				28d 抗压强度/MPa
					水泥	混合材料	砂子	石子	
1	0.58	0	0	22.9	225	0	552	1589	21.3
2	0.60	0	0	15.2	224	0	582	1523	33.6
3	0.59	0	0	20.3	178	浮石 36	559	1562	28.1
4	0.56	0	0	15.2	219	0	537	1614	29.6
5	0.47	3.0	0	15.2	111	粉煤灰 53	499	1672	18.7
6	0.54	3.5	0	15.2	111	浮石 56	461	1651	17.9
7	0.50	3.5	0.37	15.2	111	浮石 53	474	1662	24.6
8	0.53	3.5	0	15.2	111	页岩 56	432	1720	20.7
9	0.49	3.0	0	15.2	117	粉煤灰 50	528	1670	18.6
10	0.42	4.3	0	11.4	221	0	376	1691	33.5
11	0.58	0	0	7.60	276	0	713	1346	22.5

第三节 大体积混凝土温度裂缝控制

根据材料试验和工程实践证明，现有大体积结构出现的裂缝，绝大多数是由温度裂缝原因而产生的。温度裂缝产生主要是由温差造成的。混凝土的温差可分为以下 3 种：a. 混凝土浇注初期产生大量的水化热，由于混凝土是热的不良导体，水化热积聚在混凝土内部不易散发，常使混凝土内部温度上升，而混凝土表面温度为室外环境温度，这就形成了内外温差，这种内外温差在混凝土凝结初期产生的拉应力当超过混凝土抗压强度时，就会导致混凝土裂缝；b. 在拆模前后，混凝土表面温度降低很快，造成了温度陡降，也会导致裂缝的产生；③当混凝土内部达到最高温度后，热量逐渐散发而达到使用温度或最低温度，它们与最高温度的差值就是内部温差。以上这 3 种温差都会使大体积混凝土产生温度裂缝。在这 3 种温差中，较为主要的是由水化热引起的内外温差。

在结构工程的设计与施工中，对于大体积混凝土结构，为防止其产生温度裂缝，除需要在施工前进行认真温度计算外，还要做到在施工过程中采取一系列有效的技术措施。根据我国的大体积混凝土施工经验，应着重从控制混凝土温升、延缓混凝土降温速率、减少混凝土收缩变形、提高混凝土极限抗拉应力值、改善混凝土约束条件、完善构造设计和加强施工中的温度监测等方面采取技术措施。以上各项技术措施并不是孤立的，而是相互联系、相互制约的，设计和施工中必须结合实际、全面考虑、合理采用才能收到良好的效果。

一、水泥品种选择和用量控制

大体积混凝土结构引起裂缝的原因很多，但其主要原因是混凝土导热性能较差，水泥水化热的大量积聚，使混凝土出现早强温升和后期降温现象。因此，控制水泥水化热引起的温升，即减少混凝土内外温差，可从根本上降低温度应力、防止产生温度裂缝。

1. 选用中热或低热的水泥品种

混凝土升温的热源主要是水泥在水化反应中产生的水化热，因此选用中热或低热水泥品种，是控制混凝土温升的最根本方法。如强度等级为42.5MPa的矿渣硅酸盐水泥，其3d的水化热为188kJ/kg；而强度等级为42.5MPa的普通硅酸盐水泥，其3d的水化热却高达250kJ/kg；强度等级为42.5MPa的火山灰质硅酸盐水泥，其3d内的水化热仅为同强度等级普通硅酸盐水泥的67%。根据对某大型基础对比试验表明：选用强度等级为42.5MPa的硅酸盐水泥，比选用强度等级为42.5MPa的矿渣硅酸盐水泥3d内水化热平均升温高5～8℃。

目前，在大体积混凝土中所用的水泥品种有普通硅酸盐水泥（需掺加适量的粉煤灰）、矿渣硅酸盐水泥、粉煤灰硅酸盐水泥、中热硅酸盐水泥、低热矿渣硅酸盐水泥、低热粉煤灰硅酸盐水泥、低热微膨胀水泥等。

2. 选用适宜的水泥用量

作为整体式结构，由于大体积混凝土所需要的强度是不高的，所以对水泥的强度要求并不高。在配制大体积混凝土中，通常会遇到用高强度水泥配制低强度等级混凝土的问题，这就往往需要在施工现场采取掺加适量活性矿物掺合料或严格控制水泥用量的措施。一般情况下，大体积混凝土的单位水泥用量在内部应取其最小用量，日本规定为140kg/m^{3}左右，我国试验结果表明不超过150kg/m^3，这样有利于降低水化热；在外部的混凝土应取较高用量，但也不宜超过300kg/m^3，这样对降低大体积混凝土内外部由于水化热引起的温度应力以及保证大体积混凝土的使用强度和耐久性是有利的。

3. 选用适宜的水泥细度

水泥的细度虽然对水泥水化热量多少影响不大，但却能显著影响水泥水化放热的速率。据有关试验表明，比表面积每增加100cm^2/g，1d的水化热增加17～21J/g，7d和28d约增加4～12J/g。但也不能片面地放宽水泥的粉磨细度，否则强度下降过多，反而不得不提高单位体积混凝土中的水泥用量，以导致水泥的水化放热速率虽然较小，但混凝土的放热量反而增加。因此，低热水泥的细度，一般与普通水泥相差不大，只有在确实需要时水泥的细度才能进行适当调整。

4. 充分利用混凝土的后期强度

大量的试验资料表明，每立方米混凝土中的水泥用量，每增减10kg其水化热将使混凝土的温度相应升降1℃。因此，为了控制混凝土温升，降低温度应力，避免温度裂缝，一方面在满足混凝土强度和耐久性的前提下尽量减少水泥的用量，对于普通混凝土控制在每立方米混凝土水泥用量不超过400kg；另一方面可根据结构实际承受荷载的情况，对结构的强度和刚度进行复核，并取得设计单位、监理单位和质量检查部门的认可后，采用f_{45}、f_{60}或f_{90}替代f_{28}作为混凝土的设计强度，这样可使每立方米混凝土的水泥用量减少40～70kg，混凝土水化热温升也相应降低4～7℃。

二、混凝土掺加适量的外加料

由于影响大体积混凝土性能的因素很多，如砂石的种类、品质、级配、用量、砂率、坍落度、外掺料等。因此，为了满足混凝土具有良好的性能，防止混凝土出现温度裂缝，在进行混凝土配合比设计中不能用单纯增加水泥浆的方法，这样不仅会增加水泥用量，增大混凝土的收缩，而且还会使水化热升高，更容易引起裂缝。工程实践证明，在施工中优化混凝土级配，掺加适量的外加料，以改善混凝土的特性，是大体积混凝土施工中的一项重要技术措施。混凝土中常用的外加料主要是外加剂和外掺料。

（一）掺加外加剂

国内外常用的大体积混凝土外加剂，主要有引气减水剂和缓凝剂。

1. 引气减水剂

在大体积混凝土中，掺加一定量的引气减水剂，在保持混凝土强度不变时，不仅可降低10%～15%的水泥用量，而且还可引入3%～6%的空气，从而改善混凝土拌合物的和易性，提高混凝土的抗冻性和抗渗性。

2. 缓凝剂

在大体积混凝土施工时，掺入适量的缓凝剂，可以防止施工裂缝的生成，并能延长振捣和散发热量的时间。在大体积混凝土中，由于结构的尺寸较大，其内部的水化放热不易消散，很容易造成较大的内外温差，当温度应力达到一定数值时会引起混凝土的开裂。掺入适量的缓凝剂后，可使水泥水化放热速率减慢，有利于热量的消散，使混凝土内部的温度降低，这对避免产生温度裂缝是有利的。

（二）掺加外掺料

大体积混凝土工程施工经验表明，在大体积混凝土中掺加适量的活性混合材料，既可以降低水泥用量，又可以降低大体积混凝土的水化热温升。在实际大体积混凝土工程中常用的活性混合材料有粉煤灰、火山灰等。用于大体积混凝土的粉煤灰质量要求，应当符合国家标准《用于水泥和混凝土中的粉煤灰》（GB/T 1596—2017）中的规定；用于大体积混凝土的火山灰质混合材料质量要求，应当符合国家标准《用于水泥中的火山灰质混合材料》（GB/T 2847 —2005）中的规定。

三、混凝土所用骨料的选择

骨料是混凝土的骨架，骨料的质量如何，直接关系到混凝土的质量。所以，骨料的质量技术要求应符合国家标准的有关规定。混凝土试验表明，骨料中的含泥量多少是影响混凝土质量的最主要因素。若骨料中含泥量过大，它对混凝土的强度、干缩、徐变、抗渗、抗冻融、抗磨损及和易性等性能都产生不利的影响，尤其会增加混凝土的收缩，引起混凝土抗拉强度的降低，对混凝土的抗裂更是十分不利。

在大体积混凝土施工中，对粗、细骨料的质量要求一定要符合现行国家标准《建设用卵石、碎石》（GB/T 14685—2011）和《建设用砂》（GB/T 14684—2011）中的规定，特别是对其含泥量、黏土含量要严格控制。

四、控制混凝土出机和浇筑温度

为了降低大体积混凝土的总温升，减小结构物的内外温差，控制混凝土的出机温度与浇筑温度同样非常重要。

1. 控制混凝土的出机温度

在混凝土原材料中，砂石的比热容比较小，但占混凝土总质量的85%左右；水的比热容较大，但它占混凝土总质量的6%左右。因此，对混凝土出机温度影响最大的是石子的温度，砂的温度次之，水泥的温度影响最小。

为了降低混凝土的出机温度，其最有效的办法就是降低砂、石的温度。降低砂、石温度的方法很多，如在气温较高时，为防止太阳的直接照射，可在砂、石堆料场搭设简易的遮阳装置，砂、石温度可降低3～5℃；如大型水电工程葛洲坝工程，在拌和前用冷水冲洗粗骨料，在储料仓中通冷风预冷，再加上冰屑拌和，使混凝土的出机温度达到7℃的要求。

2. 控制混凝土的浇筑温度

混凝土从搅拌机出料后，经搅拌车或其他工具运输、卸料、浇筑、平仓、振捣等工序后的温度称为浇筑温度。在有条件的情况下，混凝土的浇筑温度越低，对于降低混凝土内外温差越有利。

关于混凝土浇筑温度控制，各国都有明确的规定。如美国在ACI施工手册中规定不超过32℃；日本土木学会施工规程中规定不得超过30℃；日本建筑学会钢筋混凝土施工规程中规定不得超过35℃；我国有些规范中提出不得超过25℃，否则必须采取特殊技术措施。

五、延缓混凝土的降温速率

根据工程实践经验，大体积混凝土中产生的裂缝，绝大多数为表面裂缝。而这些表面裂缝的大多数，又是在经受寒潮冲击或越冬时经受长时间的剧烈降温后产生的。所以，在施工时若能减少混凝土的暴露面和暴露时间，就可以使这些混凝土面减小遭遇寒潮冲击，并在越冬时避免直接接触寒冷空气，从而减小产生裂缝的可能性。

大体积混凝土浇筑后，注意加强表面的保湿、保温养护，对防止混凝土产生裂缝具有重大作用。混凝土表面保湿、保温养护的目的有3个：a. 减小混凝土结构的内外温差，防止混凝土出现表面裂缝；b. 防止混凝土发生骤然受冷，避免产生贯穿裂缝；c. 延缓混凝土的冷却速度，以减小新老混凝土的上下层约束。

总之，在混凝土浇筑之后，以适当的材料加以覆盖，采取保湿和保温措施，不仅可以减少升温阶段的内外温差，防止产生表面裂缝，而且可以使水泥顺利水化，提高混凝土的极限拉伸值，防止产生过大的温度应力和温度裂缝。

六、提高混凝土的极限拉伸值

混凝土的收缩值和极限拉伸值除与水泥用量、骨料品种和级配、水灰比、骨料含泥量等因素有关外，还与施工工艺和施工质量密切相关。因此，通过改善混凝土的配合比和施工工艺，可以在一定程度上减少混凝土的收缩并提高混凝土的极限拉伸值ε_p，这对防止产生温度裂缝也可起到一定的作用。

大量施工现场试验证明，对浇筑后未初凝的混凝土进行二次振捣，能排除混凝土因泌水在粗骨料、水平钢筋下部生成的水分和空隙，提高混凝土与钢筋之间的握裹力，防止因混凝土沉落而出现的裂缝，减小混凝土内部微裂，增加混凝土的密实度，使混凝土的抗压强度提高10%～20%，从而可提高混凝土的抗裂性。

七、改善边界约束和构造设计

防止大体积混凝土产生温度裂缝，除了可以采取以上施工技术措施外，在改善边界约束和构造设计方面也可采取一些技术措施，如合理分段浇筑、设置滑动层、避免应力集中、设置缓冲层、合理配筋、设应力缓和沟等。

八、加强施工过程中监测工作

在大体积混凝土的凝结硬化过程中，及时摸清大体积混凝土不同深度温度场升降的变化规律，随时监测混凝土内部的温度情况，对于有的放矢地采取相应的技术措施，确保混凝土不产生过大的温度应力，避免温度裂缝的发生，具有非常重要的作用。

目前在工程上所用的混凝土测定记录仪，不仅可显示读数，而且还能自动记录各测点的温度，能及时绘制出混凝土内部温度变化曲线，随时可对照理论计算值，可有的放矢地采取相应的技术措施。这样在施工过程中，可以做到对大体积混凝土内部的温度变化进行跟踪监测，实现信息化施工，确保施工质量。

九、掺加适量聚丙烯纤维材料

在混凝土中掺入适量的聚丙烯纤维，由于其在混凝土内部构成一种均匀的乱向支撑体系，从而产生一种有效的二级加强效果，它的乱向分布形式削弱了混凝土的塑性收缩，收缩的能量被分散到无数的纤维丝上，从而有效地增强了混凝土的韧性，减少混凝土初凝时收缩引起的裂纹和裂缝。

十、加强混凝土保温养护措施

为避免大体积混凝土出现温差裂缝，必须采取保温养护措施，以减小内外温差。特别重要的一环是缓慢进行降温，充分发挥徐变特性，为混凝土创造完全应力松弛的条件，同时使混凝土保持良好的潮湿状态，这对增加早期强度和减少收缩是十分有利的。

经工程实践证明，对不同部位的混凝土采用不同的保温养护方法，是避免出现温差裂缝的重要措施。如某工程对闸底板采取塑料薄膜＋土工织物＋草帘覆盖的保温措施，混凝土凝固后，用35℃左右温水湿润养护，可以完全避免大体积混凝土温差裂缝。

第四节　大体积混凝土结构的施工

大体积混凝土结构的施工，与普通钢筋混凝土结构的施工基本相同，由于混凝土结构的体积大、产生的水化热多，很容易出现各种裂缝，所以大体积混凝土施工又具有自己的特点。大体积混凝土在施工过程中主要包括钢筋工程施工、模板工程施工和混凝土工程施工。

一、钢筋工程施工

大体积混凝土结构中的钢筋，具有数量多、直径大、分布密、上下层钢筋高差较大、整体性要求较高等特点，这是与一般混凝土结构的明显区别。

为使钢筋网片的网格方正划一、间距正确、便于施工，在进行钢筋绑扎或焊接时，可采用4～5m长的卡尺限位绑扎，如图28-1所示。即根据钢筋间距在卡尺上设置缺口，绑扎时在长钢筋的两端用卡尺缺口卡住钢筋，待绑扎牢固后拿去卡尺，这样既能满足钢筋间距的质

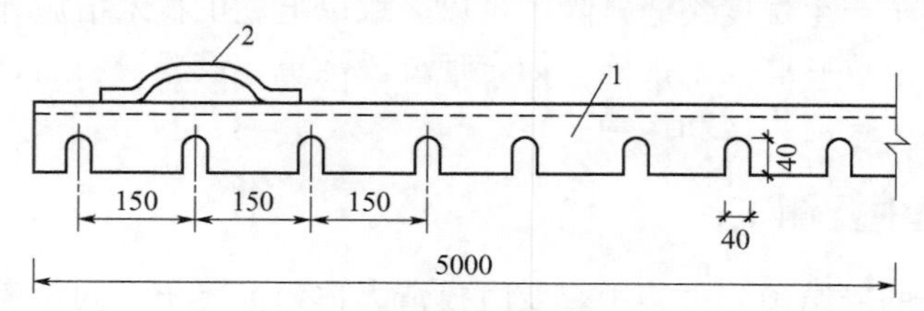

图28-1　绑扎钢筋用的角钢卡尺

1—∟63×6；2—ϕ12把手

量要求，又能加快绑扎钢筋的速度。钢筋的连接可采用气压焊、对接焊、锥螺纹和套筒挤压连接等方法。

大体积混凝土结构由于厚度较大，多数设计为上、下两层钢筋。为保证上层钢筋的标高和位置准确无误，应设立支架支撑上层钢筋。过去多用钢筋作为支架，不仅用钢量大，稳定性差，操作不安全，而且难以保持上层钢筋在同一水平面上。因而，目前一般采用角钢焊制的支架来支承上层钢筋的重量、控制钢筋的标高、承担上部操作平台的全部施工荷载。钢筋支架立柱的下端焊在钢管桩的桩帽上，在上端焊上一段插座管，插入 ϕ48 钢筋脚手管，用横楞和满铺脚手板组成浇筑混凝土用的操作平台，如图 28-2 所示。

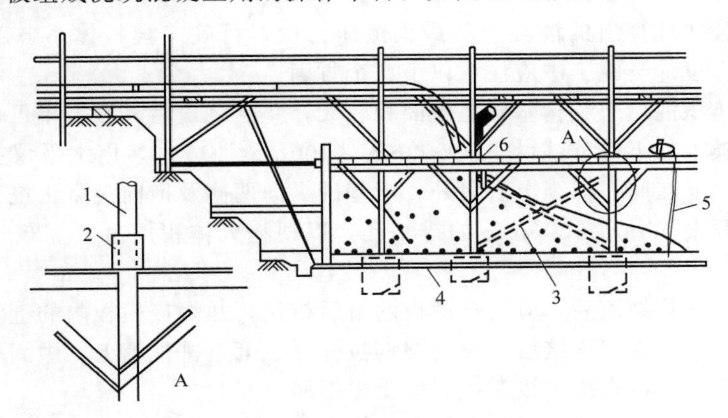

图 28-2 钢筋支架及操作平台

1—ϕ48 脚手架；2—插座管（内径 50mm）；3—剪刀撑；4—钢筋支架；5—前道振捣；6—后道振捣

钢筋网片和骨架多在钢筋加工厂加工成型，然后运到施工现场进行安装。但工地上也要设简易的钢筋加工成型机械，以便对钢筋整修和临时补缺加工。

二、模板工程施工

模板是保证工程结构设计外形和尺寸的关键，而混凝土对模板的侧压力是确定模板尺寸的依据。大体积混凝土的浇筑常采用泵送混凝土工艺，该工艺的特点是浇筑速度快，浇筑面集中。由于泵送混凝土的操作工艺决定了它不可能做到同时将混凝土均匀地分送到浇筑混凝土的各个部位，所以，往往会使某一部位的混凝土升高很大，然后才移动输送管，依次浇筑其他部位的混凝土。因此，采用泵送工艺的大体积混凝土的模板，绝对不能按照传统、常规的办法配置。而应当根据实际受力状况，对模板和支撑系统等进行认真计算，以确保模板体系具有足够的强度和刚度。

1. 泵送混凝土对模板侧压力计算

我国《混凝土结构工程施工及验收规范》（GB 50204—2015）中规定可按下列两式计算，模板侧压力并取两式中的较小值：

$$F=0.22\gamma t_0\beta_1\beta_2 V \tag{28-1}$$

$$F=2.5H \tag{28-2}$$

式中 F——新浇筑混凝土对模板的最大侧压力，kN/m^2；

γ——新浇筑混凝土重力密度，kN/m^3；

β_1——外加剂的影响修正系数，不掺加外加剂时取 1.0，掺具有缓凝作用的外加剂时取 1.2；

β_2——混凝土坍落度影响修正系数，当坍落度小于100mm时取1.10，不小于100mm时取1.15；

t_0——新浇筑混凝土的初凝时间，h，可按实测确定，当缺乏试验资料时可采用公式$t_0=200/(T+15)$计算；

T——为混凝土浇筑时的温度，℃；

V——混凝土的浇筑速度，m/h；

H——混凝土侧压力计算位置处至新浇筑混凝土顶面的总高度，m。

2. 侧模及支撑

根据用以上公式计算出的混凝土的最大侧压力值，可确定模板体系各部件的断面和尺寸，在侧模及支撑设计与施工中应注意以下几个方面。

（1）由于大体积混凝土结构基础垫层面积较大，垫层浇筑后其面层不可能在同一水平面上。因此，在钢模板的下端常铺设一根500mm×100mm小方木，用水平仪找平调整，确保安装好钢模板上口能在同一标高上。另外，沿基础纵向两侧及横向混凝土浇筑最后结束的一侧，在小方木上开设50mm×300mm的排水孔，以便将大体积混凝土浇筑时产生的泌水和浮浆排出坑外。

（2）基础钢筋绑扎结束后，应进行模板的最后校正，并焊接模板内的上、中、下3道拉杆。上面一道先与角铁支架连接后，再用圆钢拉杆焊在第三排桩帽上，中间一道拉杆斜焊在第二排桩帽上，下面一道直接焊接在底层的受力钢筋上。

（3）为了确保模板的整体刚度，在模板外侧布置3道统长横向围檩，并与竖向肋用连接件固定。

（4）由于泵送混凝土浇筑速度快，对模板的侧向压力也相应增大，所以，为确保模板的安全和稳定，在模板外侧另加3道木支撑，如图28-3所示。

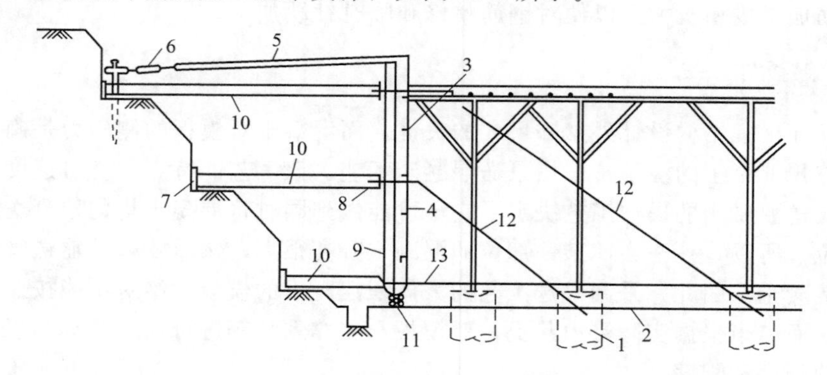

图28-3　侧模支撑示意

1—钢管桩；2—混凝土垫层面；3—40×4角铁搁栅；4—5mm钢模板板面；5—∟50×5，每模板2根（校正模板上口位置）；6—花篮螺栓；7—统长木垫头板；8—2根8号统长槽钢腰梁；9—2根8@1000；10—75mm×75mm方木@1000；11—50mm×100mm小方木，上口找平；12—ϕ22拉杆；13—拉杆与受力钢筋焊接

三、混凝土工程施工

高层建筑基础工程的大体积混凝土浇筑数量巨大，如新上海国际大厦17000m^3、上海煤炭大厦21000m^3、上海世界贸易商城24000m^3，很多工业设备的基础亦达数千立方米以至万立方米以上。对于这些大体积混凝土的浇筑，最好采用集中搅拌站供应商品混凝土，搅拌运

输车运送到施工现场，由混凝土泵（泵车）进行浇筑。

采用商品混凝土，这是一个全盘机械化的混凝土施工方案，其关键是如何使这些机械相互协调，否则任务一个环节的失调，都会打乱整个施工部署。

（一）施工平面布置

混凝土泵送能否顺利进行在很大程度上取决于合理的施工平面布置、泵车的布局以及施工现场道路的畅通。

1. 混凝土泵车的布置

混凝土泵车的布置是保证混凝土顺利浇筑的核心，在布置时应注意以下几个方面。

（1）根据大体积混凝土的浇筑计划、顺序和速度等要求，选择混凝土泵车的型号、台数，确定每一台泵车负责的浇筑范围。

（2）在泵车布置上，应尽量使泵车靠近基坑，使布料杆扩大服务半径，使最长的水平输送管道控制在120m左右，并尽量减少用90°的弯管。

（3）严格施工平面管理和道路交通管理，抓好施工道路的质量，是确保泵车、搅拌运输车正常运输的重要一环。因此，各种作业场地、施工机具和材料都要按划定的区域和地点操作或堆放，车辆行驶路线也要分区规划安排，以保证行车的安全和畅通。

2. 防止泵送堵塞的技术措施

在泵送混凝土的施工过程中，最容易发生的是混凝土堵塞，为了充分发挥混凝土泵车的效率，确保管道输送畅通，可采取以下技术措施。

（1）在混凝土施工过程中，加强混凝土的级配管理和坍落度控制，确保混凝土的可泵性。在常温情况下，一般每隔2～4h进行一次检查，发现坍落度有偏差时及时与搅拌站联系加以调整。

（2）搅拌运输车在卸料之前，应首先高速运转1min，使卸料时的混凝土质量均匀。

（3）严格对混凝土泵车的管理，在使用前和工作过程中，要特别重视“一水”（冷却水）、“三油”（工作油、材料油和润滑油）的检查。在泵送过程中，气温较高时，如果连续压送，工作油温可能会升温到60℃，为了确保泵车正常工作，应对水箱中的冷却水及时调换，控制油温在50℃以下。

（二）大体积混凝土的浇筑

大体积混凝土的浇筑与其他混凝土的浇筑工艺基本相同，一般包括搅拌、运送、浇筑入模、振捣及平仓等工序，其中浇筑方法可结合结构物大小、钢筋疏密、混凝土供应条件以及施工季节等情况加以选择。

1. 混凝土浇筑方法

为保证混凝土结构的整体性，混凝土应当连续浇筑，要求在下层混凝土初凝前就被上层混凝土覆盖并捣实。为此，要求混凝土按不小于下述数量进行浇筑：

$$Q=Fh/T \tag{28-3}$$

式中 Q——需要的混凝土浇筑量，m^3/h；

F——混凝土浇筑区的面积，m^2；

h——混凝土每层浇筑厚度，m；

T——下层混凝土从开始浇筑到初凝的延续时间，h。

浇筑方案除应满足每一处混凝土在初凝以前就被上一层新混凝土覆盖并捣实完毕外，还应考虑结构大小、钢筋疏密、预埋管道和地脚螺栓的留设、混凝土供应情况以及水化热等因素的影响，常采用的方法可分为全断面分层浇筑、分段分层浇筑和斜面分层浇筑等方案，如图 28-4 所示。目前工程上常用的是斜面分层浇筑法。

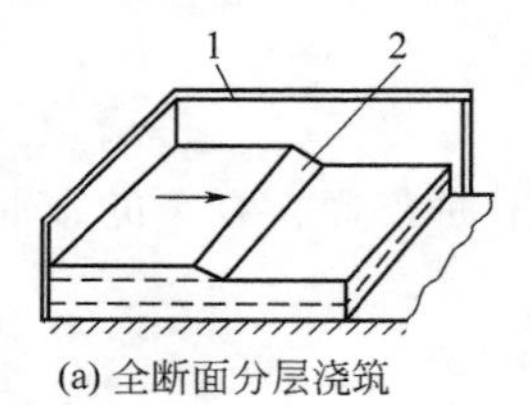

(a) 全断面分层浇筑

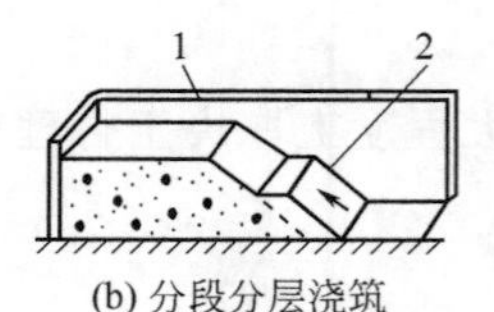

(b) 分段分层浇筑

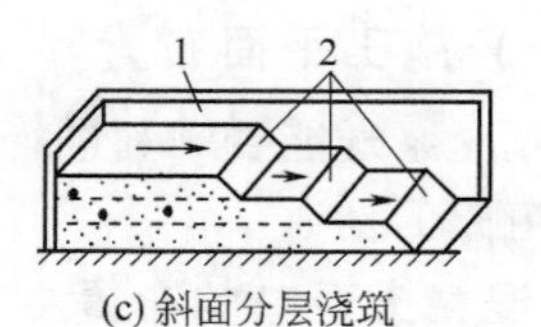

(c) 斜面分层浇筑

图 28-4　大体积混凝土结构浇筑方案

1—模板；2—新浇筑的混凝土

（1）全断面分层浇筑　全断面分层浇筑，即在整个模板内全面分层，浇筑区面积即为基础平面面积。第一层全面浇筑完毕后浇筑第二层，第二层要在第一层混凝土初凝之前，全部浇筑振捣完毕，如此逐层进行，直至全部基础浇筑完成。采用这种方案要求搅拌系统的生产率能满足浇筑量的要求，适用于结构的平面尺寸不宜太大，施工时从短边开始，沿长边推进比较合适。必要时可分成两段，从中间向两端或从两端向中间同时进行浇筑。

（2）分段分层浇筑　分段分层浇筑，即混凝土从低层开始浇筑，进行一定距离后就回头浇筑第二层，如此向前呈阶梯形推进。其分段的长度主要与搅拌系统生产能力 Q、混凝土初凝时间 t、结构的宽度 B、每层浇筑的时间间隔 T、混凝土浇筑层厚度 h 等有关。这种方案适用于单位时间内要求供应的混凝土较少，结构物厚度不太大而面积或长度较大的工程。

（3）斜面分层浇筑　斜面分层浇筑，即浇筑工作从浇筑层斜面下端开始，逐渐向上移动浇筑，这时振动器应与斜面垂直振捣。斜面分层也可以视为分段分层、分段长度小到一定程度的情况。斜面分层浇筑，即当结构的长度超过其厚度的 3 倍时，可以采用斜面分层浇筑。采用此方案时，斜面坡度取决于混凝土的坍落度，混凝土浇筑厚度一般为 20～30cm，振捣工作应从浇筑层的下端开始。

2. 混凝土的振捣

根据混凝土泵送时会自然形成一个坡度的实际情况，在每个浇筑带的前、后应布置两道振动器：第一道振动器布置在混凝土的卸料点，主要解决上部混凝土的捣实；第二道振动器布置在混凝土的坡脚处，以确保下部混凝土的密实。随着混凝土浇筑工作的向前推进，振动器也相应跟上，以保证整个高度混凝土的质量。其具体布置如图 28-5 所示。

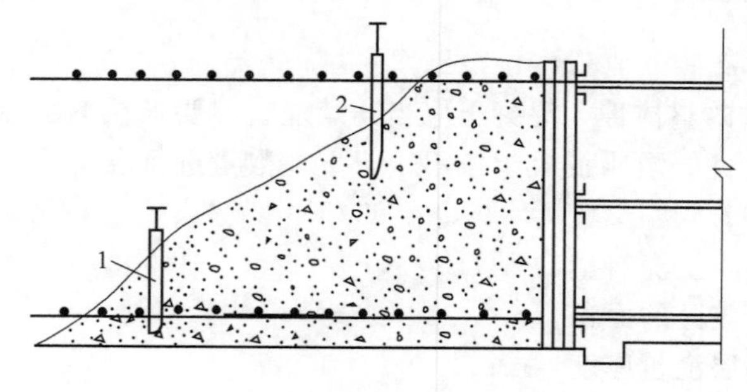

图 28-5　混凝土振捣示意

1—前道振动器；2—后道振动器

3. 混凝土施工要点

在大体积混凝土浇筑施工时，为保证混凝土在浇筑时不发生离析，便于浇筑振捣密实和施工的连续性，施工过程中应注意满足以下要求。

(1) 混凝土拌合物自由下落的高度超过2m时，应采用串筒、溜槽或振动管下落工艺，以保证混凝土拌合物不发生离析。

(2) 当采用分层浇筑方案时，混凝土每层的厚度H应符合表28-3中的规定，以保证混凝土能够振捣密实。

表28-3 大体积混凝土的浇筑层厚度

混凝土的种类	混凝土振捣方法	浇筑层厚度/mm
普通混凝土	插入式振捣	振动作用半径的1.25倍
	表面振捣	200
	人工振捣	
	(1)在基础、无筋混凝土或配筋稀疏构件中;	250
	(2)在梁、墙板、柱结构中;	240
	(3)在配筋稠密的结构中	150
轻骨料混凝土	插入式振捣	300
	表面振捣(振动时需加荷)	200

(3) 采用分层分段浇筑方案时，在下层混凝土达到初凝之前，应保证将上层混凝土浇筑并振捣完毕，以确保结构的整体性。

(4) 采用分层分段浇筑方案时，尽量使混凝土的浇筑强度（m^3/h）保持一致，混凝土供料比较均衡，以保证施工的连续性。

(三) 大体积混凝土养护时的温度控制

养护是大体积混凝土施工中一项十分关键的工作。养护主要是保持适宜的温度和湿度，以便控制混凝土内表温差，促进混凝土强度的正常发展及防止混凝土裂缝的产生和发展。根据工程的具体情况，应尽可能多养护一段时间，拆模后应立即回土或在覆盖保护，同时预防近期骤冷气候影响，以控制内表温差，防止混凝土早期和中期裂缝。大体积混凝土的养护与其他混凝土不同，不仅要满足强度增长的需要，还应通过人工的温度控制，防止因温度变形引起混凝土的开裂。

温度控制就是对混凝土的浇筑温度和混凝土内部的最高温度进行人为的控制。在混凝土养护阶段的温度控制应遵循以下几点。

(1) 混凝土的中心温度与表面温度之间、混凝土表面温度与室外最低气温之间的差值均应小于20℃；当结构混凝土具有足够的抗裂能力时，控制在25～30℃之间。

(2) 混凝土拆模时，混凝土的温差不超过20℃。其温差应包括表面温度、中心温度和外界气温之间的温差。

(3) 采用内部降温法来降低混凝土内外温差。内部降温法是在混凝土内部预埋水管，通入冷却水，降低混凝土内部最高温度。冷却在混凝土刚浇筑完时就开始进行，还有常见的投毛石法，均可以有效地控制因混凝土内外温差而引起的混凝土开裂。

(4) 保温法是在结构外露的混凝土表面以及模板外侧覆盖保温材料（如草袋、锯木、湿砂、珍珠岩粉等），在缓慢的散热过程中，使混凝土获得必要强度，控制混凝土的内外温差小于20℃。

（5）混凝土表层布设抗裂钢筋网片，防止混凝土收缩时产生干裂。

（四）混凝土的泌水处理和表面处理

1. 混凝土的泌水处理

大体积混凝土施工，由于采用大流动性混凝土进行分层浇筑，上下层施工的间隔时间较长（一般为1.5～3h），经过振捣后上涌的泌水和浮浆易顺着混凝土坡面流到坑底。当采用泵送混凝土施工时，泌水现象尤为严重，解决的办法是在混凝土垫层施工时，预先在横向上做出2cm的坡度；在结构四周侧模的底部开设排水孔，使泌水及时从孔中自然流出；少量来不及排除的泌水，随着混凝土浇筑向前推进被赶至基坑顶端，由顶端模板下部的预留孔排至坑外。

当混凝土大坡面的坡脚接近顶端模板时，应改变混凝土的浇筑方向，即从顶端往回浇筑，在原斜坡相交成一个集水坑，另外有意识地加强两侧模板外的混凝土浇筑强度，这样集水坑逐步在中间缩小成小水潭，然后用软轴泵及时将泌水排除。采用这种方法适用于排除最后阶段的所有泌水，如图28-6所示。

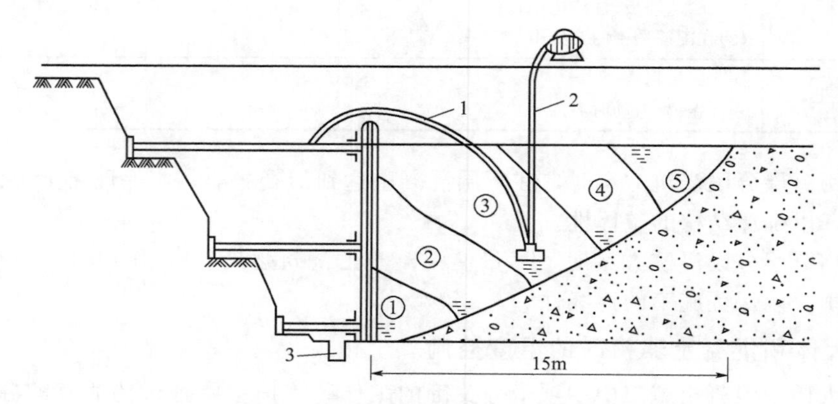

图28-6　顶端混凝土浇筑方向及泌水排除

1—顶端混凝土浇筑方向（①～⑤表示分层浇筑流程）；2—软轴抽水机排除泌水；3—排水沟

2. 混凝土的表面处理

工程实测表明，大体积混凝土（尤其采用泵送混凝土工艺），其表面水泥浆较厚，这样不仅会引起混凝土的表面收缩开裂，而且会影响混凝土的表面强度。因此，在混凝土浇筑结束后要认真进行表面处理。处理的基本方法是在混凝土浇筑4～5h，先初步按设计标高用长刮尺刮平，在初凝前（因混凝土内掺加木质素磺酸钙减水剂，初凝时间延长到6～8h）用铁滚筒碾压数遍，再用木楔打磨压实，以闭合收水产生的裂缝，经12～14h后，覆盖二层草袋（包）充分浇水湿润养护。

第二十九章 碾压混凝土

碾压混凝土是一种坍落度为0的干硬性混凝土，也是一种通过振动碾压施工工艺，使其达到高密实度和高强度的混凝土。碾压混凝土是近十几年发展起来的新型混凝土，它具有很多独特的性能，未凝固之前其性能完全不同于普通水泥混凝土，而在凝固之后其性能又与普通水泥混凝土的性能非常接近。

碾压混凝土与普通水泥混凝土相比，不仅用水量少、无流动性、节省大量水泥，而且施工速度快、养护时间短，主要用于道路路面工程和水工坝体工程等。

第一节　碾压混凝土概述

碾压混凝土最早用于水库的堤坝建设。我国从20世纪80年代初，在陕西、四川、山西、江苏、安徽等地，开始碾压混凝土路面铺筑技术的研究。在“九五”期间，国家把碾压混凝土铺筑路面作为一个重点研究项目，组织科研单位、施工部门、高等学校等，对碾压混凝土路面的强度、性能、配合比和施工工艺等进行了较为系统的研究，并取得了一定的研究成果，使碾压混凝土路面的应用得到了较快的发展。目前，我国大部分省市在公路、城建、水工建筑和机场建设中应用碾压混凝土铺筑技术。

目前，我国公路上常用下层为碾压混凝土、上层为普通混凝土的复合式路面，或者在碾压混凝土路面上铺筑磨耗层。在《公路水泥混凝土路面设计规范》《水泥混凝土路面施工及验收规范》和《公路水泥混凝土路面施工技术规范》中，已列入碾压混凝土路面的有关内容。

一、碾压混凝土的主要特点

碾压混凝土是一种干硬性贫水泥的混凝土，其主要施工过程为混凝土拌制、入仓、薄层铺筑、碾压、养护和成缝。它与普通常态混凝土相比有如下优缺点。

1. 碾压混凝土的优点

(1) 碾压混凝土主要用于浇筑厚度较小、浇筑面积较大的工程，如公路路面、机场场地、城市道路、大型水工建筑等，因此可进行流水化作业、大面积连续浇筑，可以大大提高混凝土的施工强度。

(2) 碾压混凝土的搅拌、运输、浇筑等主要施工工序，均可利用原有混凝土施工配套系统，这样可以提高原有施工机械设备的利用率，最大限度地发挥原有混凝土施工配套系统的工作能力，并可大大节省工程投资。

(3) 由于碾压混凝土可以大面积、大方量的铺筑，所以可以最大限度地使用机械，提高工程施工的机械化程度，减轻施工的劳动强度，减少劳动力用量，提高工程施工速度和工程施工质量。

(4) 碾压混凝土一般用于强度要求较低的工程（如混凝土坝和路面等），所以可以在混凝土中掺加大量使用掺合料，这样可以节约水泥，降低工程成本。

(5) 由于碾压混凝土施工机械化程度高，工程施工进度快，所以可以大大缩短施工工期，一般比普通混凝土可以缩短工期 1/3～1/2，这样可使建筑物早日投入运行，从而可以提高投资收益。

(6) 由于碾压混凝土中含水量少、养护期比较短，一般在公路铺筑施工期就具有承载能力，因此可以实现道路交通早期开放，这是其他混凝土所不能实现的。

2. 碾压混凝土的缺点

(1) 与普通水泥混凝土相比，碾压混凝土的施工工艺过程增多，对模板的要求较高，现在逐渐趋向易于拆装、单块面积大、强度高、易调整的大模板，因此模板的投资比较大，从而增加了工程的投资。

(2) 碾压混凝土大多采用机械施工，因此施工节奏比较快，对整个混凝土施工配套系统要求比较高，施工中对施工组织要求严格，任何施工环节不能轻易延缓。

(3) 由于碾压混凝土中的水泥用量较少，骨料之间产生的孔隙较大，则出现了抗渗性能难以满足设计要求的新问题；由于碾压混凝是一种流动性很差干硬性混凝土，层与层之间黏结强度较差，则出现了如何处理层间结合的新问题。

二、碾压混凝土的主要种类

水利工程和公路工程中所用的碾压混凝土，其水泥用量较少并掺有一定量的粉煤灰。根据胶凝材料用量的多少，一般可以分为水泥固砂石碾压混凝土、高粉煤灰掺量碾压混凝土和干贫型碾压混凝土 3 种。

1. 水泥固砂石碾压混凝土

水泥固砂石碾压混凝土是一种胶凝材料用量最少的碾压混凝土，胶凝材料的用量一般不超过 100kg/m^3，其中还掺有少量的粉煤灰，仅能将砂、石骨料黏结在一起，混凝土中还有较多的孔隙。

2. 高粉煤灰掺量碾压混凝土

高粉煤灰掺量碾压混凝土是一种胶凝材料用量最多的碾压混凝土，胶凝材料的用量为 150～250kg/m^3，其中粉煤灰占 50%～80%，水胶比为 0.50 左右。

3. 干贫型碾压混凝土

干贫型碾压混凝土是一种胶凝用量稍多于水泥固砂石碾压混凝土的碾压混凝土，胶凝材料的用量为 110～130kg/m^3，其粉煤灰占 25%～30%，水胶比可达 0.70～0.90。

第二节 碾压混凝土原材料

根据工程实践证明，碾压混凝土所用的原材料，与普通水泥混凝土没有很大的差别，主要由水泥、细骨料、粗骨料、掺合料、外加剂和水按一定比例组成，但是由于碾压混凝土具有干硬性，所以在原材料的配合比例上有所不同。

一、水泥

水泥是碾压混凝土路面中最重要的组成材料，也是价格相对比较高的材料，水泥的质量直接影响着混凝土路面的弯拉强度、抗冲击振动性能、疲劳循环周次、体积稳定性和耐久性等关键物理力学性能和路用品质，必须引起高度重视，对水泥必须合理地加以选择。因此，在配制碾压混凝土时，如何正确选择水泥的品种及强度等级，将直接关系到碾压混凝土的强度、耐久性和经济性。工程实践证明，碾压混凝土所用的水泥与普通水泥混凝土相同。凡是符合国家标准的硅酸盐系列的水泥均可应用。

1. 水泥品种的选择

一般来说，硅酸盐水泥、普通硅酸盐水泥、矿渣硅酸盐水泥、粉煤灰硅酸盐水泥和火山灰硅酸盐水泥等，均可用于配制普通水泥混凝土。由于不同混凝土的工程性质、所处环境及施工条件不同，对水泥性能要求也不尽相同。在满足工程要求的前提下，应选用价格较低的水泥品种，以节约工程造价。

在道路工程施工所用的材料中，我国与所有发达国家不同的一点是有特种道路硅酸盐水泥。我国颁布的国家标准《道路硅酸盐水泥》(GB 13693—2005) 中的各项技术指标，基本上符合高速公路水泥混凝土路面使用技术要求。因此，特重、重交通公路更应优先选用旋窑生产的道路硅酸盐水泥，宜可采用旋窑生产的硅酸盐水泥和普通硅酸盐水泥；对于中等以下交通量的公路路面，也可采用矿渣硅酸盐水泥。其他混合水泥不得在混凝土路面中使用。

当贫混凝土和碾压混凝土用做基层时，可使用各种硅酸盐类水泥。当混凝土中不掺用粉煤灰时，宜使用强度等级 32.5MPa 以下的水泥。当混凝土中掺用粉煤灰时，只能选用道路硅酸盐水泥、硅酸盐水泥、普通硅酸盐水泥。碾压混凝土所选用的水泥抗压强度、抗折强度、安定性和凝结时间必须检验合格，符合现行国家的有关标准。

2. 水泥的技术性能

水泥进场时每批量应附有齐全的矿物组成、物理性能、力学指标合格的检验证明，使用前应对水泥的安定性、凝结时间、标准稠度用水量、抗折强度、细度等主要技术指标检验合格后，方可使用。水泥的存放期不得超过 3 个月。

根据现行行业标准《公路水泥混凝土路面施工技术细则》(JTG/T F30—2014) 的规定，对水泥的化学品质，特别是游离氧化钙、氧化镁和碱度的含量提出了明确要求；对水泥的安定性在蒸煮法的基础上，首次提出高速公路、一级公路要用雷氏夹进行检验。各级公路混凝土路面所用水泥的矿物组成、物理性能等路用品质要求，应符合表 29-1 中的规定。

表 29-1　各交通等级路面用水泥的化学成分和物理性能指标

项目	特重、重交通路面	中、轻交通路面
铝酸三钙	不宜＞7.0%	不宜＞9.0%
铁铝酸四钙	不宜＜15.0%	不宜＜12.0%
游离氧化钙	不得＞1.0%	不得＞1.5%
氧化镁	不得＞5.0%	不得＞6.0%
三氧化硫	不得＞3.5%	不得＞4.0%
碱含量	$Na_2O+0.658K_2O\leqslant0.6\%$	怀疑有碱性集料时，≤0.6%； 无碱性集料时，≤1.0%
混合材种类	不得掺窑灰、煤矸石、火山灰和黏土， 有抗盐冻要求时不得掺石灰、石粉	不得掺窑灰、煤矸石、火山灰和黏土， 有抗盐冻要求时不得掺石灰、石粉
出磨时安定性	雷氏夹或蒸煮法检验必须合格	蒸煮法检验必须合格
标准稠度需水量	不宜＞28%	不宜＞30%
烧失量	不得＞3.9%	不得＞5.0%

续表

项目	特重、重交通路面	中、轻交通路面
比表面积	宜在 300～450m²/kg	宜在 300～450m²/kg
细度(80μm)	筛余率不得>10%	筛余率不得>10%
初凝时间	不早于 1.5h	不早于 1.5h
终凝时间	不迟于 10h	不迟于 10h
28d 干缩率	不得>0.09%	不得>0.10%
耐磨性	不得>3.6kg/m²	不得>3.6kg/m²

二、细骨料

根据现行行业标准《公路水泥混凝土路面施工技术细则》（JTG/T F30—2014）的规定，砂按技术要求分为Ⅰ级、Ⅱ级、Ⅲ级，路面碾压混凝土用砂的技术要求应符合表 29-2 中的规定。

表 29-2　路面用细骨料技术指标

项目	技术要求		
	Ⅰ级	Ⅱ级	Ⅲ级
机制砂单粒级最大压碎指标/%	<20	<25	<30
氯化物(按氯离子质量计)/%	<0.01	<0.02	<0.06
坚固性(按质量损失计)/%	<6	<8	<10
云母(按质量计)/%	<1.0	<2.0	<2.0
天然砂、机制砂含泥量(按质量计)/%	<1.0	<2.0	<3.0①
天然砂、机制砂泥块含量(按质量计)/%	0	<1.0	<2.0
机制砂 MB 值<1.4 或合格石粉含量②(按质量计)/%	<3.0	<5.0	<7.0
机制砂 MB 值<1.4 或不合格石粉含量(按质量计)/%	<1.0	<3.0	<5.0
有机物含量(比色法)	合格	合格	合格
硫化物及硫酸盐(按 SO_3 质量计)/%	<0.5	<0.5	<0.5
轻物质(按质量计)/%	<1.0	<1.0	<1.0
机制砂母岩抗压强度/MPa	火成岩不应小于 100；变质岩不应小于 80；水成岩不应小于 60		
表观密度/(kg/m³)	>2500		
松散堆积密度/(kg/m³)	>1350		
空隙率/%	<47		
碱集料反应	经碱集料反应试验后，由砂配制的试件无裂缝、酥裂、胶体外溢等现象，在规定试验龄期的膨胀率应小于 0.10%		

① 天然Ⅲ级砂用作路面时，含泥量应小于 3%；用作贫混凝土基层时，可小于 5%。

② 亚甲蓝试验 MB 试验方法见有关内容。

配制碾压混凝土的细骨料，其含水量要尽可能少，一般不宜超过 6%，否则应当采取脱水措施；细骨料的细度模数宜控制在2.2～3.0之间，人工砂的石粉（$d \leqslant 0.16$mm的颗粒）含量宜在8%～17%。

三、粗骨料

路面碾压混凝土所用的粗集料，应使用质地坚硬、耐久、洁净的碎石、碎卵石和卵石，其技术要求应符合表29-3中的规定。

表29-3　碎石、碎卵石和卵石技术指标

项目	技术要求		
	Ⅰ级	Ⅱ级	Ⅲ级
碎石压碎指标/%	<10	<15	<20①
卵石压碎指标/%	<12	<14	<16
坚固性(按质量损失计)/%	<5	<8	<12
针片状颗粒含量(按质量计)/%	<5	<15	<20②
含泥量(按质量计)/%	<0.5	<1.0	<1.5
泥块含量(按质量计)/%	<0	<0.2	<0.5
有机物含量(比色法)	合格	合格	合格
硫化物及硫酸盐(按SO_3质量计)/%	<0.5	<1.0	<1.0
岩石抗压强度/MPa	火成岩不应小于100;变质岩不应小于80;水成岩不应小于60		
表观密度/(kg/m³)	>2500		
松散堆积密度/(kg/m³)	>1350		
空隙率/%	<47		
碱集料反应	经碱集料反应试验后,试件无裂缝、酥裂、胶体外溢等现象,在规定试验龄期的膨胀率应小于0.10%		

① Ⅲ级碎石的压碎指标，用作路面时，应小于20%；用作下面层或基层时，可小于25%。

② Ⅲ级粗集料的针片状颗粒含量，用作路面时，应小于20%；用作下面层或基层时，可小于25%。

配制碾压混凝土的粗骨料最大粒径以不超过80mm为宜，同时不宜采用间断级配。粗骨料的磨耗率和磨光值、级配与公称最大粒径等，应符合现行的行业标准《公路水泥混凝土路面施工技术细则》(JTG/T F30—2014）的规定。

根据碾压混凝土配制施工中的实践经验，碾压混凝土的骨料级配范围建议值，可参考表29-4。

表29-4　碾压混凝土的骨料级配范围建议值

最大粒径/mm	筛孔尺寸/mm								
	圆孔						方孔		
	40	25	20	10	5.0	2.5	0.60	0.30	0.15
	通过百分率(以质量计)/%								
20	—	—	90～100	5～65	30～40	21～35	10～20	7～15	5～10
40	90～100	65～77	—	35～50	25～40	19～32	10～20	7～15	5～10

四、掺合料

配制碾压混凝土常用的掺合料有粉煤灰、硅灰和磨细（水淬高炉）矿渣等，它们的质量应符合下列要求。

1. 对粉煤灰的要求

粉煤灰是一种活性掺合料，掺在路面混凝土中，必须满足活性高的要求。首先，必须保证水泥混凝土路面的28d强度要求；而后利用其长期强度高的特点增加抵抗超载的强度贮备，以利于延长路面使用寿命，保障水泥混凝土路面弯拉强度、耐疲劳性和耐久性。其具体使用要求如下所述。

(1) 在混凝土路面或贫混凝土基层中使用粉煤灰时，应确切了解所用水泥中已经加入的掺和料种类和数量。

(2) 混凝土路面在掺用粉煤灰时，应掺用质量指标符合行业标准《公路水泥混凝土路面施工技术细则》(JTG/T F30—2014) 中的规定，必须使用电收尘Ⅰ、Ⅱ级干排或磨细粉煤灰，不得使用Ⅲ级粉煤灰。贫混凝土、碾压混凝土基层或复合式路面下面层应掺用符合Ⅲ级以上或Ⅲ级的粉煤灰，不得使用等外粉煤灰。

(3) 路面混凝土中使用粉煤灰必须有适宜掺量控制。在高速公路水泥混凝土路面中，应根据所使用的水泥种类而确定。当使用硅酸盐水泥时，粉煤灰的极限掺量不得大于30%；当使用普通硅酸盐水泥时，允许有不大于15%的混合材料，则粉煤灰掺量不应大于15%。粉煤灰的极限掺量是水泥及外掺粉煤灰能够全部水化的最高掺量一要求，同时也是路面抗冲、耐磨和耐疲劳性能的要求。

(4) 粉煤灰进货应有等级检验报告，并宜采用散装干（磨细）粉煤灰。粉煤灰的贮藏、运输等要求与水泥相同。

2. 对其他掺合料的要求

路面碾压混凝土中可以掺加适量的硅灰和磨细（水淬高炉）矿渣，其性能及使用要求等应符合《公路工程水泥混凝土外加剂与掺合料应用技术指南》中的规定，使用前应经过试验检验，确保路面混凝土的抗压强度、弯拉强度、工作性、抗磨性、抗冻性等技术指标全部合格方可使用。

磨细矿渣本身具有自硬化能力，硅灰的水化反应速度极快。这两种掺和料均是配制高性能道路混凝土的必备原材料，配制碾压混凝土也可以采用。尤其是硅灰对混凝土有很强的促凝作用，虽然在路面混凝土中应用较少，但多用于桥面或桥梁主要构件和腐蚀性很强的混凝土结构，用来制作高强混凝土。

五、外加剂

配制碾压混凝土应掺加适宜和适量的外加剂，常用的有减水剂、早强剂、缓凝剂、阻锈剂等。无论掺加任何外加剂，必须进行对水泥和掺合料、几种外加剂之间的相容性试验。其检验方法要符合《公路工程水泥混凝土外加剂和掺合料应用技术指南》中附录D的规定，化学成分不适应和相容性不良者，不得用于实际工程中。

六、拌合水

配制碾压混凝土所用的拌合水与普通水泥混凝土相同。其技术指标应符合现行行业标准《混凝土用水标准》(JGJ 63—2006) 中的要求。

第三节 碾压混凝土的配合比设计

碾压混凝土的配合比设计在实际工程中一般采用绝对体积法进行。其设计方法既有与普通水泥混凝土相同之处，也有很大不同之处。一般可按照以下步骤进行。

一、配合比设计步骤

（一）设计依据和基本资料

为了搞好碾压混凝土的配合比设计，达到配比科学、配制容易、符合要求、施工方便、经济合理的目的，在正式进行配合比设计前应按照有关要求收集设计依据和基本资料。

（1）配合比设计要求 碾压混凝土配合比设计要求，主要包括设计强度等级、强度保证率、抗渗性、抗冻性、其他方面的要求等。这些设计要求是进行碾压混凝土配合比设计的标准和依据，也是配合比设计所要达到的目标。

（2）施工与质量要求 碾压混凝土的施工要求和质量控制要求，是配合比设计非常重要的方面，直接关系到混凝土的施工难易和施工质量。主要包括混凝土的工作度（VC 值）、施工部位、粗骨料的最大粒径、混凝土的均方差和变异系数等。

（3）组成材料的情况 碾压混凝土组成材料的情况，即各种原材料的技术指标，这是影响混凝土质量的关键。主要包括水泥品种、强度等级和其他技术指标；掺合料的种类、密度和其他技术指标；骨料的粒径、级配、表观密度、含水率和其他技术指标；外加剂的种类、性质、掺量、相容性和其他技术指标等。

（二）配合比设计参数的选定

碾压混凝土配合比设计参数的选定主要包括水胶比、掺合料、用水量和砂率等。

1. 碾压混凝土水胶比的选定

根据设计要求的强度和耐久性，选定混凝土的水胶比。在水泥和掺合料用量一定的条件下，通过试验建立碾压混凝土水胶比与其 90d（或 180d）龄期强度的关系，再根据混凝土配制强度确定水胶比。式（29-1）可供初选配合比时参考：

$$R_{90}=AR_{28}[(C+F)/W-B] \tag{29-1}$$

式中 R_{90}——90d 龄期混凝土的抗压强度，MPa；

R_{28}——水泥和掺合料 28d 胶砂强度，MPa；

C——混凝土中水泥的用量，kg/m^3；

F——混凝土中掺合料的用量，kg/m^3；

W——混凝土中的用水量，kg/m^3；

A、B——混凝土回归系数，由试验确定，无试验资料时可参考表 29-5。

表 29-5 混凝土回归系数参考值

骨料类别	A 值	B 值	骨料类别	A 值	B 值
卵石	0.733	0.789	碎石	0.811	0.581

2. 碾压混凝土掺合料的选定

碾压混凝土的掺合料应当根据水泥品种、强度等级、掺合料品质、设计对碾压混凝土的技术要求和混凝土的使用部位等具体情况，根据同类工程的配合比经验，选择适当的掺合料的掺量，必要时也可通过试验确定。

3. 碾压混凝土用水量的选定

碾压混凝土的用水量应根据施工要求的工作度（*VC*值）和粗骨料的最大粒径，测定用水量-表观密度-强度之间的关系，由试验选定最优用水量。初选时可参考表29-6中的数值。

表29-6 单位用水量参考值

单位：kg

类别 \ 粗骨料最大粒径/mm	20	40	80
天然砂石料	100～120	90～115	80～110
人工砂石料	110～125	100～120	90～115

4. 碾压混凝土砂率的选定

碾压混凝土砂率的选定，就是在满足碾压混凝土施工工艺要求前提下，选择最佳砂率。最佳砂率的评定标准为：a. 骨料分离现象很少；b. 在水胶比及用水量固定不变条件下，混凝土拌合物的*VC*值小；c. 混凝土的表观密度大、强度高。

碾压混凝土配合比试验表明：当采用天然砂石料时，三级配的砂率宜为26%～32%，二级配的砂率宜为32%～37%；当采用人工砂石料时，砂率应增加4%～6%。

（三）碾压混凝土配合比设计方法

碾压混凝土的配合比设计，实际上是确定水胶比、掺合料掺量、用水量和砂率这4个参数。由4个设计参数和单位材料绝对体积为1m³五个条件，可以建立以下方程式，求解这些方程式可得到每立方米碾压混凝土中各组成材料的用量，其中用水量由试验选定最优用水量。

$$W/(C+F)=K_1 \tag{29-2}$$

$$F/(C+F)=K_2 \tag{29-3}$$

$$S/(S+G)=K_3 \tag{29-4}$$

$$W+C/\rho_c+F/\rho_f+S/\rho_s+G/\rho_g=1000-10V_a \tag{29-5}$$

式中 K_1、K_2、K_3——碾压混凝土的配合比设计参数；

W——碾压混凝土的用水量，kg/m³；

C——碾压混凝土的水泥用量，kg/m³；

F——碾压混凝土的掺合料用量，kg/m³；

S——碾压混凝土的砂子用量，kg/m³；

G——碾压混凝土的石子用量，kg/m³；

V_a——碾压混凝土的含气量，%；

ρ_c、ρ_f、ρ_s、ρ_g——水泥、掺合料、砂子和石子的表观密度，kg/L。

（四）试拌、调整和现场复核

碾压混凝土的试拌、调整和现场复核，与普通水泥混凝土相同。即试拌测定混凝土的工作度（*VC*值），当不符合要求时进行适当调整，并对混凝土力学性能等进行复核。经过试拌、调整和现场复核后，最后确定碾压混凝土的配合比，经各方确认后提交工程使用。

二、参考配合比

表 29-7 中列出了部分碾压混凝土配合比设计参考值，可供设计和施工中参考。

表 29-7　碾压混凝土配合比设计参考值

水泥种类	水灰比	砂率/%	单位粗骨料的体积/m³	单位体积材料用量/(kg/m³)							理论最大堆积密度/(kg/m³)
				水	水泥	砂子	粗骨料		外加剂		
							10～13mm	13～15mm	减水剂	AE剂	
普通水泥	0.35	43.9	0.75	105	300	956	646	626	1.80	0.24	2633
粉煤灰水泥	0.33	43.9	0.74	105	318	942	636	616	1.91	0.25	2617
中热水泥	0.35	43.9	0.75	105	300	959	648	627	1.80	0.24	2639

第四节　碾压混凝土的施工要点

由于碾压混凝土材料是属于超干硬性材料，所以既不同于常规水泥混凝土路面的施工，更不同于沥青混凝土路面的施工。要把碾压混凝土材料均匀地摊铺到路面基层，并密实成型为具有一定强度和平整度的混凝土路面，必须有一套合理的、适于干硬性碾压混凝土材料的施工工艺和施工方法。

碾压混凝土的施工工艺主要包括碾压混凝土混合料拌和、混合料运输、混合料摊铺、混合料碾压和混合料养护。

一、碾压混凝土混合料拌和

碾压混凝土混合料的拌和是确保混凝土质量的基础，也是碾压混凝土施工第一个重要工序。为保证碾压混凝土的质量，在拌和过程中应注意以下事项。

(1) 碾压混凝土应当进行配合比设计，各种材料的质量应符合国家的有关标准要求，用量应严格按设计配合比进行配制，其称量误差应符合现行施工规范的规定。

(2) 碾压混凝土宜采用强制式搅拌机拌制，使各种骨料、胶结料、水和外加剂等充分拌和均匀，确保混凝土拌合物的质量。

(3) 碾压混凝土的拌和时间长短，不仅影响拌合料的均匀性，而且与拌和生产效率有关。由于碾压混凝土的单位用水量少，是一种干硬性混凝土，所以拌和均匀所需的时间要比普通混凝土长。采用不同的拌和机械，所需要的拌和时间是不同的。日本规定：碾压混凝土的拌和时间是普通混凝土的 1.5 倍左右；美国规定：采用连续式搅拌机时，碾压混凝土的搅拌时间应不少于 35s。

(4) 由于碾压混凝土特别干硬、松散，所以从搅拌机出来的混合料如果到运料车的落距过大，很容易造成离析。因此，在安装混凝土搅拌机时应考虑运料车的车型，应采取措施尽量减低混凝土的落差，一般不宜超过 2m。

二、碾压混凝土混合料运输

碾压混凝土混合料运输，不仅关系到混凝土的摊铺速度，而且关系到混凝土的施工质量。在混合料的运输过程中应注意以下事项。

(1) 要求在尽可能短的时间内将混凝土卸到摊铺机料斗中，以减少碾压混凝土混合料的离析和稠度变化，保证混凝土摊铺作业的连续性。为快速平稳地运输碾压混凝土混合料，在工程施工中宜选用自卸汽车和皮带运输机等进行运输，不宜采用溜管或溜槽作为运输机具。

(2) 碾压混凝土的运输距离短，需要的运料时间少，有利于碾压混凝土路面的施工。如果自卸汽车的行驶速度为30km/h，其运距应控制在15km以内较为适宜，即在常温下碾压混凝土的运输时间不超过30min。

(3) 碾压混凝土的道路必须平整，采用车辆运输中行驶要避免急刹车和急转弯，以减少混凝土拌合料的离析。使用其他运输机具时也要避免出现较大的振动。

(4) 在运输过程中，混合料中的水分蒸发是其稠度增大的主要原因之一。为了减少由此而造成的稠度损失，当运输距离较大或气温较高、风速较大时应当采取覆盖措施。

(5) 装料是混凝土运输工序的起点，其关键是使混凝土混合料均匀地装载到运料车上，并减少搅拌机的等待和停顿时间。尤其是连续式混凝土搅拌机，如果运料车到站不及时，必然造成停机，影响混凝土的产量和质量。

(6) 卸料是混凝土运输工序的重点，也是对碾压混凝土施工质量影响较大的一个环节。其关键是在运料车到达摊铺施工现场后应按照一定规律排列，使得前一辆车卸料完毕驶离摊铺机后，后一辆车能很快到达卸料位置，并迅速将混凝土混合料卸到摊铺机的料斗中，保证混凝土摊铺的连续进行。

三、碾压混凝土混合料摊铺

摊铺是碾压混凝土路面施工中非常关键的工序，为了保证路面的平整度和较高的密实度，一般应使用带强力熨平板的高密实度沥青摊铺机，摊铺质量与机械的自动找平系统、摊铺速度、熨平板参数有关。在碾压混凝土混合料的摊铺过程中应注意如下事项。

(1) 自动找平系统是保证碾压混凝土摊铺质量的关键控制系统，用于碾压混凝土路面的摊铺机，应配有性能良好的自动找平系统，施工时关键是选择可靠的找平基准和保证系统处于良好的工作状态。

根据我国公路工程的实践经验，基准线的布设必须注意以下几个方面：a. 基准线桩必须埋设牢固，各边端部的螺栓紧固有效；基准线桩柱的间距一般为5～10m，间距过大易增大钢丝挠度，影响路面的平整度；b. 基准线的一次放线长度不宜超过200m，直线段一般可控制在80～120m之间；在弯道处应适当缩短，一般可控在30～60m之间；c. 基准线最好采用直径适宜的钢丝，并需要用张拉器进行张拉，张拉力不少于1000N，以钢丝的挠度在规定数值为准；d. 基准桩的横杆应保持水平或稍向上翘，以保证传感器不碰撞横杆；e. 在碾压混凝土的摊铺施工中，严禁碰撞基准线（钢丝），并设专人负责保护和管理钢丝架，发现钢丝碰撞扭曲变形时，应及时整平调直，及时清除钢丝上黏结、悬挂的砂浆和杂物等。

(2) 碾压混凝土的摊铺速度与摊铺层的平整度、密实度、工程进度等有密切关系。因此，正确选用适宜的摊铺速度，对于加快施工进度、提高设备利用率和提高施工质量都具有重要的意义。混合料摊铺的速度应与搅拌机的拌合能力、运输车辆相匹配。

工程实践证明，当路面宽度为9m、厚度为24cm时，摊铺速度以0.6～0.9m/min为宜；当路面宽度为4.85～5.0m、厚度为15～20cm时，摊铺速度以0.9～1.2m/min为宜。

(3) 当路面的设计厚度超过30cm时，由于受摊铺机预压能力和压实设备的压实能力所限，混凝土应当分层进行摊铺。在摊铺上层混凝土时，要求下层混凝土表面保持潮湿，这样才能有利于层间的结合。

(4) 碾压混凝土摊铺时获得预压的密实度是路面成型质量的影响因素和控制指标。根据我国的施工经验，摊铺机的预压密实度取85%～89%。

(5) 当保持熨平板工作角等于常数时，单位时间进入熨平板底部的混合料体积不变，从而可使其厚度值不变，摊铺厚度均匀一致。

四、碾压混凝土混合料碾压

在混凝土摊铺作业完成之后，要及时进行碾压作业，碾压是保证碾压混凝土最终密实成型的主要施工工序。工程实践证明，碾压混凝土的质量好坏关键在于碾压。根据碾压混凝土路面的施工经验，在进行混凝土的碾压中，应当注意如下事项。

(1) 根据碾压混凝土路面的摊铺机械施工时间的计算，以4～5min摊铺的长度作为一个碾压段比较合适，当路面宽度9m、路面厚度24cm时，碾压的工作段长度控制在30m左右比较适宜。

(2) 碾压混凝土的振实过程一般可以分为3个阶段：塑性阶段→弹塑性阶段→弹性阶段。在这3个阶段中，碾压都必须按设计要求进行，在任何阶段都要注意碾压质量。

(3) 根据碾压混凝土振实过程的理论分析，结合碾压施工的经验，碾压密实一般要经历初压→复压→终压3个过程，每个过程对碾压质量均有很大的影响。

(4) 振动压路机的振幅和频率是影响碾压混凝土压实效果的重要参数。对于碾压混凝土路面的压实，根据我国工程施工实践，宜采用10～20t的高频率低振幅振动压路机，其振动频率40～50Hz，振幅0.4～1.0mm。

(5) 根据施工经验，正确掌握碾压速度是保证施工质量的重要条件。在初压（静压）过程中，其速度采用1.5～2.0km/h为宜；在复压（振动碾压）过程中，其速度采用2.0～3.0km/h为宜；在终压（轮胎压路机）过程中，其速度采用4.0～6.0km/h为宜。

五、碾压混凝土混合料养护

碾压混凝土的养护是水泥混凝土强度形成的必要工序，尤其对超干硬性的碾压混凝土特别重要。由于碾压混凝土本身的水分比较少，如果不进行良好的养护，及时保存和补充水分，必将会严重影响碾压混凝土的强度发展。对于碾压混凝土的养护，应注意以下事项。

(1) 当浇筑的混凝土碾压结束后，应当立即将完成部分覆盖保湿养护，覆盖的材料一般选用塑料薄膜。

(2) 根据施工现场的具体情况，在常温条件下6h后将塑料薄膜去掉，选择价格较低、保温性能较好的材料（如锯末、湿砂、麻袋、草垫等）覆盖，并洒水保持混凝土表面湿润。

(3) 在常温情况下，混凝土碾压结束4～6h后，开始每隔一定时间洒水养护，直至达到设计规定的养护时间。

(4) 碾压混凝土的养护时间应按混凝土抗折强度达到3.5MPa以上要求由试验确定的。工程实践和试验证明，碾压混凝土路面所需要潮湿养护时间一般为5～7d；如果掺加粉煤灰较多时，养护时间一般为7～10d。

(5) 碾压混凝土路面碾压后8h，可采用切割机按设计缩缝位置进行切缝。切缝时不仅应准确掌握切缝时间及切缝深度，而且同时加强对切缝部位的养护。待缝槽干燥、清除杂物后方可进行灌缝。

六、碾压混凝土混合料成缝

为适应混凝土的温度变形和施工进度安排，对于路面碾压混凝土，在碾压8h后即可用切割机按设计伸缩缝位置进行切缝。切缝时应准确掌握切缝的时间及切缝的深度，待缝槽完全干燥、清除杂质后方可灌缝。

对坝工碾压混凝土，为防止压力水渗透不宜设置纵缝，而可采用切割机切割、设置诱导孔或隔板等方法形成横缝，缝面位置及填充材料应满足设计要求。

采用切割机切缝宜“先切后碾”，成缝面积每层应不小于设计面积的60%，填缝材料可采用厚度为0.2～0.5mm的金属片或其他材料。设置诱导孔宜在碾压后立即进行或在层间间歇时完成，孔内应立即用干燥砂子填充。设置隔板时，相邻隔板的间距不得大于10cm，隔板的高度应比压实混凝土的厚度低2～3cm。

第三十章 预应力混凝土

由于普通混凝土的抗拉强度很低，使钢筋混凝土存在两个无法解决的问题：一是在使用荷载作用下，钢筋混凝土受拉、受弯等构件通常是带裂缝工作的；二是从保证结构耐久性出发，必须限制裂缝宽度。为了要满足钢筋混凝土结构变形和裂缝控制的要求，需增大构件的截面尺寸和用钢量，这将导致自重过大，使钢筋混凝土结构用于大跨度或承受动力荷载的结构成为不可能或者很不经济。

为了弥补钢筋混凝土存在的不足，在受弯构件的受拉区配置预应力钢筋，并把钢筋拉伸到规定的控制应力值，待混凝土达到规定的强度后，放松并切断被张拉的钢筋，这时钢筋则产生弹性回缩。在钢筋回缩时由于已被锚固，其回缩力则传递给混凝土，使构件受拉区的混凝土预先受到一个压应力。这样，就使构件受到荷载作用的时候，其受拉区受到的拉应力要首先抵消其预压应力后才开始产生拉伸变形，从而可以大大提高构件的抗裂能力。

第一节 预应力混凝土概述

预应力混凝土是近几十年发展起来的一门新技术，目前在世界各地都得到广泛的应用。尤其是近年来，随着预应力混凝土设计理论和施工工艺与设备的不断完善，高强材料性能的不断改善，预应力混凝土已得到进一步的推广应用。

一、预应力混凝土的特点

预应力混凝土是最近几十年发展起来的一项新技术，它与普通钢筋混凝土相比，具有以下明显的特点。

(1) 在与钢筋混凝土同样的条件下，可以有效地利用高强度钢筋和高强度等级的混凝土，能充分发挥钢筋和混凝土各自的特性，具有构件截面小、自重小、刚度大、抗裂度高、耐久性好、节省材料等优点。根据工程实践证明：如用冷拔低碳钢丝配筋的预应力混凝土空心楼板，与非预应力混凝土空心楼板相比，可节约钢材 30%～50%，节省混凝土 10%～20%，减轻构件自重可达 20%～40%。

(2) 提高构件的抗裂度和刚度。由于预应力的作用，增强了构件混凝土的抗拉能力，可以使混凝土不过早地出现裂缝，还可以按照构件的特点，控制其在使用过程中不出现裂缝。同时，由于预应力的作用，构件在承受荷载后，向下弯曲的程度减小，也即其抵抗变形的能力增大，从而提高了构件的刚度。

(3) 增加混凝土构件的耐久性。预应力混凝土能推迟或避免裂缝的出现，构件内的钢筋就不容易锈蚀，因而能相应地延长构件的使用年限。

(4) 预应力混凝土的施工，需要专门的材料与设备、特殊的施工工艺，工艺比较复杂，操作要求较高，但用于大开间、大跨度与重荷载的结构中，其综合效益较好。

(5) 随着混凝土工程施工工艺的不断发展和完善，预应力混凝土的应用范围越来越广，不仅可用于一般的工业与民用建筑结构，也可用于大型整体或特种结构上。

二、预应力混凝土的种类

预应力混凝土是在外荷载作用前，预先建立有预压应力的混凝土。预应力混凝土的预压应力，一般是通过张拉预应力筋实现的。按施工预应力程度不同可分为全预应力混凝土和部分预应力混凝土。预应力混凝土按施工方式不同可分为：预制预应力混凝土、现浇预应力混凝土和叠合预应力混凝土等。按预加应力的方法不同可分为先张法预应力混凝土、后张法预应力混凝土和电热张拉法预应力混凝土。

1. 按施加预应力程度分类

（1）全预应力混凝土　全预应力混凝土是在全部使用荷载作用下，构件受拉区边缘不允许出现拉应力的预应力混凝土，即构件全截面受压区的混凝土或单纯采用高强预应力筋作配筋的混凝土。主要适用于要求混凝土不开裂的结构。

（2）部分预应力混凝土　部分预应力混凝土是在全部使用荷载作用下，构件受拉区边缘允许出现拉应力或裂缝的预应力混凝土。即只有部分截面受压区的混凝土或单纯采用高强预应力筋与非预应力筋混合作配筋的混凝土。

2. 按施加预应力方法分类

（1）先张法预应力混凝土　先张法预应力混凝土是先张拉预应力筋，后浇筑混凝土的预应力混凝土生产方法，这种生产方法需要专用的生产台座和夹具，以便张拉和临时固定预应力筋。待混凝土达到设计强度等级后，放松预应力筋。预应力是靠钢筋与混凝土之间的黏结力传递给混凝土。

（2）后张法预应力混凝土　后张法预应力混凝土是先浇筑混凝土，后张拉预应力筋的预应力混凝土生产方法，这种生产方法在构件制作时需要预留孔道和专用的锚具。在混凝土达到设计所规定的强度等级后，穿入钢筋进行张拉，张拉锚固的预应力筋按要求进行孔道灌浆，预应力是通过锚具传递给混凝土的。

3. 按预应力筋与混凝土黏结状态分类

（1）有黏结预应力混凝土　有黏结预应力混凝土是指预应力筋全长与周围混凝土相黏结。先张法的预应力筋直接浇筑于混凝土内，预应力筋与混凝土是有黏结的；后张法的预应力筋通过孔道灌浆与混凝土黏结。这两种方法生产的预应力混凝土都是有黏结预应力混凝土。

（2）无黏结预应力混凝土　无黏结预应力混凝土的预应力筋沿全长与周围混凝土能发生相对滑动。为防止预应力筋产生腐蚀和与周围混凝土黏结，采用涂油脂和缠绕塑料薄膜等措施，以这种方法生产的预应力混凝土称为无黏结预应力混凝土。

4. 按施工制作的方法不同分类

（1）预制预应力混凝土　预制预应力混凝土是在预制厂或在施工现场进行制作，经过运输和吊装安设到设计位置的预应力混凝土构件。这种制作安装方法适宜于大批量生产，施工质量易控制，成本较低。

（2）现浇预应力混凝土　现浇预应力混凝土是在混凝土构件的设计位置上支设模板进行制作，这种制作安装方法适宜于大型和整体预应力混凝土结构。

（3）叠合预应力混凝土　叠合预应力混凝土也称为组合预应力混凝土，是预制和现浇相结合制作的，预制部分为预应力，而现浇部分采用非预应力。

第二节　预应力混凝土原材料要求

预应力混凝土与普通混凝土，不仅在基本原理方面有所不同，而且对所用原材料的要求也不同。简单地说，预应力混凝土对原材料各方面的要求，均比普通混凝土高，其中主要体现在对混凝土和预应力钢材两个方面。

一、对混凝土的技术要求

预应力混凝土对混凝土的技术要求，主要体现在混凝土的强度方面。预应力混凝土结构的混凝土强度，在一般情况下不宜低于C30；当采用碳素钢丝、钢绞线、V级钢筋（热处理）作为预应力钢筋时，混凝土的强度不宜低于C40。目前，国内有些特别重要的预应力混凝土结构，混凝土的强度已采用C60～C80，有的已达到C100。预应力混凝土高强化，是今后预应力混凝土发展的趋势。

在预应力混凝土中采用比较高的混凝土强度，是因为预应力混凝土中所采用的预应力钢筋，其强度比一般的钢筋混凝土中的钢筋高得多，所以，要想发挥高强度钢筋的作用，混凝土的强度必然也要相应提高，使钢筋与混凝土的强度有一个适宜的比例，以便共同承受外力，从而达到减小截面尺寸，减轻构件自重，节约材料用量的目的。同时，提高混凝土的强度，可以提高钢筋与混凝土之间的黏结力，保证钢筋在预应力混凝土中的锚固性能。

预应力混凝土对其所用的材料要求是十分严格的。如果原材料质量不合格，不仅会影响到预应力混凝土构件的正常使用，而且可能在制作过程中发生事故（如钢筋在张拉时突然断裂），以致造成财产和生命安全的严重损失。

对于预应力混凝土来说，所用的水泥最好是硅酸盐水泥或普通硅酸盐水泥，其强度宜比混凝土的设计强度高一个等级；所用的砂石和搅拌用水必须符合国家的现行有关规定；混凝土拌合物中不得掺用对预应力钢筋有腐蚀作用的氯盐（如氯化钠、氯化钙等）。

二、对预应力钢材的要求

目前，在预应力混凝土工程中常用的预应力钢材主要有碳素钢丝、钢绞线、热处理钢筋和精轧螺纹钢筋。

1. 碳素钢丝

碳素钢丝又称高强钢丝，是用优质高碳钢盘条经索氏体化处理、酸洗、镀铜或磷化后冷拔制成，其含碳量为0.7%～0.9%。碳素钢丝根据深加工的不同，又可分为冷拔钢丝、消除应力钢丝、刻痕钢丝、低松弛钢丝和镀锌钢丝等。碳素钢丝的规格与力学性能应符合现行国家标准《预应力混凝土用钢丝》（GB/T 5223—2014）的规定。

2. 钢绞线

钢绞线的直径较大，比较柔软，施工方便，具有广阔的发展前景，但碳素钢丝的价格比较高。钢绞线的规格和力学性能方面，除应符合现行国家标准《预应力混凝土用钢绞线》（GB/T 5224—2014）的规定外，还应满足以下质量要求：a. 成品钢绞线的表面不得带有润滑剂、油渍等，钢绞线表面允许有轻微的浮锈；b. 钢绞线的伸直性，取弦长为1m的钢绞线，其弦与弧的最大自然矢高不大于25mm。

3. 热处理钢筋

热处理钢筋是由普通热轧中碳低合金钢经淬火和回火的调质热处理或轧后冷却方法制成的。这种钢筋具有强度高、松弛值低、韧性较好、黏结力强等优点。按其螺纹外形可分为带纵肋和无纵肋两种。由于这种钢筋为大盘卷材，所以在施工中不需焊接。

热处理钢筋主要用于铁路轨枕，也可用于先张法预应力混凝土楼板等，其规格和力学性能应符合现行国家标准《预应力混凝土用钢棒》(GB/T 5223.3—2017) 的规定。

4. 精轧螺纹钢筋

精轧螺纹钢筋是用热轧方法在整个钢筋表面上轧出不带纵肋的螺纹外形。钢筋的接长用连接器，端头锚固可直接用螺母。这种钢筋具有连接可靠、锚固简单、施工方便、无需焊接和冷拉等优点，主要用于桥梁、房屋与构筑物等的直线筋。

用于预应力混凝土的精轧螺纹钢筋的外形尺寸和力学性能，应符合现行国家标准《预应力混凝土用螺纹钢筋》(GB/T 20065—2016) 中的规定。

第三节 减少预应力损失的措施

在预应力混凝土构件施工和使用过程中最大的质量问题，就是因各种原因产生过大的预应力损失。因此，分析预应力混凝土产生预应力损失的原因，采取有力措施减少预应力的损失，这是确保预应力混凝土达到设计效果的重要方面。

一、预应力损失的主要类型

1. 张拉端锚具的变形和预应力筋回缩引起的损失 σ_{L1}

在张拉端，当预应力张拉达到 σ_{con}（张拉控制应力）后，将卸走张拉机械，预应力筋回缩，使锚具产生变形，这将使预应力筋的张紧程度降低，应力减小，即引起预应力筋的应力损失 σ_{L1}。

2. 预应力筋与孔道壁间的摩擦所引起的损失 σ_{L2}

当后张法预应力混凝土构件进行张拉时，预应力筋被张拉长的同时，混凝土则被压缩，张拉过程中预应力筋与孔壁产生摩擦力。离张拉端的距离越远，则预应力筋中的拉应力越小，产生了预应力损失 σ_{L2}。一般在后张法生产预应力构件时才会发生。

预应力损失 σ_{L2} 的原因有两个：a. 在曲线孔道部分发生的曲线配筋而产生的摩擦力；b. 在全长范围内，因孔道尺寸偏差和漏浆所产生的摩擦力。

3. 受张拉的预应力筋与台座之间的温差引起的损失 σ_{L3}

当混凝土采用蒸汽养护时，张拉完毕的预应力筋因升温而伸长，但台座温度基本不变而不伸长。这样，张紧的预应力筋中的拉应力将降低，这就产生了预应力损失 σ_{L3}。待降温时预应力筋与混凝土已结成整体，且又具有相同的膨胀系数，因此，在降温后预应力筋仍维持在升温时的应力状态，即保留了预应力损失 σ_{L3}。

预应力损失 σ_{L3} 发生在先张法预应力混凝土构件中。

4. 预应力筋松弛引起的损失 σ_{L4}

一方面，钢筋（丝）在高应力下，当钢筋长度保持不变时，应力会随时间的增长而逐渐降低；另一方面，当钢筋的应力保持不变，应变会随时间增长而逐渐增大。两方面统称为钢筋（丝）的压力松弛损失 σ_{L4}。

5. 混凝土收缩和徐变引起的损失 σ_{L5}

由于混凝土的收缩和徐变使构件缩短，预应力筋的拉应力减少，由此产生了预应力损失 σ_{L5}。这项损失占损失总值的百分比最大，在直线配筋的构件中，它约占全部损失值的50%；在曲线配筋的构件中约占30%。由于后张法预应力混凝土构件在张拉时，混凝土已完成了部分收缩，故后张法构件的 σ_{L5} 要比先张法小，对于 σ_{L5} 的计算可参照混凝土规范进行，或根据试验测定的收缩率。

6. 预应力筋挤压混凝土引起的损失 σ_{L6}

由于预应力筋挤压混凝土，而使混凝土发生局部压陷而引起预应力筋应力的降低，降低值为 σ_{L6}。这项损失仅产生在采用螺旋式预应力筋的环形结构中。

二、减少预应力损失的措施

针对以上所发生的各种预应力损失，可分别采取如下减少预应力损失的措施。

减少 σ_{L1} 损失的措施有：a. 选择锚具变形小或预应力筋回缩小的锚具、夹具，尽量减少垫板的块数；b. 可增加台座长度 L，以减少先张法预应力混凝土构件的预应力损失。

减少 σ_{L2} 损失的措施有：a. 采用滑润剂，以减少摩擦系数；b. 采用刚度大的管子留孔道，以减少孔道尺寸的偏差降低 K 值；c. 采用两端张拉，摩擦损失减少近1/2；d. 采用电热法或超张拉以及多次张拉工艺，以减少摩擦损失。

减少 σ_{L3} 损失的措施有：对于预应力混凝土的养护，一般不采用蒸汽养护，这样可以避免预应力筋与张拉台座之间产生温差，不产生预应力 σ_{L3} 的损失。

减少 σ_{L4} 损失的措施有：一般可采用超张拉工艺以减少损失值。首先张拉预应力筋使应力达到 $(1.05\sim1.10)\sigma_{con}$。在此应力下持荷2～5min，然后再卸荷至零，第二次再张拉至 σ_{con}。由于第一次张拉时可产生一部分松弛应力损失，所以在第二次再张拉时，松弛应力损失即可减小。

减少 σ_{L5} 损失的措施有：a. 适当选择骨料，准确控制水灰比和水泥用量；b. 混凝土捣固密实；c. 加强养护。

减少 σ_{L6} 损失的措施有：适当提高混凝土的强度，并使其达到规定强度后再进行张拉。

第四节 预应力混凝土的施工

预应力混凝土是施工工艺发展非常迅速的一种新型混凝土，目前在建筑工程最常应用的施工工艺有先张法、后张法和电热法等。

一、先张法施工工艺

(一) 先张法的工艺流程

先张法施工是在浇筑混凝土构件之前，将预应力钢筋张拉到设计控制应力，用夹具将其临时固定在台座或钢模上，进行绑扎钢筋、支设模板，然后浇筑混凝土。待混凝土达到规定强度（一般不低于设计强度标准值的75%），能够保证预应力钢筋与混凝土有足够黏结力时，以规定的方式放松预应力钢筋，借助预应力筋的弹性回缩及其与混凝土的黏结，使混凝土构件受拉区的混凝土获得预压应力。先张法构件的预应力是靠预应力钢筋与混凝土之间的黏结力来传递的，先张法生产主要工序如图30-1所示。

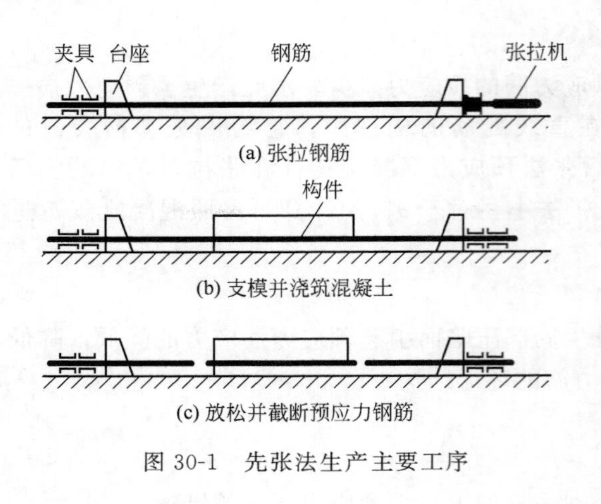

图 30-1 先张法生产主要工序

先张法施工可采用台座法或机组流水法。采用台座法，构件是在固定的台座上生产，预应力钢筋的张力由台座承受，其不需复杂的机械设备，适宜多种产品的生产，可以露天生产、自然养护，也可采用湿热养护。采用机组流水法，预应力钢筋的张拉力由钢模承受，构件连同钢模按流水方式，通过张拉、浇筑、养护等固定机组完成每一生产过程，此法适合于工厂化大量生产，但该法模板耗钢量大，需采用蒸汽养护，不适合大、中型构件的制作，其应用范围具有很大的局限性。

对于先张法施工，无论采用台座法，还是采用机组流水法，其施工工艺流程基本上是相同的，其工艺流程如图 30-2 所示。

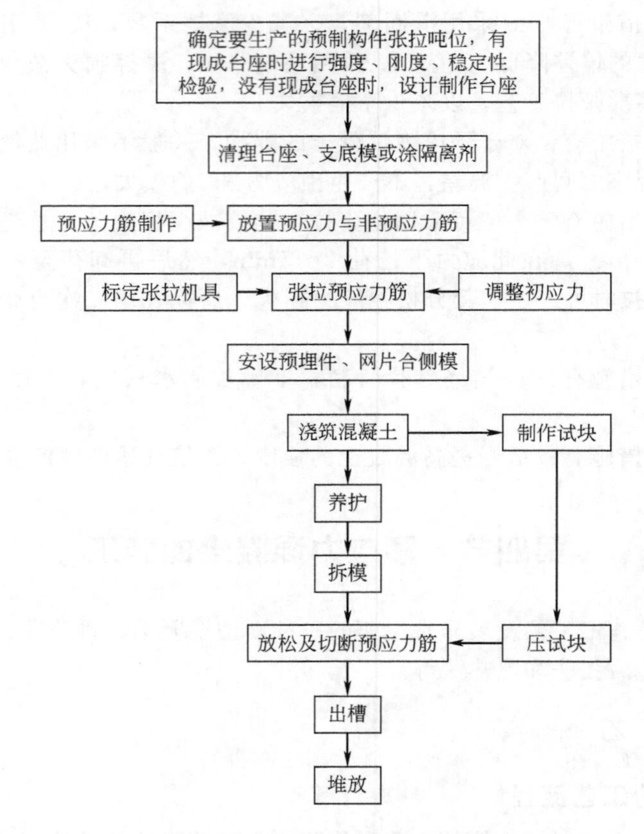

图 30-2 先张法施工工艺流程

（二）台座法张拉设备组成

台座法的张拉设备主要包括张拉台座、夹具与设备。

1. 张拉台座

张拉台座是先张法生产的主要设备之一，它承受预应力筋的全部张拉力。因此，台座应具有足够的强度、刚度和稳定性，以免台座变形、倾覆、滑移而引起预应力值的损失。台座按构造型式不同可分为墩式台座和槽式台座两种。选用时应根据构件的种类、张拉吨位和施工条件而定。

（1）墩式台座　墩式台座由台墩、台面与横梁等组成，一般用于平卧生产的中小型构件，如屋架、空心楼板、平板等。台座尺寸由场地大小、构件类型和产量等因素确定，一般长度为100～150m，宽2m。在台座的两端应留出张拉、锚固预应力筋的操作场地和通道，两侧要有构件运输和堆放的场地。这样的台座张拉一次可生产多根构件，既减少了张拉的临时锚固次数，又可减少因钢筋滑移引起的应力损失。

（2）槽式台座　槽式台座由端柱、传力柱、柱垫、横梁和台面等组成。台面长度要便于生产多种构件，一般长为45m或76m；宽度随构件外形和制作方式而定，一般不小于1m。此种台座既可承受张拉力又可作为蒸汽养护槽，适用于张拉较高的大型构件，如吊车梁、屋架等。

2. 夹具

夹具是在先张法施工中，为保持预应力筋的拉力并将其固定在张拉台座或设备上所使用的临时性锚固装置。按其工作用途不同，可分为锚固夹具和张拉夹具。在建筑工程中常用的有钢丝锚固夹具、钢筋锚固夹具和张拉夹具等。

对于夹具的基本要求是：具有可靠的锚固能力，要求不低于预应力抗拉强度的90%；使用中不发生变形或滑移，且预应力损失较小；应经久耐用、锚固与拆卸方便、重复使用；应适应性好、构造简单、加工方便、成本较低。

3. 张拉设备

张拉设备要求操作方便、简易可靠，能准确控制张拉应力，能以稳定的速率增大拉力。在选择张拉机具时，为了保证设备、人身安全和张拉力准确，张拉机具的张拉力应不小于预应力筋张拉力的1.5倍；张拉机具的张拉行程不小于预应力筋伸长值的1.1～1.3倍；此外，还应考虑张拉机具与锚固夹具的配套使用。

预应力用液压千斤顶，按照机型不同可分为拉杆式千斤顶、穿心式千斤顶和台座式液压千斤顶；按使用功能不同可分为单作用千斤顶和双作用千斤顶；此外，还有前置内卡式千斤顶和开口式双缸千斤顶，供单根钢绞线张拉用。在先张法施工中，单根冷拔钢丝的张拉还可采用电动螺杆张拉机和电动卷扬张拉机等。张拉设备应装有测力仪表，以准确建立张拉力。张拉设备应由专人使用和保管，并定期进行维护与标定。

（三）先张法施工工艺

先张法施工可分为预应力筋的铺设、预应力筋的张拉、混凝土浇筑与养护和预应力筋的放张等施工过程。

1. 预应力筋的铺设

为了便于脱模，在预应力筋的铺设前，对台面及模板应先刷隔离剂；为避免铺设预应力筋时因其自重下垂破坏隔离剂，沾污预应力筋，影响预应力筋与混凝土的黏结，应在预应力筋设计位置下面先放置好垫块或定位钢筋后再进行铺设。

预应力钢丝宜用牵引车铺设，如遇钢丝需要接长时，可使用钢丝拼接器、用20～22号铁丝将钢丝连接段密排绑扎。对冷拔低碳钢丝绑扎长度不得小于$40d$，对冷拔低合金钢丝绑扎长度不得小于$50d$，对高强刻痕钢丝绑扎长度不得小于$80d$。钢丝搭接长度应比绑扎长度大$10d$（d为钢丝直径）。

预应力钢筋铺设时，钢筋接长或钢筋与螺杆的连接，可采用套筒双拼式连接器。钢筋采用焊接时，应合理布置接头位置，尽可能避免将焊接接头拉入构件内。

2. 预应力筋的张拉

先张法预应力筋的张拉有单根张拉和多根成组张拉。单根张拉所用设备构造简单，易于保证应力均匀，但生产效率低、锚固困难；成组张拉能提高工效、减轻劳动强度，但设备构造复杂，需用较大张拉力。因此，应根据实际情况选取适宜的张拉方法，一般预制厂常选用成组张拉法，施工现场常选用单根张拉法。

预应力筋的张拉工作是预应力混凝土施工中的关键工序，为确保施工质量，在张拉中应严格控制张拉应力、张拉程序、计算张拉力和进行预应力值校核。

(1) 张拉前的检查　在进行预应力筋张拉前应进行以下方面的检查工作：a. 认真核实预应力筋的级别、直径、根数、排距等是否满足设计要求；预应力钢筋（丝）接头是否符合施工及验收规范的要求；b. 认真检查横梁、定位承力板是否贴合及严密稳固。

(2) 张拉控制应力　张拉控制应力是指在张拉预应力筋时所达到的规定应力，控制应力的大小直接影响预应力的效果，一般应按照设计规定的数值采用。在实际张拉的施工中，如张拉控制应力稍高，预应力效果会更好些，不仅可以提高构件的抗裂性能和减小挠度，而且还可以节约钢材。因此，把张拉应力适当提高一些是有利的。

但是，如果张拉控制应力过高，构件在使用过程中预应力筋处于高应力状态，使构件出现裂缝的荷载与破坏荷载接近，构件的延性必然变差，当构件出现破坏时，构件挠度很小而产生脆断，没有明显的预兆，这是设计上不允许的。

同时，为了减少钢筋松弛、测力误差、锚具变形、温度影响、混凝土硬化时收缩徐变和钢筋滑移等引起的预应力损失，施工中一般常采用超张拉工艺，使超张拉应力比控制应力提高3%～5%，这时，如果预应力被超张拉，而控制应力又过高，就可能使钢筋超过流限，产生一定的塑性变形，从而影响预应力值的准确性和张拉工艺的安全性。

此外，当控制应力或超张拉过大，而预应力筋又配置较多时，则构件混凝土将受到很大的预压应力而产生非线性徐变，这样也会引起过大的应力损失。所以，预应力钢筋的控制应力或超张拉的最大应力不得超过表30-1中的规定。

表30-1　最大张拉控制应力允许值

预应力筋的种类	张拉方法	
	先张法	后张法
碳素钢丝、刻痕钢丝、钢绞线	$0.80f_{ptk}$	$0.75f_{ptk}$
热处理钢筋、冷拔低碳钢丝	$0.75f_{ptk}$	$0.70f_{ptk}$
冷拉钢筋	$0.95f_{pyk}$	$0.90f_{pyk}$

注：f_{ptk}为预应力筋极限抗拉强度标准值；f_{pyk}好预应力筋屈服强度标准值。

(3) 张拉程序　在一般情况下，预应力筋可采用下列张拉程序之一进行，其中σ_{con}为预应力筋的张拉控制应力，即：

$$0\rightarrow 1.05\sigma_{con}(\text{持荷 2min})\rightarrow\sigma_{con}$$

或

$$0\rightarrow 1.03\sigma_{con}$$

在第一种张拉程序中，钢筋超张拉5%并持荷2min主要是为了加速钢筋松弛尽早发展，以减少钢筋松弛、锚具变形和孔道摩擦所引起的应力损失。试验表明，钢筋的应力松弛损失，在高应力状态下的最初几分钟内可完成损失总值的40%～50%，因此，超张拉并持荷

2min，再放松至 σ_{con} 进行预应力筋锚固，可使近 1/2 的应力松弛损失在锚固之前已损失掉，故可大大减少实际应力损失。

在第二种张拉程序中，钢筋超张拉 3%后直接锚固的目的，主要是为了补偿预应力筋的松弛损失。经试验和分析可知，采用第一种张拉程序比采用一次张拉 $0 \rightarrow \sigma_{con}$ 的应力松弛损失可减少 (2%～3%)σ_{con}。因此，将一次张拉时张拉应力提高 3%σ_{con}，即采用第二种张拉程序，同样可以达到减少应力松弛损失的效果。实践证明，以上两种张拉程序是等效的。在实际张拉施工中，为简化施工、加快进度，一般多采用第二种张拉程序进行张拉。

为确保预应力混凝土的施工质量，在张拉预应力筋的施工中应当注意以下事项：a. 应首先张拉靠近台座截面重心处的预应力筋，以避免台座承受过大的偏心力；b. 张拉机具与预应力筋应在同一条直线上，张拉应以稳定的速率逐渐加大拉力；c. 拉到规定应力在顶紧锚塞时，用力不要过猛，以防钢丝折断；d. 在拧紧螺母时，应时刻观察压力表上的读数，始终保持所需要的张拉力；e. 预应力筋张拉完毕后与设计位置的偏差不得大于 5mm，且不得大于构件截面最短边长的 4%；f. 同一构件中，各预应力筋的应力应均匀，其偏差的绝对值不得超过设计规定的控制应力值的 5%；g. 台座两端应有防护设施，沿台座长度方向每隔 4～5m 放一个防护架，张拉钢筋时两端严禁站人，也不准进入台座；h. 成组张拉时，应预先调整初应力，以保证张拉时每根钢筋（丝）的应力均匀一致，初应力值一般取 10%σ_{con}。

3. 预应力值校核

预应力钢筋的预应力值，一般用预应力钢筋伸长值进行校核。当实测伸长值与理论伸长值的差值与理论伸长相比在－5%～＋10%之间时，表明张拉后建立的预应力值满足设计的要求。预应力钢丝的预应力值，应采用钢丝内力测定仪直接检测钢丝的预应力值来对张拉结果进行校核。其检验标准为：对台座法钢丝，预应力值定为 95%σ_{con}；对模外张拉钢丝预应力值应符合表 30-2 的规定。

表 30-2　模外张拉钢丝预应力值检测标准

检测时间	检测标准	
	钢丝长 4m	钢丝长 6m
张拉完毕后 30min	92%σ_{con}	93.5%σ_{con}
张拉完毕后 1h 以上	91%σ_{con}	92.5%σ_{con}

4. 混凝土浇筑与养护

预应力筋在张拉完毕后，应立即绑扎骨架、立模、浇筑混凝土。台座内每条生产线上的构件，其混凝土应连续一次浇完。混凝土必须振捣密实，特别对构件的端部，更要注意加强振捣，以保证混凝土强度和黏结力。浇筑和振捣混凝土时，要注意不可碰击预应力筋；在混凝土未达到一定程度前，不允许碰接或踩动预应力筋；当叠层生产时，必须待下层混凝土强度达 8～10N/mm^2 后方可进行。

混凝土可采用自然养护或湿热养护，自然养护不得少于 14d。对于干硬性混凝土在浇筑完毕后，应立即覆盖进行养护。当采用湿热养护时，要尽量减少由于温度升高而引起的预应力损失。为了减少温差造成的应力损失，在混凝土未达到一定强度前，温差不要太大，一般不超过 20℃。当采取二次升温制时，初次升温的温差不宜超过 20℃，当构件混凝土强度达到 7.5～10N/mm^2 时，再按一般规定继续升温养护，这样可以减少预应力的损失。

5. 预应力筋的放张

在进行预应力筋的放张前，必须拆除模板并进行混凝土试块试压，混凝土强度必须符合设计要求；当设计无具体规定时，混凝土强度不得低于设计标准值的75%。

（1）放张顺序　预应力筋的放张顺序是指预应力混凝土构件中，多根预应力筋依次放张的先后顺序。预应力筋在构件截面中的设计位置不同，放张时对构件的作用也不同，有时会产生较大的偏心受压。因此，放张的顺序应符合设计要求，以免放张时损坏构件；当设计无具体要求时，应符合下列规定：a. 对承受轴心预压力的构件（如压杆、桩等），所有预应力筋应当同时进行放张；b. 对承受偏心预压力的构件，应先同时放张预应力较小的区域的预应力筋，再同时放张预压力较大区域的预应力筋；c. 当不能按上述规定放张时，也应分阶段、对称、相互交错地放张，以防止在放张过程中构件产生弯曲、裂纹及预应力筋断裂现象；d. 长线台座生产的钢弦构件，剪断钢丝宜从台座中部开始；叠层生产的预应力构件，宜按自上而下的顺序进行放张。

（2）放张方法　放张方法是指预应力筋放松的方式。构件的预应力筋数量少，采用逐根放张时，预应力钢丝可用剪切、锯割等方法放张；预应力钢筋可用加热熔断方法放张。当构件预应力筋数量多时，应多根同时进行对称放张，其放张方法有千斤顶放张、砂箱放张和楔块放张等。

二、后张法施工工艺

（一）后张法的工艺流程

后张法施工是先制作构件（或块体），并在预应力筋的设计位置预留出相应的孔道；待混凝土强度达到设计规定的数值后，穿入预应力筋并施加预应力，最后进行孔道灌浆，张拉力由锚具传给混凝土构件，并使之产生预应力。后张法施工工艺流程如图30-3所示。

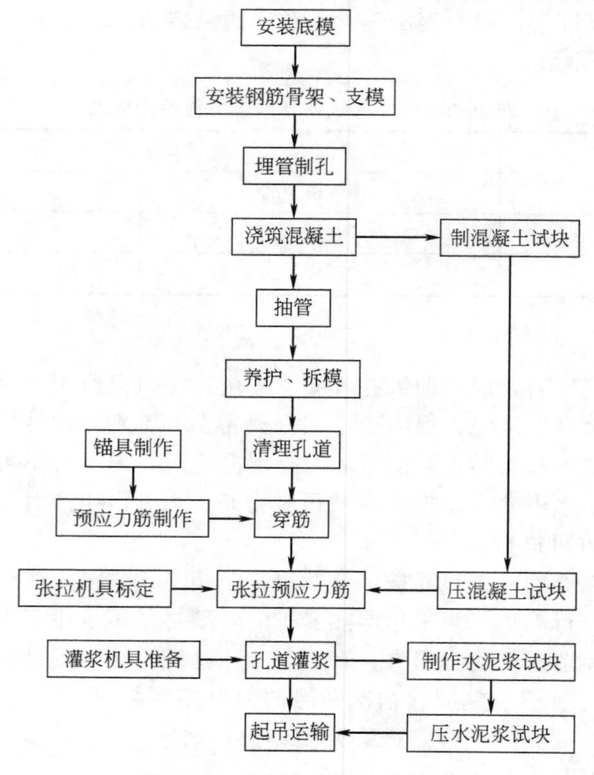

图30-3　后张法施工工艺流程

注：对于块体拼装构件，还应增加块体验收、拼装、立缝灌浆和连接板焊接等工艺。

后张法施工不需要台座设备，大型构件可分块进行制作，运到现场进行拼装，利用预应力筋连成整体。因此，后张法施工灵活性较大，适用于现场预制或工厂预制块体，现场拼装的大中型预应力构件、特种结构和构筑物等。但后张法施工工序较多，且锚具不能重复使用，耗钢量比先张法大，工程造价相应较高。

（二）后张法张拉设备的组成

后张法的张拉设备主要包括锚具、张拉千斤顶。

1. 锚具

锚具是后张法结构或构件中为保持预应力筋拉力，并将其传递到混凝土上用的永久锚固装置。在后张法中，锚具是建定预应力值和保证结构安全的关键，是预应力构件的一个组成部分。要求锚具尺寸形状准确，有足够的强度和刚度，受力后变形很小，锚固可靠，不会产生预应力筋的滑移和断裂现象，并且应构造简单、加工方便、体型较小、成本较低，全部零件互换性好、使用方便。锚具的种类很多，各具有一定的适用范围，按其使用锚具常分为锚固单根钢筋的锚具、锚固成束钢筋的锚具和锚固钢丝束的锚具等。

2. 张拉设备

工程实践证明：锥形螺杆锚具、钢丝束镦头锚具，宜采用拉杆式千斤顶或穿心式千斤顶张拉锚固；钢质锥形锚具，宜采用锥锚式双作用千斤顶张拉锚固。

（三）后张法施工工艺

后张法的施工工艺主要包括预留孔道、预应力筋制作、预应力筋的穿入敷设、预应力筋的张拉与锚固和孔道灌浆。

1. 预留孔道

预留孔道是后张法构件生产中的关键之一，预留孔道方法有钢管抽芯法、胶管抽芯法、预埋管法等，其基本要求是：孔道的尺寸与位置应正确，孔道应平顺，接头不漏浆，端部的预埋钢板应垂直于孔道中心线，孔道的直径应符合要求。

（1）钢管抽芯法　钢管抽芯法用于直线孔道。预先将钢管埋设在模板内的孔道位置，在混凝土浇筑和达到终凝之前，应间隔一定时间缓慢转动钢管，不使混凝土与钢管黏结，待混凝土初凝后、终凝前将钢管抽出。为了保证预留孔道的质量，施工时应注意以下几点。

① 要求钢管平直、表面光滑　预埋前应除锈、刷油，安放位置准确；钢管在构件中用钢筋井字架定位，井字架间距不宜大于1.0m。钢管每根长度最好不超过15m，两端各应伸出构件100mm左右。钢管一端钻16mm小孔，以便于旋转和抽管。

② 掌握好抽管时间　抽管过早，混凝土未达到一定强度，会造成坍孔事故；抽管过晚，混凝土与钢管易黏结，造成抽管困难。具体抽管时间与水泥品种、施工气温和养护条件有关。一般掌握在混凝土初凝后、终凝前，手指按压混凝土表面不显指纹即可抽管，常温下抽管时间约在混凝土浇筑后3～6h。抽管前每隔10～15min转动一次钢管。

③ 抽管顺序宜先上后下进行　抽管方法可用人工或卷扬机，抽管时必须速度均匀，边抽边转，并与孔道保持在一条直线上，抽管后应及时检查孔道情况，并做好穿筋前的孔道清理工作。

由于孔道灌浆需要，在浇筑混凝土时，应在设计规定位置留设灌浆孔。一般设置在构件两端和中间，每隔12m设置一个直径为20～25mm的灌浆孔，并在构件两端各设一个排气孔。

（2）胶管抽芯法　预留孔道所用的胶管，采用5～7层帆布夹层、壁厚6～7mm的普通橡皮管，可用于直线、曲线或折线孔道。胶皮安放于设计位置后，也用钢筋井字架固定，直线孔道井字架间距不宜大于0.5m，曲线孔道适当加密；在浇筑混凝土前，在胶管中以0.5～0.8N/mm^{2}的压力充水或充气，然后浇筑混凝土；混凝土脱离，随即抽出胶管形成孔道。

胶管抽芯与钢管抽芯相比，具有弹性好，便于弯曲，不需转动等优点。因此，它不仅可以留设直线孔道，而且可以留设曲线孔道。使用胶管留设孔道，胶管必须具有良好的密封装置，抽管时间应比钢管略迟。

(3) 预埋管法　预埋管法是采用黑铁皮管、薄钢管、镀锌钢管与金属螺旋管（波纹管）等。其中金属螺旋管是由镀锌薄钢带经压波后卷成，具有质量轻、刚度好、弯折方便、连接容易、与混凝土黏结良好等优点，可作成各种形状的孔道，并可省去抽管工序，是目前预埋管法的首选管材。

金属螺旋管使用前应作灌水试验，检查有无渗漏现象；管头连接应采用大一号同型管，接头管长度为200mm；管的固定采用钢筋卡子并用铁丝绑牢，钢筋卡子焊在箍筋上，卡子间距不大于600mm；管子尽量避免反复弯曲，以防止管壁开裂。

2. 预应力筋制作

(1) 钢丝下料与编束　消除应力钢丝放开后可直接下料，下料如发现钢丝表面有电接头或机械损伤，应随时剔除。采用镦头锚具时，钢丝的等长要求较严，同束钢丝下料长度的相对差值，即同束中最长与最短钢丝之差，不应大于$L/5000$，且不得大于5mm（L为钢丝下料长度）。为了达到这一要求，钢丝直料可用钢管限位法或用牵引索在拉紧状态下进行。

编束可保证钢丝束两端钢丝的排列顺序一致，在穿束与张拉时不致紊乱。随着所用锚具形式不同，钢丝编束方法也有差异：采用镦头锚具时，先将内圈和外圈钢丝分别用铁丝顺序编扎，然后将内圈钢丝放入外圈钢丝内扎牢；采用钢质锥形锚具时，编束分为空心束和实心束两种，但都需要圆盘梳丝板理顺钢丝，并在距钢丝端部5～10cm处编扎一道，使张拉分丝时不致紊乱。

(2) 钢绞线下料与编束　为了防止在下料过程中钢绞线紊乱并弹出伤人，应将钢绞线盘卷在事先制作的铁笼内，从盘卷中央逐步抽出。钢绞线下料宜用砂轮切割机切割，不得采用电弧切割。钢绞线用20号铁丝绑扎编束，间距为1～1.5m。编束时应先将钢绞线理顺，使各根钢绞线松紧一致。如果钢绞线是单根穿入孔道，则不必编束。

3. 预应力筋的穿束

(1) 穿束顺序　预应力筋穿入孔道，简称穿束。穿束可分为先穿束法和后穿束法两种。先穿束法是在浇筑混凝土之前穿束，此法按穿束与预埋螺旋管之间的配合可分为以下3种。

① 先穿束后装管。先将预应力筋穿入钢筋骨架内，后将螺旋管逐节从两端套入并连接。

② 先装管后穿束。先将螺旋管安装就位，后将预应力筋穿入。

③ 二者组装放入。即在构件外侧的脚手上将预应力筋与螺旋管组装后，从钢筋骨架顶部放入设计部位。

后穿束法是在混凝土浇筑之后穿束，此种穿束方法不占工期，便于用通孔器或高压水通孔，穿束后立即可以张拉，易于防锈，但穿束时比较费力。

(2) 穿束方法　根据预应力筋一次穿入的数量，可分为整束穿法和单束穿法。对钢丝束一般应采用整束穿；对钢绞线优先采用整束穿，也可用单根穿。穿束工作可由人工、卷扬机和穿束机进行。

① 人工穿束。可利用起重设备将预应力筋吊起，工人站在脚手架上将其逐步穿入孔内。

束的前端应扎紧并裹胶布，以便顺利通过孔道。对多波曲线束，宜采用特制的牵引头，工人在前头牵引、后头推送，用对讲机随时联系，保持前后两端同时用力。

② 卷扬机穿束。主要用于超长束、特重束、多波曲线束等整束穿入。卷扬机的电动机功率为1.5～2.0kW，卷扬机速度宜为10m/min，束的前端应装有穿束网套或特别的牵引头。

③ 穿束机穿束。穿束机是一种专门用来穿束的设备，主要适用于大型桥梁与构筑物单根钢绞线的穿入。

4. 预应力筋张拉

预应力筋张拉是生产预应力构件的关键。张拉时结构的混凝土强度应符合设计要求，当无设计具体要求时，不应低于设计强度等级的75%。在预应力筋张拉中，主要是解决好张拉方式、张拉程序、张拉顺序、张拉伸长值校核和注意事项等问题。

在后张法张拉中，采用的主要张拉方式有以下几种。

① 一端张拉方式。适用于长度≤30m的直线预应力筋与锚固损失影响长度$L_f \geq L/2$（L——预应力筋长度）的曲线预应力筋；设计认可放宽以上限制的，也可将张拉端分别设置在构件的两端。

② 两端张拉方式。适用于长度>30m的直线预应力与锚固损失影响长度$L_f < L/2$的曲线预应力筋。当张拉设备不足或由于张拉顺序安排关系，也可先在一端张拉完成后，再移至另一端张拉，补足张拉力后锚固。

③ 分批张拉方式。适用于配有多束预应力筋的构件或结构。在确定张拉力时，应考虑束间的弹性压缩损失影响，或将弹性压缩损失平均值统一增加到每根预应力筋的张拉力内。

④ 分段张拉方式。适用于多跨连续梁板的逐段张拉。在第一段混凝土浇筑与预应力筋张拉锚固后，第二段预应力筋利用锚头连接器接长。

⑤ 分阶段张拉方式。这是为了平衡各阶段的荷载所采取的分阶段逐步施加预应力的方式，具有应力、挠度与反拱容易控制、材料省等优点。

⑥ 补偿张拉方式。这是一种在早期预应力损失基本完成后，再进行张拉，以弥补损失，达到预期的预应力效果的方式，在水利工程与岩土锚杆中应用较多。

⑦ 多根钢绞线束所用的夹片锚固体系，如遇到个别钢绞线滑移，可在更换夹片后用小型千斤顶单根张拉。

⑧ 多根钢丝同时张拉时，构件截面中断丝和滑脱钢丝的数量，不得大于钢丝总数的3%，且一束钢丝中只允许一根。

⑨ 每个构件张拉完毕后，应检查端部和其他部位有无裂缝，并填写张拉记录表。

⑩ 预应力筋锚固后的外露长度，不宜小于30mm。长期外露的锚具，可涂刷防锈油漆，或用混凝土、砂浆封裹，以防止腐蚀。

5. 孔道灌浆

预应力筋张拉并锚固后，应尽快用灰浆泵将水泥浆压灌到预应力构件的孔道中去，其目的是防止预应力筋产生锈蚀，同时可使预应力筋与混凝土有效黏结，提高混凝土结构的抗裂性、耐久性及承载能力。

灌浆所用的水泥浆应有足够的黏结力，并有较大的流动性、较小的干缩性和泌水性。应选用强度不低于42.5MPa的普通硅酸盐水泥，水灰比为0.40～0.45，搅拌后3h泌水率控制在2%，水泥硬化后的强度不应低于2.5N/mm^2。为了增加孔道灌浆的密实性，水泥浆中可掺入对预应力筋无腐蚀作用的外加剂，如木质素磺酸钙、铝粉等。

灌浆前，用压力水冲洗和湿润孔道，灌浆压力以0.5～0.6N/mm^{2}为宜。灌浆顺序应先下后上，以免上层孔道漏浆堵塞下层孔道。直线孔道灌浆时，应从构件的一端灌到另一端；曲线孔道灌浆时，应从孔道最低处向两端进行。

在灌浆施工中，应缓慢均匀连续进行，不得出现中断，并防止空气压入孔道而影响灌浆质量。排气通畅直至气孔排出空气、水、稀浆、浓浆时为止。在孔道两端冒出浓浆并封闭排气孔后，继续加压灌浆，稍后再封闭灌浆孔。对不掺加外加剂的水泥浆，可采用二次灌浆法，以提高孔道灌浆的密实度。

水泥浆强度达到 $15N/mm^2$时方可移动构件，水泥浆强度达到 100%设计强度时才允许进行吊装或运输。

三、电热法施工工艺

电热张拉法是利用热胀冷缩的原理，在预应力筋上通以低电压强电流，使钢筋受热后热胀伸长，待达到设计的伸长值时加以锚固，停电后钢筋冷缩，使混凝土构件产生预压应力。

电热张拉法是一种很好的张拉方法，具有设备简单、操作容易、无摩擦损失、施工安全等优点。但耗电量大，若材质不均匀用伸长值控制应力不易准确，只适用于冷拉钢筋作预应力筋的一般结构。对抗裂要求较高的结构、采用波纹管或其他金属管作预留孔道的结构，不得采用电热张拉法。

电热张拉法施工主要是进行钢筋伸长值计算、钢筋通电后的温度计算、电热设备的选择和选择电热张拉工艺等工作。

（一）钢筋伸长值计算

电热张拉法是以控制钢筋伸长值来建立钢筋的预应力值。因此，正确地计算钢筋电热伸长值，是电热张拉法的关键。钢筋伸长值可按下式计算：

$$\Delta L=(\sigma_{con}+30)L/E_s \tag{30-1}$$

式中 σ_{con}——张拉控制应力值，N/mm^2；

E_s——电热后钢筋的弹性模量，按钢筋冷拉时效后的弹性模量计算，也可试验确定；

L——电热前钢筋的总长度，mm；

30——由于钢筋不直和热塑变形而产生的预应力损失值，N/mm^2。

对于抗裂要求较高的构件，在成批生产前应用拉杆式千斤顶或压力传感器对电热后的钢筋预应力值进行校核，实测与计算偏差不应大于相应阶段预应力值的 10%或小于 5%。校核宜在停电后 2～24h 内进行。

（二）钢筋电张时的温度计算

钢筋通电后，当伸长值达到 ΔL 时，钢筋温度的计算值 T 为：

$$T=\Delta L/(aL) \tag{30-2}$$

式中 a——钢筋的线膨胀系数，mm/℃，一般取 0.000012mm/℃。

钢筋经过电张后其实际温度 T'则为：

$$T'=T+T_0 \tag{30-3}$$

式中 T_0——钢筋张拉时的环境温度。

冷拉钢筋的实际电热温度 T'不宜过高，否则会对冷拉钢筋起退火作用，影响预应力筋的强度。故电热温度不宜超过以下数值：冷拉Ⅱ级钢筋为 250℃；冷拉Ⅲ级钢筋为 300℃；冷拉Ⅵ级钢筋为 350℃。

(三) 电热设备的选择

电热设备的选择包括变压器、导线和导电夹具。

1. 变压器的选择

变压器最好选用低压变压器，电热张拉时所需要的功率 P 可按下列近似公式计算：

$$P = GCT'/380t \tag{30-4}$$

式中 G——同时进行电热张拉的钢筋质量，kg；

C——钢筋的热容量，kJ/(kg·K)，一般取 0.48kJ/(kg·K)；

t——钢筋通电加热的时间，h。

根据计算结果可选择变压器，并应符合下列要求。

(1) 一次电压应为 220～380V，二次电压应为 30～65V；电压降低幅度应保持 2～3V/m。

(2) 二次额定电流值，即钢筋中的电流密度不宜小于下列数值：冷拉Ⅱ级钢筋为 1.2A/mm²；冷拉Ⅲ级钢筋为 1.5A/mm²；冷拉Ⅳ级钢筋为 2A/mm²。

2. 导线和导电夹具选择

从电源接到变压器的一次导线可用普通绝缘硬铜线或铝线；从变压器与预应力筋连接的二次导线可用绝缘软铜丝绞线。导线越短越好，一般不超过 10m。铜线的控制电流密度不超过 5A/mm²，铝线的控制电流密度不超过 3A/mm²。

(四) 电热张拉工艺

采用电热张拉法建立预应力值，是要求很高的施工工艺。因此，在电热张拉施工中应注意下列事项。

(1) 电张正式开始前，应做好钢筋的绝缘处理，防止通电后产生分流和短路现象，影响电张的效果和顺利进行。

(2) 穿入钢筋接好导线后，应检查各预应力筋的松紧程度是否一致，并建立相同的初应力（其值一般为 $5\%\sim10\%\sigma_{con}$）。

(3) 作出测量伸长值的标记，并将其中一端确实顶紧，使测量伸长值集中于一端进行，以保证其准确性。

(4) 正式电张前应进行试张拉，认真检查电热系统的线路、次级电压、电流密度、电压降和绝缘情况是否符合要求。

(5) 在正式电张过程中，应随钢筋的伸长随时拧紧螺帽，或插入 π 形垫板，直至达到预定的伸长值停电为止。

(6) 停电冷却经过 12h 后，将预应力筋、螺母、垫板和预埋铁板互相焊牢，然后即可浇筑混凝土或进行孔道灌浆。

(7) 进行电热张拉时，构件两端必须设置安全防护措施，操作人员必须穿胶鞋、戴绝缘手套，并站在构件侧面操作。

(8) 在电张中应经常检查和测量一、二次导线的电压、电流、钢筋和孔道的温度、通电时间等，若发现异常应停电检查，但电热张拉重复次数不宜超过 3 次。

第五节 预应力混凝土的质量控制

质量控制是预应力混凝土耐久性、使用功能和使用寿命的保证，在进行预应力混凝土的施工中，应按照现行国家标准《混凝土结构工程施工质量验收规范》（GB 50204—2015）中的规定进行质量控制。预应力混凝土的质量控制主要包括以下方面。

一、一般规定

（1）后张法预应力混凝土工程的施工应选择具有相应资质等级的预应力专业施工单位承担，不符合规定资质的施工企业不能担任。

（2）预应力筋张拉机具设备及仪表应定期进行维修和校验。张拉设备应配套标定并配套使用。张拉设备的标定期限不应超过半年。当在使用过程中出现反常现象时或在千斤顶检修后，应重新标定。

（3）在张拉设备标定时，千斤顶活塞的运行方向应与实际张拉工作状态一致；压力计的精度不应低于1.5级，标定张拉设备用的试验机或测力精度不应低于±2%。

（4）在浇筑混凝土前应进行预应力隐蔽工程验收，其内容主要包括：a. 预应力筋的品种、规格、数量、位置等；b. 预应力筋锚具和连接器品种、规格、数量、位置等；c. 预留孔道的规格、数量、位置、形状及灌浆孔、排气兼泌水管等；d. 锚固区局部加强构造等。

二、原材料

1. 主控项目

（1）预应力筋进场时，应按现行国家标准《预应力混凝土用钢绞线》（GB/T 5224—2014）等的规定，抽取试件进行力学性能检验，其质量必须符合有关标准的规定。

检查数量：按进场的批次和产品的抽样检验方案确定。检验方法：检查产品合格证、出厂检验报告和进场复检报告。

（2）无黏结预应力筋的涂包质量应符合行业标准《无黏结预应力混凝土结构技术规范》（JGJ/T 92—2016）中的规定。

检查数量：每60t为一批，每批抽取一组试件。检验方法：观察产品外观、检查产品合格证、出厂检验报告和进场复检报告。当有工程经验，并经观察认为质量有保证时，可不做油脂用量和护套厚度的进场复验。

（3）预应力筋用锚具、夹具和连接器应当按设计要求进行采用，其性能应符合现行国家标准《预应力筋用锚具、夹具和连接器》（GB/T 14370—2015）等的规定。

检查数量：按进场批次和产品的抽样检验方案确定。检验方法：检查产品合格证、出厂检验报告和进场复检报告。对锚具用量较少的一般工程，如供货方提供有效的试验报告，可不做静载锚固性能试验。

（4）孔道灌浆用水泥应采用普通硅酸盐水泥，孔道灌浆用的外加剂品种和用量应根据实际采用，水泥和外加剂的质量均应符合现行国家标准《混凝土结构工程施工质量验收规范》（GB 50204—2015）中的规定。

检查数量：按进场批次和产品的抽样检验方案确定。检验方法：检查产品合格证、出厂检验报告和进场复检报告。对孔道灌浆用水泥和外加剂用量较少的一般工程，当有可靠依据时，可不做材料性能的进场复验。

2. 一般项目

（1）预应力筋使用前应进行外观检查，其质量应符合下列要求：a. 有黏结预应力筋展开后应平顺，不得有弯折，表面不应有裂缝、小刺、机械损伤、氧化铁皮和油污等；b. 无黏结预应力筋护套应光滑、无裂缝，无明显褶皱。

检查数量：全数检查。检验方法：观察。无黏结预应力筋护套轻微破损者，应外包防水塑料胶带修复，严重破损者不得使用。

（2）预应力筋用锚具、夹具和连接器，使用前应进行外观检查，其表面应无污物、锈蚀、机械损伤和裂纹。

检查数量：全数检查。检验方法：观察。

（3）预应力混凝土用金属螺旋管的尺寸和性能应符合现行标准《预应力混凝土用金属螺旋管》（JG/T 225—2007）中的规定。

检查数量：按进场批次和产品的抽样检验方案确定。检验方法：检查产品合格证、出厂检验报告和进场复检报告。对金属螺旋管用量较少的一般工程，当有可靠依据时可不做径向刚度、抗渗漏性能的进场复验。

（4）预应力混凝土用金属螺旋管在使用前应进行外观检查，其内外表面应清洁、无锈蚀，不应有油污、孔洞和不规则的褶皱，咬口不应有开裂或脱扣。检查数量：全数检查。检验方法：观察。

三、制作与安装

1. 主控项目

（1）在进行预应力筋安装时，其品种、级别、规格、数量必须符合设计要求。

检查数量：全数检查。检验方法：观察，钢直尺检查。

（2）先张法预应力混凝土施工时，应选用非油质类模板隔离剂，并应避免沾污预应力筋。

检查数量：全数检查。检验方法：观察。

（3）在施工过程中，应避免电火花损伤预应力筋；受损伤的预应力筋应予以更换。检查数量：全数检查。检验方法：观察。

2. 一般项目

（1）预应力筋在下料时应符合下列要求。

① 预应力筋应采用砂轮锯或切断机切断，不得采用电弧切割。

② 当钢丝束两端采用镦头锚具时，同一束中各根钢丝长度的极差不应大于钢丝长度的1/5000，且不应大于5mm。当成组张拉长度不大于10m的钢丝时，同组钢丝长度的极差不得大于2mm。

检查数量：每工作班抽查预应力筋总数的3%，且不少于3束。检验方法：观察，钢直尺检查。

（2）预应力筋端部锚具的制作质量应符合下列要求。

① 挤压锚具制作时压力计液压应符合操作说明书中的规定，挤压后预应力筋外端应露出挤压套筒1～5mm。

② 钢绞线压花锚成形时，表面应清洁、无油污，梨形头尺寸和直线段长度应符合设计要求。

③ 钢丝镦头的强度不得低于钢丝强度标准值的98%。

检查数量：对挤压锚具，每工作班抽查5%，且不应少于5件；对压花锚具，每工作班抽查3件；对钢丝镦头强度，每批钢丝检查6个镦头试件。检验方法：观察，钢直尺检查，检查钢丝镦头强度试验报告。

（3）后张法有黏结预应力筋预留孔道，除其规格、数量、位置和形状应符合设计要求外，还应符合下列规定：a. 预留孔道的定位应牢固，浇筑混凝土时不应出现移位和变形；b. 孔道应平顺，端部的预埋锚垫应垂直于孔道的中心线；c. 成孔用管道应密封良好，接头处应严密且不得漏浆；d. 灌浆孔的间距应适宜，对预埋金属螺旋管不宜大于 30m，对抽芯成形孔道不宜大于 12m；e. 在曲线孔道的曲线波峰部位应设置排气兼泌水管，必要时可在最低点设置一定数量的排水孔；f. 灌浆孔及泌水管的孔径应能保证浆液的畅通。

检查数量：全数检查。检验方法：观察，钢直尺检查。

（4）预应力筋束形控制点的竖向位置应当正确，其允许偏差应符合表 30-3 中的规定。

表 30-3　束形控制点的竖向位置允许偏差

截面高(厚)度/mm	$h \leqslant 300$	$300 < h \leqslant 1500$	$h > 1500$
允许偏差/mm	±5	±10	±15

检查数量：在同一检验批内，抽查各类型构件中预应力筋总数的 5%，且对各类型构件均不少于 5 束，每束不应少于 5 处。检验方法：钢直尺检查。束形控制点的竖向位置偏差合格点率应达到 90%以上，且不得有超过表 30-3 中数值 1.5 倍的尺寸偏差。

无黏结预应力筋的铺设除应满足上一条的规定外，还应符合下列要求：a. 无黏结预应力筋的定位应牢固，浇筑混凝土时不应出现移位和变形；b. 端部的预埋锚垫板应垂直于预应力筋；c. 内埋式固定端垫板不应重叠，锚具与垫板应贴紧；d. 无黏结预应力筋成束布置时，应能保证混凝土密实并能裹住预应力筋；e. 无黏结预应力筋的护套应完整，局部破损处应采用防水胶带缠绕紧密。

检查数量：全数检查。检验方法：观察。

四、张拉和放张

1. 主控项目

（1）预应力筋张拉或放张时，混凝土强度应符合设计要求；当设计无具体要求时，不应低于设计的混凝土立方体抗压强度标准值的 75%。检查数量：全数检查。检验方法：检查同条件养护试件试验报告。

（2）预应力筋的张拉力、张拉或放张顺序及张拉工艺，应符合设计及施工技术方案的要求，并应符合下列规定。

① 当施工需要超张拉时，最大张拉应力不应大于国家现行标准《混凝土结构设计规范》(GB 50010—2010）中的规定。

② 张拉工艺应能保证同一束中各根预应力筋的应力均匀一致。

③ 在后张法施工中，当预应力筋是逐根或逐束张拉时，应保证各阶段不出现对结构不利的应力状态；同时宜考虑后批张拉预应力筋所产生的结构构件的弹性压缩对先批张拉预应力筋的影响，确定张拉力。

④ 在进行先张法预应力筋放张时，首先宜缓慢放松锚固装置，以便使各根预应力筋同时缓慢放松。

⑤ 当采用应力控制方法张拉时，应校核预应力筋的伸长值，实际伸长值与设计计算理论伸长值的相对允许偏差为±6%。

检查数量：全数检查。检验方法：检查张拉记录。

（3）预应力筋张拉锚固后，实际建立的预应力值与工程设计规定检验值的相对允许偏差为±5%。

检查数量：对先张法施工，每工作班抽查预应力筋总数的1%，且不少于3根；对后张法施工，在同一检验批内，抽查预应力筋总数的3%，且不少于5束。检验方法：对先张法施工，检查预应力筋应力检测记录；对后张法施工，检查见证张拉记录。

（4）张拉过程中应当避免预应力筋出现断裂或滑脱；当发生断裂或滑脱现象时，必须符合下列规定。

① 对后张法施工的预应力混凝土结构构件，断裂或滑脱的数量严禁超达同一截面预应力筋总根数的3%，且每束钢丝不得超过一根；对多跨双向连续板，其同一截面应按每跨计算。

② 对先张法施工的预应力构件，在浇筑混凝土前发生断裂或滑脱的预应力筋，必须予以更换。

检查数量：全数检查。检验方法：观察、检查张拉记录。

2. 一般项目

（1）锚固阶段张拉端预应力筋的内缩量应符合设计要求；当设计无具体要求时，应符合表30-4中的规定。

表30-4 张拉端预应力筋的内缩量限值

锚具类别		内缩量限值/mm
支承式锚具(镦头锚具等)	螺母缝隙	1
	每块后加垫板的缝隙	1
锥塞式锚具		5
夹片式锚具	有顶压	5
	无顶压	6～8

检查数量：每工作班抽查预应力筋应为总数的3%，且不得少于3束。检验方法：用钢直尺检查。

（2）先张法预应力筋张拉后与设计位置的偏差不得大于5mm，且不得大于构件截面短边边长的4%。

检查数量：每工作班抽查预应力筋应为总数的3%，且不得少于3束。检验方法：用钢直尺检查。

五、灌浆及封锚

1. 主控项目

（1）后张法有黏结预应力筋张拉后，应尽早进行孔道灌浆，孔道内水泥浆应当饱满、密实。检查数量：全数检查。检验方法：观察、检查灌浆记录。

（2）锚具的封闭保护应符合设计要求；当设计无具体要求时，应符合下列规定：a. 应采取防止锚具腐蚀和遭受机械损伤的有效措施；b. 凸出式锚固锚具的保护层厚度不应小于50mm；c. 外露预应力筋的保护层厚度：处于正常环境时，不应小于20mm；处于易受腐蚀的环境时，不应小于50mm。

检查数量：在同一检验批内，抽查预应力筋总数的5%，且不少于5处。检验方法：观察，钢直尺检查。

2. 一般项目

(1) 后张法预应力筋锚固后的外露部分宜采用机械方法切割，其外露长度不宜小于预应力筋直径的1.5倍，且不宜小于30mm。

检查数量：在同一检验批内，抽查预应力筋总数的3%，且不少于5束。检验方法：观察，钢直尺检查。

(2) 灌浆用水泥浆的水灰比不应大于0.45，搅拌后3h泌水率不宜大于2%。泌水应能在24h内全部重新被水泥浆吸收。

检查数量：在同一配合比检查一次。检验方法：检查水泥浆性能试验报告。

(3) 灌浆用水泥浆的抗压强度不应小于30N/mm^2。

检查数量：每工作班留置一组边长的70.7mm的立方体试件。检验方法：检查水泥浆试件强度试验报告。一组试件由6个试件组成，试件应标准养护28d；抗压强度为一组试件的平均值，当一组试件中抗压强度最大值或最小值与平均值相差超过20%时，应取中间4个试件抗压强度的平均值。

第四篇　绿色混凝土应用技术

自从混凝土应用于各种工程建设后，一直在现代建筑中占有极其重要的地位，在土木建筑工程领域发挥着其他材料无法替代的作用与功能。预计在今后相当长的时间内，水泥混凝土仍将是应用最广、用量最大的建筑材料。但同时混凝土的大量使用也带来了很多的负面影响，例如环境问题、自然资源消耗等。因此混凝土能否长期作为最主要的建筑结构材料，其关键在于能否成为绿色材料，能否坚持可持续发展道路。

第三十一章　绿色混凝土概述

早在 1972 年，在瑞典的斯德哥尔摩会议上与会代表们共同发表的《人类环境宣言》中就指出："人类是环境的创造者，也是环境的改造者，环境不但提供给人类物质的需要，而且提供人类智慧、道德以及精神上成长的机会。人类必须与大自然协调一致，运用知识建立更好的环境。"绿色混凝土的诞生，完全符合可持续发展的六大原则，即最小的资源消耗，最大的资源重复利用，使用再生资源，保护自然环境，创造健康、无毒的环境，追求建筑环境的质量。这就是绿色混凝土创新性突破和发展的意义之所在。

第一节　绿色混凝土的组成材料

对绿色混凝土的概念目前学术界还没有统一的定义，一般说来，绿色混凝土具有比传统混凝土更高的强度和耐久性，可以实现非再生性资源的可循环使用和有害物质的最低排放，既能减少环境污染，又能与自然生态系统协调共生。1998 年我国混凝土专家吴中伟院士首次提出"绿色高性能混凝土"的概念，其绿色含义可概括为：节约资源、能源；不破坏环境，更应有利于环境；可持续发展，保证人类后代能健康、幸福地生存下去。

综上所述，绿色混凝土是指既能减少对地球环境的负荷，又能与自然生态系统协调共生，为人类构造舒适环境的混凝土材料，即可理解为节约资源、能源，不破坏环境，更有利于环境。一般说来，绿色混凝土应具有比传统混凝土更高的强度和耐久性，可以实现非再生性资源的可循环使用和有害物质的最低排放，既能减少环境污染，又能与自然生态系统协调共生。

绿色混凝土是由胶黏料、粗细骨料、外加剂、掺合料和水，按照一定比例配合并搅拌均匀而制成的胶凝性建筑材料。绿色混凝土的胶黏料通常是绿色水泥，也包括活性掺合料。对绿色混凝土组成材料的要求，也就是对胶黏料、粗细骨料、外加剂、掺合料和水的质量要求。

一、绿色水泥

水泥作为建筑工程中应用范围最大、使用量最大的胶凝材料，自1824年诞生以来，为人类社会进步和经济发展做出了巨大贡献。在住宅建筑、市政、桥梁、道路、港口、铁路、水利、军事、地下和海洋等工程领域，都发挥着其他材料所无法替代的作用和功能，成为现代社会文明的标志和坚强的基石。

1990年，美国国家标准与技术研究院和美国混凝土协会（ACI）首次正式提出高性能混凝土概念，而要获得高性能混凝土的关键必须要有高性能的水泥，这种水泥就是新一代水泥——绿色水泥。从水泥与混凝土的角度，其绿色应含有以下内容：提高水泥的强度和性能，最大限度地节约水泥用量，以减少水泥生产时的资源、能源消耗和对环境的污染；加速水泥生产的科技进步，提高生产效率，减少生产能耗和污染；尽可能多地利用低品位原、燃料和各种工业副产品及废弃物质，节约资源、节约水泥，治理和保护环境，改善混凝土耐久性，发展和扩大可循环利用率。

据测算，水泥生产过程排放的温室气体，占人类造成的温室气体总排放量的5%～8%，所以根据绿色混凝土对水泥的要求，在不同场合应注重对水泥的选择，以减少水泥的生产和使用对环境的不良影响。水泥的品种和成分不同，其凝结时间、早期强度、水化热和吸水性等性能也不相同，应按照适用范围选用水泥。

水泥分类方法很多，一般可以按化学成分不同，可分为硅酸盐水泥、铝酸盐水泥、硫铝酸盐水泥、氟铝酸盐水泥等，我国水泥产量90%属于硅酸盐水泥；按水泥用途不同，可分为通用水泥、专用水泥和特种水泥。

通用硅酸盐水泥是各类工程中应用最广泛的一种水硬性胶凝材料，各国对这种水泥的生产和性能要求都非常重视。根据现行国家标准《通用硅酸盐水泥》（GB 175—2007）中的规定，以硅酸盐水泥熟料和适量的石膏及规定的混合材料制成的水硬性胶凝材料，称为通用硅酸盐水泥。通用硅酸盐水泥主要包括硅酸盐水泥、普通硅酸盐水泥、矿渣硅酸盐水泥、火山灰质硅酸盐水泥、粉煤灰硅酸盐水泥和复合硅酸盐水泥。

二、混凝土外加剂

在混凝土拌制过程中掺入的，用以改善混凝土性能，一般情况下掺量不超过水泥质量5%的材料，称为混凝土的外加剂。混凝土外加剂的应用是混凝土技术的重大突破，外加剂的掺量虽然很小，却能显著的改善混凝土的某些性能。

混凝土外加剂的种类很多，在混凝土工程施工中，可根据设计要求和施工条件，选用相应的外加剂，以满足混凝土工程施工质量和使用功能的需要。按主要功能分为4类：a. 改善混凝土拌合物和易性能的外加剂，包括各种减水剂、引气剂和泵送剂等；b. 调节混凝土凝结时间、硬化性能的外加剂，包括缓凝剂、早强剂和速凝剂等；c. 改善混凝土耐久性的外加剂，包括引气剂、防水剂和阻锈剂等；d. 改善混凝土其他性能的外加剂，包括加气剂、膨胀剂、防冻剂、着色剂、防水剂和泵送剂等。

在一般情况下，常用的混凝土外加剂有减水剂、早强剂、缓凝剂、引气剂、膨胀剂、速凝剂、防水剂、防冻剂等。用于绿色混凝土中的外加剂，其技术性能必须符合现行国家标准

《混凝土外加剂中释放氨的限量》(GB 18588—2001)、《混凝土外加剂应用技术规范》(GB 50119—2013) 和《混凝土外加剂》(GB 8076—2008) 中的规定。

三、混凝土骨料

1. 粗骨料的质量要求

(1) 粗骨料应符合国家标准《建设用卵石、碎石》(GB/T 14685—2011) 和行业标准《普通混凝土用砂、石质量及检验方法标准》(JGJ 52—2006) 中的规定。

(2) 粗骨料质量主要控制项目包括：针片状含量、含泥量、压碎指标和坚固性，用于高强混凝土的粗骨料质量主要控制指标还应包括岩石抗压强度。

(3) 在粗骨料应用方面应符合以下规定。

① 配制混凝土的粗骨料宜采用连续级配。

② 对于混凝土结构，粗骨料最大公称粒径不得大于构件截面最小尺寸的1/4，且不得大于钢筋最小净间距的3/4；对于混凝土实心板，粗骨料最大公称粒径不宜大于板厚的1/3，且不得大于40mm；对于大体积混凝土，粗骨料最大公称粒径不宜小于31.5mm。

③ 对于有抗渗、抗冻、抗腐蚀、耐磨或其他特殊要求的混凝土，粗骨料中的含泥量和泥块含量，分别不应大于1.0%和0.5%；坚固性检验的质量损失不应大于8%。

④ 对于高强混凝土，粗骨料的岩石抗压强度应至少比混凝土设计强度高30%，最大公称粒径不宜大于25mm，针片状颗粒含量不宜大于5%且不应大于8%，含泥量和泥块含量分别不应大于0.5%和0.2%。

⑤ 对于粗骨料或用于制作粗骨料的岩石，应进行碱活性检验，包括碱-硅酸反应活性检验、碱-碳酸盐反应活性检验；对于有预防混凝土碱骨料反应要求的混凝土工程，不宜采用有碱活性的粗骨料。

2. 细骨料的质量要求

(1) 细骨料应符合国家标准《建设用砂》(GB/T 14684—2011) 和行业标准《普通混凝土用砂、石质量及检验方法标准》(JGJ 52—2006) 中的规定；混凝土所用海砂应符合现行的行业标准《海砂混凝土应用技术规范》(JGJ 206—2010) 中的有关规定。

(2) 细骨料质量主要控制项目包括：细度模数、含泥量、泥块含量、坚固性、氯离子含量和有害物质含量，"海砂"主要控制项目除应包括上述指标外，还应包括贝壳含量；人工砂子主要控制项目除应包括上述指标外，还应包括石粉含量和压碎指标，主要控制项目可不包括氯离子含量和有害物质含量。

(3) 在细骨料应用方面应符合以下规定。

① 泵送混凝土宜采用中砂，且300μm筛孔的颗粒通过量不宜少于15%。

② 对于有抗渗、抗冻或其他特殊要求的混凝土，细骨料中的含泥量和泥块含量分别不应大于3.0%和1.0%；坚固性检验的质量损失不应大于8%。

③ 对于高强混凝土，砂的细度模数宜控制在2.6～3.0范围之内，含泥量和泥块含量分别不应大于2.0%和0.5%。

④ 钢筋混凝土和预应力钢筋混凝土用砂的氯离子含量分别不应大于0.06%和0.02%。

⑤ 混凝土所采用的海砂必须经过净化处理。

⑥ 混凝土所采用的海砂，氯离子含量不应大于0.03%，贝壳含量应符合表31-1中的规定。"海砂"不得用于预应力钢筋混凝土。

表 31-1　混凝土用海砂贝壳含量

混凝土强度等级	≥C60	≥C40	C35～C30	C25～C15
贝壳含量(按质量计)/%	≤3	≤5	≤8	≤10

⑦ 人工砂中的石粉含量应符合表 31-2 中的规定。

表 31-2　人工砂中的石粉含量

混凝土强度等级		≥C60	C55～C30	≤C25
石粉含量/%	*MB*<1.4	≤5.0	≤7.0	≤10.0
	MB≥1.4	≤2.0	≤3.0	≤5.0

⑧ 不宜单独采用特细砂作为细骨料配制混凝土。

⑨ 河砂和海砂均应进行碱-硅酸反应活性检验，人工砂子应进行碱-硅酸反应活性检验、碱-碳酸盐反应活性检验；对于有预防混凝土碱骨料反应要求的混凝土工程，不宜采用有碱活性的细骨料。

四、混凝土掺合料

（1）用于混凝土中的矿物掺合料可包括粉煤灰、粒化高炉矿渣粉、硅灰、钢渣粉、磷渣粉，可采用两种或两种以上的矿物掺合材料按照一定比例混合使用。粉煤灰应符合现行国家标准《用于水泥和混凝土中的粉煤灰》（GB/T 1596—2017）中的规定；粒化高炉矿渣粉应符合现行国家标准《用于水泥和混凝土中的粒化高炉矿渣粉》（GB/T 18046—2008）中的规定；钢渣粉应符合现行国家标准《用于水泥和混凝土中的钢渣粉》（GB/T 20491—2017）的有关规定；其他矿物掺合料应符合现行国家标准的规定并满足混凝土性能要求；矿物掺合料的放射性应符合现行国家标准《建筑材料放射性核素限量》（GB 6566—2010）中的规定。

（2）粉煤灰的主要控制项目应包括细度、需水量比、烧失量和三氧化硫含量，C 类粉煤灰的主要控制项目还应包括游离氧化钙含量和安定性；粒化高炉矿渣粉的主要控制项目应包括比表面积、活性指数和流动度比；钢渣粉的主要控制项目应包括比表面积、活性指数、流动度比、游离氧化钙含量、三氧化硫含量、氧化镁和安定性；磷渣粉的主要控制项目应包括细度、活性指数、流动度比、五氧化二磷和安定性；“硅灰”的主要控制项目应包括比表面积和二氧化硅含量。矿物掺合料的主要控制项目应包括放射性。

（3）在矿物掺合料应用方面应符合以下规定：a. 掺用矿物掺合料的混凝土宜采用硅酸盐水泥和普通硅酸盐水泥；b. 在混凝土中掺用矿物掺合料时，矿物掺合料的种类和掺量应经试验确定；c. 在配制混凝土时，矿物掺合料与高效减水剂应同时使用；d. 对于高强混凝土或有抗渗、抗冻、抗腐蚀、耐磨或其他特殊要求的混凝土，不宜采用低于Ⅱ级的粉煤灰；e. 对于高强混凝土和耐腐蚀要求的混凝土，当需要采用“硅灰”时，宜采用二氧化硅含量不小于 90% 的“硅灰”。

五、混凝土拌合水

（1）配制混凝土所用的水应符合现行的行业标准《混凝土用水标准》（JGJ 63—2006）中的有关规定。

（2）混凝土用水主要控制项目包括 pH 值、不溶物含量、可溶物含量、硫酸根离子含量、氯离子含量、水泥凝结时间差和水泥“胶砂”强度比，当混凝土骨料为碱活性时主要控制项目还应包括碱含量。

(3) 混凝土用水还应符合以下规定：a. 未经处理的海水严禁用于钢筋混凝土和预应力钢筋混凝土；b. 当混凝土骨料为碱活性时，混凝土用水不得采用混凝土企业生产设备洗刷水。

第二节 绿色混凝土的发展趋势

随着人口爆炸、生产发达和城市化的快速发展，地球承受的负担剧增，以资源枯竭、环境破坏最为严重，人类生存受到威胁。1992 年里约热内卢世界环境发展会议后，绿色事业受到全世界各国的重视。绿色混凝土和其他绿色建材是土木工程建筑材料发展的方向。在提倡和发展绿色建材的基础上，一些国家已经建成了居住或办公用样板健康建筑，取得了良好的社会效益和经济效益，受到高度的评价和欢迎。绿色混凝土作为绿色建材的一个分支，自 20 世纪 90 年代以来，国内外科技工作者开展了广泛深入的研究。

一、绿色建筑材料快速发展

1. 绿色建材的基本概念

绿色建材，又称“健康建材”或“环保建材”，绿色建材不是指单独的建材产品，而是对建材“健康、环保、安全”品性的评价。它注重建材对人体健康和环保所造成的影响及安全防火性能。在国外，绿色建材早已在建筑、装饰施工中广泛应用，在国内它只作为一个概念刚开始为大众所认识。绿色建材是采用清洁生产技术，使用工业或城市固态废弃物生产的建筑材料，它具有消磁、消声、调光、调温、隔热、防火、抗静电的性能，并具有调节人体机能的特种新型功能建筑材料。

现代绿色建材是指具有优异的质量、使用性能和环境协调性的建筑材料。其性能必须符合或优于该产品的国家标准；在其生产过程中必须全部采用符合国家规定允许使用的原、燃材料，并尽量少用天然原燃材料，同时排出的废气、废液、废渣、烟尘、粉尘等的数量、成分达到或严于国家允许的排放标准；在其使用过程中达到或优于国家规定的无毒、无害标准，并在组合成建筑部品时不会引发污染和安全隐患；其使用后的废弃物对人体、大气、水质、土壤等造成较小的污染，并能在一定程度上可再资源化和重复使用。现代绿色建筑材料种类和数量很多，像现代绿色混凝土材料，混凝土是现代建筑的主要建筑用材，所以发展绿色混凝土材料对于绿色建筑至关重要。

2. 绿色建材市场空间巨大

建材工业是国民经济中非常重要的基础产业，又是天然资源消耗最多、破坏土地最多、对大气污染最为严重的行业之一。而我国资源极其紧缺，环境基础脆弱，为实施可持续发展战略，开发和使用绿色建材尤为重要，说明发展绿色建材的市场空间是巨大的。绿色建材采用清洁卫生生产技术，少用天然资源和能源，大量采用工业或城市固态废弃物生产的无毒害、无污染、无放射性、有利于环保和人体健康的建筑材料。

在城镇化推进过程中，我国环境问题日益凸显，“环保”成为“新型城镇化”建设关注的热点。目前，我国建筑能耗占全社会能耗 30%左右，加上建筑材料的生产能耗 13%，建筑总能耗超过全社会总能耗 40%，庞大的建筑能耗成为城镇化建设巨大的负担，推行绿色建材势在必行。

绿色建材是健康型、环保型、安全型的建筑材料，不仅能够维护人体健康，而且还能有效地保护环境。随着人们自我保护意识的提高，全民环保意识的逐渐增强，以及对于传统建筑材料中有害物质的认识和对绿色建材认知度的逐渐提高，绿色建材的需求量将不断增长，其需求范围也在不断地扩大，由此可见绿色建材市场空间巨大、前景良好。

3. 新技术新工艺为绿色建材发展提供条件

近些年来，随着国家节能减排的要求，建材行业结构不断进行调整，建材生产过程中落后的技术和工艺逐渐被取消淘汰，创新的、先进的、节能的技术和工艺所占的比例不断增大。目前，我国新型干法水泥生产技术在预分解窑节能煅烧工艺、大型原材料均化、节能粉磨、自动控制、余热回收和环境保护等方面，从设计到装备制造都已基本达到世界先进水平。固体废弃物利用、原燃料取代、余热发电等技术工艺，在节能减排、降耗方面都做出巨大贡献。

随着我国对于绿色建材的不断关注与深入研究，越来越先进的新技术、新工艺将会开发出来，这些都将为绿色建材的发展提供良好的条件。

4. 绿色建材应用领域将会不断扩展

20 世纪 90 年代，我国开始关注并研究绿色建材，与发达国家相比，虽然起步较晚，但受到高度和广泛的关注，我国绿色建材产品的研发工作发展迅速，各行业不断推陈出新，开发出各种绿色建材新产品，如高性能水泥、生态水泥等绿色水泥；绿色高性能混凝土、再生骨料混凝土、环保型混凝土及机敏型混凝土等绿色混凝土；吸热玻璃、热发射玻璃、中空玻璃、真空玻璃等节能玻璃；大量利用工业废渣或建筑垃圾代替部分或全部天然资源的新型墙体材料；可以代替天然木材的塑木复合材料；还有能降解室内有害物质、抗菌净化空气的新型建筑涂料等。这些新型绿色建材产品的研发和应用，使绿色建材在各工程领域不断拓展，开始从工程使用逐步进入到我们的日常生活。

随着人们生活水平的不断提高，自我保护意识的增强以及科学技术的发展，绿色建材以其优良的生态性能而受到人们的关注与青睐，许多国家正在积极开发和推广使用绿色建材，可以预见 21 世纪建材的发展方向必将属于绿色建材。绿色建材逐步取代传统建材是全世界人民共同的愿望和趋势。我们相信绿色建材的发展前景是光明的，其产品必将更加的绿色、多功能化，能更好地满足消费者的要求。

如今，人类的居住环境与可持续发展已经成为全世界共同关注的话题。绿色材料日益得到重视与发展，绿色建材凭借其出色的各种性能取得了一定成果。

二、混凝土的发展趋势

20 世纪 20 年代以前，混凝土的抗压强度普遍低于 20MPa。受当时科学技术水平的限制，利用高强度等级的混凝土是人们的一种奢望，低强度等级和低耐久性问题阻碍着混凝土的发展及推广。1936 年，法国的 E. Freyssinet 在成功研制出预应力混凝土结构后，率先提出希望用 100MPa 的混凝土来设计和制造预应力混凝土结构，使混凝土开始向高强度等级发展。

1. 高强混凝土

随着建筑业的飞速发展，提高工程结构混凝土的强度已成为当今世界各国土木建筑工程界普遍重视的课题，它既是混凝土技术发展的主攻方向之一，也是节省能源、资源的重要技术措施之一。

高强混凝土是建筑工程的需求和现代材料科学发展的结果，同时高强混凝土也有了工程和经济方面的优势。工程实践证明，用高强混凝土可以减小结构的截面尺寸，提高建筑的使用面积和耐久性。高强混凝土的这个重要优点使从结构型钢到钢筋混凝土，整个结构的设计都发生了变化。随着时间的推进，高强混凝土已具有一个更为广阔的应用前景。

2. 高性能混凝土

高性能混凝土是在20世纪90年代初由美国国家标准技术所（NIST）和美国混凝土协会（ACI）主办的讨论会上首次提出的，它是根据混凝土的耐久性要求而设计的一种新型高技术混凝土。经过十几年的工程实践证明，高性能混凝土具有优良的工作性、较好的体积稳定性和很高的耐久性，而且具有显著的技术经济效益、社会效益和环境效益。

近几年来，高性能混凝土在建筑工程中的应用越来越广泛，对高性能混凝土的研究也越来越重视，特别是高性能混凝土技术使混凝土的生产过程和应用过程实现了绿色化，混凝土从传统概念上得到飞跃，符合人类寻求与自然和谐、可持续发展的趋势，这是一种具有广阔发展前景的环保型绿色建筑材料。

3. 绿色混凝土

随着社会生产力和经济高速发展，材料生产和使用过程中资源过度开发和废弃，以及造成的环境污染和生态破坏，与地球资源、地球环境容量的有限性，地球生态系统的安全性之间出现尖锐的矛盾，对社会经济的可持续发展和人类自身的生存构成严重的障碍和威胁。因此，认识资源、环境与材料的关系，开展绿色材料及其相关理论的研究，从而实现材料科学与技术的可持续发展，是历史的必然，也是材料科学的进步。

绿色混凝土作为绿色建材的一个分支，自20世纪90年代以来，国内外科技工作者开展了广泛深入的研究，其涉及的研究范围包括绿色高性能混凝土、再生骨料混凝土、环保型混凝土和机敏混凝土等。

第三节　绿色混凝土的基本特征

绿色混凝土是一种采用先进的现代化混凝土技术，在保证混凝土质量的前提下，尽量少使用天然资源和能源，而大量使用工业废弃物制成的具有良好工作性、环保型、经济型的混凝土。该混凝土具有生产资源消耗小、节约混凝土的用量、保护环境等优点，因此被广泛地用在各种建筑混凝土工程中。

一、混凝土的绿色化

根据国内外的研究成果表明，绿色混凝土具有如下特点：a. 可以降低水泥的用量，大量利用工业废料；b. 比传统的混凝土更具有良好的力学性能和耐久性；c. 具有与自然环境的协调性，可以减轻对环境的不良影响，实现非再生性资源的可循环使用，不仅可节省大量能源，而且可实现有害物质的“零排放”；d. 能够为人类提供温和、舒适、便捷和安全的生存环境。

1. 大量利用工业废料，降低水泥用量

水泥是混凝土的主要胶凝材料，而水泥工业环境污染非常严重，不仅产生大量粉尘，而且还排放大量有害气体，如CO_2、NO和SO_2以及其他有毒物质。其中CO_2的大量排放将导致地球温室效应加剧。据测定，在通常情况下，每生产1t水泥熟料约排放1t CO_2。我国是水泥生产大国，2017 年全国水泥产量达到 24×10^8t，占全球水泥产量的 60%以上。

水泥产量高速增长的背后是人类生存环境的恶化。如何既满足混凝土质量和数量需求的同时，又降低混凝土中的水泥用量，达到减少温室气体排放和粉尘污染的效果，是摆在人们目前的一个严峻而又颇具挑战性的课题。在长期的研究和实践中，人们发现许多工业废渣，如粉煤灰、粒化高炉矿渣、煤矸石、硅灰等具有潜在的化学活性，掺入混凝土中可以部分替代水泥，并且可以制备性能更优越的混凝土。这样，不仅节约了矿产资源，降低了水泥生产总能耗，而且也有利于改善和保护自然环境。

利用工业废渣作混凝土的活性矿产掺合料，是实现混凝土绿色化的一个重要途径。活性矿物掺合料作为廉价的辅助胶凝材料，能赋予混凝土许多优良的性能，如提高混凝土的高强度、密实度和工作性，改善混凝土的微观结构，降低内部的孔隙率，增强对腐蚀介质的抵抗力，延长混凝土的耐久性等。表 31-3 为磨细高炉矿渣对混凝土性能的影响。从表中可以看出，在一定掺量范围内，活性矿物掺合料可以显著提高混凝土的强度和工作性。表 31-4 的结果显示，在混凝土中掺入硅灰后，混凝土的抗腐蚀耐久性大幅度提高。

表 31-3 磨细高炉矿渣对混凝土性能的影响

编号	单位水泥用量/kg	掺合料掺量/%	坍落度/mm	坍落度经时保留值/mm			抗压强度/MPa		劈拉强度/MPa	
			0min	30min	60min	90min	7d	28d	7d	28d
C-1	560	0	65	40	10	0	59.4	69.5	5.3	6.3
S-1	448	20	200	170	150	130	65.8	73.4	6.2	7.1
S-2	392	30	210	195	180	160	70.6	76.6	6.3	7.3
S-3	336	40	230	220	200	185	69.9	80.4	6.7	7.4
S-4	280	50	235	210	195	180	71.6	84.1	6.2	7.4
S-5	224	60	230	215	200	180	70.5	82.2	5.9	6.9

表 31-4 在酸溶液中浸泡 300d 混凝土单位长度的收缩率（$W/C=0.50$）

试件批号	硅灰掺加量/%	硝酸溶液		醋酸溶液	
		收缩值/mm	收缩率/%	收缩值/mm	收缩率/%
21	0	3.15	12.8	0.70	7.0
22	5	2.90	12.2	0.63	5.6
23	10	2.68	11.8	0.50	4.9
24	30	1.63	8.6	0.30	3.2

大量使用以工业废渣为原料的活性掺合料，可以在保持水泥熟料总量不变的前提下，满足经济快速增长对混凝土的需求，节约资源能源，保护自然环境，发挥重大的经济效益和社会效益。

2. 提高混凝土的综合性能

提高混凝土强度、工作性和耐久性是实现混凝土绿色化的主要途径之一。混凝土强度的提高，可以减小建筑结构的截面积或结构体积，减少混凝土的用量，从而节约水泥、砂、石等混凝土原材料的用量。工作性能提高，一方面有助于提高混凝土的密实性；另一方面可以减少振捣器的使用，降低施工环境的噪声。提高混凝土的耐久性，可以延长结构物的使用寿命，进一步节约维修和重建费用，减少对自然资源无节制的消耗。

近年来，混凝土的耐久性已成为人们的热门话题。人们已逐渐认识并接受了混凝土耐久性节约资源能源、保护环境的意义。延长混凝土工程寿命还可以节约大量资金，这方面在发达国家有深刻的体会。根据美国的统计，其混凝土基础工程（公路、桥梁、大坝、供水系统等）估计价值达60000亿美元，而每年用于维修和重建费用则高达3000亿美元。目前，我国正处于基础建设的高潮，如果不吸取其他国家的教训，重视提高工程寿命，同样将重蹈覆辙，在未来若干年内不仅要付出高昂的维修和重建费用，而且将制约进一步发展。当前，国内许多专家学者开始主张延长混凝土工程的设计寿命，如桥梁的设计使用寿命为100～125年，港口工程设计使用寿命为100年等。

3. 使用再生骨料和人造骨料

混凝土制备过程中将要消耗大量的砂石材料。如果以每吨水泥生产混凝土时消耗6～10t砂石材料计，我国每年将生产砂石材料（4.8～8）$\times 10^9$t。全球已面临优质砂石材料短缺的问题，我国不少城市亦将远距离运送砂石材料。同时，我国每年拆除的建筑垃圾产生的废弃混凝土约为1.35$\times 10^7$t，新建房屋产生的废弃混凝土约为4.0$\times 10^7$t，大部分是送到废料堆积场堆埋。因此，实现再生骨料的循环利用，对保护环境、节约能源和资源意义是十分显著的。

废弃混凝土加工的骨料取决于其洁净度和坚实度，这与材料来源和加工技术有关。利用预制场和预拌混凝土搅拌站剩余混凝土加工的骨料通常比较干净；来源于拆除的路面或水工结构的废弃混凝土，应当筛分去除粉粒。许多实验室和现场研究表明：废弃混凝土相当于粗骨料的颗粒可以用来替代天然骨料，进行比较试验的结果是前者作为骨料配制的混凝土抗压强度和弹性模量至少是后者的2/3。拆除建筑物时的废弃混凝土比较难处理，因为常混有其他杂物。与拆除的分选相结合，这类废弃物可以分门别类地回收和再生，效果较好。

德国、荷兰、比利时等国家废弃物的再生率已达50%以上。德国钢筋混凝土委员会1998年8月提出了“在混凝土中采用再生骨料的应用指南”，日本制定了《再生骨料和再生混凝土使用规范》，并相继在各地建立了以处理混凝土废弃物为主的再生加工厂。2000年要求混凝土的资源再生利用率达到90%以上。日本对再生骨料混凝土的吸水性、强度、配合比、收缩、抗冻性等方面进行了系统的研究，为大力推广再生骨料混凝土打下了理论基础。

4. 绿色混凝土与自然环境相协调

为了使混凝土与自然环境相协调，通过对混凝土材料的性能、形状或构造等的设计，使其具有降低环境负荷的能力。例如通过控制混凝土的空隙特性和空隙率，可使混凝土具有不同的性能，如良好的透水性、吸声性能、蓄热性能、吸附气体性能等。通过对混凝土性能和色彩的设计，使混凝土能与植物和谐共生，这类混凝土包括植物适应型生态混凝土、海洋生物适应型生态混凝土和淡水生物适应型生态混凝土，以及净化水质生态混凝土等。

5. 提高混凝土机敏性，使居住环境更安全

随着现代电子信息技术和材料科学的迅猛发展，促使社会及其各个组成部分，如交通系统、办公场所、居住社区等向智能化方向发展。混凝土材料作为各项建筑的基础，其智能化的研究和开发自然成为人们关注的焦点。自诊断混凝土、自调节混凝土、仿生自愈合混凝土等一系列机敏性混凝土的相继出现，为智能混凝土的研究和发展打下了坚实的基础。

机敏混凝土可使智能建筑能够自行诊断变形、损伤和老化的发生；能够自发产生对应与状态的形状变化；本身能够对振动、冲击产生适应性调整；能够根据需要对结构或材料进行控制和修复。具有上述功能的高智能结构，不仅可以提高智能建筑的性能和安全度、综合利用有限的建筑空间、减少综合布线的工序、节省建筑运行和维修费用，而且可以延长建筑物的使用寿命。因此，在不远的将来，可以预见机敏混凝土材料与智能建筑的有机结合将对建筑业乃至整个社会的发展产生重大影响。

二、绿色混凝土的评价体系

绿色混凝土是建筑材料绿色化的一个重要分支，这是社会可持续发展的必然要求，是人类和环境和谐发展的必由之路。绿色混凝土融合了环境材料、生态材料和先进工程材料的思想及理念。因此，其评价机制也沿袭和继承了部分上述相关材料的评价标准，同时结合自身特点加以发展。绿色混凝土的判据包括资源、能耗、环保、耐久和安全等。

（一）混凝土材料绿色准则的实现

混凝土材料绿色准则的实现，可以归纳为以下几个方面。

（1）在材料选用和产品设计中，融入环境协调性思想　混凝土材料选择得当和设计合理与否，不仅关系到材料的使用，还会影响到今后废弃时的处理。在混凝土利用方面，发扬“后发展的优势”，吸收“先发展的教训”，不是“先污染后治理”那样“豪华地使用自然资源和能源、无情地污染环境”，而是首先主动地考虑材料的成分、工艺和使用，即“从生到灭”全过程地考虑对环境的载荷，这是现代人类为了自身长久生存的重要新概念。

（2）在混凝土结构设计中体现节省资源观念　绿色产品的材料选择，也应考虑环保方面的因素。应当在保证安全的前提下，尽量降低材料消耗，在诸多因素中找出一个平衡点，以避免造成资源浪费，把材料使用后的再生处理作为设计的重要前提。

（3）充分重视交叉科学技术　国内外研究结果表明，绿色混凝土的相关理论涉及材料科学、能源科学、信息科学、环境科学等学科知识，按照维纳的《控制论》，交叉科学是“最大收获的领域”。交叉科学又称为边缘科学，是指与两种或两种以上不同领域的知识体系有密切联系，并借助它们的成果而发展起来的综合性科学门类。

（4）规范材料的设计、生产、使用和处理标准　通过有关部门颁布绿色混凝土材料的生产、设计、使用和处理标准，提供材料验证的标准和评价依据，使绿色混凝土材料进入规范程序管理体系。

（5）广泛宣传绿色建筑意识　传统混凝土已应用多用，具有技术成熟、使用方便、适应性强等优良特征。因此，在短时间内应用绿色混凝土材料并不是简单的事情，对其进行推广宣传是十分重要的一环。实践证明，通过学术报告会、技术交流会、政策研讨会、信息发布会，以及绿色材料识别标志等宣传，都有助于绿色混凝土的推广应用。

（6）制定相关的产业政策，鼓励积极推行绿色建材的企业　先进技术的引进，资金、人力的保障及相关政策的拟定，对于合理地、科学地开发、生产、使用和处理绿色混凝土材料有举足轻重的意义。

很显然，绿色混凝土材料的显著特点是消耗的资源和能源均很少，对生态有益和环境污染小，再生利用率比较高，而且从材料的制造、使用、废弃直到循环利用的整个寿命过程，都与生态环境相协调、相适应。

（二）绿色混凝土的评价体系

评价绿色混凝土材料与环境的相容性和协调性，可借鉴环境材料的寿命周期评价法（简称 LCA)。环境协调性评价是 20 世纪 90 年代发展起来的一种系统的环境管理工具，该法扩展了所研究系统的边界和范围，即对某产品、过程或活动的整个寿命周期内因资源、能源消耗和废物排放而对环境所造成的潜在影响进行评价。

1. LCA 的基本概念

LCA 作为正式术语是由环境毒理和化学学会（CETAC）于 1990 提出的。随后国际标准化组织（ISO）对其进行了规范。1997 年国际标准化组织（ISO）对环境协调性评价的定义为：是对产品系统在寿命周期中的物质能量的输入、输出和潜在环境影响的汇编和评价。产品系统是指具有特定功能的，与物质能量相关的操作过程单元的集合，“产品”既可以指一般制造业的产品系统，也可以指服务业的服务系统。寿命周期是指产品系统中连续的和相互联系的阶段，它从原材料获得或者自然资源的产生一直到最终产品的废弃为止。

LCA 的思路是通过收集与产品系统相关的环境编目数据，应用 LCA 定义的一套计算方法，从资源消耗、人体健康和生态环境影响等方面，对产品系统的环境影响做出定性和定量的评估，并进一步分析和寻找改善产品环境表现的时机和途径，在设计过程中为减少环境污染提出最佳的判断。

2. LCA 的技术框架及评价过程

按照 ISO 14040（生命周期评价）系列标准，LCA 评价方法的技术框架一般包括以下 4 个部分：目标和范围定义、编目分析、环境影响评价和评价结果解释。

(1) 目标和范围定义　目标和范围定义是指确定整个研究的基本框架，定义其他 3 部分间的相互关系，决定后续阶段的进行及比 LCA 的最终结果。这个过程一般需确定 LCA 研究目的、LCA 研究结果使用者、LCA 研究对象、LCA 研究的边界条件 4 个方面的内容。

(2) 编目分析　编目分析是指根据评价的目标和范围定义，针对评价对象收集定量或定性的输入、输出数据，并对这些数据进行分类整理和计算的过程，对于开环再循环过程，还需要解决分析时的分配问题。

(3) 环境影响评价　环境影响评价是在编目分析的基础上评价各种环境损害造成的总的环境影响的严重程度。采用一定的换算模型将编目分析过程得到的产品寿命周期的大量环境数目转换为可比较的环境影响指标进行评估的过程。环境影响评价主要包括分类、指标化、评估等部分。其中分类是将环境污染物按影响作用划分为以下 9 类：不可再生的原料消耗（ADP)；不可再生的能源消耗（EDP)；温室效应（GWP)；臭氧层的破坏（ODP)、生物体的损害（ECA)；环境酸化（AP)；人类健康损害（HT)；光化学氧化物生成（POCP)；氮化作用。指标化是根据环境影响分类，依据一定的模型将各编目分析数据转化为相应的环境影响指标。为便于处理，通常将环境指标无量纲化，以环境指标占整个研究范围的相应环境指标的比例表示（即标准指标。)

(4) 评价结果解释　评估主要采用层次分析法得到具体的环境影响指标权重系数，将环境影响综合指标定量为：标准指数×权重系数，从而得到环境影响评估总体结论。评价结果解释是将编目分析和环境影响评价的结果进行综合，对该过程、事件或产品的环境影响进行阐述和分析，最终给出评价的结论及建议。

3. 材料的环境协调性评价

材料的环境协调性评价（MLCA)，就是将 LCA 的基本概念、原则和方法应用到对材料寿命周期的评价中。由于与材料相关的环境污染占的比重大，对材料进行环境协调性评价就显得非常重要。典型材料的评价，是众多产品评价的基础，对典型材料进行 MLCA 可以减少评价的重复。通过评价，促使材料设计者、生产者转变传统的观念。我国现阶段绿色建材评价体系使用以下 10 个指标进行评价：a. 执行标准；b. 资源消耗；c. 能源消耗；d. 废弃物排放；e. 工艺技术；f. 本地化；g. 材料特性；h. 洁净施工；i. 安全使用性；j. 再生利用性。

第四节　绿色混凝土的优越性

随着社会生产力和经济高速发展，材料生产和使用过程中资源过度开发和废弃及其造成的环境污染和生态破坏，与地球资源、地球环境容量的有限性以及地球生态环境系统的安全性之间出现尖锐的矛盾，对社会经济的可持续发展和人类自身的生存构成严重的障碍和威胁。因此，认识资源、环境与材料的关系，开展绿色材料及其相关理论的研究，从而实现材料科学与技术的可持续发展，是历史发展的必然，也是材料科学的进步。绿色混凝土材料在资源和能源的有效利用、减少环境负荷上具有很大的优势，是实现材料产业的可持续发展的一个重要发展方向。与普通混凝土相比，绿色混凝土显示了强大的生命力和显著的优越性。

（1）可以大大降低混凝土制造时环境负荷　由于绿色混凝土大量使用工业废料（如粉煤灰、硅灰、粒化高炉矿渣、钢渣粉、磷渣粉、沸石粉等）和再生利用固体废物（如建筑垃圾、下水道污泥等），不仅可以节约大量的资源，而且也可以降低废物和 CO_2 的排放量，所以绿色混凝土可以大大降低混凝土制造时环境负荷。

（2）可以大大降低混凝土使用过程的环境负荷　大流动性免振捣绿色混凝土的使用，可以减少施工中环境噪声；超高性能、超长寿命绿色混凝土的研制，可以有效降低材料的负荷寿命比，从总体来看也是降低材料环境负担的一个有效途径；目前研究较多的多孔混凝土已广泛应用到实际工程中，这种混凝土内含有大量的连续空隙、独立空隙或这两种混合的空隙。通过控制不同的空隙特性和不同的空隙量，可以赋予混凝土不同的性能，如良好的透水性、吸声性、蓄热性、吸附气体的性能。这种利用混凝土本身所具有的独特功能来降低周围环境负荷的方法已开发了许多新产品，如具有排水性铺装用制品，具有吸声性、能够吸收有害气体、具有调湿功能以及能储蓄热量的混凝土制品等。

（3）保护生态，美化环境　绿色混凝土中的生态型混凝土指的是能与动植物和谐共生的混凝土，生态型混凝土即能够适应生物生长、对调节生态平衡、美化环境景观、实现人类与自然的协调具有积极作用的混凝土材料。有关这类混凝土的研究和开发还刚刚起步，它标志着人类在从事土木工程活动，生产和使用混凝土材料的过程中，要保护地球环境，维护生态平衡的意识更加强烈了，对自己在建筑材料方面的开发研究工作提出了更高的要求。

生态型混凝土是 21 世纪混凝土的未来和发展方向，不仅要满足作为结构材料的要求，还要尽量减少给地球环境带来的负荷和不良影响，能够与自然协调，与环境共生。这也是实现土木建筑工程可持续发展的重要一环。随着时代的进步，人类要寻求与自然和谐、可持续发展之路，对混凝土也不再仅仅要求其作为结构材料的功能，而是在尽量不给环境增加负担的基础上，进一步开发对保护环境，对人类与自然的协调能起到积极作用的环保生态型混凝土，这是时代的要求，是混凝土材料发展的必然趋势。

（4）能大大提高居住环境的舒适性和安全性　城市小区规划的优劣是居住环境质量的前

提条件。因此，规划构思应以人为本，满足居民在生理上和心理上的需求。绿色混凝土中的机敏混凝土融混凝土材料的多种功能与结构性能于一体。利用其电热效应可对居民环境进行恒温控制；利用其独特的自感知、自调节和自修复功能，可有效地对建筑结构进行健康监测、智能控制和修复，提高结构的安全性和使用寿命。通过以上所述可得出这一设计理念：居住环境设计必须提高居住环境的舒适性、安全性和识别性，建筑的群体空间布局应结合当地环境而富有特色，住宅设计应按人的行为模式合理安排各功能空间，实现户内公私分区、洁污分区，体现小康住宅应有的舒适性和安全性。

第三十二章　再生骨料绿色混凝土

伴随着混凝土结构的破坏，许多建筑物不可避免地要被拆除，在大量拆除建筑物产生的建筑废料中，有相当一部分是可以再生利用的。如果将这些建筑废料进行破碎、分选，加工成不同粒径的碎块，制成再生混凝土骨料，用到建筑物的重建上，就能从根本上解决大部分建筑废料的处理问题，同时减少运输量和天然骨料的使用量。国内外工程实践证明，利用废弃混凝土再生骨料拌制的再生混凝土，是发展绿色混凝土的主要措施之一，已成为混凝土界高度关注的一大焦点问题，也成为世界各国绿色建筑中混凝土的发展方向。

第一节　混凝土废弃物循环利用

再生骨料绿色混凝土是指用废混凝土、废砖块、废砂浆作为混凝土的骨料，加入水泥砂浆拌制的混凝土。建筑垃圾中的许多废弃物经过分拣、剔除或粉碎后，大多是可以作为再生资源重新利用的，如砖、石、混凝土等废料经破碎后，可以代替部分砂石，重新用于砌筑砂浆、抹灰砂浆、混凝土垫层和浇注混凝土等，还可以用于制作砌块、花格砖等建材制品，由此可见，再生混凝土的研究和应用，综合利用建筑垃圾，不仅具有重要的社会效益和经济效益，有利于社会的可持续发展，而且是节约资源和能源、保护生态的有效途径。

据有关资料报道，目前我国建筑垃圾的数量已占到城市垃圾总量的30%～40%。绝大部分建筑垃圾未经任何处理，被施工单位运往郊外或乡村，采用露天堆放或填埋的方式进行处理，不仅耗用大量的征用土地费、垃圾清运等建设费用，而且在清运和堆放过程中所产生的粉尘、灰砂飞扬等问题又造成了严重的环境污染。随着我国对于保护耕地和环境保护的各项法律法规的颁布和实施，如何处理建筑废弃物已经成为建筑施工企业、环境保护部门和城市管理部门面临的一个重要课题。

一、建筑固体废弃物循环利用可行性

建筑固体废弃物是指在建筑物拆除、维修、建设等过程中产生的垃圾，主要包括废混凝土块、碎砖块、废砂浆、废钢筋、废竹木、废玻璃、废弃土、废沥青等。其中废混凝土块、碎砖块、废砂浆占主要比例，也是建筑固体废物循环利用的重点。

1. 废混凝土块

混凝土的凝结硬化是一个非常缓慢的过程，材料试验结果证明：28d龄期的水泥石水泥水化程度只有60%左右。监测资料表明，一些混凝土结构经过20年的凝结，硬化还没有完全结束，也就是说此时水泥石中还存在有利于混凝土硬化的活性成分。如果把旧建筑物拆除的废混凝土块重新分选、破碎作为骨料来用，对再生混凝土的强度发展必定能起到良好的促进作用。普通混凝土的破坏是由于在荷载作用下界面微裂缝的发展而导致混凝土最终破坏，而混凝土中的骨料并不发生破坏。因此，废弃混凝土中的骨料是完全可以利用的。

2. 碎砖块

过烧砖、损坏砖、建筑物建造、维修、拆除中所产生的碎砖块，经过破碎、分选后可以

作为混凝土的粗骨料。在配制普通混凝土时，要求粗骨料立方体强度与混凝土设计强度之比不小于1.5。就拆除的碎砖块而言，以常用的MC10机制砖为例，抗压强度平均值不低于9.81MPa，因此如果用碎砖块作为低强度等级混凝土的骨料，其强度是完全满足的。如果配制强度等级更高的混凝土，则需要采取必要的技术措施。在一些天然骨料非常缺乏的国家，甚至将好砖用来生产混凝土骨料。碎砖块和砂浆的抗拉强度差别很小，且碎砖块表面粗糙，孔隙比较多，砂浆与砖块界面的结合得以加强，从而使再生混凝土产生界面微裂缝的机会大大减少，对提高再生混凝土的强度是非常有利的。

3. 废砂浆

在建筑物的拆除过程中，必然会产生一些粒径大小不同的水泥砂浆，硬化的水泥砂浆包裹在砂颗粒的周围，从而增大了骨料的粒径，同时水泥水化颗粒改善了骨料的级配，可以作为混凝土的骨料来用。在拆除过程中产生的水泥砂浆块，较大的可作为混凝土中的粗骨料来用，较小的经粉碎后可以作为细骨料来用。

二、废弃混凝土材料完全循环再利用

所谓废弃混凝土材料完全循环再利用，类似于钢铁等金属材料，废弃后可以作为制造混凝土材料的原料进行使用。完全循环再利用是指将混凝土的胶结材料、混合材料、骨料破化后制成的混凝土废弃后，再次作为水泥生产原料、再生骨料等全部用于制造新的混凝土材料，如此循环往复，多次进行使用，实现混凝土材料的自身循环利用，最大限度地实现对自然资源的利用，完全循环再利用混凝土的基本方式如图32-1所示。

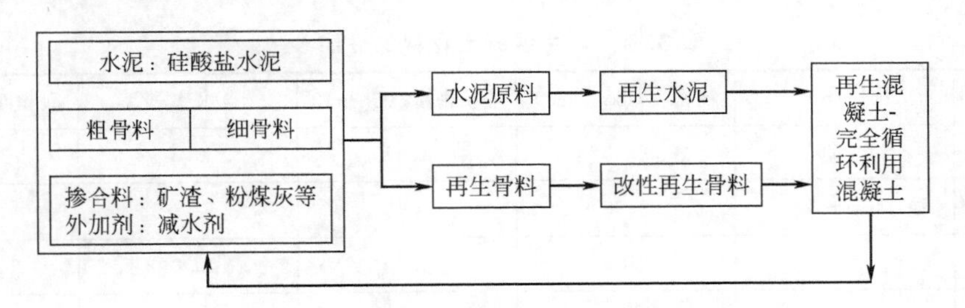

图32-1　完全循环再利用混凝土的基本方式

1. 用废弃混凝土制备再生水泥

废弃混凝土制备再生水泥工艺：首先将废弃混凝土按要求进行破碎，然后使用机械方法将粗集料和水泥石组分分离，取水泥石部分进行再次的破碎和粉磨，之后将这些粉磨后的水泥石和无法分离的细骨料一起进行热处理，在一定温度下使这些已经水化了的水泥石再次分解并生成新的水泥熟料。材料试验分析结果表明，普通混凝土的化学成分与再生水泥的化学成分基本相同，即用废弃混凝土作为原料制造的再生水泥，再生水泥的性能完全能够满足混凝土的要求。

普通混凝土的化学成分如表32-1所列，用普通混凝土作为原料制造的再生水泥化学成分如表32-2所列，再生水泥混凝土与普通水泥混凝土的比较如表32-3所列。

表32-1　普通混凝土的化学成分　　单位：%

LOI	SiO_2	Al_2O_3	Fe_2O_3	CaO	MgO	SO_3	Na_2O	K_2O	TiO_2	MnO	P_2O_5
42.92	4.61	0.78	0.48	49.83	0.76	0.28	0.07	-/-8	0.05	0.03	0.06

注：表中LOI为烧失量，下同。

表 32-2 再生水泥化学成分 单位：%

LOI	SiO_2	Al_2O_3	Fe_2O_3	CaO	MgO	SO_3	Na_2O	K_2O	TiO_2	MnO	P_2O_5
0.88	21.28	4.98	2.75	66.23	1.02	1.89	0.19	0.24	0.10	0.05	0.08

表 32-3 再生水泥混凝土与普通水泥混凝土的比较

混凝土种类	$1m^3$混凝土材料用量					水灰比 (W/C)	坍落度 /cm	设计强度/MPa	实测强度/MPa
	水泥/kg	水/kg	砂/kg	石子/kg	外加剂/mL				
普通混凝土	320	184	732	1048	805	0.58	18	25	31.5
再生水泥普通混凝土	296	170	862	971	805	0.58	18	25	35.2
高强混凝土	571	171	600	1057	4100	0.30	21	60	67.6
再生水泥高强混凝土	571	171	600	1057	4100	0.30	21	60	66.8

表 32-3 的结果表明，用再生水泥配制的普通混凝土和高强混凝土，与普通水泥配制的混凝土性能基本相同，在同样的配合比和同样的外加剂用量时，混凝土的工作性能相同，28d 的抗压强度也很接近，这证明用混凝土作为水泥原料制造的再生水泥性能良好。

2. 用废弃混凝土制造混凝土再生骨料

混凝土结构废弃后，将混凝土块体进行破碎、筛分、干燥等工艺处理，然后用套筛将废混凝土碎块粒径控制在 5～20mm 范围内，用作再生骨料代替部分或全部天然骨料。再生骨料的物理性能，如粒径、视密度、堆积密度、含水率及饱和面干吸水率如表 32-4 所列。

表 32-4 再生混凝土骨料的性能参数

骨料名称	粒径/mm	视密度/(kg/cm^3)	堆积密度/(g/cm^3)	含水率/%	饱和面干含水率/%
普通碎石	5～20	2.63	1.41	0.3	1.53
普通砂	0.5～5	2.68	1.43	2.4	—
再生骨料 1	5～20	2.56	1.30	3.0	4.83
再生骨料 2	5～20	2.50	1.21	5.0	5.77

用废弃混凝土制备的再生骨料取代天然骨料配制混凝土，并测定混凝土的坍落度和硬化混凝土的强度，检查不同再生骨料比例对混凝土性能的影响。用再生骨料制备的再生骨料混凝土硬化到一定时间后，再次破碎制造再生骨料，并再用于配制混凝土的骨料，如此反复使用，其结果如表 32-5 和表 32-6 所列。

表 32-5 普通混凝土和再生粗骨料混凝土配合比及性能参数

编号	替代比例/%	单方混凝土材料用量/kg					减水剂掺量/%	坍落度/mm	湿表观密度/(kg/m^3)	28d 抗压强度/MPa
		水泥	砂	石子	再生粗骨料	水				
R50-C0	0	486	549	1166	0	195	2	165	2456	63.4
R50-C30	30	486	549	816	328	195	2	150	2444	60.1
R50-C50	50	486	549	583	546	195	2	135	2424	65.5
R50-C60	60	486	549	350	763	195	2	125	2400	61.0
R50-C100	100	486	549	0	1092	195	2	110	2385	58.5

表 32-6 二次循环再生粗骨料混凝土配合比及性能参数

编号	替代比例/%	单方混凝土材料用量/kg					减水剂掺量/%	坍落度/mm	湿表观密度/(kg/m³)	28d抗压强度/MPa
		水泥	砂	石子	再生粗骨料	水				
R50-C0	0	447	604	1113	0	202.5	2	117	2450	60.8
R50-C30	30	447	604	779	319	202.5	2	75	2441	61.3
R50-C50	50	447	604	557	531	202.5	2	70	2420	61.9
R50-C60	60	447	604	445	637	202.5	2	68	2395	60.1
R50-C100	100	447	604	0	1062	202.5	2	38	2381	58.0

以上试验结果说明，再生粗骨料掺量低于50%时，对再生粗骨料混凝土28d的抗压强度并无明显不利影响；但随着再生骨料掺量的增加，再生骨料混凝土的坍落度和表观密度略有降低。实际使用时，坍落度降低可以用掺加减水剂的方法或调整配合比来解决。

废弃混凝土的再生利用是水泥混凝土工业走向可持续发展的根本要求，是按照自然生态模式组成“资源—产品—再生资源”的物质反复循环的流动过程，是完成物质闭循环过程的重要环节，也是绿色建筑材料发展的必然趋势。工程实践证明，废弃混凝土的再生利用从理论和技术上这个循环是完全可行的。废弃混凝土既可以作为生产生态水泥的原材料，也可以用于生产再生混凝土骨料，以不同方式实现混凝土材料的自身循环利用。

第二节 再生骨料及其制备技术

将废弃的建筑物材料进行分类、筛选、破碎、分级、清洗，并按照国家标准对骨料颗粒级配要求进行调整后得到的混凝土骨料称为再生骨料。随着社会经济和城镇化的快速发展，混凝土用量剧增；同时，随着人们环境意识的增强，因开采砂石骨料而造成的资源枯竭和环境破坏已越来越受到重视。因此，废弃混凝土作为再生骨料并循环利用受到广泛的关注。

一、再生骨料的主要性能

混凝土再生骨料与天然骨料相比，有着许多不同的性能，其中主要包括以下几种。

(1) 在轧碎的作业中造成的颗粒较粗，其形状也是多棱角的。根据粉碎机的性能不同，其粒径分布也不尽相同，且表观密度比较小，一般可以用作半轻质骨料。

(2) 在再生骨料表面上粘有砂浆和水泥素浆。其黏附的程度主要取决于轧碎的粒度和原混凝土的性能。黏附的砂浆改变了骨料的其他性能，包括骨料质量较轻、吸水率较高、黏结力减少和抗磨强度降低。

(3) 作为骨料污染的异物存在，这是从原来拆除的建筑垃圾中带来的。其中可能包括黏土颗粒、沥青碎块、石灰、碎砖、杂物和其他材料。这些污染物通常会对再生骨料拌制的混凝土力学性能和耐久性造成不良影响，需引起注意并采取有效防范措施。

材料试验和工程实践证明，再生骨料的粒形、级配、物理力学特性等，对再生骨料混凝土的性能影响比较大，对其应用必须进行系统研究。再生骨料的粒形特征可根据骨料形状特征系数进行测定；为确保混凝土的质量，再生骨料颗粒级配、表观密度、堆积密度、空隙率、吸水率和压碎指标等试验，均可按照现行国家标准《建设用碎石、卵石》(GB/T 14685—2011) 和《建设用砂》(GB/T 14684—2011) 中的有关规定进行。

（1）骨料粒形 材料试验证明，骨料颗粒形状对于混凝土强度有一定影响，一般都希望是球形颗粒，根据骨料形状特征系数的有关理论，骨料的体积系叔和球形率越大越好，细长率、扁平率和方形率越小越好。表 32-7 为骨料形状实测结果，通过比较可以发现，再生骨料和天然骨料形状相差不大，再生骨料的某些指标甚至优于天然骨料。

表 32-7 再生骨料与天然骨料的形状系数

类别	a/mm	b/mm	c/mm	V /mm^3	体积系数 $K=V/abc$	球形率 $R=6V/abc$	细长率 $e=a/c$	扁平率 $f=ab/c$	方形率 $S=a/b$
天然骨料	25.68	16.36	10.66	3000	0.746	1.424	2.536	40.861	1.556
再生骨料	23.97	17.43	9.02	3000	0.801	1.530	2.689	46.995	1.388

注：a、b、c 为骨料尺寸，V 为骨料体积。

（2）颗粒级配 表 32-8 中给出了废弃混凝土经破碎、筛分后得到的再生骨料颗粒级配。如果级配不符合《建设用碎石、卵石》(GB/T 14685—2011) 中粗骨料颗粒级配规定的范围，需要经过筛分和人工调配。

表 32-8 再生骨料颗粒级配

粒径/mm 筛余率	4.75	9.50	16.0	19.0	26.5	31.5
分计筛余率/%	3.05	13.27	9.75	28.65	22.84	21.75
累计筛余率/%	99.31	96.26	82.99	73.24	44.59	21.75

经过筛分所得到的再生骨料颗粒有 3 种类型：a. 混合型，粒径大致集中在 9.5～26.5mm，表面粗糙，包裹着水泥砂浆的石子，呈多棱角状，占废弃混凝土总质量的 70%～80%；b. 纯骨料型，是一小部分与砂浆完全脱离的石块，粒径一般比较大，在 31.5mm 以上，约占废弃混凝土总质量的 20%；c. 其余的为一小部分砂浆颗粒。

（3）表观密度 在进行试验的过程中，按照连续粒级 4.75～31.5mm 颗粒级配的要求，重新调配再生骨料和天然骨料。实测再生骨料和天然骨料的表观密度分别为 2550kg/m^3 和 2630kg/m^3，前者比后者降低 3.0%。主要原因是再生骨料的表面还包裹着一定量的硬化水泥砂浆，而这些水泥砂浆较岩石的空隙率大，从而使得再生骨料的表观密度比普通骨料低。但是，再生骨料的表观密度大于 2500kg/m^3。完全符合现行国家标准《建设用碎石、卵石》(GB/T 14685—2011) 中对粗骨料表观密度的要求。

（4）堆积密度及空隙率 实测 4.75～31.5mm 级配的再生骨料和天然骨料的堆积密度分别为 1410kg/m^3 和 1540kg/m^3，空隙率分别为 45% 和 42%，再生骨料的堆积密度比天然骨料小，而其空隙率比较高。现行国家标准《建设用碎石、卵石》(GB/T 14685—2011) 中规定，骨料的松散堆积密度必须大于 1350kg/m^3，空隙率小于 47%。可见，再生骨料这两项指标是满足要求的。但再生骨料各粒级的堆积密度不相同，整体规律是颗粒越大，堆积密度越高，空隙率的变化规律则相反。再生骨料各粒级基本物理参数如表 32-9 所列。

（5）吸水率 材料浸水试验证明，24h 的吸水率，再生骨料为 3.7%，天然骨料仅为 0.4%。这是因为天然骨料结构坚硬致密、空隙率低，所以吸水率和吸水速率都很小；而再生骨料表面粗糙、棱角较多，且骨料表面包裹着一定数量的水泥砂浆，水泥砂浆空隙率大、吸水率高，再加上混凝土块在解体、破碎过程中，由于多次损伤的累积，内部存在大量微裂纹，这些因素都被其吸水率和吸水速率大大提高。

表 32-9　再生骨料各粒级基本物理参数

试验指标	粒级					
	4.75mm	9.50mm	16.0mm	19.0mm	26.5mm	31.5mm
堆积密度/(kg/m^3)	1090	1220	1260	1280	1250	1281
空隙率/%	57	52	51	50	51	50
吸水率/%	10.0	6.0	4.4	4.0	2.7	2.0

再生骨料的颗粒粒径越大，吸水率越低，小于 9.5mm 的小粒径砂浆骨料的吸水率可达到 10.0%。

(6) 压碎指标值　材料压碎试验证明，再生骨料的压碎指标为 21.3%，天然骨料的压碎指标为 11.5%，后者比前者下降了 46.0%。根据现行国家标准《建设用碎石、卵石》(GB/T 14685—2011) 规定，Ⅰ类骨料的压碎指标值应小于 10%，Ⅱ类骨料的压碎指标值应小于 20%，Ⅲ类骨料的压碎指标值应小于 30%。由此可见，再生骨料由于含有部分强度远低于天然岩石的砂浆，以及破碎加工过程中对骨料造成的损伤，使得再生骨料整体强度降低，只能勉强达到Ⅱ类骨料对压碎指标值的要求。

二、再生骨料的改性处理

再生骨料与天然骨料相比，具有孔隙率高、吸水性大、强度较低等特征。这些特征必然会导致由再生骨料配制的再生骨料混凝土某些性能不能满足要求。如再生骨料混凝土拌合物的流动性比较差，影响施工的操作性；再生骨料混凝土的收缩值、徐变值也比较大；再生骨料一般只能配制中低强度的混凝土等，因而限制了再生骨料混凝土的应用范围。目前，再生骨料混凝土的主要应用领域是用于地基加固、道路工程的垫层、室内地坪垫层等方面。要扩大再生骨料混凝土的应用范围，将再生骨料混凝土用于钢筋混凝土结构工程中，必要对再生骨料进行改性强化处理。现在常用的对再生骨料进行改性的方法主要有以下几种。

(1) 机械活化　机械活化的主要目的在于破坏弱的再生碎石颗粒，或者除去黏附在再生碎石颗粒表面上的水泥砂浆，从而增大再生粗骨料的抗压强度和与胶凝材料的黏结力。俄罗斯的工程试验表明，经球磨机活化的再生骨料质量大大提高，其中再生骨料的压碎指标可降低 50%以上，可用于钢筋混凝土结构工程中。这种改性强化再生骨料方法是目前最有效和最有发展前途的。

(2) 酸液活化　酸液活化方法是将再生骨料置于酸液中，如置于冰醋酸、盐酸溶液中，利用酸液与再生骨料中的水泥水化产物 $Ca(OH)_2$ 反应，从而起到改善再生骨料颗粒表面的作用，不仅可以改善再生骨料的性能，而且还可以提高再生骨料混凝土的强度。

(3) 化学浆液处理　化学浆液处理是采用较高强度等级水泥和水按一定比例调制成素水泥浆液。为了改善水泥浆液的性能也可向其中掺入适量的其他物质，如超细矿物质（粉煤灰、硅粉等）或防水剂等或硫铝酸钙类膨胀剂。利用这类化学浆液对再生骨料浸泡、干燥等处理，以改善再生骨料的孔隙结构来提高再生骨料的质量。

(4) 水玻璃溶液处理　用液体水玻璃溶液浸渍再生骨料，利用水玻璃与再生骨料表面的水泥水化产物 $Ca(OH)_2$ 反应，生成硅酸钙胶体来填充再生骨料的孔隙，使再生骨料的密实度得到改善，从而提高再生骨料的强度和其他性能。

三、再生骨料的制备技术

目前各国对再生骨料的制备方法大同小异，即将不同的切割破碎设备、传送机械、筛分设备和清除杂质的设备有机地组合在一起，共同连续完成破碎、筛分和除去杂质等工序，最后得到符合质量要求的再生骨料。不同的设计者和生产厂家在生产细节上略有不同。

日本的 Takenaka 公司加工再生骨料的生产过程主要过程主要包括 3 个阶段：a. 预处理阶段，即除去废弃混凝土中的其他杂质，用颚式破碎机将混凝土块破碎成为 40mm 粒径的颗粒；b. 碾磨阶段，将破碎的混凝土颗粒在偏止转筒内旋转，使其相互碰撞、摩擦、碾磨，除去附着在骨料表面的水泥浆和砂浆；c. 筛分阶段，最终的材料经过过筛，除去水泥和砂浆等细小颗粒，最后得到的即为质量较高的再生骨料。我国在实际工程中常用的重筛机加工再生骨料流程如图 32-2 所示。

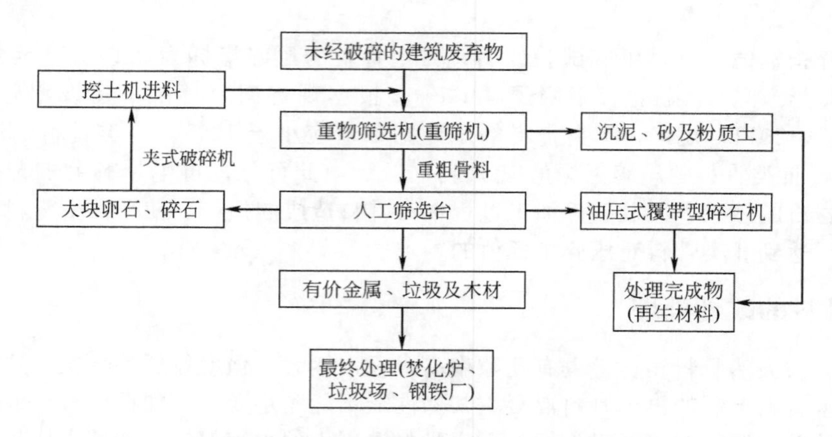

图 32-2　使用重筛机加工再生骨料流程

用废弃混凝土块生产再生骨料的过程中，由于破碎机械力的作用使混凝土块受到挤压、冲撞、研磨等外力的影响，造成损伤积累使再生骨料内部存在大量的微裂纹，使得混凝土块中骨料和水泥浆形成的原始界面受到影响或破坏，混凝土块中骨料和水泥浆体的黏结力下降。破碎的力度越大，骨料周围包裹的水泥浆脱离得就越多，制造的再生骨料的性能越好，也越接近天然骨料的性质。日本生产的高质量再生骨料已经达到了天然骨料的品质。

第三节　再生混凝土性能与设计

再生骨料混凝土的性能主要受再生骨料性质和相应配合比的影响。再生骨料混凝土的性能主要包括再生骨料混凝土的一般性质、再生骨料混凝土的变形特性、再生骨料混凝土的耐久性能。

一、再生骨料混凝土的性能

1. 再生骨料混凝土的一般性质

再生骨料混凝土的一般性质主要包括力学性能、弹性模量、和易性和物理性能等。

（1）力学性能　材料力学试验证明，用再生骨料制备的混凝土与天然骨料制备的混凝土相比，其力学性能是有一定差异的。一般要比天然骨料制备的混凝土的抗压强度低 10%～40%，徐变和收缩率也比较高。各种性能的差异程度取决于再生骨料所占的比重、旧混凝土的特征、污染物质的数量和性质、细粒材料和附着砂浆的数量等。

利用再生骨料制备的混凝土和天然骨料制备的混凝土，其应力-应变全曲线也有明显差异。再生骨料混凝土的峰值应变相比天然骨料混凝土要大得多。再生骨料混凝土的黏结强度虽然比较小，但其应变比较大，且峰值后能量的吸收能力也较大。再生骨料混凝土的这种良好的变形能力和延性，对减缓混凝土结构的脆性、防止无预兆的突发性破坏非常有效。

(2) 弹性模量　由于再生骨料中有大量的硬化水泥砂浆附着于原骨料的颗粒上，其内部存有大量的微裂缝，使得再生骨料混凝土的孔隙率高于普通水泥混凝土。因此再生混凝土的弹性模量通常较低，一般为普通水泥混凝土的70%～80%。混凝土同强度等级下相比，其弹性模量下降更多。

有关再生骨料混凝土研究结果表明，水灰比对混凝土的弹性模量影响较大，当水灰比从0.80降到0.40时，再生混凝土的抗压弹性模量增加了33.7%。有关试验资料报道，俄罗斯在再生骨料配制的混凝土中掺入10%的膨胀剂时，混凝土的弹性模量可提高8%～10%；但在掺入20%膨胀剂时，混凝土弹性模量反而提高不多，一般仅提高2%左右。

(3) 和易性　据材料试验证明，在同样水灰比条件下，再生骨料混凝土的坍落度比天然骨料混凝土小，原因是再生骨料的表面粗糙且孔隙较多，骨料的吸水率较大，从而降低了再生骨料混凝土的坍落度。因此，要想提高再生骨料混凝土的流动性，可采取增加水泥浆用量或加入适量外加剂等技术措施。

(4) 物理性能　再生骨料混凝土由于孔隙比较多，热导率要比相同配合比的天然骨料混凝土低，如果用于建筑围护结构，可以明显增强建筑物的保温隔热效果，是一种优良的节能建筑材料。再生骨料混凝土的表观密度比普通水泥混凝土低，如碎砖混凝土的表观密度为2000kg/m^3，接近轻混凝土的表观密度1900kg/m^3。由于再生骨料混凝土的表观密度较低，所以对减轻建筑物自重、提高建筑构件跨度非常有利。

2. 再生骨料混凝土的变形特性

与普通混凝土相比，再生骨料混凝土的干缩量和徐变量增加40%～80%。干缩率的增大数值取决于基体混凝土的性能、再生骨料的品质及再生混凝土的配合比。黏附在再生骨料颗粒上的水泥浆含量越高，再生混凝土的干缩率越大。研究结果表明，再生骨料与天然骨料掺合使用时，再生混凝土的干缩率增加；水灰比增加，再生混凝土的干缩率也增大。通常认为其原因是再生骨料中有大量的旧水泥砂浆附着在表面，或者再生骨料的弹性模量较低。

还有的专家学者认为再生骨料中已经有源于基体混凝土的砂率，当按普通混凝土配合比设计时，仍然会设计一个新的砂率，结果导致再生混凝土中的砂浆量大大提高，最终使再生混凝土的干缩率提高。收缩和徐变量大会影响再生混凝土的推广和应用，因为这会使混凝土结构产生较多的非受力裂缝，如果这些裂缝内外贯通，环境中的水及其有害物质很容易通过这些裂缝渗入混凝土内。同时由于干缩性和徐变量大，在预应力结构中产生的预应力损失也大。当采用较低水灰比或较高强度的再生骨料时，可使混凝土的徐变量降低。如何降低再生混凝土的收缩和徐变有待于进一步研究。

3. 再生骨料混凝土的耐久性能

(1) 再生骨料混凝土的抗渗性　在一般情况下，混凝土的抗渗性与混凝土内部孔隙的特征有关，包括孔隙的孔径大小、分布、形状、弯曲程度及连贯性。通过材料试验研究水灰比为0.5～0.7、坍落度为200mm的再生骨料混凝土的渗透性，试验结果表明，再生骨料混凝土的渗透性为普通混凝土的2～5倍，而且再生骨料混凝土渗透试验结果较为离散。

Rasheeduzzafar的研究成果显示，再生混凝土的渗透性随水灰比的增大而增加。当水灰比较高时，再生混凝土的渗透性与普通混凝土差别不大；当水灰比较小时，再生混凝土的渗透性则约为普通混凝土的3倍。Mondal等的试验研究了相同配合比的再生混凝土与普通混凝土的渗透深度和吸水率，混凝土的水灰比为0.40，水泥用量为360kg/m³。试验结果发现普通混凝土的渗透深度和吸水率分别为18mm和4.1%，而再生混凝土的相应指标为25mm和5.9%，分别较普通混凝土增加了38%和44%，表明再生混凝土的抗渗性能较相同配合比的普通混凝土差。

综合以上试验结果可以看出，再生混凝土的抗渗性较普通混凝土差，其主要原因是由于再生骨料孔隙率较高，吸水率较大。如果在混凝土中掺入活性掺合料，如磨细矿渣或粉煤灰等，能细化再生骨料混凝土的毛细孔道，使混凝土的抗渗透性有很大改善。

(2) 再生混凝土的抗硫酸盐侵蚀性　硫酸盐侵蚀的危害包括混凝土的整体开裂和膨胀以及水泥浆体的软化和分解。早期的科学家采用100mm×100mm×400mm的棱柱试块，硫酸盐溶液为含量为20%的硫酸钠和硫酸镁，共进行60次循环。试验结果表明，再生混凝土的抗硫酸盐侵蚀性较同配合比的普通混凝土略差。近年来，一批科学家又进行这方面的研究，试验采用试块为100mm×100mm×500mm的棱柱体。溶液包括两种：一种是硫酸钠和硫酸镁溶液，其含量为7.5%；另一种为pH＝2的硫酸溶液。试验结果表明，再生骨料混凝土的抗硫酸盐侵蚀性略低于同水灰比的普通混凝土。

(3) 再生混凝土的抗磨性　混凝土的耐磨性主要取决于其强度和硬度，尤其是取决于面层混凝土的强度和硬度。试验结果表明，再生骨料取代率低于50%时，再生混凝土的磨损深度与普通混凝土差别不大；当再生骨料取代率超过50%时，再生混凝土的磨损深度随着再生骨料取代率的增加而增加。不同强度的基体混凝土中得到的再生骨料抗磨性不同，随着基体混凝土强度的增加，再生骨料的抗磨性提高。再生骨料的抗磨损性差，必然导致再生混凝土的抗磨损性较差。

(4) 再生混凝土的抗裂性　与普通混凝土相比，再生混凝土的极限延伸率可提高20%以上。由于再生骨料混凝土弹性模量较低，拉压比较高，因此再生骨料混凝土抗裂性优于普通混凝土。

(5) 再生混凝土的抗冻融性　不同的人员先后进行的各种抗冻融性试验中，研究结果差别较大，原因可能来自于再生骨料性能的差异。现在普遍认为再生骨料混凝土较普通混凝土抗冻融性差，再生骨料和天然骨料共同使用时或者选用较小的水灰比，可提高再生骨料混凝土的抗冻融性。

(6) 抗碳化能力　空气中的二氧化碳不断向混凝土内扩散，导致混凝土溶液的pH值降低，这种现象称为碳化。当混凝土pH＜10时，钢筋的钝化膜被破坏，钢筋产生锈蚀，体积膨胀，混凝土出现开裂，与钢筋的黏结力降低，混凝土保护层剥落，钢筋面积缺损，严重影响混凝土的耐久性。如果再生骨料由已经碳化的混凝土加工而成，所制备的再生混凝土碳化速度将大大高于普通混凝土。试验表明，再生混凝土碳化深度较普通混凝土略大，同时，随着水灰比增加，再生混凝土的碳化深度增加。再生混凝土的抗碳化性能低于普通混凝土，原因在于再生混凝土的孔隙率高、抗渗性差。

(7) 再生混凝土的抗氯离子渗透性　氯离子即使在高碱度的条件下，对钢材表面上的钝化氧化膜也有特殊破坏能力，氯离子渗透性对于混凝土的耐久性至关重要。Qtsuki等研究了相同水灰比的再生混凝土与普通混凝土的氯离子渗透性，试验发现，再生混凝土的氯离子渗透深度较普通混凝土略大，表明再生混凝土抗氯离子渗透性差，其主要原因是再生骨料孔隙率高。

(8) 再生混凝土的抗冻性　随着冻融循环次数的增加，再生混凝土和普通混凝土的立方体抗压强度、抗拉强度和抗折强度强度均呈下降趋势，且抗拉强度和抗折强度下降幅度较抗压强度下降幅度明显。随着冻融循环次数的增加，再生混凝土和普通混凝土的立方体抗压强度、抗拉强度和抗折强度均呈下降趋势，且抗拉强度和抗折强度下降幅度较抗压强度下降幅度明显。

混凝土相对动弹模量随冻融循环次数变化，强度随冻融次数增多而下降得更加显著，特别是抗折强度，在冻融循环 50 次后，即降低到原来的 60%；冻融循环 125 次后就会失去承载能力。出现上述现象的微观机理为：随着温度的下降，首先是混凝土较大孔隙中的水开始冻结，随后是较小孔隙中的水产生冻结。在较小孔隙内的水冻结过程中，水的膨胀会受到较大孔隙中水冻结所产生的冰晶的制约。与普通混凝土相比，再生混凝土因其骨料自身的冻胀而缺少缓解这种膨胀压力的自由孔隙，静水压力作用在孔隙壁上将产生较大的拉应力，达到混凝土抗拉强度的概率较大。

二、再生混凝土粉用于建筑砂浆

1. 再生细骨料应用于商品混凝土

将废旧混凝土进行破碎、筛分处理后，可作为再生粗骨料应用于混凝土中，但在废旧混凝土加工过程中会产生大量细小颗粒，经过大量材料试验证明，这些细小的颗粒不适合作为混凝土的粗骨料使用，但这些细小颗粒可取代部分天然砂配制强度等级相对较低的建筑砂浆，从而可起到节约天然资源、物尽其用的作用。在建筑工程中使用最广泛的砂浆强度等级一般为 M5.0、M7.5 和 M10 等。以再生混凝土细小颗粒替代 10%～30%的天然砂，并保持流动性基本一致而制备建筑砂浆的配合比及性能如表 32-10 所列。

表 32-10 流动性基本一致情况下建筑砂浆的配合比及性能

强度等级	取代率/%	水泥用量/kg	粉煤灰/kg	再生骨料/kg	砂/kg	水/kg	沉入度/mm	分层度/mm	抗压强度/MPa		
									7d	28d	56d
M5.0	0	1.155	0.690	0	10.5	2.00	48.5	17.5	2.2	4.8	6.0
	10	1.155	0.690	1.10	9.45	2.05	46.5	19.5	2.0	4.8	6.0
	20	1.155	0.690	2.23	8.40	2.10	45.0	21.5	2.1	4.3	6.1
	30	1.155	0.690	3.36	7.35	2.15	41.5	19.0	2.3	3.9	4.2
M7.5	0	1.512	0.609	0	10.65	2.05	47.0	21.5	2.9	8.0	9.5
	10	1.512	0.609	1.12	9.59	2.05	49.5	24.5	4.2	7.6	7.8
	20	1.512	0.609	2.23	8.52	2.10	50.0	13.0	2.9	6.4	6.8
	30	1.512	0.609	3.36	7.46	2.35	41.5	15.5	2.2	7.2	7.3
M10	0	1.960	0.525	0	10.68	2.10	50.0	26.5	5.2	10.9	12.2
	10	1.960	0.525	1.12	9.60	2.10	51.0	25.0	6.4	12.6	11.8
	20	1.960	0.525	2.24	8.54	2.25	46.0	24.0	4.3	9.0	11.7
	30	1.960	0.525	3.36	7.47	2.30	48.0	20.5	3.7	10.9	11.1

从表 32-10 中可以看出，随着再生细骨料对天然砂取代率的增加，要保持砂浆基本一致的流动性，其用水量必须相应地增加，这是由于再生细骨料与天然砂相比孔隙率高、吸水性强，且颗粒较细、比表面积较大、需水量增大。另外，从表 32-10 还可以看出，随着再生细骨料对天然砂取代率的增加，在保持砂浆流动性基本一致的情况下，虽然用水量大大增加，但砂浆的分层度趋于减小（除 M5.0 变化很小），即砂浆的保水性趋于良好。

在砂浆强度方面，随着再生细骨料对天然砂取代率的增加，3个强度等级的砂浆抗压强度无论是早期还是后期，均呈现出不同程度的下降趋势。强度等级为M7.5和M10的下降更快。这是由于为保持砂浆流动性基本一致而增加用水量，致使硬化砂浆孔隙率增加的缘故。

2. 再生粗骨料应用于商品混凝土

随着我国建筑业的发展，对水泥、砂石的需求量越来越大，大量开山采石和掘地淘沙已经严重破坏了生态环境。而且，近些年来我国有些地区的优质天然骨料已趋枯竭，使用的材料需从外地长途运输，不仅增加了建筑产品的成本，也加重了环境的污染。与此同时，建筑废物的排放量日益增加，废商品混凝土占30%～50%，2005年我国废商品混凝土排放总量达到1.0×10^8t。如此大量的废商品混凝土不仅占用宝贵的土地，而且已经引起环境和社会问题，在土地与空间日趋紧张的大城市更是如此。对大量废商品混凝土进行循环再生利用，即再生商品混凝土技术被认为是解决废商品混凝土问题的最有效的措施。

我国在再生粗骨料应用于商品混凝土方面已有很多成功的经验，有些工程已成功应用再生粗骨料商品混凝土。2002年上海江湾机场大量废弃商品混凝土被加工成再生粗骨料，用于新江湾的道路基层建设中；2003年在同济大学校内建成一条再生商品混凝土刚性路面；2006年在复旦大学新闻学院采用商品再生商品混凝土建成刚性路面；2007年在南京市青年支路西段使用废商品混凝土再生材料替代天然石料，用于道路基层；2007年武汉王家墩机场拆除，将废弃商品混凝土破碎成不同粒径的再生粗骨料后，主要用于铺设道路路基和基层，也有应用于路面和制备步行道砖中。

三、再生骨料混凝土配合比设计

再生骨料因破碎时留下较多微裂纹，且骨料上残存有部分水泥浆，拌和时吸水比较严重，水胶比对强度的影响规律与普通混凝土不同，已不能准确反映对强度的影响关系。由此可见，再生骨料混凝土配合比设计方法，设计要求、配合比参数的计算方法、粉煤灰与外加剂的技术要求、混凝土试件的制备，对比不同水胶比、不同砂率等对混凝土强度的影响，是非常值得研究的重要课题。

1. 再生骨料混凝土的单位用水量

再生骨料由于表面粗糙、孔隙率大，加之破碎过程中产生大量的棱角，机械损伤在内部形成许多微裂纹，因此其比表面积较大，单位体积的吸水量比普通天然骨料要多。在进行再生骨料混凝土配制时，如果加入的用水量过少，则使再生骨料混凝土的工作性（流动性）达不到施工要求；如果加入的用水量过多，则使再生骨料混凝土的强度降低，干缩性大幅度增加，不利于混凝土结构承重。

通过上述可知，在保证再生骨料混凝土工作性的同时，也不能使混凝土的强度下降过多，其单位用水量的大小是一个非常重要的技术指标。大量的研究表明，再生骨料混凝土的单位用水量可在普通混凝土的基础上适当增加，定量的增加值主要取决于再生骨料和普通骨料的吸水率差异。

按照普通混凝土配合比设计方法确定再生骨料混凝土的配合比，即不增加混凝土中的单位用水量，结果会导致再生骨料混凝土的坍落度大幅度降低，难以满足施工工作性的要求。因此，在混凝土的工作性和强度必须同时满足设计要求的情况下，再生骨料混凝土的配制不能简单地套用普通混凝土配合比设计的方法，必须结合再生骨料吸水率大的特性及工程设计要求进行适当调整。

根据材料吸水率试验可知，再生骨料混凝土的用水量由两部分组成，一部分是按照普通混凝土的配合比设计方法计算单位用水量 W，另一部分是为考虑再生骨料吸水率大而需要增加的用水量 ΔW，因此再生骨料混凝土单位体积的用水量 $W_R=W+\Delta W$，其中 W 可查《普通混凝土配合比设计规程》（JGJ 55—2011）得到，ΔW 可通过研究再生骨料吸水量与普通天然骨料吸水量之间的关系确定。

2. 再生骨料混凝土的水灰比

水灰比是指拌制水泥浆、砂浆、混凝土时所用的水和水泥的质量之比。水灰比影响混凝土的流变性能、水泥浆凝聚结构以及其硬化后的密实度，因而在组成材料给定的情况下，水灰比是决定混凝土强度、耐久性和其他一系列物理力学性能的主要参数。对某种水泥就有一个最适宜的比值，过大或过小都会使强度等性能受到影响。材料试验证明，再生骨料混凝土的配制强度不仅与水灰比有关，而且还依赖于再生骨料或再生与天然混合骨料的压碎指标。

对各种粗骨料混凝土而言，抗压强度与灰水比和净灰水比两者之间均呈现出很好的线性相关性，其相关系数 r 均在 0.97 以上（见表 32-11），即混凝土强度与灰水比或净灰水比之间均满足 Bolomey 线性关系式 $f_c=A(C/W+B)$，只是式中的常数 A 和 B 各不相同。

表 32-11　混凝土抗压强度与灰水比、净灰水比之间的回归关系

骨料种类	灰水比				净灰水比			
	A	B	R^2	r	A'	B'	R^2	r
NA	31.474	−7.9515	0.9644	0.982	26.100	−8.8849	0.9666	0.983
RCA3	27.575	2.7057	0.9859	0.993	20.657	2.2357	0.9841	0.992
RCA2	24.522	11.4400	0.9529	0.976	17.188	11.0450	0.9556	0.977
RCA1	16.855	27.6320	0.9884	0.994	10.168	27.6420	0.9878	0.994

由表 32-11 可以看出，4 种粗骨料混凝土强度公式中的常数 A 和 B 呈现较好的规律性，即随着粗骨料压碎指标的增大，其斜率 A 逐渐减小，而截距 B 逐渐增大。由此可建立常数 A、B 与粗骨料压碎指标之间的关系，并可得到混凝土 28d 抗压强度与混凝土灰水比（C/W）、净灰水比（$(C/W)_n$）、粗骨料压碎指标 Q_n 之间的线性关系式。

$$f_{c,28d}=(41.81-1.425Q_n)C/W+3.476Q_n-32.298 \tag{32-1}$$

$$f_{c,28d}=(36.67-1.547Q_n)(C/W)_n+3.565Q_n-33.791 \tag{32-2}$$

从材料试验结果表明，粗骨料压碎指标越大，混凝土强度公式中的斜率越小，即混凝土强度随着净灰水比变化而变化的幅度越小。因此，从经济的角度考虑，在配制混凝土时，应根据混凝土强度等级要求合理选用粗骨料，即如果配制普通强度等级的混凝土，选用压碎指标较大的再生骨料完全能够满足配制的要求；如果配制高强混凝土，则应当选用强度较高、压碎指标较小的天然骨料；如果原混凝土强度等级较高，如 C60、C70、C100 等，则破碎而成的再生骨料性能与天然骨料性能相近，也可用于配制高强混凝土。由以上可见，原混凝土的强度等级越高，其再生利用价值越高。

3. 基于自由水灰比的再生骨料混凝土配合比设计

（1）再生骨料混凝土强度的离散性　在混凝土的配合比设计中，采用如下混凝土试配强度公式：

$$f_{cu,0}=f_{cu,k}+1.645\sigma \tag{32-3}$$

式中　$f_{cu,0}$——混凝土试配强度，MPa；

$f_{cu,k}$——混凝土设计强度，MPa；

σ——混凝土的标准差，MPa。

混凝土标准差反映了混凝土强度的波动情况，标准差σ越大，说明混凝土强度离散程度越大，混凝土的质量也越不稳定。从公式中可以看出，在一定的混凝土强度标准值和在规定的强度保证率的情况下，标准差σ越大，要求试配强度越大，导致水泥用量增大，这在混凝土的配制中是不经济的。

在普通混凝土的配制中，标准差σ通常取4.0～6.0MPa。但是，如果在再生骨料混凝土中采用普通混凝土配合比设计方法，标准差σ可达到13MPa，这是由于再生骨料吸水率较大且再生骨料的品质变化较大，引起再生混凝土的强度离散显著增大。

(2) 再生骨料对再生骨料混凝土配合比设计的影响　配制混凝土的骨料含水状态通常可分为干燥状态、气干状态饱和面干状态和湿润状态4种。在计算混凝土各组成材料的配比时，如果以饱和面干状态的骨料为基准，则不会影响混凝土的用水量和骨料用量，因为饱和面干状态的骨料既不吸收混凝土中的水分，也不向混凝土中释放水分。

对于再生骨料混凝土，再生骨料较大的吸水率和特殊的表面性质，导致再生骨料混凝土随着时间的推移，混凝土中的水分将不断减少，这样将难以保证混凝土正常的凝结硬化。

(3) 基于自由水灰比的配合比设计方法　为了解决再生骨料吸水率较大而引起再生骨料混凝土强度波动的问题，有些专家提出了基于自由水灰比的配合比设计方法。即将再生骨料混凝土的拌和用水量分为两部分：一部分为骨料所吸附的水分，这一部分水完全被骨料所吸收，在拌合物中不能起到润滑和提高流动性的作用，把这部分水称为吸附水，吸附水为骨料吸水至饱和面干状态时的用水量；另一部分为混凝土的拌和用水量，这部分水均匀地分布在水泥浆中，不仅可以提高拌合物的流动性，而且在混凝土凝结硬化时，这部分自由水除有一部分蒸发外，其余的参与水泥的水化反应，这部分水称为自由水。自由水与水泥用量之比称为自由水灰比。

根据材料试验，再生骨料混凝土的参考配合比如表32-12所列。

表32-12　再生骨料混凝土参考配合比

再生粗骨料取代率/%	水灰比	砂率	再生粗骨料吸水率/%	混凝土材料用量/(kg/m³)				
				水泥	砂子	天然骨料	再生骨料	水
0	0.46	0.34	—	424	603	1170.0	—	195.00
5	0.46	0.34	4.0	424	603	1111.5	58.5	197.34
10	0.46	0.34	4.0	424	603	1053.0	117.0	1999.68
15	0.46	0.34	4.0	424	603	994.5	175.5	203.78

第三十三章 环保型绿色混凝土

混凝土是人类与自然界进行物质和能量交换活动中消费量较大的一种材料，因此混凝土的生产与使用，以及其本身的性能极大地影响着地球环境、资源、能源的消耗量及其所构筑的人类生活空间的质量。长期以来，人类只注意到混凝土为人类所用，给人类带来方便和财富的一面，却忽略了混凝土给人类和环境带来负面影响的另一面。

水泥混凝土材料给环境带来了负面影响，例如在制造水泥时燃烧碳酸钙排出的二氧化碳和含硫气体会形成酸雨，产生温室效应。据调查，城市噪声的1/3来自建筑施工，其中混凝土浇捣振动噪声占主要部分。就水泥混凝土本身的特性来看，质地硬脆，颜色灰暗，给人以粗、硬、冷的感觉，由混凝土的构成的生活空间色彩单调，缺乏透气性，透水性，对温度、湿度的调节性能差，在城市大密度的混凝土建筑物和铺筑的道路，使城市的气温上升。新型的混凝土不仅要满足作为结构材料的要求，还要尽量减少给地球环境带来的负荷和不良影响，能够与自然协调，与环境共生。

进入20世纪90年代，保护地球环境、走可持续发展之路，已成为全世界共同关心的问题。新世纪的混凝土不仅要作为满足建筑材料的要求，而且还要尽量减少给地球环境带来的负面影响，能够与自然协调，与环境共生。因此，作为人类最大量使用的建筑材料，混凝土的发展方向必然是既要满足现代建设的要求，又要考虑到保护环境的因素，有利于资源、能源的节省和生态平衡。因此，环保型的混凝土成为混凝土的主要发展方向。

第一节 低碱性绿色混凝土

普通水泥混凝土中的主要成分是硅酸钙，遇水后发生水化反应，形成游离钙、硅酸和氢氧根，其中$Ca(OH)_2$占水泥石体积的20%～25%。当混凝土中有足够多的水时，在毛细压作用下水会流出，此时游离的钙、钠、钾等物质会以水为载体流出。到达混凝土表面后，随着水分蒸发，这些物质残留在混凝土表面，形成白色粉末状晶体，或者与空气中二氧化碳反应在混凝土表面结晶形成白色硬块。这些白色的物质就是混凝土泛碱。混凝土泛碱有2个副作用：①混凝土中钙离子的流失伴随着氢氧根的流失，造成混凝土碱性降低，当混凝土pH值低于12时混凝土中的钢筋开始锈蚀，pH值越低，混凝土中钢筋锈蚀速度越快；②发生泛碱的地方会产生渗漏。

但是，这种混凝土的碱性不利于植物和水中生物的生长，所以开发低碱性、内部具有一定的空隙、能够提供植物根部或水中生物生长所必需的养分存在的空间、适应生物生长的混凝土是环保型混凝土的一个重要研究方向。

生态混凝土在国内起步较晚，但也进行过一些开创性的研究。20世纪90年代，吴中伟院士提出的绿色高性能混凝土因具有良好的环境协调性能，其相关的绿色建材在美国、西欧和日本等国家已经被广泛应用。2002年同济大学研究开发了大孔透水性混凝土的净水机理以及用其处理生活污水；2004年三峡大学对植被混凝土的护坡绿化技术进行了有益的探索。但国内对现浇生态混凝土的研究很少，应用范围也比较窄，对生态混凝土设计、施工、管理没有相应的基准及规范。

从我国发展动向来看，国家逐渐重视了生态材料、技术方面的研究，启动了作为国家研究课题的863攀登计划，投入了大量的资金，联合了全国15所著名大学的专家学者，在8个基地进行了开发研究。在国家相关部门的推动以及研发、应用单位的积极响应下，今后在这方面的研究将会更加活跃。

经过国内外许多专家的艰苦努力，近些年来在低碱性混凝土研究方面取得了可喜的成绩。在实际工程应用广泛、比较成功的主要有多孔混凝土、植被混凝土和护坡植被混凝土。

一、多孔混凝土

多孔混凝土也称为无砂混凝土，这种混凝土只有粗骨料，没有细骨料，具有连续空隙结构的特征，这种混凝土的透气和透水性能良好，连续空隙不仅可以作为生物栖息繁衍的地方，而且可以降低环境负荷，是一种新型的环保型混凝土。

多孔混凝土作为一种绿色生态混凝土已被世界很多国家关注。多孔混凝土的主要优点是：a. 多孔混凝土可以通过其内部开口的孔隙使雨水快速渗透到地下，既避免了洪水的危害，又补充了地下水资源；b. 多孔混凝土路面可以减小或削弱交通噪声，这对于现代城市的发展是非常必要的；c. 多孔混凝土路面可以消除雨天路面打滑和雨水飞溅的影响，所以它是一种更为安全的路面。但是多孔混凝土的缺点也不能被忽视，例如抗压强度、抗折强度偏低，成型工艺较为复杂，多孔混凝土路面的维护较为困难等。

(1) 多孔混凝土的孔隙率与空隙构造　表示空隙比例的孔隙率，对多孔混凝土的各种力学性能影响很大。孔隙率有连续孔隙率和包括独立孔隙在内的全孔隙率。用成型体质量与配合比计算出的理论质量求得的孔隙率称为全孔隙率。水的结合材料质量越大，水泥浆越容易填入粗骨料之间的空隙，使混凝土的孔隙率降低。目前，国内外对多孔混凝土空隙构造的研究仍然很少。如将多孔混凝土用于绿化，孔隙率乃至空隙直径是一个重要因素。工程实践充分证明，空隙直径对于植物根的发育和伸长有很大影响，而空隙直径与粗骨料的粒径密切相关。

(2) 多孔混凝土的强度性能　材料试验证明，多孔混凝土的抗压强度比相同单位水泥用量的普通混凝土低。影响多孔混凝土抗压强度的主要因素是孔隙率。混凝土的孔隙率越大，其抗压强度越低。此外，即使混凝土的孔隙率相同，但所采用粗骨料的粒径不同，抗压强度也随之改变。其原因是：粗骨料的粒径越大，单位体积骨料的接点数随之急剧减少。与普通混凝土具有相反的倾向是：水的结合材料比增大，多孔混凝土的强度则相应提高。这是因为水泥浆的材质柔和，易于渗入粗骨料间的空隙，从而增加粗骨料之间的黏结面积。

(3) 多孔混凝土的透水性能　多孔混凝土的透水性能以测定的透水系数表示。测定透水系数一般采用定水位的试验方法，由于水头差不同，透水系数因而也会有所差异。多孔混凝土的透水系数因孔隙率和粗骨料的粒径而不同。简单地说，混凝土的孔隙率越大，其透水系数越大；即使是相同的孔隙率，采用的骨料粒径越大，透水系数也越大。

(4) 多孔混凝土的冻融循环　由于多孔混凝土具有很多的连续性空隙，自由水易于浸入其中，因此在一般情况下，多孔混凝土抗冻融性能比普通混凝土要差。当多孔混凝土中的空隙直径较小时，浸入内部的水在冻结时浸出困难，不易缓冲冻结压力。为了提高多孔混凝土的抗冻融性能，与配制普通混凝土一样，掺入适量的引气型减水剂是有效措施之一。经冻融循环破坏的多孔混凝土，其破坏形式与普通混凝土不同。按比例缩尺的混凝土试件试验证明，普通混凝土的破坏是从试件表面向内部发展，而多孔混凝土则是从试件的中心向外发展。

（5）多孔混凝土的吸声特性 由于多孔混凝土存在连续空隙，所以具有减少噪声影响的作用，同时多孔混凝土所具有的吸声特性受诸多因素的影响。我国有关专家对多孔混凝土的吸声性能进行了研究，研究结果表明，随着混凝土设计孔隙率的增大，多孔混凝土试样的吸声系数峰值对应的共振频率向高频发展，综合平均吸声系数逐步增加；在孔隙率相近的情况下，随骨料粒径的增加，其综合平均吸声系数有降低的趋势；在空隙率、粗骨料级配相同的条件下，试件厚度越小，其吸声系数峰值所对应的共振频率越高。

（6）多孔混凝土的应用 目前，多孔混凝土在工程中的应用越来越广泛，主要用于种植植物、透水路面、水质净化、吸声隔声、生物生息等。

二、植被混凝土

城市化进程的加快给人们带来了日新月异的生存环境，城市每天都在发生变化，在经济快速的增长的同时，也给我们所生存的环境带来了较大的影响，生态系统的平衡逐渐被打破，城市每天被钢筋混凝土结构所包围，不仅影响到城市的环境，同时也给我们的健康带来严重的影响。因此人们越来越重视环境保护。

随着国家对建筑节能环保的重视，绿色建筑、绿色城市、绿色小区、绿色道路等理念不断地被人们所倡导，为了打造“绿色”概念，业内人士加大了研究的力度，各种生态材料不断地被研制出来，植被混凝土就是在绿化环保要求下所研究出来的新型混凝土，这类混凝土不仅具有普通水泥混凝土的基本特征，同时还具有节能环保的生态功效，特别符合新时代发展的需求，带动了绿色建筑材料的革新进程。

1. 植被混凝土的基本概念

植被混凝土是指能够在其中进行植被作业的生态混凝土。实际上植被混凝土是指为能够适应植物生长，可进行植被作业，具有保持原有防护作用功能、保护环境、改善生态条件的混凝土及其制品。植被混凝土主要分为以下几部分：作为主体的植被与其载体——多孔混凝土、客土、植物生长体系。图 33-1 为植物混凝土的结构组成，这是繁衍植物与多孔混凝土的有机结合。

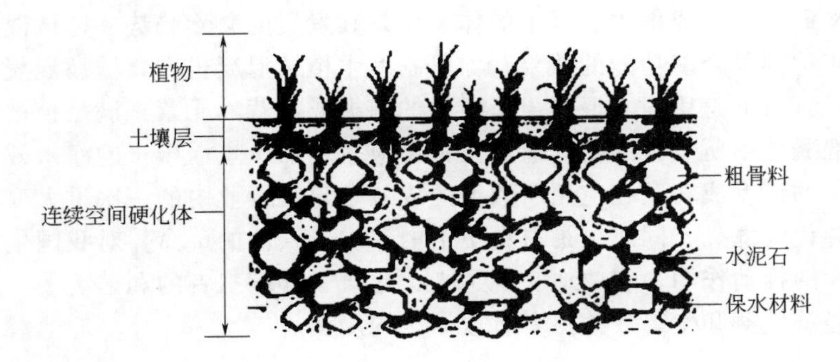

图 33-1 植物混凝土的结构组成

作为植物主要载体的多孔混凝土，是一种既要具有一定强度，又要有利于植物生长的特殊的混凝土，厚度一般为 100mm，孔隙率可达 25%～30%。连续的孔隙和较大的空隙直径能为植物根系的生长提供足够的空间，并且能使植物的根穿过多孔混凝土到达土壤层，植物的根伸入土层后，就能吸收水分和养料，从而实现繁衍生长。同时，由于植被混凝土含有养料，根须在通过植被混凝土时可以得到养料，更加有利于生长。

客土即为植被混凝土表面上的一层栽培介质薄层，其厚度一般为5～10mm，由种子与普通土按比例混合拌制而成。养料也置于此介质中，提供植物早期生长的营养，并成为利于植被种子萌芽生长的初始环境。

植物生长体系由多孔混凝土孔隙中的充填物组成，在多孔混凝土中通常加入有机、无机的释放养料及保水的材料，为植物生长提供养料，有利于幼苗根须通过混凝土到达土壤。

植被混凝土具有以下特征：a. 能防止构筑物表面被污染和侵蚀，充分发挥绿化的效果；b. 块材的表面能直接被植物覆盖；c. 有较好的透水性，雨水可通过混凝土向地下渗透；d. 块材直接放在边框内的培养土上，植物就可正常发芽生长；e. 可抑制土壤中杂草的生长。

2. 植被混凝土的发展趋势

（1）植被混凝土智能化　智能材料是模仿生命系统，能感知环境的变化，并能实时地改变自身的一种或多种性能参数，做出期望的、能与变化后的环境相适应的复合材料或材料的复合。以植被为主体的混凝土其结构组成的植被是具有真实生命系统的植物，不仅可以感知周围环境的变化，同时还要求在不同环境下能满足植被的生长需求，植被混凝土的基体如何实现植物生长，如何实时满足植物的生长即是实现材料的智能化。

（2）植被混凝土规模化　虽然植被混凝土对环境保护的作用十分明显，但目前还没有得到正式的推广使用，很大一部分原因是其制造成本较高，植被混凝土的材料中需要一种特制的低碱胶凝材料，同时对生长环境也有很高的要求，对其植被的耐久性和复种性要求较高，种种情况导致了植被混凝土的成本很难降下来，所以要想植被混凝土得到广泛的推广使用，就需要在其规模化和经济化方面进行努力。

（3）植被混凝土理论化　植被混凝土虽然在理论上也是混凝土的一种，但对于基体的成分组成却有很大的变化，植被混凝土为了保证植被的生长需要，基体部位多采用大孔和多孔混凝土，这与传统混凝土成分中的细集料有很大的区别，因此传统混凝土中的理论公式和计算方法也无法适用于植被混凝土中，所以植被混凝土需要建立自己的理论公式和计算方法。

（4）植被混凝土的集成化　植被混凝土是集岩石学、工程力学、生物学、土壤学、肥料学、硅酸盐化学、园艺学、环境生态和水土保持学等学科于一体的综合交叉学科，植被混凝土不仅要满足材料本身的要求，还要满足植物生长的要求，同时要兼顾绿化性能，因此是多学科的综合交叉研究，形成植被混凝土的体系化是其发展的必然趋势。植被混凝土通过集成化、多元化，来达到复合多功能的效果，如研制净水植被混凝土，集植被混凝土和净水混凝土的双重功能，其目的是用净水混凝土所吸附的菌类或富营养元素来满足植被混凝土植物的生长，而植被混凝土中所生长的植物通过某种反应来增加净水混凝土的净水效果。

植被混凝土的研发成功及在应用所取得的成效是建筑行业内的一次重大变革，在建筑材料史上具有划时代的意义，同时也是材料史上的一次飞跃性的革命，对我国生态环保理念的可行性具有极大的推动作用，有效地实现了人、建筑、环境三者的和谐统一，从而具实现了将社会效益、经济效益和生态效益三者有效结合的局面。

三、护坡植被混凝土

当代经济高速发展的社会，人类活动日益频繁，使得生态环境问题日益突出，甚至成为全球性问题。因此，各个国家、各级政府都加强了生态环境的保护工作。由于水利、公路等工程建设造成的环境问题较为严重，对这些工程进行生态环境保护已经刻不容缓。其中最重要的是要加强边坡防护的环境保护工作，在这一方面，应用植被混凝土护坡绿化技术是一项较为科学、合理的环境保护措施。护坡植被混凝土也称为生态护坡建材，它通过植物与非生物的植被材料相结合，以减轻护坡面的不稳定性和侵蚀，同时也达到美化环境的效果。

1. 影响护坡植被混凝土的因素

（1）强度　多孔混凝土是构成植被混凝土的基本构件，由于它为植物的生长提供了平台，所以多孔混凝土试块要具备一定的强度，同时植被混凝土又必须包含有足够的连通孔隙率，使得植物的根系能够有生长的空间。由于河岸护堤等地方对于强度的要求不是很高，所以对植被混凝土的强度要求也不高。

（2）孔隙率　对于护坡植被混凝土来说，植物的生长空间需要很大的孔隙率，所以在满足强度的情况下，尽量使孔隙率保持一个比较大的数值，并且要求孔隙的直径不能太小，由于在这种情况下植物才能有足够的空间生长，因此必须保证具有足够的孔隙率。

（3）pH 值　通用硅酸盐水泥配制的混凝土具有很高的碱度，不适宜普通植物的生长，所以必须采用低碱水泥配制混凝土，以达到调节 pH 值的目的，为植物生长提供一个良好的环境，并且要掺加适量的早强减水剂来有效控制水灰比和缩短混凝土的凝结时间。

（4）养料填充方法　对于护坡植被混凝土来说，植物在生长的过程中如何填充其养料是非常重要的影响因素，关系到植物的生存和寿命。

2. 护坡植被混凝土的制作方法

多孔混凝土为植物生长提供了一个载体，所以在制作护坡植被混凝土的时候要考虑其强度和孔隙率。首先要选择适宜的组成材料，然后预定各原料配比，通过正交试验确定各种组分的最佳配合比，以及各种因素对多孔混凝土的影响情况，随后把最佳配比的原料放入搅拌机中充分搅拌后，通过压力制成多孔混凝土，然后把多孔混凝土放入养护箱中养护 24h 后脱模。

（1）各种原料及配比预设

① 骨料选择与筛分。骨料作为构成多孔混凝土的最基本材料，它的性质不仅影响到多孔混凝土的强度，而且骨料的粒径直接影响到混凝土的孔隙率和孔隙直径。因为骨料的直径越大，骨料间存在的空隙就越大，多孔混凝土的孔隙率也就越大，其平均孔隙直径也越大。

② 水泥的选择。配制多孔混凝土水泥强度等级越高，混凝土的强度随之提高。

③ 减水剂选择。减水剂是一种能显著改善混凝土和易性并显著减少用水量的化学外加剂。因为单位用水量的多少直接影响水灰比的大小，这样也就会直接影响到混凝土的强度和孔隙率，所以减少剂的使用能尽量减少单位用水量，从而提高混凝土的强度和控制孔隙率。

④ 水灰比预定。水灰比是混凝土配合比设计中极其重要的指标，也是多孔混凝土制作中需要重点考虑的控制因素，它直接影响到多孔混凝土的强度及孔隙率。对于混凝土特定的某一骨料，均有一个最佳水灰比，当水灰比小于这个最佳值时，无砂混凝土因干燥拌料不均匀，达不到适当的密度，不利于强度的提高；反之，如果水灰比过大，水泥浆可能把透水孔隙部分或全部堵死，既不利于多孔混凝土透水也不利于强度的提高。

⑤ 用水量预定。在多孔混凝土的配制中，一般不进行和易性试验，不需要测试混凝土的坍落实，只要目测判断所有颗粒均形成平滑的包覆层即可。对于普通骨料来说，一般用水量为 80～120kg/m^3，但要特别注意骨料的吸水性，正交试验时可以适当地减少用水量，并通过正交试验来进行微调，最终确定所需要的用水量。

⑥ 集灰比预定。材料试验证明，减小集灰比，即增加水泥用量，从而增加骨料周围所包覆的水泥薄膜厚度，可以增加骨料间的黏结面，能有效地提高多孔混凝土的强度。但由于水泥用量增多，黏结面的增大，会降低空隙度，减弱透水性。因此，在保持多孔混凝土合理透水性的前提下，尽可能提高水泥用量才能比较合理地选定集灰比。为保持水泥浆的合理厚

度，小粒径骨料的集灰比应适当比大粒径骨料小一些，在一般情况下，多孔混凝土的集灰比可在 5～8 之间选择，随后通过正交试验微调到最佳的集灰比。

（2）多孔混凝土成型工艺　多孔混凝土的成型工艺可分为振动成型和压实成型两种。

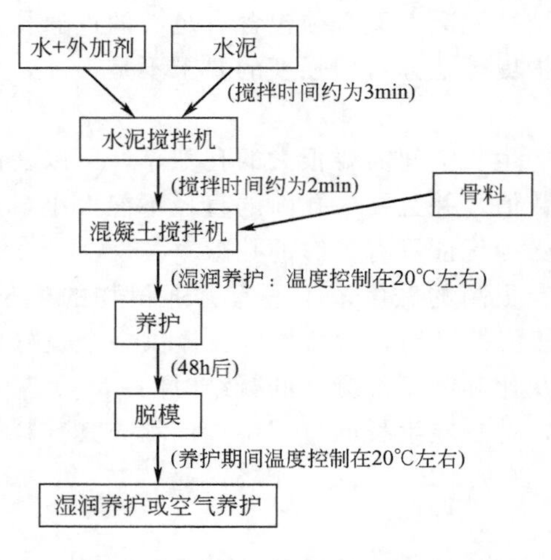

图 33-2　多孔混凝土制作流程

多孔混凝土的振动成型时间应由试验确定。振动时间太长（>60s），水泥浆就会与骨料分离；振动时间太短（<30s），混凝土不易振捣密实。一般应控制在 30～60s 之间。由于在振动成型的过程中，水泥浆会流动多孔混凝土的底部，导致植被混凝土的透水性和强度降低，所以在实际生产中一般不宜采用振动成型的方法。

多孔混凝土的压实成型可以用压力机来实现，采用这种方法成型水泥浆不容易产生流动，可以很好地黏结在骨料的周围，对多孔混凝土强度的增加是很有利的。

多孔混凝土的制作流程如图 33-2 所示。一般来说，可以将全部的材料一起放入混凝土搅拌机中一起进行搅拌，但最好应采用图 33-2 所示的方式。用加压法使多孔混凝土成型，试块可以在成型后的空气中养护 2 天，然后置于空气中或水中进行养护。

3. 植物养料的填充方式

植被混凝土是在多孔混凝土填充进植物种子、土壤和养料以及在表面撒上客土的产物。由此可见，植被混凝土区别于普通多孔混凝土的地方，就是在混凝土中含有植物的种子、土壤和养料。植物养料的填充方法可分为高压吹填法、层铺法、混合法和夹层法。

高压吹填法是利用高压泵将水稀释过的养料吹入预制的多孔混凝土之中，直到养料基本上填入多孔混凝土之中。层铺法是先把养料造粒后，然后以一层骨料一层养料的方式铺入成型模具内，最后用压力机压制成植被混凝土。混合法是先把养料培养基造粒，然后和粗骨料、水泥、添加剂等一起混合搅拌，最后用压力机压制成植被混凝土。夹层法是先预制两块混凝土薄片，随后将养护填充在它们中间，四周用水泥包裹起来。

在填充了有机和无机养料，并在多孔混凝土表面覆盖了客土之后，就制成了植被混凝土，最后可以将植被混凝土放在自然条件下使植物生长。

第二节　透水性绿色混凝土

随着经济的快速发展和现代化建设进程的加快，许多城市逐渐被钢筋混凝土房屋、大型基础设施、各种不透水的场地和道路所覆盖。有统计资料表明，我国城市道路的覆盖率已达到 7%～15%，特大城市可能超过 20%。在为人们提供便利的同时，这些不透水的地面亦给城市的生态环境带来许多负面影响。

经过多年的实践证明，如果采用透水性材料（混凝土或砖）铺筑各种场地和路面，增大透水透气面积，就可以有效缓解城市不透水硬化地面对城市生态造成的负面影响，使城市与自然协调发展、走维护生态平衡的可持续发展道路。

透水混凝土又称多孔混凝土、无砂混凝土、透水地坪，其是由骨料、水泥和水拌制而成的一种多孔轻质混凝土。该类混凝土不含细骨料，由粗骨料表面包覆一薄层水泥浆相互黏结而形成孔穴均匀分布的蜂窝状结构，故具有透气、透水和质量轻的特点。

无砂混凝土不仅可以缓解城市的地下水位急剧下降等的一些城市环境问题，并能有效地消除地面上的油类化合物等对环境污染的危害；同时是保护地下水、维护生态平衡、缓解城市热岛效应的优良的铺装材料；尤其在有利于人类生存环境的良性发展及城市雨水管理与水污染防治方面具有特殊的重要意义。

一、透水混凝土的优点

透水混凝土铺筑的路面与通常不透水的路面相比，透水混凝土路面具有诸多生态方面的优点，具体表现在以下方面。

(1) 高透水性　透水地坪拥有15%～25%的孔隙，能够使透水速度达到31～52L/(m·h)，远远高于最有效的降雨在最优秀的排水配置下的排出速率。

(2) 高承载力　经国家检测机关鉴定，透水地坪的承载力完全能够达到C20～C25混凝土的承载标准，高于一般透水砖的承载力。

(3) 良好的装饰效果　透水地坪拥有色彩优化配比方案，能够配合设计师独特创意，实现不同环境和个性所要求的装饰风格。这是一般透水砖很难实现的。

(4) 易维护性　人们所担心的孔隙堵塞问题是没有必要的，特有的透水性铺装系统使混凝土通过高压水洗的方式就可以轻而易举地解决堵塞问题。

(5) 抗冻融性　透水性铺装比一般混凝土路面拥有更强的抗冻融能力，不会受冻融影响面断裂，因为它的结构本身有较大的孔隙。

(6) 耐用性　透水性地坪的耐用耐磨性能优于沥青，接近于水泥混凝土的地坪，避免了一般透水砖存在的使用年限短、不经济等缺点。

(7) 高散热性　材料的密度本身较低（15%～25%的空隙）降低了热储存的能力，独特的孔隙结构使得较低的地下温度传入地面，从而降低整个铺装地面的温度，这些特点使透水铺装系统在吸热和储热功能方面接近于自然植被所覆的地面。

(8) 吸收噪声　能够吸收车辆行驶时产生的噪声，创造安静舒适的交通环境，雨天能防止路面积水和夜间反光，改善车辆行驶以及行人行走的舒适性和安全性。

二、透水混凝土的种类

(1) 水泥透水性混凝土　以硅酸盐类水泥为胶凝材料，采用单一粒级粗骨料，不掺加细骨料配制的无砂多孔混凝土。这种混凝土一般采用较高强度的水泥制成，集灰比为3.0～4.0，水灰比为0.30～0.35，抗压强度可达10～35MPa，抗折强度可达3～5MPa，透水系数为1～15mm/s。混凝土拌合物较干硬，采用压力成型，形成连通孔隙的混凝土。硬化后的混凝土内部通常含有15%～25%的连通孔隙，相应地表观密度低于水泥混凝土，通常为1700～2200kg/m^3。这种混凝土具有成本较低、制作简单、耐久性好、强度较高等优点，适用于用量较大的道路铺筑。

(2) 高分子透水性混凝土　这种混凝土是采用单一粒级的粗骨料，以沥青或高分子树脂为胶结材料配制而成的透水性混凝土。与水泥透水性混凝土相比，这种混凝土耐水性、美观性、耐磨性、耐冲击性，更具有优势。但是，由于有机胶凝材料的耐候性差，在大气因素的作用下容易老化，且性质随着温度变化比较敏感，尤其是温度升高时容易软化流淌，使透水性受到影响；同时，成本也比较高。因此，在保证空隙的前提下，抗老化、热稳定性就是保证质量的关键。

（3）烧结透水性制品　以废弃的瓷砖、长石、高岭土等矿物的粒状物和浆体拌和，将其压制成坯体，经高温烧制而成，具有多孔结构的块体材料。这类透水性材料强度较高、耐磨性好、耐久性优良，但烧结过程需要消耗大量能量，生产成本比较高，适用于用量较小的园林、广场、景观道路铺装部位。

三、透水混凝土砖

透水混凝土砖是为解决城市地表硬化，营造高质量的自然生活环境，维护城市生态平衡而诞生的环保建材新产品。透水混凝土砖具有保持地面的透水性、保湿性，防滑、高强度、抗寒、耐风化、降噪、吸声等特点。

1. 透水砖的透水机理

透水砖是采用特定级配骨料、水泥、增强材料、外加剂和水等经特定工艺制成的一种透水性建筑材料。由于骨料级配特殊，结构中含有大量连通孔隙（通常5%～30%），所以透水砖是一类含有非封闭型孔隙的多孔混凝土制品。在下雨或路面产生积水时，水能够沿透水砖中贯通的孔隙顺利地渗入地下，或者暂时储存在透水性的路基中。

2. 透水砖的主要种类

透水砖的分类方法很多，按照透水砖的制作材料不同，可分为普通透水砖、聚合物纤维混凝土透水砖、彩石复合混凝土透水砖、彩石环氧通体透水砖、混凝土透水砖、生态砂基透水砖和自洁式透水砖等。

（1）普通透水砖　普通透水砖由普通碎石的多孔混凝土材料经压制成形，用于一般街区人行步道、广场，是一般化铺装的产品。

（2）聚合物纤维混凝土透水砖　聚合物纤维混凝土透水砖材质为花岗岩石骨料，高强水泥和水泥聚合物增强剂，并掺合聚丙烯纤维、送料配比严密，搅拌后经压制成形，主要用于市政、重要工程和住宅小区的人行步道、广场、停车场等场地的铺装。

（3）彩石复合混凝土透水砖　彩石复合混凝土透水砖材质面层为天然彩色花岗岩、大理石与改性环氧树脂胶合，再与底层聚合物纤维多孔混凝土经压制复合成形，此产品面层华丽，天然色彩，有与石材一般的质感，与混凝土复合后，强度高于石材且成本略高于混凝土透水砖，且价格是石材地砖的1/2，是一种经济、高档的铺地产品。主要用于豪华商业区、大型广场、酒店停车场和高档别墅小区等场所。

（4）彩石环氧通体透水砖　彩石环氧通体透水砖材质骨料为天然彩石与进口改性环氧树脂胶合，经特殊工艺加工成形，此产品可预制，还可以现场浇制，并可拼出各种艺术图形和色彩线条，给人们一种赏心悦目的感受。主要用于园林景观工程和高档别墅小区。

（5）混凝土透水砖　混凝土透水砖材质为河砂、水泥、水，再添加一定比例的透水剂而制成的混凝土制品。此产品与树脂透水砖、陶瓷透水砖、缝隙透水砖相比，生产成本低，制作流程简单、易操作。混凝土透水砖广泛用于高速路、飞机场跑道、车行道，人行道、广场及园林建筑等范围。

（6）生态砂基透水砖　生态砂基透水砖是通过“破坏水的表面张力”的透水原理，有效解决传统透水材料通过孔隙透水易被灰尘堵塞及“透水与强度”、“透水与保水”相矛盾的技术难题，常温下免烧结成型，以沙漠中风积沙为原料生产出的一种新型生态环保材料。其水渗透原理和成型方法被建设部科技司评审为国内首创，并成功运用于北京国家体育场、国家游泳中心、上海世博会中国馆、中南海办公区、国庆六十周年长安街改造等国家重点工程。

（7）自洁式透水砖　自洁式透水砖是将光触媒技术应用在混凝土透水地砖中，光触媒在光的照射下，会产生类似光合作用的光催化反应，产生出氧化能力极强的氢氧自由基和活性氧，具有很强的光氧化还原功能。可氧化分解各种有机化合物和部分无机物，把有机污染物分解成无污染的水和二氧化碳，因而具有极强的防污自洁、净化空气与水的功能，有效地解决了透水地砖的孔隙容易堵塞和对城市土壤污染的问题。

3. 透水砖的物理力学性能

国内外在制作和使用透水砖的实践中认识到，透水砖最大的特点是具有高渗透性，作为路用的混凝土透水砖，还必须具有良好的物理力学性能。混凝土透水砖的物理力学性能主要包括物理性能、耐磨性能和抗压强度。

（1）物理性能　为了保证透水砖具有较高的透水性能，在砖中应含有15%～25%的连通孔隙，其表观密度通常应在1600～2100kg/m^3之间，吸水率为5.5%～9.5%，收缩值相对较小。

（2）耐磨性能　用于道路的混凝土透水砖必须具有较高的耐磨性能，这是决定路面制品使用效果和使用寿命的关键指标之一。混凝土混合料中骨料间通常是点接触，在进行耐磨性试验中，摩擦钢轮对透水砖的磨损作用主要是挤压、滑擦和压碎。因此，如果能提高骨料间的黏结强度，就可以显著改善透水砖的耐磨性。研究结果表明，在保证强度和透水性的前提下，通过优化面层混合料的配合比和添加增强材料，可以达到良好的耐磨性能，满足行业标准的要求。

（3）抗压强度　材料试验证明，当为同样的集灰比时，透水砖的抗压强度比普通混凝土路面砖要低得多。如果骨料的级配固定，抗压强度随着水泥用量的增大而提高。相应地，透水系数则会大幅度降低。与抗压强度相比，透水砖的抗弯强度比普通混凝土路面砖要小。

透水砖的抗压强度主要取决于骨料间接触点处的黏结力，此外与其他因素也有一定的关系。研究结果表明影响黏结力的主要因素包括：水泥基体与骨料之间的界面黏结强度；接触点处的总黏结强度；其他因素，如混凝土砖的密度、密实度、成型方法和养护条件等。在保证透水砖透水性能的前提下，可以从水泥用量及强度等级、掺加增强材料等方面采取措施提高混凝土透水砖的强度。

4. 透水混凝土砖的生产

根据财政部、住房城乡建设部、水利部《关于开展中央财政支持海绵城市建设试点工作的通知》精神，中央财政在2015～2017年的3年内，每年对“海绵城市”建设试点给予专项资金补助，这是促进生态型城市建设的一项重要举措。所谓“海绵城市”，即指在城镇建设过程中，最大限度就地吸纳、蓄渗和利用雨水，改善城市环境。“海绵城市”最直接的指标是：城市对雨水的利用率大于60%。

透水铺装作业为“海绵城市”建设的主要措施之一，成为广场、停车场、人行道、轻载道路的路面首选材料获得推荐；透水砖则作为建筑与小区、城市道路、绿地与广场采用渗透技术的首要推荐技术措施。预计在未来的5年内，透水混凝土路面砖、具有缝隙透水功能的路面砖，在混凝土路面砖总量比例中将会呈现快速增长趋势。因此，透水混凝土砖的生产具有广阔的前景。

（1）材料及配合比设计原则

① 透水砖的原材料。生产混凝土透水砖，一般可选用硅酸盐水泥或普通硅酸盐水泥，也可选用矿渣硅酸盐水泥或第三系列水泥。透水性混凝土的骨料间为点接触，颗粒间黏结强

度对透水砖整体力学性能的影响至关重要，因此一般应选用强度等级较高和耐久性较好的水泥。骨料级配是决定透水砖质量的另一个重要因素。如果骨料级配不良，混凝土结构中将含有大量孔隙，透水砖的透水系数就大，然而其强度就会偏低；反之，如果粗细骨料达到最佳配合，其孔隙较小，混凝土的强度必然高，但渗透性会变差。此外，对于骨料自身强度、颗粒形状、含泥率均有一系列的要求。外加剂和增强材料，两者的作用是在保持一定稠度或干湿度的前提下，提高颗粒间的黏结强度，进而提高制品的整体力学性能和耐磨性能。在生产彩色透水砖时，颜料的质量和耐久性应严格控制，否则会影响混凝土的性能和色彩。

② 透水砖的配合比。普通混凝土的强度主要由水灰比控制，而透水性混凝土的强度则主要取决于水灰比和密度。骨料级配确定后，混凝土的整个骨架也基本搭好，透水性混凝土的密度则取决于水泥用量和水灰比。水泥用量和强度等级是混凝土强度的另外重要影响因素。混凝土强度和透水系数是一组对立的性能，为保持一定的透水系数，所以水泥用量不宜太多，为达到一定的强度，用量也不得太少，一般应控制在 300～400kg/m^3。为提高透水性混凝土的强度，必须提高骨料间的点接触强度。因此，应选择强度等级较高的水泥，并可适当掺加一定比例的增强材料或高活性混合材。

(2) 透水砖的生产过程　混凝土透水砖的生产过程直接决定和影响透水砖的物理力学性能，因此在生产中应严格按照有关规定进行施工，确定透水砖的质量符合设计要求。

① 原材料质量控制。该阶段应严格控制骨料的颗粒级配、颗粒形状、含泥量等。原则上要求骨料级配应在规定范围内，材料的自身强度比较高。胶结料直接决定骨料间的点接触强度，即影响透水砖的抗压强度、抗折强度。因此应从优选择，同时保证经济合理。

② 混合料制备与透水砖生产。混合料制备宜采用强制式搅拌机。混合料质量应从混合料配合比、搅拌顺序、搅拌时间上加以控制。生产透水混凝土砖可以采用加压振动工艺（如砌块成型机）和加压工艺，但要严格控制成型工艺条件。

③ 透水混凝土砖的养护。脱模后的透水砖坯体应保持一定的湿度，一般应使用塑料布覆盖或存放于恒湿的养护室内一定周期。透水砖中含有20%左右的孔隙，如果与普通混凝土路面砖一样露天放置，空气和水分必然在孔隙中任意迁移，从而造成大量失水，严重影响透水砖的力学性能和耐磨性能。

5. 透水混凝土砖的应用

(1) 路基结构　为保证透水砖能达到相应的透水效果，必须有相配套的透水性路基。这种路基的特点之一是保证雨水能暂时储存，然后再进一步排放；其次是保证基础具有稳固性。因此，路基结构的厚度和构成应随路床的软硬及铺设使用的场所进行相应的变化。

(2) 使用效果　工程实践证明，透水混凝土砖的使用具有良好的生态环境效益，具体表现在以下 5 个方面。

① 由于雨水能通过透水混凝土砖渗入地下，地基中含有一定的水分，从而可以改善地面植物的生长条件，调整生态平衡。

② 这种混凝土砖有 20%左右的孔隙，降雨通过这些孔隙下渗，可减轻城市排水系统负担，防止城市河流河水泛滥，减轻公共水域产生污染。

③ 城市雨水通过透水混凝土砖渗入地下，不但可以增加地下水资源量，还可以净化下渗的雨水，起到保护和利用雨水资源的作用。

④ 透水混凝土砖的表面相对比较粗糙，对于消除城市噪声和光污染具有良好的效果，同时提高雨水或雪天行人的安全度，减轻路面的滑动力和提高能见度。

⑤ 彩色透水路面砖。彩色透水路面砖运用透水性的混凝土制作而成，以其丰富多彩的

外形受到人们的青睐。彩色透水路面砖既能满足现代人环保的要求，也满足现代都市对色彩和文化气息的追求。彩色透水路面砖既具有环保作用，又具有漂亮的外表，做到了实用性与美的完美结合。

（3）可拓展的其他应用领域　通过调整混凝土的配合比、改进生产工艺，透水性混凝土路面砖可能用于河道、高速公路、山体护坡、草坪底板、无土绿色植被种植（如屋顶绿化）、农田水利等领域。

四、透水混凝土的施工方法

透水混凝土是由骨料、高强度等级水泥、掺合料，水性树脂、彩色强化剂、稳定剂及水等拌制而成的一种多孔轻质混凝土，由粗骨料表面包覆一薄层浆料相互黏结而成孔穴均匀分部的蜂窝状结构，故具有透气、透水和质量轻的特点，作为环境负荷减少型混凝土。透水混凝土的施工可按照以下步骤进行。

（1）搅拌　透水混凝土拌合物中水泥浆的稠度较大，且数量也比较少，为了使水泥浆能均匀地包裹在骨料上，宜采用强制式搅拌机，搅拌时间在5min以上。

（2）浇筑　在浇筑之前，路基必须先用水进行湿润。否则透水混凝土快速失去水分会减弱骨料间的黏结强度。由于透水混凝土拌合物比较干硬，将拌和好的透水混凝土和好的透水混凝土材料铺在路基上铺平即可。

（3）振捣　在浇筑过程中不宜强烈振捣或夯实。一般用平板振动器轻振铺平后的透水性混凝土混合料，但必须注意不能使用高频振捣器，否则将会使混凝土过于密实而减少孔隙率，严重影响混凝土的透水效果。同时高频振捣器也会使水泥浆体从粗骨料表面离析出来，流入底部形成一个不透水层，使材料失去透水性。

（4）辊压　振捣以后，应进一步采用实心钢管或轻型压路机压实压平透水混凝土拌合料，考虑到拌合料的稠度和周围温度等条件，可能需要多次辊压，但应注意在辊压前必须清理辊子，以防黏结骨料。

（5）养护　透水混凝土由于存在大量的孔洞，容易失水，干燥很快，所以养护是非常重要的，尤其是早期养护，要注意避免混凝土中水分大量蒸发。通常透水混凝土拆模时间比普通混凝土短，如此其侧面和边缘就会暴露于空气中，应当用塑料薄膜或彩条布及时覆盖路面和侧面，以保证湿度和水泥充分水化。透水混凝土应在浇注后1d开始洒水养护，淋水时不宜用压力水柱直冲混凝土表面。透水混凝土的浇水养护时间应不少于7d。

五、透水混凝土的配合比设计

无砂透水混凝土的配合比设计到目前为止仍无非常成熟的计算方法，根据无砂透水混凝土所要求的孔隙率和结构特征，可以认为$1m^3$混凝土的外观体积由骨料堆积而成。根据这个原则，可以初步确定透水混凝土的配合比。

（1）原材料的选择及用量　透水混凝土原材料的选择主要是水泥强度等级、粗骨料类型、粒径及级配。材料试验证明，在粗骨料相互接触而形成的双凹黏结面上，水泥浆厚度越大，其黏结点越多，黏结就越牢固。根据强度而言，人工碎石和单一粒径的骨料皆不利于相互黏结。因此，透水混凝土应采用高强度等级的水沉和较大幅度级配的卵石骨料配制。$1m^3$混凝土所用的骨料总量取骨料的紧密堆积密度的数值，一般在1200～1400kg范围内。

水泥用量可在保证最佳用水量的前提下适当增加，这样能够增加骨料周围水泥浆膜层的稠度和厚度，可有效地提高无砂混凝土的强度。但水泥用量过大会使浆体增多，混凝土中的孔隙率减少，大大降低透水性。同时水泥用量也受骨料粒径的影响，如果骨料的粒径较小，骨料的比表面积较大，应当适当增加水泥用量。通常透水性混凝土的水泥用量在250～350kg/m^3范围内。

（2）水灰比的选择　水灰比是透水混凝土设计中的重要指标，既影响无砂透水混凝土的强度，又影响混凝土的透水性。无砂透水混凝土的水灰比一般随着水泥用量的增加而减少，但只是在一个较小的范围内波动。对确定的某一级配骨料的水泥用量，均有一个最佳水灰比，此时无砂透水混凝土才会具有最大的抗压强度。当水灰比小于这一最佳值时，水泥浆难以均匀地包裹所有的骨料颗粒，混凝土的工作度变差，不能达到设计要求的密实度，不利于强度的提高。反之，如果水灰比过大，混凝土易出现离析，水泥浆与骨料分离，形成不均匀的混凝土组织，这样既不利于透水，也不利于强度的提高。

根据工程实践经验，在一般情况下，透水混凝土的水灰比介于0.25～0.40之间，在实际工作中常常根据经验来判定混凝土的水灰比是否合适。取一些拌和好的混凝土进行观察，如果水泥浆在骨料颗粒的表面包裹均匀，没有水泥浆下滴现象，而且颗粒有类似金属的光泽，说明水灰比较为合适。

第三节　光催化绿色混凝土

随着经济的快速发展和城市化进程加快，城市大气污染状况日益严重，汽车和工业排放的氮氧化物和硫化物等对大气污染影响率急剧上升，在有的城市NO_x已达50%以上。近年来，许多研究结果表明，光催化技术在环境污染物治理方面有着良好的应用前景，光催化剂能在紫外光照射下，将有机或无机污染物氧化还原为CO_2、H_2O和HNO_3等无害物质，并随着降水被排走，从而大大改善空气的质量。而水泥混凝土材料是一种应用最为广泛的人造材料，将光催化技术应用于水泥混凝土材料，制备光催化混凝土，利用太阳光、空气和降水净化大气，具有广阔的应用前景。

据有关资料表明，2000年和2016年，我国的NO_x排放量分别达到1.561×10^7t和2.39×10^7t，预计2020年NO_x的排放量将达到2.9×10^7t。由此可见，今后NO_x排放量将继续增大。如果不加强控制，NO_x将对我国大气环境造成严重的污染。因此，如何有效脱除排放的NO_x，使空气的质量得到有效的控制和治理，已成为环境保护工作中令人关注的重要课题。

光催化混凝土是绿色建筑材料中的一种，它含有二氧化钛（TiO_2）催化剂，因而具有催化作用，能有效氧化环境中的有机和无机的污染物，尤其是工业燃烧和汽车尾气排放的NO_x气体，使其降解为CO_2和H_2O等无害物质，起着净化空气、美化环境的作用。

一、光催化NO_x的原理

近年来，半导体光催化剂在环境污染物降解中的研究，已受到世界各国人们的广泛关注。特别是二氧化钛（TiO_2）催化剂在环境污染物治理方面显示出良好的应用前景，并将逐渐成为实用的工业化技术。

1. TiO_2半导体及其光催化原理

半导体材料在紫外线及可见光照射下，将光能转化为化学能，并促进有机物的合成与分解，这一过程称为光催化。当光能等于或超过半导体材料的带隙能量时，电子从价带（VB）

激发到导带（CB）形成光生载流子（电子-空穴对）。在缺乏合适的电子或空穴捕获剂时，吸收的光能因为载流子复合而以热的形式耗散。价带空穴是强氧化剂，而导带电子是强还原剂。大多数有机光降解是直接或间接利用了空穴的强氧化能力。

目前研究较多的光催化材料有 TiO_2、ZnO、WO_3、Fe_2O_3等。与其他 n 型半导体相比，TiO_2具有化学稳定性好、反应活性大、无毒、廉价、原料来源丰富等特点。在 pH=1 时，其中隙电位为 3.2eV，相当于 400nm 左右的光能量。在波长小于 400nm 的光照射下，能吸收能量高于其禁带宽度的波长光的辐射，产生电子跃迁，价带电子被激发到导带，形成空穴-电子对，并吸附在其表面的 H_2O 和 O_2，由于能量传递，形成活性很强的自由基和超氧离子等活性氧，诱发光化学反应，产生光催化作用。

TiO_2的氧化作用既可以通过表面键合羟基的间接氧化，即粒子表面捕获的空穴氧化；又可以在粒子内部或颗粒表面经价带空穴直接氧化；或同时起作用。因而具有高效分解有机物的能力和降解有机污染物的功能，最终使有机污染物被降解成环境友好的二氧化碳、水和无机酸等产物，因此 TiO_2 可以广泛应用于水纯化、废水处理、有毒污水控制、空气净化、杀菌消毒等领域。

2. TiO_2光催化脱除 NO_x 的原理

关于 TiO_2光催化剂对汽车尾气排放的 NO_x 污染物的净化能力，研究人员曾设计一个模拟实验。将含有 NO_x 的大气以 0.5L/min 的流量通过混合 TiO_2光催化剂处理近 5h，其去除 NO_x 的能力见表 33-1 中的数据显示，TiO_2具有较强的净化能力。

表 33-1　混合光催化剂去除 NO_x 效果比较

光催化剂	NO 去除量	NO_2去除量	HNO_3回收量	pH 值	备注
TiO_2-1	12.8	5.3	7.7	4.5	去除量单位：10^{-6}mol/(g·h) AC：活性炭 NO 含量：3.8mg/L 相对湿度：50%
TiO_2-1-AC	8.7	2.9	6.4	4.7	
TiO_2-1-Fe-AC	11.0	2.0	7.5	4.7	
TiO_2-1-Fe-MgO-AC	12.5	2.8	13.3	6.9	
TiO_2-1-Fe-CaO-AC	13.0	3.2	13.6	5.8	
TiO_2-2	13.4	0.8	14.2	4.3	

注：TiO_2-1 比表面积为 46m^2/g；TiO_2-2 比表面积为 290m^2/g。

试验结果证实，氧气在 NO_x 光催化降解中发挥重要作用。研究结果发现，在有氧的情况下，NO_x 的光催化降解率可以达到 97%，而在无氧的情况下（氮气作载气）NO_x 的光催化降解率很低。

根据试验可知，NO_x 光催化氧化产物为硝酸，经检测环境中只有不到 1% 的硝酸随气流放出。因此随着反应时间的延长，催化剂表面的活性位逐渐被硝酸占据，使光催化剂失去活性。用水冲洗催化剂表面可以使催化剂活性得以恢复。催化剂经连续使用 30h 后，其光催化活性大约降至 29%，水冲洗再生后光催化活性可立即得以恢复。

二、光催化混凝土的制备

光催化混凝土采用 TiO_2 为光催化剂，光催化混凝土的制备主要有以下 2 种方法。

1. 二氧化钛微粉掺入法

在透水性多孔混凝土制作过程中，在距离砌块表面 7～8mm 深度范围内掺加二氧化钛微粉，使其掺入量控制在50%以下，可制作成具有很好除氮氧化物功能的光催化混凝土。二氧化钛微粉选用锐钛矿型结构的微粉，二氧化钛微粉的制备方法有以下3种。

（1）硫酸法　将钛铁矿干燥、破碎、除铁，然后加入浓硫酸，化学反应后生成硫酸氧钛溶液，然后经水解、加热、分解可制得二氧化钛微粉。

（2）四氯化钛草酸或氨沉淀热分解法　在四氯化钛稀盐酸溶液中加入草酸或氨水，经沉淀、分离、洗涤、加热、分解可制得二氧化钛微粉。

（3）钛醇盐水解法　将钛醇盐水解、沉淀、干燥、焙烧可以制得二氧化钛微粉。

对于用二氧化钛微粉掺入法制备的光催化混凝土，测试其去除氮氧化物的功能，试验结果表明，在以1.5L/min的速度将NO_x含量为1×10^{-6}的空气注入密闭容器中，以紫外线强度$0.6mW/cm^2$进行照射，NO_x的去除率可以达到80%。这种混凝土砌块如果运用于公路的铺设，用以除去汽车排出尾气中所含的NO_x，可以使空气的质量得到改善。

2. 光催化载体法

光催化载体法是对混凝土中的部分骨料被覆一层二氧化钛薄膜，这些骨料相当于光催化剂的载体，然后把这部分骨料放置于混凝土砌块的表面，使被覆二氧化钛薄膜的骨料部分显露出来，从而制得具有光催化功能的混凝土。这种光催化混凝土也能够有效地去除NO_x和其他有害气体，从而达到改善空气质量的目的。

二氧化钛薄膜被覆方法主要有溶胶凝胶法和螯合钛热喷法。

（1）溶胶凝胶法　溶胶凝胶法是以钛酸丁酯为前驱体，乙醇为溶剂，盐酸或乙酰丙酮为催化剂，按照适当比例分批次进行混合，边搅拌边加热制得溶胶，将此溶胶涂覆于骨料的表面上，经过热处理可得到二氧化钛薄膜涂层。

（2）螯合钛热喷法　螯合钛热喷法首先将涂覆的材料加热到500～600℃，然后将双异丙氧基双辛烯乙醛酰钛溶解在适当的有机溶剂中，再经喷枪喷涂在材料表面上，从而可得到二氧化钛薄膜涂层。

三、光催化混凝土的工程应用

国内外工程实践证明，将光催化技术应用于水泥混凝土材料中，开发出环境友好型的能广泛应用的建筑环保材料，通过自然条件（如太阳光、空气等）的作用净化环境，已经成为绿色混凝土领域中的研究热点。通过在建筑物表面直接喷涂氧化钛材料（TiO_2）或掺有TiO_2的水泥，可以使TiO_2牢固地黏结在建筑物的表面；或者制作成混凝土砌块，使TiO_2附着在其表面，就制成光催化混凝土材料。通过光催化混凝土的光催化作用，可以使污染物氧化成碳酸、硝酸和硫酸等，并随着雨水排掉，从而达到净化空气的目的。

归纳起来，光催化混凝土在建筑工程中的应用主要有建筑外墙材料、路面材料、屋顶材料和混凝土砌块等。

1. 建筑外墙材料

将TiO_2微粉加入水泥中，拌制成混凝土或砂浆材料，或者将含有TiO_2微粉的浆体喷射到混凝土外墙的表面，空气中的有害气体吸附在外墙表面后，通过太阳光的紫外线光催化作用使之去除，从而达到净化空气的功能。近年来，日本研制出一种新型的光催化涂料。只要将它涂在道路的隔声墙和建筑物的外墙上，就能有效地吸收汽车等所排放出的氮氧化物。该种新型的涂料是由光催化物质氧化钛、活性炭和硅胶搅拌加工而制成的二氧化钛混合物。这种混合物与紫外线相遇，就会产生易引起化学反应的活性氧，使空气中的NO_x氧化，生成无机酸。当加入适量的硅胶后可延长TiO_2的光催化功效。

2. 作为路面材料

将 TiO_2 微粉掺入配制道路混凝土的水泥中，可以制作环保型路面的面层材料。汽车排放含有害气体的尾气最先与路面材料接触，通过太阳光的照射，潮湿的水泥混凝土路面将吸附的有害气体氧化，从而达到净化空气的目的。

3. 作为屋顶材料

由于存在温室效应，城市的气温比郊区和农村高 2～3℃，被称为“热岛现象”。有的国家提出有关消除“热岛现象”的措施，就是在市中心的建筑物的顶部储存雨水，而其表面覆盖有 TiO_2 涂层的屋顶材料，由于 TiO_2 具有超亲水性，墙壁面的雨水流下后再蒸发，如此循环作用，不但具有净化空气的功能，而且还可以降低建筑物的温度，因此可以减少夏天高温时为降温所用电力的消耗。

4. 制作混凝土砌块

在透水的多孔混凝土砌块表面 7～8mm 深度掺入 50%以下的 TiO_2 微粉，这种混凝土砌块具有较好去除氮氧化物等有害气体的功能，可用于市政道路的路边材料或建筑物的墙体材料，去除汽车尾气排出的 NO_x，使空气质量得到改善。用粉煤灰合成的粒状人工沸石骨料制作的多孔质吸声混凝土，用水泥与沸石混合加入 TiO_2 粉末制作的面层材料，均取得了良好的净化空气效果。多孔质吸声混凝土可以吸声，其范围在 400～2000Hz 之间，用残声室法测试吸声率在 80%以上，同时还可以吸收有害气体。在阳光的照射下，通过的光催化作用，可把 NO 氧化成 NO_2，在水泥-沸石面层具有优异的吸附作用，NO 可除去 70%。

四、光催化混凝土应用中存在问题

光催化混凝土技术是一种节能、高效的绿色环保技术。近年来已成为光化学领域和环保领域中的研究热点之一。但是，在光催化混凝土应用中仍然存在许多尚未解决的技术问题。

(1) 由于光催化反应中 NO_x 氧化后生成的 HNO_3 吸附于混凝土材料的表面，所以需要经常将混凝土表面的积存物加以清除，才能保证 TiO_2 的光催化效应，因此光催化混凝土一般只适于多雨地区使用。

(2) TiO_2 的光催化对紫外线的依赖性很强。由于光催化混凝土所采用的光催化剂为 TiO_2，它的禁带宽较大，只能被 400nm 以下的紫外线激发，太阳光中紫外线只占 3%～4%，光催化剂的利用效率较低。如何提高光催化效率，开发能被可见光激发的光催化剂，这是目前此领域研究的重点。

(3) TiO_2 光催化剂的载体形式有悬浮相和固定相两种。悬浮相接触面积大、效率高；固定相较好地解决了催化剂与介质分离的问题。在水泥混凝土等基体上，如何使 TiO_2 光催化剂长期稳定地附着，并能有效地发挥作用，是技术开发中亟待解决的问题。

(4) 光催化混凝土中 TiO_2 微粉的长久作用效果如何，特别是 TiO_2 微粉催化失去活性后如何活化的问题尚未得到很好的解决，有待于深入研究和探讨。

(5) 尽管近年来光催化技术发展很快，各国相继开发了一些光催化产品，但是光催化混凝土及其制品的标准化研究滞后，尤其是我国在这方面远落后于发达国家。

(6) 光催化混凝土及其制品的生产主要采用 TiO_2 及其复合材料，由于资源和价格的原因，也限制了光催化混凝土的推广应用。

第四节 生态净水绿色混凝土

生态混凝土是一类特种性能混凝土，具有特殊的结构与表面特性，能减少环境负荷，与生态环境相协调并能为环保做出贡献。目前开发出生态混凝土功能主要有透水排水、绿化景观、植草固沙、吸声降噪、绿色再生和水质优化等。受国外科技成果启发，我国自1997年起开始研究生态混凝土材料，自主开发了一套生态混凝土污水处理技术，用材料科学的方法来解决水污染问题。经过多年的探索和试点应用，证实生态混凝土是解决水污染问题的一个有效而经济的途径。

一、生态混凝土的净水机理

生态混凝土一般只用粗骨料，不用细骨料，所以制成的混凝土内具有大量的连通孔，因此有良好的透水性。依靠多孔混凝土的物理、化学以及生物化学作用，达到净水的目的。目前关于生态混凝土净水机理可归纳为以下3个方面。

（1）物理与物理化学净化　净水生态混凝土的孔隙率一般为15%～35%，其连通孔占15%～30%。生态混凝土在制备过程中加入的缓释材料，也增加了内部的微孔结构，成为很好的过滤材料。日本学者玉井元治研究发现，使用粒径5～13mm的碎石为粗骨料制造的多孔混凝土，其厚度为30cm时，与水接触的表面积是普通混凝土的100倍以上，因此有很好的吸附能力。同时生态混凝土的孔隙率和平均孔隙直径还可以根据不同情况进行设计和调节。

（2）化学净化　众所周知，石灰是常用的化学净水材料。不但可以调节pH值，而且作为无机混凝剂可使污水中的悬浮物质絮凝沉淀，在澄清的同时也降低了水中污染物质的含量。混凝土组成材料中的水泥在水化过程中，以及混凝土浸泡在水中都会不断地溶释出$Ca(OH)_2$，从而可起到净化作用。混凝土中的层状矿物，层状水泥石矿物中的一些离子能对污水中的阴、阳离子产生离子交换。如生态混凝土中缓慢释放出的镁离子能与污水中铵离子发生离子交换，铵离子被多孔混凝土巨大的表面积吸附，再依靠硝化细菌的生物作用逐步硝化。

为了提高净水的效果，可以在生态混凝土中掺加缓释性净水材料。普通的大孔混凝土在流动的水中由于钙离子大量流失，使水泥水化物分解，造成强度降低，很快失去胶凝作用，使混凝土的耐久性受影响。在生态混凝土中缓慢释放的铝离子主要形成氢氧化铝胶体，与污水中的悬浮物质絮凝沉淀，达到净水的目的。所以，可在生态混凝土中掺加缓释性净水材料如铝离子、镁离子，既可阻缓钙离子的溶出，同时可达到去除污水中氮、磷等营养物质。

（3）生化净化　生态混凝土的多孔结构为微生物提供了适宜的生存环境和空间，在污水处理过程中会附着生长多种微生物形成生物膜。生物膜是松散的絮状结构，微孔多，表面积大，具有很强的吸附能力。污水在流经生态混凝土过程中。生物膜微生物以吸附和沉积于膜上面的有机物为营养物质，将一部分物质转化为细胞物质，进行繁殖生长，成为生物膜中新的活性物质，另一部分物质转化为排泄物，在转化过程中放出能量，供应微生物生长的需要。目前已发现有细菌类、藻类、原生动物、后生动物等多种生物发挥作用。由于在生态混凝土生化净水中微生物起主导作用，所以要求生态混凝土的pH值、系统环境温度能适合微生物的生长；另外也要尽可能有足够的生存空间，即要有足够的比表面积供微生物生长。

通过以上所述可知，大孔混凝土作为生态材料，依靠形成的生物膜可以去除水中的污染物质。作为生物载体，生态混凝土不会导致生物变异。如要提高净水的效果，还可以接种经过筛选和驯化的微生物。

二、生态净水混凝土的透水性和耐酸性

有些国家将普通的大孔混凝土作为污水处理的生态混凝土，实践证明虽然有一定的净化

效果，但这种混凝土的净水效果并不十分理想，达不到污水处理的基本要求。另一方面，投放化学药剂是进行污水处理常用的应急方法，净化效果虽然比较显著，这种方法不仅其作用时间非常短暂，而且投放量很难加以控制，如果过量还会造成新的污染。采用材料科学的方法制备缓释性净水材料可以解决这个问题。通过缓慢释放的化学净水药剂发生化学反应和离子交换来净化污水，可以在相当长的时间里发挥净化的作用。并且缓释性净水材料完全溶解后留下的微孔扩大了混凝土的比表面积，可以成为微生物的载体，继续依靠生物化学作用来净化污水，从而提高了处理效果。

普通的大孔混凝土在流动的水中由于钙离子大量流失，使水泥水化产生分解，造成强度降低，很快失去胶凝作用。采用增加镁离子和铝离子的方法，不仅可以阻缓钙离子的溶出，而且还可以起到净化水的作用。另外，有机污染物质在富氧和缺氧的情况下都会产生酸性物质，所以混凝土的耐久性受到影响。当掺加特制的添加剂后，形成新的水泥水化产物，可以行之有效地改善混凝土的耐久性。

1. 生态混凝土的透水性

试验结果表明，污水必须透过生态混凝土才能得到净化，所以生态混凝土的透水性不但是污水处理装置结构设计的主要参数，而且是影响净水效果的重要参数。普通大孔混凝土置于池塘水中 1 个月后，大部分孔隙会被污泥堵塞。但是，也有的研究者认为孔隙内的污泥可以成为水生植物根系的营养源，依靠水生植物来减少水中的氮、磷含量，从而降低水中的富营养化程度。

在设计生态混凝土污水处理装置时，根据需要处理的污水水量和采用的生态混凝土的透水系数，可以结合现场占地情况，确定污水处理装置的水头损失和相应的生态混凝土透水长度及需要的截面积。在工程实践中，有可能会遇到污水中的固体物质和剥落的生物膜堵塞生态混凝土的孔隙的情况。

为了防止和减少堵塞，可以采取下列措施：a. 生态混凝土污水处理装置采用侧滤技术，即利用倾斜的不锈钢丝网预先去除污水中的固体物质，这样可以避免出现堵塞；b. 控制生态混凝土的厚度（一般在 5cm 左右），依靠水流把堵塞物带出，并且在两道生态混凝土墙之间有一定间距；c. 堵塞主要在前几道生态混凝土墙上产生，随着堵塞的加剧，水面不断上升，当堵塞严重到一定程度时可以更换码放的前几道生态混凝土墙。

2. 生态混凝土的耐酸性

工程实践中碰到的另一个问题是微生物侵蚀。城市污水中都含有不同程度的硫酸盐，通常在缺氧的条件下，污水中含有的硫酸盐会在硫酸还原菌作用下生成硫化氢，在好氧性的硫氧化菌作用下进一步氧化成硫酸。硫酸与水泥中的氢氧化钙反应生成硫酸钙（石膏），使水泥水化产物分解并失去强度；或者与铝酸钙水化物反应生成膨胀性很大的钙矾石，从而使混凝土逐步崩裂破坏。另外，污水中含有的各种有机物在好氧菌的作用下，会产生蚁酸、醋酸、草酸等有机酸，同样会降低水泥混凝的碱度，加快混凝土的破坏。

总之，生态混凝土由于其胶结料仍然是水泥，在污水处境过程中的耐久性和持续的净水能力都取决于混凝土的耐酸性。所以，在设计生态混凝土的配合比时需掺加特种混合料，这些混合料与水泥一起产生新的水化产物，提高了混凝土的耐酸性。把生态混凝土试块和普通大孔混凝土试块分别浸泡在稀硫酸溶液中，在 100d 和 1 年后测定抗压强度，耐酸性试验后的抗压强度如表 33-2 所列。

试验结果表明，与普通大孔混凝土相比，生态混凝土在稀酸环境下其强度不但不会下降，

表 33-2 耐酸性试验后的抗压强度 单位：MPa

项目	自然养护	浸泡 100d	浸泡 1 年
普通大孔混凝土	3.67	2.74	1.81
生态混凝土	3.41	4.19	3.72

反而有一定的提高，从而显示了生态混凝土具有较强的耐酸性。因此，由生态混凝土组合而成的净水装置可以有较长的使用寿命。

三、生态净水混凝土的装置

生态净水混凝土的工程结构是一种推流式污水处理装置，如图 33-3 所示。推流式污水处理装置是由砖、混凝土、工程塑料等材料修筑而成的矩形水池，在池中安置生态混凝土制成的滤料。生态净水混凝土可以是现场浇捣，也可以预先制造成块体堆放在水池内。

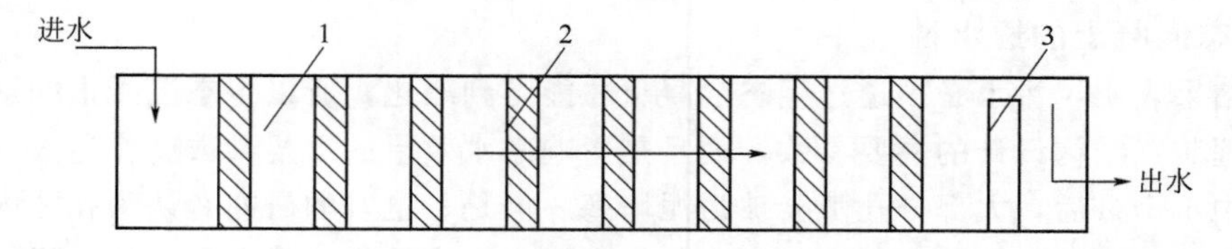

图 33-3 推流式污水处理装置

1—池壁；2—生态混凝土滤料；3—溢流坝

生态净水混凝土块体可以是实心的，也可以具有圆孔、方孔等预留孔。预留孔的方向可以是水平的，也可以是垂直的。生态净水混凝土的厚度一般为 5～10cm。在生态净水混凝土中积存的污物会随着水流排入预留孔，在水池的出水端建有稍低于池壁的溢流坝，也可以在出水端将池壁建造的稍低一些，直接充当溢流坝，推流式生物滤池不专门设置排水系统。

当污水通过污水泵等进入透水混凝土生物滤池的一端时，以推流的方式通过生态混凝土滤层，最后在溢流坝上溢出。依靠在生态混凝土上发生的化学、物理、物理化学及逐渐形成的生物膜的生物化学作用，清除和降解污染物质，达到污水净化的目的。

污水净化装置中的生态混凝土的透水系数、结构形状和尺寸，可以按照污水处理工程的实际情况进行设计。生态混凝土的净水过程实际上是在装置内部发生多层次、多反复的好氧与厌氧反应，使污水中的污染物质逐步降解和消除，然后从溢流坝溢出。在生态混凝土污水处理槽内没有设置运动部件，也不需要设置排泥装置。

第三十四章 机敏型绿色混凝土

水泥混凝土是现代最主要的建筑材料，但由于其具有功能单一、技术含量低、耐久性差的特点，严重制约了混凝土材料的发展，因此在混凝土材料中复合一些特殊材料，使之具有某些特殊功能，才能使混凝土具有广阔的应用前景。机敏混凝土是一种具有感知和修复性能的混凝土，是智能混凝土的初级阶段，是混凝土材料发展的高级阶段。

第一节 混凝土的多功能化

智能混凝土是在混凝土原有的组成基础上掺加复合智能型组分，使混凝土材料具有一定的自感知、自适应和损伤自修复等智能特性的多功能材料，根据这些特性可以有效地预报混凝土材料内部的损伤，满足结构自我安全检测需要，防止混凝土结构潜在的脆性破坏，能显著提高混凝土结构的安全性和耐久性。近年来，自诊断智能混凝土、自调节机敏混凝土、自修复机敏混凝土等一系列机敏混凝土的相继出现，为智能混凝土的研究和发展打下了坚实的基础。

一、自诊断智能混凝土

自诊断智能混凝土具有压敏性和温敏性等性能。普通的混凝土材料本身并不具有自感应功能，但在混凝土基材中掺入部分导电相组分制成的复合混凝土可具备自感应性能。目前常用的导电组分可分为聚合物类、碳类和金属类3类，其中最常用的是碳类和金属类。

1. 自诊断智能混凝土的压敏性

碳纤维是一种高强度、高弹性且导电性能良好的材料。在水泥基材料中掺入适量碳纤维不仅可以显著提高强度和韧性，而且其物理性能，尤其是电学性能也有明显的改善，可以作为传感器并以电信号输出的形式反映自身受力状况和内部的损伤程度。

近年来，通过研究发现，将一定形状、尺寸和掺量的短切碳纤维掺入混凝土中，可以使材料具有自感知内部应力、应变和损伤程度的功能。研究表明，低掺量、乱向分布的不连续短切碳纤维，在水泥基材料中并不完全相互孤立，随着碳纤维掺量的增加，在水泥基材料中逐渐形成了纤维聚集团簇，团簇内纤维彼此连接。按照渗流理论，分散相在分散体系中的浓度达到临界点时，相互接触的分散相构成了无限渗流集团。因此，在碳纤维水泥基材料中，当碳纤维掺量达到或超过临界值时全部团簇形成渗流网络，使导电率急剧上升。

研究还表明，影响碳纤维水泥基复合材料电导性能的主要因素主要有纤维长度、纤维含量和基材的含水量。碳纤维长度增大，容易相互搭接。碳纤维搭接的程度越大，复合材料的电阻率越小，导电性增强。但碳纤维过长不易分散，且碳纤维脆性大，横向受剪时极易折断。同时试验结果也发现，在受荷的过程中，长纤维复合材料的电阻变化率却小于短碳纤维，因此，为了减少碳纤维在制备过程中的折断率，提高复合材料的电导敏感性，宜选择较短长度的碳纤维。

基准水泥基材料在导电性能上的惰性行为，是由于其材料组分、水化产物和内部微裂纹组成的复合体本身的电阻率相对较大。虽然随着荷载的增加，材料内部微裂纹不断增多和繁衍，但对电阻率的影响非常小。当达到极限荷载出现宏观裂纹扩展时，由于裂缝具有绝缘性，才使得电阻率迅速增加。然而，对于含碳纤维的水泥基材料，导电相主要由碳纤维和水泥石孔隙中的碱性溶液组成，电阻率较小。由于碳纤维具有阻裂和增韧的作用，相对而言，水泥基体中的微裂纹数量大幅下降。在复合材料的弹性变形阶段，材料内部的碳纤维也产生弹性应变，使得材料的电阻变化率与内部所受压力呈线性关系；当复合材料进入非线性阶段，一方面由于微裂纹的不断增多，另一方面由于碳纤维被拔出或被拉断，使得材料的电阻率逐渐增加。根据碳纤维水泥基材料受荷过程的这种电导敏感性，可以掌握材料内部的应力-应变关系。

材料试验证明，碳纤维水泥基材料的电阻率变化与所受荷载呈良好线性关系，其机敏特性反映了材料内部损伤状况丰富的信息，如电阻率的可逆变化对应于可逆的弹性变形，而电阻率的不可逆变化对应于非弹性变形和断裂。这种复合材料可以敏感有效地监测拉、弯、压等工况及静态和动态荷载作用下材料的内部情况。根据这一特性，可以有效地预报水泥基材料内部的损伤，防止出现潜在的脆性破坏。因而该混凝土可广泛应用于如桥梁、水利和建筑等重要构筑物的特征部位，实现实时的、动态的健康监测和损伤评估，确保这些重要基础设施的安全。

2. 自诊断智能混凝土的温敏性

碳纤维混凝土除具有压敏性外，还具有温敏性，即温度变化引起电阻变化（温阻性）及碳纤维混凝土内部的温度差会产生电位差的热电性（Seebeck 效应）。不同纤维掺量的混凝土的温阻试验表明，在初始阶段，随温度的升高，均出现负温度系数 NTC（Negative Temperature Coefficient）效应，即电阻率随温度的提高而下降；当温度达到某一临界温度时，不含碳纤维的混凝土其电阻率出现一个平台，随着温度变化而电阻率无明显改变，而含有碳纤维的水泥基材料，则出现正温度系数 PTC（Positive Temperature Coefficient）效应，即电阻率随温度的升高而逐渐提高。

碳纤维混凝土是一种集多种功能与结构性能为一体的复合材料，简称 CFRC。主要由普通混凝土添加少量一定形状碳纤维和超细添加剂（分散剂、去泡剂、早强剂等）组成。与普通混凝土相比，它不仅具有较好的力学性能，而且还具备很多优良特性。采用碳纤维增强混凝土是混凝土改性的一个重要途径，碳纤维混凝土以其良好的力学性能、独特的智能性自感知自调节功能，显示出相当的工程应用潜力。利用碳纤维混凝土的力学机敏性，通过监测碳纤维混凝土的电阻变化率，就能够掌握碳纤维混凝土结构的应力应变状态，以实现对结构物损伤的定位及损伤程度的评估，可用于大坝、桥梁及重要的建筑结构，实现对结构的实时在线监测。

在碳纤维混凝土中，水泥基材料内部微观结构对 Seebeck 效应系数无明显影响，但对其导电过程产生显著影响。水泥基结构越密实和均匀，其 Seebeck 效应越稳定。对添加碳纤维、钢纤维和硅粉的机敏混凝土的温敏性进行研究发现，由钢纤维形成 n 极、碳纤维形成 p 极的热电功率系数达到了 $70\mu V/K$，能满足商用热电偶的要求。碳纤维混凝土的 Seebeck 效应为实现大体积混凝土的温度自监测提供了坚实的理论基础。

二、自调节机敏混凝土

20 世纪 90 年代初，日本建设省研究所曾与美国国家科学基金会合作，研制了具有调整建筑结构承载力的自调节混凝土材料，该方法是在混凝土中埋入形状记忆合金，利用形状记忆合金对温度的敏感性和不同温度下恢复相应形状的功能，在混凝土结构受到异常荷载干扰下，通过记忆合金形状的变化，使混凝土结构内部应力重分布并产生一定的预应力，从而提高混凝土结构的承载力。一些发达国家的研究成果表明，自调节机敏混凝土可以在环境变化以及遭受自然灾害时，通过对结构变形、承载能力以及振动特性的调节，有效地提高建筑的适用性、安全性和使用效率。

国内研究表明，碳纤维混凝土具有良好的导电性，且通电后其发热功率十分稳定。可用其电热效应来对混凝土路面桥面和机场跑道等结构融雪化冰等。目前，在寒冷地区，基于碳纤维混凝土的道路及桥梁路面的自适应化雪和融冰系统的智能混凝土研究已经在欧美国家展开，并取得了一定的进展。

1. 机敏混凝土的电热效应

自调节机敏混凝土的电热效应也称为焦耳效应。加拿大的 Xie Ping 等研究了钢纤维水泥复合材料（同时掺入钢屑）的电热效应，并在实验室将其用于化雪融冰的试验。美国的 Wen 等（1999 年）在水泥基中添加质量比为 0.5%的碳纤维及 15%硅粉，可使这种机敏混凝土作为一种高效的电热器，并且认为是一种不仅可与典型的半导体电热材料相比，而且比聚合物基碳纤维复合材料热效要高的材料；Xu（1999 年）等在工艺上进一步改进了机敏混凝土的电热性能，不仅使机敏混凝土的比热容增加 50%，而且使热导率也增加 38%。美国的 Chung（2000 年）提出了机敏混凝土可具有温度传感、加热、热储存的功能。

2000 年，我国武汉理工大学的研究人员提出了利用机敏混凝土的电热效应进行温度自诊断、利用机敏混凝土的电热效应进行自调节的机敏混凝土结构的构想。2001 年，重庆大学的唐祖全等对应用导电混凝土化雪融冰进行了实验和分析，试样以轻骨料混凝土为基底，上面铺筑一层碳纤维混凝土，研究结果表明：碳纤维混凝土具有良好的导电性，通电后其发热功率十分稳定，可利用这种混凝土对混凝土路面、桥面和机场跑道等结构进行化雪融冰，并对化雪融冰所需的功率进行了分析。

2. 机敏混凝土的电力效应

自调节机敏混凝土不仅具有电热效应，而且还具有电力效应。F. H. Wittmann 在 1973 年首先研究了力电（由变形产生电）、电力（由电产生变形）效应。F. H. Wittmann 在做水泥净浆小梁弯曲时，通过附着在梁上下表面的电极可检测到电压，且对其逆反应——电力效应进行了研究，发现梁产生弯曲变形，改变电压的方向时，弯曲的方向也发生相应的变化。F. H. Wittmann 在这方面的研究具有良好的开创性。但由于在随后的 30 年间对这方面研究极少，所以机敏混凝土的电力效应研究没有较大的进展。

1995 年，Jiefan 等比较全面地研究了水泥净浆的电力效应，给圆柱状水泥净浆试样施加 0.45kV/cm 的交变电场或直流电场，在电场方向上将产生微米级的膨胀变形。2001 年，我国武汉理工大学对机敏混凝土的电力效应进行了研究，发现在外加电场的激励下，碳纤维混凝土和素混凝土均产生变形，电力效应随着外加电压升高其变形也增加；如果改变电场的方向，变形的方向也发生改变；同时也发现碳纤维混凝土存在电力效应与电热效应的耦合效应明显。机敏混凝土的力电效应、电力效应是基电化学理论的可逆效应。因此，将电力效应用于混凝土结构的传感和驱动时，可以在一定范围内对它们实施变形调节。有关力电效应与压敏效应、电力效应与电热效应之间的耦合关系等还需进一步的研究和探讨。

三、自修复机敏混凝土

混凝土结构在使用过程中，大多数结构是带缝工作的。含有微裂纹的混凝土在一定的环境条件下是能够自行愈合的，但自然愈合有其自身无法克服的缺陷，受混凝土的龄期、裂纹尺寸、数量和分布以及特定的环境影响较大，而且愈合期较长，通常对较晚龄期的混凝土或当混凝土裂缝宽度超过了一定的界限，混凝土的裂缝很难愈合。

国内的研究表明，掺有活性掺合料和微细有机纤维的混凝土破坏后其抗拉强度存在自愈合现象；国外研究混凝土裂缝自愈合的方法是在水泥基材料中掺入特殊的修复材料，使混凝土结构在使用过程中发生损伤时，修复材料（黏结剂）进行恢复甚至提高混凝土材料的性能。

同济大学材料研究国家重点实验室正在研究的仿生自诊断和自修复智能混凝土是模仿生物神经网络对创伤的感知和生物组织对创伤部位愈合的机能，进行的混凝土裂缝自愈合的思路综合了自然愈合、基本增强和有机物释放等机剖，在混凝土传统组分中复合活性无机掺合料、微细低弹性模量纤维和有机化合物，从而在混凝土内部形成自增强、自愈合网络。一方面，利用了活性无机掺合料的二次水化反应，生成水化硅酸钙、水化铝酸钙等不断聚集填充裂缝，使裂缝部分消失或全部消失，混凝土裂缝面上的抗拉强度得到恢复；另一方面，微细低弹性模量纤维可以有效减少混凝土的早期微裂纹和细化，削弱后期裂缝尖端的应力集中，阻止了裂缝的继续扩展，起到减少裂缝的作用。同时利用特殊有机化合物在碱性和含氢氧根离子的环境中缓慢硬化的特征，自然形成均匀分布于混凝土内部的含有黏结剂的微胶囊，当混凝土再次出现裂缝时，损伤部位的微胶囊破裂，胶囊内部尚未硬化的部分有机化合物被释放流出并渗入微裂缝，使混凝土裂缝重新愈合，恢复甚至提高混凝土材料的性能。工程检测证明，调整有机物的掺量，可以实现对混凝土材料微裂缝的自行多次愈合。

四、机敏混凝土的发展趋势

智能混凝土是现代建筑材料与现代科技相结合的产物，是传统混凝土材料发展的高级阶段。机敏混凝土是智能化时代的产物，将先进的机敏混凝土材料融入土木基础设施的安全系统，实现混凝土结构的内部损伤自诊断、自修复和抗震减振的智能化结构，提高混凝土结构的性能，综合利用有限的建筑空间，减少和节省运行和维修费用，对延长结构的寿命、提高安全性和耐久性都有重要意义。

以上所述的自诊断、自调节和自修复机敏混凝土，是智能混凝土研究的初级阶段，它们只是具备了智能混凝土的某一基本特征，是一种智能混凝土的简化形式。然而这些功能单一的智能混凝土，并不能充分发挥智能的作用，目前人们正在致力于将两种或两种以上功能进行组装的所谓智能组装混凝土材料的研究。

智能组装混凝土材料智能组装混凝土材料是将具有自感应、自调节和自修复组件材料等与混凝土基材复合，并按照结构的需要进行排列，以实现混凝土结构的内部损伤自诊断、自修复和抗震减振的智能化。智能混凝土材料的研究经历了初级阶段和智能组装过渡阶段的探索后，正向着最终的智能阶段发展。

第二节　性能自感知混凝土

自感知混凝土是通过在普通混凝土中掺加特殊填料，使其电阻随应变而对应变化，通过电阻信号的采集实现应力、应变自监测。智能混凝土的自感知功能是基于内部分布式的“传感神经网络”（短切碳纤维）的存在。分在混凝土内部的碳纤维是高电导率的材料，而普通混凝土材料为电的不良导体，其电阻率在$10^4 \sim 10^5 \Omega \cdot m$之间。掺入碳纤维的混凝土材料随着碳纤维掺量的增加，其电阻率显著下降，一般为$10^{-1} \sim 10^3 \Omega \cdot m$，属于半导体的范围。因此，碳纤维混凝土的导电机理具有半导体的一些性质。其导电机制受2个因素的影响：a. 导电通路的形成；b. 对导电有贡献的载流子在导电通路中如何移动。碳纤维混凝土中载流子主要包括混凝土中的各种离子、碳纤维中带负电的自由电子和带正电的空穴等。

一、机敏混凝土的制备和电学性能测定

碳纤维混凝土的机敏性是建立在良好的制备工艺基础上的，只有制备了具有稳定电阻率的复合材料才可能研究和利用碳纤维混凝土的各种机敏特性。碳纤维混凝土中的分散效果直接关系列材料的电学性能。如果碳纤维分散比较理想，可以在较小的碳纤维掺量下达到渗流阈值，使混凝土材料获得良好的导电性，并且又可以大幅度节约制作成本。

1. 碳纤维水泥基材料的制备

(1) 原材料　原材料主要包括PNA基碳纤维、42.5级普通硅酸盐水泥、细度模数为2.6的河砂、微细硅粉。高效减水剂、消泡剂、自来水和不锈钢电极（尺寸为0.5mm×2mm×5.5mm）。

按纤维与水泥质量比分别为0、0.2%、0.4%、0.6%、0.8%、1.0%和1.2%七个不同碳纤维掺量制作试件，研究碳纤维水泥基材料的电阻率随着碳纤维掺量变化的规律。通过调整高效减水剂的用量，保持各组试件在制作时的流动度相同。试件的水灰比均为0.45，水泥与砂的质量比为1∶1，微细硅粉掺量为水泥质量的15%，消泡剂掺量为水泥质量的0.15%。

(2) 试拌制备　为了比较碳纤维在水泥基材料中的分散效果，采用了干拌法和湿拌法两种制备工艺。

① 干拌法。在称取试件制备所需的原材料后，首先将碳纤维、微细硅粉倒入搅拌锅中干拌1min，再徐徐加入其他原材料，在砂浆搅拌机上匀速搅拌3min。将拌匀的浆体注入40mm×40mm×160mm的三联模中，放置振动台上振动2min，然后等间距地在各试件中插入4片不锈钢电极，再振动0.5min，保证电极与砂浆紧密接触，最后放入标准养护室，养护24h后拆模，测量其电阻率。

② 湿拌法。首先将称取所需质量的碳纤维倒入搅拌锅中，加水摇匀，开动搅拌机，再将硅粉、水泥、砂子和消泡剂的混合料通过砂漏徐徐加入搅拌锅中，最后缓慢加入高效减水剂调整流动度。共搅拌3min后注入40mm×40mm×160mm的三联模中，余下的工艺与干拌法完全相同。

(3) 测试仪器与测试方法

① 测试仪器。测试仪器主要包括2只高精度数字万用电表、1个可调稳压直流电源供应器和1个可调交流电源供应器。

② 测试方法。由于不锈钢电极与水泥浆体之间存在接触电阻，如果直接用万用电表连接任意两个电极，所测得的数值实质上为碳纤维水泥基材料的电阻、电极电阻和接触电阻之总和，无法得到导电水泥基材料的真实电阻率。为了消除电极和接触电阻的影响，可以采用四极法和两极组合法两种电阻率测量方法。

2. 电阻测试方法的比较

为了验证两种电阻测量方法的可靠性，任意选取3个成型试样分别用两种方法测量其电阻值，四极法测得电阻值如表34-1所列，两极组合法测得电阻值如表34-2所列。

表 34-1 四极法测得电阻值

碳纤维掺量/%	试件编号	U/mV	I/mA	R_{bc}/Ω
0.6	V06-3	273.2	25.73	10.62
1.0	V10-3	247.9	59.53	4.16
1.2	V12-1	233.4	62.48	3.74

表 34-2 两极组合法测得电阻值

碳纤维掺量/%	试件编号	R_{AB}/Ω	R_{AC}/Ω	R_{BD}/Ω	R_{CD}/Ω	R_{BC}/Ω	R_{bc}/Ω
0.6	V06-3	16.56	28.61	31.59	22.38	22.93	10.68
1.0	V10-3	10.24	13.71	13.08	8.18	11.65	4.19
1.2	V12-1	7.01	10.77	10.85	7.15	8.80	3.73

表 34-2 中的 R_{bc}是由其他相关的 4 个实测电阻根据有关公式计算得到的，该计算值与表 34-1 通过四极法直接测定的数据非常吻合，说明在电阻率较小的情况下两种方法所测得结果是一致的，都能消除接触电阻的影响，可以互相印证。从表 34-2 中还可以看出，由两极法直接测定的 BC 段的电阻 R_{BC}与真实值 R_{bc}之差即为电极的接触电阻，其值甚至超过了材料电阻本身。如果不加以消除将导致测试结果的误差。

当导电水泥基材料的电阻率较大（一般为电阻率大于 100Ω·m）时，其表现为电介质材料的特性，出现电极化现象。如果使用直流电进行测试，则万用电表的读数很不稳定。为了消除电极化现象，往往利用交流电源，通过测量材料交流阻抗来取代电阻值。

相对而言，由于两极组合法的前提是直接采用万用表测量电阻，由于易出现电极化现象，它只适合于电阻率较小材料的测量；而四极法虽然也不能测量大电阻材料，但由于使用比较便捷，所以可以作为导电水泥基材料电阻率测试的理想方法。

3. 碳纤维水泥基材料电阻或阻抗的稳定性

导电水泥基材料的各种机敏性能主要通过材料在外界电场、荷载以及温度场下电阻率的变化来表现。因此，不仅要准确而稳定地测得该材料电阻率，同时对成型的碳纤维水泥基材料的电阻或阻抗的稳定性要深入进行研究。由于碳纤维水泥基材料是一种多相、多层次的复合材料，除了其组分材料本身对复合材料的电阻率产生影响外，养护条件、龄期、环境温度等也会对其电阻率产生很大的影响。

(1) 碳纤维掺量的影响　图 34-1 为试验测得的 28d 龄期不同碳纤维掺量水泥基材料的电阻率，从图中可看出，机敏水泥基材料的电阻率主要由碳纤维的掺量决定，其中渗流阈值对应的碳纤维掺量为临界掺量。当碳纤维掺量小于临界掺量时，由于水泥浆体内导电相（碳纤维）体积掺量过低，未达到渗流，载流子主要由浆体内孔、毛细管溶液中的微量正负离子组成，故电阻率很大。一旦碳纤维的掺量达到或高于临界值，由于碳纤维的乱向空间分布和相互搭接，以及间距很近的碳纤维之间发生的电子隧道跃迁，水泥浆体内部形成了良好的碳纤维导电网络，电路中载流子则主要由碳纤维内部的电子和空穴组成，载流子浓度大大增加，电阻率大幅度降低。

(2) 交流和直流电对阻率测量数据的影响　在交流电的作用下，对于碳纤维水泥基材料微观导电过程可以设想为如图 34-2 所示的等效电路模型。当碳纤维之间有一定距离时，电子通过这段距离，存在一个电阻 R_c，同时也将产生一个电容 C_c。

电阻测量方法常采用四极法。测量过程中发现，当碳纤维掺量低于临界值（0.2%～

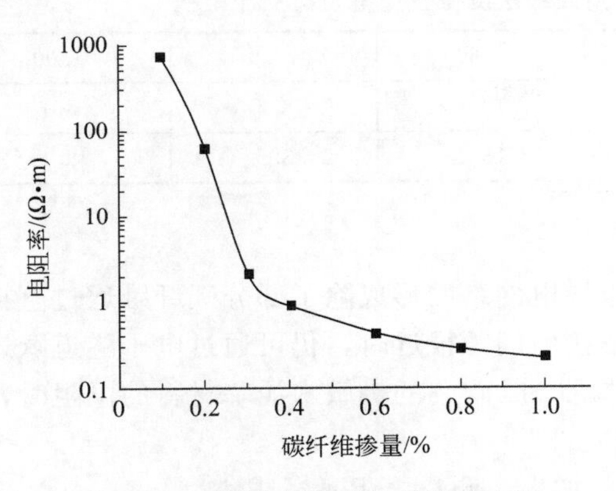

图 34-1　不同碳纤维掺量的机敏水泥基材料电阻率图

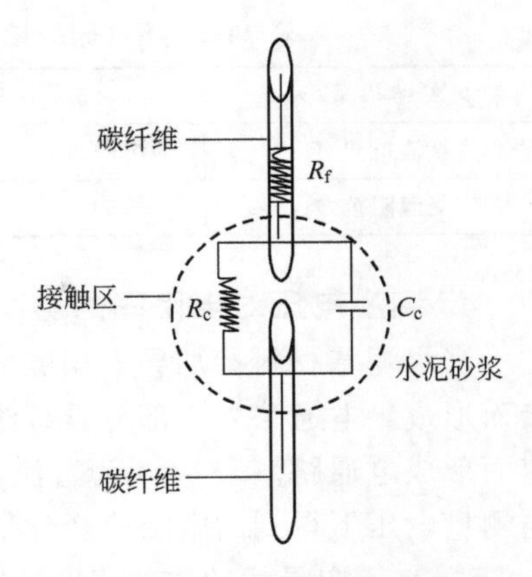

图 34-2　碳纤维水泥基材料的等效电路模型

0.3%)、电阻率较大时，采用直流和交流电源所得测量值截然不同：采用直流电，电阻值在测量过程中不断变化，很长时间后才会最终稳定；而交流电源下测得的交流阻抗很稳定，并且交流阻抗相对于相同电压下测得的直流电阻小很多。

(3) 交流电频率对电阻和阻抗的影响　试验充分证明，当测量交流电频率增大时，阻抗值会减小。通过对机敏水泥基材料的交流频谱研究发现，测量结果与理论结果相符，如图 34-3 所示。而对碳纤维掺量大于渗流阈值的机敏水泥基材料的交流频谱分析发现，交流阻抗不再随电流频率的增大而减小。这是由于当掺量大于渗流阈值时，尽管内部仍然存在小孔隙和微裂缝，但是碳纤维空间网络的形成保证了电流仍可以从跨越这些孔隙及裂缝的碳纤维内通过而不必经孔溶液中的带电离子导电，此时导电载流子绝大部分是碳纤维中的电子和空穴，因此不再有极化反应或反应很弱。所以在碳纤维高掺量下，机敏水泥基材料的交流阻抗不再随电流频率的增大而减小。碳纤维掺量为 0.4%的机敏水泥基材料阻抗-电流频率曲线，如图 34-4 所示。

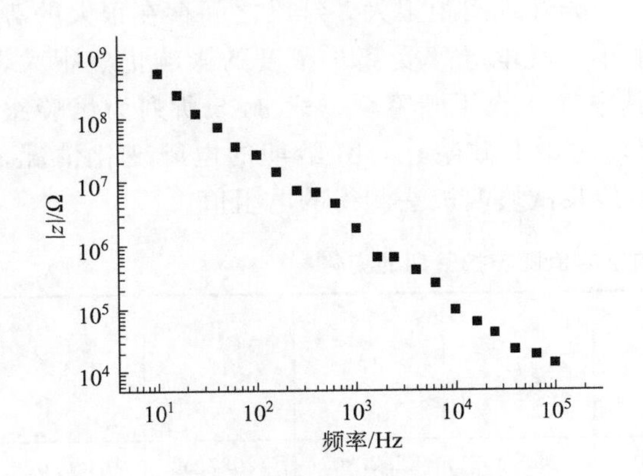

图 34-3　不含碳纤维的水泥基材料交流阻抗-电流频率曲线

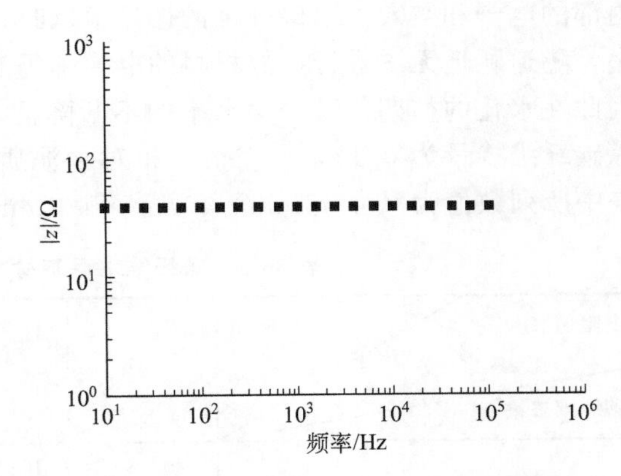

图 34-4　碳纤料维掺量为 0.4%的机敏水泥基材料阻抗-电流频率曲线

表 34-3 为碳纤维掺量大于或等于渗流值的机敏水泥基材料（尺寸为 40mm×40mm×160mm）分别采用电压均为 1V 的直流电和 50Hz 交流电测得直流电阻及交流阻抗值。由于电极化反应很弱，两种方法测得的电阻值基本一致。

表 34-3　不同碳纤维掺量的砂浆试块用四级法测得直流电阻与交流阻抗

碳纤维掺量/%	0.30	0.40	0.60	0.80	1.00
直流电阻/Ω	64.3	27.4	13.1	8.5	8.1
交流阻抗/Ω	63.5	27.4	13.1	8.5	8.1

4. 测量电压对电阻率的影响

当水泥基材料掺加导电相碳纤维时，碳纤维导电网络的形成除了部分碳纤维通过直接搭接而形成导电通路外，部分碳纤维虽然未直接搭接但间距很近时，仍可通过电子隧道跃迁效应而形成电通路。表 34-4 为直流电测量碳纤维掺量为 0.4%的机敏水泥基材料的电阻时，不同测量电压下得到的电阻值变化情况。

表 34-4 中显示的数值表明，随着测量电压的增大，测量电阻不断减小。

表 34-4　不同测量电压下得到的电阻值

测量电压/V	1	5	10	15	20	25	30	35	40	45	50	55	60
电阻/Ω	27.3	27.2	27.1	26.8	26.5	26.3	25.9	25.6	25.4	25.1	24.9	14.8	24.7

5. 养护龄期的影响

对于不掺加碳纤维的普通水泥基材料，由于电通路中只有可以自由移动的离子进行导电，所以材料的电导率主要由离子浓度来决定，间接反应为材料内部含水率的高低。同时因为含有导电离子的溶液只存在于孔、毛细管中，故材料内部的孔结构和毛细管分布也是不掺碳纤维的水泥基材料电阻率的一个重要影响因素。随着水泥的水化反应不断进行，自由水不断转变为结晶水和胶凝水，使得离子浓度不断降低，从而使其电导率在水化初期迅速降低。同时生成的水化产物不断地填充毛细孔，导电通路也不断被这些新生成的水化产物所切断，从而进一步降低其电导率，因此随着混凝土养护龄期的增长，材料的电导率不断降低。

掺加碳纤维后，由于在不同碳纤维掺量下，电通路中的导电载流子由离子转变成碳纤维内部的电子和空穴。当碳纤维的掺量很低时，由于碳纤维间距很大，纤维之间存在很大的势垒，隧道跃迁无法进行，故材料的电导率仍然很小，其电导率受离子浓度的影响仍然很大，因此在水化的初期，随着含水率的不断降低，其电导率也不断降低。表 34-5 所列为试验跟踪碳纤维掺量为 0.1%、0.2%（相对水泥质量）的水泥砂浆在 14d 龄期的电阻变化情况，表中所列数值为尺寸 40mm×40mm×160mm 的砂浆试块四极法测得的电阻值。

表 34-5　碳纤维水泥基材料的电阻值随养护龄期的变化

电阻值/Ω　龄期/d　碳纤维掺量	1	3	7	10	12	14
0.1%	202.807	1054.601	3095.455	4292.308	12037.50	26420.00
0.2%	429.946	1586.638	3002.976	4007.895	4298.969	4796.610

当碳纤维的掺量大于 0.3%后，试块的电阻率呈现出与前面不同的变化趋势，即在养护龄期内，砂浆试块的电阻率逐渐减小。导致上述变化规律差异的原因可能是因为在试块养护期内，由于水泥基材料的干缩和自收缩，碳纤维间距随着水泥浆体的收缩而不断减小，减小了碳纤维自由电子进行隧道效应的势垒，从而使电流增大，电阻减小。

6. 环境湿度的影响

为了观察养护龄期内环境的湿度对碳纤维水泥基材料电阻率变化的影响，试验跟踪了碳纤维掺量为0.6%的砂浆试块在两种不同的养护环境，即温度均为20℃，相对湿度分别为40%和90%的环境下，试块电阻率变化情况，如表34-6所列。

表34-6　不同湿度养护条件下碳纤维砂浆电阻率随龄期的变化　　单位：Ω

龄期/d	1	3	7	14	21	28	变化百分比/%
40%湿度	22.35	21.53	22.16	20.63	19.80	17.75	20.60
90%湿度	15.45	16.09	15.55	14.40	14.37	13.93	9.85

从表34-6中可以看出，在相对湿度为90%的养护条件下，碳纤维水泥砂浆的变化明显比相对湿度为40%下养护的变化幅度小。原因可能是在标准养护条件下，由于相对湿度较大，砂浆试块的收缩相对较小，材料内部碳纤维的间距变化相对也较小。

二、机敏混凝土的力-阻效应

结构材料的安全与稳定性一直是工程界关注的焦点。工程实践证明，混凝土材料的脆性断裂是造成众多灾难事故的重要原因，特别是在动态荷载作用下产生疲劳引起的破坏。为了能最大限度地使用材料和降低由于材料损伤引起的灾难，无论是在材料的使用过程中，还是在非使用过程中，对材料和结构进行在线健康监测都显得极为重要。

碳纤维混凝土复合材料的导电行为源于水泥基体中碳纤维形成的渗流网络。任何一种影响碳纤维在水泥基体内部分散（排列）状态、改变渗流网络微观结构的外部因素，都将引起复合材料体系导电性能的变化。在外部荷载的作用下，水泥基材料内部结构必将发生变化，引入微裂缝，改变碳纤维渗流网络，致使复合材料体系电导率做出相应的响应。

1. 电阻的负压力系数与正压力系数

图34-5是碳纤维掺量为0.8%、水胶比为0.45、砂灰比为1时碳纤维水泥基复合材料在单轴压力下，电阻与应力水平间的对应关系。从图中可以看出：在应力水平低于最大破坏应力57%时，电阻随应力水平的提高而逐渐降低，达到最低值后，电阻出现一个平台，此后电阻随应力水平升高而迅速升高。将电阻在单轴压力场作用下随压力场作用下随压力增大而降低或升高的特征行为分别称为电阻的负压力系数（NPC）效应或正压力系数（PPC）效应。

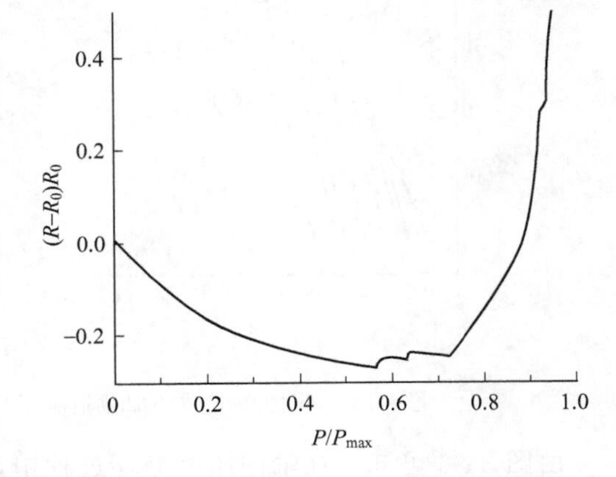

图34-5　机敏混凝土电阻变化率与压力的关系

NPC效应在聚乙烯/炭黑、环氧/陶瓷等导电复合材料以及导电性丁腈橡胶等中发现。通常将NPC效应解释为压力作用下复合材料组分体积变化引起的渗流行为的改变，或导电粒子进一步相互靠近产生附加导电通路的结果。作为一个实验现象，PPC效应曾在炭黑含量在渗流阈值以下、电阻率为$10^{12}\Omega\cdot cm$的聚氨酯/炭黑复合材料中观察到，在这种情况下，电阻随着等静压的升高被认为与离子导电过程有关。而碳纤维水泥基材料在外部荷载作用下，其内部将发生以下两个相互作用的过程。

（1）在外力的作用下，试件内部变得愈加紧密，使得彼此相邻的碳纤维增加了相互搭接的机会；同时使得碳纤维在受力方向易于定向排列，从而形成新的导电网络，其结果必然导致试件电导率的增大，即电阻的减小。

（2）外力和荷载必然引起试件内部发生破坏，从而产生裂纹，增加碳纤维的间隔势垒，使得已存在的导电网络破坏，引起试件电导率下降，即试件的电阻增大。

渗流网络在应力作用下的破坏和重组与应力水平有关。在低应力水平下，渗流网络的完善过程为主；而在高应力水平下，渗流网络的损伤过程占优。在一定应力水平区间内，渗流网络的完善与损伤过程处于动态平衡状态，则电阻达到最低值，或出现随应力增大而无明显变化的平台区。

2. 机敏混凝土力-阻特性的 Kaiser 记忆效应

Kaiser 记忆效应是德国科学家 Joseph Kaiser 在 1950 年对金属及木材等的小试件上开展大量试验后发现的。即当试件受到循环荷载的作用时，如果荷载没有达到前面的应力，则试件不会有声发射现象，或者声发射现象很弱，而当荷载超过先期荷载时，则出现生发射现象的剧变。

图 34-6 为掺有碳纤维的水泥基材料在应力递增循环加载情况下的应力-应变和电阻-应变关系曲线。在加载的第一个循环卸载后，其电阻变化未能回复到初始位置，拥有残余电阻降低；而在接下来的几个循环中，随着最大压缩应变的增大，在加载的过程中，电阻出现 NPC 效应和 PPC 效应；而卸载过程的电阻曲线逐渐升高，且在应力为零时出现了电阻增大。

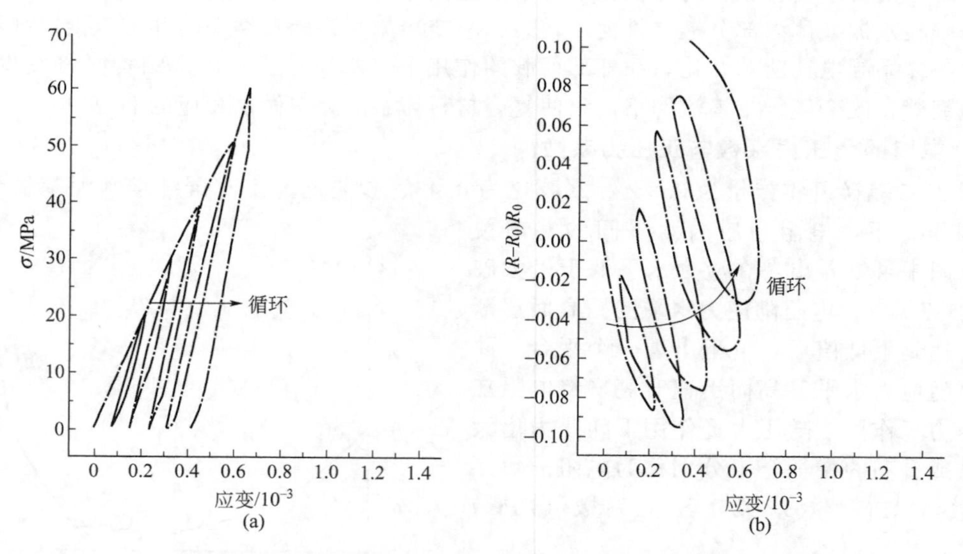

图 34-6 应力递增循环加载情况下应力-应变和电阻变化率-应变关系曲线

由图 34-6 可知，在轴向压缩循环过程中，电阻的变化与应力大小以及材料的残余应变密切相关。最高压缩应力越大，卸载过程中回复电阻的增大也越大。在初次受载过程中，水泥基体内部的微空隙和微缺陷被压实密实，引起水泥基体产生永久性应变，使得碳纤维渗流网络得以重组和定向，导致试件产生不可逆的电阻下降；当试件继续承受更大应力时，试件内部出现微裂纹和微裂缝，引起碳纤维渗流网络产生不可逆的结构损伤，导致电阻不可逆地升高。在卸载的过程中，电阻升高的程度与最大压缩应变有关，并随着其增大而增大。

3. 机敏混凝土的力-阻徐变行为

图 34-7 是碳纤维混凝土在不同应力水平下电阻的相对变化与时间的对应关系。在低应力水平下，受压瞬时，电阻迅速下降，然后随时间的推移而继续逐渐降低，当持续到一定时间后，电阻的变化基本稳定；而在应力水平较高时，试件的电阻出现相反的变化。这种性能类似于水泥混凝土材料在恒应力作用下形变（或损伤）随时间而逐渐增大力学性能的徐变行为。碳纤维水泥基材料电阻在恒应力作用下随时间而逐渐降低（或增大）的现象称为“电阻徐变”。水泥基材料不同于橡胶材料，其电阻徐变与导电碳纤维排布方式在外力作用下的改变，与水泥基体的孔隙和缺陷在压力作用下发生变化而引起导电网络的变化有关。

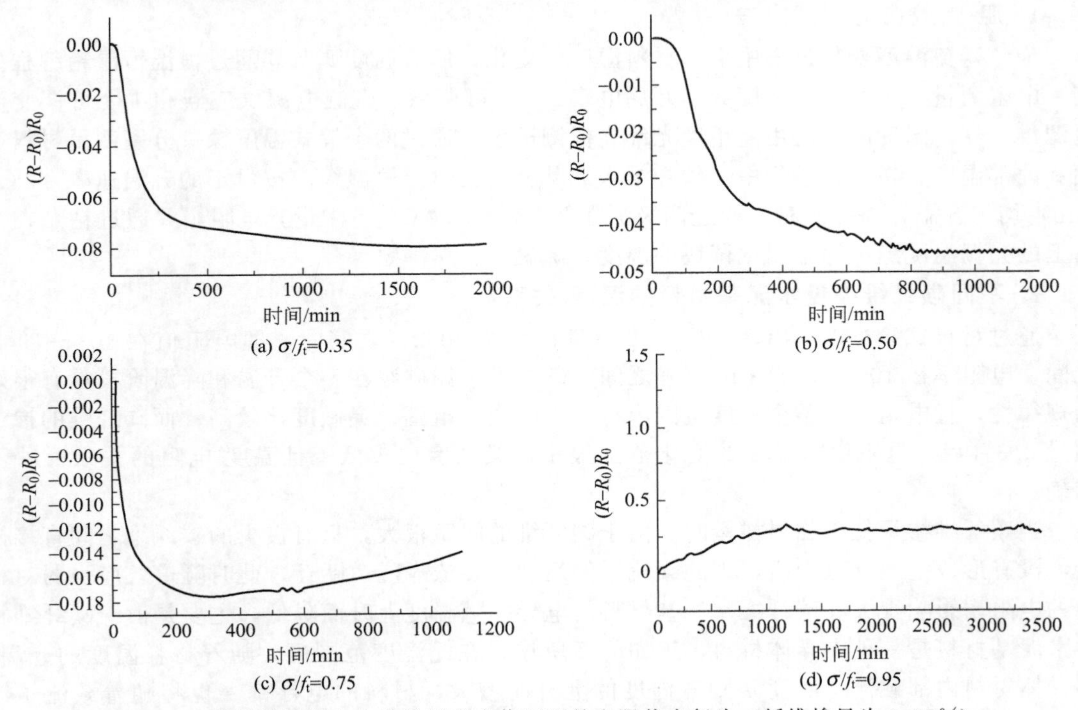

图 34-7 碳纤维混凝土在单轴压应力作用下的电阻徐变行为（纤维掺量为 0.55%）

水泥混凝土的徐变包括低应力下的线性徐变和高应力下的非线性徐变。类似于瞬时加载的情形，在持续载荷下，水泥混凝土内部裂缝的扩展也表现为三个阶段：第一阶段，裂缝扩展非常缓慢，且数目很少，大多是成型过程中留下的，这一阶段大约到应力为极限强度的 40%；第二阶段，达到极限强度的 40%～75%，在这一阶段，界面裂缝在数目和长度上均会有所增加，但没有明显的宏观贯穿裂缝出现；第三阶段，即应力大于极限强度的 75%时，界面裂缝迅速增加，并可能出现宏观贯穿裂缝，这些裂缝在加载后的一段时间内会不断发展，最终造成材料的破坏。

从图 34-7 中可以看出，电阻随时间的相对变化反映出了试件在不同的持续应力水平下内部徐变损伤，即低应力水平下，电阻的降低是由于试件的微缺陷和微空隙不断压密实和碳纤维导电网络不断定向化和重组；而在高应力水平下，试件内部裂缝不断出现和发展，从而导致试件电阻随时间延续不断增大。

三、机敏混凝土的温-阻效应

当温度在室温以上，导电复合材料、金属或半导体材料的电阻随着温度的变化而产生变化，这种现象称为“温-阻效应”。不同的材料，在不同的温度下具有不同的温度效应。如金属材料，它的电阻率具有正的温度系数，也就是说这类材料的电阻率随着温度升高而增加。利用温-阻效应开发的产品主要是一些半导体热敏元件，如负温度系数热敏电阻器（NTC）和正温度系数热敏电阻器（PTC）。这些研究推动了导电材料性能的开发与利用。

当碳纤维水泥基材料在自身温度变化时，其电阻（阻抗）值能随着温度的变化而呈现有规律的变化。这样，研究其温-阻效应的演变规律，通过测定其电阻的变化值，能监测周围环境温度的变化，使碳纤维水泥基材料作为一个传感元件，具有感知自身和环境温度的功能。

1. 温-阻效应的测试方法

为了避免温度变化过程中引起材料湿度的变化，所有温度调节均通过恒温恒湿箱编程控制。电阻测量采用2只高精度数字万用电表、1个可调稳压直流电源供应器和1个可调交流电源供应器。温度测试使用高精度光纤光栅测试仪，通过两个针式温度探头分别测量材料表面和内部温度。在测试过程中，碳纤维水泥基材料在恒温恒湿箱内按设定的升温速率（2℃/min）均匀升温，与此同时，通过四极法在低电压（1.0V）下测量其电阻，并通过粘贴在试块上的光栅温度测试探针测试试块的温度，降温为自然降温。

2. 不同碳纤维掺量水泥基材料的温-阻关系

通过材料试验可以看出，当碳纤维掺量在0%～0.2%之间时，即电阻值在10^4～10^5Ω之间，电阻率在10^2～10^3Ω·m范围之间，碳纤维水泥砂浆在整个升温和降温阶段具有很好的规律性，且电阻值在整个温度范围内有较大的变化范围，灵敏度比较高；而碳纤维的掺量超过0.3%后，电阻值随温度的变化范围很小，灵敏度比较低，且温度-电阻的关系反映不明确。

当碳纤维掺量低于临界掺量时，由于碳纤维的间距很大，只有极少的碳纤维之间直接搭接，没有形成空间导电网络，因此载流子的运动主要依靠隧道跃迁，此时隧道效应强弱对材料的电阻率影响很大。碳纤维水泥基材料的电导率随温度上升而降低，主要是由于碳纤维材料水泥基材料是一种半导体材料，正如前面所述，在此温度范围内，随着材料温度的升高，半导体材料内部载流子浓度n_i随着温度的上升而增大，材料的电导率σ也将随着载流子浓度的增大而增大，从而增大隧道电流，使测得的电阻值降低。

对试件进行升温-降温-再升温-再降温的热循环试验，发现依旧呈现NTC/PTC转变，且转变温度都在某一特定温度附近。随着循环次数的增加，温-阻曲线出现很好的重复性，且基本上保持不变。因此，利用碳纤维水泥基材料的温-阻效应，开发水泥基温控器件或在高温下混凝土结构温度自监测系统均具有良好的前景。

四、机敏混凝土的赛贝克（Seebeck）效应

赛贝克（Seebeck）效应是指导体（或半导体）材料内部由于温差使得电子（空穴）从高温端向低温端移动而形成电动势。在大体积混凝土的施工过程中，由于混凝土内外会形成很大的温差，很容易引起混凝土开裂。为了控制其内外温差，通常需要预埋热电偶或温度传感器进行温度监测，一方面提高了工程造价，更重要的是引起了结构的局部应力集中和降低了结构的耐久性。碳纤维混凝土不仅具有很高的抗弯强度、抗拉强度和韧性，而且具有半导体的某些特征，如赛贝克（Seebeck）效应，可使混凝土材料本身成为温度传感器，满足结构温度自我安全监测的需要。对机敏混凝土的赛贝克（Seebeck）效应的影响因素主要有以下方面。

1. 碳纤维掺量的影响

通过研究不同掺量的碳纤维水泥基材料在不同温差下加热和冷却过程中的电动势与温差的关系发现，在加热的过程中，两电极间出现了负的电动势，且随着温差的增大，其电动势的绝对值继续增大；当试件开始降温时，同时试件两电极间温差降低，由温差产生的电动势绝对值开始出现下降。对于掺加碳纤维的试件，其温差电动势与温差间不仅存在着明显的对应关系，而且加热与冷却过程的温差电动势变化具有很好的一致性；未掺加碳纤维的试件，其温差电动势与温差间偏离线性，且加热与冷却过程的温差电动势变化不一致。同时发现，增大碳纤维体积掺量，虽然热电动势幅度未见提高，但提高了赛贝克（Seebeck）效应温差与电动势间的线性和可逆性。

以铁作为参考热电标，计算碳纤维水泥基材料的绝对热电势率，即材料的赛贝克系数与铁绝对热电动势率（+2.03μV/℃）之和。发现当碳纤维体积掺量达到0.55%时，其绝对热电动势率变为负值，而且随着碳纤维掺量的增大，其绝对热电动势率负值越大，这表明其传导主要依靠空穴，即属于p型半导体材料；而不含碳纤维和碳纤维含量较低的试件，其绝对热电动势为正值，表明其传导主要依靠电子，即属于n型半导体材料。

2. 碳纤维长度的影响

根据碳纤维长度与碳纤维水泥复合材料赛贝克（Seebeck）效应的研究，发现碳纤维长度对其升温和降温过程中的赛贝克（Seebeck）效应的线性关系和可重复性有显著影响，随着碳纤维长度的增长，温差电动势变化与温差间逐渐偏离线性且在降温过程中的可逆性差。同时发现，随着碳纤维长度的增大，其绝对热电动势增大。不同长度碳纤维水泥基材料的Seebeck系数和绝对热电动势率如表34-7所列。

表 34-7　不同长度碳纤维水泥基材料的 Seebeck 系数和绝对热电动势率

碳纤维长度/mm	升温过程		降温过程	
	Seebeck 系数/(μV/℃)	绝对热电动势率/(μV/℃)	Seebeck 系数/(μV/℃)	绝对热电动势率/(μV/℃)
1	−2.12	−0.09	−2.21	−0.19
5	−2.33	−0.30	−2.38	−0.35
10	−2.63	−0.60	−2.79	−0.76
15	−2.67	−0.64	−2.75	−0.72

碳纤维长度对其赛贝克（Seebeck）效应的影响可能主要与碳纤维在水泥基体内部的分散状态有关，碳纤维越短，其在水泥基体内部分散越均匀，促使温差电动势与温差间线性关系越明显；相反，碳纤维的长度越长，碳纤维在水泥基体内部的分散变得不均匀，在水泥基体内部出现大量碳纤维定向分布，从而致使赛贝克（Seebeck）效应降低。

3. 钢纤维水泥基材料的 Seebeck 效应

钢纤维是与碳纤维具有完全不同导电性质的导电材料，表34-8列出了3种不同掺量的微细钢纤维水泥基导电复合材料在升温和降温过程中的Seebeck效应测试结果。与碳纤维水泥基材料相比，微细钢纤维水泥基材料的绝对电动势率都大于0，为n型材料，而且随着钢纤维含量的增大，其绝对热电动势率增大，Seebeck效应中温差与温差电动势之间的线性和可逆性提高。

表 34-8　微细钢纤维水泥基导电复合材料的 Seebeck 效应和绝热电动势率测试结果

碳纤维掺量/%	升温过程		降温过程	
	Seebeck 系数/(μV/℃)	绝对热电动势率/(μV/℃)	Seebeck 系数/(μV/℃)	绝对热电动势率/(μV/℃)
0.20	51.0±4.8	53.3±4.8	45.3±4.4	47.6±4.4
0.55	56.8±5.2	59.1±5.2	53.7±4.9	56.0±4.9
0.08	54.6±3.9	57.1±3.9	52.9±4.1	55.2±4.1

由于微细钢纤维与碳纤维不同，它是一种典型的 n 型导体，依靠自由电子进行导电。因此在温差的作用下，微细钢纤维中的自由电子通过相互搭接的钢纤维，或依次通过水泥石和钢纤维进行输送，从而在高温端积累了大量电子，在试件的两端形成了一个电场。电子将沿着电场方向运动，当它与电子的扩散运动平衡时，电场达到稳定状态，两端形成了一定的电势差。

第三节　性能自调节混凝土

由于碳纤维自身具有良好的导电性能，通过调整碳纤维的掺量，可以使普通混凝土材料的电导率大大降低，使碳纤维混凝土具有良好的导电性和电热效应（也称为焦耳效应）等特殊功能。普通混凝土材料通电升温后，根据热胀冷缩的原理，其自身体积将发生变化，利用这一特性可以调节混凝土结构的变形和内应力。同时利用电-热转换效应，可以调节环境温度，并应用于冬季寒冷地区混凝土屋顶和路面的融雪化冰。

根据以上所述，凡自身具有调节功能的混凝土称为性能自调节混凝土。图 34-8 和图 34-9分别为碳纤维掺量为 0.4%、0.6%（相对水泥质量）的混凝土在外加 40V 直流电压的温度-时间曲线；图 34-10 和图 34-11 分别为碳纤维掺量为 0.8%、1.0%（相对水泥质量）的混凝土在分别施加 30V、20V 直流电压的温度-时间曲线。

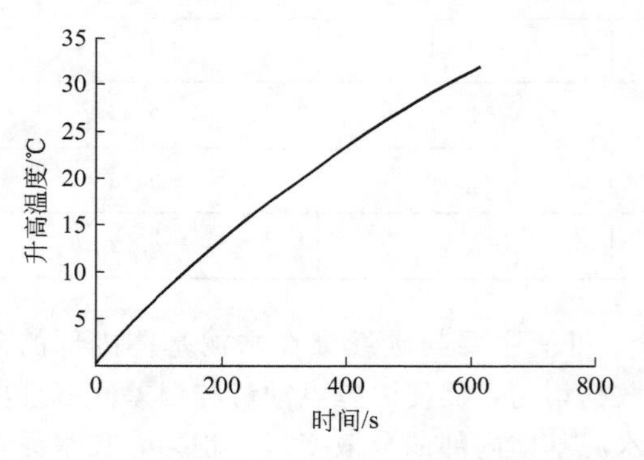

图 34-8　掺加 0.4%碳纤维混凝土的温度-时间曲线

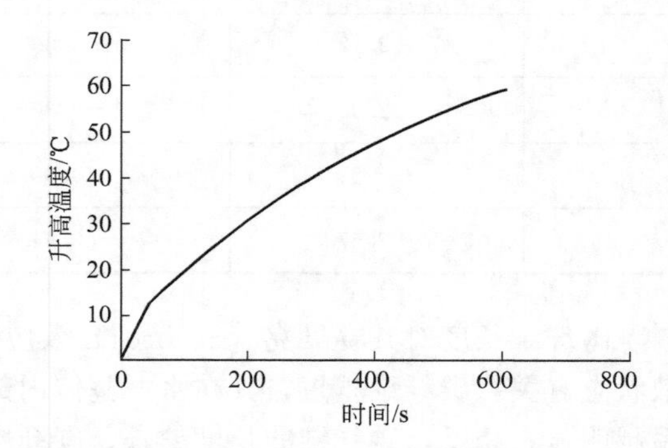

图 34-9　掺加 0.6%碳纤维混凝土的温度-时间曲线

从上述 4 个不同碳纤维掺量混凝土的温度-时间曲线中可以看出，混凝土中随着碳纤维掺量的增加，材料的体电阻率减小，材料的发热功率增加。比较图 34-8 和图 34-9，在相同外加电压下（40V），掺量为 0.6%碳纤维混凝土的升温速率明显高于掺量为 0.4%碳纤维混凝土。同样，图 34-10 和图 34-11 即便外加电压只有 20V、碳纤碳掺量为 1.0%的碳纤维混凝土，其升温速率也明显快于外加电压为 30V、碳纤碳掺量为 0.8%的碳纤维混凝土。

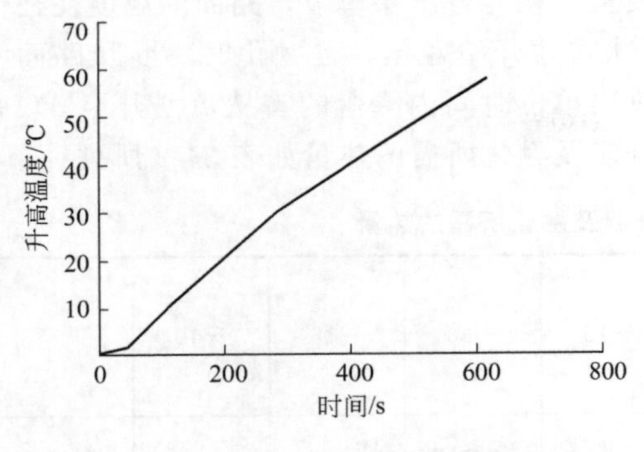

图 34-10　掺加 0.8%碳纤维混凝土的温度-时间曲线

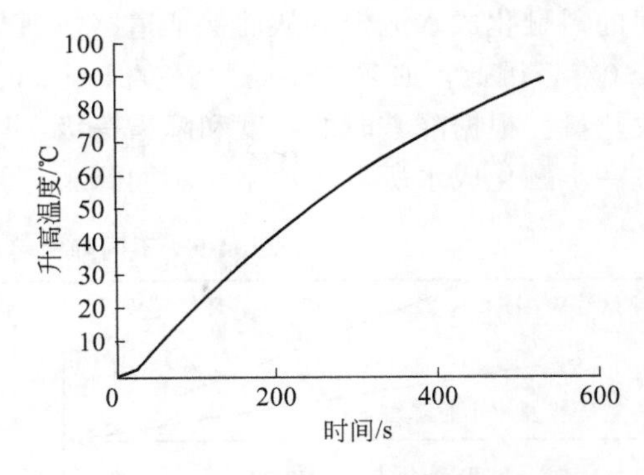

图 34-11　掺加 1.0%碳纤维混凝土的温度-时间曲线

图 34-12～图 34-15 为不同碳纤维掺量的混凝土材料温度变化与热胀微应变的关系曲线。从图中可以看出，两者近似为线性变化关系，图中直线为根据试验结果线性回归所得。随着碳纤维掺量的变化，该斜率在 $(9.3\sim13.8)10^{-6}/℃$之间变化，即碳纤维混凝土的线胀系数随着碳纤维掺量的增加而不断降低。

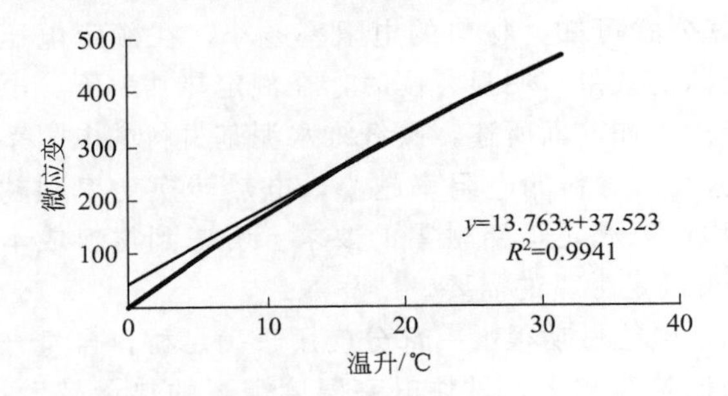

图 34-12　碳纤维掺量为 0.4%混凝土温度-应变曲线

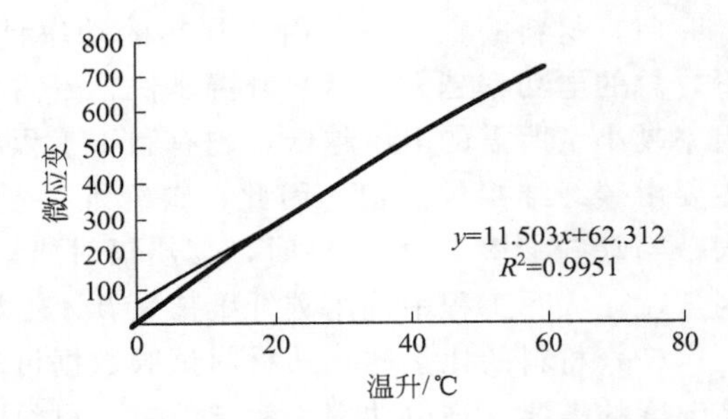

图 34-13　碳纤维掺量为 0.6%混凝土温度-应变曲线

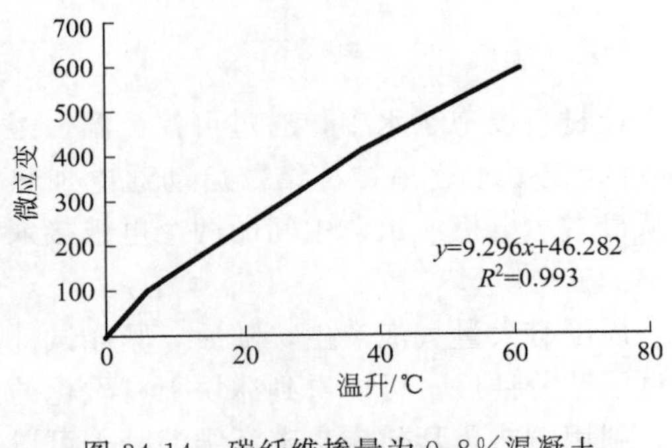

图 34-14　碳纤维掺量为 0.8%混凝土温度-应变曲线

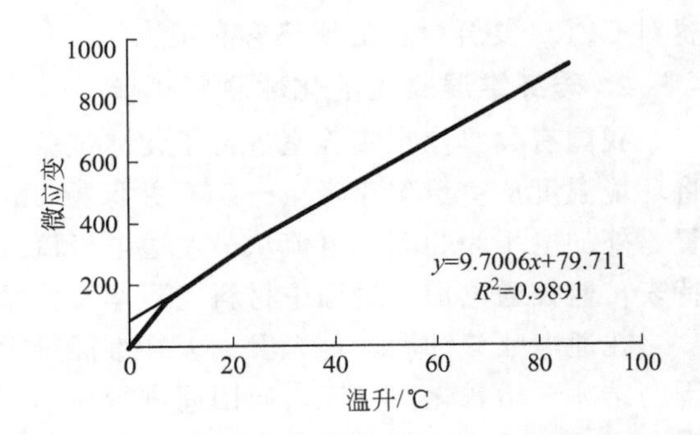

图 34-15　碳纤维掺量为 1.0%混凝土温度-应变曲线

碳纤维混凝土在通入外加电压的情况下，消耗的电功率 P 用于 2 个部分：a. 提供材料自身升高温度所需的热量；b. 热辐射散失的能量，这部分包括用于融雪化冰和因辐射而散失到空气中的热量。

为了不使混凝土路面积雪结冰，在降雪时即给混凝土路面通电加热升温，使得降落在路面的雪融化成水流走，从而保证道路畅通与行车安全。在北方严寒季节，路面的温度往往低于0℃，因此，必须先将路面温度升至0℃以上，冰雪才开始融化，且融化时不断从路面吸收热量。根据降雪时的温度和降雪等级，可以计算出单位时间内降落的雪从负温升至0℃并进一步融化成水所需的功率。不同降雪等级下雪升温及融化所需的热量如表34-9所列。

表34-9　不同降雪等级下雪升温及融化所需的热量

热量/(W/m²) 环境温度/℃ 降雪等级及每小时降雪量	−30	−25	−20	−15	−10	−5
小雪(0.1～2.4mm)	约11.0	约10.7	约10.4	约10.2	约9.9	约9.6
中雪(2.5～4.9mm)	约22.5	约21.9	约21.3	约20.7	约20.1	约19.5
大雪(5.0～9.9mm)	约45.5	约44.3	约43.1	约41.9	约40.7	约39.5
暴雪(>10mm)	>45.9	>44.7	>43.5	>42.3	>41.1	>39.9

1. 机敏混凝土电热功率的影响因素

(1) 材料的电阻率　由焦耳热的功率计算公式可知，材料的电阻率越小，在额定电压下，总的电功率越大，材料升温越快，融雪化冰的效果越明显。同时，在额定热功率下，电阻率越小，所需的电压越低，越有利于工程应用。如前面所述，碳纤维水泥基材料的电阻率主要由碳纤维掺量决定，因此，碳纤维掺量越大，材料的电阻率越小，电热转换功率则越大。当碳纤维掺量≥0.4%时，其热辐射能量均可以满足道路融雪的要求。考虑到材料成本因素，在实际工程中选用碳纤维掺量0.4%即可满足融雪的需要。

(2) 材料的比热容　从材料试验数据可知，电能做功很大一部分应用于满足材料自身升高温度的需要。当电功率为额定值时，材料的比热容越大，试块升高温度需要的热量越大，用于融雪化冰的有效电功越小。影响碳纤维水泥基材料比热容的因素较多，主要受外加组分的掺量（硅粉、碳纤维等）的影响。由于碳纤维水泥基材料为复合材料，因此各组分的比热容对CFRC复合材料的比热容有很大影响。

2. 碳纤维混凝土的化冰融雪试验

我国有关单位在实验室进行了化冰试验。首先让材料浸泡于水中，通过可控恒温恒湿箱将环境温度从室温匀速降至−15℃并保持2h，碳纤维混凝土逐渐被冻结。启动通电加热装置，外加电压为30V，电流从最左边电极流入，从最右边电极流出。中间的两个电极接入伏特表，监控通电加热过程中材料电阻率及体系功率的变化。

在通电数分钟后，首先看到碳纤维混凝土试件周围有大量气泡产生，随后，紧靠试件周围的结冰开始融化，并逐渐向四周进行蔓延。又过了数分钟后，可以看到冰块上有融化的冰水在流动。试验结果说明，在较低的外加电压下，利用电热焦耳效应，碳纤维混凝土可以发挥融雪化冰的作用。

碳纤维增强水泥基（CFRC）材料是一种水泥基的导电材料，电阻率可达10^{-1}～$10^{1}\Omega\cdot m$，呈现良好的电热焦耳效应。在施加较低的电压情况下（<50V）就能使材料自身温度迅速升高（30～100℃），并产生相应的热膨胀。输入电压（功率）不同，CFRC材料的升温速率不同。根据CFRC材料的这种电致热膨胀特性，可以将其埋入普通混凝土构件中，实现混凝土构件的应变或变形的自调节。同时，埋置于混凝土梁上部的CFRC材料通电后热胀变形，

使得混凝土梁向上弯曲，等同于在混凝土梁中和轴以下施加了预压应力，从而提高了混凝土梁达到相同的跨中挠度时的承载能力和抗裂缝能力。

可调节混凝土的制备方法如下。

① 首先制作CFRC试件，其碳纤维掺量为水泥质量的0.8%，硅粉掺量为水泥质量的15%，水灰比为0.40，灰砂比为1.0，成型的尺寸为40mm×40mm×160mm，并在试件中安放4个不锈钢电极，如图34-16所示。当CFRC试件脱模养护至其电阻率趋于恒定时（约30d龄期），测试其电阻率和线膨胀系数。

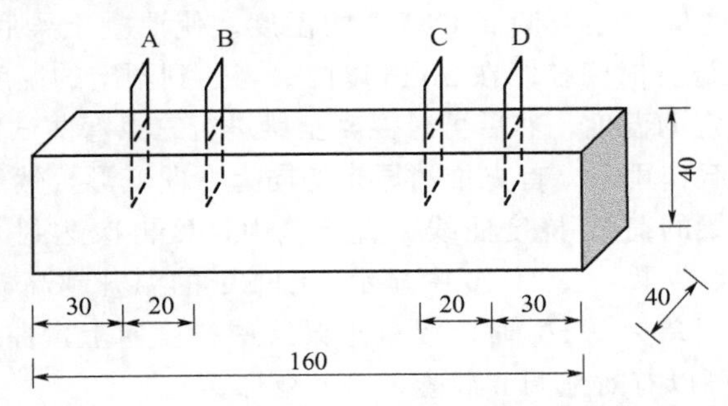

图34-16　CFRC试件的尺寸和电极位置（单位：mm）

② 然后制作混凝土梁，振动成型时将CFRC埋置于混凝土梁中和轴以上，并保持两者的上表面在同一平面内，如图34-17所示。室温养护24h后脱模，置于标准养护室，直至28d龄期后取出试验。

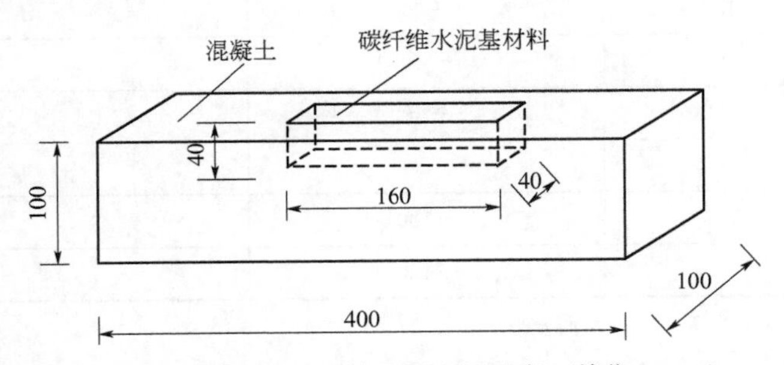

图34-17　预埋CFRC的混凝土梁示意（单位：mm）

采用直流可调稳压电源对CFRC通电进行加热；以四极法通过数字万用电表测量电流、电压；CFRC应变的测量通过光纤光栅设备测量，2只光栅应变计粘贴于试件的两个对立侧面；热电偶测量CFRC的温度。混凝土梁的跨度为300mm，其三点弯曲试验加载设备为Instron8501电液伺服万能试验机，可以同时记录荷载以及跨中挠度。

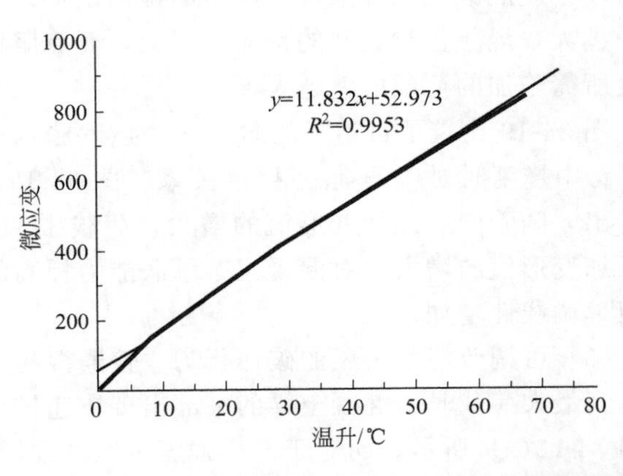

图34-18　CFRC的热膨胀应变与温差的关系曲线

(1) CFRC的焦耳-热膨胀　从图34-18中显示出，在直流电压40V通电加热的过程中，CFRC的应变逐渐增加。由于混凝土中含有0.8%碳纤维，CFRC的电阻率很低，一般只有约

0.2Ω·m，因此，尽管供电的功率只有80W，CFRC的升温率依然很快，最高温升可达到65℃（从15℃升到80℃）。从图34-18中可见，线膨胀系数（CTE）可以通过拟合直线的斜率得到。根据回归分析，CFRC的线膨胀系数为11.8×10^{-6}/℃。CFRC的焦耳热效应使得预埋CFRC的混凝土梁的变形和荷载调节成为可能。

（2）混凝土梁的温度-变形-荷载效应　首先在不通电的情况下，对内埋碳纤维水泥基材料的混凝土梁进行了三点弯曲试验，测定并记录梁跨中挠度达到60×10^{-4}mm时的荷载挠度曲线。然后在40V的直流电压作用下，对CFRC通电发热产生膨胀，引起混凝土梁向上弯曲变形。控制通电的时间，逐级调高CFRC的温度，使混凝土梁底面跨中向上弯曲至不同变形值（6组），每次温升时间控制在2min以内。当达到预定的温度时，适当降低外加电压，使CFRC保持在恒定的温度，然后再对混凝土梁进行三点弯曲试验。

混凝土梁在外加荷载作用下，首先抵消原来的向上弯曲变形，然后逐渐产生向下的挠曲变形，实施记录混凝土梁的荷载-挠度曲线，直至跨中挠度再次达到60×10^{-4}mm时终止。表34-10为6次加载实测结果。表34-10中显示，CFRC的温升越高，混凝土梁产生的向上挠度越大。当CFRC的温差为9.5℃时，混凝土梁跨中挠度向上弯曲了120×10^{-4}mm。因此，CFRC的电热温升可以有效地调节混凝土梁的变形。

表34-10　混凝土梁三点弯曲试验结果

试验编号	温升/℃	梁跨中变形/10^{-4}mm	跨中挠度为60×10^{-4}mm时对应荷载/kN
0#	0	0	2.7
1#	1.3	−20	3.3
2#	2.2	−40	3.9
3#	3.5	−60	4.7
4#	5.3	−80	5.0
5#	7.4	−100	5.3
6#	9.5	−120	5.8

注：梁跨中向上弯曲变形为负，向下弯曲变形为正。

向上的弯曲变形对于受三点弯曲荷载作用的混凝土梁来说，相当于在梁中和轴以下预加了一定的压应力。当梁承受向下的荷载作用时，外加的荷载首先必须克服该预应力的作用，然后才会使混凝土梁逐渐产生向下的挠曲变形。因此，温度越高，产生的混凝土梁向上弯曲变形越大，混凝土梁底部的预应力越大，要克服该预压应力使混凝土梁达到相同的向下跨中挠度所需施加的荷载值就越大。

图34-19比较了自不同的向上弯曲挠度施加荷载，使混凝土梁同样达到向下60×10^{-4}mm跨中挠度时对应的荷载-挠度关系。图34-19中直线为根据试验点拟合得到，从图中可以看出，随着向上预加变形值的增大，荷载-挠度曲线的斜率呈降低的趋势，由此可见，随着预加变形值的增大，对混凝土梁承载能力提高的难度增大。承载能力的提高并不随预加变形值单调线性增加。

（3）可调节混凝土梁的破坏行为　普通混凝土梁的破坏呈现脆性破坏的特征，当外加荷载达到最大荷载时，混凝土梁的底部出现快速扩展的裂缝，混凝土梁的承载能力迅速陡降，如图34-20(a)所示。而对于同样强度等级的预埋CFRC的混凝土梁，当CFRC通电放热引起混凝土梁向上弯曲挠度达到150×10^{-4}mm时，再开始加载，并在整个加载过程中保持外

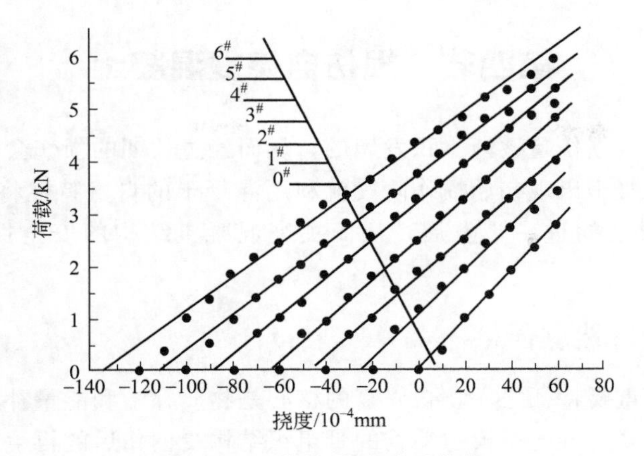

图 34-19　荷载-挠度关系曲线

加电功率不变，则混凝土梁的承载能力可提高约 50%，而且峰值荷载的软化曲线也比较平缓，这说明混凝土梁的脆性得到明显改善，如图 34-20(b) 所示。

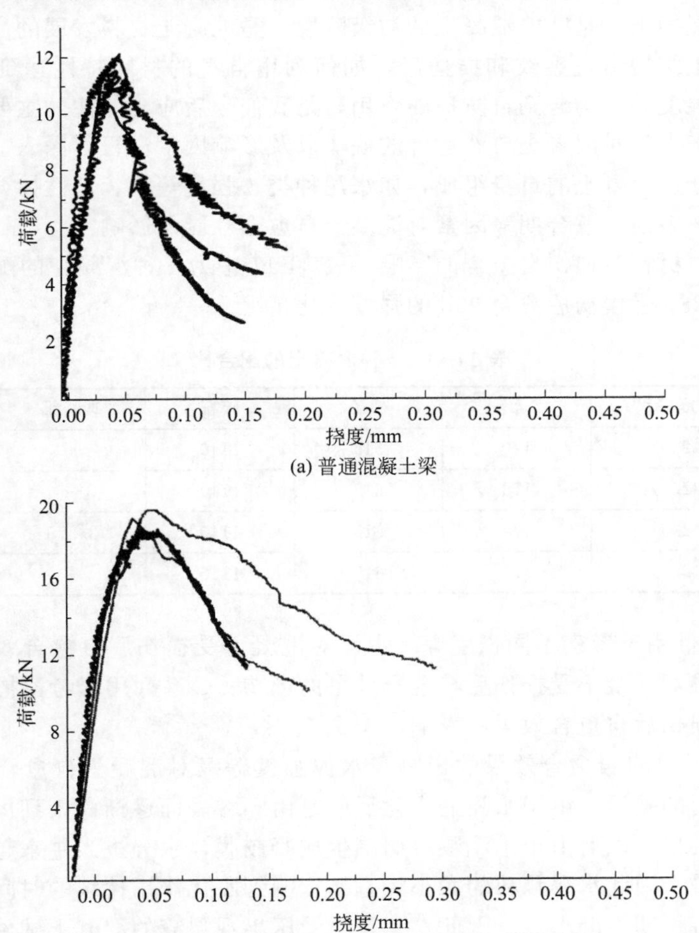

图 34-20　混凝土梁的荷载-挠度曲线

第四节　损伤自修复混凝土

由于混凝土结构的损伤是逐渐累积发展的，从而经过长期的损伤会导致混凝土结构的最终破坏，如果能在混凝土出现初始损伤阶段就利用混凝土的自身特性将损伤自行加以修复，则可以避免混凝土损伤的进一步发展，从而提高混凝土结构的安全性，并大大降低维护费用。

一、混凝土损伤的自然愈合

自修复是生物的重要特征之一。自修复的核心是物质补给和能量补给，其过程由生长活性因子来完成。自修复混凝土是模仿动物的骨组织结构受创伤后的再生、恢复机理，采用修复胶黏剂和混凝土材料相复合的方法，对材料损伤破坏具有自修复和再生的功能，恢复甚至提高材料性能的一种新型复合材料。

自修复混凝土，从严格意义上来说，应该是一种机敏混凝土。机敏混凝土是一种具有感知和修复性能的混凝土，是智能混凝土的初级阶段，是混凝土材料发展的高级阶段。由这种材料构建的混凝土结构出现裂纹和损伤后，如何利用自身的材料特性达到结构本身的自修复、自钝化，对混凝土结构起到自防护的作用，是我们今后应当关注的主要问题。

近年来，同济大学对混凝土自然愈合的规律以及影响因素进行了深入、系统和全面的研究，研究的内容涉及混凝土的自身组成，如水泥种类、强度等级、活性掺合料、纤维等，以及损伤程度、破坏龄期、愈合期等因素对混凝土自愈合性能的影响。

(1) 混凝土原材料对损伤自愈合的影响　表 34-11 中为 4 种混凝土的配合比，用以考察各个系列混凝土 28d 受损伤后愈合 90d 的强度变化情况。

表 34-11　4 种混凝土的配合比　　单位：kg/m³

试件编号	水泥(强度等级)	水	砂子	碎石	碳纤维	粉煤灰
L	475(42.5)	170	615	1140	—	—
P	475(32.5)	170	615	1140	—	—
X	475(42.5)	170	615	1140	2.375	—
C	380(42.5)	170	615	1140	—	95

L、P 系列试件用于考察不同强度等级水泥对混凝土受损伤后自愈合效果的影响；X 系列用于考察碳纤维对混凝土受损伤后自愈合效果的影响；C 系列用于考察掺入掺合料（粉煤灰）对混凝土受损伤后自愈合效果的影响。

① 水泥强度等级对自愈合效果的影响　水泥强度等级对混凝土自愈合效果的影响，主要是因为水泥粒度的差异。由于水泥的水化反应是由颗粒表面逐渐深入到内层的，因此，一开始水化反应比较快，以后由于水泥颗粒周围生成凝胶膜，水分进入越来越困难，水化反应也必然就越来越慢。因此水泥颗粒的大小将直接影响到水化作用持续的时间，对于较粗的水泥颗粒，其内部将长期不能水化。因此，一旦将受压出现裂缝的混凝土试件放在水中继续进行养护，裂缝面上暴露的以及裂缝附近区域的一些未水化的水泥颗粒，与通过裂缝渗入的水分反应，就可以继续进行水化，水化产物逐渐填塞裂缝，从而使混凝土抗压强度得以恢复。因此，水泥颗粒的大小直接影响到养护至 28d 龄期时水化作用进行的完全程度，也就影响了

受压破坏后水化作用能够继续进行的程度，从而影响到自愈合效果。

② 掺合料对混凝土自愈合效果的影响　将含有粉煤灰的混凝土试验结果与不掺加粉煤灰的基准混凝土进行对比，其结果如表 34-12 所列。根据有关材料试验数据表明，对于第 1 组试验，28d 压过后自愈合至 120d 龄期时，掺加粉煤灰的混凝土抗压强度达到 51.7MPa，高于 28d 抗压强度 43.2MPa；而对于基准混凝土，愈合至 120d 龄期的抗压强度为 50.1MPa，仅稍高于 28d 抗压强度 49.4MPa。因此，掺加粉煤灰的混凝土自愈合效果仍稍好于基准混凝土。

表 34-12　掺合料对混凝土自愈合效果的影响

试件编号	R_1	R_2	R_3	R_4
C	1.197	1.111	1.041	0.867
L	0.995	1.106	1.007	0.853

③ 碳纤维对混凝土愈合效果的影响　碳纤维对混凝土损伤自愈合效果的影响如表 34-13 所列。掺入碳纤维能够提高混凝土的自愈合效果，主要是由于纤维均匀分散于混凝土中，当混凝土受压破坏时，杂乱分布的碳纤均跨接在裂缝上，消除了裂缝尖端的应力集中，改变并分化裂纹的扩展方向，起到了限制裂纹扩展和细化裂纹的作用。因此，碳纤维混凝土达到极限荷载时的平均裂缝宽度明显小于基准混凝土。由于破坏时损伤程度较小，碳纤维混凝土的自愈合效果也自然好于基准混凝土。

表 34-13　碳纤维对混凝土损伤自愈合效果的影响

试件编号	R_1	R_2	R_3	R_4
X	1.076	1.170	0.995	0.912
L	0.995	1.106	1.007	0.853

(2) 混凝土损伤程度对自愈合效果的影响　水泥混凝土在使用的过程中，由于各种原因，如温湿度变化、不均匀沉陷、外加荷载引起的直接应力以及次应力的作用，都可能导致混凝土的开裂。裂缝的存在及其发展，不仅影响到混凝土结构的正常使用性能和耐久性，而且也危及结构的安全性。但是，并非所有的初始裂缝都会演变为有害或失稳的裂缝。1995 年，有关专家研究发现，将混凝土试件冻融破坏之后放置一段时间后，混凝土恢复了一部分共振频率，并且在裂纹中有钙矾石晶体和氢氧化钙晶体。有些防水的混凝土结构，在 0.1MPa 水压下，出现 0.1～0.2mm 裂缝时，可能开始时有轻微的渗漏，但经过一段时间后，却发现裂缝完全封闭，甚至一点也不渗漏。有些学者甚至发现宽达 0.3mm 的裂缝，经过一段时间后都可以完全恢复。这些都充分说明混凝土在受到损伤之后存在一定的自愈合能力。

试验结果也充分证明，虽然受损后的混凝土力学性能在相当大的程度上都可以恢复，但是这种自愈合能力取决于多方面的因素，包括混凝土的组成、受损时的龄期、自愈合的环境条件及愈合期等。同时，混凝土受损后的程度也是影响混凝土自愈合效果的重要因素。虽然上述研究者发现，0.1～0.3mm 的裂缝能够自愈合，但在实际工程中仍然还有绝大多数的裂缝会导致结构物的最终破坏。因此，究竟混凝土损伤到什么程度，其自身还能愈合且不影响结构的完整性？如何定量表征混凝土的自愈合过程？这些都是人们力图探索的问题。

二、电沉积修复混凝土裂缝

电沉积方法修复混凝土裂缝是国际上最近出现的一项新技术，特别适用于传统的方法难以奏效或修复成本太高的混凝土。该方法是在现代电化学技术基础上发展起来的，以混凝土中的钢筋为阴极，外加辅助难溶性阳极，在外电场的作用下，由于两极间存在电位差，使得电解液及孔隙液中的正负离子发生定向移动，并在两极处发生一系列化学反应，最终产生的电积物沉积在混凝土表面和裂缝里，这些沉积物不仅为混凝土提供了物理保护层，也在一定程度上阻止了流动的气体和液体等外界有害物质对混凝土的侵蚀。

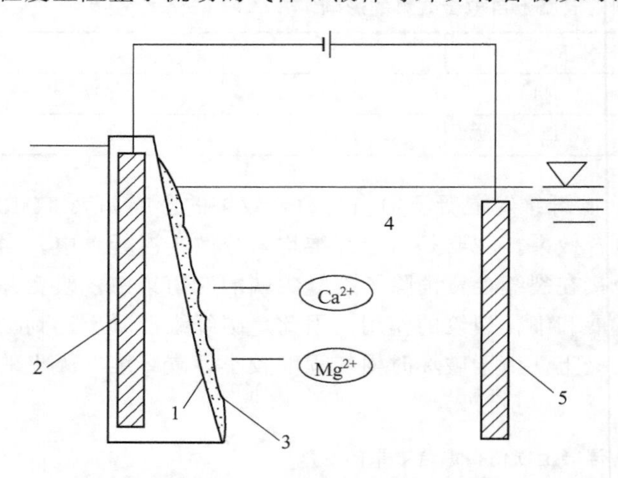

图 34-21　海岸结构的电解沉积法示意
1—混凝土表面；2—钢筋；3—沉积物；
4—海水；5—外加电极

电沉积方法研究结果表明，施加电流可使钢筋混凝土结构的裂缝封闭起来。这种现象对海岸结构十分有利，因为传统的修补方法是很不经济的，在很多情况下甚至是无效的。海岸结构的电解沉积法如图 34-21 所示。

把带裂缝的海工混凝土结构中的钢筋作为阴极，在海水中外加辅助的阳极，在两者之间施工微弱的低压直流电，因为混凝土是一种多孔材料，其孔隙液中就有一种电解质，所以在混凝土中就会发生电迁移，从而在海工混凝土结构的表面和裂缝处有沉积物［主要成分如 $CaCO_3$ 和 $Mg(OH)_2$］生成从而修复裂缝。该方法特别适用于传统的修复技术难以奏效的海工结构，因为海水本身就是良好的电解质。生成的电解沉积物提供了一种物理上的保护层，减少了混凝土内部的气体和液体的流动。

电沉积法试验从水的渗透性、氯离子的渗入程度以及碳化深度等方面，评估了电解沉积法修复混凝土裂缝的效果。试验表明：电沉积修复后混凝土试件的渗透系数已经接近无裂缝状态，而碳化深度浅于参照试件的碳化深度，并且氯离子渗透深度仅为完好试件 1/2，这说明电沉积修复后混凝土的耐久性得到显著改善。

（1）陆地混凝土裂缝的电沉积修复　电解沉积法应用于海工混凝土结构时，海水本身就是良好的电沉积溶液。但当该项技术应用于陆地混凝土结构的裂缝修复时，就必须优先考虑电解质溶液的优选问题，因为不同的电沉积溶液决定了所生成的沉积物的种类，并且直接影响电沉积修复的效果。Ostuki 等对电沉积溶液的选择进行了试验研究，分别选取了氯化镁、硫酸锌、硝酸银、氯化铜、硫酸铜、氢氧化钙、碳酸氢钠、硝酸镁 8 种溶液进行试验。施加 $0.5A/m^2$ 的直流电 1 周。结果发现：氯化铜、硫酸铜、氢氧化钙、碳酸氢钠 4 种溶液中的试块上面没有沉积物生成；硝酸银溶液中的试块上沉积物（银）只分布在裂缝的周围；氯化镁、硫酸锌、硝酸镁溶液中的试块表面上的沉积物较多；将有沉溶物生成的溶液中的试块纵向切开，观察到沉积物在裂缝处的分布情况如图 34-22 所示。

近年来，Ryu 等对利用电解沉积方法修复陆上混凝土结构裂缝的可行性方面进行初步试验研究。他们采用 150mm×150mm×1250mm 的混凝土梁试件通过 18 个月氯离子的侵蚀制作裂纹，其最大裂缝宽度达到 0.6mm，然后施加电流密度为 $0.5A/m^2$ 的直流电。研究结果

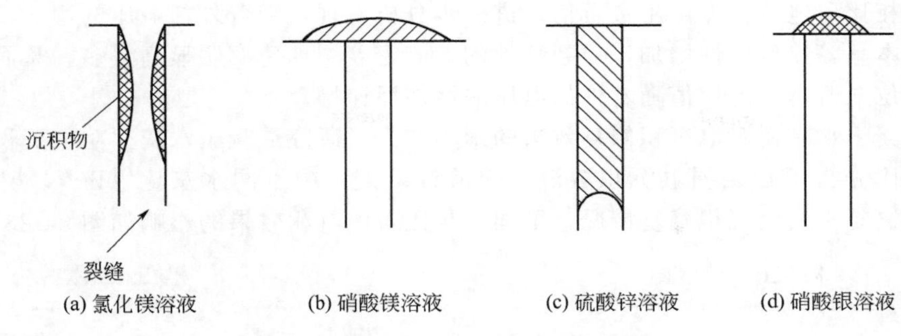

图 34-22 沉积物在裂缝处的分布情况

表明：在前两个星期，裂缝闭合的速度最快，混凝土表面的电沉积覆盖层厚度为 0.5～2mm；施加电压不久，在裂纹尖端先出现电沉积使裂纹钝化；试验结束时，混凝土试件的裂缝几乎完全闭合。此外，电沉积过程使大约 70%的氯离子从钢筋传递到阳极，进入外部的电沉积溶液，这有助于混凝土内钢筋的重新钝化，从而提高了抗锈蚀的能力。

研究中还发现电沉积修复效果与通入的电流密度有密切关系。裂缝表面的覆盖率和裂缝愈合率随着电流密度的增大而加快；但电解沉积物渗入裂缝的深度，则随着电流密度的增大而减小。电流密度越小，裂缝愈合需要的时间越长，沉积物渗入裂缝的深度越深，愈合的效果越好。所以在实际应用中要选择大小合适的电流密度，使裂缝的愈合时间和沉积物渗入裂缝的深度二者协调，从而保证裂缝达到较好的愈合效果。

国内外学者对电沉积法修复混凝土的试验研究表明，该技术用来钝化甚至愈合混凝土的损伤和裂纹是完全可行的。尽管如此，将电沉积法要发展成为一种成熟的修复混凝土裂缝的实用技术，尚有许多问题亟待解决。

(2) 电沉积过程中的电化学反应 不同的电解质溶液导致的电沉积修复效果也不相同。以国内外常用的电沉积溶液为样本，对电沉积修复混凝土裂缝过程中电化学机理进行了系统研究和分析。以氯化镁和硫酸锌溶液为例，根据电化学的知识，在阴极上，电势越正者其氧化态越先还原而析出；在阳极上，电势越负者其还原态越先氧化而析出。因此，以上两种溶液在通电后，氯化镁溶液出现氢氧化钙沉积，硫酸锌溶液出现氧化锌沉积。

(3) 裂缝处电流密度的集中效应 在电沉积的过程中，由于裂缝的存在，混凝土内部的钢筋直接暴露于电解质溶液中，通过的电流将在试件裂缝处出现电流密度集中现象，使得沉积物在裂缝处快速堆积，从而导致裂缝尖端的钝化和愈合。表 34-14 定量测试了在相同外加电压情况下，同一试件（裂缝宽度为 0.4mm）在破坏前后的电流密度。从表中可以看出，破坏后的试件在相同的电压下通过的电流明显增大，说明裂缝处存在高密度电流，与试件其

表 34-14 裂缝出现前后电流及电流密度的比较

外加电压/V	破坏前电流/A	破坏后电流/A	破坏前的电流密度/(A/m^2)	破坏后裂缝处的电流密度/(A/m^2)	裂缝处与未裂部位电流密度的比值
8.6	0.02	0.03	3.12	625	200
12.9	0.03	0.05	4.69	1250	267
17.3	0.04	0.07	6.25	1875	300
21.4	0.05	0.09	7.81	2500	320
25.1	0.06	0.12	9.38	3750	400

他未裂部分相比，电流密度高出数百倍。进一步分析发现，随着外加电压的增加，破坏前的电流密度基本呈等比例线性增加，但裂缝处的电流密度增加速率明显高得多，从而导致裂缝处与未裂部位电流密度的比值随着外加电压的增加而递增。

（4）混凝土水灰比对电沉积修复效果的影响　为了研究混凝土水灰比对电沉积修复效果的影响，对比分析了在相同电沉积溶液（硫酸锌溶液）中不同水灰比（W/C 分别为 0.3、0.4、0.5）混凝土的电沉积修复情况，不同水灰比对电沉积效果的影响如图 34-23 所示。

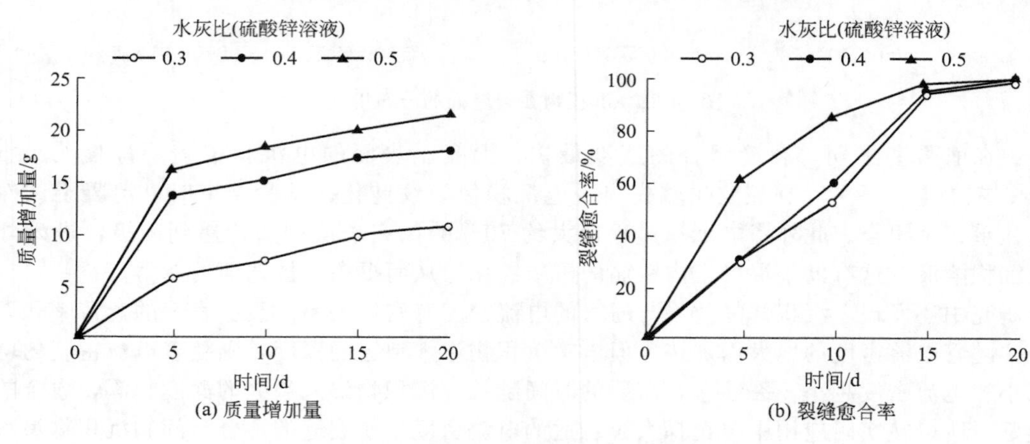

图 34-23　不同水灰比对电沉积效果的影响

研究发现以下规律：a. 混凝土试件的质量的增加量和裂缝的愈合率，随着混凝土水灰比的增大而加快，原因可能是随着水灰比的增大，混凝土中的孔隙率增大，一方面降低了混凝土本身的电阻；另一方面降低了氢氧根离子从混凝土中析出来的阻力，从而产生更大的电流，使得在混凝土内部及离子间结合生成沉积物的概率相对增加，所以有更多的沉积物生成，愈合速率加快；b. 水灰比较大的试件，在电沉积开始的前 5d 里，裂缝愈合的速率较快，随后速率逐渐趋缓；而水灰比较小的试件，在电沉积开始后的 15d 里，裂缝愈合率基本呈线性增加，15d 后增长趋势逐渐减缓。通过微观测试，发现愈合率趋慢的原因是因为电沉积物愈合部分裂缝后导致试件的电阻增加，以及钢筋得到保护后极化电阻和膜电阻增加导致电流的降低，因此沉积物的生成速度随着电流的减小而逐渐变慢。

跟踪记录了电沉积过程中电流随时间的变化情况。结果显示，随着电沉积试验的进行，在恒定外加电压下，通过试件的电流逐渐减小，从而进一步说明试件的裂缝处有沉积物生成，引起试件的阻抗逐渐增大，导致沉积物继续生成的速率减缓。用电解沉积法修复混凝土的裂缝，尤其适用于传统技术难以奏效的海工结构或长期处于潮湿环境中的工程结构，是进行混凝土裂缝修复的一种实用方法，有着广阔的应用前景。

第三十五章 绿色混凝土施工工艺

混凝土施工是按照设计要求的技术性能、规格和部位，将水泥、砂子、石子、水和外加剂等按适当比例拌制成混凝土后，浇筑成设计的建筑物的工作过程。绿色混凝土施工要求混凝土在确保工程质量、施工进度的同时，要确保施工人员的健康和人身安全与环境友好。

绿色混凝土工程施工需根据混凝土的种类、要求的性能、建筑物的体形、当时气温条件以及其他施工条件，采用相应的施工方法。常规混凝土施工一般包括以下工序：a. 模板的制作与安装；b. 钢筋的加工与安装；c. 基础或浇筑面的清理；d. 混凝土骨料的生产；e. 混凝土的拌制；f. 混凝土运输；混凝土浇筑；g. 混凝土养护；h. 需要进行的混凝土温度控制措施。

绿色混凝土施工除应按照常规混凝土的工序进行外，还应考虑以下方面：a. 模板的支撑可靠度、板缝的处理及拆模方便等；b. 钢筋的锈蚀程度与变形程度必须在控制范围内；c. 基础或浇筑面的清理必须干净，作业平台必须牢靠；d. 混凝土骨料的生产，包括开采、筛分和运输必须处于受控状态；e. 混凝土的拌制必须准确计量、安全措施到位；f. 混凝土运输过程中必须控制坍落度损失；g. 混凝土浇筑必须考虑施工程序与作业安全，包括平仓和振捣必须预先设置，并严格按规范进行施工；h. 混凝土的养护方法与养护时间必须受到严格控制；i. 大体积混凝土施工需要采取混凝土温度控制措施。

第一节 绿色混凝土的生产工艺

混凝土作为用量最大的结构工程材料，为人类建造现代化社会创造了巨大财富。同时，混凝土的生产与使用消耗了大量的矿产资源，大量的能源消耗也给地球环境带来了不可忽视的副作用。作为当今最大宗的人造材料，水泥混凝土生产工艺如何实现绿色化，对节约资源、能源和人保护环境具有特别重大的意义。

国内外工程实践证明，对于绿色混凝土的生产工艺，应从原材料选择、配合比设计、试验标准、施工规范等的系统研究，在研究的基础上建立混凝土绿色度量化评价体系。混凝土的绿色度是混凝土生产过程与环境、资源、能源的协调程度。绿色度量化评价体系应做到科学，符合实际，且表达方式上做到通俗化、简单易懂，能为广大工程设计、生产和施工人员所接受和理解，使其能在实践中很好地应用，指导推广混凝土绿色化生产。

一、现场混凝土的拌制要求

（一）现场混凝土拌制的技术要求

混凝土的拌制，实际上就是将水、水泥和粗、细骨料进行均匀混合及搅拌的过程，同时通过对混凝土的搅拌，还要使混凝土材料达到强化、塑化的作用。

1. 对混凝土搅拌方法的规定

在现行国家标准《混凝土结构工程施工规范》（GB 50666—2011）中对混凝土的搅拌提

出了如下基本要求。

（1）当粗、细骨料的实际含水量发生变化时，应及时调整粗、细骨料和拌和用水的用量。

（2）混凝土搅拌时应对原材料用量准确计量，并应符合下列规定：a. 计量设备的精度应符合现行国家标准《建筑施工机械与设备　混凝土搅拌站（楼）》（GB/T 10171—2016）的有关规定，并应定期校准，使用前设备应归零；b. 原材料的计量应按重量计，水和外加剂溶液可按体积计，其允许偏差应符合表 35-1 的规定。

表 35-1　混凝土原材料计量允许偏差　　单位：%

原材料品种	水泥	细骨料	粗骨料	水	掺合料	外加剂
每盘计量允许偏差	±2	±3	±3	±2	±2	±2
累计计量允许偏差	±1	±2	±2	±1	±1	±1

注：1. 现场搅拌时原材料计量允许偏差应满足每盘计量允许偏差要求；2. 累计计量允许偏差指每一运输车中各盘混凝土的每种材料计量称的偏差，该项指标仅适用于采用计算机控制计量的搅拌站；3. 骨料含水率应经常测定，雨雪天施工应增加测定次数。

（3）采用分次投料搅拌方法时，应通过试验确定投料顺序、数量及分段搅拌的时间等工艺参数。掺合料宜与水泥同步投料，液体外加剂宜滞后于水和水泥投料；粉状外加剂宜溶解后再投料。

（4）混凝土宜采用强制式搅拌机搅拌，并应搅拌均匀。混凝土搅拌的最短时间可按表 35-2 采用，当能保证搅拌均匀时可适当缩短搅拌时间。搅拌强度等级 C60 及以上的混凝土时搅拌时间应适当延长。

表 35-2　混凝土搅拌的最短时间

混凝土坍落度/mm	最短时间/s（搅拌机出机量 / 搅拌机的类型）	<250L	250～500L	>500L
≤40	强制式	60	90	120
40～100	强制式	60	60	90
≥100	强制式	60	60	60

注：1. 混凝土搅拌的最短时间系指全部材料装入搅拌筒中起，到开始卸料止的时间；2. 当掺有外加剂与矿物掺合料时，搅拌时间应适当延长；3. 采用自落式搅拌机时，搅拌时间宜延长 30s；4. 当采用其他形式的搅拌设备时，搅拌的最短时间也可按设备说明书的规定或经试验确定。

2. 混凝土的开盘鉴定

（1）在现行国家标准《混凝土结构工程施工规范》（GB 50666—2011）中规定对首次使用的配合比应进行开盘鉴定　开盘鉴定应包括下列内容：a. 混凝土的原材料与配合比设计所使用原材料的一致性；b. 出机混凝土工作性与配合比设计要求的一致性；c. 混凝土的强度；d. 混凝土凝结时间；e. 有特殊要求时还应包括混凝土耐久性能。

（2）开盘鉴定的组织　开盘鉴定的组织主要包括以下方面：a. 施工现场拌制的混凝土，开盘鉴定由监理工程师组织，施工单位项目部技术负责人、混凝土专业工长和实验室代表等共同参加；b. 搅拌站的开盘鉴定，由预拌混凝土搅拌站的总工程师组织，搅拌站技术、质量负责人和实验室代表等共同参加，当合同有约定时应按照合同约定进行。

(二) 现场混凝土拌制的方法

1. 混凝土搅拌机的类型

(1) 自落式搅拌机 自落式搅拌机的搅拌鼓筒是垂直放置的。随着鼓筒的转动，混凝土拌合料在鼓筒内做自由落体式翻转搅拌，从而达到搅拌的目的。自落式搅拌机多用以搅拌塑性混凝土和低流动性混凝土。筒体和叶片磨损较小，易于清理，但动力消耗大，效率较低。

(2) 强制式搅拌机 强制式搅拌机的鼓筒筒内有若干组叶片，搅拌时叶片绕竖轴或卧轴旋转，将材料强行搅拌，直至搅拌均匀。这种搅拌机的搅拌作用强烈，适于搅拌干硬性混凝土和轻骨料混凝土，也可搅拌流动性混凝土，具有搅拌质量好、搅拌速度快、生产效率高、操作简便及安全等优点。但机件磨损严重，一般需用高强合金钢或其他耐磨材料做内衬，多用于集中搅拌站。

2. 现场混凝土搅拌制

现场混凝土搅拌制可分为集中拌制与零星拌制两种。

(1) 集中拌制 现场混凝土集中拌制主要靠集搅拌站进行拌制。

(2) 零星拌制 采用简单计量设备与简单搅拌设备在现场拌制零星混凝土的方法称为零星拌制。零星拌制大多计量不很准确，应限制使用。目前我国大部分大中城市，甚至包括发达地区的县级城市都已明确规定，不允许施工单位在现场拌制零星混凝土。虽然这一规定对混凝土的质量保证有好处，但是若现场施工只需要少量的混凝土，如砌筑过程中需要浇筑过梁等，这时再等商品混凝土就不太方便。

二、商品混凝土的质量控制

商品混凝土又称预拌混凝土，是由水泥、骨料、水及根据需要掺入的外加剂、矿物掺合料等组分按照一定比例，在搅拌站经计量、拌制后出售并采用运输车，在规定时间内运送到使用地点的混凝土拌合物。

(一) 商品混凝土原材料选用

商品混凝土组成材料的各项性能指标的优劣及其质量的稳定性直接影响混凝土的质量及其性能。因此，对原材料进行认真的筛选是确保商品混凝土质量的基础。

(1) 水泥 水泥是混凝土中的主要胶凝材料，对商品混凝土质量影响很大。水泥质量控制的重点是稳定性控制，为了确保商品混凝土质量，可从以下方面加以控制。

① 采用旋窑水泥。从总体来讲，旋窑水泥的生产规模比较大，其水泥安定性好，质量也很稳定，批与批之间强度及矿物组成波动小，有利于混凝土质量控制。

② 优先选用抗冻性好、抗硫酸盐能力强、标准稠度低、强度等级不低于 42.5MPa 早强的硅酸盐水泥、普通硅酸盐水泥。

③ 将水泥强度富余量、强度标准差、初终凝时间、对外加剂的适应性和经时坍落度损失率等技术指标相结合，综合评价水泥质量的优劣，实行优胜劣汰，选择相应水泥供应商。

④ 运用数理统计方法对水泥质量的稳定性进行评价，并根据统计结果，确定混凝土配合比及调整的依据。

(2) 骨料 骨料包括细骨料和粗骨料。在选择骨料时注重骨料的强度、级配、粒径、针片状颗粒含量、含泥量、泥块含量及其有害物质含量，这些都将对混凝土的质量产生影响。因此，细骨料的技术指标应符合《建设用砂》(GB/T 14684—2011) 中的规定，粗骨料的技术指标应符合《建设用卵石、碎石》(GB/T 14685—2011) 中的规定。

(3) 掺合料　用于商品混凝土的掺合料种类很多，特别是粉煤灰在混凝土中得到广泛的应用。但不同燃煤发电厂的粉煤灰由于使用的煤种及采用的燃烧工艺不同，粉煤灰在混凝土中表现出来的性质也不尽相同，因此在选用粉煤灰时，宜考虑选用相对固定的厂家，要求其货源供应充足，质量波动相对较小，符合《用于水泥和混凝土中的粉煤灰》(GB/T 1596—2017) 中规定。

(4) 外加剂　混凝土外加剂的使用是混凝土技术的重大突破，其掺量虽然很小，但能显著改善混凝土的某些性能，具有投资少、见效快、技术经济效益显著的特点。随着科学技术的不断进步，如今外加剂已成为混凝土中的重要组分。在使用混凝土外加剂时，应特别注意品种和掺量的选择、掺入方法的确定。无论掺加何种外加剂，其质量均应符合《混凝土外加剂应用技术规范》(GB 50119—2013) 的要求。

(5) 拌和及养护用水　混凝土所用的拌和及养护用水对混凝土的质量有很大影响。混凝土拌和及养护用水的质量应符合《混凝土用水标准》(JGJ 63—2006) 中的具体规定。

(二) 商品混凝土生产前期管理措施

1. 加强原材料的管理

(1) 混凝土原材料进场时，供方应按规定批次向需方提供质量证明文件。质量证明文件应包括型式检验报告、出厂检验报告与合格证等，外加剂产品还应提供使用说明书。

(2) 原材料进场后，应按国家有关规定进行进场检验，这是确保材料质量的基础。

(3) 水泥应按不同品种和强度等级分批存储，并应采取防潮措施；出现结块的水泥不得用于混凝土工程；水泥出厂超过 3 个月，应进行复检，合格者方可使用。

(4) 粗、细骨料堆场应有防尘和遮雨设施；粗、细骨料应按品种、规格分别堆放，不得混杂，不得混入杂物。

(5) 矿物掺合料贮存时应有明显标记，不同矿物掺合料以及水泥不得混杂堆放，应防潮防雨，并应符合有关环境保护的规定；矿物掺合料存储期超过 3 个月时应进行复检，合格者方可使用。

(6) 外加剂的送检样品应与工程大批量进货一致，并应按不同的供货单位、品种和牌号进行标识，单独存放；粉状外加剂应防止受潮结块，如有结块，应进行检验，合格者应经粉碎至全部通过 600mm 筛孔后方可使用；液态外加剂应贮存在密闭容器内，并应防晒和防冻，如有沉淀等异常现象，应经检验合格后方可使用。

2. 混凝土配合比设计

进行商品混凝土的配合比设计是保证混凝土质量的核心环节，因此必须引起高度重视，确保混凝土施工中的工作性和使用中的耐久性。混凝土配合比设计的原则如下：a. 采用低水胶比、富配合比配制的混凝土，其应具有良好的抗氯离子扩散、硫酸盐侵蚀性能和对钢筋的长期防腐蚀性能；b. 掺加适量的优质高效减水剂，可大大增加混凝土减水效应，显著降低水胶比，提高混凝土的强度；c. 掺加适量的优质粉煤灰和矿粉，取代部分水泥和部分细骨料，在保证混凝土强度等级与稠度要求的前提下，可以显著提高混凝土的密实性，增强对钢筋的保护作用。

(三) 商品混凝土生产过程质量控制

1. 强化生产过程的质量控制

(1) 原材料计量宜采用电子计量设备　计量设备的精度应满足现行国家标准《预拌混凝土》(GB 14902—2012) 的有关规定，应具有法定计量部门签发的有效检定证书，并应定期校验。混凝土生产单位每月应自检一次；每一工作班开始前，应对计量设备进行零点校准。

（2）每盘混凝土原材料计量的允许偏差 原材料计量偏差应每班检查。各种原材料计量的允许偏差符合下列要求：水泥为±2%；粗、细骨料为±3%；拌合水为±1%；外加剂为±1%。

（3）原材料计量 应当根据粗骨料和细骨料含水率的变化，及时调整粗、细骨料和拌合水的称量。

（4）确定合理的搅拌时间 根据搅拌机类型、实际搅拌效果、运输时间、坍落度大小等情况设定混凝土合理的搅拌时间。

（5）加强生产过程中的检测 在混凝土生产过程中，当班人员除随机抽样检测外，还应在出厂前目测每车混凝土的坍落度及和易性，如果有异常情况，应查明原因并采取相应的措施，坍落度及和易性不合格的商品混凝土不准出站。

2. 加强商品混凝土运输管理

（1）在运输过程中，应控制混凝土不离析、不分层和组成成分不发生变化，并应控制混凝土拌合物性能满足施工要求。

（2）当采用机动翻斗车运输混凝土时，道路应平整、避免颠簸。

（3）当采用搅拌罐车运送混凝土拌合物时，搅拌罐在冬期应有保温措施，夏季最高气温超过40℃时，应有隔热措施。

（4）当采用搅拌罐车运送混凝土拌合物时，卸料前应采用快挡旋转搅拌罐不少于20s的时间；因运距过远、交通或现场等问题造成坍落度损失较大而卸料困难时，可采用在混凝土拌合物中掺入适量减水剂并快挡旋转搅拌罐的措施，减水剂掺量应有经试验确定的预案，但不得加水。

（5）当采用泵送混凝土时，混凝土运输应能保证混凝土连续泵送，并应符合现行行业标准《泵送混凝土施工技术规程》（JGJ/T 10—2011）的有关规定。

（6）混凝土拌合物从搅拌机卸出至施工现场接收的时间间隔不宜大于90min。

3. 加强施工现场的技术管理

（1）根据工程要求、施工方案和原材料特点，将混凝土的性能特点（如混凝土的缓凝性、强度增长规律、养护方式等）在进行技术交底时告知施工班组，使有关人员更加深刻地认识和熟悉混凝土的特性，从而进行正确的施工操作。

（2）确保商品混凝土浇筑的连续性，并且严格控制混凝土从出站到浇筑的间隔时间，保证混凝土结构的整体性及施工质量。

（3）在施工现场应按规定进行混凝土取样，并按照规范制作试件和进行养护，作为判定混凝土是否合格的依据。

（4）为了控制好施工现场混凝土的质量，混凝土搅拌站派出现场服务员或技术人员，监督处理施工现场的质量问题，并及时与混凝土搅拌站有关部门联系、反馈信息。

4. 加强混凝土施工质量检验

质量检验是进行混凝土质量控制中不可缺少的重要组成部分，是保证混凝土施工质量符合设计要求的主要手段。强化原材料和混凝土质量检验应做到以下几个方面。

（1）把好五关，做到三个不准 即原材料检验关、配合比设计关、材料计量关、混凝土搅拌时间关、坍落度及强度关；不合格材料不准使用、计量不准的设备不准生产、不合格的混凝土不准出站，确保商品混凝土符合质量要求。

(2) 做好事前控制，预防质量事故　通过原材料和混凝土的质量检验和生产全过程的质量监督，及时掌握混凝土的质量动态，及时发现问题并采取措施处理，预防发生工程质量事故，使混凝土的质量处于稳定状态。

(3) 加强信息反馈　通过对检验资料的分析整理，掌握混凝土的质量情况和变化规律，为改进混凝土配合比设计、保证混凝土质量、充分利用外加剂和掺合料性能、加强管理等提供必要的信息和依据。

三、绿色混凝土的搅拌工艺

(一) 搅拌前的设备检查

为了使搅拌的混凝土达到设计要求的各项技术指标，并确保搅拌顺利进行和达到正常的生产率，在进行混凝土正式搅拌前应进行设备检查。混凝土搅拌前的设备检查如表35-3所列。

表35-3　混凝土搅拌前的设备检查

序号	设备名称	检查项目
1	送料装置	(1)散装水泥管道及气动吹送装置； (2)送料拉铲、带、链斗、抓斗及其配件； (3)上述各设备间的相互配合
2	计量装置	(1)水泥、砂、石子、水、外加剂等计量装置的灵活性和准确性； (2)称量设备有无阻塞； (3)盛料的容器是否黏附残渣，卸料后有无滞留； (4)下料时冲量的调整
3	搅拌机	(1)进料系统和卸料系统的顺畅性； (2)传动系统是否紧凑； (3)筒体内有无积浆残渣，衬板是否完整； (4)搅拌叶片的完整和牢靠程度

(二) 混凝土的搅拌工艺

1. 开盘操作

在混凝土搅拌前的设备检查工作完成后，即可进行开盘操作，为了不改变混凝土设计配合比，补偿黏附在搅拌机筒壁、叶片上的砂浆，第一盘混凝土应减少石子30%，或者多加水泥和砂子各15%。

2. 正常运转

(1) 混凝土的投料顺序　确定科学的原材料投入搅拌筒内的顺序，是混凝土配制中的一项重要工作，应从提高搅拌质量、减少机械的磨损、减轻混凝土粘罐、尽量避免水泥飞扬、改善操作环境、降低能源消耗及提高生产率等方面综合考虑。按照原材料加入搅拌筒内的投料顺序不同，绿色混凝土的投料常用的有一次投料法、二次投料法和水泥裹砂法等。

1) 一次投料法　一次投料法这是目前最普遍采用的投料方法，也是混凝土最简单的配制方法。它是将砂、石、水泥和水一起同时加入搅拌筒内进行搅拌。为了减少水泥的飞扬和水泥粘在罐壁上的现象，对自落式混凝土搅拌机常采用的投料顺序为：先倒入砂（或石子），再倒入水泥，然后倒入石子（或不少），将水泥夹在砂、石之间，最后加水搅拌。

2) 二次投料法　二次投料法又分为预拌水泥砂浆法和预拌水泥净浆法两种。

① 预拌水泥砂浆法。这种方法是先将水泥、砂和水加入搅拌筒内进行搅拌，待其成为均匀的水泥砂浆后，再加入石子搅拌成均匀的混凝土。国内一般是用强制式搅拌机拌制水泥砂浆1～1.5min，然后再加入石子搅拌1～1.5min。国外对这种工艺设计了一种双层搅拌机，其上层搅拌机搅拌水泥砂浆，搅拌均匀后，再送入下层搅拌机与石子一起搅拌成混凝土。

② 预拌水泥净浆法。这种方法是先将水泥和水加入搅拌筒内进行搅拌，搅拌成均匀的水泥浆后，再加入砂和石子搅拌成均匀的混凝土。国外曾设计一种搅拌水泥净浆的高速搅拌机，其不仅能将水泥净浆搅拌均匀，而且对水泥还有活化作用。国内外的试验表明：二次投料法搅拌的混凝土与一次投料法搅拌的混凝土相比，混凝土强度可提高约15%。在强度相同的情况下，可节约水泥15%～20%。

3）水泥裹砂法　又称为SEC法，这是日本研制成功的一种混凝土搅拌工艺。该法的搅拌程序是：先加一定量的水，将砂表面的含水量调节到某一规定的数值后，再将石子加入与湿砂搅拌均匀，然后将全部水泥投入，与润湿后的砂、石拌和，使水泥在砂、石表面形成一层低水灰比的水泥浆壳，最后将剩余的水和外加剂加入，搅拌成均匀的混凝土。工程试验表明：采用SEC法制备混凝土，与一次投料法相比，不仅强度可以提高20%～30%，混凝土不易产生离析现象，而且泌水少、工作性好。

（2）混凝土的搅拌时间　为了获得混合均匀、强度和工作性都能满足要求的混凝土，所需要的最短搅拌时间称为混凝土最短搅拌时间。混凝土最短搅拌时间与搅拌机类型、容量、坍落度大小等因素有关。混凝土搅拌时间是按一般常用搅拌机的回转速度确定的，不允许用超过混凝土搅拌机说明书规定的回转速度进行搅拌以缩短搅拌延续时间。混凝土搅拌的最短时间应符合表35-2中的规定。

（3）搅拌质量检查　在混凝土生产的过程中，应经常检查混凝土拌合物的搅拌质量，混凝土拌合物颜色均匀一致，无明显的砂粒、砂团及水泥团，石子完全被砂浆所包裹，说明混凝土的搅拌质量较好。

（4）停机处理　每班作业后应对搅拌机进行全面清洗，并在搅拌筒内放入清水及石子，运转10～15min后放出，再用竹扫帚洗刷外壁。搅拌筒内不得有积水，以免筒壁及搅拌叶片生锈，如遇冰冻季节应放尽水箱及水泵中的存水，以防止出现冻裂。

每天工作完毕后，搅拌机的料斗应放至最低位置，不准悬于半空。电源必须切断，关锁好电闸箱，保证各机构处于空位。

四、混凝土拌制的安全技术措施

1. 混凝土机械设备的安全技术

（1）安装混凝土机械设备的地基应平整夯实，用支架或支脚筒架架稳，不准以轮胎代替支撑。机械安装要确保平稳、牢固。对于外露的齿轮、链轮、带轮等转动部位应设防护装置。

（2）在正式开机前，应检查电气设备的绝缘和接地是否良好，检查离合器、制动器、钢丝绳、倾倒机构是否完好。搅拌筒应用清水冲洗干净，筒内不得有异物。

（3）启动后应当注意搅拌筒转向与搅拌筒上标示的方向是否一致。待机械运转正常后再加入混合料搅拌。如果遇中途停机、停电等特殊情况，应立即将筒内的料卸出，不允许中途停机后重载进行启动。

（4）搅拌机的加料斗进行升起时，严禁任何人在料斗下通过或停留，不准用脚踩或用铁锹、木棒往下拨、刮搅拌筒口，工具不能碰撞搅拌机，更不能在机械转动时把工具伸进料斗里扒混凝土。工作完毕后应将料斗锁好，并检查一切保护装置。

(5) 未经有关人员允许，禁止拉闸、合闸和进行不合规定的电气维修。进行现场检修时，应固定好料斗，并切断电源。进入搅拌筒内工作时外面必须有人监护。

(6) 混凝土拌制站的机房、平台、梯道、栏杆必须牢固可靠。在拌制站内应配备有效的吸尘装置。

(7) 在操纵带机时，必须正确使用防护用品，严格禁止一切人员在带机上行走和跨越。机械发生故障时，应立即停车检修，不得让机械带病运行。

(8) 当采用手推车运送料物时，不得超过其容量的 3/4，在推车时不得用力过猛和撒把。

2. 混凝土搅拌机安全操作规程

(1) 搅拌机的停放位置应选择平整坚实的场地，周围应有良好的排水沟渠。搅拌机就位后，应将下支腿将机架顶起并达到水平位置，使轮胎离开地面。

(2) 对需要设置上料斗地坑的搅拌机，其坑口周围应垫高夯实，应防止地面水流入坑内。上料轨道架地底端支撑面应夯实或铺砖，轨道架后面应采用木料加以支撑，防止轨道变形。

(3) 搅拌机料斗放至最低位置时，在料斗与地面之间应加一层缓冲的垫木。

(4) 在正式作业应重点检查：a. 电源电压升降幅度不得超过额定值的 5%；b. 电动机和电器元件接线牢固，保护接零和接地电阻符合规定；c. 各传动机构、工作装置、制动器等均紧固可靠，开式齿轮、带轮均有防护罩；d. 齿轮箱的油质、油量符合规定。

(5) 在正式作业前，应先启动搅拌机空载运载，确认搅拌筒或叶片的旋转方向与筒体上的所示方向一致，应使搅拌机正、反运转数分钟，并且无冲击抖动现象或异常噪声。

(6) 在正式作业前，应进行料斗的提升试验，确认离合器、制动器灵活可靠。

(7) 应检查并校正供水系统的指示水量与实际水量的一致性，当误差超过 2%时应检查管路的漏水点或校正节流阀。

(8) 在搅拌机启动后，应使搅拌筒达到正常转速后再进行上料，上料后应及时加水，每次加料不得超过搅拌机的额定容量，并应减少物料粘罐现象，加料的次序应为：石子→水泥→砂子→水泥→石子。

(9) 在进行进料时，严禁将头或手伸入料斗与机架之间，运转中严禁用手或工具伸入搅拌筒内拨料、出料。

(10) 在搅拌机作业中，当料斗升起时，严禁任何人在料斗下停留或通过。当需要在料斗里检修或清理料坑时，应将料斗提升后用铁链或插入销锁住。

(11) 向搅拌筒内加料应在运转中进行，添加新料应先将搅拌筒内原有的混凝土全部卸出后方可进行。

(12) 进行作业中，应仔细观察机械运转情况，当有异常或轴承温升过高等现象时，应立即停机检查。当需检修时，应将搅拌筒内的混凝土清除干净，然后再进行检修。

(13) 每次进料时，骨料的直径应不超过允许值，加入量不得超过规定的加料容量。

(14) 开始作业后，对搅拌机应进行全面的清理，当操作人员进入筒内时，必须切断电源并拆下熔断器，锁好开关箱，并挂上“禁止合闸”标牌，设专人进行监护。

(15) 开始作业后，应将搅拌机的料斗降落到坑底，当需要升起时应用链条扣牢。

第二节 绿色混凝土的浇筑方法

混凝土的浇筑就是将混凝土灌注于已安装好的模板内，并振捣密实形成符合要求的混凝土结构或构件，使混凝土达到设计的形状、尺寸和密实度，即达到设计要求的性能指标。由此可见，混凝土的浇筑是保证混凝土工程质量的关键工序，必须严格按照现行规范进行施工。

一、绿色混凝土浇筑的一般规定

为保证混凝土工程的顺利进行，在混凝土正式浇筑前应做好以下各项准备工作，并要符合有关的规定。

1. 混凝土施工前的准备工作

(1) 检查验收模板工程质量　模板工程质量检查验收主要包括模板尺寸、形状、位置、标高，竖向模板的垂直度，梁底模板的起拱情况，模板接缝是否严密，模板支架体系的强度、刚度和稳定性等。

(2) 检查验收钢筋工程质量　主要包括纵向受力钢筋的品种、规格、数量、位置等，钢筋的连接方式、接头位置、接头率，箍筋和横向钢筋的品种、规格、数量、间距等，预埋件的品种、规格、数量、位置等，混凝土保护层垫块的安设情况等。做好隐蔽工程记录，符合设计要求后方能浇筑混凝土。

(3) 在地基上浇筑混凝土　应彻底清除淤泥和杂物，并设置相应的排水和防水措施；对于干燥的非黏性土，应用适量的水加以湿润；对于未风化的岩石，应用清水进行冲洗，但其表面不得留有积水。

(4) 在浇筑混凝土前，模板内的垃圾、泥土及杂物应清除干净。木模板应浇水湿润，但不应有积水；钢模板应涂刷隔离剂。钢筋上如有油污等，应将其清除干净。

(5) 检查施工中所用材料、机具、运输道路、水电供应、施工组织等各方面的准备工作是否完成，能否确保混凝土浇筑的顺利进行。

(6) 制定混凝土浇筑方案，进行施工安全、技术工作交底，做好天气变化及其他可能导致混凝土浇筑中断情况出现时的处理措施。

2. 混凝土浇筑的一般规定

(1) 混凝土浇筑前不应发生初凝和离析现象，如果已发生可重新搅拌，使混凝土恢复其流动性和黏聚性后再进行浇筑。混凝土运至现场浇筑时的坍落度应符合表 35-4 中的要求。

表 35-4　混凝土浇筑时的坍落度

序号	结构种类	坍落度/mm
1	基础或地面等垫层、无筋的厚大结构或配筋稀疏的结构构件	10～30
2	板、梁和大型及中型截面的柱子	30～50
3	配筋密列的结构(如薄壁、斗仓、筒仓、细柱等)	50～70
4	配筋特密的结构	70～90

(2) 为了使混凝土振捣密实，必须分层浇筑、分层捣实，并且应在下层混凝土初凝前将上层混凝土浇筑、捣实完毕。每层混凝土的浇筑厚度与捣实方法、结构配筋情况等因素有

关，且不应超过表 35-5 的规定。

表 35-5 混凝土浇筑层厚度 单位：mm

<table>
<tr><th colspan="2">捣实混凝土的方法</th><th>浇筑层厚度</th></tr>
<tr><td colspan="2">插入式振捣</td><td>振捣器作用部分长度的 1.25 倍</td></tr>
<tr><td colspan="2">表面式振捣</td><td>200</td></tr>
<tr><td rowspan="3">人工方法捣固</td><td>在基础、无筋混凝土或配筋稀疏的结构中</td><td>250</td></tr>
<tr><td>在梁、墙板、柱结构中</td><td>200</td></tr>
<tr><td>在配筋密列的结构中</td><td>150</td></tr>
<tr><td rowspan="2">轻骨料混凝土</td><td>插入式振捣</td><td>300</td></tr>
<tr><td>表面振捣(振捣时需加荷)</td><td>200</td></tr>
</table>

(3) 为了保证混凝土浇筑时不产生离析现象，混凝土自高处倾落时的自由下落高度不应超过 2m。如果混凝土的自由下落高度超过 2m，则应设置溜槽或串筒。溜槽一般用木板制作，表面包上一层铁皮，以减少与混凝土的摩擦力，使用时其水平倾角不宜超过 30°。串筒用薄钢板卷制而成，每节高度一般为 700mm，外用钩、环串联连接，筒内设有缓冲挡板。当混凝土的浇筑深度超过 8m 时则应采用带振动器的串筒，即在串筒上每隔 2～3 节管安装一台振动器。

(4) 混凝土的浇筑工作应尽可能连续作业，如果上下层混凝土浇筑必须间歇，其间歇时间应尽量缩短，并应在混凝土初凝前将混凝土浇筑完毕，以防止扰动已初凝的混凝土而出现质量缺陷。混凝土间歇的最长时间应按所用水泥品种及混凝土凝结条件确定，即混凝土从搅拌机中卸出，经运输、浇筑及间歇的全部延续时间不得超过表 35-6 的规定。

表 35-6 混凝土浇筑允许最大间歇时间 单位：min

<table>
<tr><th rowspan="2">混凝土的强度等级</th><th colspan="2">气温</th></tr>
<tr><th>≤25℃</th><th>>25℃</th></tr>
<tr><td>C30 及 C30 以下</td><td>210</td><td>180</td></tr>
<tr><td>C30 以上</td><td>180</td><td>150</td></tr>
</table>

注：1. 本表数值包括混凝土的运输和浇筑时间；2. 当混凝土掺有促凝或缓凝外加剂时，浇筑中的最大间歇时间应根据试验结果确定。

(5) 如果浇筑间歇时间必须超过混凝土的初凝时，则应当按照施工方案中的要求设置施工缝。所谓施工缝是指在混凝土的浇筑中，因设计要求或施工需要分段浇筑混凝土而在先、后浇筑混凝土之间所形成的接缝。由于各种原因造成下层混凝土出现初凝时，在继续浇筑混凝土前，按施工缝的要求进行接缝处理，使新旧混凝土结合紧密，保证混凝土结构的整体性。

(6) 在竖向结构（如柱、墙等）中浇筑混凝土，若浇筑高度超过 3m 时，应采用溜槽或串筒。浇筑竖向结构混凝土前，应先在底部填筑一层 50～100mm 厚与混凝土内砂浆成分相同的水泥砂浆，然后再浇筑混凝土。这样既可以使新旧混凝土结合良好，又可避免出现蜂窝、麻面等质量问题。混凝土的水灰比和坍落度，可随着浇筑高度的上升适当递减。

(7) 在一般情况下，梁和板的混凝土应同时进行浇筑。较大尺寸的梁（梁的高度>1m）、拱和类似的结构，可以单独进行浇筑。在浇筑与柱和墙连成整体的梁和板时，应在柱和墙浇筑完毕后停歇 1～1.5h，使其初步沉降密实再继续浇筑梁和板。

二、混凝土泵送设备及管道

泵送混凝土是指将搅拌好的混凝土拌合物，采用混凝土输送泵沿管道输送和浇筑的混凝土，这是一种采用特殊施工的新型混凝土技术。最近几年，在建筑工程推广应用的泵送混凝土技术，以其可以改善混凝土施工性能、提高混凝土质量、改善劳动条件、降低工程成本、提高生产效率、保护施工环境、适用狭窄现场等优点，越来越受到人们的重视。随着商品混凝土应用的普及，各种性能要求的混凝土均可泵送，使泵送混凝土具有广阔的发展前景。

（一）混凝土泵的主要类型

混凝土输送泵简称混凝土泵，由泵体和输送管组成，这是一种利用压力，将混凝土沿管道连续输送的机械，主要应用于房建、桥梁及隧道施工。混凝土泵有活塞泵、气压泵和挤压泵等几种不同的构造和输送形式，在工程中应用较多的是活塞泵。活塞泵按其构造原理的不同，可分为机械式混凝土泵和液压式活塞泵。

（二）混凝土汽车泵

混凝土汽车泵利用压力将混凝土沿管道连续输送的机械。由泵体和输送管组成。按结构形式分为活塞式、挤压式、水压隔膜式。泵体装在汽车底盘上，再装备可伸缩或屈折的布料杆，就组成泵车。混凝土泵车是在载重汽车底盘上进行改造而成的，它是在底盘上安装有运动和动力传动装置、泵送和搅拌装置、布料装置以及其他一些辅助装置。混凝土泵车的动力通过动力分动箱将发动机的动力传送给液压泵组或者后桥，液压泵推动活塞带动混凝土泵工作。然后利用泵车上的布料杆和输送管，将混凝土输送到一定的高度和距离。

（三）混凝土泵的选择

1. 混凝土输送管的水平长度

在选择混凝土泵和计算混凝土泵送能力时，通常是将混凝土输送管的各种工作状态换算成水平长度，换算长度可按表 35-7 中的规定换算。

表 35-7　混凝土输送管的水平换算长度

类别	单位	规格	水平换算长度/m
向上垂直管	每米	100mm 125mm 150mm	3 4 5
锥形管	每根	175→150mm 150→125mm 125→100mm	4 8 10
弯管	每根	90°R＝0.5 R＝1.0	12 9
软管	每 5～8m 长的 1 根		20

注：1. R 为曲率半径；2. 弯管的弯曲角度小于 90°时，需将表中数值乘以该角度与 90°角的比值；3. 向下垂直管，其水平换算长度；4. 斜向配管时，根据其水平及垂直投影长度，分别按水平、垂直配管计算。

2. 混凝土泵最大水平输送距离

混凝土泵的最大水平输送距离可以参照产品的性能表（曲线）确定，必要时可以由试验确定，也可以根据计算确定。根据混凝土泵的最大出口压力、配管情况、混凝土性能指标和输出量，按式(35-1) 进行计算：

$$L_{max}=P_{max}/P_H \tag{35-1}$$

式中　L_{max}——混凝土泵的最大水平输送距离，m；

P_{max}——混凝土泵的最大出口压力，Pa；

P_H——混凝土在水平输送管内流动 1m 产生的压力损失，Pa/m。

3. 混凝土泵的泵送能力验算

根据具体的施工情况和有关计算混凝土泵的泵送能力应符合下列要求。

(1) 混凝土输送管道的配管整体水平换算长度应当不超过用经验公式计算所得的最大水平泵送距离。

(2) 按照表 35-8 和表 35-9 中换算的压力损失，应当小于混凝土泵正常工作的最大出口压力。

表 35-8　混凝土泵的换算总压力损失

管件名称	换算量	换算压力损失/MPa	管件名称	换算量	换算压力损失/MPa
水平管	每 20m	0.10	管道接环(管卡)	每只	0.10
垂直管	每 5m	0.10	管路截止阀	每个	0.80
45°弯管	每只	0.05	长度为 3.5m 橡皮软管	每根	0.20
90°弯管	每只	0.10			

表 35-9　附属于泵体的换算压力损失

部位名称	换算量	换算压力损失/MPa
Y 形导管 125～175mm	每只	0.05
分配阀	每个	0.08
混凝土泵启动内耗	每台	2.80

4. 混凝土泵的台数

根据混凝土浇筑的数量和混凝土泵单机的实际平均输出量和施工作业时间，按式(35-2)进行计算：

$$N_1=\frac{Q}{(Q_1T_0)} \tag{35-2}$$

式中　N_1——混凝土泵的数量，台；

Q——混凝土浇筑数量，m^3；

Q_1——每台混凝土泵的实际平均输出量，m^3/h；

T_0——混凝土泵送施工作业时间，h。

重要工程的混凝土泵施工，所需的混凝土泵的台数，除了根据式(35-2) 计算确定外，宜有一定的备用台数。

(四) 混凝土泵的布置要求

在泵送混凝土的施工中，混凝土泵和汽车泵的停放布置是一个关键问题，这不仅影响输送管的配置，同时影响到泵送混凝土的施工能否按质按量地完成，因此必须重点加以考虑。混凝土汽车泵的布置应考虑下列条件。

(1) 混凝土泵的停放处应场地平整、坚实，具有重车行走条件。

(2) 混凝土泵应尽可能靠近浇筑地点。在使用布料杆工作时，应使浇筑部位尽可能在布料杆的工作范围内，尽量少移动汽车泵即能完成浇筑。

(3) 多台混凝土泵或汽车泵同时浇筑时，选定的位置要使其各自承担的浇筑最接近，最好能同时浇筑完毕，避免留置施工缝。

(4) 混凝土泵或汽车泵布置停放的地点要有足够的场地，以保证混凝土搅拌输送车的供料和调车的方便。

(5) 为了便于混凝土泵或汽车泵及搅拌输送车的清洗，其停放位置应接近设计的排水设施，并且应做到供水和供电方便。

(6) 在混凝土泵的作业范围内，不得有阻碍物、高压电线等，同时还要有防止高空坠物的措施。

(7) 当在施工高层连筑或高耸构筑物采用接力泵泵送混凝土时，接力泵的设置位置应使上、下泵的输送能力匹配。设置接力泵的楼面或其他结构部位，应验算其结构所能承受的荷载，必要时应采取加固措施。

(8) 混凝土泵的转移运输要注意安全要求，应符合产品说明及有关标准的规定。

(五) 混凝土输送管

混凝土输送管主要包括直管、弯管、锥形管、软管、管接头和截止阀。对混凝土输送管道的要求是阻力小、耐磨损、自身质量轻、易装拆。

(六) 泵送混凝土的布料设备

1. 混凝土泵车布料杆

混凝土布料设备是泵送混凝土的末端设备，其作用是将泵压来的混凝土通过管道送到要浇筑构件的模板内。它是在混凝土泵车上附装的既可以伸缩、也可以曲折的混凝土布料装置。混凝土输送管道就设在布料杆的内侧，末端是一段软管，用于混凝土浇筑时的布料工作。在实际工程中常用的是三折叠式布料杆，这种布料杆的布料范围广，在一般情况下不需再配管。

2. 独立式混凝土布料器

独立式混凝土布料器是与混凝土泵配套工作的独立布料设备。这种布料器在操作半径内，能够比较灵活自如地浇筑混凝土。独立式混凝土布料器的工作半径一般为 10m 左右，最大可达 40m。由于其自身比较轻便，能在施工的楼层上灵活移动，所以实际的浇筑范围较广，适用于高层建筑的楼层混凝土布料。

3. 固定式布料杆

固定式布料杆又称塔式布料杆，可分为附着式布料杆和内爬式布料杆。这两种布料杆除布料臂架外，其他部件如转台、回转支撑、回转机构、操作平台、爬梯、底架等，均可采用批量生产的相应的塔吊部件，其顶升接高系统、楼层爬升系统也取自相应的附着式自升塔吊和内爬式塔吊。附着式布料杆和内爬式布料杆的塔架有两种不同结构，一种是钢管立柱塔架，另一种是格桁结构方形断面构架。布料臂架大多数采用低合金高强钢组焊薄壁箱形断面结构，一般由三节组成。薄壁泵送管则装在箱形断面梁上，两节泵管之间用 90°弯管相连通。这种布料壁架的附、仰、曲、伸均由液压系统操纵。为了减小布料臂架负荷对塔架的压弯作用，布料杆多装有平衡臂并配有平衡重。

4. 起重布料两用机

起重布料两用机也称为起重布料两用塔吊，多以重型塔吊为基础经改制而成，主要用于造型复杂、混凝土浇筑量大的工程。布料系统可附装在特制的爬升套架上，也可安装在塔顶部经过加固改装的转台上。所谓特制爬升套架是带有悬挑支座的特制转台与普通爬升套架的集合体。布料系统及顶部塔身装设于此特制转台之上。近年来，我国自行设计制造一种布料系统，装设在塔帽转台上的塔式起重布科两用机，其小车变幅水平臂架最大幅度为56m时起重量为1.3t，布料杆为三节式，液压屈伸俯仰泵管臂架，其最大作业半径为38m。

5. 混凝土浇筑斗

(1) 混凝土浇筑布料斗　混凝土浇筑布料斗为混凝土水平与垂直运输的一种转运工具，将混凝土装入浇筑布料斗内，用起重机吊送至浇筑地点直接布料。浇筑斗是用钢板拼焊成备箕式，斗的容量一般为$1m^3$。两边焊有耳环，以便于挂钩起吊。斗的上部开口，下部设有门，门出口为40cm×40cm，采用自动控制闸门，以便打开和关闭。

(2) 混凝土吊斗　混凝土吊斗有圆锥形、高架方形、双向出料形。斗容量为0.7～$1.4m^3$。混凝土由搅拌机直接装入后，用起重机吊至浇筑地点。

三、混凝土的运输与浇筑

由于水泥混凝土具有一定的凝固硬化时间，所以混凝土自搅拌机卸出后应及时运送到浇筑地点。混凝土的运输方式分为水平运输和垂直运输两种。选择混凝土运输方案时，应综合考虑建筑结构特点、工程施工方案、混凝土工程量、运输距离、地形情况、道路状况、气候条件和现有设备条件等因素。由于在运输过程中，混凝土可能会产生分层离析、水泥浆流失、坍落度变化、出现初凝等现象，所以必须采取相应的技术措施以保证混凝土拌合物的质量。

（一）运输混凝土的基本要求

混凝土由拌制地点运往浇筑地点有多种运输方法，不论采用何种运输方式，都必须满足保持混凝土出机或出搅拌运输车时的工作性，不应因运输方法不妥而造成混凝土离析，也不应因运输阻滞而使时间失去控制。总之，混凝土的运输应符合表35-10中的基本要求，同时应符合下列具体要求。

表35-10　混凝土运输的基本要求

序号	项目	基本要求
1	运输容器	(1)作为运送混凝土的运输容器，做到不吸水、不漏浆，能防止水泥浆的流失； (2)内壁平滑光洁，弯折处做成弧形，减少死弯，防止出现混凝土黏结； (3)敞口的车或料斗宜覆盖，夏季应防止暴晒，冬季应能保温，雨季应能防淋； (4)使用前先用净水泥浆湿润，卸料要彻底卸完，下班前要冲洗，将残渣清理干净
2	运输道路	(1)道路要基本平坦，避免因道路不平使混凝土振动、离析和分层； (2)在运输混凝土时，不得直接压、踏钢筋，应采用马凳将桥板架空
3	混凝土坍落度	(1)混凝土的拌合物坍落应根据结构类型确定，应符合现行规范中的要求； (2)经过运输发现混凝土有离析现象，在浇筑前应进行二次搅拌

（二）混凝土的运输条件

1. 混凝土的运输时间

为了防止混凝土出现初凝和坍落度过大损失，混凝土应以最少的转载次数和最短的时间，从搅拌地点运至浇筑地点。混凝土从搅拌机中卸出后到浇筑完毕的延续时间应符合表35-11中的要求。

表 35-11 混凝土从搅拌机中卸出后到浇筑完毕的延续时间

气温/℃	延续时间/min			
	采用混凝土搅拌车		其他运输设备	
	≤C30	>C30	≤C30	>C30
≤25	120	90	90	75
>25	90	60	60	45

注：掺有外加剂或采用快硬水泥时，其延续时间应通过试验确定。

2. 混凝土的运输道路

混凝土场内运输道路应当尽量平坦，以减少运输过程中的振荡，避免造成混凝土的分层离析。同时还应考虑布置环形回路，施工高峰时宜设专人管理指挥，以免造成车辆互相拥挤阻塞。临时架设的桥道要确保牢固，桥板接头处应平顺。

在浇筑基础时，可采用单向输送主道和单向输送支道的布置方式；在浇筑柱子时，可采用来回输送主道和盲肠支道的布置方式；在浇筑楼板时，可采用来回输送主道和单向输送支道结合的布置方式。对于大型混凝土工程，还必须加强施工现场指挥和调度。

3. 混凝土的季节施工

混凝土工程是建筑工程施工过程中一个重要的分项工程，无论是在人力、物力上的消耗，还是在对建设工期、工程造价的影响方面都占有非常重要的地位。为确保不同季节条件下混凝土的正常、高效、优质生产，应对这些季节条件下的混凝土施工采取相应的措施和方法。

(1) 制定施工方案 根据混凝土工程的规模、结构特点，结合施工的具体条件，制定混凝土浇筑施工方案，以保证混凝土在不同季节条件下顺利进行。

(2) 机具准备及检查 对混凝土施工中所用的搅拌机、运输车、料斗、串筒、振动器等机具设备，应按照需要准备充足，并考虑发生故障时的修理时间。对重要的混凝土工程应有备用的搅拌机和振动器，特别是采用泵送混凝土，一定要有备用泵。所用的机具均应在浇筑前进行检查和试运转，同时配备专职的技术，随时进行检修。浇筑混凝土前，必须核实一次浇筑完毕或浇筑至某施工缝前的材料准备情况，以免出现停工待料。

(3) 保证水电及原材料的供应 在混凝土浇筑期间，要保证水、电、照明不中断。为了防备临时停水、停电，事先应在浇筑地点储备一定数量的原材料和人工拌和捣固用的工具，以防出现意外的施工停歇缝。

4. 掌握天气变化情况

加强气象预报工作，在混凝土施工阶段应掌握天气的变化情况，特别是在雷雨、台风季节和寒流突然袭击时，更应当引起高度重视，以保证混凝土连续浇筑，并确保混凝土施工质量。根据工程需要和季节施工特点，应准备好在浇筑过程中所必需的抽水设备和防雨、防暑、防寒等的物资。

5. 检查模板、支架、钢筋和预埋件

模板的安装是混凝土结构工程施工关键的环节。如果模板安装的质量不符合设计要求，也就无法浇筑出来形式正确、尺寸准确的混凝土结构；如果模板安装不牢固，甚至还会出现人身安全事故，造成不可弥补的巨大损失。因此，严格控制模板的安装质量是混凝土结构工程施工中极其重要的内容。

在正式浇筑混凝土之前，应检查和控制模板、钢筋、保护层和预埋件等的尺寸、规格、数量和位置，其偏差值应符合《混凝土结构工程施工质量验收规范》（GB 50204—2015）中的规定。此外，还应检查模板支撑的稳定性及模板接缝的密合情况。模板和隐蔽工程项目应分别进行预检和隐蔽验收，符合要求时方可进行混凝土浇筑。检查时应注意以下几点。

（1）模板的标高、位置及构件的截面尺寸是否与设计符合；构件的预留拱度是否正确。

（2）所安装的支架是否稳定，支柱的支撑和模板的固定是否可靠，模板的紧密程度是否符合要求。

（3）钢筋与预埋件的规格、数量、安装位置及构件的连接焊缝是否与设计符合。

（4）在浇筑混凝土前，模板内的垃圾、木片、刨花、锯屑、泥土和钢筋上的油污、脱落的铁皮等杂物，应认真清除干净。

（5）在浇筑混凝土前，木模板应浇水加以湿润，但不允许出现积水。湿润后，木模板中尚未胀密的缝隙应将其贴严，以防止出现漏浆；金属模板中的缝隙和孔洞也应予以封闭。

（6）仔细检查安全设施、劳动配备是否妥当，能否满足设计要求的浇筑速度。

6. 其他方面的要求

在地基或基土上浇筑混凝土时，应清除淤泥和杂物，并应有排水和防水措施。对于干燥的非黏性土，应预先用水湿润；对未风化的岩石，应用水进行清洗，但其表面不得留有积水。

（三）浇筑层厚度及间歇时间

1. 浇筑层厚度

为了使混凝土振捣密实，必须分层浇筑、分层捣实，并且应在下层混凝土初凝前将上层混凝土浇筑、捣实完毕。每层混凝土的浇筑厚度与捣实方法、结构配筋情况等因素有关，且不应超过表35-12的规定。

表35-12　混凝土浇筑层厚度　　单位：mm

捣实混凝土的方法		浇筑层厚度
插入式振捣		振捣器作用部分长度的1.25倍
表面式振捣		200
人工方法捣固	在基础、无筋混凝土或配筋稀疏的结构中	250
	在梁、墙板、柱结构中	200
	在配筋密列的结构中	150
轻骨料混凝土	插入式振捣	300
	表面振捣（振捣时需加荷）	200

2. 浇筑间歇时间

混凝土的浇筑工作应尽可能连续作业，如果上下层混凝土浇筑必须间歇，其间歇时间应尽量缩短，并应在混凝土初凝前将混凝土浇筑完毕，以防止扰动已初凝的混凝土而出现质量缺陷。混凝土间歇的最长时间应按所用水泥品种及混凝土凝结条件确定，即混凝土从搅拌机中卸出，经运输、浇筑及间歇的全部延续时间不得超过表35-13的规定。

（四）混凝土浇筑质量要求

（1）在浇筑混凝土时，应特别注意防止混凝土的分层和离析。混凝土由料斗、漏斗内卸出进行浇筑时，其自由倾落高度一般不宜超过2m，在竖向结构中浇筑混凝土的高度不得超

表 35-13　混凝土浇筑允许间歇时间

时间/min 气温 混凝土的强度等级	≤25℃	>25℃
C30 及 C30 以下	210	180
C30 以上	180	150

注：本表数值包括混凝土的运输和浇筑时间。

过 3m，否则应采用串筒、溜槽、溜管等下料。

(2) 在进行混凝土浇筑的过程中，应控制混凝土的均匀性和密实性。混凝土拌合物运至浇筑地点后，应将其立即浇入模板内。在浇筑的过程中，如发现混凝土拌合物的均匀性和调度发生较大的变化，应及时采取措施进行处理。

(3) 在浇筑竖向结构混凝土前，底部应先填以 50～100mm 厚的与混凝土成分相同的水泥砂浆。

(4) 在浇筑混凝土中，应经常观察模板、支架、钢筋、预埋件和预留孔洞的情况，当发现有变形和位移时，应立即停止浇筑，并应在已浇筑的混凝土初凝前修整完好。

(5) 混凝土在浇筑及静置的过程中，应采取措施防止产生裂缝。混凝土因沉降及干缩产生的非结构性的表面裂缝，应在混凝土终凝前予以修整。在浇筑与柱子和墙连成整体的梁和板时，应在柱子和墙浇筑完毕后停歇 1～1.5h，使混凝土获得初步沉实后，再继续进行浇筑，以防止接缝处出现裂缝。

(6) 在一般情况下，梁和板应同时浇筑混凝土。较大尺寸的梁（梁的高度>1m）、拱和类似的结构，可以单独浇筑，但施工缝的设置应符合有关规定。

第三节　绿色混凝土的养护工艺

绿色混凝土的凝结硬化、产生强度是水泥水化作用的结果，而水泥水化作用必须在适当的温度和湿度条件下才能顺利进行。在工程施工中对混凝土的养护，就是创造一个适宜的温度和湿度环境，使混凝土能正常凝结硬化，防止在成型后因暴晒、风吹、干燥、寒冷等自然因素的影响，出现不正常的收缩、裂缝、破坏等现象，并逐渐达到设计要求的强度。

混凝土养护的方法很多，在建筑工程中常用的主要有自然养护和人工养护两大类。混凝土养护是混凝土施工中重要的环节，不仅关系到工程质量，而且关系到混凝土结构构件的使用功能和耐久性，因此，要因时因地制宜，选择较好的养护方法。

一、混凝土的自然养护

绿色混凝土自然养护是指在常温（平均气温不低于 5℃）条件下，用浇水或保水方法使混凝土在规定的时间内，在适宜的温度和湿度环境中产生凝结硬化，逐渐达到设计要求的强度。自然养护成本低、养护效果好，但养护期长，多用于现浇混凝土结构。采用自然养护方法应符合下列规定。

(1) 在常温情况下，混凝土浇筑完毕在 12h 以内，对其应加以覆盖保湿和浇水养护，以防止混凝土在初期产生干缩裂缝。

(2) 混凝土浇水养护的时间：采用硅酸盐水泥、普通硅酸盐水泥、矿渣硅酸盐水泥拌制的混凝土，不得少于7d；对于掺加缓凝外加剂或有抗渗性要求的混凝土，不得少于14d；对于其他特种水泥的养护时间，应通过试验确定。

(3) 每天对混凝土的浇水次数，应根据气温、风力、湿度、覆盖情况等综合考虑，以保持混凝土处于湿润状态为准，混凝土的养护用水应与拌制用水相同。

(4) 对于不宜浇水养护的高耸结构、大面积混凝土或严重缺水地区，可在已凝结的混凝土表面喷涂塑料溶液，待溶剂挥发后，形成一层塑料薄膜，使混凝土与空气隔绝，以阻止内部水分蒸发，保证混凝土的水化反应正常进行。

(5) 在有条件的施工现场，对于大面积混凝土（如地坪、楼板等）应当采用蓄水养护。有些结构物（如蓄水池等)，可待其内模板拆除后，混凝土达到一定强度时注水养护。

(6) 对于地下建筑或基础工程，如果埋置于地面以下，可在其表面涂刷沥青乳液，以防止混凝土内部水分的蒸发。

(7) 在混凝土强度达到1.2N/mm^{2}前，不得在其上踩踏或安装模板与支架，以免产生对未硬化混凝土的扰动。

二、混凝土太阳能养护

太阳能养护是利用太阳的辐射能对混凝土进行加热养护，这是一种节能型混凝土养护方法。目前，在建筑工程中主要采用太阳能养护罩和太阳能养护箱进行养护。

1. 太阳能养护罩

太阳能养护罩种类很多，常见的有充气式薄膜养护罩、金属支架养护罩和透明玻璃钢养护罩等。

(1) 充气式薄膜养护罩　用两层氯乙烯薄膜焊合成袋状，在袋中可以充气，使气层达到20～30cm的厚度，罩在混凝土构件上，四周用砂袋或石块压住。薄膜可用两层透明或一层透明、一层黑色，透明薄膜朝向阳光，黑色薄膜朝向混凝土，如图35-1(a) 所示。

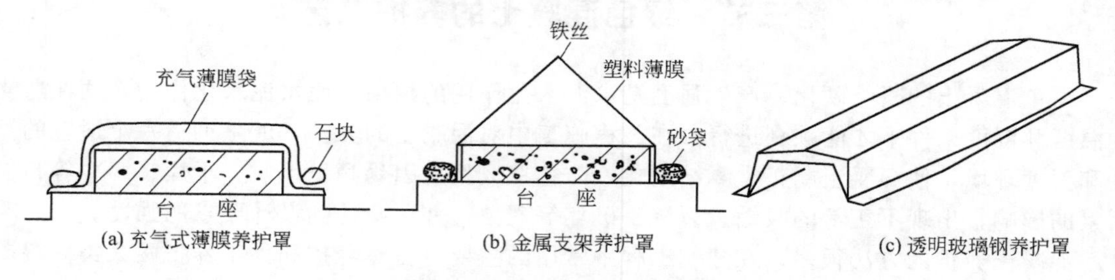

(a) 充气式薄膜养护罩　(b) 金属支架养护罩　(c) 透明玻璃钢养护罩

图35-1　各种太阳能养护罩

(2) 金属支架养护罩　这是一种结构简单、效果较好的养护罩，即在混凝土构件的上方20～30cm高处拉一根8号镀锌铁丝，将透明塑料薄膜骑挂于铁丝上，并将两边置于混凝土构件的两侧，用砂袋压在台座上，如图35-1(b) 所示。

(3) 透明玻璃钢养护罩　这种养护罩由透明的聚酯玻璃钢制成，每节的长度约为4m，中间一节的两端敞开，如图35-1(c) 所示，端部节一端敞开、一端封闭。在混凝土浇筑完毕后，在构件上部对接成一条养护线，养护罩与养护罩之间对接处以及养护罩与台座相接处，均用8～10mm厚的泡沫塑料作为密封垫。为防止大风将养护罩吹动，每4m在罩上设置一道固定装置。

2. 太阳能养护箱

太阳能养护箱主要由木板、棉花保温层和黑色塑料薄膜等组成。养护箱的箱体两侧呈

60°角倾斜，箱内四壁铺设3～5cm厚的棉花保护层，外包黑色塑料薄膜，并用木压条钉在模板上。箱顶设10cm高的弧形方木，在其上下两侧铺上透明塑料薄膜，形成双层透光面。在弧形方木上面设一与箱面吻合的弧形箱盖，箱盖上涂刷反光材料，白天打开箱盖起反光作用，晚上放下箱盖起保温作用。由于这种养护方法比较复杂，在一般工程中很少使用。

三、混凝土的喷塑养护

喷塑养护是在混凝土表面喷洒一层或多层塑料薄膜溶液，待溶剂挥发后，塑料在混凝土表面结合成一层薄膜，使混凝土表面与空气隔绝，封闭混凝土中的水分不再被蒸发，而使混凝土完成水化作用。这种养护方法一般适用于表面积大的混凝土施工和缺水地区。

喷塑养护是一种施工简便、效果良好的养护方法，其操作要点如下。

(1) 喷洒压力以0.2～0.3MPa为宜，喷射出来的塑料溶液呈较好的雾状为佳。如果压力过小，不易形成雾状；如果压力过大，会破坏混凝土的表面。喷洒时，喷嘴应距离混凝土表面50cm左右。

(2) 进行喷洒的时间应适宜，应掌握混凝土水分的蒸发情况。当混凝土表面无浮水、用手指轻按无指印时即可进行喷洒。喷洒过早会影响塑料薄膜与混凝土表面的结合，过迟会影响混凝土的强度。

(3) 溶液的喷洒厚度以溶液的耗用量进行衡量，通常以2.5kg/m^{2}为宜，喷洒的厚度要求均匀一致。

(4) 在一般情况下要喷洒两遍，待第一遍成膜后再喷第二遍。喷洒要有一定的规律，要顺着一个方向，前后两遍的走向应互相垂直。

(5) 溶液喷洒后很快形成塑料薄膜，为达到养护的目的，必须保护薄膜的完整性，要求不得有损坏破裂，不得在薄膜上行走、拖拉工具，如发现有损坏应及时补喷。如喷洒后气温较低，应设法进行保温。

第四节 绿色混凝土特殊期施工

混凝土特殊季节的施工，主要是指冬期施工和夏期及雨期施工。在这些特殊季节，由于气候条件、施工环境、影响因素的改变，对于混凝土的施工质量有很大影响。因此，在这些季节进行混凝土施工时，必须根据季节特点、工程要求等采取相应的技术措施。

一、混凝土冬期施工

在现行行业标准《建筑工程冬期施工规程》(JGJ/T 104—2011) 中规定：根据当地多年气象资料，当室外日平均气温连续5d稳定低于5℃时，即进入冬期施工。当室外日平均气温连续5d稳定高于5℃时，即解除冬期施工。冬季施工混凝土的实质是在自然低温（负温）气候条件下，采取防风、防干和防冻等施工措施，使混凝土的水化硬化能够按照预期的目的，最终满足设计和使用的要求。

(一) 混凝土冬期施工的原理

1. 冬期施工混凝土的冻害

在冬期混凝土的施工中，水的形态变化是影响混凝土强度增长的关键。国内外对水在混凝土中的形态变化进行大量的试验，研究结果表明，新浇混凝土在冻结前有一段预养期，可以增加其内部的液相，减少固相，加速水泥的水化作用。试验研究还表明，混凝土受冻前预养期越长，混凝土的强度损失也越小。

混凝土拌合物浇筑后之所以逐渐凝结和硬化，直至获得一定的强度，是由于水泥水化作用的结果。一方面，当温度升高时，水化作用加快，强度增长也比较快；另一方面，温度继续下降，当温度降低到0℃时存在于混凝土中的水有一部分开始结冰，水逐渐由液相变为固相，当存在于混凝土中的水完全变成冰，也就是完全由液相变成固相时水泥水化作用基本停止，此时混凝土的强度就不再增长。

液态的水变成固态的冰，体积约增大9%，同时产生约2.5MPa的冰胀应力，这个应力值常常大于水泥石内部形成的初期强度值，这样就可以使混凝土受到不同程度的破坏而降低强度。此外，当水变成冰后，还会在骨料和钢筋表面上产生颗粒较大的冰凌，减弱水泥浆与骨料和钢筋的黏结力，从而影响混凝土的抗压强度。当冰凌融化后又会在混凝土内部形成各种各样的空隙，而降低混凝土的密实性及耐久性。

在正常的温度下，混凝土化冻后继续养护，其强度还会有一定的增长，不过增长的幅度大小不一。对于预养期长，获得初期强度较高（如达到R_{28}的35%）的混凝土受冻后，后期强度几乎没有损失。对于安全预养期短，获得初期强度较低的混凝土受冻后，后期强度会有不同程度的损失。由此可见，混凝土冻结前，要使其在正常温度下有一段预养期，以加速水泥的水化作用，使混凝土获得不遭受冻害的最低强度，一般称为混凝土临界强度，即可达到预期效果。对于混凝土临界强度，各国规定取值不等，我国规定为不低于混凝土设计强度等级的30%，且也不得低于3.5MPa。

2. 温度对混凝土水化速度的影响

混凝土凝结、硬化和获得强度，是水泥和水进行水化作用的结果。水化作用的速度在一定湿度条件下主要取决于温度，温度越高，强度增长也越快，反之则变慢。当温度降至0℃以下时水化作用基本停止；温度再继续降至－4～－2℃，混凝土内的水开始结冰，水结冰后体积约膨胀9%，在混凝土内部产生冰胀应力，使强度很低的水泥石结构内部产生微裂纹，同时减弱了水泥与砂石和钢筋之间的黏结力，使混凝土的强度大大降低。受冻的混凝土在解冻后，其强度虽然能继续增长，但已不能达到原设计的强度等级。试验结果证明，混凝土遭受冻害带来的危害，与遭冻的时间早晚、水灰比等有关，遭冻时间越早，水灰比越大，则强度损失越多，反之则损失越少。

通过试验可知，混凝土经过预先养护达到一定强度后遭冻结，其后期强度损失就会减少。一般把遭冻结其后期抗压强度损失在5%以内的预养强度值定为“混凝土受冻临界强度”。混凝土受冻临界强度与水泥品种、混凝土强度等级有关。对硅酸盐水泥和普通硅酸盐水泥配制的混凝土，混凝土受冻临界强度为设计强度标准值的30%；对硅渣硅酸盐水泥配制的混凝土，混凝土受冻临界强度为设计强度标准值的40%，但不大于C10的混凝土不得低于5N/m^2。

为此，在现行国家标准《混凝土结构工程施工质量验收规范》（2010年版）中也规定：凡根据当地多年气象资料当室外日平均气温连续5d稳定低于5℃时，就应采取冬期施工的技术措施进行混凝土施工。目前，混凝土早期受冻引起的破坏程度一般都用抗压强度损失来表示，试验室中用早期受冻结的标准养护28d强度与未受冻结的标准养护8d强度进行比较，国内外许多试验资料表明，临界强度在3.5～7.0MPa。为了保证混凝土的质量，在受冻前的强度必须高于混凝土临界强度。

（二）冬期施工混凝土的有关规定

试验结果充分表明：混凝土的凝结硬化必须达到一定程度时才不会受冻害的影响。这种程度往往与冰冻时的水分、空气含量、冻结温度和冻结次数有关。为达到不受冻害的标准，冬季施工混凝土必须满足如下规定。

（1）冬季施工混凝土的施工要点，是寻求一种混凝土的施工方法，使混凝土在室外气温低于冰点的气候条件下，也能达到所需要的强度和耐久性。

（2）按当地多年的气温资料，当室外平均气温连续5d稳定低于5℃时，必须遵守冬季施工混凝土的有关规定。

（3）尚未凝结硬化的混凝土在－0.5℃时就会产生冻结，混凝土的强度将因冻结而明显受到损害。所以，冬季施工混凝土在受冻前的抗压强度（受冻临界强度）不得低于下述规定。

① 采用硅酸盐水泥和普通硅酸盐水泥配制的混凝土，其受冻临界强度为设计强度等级的30%，但对于C15以下的混凝土，其受冻临界强度不得低于3.5MPa。

② 采用矿渣硅酸盐水泥、火山灰质硅酸盐水泥和粉煤灰硅酸盐水泥配制的混凝土，其受冻临界强度为设计强度等级的40%，但对于C15以下的混凝土，其受冻临界强度不得低于5.0MPa。

（4）冬期施工的混凝土，其受冻临界强度应符合《建筑工程冬期施工规程》（JGJ/T 104—2011）中第6.1.1条的规定。

（5）混凝土工程冬期施工应按《建筑工程冬期施工规程》（JGJ/T 104—2011）中附录A进行热工计算。

（6）冬期混凝土配制所用的水泥、骨料、外加剂等应符合《建筑工程冬期施工规程》（JGJ/T 104—2011）中第6.1.3～第6.1.7条的规定。

在一般情况下，在寒冷地区，暴露在露天的结构物，从浇筑完毕开始保温养护到开春之前，有几次冰冻是非常正常的事情。但当混凝土的抗压强度达到3.5～5.0MPa时，出现1～3次的冻结，混凝土不会受到很大的冻害。

（三）冬期施工混凝土的准备工作

1. 冬期混凝土施工技术准备原则

（1）一定确保混凝土工程质量和安全生产，同时还要保证工程项目施工连续进行。

（2）针对冬期工程和气候特点，制定冬期混凝土冬期施工方案，既要求在技术上可靠，同时要求经济上合理。

（3）按照绿色建筑节能和节材的要求，应考虑所需的热源和材料有可靠的来源，尽量减少能源消耗。

（4）为避免或减少混凝土受冻的机会，力求施工点少，施工速度快，缩短施工工期。

（5）凡是没有编制冬期混凝土施工方案，或者冬期施工准备工作未做好的工程项目，不得强行进行冬期施工。

（6）冬期施工方案应包括：生产任务安排及施工部署；工程项目的施工方法及技术措施；热源设备计划；施工人员计划；工程质量控制要点；安全生产措施等。

（7）在冬期混凝土正式施工前，必须制定行之有效的冬期施工管理措施。

2. 冬期施工生产准备工作

（1）冬期施工现场准备　包括：a. 排除现场积水、对施工现场进行必要的修整，截断流入现场的水源，做好排水措施，消除现场施工用水和用汽造成的场地结冰；b. 施工现场积雪清扫后，应将这些雪堆放在合适的地方，不应放在机电、构件堆放场地的附近；c. 施工现场的道路应平整、坚实，在施工前应修整完毕，并要确保消防道路的畅通。

（2）搅拌机棚的保温　搅拌机棚前后台的出入口应做好封闭、棚内通暖，并要设置热水罐、外加剂存储容器。搅拌机清洗时的污水应做好组织排水，封闭好沉淀池，防止产生冻结，按规定进行清理，污水管道应保持畅通。

（3）锅炉房的设置　进入冬期施工前，必须完成锅炉房的搭设及管道埋设工作，埋入地下的管道其埋深应超过当地的冻结深度，架空管道必须做好保暖工作。

（4）施工现场所用供水系统的上水管、截门井、消火栓井均应做好保温工作。

（5）原材料加热设备、设施的进场、搭设，如拌制水加热设备、砂子加热的热炕等。

3. 冬期施工资源准备工作

（1）混凝土外加剂材料的准备　根据冬期施工方案中所选择的外加剂品种，结合市场的供应情况，最后提出对外加剂的品种、性能要求、配方、数量。

① 外加剂用量计划。根据混凝土外加剂的使用工程部位和工程量，计算出需用量计划，然后报材料供应部门。

② 进行外加剂复检。对于市场上销售的外加剂，应事先做好复检工作，确定外加剂的性能达到技术要求。对于单一成分的外加剂，测定其有效成的含量。所用的混凝土外加剂必须符合现行国家标准《混凝土外加剂应用技术规范》（GB 50119—2013）的规定。

（2）保温材料的准备　冬期施工所用的保温材料，要求其保温性能好、价格便宜、就地取材、耐久性好，有的还要求具有良好的防火性能。冬期混凝土施工常用的保温材料有：钢模板的保温材料；混凝土表面覆盖保温材料；管道保温材料；风挡和暖棚保温材料；门窗洞口封闭保温材料；混凝土运输工具保温材料；基槽和基坑的保温材料等。

（3）冬期施工燃料准备　冬期施工燃料主要考虑生活用煤、工程采暖施工热源用煤，保证生活和生产的需要，应根据施工方案中的要求进行准备。

（4）热源设备的准备　主要包括：锅炉和管道的安装、保温、试烧；热源器件的安装和测试；施工现场原材料加热设施的准备；生活用煤炉或暖气管道等的安装。

（5）冬期施工仪器仪表的准备　主要包括：大气温度测试仪表；外加剂浓度测量仪表；室内测温湿度的仪表；各种测温的仪表；所用到的表格及文具。

（6）做好人员培训和技术交底工作

① 做好施工人员的培训工作。冬期混凝土施工由于在负温下进行作业，不了解或不熟悉冬期施工冬期施工的规律，很容易造成工程质量事故。为了保证工程质量，冬期施工必须进行施工人员的培训，培训内容包括：a. 认真学习国家和地方有关冬期施工规范、标准和规定［如《建筑工程冬期施工规程》（JGJ/T 104—2011）］；b. 学习有关冬期施工的基本理论知识及施工方法；c. 组织有关人员学习防火规范和设置专人检查消防设备等的情况。

② 进行冬期施工前的技术交底工作。进行技术交底的目的是防止施工操作人员违反冬期施工规律，造成操作不当，人为地造成质量事故。施工前技术交底的重点包括：原材料的使用方法；原材料的保护；成品的测温；成品的保护和养护工作。

（7）做好原材料的检验复试及材料配合比　在冬期施工中各种原材料需要进行复试的必须按规定复试，以防不合格的材料在工程中使用。另外，在冬期混凝土施工中要经常使用一些外加剂，其随着气温的不断变化用量不同，加上目前市场上假冒伪劣产品较多，如果不进行复试而直接用于工程，有可能给工程带来严重后果。因此要消除引起工程质量隐患的因素，对工程中使用的原材料进行重新复试是非常必要的。

(四) 冬期施工主要施工方法和工艺

1. 冬期混凝土施工措施

(1) 冬期混凝土的拌制　为确保冬期混凝土的拌制的质量，在拌制中应注意以下事项。

① 混凝土原材料的加热应优先采用加热水的方法，当单纯依靠加热水不能满足要求时再对骨料进行加热。

② 配制混凝土的骨料必须清洁，不得含有冰雪和冻块及易冻裂的物质。在掺有含钾离子、钠离子的外加剂时，不得使用活性骨料。水和骨料可根据工地具体情况选择加热方法，但骨料不得在钢板上灼炒。水泥应预先贮存在暖棚内，不得直接对水泥加热。

③ 拌制掺外加剂的混凝土时，如果外加剂为粉剂，可按要求掺量直接撒在水泥上面和水泥同时投入；如果外加剂为液体，使用时应先配制成规定浓度的溶液，然后根据使用要求。用规定浓度溶液再配制成施工溶液。各溶液要分别置于有明显标志的容器内，不得混淆。每班使用的外加剂溶液应一次配成，避免在一个班内进行多次配制。

④ 严格控制混凝土水灰比，由骨料带入的水分及外加剂溶液中的水分均应从拌合水中扣除。拌制掺有外加剂的混凝土时，搅拌时间应取常温搅拌时间的1.5倍。

⑤ 混凝土拌合物的出机温度不宜低于10℃，入模温度不得低于5℃。低温季节混凝土施工可以采用人工加热、保温蓄热及加速凝固等措施，使混凝土的入仓浇筑温度不低于5℃；同时保证混凝土浇筑后的正温养护条件，在未达到允许受冻临界强度以前不遭受冻结。

(2) 调整配合比和掺外加剂　对于冬期混凝土的施工，应根据工程实际、结构特点、材料性能、气候条件等方面，采取相应的技术措施，其中包括调整配合比和掺外加剂。

① 为尽快使混凝土的强度达到或超过允许受冻临界强度，对于非大体积的混凝土宜采用发热量较高的快凝水泥，如硅酸盐水泥等。

② 为确保冬期施工的混凝土强度达到设计强度等级，可以适当提高混凝土的配制强度。

③ 掺加适量的早强剂或早强减水剂，或者采用较低的水灰比。其中氯盐的掺量应按有关规定严格控制，并且不得用于钢筋混凝土结构。

④ 掺加气剂可减缓混凝土冻结时在其内部水结冰产生的静水压力，从而可提高混凝土的早期抗冻性能。但含气量应限制在3%～5%。因为混凝土中的含气量每增加1%，会使混凝土强度损失5%，为弥补由于加气剂带来的强度损失，最好与减水剂并用。

(3) 原材料加热规定　当日平均气温为－5～－2℃时，应加热水拌制；当气温再低时可考虑加热骨料；水泥不能加热，但应保持正温。

水的加热温度不能超过80℃，并且要先将热水和骨料拌制，这时的水温不应超过60℃，以免水泥产生假凝。所谓水泥假凝是指拌制水温超过60℃时，水泥颗粒表面会形成一层薄的硬壳，使混凝土的和易性变差，而后期强度降低的现象。

砂石骨料加热的最高温度不能超过100℃，平均温度不宜超过65℃，并力求加热均匀。对于大中型混凝土工程，常用蒸汽直接加热骨料，即直接将蒸汽通过需要加热的砂石骨料堆中，料堆表面要用帆布盖好，防止热量过大损失。

2. 冬期混凝土的施工方法

(1) 调整配合比方法　冬期混凝土施工的调整配合比方法，主要针对在0℃左右温度下的混凝土施工。在施工过程中主要应做到以下几个方面。

① 要选择适当的水泥品种。选择适当的水泥品种是提高混凝土抗冻性的重要手段。根

据众多工程的施工经验，早强硅酸盐水泥的水化热较大，且在早期放出强度较高，一般3d抗压强度大约相当于普通硅酸盐水泥7d的抗压强度，早强效果比较明显。

② 合理降低水灰比。要根据混凝土工地的实际情况，合理降低水灰比，适当增加水泥用量，从而增加水化热量，进而缩短达到龄期强度的时间。

③ 掺加适量引气剂。在保持混凝土配合比不变的情况下，为了提高拌合物的流动性，改善其黏聚性和保水性，缓冲混凝土内水结冰所产生的冰胀应力，提高混凝土的抗冻性，可以掺加适量的引气剂，利用其生成的气泡相应地增加水泥浆的体积。

（2）蓄热法　冬季施工混凝土蓄热法，是利用加热除水泥外的原材料使混凝土拌合物获得一定初始热量加之水泥水化释放出的水化热量，通过适当保温材料覆盖，防止热量过快散失，延缓混凝土的冷却速度，保证混凝土在正温环境下硬化，并达到预期的临界强度以上的一种施工方法。这种方法实际上就是冬季施工混凝土通过原材料的加热，使混凝土在搅拌、运输、浇筑以后，还蓄存有相当的热量，具有适当的温度，混凝土在正温养护条件下，逐步增长到所需要的混凝土强度，不致受到冻害。

（3）暖棚法　暖棚法养护是在建筑物或构件的周围搭设围护结构，通过人工加热使围护结构内的空气保持零度以上，混凝土的浇筑和养护均在围护结构中进行。暖棚法的优点是：施工操作与在常温下施工基本相同，劳动条件较好，工作效率较高，混凝土的质量有可靠保证，不易发生冻害。其缺点是：围护结构的搭设需要大量的材料和人工，供热需要大量的能源，能源利用系数不高，工程费用增加较多。由于暖棚散热较快，其内部温度不高，所以混凝土的温度增长较慢。一般适用于地下结构和混凝土浇筑量比较集中的结构工程。采用暖棚法施工，要使围护结构内测点温度不得低于5℃，并设专人检测混凝土及棚内的温度。

（4）蒸汽法　混凝土冬季施工采用蒸汽养护法分为两种情况：一种是让蒸汽直接与混凝土接触，利用蒸汽的热量和湿度来养护混凝土；另一种是将蒸汽作为热载体，通过某种形式的散热器，将热量传导给混凝土，使混凝土升温增长强度。蒸汽法养护混凝土，按其加热方法分为蒸汽室法、蒸汽套法、毛管模板法、内部通汽法、蒸汽热膜法等。

（5）电极加热法　电极加热法是在混凝土结构的内部或外表面设置电极，通以低压电流，由于混凝土具有一定的电阻值，使电能变为热能，对混凝土进行加热养护。电极的布置应保证混凝土温度均匀，其长度由结构截面而定，与钢筋的最小距离应符合表35-14的规定。

35-14　电极与钢筋的最小距离

电压/V	65	87	106
电极与钢筋的最小距离/mm	＞50～70	＞80～100	＞120～150

在采用电极加热时，棒形和弦形电极应固定牢固，并不得与钢筋直接接触。应使用交流电，不得使用直流电。

（6）电热毯加热法　电热毯加热法是在钢模背面铺设特制的电热毯，外表面用岩棉板保温，使其中形成一个热夹层，通电后对混凝土进行加热养护。电热毯由四层玻璃纤维布中间夹一ϕ0.6mm的铁铝合金电阻丝制成，尺寸根据钢模板背后的区格大小而定，一般为300mm×400mm，电压为60～80V，每块功率75～100W，通电后表面温度可达110℃，但应控制在35～40℃之间。

（7）远红外线加热法　远红外线加热法是利用远红外线辐射器，向新浇筑的混凝土辐射远红外线，混凝土作为远红外线的吸收介质，在远红外线的共振作用下，介质分子做强烈运动，将辐射能充分转换成热能，从而在较短时间内使混凝土强度得以很大提高。电热远红外线辐射器分为内部和外部加热两种方法。内部加热法是将远红外线辐射器置于混凝土的预留孔内；外部加热法是将远红外线辐射器置于构件的上方或侧面。

3. 冬期施工应注意事项

(1) 砂石骨料宜在进入低温季节筛洗完毕。成品料堆应有足够的储备和堆高，并用合适的材料进行覆盖，以防止冰雪和冻结。

(2) 在正式拌制混凝土前，应用热水或蒸汽冲洗搅拌机，完毕后要将水或冰排除干净。

(3) 混凝土的拌制时间应比常温季节适当延长，延长时间应通过试验加以确定。

(4) 在岩石或旧混凝土上浇筑混凝土前应检查其温度，如为负温应将其加热成正温。加热深度不小于10cm，并经验收合格后方可浇筑混凝土。仓面清理宜采用喷洒温水配合热风枪，寒冷期间也可采用蒸汽枪，但不宜采用水枪或风水枪。在软基上浇筑第一层混凝土时，必须防止与地基接触的混凝土遭受冻害和地基受冻变形。

(5) 混凝土搅拌机应设在搅拌棚内并设有采暖设备，棚内温度应高于5℃。混凝土运输容器应设有保温装置。

(6) 浇筑混凝土前和浇筑过程中，应注意清除钢筋、模板和浇筑设施上附着的冰雪和冻块，严禁将冻雪冻块带入仓内。

(7) 在低温季节施工所用的模板，一般在整个低温期间都不宜拆除。如果需要拆除，应满足以下要求：a. 混凝土强度必须大于允许受冻的临界强度；b. 具体拆模及拆模后的要求应满足温度控制防裂要求。

(8) 低温季节混凝土施工期间应当特别注意温度检查。

二、夏期及雨期施工

(一) 混凝土夏期施工

混凝土工程的夏期施工，实际上是在高温气候条件下施工，关键是如何降低水泥水化热过于集中和坍落度过大损失的问题。要减少夏期对混凝土性能的不利影响，必须在混凝土的配制、输送、浇筑、振捣、修饰和养护等各个工序都采取相应的有效措施。

1. 对原材料的控制

要降低混凝土拌合物的温度，首先应从降低混凝土组成材料的温度着手。在混凝土的组成材料中，以降低拌合水和粗细骨料的温度效果最为明显。例如，水泥温度降低5℃，混凝土的温度仅能降低0.6℃，但若将骨料的温度降低0.6℃，或将拌合水的温度降低2℃，也可达到同样的效果。

(1) 拌合水　水的比热容是水泥或骨料的4～5倍，降低拌合水的温度对混凝土拌合物的温度降低具有非常明显的效果。降低拌合水温度的主要方法有冷却法、液氮法和隔热法等。

(2) 粗骨料　粗骨料是在混凝土中占比最大的材料，一般为70%左右，降低粗骨料的温度对混凝土的温度降低具有重要作用。降低粗骨料温度的主要方法有水洗法、遮盖法、冷风法和堆积法。

(3) 细骨料　自然界的砂通常是潮湿的，一般情况下不必专门再进行降温。如果必须降温时，最理想的是采用冻砂，将冻的砂子与其他材料一起投入搅拌机中拌和，即可达到降低混凝土拌合物温度的目的。

（4）水泥　由于降低水泥的温度对混凝土拌合物温度的降低不明显，所以一般不采用降低水泥温度的做法。只要将水泥存放在阴凉通风处即可。水泥水化反应放出的热量，是混凝土拌合物温度升高的主要因素，因此降低水泥水化反应的放热速度和放热量，这是控制混凝土拌合物温度的关键。夏期配制混凝土宜采用发热量较低的火山灰水泥或矿渣水泥，或用粉煤灰取代部分普通硅酸盐水泥，这都对降低水化热的释放速度、降低混凝土拌合物的温度是非常有益的。

（5）外加剂　夏期配制混凝土掺加适量的缓凝剂和减水剂，这是减弱高温对混凝土施工和混凝土性能的危害的有效措施。缓凝剂主要作用是能减缓水泥水化热的释放速度，减弱高温对水泥的促凝作用，从而会降低混凝土拌合物的温度。高效减水剂能大大降低混凝土的用水量，不仅弥补了混凝土的用水量因高温影响而增大的缺陷，而且会明显降低混凝土水化反应的速度。

2. 搅拌和运输控制

在保证搅拌均匀的前提下，拌制应尽量缩短其搅拌时间。为避免搅拌机因暴晒而高温，在搅拌机处要有遮阳设施，如置于露天最好将搅拌机外壳涂上白色。另外，还可用在鼓筒外壳淋水的方法来降低鼓筒的温度。混凝土拌合物运输时间的长短，与其温度的回升多少关系密切。混凝土拌合物的温升、坍落度的损失率、含气量的减少程度等均会随着运输时间的增加而增大，因此要尽量缩短搅拌出料到浇筑的时间间隔。

3. 混凝土浇捣控制

在高温干燥的气候条件下施工，施工区和模板要洒水进行湿润，以降低施工环境的温度和防止混凝土内水分大量蒸发，但要避免水分聚积在基层低洼处或准备浇灌混凝土的部位。如果施工条件允许，作业区内最好采用遮阳或风屏设施。

混凝土的浇筑层厚度要比常规下薄些。假如气候条件恶劣，采取一般措施不能奏效时，浇筑混凝土应避开一天中最热的时间，将混凝土的作业安排在傍晚或夜间进行。这样有利于施工作业，而且混凝土可在相对湿度较高的拂晓前后终凝，可避免混凝土早期收缩产生裂缝。

4. 混凝土养护控制

夏期混凝土的养护要引起特别重视，并要以洒水湿法养护为最佳，其养护期一般不得少于7d，最好保持14d以上。在养护期结束后，混凝土表面覆盖的材料不宜马上揭去，一般应再保持3～4d，使混凝土逐渐干燥，以减少收缩裂缝。重要的混凝土结构，不宜采用养护剂进行养护，如必须使用时应在养护剂中加入白色染料，并在喷射养护剂后立即将混凝土覆盖。

（二）混凝土的雨期施工

夏季气温升高，雨量非常充沛，时常出现暴雨，随着降雨的频繁发生和降雨量的增大，给混凝土施工带来很多困难，稍不注意就会引起混凝土工程的质量问题。降雨可以使露天堆放的砂石材料含水量增大，特别是砂子的含水量变化最大，如果仍采用原混凝土配合比，必然导致混凝土出现离析、泌水、强度下降，严重影响混凝土的质量。在这种情况下，应及时根据骨料的含水量，随时调整砂率和用水量。

1. 降雨对混凝土浇筑的影响

在雨中浇筑混凝土，混凝土在运输和振捣时由于雨水流入，使一些水泥浆随着雨水流失，造成骨料裸露，迎雨面的水泥浆被冲刷流失，前者可能引起孔洞，后者可能出现麻面，由此可能经常发生如下问题。

(1) 混凝土浇筑现场如果排水不畅，一些低洼处的模板内可能产生积水，导致混凝土质量劣化，甚至产生孔洞和露筋等，如底层电梯基坑、集水井、核心筒剪力墙根部等。

(2) 在雨中操作难度很大。在降雨过程中，露天作业的工人视线不清、脚底很滑、操作困难，不仅不能确保施工质量，而且很容易发生高处坠落事故；对正常的要求很难执行，必然造成混凝土不密实，严重影响混凝土强度、抗渗性和耐久性。

2. 雨期施工质量控制的内容

雨期施工质量控制的内容，主要包括事前计划、事中控制和事后处理。

(1) 事前计划

① 进度安排。在混凝土总施工进度计划中，应注意安排基础分部工程在雨季来临之前必须完成，以防止出现雨期在基坑内施工，及早消除基坑边坡淋雨滑坡的可能。在主体混凝土工程进入雨期时，应密切注意天气预报，根据气象台预报安排近期工作，做到有中雨、大雨时不安排混凝土浇筑。

② 物资准备。在多雨季节来临之前，应将防雨用品运到混凝土工程施工现场，给施工人员发雨衣和雨鞋，机械设备进行防雨遮盖，同时派专人对这项工作进行负责和检查。

③ 技术措施。技术人员应根据工程的实际情况，编制雨期混凝土浇筑的具体措施，对施工操作人员进行详细交底，并监督其认真贯彻执行。

④ 混凝土工程在雨期施工时应做好以下准备工作：砂石料场的排水设施应畅通无阻；浇筑仓面宜设有防雨设施；运输工具应有防雨及防滑的设施；加强骨料含水量的测定工作，注意调整拌制用水量。

⑤ 混凝土在无防雨篷仓面小雨中进行浇筑时应采取以下技术措施：适当减少混凝土拌制用水量；加强仓面积水的排除工作；做好新浇混凝土面的保持工作；防止周围雨水流入仓面。

(2) 事中控制 在混凝土的浇筑过程中，管理人员应跟班旁站，当有雨来临时应对以下内容进行认真检查。

① 施工现场是否备有充足的防雨设施，已浇筑好的混凝土表面是否已及时覆盖。

② 雨量过大应立即停止混凝土施工，大雨持续时间如果过长，应做好施工缝处理。

③ 当雨量不大可以继续施工时，应要求搅拌站降低混凝土拌合物的坍落度，并延长每罐的搅拌时间，一般每罐混凝土可延长 30s。混凝土浇筑时，每次的浇筑宽度不宜超已 1.5m，同时应增加振捣次数。

④ 定时定量测定混凝土拌合物的坍落度和砂子的含水率。搅拌站根据现场砂子含水率，调整原配合比中砂子的质量和水的用量，并调整混凝土拌合物的坍落度，将上述取样过程以质量控制管理图表示，可反映混凝土浇筑过程中各个阶段质量波动的状况。

(3) 事后处理

① 认真检查已浇筑好的混凝土，查看混凝土表面有无雨水冲刷跑浆现象。

② 模板拆除后，检查混凝土有无麻面、孔洞和露筋等质量缺陷，如果存在应查找原因，并及时提出处理方案。

③ 做好施工记录，对出现的问题逐一汇总研究，总结经验教训，杜绝再次出现。

第五篇　混凝土外加剂应用技术

混凝土外加剂是一种复合型化学建材。世界上工业发达国家大部分混凝土中都应用了外加剂，目前混凝土科学技术发展的主要方向——高强、轻质、耐久、经济、节能、快硬和高流动，无不与混凝土外加剂密切相关。

大量混凝土工程实践证明，在混凝土中掺入适量的外加剂，可以改善混凝土的性能，提高混凝土的强度，节省水泥和能源，改善施工工艺和劳动条件，提高施工速度和工程质量，具有显著的经济效益和社会效益。由于混凝土外加剂可以起到混凝土工艺不能起的作用，从而推动了混凝土技术的发展，促使高性能混凝土作为新世纪的新型高效建筑材料而被广泛用于各类工程中。

第三十六章　混凝土外加剂基础知识

随着城市化的快速发展和建筑工程向高层化、大荷载、大跨度、大体积、快速、经济、节能方向发展，新型高性能混凝土的大量采用，在混凝土材料向高新技术领域发展的同时，也有力地促进了混凝土外加剂向高效、多功能和复合化的方向发展。因此，如何选择优质的外加剂已成为混凝土改性的一条必经技术途径；如何更好地利用外加剂提高混凝土的质量是混凝土外加剂工业面临的新课题。

第一节　混凝土外加剂的分类方法及定义

在混凝土配制过程中掺入的，用以改善混凝土性能，一般情况下掺量不超过水泥质量5%的材料，称为混凝土外加剂。混凝土外加剂的应用是混凝土技术的重大突破，工程实践证明，混凝土外加剂的掺量虽然很小，却能显著地改善混凝土的某些性能。

一、混凝土外加剂的分类

混凝土外加剂的种类很多，根据现行国家标准《混凝土外加剂的分类、命名与术语》（GB/T 8075—2005）中的规定，分类的方法主要有按主要功能不同分类和按化学成分不同分类。

1. 按主要功能不同分类

混凝土外加剂的种类繁多，按照混凝土外加剂的主要功能不同可以分为以下4类：

a. 改善新拌混凝土流动性的外加剂，主要包括各种减水剂和泵送剂等；b. 调节混凝土凝结时间和硬化性能的外加剂，主要包括缓凝剂、促凝剂和速凝剂等；c. 改善混凝土耐久性的外加剂，主要包括引气剂、防水剂、阻锈剂和矿物外加剂等；d. 改善混凝土其他性能外加剂，主要包括膨胀剂、防冻剂、着色剂等。

2. 按化学成分不同分类

混凝土外加剂按化学成分不同，可分为无机物外加剂、有机物外加剂和复合型外加剂。

（1）无机物外加剂　无机物外加剂包括各种无机盐类、一些金属单质和少量的氢氧化物等。如早强剂中的氯化钙和硫酸钠；加气剂中的铝粉；防水剂中的氢氧化铝等。

（2）有机物外加剂　有机物外加剂占混凝土外加剂的绝大部分。这类外加剂品种极多，其中大多数属于表面活性剂的范畴，有阴离子型、阳离子型和非离子型表面活性剂等。也有一些有机外加剂本身并不具有表面活性作用，却可作为优质外加剂使用。

（3）复合型外加剂　复合型外加剂是用适量的无机物和有机物复合制成的外加剂，具有多种功能或能使某项性能得到显著改善，这是“协同效应”在混凝土外加剂中的体现，是混凝土外加剂今后的发展方向之一。

二、混凝土外加剂的品种及定义

根据现行国家标准《混凝土外加剂》（GB/T 8076—2008）中的规定，混凝土外加剂主要包括高性能减水剂、高效减水剂、普通减水剂、缓凝高效减水剂、泵送剂、早强减水剂、缓凝减水剂、引气减水剂、早强剂、缓凝剂、引气剂共 11 种。

根据现行国家标准《混凝土外加剂的分类、命名与术语》（GB/T 8075—2005 ）中的规定，它们的定义分别如下。

（1）高性能减水剂　高性能减水剂是指与高效减水剂相比，具有更高的减水效果、更好坍落度保持性能和较小干燥收缩，且具有一定引气性能的减水剂。

（2）高效减水剂　高效减水剂是指在混凝土坍落度基本相同的条件下，能大幅度减少拌合水量的外加剂。

（3）普通减水剂　普通减水剂是指在混凝土坍落度基本相同的条件下，能减少拌合水量的外加剂。

（4）缓凝高效减水剂　缓凝高效减水剂是指兼有缓凝功能和高效减水功能的外加剂。

（5）泵送剂　泵送剂是指能改善混凝土拌合物泵送性能的外加剂。

（6）早强减水剂　早强减水剂是指具有早强功能和减水功能的外加剂。

（7）缓凝减水剂　缓凝减水剂是指兼有缓凝功能和减水功能的外加剂。

（8）引气减水剂　引气减水剂是指兼有引气功能和减水功能的外加剂。

（9）早强剂　早强剂是指能加速混凝土早期强度发展的外加剂。

（10）缓凝剂　缓凝剂是指能延长混凝土凝结时间的外加剂。

（11）引气剂　引气剂是指在混凝土搅拌过程中能引入大量均匀分布、稳定而封闭的微小气泡且能保留在硬化混凝土中的外加剂。

第二节　混凝土外加剂的功能及用途

混凝土外加剂是指为改善和调节混凝土的性能而掺加的物质，由于其具有良好的功能和适用范围广泛，所以在各类工程中的应用和功能越来越受到重视。

一、混凝土外加剂的功能及适用范围

工程实践充分证明，混凝土外加剂除了能提高混凝土的质量和施工工艺外，不同类型的混凝土外加剂具有相应的功能及适用范围。混凝土外加剂的主要功能及适用范围如表 36-1 所列。

表 36-1　混凝土外加剂的主要功能及适用范围

外加剂类型	主要功能	适用范围
普通减水剂	(1)在混凝土和易性和强度不变的条件下，可节省水泥 5%～10%； (2)在保证混凝土工作性及水泥用量不变的条件下，可减少用水量 10%左右，混凝土强度可提高 10%左右； (3)在保持混凝土用水量及水泥用量不变的条件下，可增大混凝土的流动性	(1)可用于日最低气温＋5℃以上的混凝土施工； (2)各种预制及现浇混凝土、钢筋混凝土及预应力混凝土； (3)大模板施工、滑模施工、大体积混凝土、泵送混凝土及商品混凝土
高效减水剂	(1)在保证混凝土工作性及水泥用量不变的条件下，减少用水量 15%左右，混凝土强度提高 20%左右； (2)在保持混凝土用水量及水泥用量不变的条件下，可大幅度提高混凝土拌合物的流动性； (3)在保证混凝土强度不变时，可节省水泥 10%～20%	(1)可用于日最低气温 0℃以上的混凝土施工； (2)高强混凝土、高流动性混凝土、早强混凝土、蒸养混凝土
引气剂及引气减水剂	(1)可以提高混凝土的耐久性和抗渗性； (2)可以提高混凝土拌合物的和易性，减少混凝土拌合物泌水离析； (3)引气减水剂还兼有减水剂的功能	(1)有抗冻融要求的混凝土、防水混凝土； (2)抗盐类结晶破坏及耐碱混凝土； (3)泵送混凝土、流态混凝土、普通混凝土； (4)集料质量差以及轻集料混凝土
早强剂及早强高效减水剂	(1)可以提高混凝土的早期强度； (2)可以缩短混凝土的蒸养时间； (3)早强高效减水剂还具有高效减水剂的功能	(1)用于日最低气温－5℃以上及有早强或防冻要求的混凝土； (2)用于常温或低温下有早强要求的混凝土、蒸养混凝土
缓凝剂及缓凝高效减水剂	(1)可以延缓混凝土的凝结时间； (2)可以降低混凝土中水泥初期的水化热； (3)缓凝高效减水剂还具有高效减水剂的功能	(1)大体积混凝土和夏季、炎热地区的混凝土施工； (2)有缓凝要求的混凝土，如商品混凝土、泵送混凝土以及滑模施工； (3)用于日最低气温＋5℃以上的混凝土施工
防冻剂	能在一定的负温条件下浇筑混凝土而不受冻害，并达到预期的强度	主要适用于负温条件下的混凝土施工
膨胀剂	使混凝土的体积，在水化、硬化过程中产生一定的膨胀，减少混凝土的干缩裂缝，提高混凝土的抗裂性和抗渗性能	(1)用于防水屋面、地下防水、基础后浇缝、防水堵漏等； (2)用于设备底座灌浆、地脚螺栓固定等
速凝剂	可以使混凝土或水泥砂浆在 1～5min 之间初凝，2～10min 之间终凝	主要用于喷射混凝土、喷射砂浆、临时性堵漏用的砂浆及混凝土
防水剂	可以使混凝土的抗渗性能显著提高	主要用于地下防水、贮水构筑物、防潮工程等

二、混凝土外加剂的主要用途

混凝土外加剂是一种在混凝土搅拌之前或拌制过程中加入的、用以改善新拌和硬化混凝土性能的材料。各种混凝土外加剂的应用改善了新拌和硬化混凝土的许多性能，促进了混凝土新技术的发展，促进了工业副产品在胶凝材料系统中的应用，还有助于节约资源和环境保护，已经逐步成为优质混凝土必不可少的第五组分。具体地讲，混凝土外加剂具有如下用途。

(1) 在普通混凝土施工和制品生产中，使用减水剂能改善新拌混凝土和易性，减少水泥用量，提高混凝土强度。可以加速构件厂的模型周转，缩短工期，在不扩大场地的条件下可大幅度提高产量。

(2) 冬季施工的混凝土必须加入适量的早强剂、防冻剂，以保证混凝土的早期强度和施工质量，提高混凝土的抗冻能力，在负温条件下达到预期强度。

(3) 当使用钢模板和木模板浇筑混凝土时，为保证混凝土施工质量、脱模干净、保护延长模板使用寿命必须使用脱模剂。

(4) 对于路面、机场、广场、码头、岸坡、坝体、梁柱、异型构件等不容易进行养护的混凝土，应当使用养护剂。将养护剂喷涂在混凝土表面，使混凝土表面有一层薄膜，保持水分达到自养，达到保温保湿的养护效果。

(5) 对于有防水和防渗要求的混凝土，如地下室、游泳池、地下防水工程等混凝土应加膨胀剂和防水剂。对有膨胀要求以抵消混凝土收缩的混凝土，也应掺入适量的膨胀剂。

(6) 泵送混凝土、商品混凝土要掺用减水剂、引气减水剂、缓凝减水剂、泵送剂。在不增加用水量的情况下，可提高混凝土的流动性。

(7) 港工和水工混凝土可掺用引气剂、缓凝减水剂，用以提高混凝土的抗渗性、降低水化热，减少混凝土的分离与泌水，可提高混凝土抗各种侵蚀盐及酸的破坏力，从而在海水或其他侵蚀水中提高耐久性。

(8) 配制高强混凝土、高性能混凝土和超高强混凝土时，必须掺用高效减水剂或高性能减水剂。

(9) 混凝土预制构件厂为缩短构件的养护时间，提高模板的周转率，应当掺用早强剂及早强减水剂。

(10) 夏季滑模施工、建筑基础工程和水工坝体等大体积混凝土，应当掺用缓凝剂及缓凝减水剂。

(11) 喷射混凝土、防水堵漏工程施工，应当掺用速凝剂或堵漏剂。

(12) 在钢筋混凝土结构中，为防止钢筋出现锈蚀破坏，应当掺用阻锈剂。

三、选用外加剂时的注意事项

在了解混凝土外加剂的功能和根据使用目的选用混凝土外加剂品种后，要想获得预期的使用效果，在使用中有许多问题是值得注意的，否则难以达到预期的目标。

(1) 严禁使用对人体产生危害、对环境产生污染的混凝土外加剂。工程实践证明，有些化学物质，具有某种外加剂的功能，如尿素作为防冻剂的组分，不仅有很好的防冻功能，而且价格适中，用其配制防冻剂，技术经济效益显著，但尿素防冻剂混凝土，如果用于居宅建筑，会放出刺激性的氨气，使人难以居住，所以有些城市明文规定，禁用尿素防冻剂。又如六价铬盐，具有很好的早强性能，但它对人体有较大的毒性，用其配制的外加剂，在使用时冲洗搅拌设备的废水会污染工地环境，因此六价铬盐也禁止使用。由于亚硝酸盐均具有致癌性，所以禁用于与饮水及食品相接触的工程。

（2）对于初次选用的混凝土外加剂或外加剂的新品种，应按照国家有关标准进行外加剂匀质性和受检混凝土的性能检验，各项性能检验合格后方可选用。

（3）外加剂的性能与混凝土所用的各种原材料性能有关，特别是与水泥的性能、混凝土的配合比等多种因素有关。在按照有关标准检验合格后，必须用工地所用原材料进行混凝土性能检验，达到预期效果后方可用于工程中。

（4）普通混凝土减水剂，特别是木质素磺酸盐类的减水剂，具有减水、引气、缓凝的多种作用，当超量使用时会使引气量过多，甚至使混凝土不凝。在水泥中使用硬石膏作为调凝剂时，由于木质素磺酸盐能抑制硬石膏的溶解度，有时非但没有缓凝作用，反而会造成水泥的急凝。

（5）引气剂及引气减水剂由于能在混凝土中引入大量的、微小的、封闭的气泡，并对混凝土有塑化作用，因此可用于抗冻混凝土、抗渗混凝土、抗硫酸盐混凝土、贫混凝土和轻集料混凝土。控制好混凝土适宜的引气量是使用引气剂的关键因素之一，过多的引气量会使混凝土达不到预期的强度，不同类型的混凝土工程，对混凝土的含气量有不同的要求。

（6）缓凝剂及各种缓凝型减水剂可以延缓水泥的凝结硬化，有利于保持水泥混凝土的工作性，其掺量应控制在生产厂推荐的范围之内。如果掺加过量，会使水泥混凝土凝结硬化时间过多的延长，甚至出现不凝结，造成严重的工程质量事故。

（7）早强剂及各种早强型减水剂可以提高混凝土的早期强度，适用于现浇及预制要求早强的各类混凝土，使用时应注意早期强度的大幅度提高，有时会使混凝土的后期强度有所损失，在混凝土配合比设计时应予以注意。一般最好多选用早强型减水剂，以便由外加剂的减水作用来弥补因早强而损失的后期强度。

（8）防冻剂应按照国家标准规定温度选用，防冻剂标准规定的最低温度为－15℃。由于标准规定的负温试验是在恒定负温下进行的，在实际的混凝土工程中，如果按照日最低气温掌握是偏安全的，因此可在比规定温度低5℃的环境下使用，即按该标准规定在温度为－15℃时检验合格的防冻剂，可在－20℃环境下使用。

（9）当采用几种外加剂复合使用时，由于不同外加剂之间存在适应性问题，因此应在使用前应进行复合试验，达到预期效果才能使用。

（10）有缓凝功能的外加剂不适用于蒸养混凝土，除非经过试验，找出合适的静停时间和蒸养制度。

（11）各种缓凝型及早强型外加剂的使用效果随温度变化而改变，当环境温度发生变化时，其掺量应随温度变化而增减。各种减水剂的减水率及引气剂的引气量也存在随温度变化而变化的情况，应予以注意。

（12）工程实践证明，混凝土搅拌时的加料顺序也会影响外加剂的使用效果，外加剂检验时采用了标准规定的投料顺序，在为特定工地检验外加剂时外加剂的加料顺序必须与工地的加料顺序一致。

（13）液体外加剂在贮存过程中有时容易发生化学变化或霉变，高温会加速这种变化，低温或者受冻会产生沉淀，因此外加剂的贮存应避免高温或受冻，由低温造成的外加剂溶液不均匀问题，可以通过恢复温度后重新搅拌均匀得到解决。

（14）选用混凝土外加剂涉及多方面的问题，选用时必须全面地加以考虑。除了以上应注意事项外，还要特别注意外加剂与水泥适应性的问题。

第三节 混凝土外加剂的性能要求

材料试验和工程实践证明，混凝土外加剂的用量虽然很小，但对混凝土性能的影响是非常明显的。如何使混凝土外加剂达到改善混凝土性能的目标，关键在于选择外加剂的品种和确保其符合现行标准的要求，并且在使用过程中采取正确的方法。在现行国家标准《混凝土外加剂》（GB 8076—2008）中，对于混凝土外加剂的技术要求有明确的规定。

一、受检混凝土性能指标

受检混凝土是指按照现行国家标准《混凝土外加剂》规定的试验条件配制的掺有外加剂的混凝土，受检混凝土性能指标应符合表36-2和表36-3中的规定。

表 36-2 受检混凝土性能指标（一）

试验项目		外加剂品种					
		高性能减水剂		泵送剂	普通减水剂		
		标准型	缓凝型		早强型	标准型	缓凝型
减水率/%		≥25	≥20	≥12	≥8	≥8	≥8
泌水率比/%		≤60	≤70	≤60	≤95	≤95	≤100
含气量/%		≤6.0	≤6.0	≤5.5	≤3.0	≤3.0	≤5.5
凝结时间之差/min	初凝	<−90	>+90	>+90	−90～+90	−90～+120	>+90
	终凝	<−90	>+90	—			—
抗压强度比/%	1d	≥170	—	—	≥140	—	—
	3d	≥160	≥150	≥120	≥130	≥115	≥100
	7d	≥150	≥140	≥115	≥115	≥115	≥115
	28d	≥140	≥130	≥110	≥105	≥110	≥115
收缩率比/%	28d	≥110	≥110	≥135	≥135	≥135	≥135
相对耐久性(200次)/%		—	—	—	—	—	—
1h经时变化量	坍落度/mm	—	<100	<100	—	—	—
	含气量/%	—	—	—	—	—	—

表 36-3 受检混凝土性能指标（二）

试验项目		外加剂品种					
		高效减水剂		引气减水剂	早强剂	缓凝剂	引气剂
		标准型	缓凝型				
减水率/%		≥14	≥14	≥10	—	—	≥6
泌水率比/%		≤90	≤100	≤70	≤100	≤100	≤70
含气量/%		≤3.0	≤4.5	≥3.0	—	—	≥3.0
凝结时间之差/min	初凝	−90～+120	>+90	−90～+120	−90～+90	>+90	−90～+120
	终凝		—		—	—	

续表

试验项目		外加剂品种					
		高效减水剂		引气减水剂	早强剂	缓凝剂	引气剂
		标准型	缓凝型				
抗压强度比/%	1d	≥140	—	—	—	—	—
	3d	≥130	≥125	≥115	≥135	≥100	≥95
	7d	≥125	≥125	≥115	≥130	≥100	≥95
	28d	≥120	≥120	≥110	≥110	≥100	≥90
收缩率比/%	28d	≥135	≥135	≥135	≥100	≥135	≥135
相对耐久性(200次)/%		—	—	≥80	—	—	≥80
1h经时变化量	坍落度/mm	—	—	—	—	—	—
	含气量/%	—	—	≤1.5	—	—	≤1.5

注：1. 除含气量外，表中所列数据为掺外加剂混凝土与基准混凝土的差值或比值；2. 凝结时间之差性能指标中的“+”号表示提前，“-”号表示延缓；3. 相对耐久性（200次）性能指标中的“≥80”表示将28d龄期的受检混凝土试件冻融循环200次后，动弹性模量保留值≥80%；4. 其他品种的外加剂是否需要测定耐久性指标，可以双方协商确定。

二、外加剂的匀质性指标

外加剂的匀质性指标应符合表36-4中的规定。

表36-4　外加剂的匀质性指标

试验项目	匀质性指标	试验项目	匀质性指标
氯离子含量/%	不超过生产厂控制值	总碱量/%	不超过生产厂控制值
固体含量/%	$S>25\%$时,要求控制在$0.95S\sim1.05S$ $S\leqslant25\%$时,要求控制在$0.90S\sim1.10S$	含水率/%	$W>5\%$时,要求控制在$0.90W\sim1.10W$ $W\leqslant5\%$时,要求控制在$0.80W\sim1.20W$
密度/(g/cm³)	要求$D\pm0.02$	细度	应在生产厂控制范围内
pH值	应在生产厂控制范围内	硫酸根含量/%	不超过生产厂控制值

注：1. 生产厂应在产品说明书中明示产品匀质性指标的控制值；2. 对相同和不同批之间的匀质性和等效性的其他要求，可由供需双方商定；3. S指固体含量，W指含水率，D指密度。

第三十七章　混凝土减水剂

减水剂属阴离子型表面活性剂。它吸附于水泥颗粒表面使颗粒显示电性能，颗粒间由于带相同电荷而相互排斥，使水泥颗粒被分散而释放颗粒间多余的水分而产生减水作用。此外，由于加入减水剂后，水泥颗粒表面形成吸附膜，影响水泥的水化速度，使水泥石晶体的生长更为完善，减少水分蒸发的毛细空隙，网络结构更为致密，提高了水泥砂浆的硬度和结构致密性。

第一节　混凝土普通减水剂

普通减水剂是一种变废为宝、价格低廉，能够有效改变混凝土性能的外加剂。从 20 世纪 60～80 年代，我国用量最大的外加剂就是普通减水剂，即使在出现高效减水剂和高性能减水剂后，普通减水剂仍然具有它不可取代的作用。

普通减水剂又称为塑化剂或水泥分散剂，是在混凝土坍落度基本相同的条件下，能减少配制混凝土用水量的外加剂。普通减水剂的主要作用：a. 在不减少单位用水量情况下，改善新拌混凝土的和易性，提高流动度和工作度；b. 在保持相同流动度下，减少用水量，提高混凝土的强度；c. 在保持一定强度情况下，减少单位体积水泥用量，降低工程造价。

一、普通减水剂的选用方法

根据现行国家标准《混凝土外加剂应用技术规范》(GB 50119—2013) 中的规定，在混凝土工程中常用普通减水剂可以按表 37-1 中的规定进行选用。

表 37-1　普通减水剂的选用方法

序号	选用方法
1	混凝土工程可采用木质素磺酸钙、木质素磺酸钠、木质素磺酸镁等普通减水剂
2	混凝土工程可采用由早强剂与普通减水剂复合而成的早强型普通减水剂
3	混凝土工程可采用由木质素磺酸盐类、多元醇类减水剂(包括糖钙和低聚糖类缓凝减水剂)以及木质素磺酸盐类、多元醇类减水剂与缓凝剂复合而成的缓凝型普通减水剂

二、普通减水剂的适用范围

根据现行国家标准《混凝土外加剂应用技术规范》(GB 50119—2013) 中的规定，在混凝土工程中普通减水剂的适用范围应符合表 37-2 中的要求。

为了确保普通减水剂达到应有的功能，对所选用减水剂进场后，应按照现行国家标准《混凝土外加剂应用技术规范》(GB 50119—2013) 中的规定进行质量检验。混凝土普通减水剂的质量检验要求如表 37-3 所列。

表 37-2　普通减水剂的适用范围

序号	适用范围
1	普通减水剂宜用于日最低气温5℃以上强度等级为C40以下的混凝土
2	普通减水剂不宜单独用于蒸养混凝土
3	早强型普通减水剂宜用于常温、低温和最低温度不低于－5℃环境中施工的有早强要求的混凝土工程。炎热环境条件下不宜使用早强型普通减水剂
4	缓凝型普通减水剂可用于大体积混凝土、碾压混凝土、炎热气候条件下施工的混凝土、大面积浇筑的混凝土、避免冷缝产生的混凝土、需长时间停放或长距离运输的混凝土、滑模施工或拉模施工的混凝土及其他需要延缓凝结时间的混凝土，不宜用于有早强要求的混凝土
5	使用含糖类或木质素磺酸盐类物质的缓凝型普通减水剂时，可按照现行国家标准《混凝土外加剂应用技术规范》(GB 50119—2013)中附录A的方法进行相容性试验，并满足施工要求后再使用

表 37-3　混凝土普通减水剂的质量检验要求

序号	质量检验要求
1	普通减水剂应按每50t为一检验批，不足50t时也应按一个检验批计。每一检验批取样量不应少于0.2t胶凝材料所需用的减水剂量。每一检验批取样应充分混匀，并应分为两等份：其中一份按照《混凝土外加剂应用技术规范》(GB 50119—2013)第4.3.2和4.3.3条规定的项目及要求进行检验，每检验批检验不得少于两次；另一份应密封留样保存半年，有疑问时应进行对比检验
2	普通减水剂进场检验项目应包括pH值、密度(或细度)、含固量(或含水率)、减水率，早强型减水剂还应检验1d抗压强度比，缓凝型减水剂还应检验凝结时间差
3	普通减水剂进场时，初始或经时坍落度(或扩展度)应按进场检验批次，采用工程实际使用的原材料和配合比与上批留样进行平行对比试验，其允许偏差应符合现行国家标准《混凝土质量控制标准》(GB 50164—2011)的有关规定

我国生产的普通减水剂的品种主要有木质素磺酸盐类、羟基羟酸盐类、多元醇类、聚氯乙烯烷基醚类、腐殖酸类减水剂等。普通减水剂在混凝土中的技术指标应符合《混凝土外加剂应用技术规范》(GB 50119—2013) 中的规定。

三、普通减水剂的主要品种及性能

(一) 木质素磺酸盐减水剂

木质素磺酸盐减水剂主要包括木质素磺酸钙、木质素磺酸钠、木质素磺酸镁减水剂，最常用的是前两种。木质素磺酸钙、木质素磺酸钠和木质素磺酸镁，分别简称为木钙、木钠和木镁，是木材生产纤维浆或纸浆后的副产品。

1. 木质素磺酸盐减水剂质量指标

(1) 木质素磺酸钙　木质素磺酸钙由亚硫酸盐法生产纸浆的废液，用石灰中和后浓缩的溶液经干燥所得产品即木质素磺酸钙。木质素磺酸钙是一种多组分高分子聚合物阴离子表面活性剂，外观为浅黄色至深棕色粉末，略有芳香气味，分子量一般在2000～100000之间，具有很强的分散性和黏结性。木质素磺酸钙减水剂的质量指标如表37-4所列。

表 37-4　木质素磺酸钙减水剂的质量指标

项目	木质素磺酸钙/%	还原物/%	水不溶物/%	pH值	水分含量/%	砂浆含气量/%	砂浆流动度/mm
指标	＞55	＜12	＜2.5	4～6	＜9.0	＜15	185±5

(2) 木质素磺酸钠 木质素磺酸钠由碱法造纸的废液经浓缩、加亚硫酸钠将其中的碱木素磺化后，用苛性钠和石灰进行中和，将滤去沉淀的清液干燥后所得的干粉即木质素磺酸钠。木质素磺酸钠系粉状低引气性缓凝减水剂，属于阴离子表面活性物质，对水泥有吸附及分散作用，能改善混凝土各种物理性能，减少混凝土拌合水13%以上，改善混凝土的和易性，并能大幅度降低水泥水化初期水化热。木质素磺酸钠减水剂的质量指标如表37-5所列。

表37-5 木质素磺酸钠减水剂的质量指标

项目	木质素磺酸钠/%	还原物/%	水不溶物/%	pH值	水分含量/%	硫酸盐/%	钙镁含量/%
指标	>55	≤4	≤0.4	9～9.5	≤7	≤7	≤0.6

(3) 木质素磺酸镁 木质素磺酸镁是以酸性亚硫酸氢镁药液蒸煮甘蔗渣等禾本科植物的制浆废液中的主要组分，它是一种木质素分子结构中含有醇羟基和双键的碳-碳键受磺酸基磺化后，形成的木质素磺酸盐化合物。木质素磺酸镁属阴离子表面活性物质，具有引气减水作用。保持混凝土配比不变，提高混凝土拌合物的和易性；保持水泥用量及和易性不变，提高混凝土强度和耐久性；保持和易性和混凝土28d强度基本相同，降低水灰比，节约水泥。木质素磺酸镁减水剂的质量指标如表37-6所列。

表37-6 木质素磺酸镁减水剂的质量指标

项目	木质素磺酸镁/%	还原物/%	水不溶物/%	pH值	水分含量/%	表面张力/(mN/m)	砂浆流动度
指标	>50	≤10	≤1.0	6	≤3	52.16	较空白大60mm

2. 木质素磺酸盐减水剂性能特点

木质素磺酸盐减水剂在掺入混凝土后，表现出一系列优良的性能，成为混凝土改性的主要外加剂。木质素磺酸盐减水剂性能特点如表37-7所列。

表37-7 木质素磺酸盐减水剂性能特点

序号	项目	性能特点
1	改善混凝土性能	掺加木质素磺酸盐减水剂后，当水泥用量相同时，坍落度与空白混凝土相近，可以减少用水量10%左右，28d的抗压强度可提高10%～20%，365d的抗压强度可提高10%左右，同时混凝土的抗渗性、抗冻性和耐久性等性能也明显提高
2	节约水泥用量	掺加木质素磺酸盐减水剂后，当混凝土的强度和坍落度基本相同时，可节省水泥5%～10%，这样降低工程造价
3	改善和易性	材料试验证明，当混凝土的水泥用量和用水量不变时，低塑性混凝土的坍落度可增加2倍左右，其早期强度比不掺减水剂的低些，其他各龄期的抗压强度与未掺者接近
4	具有缓凝作用	材料试验证明，掺入水泥用量的0.25%的木钙减水剂后，在保持混凝土坍落度基本一致时，混凝土的初凝时间延缓1～2h(普通硅酸盐水泥)及2～3h(矿渣硅酸盐水泥)；终凝时间延缓2h(普通硅酸盐水泥)及2～3h(矿渣硅酸盐水泥)。如果不减少用水量而增大坍落度时，或保持相同坍落度而用以节省水泥用量时，则凝结时间延缓程度比减水更大
5	降低早期水化热	在混凝土中掺加木质素磺酸盐减水剂后，放热峰出现的时间比未掺者有所推迟，普通硅酸盐水泥可推迟3h，矿渣硅酸盐水泥可推迟8h。放热峰的最高温度与未掺者比较，普通硅酸盐水泥略低，矿渣硅酸盐水泥可降低3℃以上
6	增加含气量	空白混凝土的含气量为2%～2.5%，掺加水泥用量的0.25%的木质素磺酸钙减水剂后，混凝土的含气量为4%，含气量增加1～2倍

续表

序号	项目	性能特点
7	减小泌水率	材料试验证明，在混凝土坍落度基本一致的情况下，掺加木钙减水剂的混凝土泌水率比不掺者可降低30%以上。在保持水灰比不变、增大坍落度的情况下，也因为木钙减水剂具有亲水性及引入适量的空气等原因，泌水率也有所下降
8	干缩性能	混凝土的干缩性在初期(1～7d)与未掺减水剂者相比，基本上接近或略有减小；28d及后期(除节约水泥者)略有增加，但增大值均未超过0.01%
9	对钢筋锈蚀	材料试验证明，掺加木质素磺酸盐减水剂的混凝土对钢筋基本上无锈蚀危害，这是木质素磺酸盐减水剂的显著优点

3. 木质素磺酸盐减水剂对新拌混凝土性能的影响

材料试验证明，木钙减水剂的掺量为水泥用量的0.20%～0.30%，最佳掺量一般为0.25%。在与不掺加减水剂的混凝土保持相同的坍落度的情况下，减水率为8%～10%。在保持相同用水量时，可使混凝土的坍落度增加6～8cm。减水作用的效果与水泥品种及用量、集料的种类、混凝土的配比有关。木质素磺酸盐减水剂对新拌混凝土性能的影响主要表现在以下几个方面。

(1) 减水作用机理　木质素磺酸盐减水剂是阴离子型高分子表面活性剂，具有半胶体性质，能在界面上产生单分子层吸附，因此它能使界面上的分子性质和相间分子相互作用特性发生较大的变化。由于木质素磺酸盐减水剂同时具有分散作用、引气作用和初期水化的抑制作用，使其在低掺量（0.25%）时就具有较好的减水作用。这是木质素磺酸盐减水剂的优点，同时也存在显著的缺点。当掺量过大时会产生引气过多和过于缓凝，使混凝土的强度降低，特别是在超剂量掺用条件下会使混凝土长时间不凝结硬化，甚至造成工程事故。

(2) 提高混凝土的流动性　提高混凝土拌合物的流动性是木质素磺酸盐减水剂的重要用途之一，是在不影响混凝土强度的条件下，提高混凝土的工作度或坍落度。掺加木质素磺酸盐减水剂在保持相同水灰比的情况下，可使混凝土拌合物的坍落度有较大增加。随着掺量的增加，坍落度也会增加，但如果超量过大会导致混凝土严重缓凝。

(3) 具有一定的引气作用　木质素磺酸盐减水剂水溶液的表面张力小于纯水溶液，在1%的水溶液中，其表面张力为57×10^{-3}N/m，所以木质素磺酸盐减水剂有引气作用。掺加木质素磺酸盐减水剂可使混凝土含气量达到2%～3%，而达不到引气混凝土的含气量(4%～6%)。因此，木质素磺酸盐减水剂不是典型的引气剂。如果将木质素磺酸盐与引气剂按一定比例配合就会得到引气减水剂。加入适量的消泡剂磷酸三丁酯，可以减小木质素磺酸盐的引气作用。

(4) 泌水性和离析性　由于掺加木质素磺酸盐减水剂能减少单位用水量，并能引入少量的气泡，所以能提高混凝土拌合物的均匀性和稳定性，从而减少泌水和离析，防止初期收缩和龟裂等缺点。

(5) 对水泥水化放热影响　掺加木质素磺酸盐减水剂后，能使水泥水化放热速率降低，能有效控制水化放热量。试验结果证明，在12h内，将不掺减水剂、掺木钙减水剂和掺木钠减水剂3者对比，掺加木质素磺酸钠减水剂的混凝土水化放热速率最低，这样可防止混凝土产生温度应力裂缝，对大体积混凝土施工是十分有利的。

(6) 木质素磺酸盐减水剂类型与凝结时间　在减水剂工业化产品的生产中，为了满足不同工程的要求和不同条件下使用，通常以一种减水剂为主要成分，经复合其他外加剂配制成标准化、系列化的产品。我国生产的以木钙为主要成分的各类减水剂对混凝土的初凝时间影响是不同的。标准型减水剂使混凝土初凝略有延缓或与普通混凝土相当；掺早强型减水剂的混凝土，初凝速率在常温下比普通混凝土快1h以上；缓凝型减水剂在标准剂量时，比普通混凝土延缓1～3h，而且不会影响混凝土28d的强度。如果将这类减水剂超量掺加1.5～2倍，会使混凝土的初凝时间大大延缓，并降低混凝土的早期强度。

4. 木质素磺酸盐减水剂对硬化混凝土性能的影响

工程实践充分证明，掺加木质素磺酸盐减水剂能改善硬化混凝土的物理力学性能。

(1) 对混凝土强度的影响　木钙的适宜掺量为水泥用量的0.25%，在与基准混凝土保持相同坍落度的条件下，其减水率可达到10%左右，可使混凝土的强度提高10%～20%；在保持相同用水量的条件下，可以增加混凝土的流动性；在保持混凝土强度不变的情况下，可节约水泥10%左右，1t木质素磺酸盐减水剂可节约水泥30～40t。

表37-8中列出了木钙减水剂对混凝土性能的影响，充分说明了木钙减水剂对混凝土具有减水、引气和增强的3种应用效果；表37-9为木钙掺量对混凝土强度的影响。

表37-8　木钙减水剂对混凝土性能的影响

试验项目	测定结果		试验项目	测定结果	
	未掺木钙	掺加木钙		未掺木钙	掺加木钙
木钙减水剂掺量/%	0	0.25	抗压强度/MPa	17.20	21.90
水灰比	0.62	0.52	抗拉强度/MPa	2.40	2.50
坍落度/cm	7.0	8.0	抗折强度/MPa	4.35	5.17
减水率/%	—	15.0	弹性模量/MPa	2.7×10^4	3.0×10^4

表37-9　木钙掺量对混凝土强度的影响

木钙掺量/%	水灰比(W/C)	减水率/%	坍落度/cm	抗压强度/MPa				
				1d	3d	7d	28d	90d
0	0.59	—	9.0	5.10	11.08	16.40	31.60	37.80
0.15	0.55	7.0	10.0	6.00	13.70	19.90	35.70	42.80
0.25	0.51	13.5	7.5	5.90	14.90	21.90	36.80	41.10
0.40	0.49	16.0	8.5	3.70	12.50	19.20	33.30	37.50
0.70	0.48	19.0	10.5	0.80	10.30	17.10	27.40	30.00
1.00	0.47	20.5	9.0	0.14	3.70	9.50	14.80	18.70

(2) 对混凝土变形性能的影响　混凝土干缩的影响因素比较复杂，主要取决于水泥的组成和用量、水灰比、混凝土配合比及养护条件等。减水剂对混凝土的干缩呈现出不同的影响，甚至有时得到相反的结果。这是由减水剂的使用情况和成分不同而引起的。对木质素磺酸盐减水剂而言有3种使用情况：a. 与不掺加外加剂混凝土保持相同的坍落度时，可减少用水量而提高混凝土强度；b. 保持相同的用水量和强度时，可改善新拌混凝土的和易性、提高流动性；c. 保持相同的坍落度和强度时，可减少单位水泥用量和用水量。这3种使用情况的混凝土收缩值排列为b.＞a.＞c. 。

一般认为，掺加木质素磺酸盐减水剂后，由于减少用水量而提高混凝土强度和密实度，与不掺减水剂的混凝土相比，应当降低混凝土的干缩值。其实不然，这种情况反而往往增大干缩性。虽然掺加木质素磺酸盐减水剂使混凝土的干缩性稍大一些，但仍在混凝土正常性能范围之内，不会造成不利的影响。当木质素磺酸盐减水剂用于减少水泥用量和用水量时，其干缩值要比不掺减水剂的混凝土小。

（3）对混凝土徐变性能的影响　混凝土徐变是一个非常复杂的问题，目前有多种关于水泥砂浆徐变的机理。影响徐变的主要因素有水泥品种、加荷时的龄期及水化程度等。各种硅酸盐水泥在任何龄期，它们的水化速率和水化程度各不相同。一般来说，任何一种水泥，当掺加外加剂时以上两个参数都可能受到影响。

有关专家研究了掺木质素磺酸钙对 C_3A 含量不同的水泥制成的砂浆徐变特性的影响。结果表明掺木质素磺酸钙拌合物均大于不掺拌合物的徐变。如果将掺木质素磺酸钙拌合物均大于不掺拌合物，在一定的水化速率下，并且所有拌合物均在同样的水化程度时加荷，且具有同样的应力强度比时，其徐变变形基本相同。这说明加荷龄期只是从水化程度和强度的发展两个方面对徐变产生影响。

（4）对混凝土抗渗性能的影响　掺加木质素磺酸钙减水剂，由于减水作用和引气作用能提高混凝土的抗渗性，可以制备抗渗等级较高的混凝土。即使在配制流动性混凝土时，由于减水剂的分散和引气作用，提高了均匀性，引入大量微气泡阻塞了连通毛细管，将开放孔变为封闭孔，由此提高混凝土的抗渗透性。

（5）对混凝土抗冻融性能的影响　混凝土抗冻融性与水灰比和含气量两个基本因素密切有关，尽管对混凝土抗冻融性的影响水灰比要比含气量更重要，但这种作用并不是直接的，而是通过水泥石的孔分布表现出来。掺加木钙减水剂，由于具有的减水、引气作用能提高混凝土的抗冻融性，但其效果比典型的引气剂要差一些。

（6）对混凝土弹性模量的影响　当强度相同时，掺加木质素磺酸钙减水剂后，集料与水泥的比增加，这样就使掺加木质素磺酸钙减水剂混凝土的弹性模量略高于空白混凝土的弹性模量。

（7）对混凝土极限抗拉应变的影响　很多混凝土的重要性能之一是极限拉伸应变，如水坝应具有高极限拉伸应变以提高其抗裂性。大量的工程实践证明，掺加木质素磺酸钙减水剂混凝土的极限拉伸应变略有增大。

（8）对混凝土抗硫酸盐溶液侵蚀性的影响。掺加木质素磺酸钙减水剂的混凝土也能提高混凝土抗硫酸盐溶液的侵蚀性。

（二）多元醇系列减水剂

多元醇系列减水剂一般包括高级多元醇减水剂与多元醇减水剂两类，其中高级多元醇减水剂有淀粉部分水解的产物，如糊精、麦芽糖、动物淀粉的水解物等；多元醇减水剂常用的有糖类、糖蜜、糖化钙等。

1. TF 缓凝减水剂

（1）TF 缓凝减水剂的质量指标　TF 缓凝减水剂也称为 QA 减水剂。该产品利用糖厂甘蔗制糖后的废液，经发酵提取酒精后，再经中和、浓缩配制而成。TF 缓凝减水剂的质量指标如表 37-10 所列。

表 37-10　TF 缓凝减水剂的质量指标

项目名称	外观	$C_{12}H_{22}O_{11}$ 含量/%	水分/%	细度	pH 值
质量指标	棕色粉末	45～55	≤5.0	全部通过 0.5mm 筛孔	>12

(2) TF缓凝减水剂的主要性能

① 能改善新拌混凝土的和易性，在水泥用量和坍落度基本相同的情况下，减水率可达8%～12%，28d混凝土抗压强度可提高15%～30%。

② TF缓凝减水剂掺量为水泥用量的0.15%～0.25%，可使混凝土的凝结时间延缓2～8h。

③ 若混凝土的强度保持不变，可节省水泥7%～10%。

④ 能提高混凝土的抗冲磨性，对混凝土的抗冻性、抗渗性、干缩变形以及钢筋锈蚀均无不良影响。

2. 糖蜜缓凝减水剂

(1) 糖蜜缓凝减水剂的质量指标　糖蜜缓凝减水剂是在制糖工业将压榨出的甘蔗汁液(或甜菜汁液)，经加热、中和、沉淀、过滤、浓缩、结晶等工序后，所剩下的浓稠液体。糖蜜减水剂是一种资源充足、价格低廉、技术效果好的混凝土外加剂。糖蜜缓凝减水剂的质量指标如表37-11所列。

表37-11　糖蜜缓凝减水剂的质量指标

项目名称	含水量/%	细度	pH值(10%水溶液)
质量指标	粉剂<5.0;液剂<55	全部通过0.6mm筛孔	11～12

(2) 糖蜜缓凝减水剂的主要性能

① 糖蜜缓凝减水剂掺入混凝土拌合物中，能吸附在水泥颗粒表面，形成同种电荷的亲水膜，使水泥颗粒相互排斥，并阻碍水泥水化，从而气缓凝作用。

② 糖蜜缓凝减水剂的适宜掺量（以干粉计）为水泥用量的0.1%～0.2%，混凝土初凝和终凝时间均可延长2～4h，掺量过大会使混凝土长期酥松不硬，强度严重下降。

③ 若混凝土的强度保持不变，可节省水泥6%～10%。减水率可达6%～10%，28d混凝土抗压强度可提高10%～20%。

④ 对混凝土的抗冻性、抗渗性、抗冲磨性也有所改善，但对钢筋无锈蚀作用。

(三) TG缓凝减水剂

(1) TG缓凝减水剂的质量指标　TG缓凝减水剂是以蔗糖及氧化钙为主要原料制成的产品。TG缓凝减水剂除具有缓凝减水剂应有的特性外，还具有较强的黏结性和其他一些独特性能。近年来，随着人们对TG缓凝减水剂认识的进一步深入，TG系列缓凝减水剂已在国内外建筑、水泥助磨剂、石膏、耐火材料、水煤浆等行业中得到广泛应用。TG缓凝减水剂的质量指标如表37-12所列。

表37-12　TG缓凝减水剂的质量指标

项目名称	外观	$C_{12}H_{22}O_{11}$含量/%	水分/%	细度	pH值
质量指标	棕色粉末	45～55	≤5.0	全部通过0.5mm筛孔	>12

(2) TG缓凝减水剂的主要性能

① TG缓凝减水剂的适宜掺量为水泥用量的0.1%～0.15%，如果混凝土的强度保持不变，可以节省水泥5%～10%。

② TG缓凝减水剂具有良好的缓凝作用，能降低水泥初始水化热，气温低于10℃后其缓凝作用加剧。

③ 可改善混凝土的性能。当水泥用量相同，坍落度与空白混凝土相近时，可减少单位用水量的5%～10%，早期强度发展较慢，龄期28d时混凝土抗压强度提高15%左右。抗拉强度、抗折强度和弹性模量均有不同程度的提高，混凝土的收缩略有减小。

④ 掺加TG缓凝减水剂的混凝土，其流动性明显提高，坍落度可由4cm增大到9cm左右；对钢筋无锈蚀作用。

（四）腐殖酸减水剂

腐殖酸减水剂是将草炭等原料烘干粉碎后，用苛性钠溶液进行煮沸，再将混合液分离后，其清液即为腐殖酸钠溶液。以腐殖酸钠溶液为原料，用亚硫酸钠为磺化剂进行磺化，再经烘干、磨细即制成腐殖酸减水剂。

1. 腐殖酸减水剂的质量指标

腐殖酸减水剂的主要成分是磺化腐殖酸钠，液体腐殖酸减水剂（浓度30%左右）呈深咖啡色黏稠状，粉剂呈深咖啡色。腐殖酸减水剂的质量指标如表37-13所列。

表37-13 腐殖酸减水剂的质量指标

项目名称	木质素磺酸镁/%	还原物/%	水分/%	水不溶物/%	pH值	表面张力/(mN/m)
质量指标	＞35	≤10	≤1.0	≤4.0	9～10	54

2. 腐殖酸减水剂的主要性能

（1）腐殖酸减水剂的适宜掺量为水泥用量的0.2%～0.3%，如果混凝土的强度保持不变，可以节省水泥8%～10%。

（2）腐殖酸减水剂的减水率为8%～13%，34d和7d的混凝土强度均有所增长，28d的抗压强度可提高10%～20%。

（3）掺加腐殖酸减水剂的新拌混凝土，其坍落度可提高10cm左右。

（4）腐殖酸减水剂有一定的引气性，混凝土的含气量增加1%～2%，抗冻性和抗渗性也得到提高。

（5）可延缓水泥初期的水化速率，水化的放热峰推迟2～2.5h。放热高峰温度也有所下降，初凝和终凝的时间延长约1h。

（6）掺加腐殖酸减水剂的混凝土，其泌水性较基准混凝土降低50%左右，其保水性能也比较好。

四、普通减水剂的应用技术要点

（1）普通减水剂可以广泛用于普通混凝土、大体积混凝土、大坝混凝土、水土混凝土、泵送混凝土、滑模施工用混凝土及防水混凝土。因其不含有氯盐，可用于现浇混凝土、预制混凝土、钢筋混凝土和预应力混凝土。

（2）普通减水剂的减水率较小，且具有一定的缓凝、引气作用，加上其引气量较大不宜单独用于蒸养混凝土。单独使用普通减水剂适宜掺量0.2%～0.3%，掺量过大会引起混凝土强度下降，很长时间不凝结。随气温升高可适当增加，但不超过0.3%，计量误差不大于±5%。

（3）混凝土拌合物的凝结时间、硬化速度和早期强度发展等，与养护温度有密切关系。温度较低时缓凝、早期强度低等现象更为突出。因此，普通减水剂适用于日最低气温5℃以上的混凝土施工，低于5℃时应与早强剂复合使用。

(4) 混凝土拌合物从出机运输到浇筑的时间，与混凝土的坍落度损失及凝结时间有关。混凝土从搅拌出机至浇筑入模的间隔时间宜为：气温 20～30℃，间隔不超过 1h；气温 10～19℃，间隔不超过 1.5h；气温 5～9℃，间隔不超过 2.0h。

(5) 在进行混凝土配制时，为保证普通减水剂均匀分布于混凝土中，宜以溶液形式掺入，可与拌合水同时加入搅拌机内。

(6) 需经蒸汽养护的预制构件在使用木质素减水剂时，掺量不宜大于 0.05%，并且不宜采用腐殖酸减水剂。

(7) 应特别注意普通减水剂与胶结料及其他外加剂的相容性问题，如用硬石膏或氟石膏做调凝剂，在掺用木质素减水剂时会引起假凝。掺加引气剂时不要同时加氯化钙，后者有消泡作用。在复合外加剂中也应注意相容性问题。

(8) 混凝土使用普通减水剂时，应注意加强养护工作。因普通减水剂具有一定的缓凝和引气作用，需要防止水分过早蒸发而影响混凝土强度的发展。一般可采用在混凝土表面喷涂养护剂或加盖塑料薄膜的方法。

第二节 混凝土高效减水剂

高效减水剂对水泥有强烈分散作用，能大大提高混凝土拌合物流动性和混凝土坍落度，同时大幅度降低用水量，显著改善混凝土工作性。但有的高效减水剂会加速混凝土坍落度损失，掺量过大则泌水。高效减水剂基本不改变混凝土凝结时间，掺量大时（超剂量掺入）稍有缓凝作用，但并不延缓硬化混凝土早期强度的增长。高效减水剂减水率可达 20%以上。

一、高效减水剂选用及适用范围

1. 高效减水剂的选用方法

根据现行国家标准《混凝土外加剂应用技术规范》(GB 50119—2013) 中的规定，在混凝土工程中常用高效减水剂可以按表 37-14 中的规定进行选用。

表 37-14 高效减水剂的选用方法

序号	选用方法
1	混凝土工程可采用下列高效减水剂：a. 萘和萘的同系磺化物与甲醛缩合的盐类、氨基磺酸盐等多环芳香族磺酸盐类；b. 磺化三聚氰胺树脂等水溶性树脂磺酸盐类；c. 脂肪族羟烷基磺酸盐高缩聚物等脂肪族类
2	混凝土工程可采用由缓凝剂与高效减水剂复合而成的缓凝型高效减水剂

2. 高效减水剂的适用范围

根据现行国家标准《混凝土外加剂应用技术规范》(GB 50119—2013) 中的规定，在混凝土工程中高效减水剂的适用范围应符合表 37-15 中的要求。

表 37-15 高效减水剂的适用范围

序号	适用范围
1	高效减水剂可以用于素混凝土、钢筋混凝土、预应力混凝土，并也可以用于制备高强混凝土
2	缓凝型高效减水剂可用于大体积混凝土、碾压混凝土、热气候条件下施工的混凝土、大面积浇筑的混凝土、避免冷缝产生的混凝土、需长时间停放或长距离运输的混凝土、自密实混凝土、滑模施工或拉模施工的混凝土及其他需要延缓凝结时间且有较高减水率要求的混凝土

续表

序号	适用范围
3	标准型高效减水剂宜用于日最低气温0℃以上施工的混凝土，也可用于蒸养混凝土
4	缓凝型高效减水剂宜用于日最低气温5℃以上施工的混凝土

二、高效减水剂的质量检验

为充分发挥高效减水剂减水增强、显著改善混凝土性能的功效，确保其质量符合国家的有关标准，对所选用高效减水剂进场后，应按照现行国家标准《混凝土外加剂应用技术规范》（GB 50119—2013）中的规定进行质量检验。混凝土高效减水剂的质量检验要求如表37-16所列。

表37-16 混凝土高效减水剂的质量检验要求

序号	质量检验要求
1	高效减水剂应按每50t为一检验批，不足50t时也应按一个检验批计。每一检验批取样量不应少于0.2t胶凝材料所需用的减水剂量。每一检验批取样应充分混匀，并应分为两等份：其中一份按照《混凝土外加剂应用技术规范》（GB 50119—2013）第5.3.2和5.3.3条规定的项目及要求进行检验，每检验批检验不得少于两次；另一份应密封留样保存半年，有疑问时，应进行对比检验
2	高效减水剂进场检验项目应包括pH值、密度（或细度）、含固量（或含水率）、减水率，缓凝型减水剂还应检验凝结时间差
3	高效减水剂进场时，初始或经时坍落度（或扩展度）应按进场检验批次，采用工程实际使用的原材料和配合比与上批留样进行平行对比试验，其允许偏差应符合现行国家标准《混凝土质量控制标准》（GB 50164—2011）的有关规定

三、高效减水剂的主要品种及性能

高效减水剂是一种新型的化学外加剂，其化学性能不同于普通减水剂，在正常掺量范围内时具有比普通减水剂更高的减水率，但没有严重的缓凝及引气量过多的问题。高效减水剂也称为超塑化剂、超流化剂、高范围减水剂等。目前我国高效减水剂的品种很多，在混凝土工程中常用的主要品种有萘系高效减水剂、氨基磺酸盐系减水剂、脂肪族羟基磺酸盐系减水剂、三聚氰胺高效减水剂等。

（一）萘系高效减水剂

萘系高效减水剂是以萘及萘系同系物为原料，经浓硫酸磺化、水解、甲醛缩合，用氢氧化钠或部分氢氧化钠和石灰水中和，经干燥而制成的产品。

1. 萘系高效减水剂的主要性能

工程实践充分证明，萘系高效减水剂具有高减水率，可使混凝土的水灰比进一步减小，混凝土的强度进一步提高，并发展到高性能混凝土的阶段，极大地推动了建筑业的发展，是现代混凝土技术的重大进步。同时，高效减水剂通过激发钢渣、粉煤灰等的活性，以及高效减水剂与它们之间的协调作用等，使这些工业废渣能部分替代水泥而成为高性能混凝土中优良的掺合料；具有显著的经济效益和社会效益，也能满足社会的可持续发展战略。

（1）萘系高效减水剂的主要性能　萘系高效减水剂的物理性能如表37-17所列。

表 37-17　萘系高效减水剂的物理性能

项目	物理性能	项目	物理性能
外观	液体为棕色至深棕色；粉状淡黄色至棕色	pH 值	7～9
Na_2SO_4	低浓度＜25％，中浓度＜10％，高浓度＜5％	表面张力	65～70mN/m
氯离子含量	一般氯离子含量应＜1.0％	总碱量	一般低浓度＜16％，高浓度＜12％

(2) 萘系高效减水剂的性能指标　萘系高效减水剂的性能指标如表 37-18 所列。

表 37-18　萘系高效减水剂的性能指标

项目		性能指标	项目		性能指标
减水率/％		≥14	抗压强度比/％	1d	≥140
泌水率/％		≤90		3d	≥130
含气量/％		≤3.0		7d	≥125
凝结时间之差/min	初凝	－90～＋120		28d	≥120
	终凝		收缩率比/％	28d	≤135

(3) 萘系高效减水剂掺量对不同水泥浆体流动性的影响　此试验选用了基准水泥 P142.5、PS32.5 水泥、PP32.5 水泥和 PO32.5 水泥，水泥净浆的水灰比均为 0.29，水泥净浆流动度与萘系高效减水剂掺量关系的试验结果如表 37-19 所列。

表 37-19　水泥净浆流动度与萘系高效减水剂掺量关系

萘系高效减水剂掺量/％ 流动度/mm 水泥品种	0.30	0.50	0.75	1.00	1.25	2.00	3.00
基准水泥	172	220	244	260	264	—	—
矿渣水泥	150	220	225	229	231	—	—
普通水泥	75	115	161	184	212	—	—
火山灰质水泥	—	—	74	80	100	111	110

从表 37-19 中可以看出，随着萘系高效减水剂掺量的增加，各种水泥净浆流动度均有不同程度的提高。但火山灰质水泥，在同等掺量的情况下水泥净浆的流动度低于其他水泥。当萘系高效减水剂掺量在 0.50％～0.75％时，水泥净浆的流动度增长较快。

(4) 萘系高效减水剂对水泥水化热的影响　减水剂对水泥水化热的影响按现行标准规定方法进行，试验结果如表 37-20 所列。试验结果显示：PO42.5 水泥在掺加萘系高效减水剂后，水泥水化热有所降低，放热峰出现时间延迟，有利于大体积混凝土工程施工。

表 37-20　萘系高效减水剂对水泥水化热的影响试验结果

序号	水泥品种	减水剂掺量/％	水灰比/％	水化热/(cal/g)		放热峰	
				3d	7d	出现时间/h	温度/℃
1	PO42.5	0	29.0	54.0	59.6	13	34.5
2		0.50	29.0	50.4	56.6	14	33.2
3		0.50	23.6	45.7	51.3	14	33.6

注：1cal＝4.18J。

（5）萘系高效减水剂对新拌混凝土性能的影响　萘系高效减水剂对新拌混凝土性能的影响包括：对含气量和泌水率的影响、对混凝土凝结时间的影响和对混凝土坍落度损失的影响。

① 对含气量和泌水率的影响。用配合比为1∶2.3∶3.77（水泥∶砂∶石子）、水泥用量310kg/m³的混凝土，以不同的萘系高效减水剂掺量进行含气量和泌水率的影响试验，试验结果如表37-21所列。从表中可以看出，对于上述水泥掺加萘系高效减水剂后，混凝土中的含气量略有增加，但泌水率大大下降。

表37-21　萘系高效减水剂掺量对含气量和泌水率的影响

减水剂掺量/%	水灰比	减水率/%	坍落度/cm	含气量/%	泌水率/%	泌水率比/%
0	0.600	0	6.0	1.40	8.50	100
0.30	0.550	8	5.0	2.65	4.30	51
0.50	0.530	12	5.0	3.40	2.90	34
0.75	0.480	20	5.2	3.95	0.77	9
1.00	0.468	22	4.5	4.55	0.05	0.6

注：水泥为基准水泥。

② 对混凝土凝结时间的影响。采用贯入阻力法测定混凝土拌合物筛出砂浆的硬化速率，来确定混凝土的凝结时间。初凝贯入阻力为3.5MPa，终凝贯入阻力为28MPa。萘系高效减水剂混凝土拌合物凝结时间的影响如表37-22所列。试验结果表明，掺加萘系高效减水剂后，混凝土的凝结时间虽稍有变化，但变化的幅度并不大。在施工过程中不会出现不利影响，可以和未掺加外加剂的混凝土一样作业，无需特殊要求。

③ 对混凝土坍落度损失的影响　在混凝土中掺加萘系高效减水剂，可以明显改善混凝土拌合物的和易性，但对混凝土的坍落度损失也带来影响，一般来说，掺加萘系高效减水剂后，混凝土早期坍落度损失增大。萘系高效减水剂对混凝土拌合物坍落度的影响如表37-22所列。

表37-22　萘系高效减水剂对混凝土拌合物凝结时间和坍落度的影响

水泥品种	减水剂掺量/%	减水率/%	坍落度/cm	初凝/min	终凝/min
基准水泥	0 0.50 0.75 1.00	0 8 12 20 22	6.0 5.0 5.0 5.2 4.5	308 300 306 288 278	453 435 432 281 265
32.5矿渣水泥	0 0.50	0 15	7.0 6.3	467 351	811 710
42.5普通水泥	0 0.50	0 15	7.0 7.0	415 422	635 638
32.5火山灰质水泥	0 0.75	0 13	5.6 4.6	524 539	781 885

（6）萘系高效减水剂对硬化混凝土性能的影响　萘系高效减水剂对硬化混凝土性能的影响包括对混凝土的抗压强度影响和对其他性能的影响。

① 对混凝土的抗压强度影响。萘系高效减水剂对硬化混凝土抗压强度的影响如表 37-23 所列。

表 37-23 萘系高效减水剂对硬化混凝土抗压强度的影响

水泥用量/(kg/m³)	减水剂掺量/%	水灰比/%	减水率/%	坍落度/cm	抗压强度/MPa	
					7d	28d
400	0	43.8	0	6.0	46.5	54.8
	0.50	38.0	13.2	8.3	55.8	65.2
	0.75	36.0	17.8	8.5	66.9	75.5
	1.00	34.0	22.4	7.8	67.7	77.4
500	0	38.0	0	6.0	52.9	60.1
	0.50	33.0	13.2	7.8	65.2	73.4
	0.75	31.2	17.9	8.0	71.8	84.3
	1.00	29.6	22.1	9.2	73.8	86.2
600	0	34.2	0	8.1	55.2	64.3
	0.50	29.7	13.2	7.5	75.0	85.4
	0.75	28.0	18.1	7.8	83.9	91.0
	1.00	26.7	21.9	8.2	85.8	97.0

② 对其他性能的影响。混凝土试验表明，掺加萘系高效减水剂的混凝土，在混凝土坍落度基本相同时劈裂强度有所提高，混凝土的弹性模量也有所增大，收缩也有所增加。

2. 萘系高效减水剂的主要用途

萘系高效减水剂是目前在混凝土工程中应用比较广泛的外加剂，这类高效减水剂的主要用途如表 37-24 所列。

表 37-24 萘系高效减水剂的主要用途

序号	主要用途
1	作为复合高效减水剂的重要组分。萘系减水剂作为一种主要的减水剂品种，它可作为各种复合高效减水剂的重要组分，根据复合外加剂的要求，萘系减水剂在其中的用量是不同的
2	配制流动性混凝土。长期以来，混凝土工程界所期望的目标是在保持水灰比相同时，制备一种施工中可安全自流平的混凝土，在浇筑过程中或浇筑后，混凝土不出现泌水，不离析和不降低强度 选用初始坍落度为 7.5cm 的基准混凝土，掺入适量的萘系高效减水剂，可以配制坍落度超过 20cm 的流动性混凝土，它与普通混凝土的根本区别在于：既能保持良好的凝聚性，又极易流动而成自流平
3	配制减水高强混凝土。利用萘系高效减水剂可以生产强度等级为 C100 的混凝土。当减水混凝土与基准混凝土的强度相同时，减水混凝土 3d 就能达到基准混凝土 7d 的强度，减水混凝土 7d 就能达到基准混凝土 28d 的强度，这对于提高劳动生产率、加快模板周转非常有利
4	能降低水泥用量。在相同的强度要求下，保持混凝土和易性和水灰比不变，掺加萘系高效减水剂，可以大幅度促进混凝土强度增长，混凝土的水泥用量随萘系高效减水剂掺量增加而减少

（二）氨基磺酸盐系减水剂

氨基磺酸盐高效减水剂是一种单环芳烃型高效减水剂，主要由对氨基苯磺酸、单环芳烃衍生物苯酚类化合物和甲醛在酸性或碱性条件下加热缩合而成。氨基磺酸盐系减水剂因其具有生产工艺简单，对水泥粒子的分散性好，减水率高，制得的混凝土强度高、耐久性好、坍落度经时损失小等优点，成为目前国内较有发展前途的高效减水剂。

1. 对混凝土坍落度损失的影响

材料试验证明，在两种常用掺量的条件下，掺加氨基磺酸盐高效减水剂混凝土的坍落度在 60min 内几乎没有变化，而在 120min 后仅分别降低 2.5cm 和 2.0cm，这说明掺加氨基磺酸盐高效减水剂可有效控制混凝土坍落度经时损失。

2. 对混凝土的缓凝作用比较强

材料试验测定了掺加氨基磺酸盐高效减水剂和萘系高效减水剂在 0.50%掺量条件下，水泥净浆与混凝土的凝结时间，并分别与基准水泥和混凝土的凝结时间进行了对比。由材料试验结果可知，掺加萘系高效减水剂的水泥净浆初凝时间和基准水泥净浆差不多，而终凝时间延长 60min 左右。

试验结果表明，掺加掺加氨基磺酸盐高效减水剂的水泥净浆，其初凝和终凝时间分别达到 400min、875min；掺加氨基磺酸盐高效减水剂的混凝土，其初凝和终凝时间分别达到 590min、920min。由此试验可见，氨基磺酸盐高效减水剂对水泥净浆和混凝土的缓凝作用比较强，特别适用于大体积混凝土的施工。

3. 对硬化混凝土的影响比较大

抗压强度是混凝土最重要的力学性能之一。表 37-25 中列出了基准混凝土、掺量为 0.50%时氨基磺酸盐高效减水剂和萘系高效减水剂混凝土 3d、7d、28d 龄期的抗压强度试验结果。由试验数据可知，掺加高效减水剂是提高混凝土强度的有效措施，而掺加氨基磺酸盐高效减水剂对混凝土的减水增强作用更好。

表 37-25　掺氨基磺酸盐高效减水剂和萘系高效减水剂对混凝土的减水增强效果

减水剂品种	减水率/%	抗压强度(MPa)及抗压强度比(%)		
		3d	7d	28d
基准(不掺减水剂)	—	9.2/100	17.1/100	28.7/100
萘系高效减水剂	16.9	12.1/131	21.7/127	33.3/116
氨基磺酸盐高效减水剂	26.8	13.6/148	24.3/142	37.2/130

注：表中的分子为抗压强度实测值，分母为与基准混凝土抗压强度比值。

(三) 脂肪族羟基磺酸盐系减水剂及其性能

脂肪族羟基磺酸盐系减水剂，又称为磺化丙酮甲醛树脂、酮醛缩合物，是以羟基化合物为主要原料，经缩合得到的一种脂肪族高分子聚合物。脂肪族羟基磺酸盐高效减水剂，具有减水率较高、强度增长快、生产工艺简单、对环境无污染等显著的优点。试验结果表明，脂肪族羟基磺酸盐高效减水剂的减水分散效果，不仅优于传统的萘系高效减水剂，而且与水泥的适应能力强，可用于制备各种强度等级的泵送混凝土、高强混凝土和自密实免振混凝土，具有广阔的应用前景。

(1) 对水泥净浆性能的影响　用脂肪族羟基磺酸盐系减水剂与萘系高效减水剂、氨基磺酸盐高效减水剂、三聚氰胺高效减水剂和聚羧酸系高性能减水剂进行水泥净浆流动度对比试验，检验其减水塑化的效果，试验结果如表 37-26 所列。水泥为基准水泥，水灰比为 0.29，外加剂掺量以水泥质量分数，按固体有效成分计。脂肪族羟基磺酸盐系减水剂在相同掺量下流动度高于萘系高效减水剂。

表 37-26 掺不同种类高效减水剂的水泥净浆流动度

减水剂品种	掺量/%	流动度/mm		流动指数 $F=(D^2-60^2)/60^2$	
		5min	60min	5min	60min
脂肪族羟基磺酸盐系减水剂	0.70	280	265	19.6	17.2
萘系高效减水剂	0.70	250	230	16.4	13.7
氨基磺酸盐高效减水剂	0.70	290	300	24.0	22.4
三聚氰胺高效减水剂	0.70	254	249	16.9	16.2
聚羧酸系高性能减水剂	0.40	309	305	25.7	25.0

注：D 为水泥净浆扩展直径。

(2) 对混凝土性能的影响

① 对凝结时间与泌水率的影响。试验结果表明，掺加脂肪族羟基磺酸盐系减水剂的混凝土的凝结时间略有缩短，其初凝和终凝时间分别比空白混凝土提前 26min 和 54min，符合高效减水剂标准中规定的凝结时间要求。由于掺加脂肪族羟基磺酸盐系减水剂能大幅度降低水泥浆的黏度，新拌混凝土在水灰比较大时容易出现泌水现象，可以采用适当的黏度调节成分或引气剂复合使用。

② 对混凝土性能的影响。按照现行国家标准《混凝土外加剂》(GB 8076—2008) 中的试验方法，测定脂肪族羟基磺酸盐系减水剂减水率。由材料试验可知，随着脂肪族羟基磺酸盐系减水剂掺量的增加，不仅减水率表现出成比例增加的趋势，而且在低掺量下即具有较强的减水分散效果。在混凝土坍落度保持不变的条件下，强度增长明显。3d、7d 和 28d 的强度随脂肪族羟基磺酸盐系减水剂掺量呈现出线性的增长规律，说明脂肪族羟基磺酸盐系减水剂具有良好的增强效果。

③ 对混凝土含气量的影响。采用同一批水泥、同样的配合比，在控制坍落度相同的条件下，试验测定了基准混凝土、掺脂肪族羟基磺酸盐系减水剂的混凝土和掺萘系高效减水剂的混凝土的含气量与各龄期抗压强度，一共进行 10 批次试验。试验结果表明，掺脂肪族羟基磺酸盐系减水剂的混凝土平均含气量 (1.85%)，低于掺萘系高效减水剂的混凝土的平均含气量 (2.15%)。掺脂肪族羟基磺酸盐系减水剂的混凝土 3d、7d 和 28d 的抗压强度，比基准混凝土分别提高 44.4%、35% 和 28%，分别高于掺萘系高效减水剂的混凝土的 34%、23% 和 21%。由此可见，掺脂肪族羟基磺酸盐系减水剂具有较好的增强效果，引气量低于萘系高效减水剂。

四、高效减水剂的应用技术要点

根据现行国家标准《混凝土外加剂应用技术规范》(GB 50119—2013) 中的规定，高效减水剂在施工的过程中应掌握以下技术要点。

(1) 所选用高效减水剂的相容性试验应按照现行国家标准《混凝土外加剂应用技术规范》(GB 50119—2013) 中附录 A 的方法进行。

(2) 高效减水剂在混凝土中的掺量应根据供方的推荐掺量、环境温度、施工要求的混凝土凝结时间、运输距离、停放时间等经试验确定。

(3) 难溶和不溶的粉状高效减水剂应采用干掺法。粉状高效减水剂宜与胶凝材料同时加入搅拌机内，并宜延长搅拌时间 30s；液体高效减水剂宜与拌合水同时加入搅拌机内，计量应准确。液体高效减水剂中的含水量应从拌合水中扣除。

（4）高效减水剂可根据情况与其他外加剂复合使用，其组成和掺量应经试验确定。配制溶液时，如产生絮凝或沉淀等现象，应分别配制溶液，并应分别加入搅拌机内。

（5）配制混凝土中需二次添加高效减水剂时，应经过试验后确定，并应记录备案。二次添加的高效减水剂不应包括缓凝、引气组分。二次添加后应确保混凝土搅拌均匀，坍落度应符合施工要求后再使用。

（6）掺加高效减水剂的混凝土浇筑和振捣完成后应及时进行压抹，并应始终保持混凝土表面潮湿，混凝土达到终凝后应浇水养护。

（7）掺加高效减水剂的混凝土采用蒸汽养护时其养护制度应经试验确定。

第三节 混凝土高性能减水剂

高性能减水剂是国内外近年来开发的新型外加剂品种，目前主要为聚羧酸盐类产品，它具有“梳状”的结构特点，有带有游离的羧酸阴离子团的主链和聚氧乙烯基侧链组成，用改变单体的种类、比例和反应条件，可以生产具各种不同性能和特性的高性能减水剂。目前我国开发的高性能减水剂以聚羧酸盐为主。

一、高性能减水剂的选用及适用范围

高性能减水剂是比高效减水剂具有更高减水率、更好坍落度保持性能、较少干燥收缩，且具有一定引气性能的减水剂。高性能减水剂主要分为早强型、标准型、缓凝型。早强型高性能减水剂、标准型高性能减水剂和缓凝型高性能减水剂，可由分子设计引入不同功能团而生产，也可掺入不同组分复配而成。

1. 高性能减水剂的选用方法

根据现行国家标准《混凝土外加剂应用技术规范》（GB 50119—2013）中的规定，在混凝土工程中高性能减水剂的选用方法应符合表 37-27 中的要求。

表 37-27 高性能减水剂的选用方法

序号	适用范围
1	混凝土工程可根据工程实际采用标准型聚羧酸系高性能减水剂、早强型聚羧酸系高性能减水剂和缓凝型聚羧酸系高性能减水剂
2	混凝土工程可采用具有其他特殊功能的聚羧酸系高性能减水剂

2. 高性能减水剂的适用范围

高性能减水剂的适用范围应当符合表 37-28 中的要求。

表 37-28 高性能减水剂的适用范围

序号	适用范围
1	聚羧酸系高性能减水剂可用于素混凝土、钢筋混凝土和预应力混凝土
2	聚羧酸系高性能减水剂宜用于高强混凝土、自密实混凝土、泵送混凝土、清水混凝土、预制构件混凝土和钢管混凝土
3	聚羧酸系高性能减水剂宜用于具有高体积稳定性、高耐久性或高工作性要求的混凝土
4	缓凝型聚羧酸系高性能减水剂宜用于大体积混凝土，不宜用于日最低气温 5℃以下施工的混凝土

续表

序号	适用范围
5	早强型聚羧酸系高性能减水剂宜用于有早强要求或低温季节施工的混凝土,但不宜用于日最低气温-5℃以下施工的混凝土,且不宜用于大体积混凝土
6	具有引气性的聚羧酸系高性能减水剂用于蒸养混凝土时,应经试验验证

二、高性能减水剂的质量检验

1.《混凝土外加剂应用技术规范》的规定

为充分发挥高性能减水剂高性能减水增强、显著改善混凝土性能的功效，确保其质量符合国家的有关标准，对所选用高性能减水剂进场后，应按照现行国家标准《混凝土外加剂应用技术规范》(GB 50119—2013) 中的规定进行质量检验。混凝土高性能减水剂的质量检验要求如表 37-29 所列。

表 37-29 混凝土高性能减水剂的质量检验要求

序号	质量检验要求
1	聚羧酸系高性能减水剂应按每 50t 为一检验批,不足 50t 时也应按一个检验批计。每一检验批取样量不应少于 0.2t 胶凝材料所需用的减水剂量。每一检验批取样应充分混匀,并应分为两等份:其中一份按照《混凝土外加剂应用技术规范》(GB 50119—2013)第 6.3.2 和 6.3.3 条规定的项目及要求进行检验,每检验批检验不得少于两次;另一份应密封留样保存半年,有疑问时应进行对比检验
2	聚羧酸系高性能减水剂进场检验项目应包括 pH 值、密度(或细度)、含固量(或含水率)、减水率,早强型聚羧酸系高性能减水剂应测 1d 抗压强度比,缓凝型高效减水剂还应检验凝结时间差
3	聚羧酸系高性能减水剂进场时,初始或经时坍落度(或扩展度)应按进场检验批次,采用工程实际使用的原材料和配合比与上批留样进行平行对比试验,其允许偏差应符合现行国家标准《混凝土质量控制标准》(GB 50164—2011)的有关规定

2.《聚羧酸系高性能减水剂》的规定

根据现行的行业标准《聚羧酸系高性能减水剂》(JG/T 223—2007) 中的规定，“聚羧酸系”高性能减水剂系指由含有羧基的不饱和单体和其他单体共聚而成，使混凝土在减水、增强、收缩及环保等方面具有优良性能的系列减水剂。

“聚羧酸系”高性能减水剂的化学性能应符合表 37-30 中的要求。

表 37-30 “聚羧酸系”高性能减水剂的化学性能

序号	试验项目	性能指标			
		非缓凝型(FHN)		缓凝型(HN)	
		一级品(Ⅰ)	合格品(Ⅱ)	一级品(Ⅰ)	合格品(Ⅱ)
1	甲醛含量(折合固体含量计)/%	≤0.05			
2	氯离子含量(折合固体含量计)/%	≤0.60			
3	总碱量($Na_2O+0.658K_2O$)(折合固体含量计)/%	≤15.0			

“聚羧酸系”高性能减水剂的匀质性能应符合表 37-31 中的要求。

表 37-31 “聚羧酸系”高性能减水剂的匀质性能

序号	试验项目	性能指标
1	固体含量	对液体“聚羧酸系”高性能减水剂：$S<20\%$时，$0.90S \leqslant X<1.10S$；$S \geqslant 20\%$时，$0.95S \leqslant X<1.05S$
2	含水率	对固体“聚羧酸系”高性能减水剂：$W \geqslant 5\%$时，$0.90W \leqslant Y<1.10W$；$W<5\%$时，$0.80W \leqslant Y<1.20W$
3	细度	对固体“聚羧酸系”高性能减水剂，其0.080mm筛的筛余率应小于15%
4	pH值	应在生产厂家控制值的±1.0之内
5	密度	对液体“聚羧酸系”高性能减水剂，密度测试值波动范围应控制在±0.01g/L之内
6	水泥净浆流动度	不应小于生产厂家控制值的95%
7	砂浆减水率	不应小于生产厂家控制值的95%

注：1. 水泥净浆流动度和砂浆减水率可选其中的一项。

2. S是生产厂家提供的固体含量（质量分数），%；X是测试的固体含量（质量分数），%；W是生产厂家提供的含水量（质量分数），%；Y是测试的含水量（质量分数），%。

三、高性能减水剂的应用技术要点

聚羧酸系高性能减水剂被认为是最新一代的高性能减水剂，人们总是期望这类减水剂在应中体现出比传统萘系高效减水剂更安全、更高效、适应能力更强的优点。然而，在工程的实际使用中总是更多地遇到各种各样的问题，而且有些问题还是其他品种减水剂应用中所从未遇到的，如混凝土拌合物异常干涩、无法顺利卸料，根本无法进行泵送，或者混凝土拌合物分层比较严重等。

应用萘系高效减水剂中所遇到的技术难题，通过近20年的研究和实践已基本上从理论及实践上得到解决，而应用聚羧酸系高性能减水剂的时间很短，有些技术难题才刚发现，人们正在积极地着手研究和寻找正确的解决措施。根据现行国家标准《混凝土外加剂应用技术规范》（GB 50119—2013）中的规定，聚羧酸系高性能减水剂在施工的过程中应掌握以下技术要点。

（1）聚羧酸系高性能减水剂的相容性试验应按照现行国家标准《混凝土外加剂应用技术规范》（GB 50119—2013）中附录A的方法进行。

（2）聚羧酸系高性能减水剂不应与萘系和氨基磺酸盐高效减水剂复合或混合使用，与其他种类的减水剂复合或混合使用时，应经试验验证，并应满足设计和施工要求后再使用。

（3）聚羧酸系高性能减水剂在运输和贮存时，应采用洁净的塑料、玻璃钢或不锈钢等容器，不宜采用铁质容器。

（4）在高温季节施工时，聚羧酸系高性能减水剂应放置于阴凉处；在低温季节施工时，应对聚羧酸系高性能减水剂采取防冻措施。

（5）聚羧酸系高性能减水剂与引气剂同时使用时，宜分别进行掺加。

（6）含引气剂或消泡剂的聚羧酸系高性能减水剂，在使用前应进行均化处理。

（7）聚羧酸系高性能减水剂应按照混凝土施工配合比规定的掺量进行添加。

（8）使用聚羧酸系高性能减水剂配制混凝土时，应严格控制砂石的含水量、含泥量和泥块含量的变化。

（9）掺加聚羧酸系高性能减水剂的混凝土，宜采用强制式搅拌机均匀搅拌。混凝土搅拌机的最短搅拌时间应符合表37-32中的规定。搅拌强度等级C60及以上的混凝土时，搅拌时间应适当延长。

表 37-32 混凝土搅拌最短时间

混凝土坍落度/mm	最短时间/s \ 搅拌机出料量 \ 搅拌机机型	＜250L	250～500L	＞500L
≤40	强制式	60	90	120
40～100	强制式	60	60	90
≥100	强制式	60		

(10) 掺用过其他类型的减水剂的混凝土搅拌机和运输罐车、泵车等设备，应清洗干净后再搅拌和运输掺加聚羧酸系高性能减水剂的混凝土。

(11) 使用标准型高性能减水剂或缓凝型高性能减水剂，当环境温度低于10℃时应采取防止混凝土坍落度的经时增加的措施。

第三十八章 混凝土引气剂及引气减水剂

国内外混凝土实践证明，进入21世纪后，混凝土工程发展重点问题之一就是大力推广引气剂及引气减水剂，以此来改善混凝土的性能和提高混凝土的质量。目前，在日本、北美、欧洲等发达国家和地区，80%以上的混凝土工程都使用引气剂或引气减水剂，而我国混凝土使用引气剂的不足1%。在新的形势下，我国的混凝土工程要与国际接轨，就必须充分重视对混凝土引气剂及引气减水剂的使用。

第一节 混凝土引气剂及引气减水剂的适用范围

引气剂是一种能使混凝土在搅拌过程中产生大量均匀、稳定、封闭的微小气泡，从而改善其和易性，并在硬化后仍然能保留微小气泡，以改善混凝土抗冻融耐久性的外加剂。优质引气剂还具有改善混凝土抗渗性，以及有利于降低碱-集料反应产生的危害性膨胀，与减水剂及其他类型的外加剂复合使用，可进一步改善混凝土的性能。

一、引气剂及引气减水剂的选用方法

根据现行国家标准《混凝土外加剂应用技术规范》（GB 50119—2013）中的规定，在混凝土工程中引气剂及引气减水剂的适用范围应符合表38-1中的要求。

表38-1 引气剂及引气减水剂的适用范围

序号	适用范围
1	混凝土工程可采用下列引气剂：a. 松香热聚物、松香皂及改性松香皂等松香树脂类；b. 十二烷基磷酸盐、烷基苯磺酸盐、石油磺酸盐等烷基和烷基芳烃磺酸盐类；c. 脂肪醇聚氧乙烯磺酸钠、脂肪醇硫酸钠等脂肪醇磺酸盐类；d. 脂肪醇聚氧乙烯醚、烷基苯酚聚氧乙烯醚等非离子聚醚类；e. 三萜皂甙等皂甙类；f. 不同品种引气剂的复合物
2	混凝土工程中可采用由引气剂与减水剂复合而成的引气减水剂

二、引气剂及引气减水剂的适用范围

混凝土引气剂及引气减水剂的适用范围应符合表38-2中的规定。

表38-2 混凝土引气剂及引气减水剂的适用范围

序号	适用范围和不适用范围
1	引气剂及引气减水剂宜用于有抗冻融要求的混凝土、泵送混凝土和易产生泌水的混凝土
2	引气剂及引气减水剂可用抗渗混凝土、抗硫酸盐混凝土、贫混凝土、轻骨料混凝土、人工砂混凝土和有饰面要求的混凝土
3	引气剂及引气减水剂不宜用于蒸养混凝土及预应力混凝土。必须使用时应经试验验证后确定

三、引气剂及引气减水剂的技术要求

(1) 对于抗冻性要求较高的混凝土，必须掺用引气剂或引气减水剂，其掺量应当根据混凝土的含气量要求，通过试验验证加以确定。掺加引气剂或引气减水剂混凝土的含气量不宜超过表 38-3 的规定。

表 38-3　掺加引气剂或引气减水剂混凝土的含气量

粗骨料最大粒径/mm	混凝土的含气量/%	粗骨料最大粒径/mm	混凝土的含气量/%
10	7.0	40	4.5
15	6.0	50	4.0
20	5.5	80	3.5
25	5.0	100	3.5

注：表中的含气量，混凝土强度等级为 C50 和 C55 时可降低 0.5%，C60 及 C60 以上时可降低 1.0%，但不宜低于 3.5%。

(2) 用于改善新拌混凝土工作性时，新拌混凝土的含气量宜控制在 3%～5%。

(3) 混凝土的施工现场含气量和设计要求的含气量允许偏差为±1.0%。

第二节　混凝土引气剂及引气减水剂的质量检验

为了充分发挥引气剂及引气减水剂引气抗冻、抗渗、泵送等多功能作用，确保其质量符合现行国家的有关标准，对所选用混凝土引气剂及引气减水剂进场后，应按照有关规定和标准进行质量检验。

一、引气剂及引气减水剂的质量检验

根据现行国家标准《混凝土外加剂应用技术规范》(GB 50119—2013) 中的规定，混凝土引气剂及引气减水剂的质量检验应符合表 38-4 中的要求。

表 38-4　混凝土引气剂及引气减水剂的质量检验要求

序号	质量检验要求
1	引气剂及引气减水剂应按每 10t 为一检验批，不足 10t 时也应按一个检验批计。每一检验批取样量不应少于 0.2t 胶凝材料所需用的减水剂量。每一检验批取样应充分混匀，并应分为两等份：其中一份按照《混凝土外加剂应用技术规范》(GB 50119—2013) 第 7.4.2 和 7.4.3 条规定的项目及要求进行检验，每检验批检验不得少于两次；另一份应密封留样保存半年，有疑问时，应进行对比检验
2	引气剂及引气减水剂进场检验项目应包括 pH 值、密度(或细度)、含固量(或含水率)、含气量、含气量经时损失，引气减水剂还应检验减水率
3	引气剂及引气减水剂进场时，含气量应按进场检验批次，采用工程实际使用的原材料和配合比与上批留样进行平行对比试验，初始含气量允许偏差应为±1.0%

二、引气剂及引气减水剂的技术要求

根据现行国家标准《混凝土外加剂应用技术规范》(GB 50119—2013) 中的规定，混凝土引气剂及引气减水剂在应用过程中应符合以下技术要求。

（1）混凝土含气量的试验应采用工程实际使用的原材料和配合比，对有抗冻融要求的混凝土含气量应根据混凝土抗冻等级和粗骨料最大公称粒径等确定，但不宜超过表38-5中规定的含气量。

表38-5　掺引气剂及引气减水剂混凝土含气量极限

粗骨料最大公称粒径/mm	混凝土含气量极限值/%	粗骨料最大公称粒径/mm	混凝土含气量极限值/%
10	7.0	25	5.0
15	6.0	40	4.5
20	5.5	—	—

注：表中的含气量，强度等级为C50、C55的混凝土可降低0.5%；强度等级为C60及C60以上的混凝土可降低1.0%，但不宜低于3.5%。

（2）用于改善新拌混凝土工作性时，新拌混凝土的含气量应控制在3%～5%。

（3）混凝土现场施工含气量和设计要求的含气量允许偏差应为±1.0%。

三、引气剂及引气减水剂的质量要求

根据现行国家标准《混凝土外加剂》（GB 8076—2008）中的规定，用于混凝土的引气剂及引气减水剂，其质量应符合表38-6中的要求。引气剂及引气减水剂匀质性应符合表38-7中的要求。

表38-6　引气剂及引气减水剂质量要求

序号	项目		质量指标	
			引气剂	引气减水剂
1	减水率/%		≥6	≥10
2	泌水率/%		≤70	≤70
3	含气量/%		—	≥3.0
4	凝结时间之差/min	初凝	－90～＋120	－90～＋120
		终凝		
5	1h经时变化量	坍落度/mm	—	—
		含气量/%	－1.5～＋1.5	－1.5～＋1.5
6	抗压强度比/%	3d	95	115
		7d	95	110
		28d	90	100
7	收缩率比/%	28d	≤135	≤135
8	相对耐久性(200次)/%		≥80	—

表38-7　引气剂及引气减水剂匀质性

试验项目	技术指标
含固量或含水量	(1)对于液体外加剂,应在生产厂控制值相对量的3.0%之内； (2)对于固体外加剂,应在生产厂控制值相对量的5.0%之内
密度	对于液体外加剂,应在生产厂所控制值的±0.02g/cm^3之内
氯离子含量	应在生产厂所控制值相对量的5.0之内

续表

试验项目	技术指标
水泥净浆流动度	应在生产厂控制值的95%
细度	0.315mm筛的筛余率应小于15%
pH值	应在生产厂控制值±1.0之内
表面张力	应在生产厂控制值±1.5之内
还原糖	应在生产厂控制值±3.0之内
总碱量(Na_2O+0.658K_2O)	应在生产厂所控制值相对量的5.0之内
硫酸钠	应在生产厂所控制值相对量的5.0之内
泡沫性能	应在生产厂所控制值相对量的5.0之内
砂浆减水率	应在生产厂控制值±1.5之内

第三节　混凝土引气剂及引气减水剂应用技术特点

(1) 引气减水剂的相容性试验应按照现行国家标准《混凝土外加剂应用技术规范》(GB 50119—2013) 中附录A的方法进行。

(2) 引气剂及引气减水剂配制溶液时必须充分溶解，若产生絮凝或沉淀现象，应加热使其溶化后方可使用。

(3) 引气剂宜以溶液掺加，使用时应加入拌合水，引气剂溶液中的水量应当从拌合水中扣除。

(4) 引气剂可与减水剂、早强剂、缓凝剂、防冻剂一起复合使用，配制溶液时如产生絮凝或沉淀现象，应分别配制溶液并分别加入搅拌机内。

(5) 当混凝土的原材料、施工配合比或施工条件发生变化时，引气剂或引气减水剂的掺量应重新进行试验确定。

(6) 检验引气剂和引气减水剂混凝土中的含气量，应在搅拌机出料口进行取样，并应考虑混凝土在运输和振捣过程中含气量的损失。

(7) 掺加引气剂及引气减水剂的混凝土，宜采用强制式搅拌机搅拌，并应确保搅拌均匀，搅拌时间及搅拌量应经试验确定，最少搅拌时间应符合现行有关标准的规定。出料到浇筑的停放时间不宜过长。采用插入式振捣器振捣时，同一振捣点的振捣时间不宜超过20s。

(8) 检验混凝土的含气量应在施工现场进行。对含气量有设计要求的混凝土，当连续浇筑时，应每隔4h现场检验一次；当间歇施工时，应每浇筑200m^{3}检验一次。必要时，可根据实际增加检验的次数。

第三十九章 混凝土早强剂

混凝土早强剂是指能提高混凝土早期强度，并且对后期强度无显著影响的外加剂。早强剂的主要作用在于加速水泥水化速度，促进混凝土早期强度的发展；既具有早强功能，又具有一定减水增强功能。

第一节 混凝土早强剂的选用及适用范围

混凝土早强剂适用于冬季施工的建筑工程及常温和低温条件下施工有早强要求的混凝土工程。使用混凝土早强剂不仅可以提高混凝土的早期强度，缩短施工工期，而且还可以提高工作效率，提高模板和场地周转率。

工程实践证明，混凝土早强剂是一种专门解决工程中需要尽快或尽早获得水泥混凝土强度问题的专用外加剂，不同品种的早强剂具有不同的性能，也适用于不同范围。

一、混凝土早强剂的选用方法

根据现行国家标准《混凝土外加剂应用技术规范》（GB 50119—2013）中的规定，在混凝土工程中早强剂的选用方法应符合表 39-1 中的要求。

表 39-1 混凝土早强剂的选用方法

序号	适用范围
1	混凝土工程可采用下列早强剂： (1)硫酸盐、硫酸复盐、硝酸盐、碳酸盐、亚硝酸盐、氯盐、硫氰酸盐等无机盐类； (2)三乙醇胺、甲酸盐、乙酸盐、丙酸盐等有机化合物类
2	混凝土工程可采用两种或两种以上无机盐类早强剂，或有机化合物类早强剂复合而成的早强剂

二、混凝土早强剂的适用范围

混凝土早强剂的适用范围应符合表 39-2 中的规定。

表 39-2 混凝土早强剂的适用范围

序号	适用范围和不适用范围
1	混凝土早强剂宜用于蒸养、常温、低温和最低温度不低于−5℃环境中施工的有早强要求的混凝土工程。炎热条件以及环境温度低于−5℃环境时不宜使用混凝土早强剂
2	混凝土早强剂不宜用于大体积混凝土；三乙醇胺等有机胺类早强剂不宜用于蒸养混凝土
3	无机盐类早强剂不宜用于下列情况： (1)处于水位变化区的混凝土结构； (2)露天结构及经常受水淋、受水冲刷的混凝土结构； (3)相对湿度大于 80%环境中使用的混凝土结构； (4)直接接触酸、碱或其他侵蚀性介质的混凝土结构； (5)有装饰要求的混凝土，特别是要求色彩一致或表面有金属装饰的混凝土结构

第二节　混凝土早强剂的质量检验

为了充分发挥早强剂能提高混凝土的早期强度、加快工程施工进度、提高模板和施工机具的周转率等多功能作用，确保其质量符合国家的有关标准，对所选用混凝土早强剂进场后，应按照现行国家标准《混凝土外加剂应用技术规范》(GB 50119—2013) 中的规定进行质量检验。混凝土早强剂的质量检验要求如表 39-3 所列。

表 39-3　混凝土早强剂的质量检验要求

序号	质量检验要求
1	混凝土早强剂应按每 10t 为一检验批，不足 10t 时也应按一个检验批计。每一检验批取样量不应少于 0.2t 胶凝材料所需用的减水剂量。每一检验批取样应充分混匀，并应分为两等份：其中一份按照《混凝土外加剂应用技术规范》(GB 50119—2013) 第 8.3.2 和 8.3.3 条规定的项目及要求进行检验，每检验批检验不得少于两次；另一份应密封留样保存半年，有疑问时，应进行对比检验
2	混凝土早强剂进场检验项目应包括 pH 值、密度（或细度）、含固量（或含水率）、碱含量、氯离子含量和 1d 抗压强度比
3	检验含有硫氰酸盐、甲酸盐等早强剂的氯离子含量时，应采用离子色谱法

第三节　混凝土早强剂的主要品种及性能

混凝土早强剂是外加剂发展历史中最早使用的外加剂品种之一。到目前为止，人们已先后开发除氯化物盐类和硫酸盐以外的多种早强型外加剂，如亚硝酸盐，铬酸盐等无机类早强剂，以及有机类早强剂，如三乙醇胺、甲酸钙、尿素等，并且在早强剂的基础上，生产应用多种复合型外加剂，如早强型减水剂、早强型防冻剂和早强型泵送剂等。这些种类的早强型外加剂都已经在实际工程中使用，在改善混凝土性能、提高施工效率和节约投资成本方面挥了重要作用。

一、无机类早强剂

(一) 氯化物早强剂

氯化物早强剂的种类很多，如氯化钾、氯化钠、氯化锂、氯化铵、氯化钙、氯化锌、氯化锡、氯化铁、三氯化铝等，这些氯化物均有较好的早强作用。在实际混凝土工程中最常用的有氯化钙、氯化钠和三氯化铝，常用氯化物早强剂的技术性能如表 39-4 所列。

(二) 硫酸盐及硫代硫酸盐早强剂

在混凝土工程中可应用的硫酸盐及硫代硫酸盐早强剂有硫酸钠、硫酸钙、硫酸铝、硫代硫酸钠和硫代硫酸钙等，其中最常用的是硫酸钠、硫代硫酸钠。

1. 硫酸钠早强剂

硫酸钠早强剂包括无水硫酸钠和十水硫酸钠，它们都是混凝土的优良早强剂，在低气温环境下 24h 的早强效果比较突出。无水硫酸钠质量指标如表 39-5 所列，十水硫酸钠的技术指标如表 39-6 所列。

2. 硫代硫酸钠早强剂

根据现行行业标准《工业硫代硫酸钠》(HG/T 2328—2006) 中的规定，硫代硫酸钠的

表 39-4　常用氯化物早强剂的技术性能

氯化物早强剂名称	早强剂的技术性能	混凝土性能	早强剂用量 C/%
氯化钙($CaCl_2$)	$CaCl_2$的含量≥96% 氯化钙中的含水量≤3% 镁及碱金属含量≤1% 氯化钙中的水不溶物≤0.5%	由于氯化钙掺入钢筋混凝土后,会加速钢筋的锈蚀,所以在施工中应特别注意加强对混凝土的振捣。保护层应有足够的厚度,并掺入亚硝酸钠作为阻锈剂	钢筋混凝土为<1;素混凝土为<3
氯化钠(NaCl)	外观:氯化钠应为白色晶体 NaCl 的含量≥95% 氯化钠的比重为 2.165 氯化钠水中最大溶解度为 0.3kg/L	氯化钠单掺时早强增长不明显,与氯化钙复合为 1∶2 比例的复盐使用时,其掺量不得超过混凝土用水量的10% 氯化钠与三乙醇胺复合,早强效果比较明显	≤0.3
六水三氯化铝($AlCl_3 \cdot 6H_2O$)	外观:黄色晶体、易潮解 含量:1 级≥94.5%;2 级≥87.5% 氧化铁:1 级≤0.5%;2 级≤2.6% 水不溶物:1 级≤0.1%;2 级≤0.1%	六水三氯化铝早期具有较强的促凝作用,但混凝土的后期强度偏低,故多与三乙醇胺复合使用,作为防水剂,可以提高混凝土的密实度	1.5～5.0

注：表中 C 为混凝土中的水泥用量，下同。

表 39-5　无水硫酸钠质量指标

指标项目	质量指标					
	Ⅰ类		Ⅱ类		Ⅲ类	
	优等品	一等品	一等品	合格品	一等品	合格品
硫酸钠质量分数/%	≥99.3	≥99.0	≥98.0	≥97.0	≥95.0	≥92.0
水不溶物质量分数/%	≤0.05	≤0.05	≤0.10	≤0.20	—	—
钙镁(以 Mg 计)总含量质量分数/%	≤0.10	≤0.15	≤0.30	≤0.40	≤0.60	—
氯化物(以 Cl^- 计)质量分数/%	≤0.12	≤0.35	≤0.70	≤0.90	≤2.00	—
铁(以 Fe 计)质量分数/%	≤0.002	≤0.002	≤0.010	≤0.040	—	—
水分质量分数/%	≤0.10	≤0.20	≤0.50	≤1.00	≤1.50	—
白度(R457)/%	≥85	≥82	≥82	—	—	—

表 39-6　十水硫酸钠的技术指标

指标项目	质量指标		
	一级	二级	三级
硫酸钠质量分数/%	90	80	70

质量指标应符合表 39-7 中的要求。

表 39-7　硫代硫酸钠的质量指标

指标项目	质量指标	
	优等品	一等品
硫代硫酸钠($Na_2S_2O_3$)质量分数/%	≥99.0	≥98.0
水不溶物含量质量分数/%	≤0.01	≤0.03

续表

指标项目	质量指标	
	优等品	一等品
硫化物(以 Na_2S 计)的质量分数/%	≤0.001	≤0.003
铁(以 Fe 计)的质量分数/%	≤0.002	≤0.003
氯化钠(以 NaCl 计)质量分数/%	≤0.05	≤0.20
pH 值(200g/L 溶液)	6.5~9.5	6.5~9.5

二、有机类早强剂

在混凝土工程实践中，实际使用的有机类早强剂要比无机盐早强剂少得多，常用的有机类早强剂主要有羟胺类和羧酸盐类。

1. 羟胺类早强剂

羟胺类早强剂主要包括二乙醇胺、三乙醇胺、三异丙醇胺等，这些早强剂不仅均可以单独用于混凝土中，而且都具有使水泥缓凝但使早期（特别是 1~3d）强度增长快的性能。羟胺类早强减水剂效果最佳的是三乙醇胺复合减水剂，随后依次是三异丙醇胺、二乙醇胺和三乙醇胺。单独使用三乙醇胺时，它是一种缓凝剂，早强效果很不明显，甚至会使混凝土的强度略有降低，水泥水化放热加快。如果将三乙醇胺与无机盐复合使用，尤其是与氯盐复合才能发挥其早强和增强的作用。羟胺类的技术性能标准如表 39-8 所列。

表 39-8 羟胺类的技术性能标准

羟胺类名称	相对密度	沸点/℃	熔点/℃	纯度/%	色度/度	含水率/%	产品外观
三乙醇胺	1.120~1.130	360.0	21.2	≥85	≤30(ρ_t/C_0)	≤0.5	略有氨味，吸潮性强，无色液体
二乙醇胺	1.090~1.097	269.1	28.0	≥85	≤10(ρ_t/C_0)	≤0.1	无色透明液体，吸湿、稍有氨味
三异丙醇胺	0.992~1.019	248.7	12.0	≥75	≤50(ρ_t/C_0)	≤0.5	呈碱性，淡黄色稠液体

2. 羧酸盐类早强剂

若干小分子量羧酸盐也是性能较好的早强剂，这类早强剂在国外应用比较多，在我国由于资源较缺乏，国内应用比较少。混凝土工程中采用的羧酸盐类早强剂主要有乙酸钠、甲酸钙等，在实际工程中最常用的是甲酸钙。

甲酸钙化学式为 $Ca(HCOO)_2$，呈白色结晶或粉末，略有吸湿性，味微苦，中性，无毒，溶于水，水溶液呈中性。甲酸钙的溶解度随温度的升高变化不大，在 0℃时为 16g/100g 水，100℃时 18.4g/100g 水。在 20℃时相对密度为 2.023，堆密度 900~1000g/L。加热分解温度大于 400℃。甲酸钙的早强作用如表 39-9 所列。

三、复合早强剂

各种早强剂都具有其优点和局限性。如果将不同的早强剂复合使用，可以做到扬长避短、优势互补，不但能显著提高混凝土的早期强度，而且后期强度也得到一定提高，可大大拓展早强剂的应用范围。

表 39-9　甲酸钙的早强作用

$Ca(HCOO)_2$或$NaNO_3$掺量($C\%$)	$Ca(HCOO)_2$		$Ca(HCOO)_2$或$NaNO_3$掺量($C\%$)	$Ca(HCOO)_2$	
	3d	28d		3d	28d
0	100	100	1.00	106	108
0.25	107	105	1.50	109	111
0.50	106	104	2.00	113	114

(1) 三乙醇胺-硫酸盐复合早强剂　硫酸盐是目前至今后相当长的时间内仍可能最大量使用的无机早强剂，三乙醇胺是当前使用最为广泛的有机早强剂，将两者复合使用，其早强效果往往大于三乙醇胺和硫酸盐单独使用的算术叠加值。在低温环境下使用，效果更为明显，不仅早期强度有显著增加，而且后期强度基本不降低。

三乙醇胺与硫酸钠复合时，其适宜掺量为0.02%～0.05%，硫酸钠的适宜掺量为1%～3%，根据环境温度、水泥品种以及混凝土配合比来确定最佳掺量。试验证明，也可以用三异丙醇胺、二乙醇胺等来代替三乙醇胺来复合，还可以用三乙醇胺的残渣来代替。

(2) 三乙醇胺-氯盐复合早强剂　三乙醇胺-氯盐复合早强剂对于大多数水泥都具有较好的适应性，其早期强度的增长值都超过其各单组分增强值的算术叠加，但28d强度略低于算术叠加值或持平。因掺加氯盐会加速钢筋的锈蚀，对于预应力以及潮湿环境中的钢筋混凝土结构往往还复合阻锈剂（$NaNO_2$）同时使用。

(3) 无机盐类复合早强剂　无机盐类复合早强剂通常在低温下使用效果最好，而其早强效果随着温度的升高有所降低，这主要是因为水泥水化硬化速率受温度的影响比较大，常温下的水化硬化速率要比低温时快得多，而早强剂主要是加速水泥早期（1～7d）的水化反应速率，常温下水泥水化速率已足够快，早强剂的促进作用也就不突出，其早强效果体现的不明显。而在低温时早强剂的促进作用能比较明显地影响水泥水化速率，早期水化程度有较大提高，水化产物的量增多，从而使早期强度达到或高于常温下水平。

四、常用早强剂的早强性能

在配制早强混凝土的过程中，最重要的是要求早强剂具有一定的早强性能，以满足对早期强度的要求。工程上常用早强剂的早强性能如表39-10所列。

表 39-10　常用早强剂的早强性能

早强剂名称	化学式	掺量/%	抗压强度/MPa			
			1d	3d	7d	28d
不掺早强剂		—	3.4	9.2	14.6	23.6
元明粉	Na_2SO_4	2	4.7	13.2	17.8	21.7
氯化钙	$CaCl_2$	2	5.1	12.1	17.2	23.2
硫代硫酸钠	$Na_2S_2O_3$	2	5.0	11.8	14.4	22.6
乙酸钠	CH_3COONa	2	3.6	10.8	17.5	28.0
硝酸钠	$NaNO_3$	2	3.7	11.7	14.9	22.8
硝酸钙	$Ca(NO_3)_2$	2	3.1	9.8	14.8	23.3
亚硝酸钠	$NaNO_2$	2	4.8	11.2	16.7	23.3
碳酸钾	K_2CO_3	2	4.6	10.0	14.7	20.5

续表

早强剂名称	化学式	掺量/%	抗压强度/MPa			
			1d	3d	7d	28d
碳酸钠	Na_2CO_3	2	5.0	10.7	13.8	17.3
二水石膏	$CaSO_4 \cdot 2H_2O$	2	3.6	10.2	14.7	23.2
氢氧化钠	NaOH	2	5.1	9.9	11.9	15.6
三乙醇胺	$N(C_2H_4OH)_3$	0.04	5.0	12.6	18.2	27.1

注：表中掺量为水泥质量的百分率。

第四节　混凝土早强剂应用技术特点

(1) 供方应当向需方提供早强剂产品的贮存方式、使用注意事项和产品有效期。对含有亚硝酸盐、硫氰酸盐的早强剂应按有关化学品的管理规定进行贮存和管理。

(2) 供方应当向需方提供早强剂产品的主要成分及掺量范围，常用早强剂的掺量限值应符合表 39-11 中的规定，其他品种早强剂的掺量应经试验确定。

表 39-11　常用早强剂的掺量限值

混凝土种类	使用环境	早强剂名称	掺量限值(C%)
预应力混凝土	干燥环境	三乙醇胺 硫酸钠	≤0.05 ≤1.00
钢筋混凝土	干燥环境	氯离子 硫酸钠 与缓凝减水剂复合的硫酸钠 三乙醇胺	≤0.60 ≤2.00 ≤3.00 ≤0.05
	潮湿环境	三乙醇胺 硫酸钠	≤0.05 ≤1.50
有饰面要求的混凝土	—	硫酸钠	≤0.80
素混凝土	—	氯离子	≤1.8

注：预应力混凝土及潮湿环境中使用的钢筋混凝土中均不得掺氯盐早强剂。

(3) 早强减水剂进入工地（或混凝土搅拌站）的检验项目应包括密度（或细度），1d、3d 抗压强度及对钢筋的锈蚀作用。早强减水剂应测减水率，混凝土有饰面要求的还应观测硬化后混凝土表面是否析盐。符合要求，方可入库、使用。

(4) 粉剂早强剂和早强减水剂直接掺入混凝土干料中应延长搅拌时间。

(5) 常温及低温下使用早强剂或早强减水剂的混凝土采用自然养护适宜使用塑料薄膜覆盖或喷洒养护液。终凝后应立即浇水潮湿养护。最低气温低于 0℃时除塑料薄膜外还应加盖保温材料。最低气温低于－5℃是应使用防冻剂。

(6) 掺早强剂或早强减水剂的混凝土采用蒸汽养护时，其蒸养制度应通过试验确定。

第四十章　混凝土缓凝剂

混凝土缓凝剂是一种能推迟水泥水化反应，从而延长混凝土的凝结硬化时间，使新拌混凝土较长时间保持塑性，方便新拌混凝土浇筑与振捣，提高工程施工效率，减轻施工人员劳动强度，同时对混凝土后期各项性能不会造成不良影响的外加剂。

第一节　混凝土缓凝剂的选用及适用范围

缓凝剂具有延长水泥混凝土（水泥砂浆）凝结时间的功能，对于提高新拌混凝土的工作性、改善混凝土的泵送性、方便混凝土的长距离运输、适应高温环境下施工等方面均有很大的作用。为充分发挥混凝土缓凝剂以上的功能，应根据混凝土工程的实际，选用适宜的混凝土缓凝剂的品种和适用范围。

一、混凝土缓凝剂的选用方法

根据现行国家标准《混凝土外加剂应用技术规范》（GB 50119—2013）中的规定，在混凝土工程中常用混凝土缓凝剂剂可以按以下规定进行选用。

（1）水泥混凝土工程可采用下列缓凝剂：a. 葡萄糖、蔗糖、糖蜜、糖钙等糖类化合物；b. 柠檬酸（钠）、酒石酸（钾钠）、葡萄糖酸（钠）、水杨酸及其盐类等羟基羧酸及其盐类；c. 山梨醇、甘露醇等多元醇及其衍生物；d. 2-膦酸丁烷-1、1,2,4-三羧酸（PBTC）、氨基三亚甲基膦酸（ATMP）及其盐类等有机磷酸及其盐类；e. 磷酸盐、锌盐、硼酸及其盐类、氟硅酸盐等无机盐类。

（2）混凝土工程可根据实际需要采用由不同缓凝组分复合而成的缓凝剂。

二、混凝土缓凝剂的适用范围

根据现行国家标准《混凝土外加剂应用技术规范》（GB 50119—2013）中的规定，混凝土缓凝剂的适用范围应符合表 40-1 中的规定。

表 40-1　混凝土缓凝剂的适用范围

序号	适用范围和不适用范围
1	缓凝剂宜用于需要延缓混凝土凝结时间的工程
2	缓凝剂宜用于对坍落度保持能力有要求的混凝土、静停时间较长或长距离运输的混凝土、自密实混凝土
3	缓凝剂可用于大体积混凝土工程，如水工混凝土大坝、高层建筑的混凝土基础等
4	缓凝剂宜用于日最低气温 5℃以上施工的混凝土，不能用于低温环境下施工的混凝土
5	柠檬酸(钠)及酒石酸(钾钠)等缓凝剂不宜单独用于贫混凝土
6	含有糖类组分的缓凝剂与减水剂复合使用时，应按照《混凝土外加剂应用技术规范》(GB 50119—2013)中附录 A 的方法进行相容性试验

第二节 混凝土缓凝剂的质量检验

为了充分发挥混凝土缓凝剂能延长混凝土凝结时间、提高新拌混凝土的工作性、改善混凝土的泵送性、方便混凝土的长距离运输、适应大体积混凝土施工等方面的功能，确保其质量符合国家的有关标准，对所选用混凝土缓凝剂进场后，应按照现行国家标准《混凝土外加剂应用技术规范》(GB 50119—2013) 中的规定进行质量检验。混凝土缓凝剂的质量检验要求如表 40-2 所列。

表 40-2 混凝土缓凝剂的质量检验要求

序号	质量检验要求
1	混凝土缓凝剂应按每 20t 为一检验批,不足 20t 时也应按一个检验批计。每一检验批取样量不应少于 0.2t 胶凝材料所需用的减水剂量。每一检验批取样应充分混匀,并应分为两等份:其中一份按照《混凝土外加剂应用技术规范》(GB 50119—2013)第 9.3.2 和 9.3.3 条规定的项目及要求进行检验,每检验批检验不得少于两次;另一份应密封留样保存半年,有疑问时,应进行对比检验
2	混凝土缓凝剂进场检验项目应包括 pH 值、密度(或细度)、含固量(或含水率)和混凝土凝结时间差
3	混凝土缓凝剂进场时,凝结时间的检测应按进场检验批次采用工程实际使用的原材料和配合比,与上批留样进行对比,初凝和终凝时间允许偏差应为±1h

第三节 混凝土缓凝剂的主要品种及性能

混凝土缓凝剂按照其所具有的功能不同，可分为缓凝剂、缓凝型普通减水剂、缓凝型高效减水剂和缓凝型高性能减水剂。掺加缓凝剂、缓凝型普通减水剂、缓凝型高效减水剂和缓凝型高性能减水剂的混凝土技术性能如表 40-3 所列。

表 40-3 掺加各种缓凝剂的混凝土技术性能

缓凝剂名称	减水率/%	泌水率比/%	含气量/%	凝结时间差/min		1h 经时变化量		抗压强度比/%		收缩率比/%
				初凝	终凝	坍落度/mm	含气量/%	7d	28d	
缓凝剂	—	≤100	—	>+90	—	—	—	≥100	≥100	≤135
缓凝型普通减水剂	≥8	≤100	≤3.5	>+90	—	—	—	≥110	≥110	≤135
缓凝型高效减水剂	≥14	≤100	≤4.5	>+90	—	—	—	≥125	≥120	≤135
缓凝型高性能减水剂	≥25	≤70	≤6.0	>+90	—	≤60	—	≥140	≥130	≤110

注：1. 本表引自《混凝土外加剂》(GB 8076—2008)；2. 除含气量外，表中所列数据为掺外加剂混凝土与基准混凝土的差值或比值；3. 凝结时间指标，“+”表示为延缓。

一、糖类缓凝剂

糖是一种碳水化合物，它们的化学式大多是 $(CH_2O)_n$，根据其水解情况又可分为单糖、寡糖（单聚糖）和多糖（多聚糖）三大类。在糖类缓凝剂中主要有蔗糖、葡萄糖、糖蜜、糖钙等。在实际混凝土工程中常用的是蔗糖和葡萄糖缓凝剂。

(1) 蔗糖类缓凝剂　蔗糖是最常见的双糖，是无色有甜味的晶体，分子式为 $C_{12}H_{22}O_{11}$，可由一分子葡萄糖（多羟基醛）和一分子果糖（葡萄糖的同分异构体，多羟基酮）脱去一分子水缩合而成。蔗糖是一种最常用缓凝剂，由于其低掺量时即具有强烈的缓凝作用，因此，蔗糖通常与减水剂复合使用，相当于起到浓度稀释作用，使其不易造成超掺事故发生。工程实践证明，蔗糖在混凝土中通常掺量范围为0.03%～0.10%。

蔗糖类缓凝剂在低温时缓凝效果过于明显，需要根据施工环境温度进行调整，同时在高温环境下通过提高其掺量，也可以获得比较理想的缓凝效果。有的研究结果也表明，如果掺入蔗糖过多可具有促凝作用。国外有关专家的试验证明，在水泥中掺入0.2%～0.3%的蔗糖，水泥浆会迅速发生稠化，经分析认为这是因为糖加速了水泥中铝酸盐的水化，从而出现了促凝作用。试验还证明，蔗糖采用同掺法和后掺法对基准水泥净浆凝结时间的影响是不同的，同掺法和后掺法蔗糖对基准水泥净浆凝结时间的影响如表40-4所列。

表40-4　同掺法和后掺法蔗糖对基准水泥净浆凝结时间的影响

蔗糖掺量（C%）	同掺法凝结时间/min		后掺法凝结时间/min	
	初凝	终凝	初凝	终凝
0	150	260	150	260
0.03	385	460	420	540
0.05	865	1070	970	1090
0.08	1420	1600	1510	1640
0.10	1830	2080	1890	2170
0.12	1580	1845	2290	2585
0.15	1260	1560	1765	2155
0.20	570	880	1265	1420

注：1. 后掺法是指滞水2min后再掺入；2. C为水泥用量。

从表40-4中可以看出，对于基准水泥，蔗糖掺量在0.1%以上时即出现促凝现象，随着掺量的增加，促凝越明显。研究结果也表明，通过改变掺入方法，即采用滞水后掺法，可以获得正常的缓凝效果，这无疑为实际工程中采用超缓凝措施提供了有效解决途径。

（2）葡萄糖缓凝剂　葡萄糖也是混凝土工程一种常用的缓凝剂，分子式为$C_6H_{12}O_6$，它是常见的单糖，属于醇醛类。常温下葡萄糖是无色晶体或白色粉末，密度为1.54g/cm^3，易溶于水。葡萄糖分子含醛基和多个羟基，含有6个碳原子，是一种己糖，因含有醛基，是一种还原糖。葡萄糖价格比蔗糖高，而缓凝性能基本相同。由于蔗糖价格低廉、材料易得，因此葡萄糖的应用比蔗糖少得多。

二、羟基羧酸及其盐类缓凝剂

在有机缓凝剂中，羟基羧酸盐是最常用的缓凝剂，尤其是某些α-羟基羧酸盐与减水剂复合后可以起到协同作用，有效增加和保持水泥浆体的工作性，起到控制新拌混凝土坍落度损失的作用。国内外公认并大量使用的有机缓凝剂，以葡萄糖酸钠效果最为显著，是与减水剂复合使用的主要品种。

羟基羧酸及其盐类可以用于混凝土中的缓凝剂品种有柠檬酸（钠）、酒石酸（钾钠）、葡萄糖酸（钠）、苹果酸、水杨酸、乳酸、半乳糖二酸、乙酸、丙酸、已酸、琥珀酸、庚糖酸、马来酸及其盐类等。

（1）柠檬酸　柠檬酸用于混凝土有明显的缓凝作用，在混凝土中的掺量通常为0.03%～

0.10%。当掺量为0.05%时，混凝土28d的强度仍有所提高，继续增加掺量对强度会有削弱。加入柠檬酸对混凝土的含气量略有改变，对混凝土的抗冻性也有所改善。柠檬酸对混凝土凝结时间和抗压强度的影响如表40-5所列，柠檬酸的质量标准应符合表40-6中的规定。

表 40-5 柠檬酸对混凝土凝结时间和抗压强度的影响

柠檬酸掺量 (C%)	凝结时间/min		缓凝时间/min		抗压强度/MPa	
	初凝	终凝	初凝	终凝	7d	28d
0	553	989	—	—	11.87	21.87
0.05	852	1281	+299	+292	12.65	24.52
0.10	1409	1977	+856	+988	14.92	26.18
0.15	1797	2757	+1244	+1768	12.35	23.92
0.25	1717	4390	+1164	+3401	4.81	10.98

表 40-6 柠檬酸的质量标准

质量指标名称	技术指标	质量指标名称	技术指标
柠檬酸含量/%	≥99.5	重金属(以Pb计)含量/%	≤0.0005
硫酸盐含量/%	≤0.03	氯化物含量(以 Cl^- 计)/%	≤0.01
草酸盐含量/%	≤0.05	硫酸盐灰分/%	≤0.1
砷的含量/%	≤0.0001	—	—

（2）酒石酸及酒石酸钾钠　酒石酸及酒石酸钾钠对水泥均有强烈的缓凝作用，在普通混凝土中已广泛使用，酒石酸的掺量一般为水泥用量的0.01%～0.1%。酒石酸由于高温下缓凝作用非常强烈，在油井水泥尤其是深端超深井固井中采用，用量为水泥的0.15%～0.50%，当用量在0.10%以下时可能会有促凝作用。在温度为150℃以上和很高压力下，酒石酸是稳定的高温缓凝剂。不仅能改善水泥浆的流动性能，而且对水泥石的强度没有明显的影响。

如果将酒石酸和硼酸复合作为缓凝剂，不但具有良好的缓凝效果，并且还能改善水泥石的结构，使水泥石具有细粒、均匀结构，提高水泥石的机械强度。由于掺入酒石酸可以使水泥浆析水和失水量增大，因此往往与降失水剂共同使用。酒石酸的质量指标应符合表40-7中的要求。

表 40-7 酒石酸的质量指标

质量指标名称	技术指标	质量指标名称	技术指标
酒石酸含量/%	≥99.5	熔点范围/℃	200～206
硫酸盐(以 SO_4^{2-} 计)/%	合格	重金属(以Pb计)含量/%	≤0.001
易氧化物/%	≤0.05	加热减量/%	≤0.50
砷的含量(以As计)/%	≤0.0002	灼烧残渣/%	≤0.10

（3）葡萄糖酸钠　葡萄糖酸钠用于混凝土中有明显的缓凝作用和辅助塑化效应，在一定范围内提高葡萄糖酸钠的掺量，可以有效减小混凝土坍落度经时损失，在混凝土中的掺量通常为0.01%～0.10%。当掺量为0.03%～0.07%时，混凝土的后期强度仍有所提高，继续增加掺量会对混凝土的强度有明显削弱。葡萄糖酸钠对混凝土坍落度及损失的影响如

表 40-8所列，葡萄糖酸钠对混凝土凝结时间和抗压强度的影响如表 40-9 所列。

表 40-8 葡萄糖酸钠对混凝土坍落度及损失的影响

葡萄糖酸钠掺量(C%)	坍落度/mm		
	初始	30min	60min
0	190	160	130
0.03	215	180	130
0.05	220	190	170
0.07	220	230	230
0.10	240	240	230
0.15	230	240	240

表 40-9 葡萄糖酸钠对混凝土凝结时间和抗压强度的影响

掺量(C%)	凝结时间/min		缓凝时间/min		抗压强度/MPa			
	初凝	终凝	初凝	终凝	3d	7d	28d	90d
0	670	1010	—	—	21.2	30.6	40.5	44.7
0.03	850	1110	+180	+100	19.8	31.4	35.4	41.8
0.05	1100	1650	+430	+640	22.3	30.9	44.7	47.1
0.07	1510	2260	+840	+1310	20.6	34.2	46.8	52.3
0.10	1710	2470	+1040	+1460	12.1	29.0	36.2	40.9
0.15	2120	4350	+1450	+2810	—	19.5	25.6	26.5

三、多元醇及其衍生物缓凝剂

多元醇及其衍生物缓凝剂种类很多，如聚乙烯醇、山梨醇、甘露醇、木糖醇、麦芽糖醇、甲基纤维素、羧甲基纤维素钠、羧甲基羟乙基纤维素等，在混凝土工程中最常用的是聚乙烯醇。多元醇及其衍生物类缓凝剂作用比较稳定，掺量通常为0.05%～0.2%；纤维素类虽然具有缓凝作用，但其增稠和保水性更好，其掺量通常在0.1%以下。

聚乙烯醇是一种白色和微黄色颗粒（或粉末）的水溶性无毒高分子材料，其分子结构中同时拥有亲水基及疏水基两种官能团，具有一定的缓凝作用。将其用作混凝土的缓凝剂时，掺量为水泥用量的0.05%～0.30%，过大的掺量会出现严重的缓凝现象，使混凝土的强度明显下降。聚乙烯醇对水泥净浆凝结时间和抗压强度的影响如表 40-10 所列。

表 40-10 聚乙烯醇对水泥净浆凝结时间和抗压强度的影响

聚乙烯醇掺量(C%)	凝结时间/min		缓凝时间/min		28d 抗压强度/MPa
	初凝	终凝	初凝	终凝	
0	140	290	—	—	36.0
0.05	145	285	+5	−5	43.0
0.10	155	280	+10	−10	45.0
0.15	165	315	+20	+25	47.8
0.30	170	305	+30	+15	51.0

四、弱无机酸及其盐、无机盐类缓凝剂

弱无机酸及其盐、无机盐类缓凝剂主要有磷酸盐、偏磷酸盐、硼酸及其盐类、氟硅酸盐、氯化锌、碳酸锌以及铁、铜、锌、镉的硫酸盐等。

无机缓凝剂的缓凝作用不稳定，在实际工程中磷酸盐和偏磷酸盐应用较多，如焦磷酸钠、焦磷酸钾、二聚磷酸钠、三聚磷酸钠、磷酸二氢钠、磷酸二氢钾等，其中最强的缓凝剂是焦磷酸钠，其阴离子和阳离子均会影响水泥的凝结时间。

五、缓凝减水剂

缓凝减水剂主要有木质素磺酸盐类和多元醇类减水剂。木质素磺酸盐类在混凝土减水剂中已经介绍，这里主要介绍羟基多元醇类兼有缓凝和减水功能的糖蜜缓凝减水剂、低聚糖缓凝减水剂。

（1）糖蜜缓凝减水剂　糖蜜缓凝减水剂作为一种廉价、高效、多功能外加剂，具有较强的延缓水化和延长凝结时间的作用。其掺量为水泥用量的0.1%～0.3%，混凝土的凝结时间可延长2～4h；当掺量大于1%时混凝土长时间酥松不硬；当掺量大于4%时混凝土28d的强度仅为不掺的1/10。

工程实践证明，若通过提高糖蜜缓凝减水剂的掺量达到缓凝目的，应当进行适应性试验确定。另外，糖蜜缓凝减水剂在使用硬石膏及氟石膏为调凝剂时会发生速凝现象，以及不同程度的坍落度损失。

糖蜜缓凝减水剂的匀质性指标如表40-11所列，糖蜜缓凝减水剂的混凝土性能如表40-12所列。

表40-11　糖蜜缓凝减水剂的匀质性指标

种类	固含量(含水量)/%	相对密度	氯离子含量	水泥净浆流动度/mm	pH值	表面张力/(mN/m)	还原糖/(mg/100mg)
糖蜜	40～50	1.38～1.47	微量	120～130	6～7	—	25～28
糖钙	<5	—	微量	120～140	11～13	69.5	4～6

表40-12　糖蜜缓凝减水剂的混凝土性能

掺量/%	减水率/%	坍落度增加值/cm	缓凝时间/min		抗压强度比/%			收缩率比/%	抗渗性
			初凝	终凝	3d	7d	28d		
0.1	6～10	3～8	60～120	120～180	115	120	110	+115～+120	>B15
0.2	6～10	3～8	60～120	150～210	110	120	110	+115～+120	>B15

（2）低聚糖缓凝减水剂　低聚糖是纤维素、糊精等多糖类物质水解的中间产物，是一种近于黑色的水溶性黏稠液体。干燥粉碎后的固体粉末呈棕色，属于多元醇缓凝减水剂。低聚糖缓凝减水剂的性能如表40-13所列，低聚糖缓凝减水剂的掺量对新拌混凝土性能和强度的影响如表40-14所列。

表40-13　低聚糖缓凝减水剂的性能标准与实测对比

项目	减水率/%	泌水率比/%	收缩率比/%	凝结时间差/min		抗压强度/MPa			对钢筀有无锈蚀作用
				初凝	终凝	3d	7d	28d	
缓凝减水剂标准	≥8.0	≤100	≤135	>+90			≥110	≥110	无
实测值(0.25%掺量)	9.0	133	103	+135	+140	118	119	131	无

表 40-14 低聚糖缓凝减水剂的掺量对新拌混凝土性能和强度的影响

掺量/%	坍落度/mm	减水率/%	抗压强度比(MPa/%)			
			3d	7d	28d	90d
0	64	—	8.0/100	11.6/100	23.0/100	28.0/100
0.10	70	5	8.2/102	13.5/116	24.8/108	33.8/120
0.15	62	6	8.8/110	14.3/123	30.2/131	30.8/109
0.20	50	9	9,9/115	17.5/131	31.1/135	37.0/132

第四节 混凝土缓凝剂应用技术特点

根据混凝土工程的实践经验，在具体的施工过程中对混凝土缓凝剂的应用应掌握以下技术要点。

一、根据在混凝土中使用目的选择缓凝剂

在混凝土工程中选择缓凝剂的目的通常有以下几点。

(1) 调节新拌混凝土的初凝和终凝时间，使混凝土按施工要求在较长时间内保持一定的塑性，以利于混凝土浇筑成型。这种目的应选择能显著影响初凝时间，但初凝和终凝时间间隔较短的缓凝剂。

(2) 控制新拌混凝土的坍落度经时损失，使混凝土在较长时间内保持良好的流动性与和易性，使其经过长距离运输后能满足泵送施工工艺要求。这种目的应选择与所用胶凝材料相容性好，并能显著影响初凝时间，但初凝和终凝时间间隔较短的缓凝剂。

(3) 降低大体积混凝土的水化热，并能推迟放热峰的出现。这种目的应选择显著影响终凝时间或初凝和终凝时间间隔较长，但不影响后期水化和强度增长的缓凝剂。

(4) 提高混凝土的密实性，改善混凝土的耐久性。这种目的可以选择与上述 (3) 中所述的缓凝剂。

(5) 缓凝减水剂和缓凝高效减水剂的选择，通常应考虑混凝土的强度等级和所选择的施工工艺，根据所需要更减水率性能进行选择。缓凝减水剂通常在强度等级不高、水灰比较大时选择使用；缓凝高效减水剂通常在对强度等级较高、水灰比控制较严时选择使用。

二、根据对缓凝时间的要求选择缓凝剂

(1) 在缓凝减水剂中，木质素磺酸盐类具有一定的引气性，缓凝时间比较短，因而在一定程度上没有超掺后引起后期强度低的缺陷，但超掺如引起含气量过高则可导致混凝土结构疏松而出现事故。

(2) 糖钙缓凝剂不引气，缓凝与掺量的关系视水泥品种而异，超掺后是缓凝还是促凝不确定，这就需要以试验确定，使用中应引起重视。

(3) 不同的磷酸盐缓凝剂，其缓凝程度差异非常显著，工程中需要超缓凝时，最好是选择焦磷酸钠而不应选择磷酸钠。

(4) 在应用超缓凝的场合，通常不采用单一品种的缓凝剂，而应采用多组分复合，以防止单一组分缓凝剂剂量过大引起混凝土后期强度增长缓慢。

三、根据施工环境温度选用缓凝剂

（1）工程实践和材料试验证明，羟基羧酸类缓凝剂在高温时，对硅酸三钙（C_3S）的抑制程度明显减弱，因此缓凝性能也明显降低，使用时需要加大掺量。而醇、酮、酯类缓凝剂对硅酸三钙（C_3S）的抑制程度受温度变化影响小，在使用中用量调整很少。

（2）当气温降低时，羟基羧酸盐及糖类、无机盐类缓凝时间将显著延长，所以缓凝类外加剂不宜用于5以下的环境施工，也不宜用于蒸养混凝土。

四、按缓凝剂设计剂量和品种使用

（1）缓凝剂成品出售均有合格证和说明书，在使用中一般不应超出厂家推荐的掺量。工程实践证明，若超量1～2倍使用可使混凝土长时间不凝结；若含气量增加很多，会引起强度明显下降，甚至造成工程事故。

（2）使用某种类缓凝剂（如蔗糖等）的混凝土，如果只是缓凝过度而含气量增加不多，可在混凝土终凝后带膜保温保湿养护足够的时间，混凝土的强度有可能得到保证。

（3）缓凝剂与其他外加剂，尤其是早强型外加剂存在相容性的问题，或者存在酸与碱产生中和的问题，或者是溶解度低的盐出现沉淀问题，因此复合使用前必须进行试验。

五、缓凝剂施工应用其他技术要点

根据现行国家标准《混凝土外加剂应用技术规范》（GB 50119—2013）中的规定，在混凝土工程中使用缓凝剂时还应当注意以下技术要点。

（1）缓凝剂的品种、掺量应根据环境温度、施工要求和混凝土凝结时间、运输距离、静停时间、强度等级等经试验确定。

（2）缓凝剂用于连续浇筑的混凝土时，混凝土的初凝时间应当满足设计和施工的要求。

（3）缓凝剂宜配制成溶液掺加，使用时应加入拌合水中，缓凝剂溶液中的含水量应从拌合水中扣除。难溶和不溶的粉状缓凝剂应采用干掺法，并宜延长搅拌时间30s。

（4）缓凝剂可以与减水剂复合使用。在配制溶液时，如产生絮凝或沉淀等现象，宜将它们分别配制溶液，并应分别加入搅拌机内。

（5）为确保混凝土的施工质量，对于掺加缓凝剂的混凝土浇筑和振捣完毕后，应及时按有关规定进行养护。

（6）当混凝土工程的施工环境温度波动超过10℃时，应观察混凝土的性能变化，并应经试验调整缓凝剂的用量。

第四十一章 混凝土泵送剂

泵送剂也称为混凝土泵送剂，是一种改善混凝土拌合物泵送性能的外加剂。所谓混凝土泵送性能，就是混凝土拌合物具有能顺利通过输送管道、不阻塞、不离析、黏塑性良好的性能。泵送剂具有高流化、黏聚、润滑、缓凝的功效，适合制作高强型或者流态型的混凝土。按泵送剂的形状不同，其可分为液体泵送剂和固体泵送剂两种。

第一节 混凝土泵送剂的选用及适用范围

泵送是一种有效的混凝土运输手段，不仅可以改善工作条件，节约大量的劳动力，提高施工效率，而且尤其适用于工地狭窄和有障碍物的施工现场，以及大体混凝土结构和高层建筑。用泵送浇筑的混凝土数量在我国已日益增多，商品混凝土在大中城市中泵送率已达60%以上，有的甚至更高。目前提倡采用的高性能混凝土施工，大多数采用泵送施工工艺，由此可见，选择好的混凝土泵送剂也是至关重要的因素。

一、混凝土泵送剂的选用方法

根据现行国家标准《混凝土外加剂应用技术规范》（GB 50119—2013）中的规定，在混凝土工程中常用混凝土缓凝剂可以按以下规定进行选用：①混凝土工程可以采用一种减水剂与缓凝组分、引气组分、保水组分和黏度调节组分复合而的泵送剂；②混凝土工程可以采用两种或两种以上减水剂与缓凝组分、引气组分、保水组分和黏度调节组分复合而的泵送剂；③根据混凝土工程的实际情况，可以采用一种减水剂作为泵送剂；④根据混凝土工程的实际情况，可以采用两种或两种以上减水剂作为泵送剂。

二、混凝土泵送剂的适用范围

混凝土泵送剂的适用范围应符合表 41-1 中的规定。

表 41-1 混凝土泵送剂的适用范围

序号	适用范围和不适用范围
1	泵送剂宜用于需要泵送施工的混凝土工程
2	泵送剂可用于工业与民用建筑结构工程混凝土、道路桥梁混凝土、水下灌注桩混凝土、大坝混凝土、清水混凝土、防辐射混凝土和纤维增强混凝土
3	泵送剂宜用于日平气温 5℃以上施工环境
4	泵送剂不宜用于蒸汽养护混凝土和蒸压养护的预制混凝土
5	使用含糖类或木质素磺酸盐的泵送剂时，应按照《混凝土外加剂应用技术规范》(GB 50119—2013)中附录 A 的方法进行相容性试验，并应满足施工要求后再使用

第二节 混凝土泵送剂的质量检验

泵送剂一般由减水、缓凝、早强和引气等复配而成，主要用来提高和保持混凝土拌合物的流动性。泵送剂配方常随使用季节而变，冬季提高早强组分，夏季提高缓凝组分。泵送剂的主要组分是减水组分，也是最关键组分。泵送剂进场时应具有质量证明文件，进场后应按照有关规范进行质量检验，合格后才可用于工程中。

一、混凝土泵送剂的技术要求

(1) 根据不同的施工季节、施工环境、施工要求、混凝土强度要求等，泵送剂的组成都是不同的，选择合适的组成和配比，是保证混凝土顺利进行泵送的关键。在实际混凝土工程中，泵送剂多种多样，对泵送剂的技术要求也各不相同。尤其是减水率变化较大，从12%到40%不等。

大量工程实践表明，高性能混凝土不宜采用低减水率的泵送剂，否则无法满足混凝土工作性和强度发展的要求；而中低强度等级的混凝土采用高减水率的泵送剂时，很容易出现泌水和离析问题。根据混凝土的强度等级，泵送剂的减水率选择应符合表41-2中的规定。

表41-2　泵送剂的减水率选择

序号	混凝土强度等级	减水率/%
1	C30及C30以下	12～20
2	C35～C55	16～28
3	C60及C60以上	≥25

(2) 在实际工程中，混凝土的坍落度保持性的控制是根据预拌混凝土运输和等候浇筑的时间所决定的。一般浇筑时混凝土的坍落度不得低于120mm。按照现行国家标准《混凝土外加剂》(GB 8076—2008) 中的规定，泵送剂混凝土的坍落度1h经时最大变化量不得大于80mm。对于运输和等候时间较长的混凝土，应选用坍落度保持性较好的泵送剂。通过大量试验和工程实践证明，泵送剂混凝土的坍落度1h经时变化量应符合表41-3中的规定。

表41-3　泵送剂混凝土坍落度1h经时变化量的选择

序号	运输和等候的时间/min	坍落度1h经时变化量/mm
1	<60	≤80
2	60～120	≤40
3	>120	≤20

(3) 用于自密实混凝土泵送剂的减水率不宜小于20%。

二、混凝土泵送剂的质量检验

泵送混凝土是一种采用特殊施工工艺，要求具有能够顺利通过输送管道、摩擦阻力小、不离析、不阻塞和黏塑性良好的性能，因此不是任何一种混凝土都可以泵送的，在原材料选择方面要特别的慎重，尤其是在选择泵送剂时更要严格。

为了确保泵送剂的质量符合国家的有关标准，对所选用混凝土泵送剂进场后，应按照现行国家标准《混凝土外加剂应用技术规范》(GB 50119—2013) 中的规定进行质量检验。混凝土泵送剂的质量检验要求如表41-4所列。

表 41-4 混凝土泵送剂的质量检验要求

序号	质量检验要求
1	混凝土泵送剂应按每 50t 为一检验批，不足 50t 时也应按一个检验批计。每一检验批取样量不应少于 0.2t 胶凝材料所需用的减水剂量。每一检验批取样应充分混匀，并应分为两等份：其中一份按照《混凝土外加剂应用技术规范》(GB 50119—2013)第 10.3.2 和 10.3.3 条规定的项目及要求进行检验，每检验批检验不得少于两次；另一份应密封留样保存半年，有疑问时应进行对比检验
2	混凝土泵送剂进场检验项目应包括 pH 值、密度(或细度)、减水率和坍落度 1h 经时变化值
3	混凝土泵送剂进场时，减水率及坍落度 1h 经时变化值应按进场检验批次采用工程实际使用的原材料和配合比，与上批留样进行平行对比，减水率允许偏差应为±2%，混凝土坍落度 1h 经时变化值允许偏差应为±20mm

三、混凝土泵送剂的质量标准

随着城市化和超高层建筑的快速发展，泵送混凝土已成为城市建设不可缺少的特种混凝土，泵送剂自然就成为商品混凝土中不可缺少的外加剂。为确保泵送剂的质量符合施工和物理力学性能的要求，国家相关部门制订了混凝土泵送剂的质量标准，在生产和使用过程中必须按照现行标准严格执行。

1.《混凝土泵送剂》中的标准

根据现行的行业标准《混凝土泵送剂》(JC 473—2001) 中的规定，对于配制混凝土的泵送剂，应满足匀质性和受检混凝土的有关性能要求。

(1) 混凝土泵送剂的匀质性要求　混凝土泵送剂的匀质性应符合表 41-5 中的要求。

表 41-5 混凝土泵送剂的匀质性要求

序号	试验项目	性能指标
1	固体含量	液体泵送剂：应在生产厂家控制值相对量的 6%之内
2	含水率	固体泵送剂：应在生产厂家控制值相对量的 10%之内
3	细度	固体泵送剂：0.315mm 筛的筛余率应小于 15%
4	氯离子含量	应在生产厂家控制值相对量的 5%之内
5	总碱量($Na_2O+0.658K_2O$)	不应小于生产厂家控制值的 5%
6	密度	液体泵送剂：应在生产厂家控制值的±0.02g/cm^3之内
7	水泥净浆流动度	不应小于生产厂家控制值的 95%

(2) 受检混凝土的性能指标　受检混凝土系指按照《混凝土泵送剂》(JC 473—2001) 中规定的试验方法配制的掺加泵送剂的混凝土。受检混凝土的性能指标应符合表 41-6 中的要求。

2.《混凝土防冻泵送剂》中的标准

《混凝土防冻泵送剂》(JG/T 377—2012) 中规定，混凝土防冻泵送剂是指既能使混凝土在负温下硬化，并在规定养护条件下达到预期性能，又能改善混凝土拌合物泵送性能的外加剂。防冻泵送剂的匀质性指标应符合表 41-7 中的要求，混凝土防冻泵送剂配制的受检混凝土性能指标应符合表 41-8 中的要求。

表 41-6 受检混凝土的性能指标

序号	试验项目		性能指标	
			一等品	合格品
1	坍落度增加值/mm		≥100	≥80
2	常压下“泌水率”比/%		≤90	≤100
3	压力下“泌水率”比/%		≤90	≤95
4	含气量/%		≤4.5	≤5.5
5	坍落度保留值/mm	30min	≥150	≥120
		60min	≥120	≥100
6	抗压强度比/%	3d	≥85	≥85
		7d	≥90	≥85
		28d	≥90	≥85
7	收缩率比/%	28d	≤135	≤135
8	对钢筋的锈蚀作用		应说明对钢筋无锈蚀作用	

表 41-7 防冻泵送剂的匀质性指标

项目	技术指标
含固量	液体：$S>25\%$时，应控制在$0.95S\sim1.05S$；$S\leqslant25\%$时，应控制在$0.90S\sim1.10S$
含水率	粉状：$W>5\%$时，应控制在$0.90W\sim1.10W$；$W\leqslant5\%$时，应控制在$0.80W\sim1.20W$
密度	液体：$D>1.1g/cm^3$时，应控制在$D\pm0.03g/cm$；$D\leqslant1.1g/cm^3$时，应控制在$D\pm0.02g/cm$
细度	粉状：应在生产厂控制范围内
总碱量	不超过生产厂控制值

注：1. 生产厂在相关的技术资料中明示产品匀质性指标的控制值；2. 对相同和不同批次之间的匀质性和等效性的其他要求可由买卖双方商定；3. 表中的 S、W 和 D 分别为含固量、含水率和密度的生产厂控制值。

表 41-8 受检混凝土性能指标

项目		技术指标					
		Ⅰ型			Ⅱ型		
减水率/%		≥14			≥20		
泌水率/%		≤70					
含气量/%		2.5～5.5					
凝结时间之差/mm	初凝	−150～+210					
	终凝						
坍落度 1h 经时变化量/mm		≤80					
抗压强度比/%	规定温度/℃	−5	−10	−15	−5	−10	−15
	R_{28}	≥110	≥110	≥110	≥120	≥120	≥120
	R_{-7}	≥20	≥14	≥12	≥20	≥14	≥12
	R_{-7+28}	≥100	≥95	≥90	≥100	≥100	≥100

续表

项目	技术指标	
	Ⅰ型	Ⅱ型
收缩率比/%	≤135	
50次冻融强度损失比/%	≤100	

注：1. 除含气量和坍落度1h经时变化量外，表中所列数据为受检混凝土与基准混凝土的差值或比值；2. 凝结时间之差性能指标中的“－”号表示为提前，“＋”号表示为延缓；3. 当用户有特殊要求时需要进行的补充试验项目、试验方法及指标，由供需双方协商决定。

第三节　混凝土泵送剂的主要品种

工程实践证明，在混凝土中掺入适宜的泵送剂，可以配制出不离析泌水、黏聚性良好、和易性适宜、可泵性优良，具有一定含气量和缓凝性能的流态混凝土，硬化后的混凝土具有足够的强度和满足多项物理力学性能要求。我国对泵送剂的研制和应用非常重视，已经有很多性能优良的泵送剂，如HZ-2泵送剂、JM高效流化泵送剂、ZC-1高效复合泵送剂等。

一、HZ-2泵送剂

HZ-2泵送剂由木质素磺酸盐减水剂、缓凝高效减水剂和引气剂复合而成，外观为浅黄色粉末，能有效地改善混凝土拌合物的泵送性能，提高混凝土的可泵性，并能使新拌混凝土在2h内保持其流动性和稳定性，掺量为0.7%～1.4%，减水率为10%～20%，1d、3d和7d的强度分别提高30%～70%、40%～80%和30%～50%，初凝时间和终凝时间均可延长1～3h，含气量为3%～4%。HZ-2泵送剂适用于配制商品混凝土、泵送混凝土、流态混凝土、高强混凝土、大体积混凝土、道路混凝土、港工混凝土、滑模施工、大模板施工、夏季施工等。HZ-2泵送剂的技术指标如表41-9所列。

表41-9　HZ-2泵送剂的技术指标

指标名称		技术指标	
		一等品	合格品
产品外观		浅黄色粉末	
细度(4900孔标准筛筛余率)/%		≤15	
pH值		10～11	
坍落度增加值/cm		≥10	≥8
常压泌水量/%		≤10	≤120
含气量/%		≤4.5	≤5.5
坍落度保留值/cm	0.5h	≥12	≥10
	1.0h	≥10	≥8
抗压强度比/%	3d	≥85	≥80
	7d	≥85	≥80
	28d	≥85	≥80
	90d	≥85	≥80

续表

指标名称	技术指标	
	一等品	合格品
收缩率比(90d)/%	≤135	≤135
相对耐久性(200次)/%	≥80	≥300
含固量(或含水量)	固体泵送剂应在生产厂控制值相对量的≤5%之内	
密度	液体泵送剂应在生产厂控制值的±0.02%之内	
氯离子含量	应在生产厂控制值相对量的5%之内	
水泥净浆流动度	应不小于生产厂控制值的95%	

二、JM高效流化泵送剂

JM高效流化泵送剂由磺化三聚氰胺甲醛树脂高效减水剂、缓凝剂、引气剂和流化组分复合而成，具有减水率高、泵送性能好等特点。在掺量范围内，减水率可达15%～25%；由于不含氯盐，不会对钢筋产生锈蚀。JM高效流化泵送剂具有可泵性好、混凝土不泌水、不离析、坍落度损失小等优点，同时能显著提高混凝土的强度和耐久性。由于减水率高，混凝土的强度增加值可达15%～25%甚至更高，抗折强度等指标也有明显改善。由于掺有引气组分，使混凝土具有良好的密实性及抗渗、抗冻性能。JM高效流化泵送剂适用于配制商品混凝土、泵送混凝土、高强混凝土和超高强混凝土。JM高效流化泵送剂的技术指标如表41-10所列。

表41-10　JM高效流化泵送剂的技术指标

指标名称		技术指标	
		一等品	合格品
坍落度增加值/cm		≥10	≥8
常压泌水量/%		≤10	≤120
含气量/%		≤4.5	≤5.5
坍落度保留值/cm	0.5h	≥12	≥10
	1.0h	≥10	≥8
抗压强度比/%	3d	≥85	≥80
	7d	≥85	≥80
	28d	≥85	≥80
	90d	≥85	≥80
收缩率比(90d)/%		≤135	≤135
相对耐久性(200次)/%		≥80	≥300
含固量(或含水量)		固体泵送剂应在生产厂控制值相对量的≤5%之内 液体泵送剂应在生产厂控制值相对量的3%之内	
密度		液体泵送剂应在生产厂控制值的±0.02%之内	
氯离子含量		应在生产厂控制值相对量的5%之内	
细度		应在生产厂控制值的±2%之内	
水泥净浆流动度		应不小于生产厂控制值的95%	

三、ZC-1 高效复合泵送剂

ZC-1 高效复合泵送剂由萘系高效减水剂、木质素磺酸钙缓凝减水剂、保塑增稠剂和引气剂组分。本产品具有较高的减水率、良好的保塑性和对水泥有较好的适应性，混凝土早期强度高，常温下 14～20h 即可脱模，适合于配制 C10～C60 不同强度的商品混凝土。

ZC-1 高效复合泵送剂具有如下技术性能：a. ZC-1 高效复合泵送剂对水泥具有较好的适应性和高分散性，可使低塑性混凝土流态化，在保持水灰比相同的条件下，减水率可达到 18%～25%，可使混凝土坍落度由 5～7cm 增大到 18～22cm；b. ZC-1 高效复合泵送剂可有效地提高混凝土的抗受压泛水能力，防止管道阻塞；c. ZC-1 高效复合泵送剂配制的泵送混凝土，坍落度损失比较小，在正常情况下，如混凝土拌合物初始坍落度为 18～22cm，其水平管道坍落度降低值为 1～2cm/100m；d. ZC-1 高效复合泵送剂配制的流态混凝土，其早期强度比较高，14～20h 即可脱模，由于特别适合于配制 C10～C60 不同强度的商品混凝土，因此应用范围比较广泛。

ZC-1 高效复合泵送剂与 HZ-2 泵送剂的技术性能基本相同，其技术指标如表 41-9 所列。

第四节 混凝土泵送剂应用技术特点

2010 年以来，我国商品混凝土年总用量超过 $7\times10^{8}m^{3}$，商品混凝土在混凝土总产量中所占比例超过了 30%。商品混凝土的发展极大地推动了混凝土的集中化生产供应、泵送施工技术，并保证了混凝土工程质量，提高了水泥的散装率，是建筑业节能降耗的重要环节之一。工程实践也表明，商品混凝土的配制和施工离不开泵送剂，泵送剂的质量好坏决定着商品混凝土的质量优劣，因此在混凝土泵送剂的应用中应注意以下技术要点。

（1）参照产品使用说明书，正确合理选用泵送剂的品种。目前普通型泵送剂逐渐被市场淘汰，主要原因还是有超量不凝的风险，以及水泥价格普遍不高的的行情下，而且适用范围不是很广泛。但不能否认，C30 及 C30 以下的泵送混凝土，使用普通型泵送剂具有配制方便、成本较低，足够的灰量也利于泵送等优点。

中效泵送剂适用 C40 及 C40 以下的泵送混凝土，使用十分方便，适用范围较广，特别在我国上海以及苏南地区使用的泵送剂以中效泵送剂为主；高效泵送剂主要是针对 C45 及 C45 以上的混凝土使用，或有其他特殊要求以及特殊环境下采用。

新型的聚羧酸高性能减水剂现在很流行，在高强、高耐久性要求的混凝土中得到广泛的应用，但作为泵送剂在预拌混凝土中使用还存在应用技术的不成熟，价格因素、掺量过低、对水敏感、多数厂家与水泥适应不佳等劣势，甚至减水率太高也是影响大范围推广使用的障碍。

（2）关注泵送剂产品的质量，除关注某些厂家不注意原材料质量控制，粗制滥造，以假乱真，提供伪劣产品外，对质量较好的产品也应注意某些问题，如应详细了解产品实际性能，注意生产厂所提供的技术资料和应用说明。在工程应用前，应做到泵送剂与水泥品种匹配适应，更要注意泵送剂与胶凝材料的适应性。匀质性检测只是质量稳定性的控制的手段，最终的应用效果还要做混凝土性能检验，通过试验确定选用外加剂的掺量范围和最佳掺量。

（3）必须按说明书要求采用正确的掺加方法，也可根据施工混凝土设计对泵送剂性能的要求，选择先掺法、同掺法、后掺法，但必须严格控制泵送剂的掺量。掺量过少效果不显著；掺量过大，不仅经济上不合理，而且还可能造成工程事故。尤其是引气、缓凝作用明显的减水剂，更应引起注意，不可超掺量使用。一般不准两种或两种以上的泵送剂同时掺用，除非有可靠的技术鉴定作依据。

(4) 注意贮存的环境，防止暴晒泄漏干涸、受潮、进水，导致泵送剂变质，影响泵送剂的功能。如果存放时间长，受潮结块的泵送剂应经干燥粉碎，试验合格后方可使用。泵送剂产品如果已超过保质期，应经试验检测合格后可以酌情使用。

(5) 注意水泥品种的选择。在原材料中，水泥对外加剂的影响最大，水泥品种不同将影响泵送剂的减水、增强和泵送效果，其中对减水效果影响更明显。高效减水泵送剂对水泥更有选择性，不同水泥其减水率的相差较大，水泥矿物组成、掺合料、调凝剂、碱含量、细度等都将影响减水剂的使用效果，如掺有硬石膏的水泥，对于某些掺减水剂的混凝土将产生速硬或使混凝土初凝时间大大缩短，其中萘系减水剂影响较小，糖蜜类会引起速硬，木钙类会使初凝时间延长。

因此，同一种泵送剂在相同的掺量下，往往因水泥不同而使用效果明显不同，或同一种泵送剂，在不同水泥中为了达到相同的减水、增强和泵送效果，泵送剂的掺量明显不同。在某些水泥中，有的泵送剂会引起异常凝结现象。为此，当水泥可供选择时应选用对泵送剂较为适应的水泥，提高泵送剂的使用效果。当泵送剂可供选择时，应选择施工用水泥较为适用的泵送剂，为使泵送剂发挥更好效果，在使用前应结合工程进行水泥选择试验。

(6) 掺用泵送剂的混凝土，均需延长搅拌时间和加强养护。泵送混凝土收缩率较大，大面积混凝土施工早期保湿养护尤为重要，掺加早强防冻型泵送剂的混凝土更要注意早期的保温防护，泵送剂中大都含有引气成分，混凝土浇筑必须进行充分合理的振捣，把混凝土中的气泡引出，但不得过振，也不得漏振。

(7) 注意调整混凝土的配合比。一般来说，泵送剂对混凝土配合比没有特殊要求，可按普通方法进行设计。但在减水或节约水泥的情况下，应对砂率、水泥用量、水灰比等作适当调整。施工中对混凝土配合比主要应注意以下几个方面。

① 使用液体泵送剂，注意将产品中带入的水分从拌合水中扣除，保持设定的水灰比。

② 砂率对混凝土的和易性影响很大。由于掺入泵送剂后和易性能获得较大改善，因此砂率可适当降低，其降低幅度为1%～4%，如木钙可取下限1%～2%，引气性减水剂可取上限3%～4%，若砂率偏高，则降低幅度可增大，过高的砂率不仅影响混凝土强度，也给成型操作带来一定的困难。具体配比均应由试配结果来确定。

③ 注意水泥用量。泵送剂中掺入的减水剂均有不同程度节约水泥的效果，使用普通减水泵送剂可节约5%～10%，高效减水泵送剂即可节约10%～15%。用高强度等级水泥配制混凝土，掺减水剂的泵送剂可节约更多的水泥。

④ 注意水灰比变化，掺减水剂混凝土的水灰化应根据所掺品种的减水率确定。原来水灰比大者减水率也较水灰比小者高。在节约水泥后为保持坍落度相同，其水灰比应与未省水泥时相同或增加0.01～0.03。现阶段，混凝土原材需水量等品质变化较大，必须加强配合比复核工作，用外加剂来调整坍落度，确保混凝土的工作性能和设计强度。

(8) 注意施工特点。如搅拌过程中要严格控制泵送剂和水的用量，选用合适的掺加方法和搅拌时间，保证泵送剂充分起作用。对于不同的掺加方法应有不同的注意事项，如干掺时注意所用的减水剂要有足够的细度，粉粒太粗，溶解不匀，效果就不好；后掺或干掺的，必须延长搅拌时间1min以上。

(9) 掺泵送剂的混凝土坍落度损失一般较快，应缩短运输及停放时间，一般不超过

60min，否则要用后掺法。在运输过程中应注意保持混凝土的匀质性，避免分层，掺缓凝型减水剂要注意初凝时间延缓，掺高效减水剂或复合剂有坍落度损失快等特点。

（10）选用质量可靠的泵送剂。混凝土泵送剂是一种特殊产品，在混凝土中通常用量很少，但作用非常明显，因此产品的质量特别重要。不允许有任何质量误差，否则一旦发生混凝土工程事故，后果不堪设想。

（11）施工过程中的技术要点。根据现行国家标准《混凝土外加剂应用技术规范》（GB 50119—2013）中的规定，在泵送混凝土的施工过程中应当注意以下技术要点。

① 泵送剂的相容性试验应当按照现行国家标准《混凝土外加剂应用技术规范》（GB 50119—2013）中附录A的方法进行。

② 不同供方、不同品种的泵送剂不得混合使用，以避免产生一些不良化学反应。

③ 泵送剂的品种、掺量应根据工程实际使用的原材料、环境温度、运输距离、泵送高度和泵送距离等经试验确定。

④ 液体泵送剂宜与拌合水预混，溶液中的水量应从拌合水中扣除；粉状泵送剂宜与胶凝材料一起加入搅拌机内，并宜延长混凝土搅拌时间30s。

⑤ 泵送混凝土的原材料选择、配合比要求应符合现行行业标准《普通混凝土配合比设计规程》（JGJ 55—2011）中的有关规定。

⑥ 掺加泵送剂的混凝土采用二次掺加法时，二次添加的外加剂品种及掺量应经试验确定，并应记录备案。二次添加的外加剂，不应包括缓凝和引气组分。二次添加后应确保混凝土搅拌均匀，坍落度应符合要求后再使用。

⑦ 掺加泵送剂的混凝土浇筑和振捣后，应及时进行压抹，并应始终保持混凝土表面潮湿，终凝后还应浇水养护。当气温较低时应加强保温保湿养护。

第四十二章　混凝土防冻剂

当某地区室外日平均温度连续5d稳定低于5℃时，该地区的混凝土工程施工即进入冬期施工。冬期混凝土施工的实质是在自然负温环境中要创造可能的养护条件，使混凝土得以硬化并增长强度。混凝土冬期施工的特点是：混凝土的凝结时间长，0～4℃温度下的混凝土凝结时间比15℃时延长3倍；温度低到－0.5～－0.3℃时混凝土开始冻结，水化反应基本停止；当温度降至－10℃时水泥的水化反应完全停止，混凝土强度不再增长。

第一节　混凝土防冻剂选用及适用范围

防冻剂在混凝土中的主要作用是提高其早期强度，防止混凝土受冻破坏。防冻剂中的有效组分之一就是降低冰点的物质，它的主要作用是使混凝土中的水分在可能低的温度下，防止因混凝土中的水分冻结而产生冻胀应力；同时保持了一部分不结冰的水分，以维持水泥水化反应的进行，从而保证在负温环境下混凝土强度的增长。由此可见，了解混凝土防冻剂的适用范围，正确选用防冻剂是冬期混凝土施工成功的关键。

一、混凝土防冻剂的选用方法

根据现行国家标准《混凝土外加剂应用技术规范》(GB 50119—2013) 中的规定，在混凝土工程中常用混凝土防冻剂可以按以下规定进行选用。

(1) 混凝土工程可以采用以某些醇类、尿素等有机化合物为防冻组分的有机化合物类防冻剂。

(2) 混凝土工程可采用下列无机盐类防冻剂：a. 以亚硝酸盐、硝酸盐、磷酸盐等无机盐为防冻组分的无氯盐类；b. 含有阻锈组分，并以氯盐为防冻组分的氯盐阻锈类；c. 以氯盐为防冻组分的氯盐类。

(3) 混凝土工程可以采用防冻组分与早强、引气和减水组分复合而成的防冻剂。

二、混凝土防冻剂的适用范围

混凝土防冻剂的适用范围应符合表42-1中的规定。

表 42-1　混凝土防冻剂的适用范围

序号	适用范围
1	混凝土防冻剂可用于冬期施工的混凝土
2	亚硝酸钠防冻剂或亚硝酸钠与碳酸锂复合防冻剂，可用于冬期施工的硫铝酸盐水泥混凝土
3	含氯盐的防冻剂只适用于不含钢筋的素混凝土、砌筑砂浆。含足够量阻锈剂可用于一般钢筋混凝土，但不适用于预应力钢筋混凝土
4	不含氯盐的防冻剂适用于各种冬季施工的混凝土，不论是普通钢筋混凝土还是预应力混凝土

第二节 混凝土防冻剂的质量检验

混凝土防冻剂是冬期混凝土施工中不可缺少的外加剂，防冻剂的质量如何对于冬期混凝土的施工质量起着决定性的作用。因此，在防冻剂进场后，应按照有关规范进行质量检验，合格后才可用于工程中。

一、混凝土防冻剂的组成

混凝土防冻剂绝大多数是复合外加剂，由防冻组分、早强组分、减水组分、引气组分、载体等材料组成。

1. 防冻组分

防冻剂都是由防冻组分、减水剂、引气剂等几种功能组分复配成的。各组分的百分含量随使用地区的冬季气温变化特点而不同，因此防冻剂的地方特色较强，但是其中使用的防冻组分却都差不多。

外加剂中的防冻组分有：a. 亚硝酸盐有亚硝酸钠、亚硝酸钙、亚硝酸钾；b. 硝酸盐有硝酸钠、硝酸钙；c. 碳酸盐有碳酸钾；d. 硫酸盐有硫酸钠、硫酸钙、硫代硫酸钠；e. 氯盐有氯化钠、氯化钙；f. 氨水；g. 尿素；h. 低碳醇有甲醇、乙醇、乙二醇、1,2-丙二醇、甘油；i. 小分子量羧酸的盐类有甲酸钙、乙酸钠、乙酸钙、丙酸钠、丙酸钙、一水乙酸钙。

防冻组分的作用是降低水的冰点，使水泥在负温环境下仍能继续水化。

2. 早强组分

早强组分是冬期混凝土施工中极其重要的组分，它可以促进水泥水化速度，使混凝土获得较高的早期强度，使混凝土尽快达到或超过混凝土的受冻临界强度，促进混凝土早期结构的形成，提高混凝土早期抵抗冻害的能力。混凝土冬期施工中常用的早强组分有硫代硫酸钠、氯化钙、硝酸钙、亚硝酸钙、三乙醇胺、硫酸钠等。

3. 减水组分

减水组分也是混凝土防冻剂中不可缺少的组分，该组分的作用就在于减少混凝土中的用水量，起到分散水泥和降低混凝土的水灰比的作用。减少了混凝土中的绝对用水量，使冰晶粒细小而均匀分散，从而减轻了对混凝土的破坏应力，提高了混凝土的密实性。实质上是减少了混凝土中可冻水的数量，即减少了受冻混凝土中的含冰率，相应也提高了混凝土防冻性能。另外，防冻剂掺量一般是固定的，由于水灰比的减小，相对地提高了混凝土中减水剂水溶液的浓度，进一步降低了冰点，从而提高了混凝土防早期冻害能力。在冬期混凝土施工中常用的减水组分主要有木钙、木钠、萘系高效减水剂以及三聚氰胺、氨基磺酸盐、煤焦油系减水剂等。

4. 引气组分

混凝土中的水产生结冰时体积增大 9%，严重时可造成混凝土中骨料与水泥颗粒的相对位移，使混凝土结构受到损伤甚至破坏，形成不可逆转的强度损失。引气组分在搅拌混凝土过程中能引入大量均匀分布、稳定而封闭的微小气泡。这些气泡对混凝土主要有 4 种作用：a. 能减少混凝土的用水量，进一步降低水灰比；b. 引入的气泡对混凝土内冰晶的膨胀力有缓冲和削弱作用，减轻冰晶膨胀力的破坏作用；c. 提高了混凝土的耐久性能；d. 小气泡起到阻断毛细孔作用，使毛细孔中的可冻结水减少。

二、混凝土防冻剂的质量检验

冬期混凝土是一种在特殊气候施工的工艺，要求掺入混凝土防冻剂后确实能够起到减水、引气、防冻、保强等作用，因此并不是任何一种混凝土防冻剂都可以满足要求的，在防冻剂选择方面要特别的慎重。

为了确保防冻剂的质量符合国家现行的有关标准，对所选用混凝土防冻剂进场后，应按照国家标准《混凝土外加剂应用技术规范》（GB 50119—2013）中的规定进行质量检验。混凝土防冻剂的质量检验要求如表 42-2 所列。

表 42-2　混凝土防冻剂的质量检验要求

序号	质量检验要求
1	混凝土防冻剂应按每 100t 为一检验批，不足 100t 时也应按一个检验批计。每一检验批取样量不应少于 0.2t 胶凝材料所需用的减水剂量。每一检验批取样应充分混匀，并应分为两等份：其中一份按照《混凝土外加剂应用技术规范》(GB 50119—2013)第 11.3.2 和 11.3.3 条规定的项目及要求进行检验，每检验批检验不得少于两次；另一份应密封留样保存半年，有疑问时，应进行对比检验
2	混凝土防冻剂进场检验项目应包括氯离子含量、密度(或细度)、含固量(或含水率)、碱含量和含气量，复合类防冻剂还应检测减水率
3	检验含有硫氰酸盐、甲酸盐等防冻剂的氯离子含量时，应采用离子色谱法

第三节　混凝土防冻剂的主要品种及性能

混凝土防冻剂按其组成材料不同，可分为氯盐类防冻剂、氯盐阻锈类防冻剂和无氯盐类防冻剂；按掺量及塑化效果不同，可分为高效防冻剂和普通防冻剂；按负温养护温度不同，可分为－5℃、－10℃、－15℃ 3 类防冻剂，更低负温的防冻剂标准我国尚未制定。

一、常用盐类防冻剂

1. 亚硝酸钠防冻剂

在各种常用的无机盐防冻组分中，亚硝酸钠的防冻效果较好，其最低共熔点为－19.8℃，作为防冻组分可以在不低于－16.0℃的环境条件下使用，其掺量为水泥质量的 5%～10%。亚硝酸钠易溶于水，在空气中会发生潮解，与有机物接触易燃烧和爆炸，有较大的毒性，贮存和使用中应特别注意。亚硝酸钠的技术指标如表 42-3 所列。

表 42-3　亚硝酸钠的技术指标

项目	技术指标		
	优等品	一等品	合格品
亚硝酸钠($NaNO_2$)质量分数(以干基计)/%	≥99.0	≥98.5	≥98.0
硝酸钠质量分数(以干基计)/%	≤0.80	≤1.00	≤1.00
氯化物(以 NaCl 计)质量分数(以干基计)/%	≤0.10	≤0.17	—
水不溶物质量分数(以干基计)/%	≤0.05	≤0.06	≤0.10
水分的质量分数/%	≤1.4	≤2.0	≤2.5
松散度(以不结块物的质量分数计)/%	≥85		

2. 亚硝酸钙防冻剂

亚硝酸钙［$Ca(NO_2)_2$］是一种透明无色或淡黄色单斜晶体系人工矿物，含有两个结晶水。在常温下亚硝酸钙易吸湿潮解，常与吸湿性更大的硝酸钙共生。工业亚硝酸钙通常含有5%～10%的硝酸钙，硝酸钙通常含有1个结晶水或4个结晶水，吸潮性比亚硝酸钙更严重。

亚硝酸钙浓水溶液与水同时全部成冰的最低共晶温度为－28.2℃，但在防冻剂中一般只有不到2%亚硝酸钙，折成水溶液中的浓度也不超过5%。亚硝酸钙的防冻作用主要不是水的冰点降低，而是也依靠部分结冰理论和冰晶变形效果的共同作用。表42-4为亚硝酸钙不同掺量混凝土强度增长情况。

表42-4　亚硝酸钙不同掺量混凝土强度增长

编号	掺量/%	受检温度/℃	抗压强度比/%				
			冻7d	冻28d	标7d	标28d	冻7标28
ND14	1.5	－10	20.0	—	75.0	100.0	95.8
ND15	2.0	－10	20.0	—	89.0	95.0	105.0
ND16	3.0	－10	16.5	—	92.0	86.5	96.0
H0	1.0	－10	12.0	15.0	88.0	—	—
H2	2.0	－10	16.0	24.4	89.5	—	—
H3	3.0	－10	18.3	26.0	86.0	85.0	—
H4	4.0	－10	22.3	26.7	83.0	90.0	—

3. 氯化钠防冻剂

氯化钠（NaCl）俗称为食盐，是一种白色立方晶体或细小结晶粉末，相对密度为2.165，中性。有杂质存在时易产生潮解。溶于水的最大浓度是0.3kg/L，此时溶液的冰点为－21.2℃。氯化钠的技术指标如表42-5所列。

表42-5　氯化钠的技术指标

指标项目	技术指标			
	优等品	一级品	二级品	三级品
氯化钠含量/%	≥94	≥92	≥88	≥83
水不溶物/%	≤0.4	≤0.4	≤0.6	≤1.0
水溶性杂质/%	≤1.4	≤2.2	≤4.0	≤5.0
水分/%	≤4.2	≤5.2	≤7.4	≤11.0

氯化钠的防冻作用比较好，是防冻剂中价格最便宜的组分，但因为对混凝土的其他不良影响十分明显，所以很少单独用作防冻组分。氯化钠有较明显的早强效果，当掺量由0.3%增至1.0%时，混凝土强度的提高比较显著，掺量再提高混凝土早期强度增长反而不明显提高。当氯化钠掺量为0.3%时，对混凝土的早期强度增长虽然开始明显，如果与0.03%～0.05%三乙醇胺复合，则可以得到最佳的早强增强率。由于氯化钠很容易使钢筋发生锈蚀，降低混凝土的耐久性，所以作为防冻组分使用时必须特别注意。

4. 尿素防冻剂

尿素是白色或浅色的晶体，通常加工成颗粒状是在其外层附有包裹膜，以避免其很强的吸湿性对运输和贮存带来损失。纯尿素熔点为132.6℃，超过熔点即分解，易溶于水、乙醇和苯，在水溶液中呈中性。根据现行国家标准《尿素》（GB/T 2440—2017）中的规定，尿素的质量标准应符合表42-6中的要求。

表42-6　尿素的质量标准

项目		工业用			农业用		
		优等品	一等品	合格品	优等品	一等品	合格品
总氮(N)含量(以干基计)/%		≥46.5	≥46.3	≥46.3	≥46.4	≥46.2	≥46.2
缩二脲含量/%		≤0.5	≤0.9	≤1.0	≤0.9	≤1.0	≤1.5
水分含量/%		≤0.3	≤0.5	≤0.7	≤0.4	≤0.5	≤1.0
铁(Fe)含量/%		≤0.0005	≤0.0005	≤0.0010	—	—	—
碱度(以NH_3计)/%		≤0.01	≤0.02	≤0.03	—	—	—
硫酸盐(以硫酸根离子计)含量/%		≤0.005	≤0.010	≤0.020	—	—	—
水不溶物/%		≤0.005	≤0.010	≤0.040	—	—	—
亚甲基二脲(以HCHO计)含量/%		—	—	—	≤0.60	≤0.60	≤0.60
粒度/%	0.85～2.80mm 1.18～3.35mm 2.00～4.25mm 4.09～8.00mm	≥90	≥90	≥90	≥90	≥90	≥90

掺有尿素的混凝土，在自然干燥的过程中，内部所含溶液将通过毛细管析出至结构物表面并结晶成白色粉状物，这种现象称为析盐，严重影响建筑物的美观。因此尿素的掺量不能超过水泥质量的4%。掺有尿素的混凝土在封闭环境内会散发出刺鼻的臭味，影响人体健康，因此不能用于整体现浇的剪力墙结构或楼盖结构。

二、常用有机物防冻剂

试验研究表明，有机醇类物质，如甲醇、乙二醇、三乙醇胺、乙醇、二甘醇、丙三醇等作为防冻组分，应用于配制冬期混凝土施工用防冻剂具有较好的防冻效果，在建筑工程常用的是甲醇、乙二醇和三乙醇胺。

1. 甲醇

甲醇又称为木精，是一种易燃和易挥发的无色刺激性液体，在水中的溶解度很高且不随温度降低而减小，水溶液的低共熔点为－96℃，工业上主要用于制造甲醛、香精、染料、医药、火药、防冻剂等。研究结果表明：甲醇掺入混凝土中不会产生缓凝；掺甲醇类防冻剂的混凝土虽然在冻结条件下强度增长很慢，但转为正温后混凝土强度增长比较快。

2. 乙二醇

乙二醇又称为甘醇，是一种无色、无臭、有甜味、黏稠的液体，在水中的溶解度很高且不随温度降低而减小，水溶液的低共熔点为－9.9℃，工业上主要用于制造树脂、增塑剂、合成纤维、化妆品和炸药，并用作溶剂、配制发动机的抗冻剂，在混凝土中应用较少。研究结果表明，乙二醇作为防冻组分与防冻剂复合使用后具有较好的防冻增强效果，符合标准对混凝土强度发展的要求。

3. 三乙醇胺

三乙醇胺是一种无色黏稠的液体，常作为早强剂在混凝土中得到广泛应用。三乙醇胺的早强作用是由于其能促进铝酸三钙的水化，三乙醇胺中的氮原子有一对共用电子，很容易与金属离子形成共价键，发生络合反应，与金属离子形成较为稳定的络合物，这些络合物在溶液中可形成许多可溶区，从而提高了水化产物的扩散速率，可以缩短水泥水化过程中的潜伏期，提高混凝土的强度。此外，三乙醇胺对硅酸三钙、硅酸二钙水化过程有一定的抑制作用，这又使得后期的水化产物得以充分地生长、密实，保证了混凝土后期强度的提高。有关试验证明，将三乙醇胺与防冻剂复合使用后，发现三乙醇胺具有一定的早期辅助防冻增强的效果，但后期混凝土强度损失较大。

三、防冻剂对混凝土性能的影响

防冻剂对混凝土性能的影响主要包括对新拌混凝土性能的影响和对硬化混凝土性能的影响两个方面。对新拌混凝土性能的影响包括流动性、泌水性和凝结时间；对硬化混凝土性能的影响包括强度、弹性模量和耐久性。防冻剂对混凝土性能的影响如表 42-7 所列。

表 42-7　防冻剂对混凝土性能的影响

项目		影响结果
对新拌混凝土影响	流动性	多数防冻剂均有一定的塑化作用，在流动性不变的条件下，可降低水灰比大于10%，国内防冻剂大多为防冻组分和减水剂复合而成，往往显示出叠加效应，如硝酸盐与萘系减水剂或碳酸盐与木质素磺酸盐复合，就可以明显提高负温混凝土的流动性或降低防冻剂的掺量
	泌水性	多数防冻剂不会促进负温混凝土泌水而使拌合物离析，因为多数防冻剂都会加速水泥熟料矿物的水化反应而使得液相变得黏稠，可以改善负温混凝土的泌水现象。但尿素、氨水、有机醇类等防冻剂组分具有一定的缓凝作用，在高流动性混凝土中往往会促进泌水，适当增大砂率可以改善泌水现象
	凝结时间	早强型防冻剂(如碳酸钾、氯化钙等)往往会缩短混凝土的凝结时间，因此有利于负温混凝土的凝结硬化。但是在长距离运输的商品混凝土中应慎用，或与其他外加剂复合使用
对硬化混凝土影响	强度	防冻剂对混凝土强度的影响，除与防冻剂的种类、掺量有关外，还与该混凝土受冻时间、受冻温度等因素密切相关。研究表明，掺防冻剂的负温混凝土力学性能明显优于不掺时负温混凝土的力学性能。如掺用乙二醇和减水剂复配的液体防冻剂，掺量为胶凝材料的 2.5%时，混凝土早期强度能提高 30%～40%，而后期强度增长 20%左右
	弹性模量	掺防冻剂混凝土的弹性模量与基准混凝土的弹性模量没有明显的差别
	耐久性	研究结果表明，防冻剂可以提高负温混凝土的耐久性，例如掺用盐类复配的防冻剂可明显提高负温混凝土的抗渗性；掺用有机物复配的防冻剂可明显提高负温混凝土的抗冻性和抗碳化性能。掺有机物复配的防冻剂的混凝土就可以提高混凝土的抗硫酸盐侵蚀性、抗碱-集料反应性、抗盐析性等性能指标

第四节　混凝土防冻剂应用技术特点

我国北方地区，冬季混凝土施工应用防冻剂的目的主要是为了防止混凝土的冻害，使浇注的混凝土能在负温下继续硬化，从而达到设计要求的强度。混凝土在冬季施工中采用负温法掺用防冻剂，与以往冬季施工中通常采用的加热方法相比，具有设备简单、投资较少、节约能源、使用方便等优点。根据现行国家标准《混凝土外加剂应用技术规范》(GB 50119—2013) 中的规定，为充分发挥防冻剂的作用，在其应用过程中应注意以下技术要点。

(1) 防冻剂选用量应符合以下规定：在日最低气温为－5℃，混凝土采用一层塑料薄膜和两层草袋或其他代用品覆盖养护时，可采用早强剂或早强减水剂代替；在日最低气温为－10℃、－15℃、－20℃，采用上述保温措施时，可分别采用规定温度为－5℃、－10℃和

−15℃的防冻剂。

（2）配制使用防冻剂时应注意：配制复合防冻剂前，应掌握防冻剂各组分的有效成分、水分及不溶物的含量，配制时应按有效固体含量计算。配制复合防冻剂溶液时，应搅拌均匀，如有结冰或沉淀等现象应分别配制溶液并分别加入搅拌器，不能有沉淀存在，不能有悬浮物、絮凝物存在。产生上述现象则说明配方可能不当，当某些组分发生交互作用，必须找到并调换该组分。

（3）含碱水组分的防冻剂相容性的试验应按照现行国家标准《混凝土外加剂应用技术规范》（GB 50119—2013）中附录A的方法进行。

（4）氯化钙与引气剂或引气减水剂复合使用时，应先加入引气剂或引气减水剂，经过搅拌后，再加入氯化钙溶液。

（5）掺防冻剂的混凝土所用原材料，应当符合下列要求：a. 宜选用硅酸盐水泥和普通硅酸盐水泥；b. 骨料应清洁，不得含有冰雪、冻块及其他易裂物质。

（6）以粉剂形式供应产品时，生产时应谨慎处理最小组分，使其能均匀分散在最大组分中，粗颗粒原料必须先经粉碎后再混合。最终应能全部通过0.63mm孔径的筛。贮存液体防冻剂的容器应有保温或加温设备。

（7）防冻剂与其他外加剂同时使用时，应当经过试验确定，并应满足设计和施工要求后再使用。

（8）掺加防冻剂混凝土拌合物的入模温度不应低于5℃。

（9）掺加防冻剂混凝土的生产、运输、施工及养护，应符合现行行业标准《建筑工程冬期施工规程》（JGJ/T 104—2011）的有关规定。

（10）掺防冻剂混凝土搅拌时间应比不掺防冻剂的延长50%，从而保证防冻剂在混凝土中均匀分布，使混凝土的强度一致。

第四十三章 混凝土速凝剂

混凝土速凝剂是一种应用非常广泛的混凝土外加剂，它能显著缩短混凝土由浆体变为固态所需时间，有的在几分钟内就可以使混凝土失去流动性并硬化，十几分钟即可使混凝土达到终凝，早期强度比较高。这种加速水泥硬化速度的特性，使它在矿山、铁路、水利、工业与民用建筑和国防工程中得到广泛的应用。速凝剂的特有性能，使速凝剂成了喷射混凝土不可缺少的组成材料之一，特别是随着地下工程数量的增加和作用的不同，速凝剂作为混凝土的组成材料在某种施工条件下是必不可少的外加剂。

第一节 混凝土速凝剂的选用及适用范围

从目前发展状况看，速凝剂的发展趋势有如下特点：a. 含碱性高的速凝剂开发并应用所占比重逐渐减少，低碱或无碱速凝剂越来越为人们重视；b. 单一的速凝剂向具有良好性能的复合速凝剂发展，通过添加减水剂、早强剂、增黏性、降尘剂等研制新型复合添加剂；c. 有机高分子材料和不同类型表面活性剂在开发中更多地被采用，它们为减少喷射混凝土回弹，粉尘含量从理论研究到实际应用开辟了新途径；d. 新型速凝剂必须具备无毒、无腐蚀、无刺激性，对水泥各龄期强度无较大负影响，功能价格比优越等特征。

一、混凝土速凝剂的选用方法

混凝土速凝剂是使水泥混凝土快速凝结硬化的外加剂。掺用速凝剂的主要目的是使新喷射的物料迅速凝结，增加一次喷射层的厚度，缩短两次喷敷之间的时间间隔，提高喷射混凝土的早期强度，以便及时提供支护抗力。因此，选用适宜的速凝剂是喷射混凝土施工能否成功的重要因素。

根据现行国家标准《混凝土外加剂应用技术规范》（GB 50119—2013）中的规定，在混凝土工程中常用混凝土速凝剂可以按照表 43-1 中的规定进行选用。

表 43-1　常用混凝土速凝剂

速凝剂名称	常用速凝剂
粉状速凝剂	喷射混凝土工程可采用下列粉状速凝剂： (1)以铝酸盐、碳酸盐等为主要成分的粉状速凝剂； (2)以硫酸铝、氢氧化铝等为主要成分与其他无机盐、有机物复合而成的低碱粉状速凝剂
液体速凝剂	喷射混凝土工程可采用下列液体速凝剂： (1)以铝酸盐、硅酸盐等为主要成分与其他无机盐、有机物复合而成的液体速凝剂； (2)以硫酸铝、氢氧化铝等为主要成分与其他无机盐、有机物复合而成的低碱液体速凝剂

二、混凝土速凝剂的适用范围

混凝土速凝剂的适用范围应符合表 43-2 中的规定。

表 43-2 混凝土速凝剂的适用范围

序号	适用范围
1	混凝土速凝剂可用于喷射法施工的砂浆或混凝土
2	粉状速凝剂宜用于干法施工的喷射混凝土，液体速凝剂宜用于湿法施工的喷射混凝土
3	永久性支护或衬砌施工使用的喷射混凝土、对碱含量有特殊要求的喷射混凝土工程，宜选用碱含量小于1%的低碱速凝剂

第二节 混凝土速凝剂的质量检验

混凝土速凝剂是一种满足喷射混凝土特殊施工工艺，要求掺入混凝土速凝剂后能够在很短时间内达到初凝，并具有一定增强作用的外加剂，因此并不是任何一种混凝土外加剂都可以满足以上要求的。工程实践证明，在混凝土速凝剂的选择方面要特别的慎重，通过质量检验一定要确保速凝剂符合现行国家或行业的标准，这样才能达到混凝土设计和施工的要求。

一、混凝土速凝剂的质量检验

为了确保速凝剂的质量符合国家现行的有关标准，对所选用混凝土速凝剂进场后，应按照国家标准《混凝土外加剂应用技术规范》（GB 50119—2013）中的规定进行质量检验。混凝土速凝剂的质量检验要求如表 43-3 所列。

表 43-3 混凝土速凝剂的质量检验要求

序号	质量检验要求
1	混凝土速凝剂应按每 50t 为一检验批，不足 50t 时也应按一个检验批计。每一检验批取样量不应少于 0.2t 胶凝材料所需用的减水剂量。每一检验批取样应充分混匀，并应分为两等份：其中一份按照《混凝土外加剂应用技术规范》(GB 50119—2013)第 12.3.2 和 12.3.3 条规定的项目及要求进行检验，每检验批检验不得少于两次；另一份应密封留样保存半年，有疑问时，应进行对比检验
2	混凝土速凝剂进场检验项目应包括密度(或细度)、水泥净浆的初凝时间和终凝时间
3	混凝土速凝剂进场时，水泥净浆的初凝时间和终凝时间应按进场检验批次采用工程实际使用的原材料和配合比与上批留样进行平行对比试验，其允许偏差应为±1min

二、混凝土速凝剂的质量标准

根据现行行业标准《喷射混凝土用速凝剂》（JC 477—2005）中的规定，速凝剂按照产品形态分为粉状速凝剂和液体速凝剂；按照产品等级分为一等品与合格品。喷射混凝土用速凝剂匀质性指标如表 43-4 所列；掺速凝剂净浆及硬化砂浆的性能要求如表 43-5 所列。

表 43-4 喷射混凝土用速凝剂匀质性指标

试验项目	匀质性指标	
	粉状	液体
密度	应在生产厂控制值±0.02g/cm^{2}之内	—
氯离子含量	应小于生产厂最大控制值	应小于生产厂最大控制值
总碱量	应小于生产厂最大控制值	应小于生产厂最大控制值

续表

试验项目	匀质性指标	
	粉状	液体
pH值	应在生产厂控制值±1之内	—
细度	—	80μm筛余率应小于15%
含水率	—	≤2.0%
含固量	应大于生产厂的最小控制值	—

表43-5　掺速凝剂净浆及硬化砂浆的性能要求

产品等级	试验项目			
	净浆		砂浆	
	初凝时间/min:s	终凝时间/min:s	1d抗压强度/MPa	28d抗压强度比/%
一等品	3:00	8:00	7.0	75
合格品	5:00	12:00	6.5	70

第三节　混凝土速凝剂的主要品种及性能

混凝土速凝剂是专门为喷射水泥混凝土施工特制的一种超快硬早强的水泥混凝土外加剂，掺配后水泥混凝土的初凝时间不超过3min，初凝后就具备了抵抗水泥混凝土自重脱落的能力。由于速凝剂具有这些优异特性，使其广泛应用于公路隧道支护、边坡防护、地下洞室、边坡防护、水池、薄壳、水利、港口、修复加固等喷射或喷锚水泥混凝土结构，也可用于需要速凝堵漏的水泥混凝土或砂浆中。随着喷射混凝土应用范围不断扩大，混凝土速凝剂的品种也越来越多，性能也越来越好。

一、混凝土速凝剂的分类

混凝土速凝剂按形态不同划分，主要有粉状速凝剂和液态速凝剂。按其主要成分划分，有硅酸盐、碳酸盐、铝酸盐、氢氧化物、铝盐以及有机类速凝剂。其他具有速凝作用的无机盐包括氟铝酸钙、氟硅酸镁、氟硅酸钠、氯化物、氟化物等，可作为速凝剂的有机物则有烷基醇胺类和聚丙烯酸、聚甲基丙烯酸、羟基羧酸、丙烯酸盐等。

作为混凝土速凝剂，一般很少采用单一的化合物，多为各种具有速凝作用的化合物复合而成，这些速凝剂按其主要成分，可以分为铝氧熟料速凝剂、水玻璃类速凝剂、铝酸盐液体速凝剂、新型无机低碱速凝剂、新型液体无碱速凝剂5类。由于氯化物速凝剂对钢筋有腐蚀作用，现已不用作喷射混凝土的速凝剂。

为提高喷射混凝土的施工性能和工程质量、克服碱-集料反应、方便施工、减少污染和对人体的伤害，低碱或无碱液体速凝剂将是今后速凝剂的发展方向。

二、速凝剂对混凝土的影响

速凝剂是一种使混凝土在短时间内快速凝结硬化的外加剂，因此这类外加剂的最突出特点是使混凝土早期强度迅速增加。速凝剂对混凝土的性能影响主要包括两个方面：一是对新拌混凝土性能的影响，主要包括混凝土拌合物稠度和初凝及终凝时间的影响；二是对硬化砂浆和混凝土性能的影响，主要包括抗压强度、黏结强度、收缩值、弹性模量、抗冻性、抗渗性和碱-集料反应等。速凝剂对混凝土性能的影响如表 43-6 所列。

表 43-6　速凝剂对混凝土性能的影响

项目		影响结果
对新拌混凝土影响	拌合物稠度	混凝土拌合物的稠度主要取决于水泥用量和速凝剂的适宜掺量。工程实践证明，速凝剂的掺量高，一般能产生凝聚性的拌合物，并能增加一次喷层的厚度
	初凝时间和终凝时间	在适宜速凝剂掺量时，初凝时间可缩短到 5min 以内，终凝时间可在 10min 之内。较高的掺量的速凝剂将会进一步缩短初凝时间
对硬化混凝土影响	抗压强度	掺入速凝剂能使喷射混凝土的早期强度得到显著的提高，混凝土 1d 的抗压强度可达 6.0～15.0MPa，不论采用干喷或湿喷方法，在最佳掺量时喷射混凝土的后期抗压强度一般都低于相应未掺速凝剂的混凝土。 速凝剂使喷射混凝土后期强度下降的原因是：铝酸三钙迅速水化并从液相中析出，其水化物导致水泥浆迅速凝结；水化初期生成疏松的铝酸盐结构，硅酸三钙的水化受到阻碍使得水泥石内部结构中存在缺陷；使用速凝剂后混凝土流动性瞬时丧失，混凝土成型中密实度难以保证。以上这些不利因素，应采取相应措施加以解决
	黏结强度	使用速凝剂在干喷和湿喷两种混合施工工艺中，喷射混凝土和岩石表面之间能得到相当好的黏结性。在一定的范围内，喷射混凝土的黏结强度随着速凝剂掺量的增加而增大，超过一定范围后，随着凝剂掺量的进一步增加而下降，因此，在喷射混凝土的施工中，一定要经过试配确定混凝土的黏结强度和速凝剂的掺量
	收缩值	实测结果表明，掺速凝剂的混凝土收缩值比对应不掺速凝剂的混凝土大。一般来说，收缩值都随着混凝土拌合物的用水量及速凝剂掺量的增加而增大。主要原因是喷射混凝土的水泥用量比较大、砂率较高及掺入速凝剂的影响。另外，收缩和养护条件也有关系，干燥条件下养护比潮湿条件养护时收缩增加。因此在喷射混凝土施工时一定要加强养护，防止收缩开裂
	弹性模量	与普通混凝土一样，掺加速凝剂的喷射混凝土，其弹性模量随着龄期增长和抗压强度的提高而增大。一般来说，喷射混凝土的抗压强度与弹性模量的关系，和普通混凝土基本相同
	抗冻性	工程实践证明，掺加速凝剂的混凝土具有良好的抗冻性能。速凝剂本身虽无引气作用，但在喷射混凝土中会将一部分空气流带入混凝土中，这些空气在压喷作用下，在混凝土内部形成了较多的、均匀的、相互隔绝的小气泡，从而可提高混凝土的抗冻性
	抗渗性	掺加速凝剂的喷射混凝土，一般都采用低水灰比和高水泥用量，因此非常有利于混凝土抗渗性的提高。此外，喷射混凝土一般采用级配良好的坚硬集料，这些集料具有密度高、孔隙率低等特点，使混凝土的抗渗性得到提高
	碱-集料反应	对于碱性速凝剂，活性集料的使用是十分不利的，很容易加剧混凝土中碱-集料反应。因此，施工时应避免使用活性集料。目前，我国生产的速凝剂绝大多数不含有氯离子，因此对钢筋锈蚀无不良影响

第四节　混凝土速凝剂的应用技术特点

工程实践充分证明，喷射混凝土施工的成功涉及很多方面的因素，其中速凝剂的选择和应用是最关键的因素。根据现行国家标准《混凝土外加剂应用技术规范》（GB 50119—2013）中的规定，结合我国喷射混凝土工程施工实践经验，为充分发挥速凝剂的作用，在其应用过程中应注意以下技术要点。

（1）混凝土速凝剂的掺量宜与其品种和使用环境温度有关。一般粉状速凝剂掺量范围为水泥用量的2%～5%。液体速凝剂的掺量应在试验室确定的最佳掺量基础上，根据施工混凝土状态、施工损耗及施工时间进行调整，以确保混凝土均匀、密实。碱性液体速凝剂掺量范围为3%～6%，低碱液体速凝剂的掺量范围为6%～10%。当混凝土原材料、环境温度发生变化时，应根据工程的要求，经试验调整速凝剂的用量。

（2）当喷射混凝土中掺加速凝土时，需充分注意对水泥的适应性，宜选择硅酸盐水泥或普通硅酸盐水泥，不得使用过期或受潮结块的水泥。当工程有防腐、耐高温或其他要求时，也可采用相应特种水泥。试验证明，水泥中的铝酸三钙和硅酸三钙含量高，掺加速凝剂的效果则好，矿渣硅酸盐水泥的效果较差。

（3）注意混凝土的水胶比不要过大。水胶比过大，凝结时间减慢，早期强度比较低，很难使喷层厚度超过5～7cm，混凝土与岩石基底黏结不牢。复合使用减水剂，可以大大降低水胶比，并改善湿法喷射混凝土的和易性及黏聚性，对于混凝土的抗渗性也有明显提高。

（4）掺加速凝剂混凝土的粗骨料宜采用最大粒径不大于20mm的碎石或卵石，细骨料宜采用洁净的中砂。

（5）掺加速凝剂的喷射混凝土配合比，宜通过试配试喷后确定，其强度符合设计要求，并应满足节约水泥、回弹量少等要求。在特殊情况下，还应满足抗冻性和抗渗性等要求。砂率宜为45%～60%，湿喷混凝土拌合物的坍落度不宜小于80mm。

（6）根据工程的具体要求，选择合适的速凝剂类型。例如铝酸盐类速凝剂，最好用于变形大的软弱岩面，以及要求在开挖后短时间内就有较高早期强度的支护和厚度较大的施工面上。此外，铝酸盐类速凝剂还适用于有流水的混凝土结构部位。水玻璃类速凝剂适合用于无早期强度要求和厚度较小的施工面（最大厚度不大于15cm），以及修补堵漏工程。永久性支护或衬砌施工使用的喷射混凝土、对碱含量有特殊要求的喷射混凝土工程，宜选用碱含量小于1%的低碱或无碱速凝剂。

（7）不同类型的液体速凝剂不饱进行复配便用，如铝酸盐液体速凝剂会和无碱液体速凝剂发生剧烈的化学反应，生成难以溶解的物质，严重影响使用。因此，喷射机械在更换液体速凝剂时应进行充分的清洗。

（8）采用湿法施工时，应加强混凝土工作性的检查。喷射作业时每班次混凝土坍落度的检查次数不应少于两次，不足一个班次时也应按一个班次检查。当原材料出现波动时应及时进行检查。

（9）喷射混凝土终凝2h后，应及时进行喷水养护，以防止出现混凝土收缩裂缝。当环境温度低于5℃时不宜采用喷水养护。

（10）掺加速凝剂混凝土作业区的日最低气温不应低于5℃，当低于5℃时应选择适宜的作业时段。

（11）采用干法施工时，混合料应随拌随用。无速凝剂掺入的混合料，存放时间不应超过 2h，有凝剂掺入的混合料，存放时间不应超过 20min。混合料在运输、存放的过程中，应严防受潮及杂物混入，投入喷射机前应进行过筛。

（12）采用干法施工时，混合料的搅拌宜采用强制式搅拌机。当采用容量小于 400L 的强制式搅拌机时，搅拌时间不得少于 60s；当采用自落式或滚筒式搅拌机时，搅拌时间不得少于 120s。当掺有矿物掺合料或纤维时，搅拌时间宜延长 30s。

（13）强碱性粉状速凝剂和碱性液体速凝剂对人的皮肤、眼睛具有强腐蚀性；低碱液体速凝剂为酸性，pH 值一般为 4～6，对人的皮肤、眼睛也具有腐蚀性。同时，由于混凝土物料采用高压输送，因此施工中应特别注意劳动保护和人身安全。当采用干法施工时，还必须采用综合防尘措施，并加强作业区的局部通风。

第四十四章 混凝土膨胀剂

膨胀剂是一种在水泥凝结硬化过程中，使混凝土产生可控制的膨胀以减少收缩的外加剂。膨胀剂依靠自身的化学反应或与水泥其他成分产生体积膨胀，在膨胀受约束时将产生预压应力，可以补偿混凝土的收缩，提高混凝土的体积稳定性。在普通混凝土中掺入适量的膨胀剂可以配置补偿收缩混凝土和自应力混凝土，因而在工程中得到很快的发展和应用。

第一节 混凝土膨胀剂的选用及适用范围

膨胀剂的主要功能是补偿混凝土硬化过程中的干缩和冷缩。选择膨胀剂时应考虑膨胀剂与水泥和其他外加剂的相容性。掺入膨胀剂一般并不影响水泥混凝土的和易性与凝结硬化速率，但由于水泥水化速率对混凝土强度和膨胀值的影响较大，若与缓凝剂共同使用将致使混凝土的膨胀值过大，如果不适当地进行限制，还会导致混凝土强度降低。因此。膨胀剂与其他外加剂复合使用前应进行试验验证。

一、混凝土膨胀剂的选用方法

我国生产的混凝土膨胀剂绝大多数是硫铝酸盐膨胀剂，膨胀源是其水化产物钙矾石。除石膏的质量之外，其活性高低主要取决于膨胀剂熟料的质量。提高水化产物钙矾石的稳定性，增强其抗碳化能力，抑制碱-集料反应，是保证混凝土膨胀剂质量的关键。根据现行国家标准《混凝土外加剂应用技术规范》（GB 50119—2013）中的规定，混凝土膨胀剂的选用应符合表 44-1 中的要求。

表 44-1　常用混凝土膨胀剂

序号	常用混凝土膨胀剂
1	混凝土工程可采用硫铝酸钙类混凝土膨胀剂
2	混凝土工程可采用硫铝酸钙-氧化钙类混凝土膨胀剂
3	混凝土工程可采用氧化钙类混凝土膨胀剂

二、混凝土膨胀剂的适用范围

混凝土膨胀剂主要是用于为减少干燥收缩而配制的补偿收缩混凝土，或者为了利用产生的膨胀力而配制的自应力混凝土。补偿收缩混凝土主要用于建筑物、水池、水槽、贮水池、路面、桥面板、地下工程等抗渗抗裂。自应力混凝土用于构件和制品的生产，主要是为了提高其抗裂强度和抗裂缝的能力。

混凝土膨胀剂的适用范围在《混凝土膨胀剂应用技术规范》（GBJ 50119—2003）和《混凝土外加剂应用技术规范》（GB 50119—2013）中均有明确的规定。

1.《混凝土膨胀剂应用技术规范》中的规定

根据现行国家标准《混凝土膨胀剂应用技术规范》（GBJ 50119—2003）中的规定，膨胀剂的适用范围应符合表 44-2 中的要求。

表 44-2　膨胀剂的适用范围（一）

序号	膨胀剂用途	适用范围
1	补偿收缩混凝土	地下、水中、海中、隧道等构筑物，大体积混凝土（除大坝外），配筋路面和板、屋面与浴厕间防水、构件补强、渗漏修补、预应力钢筋混凝土、回填槽等
2	填充用膨胀混凝土	结构后浇缝、隧洞堵头、钢筋与隧道之间的填充等
3	填充用膨胀砂浆	机械设备的底座灌浆、地脚螺栓的固定、梁柱接头、构件补强、加固
4	自应力混凝土	仅用于常温下使用的自应力钢筋混凝土压力管

2.《混凝土外加剂应用技术规范》中的规定

根据现行国家标准《混凝土外加剂应用技术规范》（GB 50119—2013）中的规定，膨胀剂的适用范围应符合表 44-3 中的要求。

表 44-3　膨胀剂的适用范围（二）

序号	适用范围
1	用膨胀剂配制的补偿收缩混凝土，宜用于混凝土结构自防水、工程接缝、填充灌浆、采取连续施工的超长混凝土结构、大体积混凝土工程等
2	用膨胀剂配制的自应力混凝土，宜用于自应力混凝土输水管、灌注桩等
3	含硫酸钙类、硫铝酸钙-氧化钙类膨胀剂配制的混凝土（砂浆）不得用于长期环境温度为 80℃以上的工程
4	膨胀剂应用于钢筋混凝土工程和填充性混凝土工程

第二节　混凝土膨胀剂的质量检验

在混凝土中应用膨胀剂的目的在于：a. 提高混凝土的抗裂能力，减少或避免混凝土裂缝的出现；b. 阻塞混凝土中毛细孔的渗水，提高混凝土的抗渗等级；c. 使超长钢筋混凝土结构保持连续性，满足建筑设计要求；d. 混凝土结构不设置后浇带以加快工程进度，防止后浇带处理不好而引起地下室渗水。

一、混凝土膨胀剂的质量检验

如何实现以上应用膨胀剂的目的，配制出性能良好的补偿收缩的混凝土和自应力混凝土，关键在于要确定混凝土膨胀剂的质量。为了确保膨胀剂的质量符合国家现行的有关标准，对所选用混凝土膨胀剂进场后，应按照国家标准《混凝土外加剂应用技术规范》（GB 50119—2013）中的规定进行质量检验。混凝土膨胀剂的质量检验要求如表 44-4 所列。

表 44-4　混凝土膨胀剂的质量检验要求

序号	质量检验要求
1	混凝土膨胀剂应按每 200t 为一检验批，不足 200t 时也应按一个检验批计。每一检验批取样量不应少于 10kg。每一检验批取样应充分混匀，并应分为两等份：其中一份按照《混凝土外加剂应用技术规范》（GB 50119—2013）第 13.3.2 和 13.3.3 条规定的项目及要求进行检验，每检验批检验不得少于两次；另一份应密封留样保存半年，有疑问时，应进行对比检验
2	混凝土膨胀剂进场检验项目应包括水中 7d 限制膨胀率和细度

二、混凝土膨胀剂的技术要求

根据现行国家标准《混凝土外加剂应用技术规范》(GB 50119—2013) 中的规定，混凝土膨胀剂的技术要求应满足下列具体规定。

(1) 掺加膨胀剂的补偿收缩混凝土，其限制膨胀率应符合表 44-5 中的规定。

表 44-5 补偿收缩混凝土的限制膨胀率

序号	膨胀剂的用途	限制膨胀率/%	
		水中 14d	水中 14d 转空气中 28d
1	用于补偿混凝土收缩	≥0.015	≥−0.030
2	用于后浇带、膨胀加强带和工程接缝填充	≥0.025	≥−0.020

(2) 补偿收缩混凝土限制膨胀率的试验和检验应按《混凝土外加剂应用技术规范》(GB 50119—2013) 中附录 B 的方法进行。

(3) 补偿收缩混凝土的抗压强度应符合设计要求，其验收评定应符合现行国家标准《混凝土强度检验评定标准》(GB/T 50107—2010) 中的有关规定。

(4) 补偿收缩混凝土的设计强度不宜低于 C25；用于填充的补偿收缩混凝土的设计强度不宜低于 C30。

(5) 补偿收缩混凝土的强度试件制作与检验应符合现行国家标准《普通混凝土力学性能试验方法标准》(GB/T 50081—2002) 的有关规定。用于填充的补偿收缩混凝土的抗压强度试件制作和检测应按现行行业标准《补偿收缩混凝土应用技术规程》(JGJ/T 178—2009) 中的附录 A 进行。

(6) 灌浆用的膨胀砂浆，其性能应符合表 44-6 的规定。抗压强度应采用 40mm×40mm×160mm 的试模，无振动成型，拆模、养护、强度检验，应按现行国家标准《水泥胶砂强度检验方法 (ISO 法)》(GB/T 17671—2005) 的有关规定进行，竖向膨胀率的测定应按《混凝土外加剂应用技术规范》(GB 50119—2013) 中附录 C 的方法进行。

表 44-6 灌浆用的膨胀砂浆性能

扩展度/mm	竖向限制膨胀率/%		抗压强度/MPa		
	3d	7d	1d	3d	28d
≥250	≥0.10	≥0.20	≥20	≥30	≥60

(7) 掺加膨胀剂配制自应力水泥时，其性能应符合现行行业标准《自应力硅酸盐水泥》(JC/T 218—1995) 的有关规定。

第三节 混凝土膨胀剂的主要品种及性能

在水泥中内掺入适量的膨胀剂，可配制成补偿收缩混凝土或自应力混凝土，大大提高了混凝土结构的抗裂防水能力。这种混凝土可取消外防水作业，延长后浇缝间距，防止大体积混凝土和高强混凝土温差裂缝的出现。混凝土加入膨胀剂后，膨胀剂会与混凝土中的氢氧化钙发生反应，生成钙矾石结晶颗粒，使混凝土产生适度膨胀，建立一定的预应力。这一压力大致可抵消混凝土在凝结硬化过程中产生的拉应力，减小或避免混凝土裂缝的产生。

一、混凝土膨胀剂的主要品种

随着混凝土技术的快速发展，膨胀剂的种类和功能也不断增多。混凝土膨胀剂按照化学组成不同，可分为硫铝酸钙系膨胀剂、氧化钙系膨胀剂、金属系膨胀剂、氧化镁系膨胀剂、复合型膨胀剂，目前在工程中应用最广泛的是硫铝酸钙系膨胀剂和氧化钙系膨胀剂。

1. 硫铝酸钙系膨胀剂

硫铝酸钙系膨胀剂是以石膏和铝矿石（或其他含铝较多的矿物），经煅烧或不经煅烧而成。其中，由天然明矾石、无水石膏或二水石膏按比例配合，共同磨细而成的，称为明矾石膨胀剂。这类膨胀剂以水化硫铝酸钙（即钙矾石）为主要膨胀源。

2. 氧化钙系膨胀剂

氧化钙系膨胀剂也称为硫铝酸钙膨胀剂，是指与水泥、水拌和后经水化反应生成氢氧化钙的混凝土膨胀剂。以CEA（即复合膨胀剂）膨胀剂为代表，膨胀源以氢氧化钙［$Ca(OH)_2$］为主、钙矾石（$C_3A \cdot 3CaSO_4 \cdot 32H_2O$）为次，化学成分中氧化钙（CaO）占70%。

3. 氧化镁系膨胀剂

现行的混凝土外加剂规范中，未列入氧化镁（MgO）膨胀剂。试验研究和工程实践证明，在大体积混凝土中掺入适量的氧化镁（MgO）膨胀剂，混凝土具有良好的力学性能和延迟微膨胀特性。充分利用这种特性，可以补偿混凝土的收缩变形，提高混凝土自身的抗裂能力，从而达到简化大体积混凝土温控措施、加快施工进度和节省工程投资的目的。以氧化镁为膨胀源的膨胀材料目前生产量还不大，但不失为一个混凝土膨胀剂的新品种，值得予以进一步关注。工程实践证明，在混凝土中掺加适宜的氧化镁系膨胀剂，混凝土具有良好的力学性能和延迟微膨胀特性。

4. 复合型膨胀剂

复合型膨胀剂是指膨胀剂与其他外加剂复合成具有除膨胀性能外，还兼有其他外加剂性能的复合外加剂，如有减水、早强、防冻、泵送、缓凝、引气等性能。有的研究成果认为，混凝土膨胀剂实际上是介于外加剂和掺合料之间的一种外加剂，它在成分、作用和掺量上更接近于水泥和掺合料，本身参与水化反应，其性能与其他外加剂是不同的。复合型膨胀剂与硫铝酸钙系膨胀剂相比，具有干缩性小、抗冻性强、耐热性好、无碱-集料反应和对水养护要求较低等优点。

二、膨胀剂对混凝土的影响

膨胀剂是一种使混凝土产生一定体积膨胀的外加剂，在混凝土中主要可以起到补偿混凝土收缩和产生自应力的作用，因此混凝土膨胀剂的最突出特点是使混凝土的体积产生微膨胀，达到消除裂缝、防水抗渗、充填孔隙、提高混凝土密实度等目的。

在混凝土中加入混凝土膨胀剂，由于膨胀组分在水化中的相互作用，对混凝土的多项性能均会产生一定的影响。膨胀剂对混凝土的性能影响主要包括两个方面：一是对新拌混凝土性能的影响，主要包括拌合物的流动性、泌水性和凝结时间的影响；二是对硬化砂浆和混凝土性能的影响，主要包括抗压强度、抗冻性、抗渗性和补偿收缩与抗裂性能等。膨胀剂对混凝土性能的影响如表44-7所列。

表 44-7 膨胀剂对混凝土性能的影响

项目		影响结果
对新拌混凝土影响	流动性	掺入混凝土膨胀剂的混凝土，其流动性均有不同程度的降低，在相同坍落度时，掺加混凝土的水胶比要大，混凝土的坍落度损失也会增加，这是因为水泥与混凝土膨胀剂同时水化，在水化过程中出现争水现象，这样必然使混凝土坍落度减小，则坍落度的损失增大
	泌水性	掺入混凝土膨胀剂的混凝土，其泌水率要比不掺加混凝土膨胀剂的泌水率要低，但并不是十分明显
	凝结时间	当掺入硫铝酸盐系膨胀剂后，由于硫铝酸盐与水泥反应早期生成的钙矾石加快了水化速率，因此会使混凝土的凝结时间缩短
对硬化混凝土影响	抗压强度	混凝土的早期强度随着混凝土膨胀剂掺量的增加而有所下降，但后期强度增长较快，当养护条件好时，混凝土的密实度增加，掺量适宜时混凝土抗压强度会超过不掺膨胀剂的混凝土，但当膨胀剂掺量过多时，抗压强度反而下降。这是由于混凝土膨胀剂掺量过多，混凝土自由膨胀率过大，因而强度出现下降 工程实践证明，在限制条件下，许多研究表明混凝土抗压强度不但不会下降，反而得到一定的提高，实际工程中混凝土都会受到不同程度的限制，所以工程上掺加膨胀剂的混凝土抗压强度应当比不掺的更高些
	抗渗性	混凝土膨胀剂在水化的过程中，体积会发生一定的膨胀，生成大于本来体积的水化产物，如钙矾石，它是一种针状晶体，随着水泥水化反应的进行，钙矾石柱逐渐在水泥中搭接，形成网状结构，由于阻塞水泥石中的缝隙，切断毛细管通道，使结构更加密实，极大地降低了渗透系数，提高了抗渗性能
	抗冻性	工程实践证明，由于在混凝土中掺加了膨胀剂，混凝土的裂缝大大减少，增加了混凝土的密实性，混凝土的抗冻性得到很大改善，同时大大提高了混凝土的耐久性
	补偿收缩与抗裂性能	混凝土膨胀剂应用到混凝土中，旨在防止混凝土开裂，提高其抗掺性。在硬化初期有微膨胀现象，会产生 0.2～0.7MPa 的自应力，这种微膨胀效应在 14d 左右就基本稳定，混凝土初期的膨胀效应延迟了混凝土收缩的过程。一方面由于后期混凝土强度的提高，抵抗拉应力的能力得到增强；另一方面，由于补偿收缩作用，使得混凝土的收缩大大减小，裂纹产生的可能性降低，起到增加抗裂性能的作用

第四节 混凝土膨胀剂的应用技术特点

混凝土膨胀剂膨胀作用的发挥，除了和膨胀剂本身的成分和作用有关外，还和水泥及混凝土膨胀的条件有关。膨胀剂的膨胀作用除了有大小不同之处外，更重要的是要注意很好地掌握使用过程中的技术要点。混凝土膨胀剂膨胀作用应当在混凝土具有一定强度的一段时间内以一定的速率增长才能发挥最佳效果。如果太早则因强度不够，或是混凝土尚有一定塑性时膨胀能力被吸收而发挥不出来；如果膨胀太迟则又会因混凝土已具备较高强度，膨胀作用可能破坏已形成的结构。因此了解各种因素的影响，控制混凝土膨胀剂在具体操作中的各项技术要点，是混凝土膨胀剂收到良好膨胀效果的必要条件。

一、混凝土膨胀剂选用注意事项

由于混凝土膨胀剂的种类不同，膨胀源所产生的机理也各不相同，因此应根据混凝土工程的性质、工程部位及工程要求选择合适的膨胀剂品种，并要经检验各项指标符合现行标准要求后方可使用。同时，根据补偿收缩或自应力混凝土的不同用途，进行限制膨胀率、有效膨胀能或最大自应力设计，通过试验找出混凝土膨胀剂的最佳掺量。

在选择混凝土膨胀剂时，要考虑膨胀剂与水泥和其他外加剂的相容性。水泥水化速率对混凝土强度和膨胀值的影响都比较大，如果与其他外加剂复合使用时，可能会导致混凝土膨胀值降低，新拌混凝土坍落度经时损失加快，如果没有适当的限制，也可能会导致混凝土强度的降低。因此，混凝土膨胀剂与其他外加剂复合使用前应进行试验验证。钙矾石类混凝土膨胀剂的使用限制条件应符合表 44-8 中的要求。

表 44-8　钙矾石类混凝土膨胀剂的使用限制条件

序号	使用限制条件
1	暴露在大气中有抗冻和防水要求的重要结构混凝土，在选择混凝土膨胀剂时一定要慎重。尤其是露天使用有干湿交替作用，并能受到雨雪侵蚀或冻融循环作用的结构混凝土，一般不应选用钙矾石类的混凝土膨胀剂
2	地下水(软水)丰富且流动的区域的基础混凝土，尤其是地下室的自防水混凝土，一般也不应单独选用钙矾石类膨胀剂作为混凝土自防水的主要措施，最好选用混凝土防水剂配制的混凝土
3	潮湿条件下使用的混凝土，如集料中含有能引发混凝土碱-集料反应(AAR)的无定形 SiO_2 时，应结合所用水泥的碱含量的情况，选用低碱或无碱的混凝土膨胀剂
4	混凝土膨胀剂在正式使用前，必须根据所用的水泥、外加剂、矿物掺合料，通过试验确定合适的掺量，以确保达到预期的限制膨胀的效果

混凝土膨胀剂的主要功能是补偿混凝土在硬化过程中的干缩和冷缩，可用于各种抗裂防渗混凝土。由于混凝土膨胀剂的膨胀源不同，又各有不同的优缺点，加上膨胀相的物化性能不同，从而决定了它们的不同适用范围。

在选用混凝土膨胀剂时，首先应检验是否达到现行国家标准《混凝土膨胀剂》(GB 23439—2009) 中的要求，主要是检验水中 7d 限制膨胀率大小。对于重大混凝土工程，应到混凝土膨胀剂厂家考察，并在库房随机抽样检测，防止假冒伪劣混凝土膨胀剂流入市场，所用的混凝土膨胀剂都应通过检测单位检验合格后才能使用。

我国在混凝土工程中常用的膨胀剂是硫铝酸钙类、氧化钙-硫铝酸钙类和氧化钙类。硫铝酸钙类膨胀剂是目前国内外生产应用最多的膨胀剂，但由低水胶比大掺合料高性能混凝土的广泛应用，氧化钙类膨胀剂由于水化需水量小，对湿养护要求比较低，今后将成为混凝土膨胀剂的未来发展方向。

氧化镁膨胀剂在常温下水化比较慢，但在环境温度 40～60℃中，氧化镁水化为氢氧化镁的膨胀速率大大加快，经 1～2 个膨胀基本稳定，因此氧化镁只适用于大体积混凝土工程，如果用于常温使用的工民建混凝土工程，则需要选用低温煅烧的高活性氧化镁膨胀剂。

不同品种膨胀剂其碱含量有所不同，因此在大体积水工混凝土和地下混凝土工程中，必须严格控制水泥的碱含量，控制混凝土中总的碱含量不大于 $3kg/m^3$，对于重要工程碱含量应小于 $1.8kg/m^3$，这样可避免碱-集料反应的发生。

对于不同的混凝土工程，应根据实际情况，经试验选用适宜的混凝土膨胀剂，以达到补偿收缩的目的。

二、混凝土膨胀剂使用注意事项

1.《混凝土外加剂应用技术规范》中的规定

(1) 掺膨胀剂的补偿收缩混凝土，其设计和施工应符合现行行业标准《补偿收缩混凝土应用技术规程》(JGJ/T 178—2009) 的有关规定。其中，对暴露在大气中的混凝土表面应及时进行保水养护，养护期不得少于 14d；冬季施工时，构件拆模时间应延至 7d 以上，表面不得直接洒水，可采用塑料薄膜保水，薄膜上部应覆盖岩棉被等保温材料。

(2) 大体积、大面积及超长结构的后浇带可采用膨胀加强带措施连续施工，膨胀加强带的构造形式和超长结构浇筑方式，应符合现行行业标准《补偿收缩混凝土应用技术规程》(JGJ/T 178—2009) 中有关规定。

(3) 掺膨胀剂混凝土的胶凝材料最少用量应符合表 44-9 中的规定。

表 44-9　掺膨胀剂混凝土的胶凝材料最少用量

混凝土的用途	胶凝材料最少用量/(kg/m³)
用于补偿混凝土收缩	300
用于后浇带、膨胀加强带和工程接缝填充	350
用于自应力混凝土	500

(4) 灌浆用膨胀砂浆施工应符合下列规定：a. 灌浆用膨胀砂浆的水料比（胶凝材料＋砂）宜为 0.12～0.16，搅拌时间不宜少于 3min；b. 膨胀砂浆不得使用机械振捣，宜用人工振捣排除气泡，每个部位应从一个方向浇筑；c. 浇筑完成后，应立即用湿麻袋等覆盖暴露部分，砂浆硬化后应立即浇水养护，养护期不宜少于 7d；d. 灌浆用膨胀砂浆浇筑和养护期间，最低气温低于 5℃时，应采取保温保湿措施。

2. 施工过程中应当注意的事项

在掺膨胀剂混凝土的施工过程中，除了应严格执行现行国家标准《混凝土外加剂应用技术规范》(GB 50119—2013) 的有关规定外，膨胀剂混凝土施工注意事项如表 44-10 所列。

表 44-10　膨胀剂混凝土施工注意事项

序号	施工注意事项
1	工地或搅拌站不按照规定的混凝土配比掺入足够的混凝土膨胀剂是普遍存在的现象，从而造成浇筑的混凝土膨胀效能比较低，不能起到补偿收缩的作用，因此，必须加强施工管理，确保混凝土膨胀剂掺量的准确性
2	粉状膨胀剂应与混凝土其他原材料一起投入搅拌机中，现场拌制的掺膨胀剂混凝土要比普通混凝土搅拌时间延长 30s，以保证膨胀剂与水泥等材料拌和均匀，提高混凝土组分的匀质性
3	混凝土的布料和振捣要按照施工规范进行。在计划浇筑区段内应连续浇筑混凝土，不宜中断，掺膨胀剂的混凝土浇筑方法和技术要求与普通混凝土基本相同;混凝土振捣必须密实，不得漏振、欠振和过振。在混凝土终凝之前，应采用机械或人工进行多次抹压，防止表面沉缩裂缝的产生
4	膨胀混凝土要进行充分的湿养护才能更好地发挥其膨胀效应，必须足够重视养护工作。潮湿养护条件是确保掺膨胀剂混凝土膨胀性能的关键因素。因为在潮湿环境下，水分不会很快蒸发，钙矾石等膨胀源可以不断生成，从而使水泥石结构逐渐致密，不断补偿混凝土的收缩。因此在施工中必须采取相应措施，保证混凝土潮湿养护时间不少于 14d
5	膨胀混凝土最好采用木模板浇筑，以利于墙体的保温。侧墙混凝土浇筑完毕，1d 后可松动模板支撑螺栓，并从上部不断浇水。由于混凝土最高温升在 3d 前后，为减少混凝土内外温差应力，减缓混凝土因水分蒸发产生的干缩应力，墙体应在 5d 后拆模板，以利于墙体的保温、保湿。拆模后应派专人连续不断地浇水养护 3d，再间歇淋水养护 14d。混凝土未达到足够强度前，严禁敲打或振动钢筋，以防产生渗水通道
6	边墙出现裂缝是一个常见质量缺陷，施工中应要求混凝土振捣密实、匀质。有的施工单位为加快施工进度，浇筑混凝土 1～2d 就拆除模板，此时混凝土的水化热升温最高，早拆模板会造成散热过快，增加墙内外温差，易出现温差裂缝。施工实践证明，墙体宜用保湿较好的胶合板制作模板，混凝土浇筑完毕后，在顶部设水管慢淋养护，墙体宜在 5d 后拆除模板，然后尽快用麻袋覆盖并喷水养护，保湿养护应达到 14d

续表

序号	施工注意事项
7	为确保墙体施工质量，采取补偿收缩混凝土墙体，也要以30～40m分段进行浇筑。每段之间设2m宽膨胀加强带，并设置钢板止水片，加强带可在28d后用大膨胀混凝土回填，养护时间不宜少于14d。混凝土底板宜采用蓄水养护，冬季施工要用塑料薄膜和保温材料进行保温保湿养护；楼板宜用湿麻袋覆盖养护
8	工程实践证明，即使采取多种措施，尤其是C40以上的混凝土，也很难避免出现裂缝，有的在1～2d拆模板后就会出现裂缝，这是混凝土内外温差引起的，在保证设计强度的前提下，要设法降低水泥用量，减少混凝土早期水化热。由于膨胀剂在1～3d时膨胀效能还没有充分发挥出来，有时难以完全补偿温差收缩，但是膨胀剂可以防止和减少裂缝数量，减小裂缝的宽度 混凝土裂缝修补原则：对于宽度小于0.2mm的裂缝，不用修补；对于宽度大于0.2mm的非贯穿裂缝，可以在裂缝处凿开30～50mm宽，然后用掺膨胀剂的水泥砂浆修补。对于贯穿裂缝可用化学灌浆修补
9	混凝土浇筑完毕后，建筑物进入使用阶段前，有些单位不注意维护保养，在验收之前就出现裂缝，这是气温和湿度变化引起的，因此，地下室完成后要及时进行覆土，楼层尽快做墙体维护结构，屋面要尽快做防水保温层

第四十五章 混凝土防水剂

混凝土防水剂是指能降低混凝土在静水压力下的渗透性的混凝土外加剂，这类外加剂具有显著提高混凝土抗渗性、抗碳化和耐久性的作用，使混凝土的抗渗等级可达P25以上，同时具有缓凝、早强、减水、抗裂等功效，并可改善新拌砂浆和混凝土的和易性。

第一节 混凝土防水剂的选用及适用范围

混凝土防水剂的种类非常多，各自所起的作用也不相同，从而所适用的范围也有区别。根据我国的实际情况，混凝土防水剂作用大致可分为下列4种：a. 产生胶体或沉淀，阻塞和切断混凝土中的毛细孔隙；b. 起到较强的憎水作用，使产生的气泡彼此机械地分割开来，互不连通；c. 改善混凝土拌合物的工作性，减少单位体积混凝土的用水量，从而减少由于水分蒸发而产生的毛细管通道；d. 加入合成高分子材料（如树脂、橡胶），使其在水泥石中的气泡壁上形成一层憎水层。

一、混凝土防水剂的选用方法

根据现行国家标准《混凝土外加剂应用技术规范》（GB 50119—2013）中的规定，混凝土防水剂的选用应符合表45-1中的要求。

表45-1 常用混凝土防水剂

序号	防水剂类型	常用混凝土防水剂
1	单体防水剂	混凝土工程可采用下列单体防水剂： (1)氯化铁、硅灰粉末、锆化合物、无机铝盐防水剂、硅酸钠等无机化合物等； (2)脂肪酸及其盐类、有机硅类(甲基硅醇钠、乙基硅醇钠、聚乙基羟基硅氧烷等)、聚合物乳液(石蜡、地沥青、橡胶及水溶性树脂乳液等)有机化合物等
2	复合防水剂	混凝土工程可采用下列复合防水剂： (1)无机化合物类复合、有机化合物类复合、无机化合物与有机化合物类复合； (2)GB 50119—2013中14.1.1各类复合防水剂与引气剂、减水剂、调凝剂等外加剂复合而成的防水剂

二、混凝土防水剂的适用范围

根据现行国家标准《混凝土外加剂应用技术规范》（GB 50119—2013）中的规定，混凝土防水剂的适用范围应符合表45-2中的要求。

表45-2 防水剂的适用范围

序号	防水剂用途	适用范围
1	有防水要求的混凝土	普通防水剂可用于有防水抗渗要求的混凝土工程
2	有抗冻要求的混凝土	对于有抗冻要求的混凝土工程，宜选用复合引气组分的防水剂

第二节　混凝土防水剂的质量检验

混凝土防水剂的主要功能就是防水抗渗，用来改善混凝土的抗渗性，同时也相应提高混凝土的工作性和耐久性。实现混凝土防水剂的以上功能，关键是确保防水剂的质量符合现行国家或行业的标准。

一、混凝土防水剂的质量要求

对所选用混凝土防水剂进场后，应按照国家标准《混凝土外加剂应用技术规范》（GB 50119—2013）中的规定进行质量检验。混凝土防水剂的质量检验要求如表45-3所列。

表45-3　混凝土防水剂的质量检验要求

序号	质量检验要求
1	混凝土防水剂应按每50t为一检验批，不足50t时也应按一个检验批计。每一检验批取样量不应少于10kg。每一检验批取样量不应少于0.2t胶凝材料所需用的外加剂量。每一检验批取样应充分混匀，并应分为两等份：其中一份按照《混凝土外加剂应用技术规范》(GB 50119—2013)第14.3.2和14.3.3条规定的项目及要求进行检验，每检验批检验不得少于两次；另一份应密封留样保存半年有疑问时，应进行对比检验
2	混凝土防水剂进场检验项目应包括密度(或细度)、含固量(或含水率)

二、《砂浆、混凝土防水剂》中的质量要求

根据现行的行业标准《砂浆、混凝土防水剂》（JC 474—2008）中的规定，砂浆、混凝土防水剂系指能降低砂浆、混凝土在静水压力下透水性的外加剂。砂浆、混凝土防水剂应当符合以下各项质量要求。

1. 砂浆、混凝土防水剂的匀质性要求

砂浆、混凝土防水剂的匀质性要求应符合表45-4中的要求。

表45-4　砂浆、混凝土防水剂的匀质性要求

序号	试验项目	技术指标	
		液体防水剂	粉状防水剂
1	密度/(g/cm³)	$D>1.1$时，要求为$D\pm0.03$；$D\leqslant1.1$时，要求为$D\pm0.02$。	—
2	氯离子含量/%	应小于生产厂家的最大控制值	应小于生产厂家的最大控制值
3	总碱量/%	应小于生产厂家的最大控制值	应小于生产厂家的最大控制值
4	含水率/%	—	$W\geqslant5\%$时，$0.90W\leqslant X<1.10W$；$W<5\%$时，$0.80W\leqslant X<1.20W$。
5	细度/%	—	0.315mm筛的筛余率应小于15
6	固体含量/%	$S\geqslant20\%$时，$0.95S\leqslant X<1.05S$；$S<20\%$时，$0.95S\leqslant X<1.10S$。	—

注：1. 生产厂应在产品说明书中明示产品均匀指标的控制值。2. D为生产厂商提供的密度值。3. W是生产厂提供的含水率（质量分数），%；X是测试的含水率（质量分数），%。4. S是生产厂提供的固体含量（质量分数），%；X是测试的固体含量（质量分数），%。

2. 受检砂浆的性能指标要求

用砂浆、混凝土防水剂配制的受检砂浆的性能指标要求，应符合表45-5中的要求。

表 45-5 受检砂浆的性能指标要求

序号	试验项目		性能指标	
			一等品	合格品
1	安定性		合格	合格
2	凝结时间	初凝/min	≥45	≥45
		终凝/h	≤10	≤10
3	抗压强度比/%	7d	≥100	≥85
		28d	≥90	≥80
4	进水压力比/%		≥300	≥200
5	吸水率比(48h)/%		≤65	≤75
6	收缩率比(28d)/%		≤125	≤135

注：安定性和凝结时间为受检净浆的试验结果，其他项目数据均为受检砂浆与基准砂浆的比值。

3. 受检混凝土砂浆的性能指标要求

用砂浆、混凝土防水剂配制的受检混凝土的性能指标要求，应符合表45-6中的要求。

表 45-6 受检混凝土的性能指标要求

序号	试验项目		性能指标	
			一等品	合格品
1	安定性		合格	合格
2	“泌水率”比/%		≤50	≤70
3	凝结时间差/mm	初凝	≥−90①	≥90①
4	抗压强度比/%	3d	≥100	≥90
		7d	≥110	≥100
		28d	≥100	≥90
5	渗透高度比/%		≤30	≤40
6	吸水量比(48h)/%		≤65	≤75
7	收缩率比(28d)/%		≤125	≤135

①“—”表示时间提前；安定性和凝结时间为受检净浆的试验结果，凝结时间为受检混凝土与基准混凝土的差值，表中其他项目数据均为受检混凝土与基准混凝土的比值。

第三节 混凝土防水剂的主要品种及性能

混凝土防水剂是在搅拌混凝土的过程中添加的粉剂或水剂，在混凝土结构中均匀分布，充填和堵塞混凝土中的裂隙及气孔，使混凝土更加密实而达到阻止水分透过的目的。根据防水工程实践证明，混凝土防水剂按照其组分不同，可分为无机防水剂、有机防水剂和复合防水剂3类。

一、无机防水剂

无机防水剂是由无机化学原料配制而成的，能起到提高水泥砂浆或防水混凝土不透水性的外加剂。无机防水剂主要包括氯盐防水剂、氯化铁防水剂、硅酸钠防水剂、无机铝盐防水剂等。

1. 氯盐防水剂

氯盐防水剂是指含氯离子且能显著改善混凝土抗渗性能的无机物，将这种防水剂和水按一定比例配制而成，掺入混凝土中，在水泥水化硬化的过程中，能与水泥及水作用生成复盐，填补混凝土中的孔隙，提高混凝土的密实度与不透水性，可以起到防水、防渗的作用。其中在混凝土工程中应用最为广泛的是氯化钙和氯化铝等氯盐防水剂。氯化钙防水剂应用技术要点如表 45-7 所列。

表 45-7　氯化钙防水剂应用技术要点

序号	项目	应用技术要点
1	性能特点	氯化钙可以促进水泥水化反应，$CaCl_2$ 与水泥中的铝酸三钙（C_3A）反应生成水化氯铝酸钙和氢氯化钙固体，这些固相的早期生成有利于强度骨架的早期形成，且氢氧化钙的消耗有利于水泥熟料矿物的进一步水化，从而获得早期的防水效果。 氯化钙防水剂具有速凝、早强、耐压、防水、抗渗、抗冻等性能，但混凝土的后期抗渗性会有所下降。此外，氯化钙对钢筋有锈蚀作用，所以应当慎用，或者与阻锈剂复合使用
2	配制工艺	氯化钙防水剂配制比较简单：将 500kg 水放置在耐腐蚀的木质或陶瓷容器内 30～60min，待水中可能有氯气挥发时，再将预先粉碎成粒径约为 30mm 的氯化钙碎块 460kg 放入水中，用木棒充分搅拌直至氯化钙全部溶解为止（在此过程中溶液温度将逐渐上升），待溶液冷却至 50～52℃时，再将 40kg 氯化铝全部加入，继续搅拌至部溶解，即制成 1t 氯化钙防水剂
3	具体应用	将配制好的氯化钙防水剂溶液稀释至 5%～10%即可应用于混凝土，其在混凝土中的掺量为胶凝材料用量的 1.5%～3.0%，把它掺入混凝土中能生成一种胶状悬浮颗粒，填充混凝土中微小的孔隙和堵塞毛细通道，有效地提高混凝土的密实度和不透水性。抗渗等级可达 1.5～3.0MPa
4	应用范围	氯化钙防水剂适用于素混凝土，当掺入预应力钢筋混凝土中时，应当与阻锈剂复合使用。这种防水剂具有显著的早强作用，可用于一般防水堵漏工程

2. 氯化铁防水剂

氯化铁防水剂是由氧化铁皮与工业盐酸经化学反应后，添加适量的硫酸铝或者明矾配制而成的，这是一种新型的混凝土密实防水剂。氯化铁防水剂可以用来配制防水混凝土或防水砂浆，因此，近年来在各类工程中应用比较广泛。氯化铁防水剂应用技术要点如表 45-8 所列。

表 45-8　氯化铁防水剂应用技术要点

序号	项目	应用技术要点
1	性能特点	氯化铁防水剂具有制造简单来源广泛、成本较低、效果良好等优点。氯化铁防水剂配制的混凝土及砂浆具有抗渗性能好、抗压强度高、施工较方便、成本比较低等优点。 这类防水剂的作用原理主要有两个：一是与水泥熟料中的铝酸三钙形成水化氯铝酸钙结晶，增加水泥石的密实性；二是生成氢氧化铁和氢氧化铝胶体，阻塞和切断毛细管通道，同时又与硅酸三钙水化生成的氢氧化钙作用生成水化铝酸钙及水化铁酸钙，进一步阻塞和切断毛细管通道

续表

序号	项目	应用技术要点
2	配制工艺	氯化铁防水剂是用废盐酸加废铁皮、铁屑及硫酸矿渣，再加上一部分工业硫酸铝即可制得。氧化铁皮采用轧钢过程中脱落的氧化铁皮，其主要成分为氧化亚铁、氧化铁和四氧化三铁。盐酸的相对密度为1.15～1.19。配合比为：铁皮：铁粉：盐酸：硫酸铝＝80：20：200：12。 氯化铁防水剂的具体制作方法：将铁粉投入陶瓷缸中，加入所用的盐酸的1/2，用空气压缩机或搅拌机搅拌15min，使反应充分进行。待铁粉全部溶解后，再加入氧化铁皮和剩余的1/2盐酸。倒入陶瓷缸内，再用搅拌机搅拌40～60min，然后静置3～4h，使其自然反应，直到溶液变成浓稠的深棕色，即形成氯化铁溶液，静置2～3h，将清液导出，再静置12h，放入工业硫酸铝进行搅拌，待硫酸铝全部溶解，静置过夜后即制成成品氯化铁防水剂
3	具体应用	在用氯化铁防水剂配制防水混凝土时，主要应满足以下要求：a. 水灰比一般以0.55为宜；b. 水泥用量不小于310kg/m；c. 混凝土坍落度控制在30～50mm范围内；d. 氯化铁防水剂的掺量为水泥质量的3%，掺量过多对钢筋锈蚀及水泥干缩有不良影响，如果用氯化铁砂浆抹面，掺量可增至4%左右
4	应用范围	氯化铁防水剂用途十分广泛，在人防工程、地下铁道、桥梁、隧道、水塔、水池、油罐、变电所、电缆沟道、水泥船等需防渗的工程中都得到应用。由于氯化铁防水剂可用来配制防水砂浆和防水混凝土，所以适用于工业与民用地下室、水塔、水池水设备基础等处的刚性防水，其他处于地下或潮湿环境下的砖砌体、混凝土及钢筋混凝土工程的防水及堵漏，也可用来配制防汽油渗透的砂浆及混凝土等。适宜用于水中结构、无筋或少筋的大体积混凝土工程。根据限制氯盐使用的规定，对于接触直流电源的工程、预应力钢筋混凝土及重要的薄壁结构，禁止使用氯化铁防水混凝土

3. 硅酸钠防水剂

硅酸钠防水剂技术于20世纪40年代初由日本传入我国，1949年后，我国根据使用经验开始自己生产，建立了硅酸钠防水剂生产厂，并在混凝土工程中推广应用。硅酸钠防水剂应用技术要点如表45-9所列。

表45-9 硅酸钠防水剂应用技术要点

序号	项目	应用技术要点
1	性能特点	硅酸钠防水剂主要是利用硅酸钠与水泥水化物氢氧化钙生成不溶性硅酸钙，堵塞水的通道，从而提高水密性。而掺加的其他硅酸盐类则起到促进水泥产生凝胶物质的作用，以增强水玻璃的水密性。工程实践证明，硅酸钠防水剂具有速凝、防水、防渗、防漏等特点。 硅酸钠防水剂作为堵漏剂使用操作简单、堵漏迅速，是一种不可多得的材料。但其凝结时间过快、防水膜脆性大、抗变形能力低等缺点，使其应用受到很大的限制
2	配制工艺	硅酸钠防水剂是以水玻璃为基料，辅以硫酸铜、硫酸铝钾、硫酸亚铁配制而成的油状液体。按照生产工艺不同，国内生产的硅酸钠防水剂大体可分为4种，即二矾防水剂、三矾防水剂、四矾防水剂、五矾防水剂，其区别在于复配助剂种类和数量
3	具体应用	水玻璃为无定形含水硅凝胶在氢氧化钠溶液中的不稳定胶体，干燥后为包裹着水碱和无水芒硝的凝胶体。与饱和水泥滤液混合后，立即凝聚，形成带有网状裂纹的薄膜。但是，由于这类防水剂中含有大量可溶性氧化钠，易被水溶解而失去防水作用。另外，硅酸钠不脱水硬化时，才能起到密实作用，一旦脱水硬化，产生体积收缩，反而降低密实性，同样起不到防水作用，而且掺加这种防水剂会显著降低强度。由于这类防水剂对水泥有速凝作用，所以一般用于地下混凝土防水结构的局部堵漏
4	应用范围	由于硅酸钠防水剂具有操作简单、堵漏迅速、凝结较快、防水防渗等特点，所以可用于建筑物屋面、地下室、水塔、水池、油库、引水渠道的防水堵漏

4. 无机铝盐防水剂

无机铝盐防水剂是以无机铝盐为主要原料，加入多种无机盐为配料经化学反应复合而成的水性防水剂。无机铝盐防水剂应用技术要点如表45-10所列。

表 45-10 无机铝盐防水剂应用技术要点

序号	项目	应用技术要点
1	性能特点	无机铝盐防水剂与水泥熟料中的铝酸三钙反应形成水化氯铝酸钙，增加水泥石的密实性，同时生成不溶于水的氢氧化铝及氢氧化铁胶体，填空水泥砂浆内部的空隙及堵塞毛细孔通道，从而提高了水泥砂浆或混凝土自身的憎水性、致密性及抗渗能力，以起到抗渗、抗裂防水的目的。 无机铝盐防水剂本身无毒、无味、无污染，具有抗渗漏、抗冻、耐热、耐压、耐酸碱、早强、速凝、防潮等特点，其掺量为水泥用量3%～5%
2	配制工艺	无机铝盐防水剂系以无水氯化铝、硫酸铝为主体，掺入多种无机金属盐类，混合溶剂成黄色液体。配方包含的原料主要有无水氯化铝(12%)、三氯化铁(6%)、硫酸铝(12%)、盐酸(10%)和自来水(60%)。配置方法：按照配方首先将水加入带搅拌器的耐酸容器中，注入盐酸，开动搅拌器不断搅拌，然后按配方的质量将无水氯化铝、三氯化铁、硫酸铝投入容器内混合搅拌反应60min直至全部溶解，即成无机铝盐防水剂
3	具体应用	无机铝盐防水剂的具体应用工艺十分简单，按水泥质量比的3%～5%防水剂渗量，加入水泥砂浆或混凝土中，搅拌均匀即可使用，用铁抹子反复压实压光。冬季施工24h后即可养护，夏季施工3～5h后即可养护
4	应用范围	无机铝盐防水剂适用于混凝土、钢筋混凝土结构刚性自防水及表面防水层。可用于屋顶平面、卫生间、建筑板缝、地下室、隧道、下水道、水塔、桥梁、蓄水池、储油池、堤坝灌浆、下水井设施、地下商场、游泳场、水泵站、地下停车场、地下人行道、人防工程及壁面防潮等新建和修旧的防水工程

二、有机防水剂

有机防水剂是近些年发展非常迅速的性能良好的防水机，主要包括有机硅类防水剂、金属皂类防水剂、乳液类防水剂和复合型防水剂。

1. 有机硅类防水剂

有机硅类防水剂是一种无污染、无刺激性的新型高效防水材料，为世界先进国家广泛应用。有机硅类防水剂主要成分为甲基硅酸钠及氟硅酸钠，是一种分子量较小的水溶性聚合物，易被弱酸分解，形成不溶水的、具有防水性能的甲基硅醚防水膜。此防水膜包围在混凝土的组成粒子之间，具有较强的憎水性能。

有机硅类防水剂具有防潮、防霉、防腐蚀、防风化、绿色环保、渗透无痕、施工方便、质量可靠、使用安全等显著优点。这类防水剂可在潮湿或干燥基面上直接施工，与基面有良好的黏结性。按照有机硅防水剂产品的状态不同，可分为水溶性有机硅建筑防水剂、溶剂型有机硅建筑防水剂、乳液型有机硅建筑防水剂、固体粉末状有机硅防水剂。有机硅类防水剂的性能、特点和应用如表45-11所列。

表 45-11 有机硅类防水剂的性能、特点和应用

序号	防水剂名称	防水剂的性能、特点和应用
1	水溶性有机硅建筑防水剂	水溶性有机硅建筑防水剂的主要成分是甲基硅酸钠溶液，也可以是乙基硅酸钠溶液。它是用95%的甲基三氯硅烷(含5%的二甲基二氯硅烷)在大量水中水解，然后将所将沉淀物过滤并用大量水洗涤，得到湿的甲基硅酸。甲基硅酸再与氢氧化钠水溶液混合，在90～95℃下加热2h，然后加水，过滤即制甲基硅酸钠溶液。 甲基硅酸钠易被弱酸分解，当遇到空气中的水和二氧化碳时，便分解成甲基硅酸，并很快地聚合生成具有防水性能的聚甲基硅醚。因而可在基材表面形成一层极薄的聚硅氧烷膜而具有拒水性，生成的硅酸钠则被水冲掉。 甲基硅酸钠建筑防水剂的优点是材料易得，价格便宜，使用方便；缺点是与二氧化碳反应速率比较慢，一般需要24h才能固化。由于使用的防水剂在一定时间内仍然是水溶性的，因此很容易被雨水冲刷掉。此外，甲基硅酸钠会使含有铁盐的石灰石、大理石产生黄色的铁锈斑点。因此不能用于处理含有铁盐的大理石和石灰石，也不能对已有憎水性的材料做进一步处理

续表

序号	防水剂名称	防水剂的性能、特点和应用
2	溶剂型有机硅建筑防水剂	溶剂型有机硅建筑防水剂是充分缩合的聚甲基三乙氧基硅烷树脂。聚甲基三乙氧基硅烷树脂呈中性，使用时必须加入适量的醇类溶剂。当施涂于基材的表面时，溶剂很快挥发，则在基材的表面上沉积一层极薄的薄膜，这层薄膜无色、无光，也没有黏性，表面上根本看不出被涂过东西。这是由于在水分存在的情况下，酯基发生水解，释放出醇类分子并生成硅醇，硅醇基的化学性质十分活泼，它与天然存在于混凝土表面的游离羟基发生化学反应，两个分子间通过缩水作用而使化学键连接起来，使混凝土表面连接上一个具有拒水效能的烃基。 溶剂型有机硅建筑防水剂受外界的影响比甲基硅酸钠小得多，用作混凝土和砂浆建筑的防水材料具有贮存稳定性好、防水效果优良、渗透能力强、涂层致密、透气性好、保色性好、成膜比较快、不易受环境影响及适用范围广等特点，因而在很多混凝土工程中得到应用
3	乳液型有机硅建筑防水剂	乳液型有机硅建筑防水剂是由有机高分子（如丙烯酸、纯丙、苯丙等聚合物乳液）与反应性有机硅乳液（如反应性橡胶或活性硅油）共聚而成的一类新型建筑防水涂料。有机高分子乳液能形成一层透明薄膜，对基材具有良好的黏结性，但耐热性和耐候性比较差；而反应性有机硅乳液中含有交联剂及催化剂等成分，失水后能在常温下进行交联反应，形成网状结构的聚硅氧烷弹性膜具有优异的耐高低温性、憎水性和延伸性。但是，反应性有机硅乳液对某些填料的黏结性差，将以上两乳液进行复配或改性，可以使两者均扬长避短。 工程实践证明，采用乳液型有机硅建筑防水剂配制比较容易，施工比较简单，处理过的基材具有良好的憎水性，能有效地阻止水分的侵入，并保持混凝土结构原有的透气性能，是一种值得推广应用的建筑防水剂
4	固体粉末状有机硅防水剂	固体粉末状有机硅防水剂是采用易溶于水的保护胶体和抗结块剂，通过喷雾干燥将硅烷包裹后获得的粉末状硅烷基防水产品。当砂浆加水拌和后，防水剂的保护胶体外壳迅速溶解于水，并释放出包裹的硅烷使其再分散到拌合水中。在水泥水化后的高碱性环下，硅烷中亲水的有机官能团水解形成高反应活性的硅烷酸基团，硅烷酸基团继续与水泥水化产物中的羟基基团进行不可逆反应形成化学结合，从而使通过交联作用连接在一起的硅烷牢固地固定在混凝土孔壁的表面。 我国生产的固体粉末状有机硅防水剂，以硅烷和聚硅氧烷为防水剂，以非离子表面活性剂为乳化剂，以聚羧酸盐为水泥减水剂和分散剂，以水溶性聚合物为胶体保护剂及水泥防裂剂，以超细二氧化硅为分散载体。由于加入非离子表面活性剂作乳化剂，同时加入聚羧酸盐分散剂和水溶性聚乙烯醇作为保护胶体，使防水剂中的硅烷硅氧烷始终被乳化剂、分散剂及保护胶体包裹，直到与水泥接触，在碱性水介质下水解缩聚，形成拒水的硅树脂。这种固体粉末状有机硅防水剂具有在水中分散性好，同时与水泥、石英砂等骨料的混合均匀性好的特点

2. 金属皂类防水剂

金属皂类防水剂是有机防水剂中重要的防水材料，按其性能不同可分为可溶性金属皂类防水剂和不溶性金属皂类防水剂两类。金属皂类防水剂的防水机理和种类如表 45-12 所列。

表 45-12 金属皂类防水剂的防水机理和种类

序号	项目	防水机理和各类防水剂性能
1	金属皂类防水剂	金属皂类防水剂的防水机理，主要是皂液在水泥水化产物的颗粒、集料以及未水化完全水泥颗粒间形成憎水吸附层，并形成不溶性物质，填充微小孔隙、堵塞毛细管通道，从而起到防水的作用。加入皂类防水剂后，凝结时间延长，各龄期的抗压强度降低。这是由于在加入皂类防水剂后，在水泥颗粒表面形成吸附膜，阻碍水泥的水化，同时增大了水泥颗粒距离，因此凝结时间延长，强度有所降低。金属皂类防水剂在浸水状态下长期使用，有效组分易被水浸出，防水效果降低，若增大防水剂的浓度，可有一定的改善

续表

序号	项目	防水机理和各类防水剂性能
2	可溶性金属皂类防水剂	可溶性金属皂类防水剂是以硬脂酸、氨水、氢氧化钾、碳酸钠、氟化钠和水等，按一定比例混合加热皂化配制而成，这是水泥砂浆或混凝土防水工程应用较早的一种防水剂。由于其防水效果不甚理想，故目前应用较少。但由于该类防水剂具有生产工艺简单、成本很低等优点，因此，如果通过适当的途径提高其防水效果，该类防水剂仍会拥有较好的市场前景。 可溶性金属皂类防水剂的配制：按配方称取一定量的各试剂和水，首先将50%的水加热至50～60℃，然后依次加入碳酸钠、氢氧化钾、氟化钠，进行搅拌溶解，并保持恒温，将加热熔化后的硬脂酸慢慢地加入，并迅速搅拌均匀，再将剩余50%的水徐徐加入，拌匀制成皂液，待皂液冷却至30℃以下时，加入规定的氨水搅拌均匀，然后用0.6mm筛孔的筛子过滤，将过滤好的滤液装入塑料瓶中密闭保存备用
3	不溶性金属皂类防水剂	不溶性金属皂类防水剂根据其组分不同，又可分为油酸型金属皂类防水剂和沥青质金属皂类防水剂两种。 油酸型金属皂类防水剂防水的机理是：一方面使毛细管孔道的壁上产生憎水效应；另一方面起到填塞水泥石孔隙的作用。 沥青质金属皂类防水剂由低标号石油沥青和石灰组成。沥青中的有机酸与氢氧化钙作用生成有机酸钙皂，起到阻塞毛细管通道的作用，其余未被皂化的沥青分子表面也吸附氢氧化钙微粒，形成一种表面活性的防水物质。这类防水剂没有塑化作用，拌和用水量略有增加，并还稍有促凝作用

3. 乳液类防水剂

材料试验充分证明，如果将石蜡、地沥青、橡胶乳液和树脂乳液类防水剂充满于水泥石的毛细孔隙中，由于这些材料具有良好的憎水性，可使混凝土的抗渗性能显著提高。特别是橡胶乳液和树脂乳液类防水剂，在混凝土中会形成高分子薄膜，不仅可以比较显著地提高混凝土的抗渗性，而且还能提高混凝土的抗冲击性、耐腐蚀性和延伸性。乳液类防水剂混凝土防水的机理如表45-13所列。

表45-13　乳液类防水剂混凝土防水的机理

序号	防水机理
1	乳液类防水剂为水性有机聚合物，可以自由地进行流动，并可填充在水泥石空间骨架的孔隙及其与集料之间的孔隙和裂纹等处，与水泥石集料紧密结合，聚合物的硬化和水泥的水化同时进行，减少了基体与集料之间的微裂纹，两者结合在一起形成聚合物与水泥石互相填充的复合材料，即成为聚合物混凝土，从而提高了自身密实性和抗渗性，有效地改善和提高了混凝土的各项性能，形成较高强度和弹性的防水材料
2	由于乳液类防水剂的流动性较好，在保持坍落度不变的情况下，可使混凝土的水灰比降低，大大减少拌合水量，从而减少了混凝土中游离水的数量，同时也相应减少水分蒸发后留下的毛细孔体积，从而提高了混凝土的密实性和不透水性，并有利于提高混凝土强度
3	乳液类防水剂不仅可以有效地封闭水泥石中的孔隙，再加上其轻微的引气作用，改变了混凝土的孔隙特征，使开口的孔隙变为闭口的孔隙，大大减少了渗水通道，使得混凝土的抗渗性和抗冻性显著提高

4. 复合型防水剂

复合型防水剂是指有机材料与无机材料组合使用的一种混合型防水剂。复合型防水剂由于具有多种功能、适应性强，所以是目前在混凝土工程最常用的一类防水剂。混凝土作为一种多孔体，内部孔隙的分布及连通状态将直接影响到混凝土的抗渗性，复合型防水剂就是应用了提高混凝土密实度、减少有害孔数量、补偿混凝土收缩等防水机理。当前，市场上的防水剂大多数都是复合型的，兼有无机的分散固体和有机的憎水材料，所以既能切断毛细孔通道，又使毛细管壁憎水，这样既可提高抗渗性又能减小吸水率。

在实际工程应用中，有的复合型防水剂还根据工程需要，加入一定量的减水剂、引气剂、保塑剂等，因此具有提高新拌混凝土流动性、控制混凝土坍落度经时损失的作用，还具有良好抗冻性的效果，在提高混凝土强度和抗渗性的同时也使混凝土的耐久性、安全性和使用期延长，体现出高性能防水混凝土外加剂的发展趋势。

第四节　混凝土防水剂的应用技术特点

在水泥混凝土中掺加防水剂是水泥混凝土结构有效防水的重要技术手段，同其他外加剂一样，如果使用不合理，则可以降低水泥混凝土强度和弹性模量等力学指标，或者提前诱发和加速水泥混凝土中软水侵蚀、冻融破坏、碱集料反应、钢筋锈蚀和硫酸盐腐蚀等，降低结构耐久性能，成为水泥混凝土结构中的水诱发病害。因此，在使用时必须认真选择防水剂品种，正确合理地使用，真正起到混凝土结构防水、耐久的效果。

根据现行国家标准《混凝土外加剂应用技术规范》(GB 50119—2013) 中的规定，在混凝土施工过程中应注意以下技术要点：a. 含有减水组分的防水剂相容性的试验，应按照国家标准《混凝土外加剂应用技术规范》(GB 50119—2013) 中附录 A 的方法进行；b. 掺加防水剂的混凝土宜选用普通硅酸盐水泥，当有抗硫酸盐要求时宜选用抗硫酸盐的硅酸盐水泥或火山灰质硅酸盐水泥，并经试验确定；c. 防水剂应按供方推荐掺量进行掺加，当需要超量掺加时应经试验确定；d. 掺加防水剂的混凝土宜采用最大粒径不大于 25mm 连续级配的石子；e. 掺加防水剂的混凝土的搅拌时间应较普通混凝土的搅拌时间延长 30s；f. 掺加防水剂的混凝土应加强早期养护，潮湿养护时间不得少于 7d；g. 掺加防水剂的混凝土的结构表面温度不宜超过 100℃，当超过 100℃时应采取隔断热源的保护措施。

第四十六章 混凝土阻锈剂

在建筑工程中，钢筋混凝土因具有成本低廉、坚固耐用且材料来源广泛等优点而被土木工程的各个领域普遍采用。钢筋混凝土既保持了混凝土抗压强度高的特性又保持了钢筋很好的抗拉强度，同时钢筋与混凝土之间有着很好的黏结力和相近的热膨胀系数，混凝土又能对钢筋起到很好的保护作用，从而使混凝土结构物更好的工作，提高了混凝土的耐久性。所以钢筋混凝土已成为现代建筑中材料的重要组成部分。

第一节 混凝土阻锈剂的选用及适用范围

国内外实践证明，掺加阻锈剂后可以使钢筋表面的氧化膜趋于稳定，弥补表面的缺陷，使整个钢筋被一层氧化膜所包裹，致密性很好，能有效防止氯离子穿透，从而达到防锈的目的。钢筋在水分和氧气的作用下，由于产生微电池现象而会受到腐蚀，通常把能阻止或减轻混凝土中的钢筋或金属预埋件发生锈蚀作用的外加剂称为阻锈剂。

一、混凝土阻锈剂的选用方法

根据现行国家标准《混凝土外加剂应用技术规范》（GB 50119—2013）中的规定，混凝土阻锈剂的选用应符合表 46-1 中的要求。

表 46-1 常用混凝土阻锈剂

序号	阻锈剂类型	常用混凝土阻锈剂
1	单体阻锈剂	混凝土工程可采用下列单体防水剂： (1)亚硝酸盐、硝酸盐、铬酸盐、重铬酸盐、磷酸盐、多磷酸盐、硅酸盐、铝酸盐、硼酸盐等无机盐类； (2)胺类、醛类、炔醇类、有机磷化合物、有机硅化合物、羧酸及其盐类、磺酸及其盐类、杂环化合物等有机化合物类
2	复合阻锈剂	混凝土工程可采用两种或两种以上无机盐类或有机化合物类阻锈剂复合而成的阻锈剂

二、混凝土阻锈剂的适用范围

经过近 50 年的工程实践证明，在钢筋混凝土中掺加适量的阻锈剂，不仅可以防止钢筋锈蚀、结构开裂破坏，而且可以有效地提高结构的耐久性和安全性。掺加阻锈剂的混凝土施工简单，不需要特殊的施工工艺，在一些比较特殊的防腐蚀部位更能显示出优越性。

根据现行国家标准《混凝土外加剂应用技术规范》（GB 50119—2013）中的规定，混凝土阻锈剂的适用范围应符合表 46-2 中的要求。

表 46-2　混凝土阻锈剂的适用范围

序号	适用范围
1	混凝土阻锈剂宜用于容易引起钢筋锈蚀的侵蚀环境中的钢筋混凝土、预应力混凝土和钢纤维混凝土
2	混凝土阻锈剂宜用于新建混凝土工程和修复工程
3	混凝土阻锈剂可用于预应力孔道灌浆

第二节　混凝土阻锈剂的质量检验

混凝土阻锈剂的主要功能就是防止钢筋混凝土中的钢筋锈蚀，使钢筋与混凝土很好地黏结在一起，分别起到抗压和拉伸的作用，用来提高钢筋混凝土的耐久性和安全性。实现混凝土阻锈剂以上功能的关键是确保阻锈剂的质量应当符合现行国家或行业的标准。

一、混凝土阻锈剂的质量要求

对所选用混凝土阻锈剂进场后，应按照国家标准《混凝土外加剂应用技术规范》(GB 50119—2013）中的规定进行质量检验。混凝土阻锈剂的质量检验要求如表 46-3 所列。

表 46-3　混凝土阻锈剂的质量检验要求

序号	质量检验要求
1	混凝土阻锈剂应按每 50t 为一检验批，不足 50t 时也应按一个检验批计。每一检验批取样量不应少于 10kg。每一检验批取样量不应少于 0.2t 胶凝材料所需用的外加剂量。每一检验批取样应充分混匀，并应分为两等份：其中一份按照《混凝土外加剂应用技术规范》(GB 50119—2013)第 15.3.2 和 15.3.3 条规定的项目及要求进行检验，每检验批检验不得少于两次；另一份应密封留样保存半年，有疑问时，应进行对比检验
2	混凝土阻锈剂进场检验项目应包括 pH 值、密度(或细度)、含固量(或含水率)

二、《钢筋防腐阻锈剂》中的规定

在现行国家标准《钢筋防腐阻锈剂》(GB/T 31296—2014）中，对混凝土工程所用的钢筋防腐阻锈剂的质量要求提出了具体规定。

(1）一般要求　国家标准《钢筋防腐阻锈剂》中包括产品的生产与使用不应对人体、生物和环境造成有害的影响，涉及的生产与使用的安全与环保要求，应符合我国相关国家标准和规范的要求。

(2）技术要求　对钢筋防腐阻锈剂的技术要求主要包括：匀质性指标、受检混凝土性能指标和其他有关物质的含量。匀质性指标如表 46-4 所列，受检混凝土性能指标如表 46-5 所列。

表 46-4　匀质性指标

序号	试验项目	性能指标
1	粉状混凝土防腐阻锈剂含水率/%	$W>5\%$时，应控制在 $0.90W\sim1.10W$ $W\leqslant5\%$时，应控制在 $0.90W\sim1.20W$
2	液体混凝土防腐阻锈剂密度/(g/cm^3)	$D>1.10$ 时，应控制在 $D\pm0.03$ $D\leqslant1.10$ 时，应控制在 $D\pm0.02$

续表

序号	试验项目	性能指标
3	粉状混凝土防腐阻锈剂细度/%	应在生产厂控制范围内
4	pH 值	应在生产厂控制范围内

注：1. 生产厂控制值应在产品说明书或出厂检验报告中明示。
2. *W*、*D* 分别为含水率和密度的生产厂控制值。

表 46-5　受检混凝土性能指标

序号	试验项目		性能指标		
			A 型	B 型	AB 型
1	泌水率比/%		≤100		
2	凝结时间差/min	初凝	−90～+120		
		终凝			
3	抗压强度比/%	3d	≥90		
		7d	≥90		
		28d	≥100		
4	收缩率比/%		≤110		
5	氯离子渗透系数比/%		≤85	≤100	≤85
6	硫酸盐侵蚀系数比/%		≥115	≥100	≥115
7	腐蚀电量比/%		≤80	≤50	≤50

另外，在《钢筋防腐阻锈剂》（GB/T 31296—2014）中还规定：钢筋防腐阻锈剂的氯离子含量不应大于0.1%，碱含量不应大于1.5%，硫酸钠含量不应大于1.0%。

第三节　混凝土阻锈剂的主要品种及性能

混凝土阻锈剂阻锈作用的机理是：混凝土阻锈剂极易使在混凝土介质中溶解的氧化亚铁氧化，在钢筋表面生成三氧化二铁（Fe_2O_3）水化物保护膜，逐渐使混凝土中的钢筋没有新表面暴露，在有足够浓度的混凝土阻锈剂的作用下钢筋的锈蚀过程就会停止，从而达到阻止钢筋锈蚀的目的。

一、混凝土阻锈剂的种类

钢筋阻锈剂是通过抑制混凝土与钢筋界面孔溶液中发生的阳极或阴极电化腐蚀反应来直接保护钢筋。因此，根据对电极过程的抑制过程可将钢筋阻锈剂分为阳极型阻锈剂、阴极型阻锈剂和复合型阻锈剂。

二、混凝土阻锈剂的性能指标

国产的混凝土阻锈剂产品一般有粉剂型和水剂型两种类型。水剂型阻锈剂宜稀释后再使用，粉剂型阻锈剂宜配制成溶液进行使用，并要注意在混凝土的加水量中将溶液水扣除。一般来说，阻锈剂主要性能指标应符合表 46-6 中的要求，阻锈剂产品的匀质性指标应符合表 46-7 中的要求。

表 46-6　阻锈剂主要性能指标

性能	试验项目	规定指标	
		粉剂型	水剂型
防锈性	钢筋在盐水中的浸泡试验	无锈，电位－250～0mV	无锈，电位－250～250mV
	掺与不掺阻锈剂钢筋混凝土盐水浸烘试验(8次)	钢筋的腐蚀失重率减少40%以上	钢筋的腐蚀失重率减少40%以上
	电化学综合试验	合格	合格

表 46-7　阻锈剂产品的匀质性指标

序号	试验项目	匀质性指标
1	外观	水剂型：色泽均匀，无沉淀现象，无表面结皮 粉剂型：色泽均匀，内部无结块现象
2	含固量/含水量	水剂型：应在生产厂控制值相对量的±3%之内 粉剂型：应在生产厂控制值相对量的±5%之内
3	密度	水剂型：应在生产厂控制值相对量的±0.02g/cm³之内
4	细度	粉剂型：应全部通过0.30mm筛
5	pH值	水剂型或粉剂型配制成的溶液：应在生产厂控制值的±1%之内

三、阻锈剂对混凝土性能的影响

阻锈剂对混凝土性能的影响是考察阻锈剂性能的重要方面之一。通过试验证明，掺加阻锈剂的混凝土与基准混凝土相比，在掺加适量的混凝土阻锈剂后，基准混凝土的工作性能都有一定程度的改善，坍落度损失减小，含气量略有增大，混凝土的凝结时间延长，这表明混凝土阻锈剂具有一定的缓凝保塑的功效。此外，在掺入钢筋阻锈剂后，由于其具有早期的缓凝作用，混凝土的7d强度略有降低，但后期强度增长比较快，28d的强度与基准混凝土基本相当。

混凝土浸蚀循环试验研究表明，钢筋阻锈剂能有效抑制氯盐对混凝土中钢筋的腐蚀，延缓钢筋发生锈蚀的时间，具有优良的阻锈效果。钢筋阻锈剂能改善混凝土的工作性能，提高混凝土的抗氯离子渗透性，略微降低水泥水化热和混凝土干燥收缩，对混凝土的抗压强度无不利影响。总之，混凝土拌合物中掺加阻锈剂后对其性能的影响，应满足表46-8中的要求。

表 46-8　掺加阻锈剂后对混凝土性能的影响

试验项目		技术指标
抗压强度比/%	7d	90
	28d	
凝结时间差/min	初凝时间	－60～＋120
	终凝时间	

第四节　混凝土阻锈剂的应用技术特点

根据国内外钢筋混凝土工程的施工经验，在使用阻锈剂的混凝土施工过程中，应当掌握以下技术要点。

(1) 各类混凝土阻锈剂的性能是不同的，在混凝土中所起的作用也不相同，为充分发挥所掺加阻锈剂的作用，应严格按使用说明书规定的掺量使用，并进行现场试验验证。

(2) 阻锈剂的使用方法与其他化学外加剂基本相同，既可以采用干掺的方法，也可以预先溶于拌合水中。当阻锈剂有结块时，应以预先溶于拌合水中使用为宜，不论采用哪种掺加方法，均应适当延长混凝土的搅拌时间，一般延长1min左右。

(3) 在掺加混凝土阻锈剂时，均应适量加以掺加，并按照一般混凝土制作过程的要求严格施工，充分进行振捣，确保混凝土的质量和密实性。

(4) 对于一些重要钢筋混凝土工程需要重点保护的结构，可用5%～10%的钢筋阻锈剂溶液涂在钢筋的表面，然后再用含阻锈剂的混凝土进行浇筑施工。

(5) 混凝土阻锈剂可以单独使用，也可以与其他外加剂复合使用。为避免复合使用时产生絮凝或沉淀等不良现象，预先应进行相容性试验。

(6) 钢筋阻锈剂用于建筑物的修复时，首先要彻底清除疏松、损坏的混凝土，露出新鲜的混凝土基面，在除锈或重新焊接的钢筋表面喷涂10%～20%高浓度阻锈剂溶液，再用掺加阻锈剂的密实混凝土进行修复。

(7) 掺加阻锈剂混凝土其他的操作过程，如混凝土配制、浇筑、养护及质量控制等，均应按普通混凝土的制作过程进行，并严格遵守有关标准的规定。

(8) 粉状阻锈剂在贮存运输的过程中，应严格按有关规定进行，避免混杂放置，严禁明火，远离易燃易爆物品，并防止烈日直晒和露天堆放。

(9) 在阻锈剂的贮存和运输过程中，应采取措施保持干燥，避免受潮吸潮，严禁漏淋和浸水。

(10) 钢筋阻锈剂大多数都具有一定的毒性，在贮存、运输和使用中不得用手触摸粉剂或溶液，也不得用该溶液洗刷洗物和器具，工作人员必须注意饭前洗手。

(11) 阳极型阻锈剂多为氧化剂，在高温环境下易氧化自燃，并且很不容易扑灭，存放时必须注意防火。

(12) 钢筋阻锈剂不宜在酸性环境中使用，此外亚硝酸盐阻锈剂不得在饮用水系统的钢筋混凝土工程中使用，以免发生亚硝酸盐中毒。

参考文献

[1] 宋功业. 绿色混凝土施工技术与质量控制. 北京：中国电力出版社，2015.
[2] 李继业，范国庆，张立山. 混凝土外加剂速查手册. 北京：中国建筑工业出版社，2016.
[3] 李百战. 绿色建筑概论. 北京：化学工业出版社，2007.
[4] 伍卫东，唐文坚，兰道银. 建设工程实用绿色建筑材料. 北京：中国环境出版社，2013.
[5] 宗敏. 绿色建筑设计原理. 北京：中国建筑工业出版社，2010.
[6] 黄煜镔，范英儒，钱觉时. 绿色生态建筑材料. 北京：化学工业出版社，2011.
[7] 林宪德，绿色建筑. 第2版. 北京：中国建筑工业出版社，2011.
[8] 姚武. 绿色混凝土. 北京：化学工业出版社，2006.
[9] 王立红等. 绿色住宅概论. 北京：中国环境科学出版社，2003.
[10] 石文星. 建筑物综合环境性能评价体系——绿色设计工具. 北京：中国建筑工业出版社，2005.
[11] 林波荣. 绿色建筑标准与住宅节能与环境设计. 绿色建筑大会论文选登，2008（2）.
[12] 绿色奥运建筑课题组. 绿色奥运建筑评估体系. 北京：中国建筑工业出版社，2003.
[13] GB 50640—2010. 建筑工程绿色施工评价标准.
[14] 中国建筑材料工业规划研究院. 绿色建筑材料——发展与政策研究. 北京：中国建材工业出版社，2010.
[15] 邓钫印. 建筑材料实用手册. 北京：中国建筑工业出版社，2007.
[16] 徐占发. 建筑节能常用数据速查手册. 北京：中国建筑工业出版社，2006.
[17] 吴清仁. 生态建材与环保. 北京：化学工业出版社，2003.
[18] 田洪臣，李勇，李海豹. 绿色混凝土施工与质量控制要点·实例. 北京：化学工业出版社，2016.
[19] 李继业，周翠玲，孟昭平. 特殊施工新型混凝土技术. 北京：化学工业出版社，2007.
[20] 李继业，姜金名，葛兆生. 特殊性能新型混凝土技术. 北京：化学工业出版社，2007.
[21] 李继业，刘经强，徐羽白. 特殊材料新型混凝土技术. 北京：化学工业出版社，2007.
[22] 曹文达，曹栋. 新型混凝土及其应用. 北京：金盾出版社，2001.
[23] 李继业. 新型混凝土实用技术手册. 北京：化学工业出版社，2005.
[24] 吴中伟，张鸿直. 膨胀混凝土. 北京：中国铁道出版社，1999.
[25] 程良奎. 喷射混凝土. 北京：中国建筑工业出版社，1990.
[26] 陈肇元等. 高强混凝土及其应用. 北京：中国建筑工业出版社，1992.
[27] 雍本. 特种混凝土配合比手册. 成都：四川科学技术出版社，2003.
[28] 李继业. 道路建筑材料. 北京：科学出版社，2004.
[29] 李继业. 建筑装饰材料. 北京：科学出版社，2002.
[30] 雍本. 特种混凝土施工手册. 北京：中国建材工业出版社，2005.
[31] 文梓芸等. 混凝土工程与技术. 武汉：武汉理工大学出版社，2004.
[32] 冯浩，朱清江. 混凝土外加剂工程应用手册. 第2版. 北京：中国建筑工业出版社，2012.
[33] 夏寿荣. 混凝土外加剂配方手册. 北京：化学工业出版社，2012.
[34] 田培，刘加平，王玲等. 混凝土外加剂手册，北京：化学工业出版社，2015.
[35] 葛兆明. 混凝土外加剂. 第2版. 北京：化学工业出版社，2004.
[36] GB 50119—2013. 混凝土外加剂应用技术规范.

[37] GB 8076—2008. 混凝土外加剂.
[38] JC 475—2004. 混凝土防冻剂.
[39] JC 474—2008. 砂浆、混凝土防水剂.
[40] JC 477—2005. 喷射混凝土用速凝剂.
[41] JC 476—2009. 混凝土膨胀剂.
[42] JC 473—2011. 混凝土泵送剂.
[43] JG/T 223—2007. 聚羧酸系高性能减水剂.
[44] JG/T 377—2012. 混凝土防冻泵送剂.
[45] JC 2031—2010. 水泥砂浆防冻剂.
[46] GB 23439—2009. 混凝土膨胀剂.
[47] GB 18445—2012. 水泥基渗透结晶型防水材料.
[48] JC/T 902—2002. 建筑表面用有机硅防水剂.
[49] JGJ/T 178—2009. 补偿收缩混凝土应用技术规程.
[50] JGJ/T 192—2009. 钢筋阻锈剂应用技术规程.
[51] JT/T 537—2004. 钢筋混凝土阻锈剂.
[52] GB/T 31296—2014. 钢筋防腐阻锈剂.
[53] GB/T 50146—2014. 粉煤灰混凝土应用技术规范.
[54] GB/T 1596—2005. 用于水泥和混凝土中的粉煤灰.
[55] 陈建奎. 混凝土外加剂的原理与应用. 第2版. 北京：中国计划出版社，2004.
[56] 缪文昌. 高性能混凝土外加剂. 北京：化学工业出版社，2008.